ROIK

VORLESUNGEN ÜBER STAHLBAU

GRUNDLAGEN

VORLESUNGEN ÜBER STAHLBAU

GRUNDLAGEN

Von
Professor Dr.-Ing. Karlheinz Roik

Zweite, überarbeitete Auflage

1983

VERLAG VON WILHELM ERNST & SOHN
BERLIN · MÜNCHEN

CIP-Kurztitelaufnahme der Deutschen Bibliothek

Roik, Karlheinz:
Vorlesungen über Stahlbau: Grundlagen / Roik
2., überarb. Aufl. – Berlin; München: Ernst, 1983.
ISBN 978-3-4330-3238-1

Unveränderter Nachdruck 2017

Printed and bound by CPI Group (UK) Ltd, Croydon, CR0 4YY

C9783433032381_050924

Vorwort zur 2. Auflage

Die erfreuliche Nachfrage macht eine 2. Auflage der "Vorlesungen" notwendig. Bei den Vorbereitungen hierzu kam ich zu der Feststellung, daß sich in den vergangenen 4 1/2 Jahren auf einigen Gebieten eine beachtliche Weiterentwicklung vollzogen hat. Dies gilt u.a. für die Fragen der Bauwerkssicherheit durch die Herausgabe der "Grundlagen zur Festlegung von Sicherheitsanforderungen für bauliche Anlagen", für die Probleme der Ermüdung durch die neuen Nachweise der Betriebsfestigkeit für Eisenbahnbrücken und für die Stabilitätsuntersuchungen durch die Weiterarbeit an der DIN 18800, Teil 2 (z.B. Ersatzstabverfahren).

Die 2. Auflage wurde daher in einigen Kapiteln überarbeitet und durch ein Stichwortverzeichnis ergänzt.

Bochum, Februar 1983 K. Roik

Vorwort zur 1. Auflage

Dieses Buch entstand aus den Vorlesungsskripten des Lehrstuhls für Stahlbau an der Technischen Universität Berlin und der Ruhr-Universität Bochum. Der Anlaß zur Herausgabe als Buch war die steigende Nachfrage nach diesen Umdrucken von Ingenieuren aus der Praxis. Mit Rücksicht auf den Umfang des Stoffgebietes und auf eine preisgünstige Gestaltung konnte nur ein Teil der Vorlesungen über Stahlbau aufgenommen werden.

So werden in diesem Buch - Grundlagen - im wesentlichen die Probleme der Bemessung von stabartigen Konstruktionen behandelt. Dabei wird vor allem auf das Verständnis und die anschauliche Interpretation der Zusammenhänge Wert gelegt und weniger auf perfekte Ableitungen und spezielle Lösungsalgorithmen. So findet man auch keine Tensoren, Finiten Elemente, elektronische Programme usw.; hierüber gibt es genügend gute Veröffentlichungen. Bei den heutigen Hilfsmitteln der EDV ist es häufig wichtiger (und oft schwieriger), mit Hilfe der "exakten" Methoden einfache Bemessungshilfen zu entwickeln, die in einem bestimmten Gültigkeitsbereich genügend genau sind.

Die wichtigste Aufgabe des entwerfenden Ingenieurs im "Computerzeitalter" ist nach meiner Auffassung die zweckmäßige Vorbemessung und die überschlägliche Kontrollberechnung, mit anderen Worten: eine einfache, schnelle und möglichst zutreffende Beurteilung des Tragverhaltens einer Konstruktion.

Außer den "elastischen" Problemen nach Theorie 1. und 2. Ordnung wird eingehend auf die plastische Tragfähigkeit von geraden Stäben und Stabwerken eingegangen, wobei die Verdrehung (Biegedrillknicken) naturgemäß einen großen Einfluß hat. Zur Abrundung der Fragen der Bemessung werden die Probleme der Bauwerkssicherheit und die wichtigsten Materialeigenschaften (u.a. der Betriebsfestigkeit) mit aufgenommen. Dagegen konnten Fragen der konstruktiven Ausbildung wie Stöße, Anschlüsse, Verbindungsmittel usw. mit Rücksicht auf den Umfang nicht behandelt werden.

Bei der Auswahl der Literaturangaben habe ich mich bemüht, außer bei bestimmten Fragen möglichst zusammenfassende Arbeiten anzugeben, mit deren Hilfe der interessierte Leser weiterführende Hinweise findet.

Naturgemäß haben bei der Ausarbeitung der Umdrucke und Rechenbeispiele mehr oder weniger alle Assistenten mitgewirkt, die in den vergangenen 15 Jahren an meinem Lehrstuhl tätig waren. Da das Hervorheben einzelner Namen problematisch ist, seien sie alle genannt:

Dr.-Ing. G. Albrecht
Prof. Dr.-Ing. D. Bamm
Dipl.-Ing. R. Bergmann
Dipl.-Ing. K. Besler
Dr.-Ing. H. Bode
Prof. Dr.-Ing. G. Böge
Dr.-Ing. K. Brandes
Dipl.-Ing. K.-E. Bürkner
Dr.-Ing. J. Carl
Dipl.-Ing. K. Doblies
Dipl.-Ing. W. Ehlert
Dipl.-Ing. H.-P. Haake
Dr.-Ing. J. Haensel
Dr.-Ing. G. Hasse
Dr.-Ing. B. Hofmann
Dr.-Ing. H.-G. Hofmann
Dipl.-Ing. R. Kindmann
Prof. Dr.-Ing. J. Lindner
Dr.-Ing. K. D. Nitschke
Dr.-Ing. G. Pegels
Dr.-Ing. J. Rumpf
Dipl.-Ing. P. Schaumann
Dr.-Ing. H. Schmackpfeffer
Prof. Dr.-Ing. G. Sedlacek
Dr.-Ing. W. Stucke
Dr.-Ing. G. Wagenknecht
Dipl.-Ing. U. Weyer
Dr.-Ing. W. Zwanzig

An dieser Stelle möchte ich allen Mitarbeitern meinen herzlichen Dank aussprechen für die fruchtbare Zusammenarbeit und die weit über das normale Maß hinausgehende Einsatzbereitschaft auch und gerade während der "schweren Zeiten" an der Universität.

Mein besonderer Dank gilt Frau Dipl.-Ing. S. Lehmann für die wertvolle Hilfe bei der Zusammenstellung des Manuskriptes, Herrn P. Steinbach für die korrekte Anfertigung der Zeichnungen, Frau R. Krischat für sorgfältige Ausführung der druckfertigen Schreibarbeiten sowie dem Verlag W. Ernst & Sohn für das Entgegenkommen bei der Herausgabe des Buches.

Bochum, September 1978 K. Roik

Inhaltsverzeichnis

Bezeichnungen

Koordinatensystem

x	Stablängsachse
y, z	Querschnittshauptachsen
y_M, z_M	Koordinaten des Schubmittelpunktes

Verformungen

u, v, w	Verschiebungen in Hauptachsenrichtungen x, y und z
ϑ	Verdrehung
ω	Einheitsverwölbung (auf den Schubmittelpunkt bezogen)
ε	Dehnung (Stauchung)
γ	Schubverzerrung

Querschnittswerte

$F_y = \int_F y \, dF$ statisches Flächenmoment um die z-Achse $\hat{=}$ S_z

$F_z = \int_F z \, dF$ statisches Flächenmoment um die y-Achse $\hat{=}$ S_y

$F_\omega = \int_F \omega \, dF$ statisches Flächenmoment der Wölbordinate

$F_{yz} = \int_F yz \, dF$ Zentrifugalmoment

$F_{y\omega} = \int_F y\omega \, dF$ Wölbmoment

$F_{z\omega} = \int_F z\omega \, dF$ Wölbmoment

$F_{yy} = \int_F y^2 \, dF$ Trägheitsmoment um die z-Achse $\hat{=}$ I_z

$F_{zz} = \int_F z^2 \, dF$ Trägheitsmoment um die y-Achse $\hat{=}$ I_y

$F_{\omega\omega} = \int_F \omega^2 \, dF$ Wölbwiderstand $\hat{=}$ C_M

I_D St. Venantsches Torsionsträgheitsmoment

$W = \frac{F_{yy}}{y}$ bzw. $\frac{F_{zz}}{z}$ Widerstandsmoment

$i_y = \sqrt{\frac{F_{zz}}{F}}$ bzw. $i_z = \sqrt{\frac{F_{yy}}{F}}$ Trägheitsradius; allgemein: $i = \sqrt{\frac{I}{F}}$

$$r_M^2 = (y - y_M)^2 + (z - z_M)^2$$

$$i_M^2 = \frac{1}{F} \int r_M^2 \, dF = i_p^2 + y_M^2 + z_M^2 \quad \text{mit } i_p^2 = i_y^2 + i_z^2$$

$$r_{M_y} = \frac{1}{F_{yy}} \int y \, r_M^2 \, dF$$

$$r_{M_z} = \frac{1}{F_{zz}} \int z \, r_M^2 \, dF$$

$$r_{M_\omega} = \frac{1}{F_{\omega\omega}} \int \omega \, r_M^2 \, dF$$

Spannungen

σ_x, σ_y, σ_z	Normalspannungen in Richtung der x-, y-, z-Achse
σ_1, σ_2, σ_3	Hauptspannungen
σ_v	Vergleichsspannung
σ_F	Fließgrenze, Streckgrenze
τ, τ_{xy}, τ_{xz}...	Schubspannungen
σ_ω	Wölbnormalspannungen
τ_ω	Wölbschubspannungen
σ_D	Dauerfestigkeitsspannungen
σ_Z	Zeitfestigkeitsspannungen
σ_{Be}	Betriebsfestigkeitsspannungen
σ_m	Mittelspannung
σ_A	Spannungsamplitude
$\Delta\sigma$	Schwingbreite
σ_{zul}	zulässige Spannung
σ_{ki}, $\sigma_{v_{ki}}$	ideelle, kritische Spannung (elastisches Verzweigungsproblem)
σ_{kr}	kritische Spannung (Traglastproblem)
σ_{Bk}	Beul-Knickspannung
E	Elastizitätsmodul
G	Gleitmodul

Schnittgrößen, Belastungen

M_D, m_D äußeres Torsionsmoment

M_x inneres Torsionsmoment (Schnittgröße)

T Schubfluß

$M_{p\ell}$, $N_{p\ell}$, $Q_{p\ell}$ vollplastische Schnittgrößen

$M_{p\ell,N,Q}$ vollplastisches Moment bei gleichzeitiger Einwirkung einer Normal- und Querkraft

P_{Gr} plastische Grenzlast (Theorie 1. Ordnung)

$P_{e\ell}$ elastische Grenzlast (Theorie 2. Ordnung)

P_{ki}, N_{ki}, M_{ki} ideelle kritische Kraft bzw. Schnittgröße (elast. Verzweigungsproblem)

P_{kr}, N_{kr}, M_{kr} kritische Kraft bzw. Schnittgröße (Traglastproblem)

Allgemeines

b_m mittragende Breite

t^* ideelle Wanddicke

s_{ki} ideelle Knicklänge ≙ Länge des Ersatzstabes

$\overline{\lambda}$ bezogener Schlankheitsgrad

Um die Umstellung auf die neuen Einheiten zu erleichtern, werden die wichtigsten Zalenwerte in folgender Umrechnungstabelle angegeben:

Kräfte				Momente			
alt		neu		alt		neu	
kp	Mp	kN	MN	kpm	Mpm	kNm	MNm
10		0,1		10		0,1	
100	0,1	1		100	0,1	1	
1 000	1	10		1 000	1	10	
	10	100	0,1		10	100	0,1
	100	1 000	1		100	1 000	1
	1 000	10 000	10		1 000	10 000	10

Spannungen				
alt			neu	
kp/mm^2	kp/cm^2	Mp/cm^2	kN/cm^2	N/mm^2 MN/m^2
	1			0,1
0,1	10		0,1	1
1	100	0,1	1	10
10	1 000	1	10	100
100	10 000	10	100	1 000
1 000		100	1 000	

1. Die Tragwerkssicherheit

1.1 Allgemeines

Auszug aus § 330 Strafgesetzbuch:

> "Wer bei der Planung, Leitung oder Ausführung eines Baues... gegen die allgemein anerkannten Regeln der Technik verstößt und dadurch Leib oder Leben eines anderen gefährdet, wird ... bestraft."

Der Begriff der "Allgemein anerkannten Regeln der Technik oder der Baukunst" wird auch in den Bauordnungen der Länder, in der VOB (Verdingungsordnung für Bauleistungen) sowie (sinngemäß) im Zivilrecht (§633, BGB) benutzt. Juristisch bedeutet dies:

- sie müssen in Theorie und Praxis anerkannt sein,
- sie müssen Gemeingut sein,
- sie brauchen nicht unbedingt schriftlich niedergelegt zu sein.

In erster Linie sind diese Regeln in den "bauaufsichtlich eingeführten Baubestimmungen" (Normen, Richtlinien, Zulassungen, Empfehlungen) zu suchen.

Aber: in vielen Baubestimmungen steht (sinngemäß), daß von den Festlegungen abgewichen werden darf, wenn "genauere" Untersuchungen durchgeführt werden.

Außerdem: Normen veralten; neue Erkenntnisse sind erst nach Jahren "normungsreif", es dauert weitere Jahre für die Überarbeitung einer Norm.

Ein zentraler Begriff (als Umkehr des Wortes Gefahr) ist daher die "Sicherheit" eines Bauwerkes und deren Nachweis nach den "anerkannten Regeln".

1.2 Der Tragsicherheitsnachweis — die statische Berechnung

Die statische Berechnung ist eigentlich ein Ersatz für einen "realen" (versuchsmäßigen) Nachweis der Tragsicherheit (Probelauf).
Großversuche sind meist unmöglich, da die Kräfte zu groß und Versuche zu teuer sind.
Daher: Versuche an Einzelteilen und Extrapolation durch Berechnung.

Bei den rechnerischen Nachweisen ist zu unterscheiden in

- Nachweis der Gebrauchsfähigkeit (Unbrauchbarkeit durch zu große Verformungen, zu große Risse im Beton, vorzeitige Ermüdungsbrüche usw.).
  Dieser Nachweis wird unter "Gebrauchslasten" geführt.

- Nachweis der Tragwerkssicherheit (Zuverlässigkeit gegen Einsturz).
  Dieser Nachweis dient der Feststellung der "Überlastbarkeit", er muß daher unter Einwirkung erhöhter Belastung geführt werden.

Zur Zeit werden im "Normalfall" beide Nachweise in einem Rechengang durchgeführt (σ_{zul}-Bemessung unter Gebrauchslasten). Dabei wird unter Gebrauchslasten nur eine ν-fach reduzierte Beanspruchbarkeit zugelassen, also ein "rechnerischer" globaler Sicherheitsbeiwert $\nu = \sigma_F/\sigma_{zul}$ verwendet. Durch Staffelung dieser σ_{zul} (bzw. des zugehörigen ν) können einige aus der Erfahrung gewonnene Erkenntnisse eingearbeitet werden / 1/.

Als Beispiele seien genannt:

- durch die Unterscheidung in Lastfall H (Hauptlasten) und HZ (Haupt- und Zusatzlasten) wird die geringere Wahrscheinlichkeit des Zusammentreffens von Lasten verschiedenen Ursprungs berücksichtigt.
- das unterschiedliche Versagensverhalten (angekündigtes bzw. unangekündigtes) bei Zug- bzw. Stabilitätsbeanspruchung wird durch unterschiedliche σ_{zul} berücksichtigt.
- die unterschiedliche Größe des Sicherheitsfaktors in Abhängigkeit von der Abstraktion, d.h. Abweichung von realen Gegebenheiten (z.B. Eulerstab ν_{ki}, Traglast ν_{kr}).
- das Verhalten im "überkritischen" Bereich (z.B. Beulsicherheiten bei Stegblechen).

Abgesehen von der Tatsache, daß die Eckwerte (Lasten, Fließgrenze usw.) keine festen (deterministischen) Zahlenwerte, sondern in Wirklichkeit (probabilistische) Streubereiche sind, gilt das Konzept in dieser Form nur für "lineare" Gesamtzusammenhänge.

Für alle nichtlinearen Fälle sind daher zusätzliche Überlegungen notwendig. Dies geschieht durch unterschiedliche Methoden:

- Reduzieren der σ_{zul} durch "Rückrechnung" aus der Versagenslast (ω-Verfahren der DIN 4114);
- Vereinfachte "elastische" Nachweise (Nebenspannungen, Eigenspannungen, Verbindungsmittel usw.) zur Berücksichtigung der "Schlauheit des Materials", d.h. der Spannungsumlagerung infolge örtlicher Plastizierung;
- Berechnung unter ν-fach gesteigerter Belastung und Nachweis gegen erstes Erreichen der Fließgrenze (Elastizitätstheorie 2. Ordnung);
- Berechnung unter ν-facher Belastung unter Berücksichtigung der "plastischen Reserven" des Querschnittes (Plastische Bemessung, Verbundträger);
- Berechnung unter ν-facher Belastung einschl. Systemwechsel durch Bildung von Fließgelenken (Traglastverfahren, Verbundträger, Systeme mit veränderlicher Gliederung);
- Berechnung unter Verwendung unterschiedlicher Laststeigerungsfaktoren im "Bruchlastnachweis" (vorgespannte Systeme, Spannbeton, Verbundträger).

Durch diese Maßnahmen wird versucht, die Widersprüche zu umgehen, die durch den "globalen Sicherheitsfaktor" entstehen. Dies gelingt jedoch nicht immer in befriedigender Weise.

Es werden daher seit geraumer Zeit Anstrengungen unternommen, die Bauwerkssicherheit auf einer mehr "realistischen" und rationalen Grundlage zu berechnen. Hierbei wird vor allem die Tatsache berücksichtigt, daß alle für die Sicherheit eines Bauwerkes wichtigen Größen einer Streuung unterliegen. Es sind daher Untersuchungen mit Hilfe der Wahrscheinlichkeitsrechnung und der Statistik erforderlich. Viele dieser Methoden sind für die tägliche Bemessungspraxis völlig ungeeignet. Die gegenwärtigen Bemühungen richten sich daher vor allem darauf, ein "praktikables" Verfahren zu finden, das die hauptsächlichen Einflüsse möglichst zutreffend beurteilt.

Als wichtigster Schritt in diese Richtung sind die vom DIN herausgegebenen "Grundlagen zur Festlegung von Sicherheitsanforderungen für bauliche Anlagen" 1. Auflage 1981 (Kurztitel: Grusibau) zu betrachten / 2/.

1.3 Das neue Konzept zur Bestimmung der Tragwerkssicherheit

1.3.1 Allgemeines

Zur Harmonisierung der Baubestimmungen bearbeiten internationale Fachgremien neue "Sicherheitsempfehlungen", die (später) in den Staaten der Europäischen Gemeinschaft (möglichst einheitlich) eingeführt werden sollen. In Deutschland sind in der "Grusibau" des DIN /2/ die bisherigen Ergebnisse zusammengefaßt.

1.3.2 Grundlagen

Die Einflußgrößen für die Zuverlässigkeit einer Konstruktion lassen sich vier Gruppen zuordnen:

- die äußeren Einwirkungen (Lasten, Temperatur usw.),
- die rechnerisch ermittelten Beanspruchungen (Einfluß des mechanischen Rechenmodells),
- die Widerstände, die das Bauwerk den Beanspruchungen entgegensetzt (Einfluß des Werkstoffs),
- die planmäßige Ausführung (Einfluß von Imperfektionen).

Innerhalb jeder Gruppe wird die Zuverlässigkeit beeinflußt durch:

- grobe Fehler	durch Kontrolle ausschalten (Prüfingenieur, Bauüberwachung, Nutzungsbeschränkung)
- systematische Fehler } - zufällige Fehler }	auf wahrscheinlichkeitstheoretischer Grundlage berücksichtigen

1.3.3 Anforderungen

Das Konzept für die Beurteilung der Zuverlässigkeit (Sicherheit) soll folgenden Anforderungen genügen:

- es soll für alle Bauarten und Baustoffe anwendbar sein und Ergebnisse liefern, die einen Vergleich untereinander ermöglichen,
- es soll die vorliegenden Erfahrungen mit einbeziehen,
- es soll praktikabel sein.

1.3.4 Theoretische Zusammenhänge

Es werden nur die grundlegenden Zusammenhänge dargestellt, die zum Verständnis der folgenden Überlegungen notwendig sind.

1.3.4.1 Verteilung, Häufigkeit, Wahrscheinlichkeit

Eine Aussage über die Wahrscheinlichkeit des Auftretens eines bestimmten Ereignisses (z.B. der Würfelfestigkeit einer Betonsorte) wird umso zuverlässiger, je größer der Umfang der Stichprobe ist, die man der Grundgesamtheit entnimmt. Trägt man die Ergebnisse der Experimente nach Klassen geordnet auf, so erhält man ein Histogramm (z.B. für die Würfelfestigkeit) nach Bild 1.1.

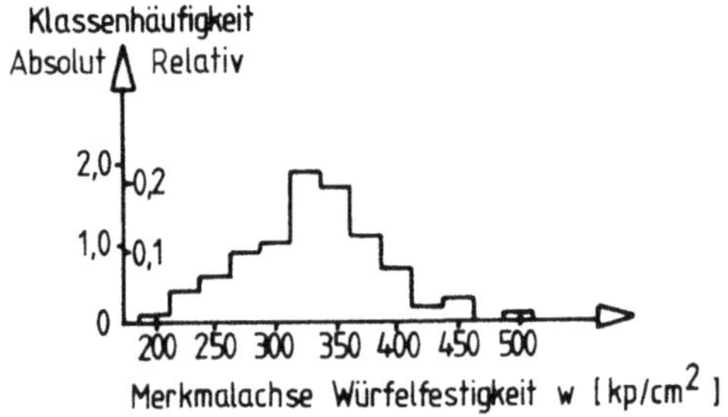

Bild 1.1 Histogramm: Würfelfestigkeit von Beton

Trägt man die Anzahl der Ereignisse auf, die die jeweilige Intervallgrenze der Klasse nicht überschreitet, so erhält man die Summenhäufigkeit nach Bild 1.2.

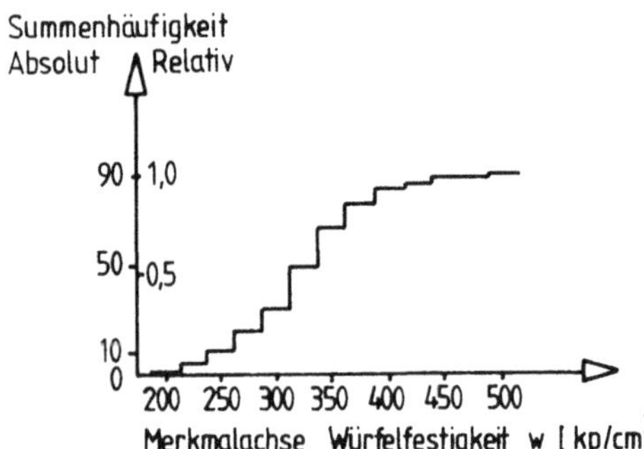

Bild 1.2 Summenhäufigkeit: Würfelfestigkeit von Beton

Um vergleichbare Ergebnisse zu erhalten, wird die relative Häufigkeit benutzt, die eine prozentuale Aussage ermöglicht.

Beim Grenzübergang (Klassenbreite gegen Null, Anzahl der Experimente gegen unendlich) erhält man Kurven, die sich durch Funktionen (Verteilungsdichte und Verteilungsfunktion nach Bild 1.3) ausdrücken lassen.

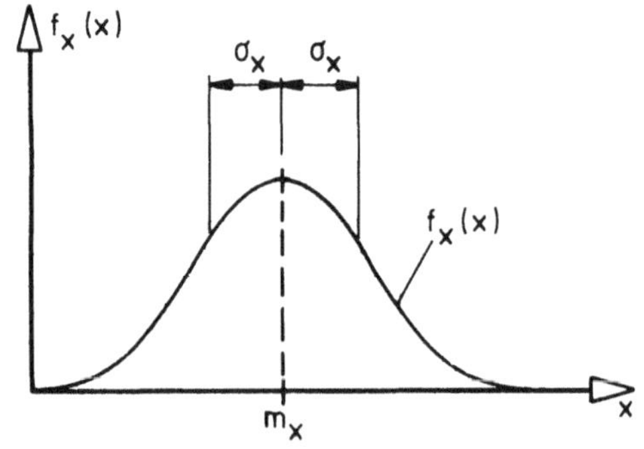

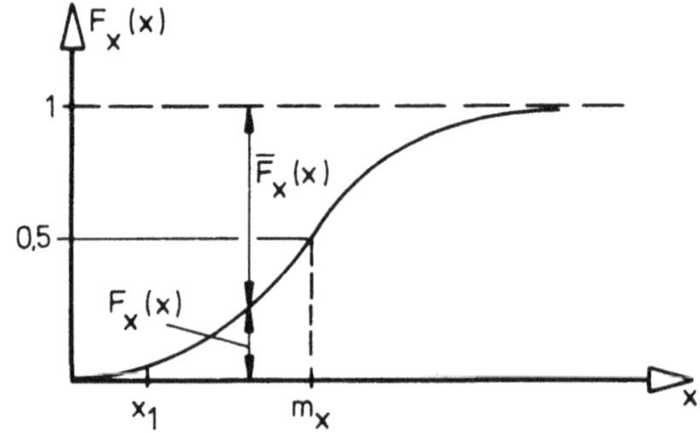

Bild 1.3 a) Verteilungsdichte $f_x(x)$ b) Verteilungsfunktion $F_x(x)$

Für den Zusammenhang zwischen Verteilungsdichte $f_x(x)$ und Verteilungsfunktion $F_x(x)$ gilt

$$F_x(x) = \int_{-\infty}^{x} f_x(x)dx \quad \text{bzw.} \quad \frac{dF_x(x)}{dx} = f_x(x) \qquad (1.1)$$

Der Funktionswert $F_x(x_1)$ gibt an, welcher Anteil der Ereignisse kleiner oder höchstens gleich x_1 ausfällt. Er läßt sich auch als Wahrscheinlichkeit p_f dafür deuten, daß x nicht größer als der Wert x_1 wird.

Daher gilt mit Gleichung (1.1) für die Wahrscheinlichkeit eines Ereignisses

$$p_f = F_x(x_1) = \int_{-\infty}^{x_1} f_x(x)\,dx \tag{1.2}$$

1.3.4.2 <u>Definitionen</u>

Verteilungsdichte und Verteilungsfunktion lassen sich durch folgende Parameterwerte beschreiben:

<u>Zentralwert oder Medianwert $\check{x}$:</u>

Er wird mit gleicher Wahrscheinlichkeit über- oder unterschritten; er entspricht der 50 %-Fraktilen.

<u>Häufigster Wert oder Modalwert $\hat{x}$:</u>

Er liegt bei dem Maximalwert der Dichte.

<u>Mittelwert (mean) $\bar{x}$ oder m_x:</u>

Er ist der Schwerpunkt der Fläche unter der Verteilungsdichte

$$m_x = \bar{x} = \int_{-\infty}^{+\infty} x \cdot f_x(x)\,dx \tag{1.3a}$$

Für eine begrenzte Probenzahl n ist das arithmetische Mittel der beste Schätzwert für $\bar{x}$

$$\bar{x} \approx \frac{1}{n} \cdot \Sigma\, x_i \tag{1.3b}$$

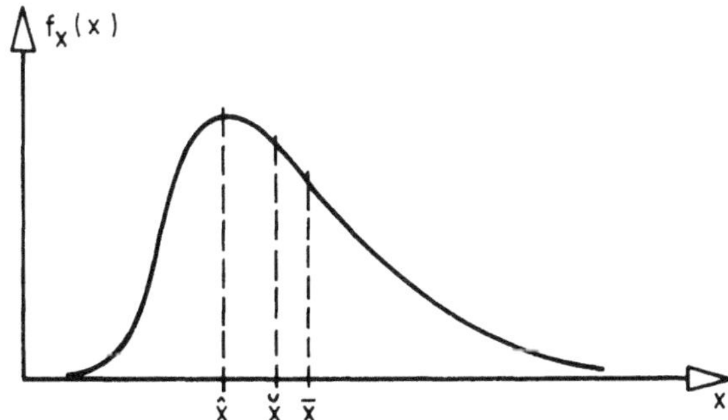

Bild 1.4 Mittelwert $\bar{x}$, Medianwert $\check{x}$ und Modalwert $\hat{x}$

Für symmetrische Dichtefunktionen gilt $\hat{x} = \check{x} = \bar{x}$.

<u>Streuung oder Varianz σ_x^2:</u>

Sie kann als Trägheitsmoment der Fläche unter der Verteilungsdichte (bezogen auf den Schwerpunkt $\bar{x}$) gedeutet werden

$$\sigma_x^2 = \int_{-\infty}^{+\infty} (x-\bar{x})^2 \cdot f_x(x)\,dx \tag{1.4a}$$

Für eine begrenzte Probenzahl n ist sie die mittlere quadratische Abweichung vom Mittelwert $\bar{x}$

$$\sigma_x^2 \approx \frac{1}{n} \cdot \Sigma\, (x_i - \bar{x})^2 \qquad (1.4b)$$

Standardabweichung σ_x:

Sie ist die Wurzel aus der Streuung.

Variationskoeffizient V_x:

Er dient zur dimensionslosen Darstellung

$$V_x = \frac{\sigma_x}{m_x} \qquad (1.5)$$

Fraktile x_p:

Sie ist der Wert, der mit p % Wahrscheinlichkeit unterschritten oder höchstens erreicht wird.

1.3.5 Verteilungsfunktionen

1.3.5.1 Gaußsche Normalverteilung

Für viele Probleme erweist sich die Gaußsche Normalverteilung wegen des einfachen mathematischen Zusammenhanges als sehr brauchbar: jede Linearkombination normalverteilter Größen ist wieder normalverteilt. Ihre Gleichung lautet:

$$f_x(x) = \frac{1}{\sigma_x \sqrt{2\pi}} \exp\left[-\frac{1}{2}\left(\frac{x-m_x}{\sigma_x}\right)^2\right] \quad ; \quad F_x(x) = \frac{1}{\sigma_x \sqrt{2\pi}} \int_{-\infty}^{x} \exp\left[-\frac{1}{2}\left(\frac{x-m_x}{\sigma_x}\right)^2\right] dx \qquad (1.6)$$

Führt man den Fraktilfaktor k_N (häufig auch als k^N bezeichnet) ein

$$k_N = \frac{x-m_x}{\sigma_x} \qquad (1.6a)$$

so erhält man die normierte Dichtefunktion sowie die normierte Verteilungsfunktion

$$\Phi(k_N) = \Phi\left(\frac{x-m_x}{\sigma_x}\right) = \frac{1}{\sqrt{2\pi}} \int_{o}^{k} \exp\left(-\frac{1}{2} k_N^2\right) dk_N$$

Für die Fraktile x_p gilt

$$x_p = m_x \pm k_N \cdot \sigma_x \qquad (1.7)$$

Hinweis: Das positive Vorzeichen gehört zu Fraktilwerten > 50 %, das negative zu Werten < 50 %.

Die Zusammenhänge sind in Bild 1.5 erläutert.

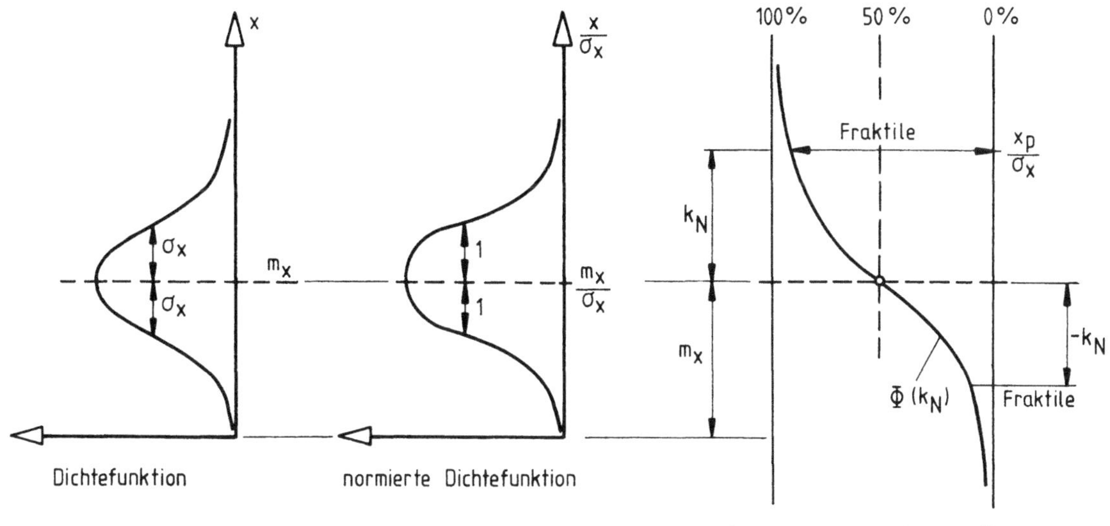

Bild 1.5 Zusammenhänge bei Gaußscher Normalverteilung

Die Funktionswerte $\Phi(k_N)$ sind nicht in geschlossener Form integrierbar. In Bild 1.6 sind einige Zahlenwerte von k_N für die zugehörigen Fraktilen x_p (ausgedrückt durch p %) angegeben.

p %	50	20	10	5	2,5	2,275	1,0	0,135	0,0032	0,00003
k_N	0	0,842	1,282	1,645	1,960	2,000	2,326	3,0	4,0	5,0

Bild 1.6 Zahlenwerte für Fraktilfaktor k_N

Die 5 %-Fraktile ist demnach: Mittelwert minus 1,645facher Standardabweichung.

$$x_{5\,\%} = m_x - 1{,}645 \cdot \sigma_x = m_x(1 - 1{,}645\ V_x) \tag{1.8}$$

Die Festlegung: Mittelwert minus 2facher Standardabweichung entspricht einer 2,275 %-Fraktilen.

Die Gaußsche Normalverteilung weist einen entscheidenden Nachteil auf: sie ist an beiden Enden unbegrenzt. Das bedeutet, daß auch negative Werte (z.B. der Festigkeit) - wenn auch mit sehr geringer Wahrscheinlichkeit - auftreten. Dies ist physikalisch natürlich nicht sinnvoll. Aus diesem Grunde wird für solche Zufallsgrößen i.a. die logarithmische Normalverteilung benutzt.

1.3.5.2 Die logarithmische Normalverteilung

Bei dieser Verteilung sind die natürlichen Logarithmen der Zufallsveränderlichen normalverteilt. Sie ist schief und hat keinen negativen Bereich (s. Bild 1.4). Trägt man die Dichtefunktion jedoch im logarithmischen Maßstab auf, dann erhält man eine symmetrische Kurve. Die Symmetrieachse ist dabei nicht mit m_x identisch. Die grundsätzlichen Zusammenhänge sind in Bild 1.7 erläutert.

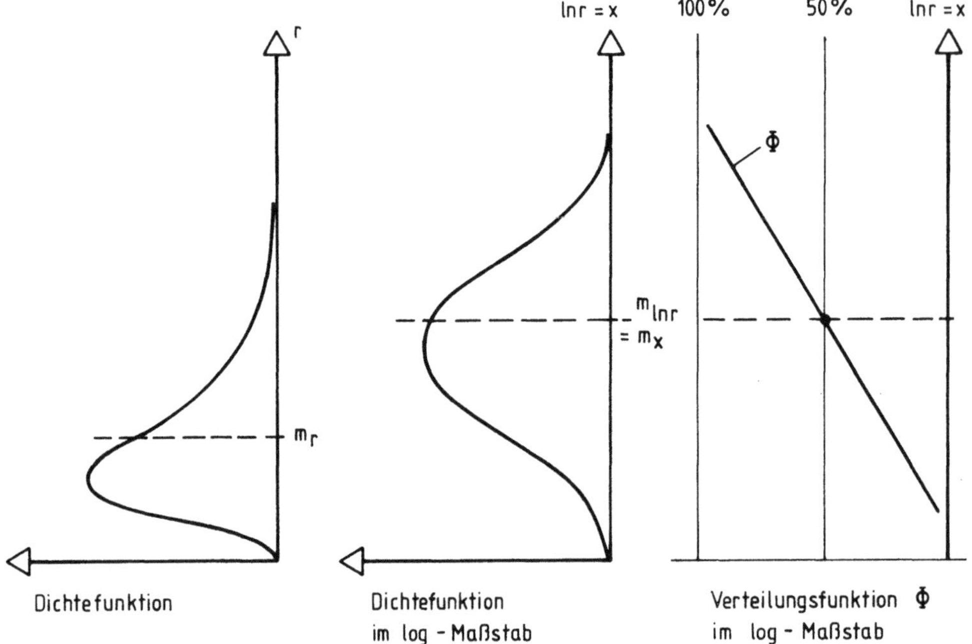

Bild 1.7 Zusammenhänge bei log-Normalverteilung

Die Verteilungsfunktion lautet, wenn x = ln r eingeführt wird

$$F_R(r) = \Phi\left(\frac{x-m_x}{\sigma_x}\right) = \Phi\left(\frac{\ln r - \ln \breve{r}}{\delta_R}\right) \tag{1.9}$$

mit δ_R = Standardabweichung der Logarithmen von r

Für den "Mittelwert der Logarithmen" gilt

$$\breve{r} = m_R \cdot \exp(-\tfrac{1}{2}\,\delta_R^2) \quad \text{oder} \quad \ln \breve{r} = \ln m_R - \tfrac{1}{2}\,\delta_R^2 = m_x = m_{(\ln r)} \tag{1.10}$$

Mit der Näherung $\delta_R \approx V_R$ (für $V_R < 0,3$) gilt für den Fraktilenwert

mit der Bedingung nach Gl. (1.7)

$$x_p = m_x \pm k_N \cdot \sigma_x \qquad \text{für } x = \ln r$$

$$\ln r_p = \ln m_R - \tfrac{1}{2}\,V_R^2 \pm k_N \cdot V_R$$

$$\text{oder } r_p = m_R \cdot \exp(-\,0,5\,V_R^2 \pm k_N \cdot V_R) \tag{1.11}$$

Hinweis: Das positive Vorzeichen gehört zu Fraktilwerten > 50 %, das negative zu Werten < 50 %. Da die log-Normalverteilung für Festigkeitseigenschaften verwendet wird, interessieren nur die Fraktilwerte < 50 % (also das negative Vorzeichen). Für die 5 %-Fraktile mit k_N = 1,645 lautet sie daher

$$r_{5\,\%} = m_R \cdot \exp(-\,1,645 \cdot V_R - 0,5\,V_R^2) \tag{1.12}$$

1.3.5.3 Die Extremwert I-Verteilung

In einem Bezugszeitraum T seien zeitlich veränderliche Zufallsereignisse S_i gemessen worden, von denen nur die n Extremwerte (relative Maximalstellen) interessieren.

Durch die Extremwert I-Verteilung werden die größten zu erwartenden Werte S für $n \rightarrow \infty$ angegeben. Die Zusammenhänge sind in Bild 1.8 dargestellt.

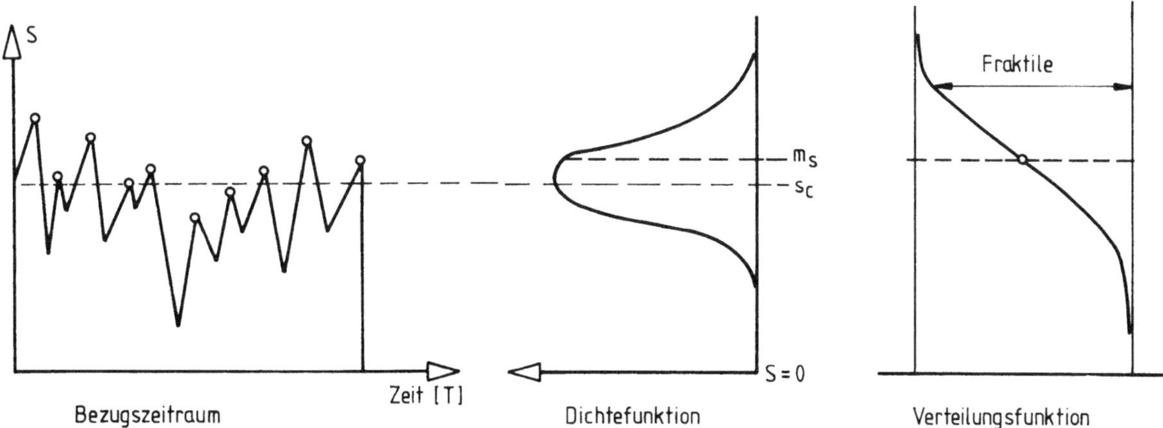

Bild 1.8 Zusammenhänge bei Extremwert I-Verteilung

Die Verteilungsfunktion lautet / 3/

$$F_S(s) = \exp\left(-\exp\left[-a_S(s-s_c)\right]\right) \tag{1.13}$$

$$\text{mit } a_S = \frac{\pi}{\sigma_S \cdot \sqrt{6}} \quad \text{und } s_c = m_S - \frac{0{,}577}{\pi} \cdot \sigma_S \sqrt{6} = m_S - \frac{0{,}577}{a_S}$$

Löst man die Gleichung (1.13) nach s auf, so erhält man den Fraktilenwert s_p

$$s_p = s_c - \frac{\ln\left[-\ln F_S(s)\right]}{a_S} = m_S - \frac{\sqrt{6}}{\pi}\,\sigma_S\left(0{,}577 + \ln\left[-\ln F_S(s)\right]\right)$$

$$s_p = m_S\left[1 - \frac{\sqrt{6}}{\pi} \cdot V_S\left(0{,}577 + \ln\left[-\ln F_S(s)\right]\right)\right] \tag{1.14}$$

Will man die Ergebnisse des Bezugszeitraumes T auf einen anderen Zeitraum T' umrechnen, so folgt aus

$$F_S\,[T'] = (F_S\,[T]\,)^{T/T'} \tag{1.15}$$

eine Mittelwertverschiebung (mit σ_S = konst)

$$m_S\,[T'] = m_S\,[T] + \frac{\sqrt{6}}{\pi}\,\sigma_S \cdot \ln(T'/T)$$

und ein geänderter Fraktilenwert s_p^*

$$s_p^* = m_S\left[1 - \frac{\sqrt{6}}{\pi} \cdot V_S\left(0{,}577 + \ln\left[-\ln(F_S)^{T/T'}\right]\right)\right] \tag{1.16}$$

1.3.6 Die Versagenswahrscheinlichkeit

Wenn mit S (stress) die aus genügend statistischen Unterlagen ermittelte Verteilung einer Einwirkung (Last) bezeichnet wird, mit R (resistance) die Verteilung des Widerstandes eines Bauwerkes, so ergibt sich folgender systematischer Zusammenhang:

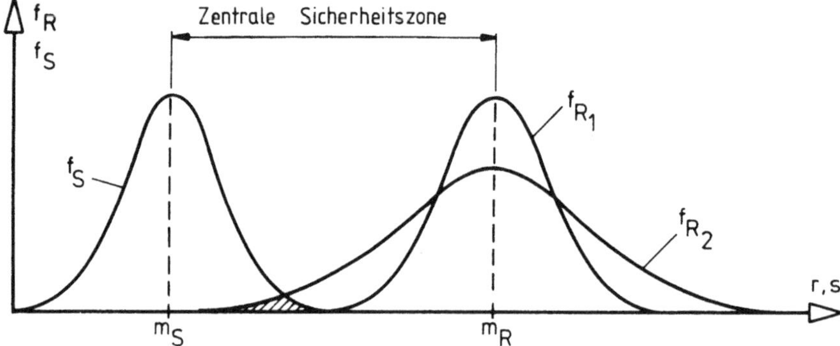

Bild 1.9 Der zentrale Sicherheitsbeiwert γ_o

Der "Respektabstand" $m_R - m_S$ wird in die Form gebracht $m_R = \gamma_o \cdot m_S$, wobei γ_o der zentrale (weil auf die Mittelwerte bezogene) Sicherheitsbeiwert ist.

Versagen tritt ein, wenn R kleiner als S wird. Der Überlappungsbereich (in Bild 1.9 schraffiert) gibt ein Bild für die Versagenswahrscheinlichkeit. Außerdem ist der zentrale Sicherheitsbeiwert $\gamma_o = \frac{m_R}{m_S}$, d.h. der Quotient aus den Mittelwerten von Widerstand und Einwirkungen zu erkennen. Er entspricht einem "globalen Sicherheitsfaktor", wenn als Bezugswerte die Mittelwerte (Zentralwerte) genommen werden.

Aus diesem (nur für sehr einfache mechanische Zusammenhänge gültigen) Beispiel ist folgendes zu ersehen:

- bei gleichem "Abstand" γ_o der Mittelwerte wird die Versagenswahrscheinlichkeit wesentlich von der Größe der Streuung (Standardabweichung) beeinflußt. Z.B. hat die Verteilung f_{R_2} mit relativ großer Streuung einen wesentlich größeren Überlappungsbereich als die Verteilung f_{R_1}, die geringer streut.
- daher muß, um gleiche Versagenswahrscheinlichkeit anzustreben, der "Abstand" der Mittelwerte γ_o mit zunehmender Streuung vergrößert werden.

Nimmt man anstelle der Mittelwerte m_S und m_R als Bezugswerte bestimmte Faktilenwerte s_p und r_p (z.B. 95%-Fraktile der Lasten und 5%-Fraktile der Widerstände), so ergeben sich folgende Zusammenhänge (s. Bild 1.10):

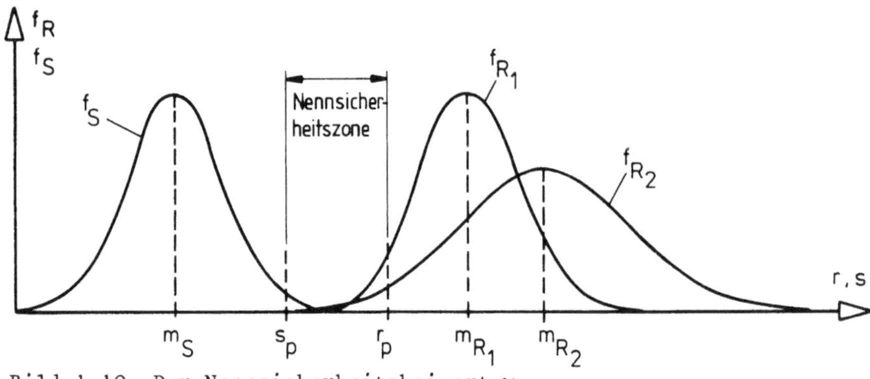

Bild 1.10 Der Nennsicherheitsbeiwert γ_p

Der "Respektabstand" $r_p - s_p$ wird in die Form gebracht $r_p = \gamma_p \cdot s_p$

Auch bei gleichem "Abstand" γ_p der Fraktilenwerte ist die Versagenswahrscheinlichkeit von der Streuung (Standardabweichung) abhängig, also auch die Sicherheitsbeiwerte. Man erkennt diesen Zusammenhang deutlich an den unterschiedlichen Überlappungsbereichen der beiden unterschiedlich streuenden, aber auf die gleiche Fraktile bezogenen Kurven f_{R_1} und f_{R_2}.

Auch ein "Nennsicherheitsbeiwert" $\gamma_p = \frac{r_p}{s_p}$ (er entspricht dem "Respektabstand" $r_p - s_p$), der auf die Fraktilenwerte bezogen wird, muß demnach in Abhängigkeit von der Streuung festgelegt werden.

Aus den Abbildungen wird außerdem folgende Problematik deutlich:

- die genaue Kenntnis der Verteilungsfunktionen in den auslaufenden (überlappenden) Bereichen ist unbedingt erforderlich (wegen der anzustrebenden geringen Versagenswahrscheinlichkeit);
- gerade für diese Bereiche fehlen im allgemeinen die Daten;
- bei komplizierteren Zusammenhängen (das Beispiel zeigt nur den einfachsten Fall) treten große (in manchen Fällen unlösbare) numerische Schwierigkeiten auf;
- die Einbeziehung der "Erfahrung" wäre nicht möglich, wenn man die Sicherheit nur an der Versagenswahrscheinlichkeit messen wollte.

Zur Quantifizierung der Zuverlässigkeit (oder Sicherheit) ist daher die "Versagenswahrscheinlichkeit" nicht geeignet. Der Nachweis der Zuverlässigkeit durch "exakte" Anwendung der Wahrscheinlichkeitstheorie wird im allgemeinen mit "Stufe III" bezeichnet. Für die praktische Bemessung haben diese Verfahren keine Bedeutung. Sie dienen aber zur Begründung der Verfahren nach Stufe II.

1.3.7 Der Sicherheitsindex

Vergleicht man deterministisch eine Einwirkung S mit dem Widerstand R eines Bauteils in einem gegebenen Grenzzustand (z.B. dem Grenzzustand der Tragfähigkeit), dann ist das Bauteil sicher, solange R größer als S gewählt wird. Die Differenz

$$Z = R - S \tag{1.17}$$

bezeichnet man als Sicherheitszone. Für

$$R = S \text{ d.h. } Z = 0 \tag{1.18}$$

ist der definierte Grenzzustand gegeben. Ist R kleiner als S, dann ist der definierte Grenzzustand überschritten.

Sind Einwirkung S und Widerstand R voneinander unabhängige, zufällig streuende Größen mit den Verteilungsdichten $f_S(s)$, $f_R(r)$, den Mittelwerten m_S, m_R und den Standardabweichungen σ_S, σ_R, so streut auch die Sicherheitszone Z mit der Verteilungsdichte $f_Z(z)$ (Bild 1.11). Sind $f_S(s)$ und $f_R(r)$ normalverteilt, so ist auch $f_Z(z)$ normalverteilt.

Nach der Ausgleichsrechnung ergibt sich der Mittelwert m_Z

$$m_Z = m_R - m_S \tag{1.19}$$

und die Standardabweichung σ_Z

$$\sigma_Z = \sqrt{(\sigma_R^2 + \sigma_S^2)} \qquad (1.20)$$

Die Grenzzustandsgleichung (1.18) gilt für alle zufälligen Werte s, r von Einwirkung und Widerstand, für die

$$r = s \quad , \text{d.h.} \quad z = 0 \quad \text{ist.} \qquad (1.21)$$

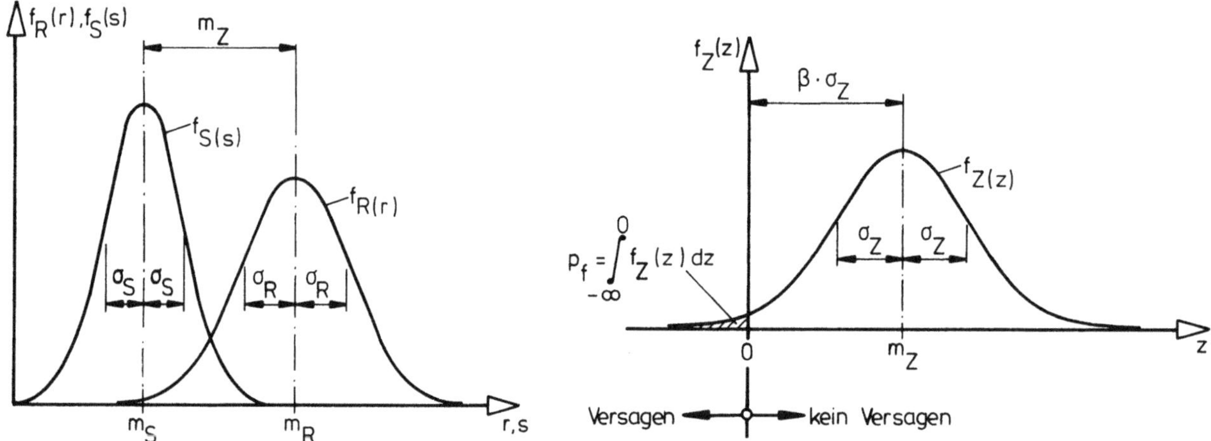

Bild 1.11 Verteilungsdichten von Einwirkung S, Widerstand R und Sicherheitszone Z

Aus Bild 1.11 erkennt man, daß Fälle $Z \leq 0$ nicht mehr auszuschließen sind. Die Wahrscheinlichkeit p_f ihres Auftretens kann man als Fläche unter der Verteilungsdichte $f_Z(z)$ der Sicherheitszone Z im Bereich $Z \leq 0$ interpretieren:

$$p_f = \int_{-\infty}^{0} f_Z(z)dz = F_Z(z=0) = \Phi(- \frac{m_Z}{\sigma_z}) = \Phi(- \beta) \qquad (1.22)$$

Wenn der Mittelwert m_Z als β-fache Standardabweichung σ_Z nach Bild 1.11 definiert wird,

$$m_Z = \beta\ \sigma_Z \qquad (1.23)$$

kann der Fall des Versagens als Fraktilenwert der Funktion $f_Z(z)$ aufgefaßt werden. Mit anderen Worten: Gleiche Werte β liefern gleiche Zuverlässigkeiten. Mit wachsendem β steigt die Zuverlässigkeit (s. auch Tabelle Bild 1.6).

Daher wird β "Sicherheitsindex" genannt. Aus (1.19) und (1.20) folgt:

$$\beta = \frac{m_Z}{\sigma_Z} = \frac{m_R - m_S}{\sqrt{\sigma_R^2 + \sigma_S^2}} \qquad (1.24)$$

Selbstverständlich ist dadurch nicht die o.g. Problematik der mangelhaften Kenntnis der "auslaufenden" Bereiche der Verteilungsfunktion beseitigt, aber der Sicherheitsindex β (dem nur eine operative, vergleichende Bedeutung zukommt) kann benutzt werden,

- um durch "Eichung" an bestehenden Bauwerken die gesammelten Erfahrungen einzubeziehen,
- um unterschiedliche Schadensfolgen zu berücksichtigen,
- um Grenzzustände der Gebrauchsfähigkeit und der Tragfähigkeit zu unterscheiden.

Bei linearen Problemen (Theorie 1. Ordnung) und Normalverteilung besteht folgender Zusammenhang zwischen dem Sicherheitsindex β und der Versagenswahrscheinlichkeit p_f:

β	5,2	4,7	4,2	3,7	3,0	2,5	2,0
p_f	$\sim 10^{-7}$	$\sim 10^{-6}$	$\sim 10^{-5}$	$\sim 10^{-4}$	$\sim 10^{-3}$	$\sim 5 \cdot 10^{-3}$	$\sim 10^{-2}$

1.3.8 Nachweisverfahren der Stufe II

1.3.8.1 Allgemeines

Die Verfahren dieser Stufe berücksichtigen Mittelwert, Streuung und näherungsweise den Verteilungstyp der Einzeleinflüsse und die linearisierte Grenzzustandsbedingung für diejenige Wertekombination der Bemessungsparameter, für die die Wahrscheinlichkeit des Versagens zu einem Maximum wird. Sie werden als probabilistisch bezeichnet. Der Sicherheitsindex β wird als operative Größe der Zuverlässigkeit unmittelbar in der Berechnung verwendet.

Die Verfahren der Stufe II sind für die tägliche Bemessungspraxis viel zu kompliziert. Sie bilden vornehmlich die Grundlage für die Neubearbeitung von Last- und Bemessungsnormen, d.h. zur Festlegung der Teilsicherheitsbeiwerte der Verfahren nach Stufe I (vgl. Abschnitt 1.3.9).

1.3.8.2 Nachweis bei zwei Einzeleinflüssen

Eine geometrische Deutung des Sicherheitsindex β gelingt ausgehend von Bild 1.12

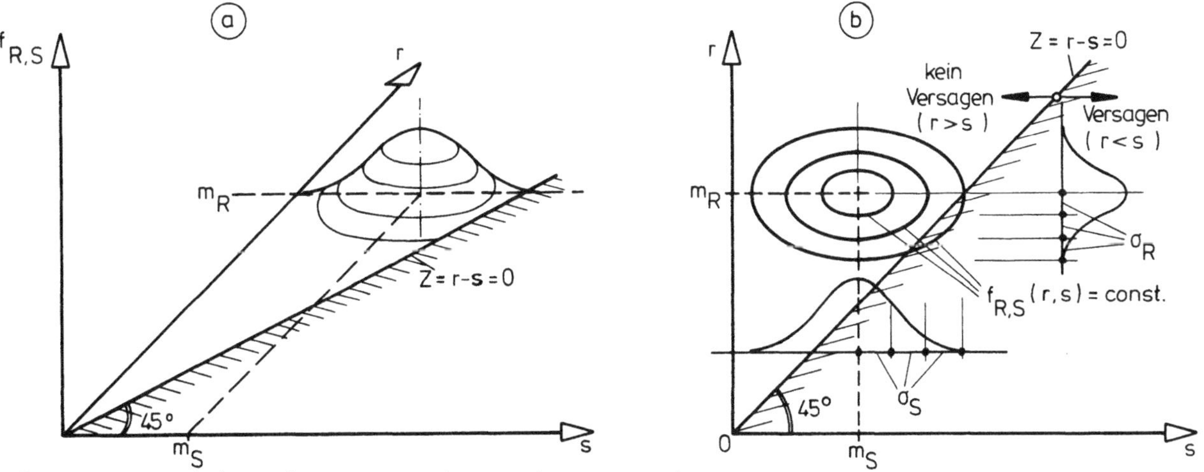

Bild 1.12 Zweidimensionale Verteilungsdichte $f_{R,S}(r,s)$ und Versagensgrenze $Z = r - s = 0$
a) räumliche Darstellung b) ebene Darstellung

Es ist mit den Verteilungsdichten $f_S(s)$ und $f_R(r)$ die zweidimensionale Verteilungsdichte

$$f_{R,S}(r,s) = f_R(r) \cdot f_S(s) \tag{1.25}$$

dargestellt.

Bei linearen Zusammenhängen ist die Bemessungsgleichung eine Gerade, die den definierten Grenzzustand r - s = 0 beschreibt. Das Volumen der Verteilungsdichte $f_{R,S}(r,s)$ unterhalb dieser Geraden entspricht dem Bereich des Versagens in Bild 1.11. Für Gaußsche Normalverteilungen ergeben sich die Höhenlinien $f_{R,S}(r,s)$ = konstant als Ellipsen.

Bezieht man die Werte s, r auf die zugehörigen Standardabweichungen σ_S, σ_R, dann gehen in einem Koordinatensystem

$$\bar{s} = \frac{s}{\sigma_S} \quad ; \quad \bar{r} = \frac{r}{\sigma_R} \tag{1.26}$$

die Ellipsen in Kreise über, wobei sich die Neigung der Grenzzustandsgeraden entsprechend ändert.

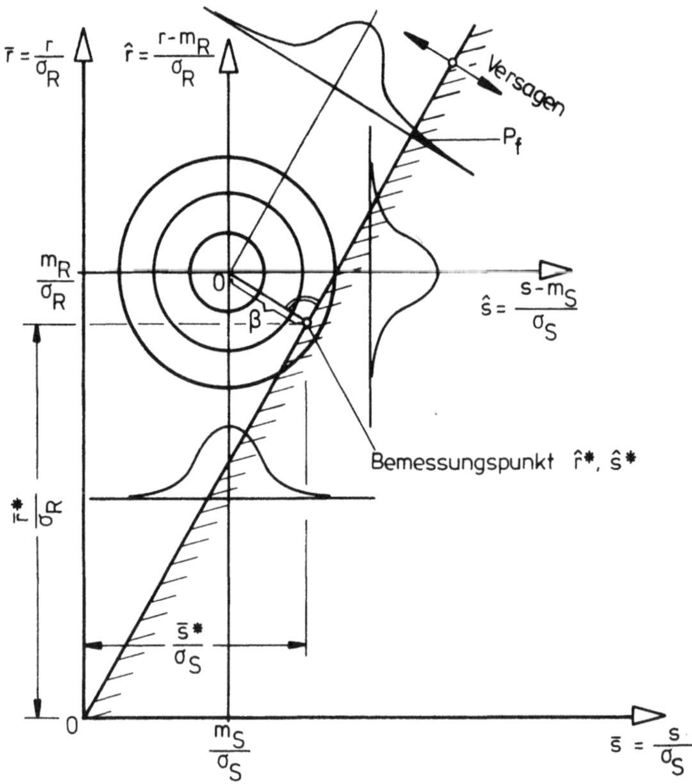

Bild 1.13 Zweidimensionale Verteilungsdichte $f_{\hat{R},\hat{S}}(\hat{r},\hat{s})$ im transformierten Koordinatensystem

Verschiebt man außerdem den Ursprung des Achsensystems in den Mittelpunkt $\frac{m_S}{\sigma_S}$, $\frac{m_R}{\sigma_R}$ der Kreise, so erhält man die neuen Koordinaten (s. Bild 1.13)

$$\hat{s} = \frac{s - m_S}{\sigma_S} \quad ; \quad \hat{r} = \frac{r - m_R}{\sigma_R} \tag{1.27}$$

Die Gleichung der Grenzzustandsgeraden lautet jetzt

$$\hat{r} \cdot \sigma_R + m_R - \hat{s} \cdot \sigma_S - m_S = 0 \quad \text{oder} \quad \hat{r}\,\frac{\sigma_R}{\sqrt{\sigma_R^2+\sigma_S^2}} - \hat{s}\,\frac{\sigma_S}{\sqrt{\sigma_R^2+\sigma_S^2}} + \frac{m_R - m_S}{\sqrt{\sigma_R^2+\sigma_S^2}} = 0 \tag{1.28}$$

Je näher die Grenzzustandsgerade am Ursprung $\hat{r} = 0$, $\hat{s} = 0$ liegt, desto größer ist die Wahrscheinlichkeit p_f, daß der Grenzzustand überschritten wird.

Der kürzeste Abstand zwischen Ursprung und Grenzzustandsgeraden läßt sich aus der Hesseschen Normalform der Geradengleichung (Gl. 1.28) als absolutes Glied ablesen. Ein Vergleich mit Gleichung (1.24) zeigt, daß dies der Sicherheitsindex β ist.

Die Gleichung $\beta = \frac{m_z}{\sigma_z} = \frac{m_R - m_S}{\sqrt{\sigma_R^2+\sigma_S^2}} \geq \beta_{Grenz}$ (1.29)

stellt den probabilistischen Nachweis dar.

Für die praktische Anwendung wird sie weiter aufbereitet.

In Gleichung (1.28) treten die Kosinus der Normalen auf die Grenzzustandsgerade als Koeffizienten der Werte $\hat{r}$ und $\hat{s}$ auf. Sie werden mit α_R und α_S bezeichnet (allgemein gilt $\alpha_i = - \cos \delta_i$)

$$(-\cos \delta_R =)\ \alpha_R = \frac{\sigma_R}{\sqrt{\sigma_R^2+\sigma_S^2}} \quad ; \quad (-\cos \delta_S =)\ \alpha_S = \frac{-\sigma_S}{\sqrt{\sigma_R^2+\sigma_S^2}} \qquad (1.30a)$$

Es gilt daher: $\sqrt{\alpha_R^2 + \alpha_S^2} = 1$ (1.30b)

$-\alpha_R \cdot \beta$ und $-\alpha_S \cdot \beta$ sind als "Komponenten" von β ein Maß (Wichtung) dafür, wie empfindlich der Vektor β in Abhängigkeit von seinem Neigungswinkel auf eine Koordinatenänderung von $\hat{r}^*$ und $\hat{s}^*$ reagiert (Bild 1.14). Sie werden daher "Wichtungsfaktoren" genannt.

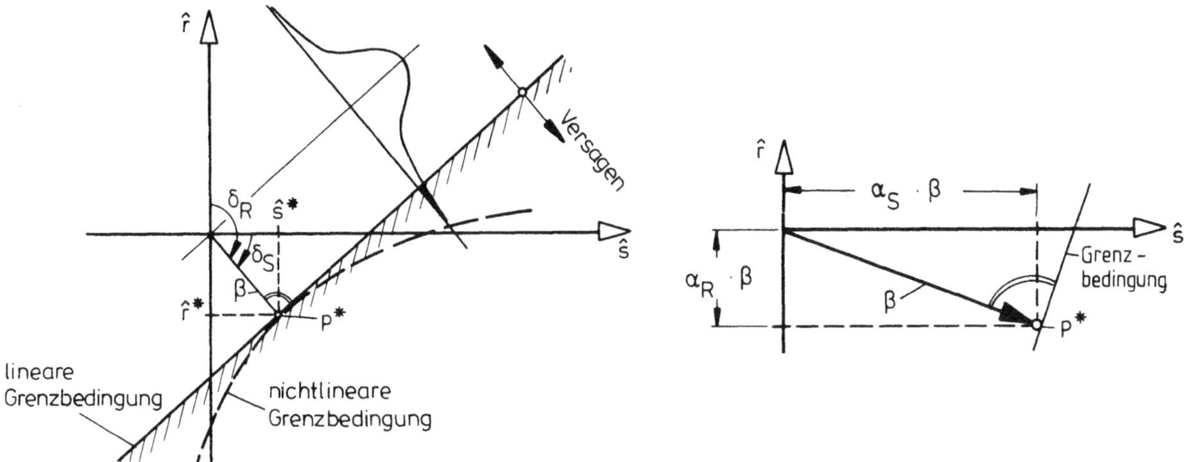

Bild 1.14 Vektor β und seine Komponenten

Am Lotfußpunkt $\hat{s}^*$, $\hat{r}^*$ ist die Wahrscheinlichkeit am größten, daß der Grenzzustand überschritten wird. Es genügt, die Sicherheit eines Bauteils, ausgedrückt durch den kleinsten Sicherheitsindex β, an diesem ausgewählten Punkt, dem sogenannten Bemessungspunkt P*, zu prüfen.

Die Koordinaten dieses Punktes im $\hat{r}$-$\hat{s}$-System lauten

$$\hat{r}^* = -\alpha_R \cdot \beta \quad \text{und} \quad \hat{s}^* = -\alpha_S \cdot \beta \qquad (1.31)$$

Im ursprünglichen r-s-System lauten die Koordinaten des Bemessungspunktes mit Gl. (1.27)

$$r^* = m_R + \hat{r}^* \cdot \sigma_R = m_R - \alpha_R \cdot \beta \cdot \sigma_R \qquad (1.32)$$

$$s^* = m_S + \hat{s}^* \cdot \sigma_S = m_S - \alpha_S \cdot \beta \cdot \sigma_S \qquad (1.33)$$

Die Nachweisgleichung am Bemessungspunkt $P^*(r^*, s^*)$ lautet daher

$$\underbrace{(m_R - \alpha_R \cdot \beta \cdot \sigma_R)}_{z^* = \quad r^*} - \underbrace{(m_S - \alpha_S \cdot \beta \cdot \sigma_S)}_{s^*} = 0 \tag{1.34}$$

Die Wichtungsfaktoren α_R und α_S sind über die Bedingung $\sqrt{\alpha_R^2 + \alpha_S^2} = 1$ (s. Gl. 1.30b) miteinander gekoppelt, sie müssen iterativ ermittelt werden. Dies erschwert die praktische Berechnung erheblich. Sie werden daher als Konstante eingeführt mit

$$\tilde{\alpha}_R = 0{,}8 \quad \text{und} \quad \tilde{\alpha}_S = -\,0{,}7 \tag{1.35}$$

Hierdurch wird $\sqrt{\alpha_R^2 + \alpha_S^2} = 1{,}06 > 1{,}0$, so daß der Bemessungspunkt P* um rd. 6 % außerhalb des mit β umschriebenen Kreises liegt. Es tritt "im Mittel" eine akzeptable Abweichung des Wertes β auf mit dem in Bild 1.15 dargestellten "Gültigkeitsbereich" / 3/.

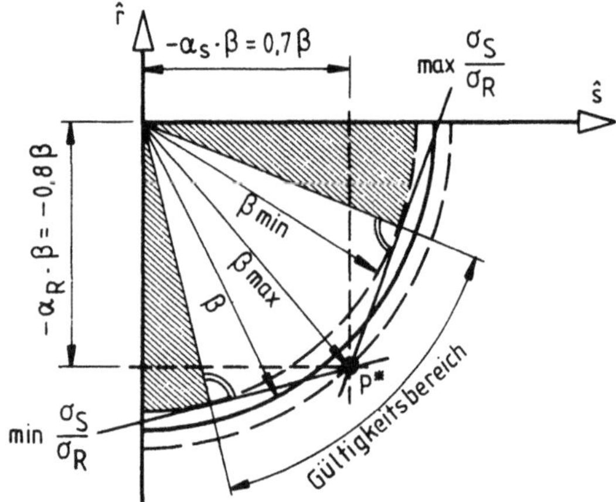

Bild 1.15 Gültigkeitsbereich

Größte Abweichung zur unwirtschaftlichen Seite führt zu $\beta_{max} = 1{,}06\ \beta$.
Größte zugestandene Abweichung zur unsicheren Seite $\Delta\beta = 0{,}5$ führt zu dem nicht schraffierten Gültigkeitsbereich mit folgenden Grenzverhältnissen für σ_S/σ_R

-für den Grenzzustand der Tragfähigkeit: $\min(\sigma_S/\sigma_R) = 0{,}15$; $\max(\sigma_S/\sigma_R) = 3{,}48$

-für den Grenzzustand der Gebrauchsfähigkeit: $\min(\sigma_S/\sigma_R) = 0{,}05$; $\max(\sigma_S/\sigma_R) = 5{,}43$

Die Vereinfachung liefert gute Näherungen im baupraktischen Bereich.

Bei nichtlinearer Grenzbedingung gemäß Bild 1.14 werden die Koeffizienten α_R und α_S, d.h. die Richtungskosinus der kürzesten Entfernung β nach den elementaren Regeln der analytischen Geometrie dadurch bestimmt, daß man die Grenzkurve

$$g(\hat{r}, \hat{s}) = 0 \tag{1.36}$$

im Bemessungspunkt $P(\hat{r}^*, \hat{s}^*)$ durch ihre Tangente (partielle Ableitungen) ersetzt.

$$\alpha_S = \left. \frac{\frac{\partial g}{\partial \hat{s}}}{\sqrt{\left(\frac{\partial g}{\partial \hat{r}}\right)^2 + \left(\frac{\partial g}{\partial \hat{s}}\right)^2}} \right|_{\hat{r}^*, \hat{s}^*} \quad \text{und} \quad \alpha_R = \left. \frac{\frac{\partial g}{\partial \hat{r}}}{\sqrt{\left(\frac{\partial g}{\partial \hat{r}}\right)^2 + \left(\frac{\partial g}{\partial \hat{s}}\right)^2}} \right|_{\hat{r}^*, \hat{s}^*} \tag{1.37}$$

Da die Grenzbedingung im allgemeinen im r-, s-Koordinatensystem aufgestellt wird

$$g(r,s) = 0 \tag{1.38}$$

muß wegen Gl. (1.27) beachtet werden, daß

$$\frac{\partial g}{\partial \hat{r}} = \frac{\partial g}{\partial r}\frac{\partial r}{\partial \hat{r}} = \frac{\partial g}{\partial r}\sigma_R \quad \text{und} \quad \frac{\partial g}{\partial \hat{s}} = \frac{\partial g}{\partial s}\sigma_S \tag{1.39}$$

1.3.8.3 Nachweis bei mehreren Einzeleinflüssen

Wenn die Grenzbedingung mehrere streuende Größen enthält

$$g(x_1, x_2, \ldots x_n) = 0 \tag{1.40}$$

z.B. $x_A + x_B \leq x_C$ wobei A,B = Einwirkung
C = Widerstand

so hat man statt der Ebene $\hat{r}$, $\hat{s}$ den Raum $\hat{x}_1, \hat{x}_2, \ldots \hat{x}_n$ zu beachten.

Für die Kreise nach Bild 1.13 erhält man bei drei Einzeleinflüssen dann Kugeln und statt der Grenzgeraden eine Grenzebene bzw. allgemein eine Grenzfläche, die im Lotfußpunkt als Tangentialebene (partielle Ableitungen) angenähert wird (s. Bild 1.16).

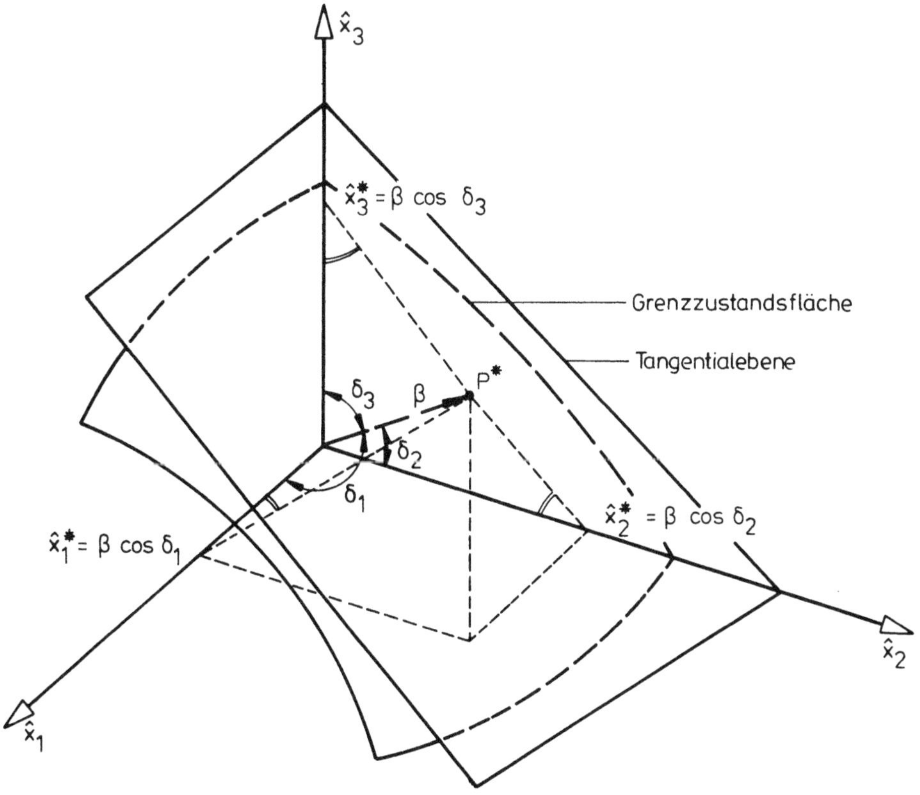

Bild 1.16 Deutung der Linearfaktoren - α_i als Richtungskosinus für den dreidimensionalen Fall (Darstellung im 1. Oktanten)

Für die Koordinaten des Bemessungspunktes x_i^* erhält man wieder mit Linearfaktoren α_i die Bedingungsgleichungen

$$\hat{x}_i^* = - \alpha_i \cdot \beta \quad (= \beta \cdot \cos \delta_i) \tag{1.41}$$

Die α_i-Werte sind wieder die Richtungskosinus der Koordinatenrichtungen (Bild 1.16) und müssen daher die Bedingung erfüllen:

$$\Sigma \alpha_i^2 = 1 \tag{1.42}$$

Die Berechnung erfolgt nach den Gesetzen der analytischen Geometrie / 3/.

Treten viele Einzeleinflüsse (r_1 bis r_n und s_1 bis s_n) auf, so lautet die Bemessungsgleichung (1.34)

$$\begin{aligned} z^* &= g_R(r_1^*, r_2^*, \ldots . r_n^*) - g_S(s_1^*, s_2^*, \ldots . s_n^*) = 0 \\ z^* &= {}_{\text{Res.}}r^* \qquad - \qquad {}_{\text{Res.}}s^* \qquad = 0 \end{aligned} \tag{1.43}$$

Man erhält sichere Bemessungswerte ${}_{\text{Res.}}s^*$ der resultierenden Einwirkung bzw. ${}_{\text{Res.}}r^*$ des resultierenden Widerstandes, wenn den einzelnen Anteilen s_i und r_i je nach Größe ihres Streuungseinflusses zusätzliche Wichtungsfaktoren α_{R_i} und α_{S_i} zugewiesen werden.

Die Zufallsvariablen S_i und R_i werden zu diesem Zweck nach ihrem Streuungseinfluß geordnet (mit wachsendem i abnehmend). Der zusätzliche Wichtungsfaktor errechnet sich nach / 3/ zu:

$$\alpha_{R_i} = \alpha_{S_i} = \sqrt{i} - \sqrt{i-1} \qquad i = 1,2,\ldots n$$

Vereinfachend kann gesetzt werden

$$\alpha_{R_1} = \alpha_{S_1} = 1,0 \tag{1.44}$$

$$\alpha_{R_i} = \alpha_{S_i} = 0,4 \quad \text{für } i \geq 2 \tag{1.45}$$

Die Bemessungswerte werden in der Regel durch zweckmäßig festgelegte charakteristische Werte (Nennwerte) und Teilsicherheitsbeiwerte γ_i bzw. additive Sicherheitselemente δ_i ausgedrückt (s. Abschn. 1.3.9.1)

Als Näherungsansatz für viele Einzeleinflüsse (z.B. s_i) im Sinne der Deutung der $\alpha\beta$-Werte als Komponenten des β-Vektors gilt daher

$$s_i^* = m_{S_i} - \tilde{\alpha}_S \cdot \alpha_{S_i} \beta \cdot \sigma_{S_i} \tag{1.46a}$$

wobei $\tilde{\alpha}_S = -0,7$ der (globale) Wichtungsfaktor für die Einwirkungsseite (Gl. 1.35) und $\alpha_{S_{i=1}} = 1,0$ für die Größe $S_{i=1}$ (größter Einfluß) gesetzt werden. Für alle Größen $S_{i\geq 2}$ wird $\alpha_{S_i} = 0,4$ als relativer Zuwachs des β-Vektors (auf der sicheren Seite) gesetzt.

Entsprechend gilt für die Widerstandsseite

$$r_i^* = m_{r_i} - \tilde{\alpha}_R \cdot \alpha_{R_i} \cdot \beta \cdot \sigma_{R_i} \tag{1.46b}$$

mit $\tilde{\alpha}_R = 0,8$; $\alpha_{R_1} = 1,0$; $\alpha_{R_{i>2}} = 0,4$

1.3.8.4 Verschiedene Verteilungsfunktionen

Für die Resultierende Z = R - S aller Zufallsvariablen wird unterstellt, daß deren Verteilung (als Summe vieler Einzeleinflüsse) gegen die Gaußsche Normalverteilung konvergiert. Für die Einzelgrößen R_i und S_i können andere Dichtefunktionen verwendet werden (z.B. um keine negativen Werte für die Festigkeiten zu erhalten).
Zweckmäßige Verteilungen sind unter Berücksichtigung der Herleitungen in den vorigen Kapiteln:

- für ständige Einwirkung (z.B. Eigengewicht): die Normalverteilung mit dem Bemessungswert

$$s_i^* = m_{S_i} \, (1 \pm \tilde{\alpha}_S \alpha_{S_i} \cdot \beta \cdot V_{S_i}) \qquad (1.47)$$

  Das Vorzeichen richtet sich je nach günstiger oder ungünstiger Wirkung.

- für zeitlich veränderliche Einwirkungen (z.B. aus Verkehr und Naturereignissen): die Extremwert I-Verteilung mit dem Bemessungswert

$$s_i^* = m_{S_i} \left[1 - \frac{\sqrt{6}}{\pi} \cdot V_{S_i} \left(0{,}577 + \ln \left[- \ln \Phi (\tilde{\alpha}_S \alpha_{S_i} \cdot \beta) \right] \right) \right] \qquad (1.48)$$

- für Widerstände (z.B. Material- oder Bauteilfestigkeiten): die logarithmische Normalverteilung mit dem Bemessungswert

$$r_i^* = m_{R_i} \, \exp(- \tilde{\alpha}_R \alpha_{R_i} \cdot \beta \cdot V_{R_i} - 0{,}5 \, V_{R_i}^2) \qquad (1.49)$$

1.3.9 Herleitung von Teilsicherheitsbeiwerten (Stufe I)

1.3.9.1 Allgemeines

Das Ziel jeder Bemessung besteht in dem Nachweis, daß der untersuchte Grenzzustand mit vorgegebener Zuverlässigkeit (Sicherheitsindex ß) nicht erreicht wird. Hierzu wurden im Kapitel 1.3.8 die Bemessungswerte r_i^* und s_i^* hergeleitet.
Für Zufallsvariable, deren Variationskoeffizient $V_{x_i} = \frac{\sigma_{x_i}}{m_{x_i}}$ vom Mittelwert m_{x_i} abhängig ist, werden die Bemessungswerte r_i^* und s_i^* als Produkt von Teilsicherheitsfaktoren γ_{fi}, γ_{mi} und charakteristischen Werten r_{ki}, s_{ki} (Fraktilen) nach Gl. (1.50) ausgedrückt

$$r_i^* = \frac{r_{ki}}{\gamma_{mi}} \quad \text{für Widerstände} \qquad (1.50a)$$

$$s_i^* = \gamma_{fi} \cdot s_{ki} \quad \text{für Einwirkungen} \qquad (1.50b)$$

Anmerkung: Der Index f gilt für Einwirkungen (force),
der Index m gilt für Widerstände (material).

Ist der Variationskoeffizient vom Mittelwert unabhängig (Zufallsvariable mit Mittelwert Null, z.B. Imperfektionen, Lotabweichungen von Stützen, Schnittgrößen im Momenten- oder Querkraft-Nullpunkt) werden zweckmäßig additive Sicherheitselemente δ_i gewählt (s. Abschn. 1.3.9.5)

$$r_i^* = r_{ki} - \delta_{mi} \quad \text{für Widerstände} \tag{1.51a}$$

$$s_i^* = s_{ki} + \delta_{fi} \quad \text{für Einwirkungen} \tag{1.51b}$$

Der Nachweis lautet dann allgemein

$$\gamma_f \cdot s_k + \delta_f \leq \frac{r_k}{\gamma_m} - \delta_m \tag{1.52}$$

Bei der Kombination von veränderlichen Lasten sind zur Berücksichtigung der geringeren Wahrscheinlichkeit des gleichzeitigen Auftretens ihrer Extremwerte Kombinationsbeiwerte $\psi_{o,i}$ einzuführen.
Ständig einwirkende Anteile von veränderlichen Lasten (z.B. bei Kriechproblemen) können durch Kombinationsbeiwerte $\psi_{1,i}$ erfaßt werden.

1.3.9.2 Teilsicherheitsbeiwerte γ_m für Widerstände R

Für die Zufallsvariable mit dem größten Streuungseinfluß (Index 1) lauten die Wichtungsfaktoren α nach Gl. (1.35) und (1.44)

$$\tilde{\alpha}_R = 0{,}8 \quad \text{und} \quad \alpha_{R_1} = 1{,}0$$

Für logarithmische Normalverteilung folgt damit der Bemessungswert nach Gl. (1.49)

$$r_1^* = m_{R_1} \cdot \exp(-\,0{,}8 \cdot 1{,}0 \cdot \beta \cdot V_{R_1} - o{,}5\; V_{R_1}^2) \tag{1.53}$$

Wird für den charakteristischen Wert r_k (z.B. 5 %-Fraktile) eine log-Normalverteilung zugrunde gelegt, so gilt nach Gl. (1.12)

$$r_{k_1} = m_{R_1} \cdot \exp(-\,1{,}645\; V_{R_1} - 0{,}5\; V_{R_1}^2) \tag{1.54}$$

Der Teilsicherheitsbeiwert γ_{m1} errechnet sich dann zu

$$\gamma_{m_1} = \frac{r_{k1}}{r_1^*} = \exp\left[\,(0{,}8 \cdot \beta - 1{,}645)\; V_{R_1}\right] \tag{1.55}$$

Wird der charakteristische Wert r_k als 5 %-Fraktile einer Gaußschen Normalverteilung definiert (z.B. in DIN 1045 für die Betondruckfestigkeit β_R und Streckgrenze β_S für Betonstahl) so lautet der Teilsicherheitsbeiwert mit $r_{k1} = m_{R_1}(1 - 1{,}645\; V_{R_1})$ nach Gl. (1.8)

$$\gamma_{m1} = \frac{1 - 1{,}645 \cdot V_{R_1}}{\exp(-\,0{,}8\beta\; V_{R_1} - 0{,}5\; V_{R_1}^2)} \tag{1.56}$$

Wird der charakteristische Wert r_k als "Mittelwert minus 2-facher Standardabweichung" einer Gauß-Normalverteilung definiert (z.B. Europäische Knickspannungskurven des Stahlbaus und Streckgrenze für Walzstahlerzeugnisse), so wird mit $k_N = 2{,}0$ nach Gl. (1.7)

$$\gamma_{m_1} = \frac{1 - 2{,}0 \cdot V_{R_1}}{\exp(-\,0{,}8\beta\; V_{R_1} - 0{,}5\; V_{R_1}^2)} \tag{1.57}$$

Anmerkung: Durch die Abnahmebedingungen für Walzstahlerzeugnisse wird außerdem "minderwertiges Material" ausgeschieden, so daß eigentlich eine Verteilung "mit abge - schnittenen Endbereichen" entsteht, was zu einer wesentlichen Verbesserung der Normalverteilung führt.

Für Widerstände mit geringerem Streueinfluß (Index 2) wird mit dem Wichtungsfaktor $\alpha_{R_2} = 0,4$ der Bemessungswert

$$r_2^* = m_{R_2} \cdot \exp(-\ 0,8 \cdot 0,4 \cdot \beta \cdot V_{R_2} - 0,5\ V_{R_2}^2) \qquad (1.58)$$

Aus Bild 1.17 kann der erforderliche Teilsicherheitsbeiwert γ_{m_1} nach Gl. (1.56) in Abhängigkeit vom Variationskoeffizienten V_R und vom Sicherheitsindex ß abgelesen werden.

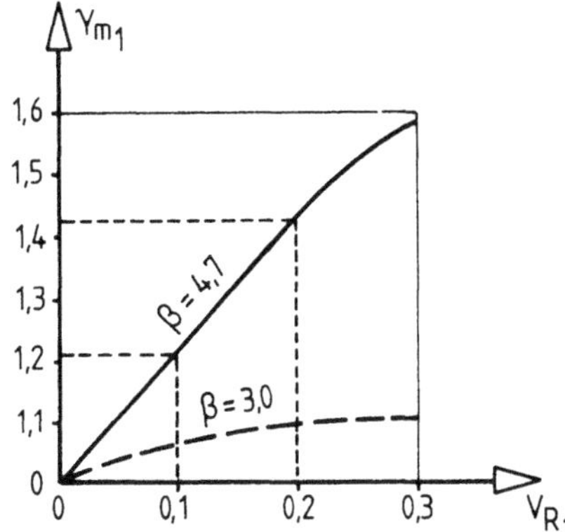

Bild 1.17 Teilsicherheitsbeiwerte für Festigkeiten nach Gl. (1.56)

1.3.9.3 Teilsicherheitsbeiwerte γ_f für Einwirkungen

Aufgrund ihrer zeitabhängigen Eigenschaften müssen unterschieden werden:

- ständige Einwirkungen (z.B. Eigengewicht)
- veränderliche Einwirkungen (z.B. Verkehrslasten, klimatische Einwirkungen)
- außergewöhnliche Einwirkungen (z.B. Fahrzeuganprall, Erdbeben).

Für ständige Einwirkungen G wird Normalverteilung zugrunde gelegt. Bei ungünstiger Wirkung (Belastung) ist der Bemessungswert s_G^* mit $\tilde{\alpha}_S = -0,7$ und $\alpha_{S_1} = 1,0$ (vorherrschender Einfluß).

$$s_G^* = m_{S,G}(1 + 0,7 \cdot 1,0 \cdot \beta \cdot V_{S,G}) \qquad (1.59)$$

Als charakteristischer Wert $s_{K,G}$

$$s_{K,G} = m_{S,G}(1 \pm k_N \cdot V_{S,G}) \qquad (1.60)$$

wird in der Regel der Mittelwert ($k_N = 0$) gewählt.

Damit wird der Teilsicherheitsbeiwert γ_f^G für ungünstige Wirkung

$$\gamma_f^G = \frac{s_G^*}{s_{K,G}} = \frac{1 + 0{,}7\,\beta\, V_{S,G}}{1 + k_N \cdot V_{S,G}} \tag{1.61}$$

Vereinfachend kann mit $k_N = 0$ (Mittelwert) und $\alpha = 0{,}7$ gerechnet werden. Damit wird für $V_{S,G} = 0{,}1$

$$\gamma_f^G \approx 1 \pm 0{,}07\beta \tag{1.62}$$

Für entlastende Wirkungen (z.B. Auftrieb) wird $\tilde{\alpha}_S = 0{,}8$ gesetzt (als Widerstand). Damit erhält man für günstige Wirkung der ständigen Einwirkung

$$\gamma_f^G = \frac{1 - 0{,}8\beta V_{S,G}}{1 - k_N \cdot V_{S,G}} \tag{1.63}$$

Ein Vergleich der γ_f^G-Werte nach Gleichung (1.62) und nach den Festlegungen in /2/ ist in Bild 1.18 dargestellt.

		$\beta = 4{,}7$ Tragfähigkeit		$\beta = 3{,}0$ Gebrauchsfähigk.	
		ungünstig	günstig	ungünstig	günstig
γ_f^G	nach Gl. (1.62)	1,33	0,67	1,21	0,79
	nach / 2/	1,30	0,9	1,10	0,9

Bild 1.18 Teilsicherheitsbeiwerte γ_f^G

Auch für Variationskoeffizienten $V_{S,G} > 0{,}1$ kann mit den gleichen konstanten γ_f^G-Faktoren gerechnet werden, wenn der charakteristische Wert k_N (Fraktile) entsprechend festgelegt wird. Zum Beispiel kann für den Tragfähigkeitsnachweis ($\gamma_f^G = 1{,}30$) k_N aus der Bedingung ermittelt werden:

$$\gamma_f^G = 1{,}30 \overset{!}{=} \frac{1 + 3{,}29 \cdot V_{S,G}}{1 + k_N \cdot V_{S,G}} \tag{1.64}$$

Der Zusammenhang ist in Bild 1.19 dargestellt.

Hinweis: Es sollte daran erinnert werden, daß der Lastfall "vorherrschend ständige Einwirkung" erfahrungsgemäß die größte Gefährdung darstellt (die meisten Einstürze treten während der Bauzeit auf!!)

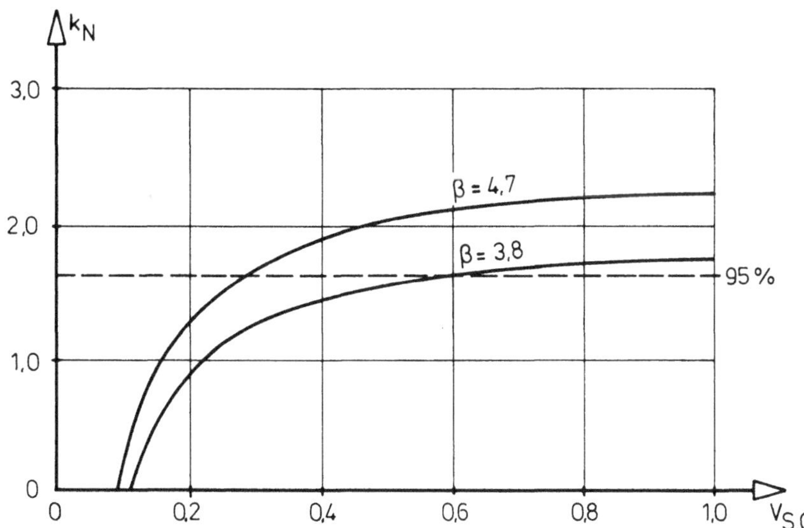

Bild 1.19 Fraktilfaktoren für normalverteilte Einwirkungen bei $\gamma_f^G = 1,3$

Hat die ständige Einwirkung nicht den größten Streuungseinfluß, so kann der Bemessungswert s_g^* mit dem zusätzlichen Wichtungsfaktor $\alpha_{S2} = 0,4$ (s. Gl. 1.44) abgemindert werden. Man erhält dann z.B. für ungünstige Wirkung

$$\gamma_f^G = \frac{s_g^*}{s_{K,G}} = \frac{1 + 0,7 \cdot 0,4 \beta \cdot V_{S,G}}{1 + k_N \cdot V_{S,G}}$$

In den vorgeschlagenen Faktoren / 2/ wurde dies nicht berücksichtigt.

Für veränderliche Einwirkungen Q wird die Extremwert-I-Verteilung zugrunde gelegt. Haben sie den größten Streuungseinfluß, so gilt nach Gl. (1.48) für den Bemessungswert s_Q^* mit $\tilde{\alpha}_S = 0,7$ und $\alpha_{S1} = \cdot 1,0$

$$s_Q^* = m_{SQ} \left[1 - \frac{\sqrt{6}}{\pi} \cdot V_Q \left(0,577 + \ln\left[- \ln \Phi (0,7\beta)\right]\right)\right] \tag{1.65}$$

und für den charakteristischen Wert $s_{K,Q}$ (Fraktile k_N)

$$s_{K,Q} = m_{SQ} \left[1 - \frac{\sqrt{6}}{\pi} \cdot V_Q \left(0,577 + \ln\left[- \ln \Phi (k_N)\right]\right)\right] \tag{1.66}$$

Damit wird der Teilsicherheitsfaktor γ_f^Q

$$\gamma_f^Q = \frac{s_Q^*}{s_{K,Q}} = \frac{\text{Gleichung (1.65)}}{\text{Gleichung (1.66)}} \tag{1.67}$$

Wenn gleiche Fraktilenwerte k_N als charakteristische Werte benutzt werden, ergeben sich in Abhängigkeit von den Variationskoeffizienten V_Q unterschiedliche Sicherheitsbeiwerte γ_f^Q. Dies würde die Berechnung außerordentlich erschweren, insbesondere bei nichtlinearen Zusammenhängen (z.B. Theorie 2. Ordnung).

Aus diesem Grund wird ein für alle Einwirkungen einheitlicher Faktor $\gamma_f^Q = 1,3$ festgelegt und die Fraktilwerte k_N werden entsprechend berechnet. Für Extremwert-I-verteilte veränderliche Einwirkungen sind in Bild 1.20 diese k_N-Werte unter Berücksichtigung eines Wichtungsfaktors $\alpha_S = -0,7$ aufgetragen.

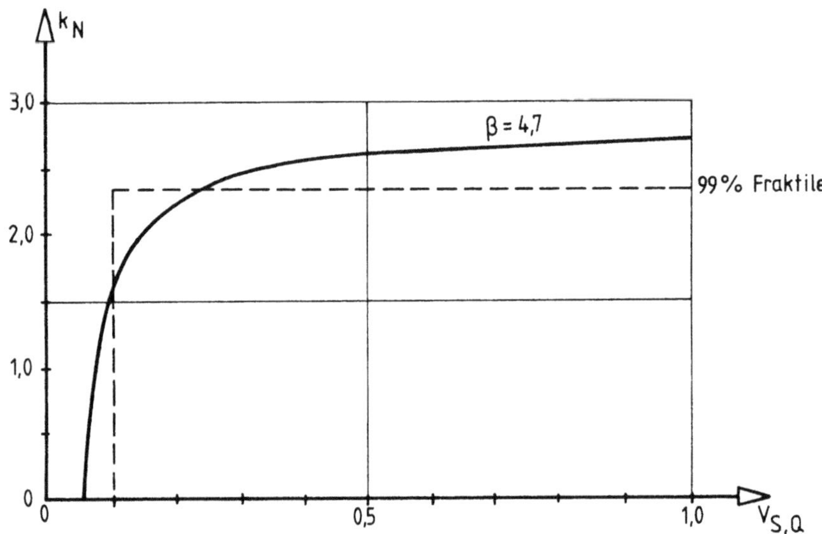

Bild 1.20 Fraktilfaktoren k_N für Extremwert-I-verteilte Einwirkungen bei $\gamma_f^Q = 1,3$

Für $V_{S,Q} \leq 0,1$ kann auch bei veränderlichen Einwirkungen mit dem Mittelwert ($k_N = 0$) gerechnet werden, für $V_{S,Q} > 0,1$ wird die 99 %-Fraktile für $\beta = 4,7$ zugrunde gelegt. Mit diesen Fraktilen für die charakteristischen Werte kann im Grenzzustand der Gebrauchsfähigkeit der Teilsicherheitsfaktor $\gamma_f^Q = 1,0$ gewählt werden / 3/.

Wirken veränderliche Einwirkungen bei einer Lastfallkombination günstig, so dürfen sie nicht berücksichtigt werden.

1.3.9.4 Kombinationsbeiwerte ψ für Einwirkungen

Treten mehrere veränderliche Einwirkungen auf, so ist bei deren Kombination folgendes zu berücksichtigen:

- nur die Einwirkung mit dem größten Streuungseinfluß erhält den Wichtungsfaktor $\alpha_{S_1} = 1,0$
- alle anderen erhalten $\alpha_{S_{2,3,4}} = 0,4$
- das gleichzeitige Auftreten der ungünstigen Fraktilwerte ist bei fluktuierenden Einwirkungen unwahrscheinlich.

Fluktuierende Einwirkungen werden mit ihren Extremwertverteilungen für den Bezugszeitraum T angegeben. Die Bemessungswerte können dann sowohl durch den zusätzlichen Wichtungsfaktor $\alpha_{S_i} = 0,4$ als auch durch Bezug auf einen kürzeren Zeitraum T' reduziert werden. Man erhält dann kleinere Bemessungswerte $s^*_{Q_i}$ und damit geringere $\gamma^Q_{f_i}$-Faktoren für diese Anteile.

Die Kombination der Einwirkungen wird zur besseren Übersichtlichkeit so aufbereitet, daß die Belastungsanteile mit einem Kombinationsbeiwert ψ_i multipliziert werden, und ein (konstanter) γ_f-Faktor ausgeklammert wird.

$$\gamma_f^G \cdot G_K + \gamma_{f_1}^Q \cdot Q_{K_1} + \gamma_{f_2}^Q \cdot Q_{K_2} + \ldots \longrightarrow \gamma_{f_1}\left(G_K + Q_{K_1} + \Sigma\psi_i \cdot Q_{K_i} \right) \qquad (1.68)$$

$$\text{mit} \quad \psi_i = \frac{\gamma_{f_i}}{\gamma_{f_1}}$$

Für Normalverteilung folgt daraus z.B.

$$\psi_i = \frac{1 + 0{,}4 \cdot 0{,}7 \cdot \beta \cdot V_{S_i}}{1 + 0{,}7 \cdot \beta \cdot V_{S_i}} \tag{1.69}$$

Sind die veränderlichen Lasten Extremwert-I-verteilt, so ergeben sich für den Zeitraum T' die Kombinationsbeiwerte ψ_i zu

$$\psi_i = \frac{1 - \frac{\sqrt{6}}{\pi} V_{S_i}\left(0{,}577 + \ln\left[-\ln \Phi(0{,}4 \cdot 0{,}7 \cdot \beta)\right] + \ln(T/T')\right)}{1 - \frac{\sqrt{6}}{\pi} V_{S_i}\left(0{,}577 + \ln\left[-\ln\,(0{,}7 \cdot \beta)\right]\right)} \tag{1.70}$$

wobei T der Bezugszeitraum ist, für den die Einwirkung definiert ist.

Für die Kombinationsbeiwerte zeitlich veränderlicher Einwirkungen ist von Bedeutung, in welchen Zeitintervallen T' die einzelnen Einwirkungen wechseln (z.B. Nutzungsänderung, Wind, Schnee), d.h. wieviele Lastwechsel r innerhalb des Bezugzeitraumes T zu erwarten sind. Anstelle der Verteilung der T-Jahre-Extrema wird jetzt die Verteilung der Extrema im Grundzeitintervall T maßgebend.

Auf die Details der Berechnung wird hier nicht näher eingegangen. Nach / 3/ folgen für Schnee, Wind und Verkehrslasten in Parkgaragen (für T = 1 Jahr) die $\psi_{o,i}$-Werte nach Bild 1.21. Sie gelten bei der Kombination für die Einwirkungen mit den "geringen" Einflüssen auf die Bemessung.

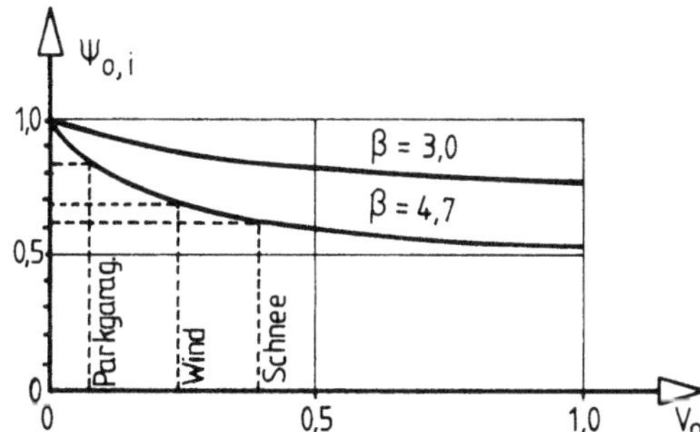

Bild 1.21 Kombinationsbeiwerte $\psi_{o,i}$ für Extremwert-I-verteilte veränderliche Einwirkungen

Für quasi ständige Anteile der veränderlichen Einwirkungen (z.B. zur Ermittlung der Kriechverformungen) gilt der Kombinationsbeiwert $\psi_{i,i}$.
Die Zahlenwerte sind in Abschnitt 1.3.10.4 angegeben.

1.3.9.5 Sicherheitselemente für Zufallsvariable mit dem Mittelwert Null

Imperfektionen streuen meist um den Mittelwert Null. Ihre Auswirkungen können daher nicht direkt mit einem Sicherheitsfaktor erfaßt werden (Null mal Faktor ist Null). Hierfür sind andere Sicherheitselemente erforderlich. Dies soll an zwei Beispielen erläutert werden.

Für eine (ungewollte) Exzentrizität e kann Normalverteilung unterstellt werden. Dann gilt mit den Wichtungsfaktoren $\tilde{\alpha}_S = -0,7$ und $\alpha_{S_1} = 1,0$ (großer Einfluß) nach Gl. (1.35) und (1.43)

$$e^* = m_e + 0,7 \cdot 1,0 \cdot \beta \cdot \sigma_e \qquad (1.71)$$

Mit $m_e = 0$ (der Mittelwert ist Null) erhält man für die ungewollte Exzentrizität e_u

$$e_u = 0,7 \cdot \beta \cdot \sigma_e \qquad (1.72)$$

Für eine Standardabweichung $\sigma_e \approx 0,001 \cdot s_K$ (Stahlbetonstützen) ergibt sich bei $\beta = 4,7$ für $e_u = s_K/300$ mit s_K = Knicklänge.

Bei Durchlaufträgern verschwinden infolge Eigengewicht im Momenten- oder Querkraft-Nullpunkt die Schnittgrößen rechnerisch durch Differenzen gleichgroßer Zahlen (Auswertung der Einflußlinien, die aus ungünstig und günstig wirkenden Anteilen bestehen). Die erforderlichen Bemessungswerte lassen sich durch unterschiedliche Teilsicherheitsbeiwerte der beiden Anteile erreichen. Die erforderliche Differenz der Teilsicherheitsbeiwerte beträgt

$$\Delta\gamma_f = 0,7 \cdot \beta \cdot V_G \qquad (1.73)$$

Für $V_G \leq 0,07$ und $\beta = 4,7$ wird

$$\Delta\gamma_f = 0,23 \approx 0,20 \qquad (1.74)$$

In / 2/ ist für solche Fälle anstelle des "normalen" $\gamma_f = 1,3$ für ungünstige Einwirkung nur $\gamma_f = 1,1$ vorgesehen, damit als Unterschied zur günstigen Einwirkung, deren Faktor stets $\gamma_f = 0,9$ beträgt, $\Delta\gamma_f = 0,2$ auftritt.

Ähnliche Überlegungen gelten z.B. auch für den "Waagebalken" nach Bild 1.22.

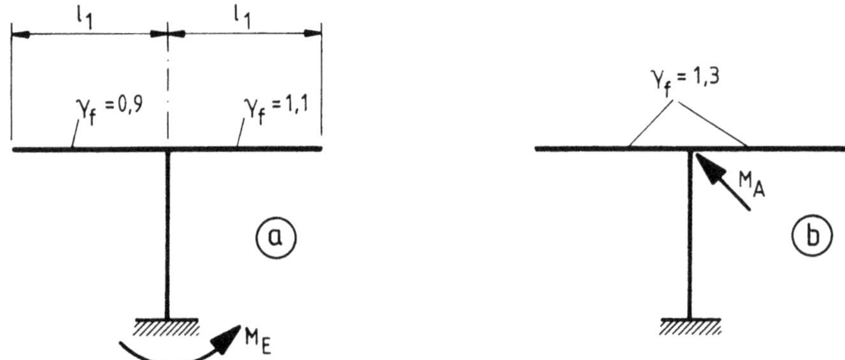

Bild 1.22 Waagebalken
a) Bemessung für M_E b) Bemessung für M_A

Für das symmetrische System ist das Einspannmoment $M_E = 0$, daher muß mit $\Delta\gamma_f = 0,2$ gerechnet werden. Tritt ein unsymmetrischer Lastanteil G_2 (z.B. Freivorbauzustände) auf, dann sind γ-Faktoren nach Bild 1.23 zu verwenden.

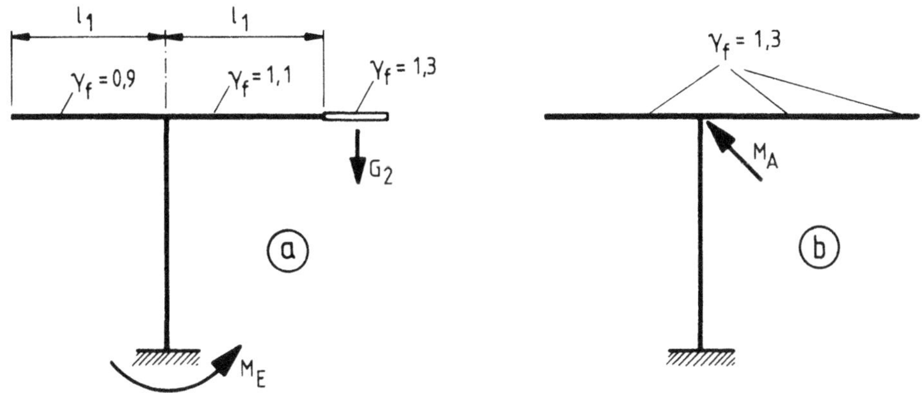

Bild 1.23 Waagebalken mit exzentrischer Last G_2

a Bemessung für M_E

b Bemessung für M_A

1.3.9.6 Systembeiwert γ_{sys}

Er dient zur Berücksichtigung der Ungenauigkeiten, die mit dem der Berechnung zugrunde gelegten statischen System zusammenhängen. Die "wesentlichen" Abweichungen (z.B. Imperfektionen und Momentennullpunkte) werden durch additive Sicherheitselemente erfaßt. Die mathematischen Modelle sollten so gewählt werden, daß sie den Grenzzustand "im Mittel" richtig beschreiben. Die darüber hinaus noch möglichen Abweichungen (Streuungen um den Mittelwert Null) zwischen dem Rechenmodell und der wirklichen einwirkenden und ertragbaren Beanspruchung werden durch den Systembeiwert γ_{sys} abgedeckt. Sie werden als Größen mit geringem Einfluß (α_i = 0,40) berücksichtigt.

Wird unterstellt, daß die Rechenergebnisse der resultierenden Einwirkung S und des resultierenden Widerstandes R normalverteilt mit dem Variationskoeffizienten

$$V_{sys_S} = V_{sys_R} = 0{,}05 \qquad (1.75)$$

um die richtige Lösung streuen, so ergibt für β = 4,7

$$\gamma_{sys} = \gamma_{sys_S} \cdot \gamma_{sys_R} = \frac{1 + 0{,}7 \cdot 0{,}4 \cdot \beta \cdot V_{sys_S}}{1 - 0{,}8 \cdot 0{,}4 \cdot \beta \cdot V_{sys_R}} = 1{,}15 \approx 1{,}1 \qquad (1.76)$$

Für Tragsysteme, bei denen die Schnittgrößen aus zunehmender Belastung linear oder überproportional ansteigen (Druck und Biegung; z.B. Stabilitätsprobleme), sind die Einwirkungen mit γ_{sys} zu multiplizieren. Bei unterproportionalem Verhalten (Zug und Biegung; z.B. Hängedächer) ist γ_{sys} bei den Widerständen anzuordnen (s. Bild 1.24).

Systematische Abweichungen, die ggf. durch das Modell entstehen, sollten nicht durch den γ_{sys}-Faktor, sondern durch Korrekturen am Modell oder den Modellergebnissen berücksichtigt werden.

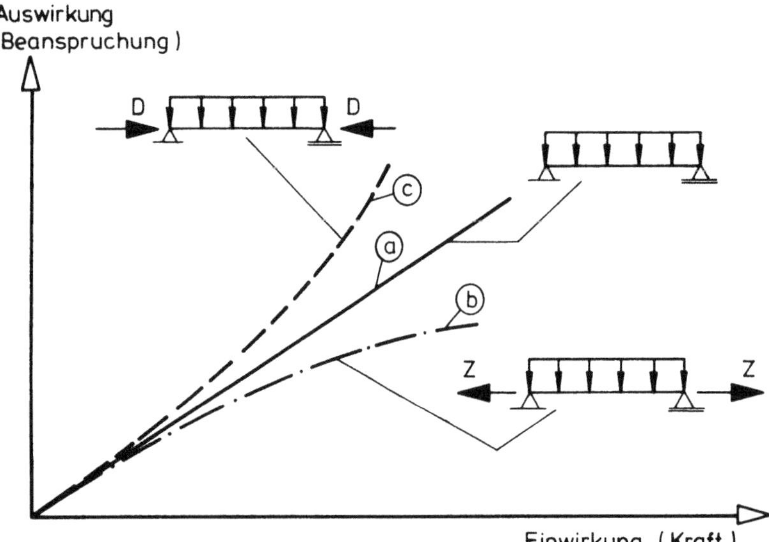

Bild 1.24 Zusammenhang zwischen Einwirkung und Auswirkung

a) linear

b) unterproportional } nichtlinear

c) überproportional } nichtlinear

1.3.9.7 Der Einfluß des Bezugszeitraumes T

Da die Fraktilen von zeitlich veränderlichen Einwirkungen, die Extremwert-I-verteilt sind, vom Bezugszeitraum T abhängen (s. Bild 1.8), hängt der Sicherheitsindex β (und damit der Teilsicherheitsbeiwert γ_f) für diese Einwirkungen auch von T ab.

Zwischen dem Sicherheitsindex β_1 für T = 1 Jahr und β_n für T = n Jahre gilt näherungsweise / 3/ (s. auch Gl. 1.15)

$$\Phi(\beta_n) = \Phi(\beta_1)^n \quad (1.77)$$

Die prinzipiellen Zusammenhänge sind in Bild 1.25 dargestellt.

Der zunächst etwas verwirrend erscheinende Zusammenhang läßt sich folgendermaßen erklären:

- Liegen die Extremwerte (z.B. für Windeinwirkung) für einen Beobachtungszeitraum von z.B. 1000 Jahren vor, so ist kaum zu erwarten, daß ein "noch größerer" Wert in der Zukunft auftritt. Daher kann mit relativ kleinen Werten β und γ_f gerechnet werden.
- Legt man jedoch Beobachtungen für einen Bezugszeitpunkt von 1 Jahr zugrunde, dann müssen die "Sicherheitselemente" entsprechend größer werden.
- Für zeitlich unveränderliche Einwirkung (z.B. Eigengewicht) gilt dieser Zusammenhang natürlich nicht. Hierfür sind die β- und γ-Werte zeitlich konstant (β = 4,7 für die Tragfähigkeit)
- Wirken vorwiegend fluktuierende Lasten auf ein Bauwerk und liegen Beobachtungen ihrer Extremwerte für einen größeren Zeitraum (z.B. 50 Jahre) vor, so kann in diesem speziellen Fall mit niedrigeren β-Werten (z.B. β = 3,8 anstelle von β = 4,7 nach Bild 1.25a) gerechnet werden.

- Sind jedoch nur geringe Anteile der fluktuierenden Einwirkungen wirksam, so würde eine Bemessung mit z.B. β = 3,8 zu unsicheren Ergebnissen führen, was die ständigen Einwirkungen anbetrifft.
- Daher wurde in / 2/ der Sicherheitsindex β für den relativ geringen Bezugszeitraum T = 1 Jahr festgelegt, da er den Grenzfall allein wirkender zeitinvarianter Größen zufriedenstellend abdeckt.

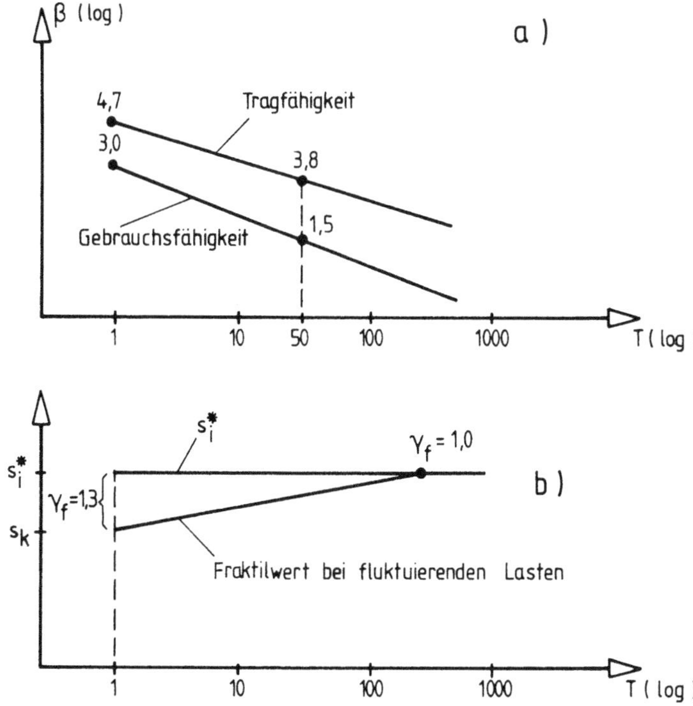

Bild 1.25 Abhängigkeit vom Bezugszeitraum T
a) des Sicherheitsindex β
b) des Teilsicherheitsbeiwertes γ_f

1.3.9.8 Vorgabe des Sicherheitsindex β

Der erforderliche Sicherheitsindex β wurde auf der Grundlage der bisherigen Erfahrungen "rückgerechnet". Aus den im vorigen Abschnitt 1.3.9.7 genannten Gründen wird er für einen Bezugszeitraum von einem Jahr mit den Werten nach Bild 1.26 festgelegt.

	Sicherheitsklassen		
	1	2	3
Grenzzustand der Gebrauchsfähigkeit (auch Rißbildung und Schwingungsempfindlichkeit)	2,5	3,0	3,5
Grenzzustand der Tragfähigkeit (Kollaps, Bruch, Gleiten, Instabilität)	4,2	4,7	5,2

Bild 1.26 Sicherheitsindex β für einen Bezugszeitraum von 1 Jahr

Für die Sicherheitsklassen gelten folgende Festlegungen (s. Bild 1.27)

Mögliche Folgen von Gefährdungen, die		Klasse
vorwiegend die Tragfähigkeit betreffen	vorwiegend die Gebrauchsfähigkeit*) betreffen	
keine Gefahr für Menschenleben und geringe wirtschaftliche Folgen	geringe wirtschaftliche Folgen, geringe Beeinträchtigung der Nutzung	1
Gefahr für Menschenleben und/oder beachtliche wirtschaftliche Folgen	beachtliche wirtschaftliche Folgen, beachtliche Beeinträchtigung der Nutzung	2
große Bedeutung der baulichen Anlage für die Öffentlichkeit	große wirtschaftliche Folgen, große Beeinträchtigung der Nutzung	3
*) Besteht bei Verlust der Gebrauchsfähigkeit Gefahr für Leib und Leben (z.B. Undichtigkeit von Behältern und Leitungen mit gefährlichen Stoffen), so wird dieser wie ein Verlust der Tragfähigkeit behandelt.		

Bild 1.27 Sicherheitsklassen

1.3.10 Nachweisverfahren der Stufe I mit Teilsicherheitsbeiwerten

1.3.10.1 Allgemeines

Aufbauend auf den in Abschnitt 1.3.8 und 1.3.9 dargestellten Überlegungen wurden praxisgerechte, semiprobabilistische Verfahren entwickelt, bei denen charakteristische Werte (Fraktilwerte) der Einflußgrößen s_k, r_k (Lasten, Festigkeiten usw.) mit konstanten Teilsicherheitsbeiwerten γ_f, γ_m (und ggf. additiven Sicherheitselementen δ_f, δ_m) versehen werden.

Die Lastfaktoren γ_f werden entsprechend den "Grundlagen zur Festlegung von Sicherheitsanforderungen für bauliche Anlagen" / 2/, einheitlich für alle Baustoffe und Bauweisen festgelegt. Die Materialfaktoren γ_m sind dagegen für die einzelnen Baustoffe und Bauweisen unterschiedlich in den Anwendungsnormen zu regeln.

Der Nachweis nach dem Verfahren der Stufe I lautet allgemein:

$$Z^* = r^* - s^* = \left(\frac{r_k}{\gamma_m} - \delta_m\right) - (\gamma_f\, s_k + \delta_f) \geq 0 \tag{1.78}$$

1.3.10.2 Grenzzustände

Ziel des Sicherheitsnachweises ist es, daß folgende zwei Grenzzustände mit hinreichend großer Zuverlässigkeit nicht erreicht werden:

- Grenzzustand der Tragfähigkeit (z.B. Verlust des Gleichgewichtes, Übergang in eine kinematische Kette, Bruch, Stabilitätsversagen, örtliches Versagen, Ermüdung usw.)
- Grenzzustand der Gebrauchsfähigkeit (z.B. unzulässige Verformungen und Rißbildungen, nicht tolerierbare Schwingungen oder Erschütterungen).

Für die Bemessung ist in der Regel der Grenzzustand der Tragfähigkeit maßgebend. Hierbei kann der Vergleich der Bemessungswerte, d.h. der γ_f-fach gesteigerten Einwirkungen und der γ_m-fach reduzierten Widerstände auf unterschiedlichen Ebenen erfolgen:

- Spannungsgrößen (z.B. max. Randspannung)
- Schnittgrößen (z.B. plastische Querschnittstragfähigkeit)
- Lastgrößen (z.B. Fließgelenkkette, Traglastverfahren).

1.3.10.3 Zahlenwerte für die Teilsicherheitsbeiwerte γ_f

Von den verschiedenen Einwirkungen S_i bestimmt in der Regel eine überwiegend die Streuungen der resultierenden Einwirkung S im untersuchten Grenzzustand. Für sie gelten die Beiwerte γ_f nach Bild 1.28. Treten weitere Einwirkungen mit geringerem Streuungseinfluß hinzu, so können diese mit Kombinationsbeiwerten ψ nach Bild 1.29 abgemindert werden.

Zeile	Art der Einwirkung	Einwirkung oder bei veränderlichen Lasten Teile von Einwirkungen beeinflussen Grenzzustand	Teilsicherheitsbeiwert	Grenzzustand	
				Tragfähigkeit	Gebrauchsfähigkeit
1	ständig G	ungünstig *)	γ_f^G	1,3	1,1
2		ungünstig *)		1,1	
3		günstig		0,9	0,9
4	veränderlich Q	ungünstig	γ_f^Q	1,3	1,0
5		günstig		0,0	0,0

Bild 1.28 Teilsicherheitsbeiwerte γ_f nach /2/

Für die mit *) versehenen Werte gelten die Überlegungen des Abschnittes 1.3.9.5.

1.3.10.4 Teilsicherheitsbeiwert γ_{sys}

Im Regelfall wird für den Grenzzustand der Tragfähigkeit γ_{sys} = 1,1 und für die Gebrauchsfähigkeit γ_{sys} = 1,0 vorgeschlagen.

1.3.10.5 Kombinationsregeln für Einwirkungen

Auf der Grundlage der Überlegungen nach Abschnitt 1.3.9.4 wurden die in Bild 1.29 angegebenen Kombinationsbeiwerte ψ_i festgelegt / 2/.

	$\psi_{o,i}$	$\psi_{1,i}$
Nutzlasten (Büro, Wohnhaus)	0,6	0,6
Schnee	0,7	0,3
Wind	0,7	0
Parkhäuser	0,9	0,6

Bild 1.29 Kombinationswerte für veränderliche Einwirkungen

Die Kombinationswerte $\psi_{o,i}$ gelten für veränderliche Einwirkungen, die sich kurzzeitig auf den Grenzzustand auswirken, die Werte $\psi_{1,i}$ für langzeitige (quasi - ständige) Auswirkungen (z.B. kriecherzeugende Lastanteile).

Für "überproportionale Systeme" nach Bild 1.24 müssen die Einwirkungen (Lasten) mit γ_f und γ_{sys} multipliziert und für das ungünstigste Lastbild die Schnittgrößen ermittelt werden. Für den Bemessungswert s* gilt

$$s^* = g\left[\gamma_{sys}\cdot\gamma_f^G\cdot G_K + \gamma_{sys}\cdot\gamma_f^Q\left(Q_{K1} + \Sigma\,\psi_i\,Q_{Ki}\right)\right] \qquad (1.79)$$

G_K sind die charakteristischen Werte der ständigen Einwirkungen G.

Q_{K1} ist der charakteristische Wert der veränderlichen Einwirkung Q_1 mit der größten Auswirkung im untersuchten Grenzzustand.

Q_{Ki} sind die charakteristischen Werte der übrigen veränderlichen Einwirkungen Q_i.

Bei unterproportionalem Verhalten ist γ_{sys} bei γ_m anzusetzen.

Bei linearem Verhalten ist es gleichgültig, ob γ_{sys} auf der Seite der Einwirkungen oder der Widerstände angesetzt wird. Außerdem kann man einen "globalen" Faktor $\gamma_{global} = \gamma_f\cdot\gamma_{sys}\cdot\gamma_m$ bilden, der - abgesehen von den unterschiedlichen Kombinationsregeln - der bisherigen σ_{zul}-Bemessung entspricht.

Es ist das Ziel weiterer Bemühungen, die (umständlichen) Kombinationsregeln zu vereinfachen und wenn möglich auf maximal zwei Kombinationen zu beschränken, etwa im Sinne der bisherigen Regelungen im Stahlbau für die Lastfälle H (Hauptlasten) und HZ (Haupt- und Zusatzlasten).

1.3.10.6 Zahlenwerte für die Teilsicherheitsbeiwerte γ_m

Die γ_m-Faktoren müssen die gesamten Einflüsse der Widerstandsseite berücksichtigen:

- Streuung der Festigkeit der Prüfkörper (Probewürfel)
- Übertragung der Festigkeit vom Prüfkörper auf das Bauteil (Prüfkörpereinfluß)
- Herstellungsungenauigkeiten (geometrische Abweichungen)
- örtliche Fehlstellen im Baustoff oder Bauteil.

Die γ_m-Werte werden in den Anwendungsnormen baustoffspezifisch festgelegt. Über die Zahlenwerte können z.Zt. noch keine endgültigen Angaben gemacht werden, da noch Vergleichsrechnungen durchgeführt werden müssen (Einbeziehen der Erfahrung).

Als Anhaltspunkt mögen die in Bild 1.30 angegebenen Zahlenwerte angesehen werden:

Baustoff	Variationskoeffizient	Fraktilenkoeffizient k_N	γ_m
Beton (Druck)	$V \leq 0{,}20$	1,645 (95 %)	1,45
Bewehrungsstahl	$V \leq 0{,}10$	1,645 (95 %)	1,15
Konstruktionsstahl (ohne Stabilitätsgefahr)	$V \leq 0{,}06$	2,0 (97 %)	1,0

Bild 1.30 Vorläufige Teilsicherheitsbeiwerte γ_m für Baustoffe

Für stabilitätsgefährdete Konstruktionsteile wird der Nachweis z.T. durch direkten Vergleich mit statistisch ausgewerteten Versuchsergebnissen geführt (für den zentrischen Druckstab z.B. mit den Europäischen Knickspannungskurven). Ob hierbei zusätzlich ein γ_m-Faktor größer als "1", oder ob ein zusätzliches Sicherheitsbedürfnis besser an anderer Stelle (z.B. Imperfektionsfestlegung) berücksichtigt wird, bedarf noch eingehender Untersuchungen.
Wegen der einheitlichen Systematik erscheint der letztere Weg besser.

Für die endgültige Festlegung der Zahlenwerte sind außer den statistischen Größen noch folgende Überlegungen wichtig:

- tritt unangekündigtes Versagen auf (z.B. Bruch) oder wird ein Versagen durch große Verformungen angekündigt (z.B. Fließen)?
- ist ein "Rettungsanker" vorhanden, d.h. steigt der Widerstand nach Überschreiten des Grenzzustandes mit großen Deformationen nochmals an (z.B. Materialverfestigung nach plastischen Verformungen)?
- wie sind die Erfahrungen aus Unfallursachen?

1.3.11 Zusammenfassung und Ausblick

Aus den (vorläufigen) Festlegungen ist folgendes zu erkennen:

- der Grenzzustand der Tragfähigkeit hat den überwiegenden Einfluß auf die Bemessung,
- der Grenzzustand der Gebrauchsfähigkeit hat nichts mehr zu tun mit der alten σ_{zul}-Bemessung unter Gebrauchslasten,
- die Nachweise werden z.T. umfangreicher (dafür aber wirklichkeitsnäher) als bisher.

Allerdings muß bedacht werden, daß die Lastnormen noch nicht auf das neue Konzept umgestellt sind. (Verkehrslasten werden i.a. nicht nur nach statistischen Erhebungen festgelegt, sondern weisen ein gewisses "Vorhaltemaß" für die zukünftige Entwicklung auf).

Für die weiteren Abschnitte dieses Buches haben die zukünftigen Regelungen des Nachweises der Bauwerkssicherheit meist keine unmittelbaren Auswirkungen, da hauptsächlich die Ermittlung von Spannungen, aufnehmbaren Schnittgrößen oder Traglasten behandelt wird.

Daher wird im folgenden der Ausdruck "Bemessungslast" gebraucht. Hierunter ist zu verstehen:

- für die gegenwärtigen Vorschriften entweder die Gebrauchslast (σ_{zul}-Bemessung) oder die ν-fach gesteigerte Gebrauchslast (Traglastverfahren, Elastizitätstheorie 2. Ordnung),

- für die zukünftigen Vorschriften entweder der Grenzzustand der Tragfähigkeit oder der Grenzzustand der Gebrauchsfähigkeit mit den zugehörigen γ_f- und γ_m-Faktoren.

Bei aller bestechenden Logik des neuen Sicherheitskonzeptes darf allerdings eines nicht eintreten: Der "Normalfall" (d.h. lineare Gesamtzusammenhänge und "gutmütige" Material- und Systemeigenschaften) - und dies sind mindestens 90 % unserer Aufgaben - darf nicht unnötig verkompliziert werden. Sonst besteht die Gefahr, daß der entwerfende Ingenieur in Zahlen und Rechenanweisungen ertrinkt, die Übersicht verliert und das "Konstruieren" vergißt. Dann würde das Ziel, die Sicherheit unserer Bauwerke zu verbessern, ins Gegenteil verkehrt werden. Unser aller Bemühen sollte daher darauf gerichtet sein, gerade im Computer-Zeitalter, in dem alles möglich zu sein scheint, auf die Vereinfachung und Überschaubarkeit der Berechnungen und Normen hinzuarbeiten. Außergewöhnliche Bauwerke (Hochhäuser, Brücken, Kernkraftwerke, Meeresplattformen usw.) sollten ohnehin entsprechenden Fachleuten mit spezieller Berufserfahrung vorbehalten bleiben.

2. Baustähle — Herstellung und Eigenschaften

2.1 Grundbegriffe der Stahlerzeugung

Roheisen - das aus dem Hochofen kommende, noch nicht weiterbehandelte Eisen.

Frischen - Weiterverarbeitung von Roheisen zu Stahl. Durch Oxydieren (Verbrennen) werden Kohlenstoff (C) und andere Eisenbegleiter entfernt (reduziert).

Stahl - jede Fe-Legierung, die ohne Nachbehandlung schmiedbar ist. Grenze der Schmiedbarkeit: rd. 2 % C.

Stahlguß (GS) - jeder in Formen gegossene Stahl. Gegensatz: in Kokillen zu Blöcken vergossener Stahl wird anschließend gewalzt oder geschmiedet.

2.2 Die wichtigsten Stahl-Herstellungsverfahren

Bessemer-Birne 1855

Windfrischen in sauer ausgemauerter Birne. P-armes Roheisen (und damit Erz, z.B. aus Schweden) notwendig.

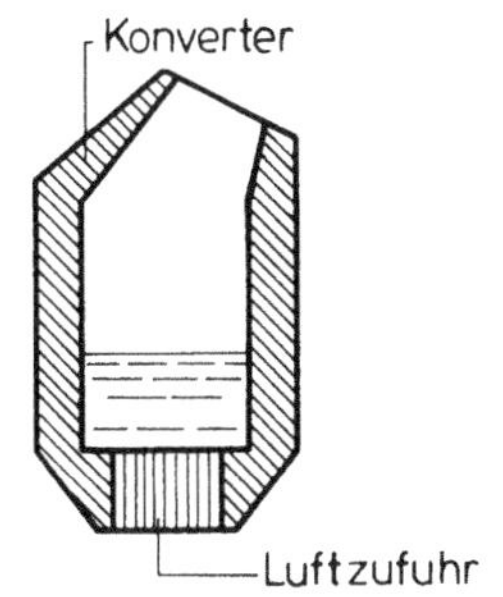

Bild 2.1 Bessemer-Konverter

Siemens-Martin-Ofen 1865

Herd-Frischen mit Luftüberschuß in Gasflammen und Schrottzugabe (Gas und Luft vorgewärmt). Flußstahl guter Qualität.

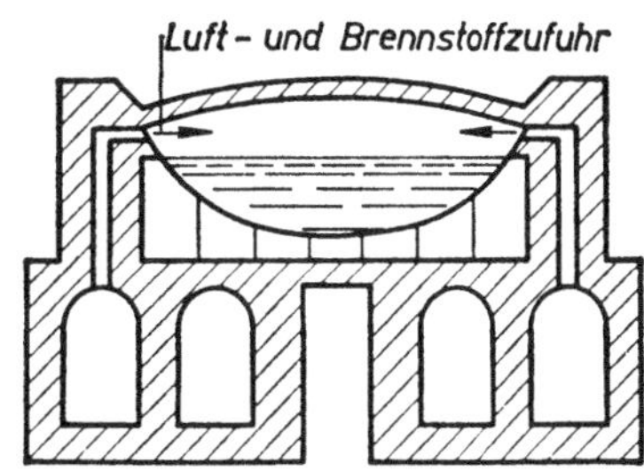

Bild 2.2 Siemens-Martin-Ofen (schematisch) mit Regenerativfeuerung

Thomas-Konverter 1880

Windfrischen in basisch ausgemauertem Konverter (Dolomitsteine), dadurch Binden des Phosphors durch Kalk in der Schlacke (Thomas-Schlacke). P-reiches Roheisen verarbeitbar (billig). Stickstoff (aus der Luft) im Stahl wegen Alterung sehr schädlich. Daher Verbesserung des Stahles durch Anreicherung der Luft mit Sauerstoff ⟶ verbesserte Konverter-Stähle (VK).

LD-Verfahren um 1950 (Blas-Stahl)

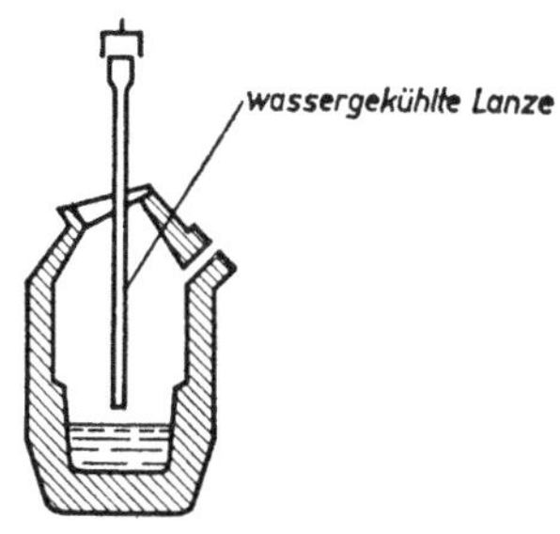

Linz-Donawitz-Verfahren (Voest, Österreich): Frischen durch Aufblasen von technisch reinem Sauerstoff auf flüssiges Roheisen (bei ca. 2500° C). Der C-arme Stahl ist schwerer und sinkt ab.
Erzeugnis: Qualität wie SM-Stahl, aber in ca. 1/10 der Zeit

2.3 Vergießung des Stahles

2.3.1 Allgemeines

Stahl mit niedrigem C-Gehalt enthält nach dem Frischen zuviel Sauerstoff (Rotbruchgefahr). Er muß desoxydiert werden. Daher Zugabe von z.B. Ferromangan im Konverter gegen Ende des Frischens.
Zum Erstarren wird Rohstahl vergossen:

- zu Blöcken beim Kokillenguß
- kontinuierlich beim Strangguß

Die Art der Vergießung hat großen Einfluß auf die Güte des Stahls vor allem auf Sprödbruchneigung und Schweißeignung. Man unterscheidet drei Gütegruppen. Die Bezeichnung des Stahls enthält die Angabe der Gütegruppe (z.B. St 37-3), siehe hierzu Abschnitt 2.10.

2.3.2 Kokillenguß

Diskontinuierliche Herstellung von Blöcken oder Brammen. Schnelle Erstarrung unter Schrumpfen (Hohlraumbildung) und Entmischen (Seigerungen).

2.3.2.1 Unberuhigter Stahl (U)

scheidet in der Kokille Gase aus, gerät in wallende Bewegung, "kocht", da trotz Desoxydation noch genug gelöster Sauerstoff zur Bildung von CO und CO_2 vorhanden ist. Da mit sinkender Temperatur die Lösungsfähigkeit abnimmt und die Schmelze bis zur endgültigen Erstarrung in Bewegung bleibt (kocht), tritt eine starke Entmischung ein. Außen: wenig Verunreinigung (Speckschicht), innen: Seigerungszone. Durch Bildung vieler kleiner Gasbläschen (die später durch Walzung zusammengeschweißt werden), entsteht kein größerer Hohlraum (Lunker).

Zu welchen Unterschieden es bei einem unberuhigten Thomasstahl zwischen Speckschicht und Seigerungszone kommen kann, zeigt folgende Gegenüberstellung

Probenentnahmestelle	Chemische Zusammensetzung in %			
	C	P	S	Mn
Gesamtquerschnitt	0,08	0,07	0,05	0,32
Speckschicht	0,04	0,04	0,018	0,28
Seigerungszone	0,12	0,19	0,11	0,41

2.3.2.2 Beruhigter Stahl (R)

Man setzt dem Stahl außer Mangan noch Silizium zu, das zum O affiner als der C, so daß O als SiO_2 abgebunden wird, daher keine CO- bzw. CO_2-Bildung, er "kocht" nicht mehr in der Kokille, daher "beruhigt". Blasenfreie Erstarrung; aber großer Blocklunker (Hohlraum), der bis zu 30 % des Blocks unbrauchbar machen kann. Wenig Neigung zum Entmischen (keine Seigerungszonen).

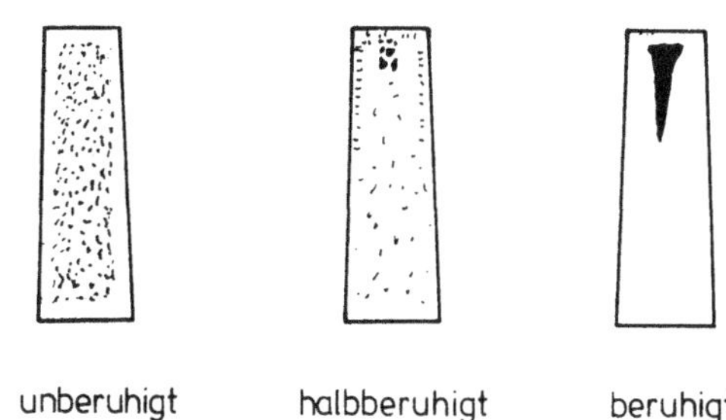

Bild 2.3 Blockgefüge bei unterschiedlicher Beruhigung

2.3.2.3 Doppelt beruhigter Stahl (RR)

Zuerst Zugabe von Si zum Abbinden des O, dann Aluminiumzugabe zur weiteren Desoxydation und zum Denitrieren (Al hat hohe Affinität zu N), ergibt alterungsbeständige Feinkornbaustähle mit hoher Sprödbruchsicherheit. Al-Nitride sind günstige Legierungsbestandteile (Keimbildner).

2.3.2.4 Vakuumbehandlung

In neuerer Zeit zur Qualitätsverbesserung angewendet. Der flüssige Stahl durchströmt eine Vakuumkammer. Dient zur:

- Entgasung von O und H
- Oxydauflösung nach dem Beruhigen (SiO_2- und Al_2O_3-Partikel werden kleiner)
- Herstellung von Spezialgüten (niedriger C-Gehalt, große Genauigkeit der Analysenwerte)

2.3.3 Strangguß

Modernes Verfahren, Verwendung von beruhigtem Material erforderlich: flüssiger Rohstahl wird kontinuierlich zu Halbzeug vergossen, umfaßt heute bereits etwa 20 % der gesamten Rohstahlerzeugung.

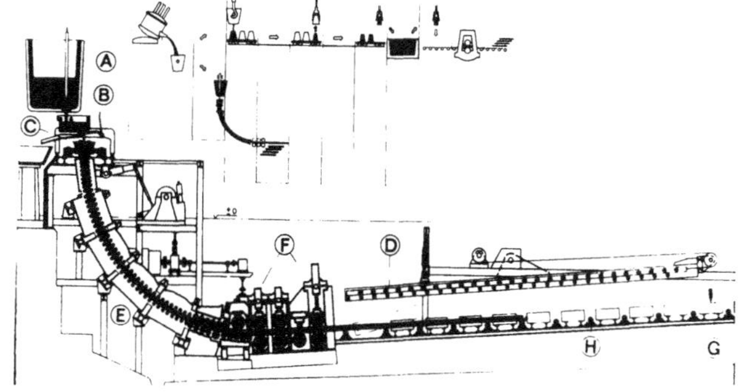

Bild 2.4 Stranggußanlage (schematisch)

2.4 Einflüsse der Eisenbegleiter

Bei unlegiertem Stahl erfolgt keine gezielte Zugabe von besonderen Legierungselementen (Cr, Ni, Mo, Ti usw.).

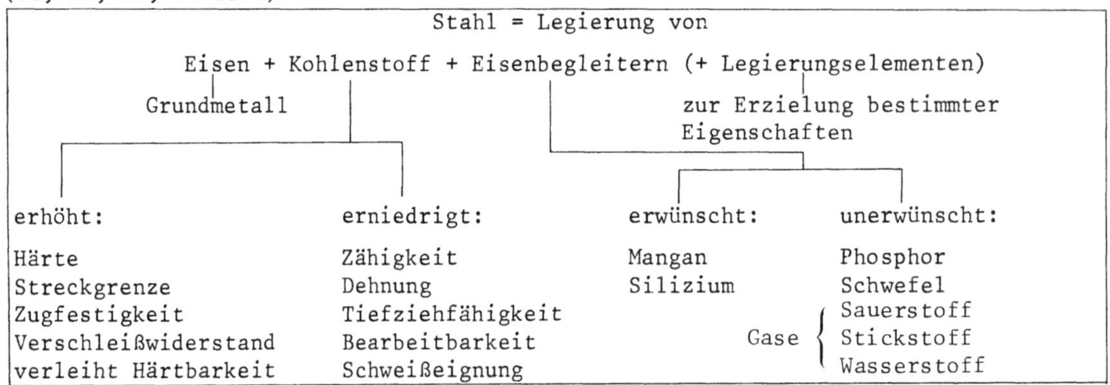

Bild 2.5 Einflüsse der Eisenbegleiter

Reines Eisen ist sehr weich (HB = 600 N/mm^2), hat niedrige Streckgrenze (σ_S = 100 N/mm^2) und Zugfestigkeit (σ_B = 200 N/mm^2), aber hohe Bruchdehnung (δ = 50 %), Einschnürung (ψ = 80 %) und Kerbschlagzähigkeit (α_K = 0,25 kNm/cm^2).

Kohlenstoff

Der Kohlenstoff ist der wichtigste "Legierungsbestandteil" des Stahles. Kleine Mengen C genügen, um Charakter und Eigenschaften des Eisens weitgehend zu verändern!

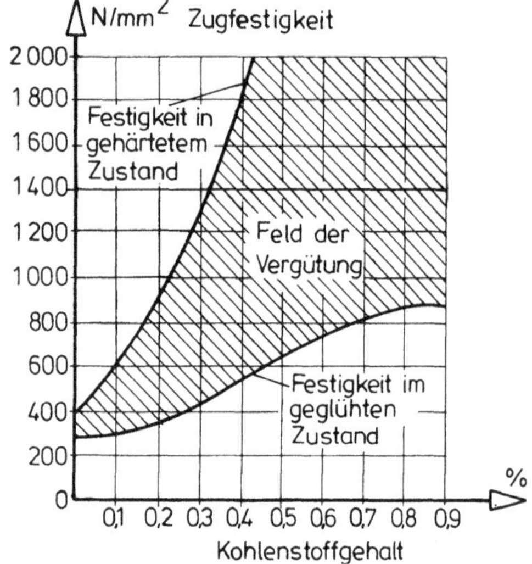

Bild 2.6 Einfluß des Kohlenstoffgehaltes

Wegen ausreichender Schweißeignung (Sprödbruchsicherheit) C-Gehalt < 0,2 %

Mangan

Mn erhöht die Festigkeit und verbessert die Schweißbarkeit, dient zum Desoxydieren und Binden des Schwefels zu MnS (Beseitigung der Rotbruchgefahr).

Silizium

Erhöht Härte, Zugfestigkeit und Streckgrenze, setzt Bruchdehnung und Kaltverformbarkeit herab. Oberhalb 0,5 % verminderte Schweißbarkeit.

Aluminium

- bindet O als Tonerde (Desoxydation).
- bindet den gelösten N zu Aluminiumnitrid. Al-Nitride sind sehr gute Keimbildner bei Erstarrung und Gefügeumwandlung, bewirken feinkörniges Gefüge (Feinkornbaustähle) mit verbesserter Kerbschlagzähigkeit, Alterungsbeständigkeit und Schweißbarkeit.

Phosphor

Phosphor neigt stark zum Seigern, setzt Kerbschlagzähigkeit stark herab, erhöht jedoch Rostbeständigkeit (WT-Stahl), s. Abschnitt 2.10.3.

Schwefel

Schwefel neigt noch stärker als P zum Seigern, verringert Schweißbarkeit und Kerbschlagzähigkeit.

Stickstoff

N kann auftreten

- entweder gelöst im Stahl (schädlich), steigert Sprödbruch- und Alterungsempfindlichkeit (Absinken der Kerbschlagzähigkeit),
- oder chemisch gebunden als Aluminium-Nitrid (günstig) (siehe unter Aluminium).

Die chemische Analyse gibt keine Auskunft, in welcher Form N vorkommt.

Sauerstoff

Die bei der Desoxydation entstehenden Oxyde und Silikate können durch Bildung eines Faser- oder Zeilengefüges schädlich wirken (Doppelungen oder Schieferungen, Terrassenbruch).

Wasserstoff

H erniedrigt Zähigkeit, führt zur Versprödung, ungünstiger Einfluß auf Schweißeignung.

Kupfer

Kupfer erhöht den Rostwiderstand (WT-Stähle).

2.5 Kurzer Abriß aus der Metallphysik

2.5.1 Allgemeines

Die Erkenntnisse aus der Metallphysik gestatten in vielen Fällen eine Erklärung des Verhaltens von Metallen. Metallatome geben im Kristallverband ein oder mehrere Elektronen ab, die als "freie Elektronen" den ganzen Kristall füllen.

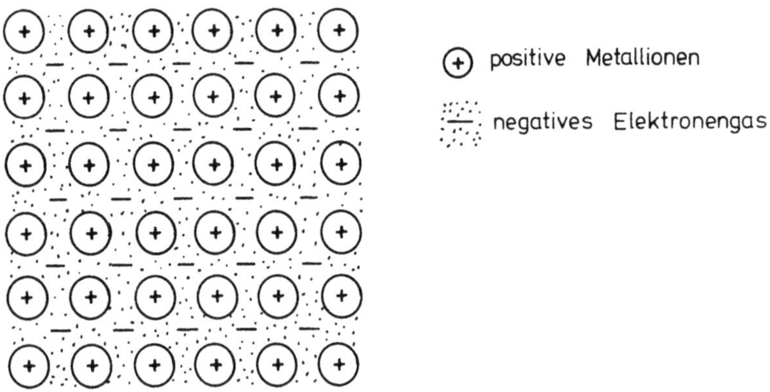

Bild 2.7 Kristalle aus Metallionen und freien Elektronen

2.5.2 Kristalline Struktur

Veranschaulichung der atomaren Anziehungskräfte durch Spiralfedern. Sie erlauben eine elastische Verformung des Metallgitters.

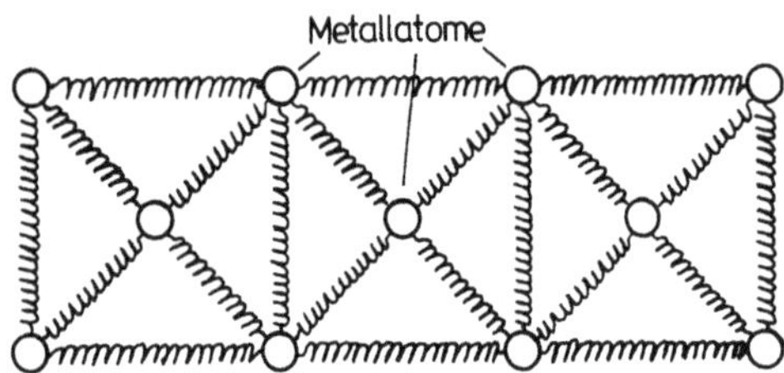

Bild 2.8 Schematische Darstellung der metallischen Bindung

Die elastischen Eigenschaften der Kristalle sind richtungsabhängig, z.B. der E-Modul von α-Eisen - Eisenkristallen:

Richtung der Würfelkante	(100) : E = 135 000 N/mm^2
Richtung der Flächendiagonalen	(110) : E = 216 000 N/mm^2
Richtung der Raumdiagonalen	(111) : E = 290 000 N/mm^2

Starke Anisotropie des einzelnen Kristalls, aber Werkstoff quasi isotrop durch statistisch regellose Verteilung.

Eisen kristallisiert bei höheren Temperaturen zu kubisch-flächenzentrierten Kristallen (kfz), dem γ-Eisen, bei Raumtemperaturen zu kubisch-raumzentrierten (krz), dem α-Eisen. Die Umwandlung erfolgt beim "oberen Umwandlungspunkt A_{C3}" (bei Stahl 900 – 950° C). Die Fe-Atome brauchen eine gewisse Zeit, um sich "umzuorientieren" (Abkühlungsgeschwindigkeit, Härten, Vergüten).

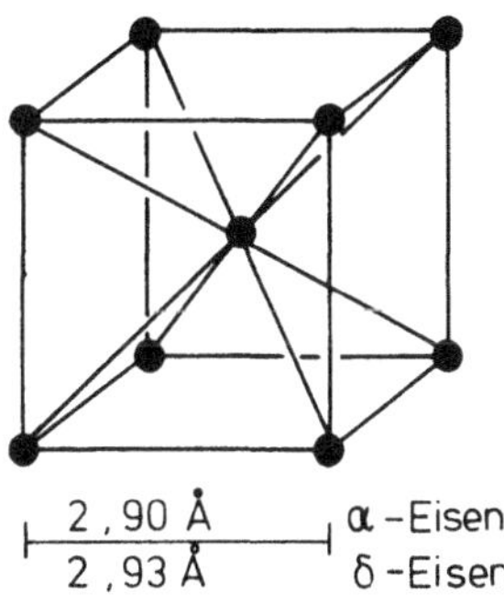

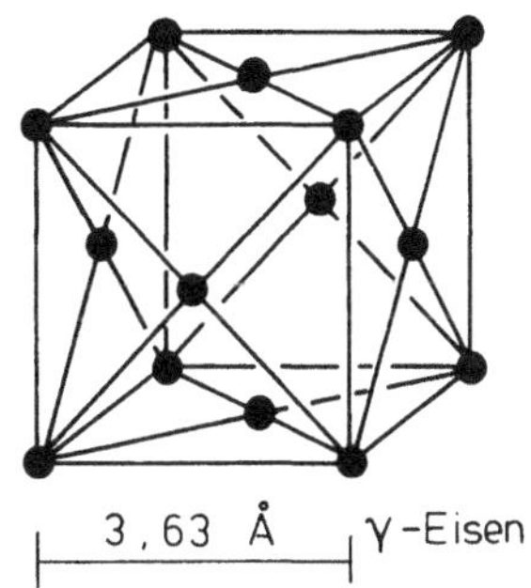

Bild 2.9 a) kubisch-raumzentriert α- und δ-Eisen (Perlit, Ferrit) b) kubisch-flächenzentriert γ-Eisen (Austenit) (900° C)

2.5.3 Plastische Eigenschaften

Metalle zeigen bei hoher Beanspruchung großes plastisches Verformungsvermögen, das durch Abgleiten parallel zu den Gitterebenen (Schub) zu erklären ist. Dies wird begünstigt durch Fehler im Aufbau des Kristallgitters.

Man unterscheidet (s. Bild 2.10):

a) punktförmige Fehler	Gitterlücken, Zwischengitterplätze
b) Fehlordnungen entlang einer Linie	Versetzungen
c) zweidimensionale Fehlordnung	Korngrenze (plötzliche Änderung des Gitters)

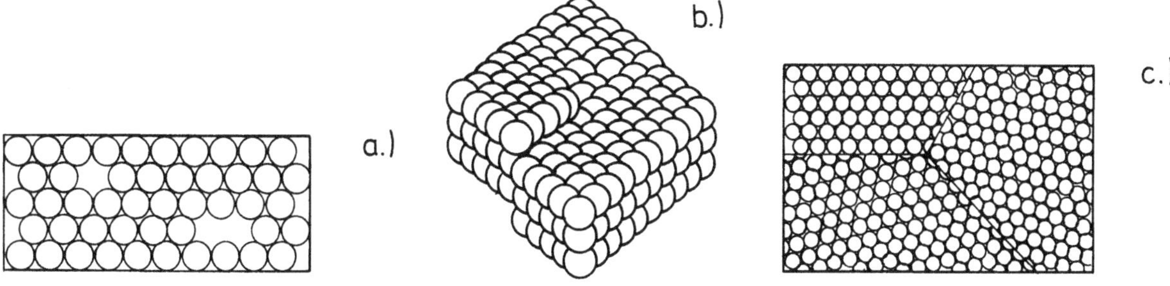

Bild 2.10 Strukturelle Fehler des Eisen-Kristallgitters

Versetzungen (Sammelbegriff für Gitterfehler) wandern unter der Einwirkung von Schubspannungen. Hierbei entstehen neue Versetzungen, die wieder wandern (Quellenbildung). Im Stahl befinden sich Fremdatome, die auf Zwischengitterplätzen eingelagert sind. Diese Fremdatome verankern die Versetzungen, behindern ihr Wandern und erhöhen dadurch die Spannung, die erforderlich ist, um den Fließbeginn einzuleiten (obere Fließgrenze). Die Versetzungen wandern zunächst bis zur Korngrenze und stauen sich dort auf.

Bei Belastungserhöhung können zwei verschiedene Mechanismen ausgelöst werden:

- Das Gleitband der aufgestauten Versetzungen setzt sich bei Betätigung weiterer Gleitebenen in den Nachbarkristall fort, und es erfolgt eine ausgiebige plastische Verformung (Fließen).
- Die (an den Korngrenzen) auftretenden hohen Spannungen führen zu einem Aufreißen und zum Sprödbruch (vor allem bei mehrachsiger Beanspruchung und hoher Belastungsgeschwindigkeit).

2.5.4 Fließen

Die Fremdatome müssen sich beim Wandern der Versetzungen neue Plätze suchen, sie laufen hinter den Versetzungen her.

Bei Entlastung nach einer plastischen Verformung tritt folgendes auf:

- die Versetzungen (Gitterlücken) haben neue Plätze.
- die Fremdatome brauchen eine gewisse Zeit, um diese neuen Plätze zu finden. Dieser Diffusionsprozeß wird durch Wärme beschleunigt (künstliche Alterung).
- wenn sie diese Plätze gefunden haben, "verklammern" sie die Versetzungen aufs neue und heben dadurch die Festigkeit (Kaltverfestigung, Alterung) an.

Bei erneuter Beanspruchung in umgekehrter Richtung löst sich ein Teil der (aufgestauten) Versetzungen leichter (Bauschinger-Effekt).

2.5.5 Beeinflussung der Festigkeitseigenschaften

Die Fließgrenze und die Bruchfestigkeit der Stähle können beeinflußt werden durch:

- Fremdatome (Zusatz von Legierungselementen)
- Kaltverformung (Kaltziehen, Kaltprofilieren)
- gezielte Wärmebehandlung (Härten, Vergüten)

Gleichzeitig muß aber die Schweißeignung (Sprödbruchgefahr) beachtet werden.

2.6 Wärmebehandlung und Eigenspannungen

2.6.1 Allgemeines

Jeder Stahl erfährt eine "Wärmebehandlung", entweder

- gezielt: Normalglühen, Spannungsarmglühen, Härten, Vergüten
- ungewollt: unterschiedliches Abkühlen nach Walzen, Schweißen usw.

2.6.2 Normalglühen

Glühen auf Temperaturen oberhalb des oberen Umwandlungspunktes A_{C3} (ca. 900 – 950° C) und danach langsames Abkühlen an ruhender Atmosphäre (im Ofen); s. Bild 2.11. Durch zweimaliges Durchlaufen der α-γ-Umwandlung entsteht feines, gleichmäßiges Gefüge. Behebt Schäden infolge Härtung, Alterung, Kaltreckung, Schweißen. Eine Rißbeseitigung ist nicht möglich!

Anmerkung: Bei Mehrlagenschweißung werden untere Lagen normalisiert (Gefügeumwandlung).

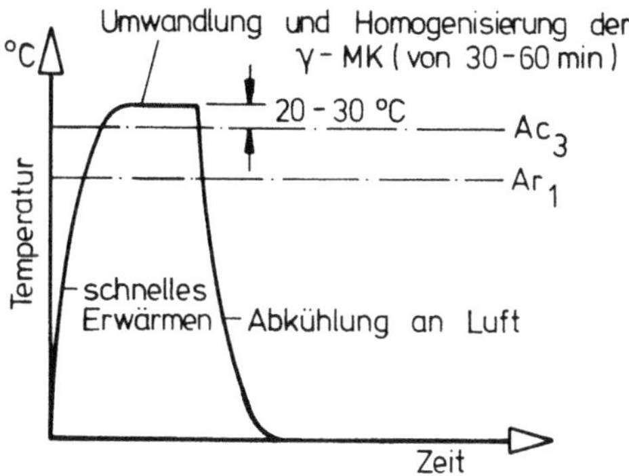

Bild 2.11 Normalglühen

2.6.3 Spannungsarmglühen

Zum Abbau von Eigenspannungen (z.B. nach Walzen, Schweißen oder Kaltverformen): Glühen auf Temperaturen unterhalb des unteren Umwandlungspunktes A_{C1} (d.h. auf 450 – 650° C); siehe Bild 2.12. Dabei tritt keine Gefügeänderung ein.

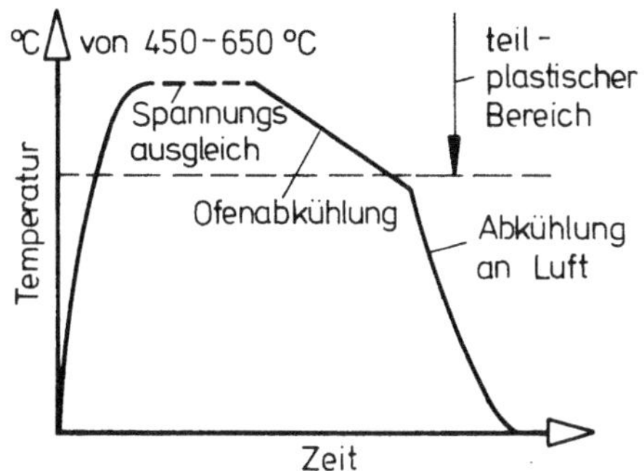

Bild 2.12 Spannungsarmglühen

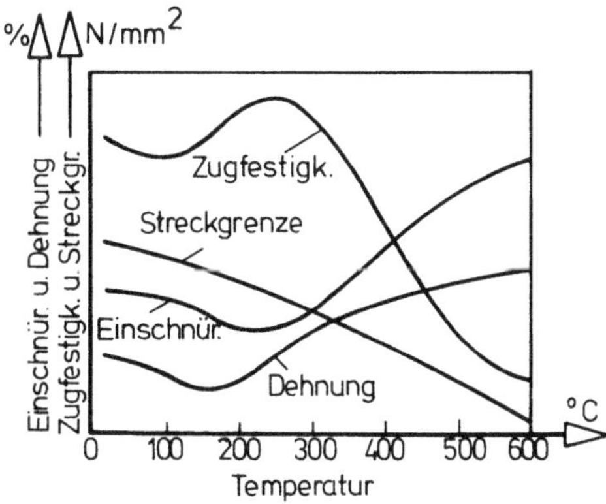

Bild 2.13 Abhängigkeit der Stahleigenschaften von der Temperatur

Oberhalb 300° C nehmen Zugfestigkeit und Streckgrenze von Stahl ab, so daß ein Abbau der Eigenspannungen durch plastische Verformungen möglich ist (s. Bild 2.13). Verringerung der Spannungen auf einen Betrag, der etwa der Warmstreckgrenze bei der betreffenden Glühtemperatur entspricht (Abstützen der Konstruktion, da sonst Verformungen unter Eigengewicht).

2.6.4 Härten

Vorwärmen bis oberhalb A_{C3} (wie Normalisieren), danach Abschrecken in Wasser, Öl oder Luft. Zur vollständigen Umwandlung $\gamma \rightarrow \alpha$ zu wenig Zeit, daher (teilweise) γ-Eisen in niedrigem Temperaturbereich (austenitischer Stahl). Setzt "härtbaren" Stahl voraus (abhängig vom C-Gehalt). Daher: schweißgeeigneter Stahl < 0,2 % C (damit keine Aufhärtung).

2.6.5 Vergüten

Vergüten = Härten und nachfolgendes Wiedererwärmen auf Temperatur unterhalb A_{C1} (Anlassen), Halten bei dieser Temperatur (etwa 45 min), nachfolgendes langsames Abkühlen (s. Bild 2.14a).

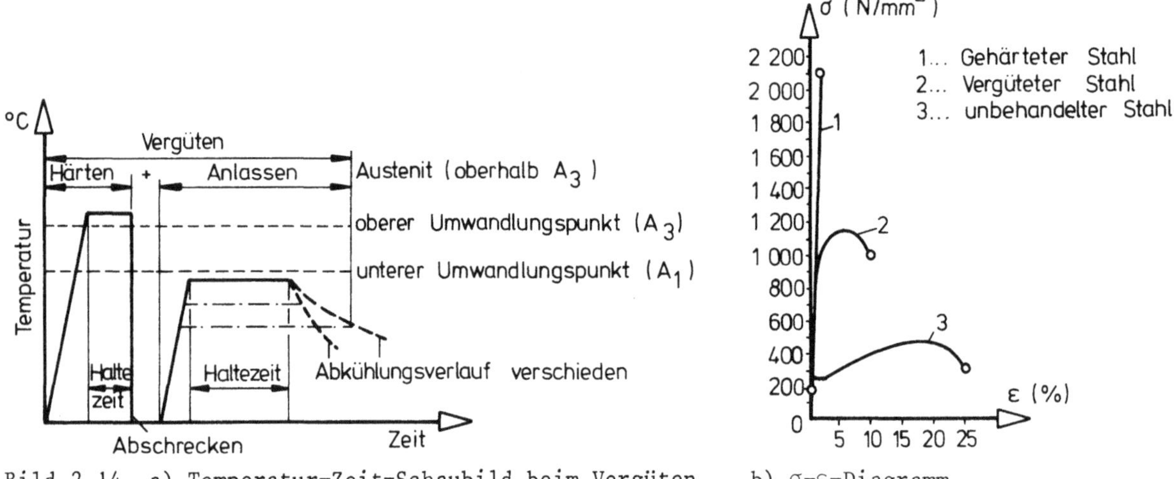

Bild 2.14 a) Temperatur-Zeit-Schaubild beim Vergüten b) σ-ε-Diagramm

Durch Anlassen auf ca. 350 – 700° C: Zugfestigkeit nimmt ab, Zähigkeit steigt (siehe Bild 2.14 b). Je nach dem beim Härten verwendeten Abschreckmittel wird in Wasser-, Öl- und Luftvergütung unterschieden.

Vergütungsstähle: müssen "härtbar" (vergütbar) sein. Wenn sie außerdem schweißgeeignet sein sollen (z.B. St E 70), muß C-Gehalt <2°/oo, dafür andere Legierungszugaben (z.B. Ni, Cr, Mo, B usw), s. Abschnitt 2.10

2.6.6 Eigenspannungen

2.6.6.1 Allgemeines

Das Messen von Eigenspannungen ist im allgemeinen schwierig, wenn plastische Deformationen auftreten und daher bei gemessenen Dehnungen (ε_{ges}) das Hookesche Gesetz nicht mehr gilt:

$$\sigma \neq E\,\varepsilon_{ges}$$

Es sind besondere Verfahren nötig, auf die nicht näher eingegangen wird / 6/.

2.6.6.2 Eigenspannungen durch partielles Erwärmen (Warmrichten)

Durch Erwärmen entsteht Ausdehnung und Abnahme der Festigkeit (s. Bild 2.13), durch Abkühlung Verkürzung und Zunahme der Festigkeit.

Warmrichten (Beispiel: Blechtafel Wärmekeile)

1. Schritt: Partielle Erwärmung durch Wärmekeile nach Bild 2.15.

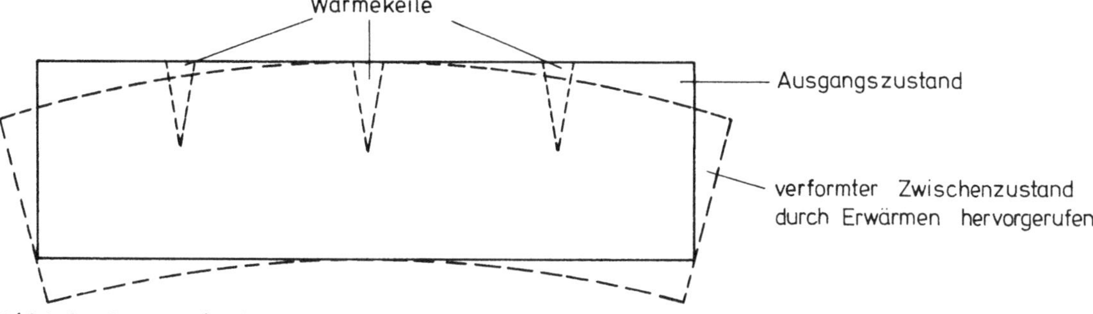

Bild 2.15 Partielle Erwärmung

Die erwärmten Teile wollen sich ausdehnen, werden aber durch die kalten Teile (teilweise) daran gehindert. Die kalten Teile des Bleches werden dadurch elastisch verformt, sie erzeugen "Federkräfte F" (s. Bild 2.16 a und b). Die Federkräfte F erzeugen in der erwärmten Faser plastische Stauchung, da die Streckgrenze sinkt.

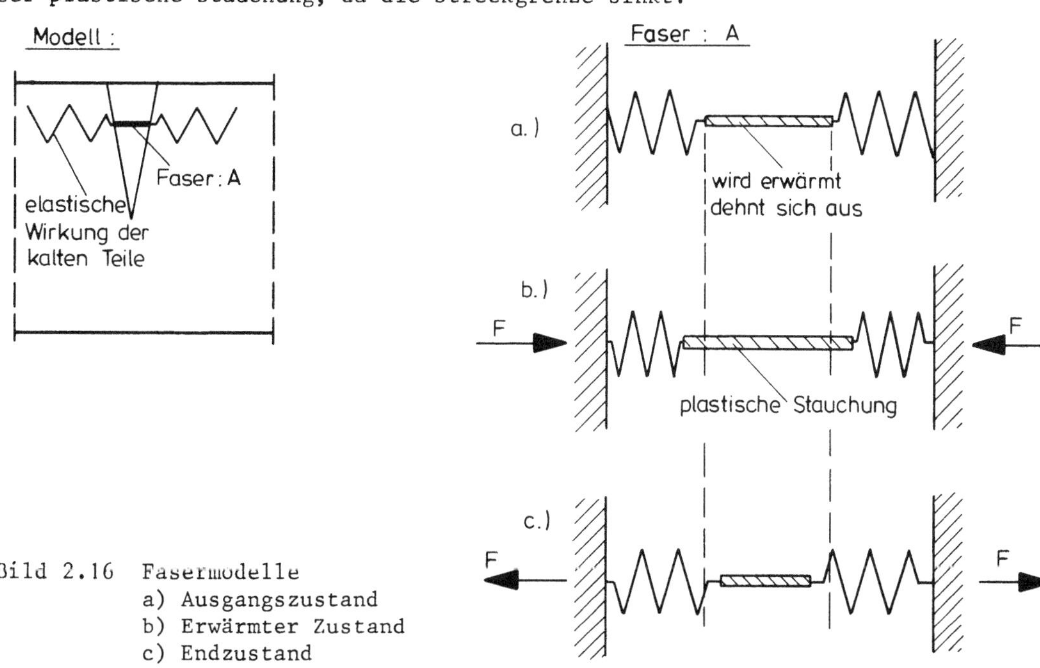

Bild 2.16 Fasermodelle
a) Ausgangszustand
b) Erwärmter Zustand
c) Endzustand

2. Schritt: Abkühlung

Die erwärmten Teile wollen sich verkürzen. Sie sind jedoch - durch die eingetretene plastische Stauchung - im abgekühlten Zustand "zu kurz". Der plastische Verformungsanteil ruft daher eine Zugkraft F in der Feder (Eigenspannungszustand) hervor (Bild 2.16 c), da die Streckgrenze inzwischen wieder gestiegen ist (abgekühlter Zustand). Im Endzustand (nach Abkühlung) treten daher bleibende Verformungen (s. Bild 2.17) und Eigenspannungen auf. Zusätzlich können äußere Zwängungsreaktionen, z.B. durch anschließende Bauteile, auftreten (Auflagerreaktionen).

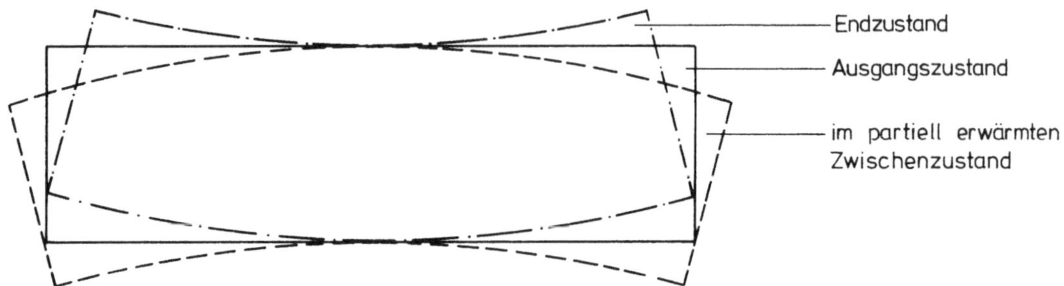

Bild 2.17 Endzustand nach dem Warmrichten

2.6.6.3 Schweißeigenspannungen

Es treten grundsätzlich die gleichen Erscheinungen auf. Im Endzustand treten in den durch das Schweißen oder Brennschneiden örtlich stark erwärmten Teilen Zugspannungen auf, in den übrigen Teilen Druckspannungen. Die Summe der Zug- und Druckkräfte und deren Momente im Querschnitt muß Null sein (Eigenspannungen), wenn keine zusätzlichen äußeren Zwängungen hinzutreten (Auflagerreaktionen).

Da beim Schweißen örtlich sehr hohe Temperaturunterschiede wirken (in der Schmelze ≈ 1500°), erreichen die Schrumpfspannungen im allgemeinen die Streckgrenze (plastizierte Zonen), s. Bild 2.18.

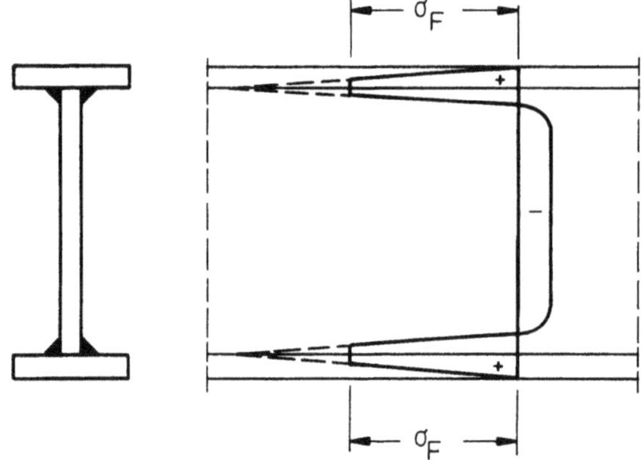

Bild 2.18 Schweißeigenspannungen in Richtung der Trägerachse

In besonderen Fällen (metallurgische Veränderungen, Aufhärtung, Reckalterung, Fließbehinderung durch mehrachsige Zugspannungszustände u.ä.) können sie bis zur Trennfestigkeit anwachsen (Risse in der Schweißnaht).

Kann sich das Konstruktionsteil beim Schweißen nicht ungehindert verformen, so treten weitere "Reaktionsspannungen" hinzu (z.B. infolge von Normalkräften N aus äußerer Einspannung).

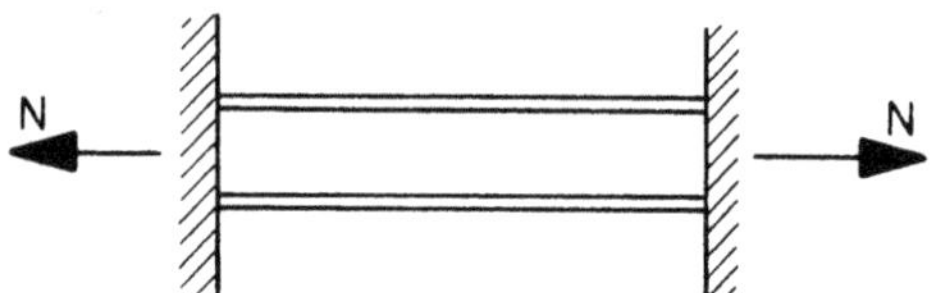

Bild 2.19 Normalkräfte aus Einspannung

Merke:

1. Eine verformte Schweißkonstruktion hat geringere Eigenspannungen.

2. Durch Warmrichten verbessert man zwar das äußere Aussehen, vergrößert aber die Eigenspannungen.

Ein Abbau der Eigenspannungen ist möglich

- durch Spannungsarmglühen (s. Abschnitt 2.6.3),
- durch Vorwärmen des Nahtbereiches vor der Schweißarbeit (vermindert auch die Aufhärtung),
- durch gezielte partielle Erwärmung nach dem Schweißen (autogenes Entspannen). Vorsicht, bei falscher Anwendung kann Vergrößerung eintreten!
- durch statische Belastung (s. Abschnitt 2.7.3.3).

2.6.6.4 Walzeigenspannungen

Bei der Abkühlung aus der Walztemperatur (z.B. I-Profil) tritt folgendes auf:

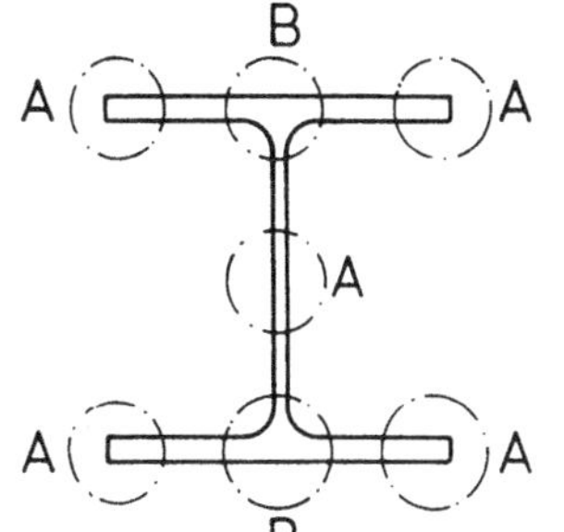

- zunächst kühlen die Zonen A (Steg und Flanschkanten) schneller ab als die Zonen B;
- dadurch entsteht plastische Stauchung der Zonen B, da bei höheren Temperaturen die Streckgrenze niedriger ist;
- später verringert sich der Temperaturunterschied, also Zone B kühlt "schneller" ab als A (thermische Umkehr), aber beide besitzen die endgültige Festigkeit;
- durch die (zwischenzeitlich) eingetretene plastische Stauchung ist Zone B "zu kurz" geworden. Durch die Kontinuitätsforderung treten dort Zugspannungen auf;
- als Gleichgewichtsforderung treten in Zone A Druckspannungen auf.

Ergebnis: Eigenspannungszustand σ^E

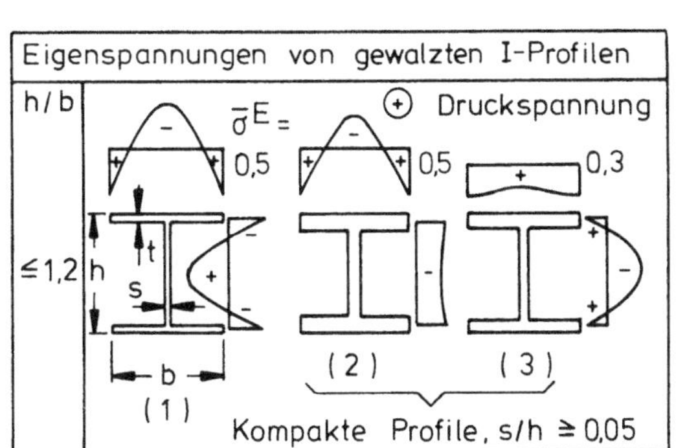

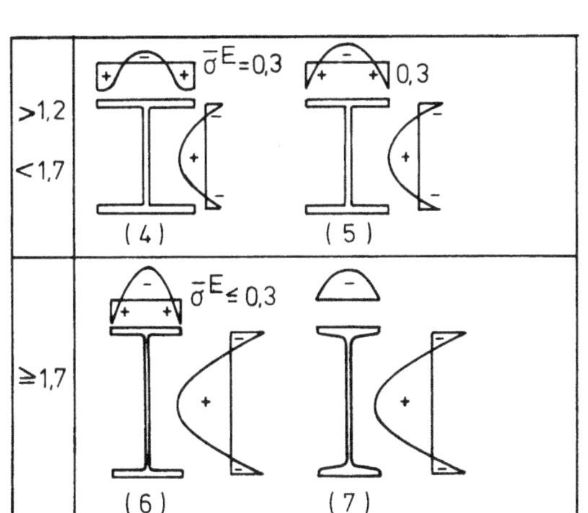

$$\bar{\sigma}^E = \frac{\sigma^E}{\sigma_F}$$

Bild 2.20 Charakteristische Eigenspannungsverteilung für Walzprofile aus St 37

Durch Stapellagerung der Träger beim Abkühlen können sich andere (unsymmetrische) Zonenaufteilungen A und B einstellen, wodurch Krümmungen entstehen.

Anmerkung:

Da die Warmfestigkeit aller Stähle (abgesehen von "warmfesten" Sonderstählen) etwa gleich groß ist, liegt die "plastische Stauchung" in der gleichen Größenordnung. Außerdem haben alle Stähle den gleichen E-Modul. Daher ist die Größe der Eigenspannungen (nahezu) gleich bei St 37 und höherfesten Stählen (St 52, St E 47 usw.). Dies ist für Knickstabberechnung wichtig und wurde durch Messungen bestätigt. Die Eigenspannungen hängen im wesentlichen von der Profilgeometrie und von der Art der Abkühlung ab.

2.7 Kennzeichnende Eigenschaften und Begriffe

2.7.1 Allgemeines

Um Mißverständnisse zu vermeiden, sind klare Begriffsbestimmungen erforderlich. Diese Definitionen sind z.T. willkürlich und häufig durch die angewendeten Meßmethoden entstanden.

2.7.2 Der Zugversuch

Der (einachsige) Zugversuch zeigt das Verhalten eines genormten Prüfstabes (s. Bild 2.21) unter einachsigem Spannungszustand bei "langsamer" stetiger Streckung bis zum Bruch.

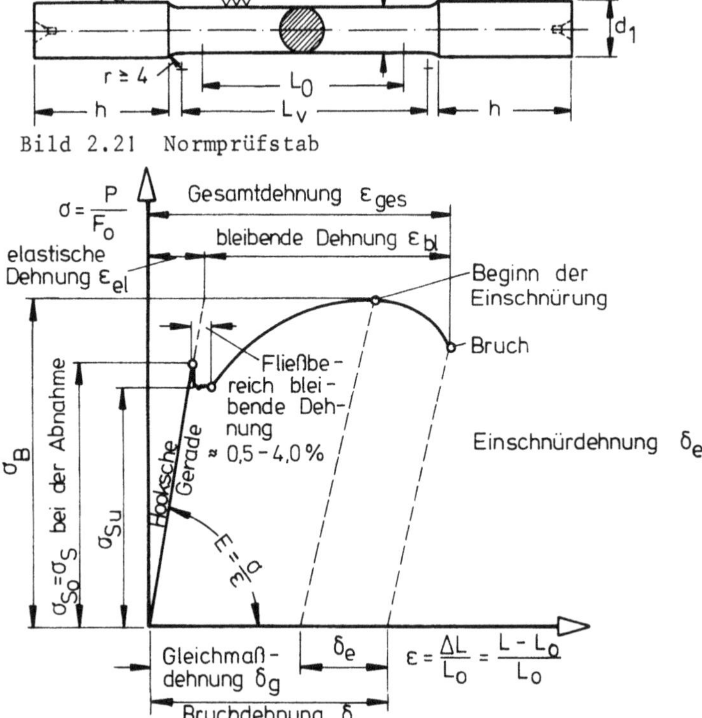

Bild 2.21 Normprüfstab

Bild 2.22 Spannungs-Dehnungs-Schaubild für einen "naturharten" Stahl

ΔL = Verlängerung, L_o = Ausgangsmeßlänge, L = jeweilige Meßlänge

F_o = Ausgangsquerschnitt, $\sigma = \frac{P}{F_o}$ = Nennspannung

Elastisch: eindeutig umkehrbarer Zusammenhang zwischen Belastungs- und Formänderung

Elastizitätsmodul: $E = \frac{\sigma}{\varepsilon}$ (= konst.) im elastischen (Hookeschen) Bereich. Für alle Stahlsorten etwa gleichgroß $E = 210\,000$ N/mm²

Querdehnungszahl: $\mu = \frac{\varepsilon_{quer}}{\varepsilon_{längs}}$

Stab verringert Querschnitt, wenn er gezogen wird.

für Stahl: $\mu = 0{,}3 \approx \frac{1}{3}$

Elastizitätsgrenze: σ_E: diejenige Spannung, bei der erstmalig eine bleibende Dehnung auftritt.

Technische Elastizitätsgrenze $\sigma_{0,01}$:

Da sich die erste bleibende Dehnung meßtechnisch kaum feststellen läßt, ist zur technischen Elastizitätsgrenze diejenige Spannung erklärt worden, bei der sich eine bleibende Verformung von 0,01 % einstellt.

Plastisch: bleibende Formänderungen, kein umkehrbarer Zusammenhang mehr.

Streckgrenze σ_S (meist Fließgrenze σ_F genannt):

Bei etwa gleichbleibender Last tritt merkliche bleibende Dehnung ein (Fließplateau). Falls Spannungsabfall eintritt, Unterscheidung in obere σ_{So} und untere Streckgrenze σ_{Su}. Bei den "Abnahmeversuchen" wird σ_{So} festgestellt. Hierfür liegen eine Unmenge von Zahlenwerten vor.

Fließbereich: Bereich der plastischen Dehnung, bei der die Last etwa konstant bleibt. Tritt nur bei "naturharten" Stählen auf und beträgt etwa 0,5 – 4 %.

0,2-Dehngrenze: diejenige Spannung, unter welcher eine bleibende Dehnung von 0,2 % erreicht ist. Wenn kein ausgeprägtes Fließplateau vorhanden ist, wird die $\sigma_{0,2}$-Grenze als Streckgrenze definiert (z.B. Vergütungsstähle, Spannstähle usw.).

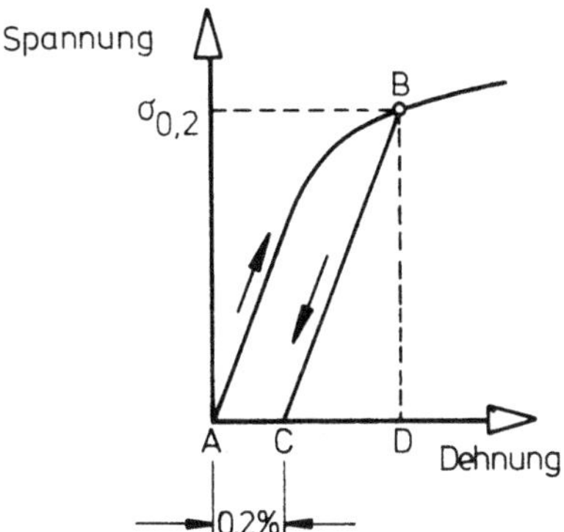

Bild 2.23 Last-Verlängerungs-Kurve im Bereich von 0,2 % bleibende Dehnung

Verfestigungsbereich: Nach Durchlaufen des Fließbereiches tritt Laststeigerung ein.

Gleichmaßdehnung δ_g: plastische Dehnung der Zugprobe auf ihrer ganzen Länge ohne Einschnürung (nach Überschreiten der Streckgrenze).

Zugfestigkeit σ_B: die höchste bis zum Bruch auftretende Nennspannung

$$\sigma_B = \frac{P_{max}}{F_o} \tag{2.1}$$

Streckgrenzenverhältnis: σ_S/σ_B beträgt bei Stahl etwa 70 %, bei vergütetem Stahl bis zu 90 %.

Einschnürung: Beim Erreichen der maximalen Nennspannung schnürt sich die Probe an einer Stelle ein, die weitere Dehnung vollzieht sich in der Hauptsache an der Einschnürstelle: Einschnürdehnung δ_e.

Bruchdehnung: Nach dem Bruch werden beide Teile der Probe zusammengelegt, und die Bruchdehnung wird bestimmt:

$$\delta = \delta_g + \delta_e = \frac{L_B - L_o}{L_o} \; 100 \; (\%) \tag{2.2}$$

Brucheinschnürung:

$$\psi = \frac{F_o - F_B}{F_o} \; 100 \; (\%) \tag{2.3}$$

F_B = kleinster Querschnitt im gebrochenen Probestab. Bruchdehnung δ und Brucheinschnürung ψ geben Auskunft über die Zähigkeit (Duktilität) des Materials (große Verformung vor dem Bruch).

Einfluß der Meßlänge: Die Verlängerung der Probe an der Einschnürstelle liefert - auf verschiedene Meßlängen bezogen - unterschiedlich große Werte für die Einschnürdehnung δ_e, also auch für die Bruchdehnung δ (s. Bild 2.24).

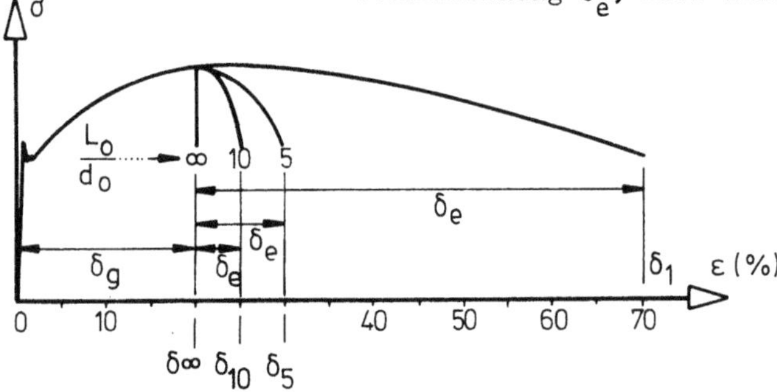

Bild 2.24 Spannungs-Dehnungsdiagramm von weichem Stahl (schematisch) bei verschiedenen Meßlängenverhältnissen L_o/d_o

Auf die Brucheinschnürung ψ hat die Meßlänge keinen Einfluß.

Proportionalstab: Um Vergleichbarkeit zu gewährleisten, Beschränkung auf Kreisquerschnitt und zwei Proportionen (Meßlängenverhältnisse), d_o = Probendurchmesser.

$\frac{L_o}{d_o} = 10$ langer Proportionalstab liefert δ_{10}

$\frac{L_o}{d_o} = 5$ kurzer Proportionalstab liefert δ_5

Bruchdehnung und Brucheinschnürung sind keine physikalischen Größen. Sie sind im Hinblick auf einfache Meß- und Rechenvorgänge definiert und kennzeichnen die Duktilität des Materials.

Wahre Spannung: σ' wird auf den jeweils vorhandenen (kleineren) Querschnitt $F_{wirkl.}$ bezogen $\sigma' = \frac{P}{F_{wirkl.}}$

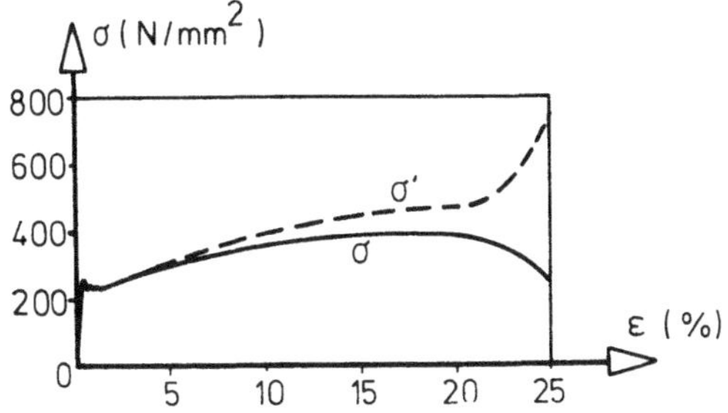

Bild 2.25 Spannungs-Dehnungsdiagramm von weichem Stahl mit Nennspannung (σ) und wahrer Spannung (σ')

2.7.3 Die Streckgrenze (Fließgrenze)

2.7.3.1 Allgemeines

Der wichtigste Materialkennwert für die Bemessung von Stahlkonstruktionen ist die Streckgrenze σ_S (oder Fließgrenze σ_F). Es ist daher unbedingt notwendig, klare Festlegungen zu treffen. Man muß hierbei unterscheiden (s. Bild 2.26):

	Beanspruchung	
	kraftschlüssig	formänderungsschlüssig
Ursache	P	Δl
Wirkung	Δl	P
Skizze	P	Δl

Bild 2.26 Kraft- und formänderungsschlüssige Beanspruchung

Die Beanspruchung eines Bauteiles liegt im allgemeinen dazwischen, z.B. bei Biegebeanspruchung (Fasermodell) eines Querschnittes nach Bild 2.27 und 2.28:

Laststeigerung → kraftschlüssiger Anteil

Ebenbleibender Querschnitt → formänderungsschlüssiger Anteil

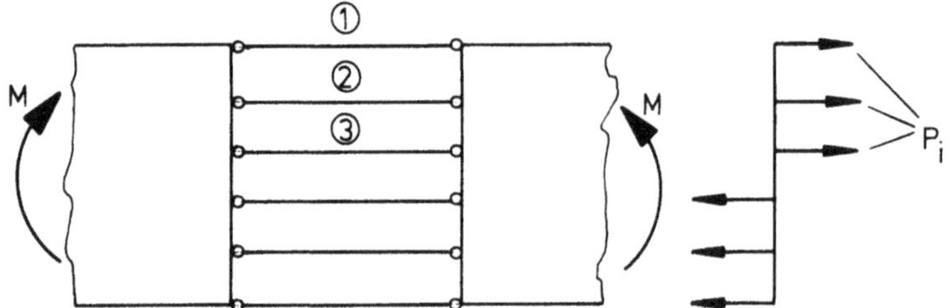

Bild 2.27 Fasermodell eines Querschnittes

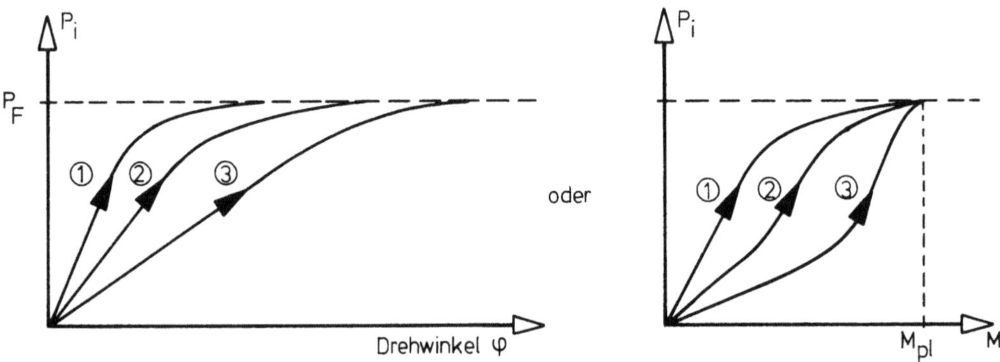

Bild 2.28 Verlauf der Kräfte in den Fasern (P_F = Fließgrenze)

2.7.3.2 Stabfaser

Eine einzelne Stabfaser reagiert etwa wie ein (dünner) Prüfstab im Zugversuch. Es kann angenommen werden, daß bei Druckbeanspruchung die gleichen Eigenschaften auftreten. Definiert man die meßbaren Größen genauer, so erkennt man:

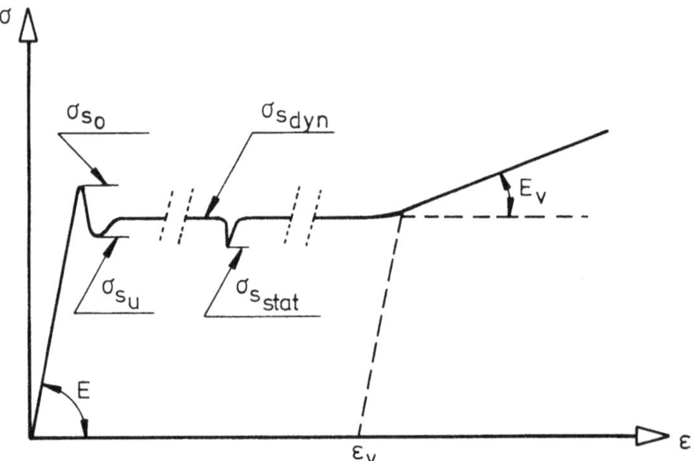

Bild 2.29 Spannungs-Dehnungsdiagramm

σ_{So} - obere Streckgrenze
σ_{Su} - untere Streckgrenze
$\sigma_{S_{dyn}}$ - dynamische Streckgrenze (Fließplateau)
$\sigma_{S_{stat.}}$ - statische Streckgrenze (die Dehnung wird konstant gehalten)
ε_V - Dehnung bei Beginn der Verfestigung
E_V - Verfestigungsmodul

Aufgrund neuerer Untersuchungen / 7/ über den Einfluß der Dehngeschwindigkeit kann festgestellt werden:

- mit abnehmender Dehngeschwindigkeit sinken σ_{So}, σ_{Su} und σ_{Sdyn}.
- wird die Dehngeschwindigkeit zu Null (d.h. wird die Dehnung konstant gehalten, Relaxation), so stellt sich σ_{Sstat} bei einer Haltezeit von rd. 10 min ein, und zwar unabhängig von der Größe der plastischen Vordehnung (0,5, 1 oder 2 %).
- da die plastische Deformation in Form von Lüders'schen Fließbändern durch den Stab läuft, der Rest der Stablänge dabei elastisch reagiert, ist der Spannungsabfall durch Relaxation abhängig von der Meßlänge. (Je größer die Bezugslänge, desto geringer der Abfall.)

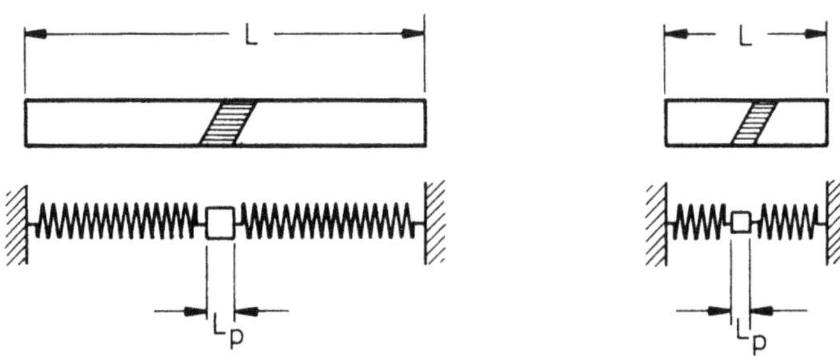

Bild 2.30 Einfluß der Bezugslänge

In Bild 2.30 ist mit L_p die Breite der plastischen Verformung (Lüders-Band) und die (bei Entlastung) elastisch reagierenden Stabteile bei unterschiedlichen Stablängen L dargestellt.

- die statische Streckgrenze σ_{Sstat} erscheint als der beste Bezugswert (Fließgrenze σ_F) zur Beurteilung der plastischen Eigenschaften für die einzelne Stabfaser unter konstant wirkenden Dauerlasten, da sie unabhängig von den Eigenschaften der Prüfmaschine und der Prüfgeschwindigkeit ist.

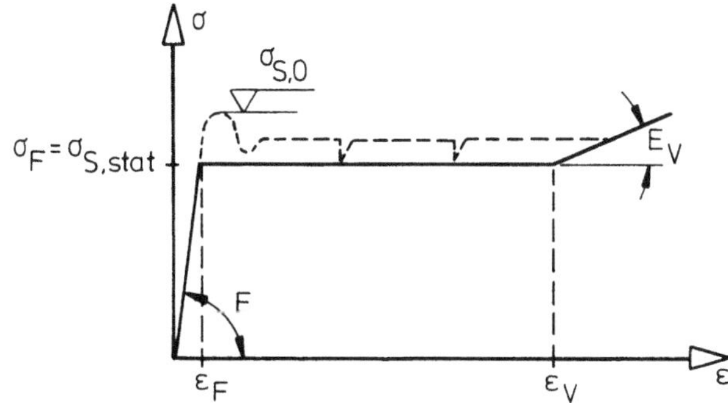

Bild 2.31 Die Fließgrenze unter konstanter Dauerlast

- z.Z. kann noch keine genaue Angabe gemacht werden, ob die statische Streckgrenze in einer festen Relation zur oberen Streckgrenze (Abnahmeversuch) steht.

2.7.3.3 Stabquerschnitt

Abhängig vom Herstellungsprozeß (Erschmelzen, Vergießen, Beruhigen, Walzen, Schweißen, Wärmebehandlung usw.) sind die chemische Zusammensetzung (Seigerungen) und das Gefüge (Korngröße) zonenweise über den Stabquerschnitt verschieden. Daher: unterschiedliche Streckgrenze der einzelnen Stabfasern (s. Bild 2.32).

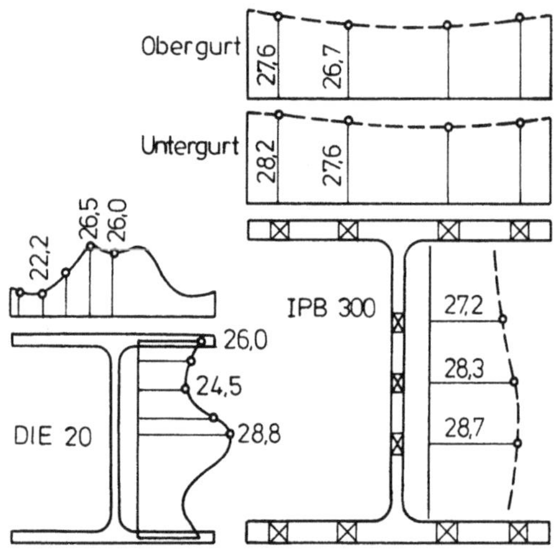

Bild 2.32 Streuung der Fließgrenze

Die Streckgrenze zeigt außerdem deutlich steigende Tendenz bei dünnwandigen Profilen (stärkerer Auswalzungsgrad, geringere Walz-Endtemperatur), s. Bild 2.33.

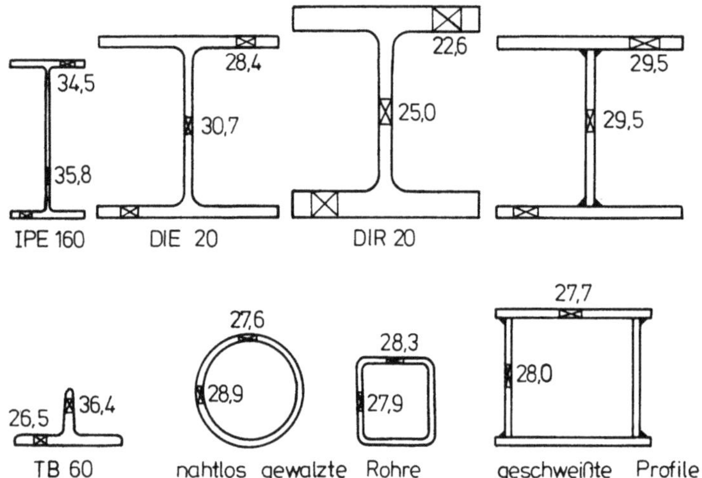

Bild 2.33 Fließgrenzwerte bei gewalzten und geschweißten Profilen

Hinzu tritt der Einfluß von Eigenspannungen: einzelne Fasern "fließen früher", da sie vorgespannt" sind (vgl. Abschnitt 2.6.6.).

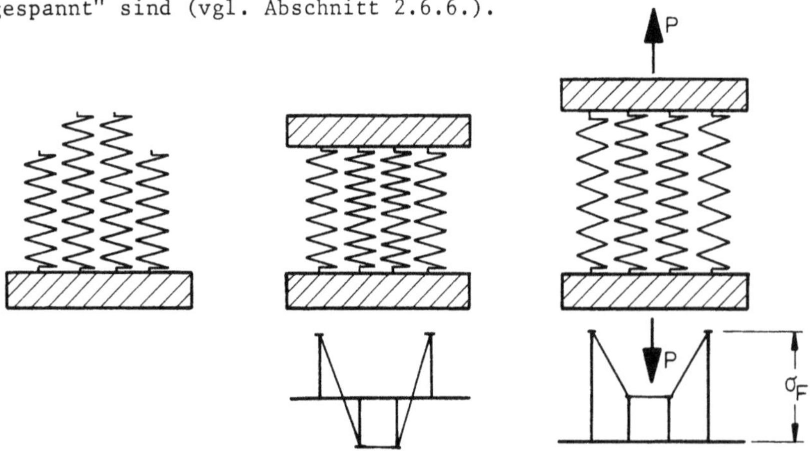

Bild 2.34 Früherer Beginn des Fließens durch Eigenspannungen

Fließgrenzenstreuung und Auswirkung der Eigenspannungen erfaßt der "Kurzstabversuch". Besonders wichtig für "Knicken", daher meist Druckversuche / 8/. Ergebnis: globale Streckgrenze $\sigma_{Sglobal}$ (s. Bild 2.35).

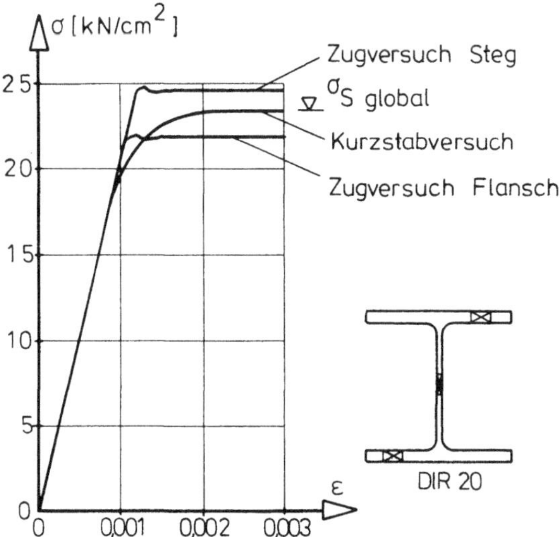

Bild 2.35 Die globale Streckgrenze am Stabquerschnitt

Das vorzeitige Abweichen von der Hookeschen Geraden (das bei der Faser nicht auftritt) wird durch die Eigenspannungen hervorgerufen, die unterschiedlichen Plateauhöhen sind Folgen der Fließgrenzenstreuung.

2.7.3.4 Örtliche Einflüsse (Kerben)

Kerben erzeugen Spannungsspitzen (örtliches Fließen) und räumliche Spannungszustände (verzögertes Fließen), s. Abschnitt 2.9.4. Außerdem kann bei großer örtlicher Querschnittsschwächung folgendes eintreten: im geschwächten Querschnitt tritt Fließen, Verfestigung und Bruch ein, bevor im ungeschwächten Querschnitt die Streckgrenze erreicht wird. Folge: der Stab bricht "spröde" (ohne Vorankündigung), da er nicht "fließen" kann (s. Bild 2.36 ④).

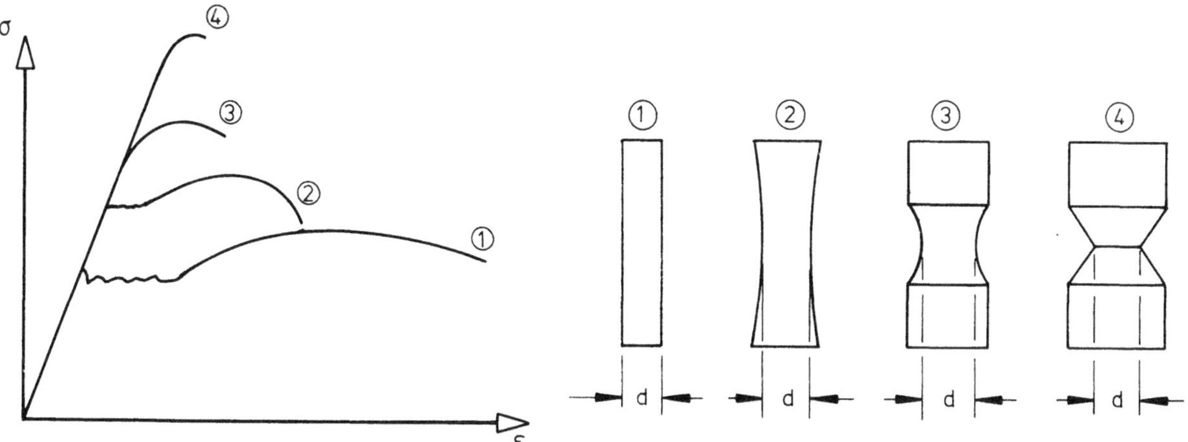

Bild 2.36 Zylindrische Probekörper aus dem gleichen zähen Stahl bei langsamer Belastungssteigerung

2.7.3.5 Hohe Belastungsgeschwindigkeit

Mit steigender Belastungsgeschwindigkeit (Schlag, Stoß) steigen Streckgrenze und Zugfestigkeit bei sinkender Bruchdehnung.

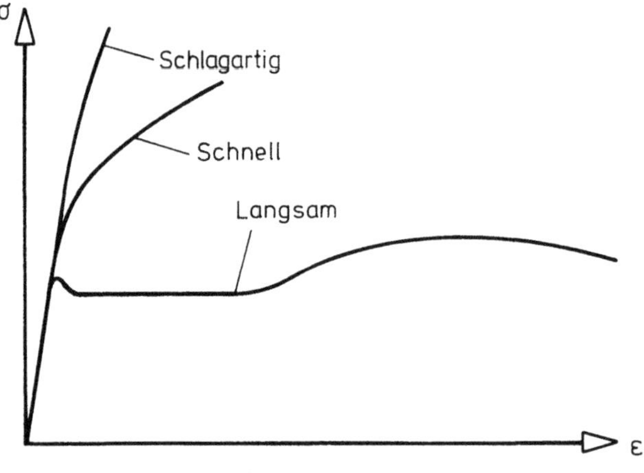

Bild 2.37

2.7.3.6 Kaltverfestigung, Alterung

Beide Worte gelten für die gleiche Erscheinung:

- Kaltverfestigung : gezielt, erwünscht (höhere Festigkeit)
- Alterung : unbeabsichtigt, unerwünscht (Versprödung)

Nach größerer plastischer Verformung (Fließen) tritt Kaltverfestigung bzw. Alterung auf: Anstieg der Streckgrenze und Zugfestigkeit, Abfall der Bruchdehnung und Kerbschlagzähigkeit. (Durch Diffusion lagern sich die C- und N-Atome wieder in den Versetzungen an und verankern sie (s. Abschnitt 2.5.4)

Verringerung der Alterungsanfälligkeit durch Herabsetzen des N-Gehaltes (aber auch des Gehaltes an O, P und S). Bindung des Reststickstoffs an Aluminium (doppeltberuhigter Feinkornbaustahl ist alterungsbeständig).

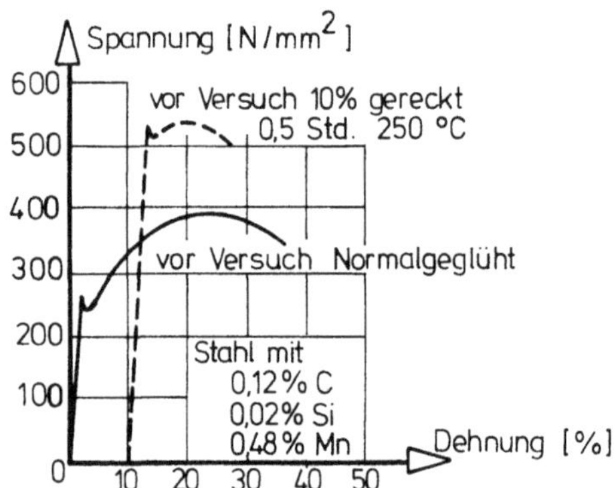

Bild 2.38 Darstellung der Alterung von Stahl im Spannungs-Dehnungsdiagramm

Hinweis:

In jeder Stahlkonstruktion treten örtliche Bereiche mit plastischer Verformung auf (Richten, Schweißen, Kerbspannungsspitzen).

Natürliche Alterung: tritt bei Raumtemperatur erst nach Wochen auf (Diffusion dauert lange).

Künstliche Alterung: durch Erwärmen ($\frac{1}{2}$ Stunde auf 250° C) nach beendeter Kaltverformung wird die Diffusionsgeschwindigkeit der Fremdatome beschleunigt. Alterung tritt nach einigen Stunden auf.

Kaltverfestigung wird angewendet bei

- Kaltziehen (Recken) bei Drähten, Spannstählen
- Kaltstauchen bei der Schraubenherstellung
- Kaltverdrehen bei Bewehrungsstahl (Tor-Stahl)
- Kaltprofilieren von Spezialprofilen (Fenster, Fahrzeugbau, Trapezbleche) in hintereinanderliegenden Profilwalzen
- Tiefziehen bei Karosserieteilen

Durch Normalglühen kann Alterung wieder beseitigt werden. Beim Schweißen kaltverfestigter Profile tritt daher partiell eine Entfestigung auf.

Außer der Reckalterung gibt es noch die Abschreckalterung, die auf ähnlichen Diffusionsvorgängen im Kristallgitter beruht.

2.7.3.7 Bauschinger-Effekt

Bauschinger beobachtete (1886) folgendes Werkstoffverhalten:

Nach Entlastung von P aus und anschließender Belastung mit umgekehrter Richtung ist die Druck-Streckgrenze σ_F' merklich niedriger. Dies muß bei der Kaltverfestigung beachtet werden.

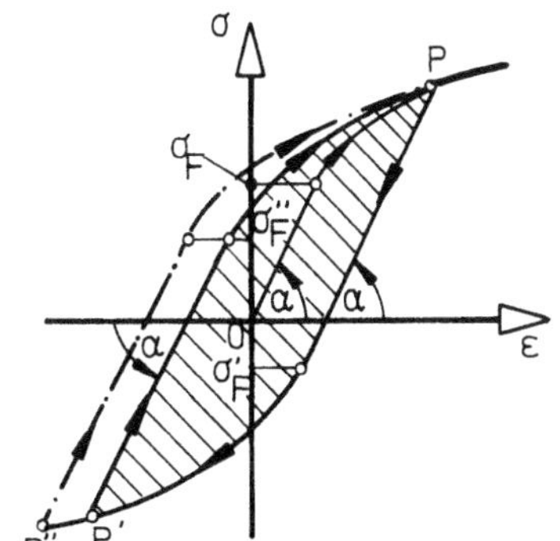

Bild 2.39 Bauschinger-Effekt

Diese Entfestigung bei Verformungsumkehr entsteht durch den unterschiedlichen Anteil stabiler und instabiler Versetzungsstauungen: ein Teil gleitet nach Entlastung wieder zurück, der andere Teil bleibt stabil (s. Abschnitt 2.5.4).

2.7.4 Innere Dämpfung

Als Dämpfung bezeichnet man die Energie, die ein Werkstoff bei schwingender Beanspruchung durch innere Reibung (z.B. um Versetzungen in Kristallen zu bewegen) in Wärme umsetzt.

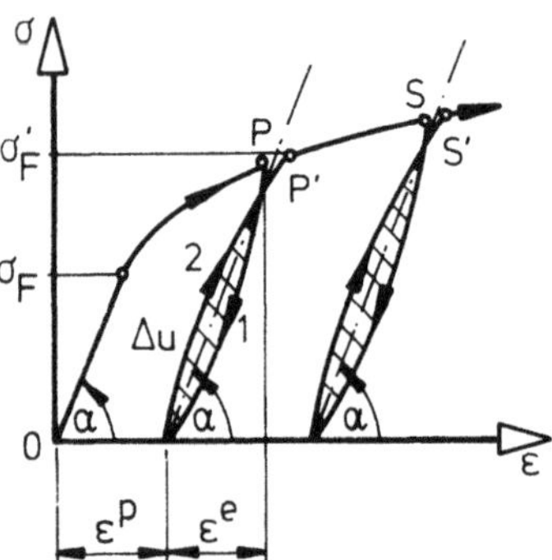

Bild 2.40 "Elastische" Hysteresisschleifen
(schraffierte Flächen = Energieverluste)

2.7.5 Dauerstandfestigkeit, Kriechen, Relaxation

Dauerstandfestigkeit = größte Last, unter der die Dehnung gerade noch zum Stillstand kommt, liegt bei Stahl über σ_F, fällt erst bei Temperaturen > 300° C stark ab (s. Bild 2.41).

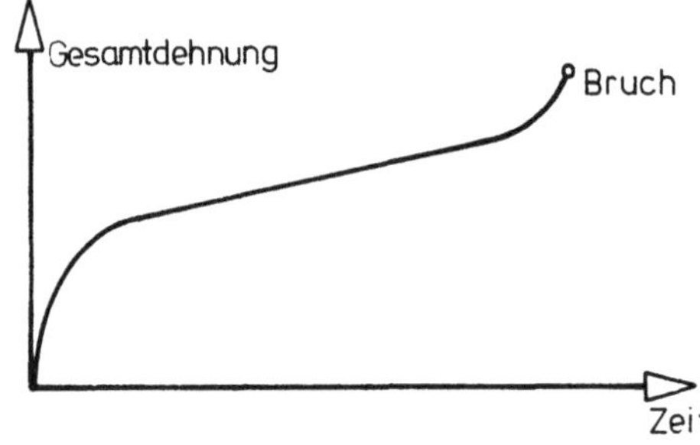

Bild 2.41

Kriechen = zeitabhängige plastische Verformung unter konstanter Last. Merkliche Kriechverformung bei Baustahl erst bei höheren Temperaturen.

Relaxation = Abnahme der Spannung bei konstant gehaltener Dehnung, wird durch die statische Fließgrenze beschrieben (s. Abschnitt 2.7.3.2).

2.7.6 Zähigkeit und Sprödigkeit (Duktilität)

2.7.6.1 Allgemeines

Wenn kein Fließen (Gleitverformung infolge Versetzungswanderung) eintreten kann, besteht die Gefahr des verformungslosen Trennbruches. Man bezeichnet dies mit "Versprödung" (Sprödbruchgefahr). Es handelt sich hierbei nicht um eine "reine" Werkstoffeigenschaft, sondern sie ist von vielen Umständen abhängig.

Zur Versprödung führen

- räumlicher Spannungszustand (allseitiger Zug), siehe Abschnitt 2.8
- hohe Belastungsgeschwindigkeit
- tiefe Temperaturen

} (Versetzungswanderung wird erschwert)

- Aufhärtung des Materials (Brennschneiden oder Schweißen)
- Alterung (Alterungsversprödung)

Unter Alterungsversprödung versteht man eine im Laufe der Zeit ohne gleichzeitige äußere Einwirkung eintretende Veränderung der mechanischen Eigenschaften. Hierbei sinken die plastische Verformbarkeit, die Bruchdehnung und die Kerbschlagzähigkeit, während die Härte, die Streckgrenze und die Zugfestigkeit ansteigen. Sie wird im wesentlichen durch den ungebundenen Stickstoff im Stahl veranlaßt.

Es wurde eine Anzahl von Prüfverfahren entwickelt, die jedoch meist keine direkt vergleichbaren Resultate liefern. Die Verfahren untersuchen die Fähigkeit des Stahls, einen sich fortpflanzenden Riß (ohne Sprödbruch) aufzufangen. Diese Eigenschaft der plastischen Verformbarkeit ist besonders wichtig für die Beurteilung von geschweißten Konstruktionen (Schweißeignung).

2.7.6.2 Aufschweißbiegeprobe

Sie ist ein technologisches Prüfverfahren (unter Bauwerksbedingungen), das eine hohe Aussagekraft besitzt.

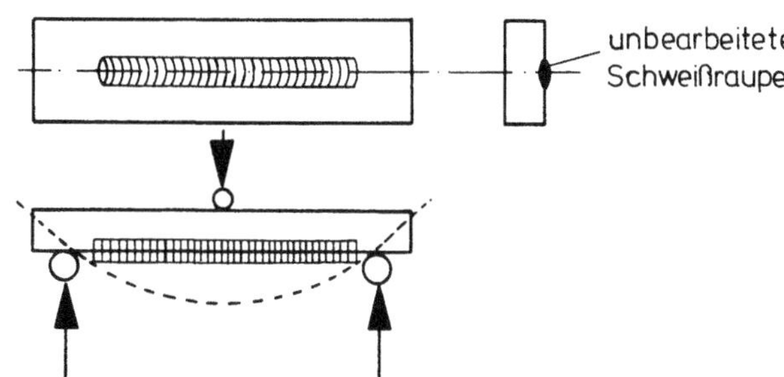

Bild 2.42 Aufschweißbiegeprobe

Bei Biegewinkel bis 90° müssen Anrisse in der Schweißnaht vom Werkstoff aufgefangen werden.

2.7.6.3 Kerbschlagzähigkeit

Prüfen der Sprödbruchempfindlichkeit durch Kerbschlagbiegeversuch: Man zerschlägt eine mit einem definierten Kerb versehene Probe mit Hilfe eines Pendelschlagwerks und mißt die zum Zerschlagen verbrauchte spezifische Schlagarbeit (s. Bild 2.43).

Kerbschlagzähigkeit $a_K = \frac{A}{F} = \frac{\text{verbrauchte Schlagarbeit}}{\text{gefährdeter Querschnitt}}$

a_K ist keine eindeutig definierte physikalische Meßgröße, sondern nur ein Maß für Sprödbruchneigung. Die Übergangstemperatur $T_{ü}$ (die oft nicht klar definiert ist) ist ebenfalls ein Maß für die Sprödbruchneigung des Stahls (s. Bild 2.44).

Im Versuch nachgeahmt:

- räumlicher Spannungszustand durch die Kerbe
- hohe Belastungsgeschwindigkeit
- niedrige Temperaturen

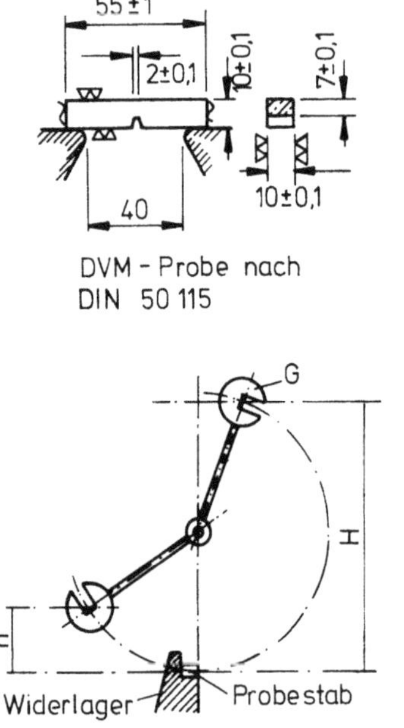

Bild 2.43 Pendelschlagwerk

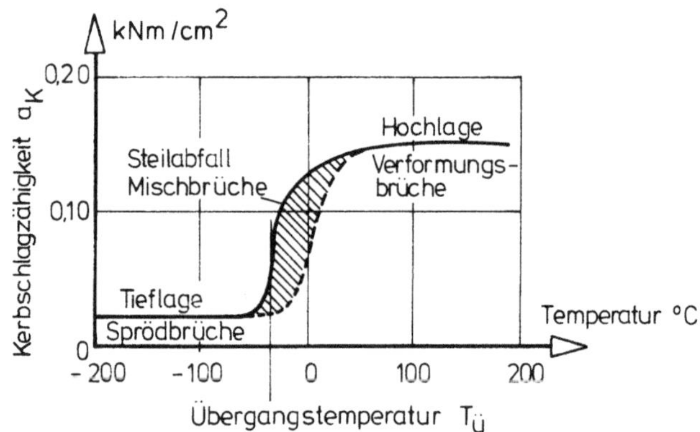

Bild 2.44 Temperaturabhängigkeit der Kerbschlagzähigkeit

Zum Prüfen der Alterungsanfälligkeit vergleicht man die Kerbschlagzähigkeit ungealterter und künstlich gealterter Proben.

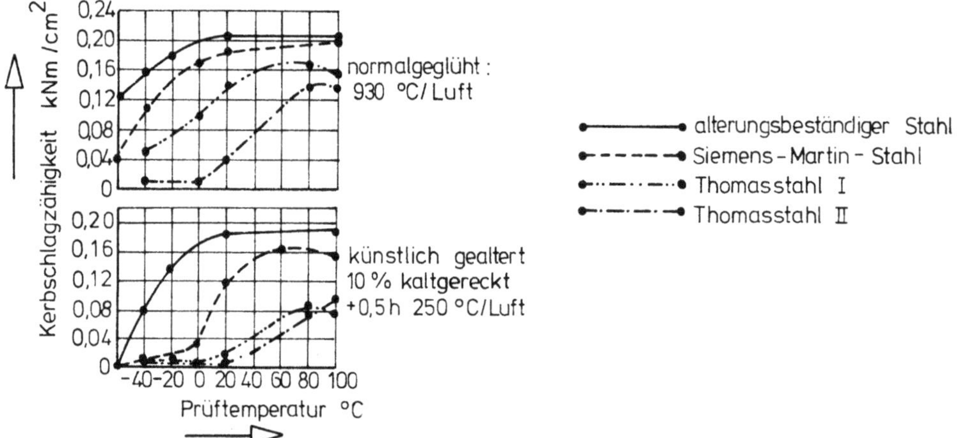

Bild 2.45 Kerbschlagzähigkeit von ungealterten und künstlich gealterten Proben

2.7.6.4 Weitere Prüfverfahren

Außer dem gebräuchlichen Kerbschlagbiegeversuch mit unterschiedlichen Probeformen kann das Sprödbruchverhalten von Stahl und Bauteilen aus Stahl auch durch eine Reihe von anderen Prüfverfahren ermittelt werden. In ihnen wird meistens die gesamte Probendicke geprüft. Beim Fallgewichtsversuch wird eine Probenplatte mit einer gekerbten Schweißraupe versehen und einer Schlagbeanspruchung unterworfen. Ermittelt wird die Temperatur, bei der der Werkstoff den in der Schweißraupe entstehenden Riß nicht mehr auffangen kann.

Weitere gebräuchliche Prüfverfahren sind: Robertson-Versuch, COD-Versuch, Battelle-DWT-Versuch, Kerbzugproben z.T. an großen Abmessungen auch mit Innenkerben, Scharfkerbbiegeproben, Explosionsversuch. Teilweise werden geschweißte Konstruktionselemente oder sogar ganze Konstruktionen (Berstversuch an Rohren) der Prüfung unterzogen / 9/.

2.7.7 Härte

Härtemessungen (auch am Bauwerk) durch Messung der plastischen Eindrückungen (genormter Eindringkörper) in die Oberfläche des Stahls, z.B. nach Brinell mit Stahlkugel oder Vickers mit Diamantpyramide.

Zahlenwerte, z.B. Härte nach Brinell oder Härte nach Vickers

$$\frac{HB}{HV} = \frac{\text{Last}}{\text{Eindruckoberfläche}}$$

Zahlenwerte für HB und HV fast gleich. Umrechnung in die Zugfestigkeit (gilt auch bei kaltverfestigtem Material) durch die einfache Beziehung

$$\sigma_B \; (N/mm^2) = 0{,}35 \; HB$$

Zerstörungsfreies Prüfverfahren zur leichten Feststellung der Stahlgüte am Bauwerk und zur Bestimmung der Aufhärtung durch Schweißung in der wärmebeeinflußten Zone.

2.7.8 Bruchformen

Beim einachsigen Zugversuch unter statischer Last können folgende Bruchformen auftreten:

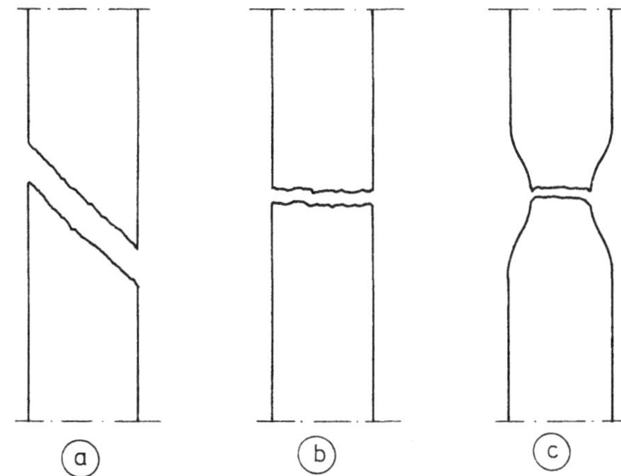

Bild 2.46 Bruchformen

ⓐ Gleitbruch: In duktilen Idealkristallen nach größerer Gleitung (Versetzungen) tritt Scherbruch unter der Wirkung der Schubspannungen ein.

ⓑ Trennbruch: Spröder Werkstoff bricht, sobald die Normalspannung die Trennfestigkeit erreicht (z.B. Beton auf Zug).

ⓒ Mischbruch: Plastisch verformbarer, zäher Werkstoff schnürt sich vor dem Bruch ein (Wirkung von Schubspannungen) und zeigt einen gemischten Bruch, d.h. am Außenrand einen Krater (Gleiten unter 45°), in der Mitte eine Trennung (Normalspannungen).

2.8 Fließ- und Bruchhypothesen

2.8.1 Allgemeines

Viele Spannungszustände in Konstruktionsteilen sind mehrachsig. Im Gegensatz dazu werden die meisten Werkstoffprüfungen (Zugversuch, Abnahme) unter einachsiger Beanspruchung durchgeführt. Die Beantwortung der Frage: "Welchen Einfluß üben die anderen Spannungen (σ_y, τ_{xy}) auf das Fließ- und Bruchverhalten des Stahles aus?" ist demnach von großer Bedeutung. Es wurden viele Hypothesen aufgestellt, die den Bruchzustand und den Eintritt des Fließens erklären sollten mit dem Ziel, die mehrachsige Beanspruchung auf den einachsigen Spannungszustand zurückzuführen. Hierbei wird die Vergleichsspannung σ_v benutzt, die den mehrachsigen Spannungszustand mit dem einachsigen "vergleicht". Für $\sigma_v = \sigma_F$ tritt im mehrachsigen Zustand Fließen auf.

Die Brauchbarkeit der Hypothesen wird durch Versuche überprüft. Auf eine ausführliche Darstellung wird hier nicht eingegangen /10/. Es werden nur einige wichtige Ergebnisse und Folgerungen mitgeteilt.

2.8.2 Der Mohrsche Kreis für den räumlichen Spannungszustand

Der räumliche Spannungszustand läßt sich mittels Spannungstensor beschreiben /10/.
Mit den Mohrschen Kreisen läßt sich der räumliche Spannungstensor in der Zeichenebene darstellen (s. Bild 2.47 und 2.48):

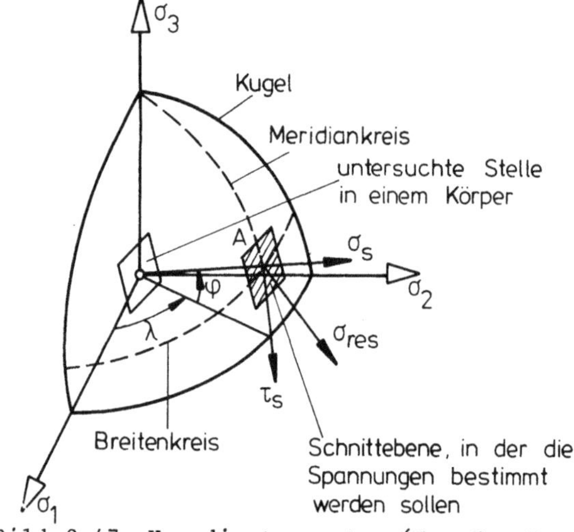

Bild 2.47 Koordinatensystem (σ_1, σ_2, σ_3 Hauptspannungen)

Darstellung des (räumlichen) Spannungstensors in der Zeichenebene.

1. Festlegen der Kreise (Hauptspannungen bekannt)
2. Im rechten Nebenkreis (M_3) 2 λ eintragen: → ⓐ
3. Punkt ⓐ und linker Scheitelpunkt ⓑ liegen auf einem Kreis, Mittelpunkt auf der σ-Achse: → Meridiankreis
4. Im Hauptkreis (M_2) und linken Nebenkreis (M_1) jeweils 2 φ antragen: → ⓒ und ⓓ
5. ⓒ und ⓓ liefern den Breitenkreis (Mittelpunkt: auf der σ-Achse)
6. Schnittpunkt A* hat als Koordinaten die Spannungen der Ebene A

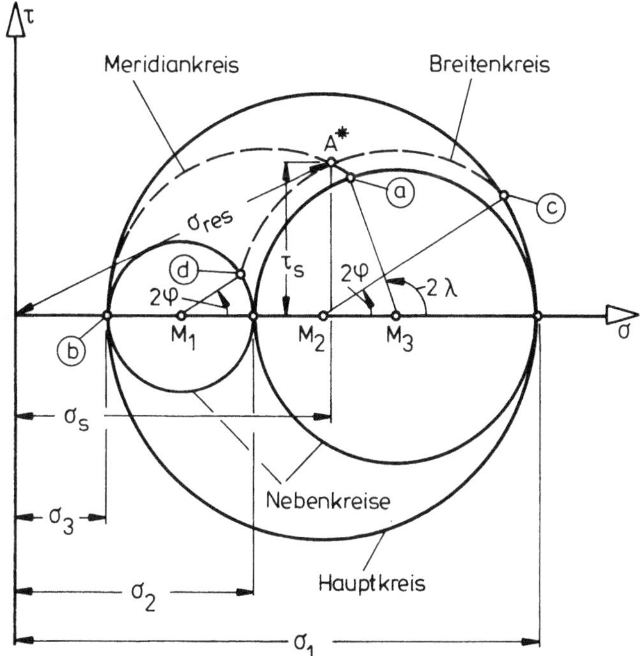

Bild 2.48 Der Mohrsche Kreis für den räumlichen Spannungszustand

Einige Folgerungen aus dem Mohrschen Kreis:

Der Zugkreis: σ_1 = Zug; $\sigma_2 = \sigma_3 = 0$ (Einachsiger Zug)

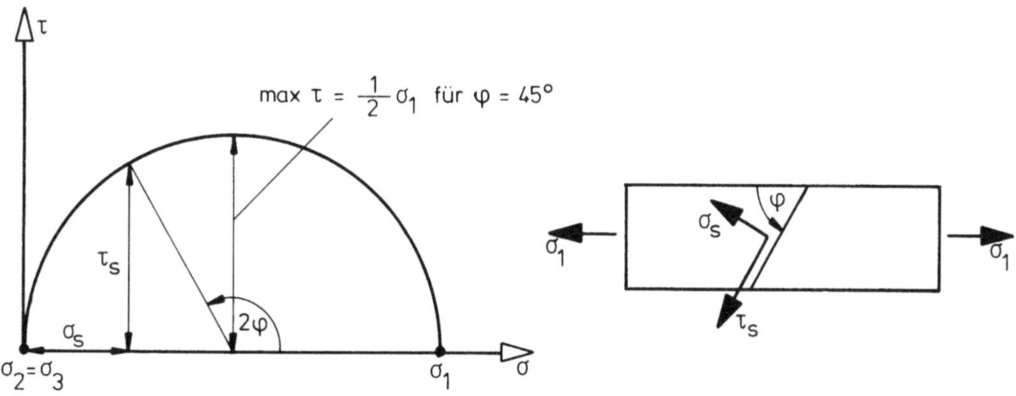

Bild 2.49 Der Zugkreis

Der Druckkreis: σ_3 = Druck; $\sigma_1 = \sigma_2 = 0$ (Einachsiger Druck)

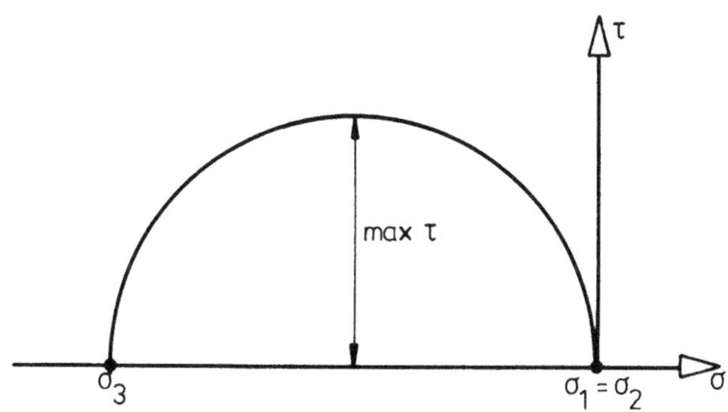

Bild 2.50 Der Druckkreis

Der Schubkreis: $\sigma_1 = -\sigma_3$, $\sigma_2 = 0$

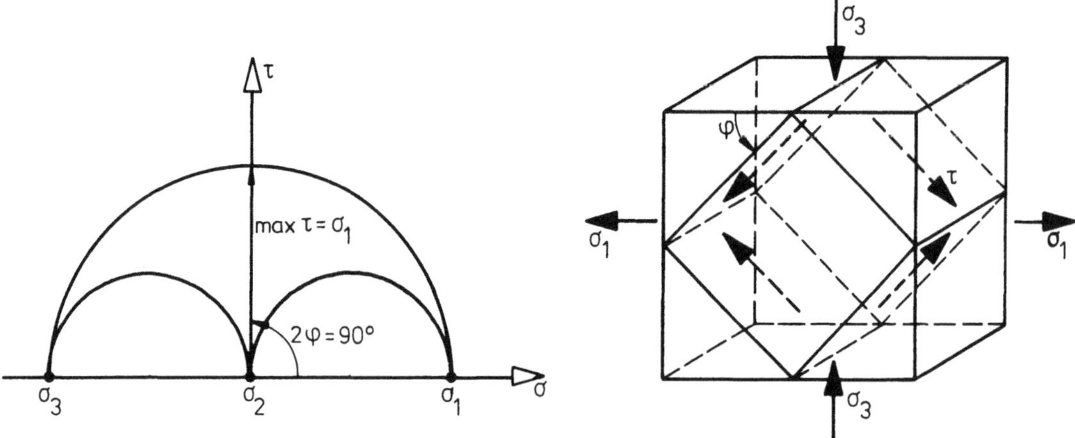

Bild 2.51 Der Schubkreis

Zweiachsige Zugbeanspruchung: $\sigma_1 > \sigma_2$, $\sigma_3 = 0$

Vorsicht: Die max. τ-Spannung tritt nicht in dieser Ebene auf!

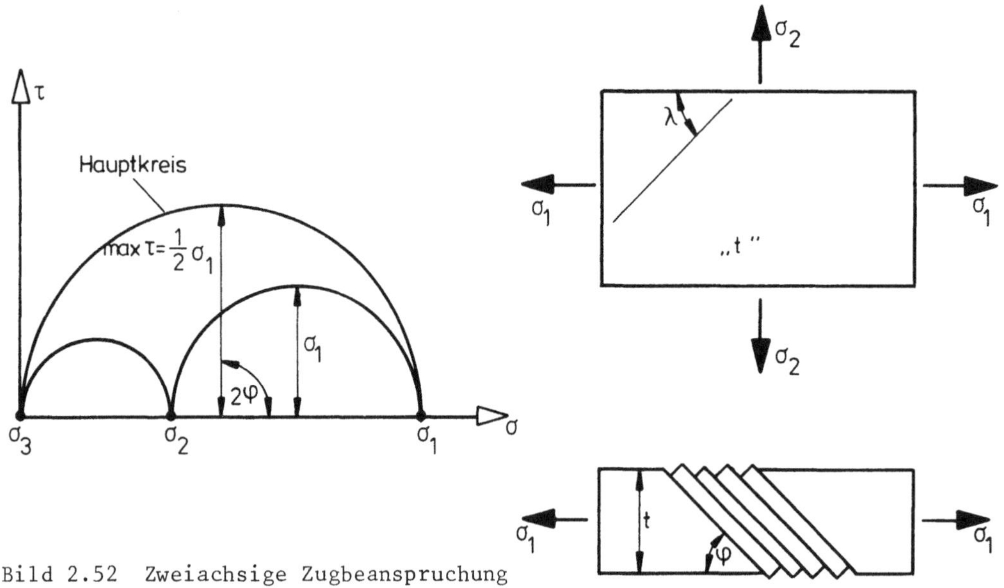

Bild 2.52 Zweiachsige Zugbeanspruchung

Dreiachsige, allseitige Zugbeanspruchung: $\sigma_1 = \sigma_2 = \sigma_3$

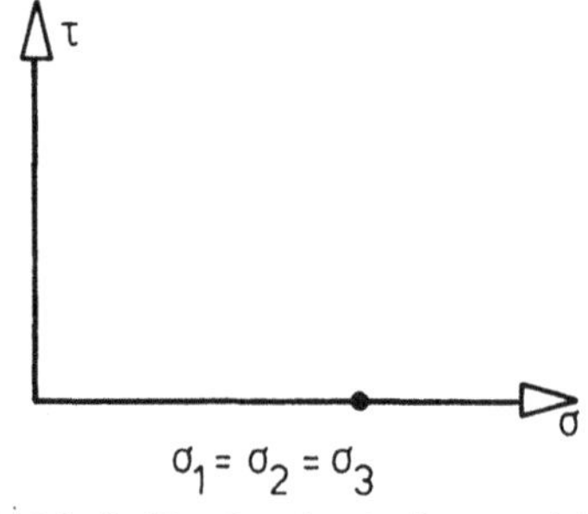

Bild 2.53 Dreiachsige, allseitige Zugbeanspruchung

Die drei Kreise degenerieren zu einem Punkt, d.h. die Schubspannung τ ist identisch Null! Das bedeutet, der Deviator des Spannungstensors ist Null - es kann keine Gestaltsänderung (Fließen) auftreten. Ein sehr gefährlicher Zustand für den Werkstoff Stahl!

2.8.3 Der Mohrsche Kreis für den ebenen Spannungszustand

Gegeben: σ_x, σ_y, τ_{xy}

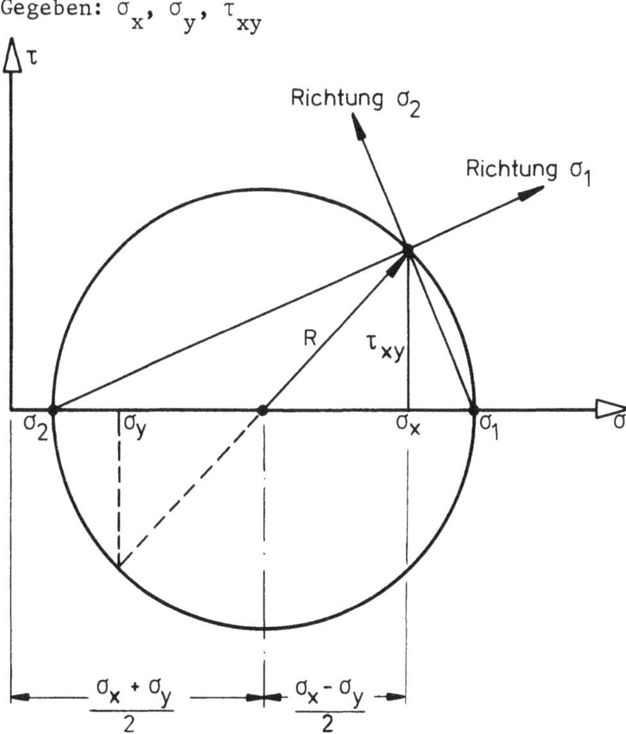

Bild 2.54 Mohrscher Spannungskreis

$$\sigma_{1,2} = \left(\frac{\sigma_x+\sigma_y}{2}\right) \pm \sqrt{\left(\frac{\sigma_x-\sigma_y}{2}\right)^2 + \tau_{xy}^2}$$

$$= \frac{1}{2}\left(\sigma_x + \sigma_y \pm \sqrt{(\sigma_x - \sigma_y)^2 + 4\,\tau_{xy}^2}\right) \tag{2.4}$$

Mit $\sigma_y = 0$, $\sigma_x = \sigma$ und $\tau_{xy} = \tau$ gilt:

$$\sigma_h = \sigma_{1,2} = \frac{1}{2}\left(\sigma \pm \sqrt{\sigma^2 + 4\,\tau^2}\right) \tag{2.5}$$

Hinweis: Beim ebenen Spannungszustand muß man sich vergewissern, ob man im Hauptkreis oder einem Nebenkreis ist (vgl. Abschnitt 2.8.2).

2.8.4 Die Fließbedingung nach Mises-Huber-Hencky

Fließvorgänge zähplastischer Werkstoffe (Stahl) werden am besten durch die Hypothese der konstanten Gestaltänderungsenergie beschrieben. Die Gestaltänderungsarbeit des räumlichen Spannungszustandes wird dabei mit der des einachsigen gleichgesetzt /10/.

Das Ergebnis lautet für den räumlichen Spannungszustand:

$$\sigma_v^2 = \sigma_x^2 + \sigma_y^2 + \sigma_z^2 - (\sigma_x\,\sigma_y + \sigma_y\,\sigma_z + \sigma_x\,\sigma_z) + 3(\tau_{xy}^2 + \tau_{yz}^2 + \tau_{xz}^2)$$

$$= \sigma_1^2 + \sigma_2^2 + \sigma_3^2 - (\sigma_1\,\sigma_2 + \sigma_2\,\sigma_3 + \sigma_1\,\sigma_3)$$

$$= 2\,(\tau_{1,2}^2 + \tau_{2,3}^2 + \tau_{1,3}^2) \tag{2.6}$$

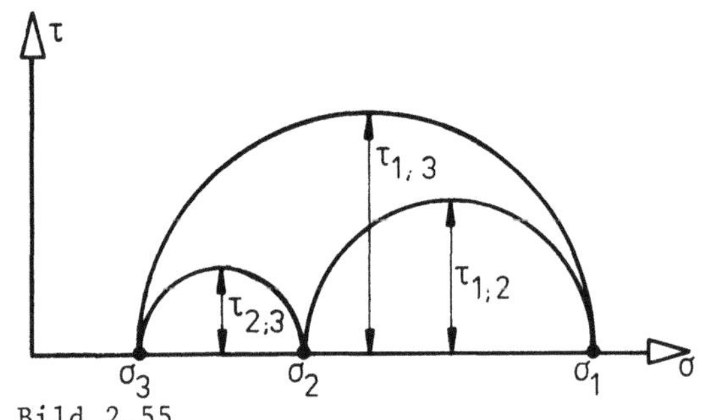

Bild 2.55

$$\tau_{1,2} = \frac{\sigma_1 - \sigma_2}{2}$$

$$\tau_{2,3} = \frac{\sigma_2 - \sigma_3}{2}$$

$$\tau_{1,3} = \frac{\sigma_1 - \sigma_3}{2} \qquad (2.7)$$

Für den ebenen Spannungszustand:

$$\sigma_v = \sqrt{\sigma_x^2 + \sigma_y^2 - \sigma_x \sigma_y + 3\,\tau_{xy}^2}$$

$$= \sqrt{\sigma_1^2 + \sigma_2^2 - \sigma_1 \sigma_2} \qquad (2.8)$$

Für den einachsigen Spannungszustand:

$$\sigma_v = \sqrt{\sigma_1^2} = \sigma_1$$

$$= \sqrt{\sigma_x^2 + 3\,\tau^2} \qquad (2.9)$$

Für den reinen Schubfall gilt:

$$\sigma_v = \sqrt{3}\,\tau \qquad (2.10)$$

d.h.

$$\text{zul}\,\tau = \frac{\text{zul}\,\sigma}{\sqrt{3}} = 0{,}577\ \text{zul}\,\sigma \qquad (2.11)$$

Einige wichtige Spannungszustände:

a) $\sigma_1 = \sigma_2 = \sigma_3 = \sigma$ (Zug bzw. Druck)

$\sigma_v = 0$ - es tritt kein Fließen ein!

b) $\sigma_1 = \sigma_2 = \sigma$ (Zug), $\sigma_3 = 0$

$\sigma_v = 1{,}0\ \sigma$

c) $\sigma_1 = -\sigma_2 = \sigma$, $\sigma_3 = 0$

$\sigma_v = \sqrt{3}\ \sigma = 1{,}732\ \sigma$

Der Vergleichsspannungsnachweis wird stets erforderlich, wenn Druck- und Zugbeanspruchung gleichzeitig auftreten.

Hinweis: Der bei der Schweißnahtberechnung nach DIN 4100 eingeführte Vergleichswert wurde aufgrund von Versuchen ermittelt und ist nicht auf die Vergleichsspannung zurückzuführen!

2.9 Ermüdung — Dauerfestigkeit — Betriebsfestigkeit

2.9.1 Allgemeines

Häufige Lastwechsel führen zum Bruch unter niedrigerer Beanspruchung als bei einmaliger Belastung → Ermüdung (engl. fatigue), Dauerbruch.

Wöhler untersuchte (durch Experiment) den vorzeitigen Bruch von Eisenbahnwagenachsen und fand (Gesetz von Wöhler): vor allem sind für den vorzeitigen Bruch die Differenzen der Spannungen (Schwingbreite) maßgebend.

Trotz größter Bemühungen ist es bis heute noch nicht gelungen, eine theoretische Lösung des Problems der Ermüdung (mit quantitativer Aussage) zu finden.
Daher: Auswertung systematischer Versuchsreihen.

Die wichtigsten Einflüsse sind:

- Grad der Kerbwirkung
- Schwingbreite, Spannungsverhältnis
- Anzahl und Art der Beanspruchungen

Die Baustahlsorte (St 37, St 52 oder hochfeste Feinkornstähle) hat fast keinen Einfluß, d.h. alle Baustähle zeigen bei starken Kerben (z.B. für Schweißverbindungen) nahezu die gleiche Dauerfestigkeit. Bei der Betriebsfestigkeit (seltene hohe Lasten) gewinnt die Baustahlsorte an Bedeutung.

Ein Nachweis gegen Auftreten von Dauerbrüchen ist im allgemeinen nur unter nicht vorwiegend ruhender Belastung erforderlich (Eisenbahnbrücken, Krane, Kranbahnen). Wie Vergleichsrechnungen gezeigt haben, ist bei Straßenbrücken infolge der hohen Bemessungslasten i. allg. kein gesonderter "Dauerfestigkeitsnachweis" erforderlich.

2.9.2 Begriffe

Periodische Beanspruchung

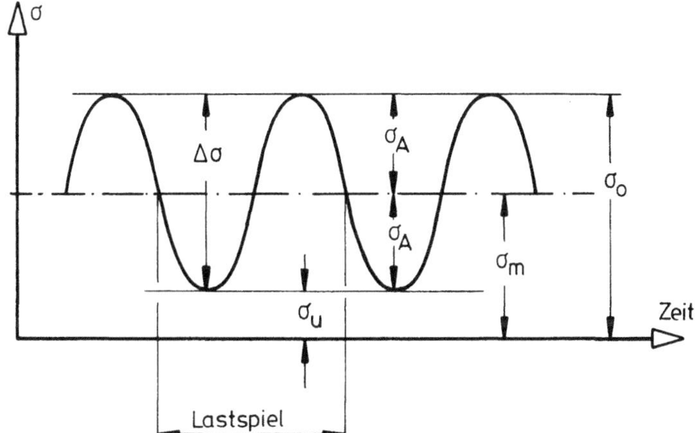

σ_o : Oberspannung

σ_u : Unterspannung

σ_m : Mittelspannung

σ_A : Spannungsausschlag (Amplitude)

$\Delta\sigma$: Schwingbreite: $\Delta\sigma = \sigma_o - \sigma_u = 2\,\sigma_A$ (wird auch mit Doppelamplitude σ_{DA} bezeichnet)

$$\sigma_m = \frac{\sigma_o + \sigma_u}{2}$$

$$\sigma_A = \frac{\sigma_o - \sigma_u}{2}$$

Bild 2.56 Periodische Beanspruchung

Man unterscheidet folgende Arten der Beanspruchung nach Bild 2.57:

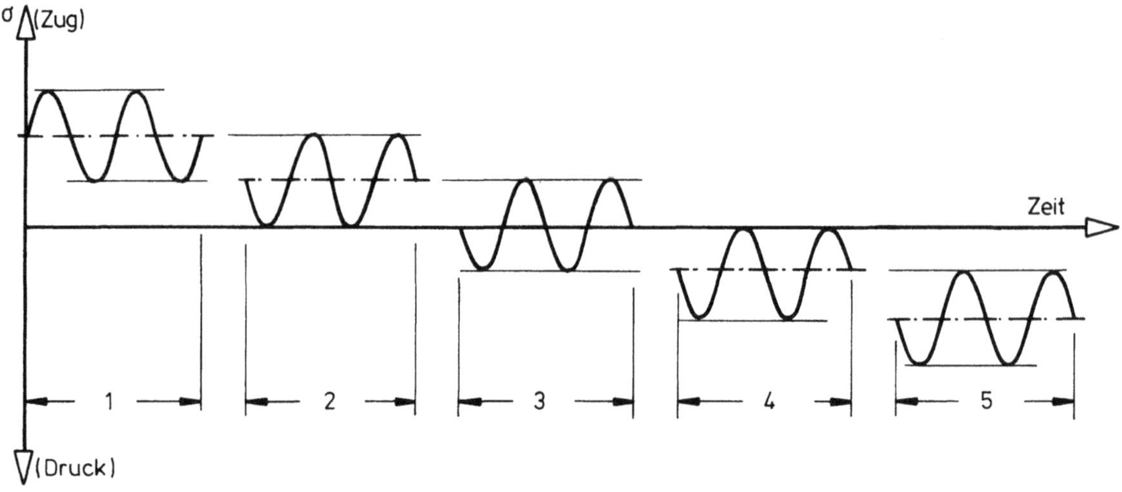

1: Zugschwellbeanspruchung $\sigma_o > 0$; $\sigma_u > 0$

2: Zugursprungsbeanspruchung $\sigma_o > 0$; $\sigma_u = 0$

3: Reine Wechselbeanspruchung $\sigma_o = - \sigma_u$

4: Druckursprungsbeanspruchung $\sigma_o = 0$; $\sigma_u < 0$

5: Druckschwellbeanspruchung $\sigma_o < 0$; $\sigma_u < 0$

Bild 2.57 Arten der Beanspruchung

Spannungsverhältnis:

$\varkappa = \frac{\min\sigma}{\max\sigma}$ dabei ist $\max\sigma$ der größte Absolutwert, $\min\sigma$ der kleinere Absolutwert. Beide Werte sind jedoch mit ihrem Vorzeichen einzusetzen. $\varkappa$ liegt daher zwischen - 1 und + 1. Außerdem muß angegeben werden, ob $\max\sigma$ eine Zug- oder eine Druckspannung ist.

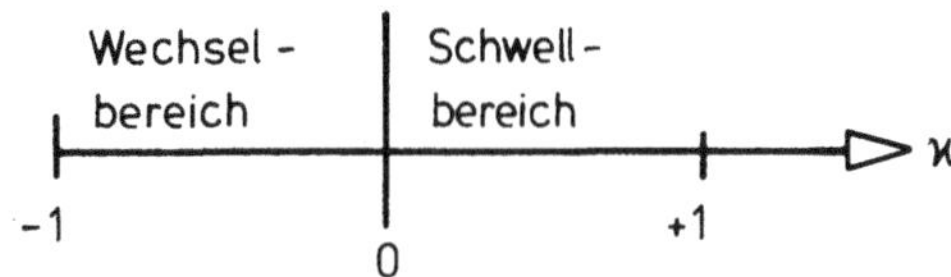

Bild 2.58 Definition des Spannungsverhältnisses

Für positive Mittelspannung σ_m gilt $\varkappa = \frac{\sigma_m - \sigma_A}{\sigma_m + \sigma_A}$

2.9.3 Bruchentstehung

Ausgehend von Kerben (oder Fehlstellen) beginnen Anrisse, die fortschreiten (s. Bild 2.59). Der Bruch der Restfläche tritt plötzlich verformungslos ohne Vorankündigung auf (spröder Bruch). Der Beginn der Rißbildung ist jedoch meist frühzeitig zu ernennen (bei ≈ 1/3 der Grenzlastspielzahl N_{max}).

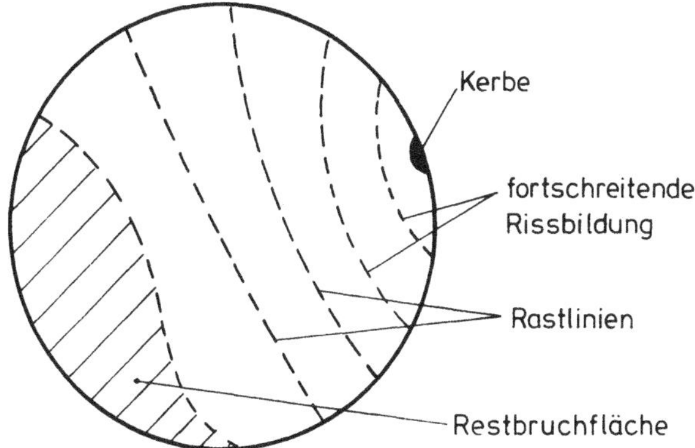

Bild 2.59 Bruchfläche

2.9.4 Gestaltfestigkeit von Bauteilen

Der werkstoffmechanische Ursprung des Dauerbruches liegt in örtlichen plastischen Wechselverformungen im Bereich von Kerben.

Kerben erzeugen Spannungsspitzen, z.B. nach Bild 2.60.

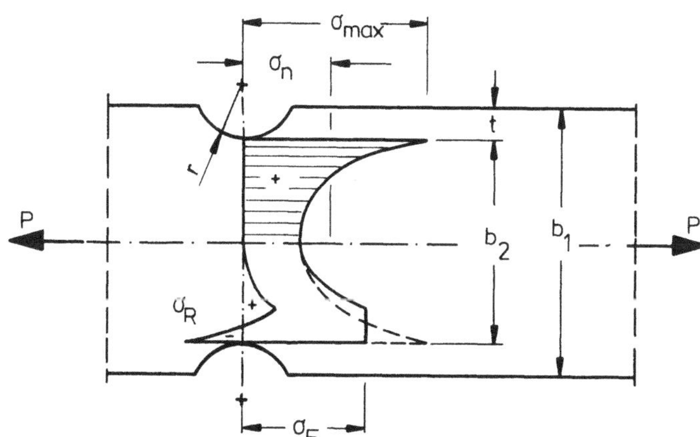

Bild 2.60 Kerbspannungen und Restspannungen

Die Kerbspannungen können nach den Gesetzen der Elastizitätstheorie berechnet werden /11/.

$$\sigma_{max} = \alpha_K \, \sigma_n = \alpha_K \frac{P}{F_{netto}} \qquad (2.12)$$

Für den Stab nach Bild 2.60 sind die Zahlenwerte für α_K in Bild 2.61 aufgetragen.

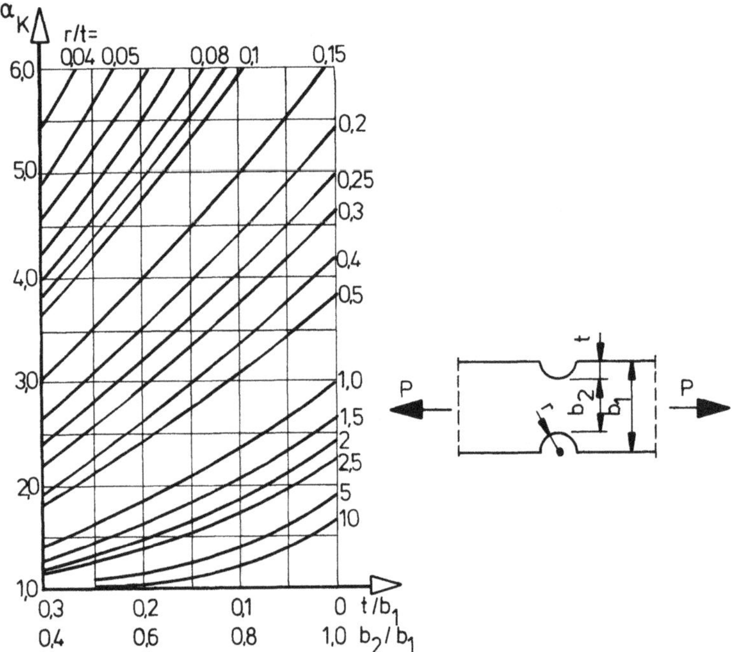

Bild 2.61 Formzahl α_K für Flachstab mit beiderseitigem Außenkerb /12/

Übersteigt σ max die Fließgrenze σ_F, so tritt örtliches Plastizieren im Kerbgrund auf, und es stellt sich das Spannungsdiagramm in Bild 2.60 (untere Hälfte) ein.

Bei Entlastung (elastisches Verhalten nach Bild 2.62) verbleibt ein Restspannungszustand σ_R, der eine "Druckvorspannung" im Kerbgrund erzeugt.

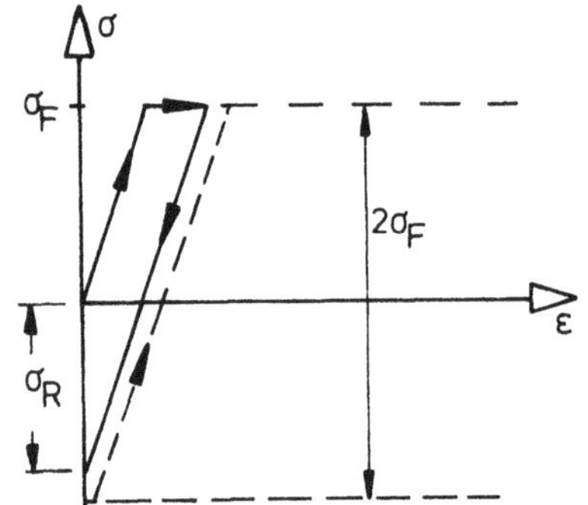

Bild 2.62 Restspannung bei Entlastung

Sind die weiteren Belastungen in der gleichen Richtung wie die erste (Zugschwellbereich), so "hilft" der Restspannungszustand. Es tritt nur beschränkte weitere Plastizierung ein: die plastische Deformation ist vorweggenommen, das System ist durch die Restspannungen so "vorgespannt", daß quasi die doppelte Fließgrenze zur Verfügung steht.

Tritt eine Lastumkehr ein (Wechselbereich), so wirkt der Restspannungszustand "belastend". Es tritt verstärkte (alternierende) Plastizierung ein. Wie bei einem Draht, den man hin und her biegt, tritt frühzeitiger Anriß ein. Durch den Anriß wird die Kerbwirkung verstärkt, die Restfläche kleiner. Daher: zunehmende Spannungen im Kerbgrund, Rißfortschritt mit wachsender Geschwindigkeit. Schließlich tritt der Bruch im Restquerschnitt ein.

Bei der Belastung ist zu unterscheiden zwischen kraftschlüssiger und formänderungsschlüssiger Beanspruchung. Im allgemeinen werden die Versuche "kraftschlüssig" durchgeführt (kraftgesteuerte Versuchseinrichtung, s. Bild 2.63 a)!

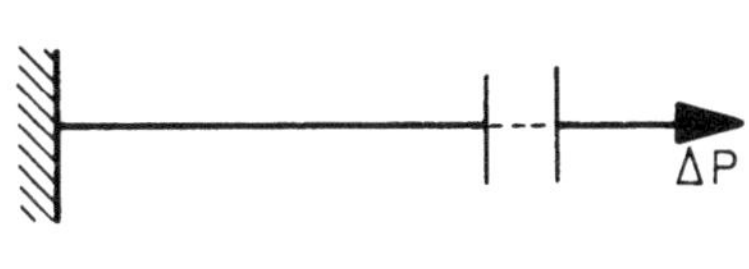

kraftschlüssig

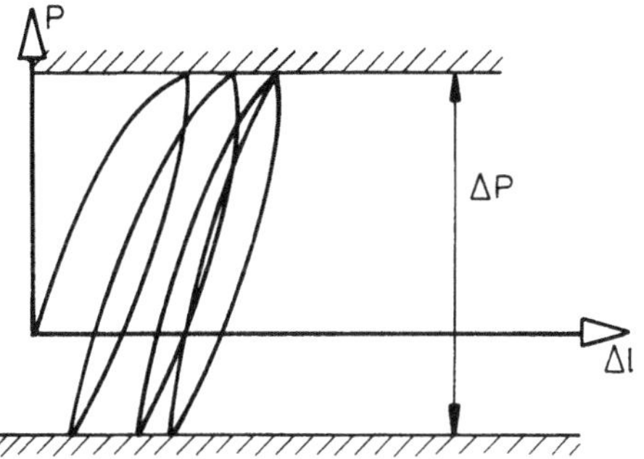

Bild 2.63 a Kraftschlüssige Beanspruchung

Anrisse verursachen steigende Beanspruchung und schnellen Rißfortschritt. Daher tritt der Dauerbruch früher ein (Ergebnisse liegen auf der sicheren Seite). Im Gegensatz dazu: Formänderungsschlüssige Beanspruchung.

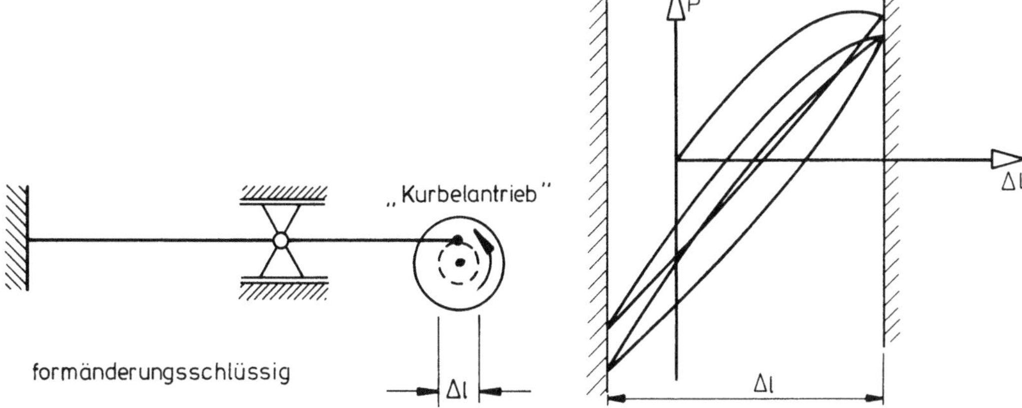

Bild 2.63 b Formänderungsschlüssige Beanspruchung

Es wird stets die gleiche Verformung aufgebracht (verformungsgesteuerte Versuchseinrichtung). Anrisse können Entlastung bewirken, da der Stab "weicher" wird. Daher langsamerer Rißfortschritt und höhere Dauerfestigkeit.

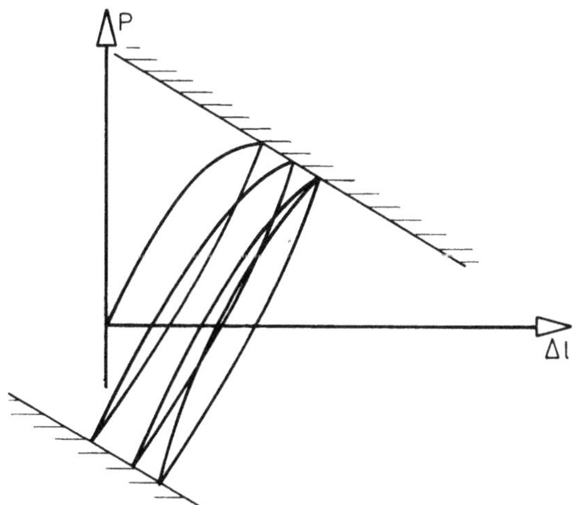

Die wirkliche Beanspruchung im Bauwerk setzt sich aus beiden Anteilen zusammen, aus Spannungen aus Gleichgewichtsbedingungen und infolge von Zwängungen (z.B. Nebenspannungen in Fachwerken) und anderen Deformationsbehinderungen (z.B. Eigenspannungen).

Bild 2.64 Verhalten unter wirklicher Beanspruchung

Es treten außerdem mehrachsige Kerbspannungszustände auf, die - wenn sie gleichgerichtet sind - den Fließbeginn verzögern. Bei Schweißkonstruktionen treten weitere Einflüsse hinzu:

- Gefügeumwandlungen in der wärmebeeinflußten Zone (metallurgische Kerben, Aufhärtung)
- Schweißeigenspannungen (mehrachsige Zugspannungen verhindern plastischen Abbau der Spannungsspitzen)
- Schweißverformungen (können örtliche Biegespannungen hervorrufen)

2.9.5 Die Zeitfestigkeit — die Wöhlerlinie

Die Ergebnisse werden im Zeitfestigkeitsdiagramm (Wöhlerlinie) dargestellt (s. Bild 2.65 für die Oberspannung σ_o).

N = Bruchlastspielzahl

σ_Z = Zeitfestigkeit

σ_D = Dauerfestigkeit (für $N \to \infty$)

σ_B = statische Festigkeit

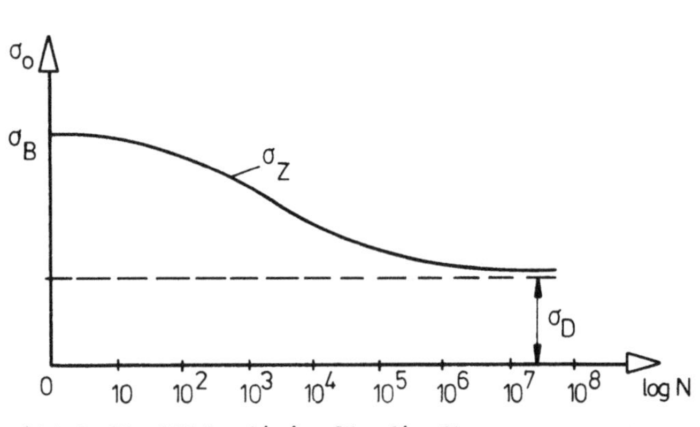

Bild 2.65 Wöhlerlinie für die Oberspannung σ_o

Außer der Oberspannung σ_o muß noch ein zweiter Wert angegeben werden: $\varkappa$ oder σ_m oder σ_u oder σ_A (s. Bild 2.66).

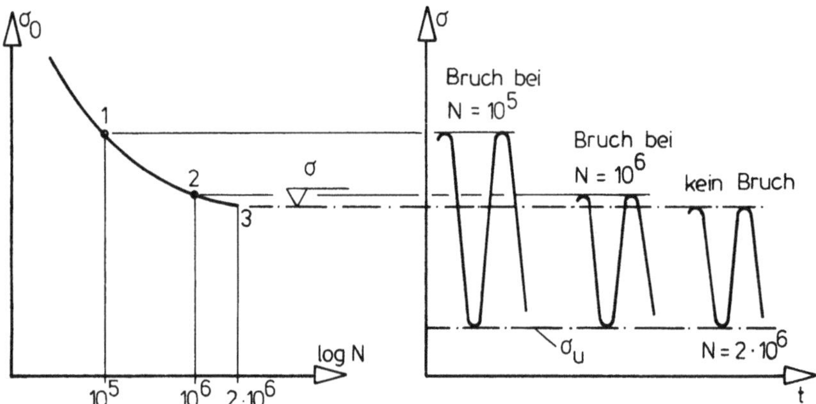

Bild 2.66 Versuche zur Ermittlung von σ_Z bei konstanter Unterspannung σ_u

Die Dauerfestigkeit σ_D wird im Stahlbau für die Grenzlastspielzahl max $N = 2 \cdot 10^6$ definiert. Tatsächlich tritt darüber hinaus noch ein Abfall ein (s. Bild 2.67). Zur Auswertung wird die "normierte" Wöhlerlinie (im doppeltlogarithmischen System nach Bild 2.67 a) benutzt. Bei dieser Auftragung werden die Wöhlerlinien zu Geraden mit der Neigung β (gebrochene, gerade Wöhlerlinien). Da die Ergebnisse streuen, wird die Überlebenswahrscheinlichkeit $P_ü$ (Fraktilenwert) ermittelt.

Damit lautet die Gleichung für die Zeitfestigkeit σ_Z (Wöhlerlinie):

$$\log \sigma_Z = \log \sigma_D + \frac{1}{k} \log \frac{2 \cdot 10^6}{N} \qquad (2.13a)$$

dabei ist der "Neigungsexponent" $k = \tan\beta = \left|\frac{\Delta \log N}{\Delta \log \sigma_Z}\right|$

$$\sigma_Z = \sigma_D \left(\frac{2\cdot 10^6}{N}\right)^{\frac{1}{k}} \quad \text{oder} \quad \sigma_Z^k = \sigma_D^k \frac{2\cdot 10^6}{N} \quad \text{bzw.} \quad N\,\sigma_Z^k = \text{konst.} \qquad (2.13b)$$

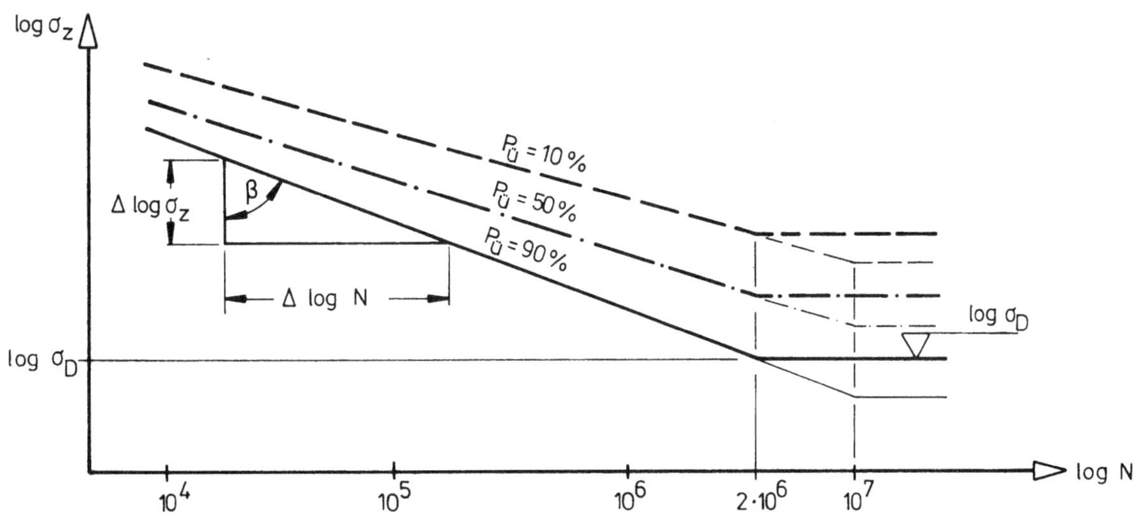

Bild 2.67 a   Normierte Wöhlerlinie

Zur Bestimmung des Zeitfestigkeitsdiagrammes sind daher (nur) die beiden Werte σ_D und k (für z.B. $P_ü$ = 90 %) notwendig. Die Gleichung (2.13) gilt nicht im Bereich der "Kurzzeitfestigkeit" $N < 10^3$ bis 10^4.

Anstelle der Oberspannung σ wird häufig die Spannungsdifferenz $\Delta\sigma = 2\,\sigma_A$ als Grundlage der Berechnung verwendet. Die normierten Wöhlerlinien Δσ für starke Kerbwirkung (alle Schweißkonstruktionen) haben die in Bild 2.67b dargestellten Gemeinsamkeiten.

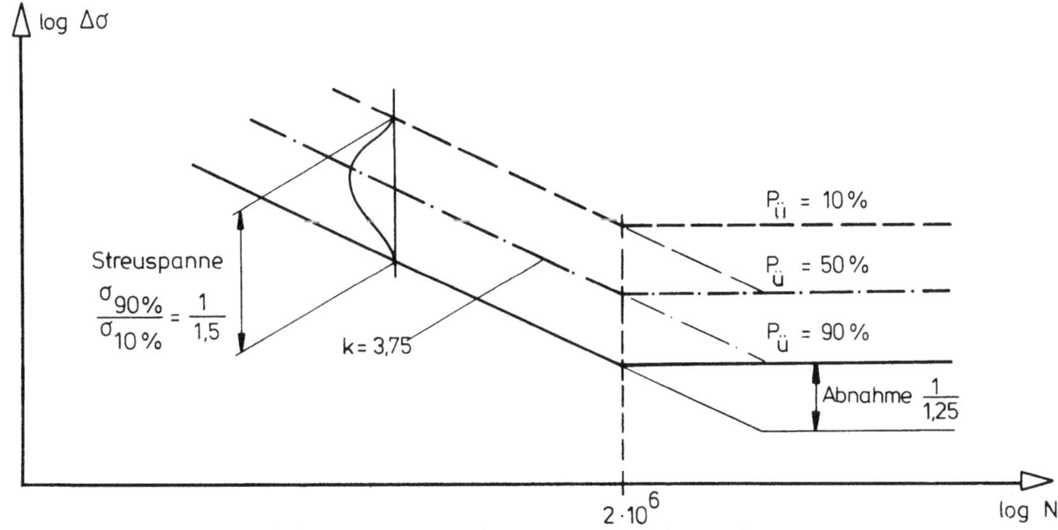

Bild 2.67 b   Wöhlerlinie für geschweißte Konstruktionsteile

Unterschiedlich sind die Zahlenwerte Δσ für $N = 2\cdot 10^6$ (Dauerfestigkeit).

Für schwache Kerbwirkung (glatter Stab, Lochstab, geschraubte Verbindung) ist k = 5,0; für die Schubbeanspruchung der Dübelfuge zwischen Stahl und Beton (Kopfbolzendübel) wurde k = 8,0 ermittelt.

2.9.6 Faktoren, die die Festigkeit beeinflussen

Die Ermüdung einer Probe wird im wesentlichen von folgenden Faktoren beeinflußt:

1. von der Schwingbreite $\Delta\sigma$
2. von der Mittelspannung σ_m (bzw. vom Spannungsverhältnis $\varkappa$)
3. vom Grad der Kerbwirkung (Gestaltfestigkeit)
4. von Eigenspannungen
5. von der Vorbelastung. Sie kann eine Erhöhung von σ_D bewirken (Trainier-Effekt und Wirkung der Restspannungen, s. Abschnitt 2.9.3).

   Beispiel: Abstürze der Comet-Flugzeuge in den 50er Jahren wurden damit begründet, daß die Dauerschwingversuche an einer Zelle durchgeführt wurden, die vorher im statischen Versuch hoch belastet worden war.

6. von der Belastungsfrequenz (geringer Einfluß)
7. von Belastungspausen (σ_D vergrößert sich)
8. von der Temperatur (bei höherer Temperatur verringert sich σ_D)
9. von der Probendicke } zur Zeit laufen Versuche dazu
10. vom Schweißverfahren } zur Zeit laufen Versuche dazu
11. von der Art der Betriebsspannungen (Lastkollektive)
12. von Korrosionsvorgängen

Die Einflüsse 1 bis 4 werden in den Dauerfestigkeitsschaubildern (s. Abschnitt 2.9.7) erfaßt, die Einflüsse 5 bis 10 wurden durch die Versuchsdurchführung berücksichtigt, der Einfluß 11 wird im Abschnitt 2.9.8 behandelt. Der Einfluß 12 ist vor allem vom Korrosionsmedium (z.B. salzhaltiges Wasser, Meerwasser, Tausalz) und der Vorbeanspruchung abhängig (hohe statische Zugbelastung kann zusätzlich Spannungsrißkorrosion bewirken).

Bei korrosionsempfindlichen Stählen unter hoher ständiger Zugbeanspruchung - z.B. Spannstähle mit ungenügender Mörtelverpressung - kann zusätzlich Schwingungsrißkorrosion ausgelöst werden (Spannungsrißkorrosion und Dauerschwingeinfluß). Die Wöhlerlinie zeigt dann überhaupt keine Dauerfestigkeit im Sinne einer unendlich oft ertragbaren Spannungsamplitude, d.h. die "Dauerfestigkeit" geht gegen Null, es verbleibt nur eine "Korrosions-Zeitfestigkeit" /12/.

2.9.7 Dauerfestigkeitsdiagramme

2.9.7.1 Allgemeines

Je nach Art der Auswertung sind unterschiedliche Darstellungen zweckmäßig. In allen Dauerfestigkeitsdiagrammen wird die maximale Normalspannung σ_D begrenzt durch die Streckgrenze σ_F, da die statische Tragfähigkeit auf diese Spannung bezogen wird.

2.9.7.2 Darstellung nach Weyrauch, Gerber, Kommerell

Die Dauerfestigkeit σ_D (Oberspannung) wird als Funktion der Unterspannung σ_u aufgetragen (Zahlenwerte sind für die Kerbfälle verschieden).

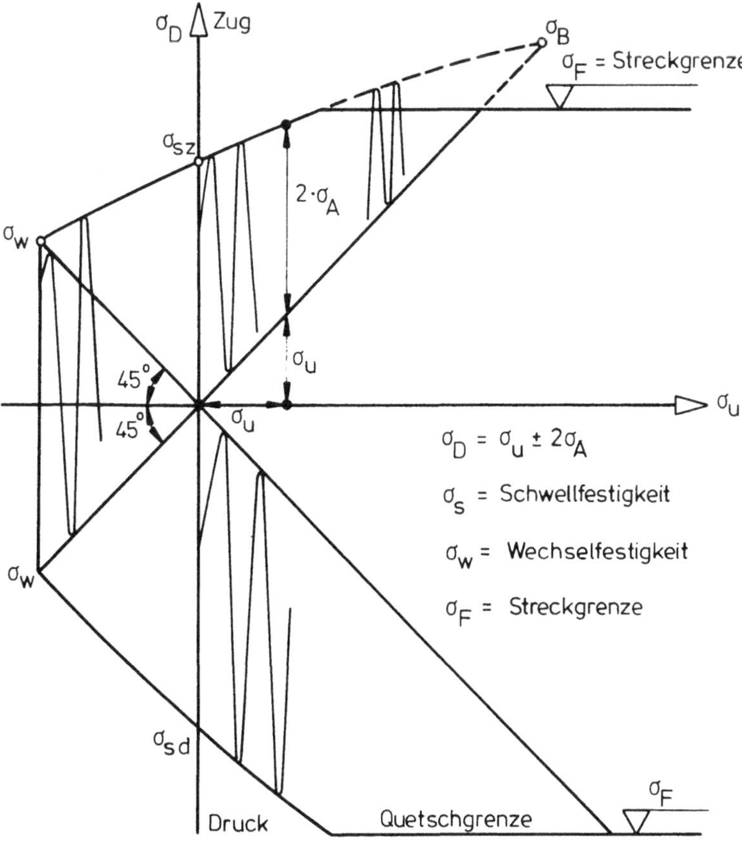

Bild 3.68 Dauerfestigkeitsdiagramm nach Weyrauch

2.9.7.3 Darstellung nach Smith

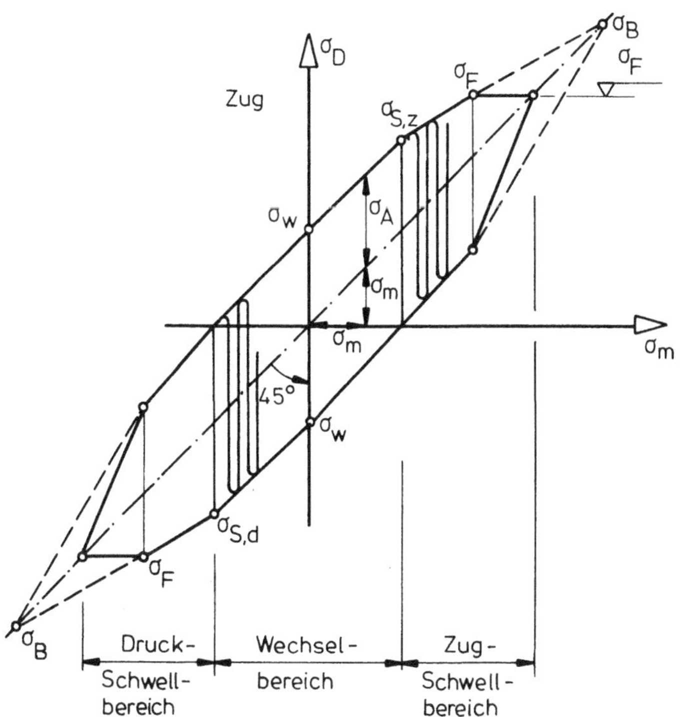

Bild 2.69a Dauerfestigkeitsdiagramm nach Smith

Die Oberspannung σ_D wird als Funktion der Mittelspannung $\sigma_m = \frac{\sigma_o + \sigma_u}{2}$ aufgetragen.

σ_W = Wechselfestigkeit
σ_{Sz} = Zugschwellfestigkeit
σ_{Sd} = Druckschwellfestigkeit
σ_F = Streckgrenze
σ_B = Bruchspannung

Das Smith-Diagramm hat den Vorteil, daß man es als einen Polygonzug über 5 Punkte zeichnen kann. Hierfür sind außer den statischen Festigkeit σ_F und σ_B nur 3 Dauerfestigkeitswerte (σ_w, σ_{Sz}, σ_{Sd}) erforderlich.

Die Vorschriften für Krane und Kranbahnen gehen von dieser Darstellung mit folgenden Festlegungen (für alle Kerbfälle) aus:

$$\sigma_{Sd} = 2\,\sigma_w \; ; \qquad \sigma_{Sz} = \frac{5}{3}\,\sigma_w$$

Je stärker die Kerbwirkung und die Eigenspannungen eines Bauteiles sind, desto mehr nähert sich das Smith-Diagramm zwei parallelen Geraden nach Bild 2.69 b. Man erkennt deutlich, daß dann die Spannungsdifferenz $\Delta\sigma = 2\,\sigma_A$ nahezu konstant wird.

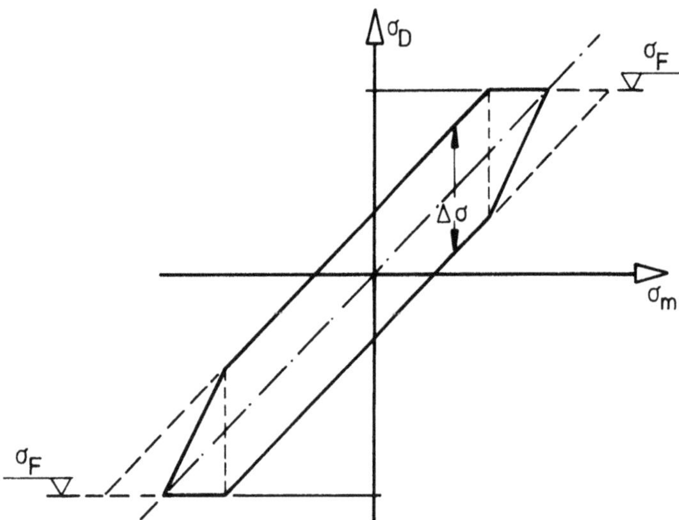

Bild 2.69 b   Smith-Diagramm für starke Kerbwirkung

2.9.7.4 Das Haigh-Diagramm

Die Spannungsamplitude σ_A (oder die halbe Schwingbreite $\Delta\sigma$, da $\Delta\sigma = 2\,\sigma_A$) wird als Funktion der Mittelspannung σ_m aufgetragen. Bei dieser Darstellung kann der Einfluß von Schweißeigenspannungen (große Konstruktionsteile) erläutert werden. Je größer die Schweißeigenspannungen sind, desto "waagerechter" verläuft die Linie (Kurven A, B und C in Bild 2.70).

Sind die Eigenspannungen σ_{eigen} in Höhe der Fließgrenze σ_F vorhanden,

$$\sigma_{eigen} = \sigma_F$$

so tritt ein Abbau durch die Lastspannungen σ_o oder $\sigma_u = \sigma_o - 2\,\sigma_A$ ein. Die Summe aus Last- und abgeminderten Eigenspannungen σ'_{eigen} beträgt bei elastisch-plastischem Werkstoffverhalten:

$$\sigma'_o = \sigma_o + \sigma'_{eigen} = \sigma_F \tag{2.14}$$

$$\sigma'_u = \sigma_u + \sigma'_{eigen} = \sigma_o - 2\,\sigma_A + \sigma'_{eigen} = \sigma_F - 2\,\sigma_A$$

D.h. nur die Schwingbreite der Lastspannungen ist für die wirksamen Spannungen σ'_o und σ'_u maßgebend.

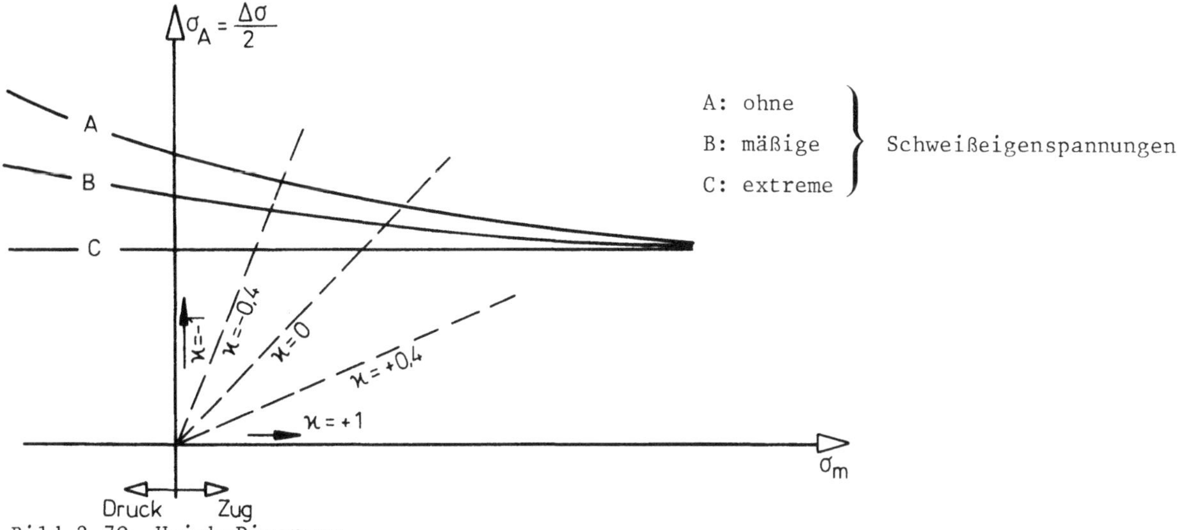

Bild 2.70 Haigh-Diagramm

Als "quasi-einparametrige" Darstellung ist die Auswertung dieses Diagrammes am geeignetsten, insbesondere für Konstruktionen mit hohen Schweißeigenspannungen. Da die meisten Dauerfestigkeitsversuche an "kleinen" Proben durchgeführt werden (mit geringen Eigenspannungen), besteht durch den Übergang von Kurve A zur Kurve C eine Möglichkeit zur Abschätzung des Einflusses der Prüfkörpergröße (große Eigenspannungen).

2.9.7.5 Darstellung nach Moore:

Die Oberspannung σ_D wird als Funktion von $\varkappa$ aufgetragen.

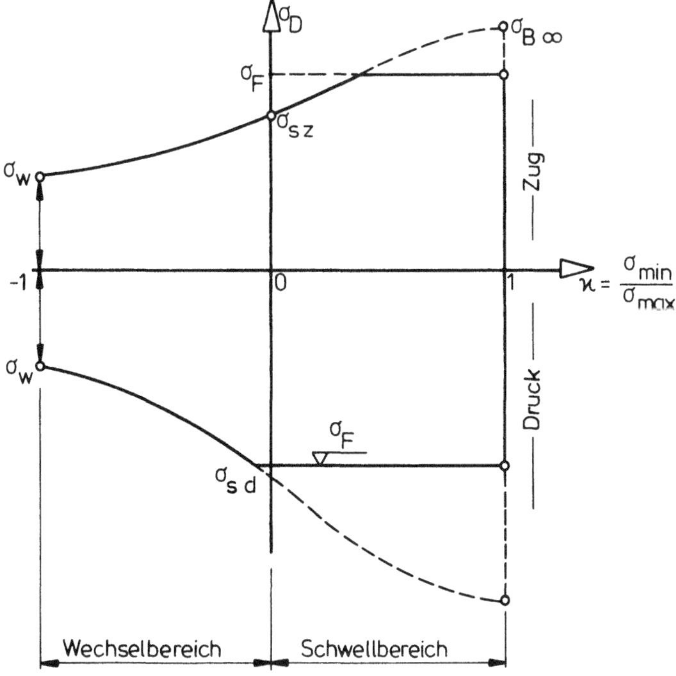

Bild 2.71 Moore-Diagramm

2.9.8 Betriebsfestigkeit

2.9.8.1 Allgemeines

Unter Betriebsfestigkeit versteht man die Schwingfestigkeit (Ermüdung) eines Bauteiles unter wirklichkeitsnahen Betriebsbedingungen:

- regellose Folge von Belastungen unterschiedlicher Größe, Häufigkeit und Reihenfolge (Lastkollektiv),
- selten auftretende Höchstwerte können weit über der Dauerfestigkeit liegen,
- Ermittlung und Darstellung der Bemessungsspannungen in Abhängigkeit von der Nutzungsdauer,
- Berücksichtigung der Streuung der Ergebnisse (Angabe der Überlebenswahrscheinlichkeit $P_{ü}$).

Die größten Unsicherheiten liegen im allgemeinen im Ansatz zutreffender Last- bzw. Spannungskollektive.

2.9.8.2 Das Spannungskollektiv

Durch Dehnungsmessungen am Bauwerk (z.B. Kran, Kranbahnen, Eisenbahnbrücke usw.) während des Betriebes erhält man Diagramme nach Bild 2.72.

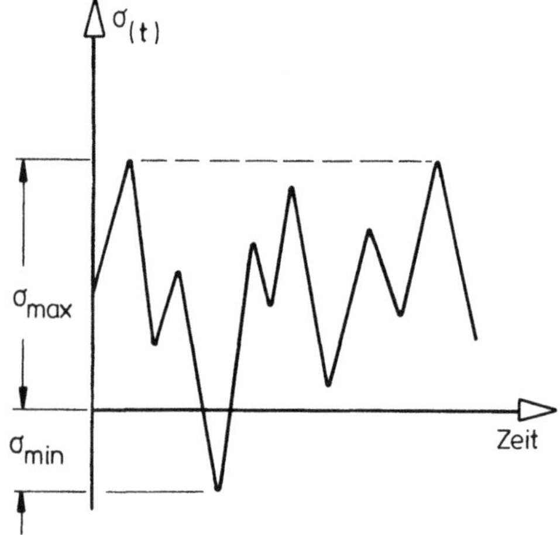

Bild 2.72 Spannungen (Dehnungen)

Die Lebensdauer unter solch "regelloser" Beanspruchungsfolge läßt sich ermitteln

- durch "exakte" Simulationsversuche (die Prüfmaschine wird mit den gemessenen Beanspruchungswerten programmiert; im Fahrzeug- und Flugzeugbau üblich),
- durch Auswertung der Wöhlerlinien (konstante Schwingamplituden) mit einer "Schadensakkumulations-Hypothese".

Bei der Auswertung der Wöhlerlinien treten Schwierigkeiten auf, da in jeder Linie i. allg. zwei Parameter enthalten sind (z.B. $\Delta\sigma$ und σ_m oder σ_o und $\varkappa$). Man muß daher eine Zusatzforderung an die regellose Beanspruchung stellen (z.B. σ_m = konstant) oder man verwendet die "quasi einparametrige" Schwingbreite $\Delta\sigma$ (s. Abschnitt 2.9.7.4). Außerdem muß zur Feststellung der Zahl und Größe der einzelnen Schwingspiele eine Zählmethode vereinbart werden, mit der das Spannungs-Zeit-Diagramm ausgewertet wird. Neuerdings wird hierfür die "Rainflow-Zählmethode" (Regenwasserabfluß) benutzt. Bild 2.73 zeigt diese Methode. Es werden Schwingamplituden aus den Anteilen zusammengesetzt, die durch über das Spannungs-Zeit-Diagramm ablaufendes "Regenwasser" benetzt würden.

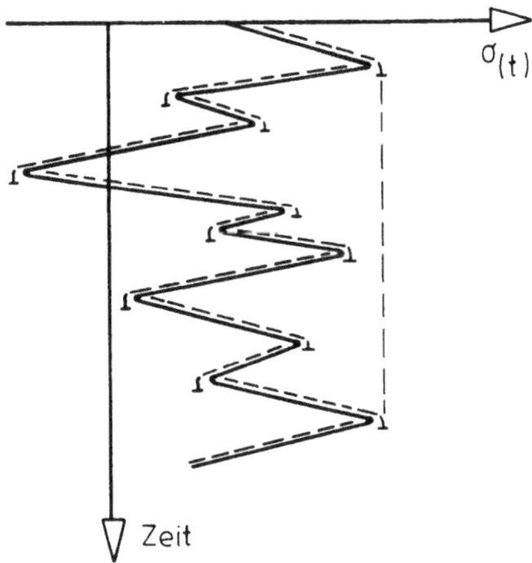

Bild 2.73 Rainflow-Zählmethode

Zum gleichen Ergebnis führt die etwas anschaulichere "Reservoir-Zählmethode" nach Bild 2.74, z.B. für einen Lastzyklus, jedoch ohne Angabe der Mittelspannungen.

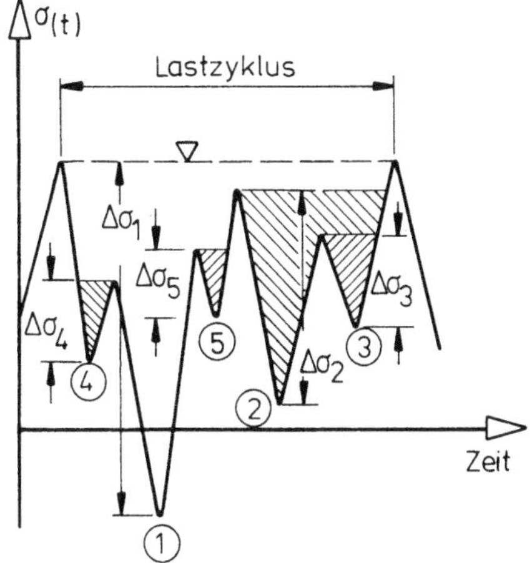

Bild 2.74 Reservoir-Zählmethode

Folgende Modellvorstellung wird dabei benutzt:

- das Diagramm wird wie ein Reservoir mit Wasser gefüllt,
- am tiefsten Punkt (1) des Reservoirs wird das Wasser abgelassen; die Höhe des "Wasserstandes" beträgt $\Delta\sigma_1$ und entspricht einem vollen Schwingspiel mit der Spannungsdifferenz $\Delta\sigma_1$,
- in der gleichen Weise werden die restlichen (noch gefüllten) Kammern des Reservoirs nacheinander entleert und die "Wasserstände" $\Delta\sigma_2$, $\Delta\sigma_3$ usw. ermittelt,
- die einzelnen Spannungsdifferenzen werden zu "Stufen" zusammengefaßt, die Stufen nach ihrer Größe geordnet und in ein Diagramm nach Bild 2.75 eingetragen, wobei N die Anzahl der Schwingspiele ist, bei der $\Delta\sigma$ erreicht oder überschritten wird (Summenhäufigkeitsdiagramm).

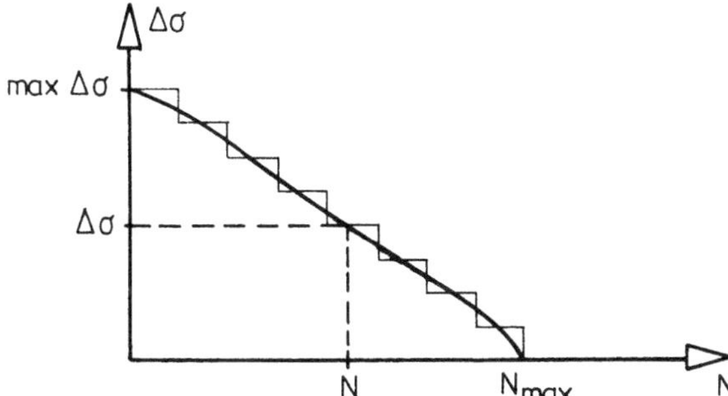

Bild 2.75 Anzahl N der Schwingspiele, bei der die Spannungsdifferenz $\Delta\sigma$ erreicht oder überschritten wird (Summenhäufigkeit)

Diese Darstellung entspricht einer Verteilungsfunktion $F_{(\Delta\sigma)}$ (s. auch Bild 1.1), d.h. einer Aufsummierung von Einzelereignissen $\Delta\sigma$, deren Verteilungsdichte $f_{(\Delta\sigma)}$ ist. Durch Langzeitbetriebsmessungen bei Kranen wurde festgestellt, daß angenähert mit Normalverteilung gerechnet werden kann. In Bild 2.76 sind diese Zusammenhänge erläutert.

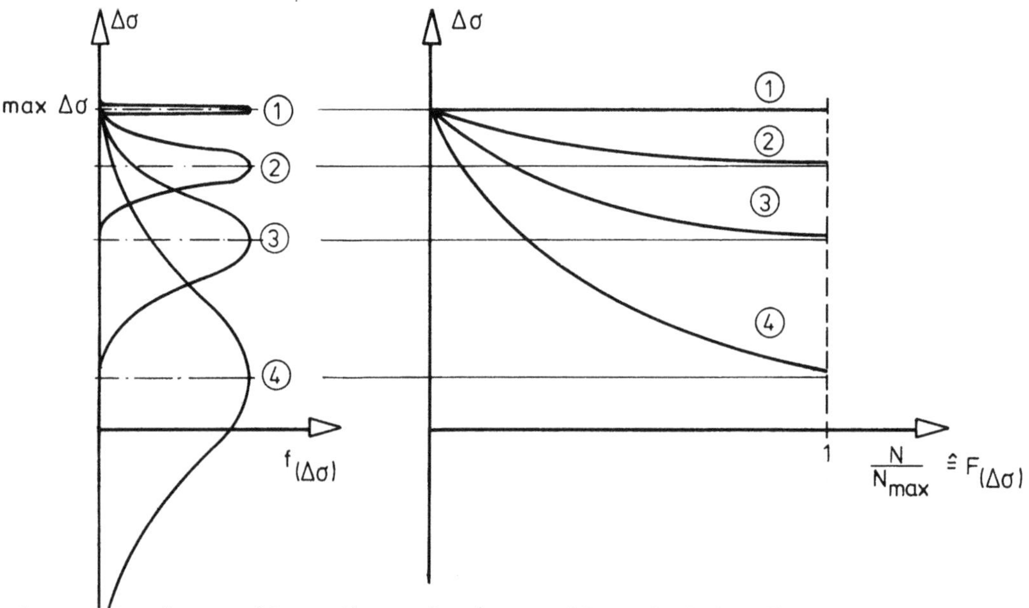

Bild 2.76 a) Verteilungsdichte f, b) Verteilungsfunktion F

Bei logarithmischem N-Maßstab entstehen bei Normalverteilung Kurven nach Bild 2.77, die eine Beschreibung der "Völligkeit" des Spannungskollektivs durch den Kollektivbeiwert p ermöglicht. p = 1 bedeutet: jeder Hub eines Krans erfolgt mit voller Last (z.B. Stripperkran). Dies entspricht dem Wöhlerversuch (mit konstanten Spannungsamplituden).

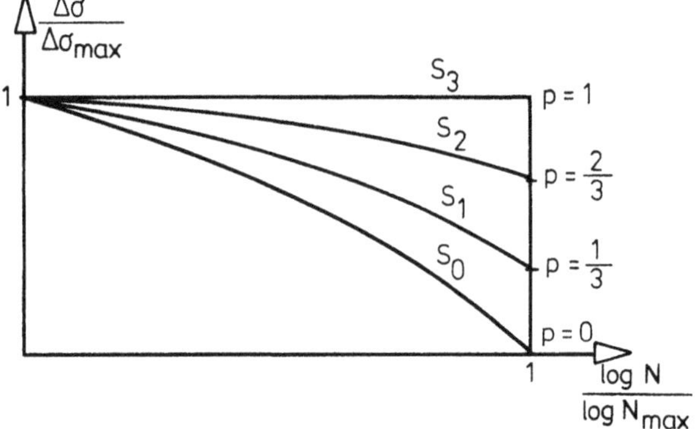

Bild 2.77 Kollektivbeiwert p, Betriebsgruppen S

Dadurch wird eine Einteilung in Betriebsgruppen möglich, z.B. für sehr leichten (Kurve S_0 mit p = 0) bis schweren Betrieb (Kurve S_3 mit p = 1). Siehe Tabelle 2.81.

Anmerkung: In DIN 15018 (Krane) wird (bei konstanter Mittelspannung σ_m) das Kollektiv für die normalverteilte Spannungsdifferenz $\Delta\sigma$ benutzt.

Ein Belastungskollektiv ist durch folgende Größen gekennzeichnet:

- Kollektivform (Völligkeit, Kollektivbeiwert p)
- Kollektivumfang (Größte Lastspielzahl N_{max}, Lebensdauer)
- Kollektivgrößtwert (maximale Beanspruchung, z.B. max $\Delta\sigma$)

2.9.8.3 Die Miner-Regel

Die "lineare Schädigungshypothese" nach Palmgren und Miner (Miner-Regel) besagt, daß bei verschiedenen Beanspruchungen n_i unterschiedlicher Größe σ_i die Summe der "Teilschädigungen" auf den verschiedenen Spannungshorizonten der Wöhlerlinie nach Bild 2.78 den Wert 1 erreichen darf:

$$\frac{n_1}{N_1} + \frac{n_2}{N_2} + \frac{n_3}{N_3} + \ldots = \sum \frac{n_i}{N_i} \leq 1 \tag{2.15}$$

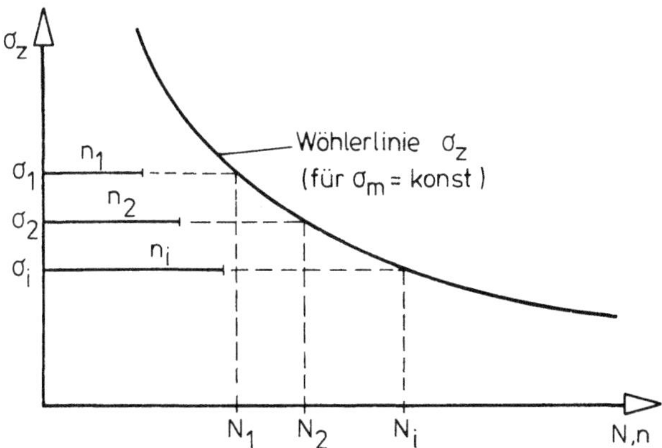

Bild 2.78 Miner-Regel

Der Geltungsbereich wird u.a. wie folgt eingeschränkt:

- es sollen keine Kaltverfestigungen und Trainiereffekte wirksam sein,
- der Rißbeginn wird als Schaden betrachtet,
- die Beanspruchungen sollen oberhalb der Dauerfestigkeit liegen,
- die Mittelspannung soll möglichst konstant sein.

Meist wird die Miner-Regel wegen ihrer Einfachheit jedoch auch in Fällen angewendet, in denen diese Voraussetzungen nicht zutreffen. Die Zuverlässigkeit der Ergebnisse ist dann weniger befriedigend.

Zur Durchführung der Zahlenrechnung müssen bekannt sein:
- das Lastkollektiv,
- die Wöhlerlinie bzw. mehrere Wöhlerlinien, wenn die Mittelspannung nicht für alle Lastspiele konstant ist.

Wertet man eine Summenhäufigkeitslinie (entsprechend Bild 2.75), die entweder als stufenförmiges Kollektiv (Bild 2.79 a) oder als Kurve (Bild 2.79 b) vorliegt, nach der Minerregel aus, so gilt:

$$\sum \frac{n_i}{N_i} = \int_0^{\max N} \frac{dn}{N} = 1 \tag{2.16}$$

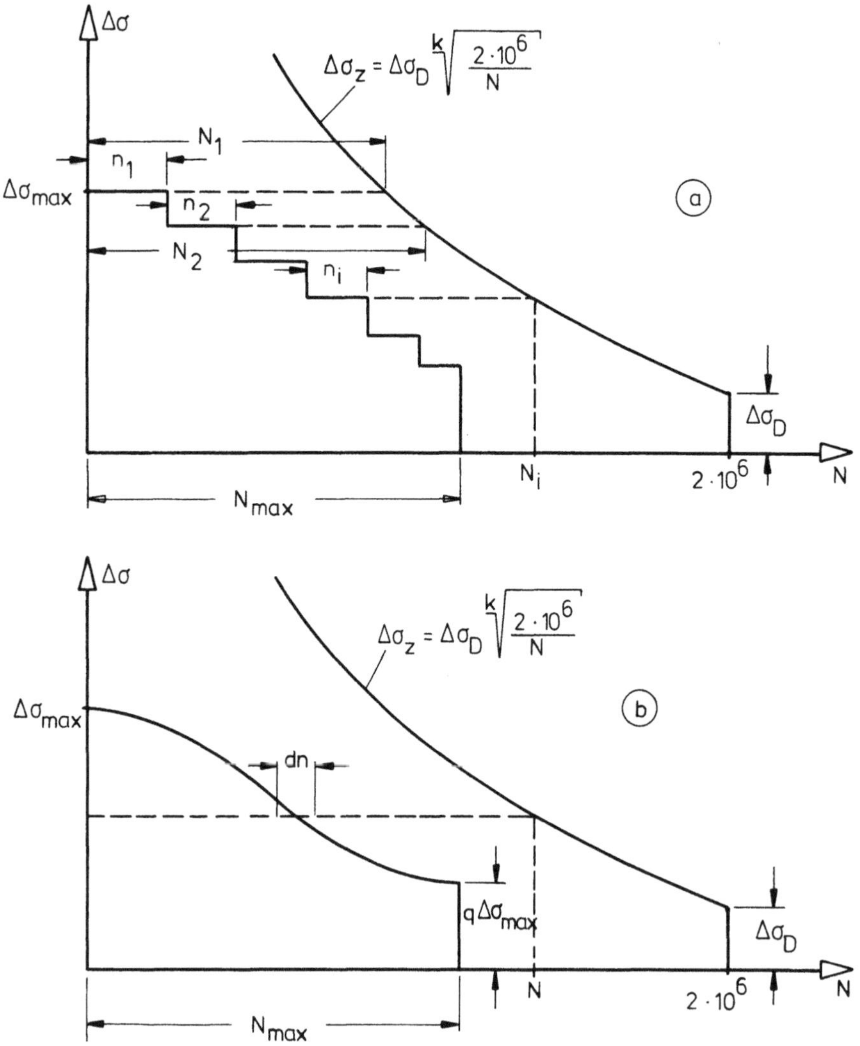

$$\sum_i \frac{n_i}{N_i} = 1$$

$$\int_0^{\max N} \frac{dn}{N} = 1$$

Bild 2.79 Auswertung von Kollektiven nach der Miner-Regel

Für die "normalverteilten" Kollektive nach Bild 2.77 mit dem Kollektivbeiwert p kann für gleiche Kerbfälle (z.B. k = 3,75 für geschweißte Konstruktionsteile) die Betriebsfestigkeit als Funktion der Zeitfestigkeit angegeben werden /13/.

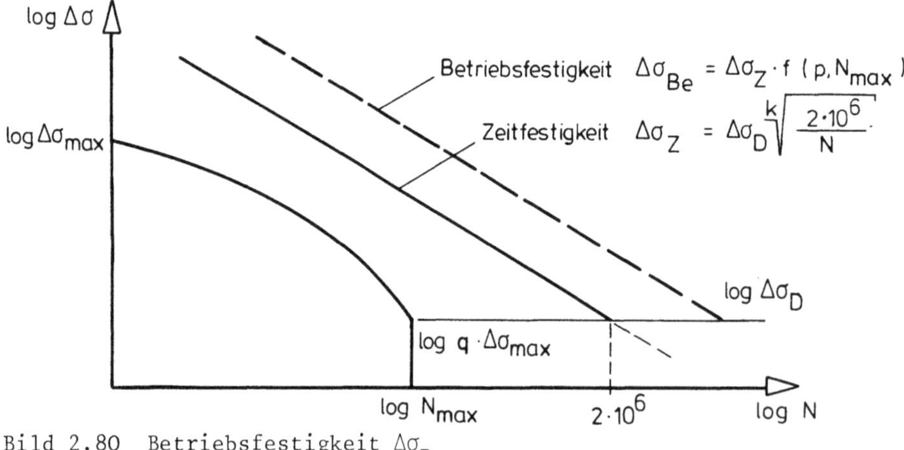

Bild 2.80 Betriebsfestigkeit $\Delta\sigma_{Be}$

Für die Betriebsfestigkeit $\Delta\sigma_{Be}$ erhält man nach Bild 2.80 eine zur normierten Wöhlerlinie (Zeitfestigkeit $\Delta\sigma_Z$) parallel verlaufende (normierte) Linie der Betriebsfestigkeit $\Delta\sigma_{Be}$. Ein abnehmender Kollektivbeiwert p führt zu höherer Betriebsfestigkeit (für $p = 1$ wird $\Delta\sigma_{Be} = \Delta\sigma_Z$).

2.9.9 Grundlagen der Bemessung

2.9.9.1 Allgemeines

Alle Bemessungsverfahren benutzen Klassifizierungsgruppen für den Grad der Kerbwirkung. Dabei werden Konstruktionselemente in "Kerbfälle" einsortiert. Die weiteren Nachweise unterscheiden sich in den einzelnen Vorschriften.

2.9.9.2 Klassifizierungsgruppen der Kerbwirkung

Die umfangreichste Aufzählung von Konstruktionselementen und deren Einordnung in 8 Gruppen ist in DIN 15018 (Krane) enthalten. Sie wird wegen ihres Umfanges (9 DIN-A4-Seiten mit 70 Einzelpositionen) hier nicht angegeben.

Als Beispiel für eine Einteilung in 6 Gruppen (Linien A bis F) dienen die Festlegungen der DV 848 (alt) für geschweißte Eisenbahnbrücken der Deutschen Bundesbahn, die in Abschnitt 2.9.9.4 angegeben sind.

2.9.9.3 Krane und Kranbahnen

In DIN 15018 (Krane) und DIN 4132 (Kranbahnen) sind Beanspruchungsgruppen B1 bis B6 nach Tabelle 2.81 in Abhängigkeit vom Kollektivbeiwert (S_0 bis S_3 nach Abschnitt 2.9.8.2) und der Gesamtzahl der Spannungsspiele festgelegt.

Spannungsbereich	N1	N2	N3	N4
Gesamte Anzahl der vorgesehenen Spannungsspiele	über $2 \cdot 10^4$ bis $2 \cdot 10^5$ Gelegentliche nicht regelmäßige Benutzung mit langen Ruhezeiten	über $2 \cdot 10^5$ bis $6 \cdot 10^5$ Regelmäßige Benutzung bei unterbrochenem Betrieb	über $6 \cdot 10^5$ bis $2 \cdot 10^6$ Regelmäßige Benutzung im Dauerbetrieb	über $2 \cdot 10^6$ Regelmäßige Benutzung im angestrengten Dauerbetrieb
Spannungskollektiv	Beanspruchungsgruppe			
S_0 sehr leicht	B1	B2	B3	B4
S_1 leicht	B2	B3	B4	B5
S_2 mittel	B3	B4	B5	B6
S_3 schwer	B4	B5	B6	B6

Tabelle 2.81 Beanspruchungsgruppen nach DIN 15018

Für die einzelnen Kerbfälle (z.B. K0 bis K4) sind die Grundwerte der zulässigen Spannungen zul $\sigma_{D(-1)}$ für $\varkappa = -1$ (reine Wechselbeanspruchung) in Tabelle 2.82 angegeben.

	St 37					St 52-3				
Kerbfall	K0	K1	K2	K3	K4	K0	K1	K2	K3	K4
Beanspruchungsgruppe										
B1	180	180	180	180	(152,7)	270	270	270	(254)	(152,7)
B2				(180)	108			(252)	180	108
B3			(178,2)	127,3	76,4	(237,6)	(212,1)	178,2	127,3	76,4
B4	(168)	(150)	126	90	54	168	150	126	90	54
B5	118,8	106,1	89,1	63,6	38,2	118,8	106,1	89,1	63,6	38,2
B6	84	75	63	45	27	84	75	63	45	27

Tabelle 2.82 Grundwerte der zul. Spannungen zul $\sigma_{D(-1)}$ in N/mm^2 für $\varkappa = -1$ (Auszug aus DIN 15018)

Aus diesen Grundwerten werden die zulässigen Oberspannungen zul $\sigma_{D(\varkappa)}$ für alle Kerbfälle und $\varkappa$-Werte aus dem in Bild 2.83 dargestellten Smith-Diagramm entwickelt.

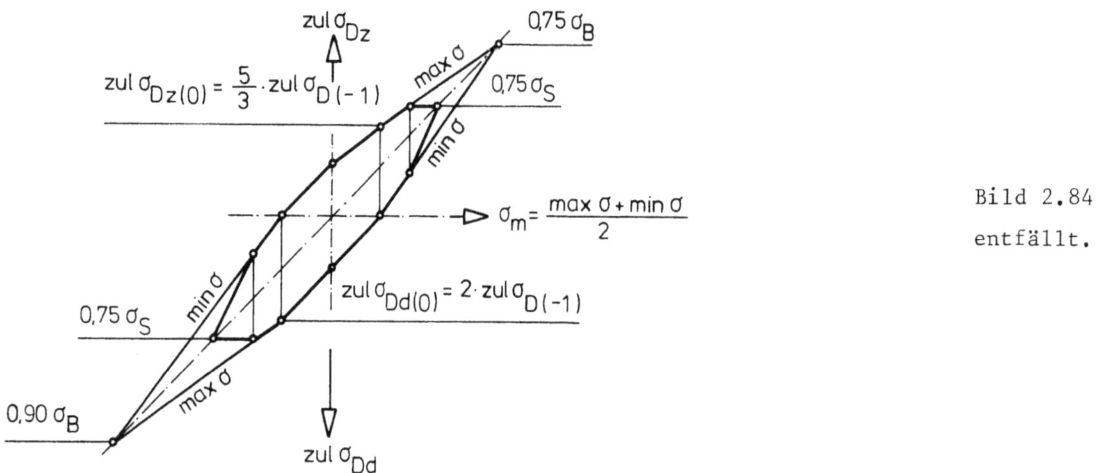

Bild 2.83 Zusammenhänge zwischen zul $\sigma_{D(\varkappa)}$ und zul $\sigma_{D(-1)}$

Bild 2.84 entfällt.

Mehrachsige (ebene) Spannungszustände werden nach Gleichung (2.17) beurteilt.

$$\left(\frac{\sigma_x}{\text{zul } \sigma_{xD}}\right)^2 + \left(\frac{\sigma_y}{\text{zul } \sigma_{yD}}\right)^2 - \frac{\sigma_x \, \sigma_y}{|\text{zul } \sigma_{xD}| \, |\text{zul } \sigma_{yD}|} + \left(\frac{\tau}{\text{zul } \tau_D}\right)^2 \leq 1{,}1 \qquad (2.17)$$

2.9.10 Der neue Betriebsfestigkeitsnachweis der Deutschen Bundesbahn für stählerne Eisenbahnbrücken

2.9.10.1 Einführung

Um die komplizierten Zusammenhänge besser zu verstehen, wird zunächst an einem einfachen Beispiel die Vorgehensweise erläutert.
An einer eingleisigen Eisenbahnbrücke wurden Langzeitspannungsmessungen durchgeführt und die Schwingbreite $\Delta\sigma$ nach der Rainflow-Zählmethode ausgewertet (z.B. $\Delta\sigma_{max}$ = 90 N/mm^2).

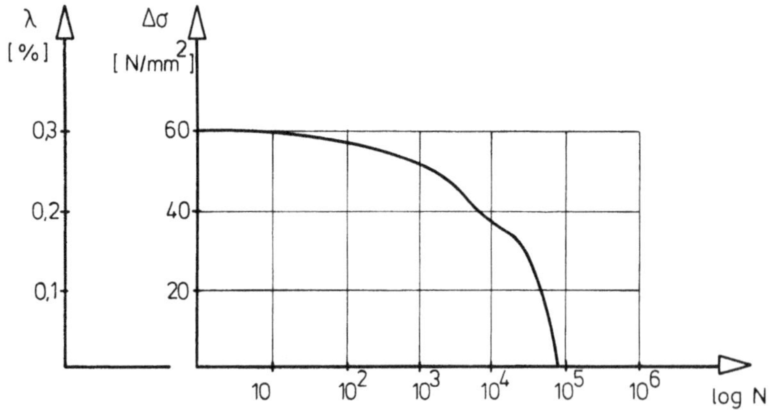

Bild 2.85 Häufigkeitsverteilung

In Bild 2.85 ist eine mögliche Summenhäufigkeit für ein Jahr dargestellt. Zur Auswertung wird eine bezogene Beanspruchung

$$\lambda = \frac{\Delta\sigma_{gemessen}}{\Delta\sigma_{UIC}} \tag{2.18}$$

verwendet. Hierbei ist $\Delta\sigma_{UIC}$ die größte rechnerische Spannungsdifferenz (Einflußlinie) für das Lastbild UIC 71 nach DS 804 neu (z.B. $\Delta\sigma_{UIC}$ = 200 N/mm² liefert λ_{max} = 0,45). Dieses Belastungskollektiv wird in ein schadensgleiches Einstufenkollektiv umgerechnet. Mit der Miner-Regel (vgl. Bild 2.79) gilt für eine bestimmte Wöhlerlinie nach Bild 2.86:

$$\frac{n_1}{N_1} + \frac{n_2}{N_2} + \ldots + \frac{n_i}{N_i} = \frac{n_e}{N_e} \leq 1 \tag{2.19}$$

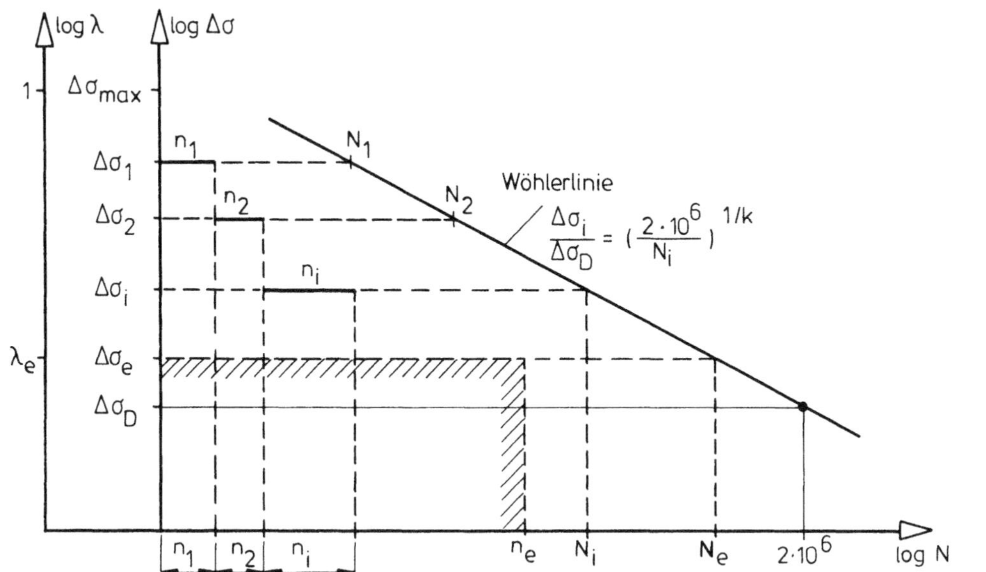

Bild 2.86 Schadensgleiches Einstufenkollektiv $\Delta\sigma_e$, n_e

Die Gleichung der Wöhlerlinie kann in folgende Form gebracht werden (s. Gleichung 2.13):

$$N_i = 2\cdot 10^6 \, \Delta\sigma_D^k \, \frac{1}{\Delta\sigma_i^k} = A \, \frac{1}{\Delta\sigma_i^k} \tag{2.20a}$$

$$N_e = 2\cdot 10^6 \, \Delta\sigma_D^k \, \frac{1}{\Delta\sigma_e^k} = A \, \frac{1}{\Delta\sigma_e^k} \, . \tag{2.20b}$$

wobei A eine Konstante ist, die durch die "Ausgangswerte" $\Delta\sigma_D$ (Dauerfestigkeit) und die Grenzlastspielzahl $N = 2\cdot 10^6$ gekennzeichnet ist.

Setzt man Gl. (2.20) in (2.19) ein, so gilt:

$$\frac{n_1 \, \Delta\sigma_1^k}{A} + \frac{n_2 \, \Delta\sigma_2^k}{A} + \ldots + \frac{n_i \, \Delta\sigma_i^k}{A} = \frac{n_e \, \Delta\sigma_e^k}{A}$$

$$\Sigma n_i \, \Delta\sigma_i^k = n_e \, \Delta\sigma_e^k \quad \text{bzw.} \quad \Sigma n_i \, \lambda_i^k = n_e \, \lambda_e^k \tag{2.21}$$

Hierbei ist zunächst n_e frei wählbar (Anzahl der Achsen oder der Züge).

Die Streckenbelastung einer Eisenbahnlinie wird durch folgende Parameter beschrieben:

- Gesamtzahl der Züge pro Jahr $n_T = \Sigma n_{Tj}$ (Index T = train),
- Zusammensetzung des Verkehrs aus verschiedenen Zugtypen j (Personenzüge, Güterzüge, Schwertransporte usw.).

Für jeden Zugtyp j = 1, 2, 3 ... kann zunächst nach Gl. (2.21) ein σ_{Tj} bzw. λ_{Tj} ermittelt werden. Wenn $n_e = n_{Tj} = 1$ (eine Überfahrt des Zugtypes j) gesetzt wird und der Einfluß der Achslasten i berücksichtigt wird, gilt:

$$1\ \lambda_{Tj}^k = \Sigma\ n_i\ \lambda_i^k$$

Für die Gesamtzahl n_T der Züge j pro Jahr gilt dann Gl. (2.21):

$$\Sigma n_{Tj}\ \lambda_{Tj}^k = n_T\ \lambda_T^k$$

$$\lambda_T = \left[\frac{1}{n_T} \Sigma\ n_{Tj}\ \lambda_{Tj}^k \right]^{1/k} = \left[\frac{1}{n_T} \Sigma n_{Tj}\ \Sigma n_i\ \lambda_i^k \right]^{1/k} \qquad (2.22)$$

Anmerkung: Zur Ermittlung von λ_T ist nur die "Neigung" k der Wöhlerlinie erforderlich, nicht die Größe der Dauerfestigkeit $\Delta\sigma_D$. Für alle geschweißten Konstruktionsteile wird k einheitlich zu 3,75 angenommen. Für nicht geschweißte Konstruktionsteile gelten andere k-Werte.

Die Lebensdauer kann, ausgehend vom Einstufenkollektiv λ_T, n_T, wie folgt ermittelt werden:

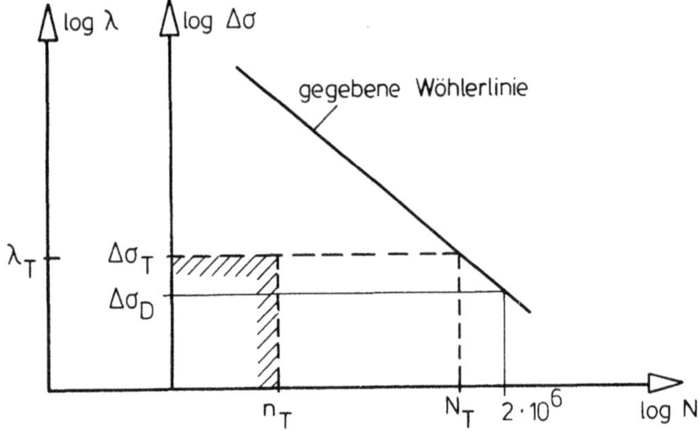

Bild 2.87 Einstufenkollektiv λ_T, n_T

Aus λ_T kann $\Delta\sigma_T$ bestimmt werden (s. Gl. 2.18):

$$\Delta\sigma_T = \lambda_T\ \Delta\sigma_{UIC}$$

Aus der Wöhlerlinie für den entsprechenden Kerbfall kann die Bruchlastspielzahl N_T ermittelt werden (s. Gl. 2.20b):

$$N_T = 2 \cdot 10^6\ \frac{\Delta\sigma_D}{\Delta\sigma_T}$$

Die Lebensdauer x (Jahre) beträgt $x = \frac{N_T}{n_T}$

2.9.10.2 Das Sicherheitskonzept

Auf der Grundlage der in Abschnitt 1.3.6 dargestellten Zusammenhänge ergeben sich für einen Sicherheitsindex $\beta = 4{,}5$ (bezogen auf 50 Jahre Lebensdauer) bei Zugrundelegen einer logarithmischen Normalverteilung für Beanspruchung und Widerstand die zentralen Teilsicherheitsfaktoren (auf die Medianwerte bezogen) für "kleine" Variationskoeffizienten V:

$\nu_S = \exp \beta \, \alpha_S \, V_S$ für die Verkehrsbelastung (S = stress)

$\nu_R = \exp \beta \, \alpha_R \, V_R$ für die Festigkeit (R = resistance)

Mit den von der Bundesbahn ermittelten Variationskoeffizienten $V_S = 0{,}1256$ und $V_R = 0{,}1584$, sowie mit $\alpha_R = \alpha_S = 0{,}71$ errechnen sich die Teilsicherheitsfaktoren

$$\nu_S = e^{4{,}5 \cdot 0{,}71 \cdot 0{,}1256} = 1{,}49 \approx 1{,}50$$
$$\nu_R = e^{4{,}5 \cdot 0{,}71 \cdot 0{,}1584} = 1{,}66 \approx 1{,}65$$

Dies entspricht einem globalen Zentralsicherheitsfaktor von

$$\nu = \nu_R \, \nu_S = 2{,}47$$

Der Nachweis der Betriebssicherheit lautet mit den Teilsicherheitsfaktoren:

$$\nu_S \, \Delta\sigma_S \leq \frac{\Delta\check{\sigma}_R}{\nu_R} \qquad (2.23)$$

Die ermüdungswirksame Spannungsdifferenz $\Delta\sigma_S$ wird als bezogene Spannung dargestellt:

$$\frac{\Delta\sigma_S}{\Delta\sigma_{UIC}} = \lambda_T \frac{1}{\psi_2} \frac{1}{\psi_3} \qquad (2.24)$$

Hierbei berücksichtigt

λ_T die Abhängigkeit von Tragsystem und Stützweite (Einflußlinie und Belastungskollektiv)

ψ_2 die Mehrgleisigkeit (Zugbegegnung auf einer Brücke)

ψ_3 die Streckenbelastung (Gesamtzahl der Züge)

Setzt man Gl. (2.24) in (2.23) ein, so erhält man

$$\Delta\sigma_{Be} = \Delta\sigma_{UIC} \nu_S \, \lambda_T \frac{1}{\psi_2} \cdot \frac{1}{\psi_3} = \frac{\Delta\check{\sigma}_R}{\nu_R} = \text{zul } \Delta\sigma_{Be}$$

Mit

$$\psi_1 = \frac{1}{\nu_S \lambda_T} = \frac{1}{1{,}50 \, \lambda_T} \qquad (2.25)$$

erhält der Nachweis der Betriebssicherheit folgende Form:

$$\Delta\sigma_{Be} = \frac{1}{\psi} (\Phi \cdot \max\sigma_{UIC} - \Phi \cdot \min\sigma_{UIC}) = \text{zul } \Delta\sigma_{Be}$$

wobei $\psi = \psi_{1,i} \cdot \psi_{2,i} \cdot \psi_3$

Hierbei ist

$\Delta\sigma_R$ der Medianwert der jeweiligen Versuchsergebnisse für die Dauerfestigkeit der unterschiedlichen Kerbfälle für $N_{max} = 2 \cdot 10^6$ und Rechteck-Kollektiv (Einstufenversuch)

ν_R Teilsicherheitsfaktor der Festigkeit ($\nu_R = 1{,}65$)

ψ_1 berücksichtigt das ermüdungswirksame Belastungskollektiv (s. Abschnitt 2.9.10.3)

ψ_2 berücksichtigt den Einfluß mehrerer Gleise

ψ_3 berücksichtigt den Einfluß der Streckenbelastung

Die Faktoren ψ berücksichtigen daher die für die Betriebsfestigkeit wichtigen Einflüsse durch Ermäßigung bzw. Erhöhung der rechnerischen Beanspruchung. Der Bezug zur Dauerfestigkeit ($N = 2 \cdot 10^6$) entsteht durch die Gesamtzahl der Züge von $2 \cdot 10^6$ in 50 Jahren (s. Abschnitt 2.9.10.3).

2.9.10.3 Ermüdungswirksame Belastungskollektive

Der Verkehr einer Eisenbahnstrecke setzt sich aus unterschiedlichen Zugtypen j (Reisezüge, Güterzüge usw.) zusammen, die jeweils typische Achslasten und -abstände (Mittelwerte) aufweisen.

Die DB legt ihrer Berechnung 6 unterschiedliche Zugtypen zugrunde, die im Normalfall (d.h. $\psi_3 = 1$) bei insgesamt 120 Zügen pro Tag und Gleis eine jährliche (333 Tage) Gesamtzuglast von 22 Mio t ergeben.

In 50 Jahren fahren $120 \cdot 333 \cdot 50 = 2 \cdot 10^6$ Züge. Dies entspricht der Grenzlastspielzahl N_{max} für die Dauerfestigkeit.

Wertet man durch Simulationsrechnung auf dem Computer die Biegemomenten-Einflußlinie eines Einfeldträgers von z.B. 10 m Stützweite für den festgelegten rollenden Verkehr aus und zählt mit der Rainflow-Methode die Differenzmomente ΔM_S aus, so erhält man ein für diesen Verkehr maßgebendes Beanspruchungskollektiv. Dividiert man die Werte ΔM_S durch ΔM_{UIC} (die gleiche Einflußlinie wird mit dem Lastbild UIC 71 ausgewertet), so erhält man das mehrstufige relative Beanspruchungskollektiv im dimensionslosen λ-Maßstab.

Mit $\sigma = \frac{M}{W}$ gilt:

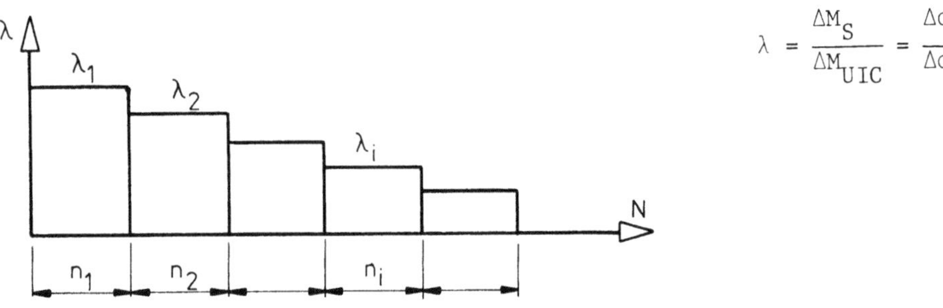

$$\lambda = \frac{\Delta M_S}{\Delta M_{UIC}} = \frac{\Delta\sigma_S}{\Delta\sigma_{UIC}}$$

Bild 2.88 Mehrstufiges relatives Beanspruchungskollektiv

Dieses Kollektiv wird mit der Miner-Regel nach Gl. (2.22) in ein schadensgleiches Rechteckkollektiv umgerechnet, wobei als n_T die Anzahl der Züge eingesetzt wird.

Für gleiche k-Werte der Wöhlerlinien ergeben sich dabei gleiche λ_T-Werte. Man erhält z. B. bei ℓ = 10 m für die Kerbgruppe K den Wert $\lambda_T = 0{,}5$.

Wertet man in gleicher Weise die Einflußlinien für andere Stützweiten und andere Systeme (Durchlaufträger) aus, so erhält man Ergebnisse wie sie in DS 804 in Abhängigkeit von der Stützweite dargestellt und in Bild 2.89 abgedruckt sind.

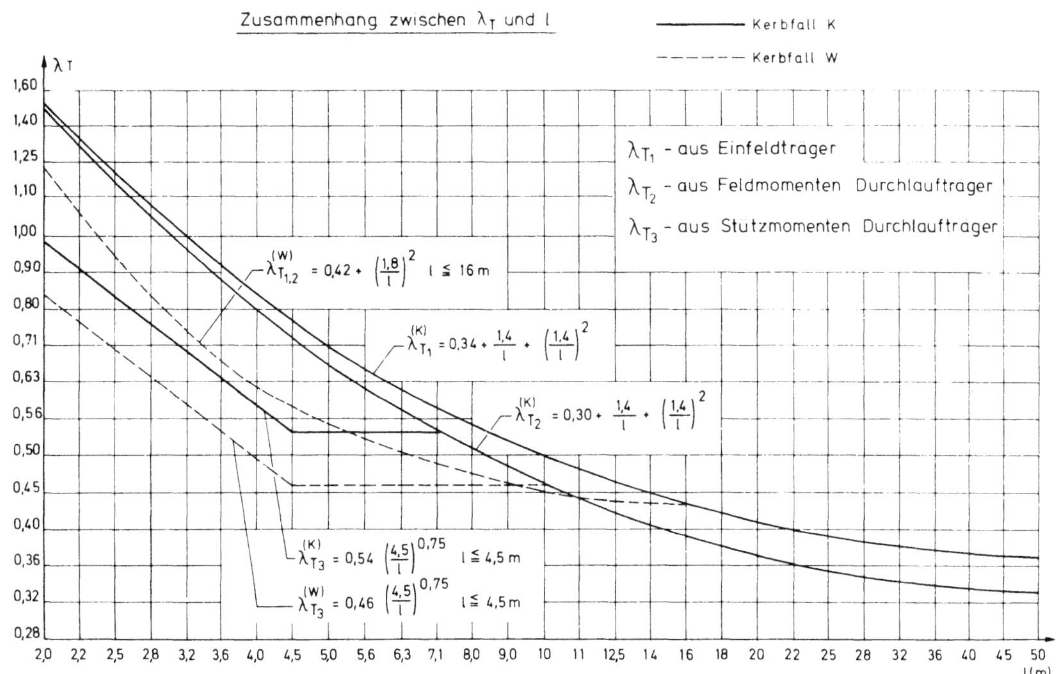

Bild 2.89 λ_T als Funktion der maßgebenden Länge ℓ (aus: Vorausgabe DS 804, Anlage 6)

Mit diesen Werten λ_T können die Faktoren $\psi_{1,i}$ (Index i für die betrachteten Systeme) nach Gl. (2.25) ermittelt werden (s. Tabelle 2.90), z.B. für 10 m Einfeldträger, Kerbgruppe K:

$$\psi_{1,1} = \frac{1}{\nu_S\ \lambda_T} = \frac{1}{1{,}50 \cdot 0{,}5} = 1{,}33$$

In der nachfolgenden Tabelle sind auszugsweise die in DS 804 für $\psi_{1,i}$ angegebenen Werte aufgeführt:

maßgebende Länge l	Einfeldträger $\psi_{1,1}$ Kerbgruppe		Durchlaufträger Feldmoment $\psi_{1,2}$ Kerbgruppe		Durchlaufträger Stützmoment $\psi_{1,3}$ Kerbgruppe	
m	W	K	W	K	W	K
2,5	0,71	0,54	0,71	0,56	0,93	0,79
3,6	1,00	0,75	1,00	0,79	1,21	1,04
5,0	1,21	0,95	1,21	1,01	1,45	1,24
8,0	1,42	1,22	1,42	1,32	1,45	1,32
10,0	1,47	1,33	1,45		1,45	
20,0	1,61		1,78		1,78	
40,0	1,77		1,98		1,98	
100,0	1,88		2,12		2,12	

Tabelle 2.90 $\psi_{1,i}$-Werte (Auszug aus: Vorausgabe DS 804, Tabelle 9)

Als maßgebende Länge ℓ (m) ist einzusetzen:

- bei Einfeldträgern die Stützweite,
- bei Durchlaufträgern für das Feldmoment die Stützweite, für das Stützmoment das Mittel der Stützweiten der Nachbarfelder,
- bei Querträgern die Summe der vom Querträger gestützten Längsträgerstützweiten (Einflußlinie!).

In Tabelle 2.91 sind auszugsweise die Werte ψ_2 nach DS 804 angegeben. Sie berücksichtigen über den Faktor a die Mehrgleisigkeit und über n_i die Begegnungshäufigkeit auf dem zu bemessenden Tragwerk.

a	$\psi_{2,1}$ n_1=12,5%	$\psi_{2,2}$ n_2=16%	$\psi_{2,3}$ n_3=25%	$\psi_{2,4}$ n_4=42%	$\psi_{2,5}$ n_5=50%
0,50	1,44	1,39	1,31	1,20	1,16
0,70	1,31	1,28	1,23	1,16	1,13
0,85	1,15	1,13	1,12	1,09	1,07
1,00	1,00	1,00	1,00	1,00	1,00

Tabelle 2.91 ψ_2-Werte (Auszug aus: Vorausgabe DS 804, Tabelle 10)

Hierbei ist $a = \frac{\Delta\sigma_1}{\Delta\sigma_{ges}}$

$\Delta\sigma_1$ ist die Spannungsdoppelamplitude infolge maximaler Belastung eines Gleises durch UIC-Lastbild.

$\Delta\sigma_{ges}$ ist die größte Spannungsdoppelamplitude aus zwei Gleislasten (Vollast).

Der Faktor ψ_3 berücksichtigt die als Gesamtzuglast ausgedrückte Streckenbelastung pro Gleis und Jahr. Er ist auszugsweise in der folgenden Tabelle 2.92 angegeben.

$\frac{\text{Mio L t}}{\text{Jahr}}$	≈ 12	≈ 14	≈ 22	≈ 30	≈ 38
ψ_3	1,18	1,13	1,00	0,92	0,86

Tabelle 2.92 ψ_3-Werte (Auszug aus: Vorausgabe DS 804, Tabelle 11)

2.9.10.4 Zuordnung der Kerbfälle

Es werden unterschieden:

- Kerbfälle K II bis K X für typische geschweißte Konstruktionsteile ($k = 3{,}75$)
- Kerbfälle W I bis W III für genietete oder geschraubte Bauteile bzw. Vollstab ($k = 5{,}0$)

Die Zuordnung ist den entsprechenden Tabellen der DS 804 zu entnehmen. Sie wurde durch entsprechende Dauerfestigkeitsversuche ermittelt (s. Abschnitt 2.9.10.6).

2.9.10.5 Versuchswerte der Dauerfestigkeit

In Bild 2.93 sind die Mittelwerte der Dauerfestigkeit (Amplitude $\sigma_A = \frac{\Delta\check{\sigma}}{2}$) für den Kerbfall KV im Haigh-Diagramm dargestellt. Mit $\nu_R = 1{,}65$ ist die von der Mittelspannung σ_m abhängige - und dem Betriebsfestigkeitsnachweis nach DS 804 zugrundeliegende - Kurve $\frac{\sigma_A}{\nu_R}$ eingetragen.

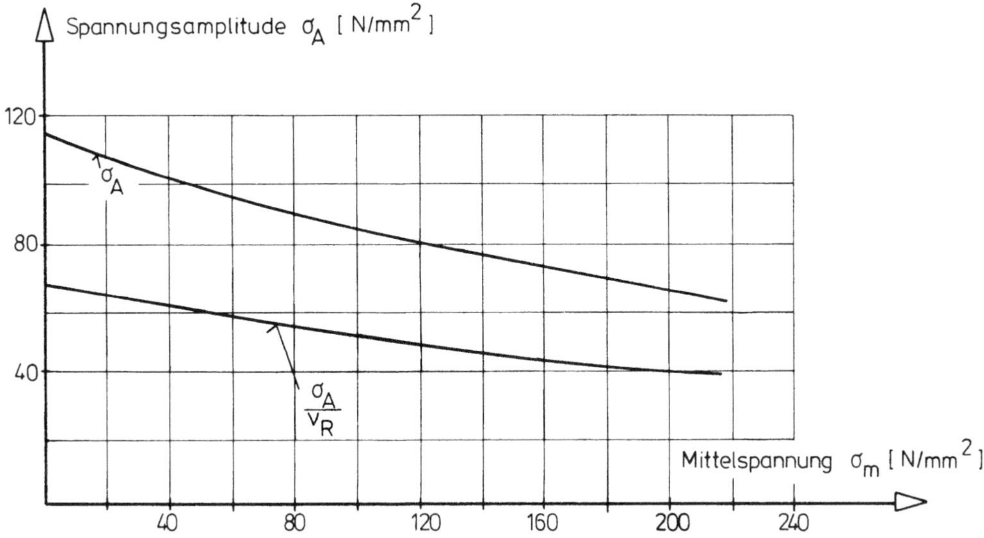

Bild 2.93 Haigh-Diagramm für den Kerbfall KV

2.9.10.6 κ-Abhängigkeit

Zur Berücksichtigung der Mittelspannungsabhängigkeit ist in DS 804 der Verhältniswert κ_{Be} eingeführt. Dieser Wert ergibt sich aus der Beziehung

$$\kappa_{Be} = \frac{\sigma_g + \frac{1}{\psi}\,\phi \cdot \min\sigma_{UIC}}{\sigma_g + \frac{1}{\psi}\,\phi \cdot \max\sigma_{UIC}} = \frac{\min\sigma_{u,Be}}{\max\sigma_{o,Be}}$$

Hierbei wird als Oberspannung $\max\sigma_{o,Be}$ die dem Betrage nach größte Spannung und als Unterspannung $\min\sigma_{u,Be}$ derjenige Wert, der den algebraisch kleinsten Wert κ_{Be} ergibt, zugrunde gelegt.
In Tabelle 30 der DS 804 sind die zulässigen Spannungsdoppelamplituden in Abhängigkeit von κ_{Be} für die Kerbgruppen K und in den Tabellen 31.1 und 31.2 für die Kerbgruppen W angegeben.

Beim Nachweis mit Oberspannungen sind die oberen Grenzwerte der zulässigen Normalspannungen zul $\sigma_{o,Be}$:

- bei St 37 160 N/mm^2
- bei St 52 240 N/mm^2.

In Abhängigkeit von κ findet man zul $\sigma_{o,Be}$ in der Anlage 7 der Vorausgabe DS 804.

*) Für Kehlnähte gelten die 0,6-fachen Werte der Spalte 11 in Tabelle 30.

Tabelle 30 Zulässige Spannungsdoppelamplituden für den Betriebsfestigkeitsnachweis von Schweißverbindungen in N/mm².

1	2	3	4	5	6	7	8	9	10	11
Stahlsorte	St 37 und St 52									
Kerbgruppe	K II	K III	K IV	K V	K VI	K VII	K VIII	K IX	K X	zul *)
κ	zul $\Delta\sigma_{Be}$									$\Delta\tau_{Be}$
−1,0	183	163	145	129	103	92	82	73	65	129
−0,9	183	163	145	129	103	92	82	73	65	129
−0,8	173	154	145	129	103	92	82	73	65	122
−0,7	173	154	137	122	97	87	82	73	65	122
−0,6	173	154	137	122	97	87	77	69	61	122
−0,5	163	145	129	115	97	87	77	69	61	115
−0,4	163	145	129	115	97	87	77	69	61	115
−0,3	154	137	122	109	92	82	73	65	61	109
−0,2	154	137	122	109	92	82	73	65	58	109
−0,1	145	129	115	103	87	77	69	65	58	103
±0,0	137	122	109	97	87	77	69	61	55	97
+0,1	129	115	109	97	82	73	69	61	55	91
+0,2	129	115	103	92	82	73	65	58	55	91
+0,3	122	109	97	87	77	69	65	58	52	86
+0,4	109	103	92	82	73	69	61	55	52	77
+0,5	103	92	87	77	69	65	58	52	49	73
+0,6	92	82	77	73	65	58	55	49	46	65
+0,7	77	73	65	61	58	52	49	43	41	54
+0,8	58	55	52	49	46	43	41	37	34	41
+0,9	33	33	31	31	29	27	26	26	24	23
+1,0	0	0	0	0	0	0	0	0	0	0

Zwischenwerte können linear interpoliert werden

Aus: Vorausgabe DS 804

Tabelle 31.1 Zulässige Spannungsdoppelamplituden für den Betriebsfestigkeitsnachweis von Werkstoff, Schrauben und Nieten, wenn max σ eine Zugspannung ist, in N/mm².

1	2	3	4	5	6	7	8	9	10	11	12	13
Stahlgüte	St 37						St 52					
Kerbgruppe	W I	W II	W III	zul $\Delta\tau_{Be}$	zul $\Delta\tau_{aBe}$	zul $\Delta\sigma_{1Be}$	W I	W II	W III	zul $\Delta\tau_{Be}$	zul $\Delta\tau_{aBe}$	zul $\Delta\sigma_{1Be}$
$\varkappa$	zul $\Delta\sigma_{Be}$						zul $\Delta\sigma_{Be}$					
−1,0	194	145	wird ergänzt (vorläufig nach W II)	112	145	290	274	163	wird ergänzt (vorläufig nach W II)	158	163	326
−0,9	194	145		112	145	290	274	163		158	163	326
−0,8	194	145		112	145	290	274	163		158	163	326
−0,7	183	145		106	145	290	274	163		158	163	326
−0,6	189	137		106	137	274	258	154		149	154	308
−0,5	183	137		106	137	274	258	154		149	154	308
−0,4	183	137		106	137	274	258	154		149	154	308
−0,3	173	129		100	129	258	244	145		141	145	290
−0,2	173	129		100	129	258	244	145		141	145	290
−0,1	163	129		94	129	258	244	145		141	145	290
±0	163	122		94	122	244	230	137		133	137	274
+0,1	154	115		89	115	230	217	129		125	129	258
+0,2	145	109		84	109	218	205	129		118	129	258
+0,3	129	103		74	103	206	194	122		112	122	244
+0,4	122	92		70	92	184	173	109		100	109	218
+0,5	109	87		63	87	174	154	103		89	103	206
+0,6	92	73		53	73	146	129	92		74	92	184
+0,7	73	61		42	61	122	109	77		63	77	154
+0,8	55	43		32	43	86	77	58		44	58	116
+0,9	29	24		17	24	48	41	33		24	33	66
+1,0	0	0		0	0	0	0	0		0	0	0

Zwischenwerte können linear interpoliert werden

Tabelle 31.2 Zulässige Spannungsdoppelamplituden für den Betriebsfestigkeitsnachweis von Werkstoff, Schrauben und Nieten, wenn max σ eine Druckspannung ist, in N/mm².

1	2	3	4	5	6	7	8	9	10	11	12	13
Stahlgüte	St 37						St 52					
Kerbgruppe	W I	W II	W III	zul $\Delta\tau_{Be}$	zul $\Delta\tau_{aBe}$	zul $\Delta\sigma_{1Be}$	W I	W II	W III	zul $\Delta\tau_{Be}$	zul $\Delta\tau_{aBe}$	zul $\Delta\sigma_{1Be}$
$\varkappa$	zul $\Delta\sigma_{Be}$						zul $\Delta\sigma_{Be}$					
−1,0	194	145	wird ergänzt (vorläufig nach W II)	112	145	290	274	163	wird ergänzt (vorläufig nach W II)	158	163	326
−0,9	194	145		112	145	290	274	163		158	163	326
−0,8	194	145		112	145	290	274	163		158	163	326
−0,7	183	145		106	145	290	274	163		158	163	326
−0,6	183	137		106	137	274	258	154		149	154	308
−0,5	183	137		106	137	274	258	154		149	154	308
−0,4	183	137		106	137	274	258	154		149	154	308
−0,3	173	129		100	129	258	244	145		141	145	290
−0,2	173	129		100	129	258	244	145		141	145	290
−0,1	163	129		94	129	258	244	145		141	145	290
±0	163	122		94	122	244	230	137		133	137	274
+0,1	154	115		89	115	230	217	129		125	129	258
+0,2	145	115		84	109	218	205	129		118	129	258
+0,3	137	103		74	103	206	194	122		112	122	244
+0,4	129	97		70	92	184	183	115		100	109	218
+0,5	115	92		63	87	174	163	109		89	103	206
+0,6	103	77		53	73	146	145	97		74	92	184
+0,7	82	65		42	61	122	115	82		63	77	154
+0,8	61	49		32	43	86	87	65		44	58	116
+0,9	34	29		17	24	48	49	39		24	33	66
+1,0	0	0		0	0	0	0	0		0	0	0

Zwischenwerte können linear interpoliert werden

Aus: Vorausgabe DS 804

Tabelle 32 Zuordnung der Kerbfälle K

Kerbgruppe		Darstellung	Beschreibung
K II	1	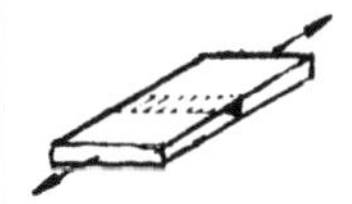	Einteilige, quer zur Kraftrichtung durch Stumpfnaht-Sondergüte verbundene Bauteile, Wurzel gegengeschweißt, Naht in Kraftrichtung blecheben und kerbfrei bearbeitet, durchstrahlt.
K V	1	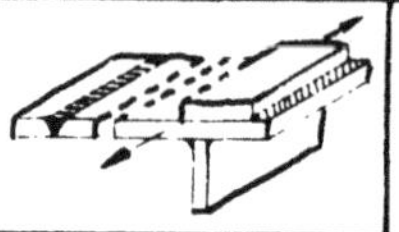	Durchlaufende Kehl-, K- oder HV Naht zur Verbindung von Stegen mit Gurten. Durchlaufende Flankenkehlnaht und Stirnfugennaht zur Verbindung von Gurtplatten untereinander. Bauteile verbunden mit längslaufender Stumpfnaht Normalgüte, sowie mit Stumpfnaht Normalgüte auf Keramikunterlage.
	2		Einteilige, quer zur Kraftrichtung durch Stumpfnaht-Normalgüte verbundene Bauteile, Wurzel gegengeschweißt oder Wurzel auf Keramik-Unterlage geschweißt, durchstrahlt.
	3		Einteilige, quer zur Kraftrichtung durch Stumpfnaht-Normalgüte verbundene Bauteile mit verschiedenen Blechdicken, Ausführung nach Abs. (497), sonst wie V.1
K VI	1	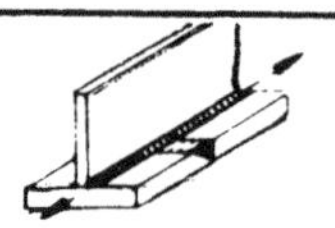	Durchlaufende Kehl-, K- oder HV-Naht kreuzt eine Stumpfnaht.
K VII	1	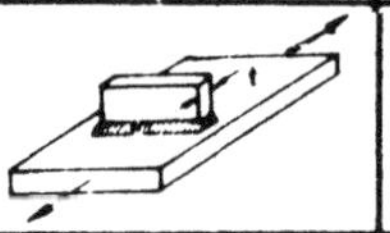	Durchlaufendes Bauteil mit quer zur Kraftrichtung mittels Kehl-, K- oder HV-Naht angeschweißten Teilen (Quersteife) wenn t ≦ 15 mm
	2	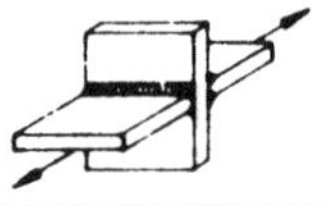	Mit K-Naht und Doppelkehlnaht, oder HV-Naht mit Kehlnaht, gegengeschweißte Wurzel, quer zur Kraftrichtung durch Kreuzstoß verbundene Bauteile.
	3	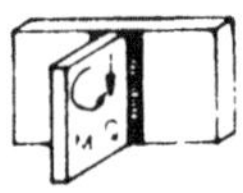	Bauteile mit K-Naht und Doppelkehlnaht oder HV-Naht mit Kehlnaht, Wurzel gegengeschweißt, auf Biegung mit oder ohne Querkraft beansprucht.
K VIII	1	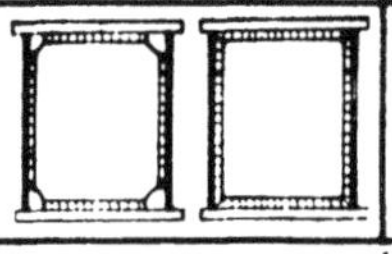	Durchlaufendes Bauteil, an das quer zur Kraftrichtung Schotte mit Kehl-, K- oder HV-Naht angeschweißt werden. Die Ecken der Schotte ausgeschnitten und Nähte um die Kante der Ausschnitte herumgezogen oder Schotte vollständig eingeschweißt.
K VIII	2		Mehrteilige, quer zur Kraftrichtung durch Stumpfnaht verbundene Bauteile, Ausführung entsprechend Abs. (498).
	3	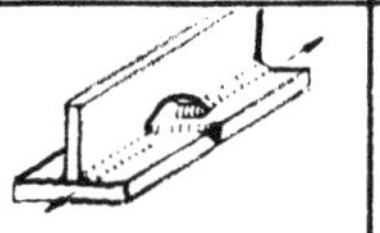	Durchlaufendes Bauteil auf das Teile bei vorhandenem Freischnitt mittels Kehl-, K- oder HV-Nähten aufgeschweißt werden.
	4	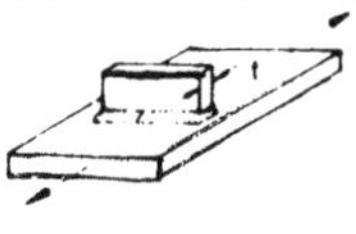	Durchlaufendes Bauteil mit quer zur Kraftrichtung mittels Kehl-, K- oder HV-Naht angeschweißten Teilen (Quersteife), wenn t ≧ 15 mm.
	5	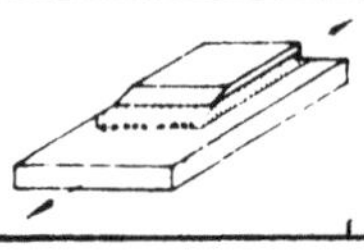	Durchlaufendes Bauteil auf dem ein mit umlaufender Kehlnaht, in Ausführung nach Abs. (502), aufgeschweißtes Gurtblech endet.
	6	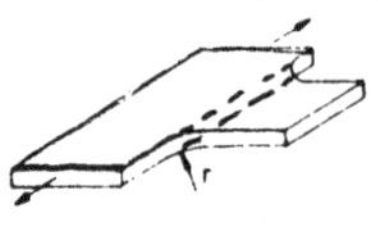	Durchlaufendes Bauteil an dessen Kante längs zur Kraftrichtung Teile mit einem Ausrundungsradius r > 150 mm angeschweißt sind, Nahtenden bearbeitet.

noch Tabelle 32 — Zuordnung der Kerbfälle K

Kerbgruppe		Darstellung	Beschreibung
K IX	1	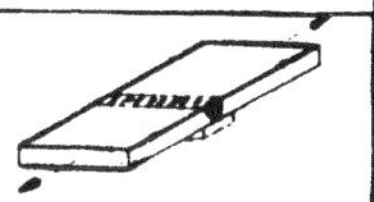	Einseitig auf stählerner Wurzelunterlage (Plättchenstoß) durch Stumpfnaht-Normalgüte verbundene Bauteile.
	2	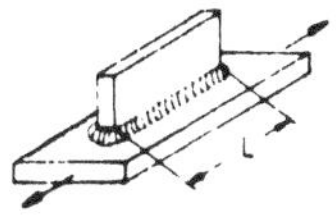	Durchlaufende Bauteile auf die längs zur Kraftrichtung kurze Teile mit L ≤ 100 mm mit Kehl-, K- oder HV-Naht aufgeschweißt sind, Enden längslaufender Nähte.
	3	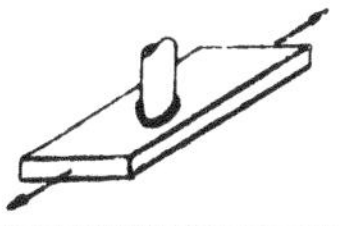	Durchlaufendes Bauteil mit aufgeschweißten Bolzen.
	4	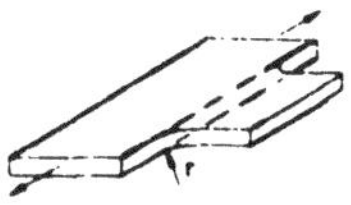	Durchlaufende Bauteile mit an die Flanschkante angeschweißtem Anschluß, Ausrundungsradius 50 < r < 150 mm, Nahtenden bearbeitet.
K X	1		Mit Doppelkehlnaht quer zur Kraftrichtung durch Kreuzstoß verbundene Bauteile.
	2	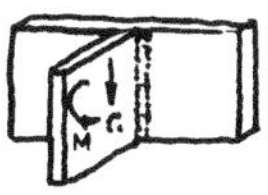	Doppelkehlnaht der auf Biegung mit oder ohne Querkraft beanspruchten Bauteile.
	3	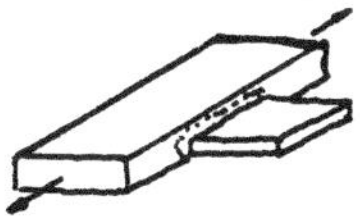	Durchlaufendes Bauteil an dessen Kante längs zur Kraftrichtung rechtwinklig endende Teile angeschweißt sind.

Tabelle 33 — Zuordnung der Kerbfälle W

Kerbgruppe		Darstellung	Beschreibung
W I	1	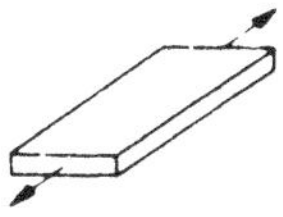	Auf Biegung oder Längskraft beanspruchte ungelochte Bauteile (Vollstab). Brenngeschnittene Flächen der Güte 1111 nach DIN 2310 Blatt 1 sind nach K III einzustufen.
W II	1	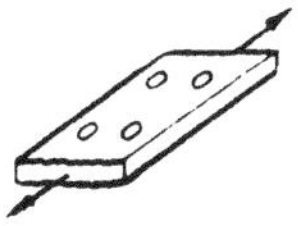	Auf Biegung oder Längskraft beanspruchte gelochte Bauteile (Lochstab).
W III	1	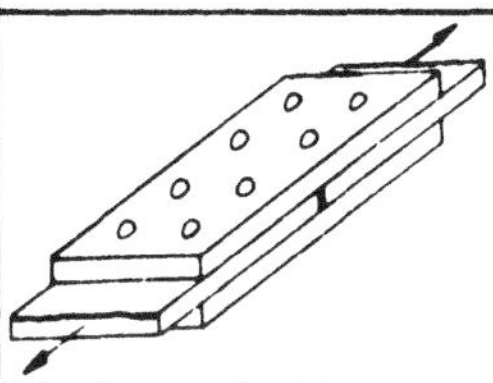	Auf Biegung oder Längskraft beanspruchte verschraubte gelochte Bauteile (Verbindung).

Aus: Vorausgabe DS 804

2.10 Baustahlsorten

2.10.1 Baustähle St 37 und St 52

In DIN 17100 sind die Baustähle nach Sorten eingeteilt. Dabei wird nach gewährleisteten Werten für die mechanischen Eigenschaften und für die chemische Zusammensetzung unterschieden.

2.10.2 Wahl der Gütegruppen

Siehe hierzu auch Abschnitt 2.7.6.
Ursache: Schäden bei geschweißten Konstruktionen (Zoo-Brücke Berlin, Liberty-Schiffe usw.) zeigten verformungslose Sprödbrüche ohne jede Vorankündigung:

- bei größeren Blechdicken,
- bei tiefen Temperaturen
- Rißbeginn meist in Längsnähten unter Zugbeanspruchung, die geringer als σ_{zul} war.

Daher: keine Frage von σ_{zul}, sondern von Stahlgüte.
Ein Bewertungsverfahren ist in der DASt-Richtlinie 009, Ausgabe April 1973 angegeben.
Hierbei werden berücksichtigt:

- drei "Spannungszustände" (niedrig, mittel, hoch)
- zwei "Gefahrenklassen" (Bedeutung des Bauteiles 1. und 2. Ordnung)
- Beanspruchung (Zug oder Druck)
- Temperatur
- Dicke des Materials

Auswertung:
Bestimmung der Klassifizierungsstufen:

Spannungszustand	Bedeutung des Bauteils	Beanspruchung bei Gebrauchslast: Druck		Zug	
		Temperatur			
		bis -10°	von -10° bis -30°	bis -10°	von -10° bis -30°
hoch	1. Ordnung 2. Ordnung	IV V	III IV	II III	I II
mittel	1. Ordnung 2. Ordnung	V V	IV V	III IV	II III
niedrig	1. Ordnung 2. Ordnung	V V	V V	IV V	III IV

Bestimmung der Stahlgütegruppe:

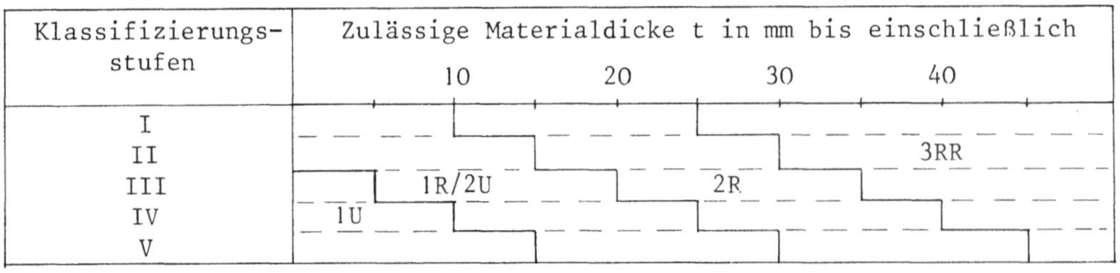

Klassifizierungsstufen	Zulässige Materialdicke t in mm bis einschließlich
	10 20 30 40
I II III IV V	1U 1R/2U 2R 3RR

Einige typische Beispiele für "Spannungszustände" in Bauteilen sind in DASt-Ri 009 angegeben.

2.10.3 Wetterfeste Stähle WT St 37 und WT St 52

Geringe Mengen an Cu, Cr, Ni und vor allem P erhöhen die Widerstandsfähigkeit gegen Korrosion. Diese Zulegierungen bilden nach einiger Zeit unter normaler Atmosphäre feste oxydische Deckschichten auf dem Stahl, d.h. eine Sperrschicht, die sich auch bei Verletzung neu bildet. Chloride in der Luft (z.B. Meeresnähe) verhindern die Deckschichtbildung.

Voraussetzung: Die Oberflächen müssen dem natürlichen Witterungswechsel ausgesetzt sein. Regenwasser und sonstige Feuchtigkeit müssen ohne Behinderung ablaufen können. Wassersäcke und ununterbrochene Befeuchtung durch Kondenswasser sind durch konstruktive Maßnahmen zu verhindern (ausreichende Belüftung!). Durch Auswaschen von Eisenhydroxyd und Eisensulfat tritt eine Braunfärbung auf (Verschmutzung von Unterbauten und Fassaden). Beim Schweißen muß sichergestellt sein, daß auch die Schweißzusatzwerkstoffe wetterfest sind.

Zur Kostenfrage: Gegenüber einem vergleichbaren Stahl nach DIN 17100 muß mit einem Aufpreis von rd. 100 DM/t gerechnet werden.
Zum Vergleich: Anstrichkosten etwa 100 bis 300 DM/t.

Aber: in letzter Zeit wurde festgestellt, daß kein "vollständiger" Stillstand des Rostens eintritt, sondern nur eine sehr starke Verzögerung.
Durch Extrapolation ermittelt: in 50 Jahren $\approx$ 1,5 mm Abrosten je bewitterte Oberfläche.

2.10.4 Hochfeste, schweißgeeignete Feinkornbaustähle

DASt-Richtlinie 011 (Jan. 1974): Anwendung der hochfesten, schweißgeeigneten Feinkornbaustähle St E 47 und St E 70 für Stahlbauten mit vorwiegend ruhender Belastung.
Feinkornbaustähle: Feinausscheidungen vor allem an Nitriden und/oder Karbiden behindern das Wachsen der Kristallkörner im Austenitgebiet und führen zu feinem Korn und hoher Sprödbruchunempfindlichkeit.
St E 47: normalgeglüht
St E 70: vergütet

2.10.5 Zulässige Spannungen (zul σ $\left[N/mm^2\right]$)

Spannungsart	St 37		St 52		St E 47		St E 70	
	Lastfall							
	H	HZ	H	HZ	H	HZ	H	HZ
Druck und Biegedruck, wenn Stabilitätsnachweis erforderlich	140	160	210	240	280	310	410	460
Zug und Biegezug; Biegedruck, wenn Stabilitätsnachweis nicht erforderlich	160	180	240	270	310	350	410	460
Schub	92	104	139	156	180	200	240	270
Vergleichsspannung	180	192	270	288	345	368	525	560

2.10.6 Andere Stähle

Für Lager, Gelenkbolzen, Guß- oder Schmiedestücke, Rohre, Drähte, Seile, Spannstähle usw. werden Vergütungsstähle verwendet.

- Einsatzstähle

  C-Gehalt < 0,2 % wird im Randbereich (≈ 1 mm) bis etwa 1 % "aufgekohlt". Dadurch wird nur die Randzone gehärtet (Einsatzhärten).
  Anwendung: Teile, die hohem Verschleiß unterliegen (bewegliche Konstruktionen).

- Drähte, Seile, Spannlitzen

  Warmgewalztes Vormaterial erhält durch Patentieren (Erwärmen auf 800 – 900° C und Abkühlen im Bleibad auf 400 – 500° C) und (mehrstufiges) Kaltrecken (Ziehen) und Anlassen hohe Festigkeit. σ_B zwischen 1200 und 2000 N/mm², aber die Bruchdehnung beträgt nur etwa 3,5 %.

  Drähte zeigen folgendes Spannungs-Dehnungsverhalten:

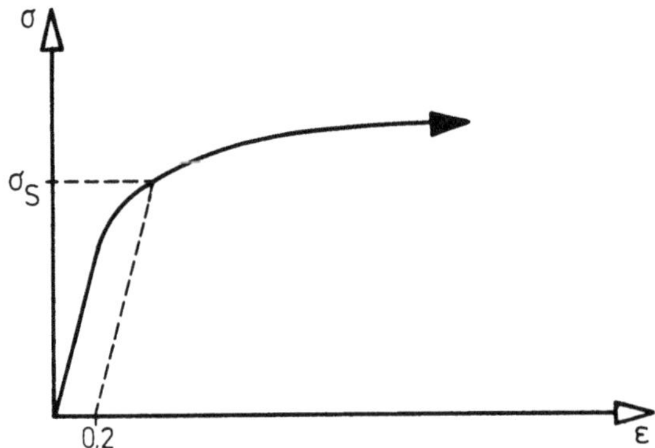

- Stahlguß

  Hierbei wird der Stahl nicht in Kokillen, sondern direkt in Sandformen gegossen. Es wird nur beruhigter Stahl (keine Blasenbildung) verwendet, der außerdem zur Gefügeverbesserung (grobkörnig) normalisiert wird (Walz- oder Schmiedeprozeß fällt weg).
  Schweißbarkeit wie bei gewalztem Stahl. Bei höherem C-Gehalt: Vorwärmen und Spannungsfreiglühen.
  Anwendung: Lager, Gelenke, geometrisch schwierige Teile (z.B. Seilumlenkungen).

- Rohrstähle

  Ähnlich Baustahl, aber Sondernormen (nahtlose Rohre bzw. geschweißte Stahlrohre).

2.11 Ausgangserzeugnisse

2.11.1 Walzerzeugnisse

- Stabstahl

  I bis 80 mm Höhe
  Rundstahl, Quadratstahl
  gleich- und ungleichschenklige Winkel

- Formstahl

  I und [über 80 mm Höhe (schräge Flansche, daher keilförmige Unterlagscheiben erforderlich)

  IPE: Parallele Flansche, Europäische Normreihe

  außerdem weitere, nicht genormte Profile

- Breitflanschträger

  IPB : Parallele Breite Flansche, neue Bezeichnung nach Euronorm: HE-B

  IPBl: leichte Ausführung (HE-A nach Euronorm)

  IPBv: verstärkte Ausführung (HE-M nach Euronorm)

  außerdem weitere, nicht genormte Profile

- Breitflachstahl (Universaleisen)

  In einer Richtung "universal" gewalzt (Zeilenstruktur). Längs und quer unterschiedliche Eigenschaften. Daher für Gurtplatten, aber nicht für Knoten- oder Stegbleche verwendbar.

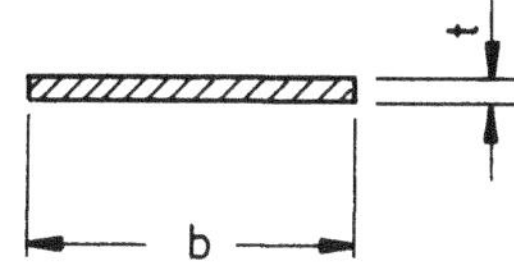

$150 < b < 1250$ mm; $t > 5$ mm

- Bleche

  In zwei Richtungen gewalzt. Daher Verwendung für Knoten- oder Stegbleche und Behälterbau geeignet. Bestellung "auf Maß" möglich (Zugabe für spätere Bearbeitung und wegen Liefertoleranzen erforderlich). Durch geschickte Kombination kann Verschnitt (Abfall) und Aufpreis eingespart werden.

  Man unterscheidet: Grobblech $t > 4{,}75$ mm; Mittelblech $4{,}75 > t > 3$ mm; Feinblech $t < 3$ mm

- Warmbreitband (Breitbandstahl)

  Anstelle von Tafeln (Bleche) wird Breitbandstahl endlos (aufgewickelt zu coils) geliefert. Herstellung in mehreren, hintereinander geschalteten Walzen (Walzenstraße).

- Sonderprofile

  Schienen, Spundbohlen usw.

- Preise

Werkpreise für Baustähle in DM/t (Stand Januar 1983):

Stahlsorte nach DIN 17 100		Breitflachstahl	Grob- und Mittelblech Q	W*)	Stabstahl	Formstahl	Breitflanschträger
St 33	bis 25 mm	965,-	945,-	925,-	940,-	—	—
	üb. 25 mm	1.015,-	995,-				
USt 37-2	bis 25 mm	1.005,-	985,-	965,-	980,-	1.090,-	1.090,-
RSt 37-2	bis 25 mm	975,-	955,-	935,-	960,-	1.065,-	1.065,-
	üb. 25 mm	1.015,-	995,-				
St 37-3		1.020,-	1.000,-	980,-	1.000,-	—	—
St 52-3		1.075,-	1.055,-	1.035,-	1.075,-	1.175,-	1.175,-

Q = Quartobereich *) Warmbreitbandbereich (3 bis 10 mm Dicke)

Hinzu kommen Aufpreise für Abmessungen (z.B. Überbreiten oder Überlängen), Profil, Mindermengen, Richten, Abnahme (besondere Qualitätskontrolle), Normalglühen usw.

2.11.2 Sonstige Erzeugnisse

- Seile

Seile werden für viele unterschiedliche Zwecke gebraucht. Daher viele "Macharten" (siehe Abschnitt 4.4.2).

- Rohre

Rundrohre (nahtlos oder geschweißt), Quadratrohre, Rechteckrohre (werden aus Rundrohren geformt).

- Kaltprofile

Kaltprofile werden aus (dünnwandigem) Blech oder Bandstahl durch Kaltverformen (Abkanten oder Kaltwalzen) erzeugt.

2.12 Korrosionsschutz

2.12.1 Allgemeines

Die im Stahlbau verwendeten Stähle (mit Ausnahme der WT-Stähle) sind nicht rostbeständig, so daß sie durch Überzüge (Anstriche, Verzinkung, Kunststoffbeschichtung) vor Korrosion geschützt werden müssen. Das wichtigste beim Korrosionsschutz ist die Vorbereitung der Anstrichfläche (Strahlen mit Sand oder Stahlkies).

früher: Sandstrahlen erst am fertiggestellten Bauwerk

heute meist: Walzstahlkonservierung im Werk und Aufbringen der Deckanstriche am Bauwerk.

Die Profile werden in vollautomatischen Anlagen mit dem ersten Anstrich versehen (Fertigungsanstrich, shop-primer):

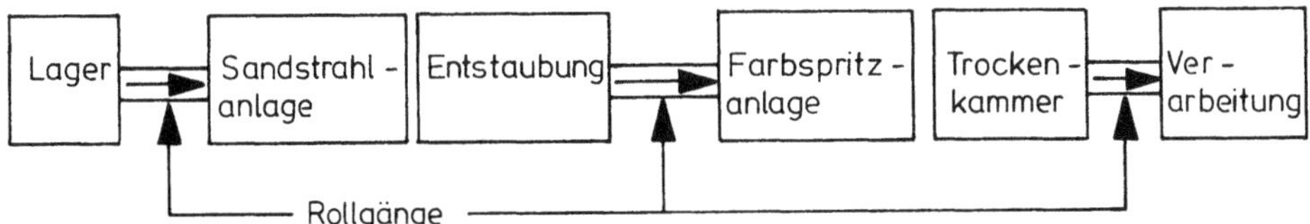

Die zur Konservierung verwendeten Farben sind alle schnell trocknend (30 – 120 sec). Überschweißbarkeit bei der Bauteilfertigung: geringe Schichtdicke wählen! Zeitlich begrenzter Korrosionsschutz nur bis zum Aufbringen der endgültigen Anstriche.

2.12.2 Organische Überzüge

Hierzu gehören:

- der "klassische" Anstrich, bestehend aus einem oder zwei Grundanstrichen (Bleimennige) und zwei Deckanstrichen (Eisenglimmerfarben),
- die Walzstahlkonservierung (Zinkchromat- oder Zinkstaubanstriche mit 15 – 20 μ Deckschicht), auf Verträglichkeit mit Deckanstrich achten (Bindemittel),
- Kunststoffbeschichtung, entweder durch Spritzen oder Walzen aufgetragen oder als Folien (PVC oder PVF) aufgeklebt,
- Bituminierung, vor allem im Wasserbau.

2.12.3 Metallische Überzüge

Hierzu gehören:

- Schmelztauchverfahren, Feuerverzinkung (Tauchbad rd. 450° C), Schichtdicke rd. 80 μ, In normaler Atmosphäre ohne Anstrich, in Industrieluft zusätzlicher Anstrich erforderlich.
- Sendzimir-Verzinkung, kontinuierliche Anlage zur Verzinkung von Bandstahl, Schichtdicke rd. 25 μ. In geschlossenen Räumen ohne weiteren Anstrich, im Freien Anstrich oder Beschichtung erforderlich.
- Galvanische Überzüge (Zink, Nickel, Chrom). Schichtdicke 5 – 10 μ.
- Metallspritzen. Zinkdraht durch einen Lichtbogen in der Spritzpistole abgeschmolzen und als Metallnebel verblasen.

- Plattieren, Auflagen aus Edelstahl, Aluminium, Kupfer werden entweder in Schweißhitze oder durch hohen Druck (Kaltplattieren) aufgewalzt.

2.12.4 Anorganische Überzüge

Hierzu gehören:
- Emaillieren für Verkehrsschilder und Fassadenelemente,
- Zementschleudern zur Auskleidung von Rohren,
- Phosphatieren (Bondern) vergrößert Haftfestigkeit von Lackanstrichen,
- Oxydschichten (Brünieren).

2.12.5 Kathodische Schutzverfahren

Das Werkstück als Kathode einer Spannungsquelle, es können keine Fe^{++}-Ionen abfließen, also kein Rosten. Meist kombiniert mit Bitumenanstrich: geringerer Stromverbrauch.

3. Elastizitätstheorie 1. Ordnung

3.1 Einleitung

Die Berechnung eines räumlich beanspruchten Stabes führt zum "allgemeinen Biegetorsionsproblem" mit recht komplizierten Zusammenhängen, die in Abschnitt 4.1 behandelt werden.

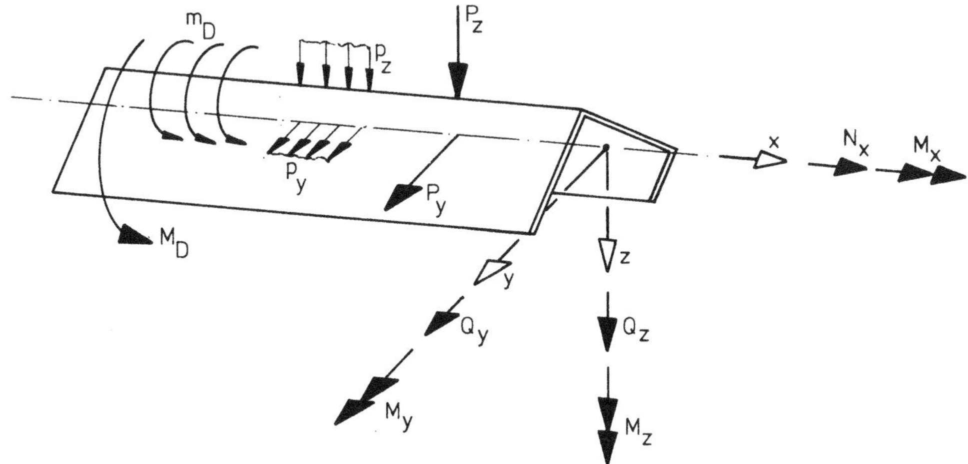

Bild 3.1 Belastung und Schnittgrößen beim allgemeinen Biegetorsionsproblem

Die Mehrzahl der in der Praxis auftretenden Fälle ist einfacher:

- einachsige Biegung ggf. mit Normalkraft
- (mindestens einfach) symmetrische Querschnitte
- keine Torsionsbelastung

Oft wird dieser Beanspruchungszustand als Näherung berechnet (vor allem für offene Querschnitte).

Beispiel

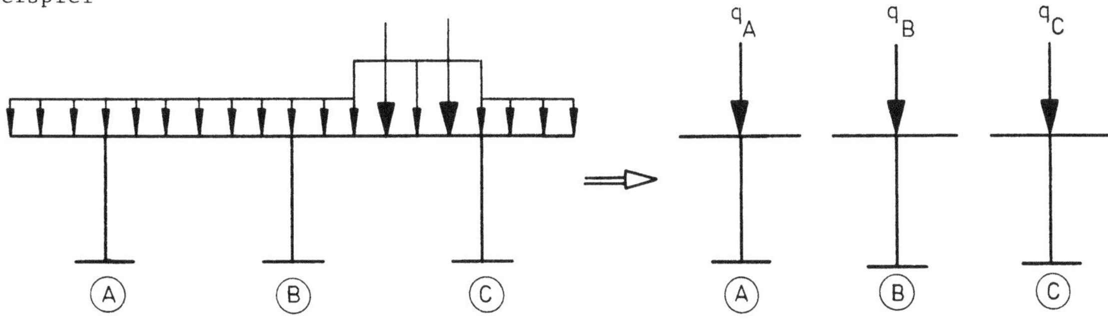

Bild 3.2 a) offener Querschnitt b) Aufteilung für näherungsweise Berechnung

- Jeder Träger (mittragende Breite!) wird für sich als "ebenes Problem" behandelt (einachsige Biegung).
- Die Querlastanteile der einzelnen Träger werden mit Hilfe der Querverteilungslinien ermittelt (vgl. Abschnitt 3.7.13.3).

3.2 Einachsige Biegung

3.2.1 Bezeichnungen

x-Achse: in Richtung der Stabachsentangente

y-, z-Achsen: Hauptträgheitsachsen

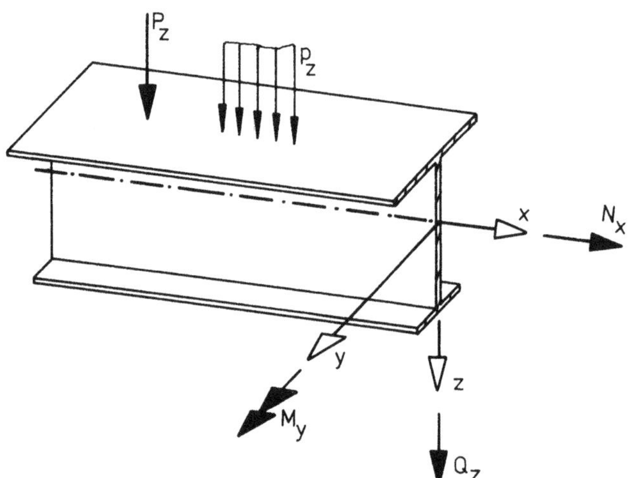

Bild 3.3 Schnittgrößen beim Balken mit einachsiger Biegung

Die auftretenden Schnittgrößen sind am positiven Schnittufer in ihren positiven Wirkungsrichtungen eingezeichnet (z.B. positiver Vektor M_y zeigt am positiven Schnittufer in die positive y-Richtung, (s. auch Abschnitt 3.5.2).

3.2.2 Voraussetzungen und Definitionen

Voraussetzungen (der technischen Biegelehre):

- homogene, isotrope und elastische Werkstoffeigenschaften (Hookesches Gesetz)
- Querschnitt bleibt eben und senkrecht zur Stabachse (Bernoullische Hypothese)
- σ-Spannungen senkrecht zur Stabachse vernachlässigbar (Balken hat in x-Richtung wesentlich größere Abmessung als in y- und z-Richtung)
- Querschnittsform bleibt erhalten (z.B. durch Schotte ausgesteift)

Definitionen:

σ_x = Normalspannung: vektoriell in Richtung x (d.h. senkrecht zur Schnittfläche mit Flächennormale x)

τ_{xz} = Schubspannung: vektoriell parallel zur Schnittfläche x (1. Index) in Richtung z (2. Index)

3.2.3 Normalspannungen bei einachsiger Biegung

Geometrische Gleichungen:

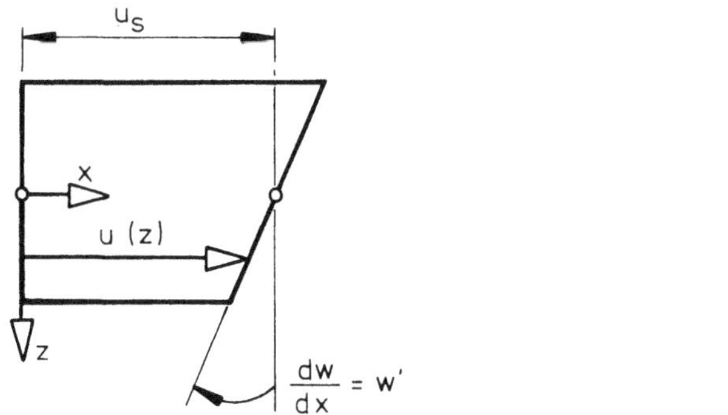

$$u(z) = u_s - w' \cdot z$$

$$\varepsilon_x(z) = u'(z) = u_s' - z \cdot w''$$

Bild 3.4 Querschnittsverformung bei einachsiger Biegung

Hookesches Gesetz:

$$\sigma_x(z) = E \cdot \varepsilon_x(z) = E(u_s' - z \cdot w'')$$

$$\sigma_x(z) = E\, u_s' - E \cdot z\, w'' \tag{3.1}$$

Schnittgrößen:

$$N_x = N = \int_F \sigma_x \, dF = E \cdot u_s' \underbrace{\int_F dF}_{= F} - E \cdot w'' \underbrace{\int_F z\, dF}_{F_z = 0 \text{ für Hauptachsen}}$$

$$N = EF \cdot u_s' \tag{3.2}$$

mit F = Querschnittsfläche

$$M_y = \int_F \sigma_x \cdot z \, dF = E \cdot u_s' \underbrace{\int_F z \, dF}_{F_z = 0} - E \cdot w'' \underbrace{\int_F z^2 \, dF}_{F_{zz} = I_y}$$

$$M_y = - EF_{zz} \cdot w'' \quad (\text{bzw. } M_y = - EI_y \cdot w'') \tag{3.3}$$

Gesamtspannung σ_x infolge N und M_y:

$$\sigma_x(z) = \underbrace{E \cdot u_s'}_{N/F} - \underbrace{E \cdot w'' \cdot z}_{-(-M_y/F_{zz})z}$$

$$\sigma_x(z) = \frac{N}{F} + \frac{M_y}{F_{zz}} z \tag{3.4}$$

Widerstandsmomente:

$$W_o = \left| \frac{F_{zz}}{z_o} \right|, \quad W_u = \frac{F_{zz}}{z_u} \quad (\text{bzw. } W = \frac{I_y}{z})$$

Randspannungen infolge N und M_y:

$$\sigma_{x,o} = \frac{N}{F} - \frac{M_y}{W_o}$$

$$\sigma_{x,u} = \frac{N}{F} + \frac{M_y}{W_u} \qquad (3.5)$$

Anmerkung: Diese Formeln gelten nur, wenn die y-Achse Hauptachse ist. Es ist daher erforderlich, die äußeren Lasten in Richtung der Hauptachsen zu zerlegen und alle Schnittkräfte und -momente auf die Hauptachsen zu beziehen!

3.2.4 Nachweis der Normalspannungen

Die maßgebenden Querschnittswerte beim allgemeinen Spannungsnachweis sind der folgenden Tabelle zu entnehmen:

Schnittgröße	Spannungsart	Maßgebender Querschnittswert
Längskraft	Druck	F
	Zug	F - ΔF
Biegemoment	Druck	$W_d = \frac{I}{e_d}$
	Zug	$W_z = \frac{I - \Delta I}{e_z}$

In der Tabelle bedeuten:

F — Vollquerschnitt des Stabes (= maßgebender Querschnitt des Stabes für Druck),

ΔF — Summe der Flächen aller in die ungünstigste Rißlinie fallenden Löcher,

I — Trägheitsmoment des Bruttoquerschnitts (= maßgebendes Trägheitsmoment des Stabes für die Druckspannung bei Biegung), bezogen auf die Brutto-Achse,

ΔI — Summe der Trägheitsmomente aller in die ungünstigste Rißlinie fallenden Löcher der Zuggurtflächen, bezogen auf die Schwerachse des Bruttoquerschnitts. Zu den Gurtflächen gehören nur die abstehenden Querschnittsteile wie Gurtplatten, Schenkel von Gurtwinkeln oder die Flansche von Walzträgern,

e_d, e_z — Abstand der Randfaser am Druck- bzw. Zugrand von der Schwerachse des Bruttoquerschnitts,

W_d maßgebendes Widerstandsmoment des Stabes für die Druckrandspannung bei Biegung,

W_z maßgebendes Widerstandsmoment des Stabes für die Zugrandspannung bei Biegung.

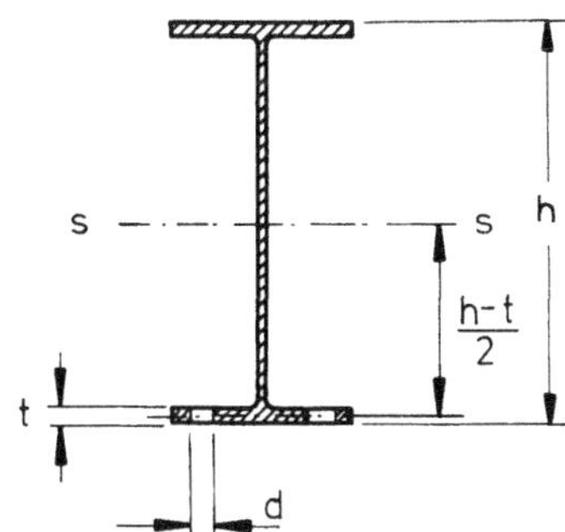

$$\Delta I = 2 \cdot t \cdot d \left(\frac{h-t}{2} \right)^2$$

Bild 3.5 Biegeträger mit Zugspannung im Untergurt

3.2.5 Vorbemessung

3.2.5.1 Allgemeines

Die Frage einer möglichst "exakten" Vorbemessung erhält für Computerberechnungen besondere Bedeutung ("richtige" Eingabe erspart Iterationsrechnungen).

Die Vorbemessung ist entsprechend der Form des Tragsicherheitsnachweises unterschiedlich:

- σ_{zul}-Nachweis unter Gebrauchslasten
- Grenzlastnachweis unter gesteigerten Lasten.

Die folgenden Angaben gelten für den σ_{zul}-Nachweis. Sie können auch für den Grenzlastnachweis angewendet werden, wenn für M die unter gesteigerten Lasten auftretende Schnittgröße eingesetzt wird und σ_{zul} durch die maßgebende Widerstandsgröße (z.B. σ_F/γ_m nach Abschnitt 1.3.10) ersetzt wird.

Gegeben (aus überschläglicher Vorberechnung): M und Q

- Die Querkraft muß vom Steg aufgenommen werden

$$\tau_{max} \approx \frac{Q}{F_{Steg}} \leq \tau_{zul} \longrightarrow t_{erf} = \frac{Q}{h\,\tau_{zul}}$$

Im Hinblick auf den Nachweis der Beulsicherheit und der Vergleichsspannung sollte t erhöht werden (z.B. 10 %)

$$t_{erf} = \frac{Q}{0{,}9\,\tau_{zul}\,h} \geq t_{min} \qquad (3.6)$$

t_{min} = Mindeststärke (in DIN-Normen festgelegt).

- Für das Biegemoment werden drei Formeln angegeben, die mit wachsendem Aufwand steigende Genauigkeit liefern.

3.2.5.2 Vernachlässigung des Steganteiles (Fachwerkträger)

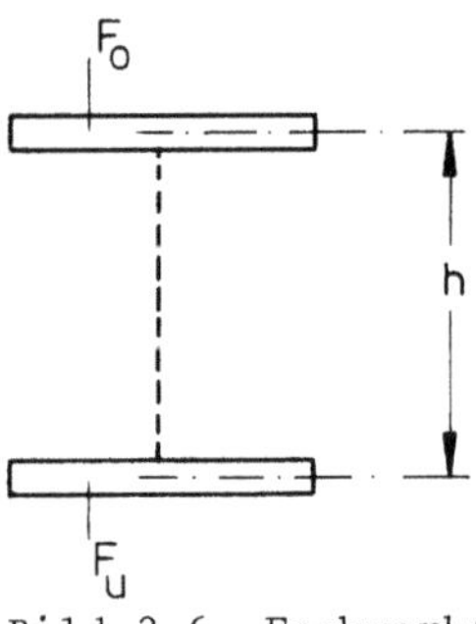

Bild 3.6 Fachwerkträger (Sandwichquerschnitt)

$$\text{Gurtkräfte:}\quad G = \frac{M}{h}$$

$$\text{Gurtfläche:}\quad F_{g,erf} = \frac{G}{\sigma_{zul}} = \frac{M}{h \cdot \sigma_{zul}} \qquad (3.7)$$

3.2.5.3 Doppeltsymmetrischer Träger: $F_o = F_u = F_g$.

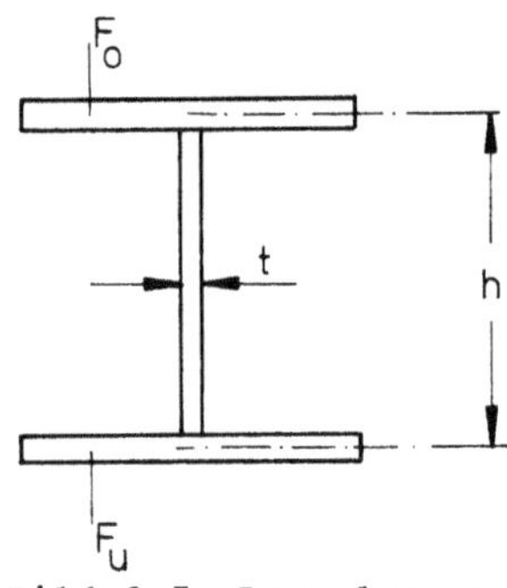

Bild 3.7 Doppeltsymmetrischer Träger

$$I = \frac{th^3}{12} + 2\,F_g \cdot \left(\frac{h}{2}\right)^2 = \frac{h^2}{2} \cdot \left(F_g + \frac{th}{6}\right)$$

$$W = \frac{I}{h/2} = h \cdot \left(F_g + \frac{F_{Steg}}{6}\right)$$

$$F_g = \frac{W}{h} - \frac{F_{Steg}}{6}$$

$$W_{erf} = \frac{M}{\sigma_{zul}}$$

$$F_{g,erf} = \frac{M}{h \cdot \sigma_{zul}} - \frac{F_{Steg}}{6} \qquad (3.8)$$

Eine (primitive) Optimierungsüberlegung soll hier eingeschoben werden: $F_{ges} \longrightarrow$ Minimum

Gesamtfläche $F_{ges} = F_{Steg} + 2\,F_g = h \cdot t + 2\left(\frac{M}{h \cdot \sigma_{zul}} - \frac{h \cdot t}{6}\right)$

$$F_{ges} = \frac{2\,M}{h\,\sigma_{zul}} + \frac{2}{3}\,h \cdot t \qquad (3.9)$$

Damit die Querschnittsfläche zum Minimum wird:

$$\frac{dF}{dh} = 0 = -\frac{2M}{h^2 \sigma_{zul}} + \frac{2}{3} \cdot t$$

$$h_{opt} = \sqrt{\frac{3\,M}{t \cdot \sigma_{zul}}} \qquad (3.10)$$

Anmerkung: Meist ist h_{opt} so groß, daß aus konstruktiven Gründen eine geringere Höhe gewählt werden muß.

Die "optimale" Querschnittsfläche erhält man durch Einsetzen von h_{opt} in F_{ges}:

$$\text{opt}\, F_{ges} = 4\sqrt{\frac{M\ t}{3\cdot\sigma_{zul}}} \tag{3.11}$$

opt F_{ges} stellt einen unteren Grenzwert dar und kann zur überschläglichen Gewichtsermittlung verwendet werden.

3.2.5.4 Einfachsymmetrischer Träger

Für doppeltsymmetrische Träger liefert das Stegblech eine Abminderung der Gurtflächen von $1/6F_{Steg}$, oder auf die halbe Steghöhe bezogen von $1/3\ \frac{F_{Steg}}{2}$. Mit anderen Worten: Der Steganteil mit dem gleichen Spannungsvorzeichen entlastet den zugehörigen Gurt mit einem Drittel seiner Fläche oder der "Wirkungsgrad" des Stegflächenanteiles beträgt 1/3.

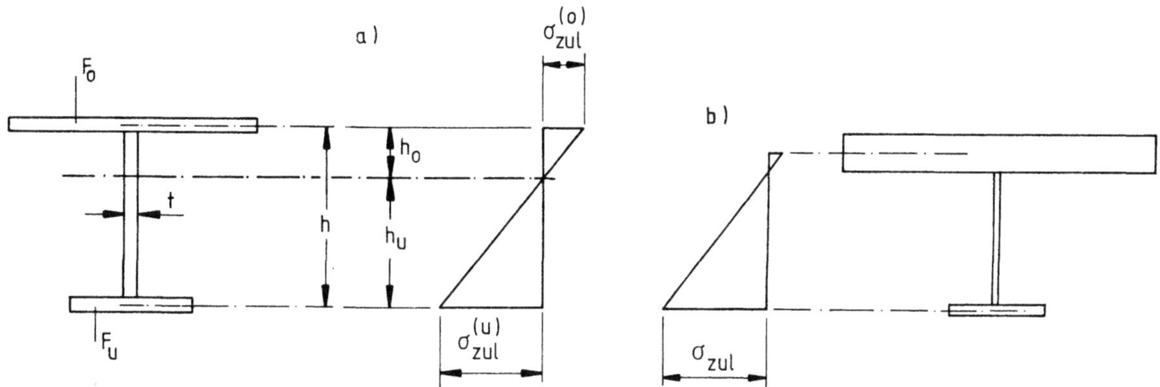

Bild 3.8 Einfachsymmetrischer Träger

Wendet man diese Überlegung auf einen einfachsymmetrischen Querschnitt nach Bild 3.8a an, so findet man - wenn die Lage der Nullinie z.B. durch bestimmte Grenzspannungen (σ_{zul}) vorgegeben ist - folgende Bedingungen:

$$\text{erf}\, F_{og} = \frac{M}{h\cdot\sigma_{zul}^{(o)}} - \frac{1}{3}\, t\cdot h_o \quad ; \quad \text{erf}\, F_{ug} = \frac{M}{h\cdot\sigma_{zul}^{(u)}} - \frac{1}{3}\, t\cdot h_u \tag{3.12,3.13}$$

Wenn der Obergurt sehr groß wird, d.h. die Nullinie liegt im Grenzfall etwa im Obergurt (Bild 3.8b), ermittelt man die erforderliche Untergurtfläche wie folgt:

$$\text{erf}\, F_{Gurt} = \frac{M}{h\ \sigma_{zul}} - \frac{1}{3}\, F_{Steg}$$

Beispiel: Es seien vorgegeben h = 1000 mm ; t = 10 mm ; M = 2500 kNm (250 Mpm)

$\sigma_{zul}^{(o)} = 14\ \text{kN/cm}^2$ (St 37, Druck) ($1{,}4\ \text{Mp/cm}^2$)

$\sigma_{zul}^{(u)} = 24\ \text{kN/cm}^2$ (St 52, Zug) ($2{,}4\ \text{Mp/cm}^2$)

Lage der Nullinie:

$$h_o = \frac{14}{14+24}\cdot 1000 = 368\ \text{mm} \qquad h_u = \frac{24}{14+24}\cdot 1000 = 632\ \text{mm}$$

$$\text{erf}\, F_{og} = \frac{2500}{1{,}0\cdot 14} - \frac{1}{3}\cdot 1{,}0\cdot 36{,}8 = 178{,}6 - 12{,}3 = 166{,}3\ \text{cm}^2 \text{ ; gewählt } 168\ \text{cm}^2$$

$$\text{erf}\, F_{ug} = \frac{2500}{1{,}0\cdot 24} - \frac{1}{3}\cdot 1{,}0\cdot 63{,}2 = 104{,}2 - 21{,}1 = 83{,}1\ \text{cm}^2 \text{ ; gewählt } 84\ \text{cm}^2$$

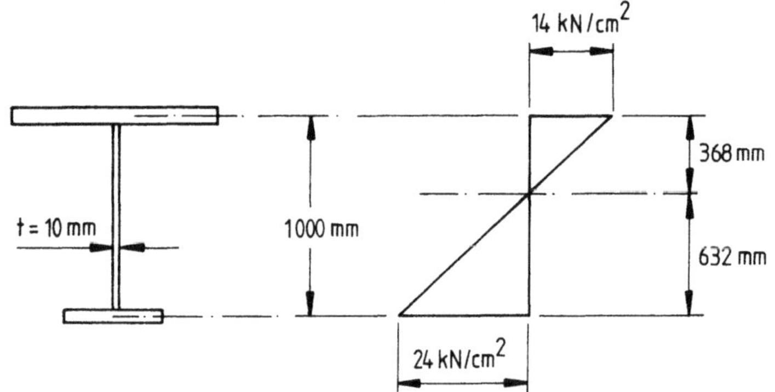

Bild 3.9 Spannungsverteilung beim einfachsymmetrischen Träger

Berechnung der Widerstandsmomente wie Abschn. 3.2.6 mit Bezugsachse: Mitte Steg

Profil	F	z	F·z	$F \cdot z^2$ (I_{eigen})	e_o	W_o	e_u	W_u
mm	cm^2	m	$cm^2 \cdot m$	$cm^2 \cdot m^2$	m	$cm^2 \cdot m$	m	$cm^2 \cdot m$
O.G. 600·28	168	-0,5	-84	42				
Steg 976·10	97,6	0	0	7,7				
U.G. 420·20	84	0,5	42	21	-0,5		0,5	
Σ	349,6	-0,12	-42	70,7	0,12		0,12	
		- (0,12 · 42)	=	- 5,0	-0,38		0,62	
				65,7		-173		106

$$\sigma_o = \frac{2500}{173} = 14{,}4 \text{ kN/cm}^2 \approx 14 \text{ kN/cm}^2$$

$$\sigma_u = \frac{2500}{106} = 23{,}6 \text{ kN/cm}^2 \approx 24 \text{ kN/cm}^2$$

3.2.5.5 Beispiel zur Vorbemessung

Kranbahnträger mit einer Bauhöhe < 2 m

Material: St 37

Schnittgrößen: max Q = 1660 kN (166 Mp)
max M = 5210 kNm (521 Mpm) } Lastfall H

Stegfläche: $\text{erf } F_{Steg} = \frac{Q}{0{,}9\ \tau_{zul}} = \frac{1660}{0{,}9 \cdot 9{,}2}$

mit $\tau_{zul} = 9{,}2 \text{ kN/cm}^2$ $(0{,}92 \text{ Mp/cm}^2)$ (DIN 1050, DIN 1073)

$\text{erf } F_{Steg} = 200 \text{ cm}^2$

gewählt: t = 13 mm, h = 1800 mm } $F_{Steg} > 200 \text{ cm}^2$

Gurtflächen: $\sigma^o = \sigma_{zul}^{(o)} = 14{,}0 \text{ kN/cm}^2$ $(1{,}4 \text{ Mp/cm}^2)$
$\sigma^u = \sigma_{zul}^{(u)} = 16{,}0 \text{ kN/cm}^2$ $(1{,}6 \text{ Mp/cm}^2)$ } (DIN 1050, DIN 1073)

Lage der Nullinie:

$$h_o = \frac{14}{14+16} \cdot 180 = 84 \text{ cm}$$

$$h_u = \frac{16}{14+16} \cdot 180 = 96 \text{ cm}$$

$$\text{erf } F_{og} = \frac{M}{h \cdot \sigma^o} - \frac{1}{3} \cdot t \cdot h_o = \frac{5210}{1{,}8 \cdot 14} - \frac{1}{3} \cdot 1{,}3 \cdot 84 = 207 - 36{,}4 = 170{,}6 \text{ cm}^2$$

$$\text{erf } F_{ug} = \frac{M}{h \cdot \sigma^u} - \frac{1}{3} \cdot t \cdot h_u = \frac{5210}{1{,}8 \cdot 16} - \frac{1}{3} \cdot 1{,}3 \cdot 96 = 181 - 41{,}6 = 139{,}4 \text{ cm}^2$$

gewählt: Obergurt 600 x 30, $F = 180 \text{ cm}^2$

Untergurt 475 x 30, $F = 142{,}5 \text{ cm}^2$

3.2.6 Querschnittswerte (Trägheits- und Widerstandsmomente)

Die gesamte Querschnittsfläche wird in einzelne Rechtecke zerlegt.

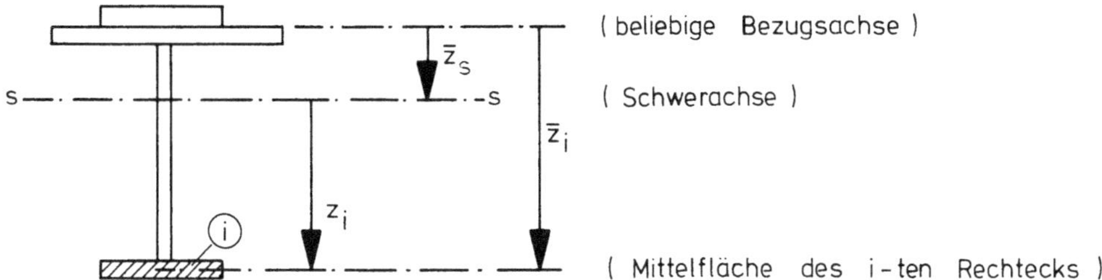

Bild 3.10 Querschnitt mit Achsenbezeichnungen

Querschnittsfläche:

$$F = \int_F dF = \Sigma F_i \tag{3.14}$$

Lage der Schwerachse:

$$\bar{z}_s = \frac{\Sigma F_i \cdot \bar{z}_i}{\Sigma F_i} \tag{3.15}$$

Trägheitsmoment:

$$I_y = F_{zz} = \int_F z^2 \, dF = \underbrace{\Sigma I_i}_{\text{Eigenträgheitsmomente}} + \underbrace{\Sigma F_i \cdot z_i^2}_{\text{Steiner-Anteile}} \tag{3.16}$$

mit

$$I_i = \frac{1}{12} t_i \cdot h_i^3 \quad \text{(Rechteck)}$$

Da nicht die Abstände z_i, sondern $\bar{z}_i$ benutzt werden sollen, werden die Steiner-Anteile wie folgt berechnet:

Mit $z_i = \bar{z}_i - \bar{z}_s$ und Gleichung (3.15)

$$\Sigma F_i \cdot z_i^2 = \Sigma F_i \cdot (\bar{z}_i^2 - 2\,\bar{z}_i \cdot \bar{z}_s + \bar{z}_s^2)$$

$$= \Sigma F_i \cdot \bar{z}_i^2 - 2\,\bar{z}_s \Sigma F_i \cdot \bar{z}_i + \underbrace{\bar{z}_s \cdot \bar{z}_s \Sigma F_i}_{\bar{z}_s \Sigma F_i\,\bar{z}_i}$$

$$\Sigma F_i \cdot z_i^2 = \Sigma F_i \cdot \bar{z}_i^2 - \underbrace{\bar{z}_s \Sigma F_i \cdot \bar{z}_i}_{\text{bzw. } -\bar{z}_s^2\, \Sigma F_i} \tag{3.17}$$

Zur Wahl der Lage der Bezugsachse:

- Beim Rechenstabrechnen möglichst nahe an der wirklichen Schwerachse, z.B. in Stegmitte, da sonst Differenzen großer Zahlen auftreten;
- sonst (bei Taschencomputer) z.B. OK-Obergurt (keine Vorzeichenfehler möglich);
- Verbundträger zweckmäßig Mitte Betonplatte wegen verschiedener n-Werte (Kriechen und Schwinden).

Beispiel zur Berechnung der Widerstandsmomente:

Es werden die Querschnittswerte des oben dimensionierten Kranbahnträgers berechnet (Bezugsachse: OK-Obergurt):

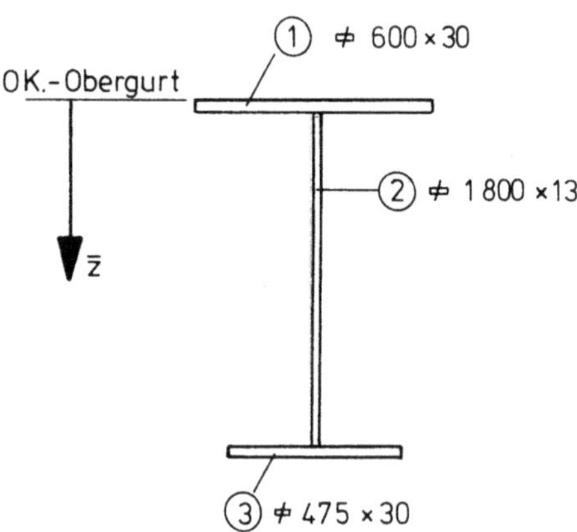

Bild 3.11 Gewählter Querschnitt des Kranbahnträgers

Bei "Handrechnung" empfiehlt sich eine tabellarische Berechnung mit den in der Dimensionszeile angegebenen Dimensionen.

	Profil mm	F_i cm^2	$\bar{z}_i$ m	$F_i\ \bar{z}_i$ cm^2 m	$F_i\ \bar{z}_i^2 + I$ cm^2 m^2	e_o, e_u m	W_o, W_u cm^2 m
1	600 x 30	180,0	0,015	2,7	0,05	-0,868	-381,7
2	1800 x 13	234,0	0,930	217,6	265,57		
3	475 x 30	142,5	1,845	262,9	485,08	0,992	334,0
Σ		556,5	(0,868)	483,2	750,7		
			-(0,868·483,2) =		-419,42		
					331,82		

$$\bar{z}_s = \frac{483,2}{556,5} = 0,868$$

$$- \bar{z}_s \; \Sigma \, F_i \; \bar{z}_i = - \; 0,868 \; 483,2 = - \; 419,42$$

$$I_y = \Sigma (F_i \; \bar{z}_i^2 + I_i) - \bar{z}_s \Sigma \, F_i \; \bar{z}_i = 750,7 - 419,42 = 331,28 \; cm^2 \, m^2$$

Spannungsnachweis infolge M = 5210 kNm:

oberer Rand: $\sigma_x = \frac{5210}{381,7} = 13,7 \; kN/cm^2 < 14,0 \; kN/cm^2 = zul \; \sigma_d$ $(1,37 \; Mp/cm^2 < 1,4 \; Mp/cm^2)$

unterer Rand: $\sigma_x = \frac{5210}{334,0} = 15,6 \; kN/cm^2 < 16,0 \; kN/cm^2 = zul \; \sigma_z$ $(1,56 \; Mp/cm^2 < 1,6 \; Mp/cm^2)$

3.2.7 Querschnittsabstufungen

Um den Träger über die gesamte Länge möglichst gleichmäßig auszunutzen, kann man Querschnittsabstufungen durchführen. Der Nachweis hierfür geschieht mit Hilfe der Momentendeckungslinie.

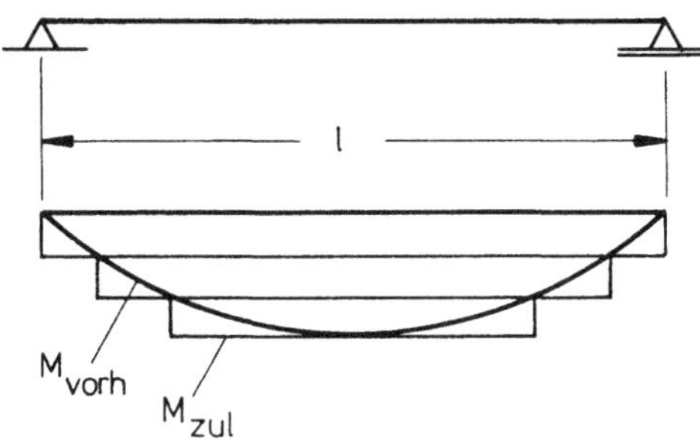

Bild 3.12 Momentendeckungslinie

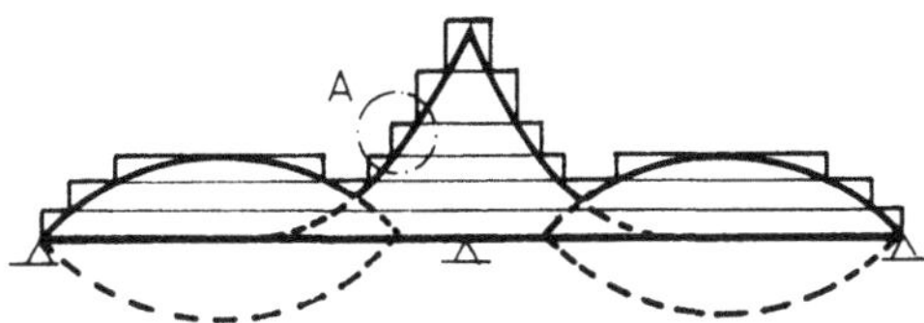

Bild 3.13 Gurtplattenabstufung beim Durchlaufträger

Am Gurtplattenende ist dabei folgendes zu beachten:
Die Gurtplatte ist erst dann voll wirksam, wenn die gesamte Gurtkraft angeschlossen ist (z.B. Punkt A in Bild 3.13).

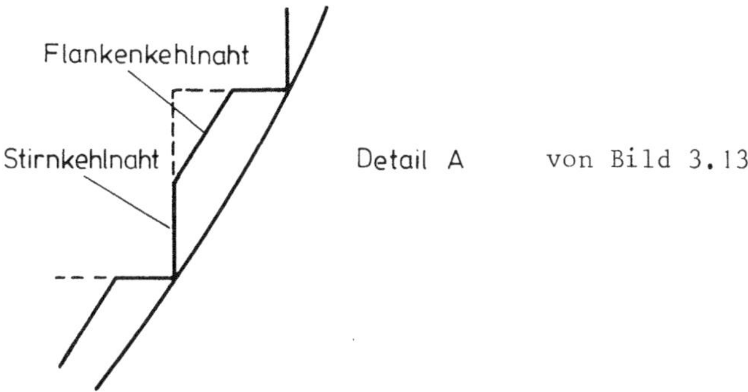

von Bild 3.13

Bild 3.14 Kraftverlauf am Gurtplattenanschluß

3.2.8 Gültigkeitsgrenzen der elementaren Biegelehre

3.2.8.1 Allgemeines

In der Praxis treten oft recht komplizierte Systeme auf, die sich aber auf einfache Träger zurückführen lassen, so daß man für die Bemessung die elementare Biegelehre zugrunde legen kann. An Stellen konzentrierter Krafteinleitung (z.B. Seilverankerungen, Auflager) gelten die elementaren Spannungsformeln jedoch nicht mehr. Hier sollte eine genaue Berechnung durchgeführt werden.

3.2.8.2 Wandartiger Träger

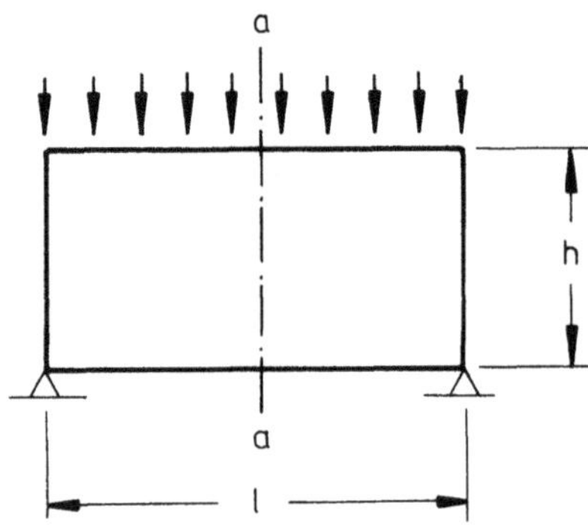

a) System und Belastung

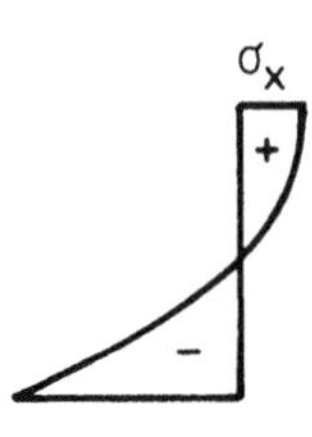

b) Spannungsverteilung σ_x im Schnitt a-a nach der Scheibentheorie

Bild 3.15 Wandartiger Träger

Die Abweichung der σ_x-Spannungsverteilung bei wandartigen Trägern vom σ_x-Verlauf beim Biegebalken hängt vom Verhältnis $\frac{\ell}{h}$ ab:

$\frac{\ell}{h} = 4$ Abweichung rd. 2 %

$= 2$ Abweichung rd. 15 %

$= 1$ Abweichung rd. 90 %

3.2.8.3 Breite Gurte

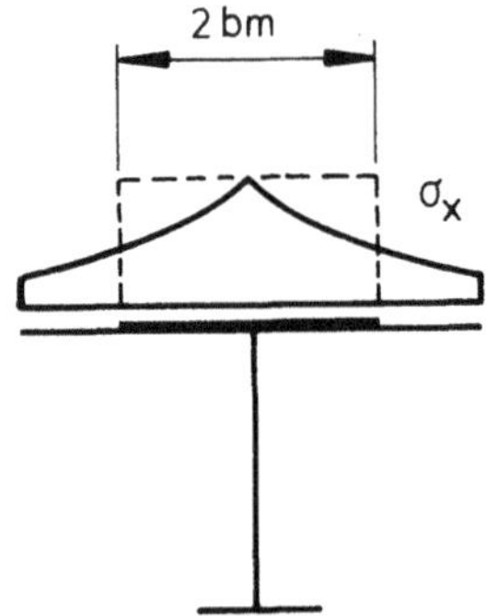

Bild 3.16 Mitwirkende Breite

Bei Berücksichtigung der Schubsteifigkeit in "breiten" Gurten (shear lag) tritt eine ungleichmäßige Spannungsverteilung σ_x im Gurt ein.
Rechnung am Ersatzquerschnitt: Rechnerische Gurtbreite = voll mitwirkende Breite 2 bm (s. Abschnitt 3.4.4.2 und DIN 1073).

3.2.8.4 Querschnittsverformungen bei geraden Stäben

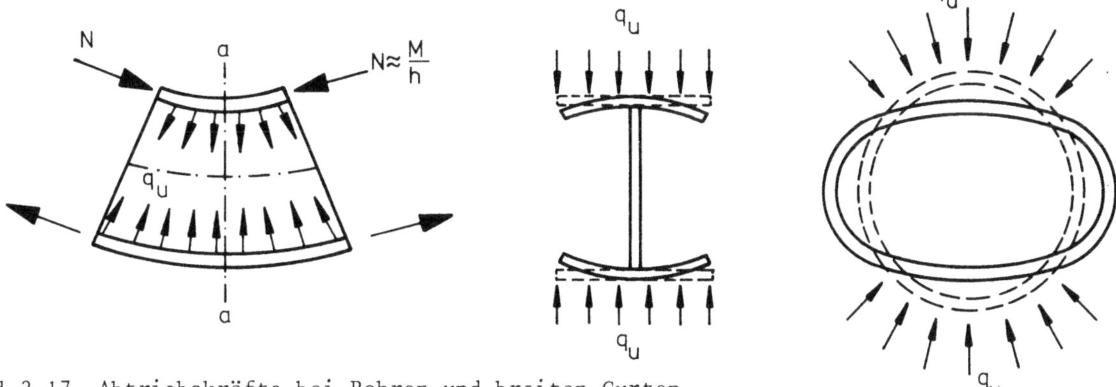

Bild 3.17 Abtriebskräfte bei Rohren und breiten Gurten

Bedingt durch die Krümmung des Elementes aus Momentenbeanspruchung ergeben sich Umlenkkräfte (Abtriebskräfte) $q_u = N\, w'' = \frac{M}{h}\, w''$.

Diese Kräfte führen zu

- Querbiegebeanspruchung,
- Änderung der Querschnittsform,
- Änderung der inneren Hebelarme (h),
- ungleichmäßigem σ_x-Verlauf in den Gurten.

3.2.8.5 Stark gekrümmter Träger

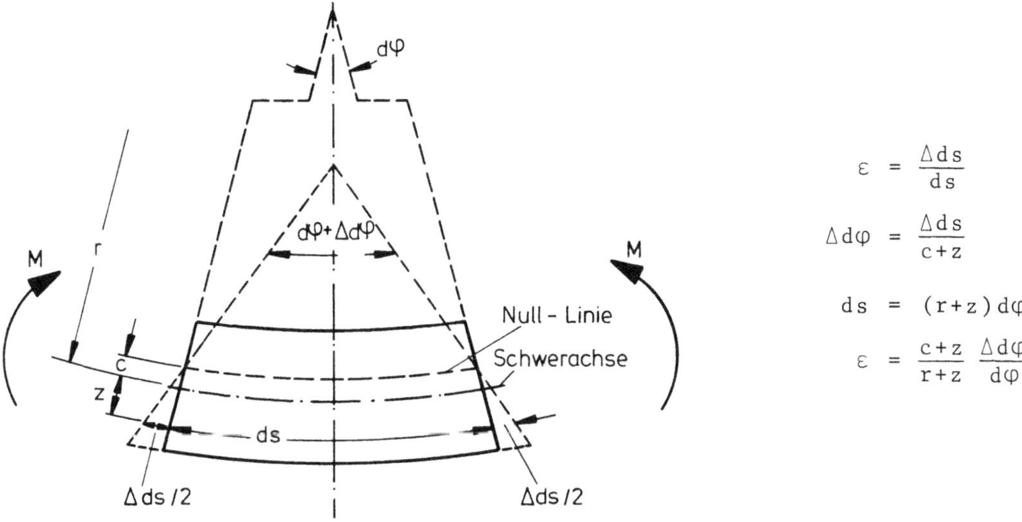

Bild 3.18 Verformung aus Biegung am gekrümmten Stab

Beim stark gekrümmten Träger mit dem Krümmungsradius r fällt die neutrale Faser nicht mehr mit der Schwerachse zusammen, sondern hat einen Abstand c von dieser.

Die Dehnung einer Faser im Abstand z von der Schwerachse ergibt sich zu:

$$\varepsilon = \frac{c+z}{r+z}\,\frac{\Delta d\varphi}{d\varphi} \qquad (3.18)$$

und die Normalspannung in dieser Faser zu:

$$\sigma = E\,\varepsilon = E\,\frac{c+z}{r+z}\,\frac{\Delta d\varphi}{d\varphi} \qquad (3.19)$$

Trotz "Ebenbleiben des Querschnittes" ist der Spannungs- und Dehnungsverlauf nicht mehr geradlinig, sondern hyperbolisch.

r > 4 h: Übergang zur Navierschen Spannungsverteilung des geraden Biegeträgers.
Siehe hierzu auch /10/.

Gurtspannungen σ haben radial wirkende Abtriebskräfte $q_u = \frac{N}{r}$ zur Folge und damit Zusatzbeanspruchungen wie unter 3.2.8.4.

3.3 Einachsige Biegung und Normalkraft

3.3.1 Allgemeines

Bei Biegung und Normalkraftbeanspruchung lauten die Spannungen:

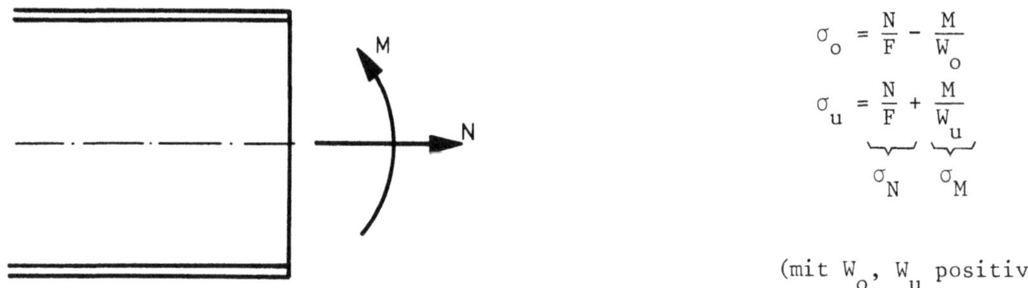

$$\sigma_o = \frac{N}{F} - \frac{M}{W_o}$$

$$\sigma_u = \underbrace{\frac{N}{F}}_{\sigma_N} + \underbrace{\frac{M}{W_u}}_{\sigma_M}$$

(mit W_o, W_u positiv)

Bild 3.19 Biegung und Normalkraftbeanspruchung

Für die Spannungsnachweise, insbesondere für den Dauerfestigkeitsnachweis, wird die Kenntnis derjenigen Laststellungen benötigt, die die Randspannungen, d.h. die Summe der Spannungen aus N und M zum Extremum werden lassen.

$$(\sigma_N + \sigma_M) \longrightarrow \text{Extremum}$$

Dazu werden die Kernpunktmomente und deren Einflußlinien benutzt.

3.3.2 Die Kernpunkte

Ein Querschnitt sei durch die in z exzentrisch wirkende Normalkraft belastet. Die Spannungen sind:

$$\sigma_N = \frac{N}{F} \; ; \qquad \sigma_M = \frac{N \cdot z}{W} = \frac{M}{W}$$

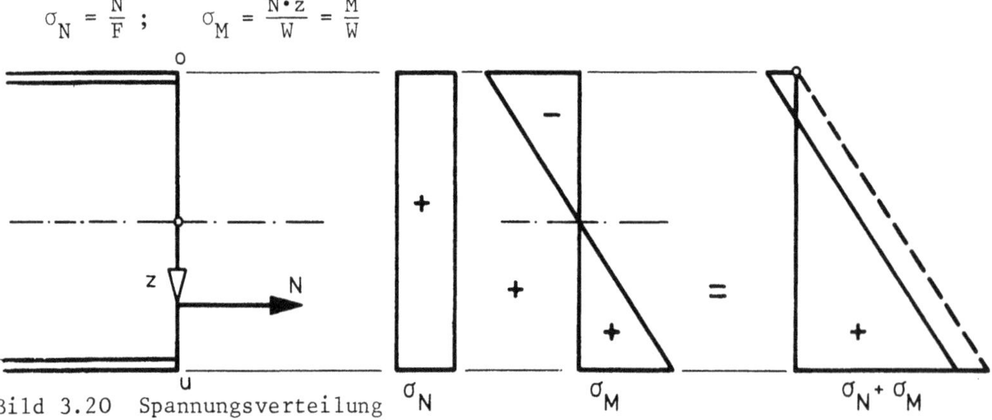

Bild 3.20 Spannungsverteilung

Wählt man nun z gerade so groß, daß die Spannung $\sigma_o = 0$ wird, so nennt man $z = k_u$ die untere Kernweite (bzw. den Kernpunkt).

$$\sigma_o = \frac{N}{F} - \frac{N\,z}{W_o} = \frac{N}{F} - \frac{N \cdot k_u}{W_o} \overset{!}{=} 0$$

liefert die Kernweite

$$k_u = \frac{W_o}{F} ; \qquad k_o = \frac{W_u}{F} \quad \text{(analog)} \tag{3.20}$$

(W_u, W_o positiv)

3.3.3 Die Kernpunktmomente

Bezieht man das Biegemoment M und die Normalkraft N im Querschnitt nicht auf die Schwerachse, sondern auf die Kernpunkte, so erhält man die Kernpunktmomente:

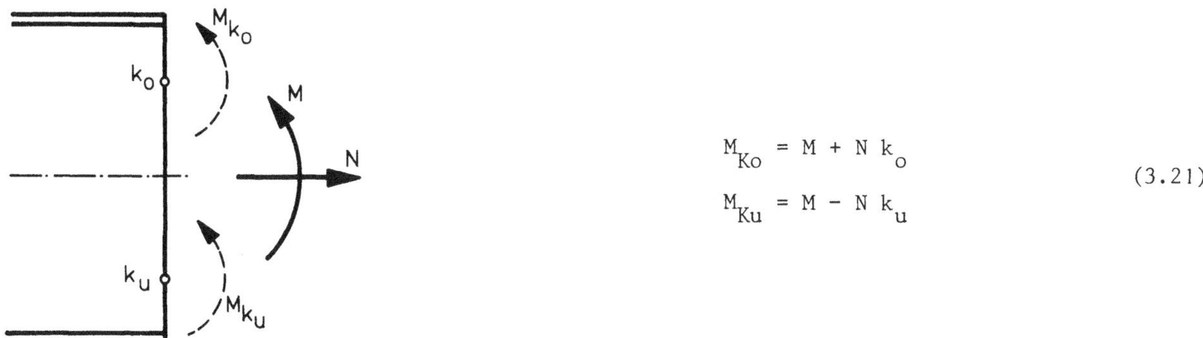

$$M_{Ko} = M + N\,k_o$$
$$M_{Ku} = M - N\,k_u \tag{3.21}$$

Bild 3.21 Kernpunktmomente

Die Randspannungen lauten nun (W_u und W_o positiv):

$$\sigma_u = \frac{M_{Ko}}{W_u} \qquad \text{Beweis:} \quad \sigma_u = \frac{M + N\,k_o}{W_u} = \frac{M}{W_u} + \frac{N\,W_u}{F\,W_u}$$
$$\sigma_o = -\frac{M_{Ku}}{W_o} \tag{3.22}$$

Die Grenzwerte der Randspannungen lassen sich mit den Extremwerten der Kernpunktmomente bestimmen.

3.3.4 Kernpunktmomenten-Einflußlinie

Sie setzt sich wie Gl.(3.21) zusammen:

$$\text{EL "}M_{Ko}\text{"} = \text{EL "M"} + k_o \text{ EL "N"}$$
$$\text{EL "}M_{Ku}\text{"} = \text{EL "M"} - k_u \text{ EL "N"} \tag{3.23}$$

3.3.5 Anwendungsbeispiel

Gegeben sie ein schräg aufgehängter Träger, der durch ein Transportband mit p = 20 kN/m belastet ist. Gesucht sind die maximalen Randspannungen für den Dauerfestigkeitsnachweis (ϰ-Werte) im Punkt j (Feldmitte)

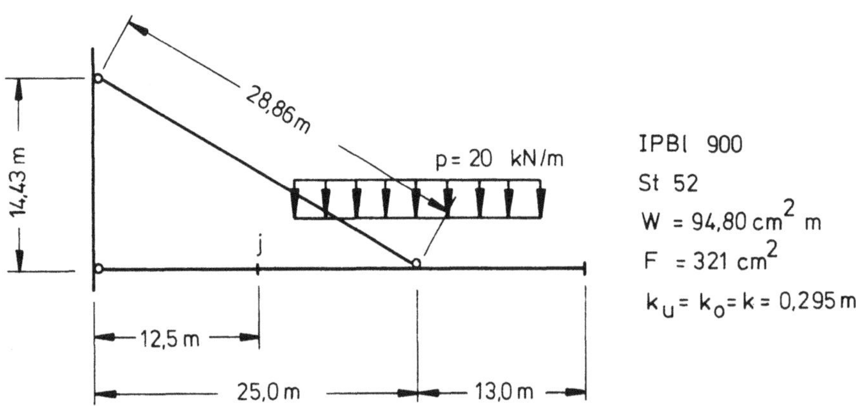

Bild 3.22 System und Belastung

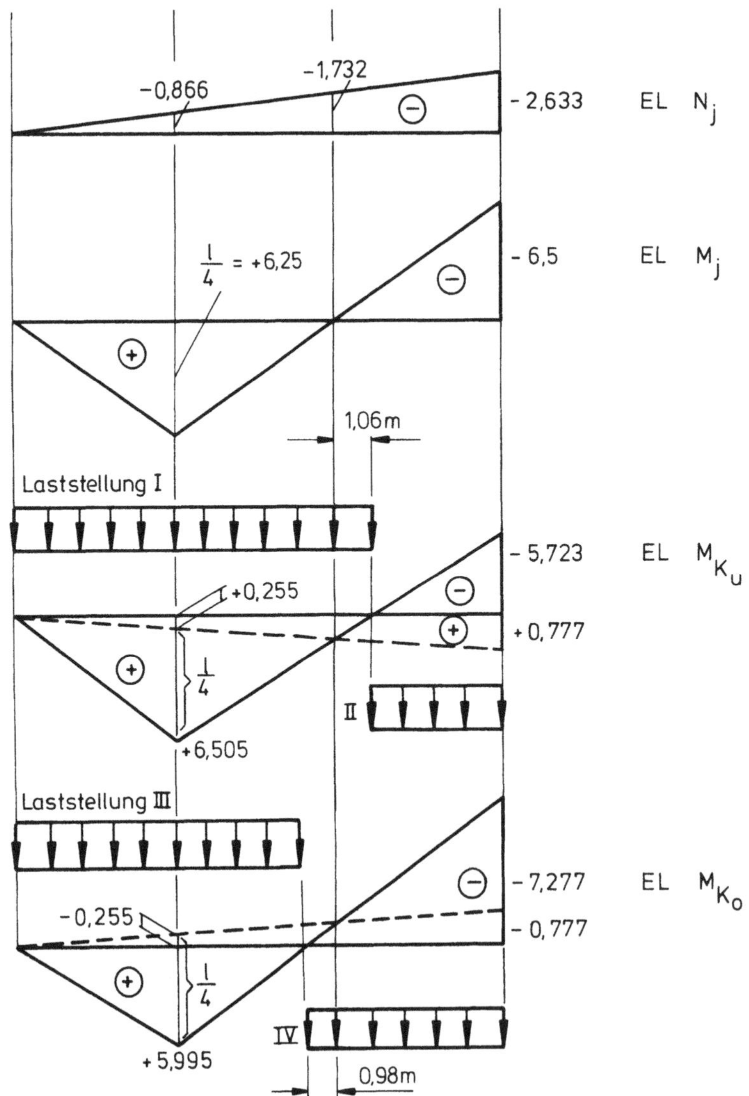

Bild 3.23 Einflußlinien

Auswertung:

σ_{oben}:

Laststellung I → max M_{Ku} ⎫
II → min M_{Ku} ⎭ $\varkappa$

$$\max M_{Ku} = 6{,}505 \cdot 20 \cdot 26{,}06 \ \frac{1}{2} = 1695{,}2 \text{ kNm} \quad (169{,}5 \text{ Mpm})$$

$$\min M_{Ku} = -\ 5{,}723 \cdot 20 \cdot 11{,}94 \ \frac{1}{2} = -\ 683{,}3 \text{ kNm} \quad (-68{,}3 \text{ Mpm})$$

$$\varkappa = -\ \frac{683{,}3}{1695{,}2} = -\ 0{,}4 \ \rightarrow \ \text{zul } \sigma_D = -\ 21{,}0 \text{ kN/cm}^2 \quad (-2{,}1 \text{ Mp/cm}^2)$$

$$\text{vorh } \sigma_o = -\ \frac{1695{,}2}{94{,}8} = -\ 17{,}88 \text{ kN/cm}^2 < \text{zul } \sigma_D$$

σ_{unten}:

Laststellung III → max M_{Ko} ⎫
IV → min M_{Ko} ⎭ $\varkappa$

$$\max M_{Ko} = 5{,}995 \cdot 20 \cdot 24{,}02 \ \frac{1}{2} = 1440{,}0 \text{ kNm} \quad (144{,}0 \text{ Mpm})$$

$$\min M_{Ko} = -\ 7{,}277 \cdot 20 \cdot 13{,}98 \ \frac{1}{2} = -\ 1017{,}3 \text{ kNm} \quad (-101{,}7 \text{ Mpm})$$

$$\varkappa = \frac{-1017{,}3}{1440{,}0} = -\ 0{,}7 \ \rightarrow \ \text{zul } \sigma_Z = -\ 16{,}15 \text{ kN/cm}^2 \quad (-1{,}62 \text{ Mp/cm}^2)$$

$$\text{vorh } \sigma_u = \frac{1440}{94{,}8} = 15{,}19 \text{ kN/cm}^2 < \text{zul } \sigma_Z$$

3.4 Querkraftschubspannungen

3.4.1 Allgemeines

Die Voraussetzungen der technischen Biegelehre (s. Abschnitt 3.2.2) machen es unmöglich, die Schubspannungen "direkt" (z.B. aus Verzerrungen) zu ermitteln, da die Bernoullische Hypothese vom Ebenbleiben des Querschnitts dies nicht zuläßt. Sie müssen daher "indirekt" durch Rückwärtsrechnnng aus den Normalspannungen berechnet werden.

3.4.2 Offene dünnwandige Querschnitte

3.4.2.1 Herleitung

Durch "Zerlegen" des Querschnittes in einzelne Streifen (Länge dx, Breite ds) folgt mit den Normalspannungen, die nach Abschnitt 3.3 berechnet werden:

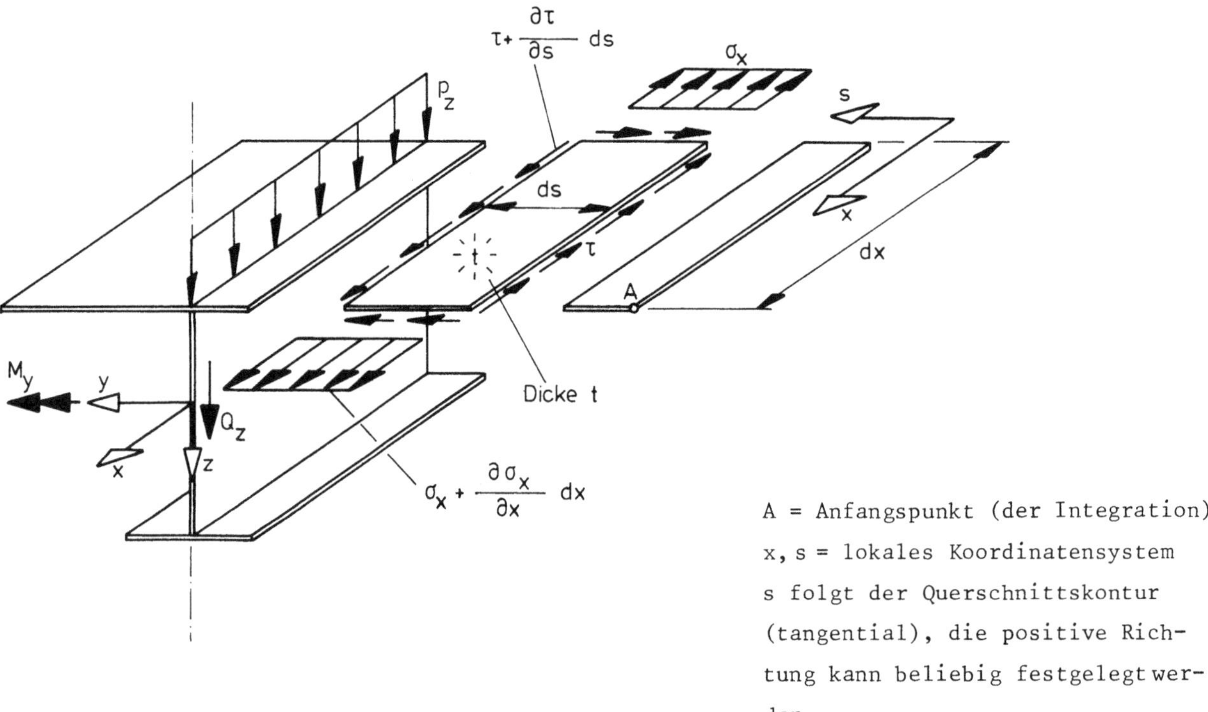

A = Anfangspunkt (der Integration)
x, s = lokales Koordinatensystem
s folgt der Querschnittskontur (tangential), die positive Richtung kann beliebig festgelegt werden.

Bild 3.24 Normal- und Schubspannungen am Teilquerschnitt

$\Sigma X = 0$ (Summe aller Kräfte in x-Richtung = Null)

$$\sigma_x \; t \; ds + \tau t \; dx = \left(\sigma_x + \frac{\partial \sigma_x}{\partial x} dx \right) t \; ds + \left(\tau + \frac{\partial \tau}{\partial s} ds \right) t \; dx$$

$$\frac{\partial \tau}{\partial s} t \; ds \; dx + \frac{\partial \sigma_x}{\partial x} t \; ds \; dx = 0$$

Für die Querschnittsstelle s gilt dann für dx = 1

$$\int\limits_{(s)} \frac{\partial \tau}{\partial s} \, t \, ds = - \int\limits_{(s)} \frac{\partial \sigma_x}{\partial x} \, t \, ds$$

Mit T = τ•t = Schubfluß

$$\int\limits_{(s)} \frac{\partial \tau}{\partial s} \, t \, ds = T - T_A = - \int\limits_{(s)} \frac{\partial \sigma_x}{\partial x} \, t \, ds \qquad (3.24)$$

Die Spannung σ_x lautet:

$$\sigma_x(y,z) = \frac{N}{F} + \frac{M_y}{F_{zz}} z$$

Bei der partiellen Ableitung $\frac{\partial}{\partial x}$ verschwindet der Normalkraftanteil und M_y geht in Q_z über:

$$\frac{\partial \sigma_x}{\partial x} = \frac{Q_z}{F_{zz}} z$$

$$T - T_A = - \int\limits_{(s)} \left[\frac{Q_z}{F_{zz}} z \right] \underbrace{t \, ds}_{dF} \qquad (3.24a)$$

$$= - \frac{Q_z}{F_{zz}} \int\limits_{(s)} z \, dF$$

$$= - \frac{Q_z}{F_{zz}} F_z(s) \quad \left(\text{bzw. } T - T_A = - \frac{Q_z}{I_y} S_y(s) \right)$$

T_A ist am freien Rand Null, wenn dort keine Längskraft eingeleitet wird. Bei offenen Querschnitten wird daher zweckmäßig der Anfangspunkt A an den Rand gelegt.

$$T = - \frac{Q_z}{F_{zz}} F_z(s) \qquad (3.25)$$

$$\tau = T/t$$

$$\tau = - \frac{Q_z \, F_z}{F_{zz} \cdot t} \left(\text{bzw. } - \frac{Q_y \, F_y}{F_{yy} \cdot t} \right) \qquad (3.26)$$

Diese Gleichung findet man in der Literatur meist mit positivem Vorzeichen, da das sogenannte Gleichgewichtssystem verwendet wird, was aber nicht "korrekt" ist (s. Vorzeichenregelung Abschnitt 3.5.2).

a) Gleichgewichtssystem (Q und τ•t ergeben Gleichgewicht)

b) Ersatzsystem (τ•t "ersetzt" die Wirkung von Q)

Bild 3.25 Zusammenhang zwischen Belastung Q und Schubfluß τ•t

Vor allem bei der Computerrechnung ist eine konsequente Vorzeichenfestlegung unbedingt erforderlich. In Abschnitt 3.5.2 sind diese Festlegungen ausführlich behandelt.

Ähnliches gilt für die Bezeichnung von τ:

$\tau_{i,k}$: i: Richtung der (positiven) Flächennormalen
k: Richtung der Spannung

Es gilt der Satz über die "paarweise Gleichheit der Schubspannungen" (bei senkrechter Schnittführung).

Für ein (allgemeines) x-s-Achsensystem gilt:

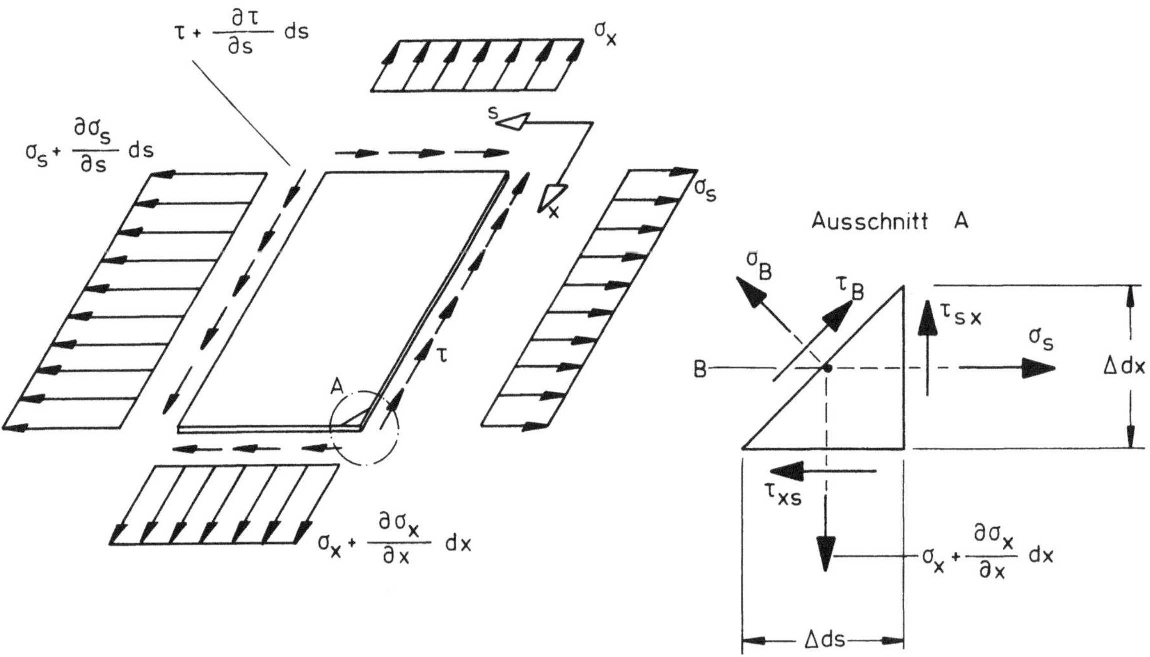

Bild 3.26 a Paarweise Gleichheit der Schubspannungen

$$\Sigma M_B = 0$$

$$\tau_{xs}\ t\,\Delta\,ds\ \frac{\Delta dx}{2} - \tau_{sx}\ t\,\Delta\,dx\ \frac{\Delta ds}{2} = 0$$

$$\longrightarrow \tau_{xs} = \tau_{sx} = \tau \qquad (3.27)$$

Es können daher bei dünnwandigen Querschnitten (ebener Spannungszustand) die Indizes im allgemeinen weggelassen werden.

Die Schubspannungsrichtungen lassen sich vor allem an den Übergangsstellen Steg – Gurt leicht feststellen.

τ_1 gegeben
τ_2 mit Gl. (3.27)
τ_3 aus Gleichgewicht
τ_4 mit Gl. (3.27)

Bild 3.26 b Schubspannungen an der Übergangsstelle Steg – Gurt

Wichtiger Hinweis:

Bei der Ableitung der Gl.(3.26) sind (stillschweigend) folgende Voraussetzungen getroffen worden:

- der Normalkraftanteile verschwindet bei der Differentiation: $\frac{\partial N}{\partial x} = 0$
- der Stab hat in Längsrichtung x konstante Querschnittsabmessungen.

Treffen diese Voraussetzungen nicht zu, z.B. bei Einleitung von Normalkräften (endende Vorspannstähle) oder bei Querschnittsänderungen (Zusatzlamellen), so gilt Gl.(3.26) nicht!

In diesen Fällen geht man zweckmäßig auf die in Bild 3.24 dargestellten Zusammenhänge zurück, die für den Bereich einer endenden Zusatzlamelle in Bild 3.27a erläutert sind.

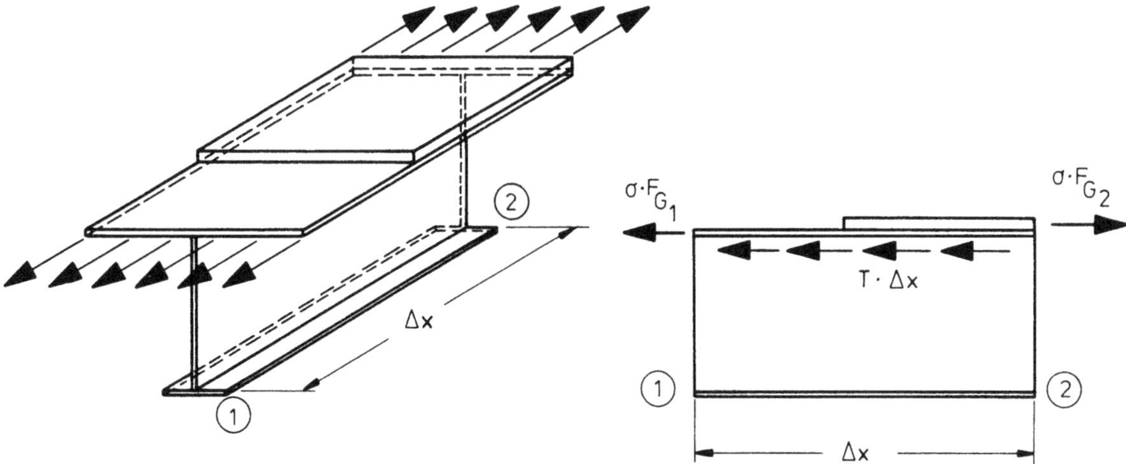

Bild 3.27 a Schubfluß bei abgestuftem Querschnitt

Aus der Differenz der Gurtnormalkräfte $\sigma\ F_G$ zwischen den Punkten ① und ② folgt:

$$T\ \Delta x = \sigma\ F_G\big|_2 - \sigma\ F_G\big|_1$$

Bei Voutenträgern nach Bild 3.27b "unterstützt" die Vertikalkomponente der Untergurtkraft $\sigma\ F_{UG}\ \sin\alpha$ die Querkrafttragwirkung des Stegbleches durch die "Bogenwirkung (Scheinquerkraft)".

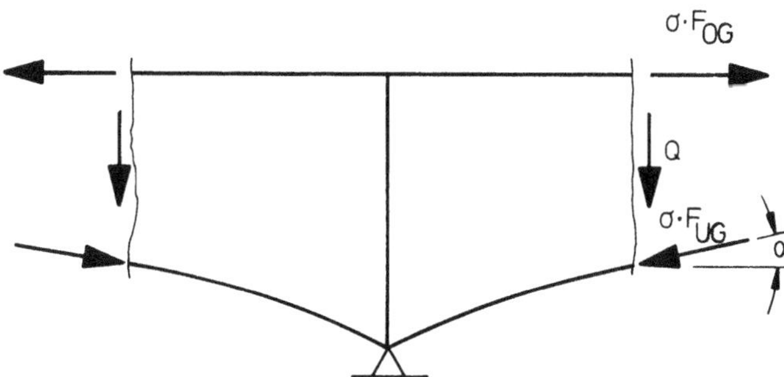

Bild 3.27 b "Scheinquerkraft" bei Voutenträgern

Im Stegblech verbleibt als Querkraft:

$$Q_{St} = Q - \sigma\ F_G\ \sin\alpha$$

3.4.2.2 Näherungsberechnung

Für I -artige Querschnitte, die aus Stegblechen und kräftigen Gurten bestehen, können die Schubspannungen aus Querkraftbiegung um die starke Achse näherungsweise nach Gl. (3.28) berechnet werden.

$$\tau_{mittel} \approx \frac{Q}{F_{Steg}} \tag{3.28}$$

Die Zusammenhänge sind in Bild 3.28 erläutert.

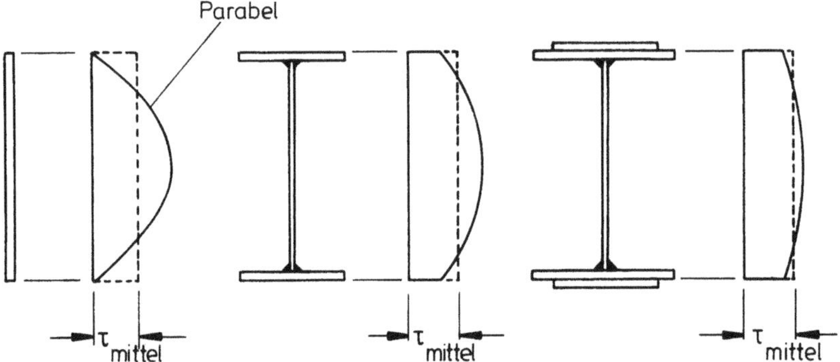

Bild 3.28 Verlauf der Schubspannungen in Stegblechen

3.4.2.3 Beispiel

Wegen der Konstanten Q und F_{zz} (bzw. F_{yy}) an der Stelle x sind Vorzeichen und Betrag des Schubflusses bzw. der Schubspannung allein vom Verlauf und vom Vorzeichen der statischen Momente abhängig. Häufig macht die Einführung des lokalen Koordinatensystems x, s bei der Zahlenrechnung dem ungeübten Anwender Schwierigkeiten. Daher wird ein Konzept zur Berechnung der Schubspannungen angegeben und an einem Beispiel erläutert.

Gegeben: Querschnitt, Hauptachsen am positiven Schnittufer

1. Wahl der positiven s-Richtungen (beliebig).
2. Berechnung der z-Fläche, wenn $F_z(s)$ gesucht (Berechnung der y-Fläche, wenn $F_y(s)$ gesucht).
3. Durchführung der Integration mit Verwendung der Integraltafeln $\frac{1}{s}\int MM_1\,ds$.
   - 3.1 Stets am freien Rand beginnen, weil dort $F_z(s)$ bzw. $F_y(s)$ gleich Null ist.
   - 3.2 Positive s-Richtung beachten. Integration entgegen pos. s-Richtung führt zum Vorzeichenwechsel!
   - 3.3 Typische Integrationsergebnisse

     A: Integrationsanfangspunkt

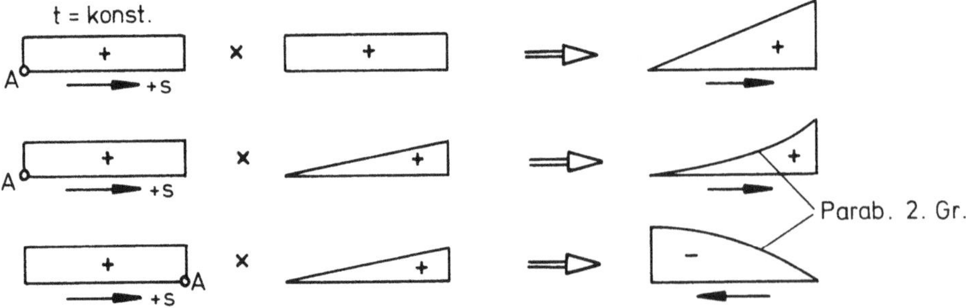

4. Vorzeichen des Schubflusses eintragen. Positiver Schubfluß T fließt am positiven Schnittufer in Richtung der gewählten s-Richtung, am negativen Schnittufer entgegen s!

5. Dimensionsbetrachtung:

τ - (kN/cm^2)

T - (kN/cm)

t - (cm)

F_{zz}, F_{yy} - (cm^{2}m^2) (weil übersichtliche Zahlenwerte)

Q - (kN)

F_z, F_y - (cm m^2)

z, y-Fläche - (m)

Zahlenbeispiel: Berechnung von $F_z(s) = \int_F z \, dF = \int_{(s)} z \, t \, ds$

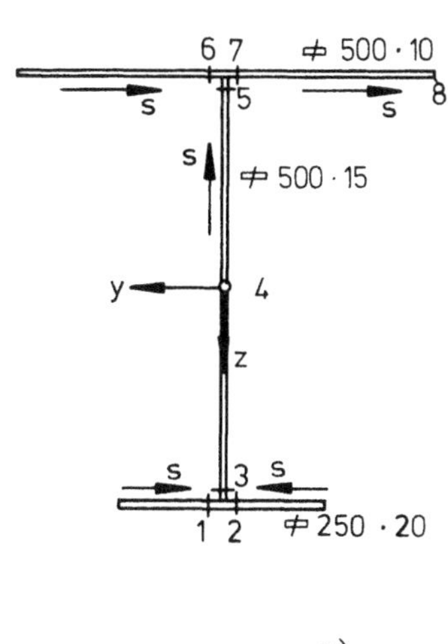

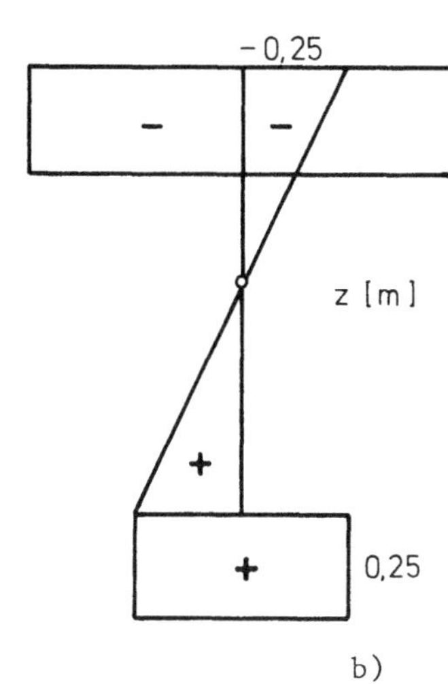

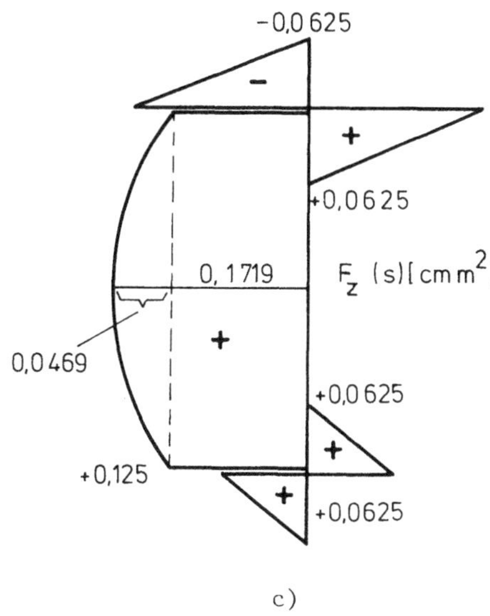

a) b) c)

Bild 3.29 a) Querschnittsabmessungen
b) z-Fläche
c) F_z-Fläche

1. Wahl der positiven s-Richtung (beliebig).
2. Berechnung der z-Fläche (trivial).
3. Integration mit Verwendung der Integraltafeln

$\frac{1}{s}\int M \, M_1 \, ds$

Dabei ist zu beachten:

- stets am freien Rand beginnen
- positive s-Richtung beachten

$F_z(1) = 0{,}25 \cdot 2{,}0 \cdot 0{,}125 = 0{,}0625$

$F_z(2) = 0{,}25 \cdot 2{,}0 \cdot 0{,}125 = 0{,}0625$

$F_z(3) = F_z(1) + F_z(2) = 0{,}125$

$F_z(4) = 0{,}125 + \underbrace{\frac{1}{2} \cdot 0{,}25 \cdot 1{,}5 \cdot 0{,}25}_{0{,}0469} = 0{,}1719$

$F_z(5) = 0{,}1719 - \frac{1}{2} \cdot 0{,}25 \cdot 1{,}5 \cdot 0{,}25 = 0{,}125$

$F_z(6) = (-0{,}25) \cdot 1{,}0 \cdot 0{,}25 = -\ 0{,}0625$

$F_z(7) = F_z(5) + F_z(6) = 0{,}125 - 0{,}0625 = 0{,}0625$

Probe: $F_z(8) = F_z(7) + (-0{,}25) \cdot 1{,}0 \cdot 0{,}25 = 0$

(Es wurde in positiver s-Richtung integriert.)

4. Vorzeichen von T

$$T = -\frac{Q_z}{F_{zz}} F_z(s)$$

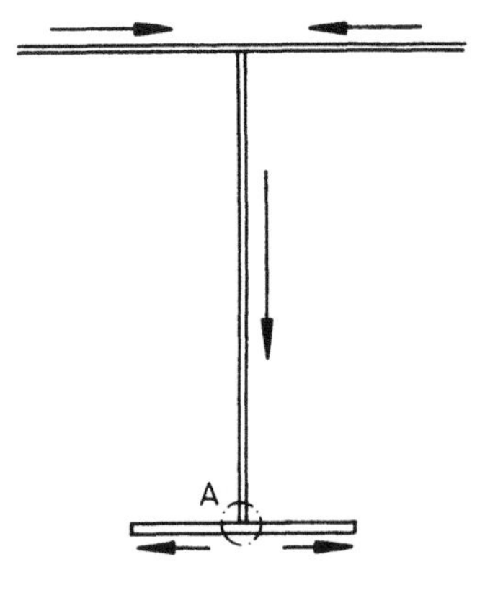

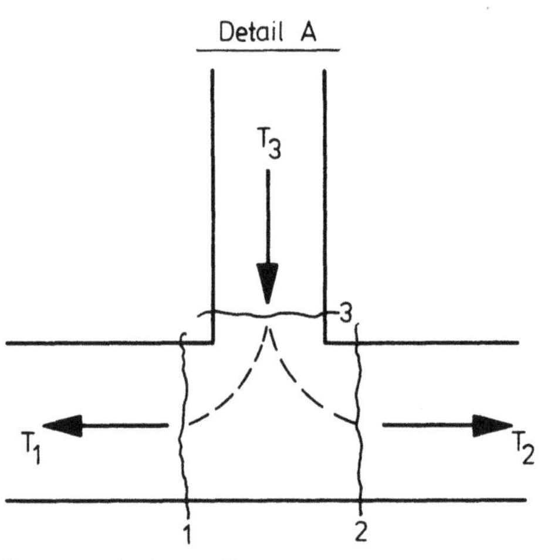

"Wasserleitung":
Es darf nichts verloren gehen!

Bild 3.30 a) Positive Richtung des Schubflusses (Pfeile)
b) Gedankenmodell für den Anschlußpunkt Gurt – Steg

Mit Bild 3.30 b) lassen sich die Vorzeichen von $F_z(3)$ und $F_z(5)$ eindeutig festlegen.

Kontrolle der Schubspannungsberechnung:

Gleichgewicht in z-Richtung liefert, da die Schubspannung in den Gurten des Beispiels in y-Richtung zeigen,

$$Q_z = \int_{(\text{Steg})} \tau(s) \cdot t \, ds$$

$$\int_{\text{Steg}} \tau(s) \cdot t \, ds = \int_{\text{Steg}} T \, ds$$

$$= \frac{Q_z}{F_{zz}} \left(50 \cdot 0{,}125 + 50 \, \frac{2}{3} \, 0{,}0469 \right) = \frac{Q_z}{F_{zz}} \, 7{,}813$$

mit

$$F_{zz} = 7{,}813 \ (\text{cm}^2\text{m}^2)$$

folgt:

$$\int_{\text{Steg}} \tau(s) \cdot t \, ds = Q_z$$

3.4.3 Der Schubmittelpunkt

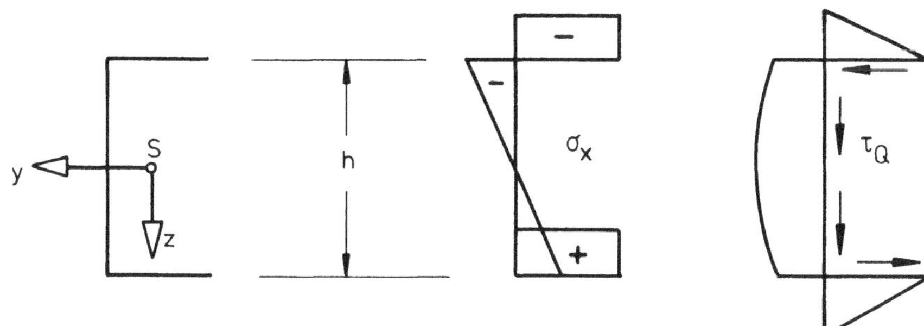

Bild 3.31 Querschnitt und Spannungsverteilungen

Wird ein Stab mit beliebigem, dünnwandigem Querschnitt (z.B. ein [-Profil) durch eine Kraft belastet, die in Richtung der Hauptträgheitsachse z wirkt, so entstehen

Biegenormalspannungen $\sigma_x = \frac{M_y}{F_{zz}} z$

und Querkraft-Schubspannungen $\tau_Q = -\frac{Q_z \cdot F_z}{F_{zz} \cdot t}$

Die resultierende vertikale Schubkraft im Steg $V_{St} = \int_{(St)} \tau_Q \, dF$ muß gleich der Querkraft Q_z sein.

Die resultierenden horizontalen Schubkräfte in den beiden Flanschen $H_{Fl} = \int_{(Fl)} \tau_Q \, dF$ ergeben ein (inneres) Torsionsmoment.

$$M_D = H_{Fl} \cdot h \tag{3.29}$$

Damit der Stab nicht verdreht wird, muß das (innere) Torsionsmoment durch ein gleich großes (äußeres) aufgehoben werden. Dies ist nur dann der Fall, wenn eine Gleichgewichtskraft (bzw. die Last P) im Abstand

$$a_M = \frac{H_{Fl} \cdot h}{Q_z} \tag{3.30}$$

von der Stegmitte angreift (s. Bild 3.32).

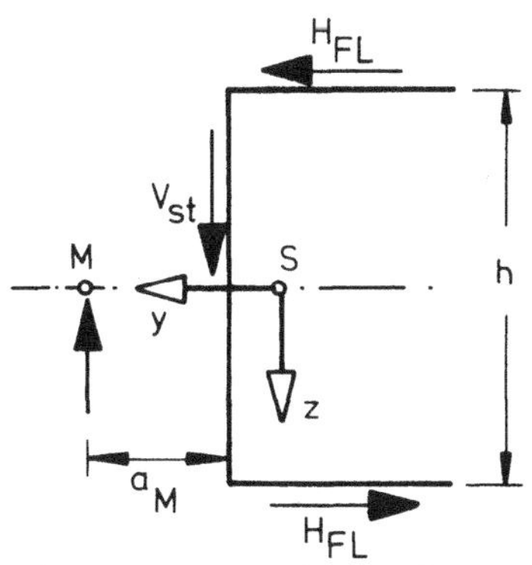

Bild 3.32 Gleichgewichtskraft, im Schubmittelpunkt angreifend

$\Sigma M_{(M)} = 0 \qquad V_{St} \cdot a_M - 2H_{Fl} \cdot \frac{h}{2} = 0 \qquad \text{mit } V_{St} = Q_z$

$\rightarrow a_M = \frac{H_{Fl} \cdot h}{Q_z}$

Die Resultierende der Schubspannungen geht also durch diesen Punkt. Er wird daher Schubmittelpunkt genannt.

Ein Stab wird nur dann auf reine Querkraftbiegung (ohne Torsion) beansprucht, wenn die äußeren Querlasten (einschl. der Lagerreaktionen) in der Schubmittelpunktsachse angreifen. Da das Torsionsmoment immer auf den Schubmittelpunkt bezogen wird (s. Abschnitt 3.7.4.1), erhält ein durch Querlasten beanspruchter Stab außer der Biege- und Querkraftbeanspruchung eine Torsionsbeanspruchung von der Größe:
Kraft x Abstand von der Schubmittelpunktsachse.

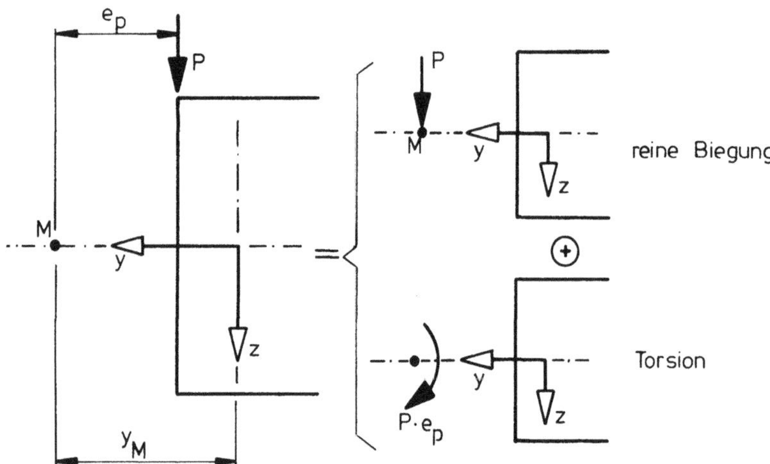

Bild 3.33 Aufteilung der Belastung in Biegung und Torsion

3.4.4 Einfluß der Schubverzerrungen

3.4.4.1 Allgemeines

Ermittelt man die Querschnittsverformungen infolge Schubspannungen, so erkennt man, daß im allgemeinen die Voraussetzung vom Ebenbleiben des Querschnittes nicht erfüllt ist (siehe Bild 3.34), da $\gamma = \frac{\tau}{G}$ über die Steghöhe nicht konstant ist.

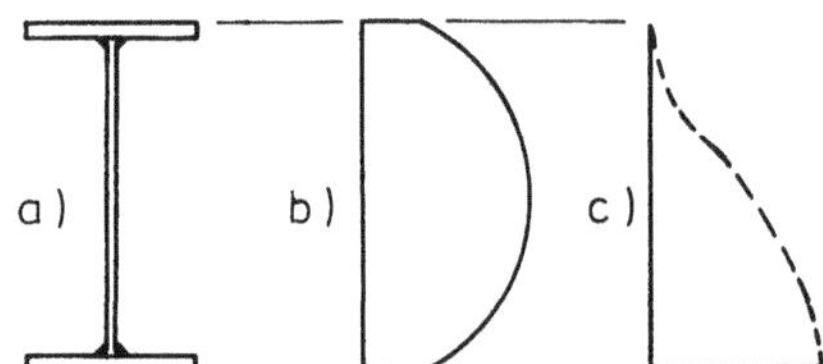

Bild 3.34 Schubverzerrung eines I-Querschnittes
a) Querschnitt
b) τ-Spannungsverlauf
c) Schubverzerrung

Der Einfluß auf die Verteilung der Normalspannungen, der durch die Schubverzerrungen des Steges hervorgerufen wird, kann im allgemeinen vernachlässigt werden. (Ausnahmen siehe Abschnitt 3.7.9)

Wesentliche Auswirkungen können jedoch durch die Schubverzerrungen in breiten Gurten entstehen. Die äußeren Teile der Gurte entziehen sich dadurch der vollen Mitwirkung im Querschnitt (engl.: shear-lag), s. Bild 3.35.

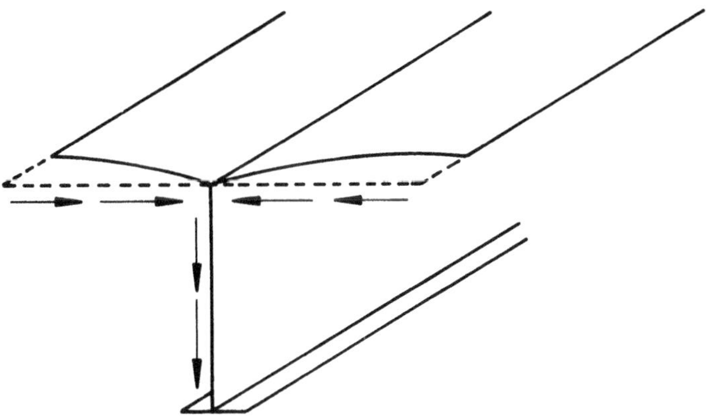

Bild 3.35 Schubverzerrung in breiten Gurten

3.4.4.2 Die mittragende Breite

Aufgrund "exakter" Verfahren, bei denen der Gurt als schubweiche isotrope Scheibe berechnet wird, kann die Verteilung der Normalspannungen σ über die Gurtbreite b ermittelt werden /20/.

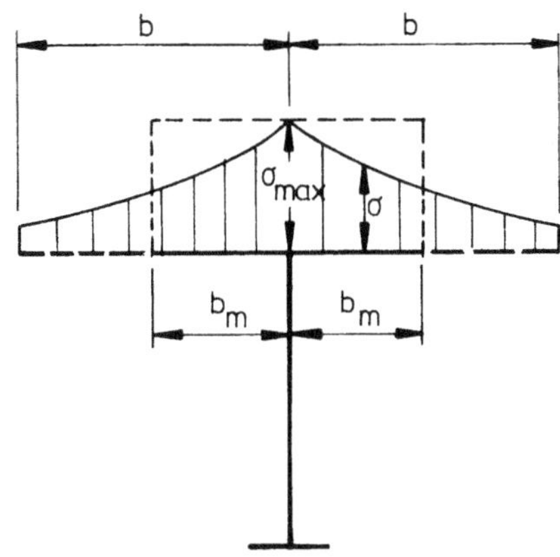

Bild 3.36 Mittragende Breite

Durch folgende Überlegungen kann ein Ersatzquerschnitt gebildet werden, der als "normaler" Balken (ebener Querschnitt) behandelt werden kann:

Der tatsächliche Verlauf der σ-Spannungen wird in einen über die "mittragende Breite" b_m konstanten Verlauf mit dem gleichen Maximalwert σ_{max} und der gleichen resultierenden Obergurtkraft umgewandelt.

Es zeigt sich, daß die mittragende Breite vor allem von folgenden Parametern abhängig ist:

- vom Verhältnis der Breite b des Gurtes zur Länge ℓ des Trägers
- vom statischen System des Trägers
- von der Belastung
- vom Ort des betrachteten Querschnittes (Feldmitte, Auflager usw.)

Zur Vereinfachung der Berechnung kann für querbelastete Träger mit den mittragenden Breiten nach DIN 1073 gerechnet werden. Die mittragende Breite b_m wird danach wie folgt bestimmt:

über einem gelenkigen Endauflager und im Bereich auskragender Träger:

$$b_{mA} = \alpha\, b$$

im Feldbereich von Trägern:

$$b_{mF} = \beta\, b$$

über einem inneren Auflager und an den Einspannstellen statisch unbestimmter Träger:

$$b_{mC} = \gamma\, b$$

α, β und γ sind aus Bild 3.37 zu entnehmen.

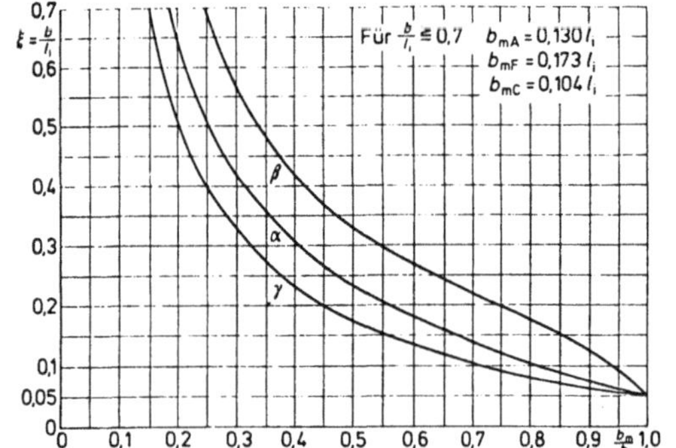

Zeile	System		Verlauf von $\frac{b_m}{b}$	In $\xi = \frac{b}{l_i}$ ist:
1	Einfeldträger		α, β, α; a, a, l	$l_i = l$
2	Durchlaufträger	Endfeld	α, β, γ; a, c, l	$l_i = 0,8\, l$
3	Durchlaufträger	Innenfeld	γ, β, γ; c, c, l	$l_i = 0,6\, l$
4	Kragarm		Gilt nur für den Belastungsanteil des Kragarms; α, β nach Zeile 1 oder 2; l, a	$l_i = l$
$a = b$, jedoch nicht größer als $0,25\, l$; $c = 0,1\, l$				

Bild 3.37 Mitwirkende Plattenbreite: Beiwerte α, β, γ

Wird ein angenäherter Verlauf der σ-Spannungen über die volle Breite b des Gurtes benötigt (z.B. für Stabilitätsberechnungen oder bei der Überlagerung mit örtlichen Biegebeanspruchungen), so genügt meist die Annahme eines geradlinigen Verlaufes, der aus der mittragenden Breite wie folgt "zurückgerechnet" werden kann.

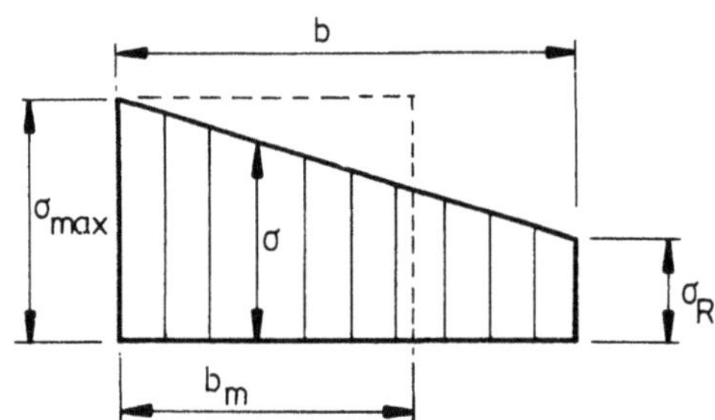

Bild 3.38 a Lineare Spannungsverteilung aus b_m und σ_{max}

Aus der Bedingung gleicher Gurtkräfte

$$b_m\, t\, \sigma_{max} = \frac{1}{2}\,(\sigma_{max} + \sigma_R)\, b\, t$$

folgt

$$\sigma_R = \left(2 \frac{b_m}{b} - 1\right) \sigma_{max} \tag{3.31a}$$

Diese Näherung gilt natürlich nur für $b_m > \frac{b}{2}$.

Eine bessere Annäherung erzielt man, wenn der Verlauf der σ-Spannungen durch eine quadratische Parabel angenähert wird.

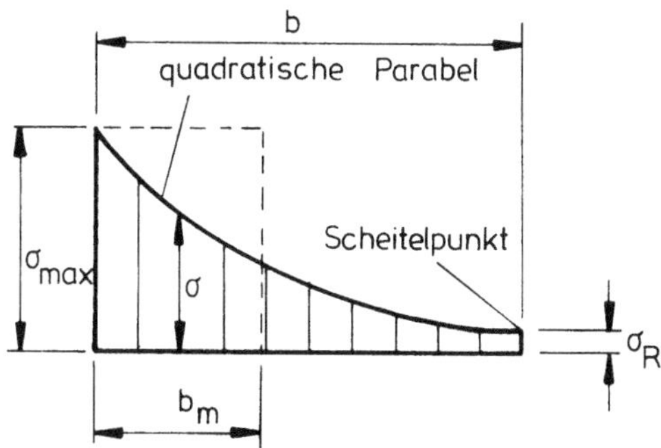

Bild 3.38 b Parabelförmige Spannungsverteilung aus b_m und σ_{max}

Aus der Bedingung gleicher Gurtkräfte

$$b_m \; t \; \sigma_{max} = t \; b \; \sigma_{max} - \frac{2}{3} (\sigma_{max} - \sigma_R) \; t \; b$$

folgt

$$\sigma_R = \frac{1}{2} \left(3 \frac{b_m}{b} - 1\right) \sigma_{max} \tag{3.31b}$$

Für $b_m = \frac{b}{3}$ wird $\sigma_R = 0$.

Gurtteile, die außerhalb dieses Bereiches liegen, entziehen sich der Mitwirkung nahezu vollständig, so daß ihre Spannungen unberücksichtigt bleiben können.

Für Gurtscheiben mit orthotropen Eigenschaften (z.B. ausgesteifte Flachblechfahrbahnen) kann wie folgt verfahren werden:

Man ermittelt sich zuerst für die isotrope Gurtscheibe die mittragende Breite $b_{m_{iso}}$. Mit Hilfe des Korrekturfaktors

$$\eta_{bm} = \frac{b_{m_{ortho}}}{b_{m_{iso}}} \tag{3.32}$$

erhält man die mittragende Breite der längsversteiften (orthotropen) Gurtscheibe. Nach /19/ ist η_{bm} eine Funktion von α und f

$$\text{mit} \quad f = \frac{F_{Rippe}}{F_{ges}} \tag{3.33a}$$

$$\text{und} \quad \alpha = \frac{b - b_{m_{iso}}}{b_{m_{iso}}} \leq 1 \tag{3.33b}$$

Die angegebene Näherungsformel für η_{bm} lautet:

$$\eta_{bm} = \frac{1}{2} \left[\sqrt{1 - f^2} + \sqrt{1 - \alpha \, f} \right] \tag{3.32b}$$

Sie ist in Bild 3.39 ausgewertet.

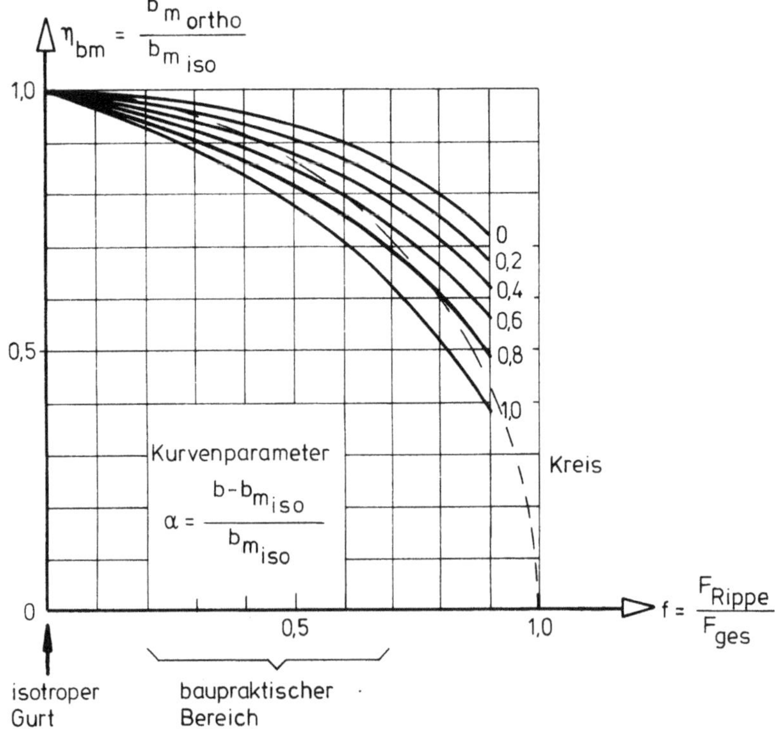

Bild 3.39 Abminderungswerte η_{bm}

In /20/ sind Kurven- und Zahlentafeln angegeben, mit deren Hilfe die mittragende Breite in Abhängigkeit von Last- und Geometrieparametern ermittelt werden kann.

Mit dem "Ersatzträger", dessen Gurtbreite reduziert wurde, können die Schubspannungen infolge Querkraft nur am Anschluß Gurt – Steg gerechnet werden. Der Verlauf der τ-Spannungen über die tatsächliche Gurtbreite kann mit der "mittragenden Breite" nicht richtig bestimmt werden. Hierfür ist eine andere Modellvorstellung zweckmäßiger: die "mittragende Gurtdicke".

3.4.4.3 Die mittragende Gurtdicke

In vielen Fällen (z.B. Berechnung der Schubspannungen) ist es zweckmäßiger, den "Ersatzgurt" nicht durch Abminderung der Breite (bei gleichbleibender Dicke), sondern durch Abminderung der Gurtdicke (bei gleichbleibender Breite) zu bestimmen. Geht man von der angenäherten Verteilung der σ-Spannungen nach Bild 3.40a aus, so kann man durch Einführen eines linear veränderlichen Abminderungsfaktors $\varkappa$ einen Querschnitt mit einer ideellen Gurtdicke $t_i = \varkappa\, t$ erzeugen, der nach den elementaren Regeln der Balkenbiegung berechnet werden kann.

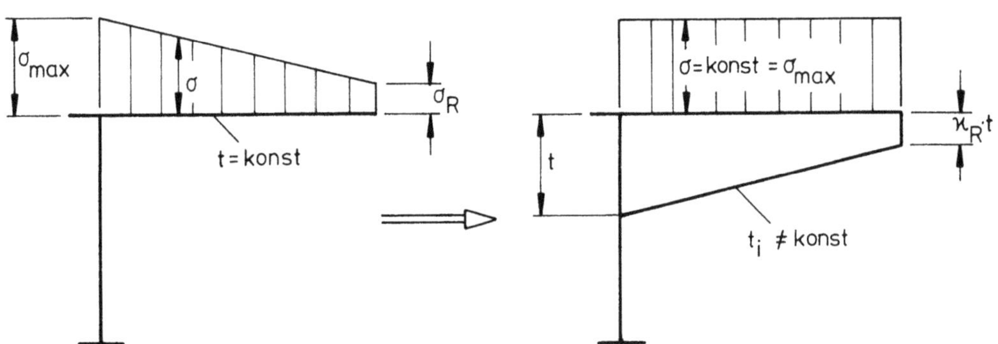

Bild 3.40 a mittragende Gurtdicke $\varkappa\, t$ für linear angenommenen Spannungsverlauf

In Analogie zu Gl.(3.31a) gilt bei linearem Verlauf von σ für die Gurtdicke $\varkappa_R$ t am Rand gemäß Bild 3.40 a

$$\varkappa_R\, t = \left(2\,\frac{b_m}{b} - 1\right) t \qquad (3.34a)$$

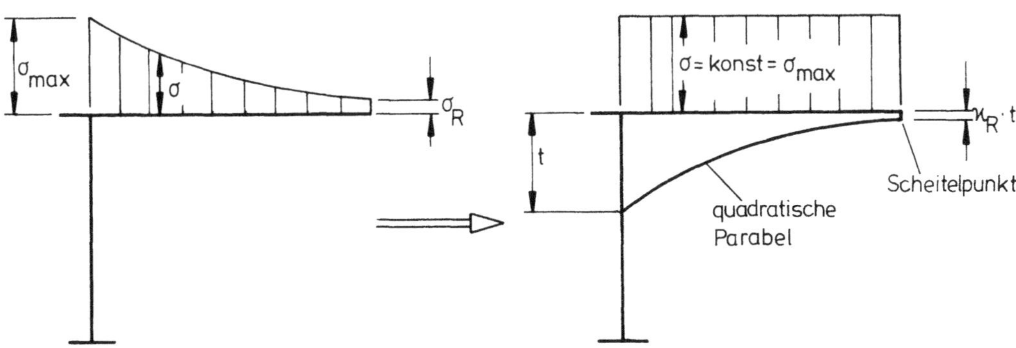

Bild 3.40 b Mittragende Dicke $\varkappa$ t für parabelförmig angenommenen Spannungsverlauf

Für parabelförmigen σ-Verlauf gemäß Bild 3.40 b gilt

$$\varkappa_R\, t = \frac{1}{2}\left(3\,\frac{b_m}{b} - 1\right) t \qquad (3.34b)$$

Für die Grenzen der Werte $\frac{b_m}{b}$ siehe Abschnitt 3.4.4.2.

Der Abminderungsfaktor $\varkappa$ wird nur zur Bestimmung des Schwerpunktes, $F_z(s)$ und F_{zz} eingesetzt.

$$F_z(s) = \int \varkappa\, z\, t\, ds \quad \text{bzw.} \quad F_y(s) = \int \varkappa\, y\, t\, ds$$

In der weiteren Berechnung wird $\varkappa$ nicht mehr berücksichtigt, sondern es wird mit der tatsächlichen Dicke t gerechnet.

Der unterschiedliche Verlauf des Schubflusses T für die beiden Modellvorstellungen mittragende Breite und mittragende Dicke ist in Bild 3.41 dargestellt. Der maximale Schubfluß T_{max} ist in beiden Fällen gleich groß.

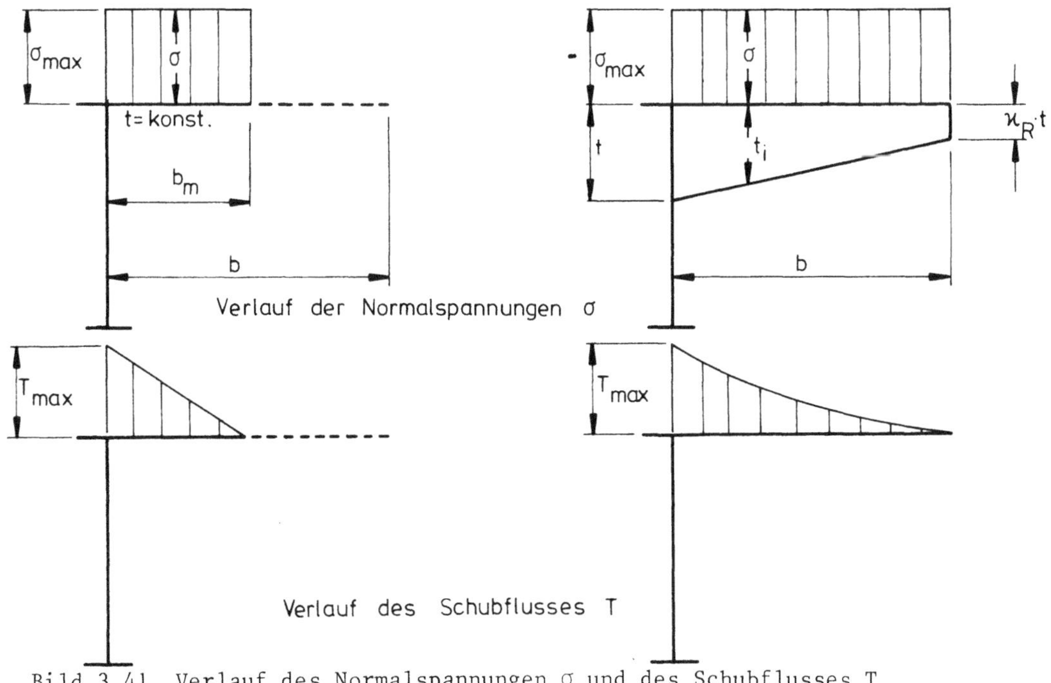

Bild 3.41 Verlauf des Normalspannungen σ und des Schubflusses T

3.4.5 Geschlossene, dünnwandige Querschnitte

3.4.5.1 Allgemeines

Symmetrische einzellige Hohlquerschnitte lassen sich wie offene Querschnitte berechnen, da in der Symmetrieachse der Schubfluß Null ist, die Integration also von dort begonnen werden kann (Anfangspunkt A).

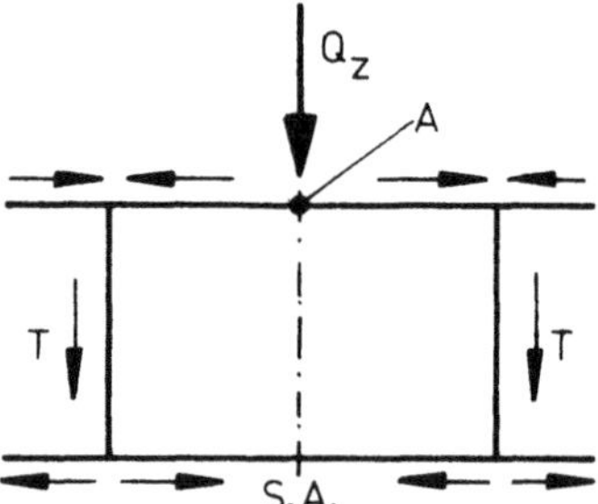

Bild 3.42 Symmetrischer Querschnitt mit Schubfluß

Bei unsymmetrischen oder mehrzelligen Hohlquerschnitten besteht die Schwierigkeit, daß kein "Anfangspunkt A" vorhanden ist, für den der Schubfluß T_A bekannt ist.

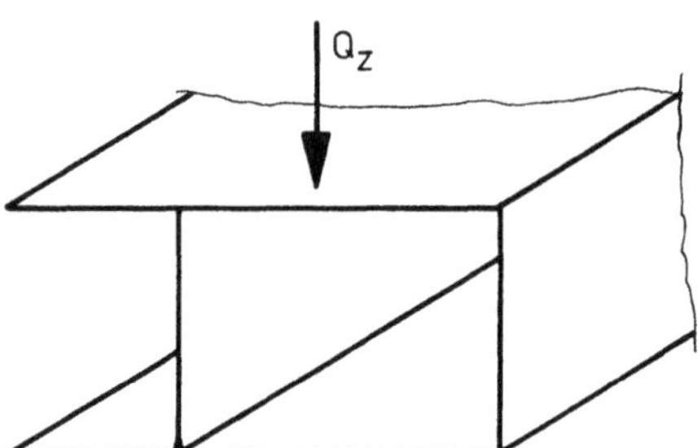

Bild 3.43 Unsymmetrischer Querschnitt

3.4.5.2 Einzellige Hohlquerschnitte

Zur Ermittlung des Schubflusses T können zwei Berechnungsarten angewendet werden:

1. Möglichkeit

Berechnung am geschlossenen Querschnitt. Man beginnt an einer beliebigen Stelle mit dem Anfangswert T_A = unbekannte Konstante $\neq 0$.

Nach Gl. (3.24a) gilt:

$$T = T_A - \frac{Q_z F_z(s)}{F_{zz}}$$

Außerdem gilt:

$$\gamma = \frac{\tau}{G} = \frac{T}{t \cdot G} = \frac{T_A}{t \cdot G} - \frac{Q_z F_z(s)}{F_{zz} \cdot t \cdot G} \qquad (3.35)$$

Aus Kontinuitätsbedingungen muß die Integration von γ über den Kastenumfang zu Null werden.

$$\oint \gamma ds = 0$$

$$\oint \gamma ds = \oint \frac{T_A}{t\ G} ds - \oint \frac{Q_z\ F_z(s)}{F_{zz}\ t\ G} ds = \frac{T_A}{G} \oint \frac{ds}{t} - \frac{Q_z}{F_{zz} \cdot G} \oint \frac{F_z(s)}{t} ds = 0$$

Es folgt:

$$T_A = \frac{\frac{Q_z}{F_{zz}} \oint \frac{F_z(s)}{t} ds}{\oint \frac{ds}{t}} \tag{3.36}$$

und

$$T = \frac{\frac{Q_z}{F_{zz}} \oint \frac{F_z(s)}{t} ds}{\oint \frac{ds}{t}} - \frac{Q_z\ F_z(s)}{F_{zz}} \tag{3.37}$$

2. Möglichkeit

"Statisch unbestimmte" Rechnung

$$T = T_o + X_1\ T_1 \tag{3.38}$$

Mit $X_1 = - \frac{\delta_{10}}{\delta_{11}}$

Man schneidet zunächst den Querschnitt auf und bestimmt am offenen Querschnitt (dem statisch bestimmten Hauptsystem) den Schubfluß $T_o = - \frac{Q_z\ F_z}{F_{zz}}$.

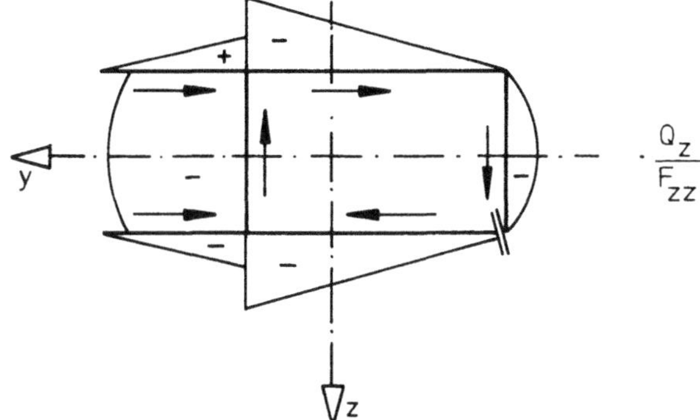

Bild 3.44 Schubfluß T_o am aufgeschnittenen System

In Bild 3.44 geben die Pfeile die Integrationsrichtung an.

Die zugehörige Schubdeformation $\gamma_o = \frac{\tau_o}{G} = \frac{T_o}{Gt}$ kann über die Zelle aufintegriert werden und liefert den "Verschiebungssprung u_o" zwischen den beiden Ufern der Schnittstelle

$$u_o \mathrel{\hat{=}} \delta_{1o} = \oint \gamma_o\ ds = \oint \frac{T_o}{G\ t} ds = - \frac{Q_z}{F_{zz}\ G} \oint \frac{F_z(s)}{t} ds \tag{3.39}$$

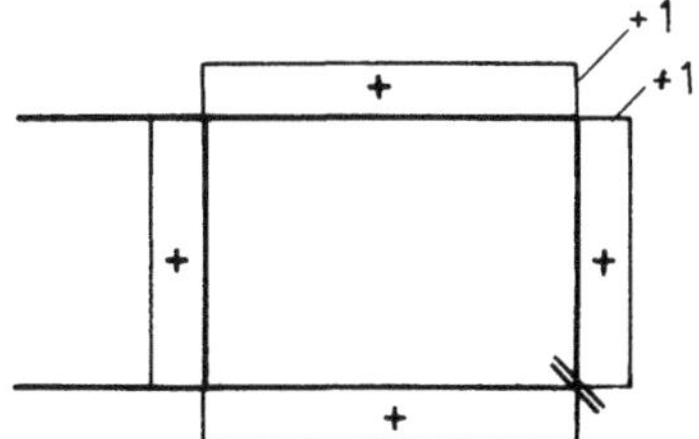

Bild 3.45 Hilfszustand T_1 infolge $X_1 = 1$

Es wird nun ein (statisch überzähliger) Schubfluß $T_1 = 1$ (entspricht $X_1 = 1$) eingeführt, der an den Schnittufern angreift und konstant in der Zelle verläuft.

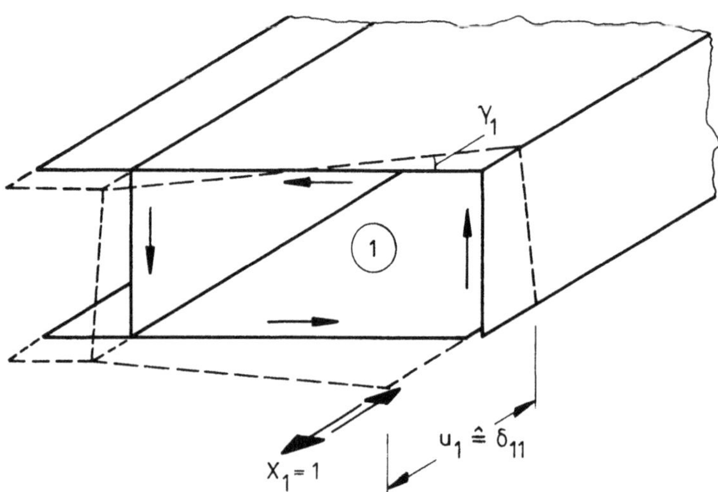

Bild 3.46 Verschiebungssprung infolge $X_1 = 1$

Der zugehörige Verschiebungssprung an den Schnittufern ist:

$$u_1 \mathrel{\hat=} \delta_{11} = \oint \gamma_1 \, ds = \oint \frac{T_1}{G\,t} \, ds = \oint \frac{ds}{G\,t} \qquad (\text{für } T_1 = 1) \tag{3.40}$$

Die Kontinuitätsbedingung $u_o + T_1 \, u_1 = 0$ ($\delta_{1o} + X_1 \, \delta_{11} = 0$) liefert die "statisch Überhählige" für G = konst.:

$$X_1 = -\frac{\delta_{1o}}{\delta_{11}} = -\frac{u_o}{u_1} = -\frac{\oint - \dfrac{Q_z \, F_z}{F_{zz}} \dfrac{ds}{t}}{\oint \dfrac{ds}{t}} = +\frac{Q_z}{F_{zz}} \frac{\oint F_z \dfrac{ds}{t}}{\oint \dfrac{ds}{t}} \tag{3.41}$$

Damit wird der endgültige Schubfluß (im "statisch unbestimmten" System):

$$T = T_o + X_1 \, T_1 = -\frac{Q_z}{F_{zz}} \left[F_z(s) - \frac{\oint F_z \dfrac{ds}{t}}{\oint \dfrac{ds}{t}} \right] \tag{3.42}$$

Für eine Belastung Q_y wird die Rechnung analog mit F_y und F_{yy} durchgeführt. Außerdem kann bereichsweise unterschiedlicher Schubmodul G (z.B. Betonplatte) oder "Schubverband" durch Einführen einer ideellen Wanddicke t* berücksichtigt werden (s. Abschnitt 3.6.8).

3.4.5.3 Mehrzellige Hohlquerschnitte

In Analogie zur Berechnung mehrfach statisch unbestimmter Systeme wird jede Zelle i aufgeschnitten und am offenen Gesamtprofil der Schubfluß T_o nach Gl.(3.25) berechnet. An jeder Wandstelle setzt sich der resultierende Schubfluß T aus dem Schubfluß T_o des offenen Profils und dem Einfluß der unbestimmten Größen T_i zusammen.

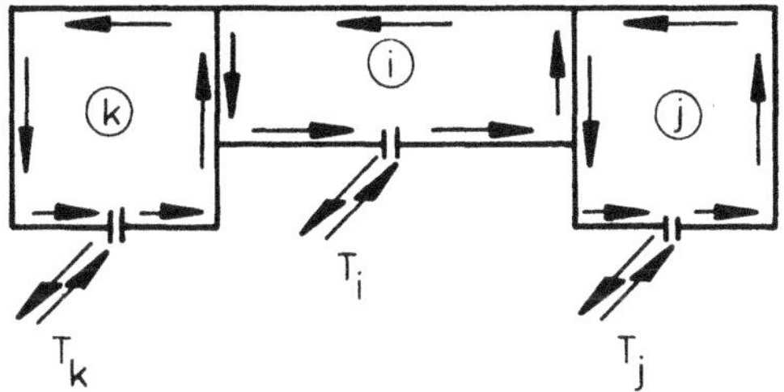

Bild 3.47 Mehrzelliger Hohlquerschnitt

Für die Zelle i liefert nicht nur der unbekannte Schubfluß T_i einen Verformungsanteil, sondern auch die Schubflüsse T_k und T_j der benachbarten Zellen mit gemeinsamen Wandteilen.

$$\oint\limits_{i} \frac{T_o}{G \cdot t}\, ds + T_i \oint\limits_{i} \frac{ds}{G \cdot t} - T_k \oint\limits_{i,k} \frac{ds}{G \cdot t} - T_j \oint\limits_{i,j} \frac{ds}{G\ t} = 0 \qquad (3.43)$$

Diese Aussage (Gl.(3.43)) wird für jede Zelle i angeschrieben, und man erhält bei n Zellen ein System von n linearen Gleichungen für die Schubflüsse T_i.

Der resultierende Schubfluß ergibt sich durch Überlagern der Teilschubflüsse

$$T = T_o + \Sigma\, T_i$$

Bei symmetrischen Querschnitten sollte man die Symmetrieeigenschaften zur Reduktion der "statisch unbestimmten" Schubflüsse ausnutzen.

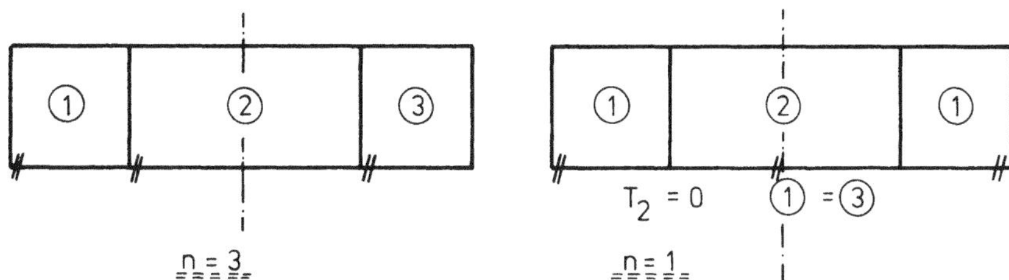

Bild 3.48 Reduktion der statisch Unbestimmten

Für den Schubmittelpunkt gilt das in Abschnitt 3.4.3 Gesagte sinngemäß (s. auch Abschnitt 3.4.5.5, Beispiel 1).

3.4.5.4 Berücksichtigung der "mittragenden Breite"

Große Kastenträger besitzen häufig sehr breite Deck- und Bodenbleche, deren Querschnitte nicht voll mitwirken (vgl. Abschnitt 3.4.4). Zur Berechnung der Schubspannungen in den Gurten ist die Modellvorstellung der "mitwirkenden Gurtdicke" mit dem Abminderungsfaktor $\varkappa$ (vgl. Abschnitt 3.4.4.3) besser geeignet als die "mittragende Breite". Dies gilt insbesondere bei Hohlquerschnitten für die Berechnung der Umlaufintegrale, denn dadurch ist die Integration über den gesamten Querschnitt möglich.

Der Abminderungsfaktor $\varkappa$ wird auch hier nur zur Bestimmung des Schwerpunktes, F_z und F_{zz} eingesetzt. als Dicke t in Gl.(3.42) und (3.43) ist stets die wirkliche Dicke einzusetzen.

3.4.5.5 Zahlenbeispiele

Beispiel 1

Schubfluß aus Querkraft am geschlossenen Querschnitt

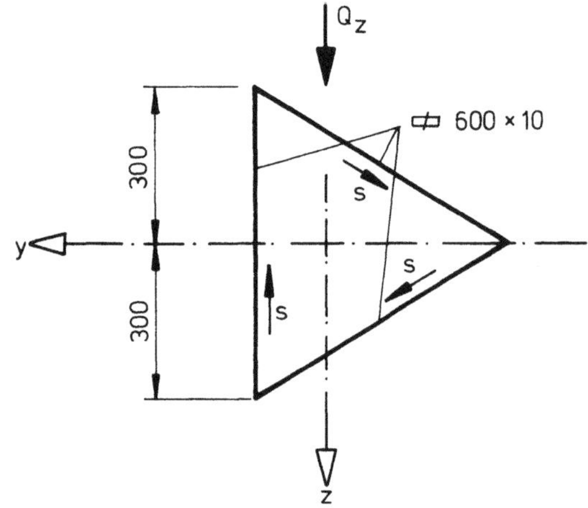

Bild 3.49 Querschnitt und Abmessungen

a) Schubfluß am aufgeschnittenen Querschnitt

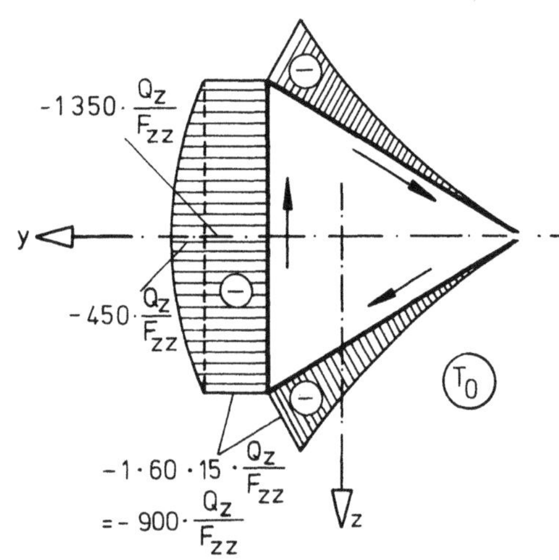

$$T_o = -\frac{Q_z}{F_{zz}} F_z(s)$$

$$F_z(s) = \int z \, dF$$

Bild 3.50 Schubfluß T_o

Schubfluß infolge des unbekannten Schubflusses $T_1 = 1$

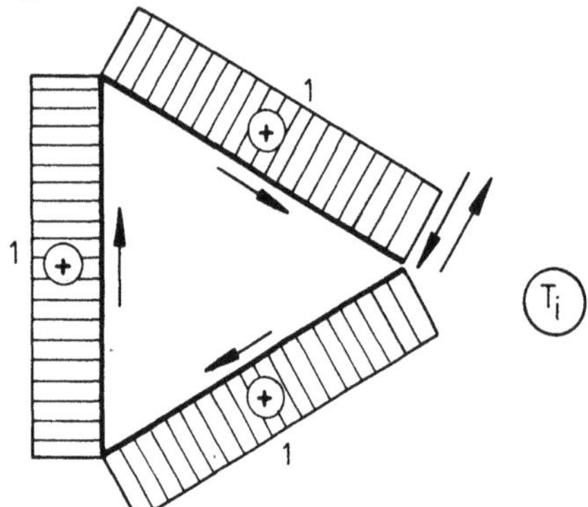

Bild 3.51 Schubfluß $T_1 = 1$

$$\oint \frac{T_o}{G\cdot t}\, ds + T_i \oint \frac{ds}{G\cdot t} = 0 \qquad \text{(s. Gl. (3.43))}$$

$$\oint T_o \frac{ds}{t} + T_i \oint \frac{ds}{t} = 0$$

$$\oint \frac{ds}{t} = \frac{60}{1} + \frac{60}{1} + \frac{60}{1} = 180$$

$$\oint T_o \frac{ds}{t} = -\left(2\,\frac{1}{3}\,\frac{1}{1}\,900\,\frac{Q_z}{F_{zz}}\,60 + \frac{1}{1}\,900\,\frac{Q_z}{F_{zz}}\,60 + \frac{2}{3}\,\frac{1}{1}\,450\,\frac{Q_z}{F_{zz}}\,60 \right)$$

$$= -\,(36000 + 54000 + 18000)\,\frac{Q_z}{F_{zz}}$$

$$= -\,108000\,\frac{Q_z}{F_{zz}}$$

$$T_1 = +\,\frac{108000}{180}\,\frac{Q_z}{F_{zz}} = +\,600\,\frac{Q_z}{F_{zz}}$$

b) Schubfluß am geschlossenen Querschnitt

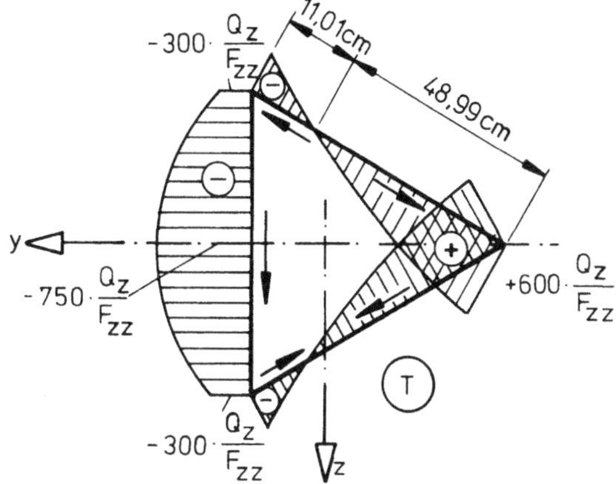

Bild 3.52 Endgültiger Schubfluß

In Bild 3.52 geben die Pfeile die Richtung des Schubflusses an.

c) Ermittlung des Schubmittelpunktes

Die Lage des Schubmittelpunktes ergibt sich aus der Bedingung, daß das Momentengleichgewicht der resultierenden Schubflüsse um den Schubmittelpunkt erfüllt sein muß.

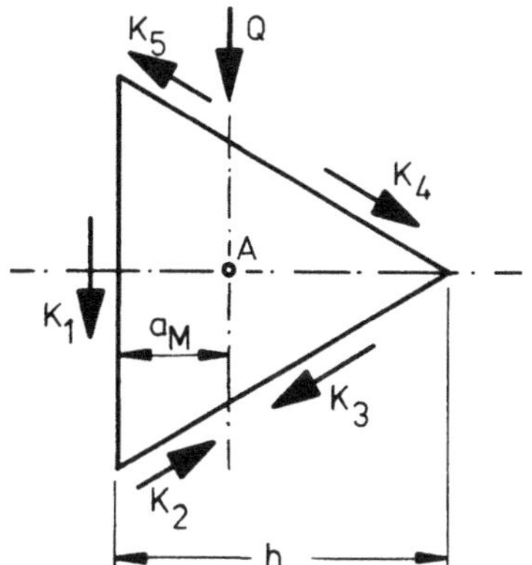

Bild 3.53 Resultierende Kräfte zur Ermittlung des Schubmittelpunktes

$$|K_1| = 300 \frac{Q_z}{F_{zz}} 0,6 + \frac{2}{3} 450 \frac{Q_z}{F_{zz}} 0,6 = 360 \frac{Q_z}{F_{zz}}$$

$$K_3 = K_4 = \frac{2}{3} 600 \frac{Q_z}{F_{zz}} 0,4899 = 195,96 \frac{Q_z}{F_{zz}}$$

$$|K_2| = |K_5| = \frac{2}{3} 900 \frac{Q_z}{F_{zz}} 0,6 - K_3 - 300 \frac{Q_z}{F_{zz}} 0,6 = 15,96 \frac{Q_z}{F_{zz}}$$

$$\Sigma M_A = 0$$

$$K_1 a_M + 2 K_2 \frac{(h-a_M)}{2} - 2 K_3 \frac{(h-a_M)}{2} = 0$$

$$\frac{Q_z}{F_{zz}} (360 a_M + 15,96 h - 15,96 a_M - 195,96 h + 195,96 a_M) = 0$$

$$a_M = \frac{(195,96-15,96) h}{360-15,96+195,96} = \frac{180}{540} h = \frac{1}{3} h$$

Der Schubmittelpunkt liegt im Schwerpunkt (vgl. Abschnitt 3.6.2, Bild 3.74).

Beispiel 2

Mehrzelliger Hohlquerschnitt mit Berücksichtigung der mittragenden Breite.

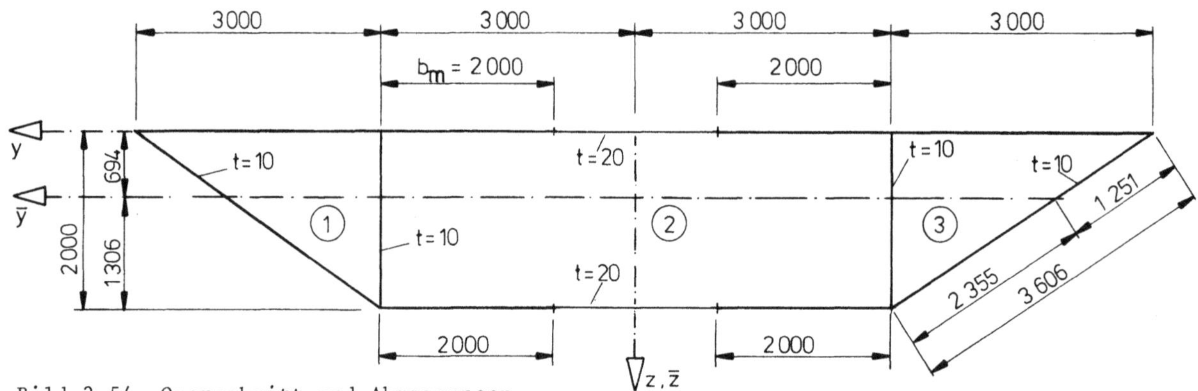

Bild 3.54 Querschnitt und Abmessungen

Symmetrischer Querschnitt → Reduktion der statisch unbestimmten Schubflüsse (s. Abschnitt 3.4.5.3).

$$|T_1| = |T_3|; \quad T_2 = 0$$

Es wird nur der halbe Querschnitt betrachtet.

a) Ermittlung des Schwerpunktes unter Berücksichtigung der mittragenden Breite

$$\frac{1}{2} \Sigma F = 300 \cdot 2,0 + 2 \cdot 200 \cdot 2,0 + 200 \cdot 1,0 + 360,6 \cdot 1,0 = 1960,6 \text{ cm}^2$$

$$\frac{1}{2} \Sigma z \cdot F = 360,6 \cdot 1,0 \cdot 1,0 + 200 \cdot 1,0 \cdot 1,0 + 200 \cdot 2,0 \cdot 2,0 = 1360,6 \text{ cm}^2\text{m}$$

$$z_s = \frac{\Sigma zF}{\Sigma F} = \frac{1360,6}{1960,6} = 0,694 \text{ m}$$

b) Ermittlung der mittragenden Dicke

Es wird ein linearer Spannungsverlauf angenommen. Die Gurtdicke $\varkappa_R \cdot t$ in der Mitte des Kastens ② ergibt sich nach Gleichung (3.34a) zu:

$$\varkappa_R \cdot t = (2 \frac{b_m}{b} - 1) \cdot t = (2 \frac{2000}{3000} - 1) \cdot 20 = 6,67 \text{ mm}$$

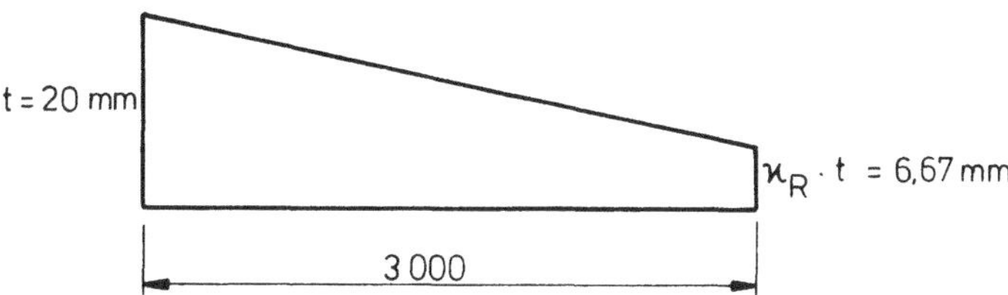

Bild 3.55 Verlauf der mittragenden Gurtdicke für die linke Hälfte des mittleren Kastens

c) Schubfluß am aufgeschnittenen Querschnitt

$$T_o = - \frac{Q_z}{F_{zz}} F_z(s)$$

Dazu werden die Integrationsrichtungen in den einzelnen Abschnitten festgelegt.

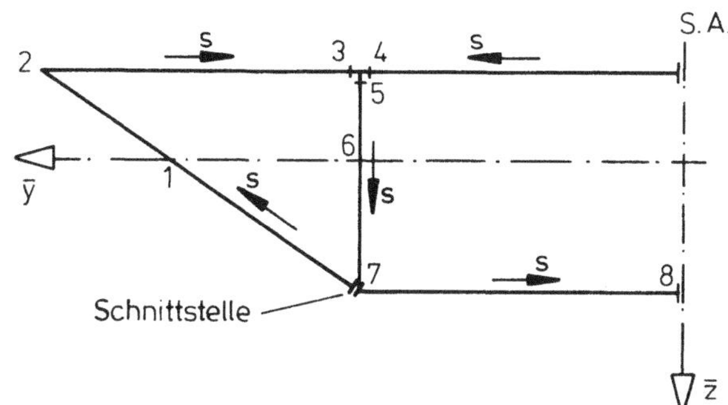

Bild 3.56 Integrationsrichtung und Punktbezeichnung am aufgeschnittenen halben System

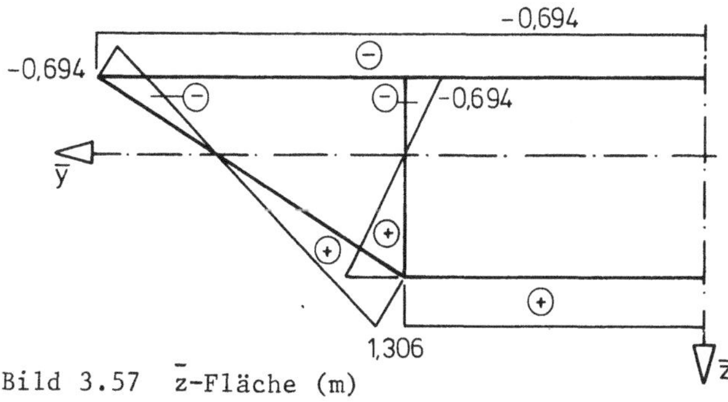

Bild 3.57 $\bar{z}$-Fläche (m)

Bei der Ermittlung der $F_z(s)$-Fläche muß der lineare Verlauf der mittragenden Gurtdicke im mittleren Kasten berücksichtigt werden.

$$F_z(1) = \frac{1}{2}\, 1,306 \cdot 1,0 \cdot 235,5 = 153,78$$

$$F_z(2) = 153,78 - \frac{1}{2}\, 0,694 \cdot 1,0 \cdot 125,1 = 110,37$$

$$F_z(3) = 110,37 - 0,694 \cdot 2,0 \cdot 300 = -306,03$$

$$F_z(4) = -\frac{1}{2}(2,0 + 0,667) \cdot 0,694 \cdot 300 = -277,63$$

$F_z(5) = -306{,}03 - 277{,}63 = -583{,}66$

$F_z(6) = -583{,}66 - \frac{1}{2}\, 0{,}694 \cdot 1{,}0 \cdot 69{,}4 = -607{,}74$

$F_z(7) = -607{,}74 + \frac{1}{2}\, 1{,}306 \cdot 1{,}0 \cdot 130{,}6 = -522{,}46$

$F_z(8) = -522{,}46 + \frac{1}{2}\,(2{,}0 + 0{,}667) \cdot 1{,}306 \cdot 300 = 0$

Bild 3.58 $F_z(s)$-Fläche des halben Querschnitts

d) Ermittlung des unbekannten Schubflusses T_1

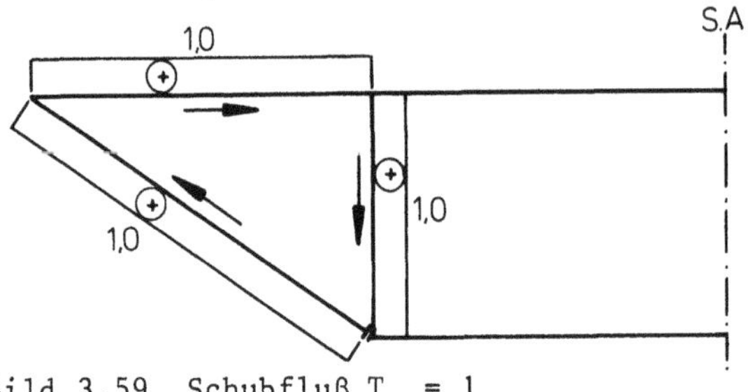

Bild 3.59 Schubfluß $T_1 = 1$

Nach Gl.(3.40) ist

$$T_i \oint \frac{ds}{t} = -\oint T_o \frac{ds}{t}$$ hierbei ist für t die wahre Dicke einzusetzen.

$$\oint_1 \frac{ds}{t} = \frac{360{,}6}{1{,}0} + \frac{300}{2{,}0} + \frac{200}{1{,}0} = 710{,}6$$

$$\oint_1 T_o \frac{ds}{t} = -\frac{Q_z}{F_{zz}} \left[\frac{2}{3}\, 153{,}78 \, \frac{235{,}5}{1{,}0} + \frac{2}{3}\,(153{,}78 - 110{,}37)\, \frac{125{,}1}{1{,}0} + 110{,}37\, \frac{125{,}1}{1{,}0} \right.$$
$$+ \frac{1}{2}\,(110{,}37 - 306{,}03)\, \frac{300}{2{,}0} - 583{,}66\, \frac{69{,}4}{1{,}0} - \frac{2}{3}\,(607{,}74 - 583{,}66)\, \frac{69{,}4}{1{,}0}$$
$$\left. - \frac{2}{3}\,(607{,}74 - 522{,}46)\, \frac{130{,}6}{1{,}0} - 522{,}46\, \frac{130{,}6}{1{,}0} \right] = +90381{,}79\, \frac{Q_z}{F_{zz}}$$

$$T_1 = -\frac{\oint T_o \frac{ds}{t}}{\oint \frac{ds}{t}} = -\frac{90381{,}79}{710{,}6}\, \frac{Q_z}{F_{zz}} = -127{,}19\, \frac{Q_z}{F_{zz}}$$

Damit ergibt sich der endgültige Verlauf des Schubflusses aus der Überlagerung von T_o und T_1

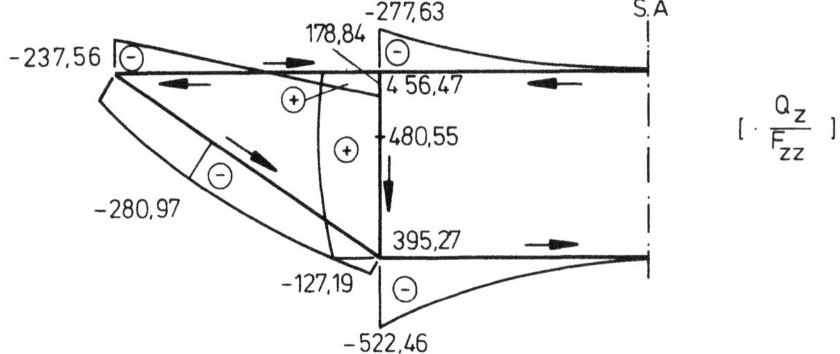

Bild 3.60 Endgültiger Schubfluß am halben Querschnitt

3.5 Zweiachsige Biegung

3.5.1 Allgemeines

Bei Biegung um beide Querschnittshauptachsen (y und z) werden zweckmäßig beide Wirkungen getrennt berechnet und anschließend überlagert. Hierbei muß jedoch (insbesondere bei Computerberechnungen) auf die Vorzeichen geachtet werden. Deshalb wird in den folgenden Abschnitten hierauf besonders eingegangen.

3.5.2 Vorzeichenfestlegungen

Es werden nochmals die Definitionen angegeben:

Koordinatensystem: "Rechtssystem" x, y, z, zugehörige Verschiebungen u, v, w

Stabachse: x-Achse

Querschnittshauptachsen: y- und z-Achse

Schnittgrößen: Normalkraft N, Querkräfte Q_y und Q_z

äußere Lasten: Streckenlasten p_y und p_z, Einzellasten P_y und P_z

pos. Schnittufer: Die Flächennormale des betrachteten Querschnitts zeigt in positive x-Richtung

Vorzeichen:

Die Schnittgrößen sind dann positiv, wenn ihr Vektor am positiven Schnittufer in die jeweilige positive Koordinatenrichtung zeigt.

Die äußeren Lasten sind positiv, wenn sie in die jeweils positive Koordinatenrichtung zeigen.

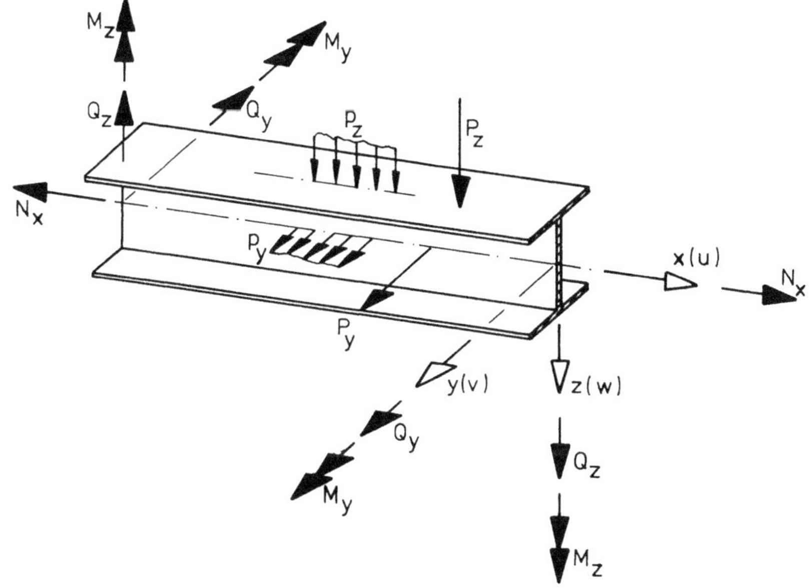

Bild 3.61 Belastung und Schnittgrößen bei zweiachsiger Biegung (Blick auf das positive Schnittufer)

3.5.3 Querkraftbiegung um die y-Achse

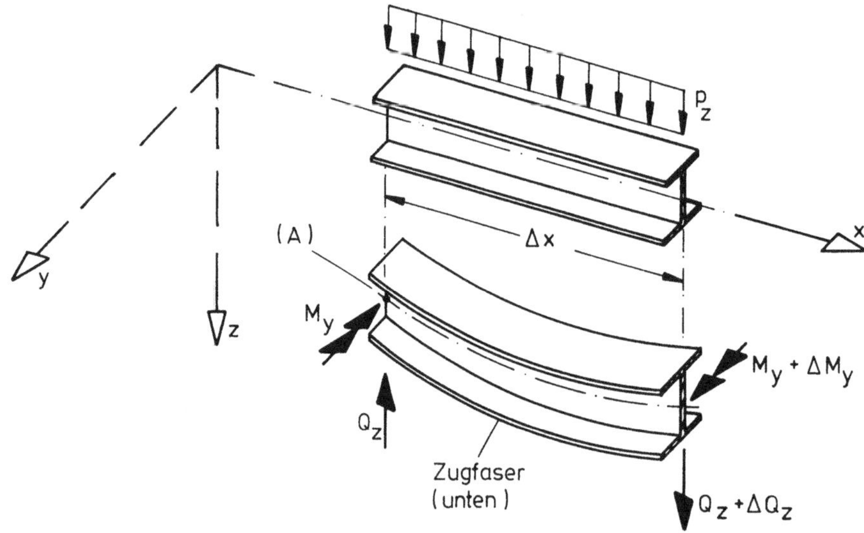

Bild 3.62 Biegung um die y-Achse

Anmerkung: Ein positives M_y erzeugt in der unteren Faser (positives z) Zugspannungen.

$$\Sigma Z = 0: \quad p_z \cdot \Delta x + Q_z + \Delta Q_z - Q_z = 0$$

$$p_z \cdot \Delta x + \Delta Q_z = 0$$

$$p_z = -\frac{\Delta Q_z}{\Delta x}$$

Grenzübergang $\Delta x \to 0$

$$p_z = -\frac{d}{dx}(Q_z)$$

$$p_z = -Q_z' \tag{3.44}$$

$$\Sigma M_{(A)} = 0$$

$$M_y + \Delta M_y - M_y - (Q_z + \Delta Q_z) \cdot \Delta x - p_z \frac{\Delta x^2}{2} = 0$$

$$\Delta M_y - Q_z \cdot \Delta x - \underbrace{\Delta Q_z}_{-p_z \cdot \Delta x} \cdot \Delta x - p_z \frac{\Delta x^2}{2} = 0$$

$$\Delta M_y - Q_z \, \Delta x + p_z \frac{\Delta x^2}{2} = 0$$

$$Q_z = \frac{\Delta M_y}{\Delta x} + p_z \frac{\Delta x^2}{2\Delta x}$$

Grenzübergang $\Delta x \to 0$

$$Q_z = \frac{d}{dx}(M_y)$$

$$Q_z = +M_y' \tag{3.45}$$

$$p_z = -M_y'' \tag{3.46}$$

Darstellung der Zusammenhänge beim Balken auf 2 Stützen:

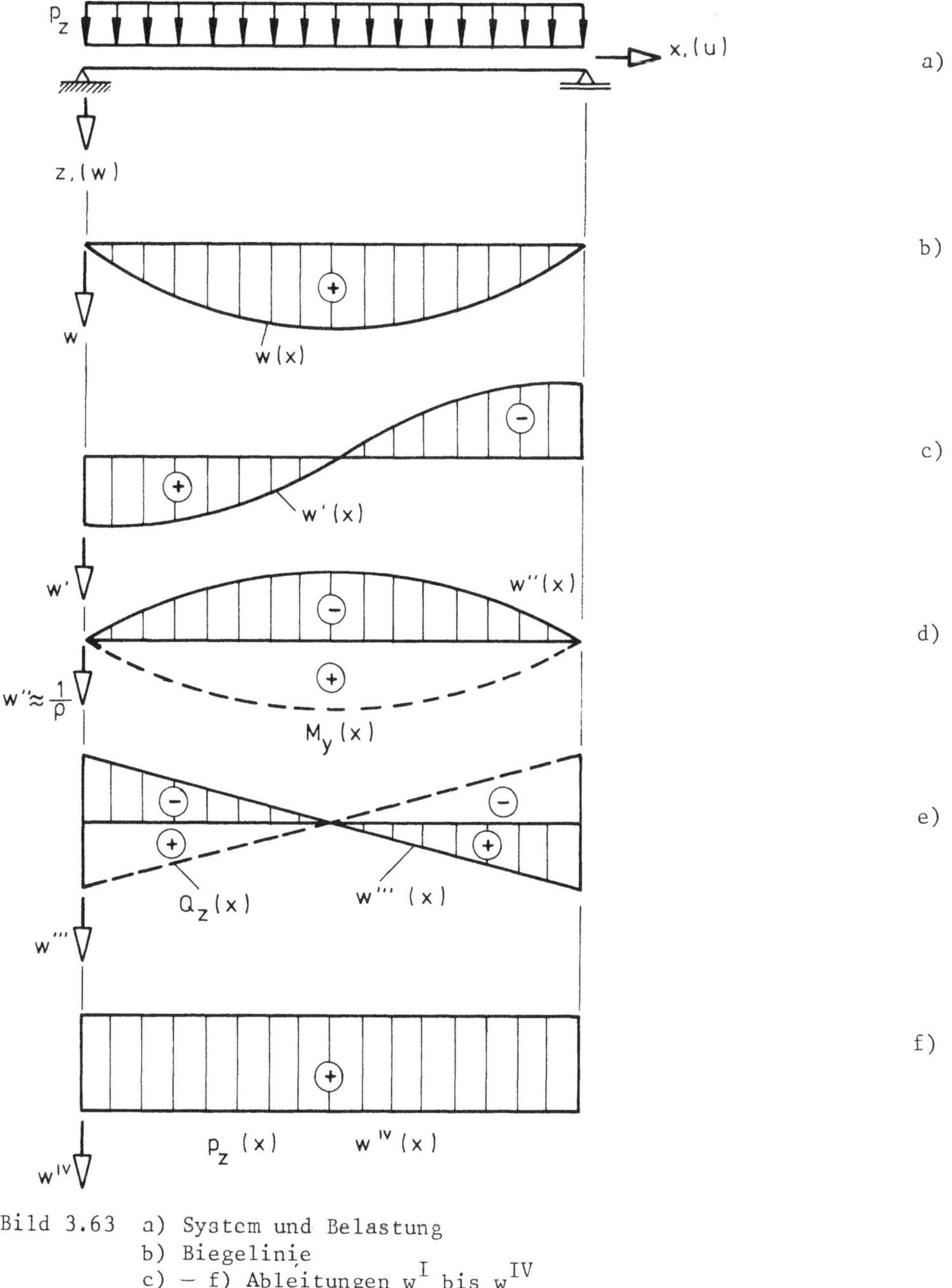

a)

b)

c)

d)

e)

f)

Bild 3.63 a) System und Belastung
b) Biegelinie
c) – f) Ableitungen w^I bis w^{IV}

$$w^{IV} \text{ prop. } + p_z(x) \qquad w^{IV} = + \frac{p_z}{EF_{zz}} \qquad \left(\text{bzw. } w^{IV} = \frac{p_z}{EI_y}\right)$$

$$w^{III} \text{ prop. } - Q_z(x) \qquad w^{III} = - \frac{Q_z}{EF_{zz}} \qquad \left(\text{bzw. } w^{III} = - \frac{Q_z}{EI_y}\right)$$

$$w^{II} \text{ prop. } - M_y(x) \qquad w^{II} = - \frac{M_y}{EF_{zz}} \qquad \left(\text{bzw. } w^{II} = - \frac{M_y}{EI_y}\right) \qquad (3.47)$$

3.5.4 Querkraftbiegung um die z-Achse

Für die y-Richtung ergeben sich andere (!) Vorzeichenverknüpfungen.

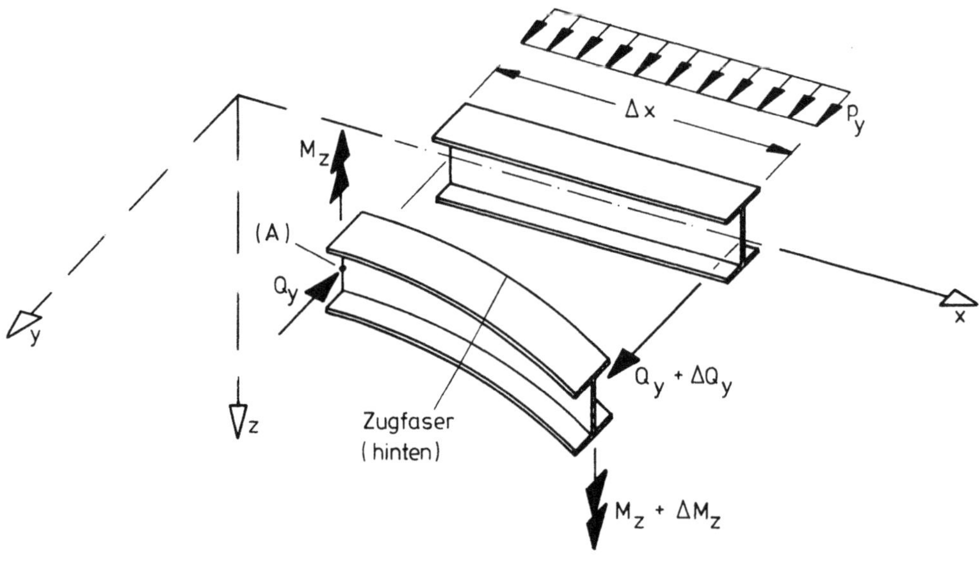

Bild 3.64 Biegung um die z-Achse

Anmerkung: Ein positives M_z erzeugt in der hinteren Faser (negatives y) Zugspannungen.

$$\Sigma Y = 0: \quad Q_y + \Delta Q_y - Q_y + p_y \cdot \Delta x = 0$$

$$\Delta Q_y + p_y \cdot \Delta x = 0$$

$$p_y = -\frac{\Delta Q_y}{\Delta x}$$

Grenzübergang $\Delta x \to 0$

$$p_y = -\frac{d}{dx}(Q_y)$$

$$p_y = -Q_y' \qquad (3.48)$$

$$\Sigma M_{(A)} = 0$$

$$(Q_y + \Delta Q_y) \cdot \Delta x + M_z + M_z - M_z + p_y \frac{\Delta x^2}{2} = 0$$

$$\Delta M_z + Q_y \cdot \Delta x + \underbrace{\Delta Q_y \cdot \Delta x}_{-p_y \cdot \Delta x} + p_y \frac{\Delta x^2}{2} = 0$$

$$\Delta M_z + Q_y \cdot \Delta x - p_y \frac{\Delta x^2}{2} = 0$$

$$Q_y = -\frac{\Delta M_z}{\Delta x} + p_y \frac{\Delta x^2}{2\Delta x}$$

Grenzübergang $\Delta x \to 0$ $\qquad Q_y = -\frac{d}{dx}(M_z)$

$$Q_y = -M_z' \qquad (3.49)$$

$$p_y = +M_z'' \qquad (3.50)$$

Darstellung der Zusammenhänge beim Balken auf 2 Stützen:

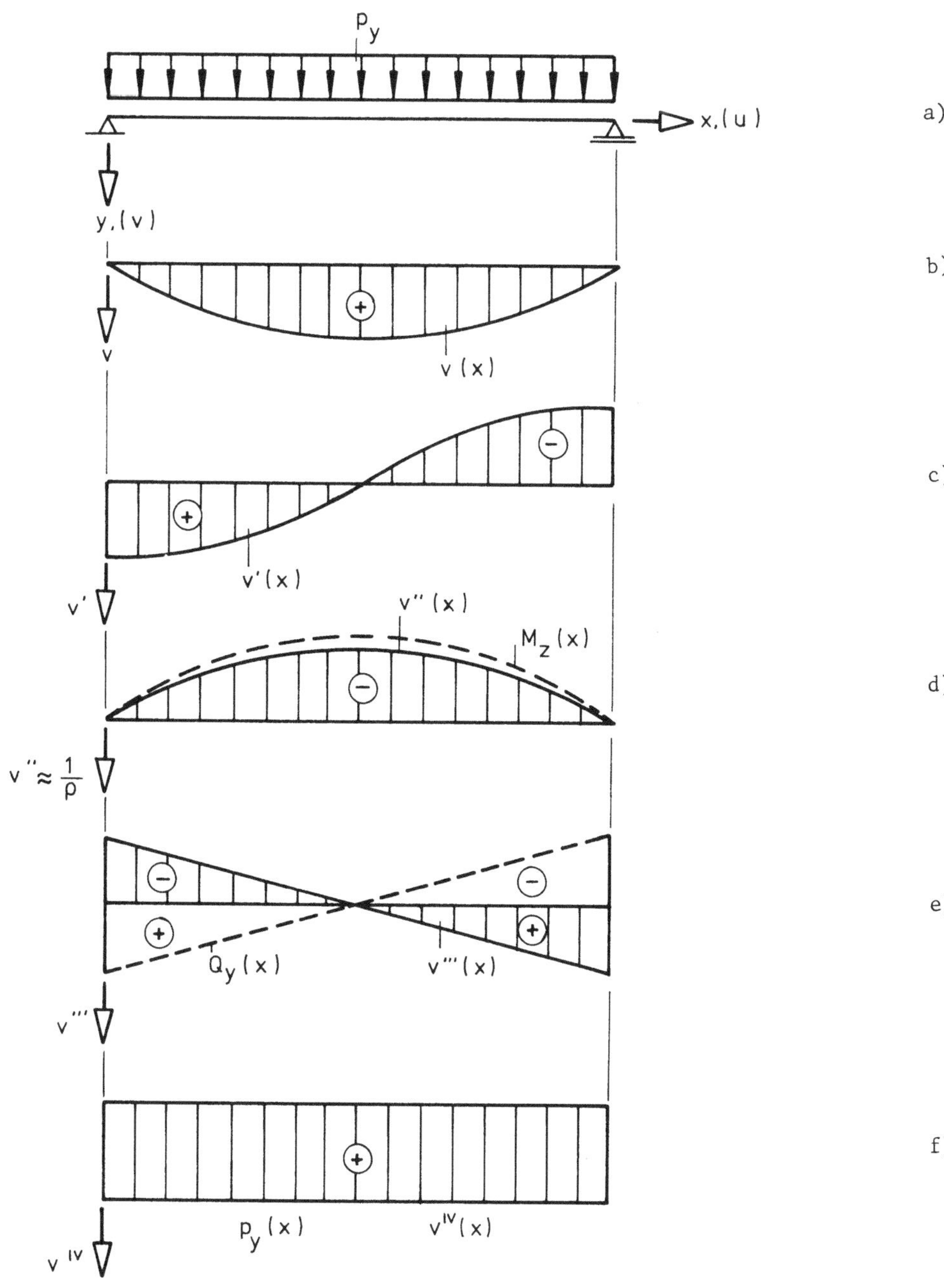

Bild 3.65 a) System und Belastung
b) Biegelinie
c) – f) Ableitungen v^I bis v^{IV}

$$v^{IV} \text{ prop. } + p_y(x) \qquad v^{IV} = + \frac{p_y}{EF_{yy}} \qquad \left(\text{bzw. } v^{IV} = \frac{p_y}{EI_z}\right)$$

$$v^{III} \text{ prop. } - Q_y(x) \qquad v^{III} = - \frac{Q_y}{EF_{yy}} \qquad \left(\text{bzw. } v^{III} = - \frac{Q_y}{EI_z}\right)$$

$$v^{II} \text{ prop. } + M_z(x) \qquad v^{II} = + \frac{M_z}{EF_{yy}} \qquad \left(\text{bzw. } v^{II} = \frac{M_z}{EI_z}\right) \qquad (3.51)$$

3.5.5 Normalspannungen bei zweiachsiger Biegung

Überlagert man bei Belastungen in y- und z-Richtung die Normalspannungen, so müssen für positive Momente M_y und M_z die σ_xSpannungen in der mit *) gekennzeichneten Faser positiv (Zug) sein. Diese Faser hat eine negative y- und eine positive z-Ordinate.

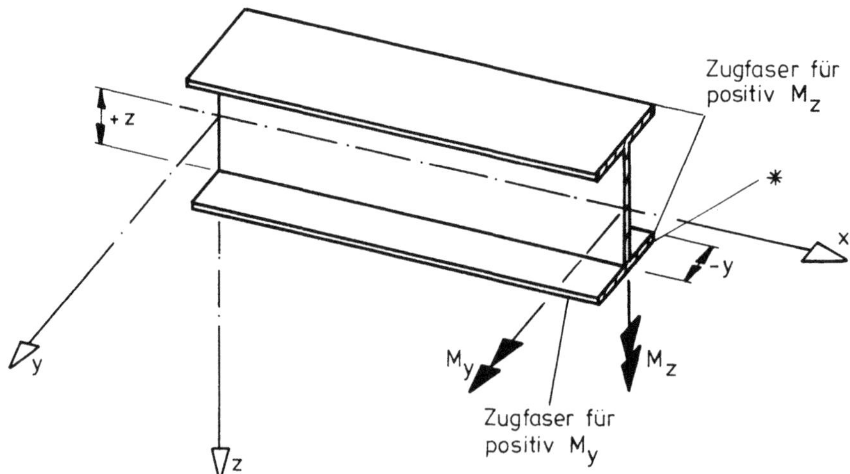

Bild 3.66 Zugfasern bei zweiachsiger Biegung

Daher:

$$\sigma_x(y,z) = \frac{M_y}{F_{zz}} z - \frac{M_z}{F_{yy}} y \tag{3.52}$$

Bei positiver Drehung im Rechtssystem um die x-Achse wird die y-Achse in die z-Achse "hineingedreht". Die z-Achse aber wird durch eine "negative Drehung" in die y-Achse hineingedreht. Daher treten für $\sigma_x(M_y)$ und $\sigma_x(M_z)$ unterschiedliche Vorzeichen auf.
Vorsicht: Beim "Linkssystem" gelten z.T. andere Vorzeichen.

3.5.6 Schubspannungen bei zweiachsiger Beanspruchung

Ergänzt man Gl.(3.52) zu

$$\sigma_x(y,z) = \frac{N}{F} + \frac{M_y}{F_{zz}} z - \frac{M_z}{F_{yy}} y$$

und berücksichtigt

$$M_y' = Q_z \quad \text{und} \quad M_z' = - Q_y \,,$$

so werden für $\frac{d\sigma_x}{dx}$ die Vorzeichen der beiden Anteile wieder "einheitlich".

Für offene, dünnwandige Querschnitte gilt nach Gl.(3.24):

$$T = - \frac{Q_z}{F_{zz}} F_z(s) - \frac{Q_y}{F_{yy}} F_y(s) \tag{3.53}$$

Für einzellige Hohlquerschnitte gilt:

$$T = - \frac{Q_z}{F_{zz}} \left[F_z(s) - \frac{\oint \frac{F_z(s)}{t} ds}{\oint \frac{ds}{t}} \right] - \frac{Q_y}{F_{yy}} \left[F_y(s) - \frac{\oint \frac{F_y(s)}{t} ds}{\oint \frac{ds}{t}} \right] \tag{3.54}$$

Wie man leicht erkennt, hat eine Formelzusammenfassung für mehrzellige Querschnitte keinen Sinn, da man besser die beiden Achsenrichtungen getrennt berechnet und die Ergebnisse überlagert.

3.5.7 Zahlenbeispiel Normalspannungen aus zweiachsiger Biegung

Ein Geländerholm L 50 x 6, St 37 wird durch eine Horizontalkraft p = 0,8 kN/m (80 kp/m) belastet.

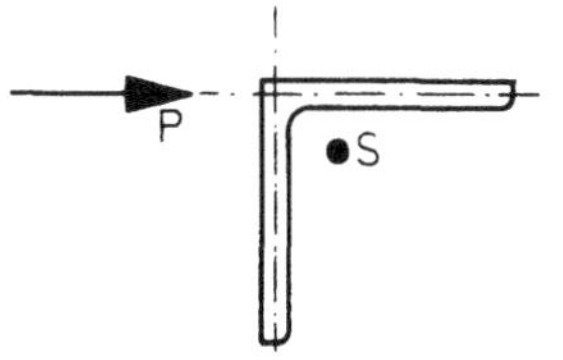

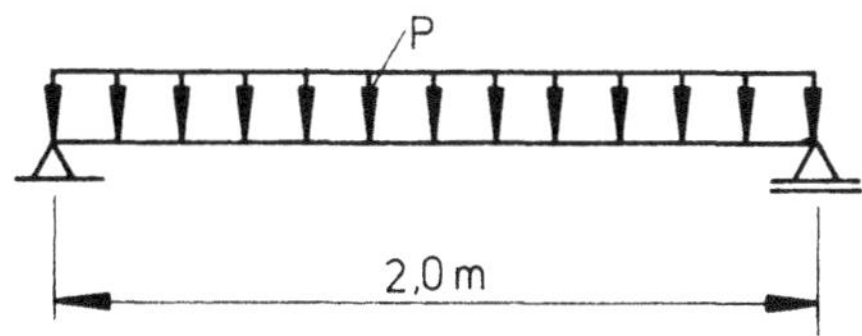

Bild 3.67 Querschnitt und Längssystem mit Belastung

$$p_\eta = p_\xi = \frac{p}{\sqrt{2}} = \frac{0,8}{\sqrt{2}} \text{ kN/m} \quad (80/\sqrt{2} \text{ kp/m})$$

$$M_\eta = M_\xi = \frac{0,8 \cdot 2,0^2}{8\sqrt{2}} = 0,283 \text{ kNm} \quad (2,83 \text{ Mpcm})$$

Querschnittswerte aus den Profiltafeln:

$$I_\eta = F_{\xi\xi} = 5,24 \text{ cm}^4$$

$$I_\xi = F_{\eta\eta} = 20,4 \text{ cm}^4$$

$$\eta_1 = -\eta_3 = 3,54 \text{ cm}$$

$$\xi_1 = \xi_3 = 1,77 \text{ cm}$$

$$\xi_2 = -2,04 \text{ cm}$$

Spannungen:

$$\sigma_1 = \frac{28,3}{5,24}\,1,77 + \frac{28,3}{20,4}\,3,54$$

$$= 9,6 + 4,9 = 14,5 \text{ kN/cm}^2 \quad (1,45 \text{ Mp/cm}^2)$$

$$\sigma_3 = 9,6 - 4,9 = 4,7 \text{ kN/cm}^2 \quad (0,47 \text{ Mp/cm}^2)$$

$$\sigma_2 = -\frac{28,3}{5,24}\,2,04 = -11,0 \text{ kN/cm}^2 \quad (-1,1 \text{ Mp/cm}^2)$$

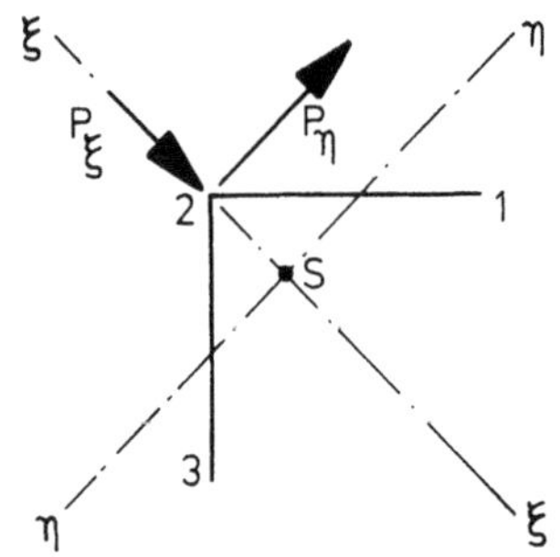

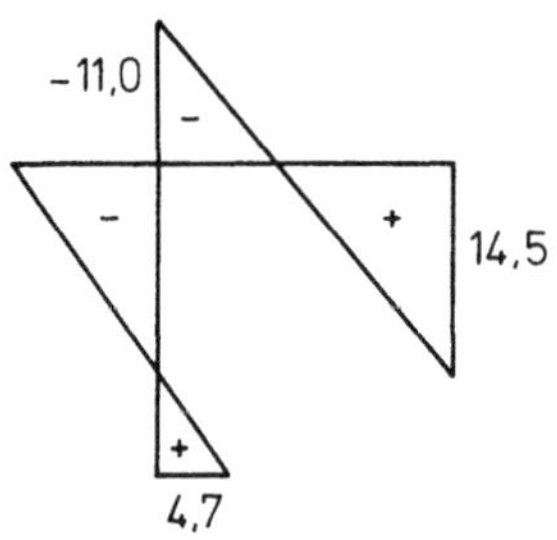

Bild 3.68 a) Hauptträgheitsachsen und Belastung b) Normalspannungen

Achtung: Es könnte der Eindruck entstehen, daß es sich um einachsige Biegung handelt; insbesondere weil in den Profiltafeln die Werte für das Widerstansmoment um die x-Achse angegeben sind.

Die Spannungsberechnung mit

$$W_x = 3{,}61 \text{ cm}^3 \quad \text{(aus Profiltafel)}$$

und

$$M = \frac{0{,}8 \cdot 2{,}0^2}{8} = 0{,}4 \text{ kNm} \quad (40 \text{ kpm})$$

liefert jedoch eine völlig falsche Spannungsverteilung (s. Bild 3.69).

$$\max \sigma_x = \frac{M}{W_x} = \frac{40{,}0}{3{,}61} = 11{,}0 \text{ kN/cm}^2 \quad (1{,}1 \text{ Mp/cm}^2)$$

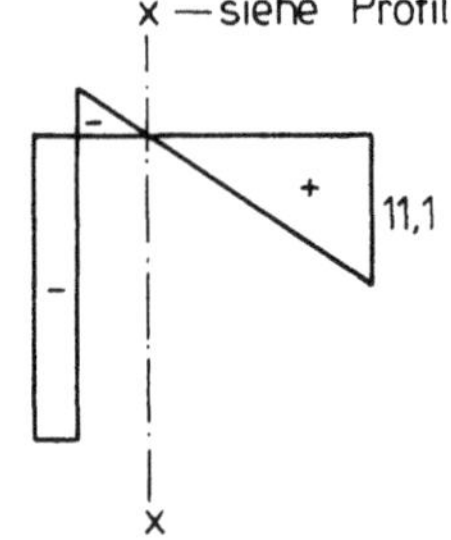

Bild 3.69 Normalspannungsverteilung bei falscher Berechnung

3.6 St. Venantsche Torsion

3.6.1 Allgemeines

Die für die Biegung als sehr brauchbare Näherung verwendete Bernoulli-Hypothese vom "Ebenbleiben des Querschnittes" gilt nicht mehr bei Torsionsbeanspruchung. Von zentraler Bedeutung ist vielmehr die "Verwölbung" des Querschnitts. Die Form der Verwölbung ist abhängig von der Querschnittsgestalt. Die Auswirkung der Verwölbung auf den Spannungszustand ist abhängig von der Art der Belastung und Lagerung des Stabes.

Man unterscheidet daher:

- St. Venantsche Torsion (auch zwangsfreie Drillung genannt):
  Alle Querschnitte des Stabes können sich ungehindert verwölben. Es entstehen nur "primäre Schubspannungen τ_p", aber keine Spannungen, die aufgrund von (z.B. behinderter) Verwölbung hervorgerufen werden.
- Wölbkrafttorsion (auch Zwangs- oder Zwängungsdrillung genannt):
  Die Querschnitte können sich nicht ungehindert verwölben. Es entstehen außer primären Schubspannungen τ_p noch sekundäre Spannungen σ_ω und τ_ω durch Wölbbehinderungen.

Folge:
- Für "wölbfreie" Querschnitte gilt im allgemeinen die St. Venantsche Torsion.
- Für "nicht wölbfreie" Querschnitte muß i.a. die Wölbkrafttorsion berücksichtigt werden.
- Für "wölbarme" Querschnitte kann häufig die St. Venantsche Torsion als brauchbare Näherung verwendet werden.

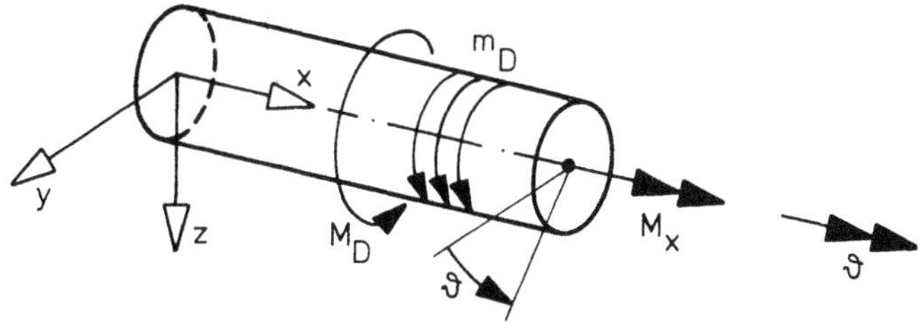

Bild 3.70 Belastung und Schnittgrößen bei Torsion

Belastung: Äußeres Torsionsmoment M_D (kNm) bzw. m_D (kNm/m)
Schnittgröße: Inneres Torsionsmoment M_x (kNm)
Drehwinkel: ϑ

3.6.2 Wölbfreie Querschnitte

Es gibt drei Arten wölbfreier Querschnitte:

1. Rotationssymmetrische Querschnitte

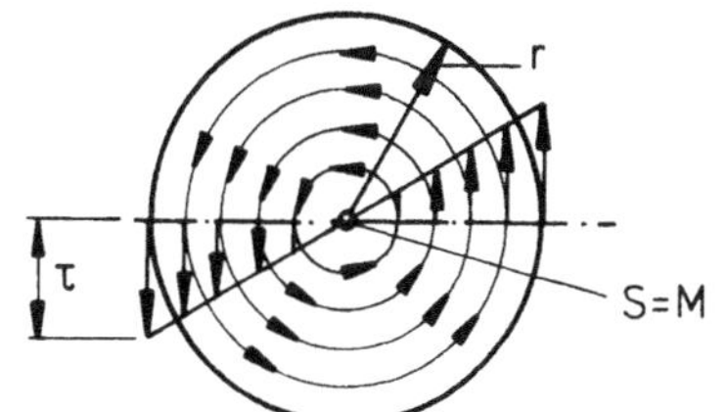

Bild 3.71 Schubspannungen beim Vollkreis

Lineare Verteilung der umlaufenden Schubspannungen

$$I_D = \frac{\pi r^4}{2} \tag{3.55}$$

Anmerkung: Infolge "paarweise gleicher" Schubspannungen treten in tordierten Rundhölzern Längsrisse auf!

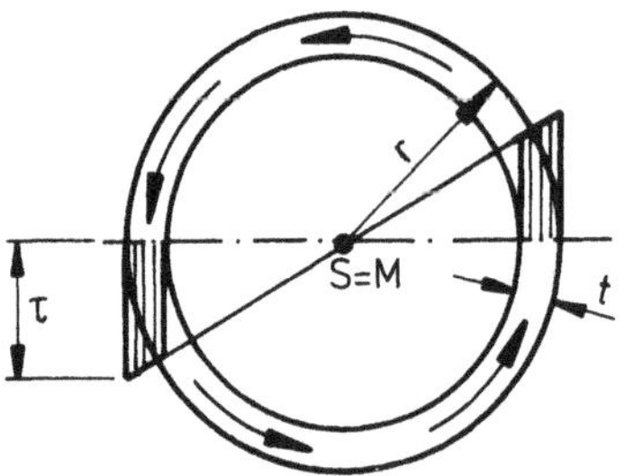

Bild 3.72 Schubspannungen beim Hohlkreis (Rohr)

$$I_D = \frac{\pi}{2}\left[r^4 - (r-t)^4\right]$$

$$= \frac{\pi}{2}\left[r^4 - (1 - 4\,\frac{t}{r})r^4\right] \text{ für } \frac{t}{r} << 1$$

$$I_D = 2\pi r^3 \cdot t \qquad (3.56)$$

Der Schubmittelpunkt M liegt im Schwerpunkt S.

2. Profile aus zwei sich kreuzenden dünnen Streifen
   Der Schubmittelpunkt M liegt im Kreuzungspunkt

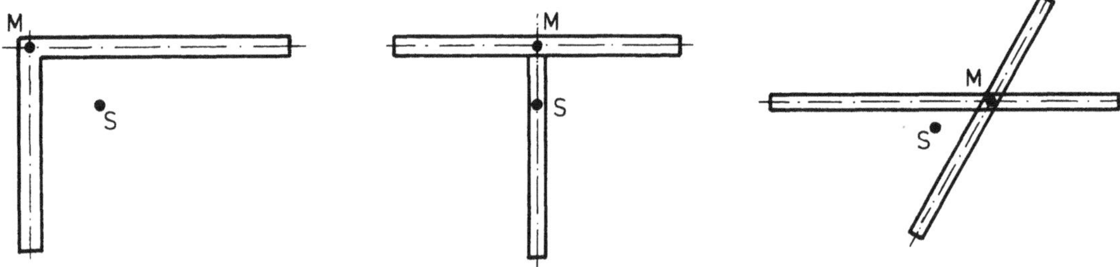

Bild 3.73 Lage des Schubmittelpunktes

3. Dünnwandige Hohlquerschnitte mit Zusatzforderung

Man betrachtet die Wanddicken t_i als Vektoren und zeichnet deren Resultierende in den Eckpunkten.

Schneiden sich alle Resultierenden in einem Punkt, so ist der Querschnitt wölbfrei und dieser Punkt der Schubmittelpunkt M.

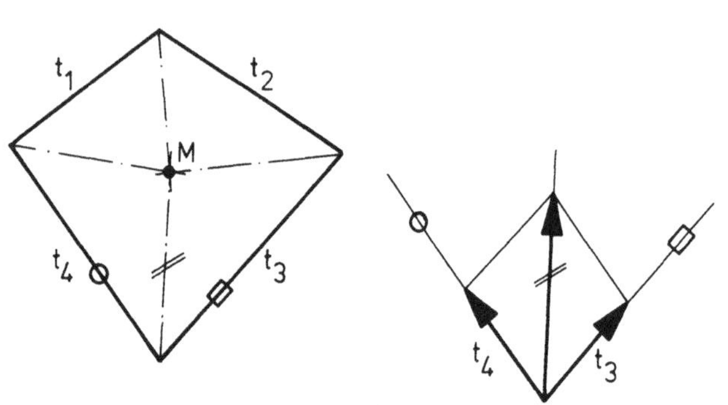

Bild 3.74 Zusatzforderung wölbfreier Hohlquerschnitte

Folge: Alle Dreiecks-Hohlquerschnitte sind wölbfrei.

Alle Polygone mit konstanter Blechdicke t, die einen Kreis umschließen, sind wölbfrei (z.B. Quadrat).

Anmerkung: Die "wölbfreien" Querschnitte verlieren diese Eigenschaft, wenn eine Zwangsdrillachse auftritt (vgl. Abschnitt 3.7.8).

Alle anderen Querschnitte sind nicht wölbfrei, z.B.:

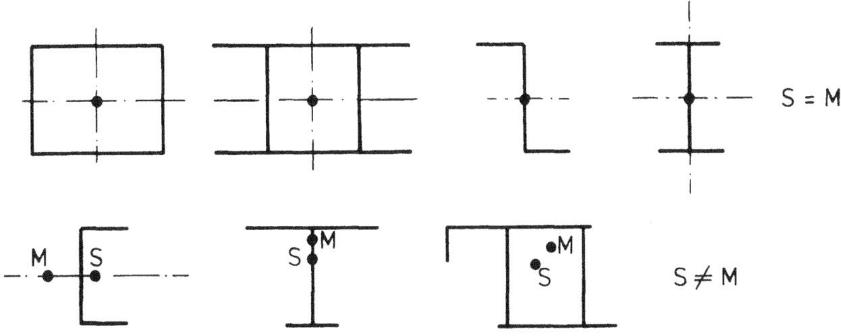

Bild 3.75 Nicht wölbfreie Querschnitte

3.6.3 Voraussetzungen

- elastischer Werkstoff
- "kleine" Formänderungen
- die Querschnittsform bleibt erhalten
- es greifen nur Torsionsmomente M_D an den beiden Stabenden an
- die entstehenden Querschnittsverformungen werden nicht behindert

Es entstehen bei den genannten Voraussetzungen nur Schubspannungen τ_p. Sie werden als St. Venantsche oder primäre Schubspannungen bezeichnet.

Anmerkung: Die Forderung, daß die Querschnittsform erhalten bleibt, ist äußerst wichtig. Sie führt dazu, daß insbesondere an Krafteinleitungsstellen Schotte oder steife Querverbände angeordnet werden müssen.

3.6.4 Der dünnwandige Rechteckquerschnitt

Die (recht aufwendige) Ableitung für dickwandige allgemeine Querschnitte mit Hilfe der Spannungsfunktion wird hier nicht behandelt. Sie ist in /21/ nachzulesen.

Für dünnwandige Querschnitte ergeben sich einfachere Zusammenhänge. Ausgehend von der Differentialgleichung der St. Venantschen Torsion

$$\frac{d\vartheta}{dx} = \frac{M_D}{GI_D} = \text{konst.} \qquad (3.57)$$

wird für den schmalen Rechteckquerschnitt $b \gg t$ gemäß Bild 3.76 die Herleitung in der Weise vorgenommen, daß der Querschnitt in einzelne Ringe zerlegt wird, in denen Schubflüsse $\tau \cdot dr$ wirken. Dabei werden für diese Ringe die Formeln des Abschnittes 3.6.6 verwendet (dünnwandige Hohlquerschnitte).

Bei Annahme einer linearen Schubverteilung

$$\tau_p(r) = \frac{2\,\tau_{max}}{t}\,r$$

trägt ein Streifen der Breite dr einen Anteil (vgl. auch Gl.3.66)

$$d\,M_D = 4\,\tau\,(r)\;dr\;r\,b = 8\,\frac{\tau_{max}}{t}\,r^2\,b\,dr \tag{3.58}$$

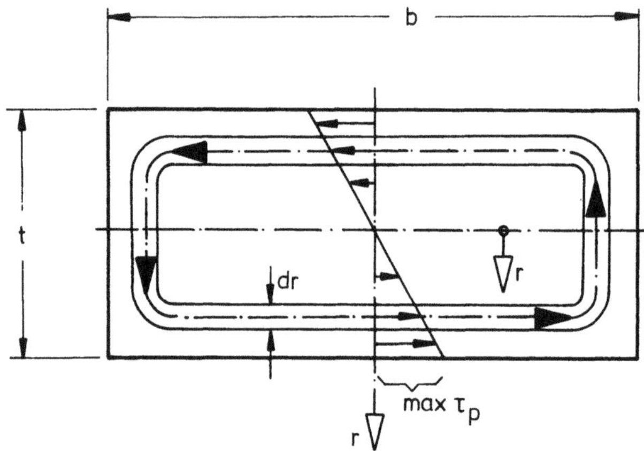

Bild 3.76 Schubspannungsverteilung bei schmalen Rechteckquerschnitten

Für den "äußeren Ring" gilt mit $r = t/2$

$$d\,M_D = 2\;b\cdot t\;\tau_{max}\;dr$$

Die Verdrehsteifigkeit dieses äußeren Ringes ergibt sich nach Gl.(3.67) für $b \gg t$

$$d\,M_D\,\frac{d\vartheta}{dx} = \frac{1}{G}\,2\;b\tau_{max}^2\,dr$$

Daraus folgt:

$$\tau_{max} = G\;t\;\frac{d\vartheta}{dx} \tag{3.59}$$

Für den Gesamtquerschnitt folgt durch Integration der Gl.(3.58):

$$M_D = \frac{8\tau_{max}}{t}\,b\int_{o}^{t/2} r^2\;dr = \frac{1}{3}\,\tau_{max}\;b\;t^2 \tag{3.60}$$

Mit Gl.(3.59) wird:

$$M_D = \frac{d\vartheta}{dx}\,G\,\frac{1}{3}\,b\;t^3 \tag{3.61}$$

und mit $M_D = GI_D\,\frac{d\vartheta}{dx}$ folgt:

$$I_D = \frac{1}{3}\,b\;t^3 \tag{3.62}$$

Die maximale Schubspannung erhält man aus Gl.(3.60) und Gl.(3.62):

$$\max\,\tau_p = \frac{3M_D}{bt^2} = \frac{M_D}{I_D}\,t \tag{3.63}$$

3.6.5 Offene Querschnitte

Unter der Voraussetzung, daß die Form des Gesamtprofiles bei Verdrehung erhalten bleibt, müssen sich alle Teilquerschnitte i um den gleichen Winkel verdrehen wie der Gesamtquerschnitt.

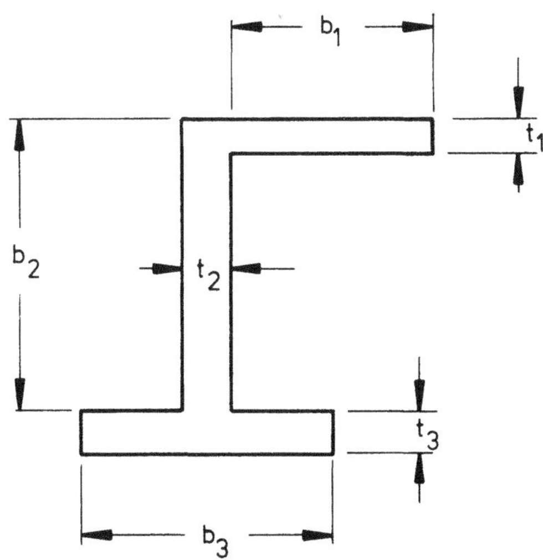

Bild 3.77 Offener Querschnitt

$$\vartheta_i = \vartheta$$

$$\frac{M_{Di}}{GJ_{Di}} = \frac{M_D}{GI_D} \quad \text{bzw.} \quad M_{Di} = \frac{M_D}{I_D} I_{Di}$$

$$\Sigma M_{Di} \overset{!}{=} M_D$$

$$\Sigma M_{Di} = \frac{M_D}{I_D} \Sigma I_{Di} = M_D \rightarrow I_D = \Sigma I_{Di}$$

$$I_D = \frac{1}{3} \Sigma b_i t_i^3 \tag{3.64}$$

Für Ausrundungen bei Walzprofilen wird ein Korrekturwert hinzugefügt.

$$I_D = \frac{1}{3} \eta \Sigma b_i t_i^3 \tag{3.64a}$$

Korrekturwerte für Walzprofile:

$\eta = 1{,}0$

$\eta = 1{,}10 \div 1{,}15$

$\eta = 1{,}3$

Für Lamellenpakete gilt:

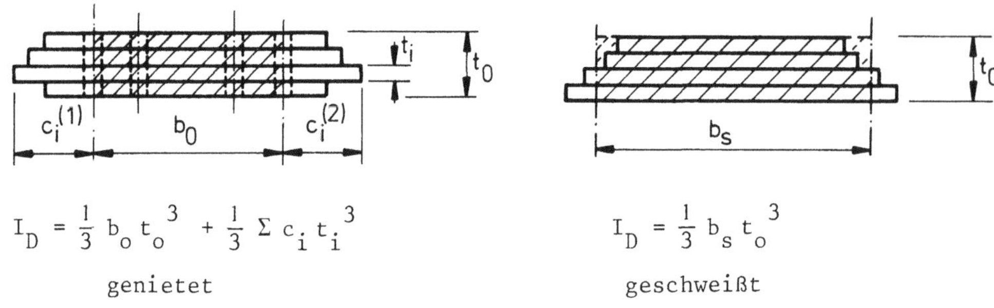

$$I_D = \frac{1}{3} b_o t_o^3 + \frac{1}{3} \Sigma c_i t_i^3$$

genietet

$$I_D = \frac{1}{3} b_s t_o^3$$

geschweißt

Bild 3.78 Lamellenpakete

3.6.6 Einzellige geschlossene Querschnitte

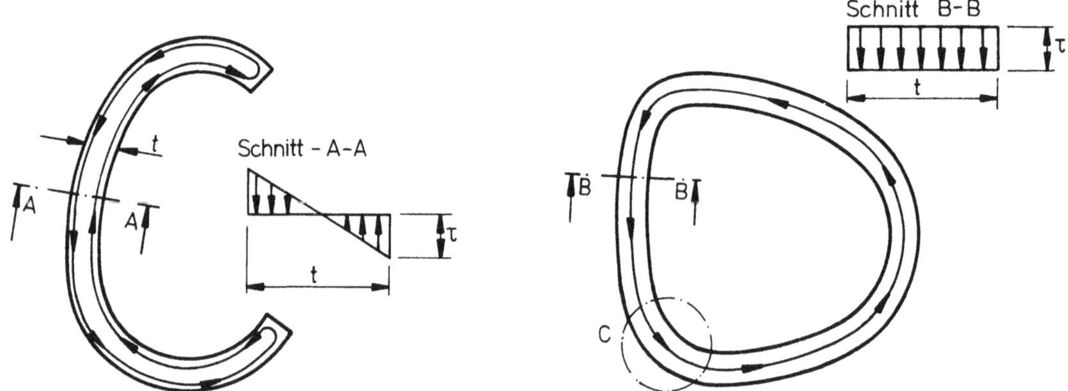

Bild 3.79 Schubspannungsverteilung im offenen und im geschlossenen Profil

Im Gegensatz zu den offenen Profilen mit der ungünstigen τ-Verteilung (kleiner Hebelarm, große Schubspannungen, große Verformung) ist bei dünnwandigen Hohlquerschnitten τ nahezu gleichmäßig über die Wanddicke t verteilt. Es kann daher angenommen werden, daß der Schubfluß $T = \tau \cdot t$ in der Profilmittellinie wirkt.

Die umlaufenden Schubspannungen wirken daher an wesentlich größeren inneren Hebelarmen.

Da die "zugeordneten Schubspannungen" gleich groß sind, folgt aus Gleichgewichtsbetrachtungen am Element:

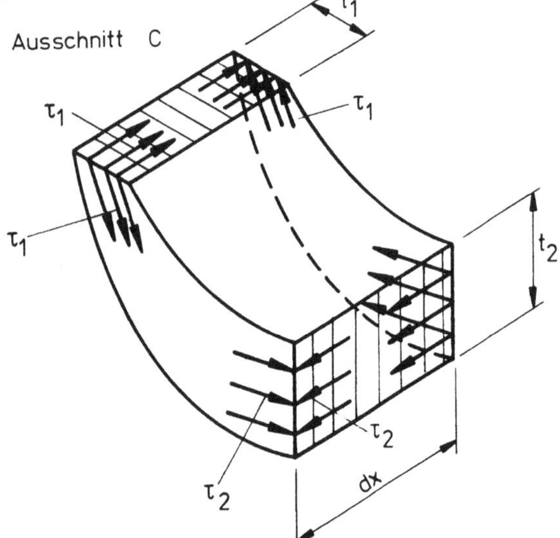

Bild 3.80 Zugeordnete Schubspannungen

$\Sigma X = 0$

$\tau_1 \cdot t_1 \cdot dx = \tau_2 \cdot t_2 \cdot dx$

$$\tau_1 \cdot t_1 = \tau_2 \cdot t_2 = \tau_i\, t_i = T = \text{const} \tag{3.65}$$

Es läuft ein konstanter Schubfluß T (kN/cm) im Hohlquerschnitt rundum.

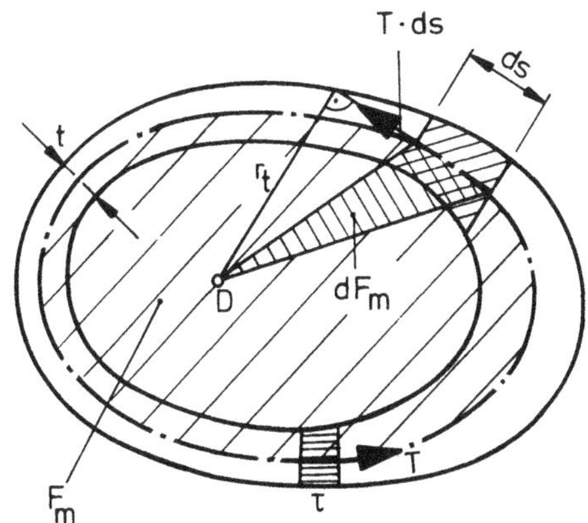

Bild 3.81 Vom Schubfluß eingeschlossene Fläche F_m

Für den (beliebigen) Drehpunkt D gilt:

$\Sigma M_D = 0$

$M_D = \oint r_t \cdot T\, ds = T \oint r_t\, ds$

$\oint r_t\, ds = 2\, F_m$

$M_D = T \cdot 2\, F_m$

Daraus folgt die 1. Bredtsche Formel

$$T = \frac{M_D}{2F_m} \; ; \qquad \max \tau_p = \frac{T}{t_{min}} \tag{3.66}$$

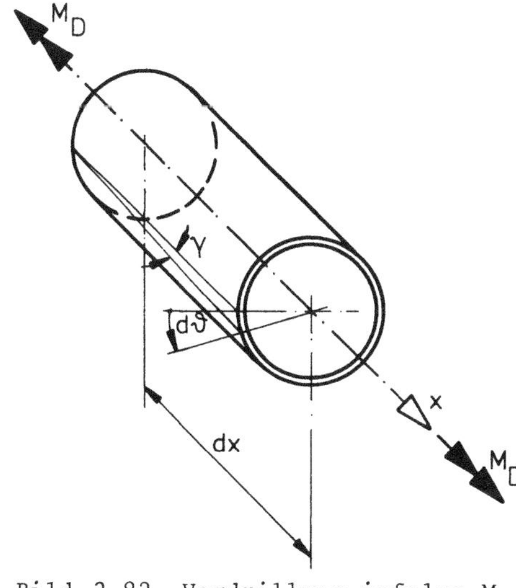

Bild 3.82 Verdrillung infolge M_D

Nach Bild 3.82 gilt:

$$\frac{1}{2} M_D\, d\vartheta = \frac{1}{2} \oint \tau_p\, t\, \gamma\, dx\, ds \quad \text{(Arbeitssatz)}$$

$$\text{mit} \quad \gamma = \frac{\tau}{G} \quad \text{und} \quad T = \tau_p\, t \tag{3.67}$$

folgt mit (3.66)

$$M_D\, d\vartheta = dx \oint \frac{\tau_p^2}{G}\, t\, ds = dx\, \frac{T^2}{G} \oint \frac{ds}{t}$$

$$\vartheta' = \frac{M_D}{4GF_m^2} \oint \frac{ds}{t} \tag{3.68}$$

Mit $\vartheta' = \dfrac{M_D}{GI_D}$ folgt für den Drillwiderstand

$$I_D = \frac{4F_m^2}{\oint \frac{ds}{t}} \qquad \text{2. Bredtsche Formel} \tag{3.69}$$

Häufig wird der Begriff Torsionsfunktion $\psi = \frac{T}{G \frac{d\vartheta}{dx}}$ verwendet.

Für einzellige Hohlquerschnitte ergibt sich mit den Bredtschen Formeln

$$\psi = \frac{2 F_m}{\oint \frac{ds}{t}}$$

Diese Formeln gelten nur näherungsweise, da ein Teil des Torsionsmomentes von dem "aufgeschnittenen" Stab aufgenommen wird. Bei dünnwandigen Profilen ist dieser Einfluß vernachlässigbar gering. Enthält der Querschnitt jedoch einzelne dickwandige Teile (z.B. bei Verbundquerschnitten), so muß dieser Anteil u.U. berücksichtigt werden.

Aus der Bedingung "gleiche Verdrehung" folgt:

$$M_D^{ges.} = M_D^{offen} + M_D^{geschl.} = G\,\vartheta'(I_D^{offen} + I_D^{geschl.}) = G\,\vartheta' \Sigma I_D$$

$$M_D^{offen} = M_D^{ges.} \frac{I_D^{offen}}{\Sigma I_D} \qquad M_D^{geschl.} = M_D^{ges.} \frac{I_D^{geschl.}}{\Sigma I_D}$$

$$\max \tau_p = \max \tau_p^{offen} + \tau_p^{geschl.} = \frac{M_D^{offen}}{I_D^{offen}}\, t + \frac{M_D^{geschl.}}{2 F_m \cdot t} \qquad (3.70)$$

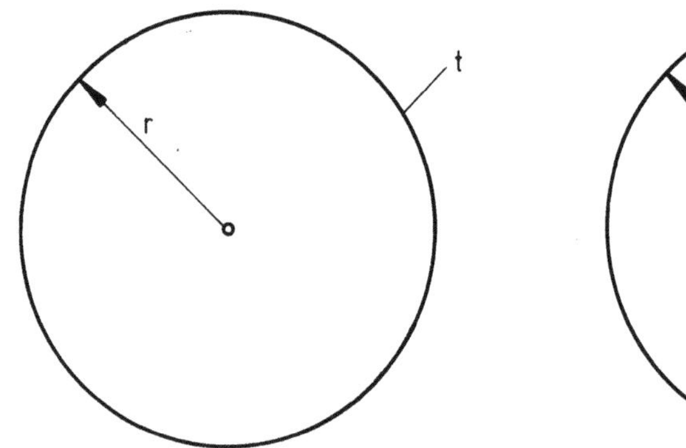

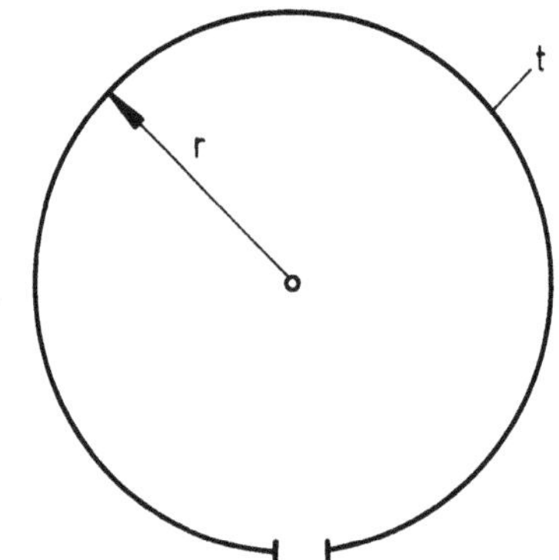

Bild 3.83 Vergleich: offener — geschlossener Querschnitt

Steifigkeitsvergleich offenes — geschlossenes Profil

$$I_D^{offen} = \frac{1}{3}\, U\, t^3 \qquad I_D^{geschl.} = \frac{4 F_m^2}{\oint \frac{ds}{t}}$$

$$= \frac{2}{3}\pi\, r\, t^3 \qquad = \frac{4\,(\pi r^2)^2}{\frac{2\pi r}{t}}$$

$$= 2\pi\, r^3\, t \qquad \text{(s. Gl.3.56)}$$

$$\frac{I_D^{geschl.}}{I_D^{offen}} = \frac{2\pi\, r^3\, t}{2\pi\, r\, t^3}\, 3 = 3 \left(\frac{r}{t}\right)^2$$

z.B. $r = 100$ cm, $t = 1$ cm

$$I_D^{geschl.} = 30\,000\; I_D^{offen}$$

Merke: Werden Stäbe auf Torsion beansprucht, so empfiehlt es sich, geschlossene Profile zu verwenden. Geschlossene Profile "ziehen Torsionsbeanspruchung an" (durch ihre große Steifigkeit).

3.6.7 Mehrzellige, geschlossene Querschnitte

Besteht ein Querschnitt aus mehreren Zellen, so ist jeder Zelle j ein konstanter Schubfluß T_j zugeordnet. In Querschnittsteilen, die zwei Zellen angehören, wirkt die Differenz der Schubflüsse

$$T_{Steg} = T_1 - T_2$$

Dies folgt aus $\Sigma X = 0$ (Bild 3.85)

$$T_{Steg} + T_2 - T_1 = 0$$

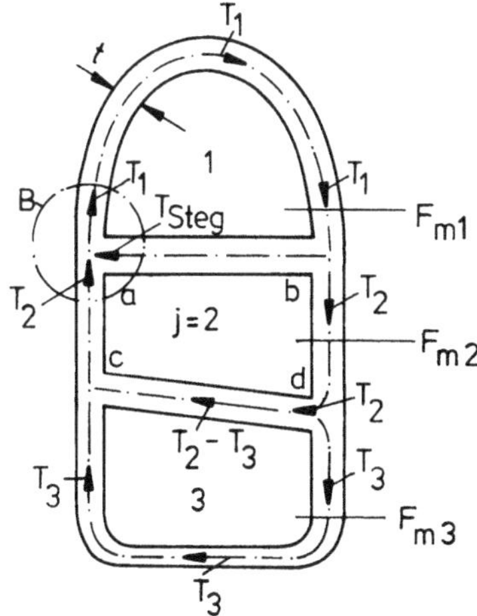

Bild 3.84 Mehrzellige Hohlquerschnitte

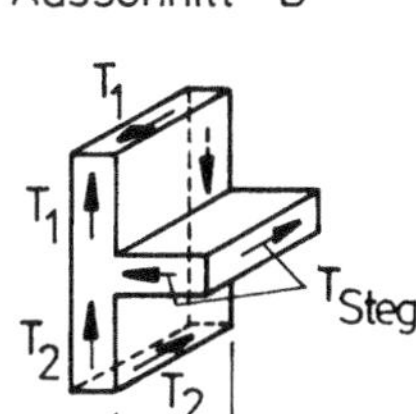

Bild 3.85 Ausschnitt aus Bild 3.84

Bezeichnet man mit M_{Dj} und F_{mj} den Torsionsmomentenanteil der Zelle j und die zugehörige Fläche, so gilt

$$M_{Dj} = 2\,F_{mj}\,T_j \tag{3.71}$$

sowie bei insgesamt n Zellen

$$M_D = \Sigma\, M_{Dj} = \Sigma\, 2F_{mj}\,T_j \tag{3.72}$$

Da die Verformung jeder Einzelzelle gleich der des Gesamtstabes sein muß, ist

$$\frac{d\vartheta_1}{dx} = \frac{d\vartheta_2}{dx} = \frac{d\vartheta_j}{dx} = \frac{d\vartheta}{dx}$$

Mit den Gleichungen (3.68) und (3.71) ergibt sich für jede Zelle

$$\frac{d\vartheta_j}{dx} = \frac{d\vartheta}{dx} = \frac{1}{2G\,F_{mj}} \oint\limits_{\text{Zelle } j} T\,\frac{ds}{t} \tag{3.73}$$

Für die Zelle j = 2 in Bild 3.84 ergibt sich z.B. folgende Gleichung:

$$G\,\frac{d\vartheta}{dx} = \frac{1}{2F_{m2}}\left(-\,T_1 \int_a^b \frac{ds}{t} + T_2 \oint\limits_{j=2} \frac{ds}{t} - T_3 \int_c^d \frac{ds}{t}\right) \tag{3.73a}$$

Das entstehende Gleichungssystem (1 Gleichgewicht + j Verformungsaussagen) hat j + 1 Zeilen für die unbekannten j Schubflüsse und $\frac{d\vartheta}{dx}$.

Aus $\frac{d\vartheta}{dx} = \frac{M_D}{GI_D}$ kann I_D errechnet werden.

Ein Sonderfall entsteht, wenn in einer Hauptzelle n weitere Nebenzellen liegen, die sich jedoch gegenseitig nicht berühren.

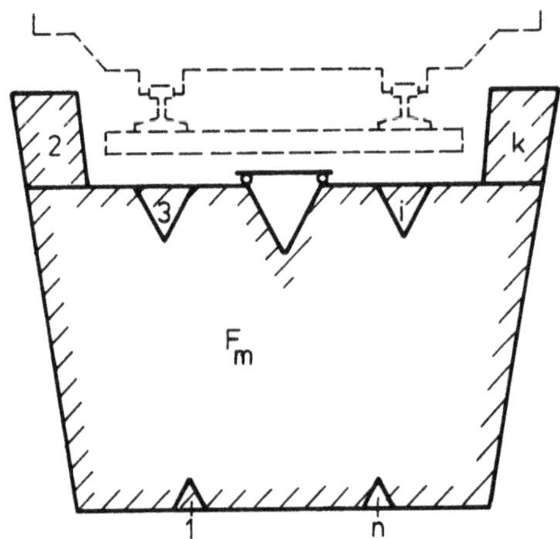

Bild 3.86 Hauptzelle mit n Nebenzellen

Sind die Nebenzellen klein gegenüber der Hauptzelle, so ist auch der "zelleigene" Schubflußbeitrag zur Aufnahme des Torsionsmomentes klein und der Drillwiderstand I_D kann durch Einführen einer ideellen Wanddicke t* berechnet werden.

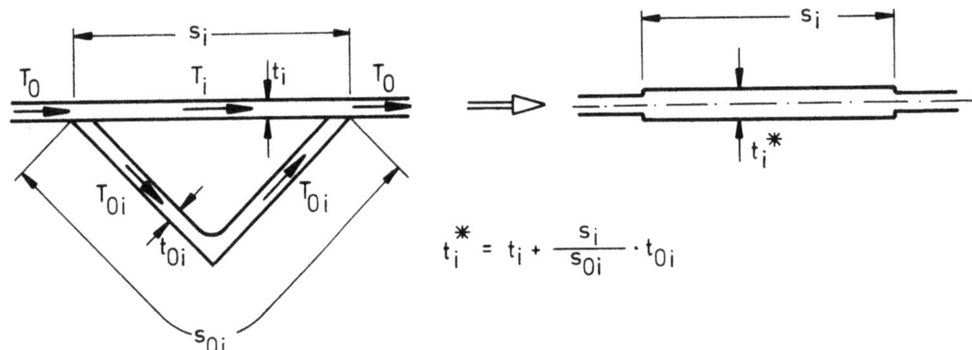

Bild 3.87 Ideelle Wanddicke t* für kleine Nebenzellen

Mit diesem t* kann der Drillwiderstand I_D berechnet werden, als ob ein einzelliger Querschnitt vorläge.

$$I_D = \frac{4\ F_m^2}{\oint \frac{ds}{t^*}}$$

Beispiel

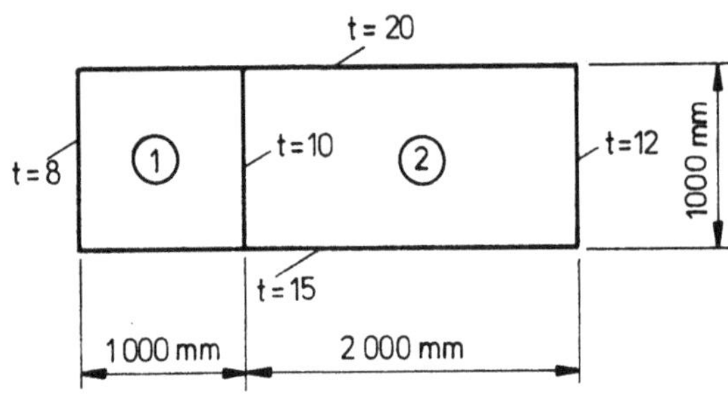

$G = 8100\ kN/cm^2\ \ (810\ Mp/cm^2)$ (Stahl)

$M_D = 1000\ kNm = 100\ 000\ kNcm\ (10\ 000\ Mpcm)$

Bild 3.88 Querschnitt und Abmessungen

$$F_{m1} = 10\,000 \text{ cm}^2 \qquad 2\,G\,F_{m1} = 1{,}62 \cdot 10^8 \text{ kN} \quad (1{,}62 \cdot 10^7 \text{ Mp})$$

$$F_{m2} = 20\,000 \text{ cm}^2 \qquad 2\,G\,F_{m2} = 3{,}24 \cdot 10^8 \text{ kN} \quad (3{,}24 \cdot 10^7 \text{ Mp})$$

$$\oint_1 \frac{ds}{t} = \frac{100}{0{,}8} + \frac{100}{2{,}0} + \frac{100}{1{,}0} + \frac{100}{1{,}5} = 341{,}67$$

$$\oint_2 \frac{ds}{t} = \frac{100}{1{,}0} + \frac{200}{2{,}0} + \frac{100}{1{,}2} + \frac{200}{1{,}5} = 416{,}67$$

$$\int_{1,2} \frac{ds}{t} = \frac{100}{1{,}0} = 100$$

T_1	T_2	$\frac{d\vartheta}{dx}$	=
341,67	- 100	$- 1{,}62\ 10^8$	0
- 100	416,67	$- 3{,}24\ 10^8$	0
20 000	40 000	0	10 000
1,41	1,79	$0{,}187\ 10^{-5}$	Ergebnis
kN/cm	kN/cm	1/cm	

$$I_D = \frac{M_D}{G\vartheta'} = \frac{100\,000}{8100 \cdot 0{,}187 \cdot 10^{-5}} = 660 \cdot 10^4 \text{ cm}^4 = 660 \text{ cm}^2 \text{ m}^2$$

Kontrolle der Größenordnung: (mittlerer Steg wird vernachlässigt)

$$2\,F_m = 2 \cdot 100 \cdot 300 = 60\,000 \text{ cm}^2$$

$$T = \frac{100\,000}{60\,000} = 1{,}67 \text{ kN/cm} \quad (0{,}167 \text{ Mp/cm})$$

$$I_D = \frac{4\,F_m^2}{\oint \frac{ds}{t}} = \frac{60\,000^2}{341{,}7 + 416{,}7 - 200} = 645 \cdot 10^4 \text{ cm}^4 = 645 \text{ cm}^2 \text{ m}^2$$

3.6.8 Ideelle Wanddicke

3.6.8.1 Aufgelöste Kastenwände

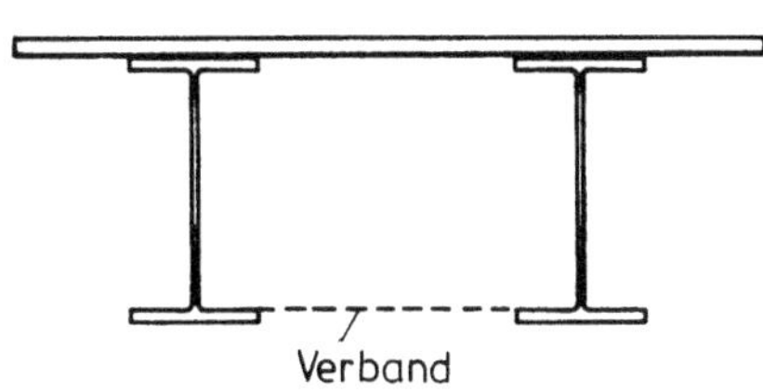

Bild 3.89 Kasten mit Fachwerkverband anstelle des Bodenbleches

Anstelle eines Bleches ist auch ein Fachwerkverband oder eine Rahmenkonstruktion in der Lage, den in einem Hohlquerschnitt umlaufenden Schubfluß zu übertragen. Hierbei kann die Berechnung des Drillwiderstandes I_D durch Einführung einer ideellen Wanddicke t* auf den "Normalfall" zurückgeführt werden.

Berechnung der ideellen Blechdicke t^* aus der Bedingung gleicher Schubverzerrung γ:

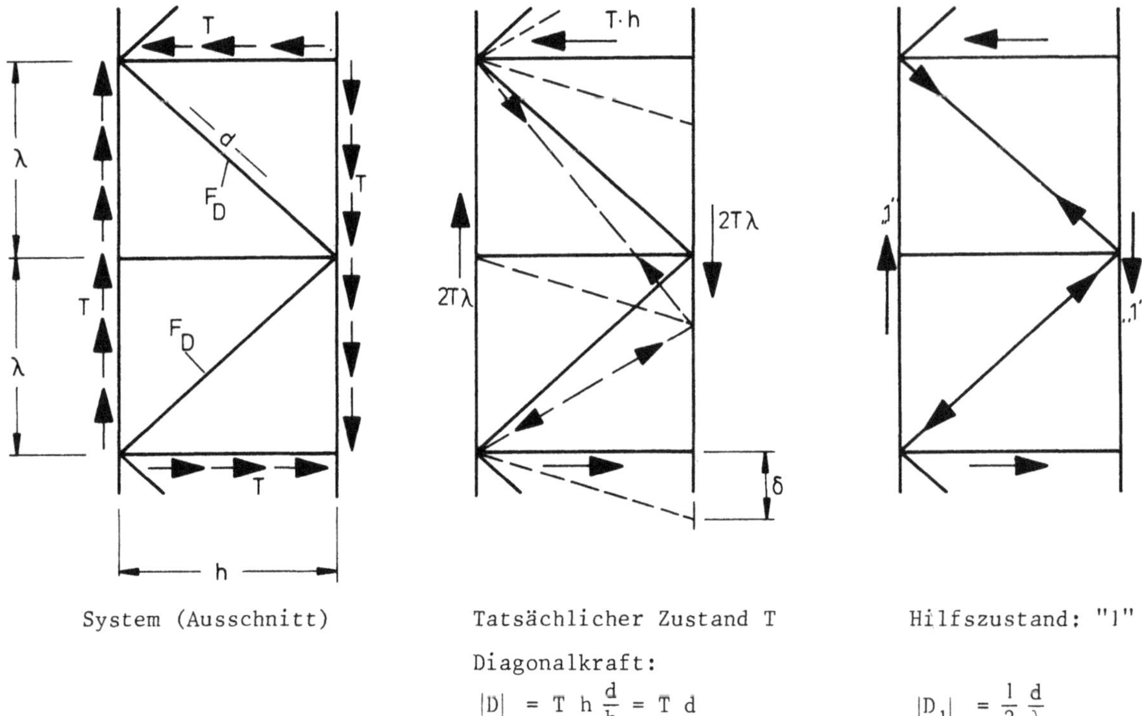

System (Ausschnitt) | Tatsächlicher Zustand T | Hilfszustand: "1"

Diagonalkraft:

$|D| = T\,h\,\frac{d}{h} = T\,d$ $\qquad |D_1| = \frac{1}{2}\,\frac{d}{\lambda}$

Bild 3.90 Verband unter Schubbeanspruchung

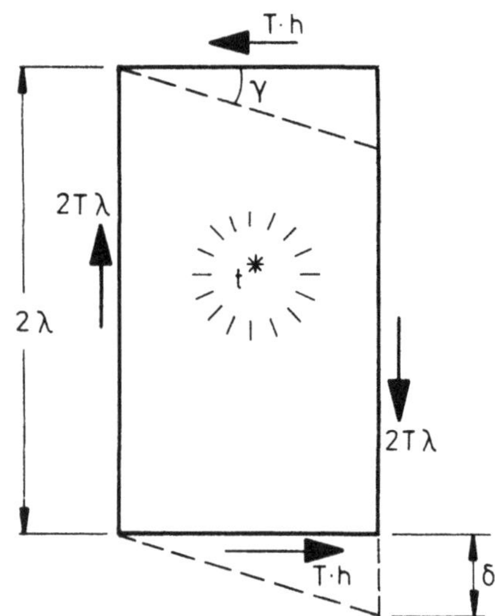

Bild 3.91 Blech unter Schubbeanspruchung

Mit dem Arbeitssatz folgt für den Verband:

$$1\;\delta = 2\;\frac{d}{EF_D}\;\frac{T\,d^2}{2\,\lambda} = \frac{T\,d^3}{EF_D\,\lambda}$$

Blech mit Dicke t^*, soll genauso schubsteif wie der Verband sein.

$$\gamma = \frac{\tau}{G} = \frac{T}{G\,t^*} \qquad \delta = \gamma\,h = \frac{T\,h}{G\,t^*}$$

Durch Gleichsetzen folgt: $\delta = \frac{T\,h}{G\,t^*} = \frac{T\,d^3}{EF_D\,\lambda} \qquad t^* = \frac{EF_D\,\lambda\,h}{G\,d^3}$

Die Ableitung gilt für $F_o = F_u >> F_D$

In der folgenden Zusammenstellung für andere Verbandssysteme sind die Gurtflächen F_o und F_u enthalten, man kann sie jedoch meist als sehr groß (∞) betrachten.

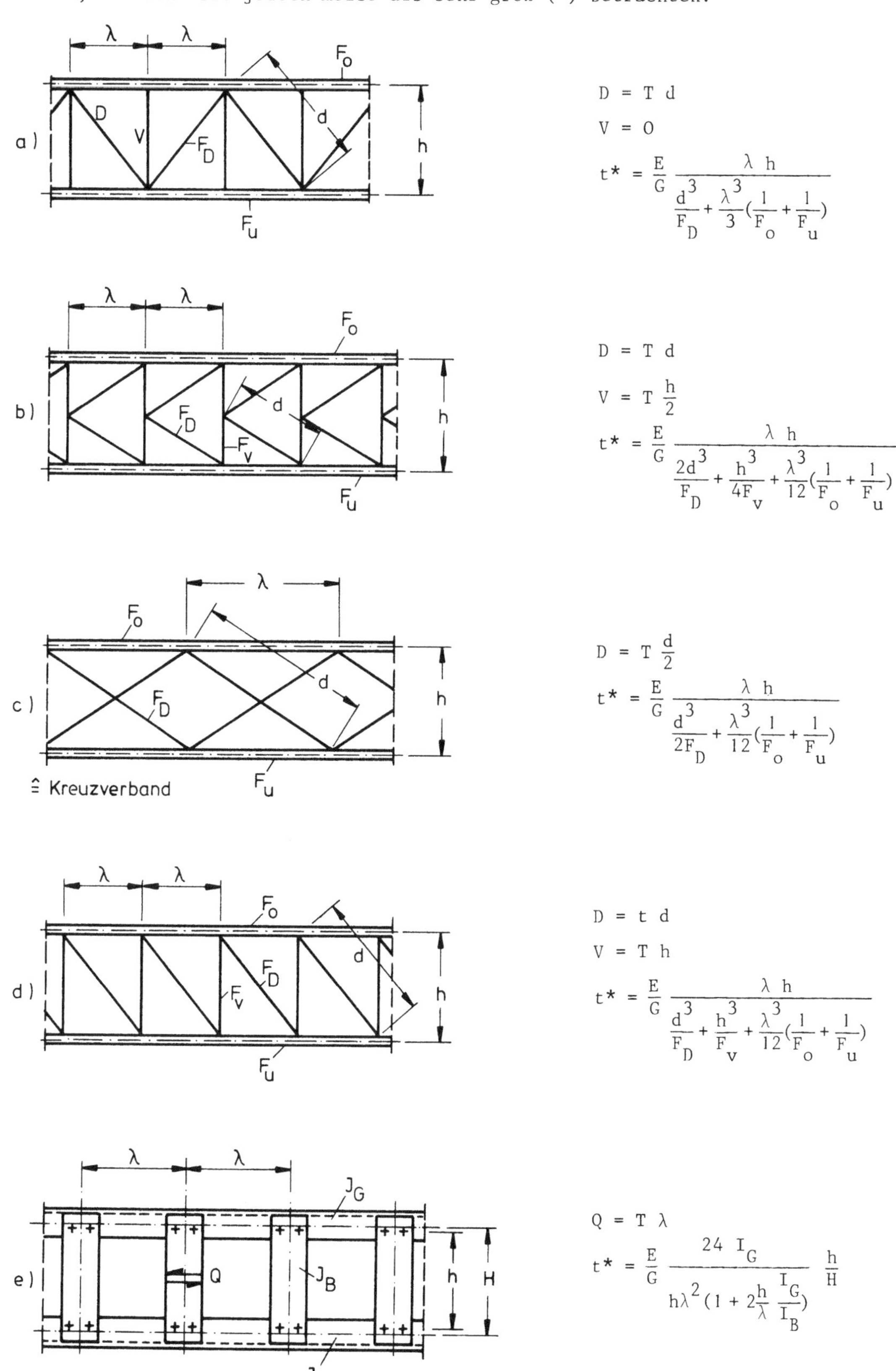

a)

$$D = T\,d$$

$$V = 0$$

$$t^* = \frac{E}{G}\,\frac{\lambda\,h}{\frac{d^3}{F_D} + \frac{\lambda^3}{3}\left(\frac{1}{F_o} + \frac{1}{F_u}\right)}$$

b)

$$D = T\,d$$

$$V = T\,\frac{h}{2}$$

$$t^* = \frac{E}{G}\,\frac{\lambda\,h}{\frac{2d^3}{F_D} + \frac{h^3}{4F_v} + \frac{\lambda^3}{12}\left(\frac{1}{F_o} + \frac{1}{F_u}\right)}$$

c)

$$D = T\,\frac{d}{2}$$

$$t^* = \frac{E}{G}\,\frac{\lambda\,h}{\frac{d^3}{2F_D} + \frac{\lambda^3}{12}\left(\frac{1}{F_o} + \frac{1}{F_u}\right)}$$

d)

$$D = t\,d$$

$$V = T\,h$$

$$t^* = \frac{E}{G}\,\frac{\lambda\,h}{\frac{d^3}{F_D} + \frac{h^3}{F_v} + \frac{\lambda^3}{12}\left(\frac{1}{F_o} + \frac{1}{F_u}\right)}$$

e)

$$Q = T\,\lambda$$

$$t^* = \frac{E}{G}\,\frac{24\,I_G}{h\lambda^2\left(1 + 2\frac{h}{\lambda}\,\frac{I_G}{I_B}\right)}\,\frac{h}{H}$$

Bild 3.92 Ideelle Blechdicke für verschiedene Verbandarten bei reiner Schubbeanspruchung

Wichtiger Hinweis:

Ein ideelles Blech der Dicke t* kann nur Schub, aber keine Normalspannungen aufnehmen! Biegung und Torsion können deshalb an verschiedenen Querschnitten wirken:

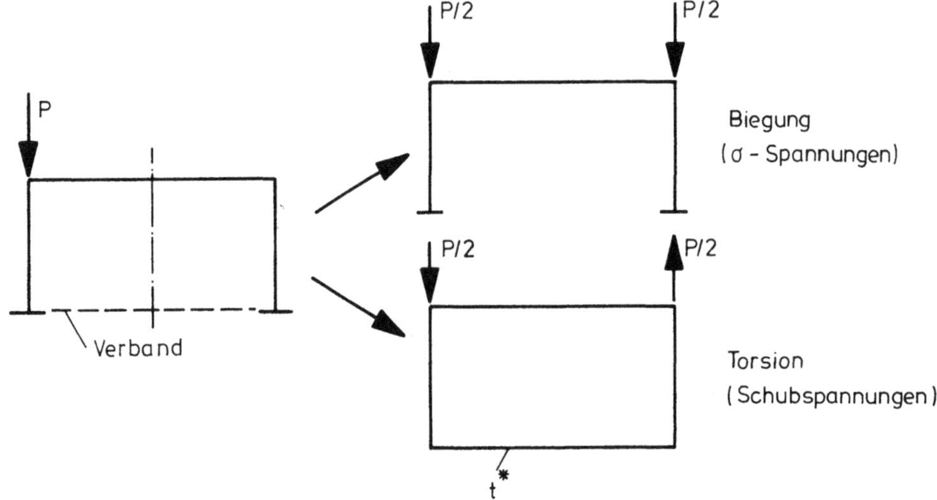

Bild 3.93 Aufteilung für Biegung und Torsion

Anmerkung:

Die ideelle Blechdicke t* kann auch zur Berechnung der Schubdeformationen von Fachwerkträgern verwendet werden (vgl. z.B. Abschnitt 7.5.1).

Beim Trägheitsmoment eines solchen Trägers darf dieses Blech (das eigentlich nur eine "Schubhaut" ist) natürlich nicht mitgerechnet werden.

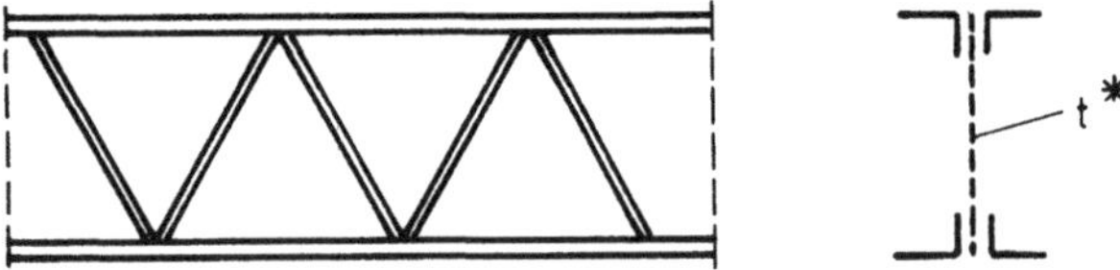

Bild 3.94 Ideelle Blechdicke bei Fachwerkträgern

3.6.8.2 Verbundquerschnitte

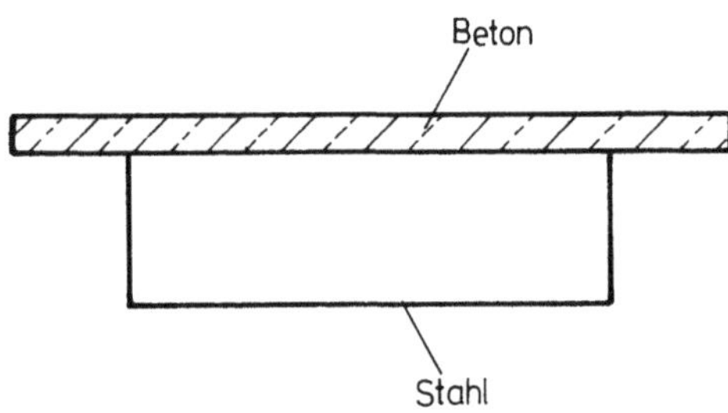

Bild 3.95 Querschnitte

Die Betonplatte wird in ein Stahlblech gleicher Schubsteifigkeit umgerechnet. Außerdem wird der Einfluß des "dickwandigen" Teiles berücksichtigt.

$$GI_D^{ges.} = (G\,I_D)^{Kasten} + (G\,I_D)^{Platte}$$

Stahl als Bezugsmaterial:

$$n_G = \frac{G_{St}}{G_B} \tag{3.74}$$

$$G_{St}\, I_D^{ges.} = G_{St}\left[I_D^{Kasten} + \frac{G_B}{G_{St}}\, I_D^{Platte}\right]$$

$$I_D^{ges.} = I_D^K + \frac{1}{n_G}\, I_D^P = \frac{4\, F_m^2}{\oint \frac{ds}{t_i}} + \frac{1}{n_G}\, \frac{1}{3}\, b\, t_B^3$$

In $\oint \frac{ds}{t_i}$ ist für Betonteile $t_i = \frac{t_B}{n_G}$ einzusetzen.

Der Hohlkasten übernimmt vom Gesamttorsionsmoment den Anteil

$$M_D^K = \frac{I_D^K}{I_D^{ges.}}\, M_D \tag{3.75a}$$

Die Betonplatte übernimmt den Anteil

$$M_D^P = \frac{1}{n_G}\, \frac{I_D^P}{I_D^{ges.}}\, M_D \tag{3.75b}$$

Die Schubspannungen in der Betonplatte setzen sich aus beiden Anteilen zusammen:

$$\tau^K = \frac{M_D^K}{2\, F_m}\, \frac{1}{t_B} \quad \text{(Anteil Kasten)} \tag{3.76a}$$

$$\tau^P = \frac{M_D^P}{I_D^P}\, t_B = \frac{1}{n_G}\, \frac{M_D}{I_D^{ges.}}\, t_B \quad \text{(Anteil Platte)} \tag{3.76b}$$

Dabei müssen die aktuellen Dicken t(s) eingesetzt werden.

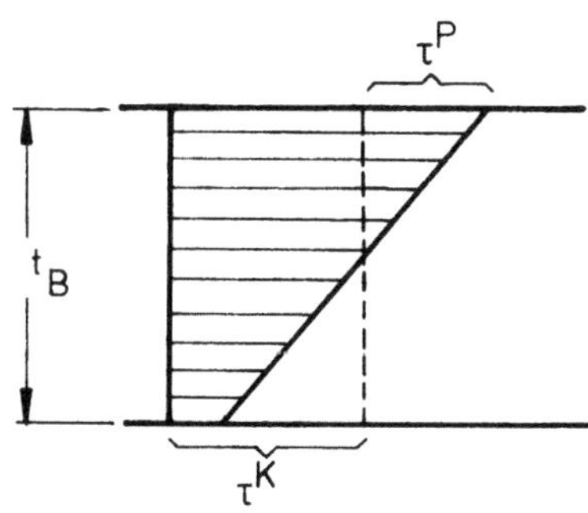

Bild 3.96 Schubspannungsverlauf in der Betonplatte

3.6.9 Die Gabellagerung

Ein Gabellager kann ein Torsionsmoment aufnehmen, ohne die Querschnittsverwölbung zu behindern.

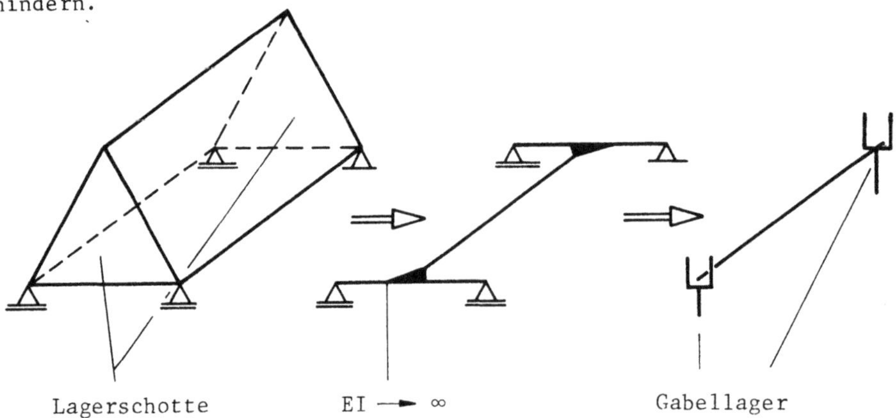

Bild 3.97 Gabellagerung

Hat ein Stab zwei Gabellager, so ist er einfach statisch unbestimmt gelagert (Vierpunktlagerung). Bei konstantem GI_D-Verlauf kann durch die "Querkraftanalogie" eine statisch unbestimmte Berechnung entfallen.

3.6.10 Berechnung der Schnittgrößen-Querkraftanalogie

Die Querkraftanalogie gilt nur für Stäbe mit wölbfreiem Querschnitt bei GI_D = konstant.

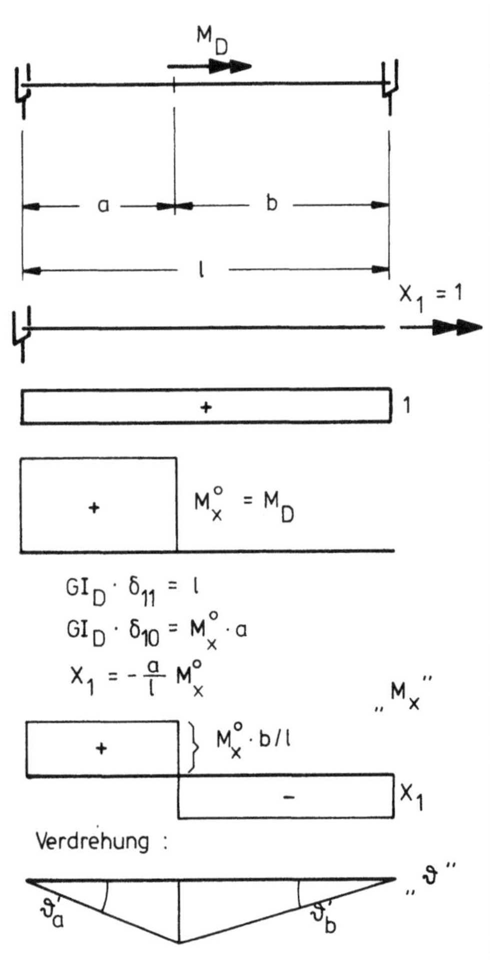

Bild 3.98 a Querkraftanalogie

Mehrfeldrige Systeme:

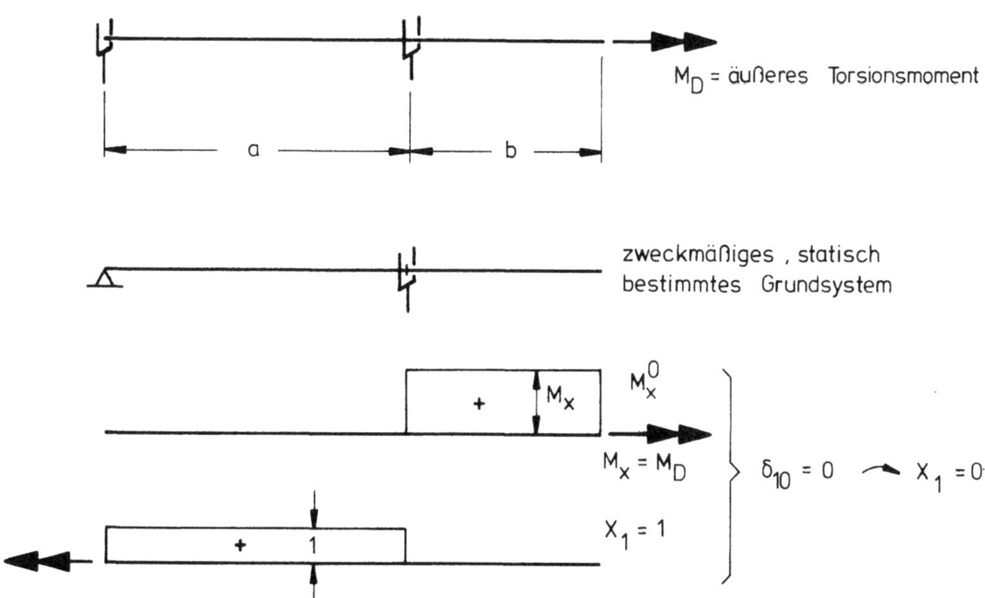

Bild 3.98 b Ermittlung des Torsionsmomentes bei Gabellagerung

Bei der St. Venantschen Torsion und starrer Gabellagerung endet die Zustandslinie des Torsionsmomentes an der Gabel!

Das Torsionsmoment greift in die benachbarte Öffnung nicht über.

bei elastischer Gabellagerung:

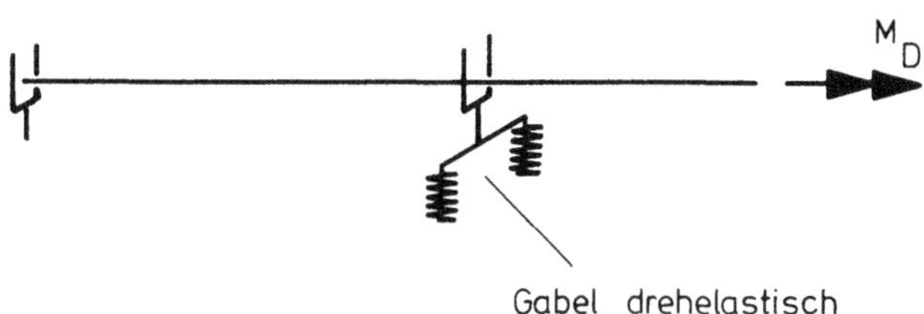

Bild 3.99 Stab mit drehelastischer Gabellagerung

M_x^o und X_1 leisten an der Feder Arbeit

δ_{10} existiert und damit auch X_1

Bei drehelastischer Gabellagerung greift das Torsionsmoment in das Nachbarfeld über.

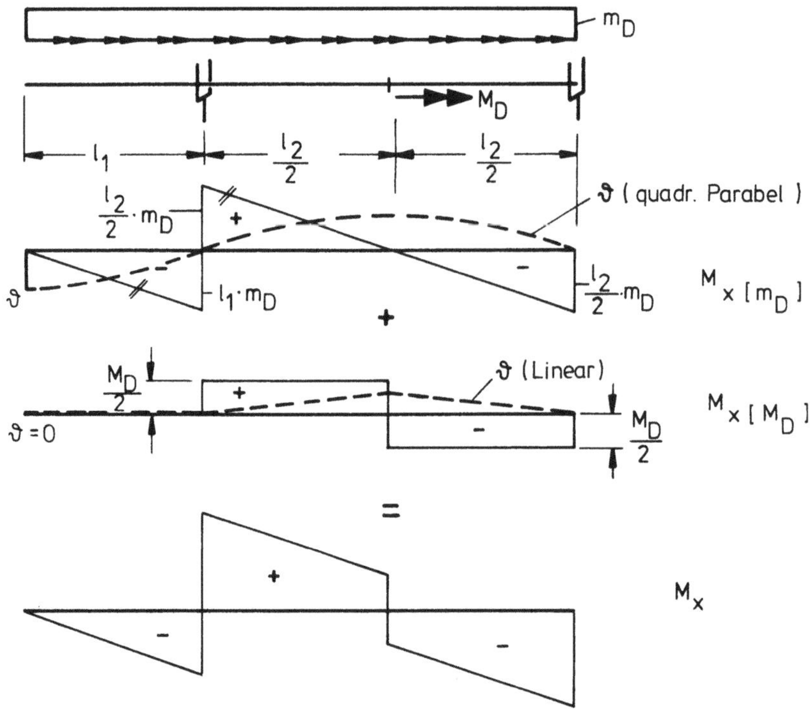

Bild 3.100 Torsionsmomentenverlauf bei Belastung aus Einzelmoment und Streckentorsionsmoment

3.6.11 Zahlenbeispiel

Näherungsberechnung eines "wölbarmen" Querschnittes nach der St. Venantschen Torsion.

System und Belastung

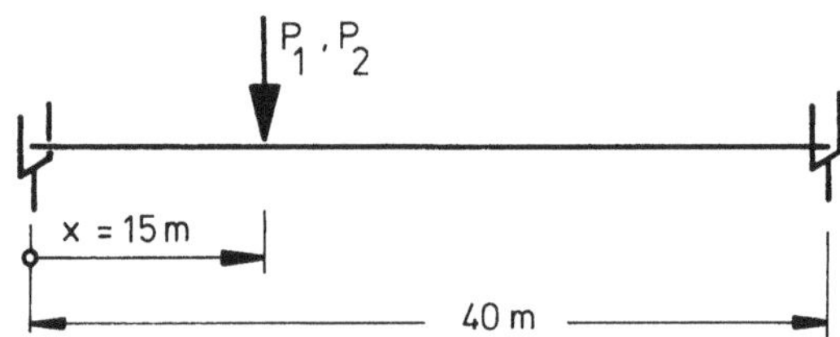

Bild 3.101 System und Belastung

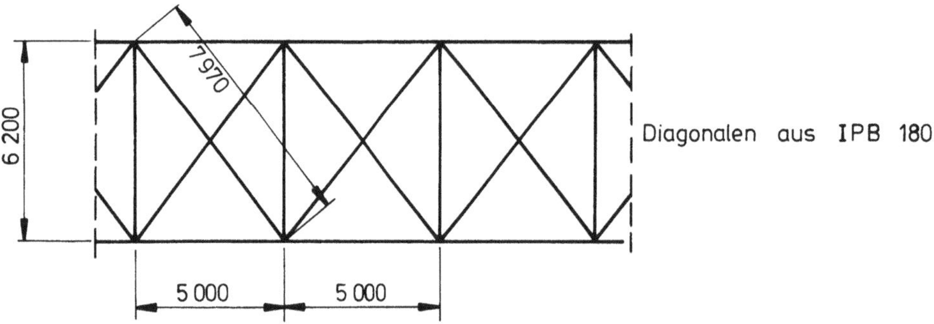

Bild 3.102 Horizontaler Verband

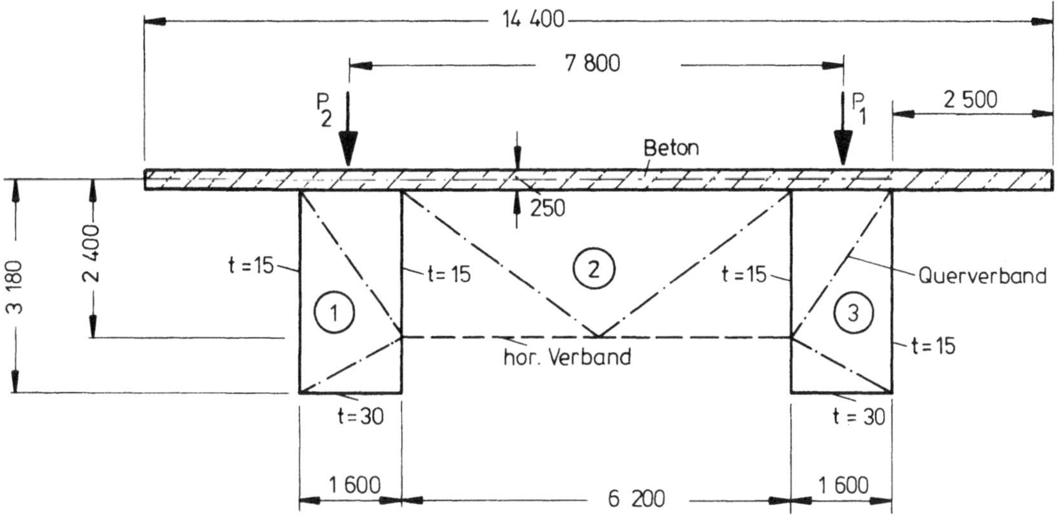

Bild 3.103 Querschnitt und Abmessungen (positives Schnittufer)

Belastung: $P_1 = 2000$ kN $\quad P_2 = 1000$ kN

Materialkennwerte: Stahl — $E_{St} = 21000\ \text{kN/cm}^2 \quad G_{St} = 8100\ \text{kN/cm}^2$

Beton — $E_B = 3500\ \text{kN/cm}^2 \quad G_B = 1500\ \text{kN/cm}^2$

Verband: Kreuzverband

Querschnittswerte:

Die ideelle Blechdicke t* des Verbandes (vgl. Abschnitt 3.6.8.1)

$\lambda = 500$ cm $\quad h = 620$ cm $\quad F_D = 65{,}3\ \text{cm}^2$ (IPB 180)

$$t^* = 2\,\frac{E}{G}\,\frac{h\,\lambda\,F_D}{d^3} = 2\,\frac{21000}{8100}\,\frac{620\cdot 500\cdot 65{,}3}{797^3} = 0{,}207\ \text{cm}$$

Die ideelle Blechdicke t_B^* der Betonfahrbahn (vgl. Abschnitt 3.6.8.2)

Beton — $G_B = 1500\ \text{kN/cm}^2$

$$n_G = \frac{G_{St}}{G_B} = \frac{8100}{1500} = 5{,}40$$

$$t_B^* = \frac{1}{n_G}\,t_B = \frac{25}{5{,}4} = 4{,}63\ \text{cm}$$

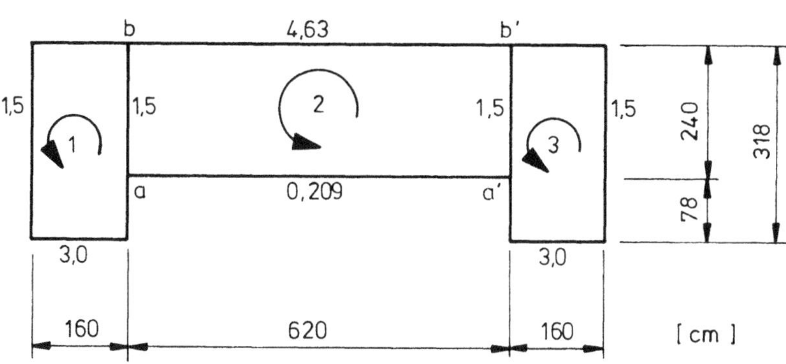

Bild 3.104 Drehsinn der Torsionsmomente

Gleichgewichtsbedingung: $M_D = \Sigma\, 2\, F_{mi} \cdot T_i$ mit $T_1 = T_3$

$$M_D = 2 \cdot 2\, F_{m1} \cdot T_1 + 2\, F_{m2} \cdot T_2$$

$$F_{m1} = 160 \cdot 318 = 50880 \text{ cm}^2 \qquad F_{m2} = 620 \cdot 240 = 148\,800 \text{ cm}^2$$

$$M_D = 4 \cdot 50880\ T_1 + 2 \cdot 148800\ T_2 = 203520\ T_1 + 297600\ T_2 \qquad \text{(s.Gl.(3.72))}$$

Verformungsbedingungen: $\dfrac{d\vartheta}{dx} = \dfrac{M_D}{GI_D} = \dfrac{1}{2GF_{mj}} \underset{\text{Zelle } j}{\oint} T \dfrac{ds}{t}$

$$\frac{d\vartheta_1}{dx} = \frac{d\vartheta_3}{dx} = \frac{1}{2GF_{m1}} \left[T_1 \oint \frac{ds}{t} - T_2 \int_b^a \frac{ds}{t} \right]$$

$$= \frac{1}{2 \cdot 8100 \cdot 50880} \left[T_1 \left(\frac{160}{3,0} + 2\ \frac{318}{1,5} + \frac{160}{4,63} \right) - T_2\ \frac{240}{1,5} \right]$$

$$= \frac{10^{-8}}{8,24256} (511,89\ T_1 - 160,00\ T_2)$$

$$\frac{d\vartheta_2}{dx} = \frac{1}{2GF_{m2}} \left[T_2 \oint \frac{ds}{t} - 2\ T_1 \int_b^a \frac{ds}{t} \right]$$

$$= \frac{1}{2 \cdot 8100 \cdot 148800} \left[T_2 \left(\frac{620}{0,209} + \frac{620}{4,63} + 2\ \frac{240}{1,5} \right) - T_1\ 2\ \frac{240}{1,5} \right]$$

$$= \frac{10^{-8}}{24,1056} (3420,42\ T_2 - 320,00\ T_1)$$

$\dfrac{d\vartheta_1}{dx} = \dfrac{d\vartheta_2}{dx}$ liefert $T_1 = 2,14\ T_2$

oben eingesetzt:

$$T_1 = 2,919\ 10^{-6}\ M_D$$

$$T_2 = 1,364\ 10^{-6}\ M_D$$

Der Drillwiderstand des Kastens I_D^K läßt sich aus einer der Gleichungen $\dfrac{d\vartheta_i}{dx} = \dfrac{d\vartheta}{dx} = \dfrac{M_D}{GI_D}$ berechnen.

$$\frac{d\vartheta_1}{dx} = \frac{1}{G \cdot 2 \cdot 50880} \left[511,89\ T_1 - 160\ T_2 \right]$$

$$= \frac{M_D}{G}\ 10^{-6}\ \frac{1}{101760} \left[511,89 \cdot 2,919 - 160 \cdot 1,364 \right]$$

$$= \frac{M_D}{G}\ \frac{1275,967}{101760}\ 10^{-6} = \frac{M_D}{G}\ \frac{1}{I_D}$$

$$I_D^K = \frac{101760}{1275,967}\ 10^6 = 79,751\ 10^6 \text{ cm}^4 = 7975,1 \text{ cm}^2 \text{ m}^2$$

Berücksichtigung des offenen Anteils der Betonplatte (Index P)

$$\frac{1}{n_G} I_D^P = \frac{1}{n_G} \frac{1}{3} b_B t_B^3 = \frac{1}{5,4} \frac{1}{3} 1440 \cdot 25^3 = 1,389 \; 10^6 \text{ cm}^4 \quad (\text{etwa 2 \% von } I_D^K)$$

$$I_{Dges} = I_D^K + \frac{1}{n_G} I_D^P = 81,14 \cdot 10^6 \text{ cm}^4$$

Spannungsermittlung

Lastaufspaltung

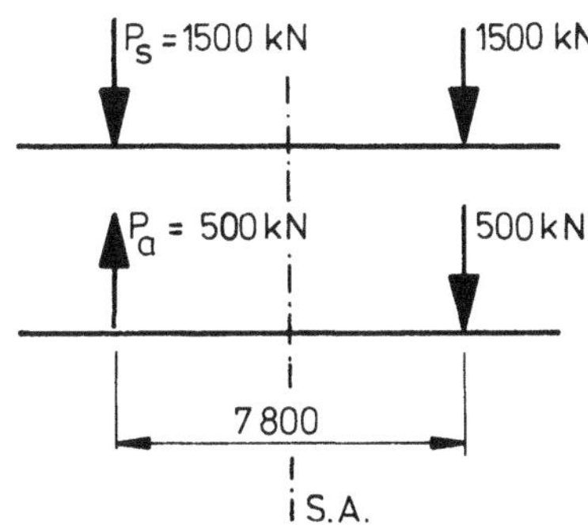

symmetrische Belastung

→ reine Biegung (wird nicht weiter verfolgt)

antimetrische Belastung

→ reine Torsion

Bild 3.105 Lastaufspaltung

Schnittgrößen für antimetrische Belastung (Torsionsanteil):

$$M_D = 500 \cdot 7,8 = 3900 \text{ kNm} \quad (390 \text{ Mpm})$$

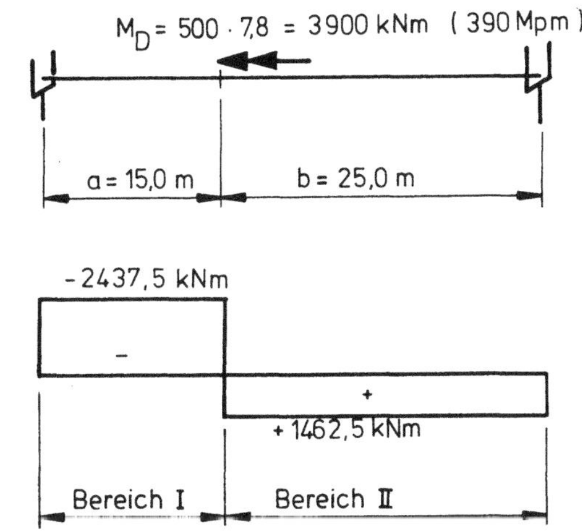

Bild 3.106 System und Zustandslinie des Torsionsmomentes

Da GI_D = konst. nach Querkraftanalogie:

Bereich I: $M_x = - M_D \frac{25}{40} = - 2437,5$ kNm (-243,75 Mpm)

Bereich II: $M_x = M_D \frac{15}{40} = 1462,5$ kNm (146,25 Mpm)

Schubfluß im Bereich I

$$T_1^I = - 2,919 \; 10^{-6} \; 243750 = - 0,712 \text{ kN/cm} \quad (-0,0712 \text{ Mp/cm})$$

$$T_2^I = - 1,364 \; 10^{-6} \; 243750 = - 0,332 \text{ kN/cm} \quad (-0,0332 \text{ Mp/cm})$$

Schubfluß im Bereich II

$$T_1^{II} = 2{,}919 \; 10^{-6} \; 146250 = 0{,}427 \text{ kN/cm} \qquad (0{,}0427 \text{ Mp/cm})$$

$$T_2^{II} = 1{,}364 \; 10^{-6} \; 146250 = 0{,}199 \text{ kN/cm} \qquad (0{,}0199 \text{ Mp/cm})$$

Schubspannungen im äußeren Steg im Bereich I:

$$\tau_p = \frac{0{,}712}{1{,}5} = 0{,}475 \text{ kN/cm}^2 \qquad (47{,}5 \text{ kp/cm}^2)$$

Schubspannungen in der Fahrbahnplatte im Bereich I:

aus dem Anteil des Hohlkastens:

$$\tau_1^K = \frac{712{,}0}{25{,}0} = 28{,}4 \text{ N/cm}^2 \qquad \text{im äußeren Kasten}$$

$$\tau_2^K = \frac{332{,}0}{25{,}0} = 13{,}2 \text{ N/cm}^2 \qquad \text{im mittleren Kasten}$$

aus dem Anteil der Betonplatte (in beiden Kästen):

$$\tau^P = \frac{t_B}{n_G} \frac{M_D}{I_D^{ges}} = \frac{25{,}0}{5{,}4} \frac{2437{,}5 \cdot 10^5}{81{,}14 \cdot 10^6} = 13{,}9 \text{ N/cm}^2$$

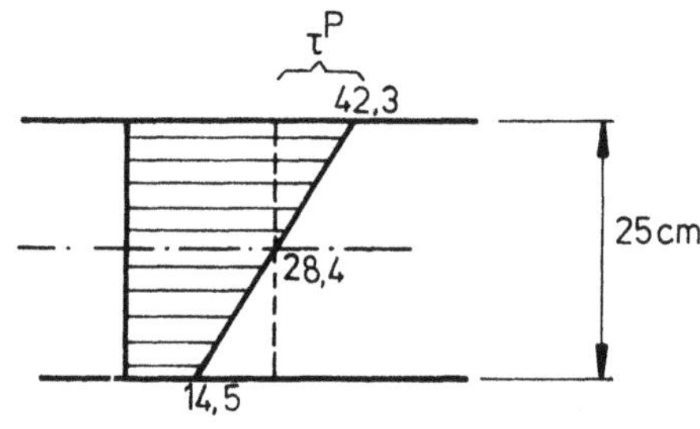

Bild 3.107 Schubspannungen τ_p in der Betonplatte (äußerer Kasten) (N/cm²)

Stabkräfte im Horizontalverband: (Bereich I, innerer Kasten)

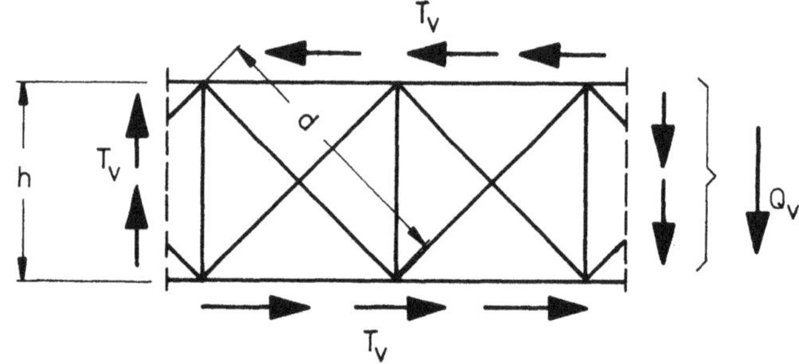

Bild 3.108 Belastung des Horizontalverbandes

$$T_v = 0{,}332 \text{ kN/cm} \qquad (3{,}32 \text{ Mp/m})$$

$$Q_v = 0{,}712 \cdot 620 = 441{,}44 \text{ kN} \qquad (44{,}14 \text{ Mp})$$

$$D = \pm \frac{Q}{2} \frac{d}{h} = \pm \frac{441{,}44 \cdot 7970}{2 \cdot 6200} = \pm 283{,}73 \text{ kN} \qquad (\pm 28{,}37 \text{ Mp})$$

3.7 Wölbkrafttorsion — Zwangsdrillung

3.7.1 Allgemeines

Bei der St. Venantschen Torsion wurde vorausgesetzt, daß die Verformungen u des Querschnittes in Richtung der Stabachse x (= Verwölbungen des Querschnitts) nicht behindert sind (daher spricht man auch von zwangsfreier Torsion).

Bis auf wenige Ausnahmen sind diese Voraussetzungen nicht gegeben. Die meisten Querschnitte sind nicht wölbfrei, und durch die Lagerung und Belastung entstehen Wölbbehinderungen. Die Bestimmung der hierdurch auftretenden Zwängungsspannungen (daher der Name Zwangsdrillung) erfolgt nach der Theorie der Wölbkrafttorsion. Eine "exakte" Herleitung der Theorie der Wölbkrafttorsion findet sich in /22/. Hier werden nur die wichtigsten Zusammenhänge erläutert, wobei auf eine möglichst anschauliche Herleitung Wert gelegt wird.

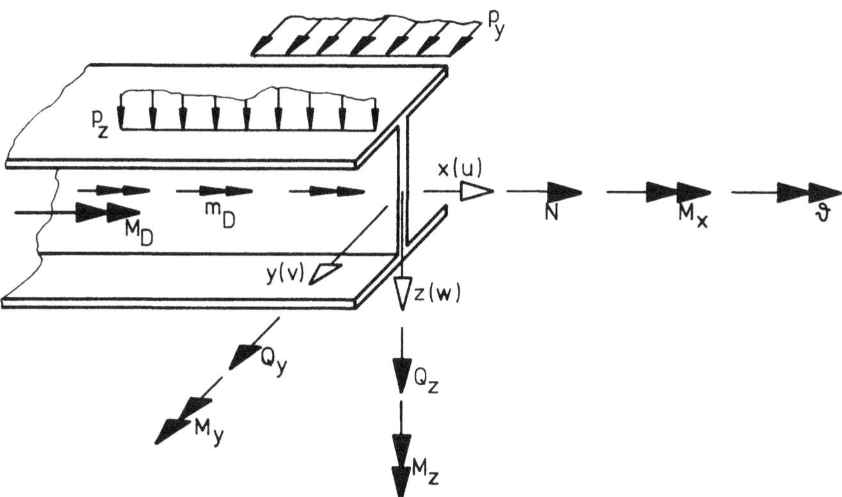

Bild 3.109 Belastungen und Schnittgrößen bei Wölbkrafttorsion

Bezeichnungen:

- x = Stablängsrichtung
- y, z = Querschnittsebene
- u,v,w = Verschiebungen in Richtung x,y,z
- ϑ = Drehwinkel
- M_x = Schnittgröße "Torsionsmoment"
- M_D, m_D = äußere Belastung "Torsionsmoment"

3.7.2 Voraussetzungen

Zusätzlich zu den Voraussetzungen für St. Venantsche Torsion (s. Abschnitt 3.6.3) gelten:

- in Stablängsrichtung (abschnittsweise) konstante Querschnittsabmessungen,
- für offene Profile: keine Schubverzerrung der Profilmittellinie (St. Venantsche Torsion),
- für geschlossene Profile: Schubverzerrung nur infolge des Bredtschen Schubflusses.

Die beiden letzten Voraussetzungen besagen, daß nur die Schubverzerrungen infolge τ_p berücksichtigt werden. Sie entsprechen der "Wagner-Hypothese" und erweitern die Bernoullische Hypothese. Der Gesamtquerschnitt verwölbt sich, ebene Einzelscheiben bleiben jedoch eben. Der Einfluß der sekundären Schubverzerrungen wird in Abschnitt 3.7.9 behandelt.

3.7.3 Verwölbung des Querschnittes

3.7.3.1 Allgemeines

Um den Begriff "Verwölbung" anschaulich zu machen, wird ein gabelgelagertes I-Profil betrachtet, das durch ein Torsionsmoment $M_D = P\,h$ an der Stelle $x = \frac{\ell}{2}$ belastet ist.

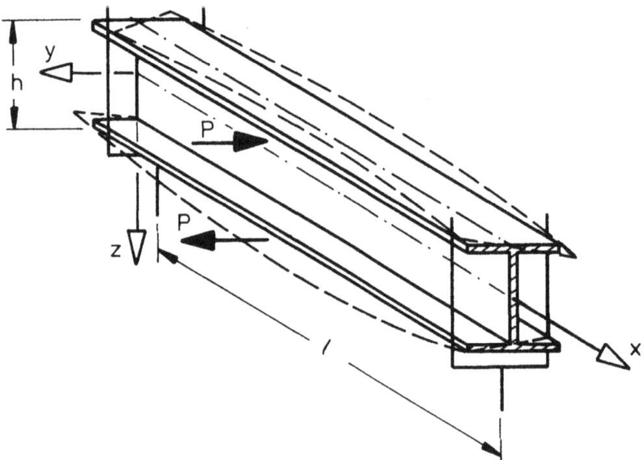

Bild 3.110 Gabelgelagerter Einfeldträger mit Einzeltorsionsmoment

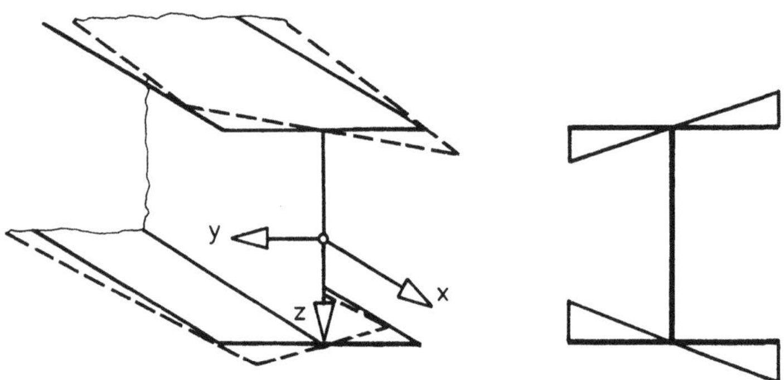

Bild 3.111 Verwölbung eines I-Querschnitts (Blick auf das positive Schnittufer)

Bild 3.111 links zeigt die Verwölbung als Verformung in Richtung der x-Achse. In Bild 3.111 rechts wurde die übliche zeichnerische Darstellung gewählt, bei der die Verwölbung um 90° in die Querschnittsebene gedreht wird.

Betrachtet man jeden Gurt für sich, so erkennt man "Flanschbiegung":

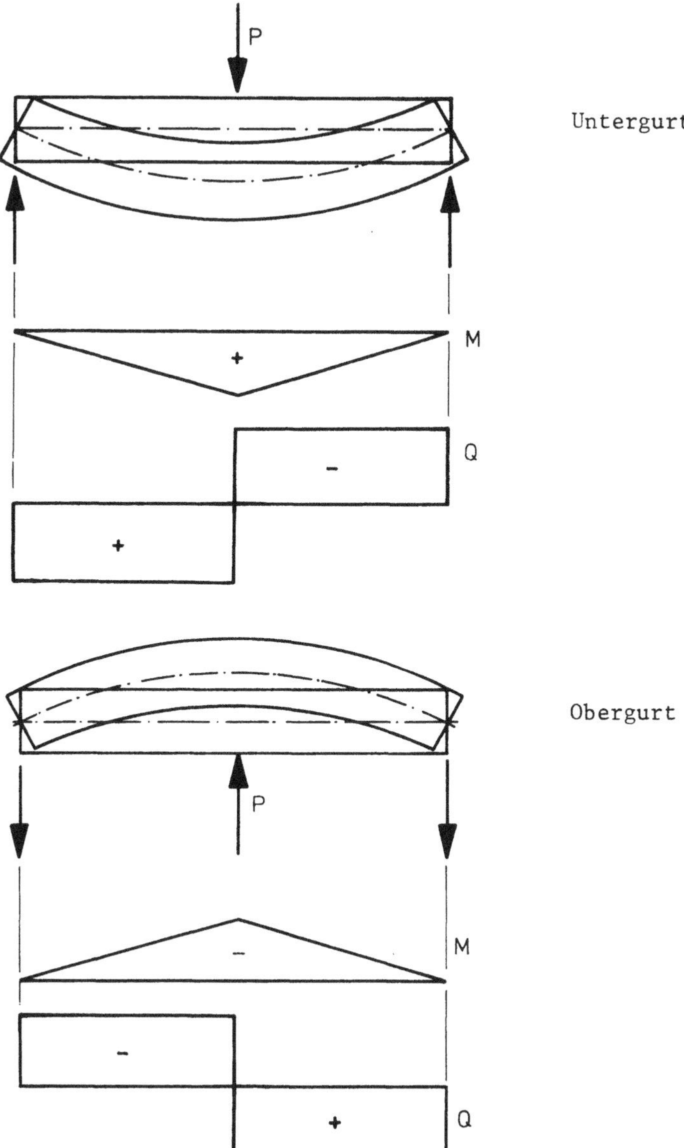

Bild 3.112 **Flanschbiegung der Gurte**

Es entstehen σ-Spannungen aus "Biegung" und τ-Spannungen aus "Querkraft".
Dieses Ersatzsystem eignet sich sehr gut zur näherungsweisen Berechnung (s. Abschn. 3.7.15.3).

3.7.3.2 Verwölbung offener Querschnitte

Betrachtet man (Blickrichtung auf das positive Schnittufer) ein dünnwandiges, offenes Profil (Bild 3.113) unter der Annahme, daß die Verdrehung an der Stelle (x + dx) um den differentiellen Betrag $d\vartheta$ größer sei als die an der Stelle (x), so lassen sich folgende Zusammenhänge erkennen:

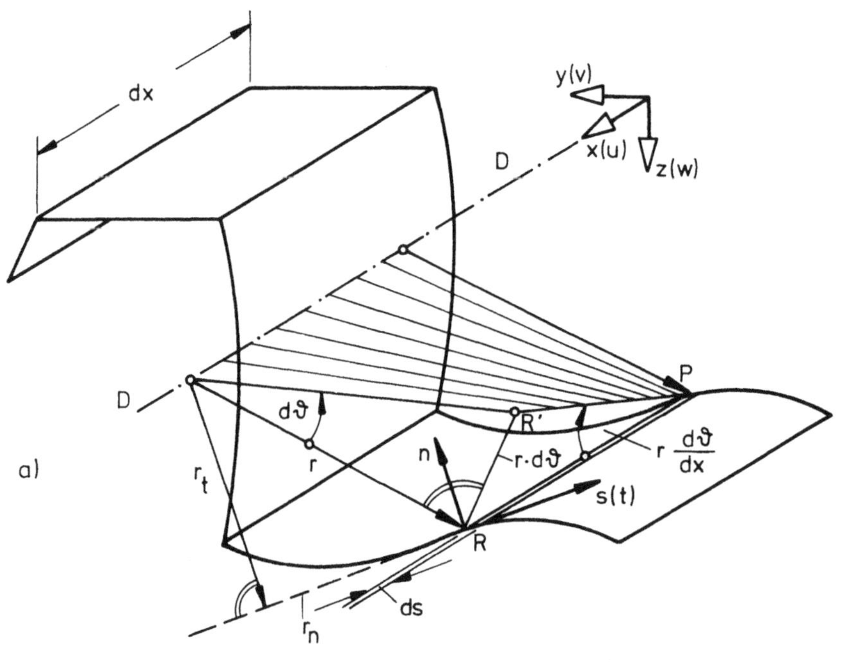

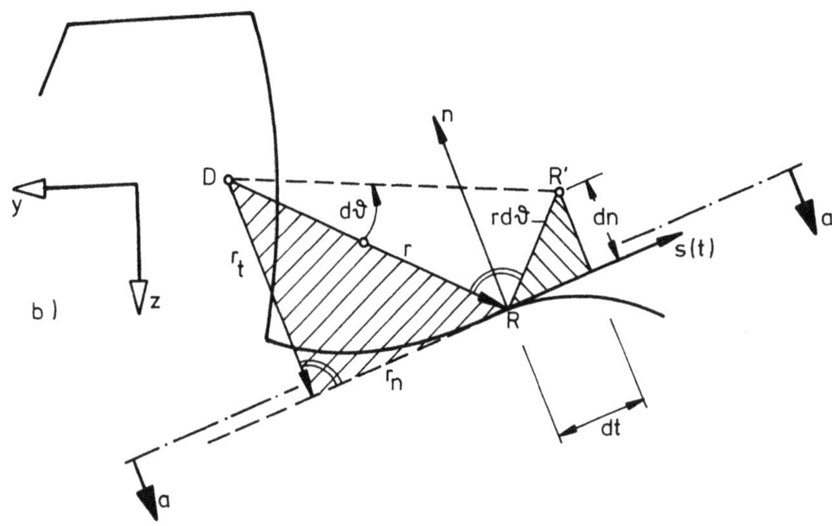

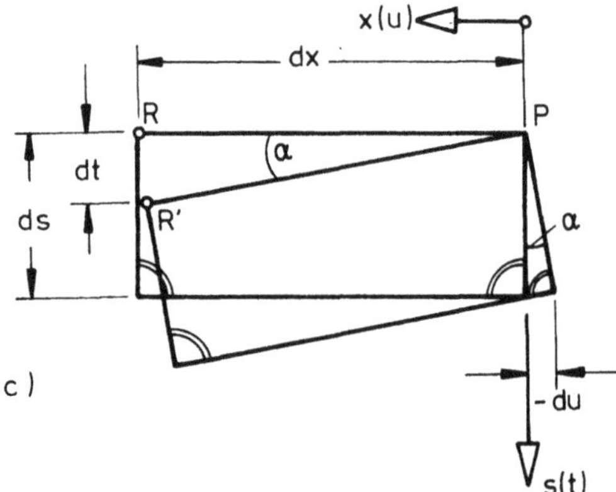

Bild 3.113 a) Verdrehtes, dünnwandiges Profil
b) Ansicht: y-z-Ebene
c) Schnitt a–a

Werden nur die Verformungen infolge der primären (St. Venantschen) Schubspannungen τ_p berücksichtigt, so tritt in der Profilmittellinie keine Gleitung γ auf. Das Element bleibt daher auch in der verformten Lage ein Rechteck (Bild 3.113 c).

Mit der Zerlegung von $r \cdot d\vartheta$ in die Komponenten dn und dt (Bild 3.113 b) im lokalen Koordinatensystem (Flächennormale n und Tangente s(t) an die Profilmittellinie) ergibt sich (Bild 3.113 c):

$$\alpha = -\frac{du}{ds} \qquad \alpha = \frac{dt}{dx}$$

Aus der Ähnlichkeit der schraffierten Dreiecke (Bild 3.113 b) folgt:

$$\frac{r_t}{r} = \frac{dt}{r\ d\vartheta}$$

$$dt = r_t\ d\vartheta$$

$$-\frac{du}{ds} = \frac{r_t\ d\vartheta}{dx}$$

$$du = -r_t \frac{d\vartheta}{dx} ds$$

Das Integral über die Profilmittellinie liefert die Verwölbung des Querschnittes an der Stelle s

$$u(s) = -\int_0^s \frac{r_t\ d\vartheta}{dx} ds + u_o$$

Unter der Voraussetzung eines konstanten Querschnittes in x-Richtung ist die Änderung der Verdrehung $\frac{d\vartheta}{dx}$ unabhängig von ds

$$u(s) = -\frac{d\vartheta}{dx} \int_0^s r_t\ ds + u_o$$

$$u_{(x,y,z)} = -\vartheta'_{(x)}\ \omega_{(y,z)} + u_o \qquad (3.77)$$

d.h. Aufspaltung in einen von der Längsrichtung x und einen vom Querschnitt y,z allein abhängigen Anteil.

Definition der Einheitsverwölbung ω :

ω = Verwölbung für ϑ' = "minus Eins"

$$\omega = \int_0^s r_t\ ds$$

Die Integrationskonstante u_o wird über die "Normierungsbedingungen" bestimmt (siehe Abschnitt 3.7.4).

Berechnung von ω:

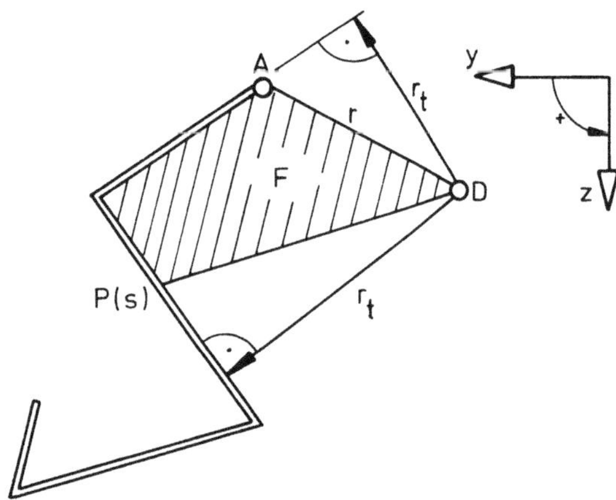

Bild 3.114 Ermittlung der Einheitsverwölbung ω

Die Einheitsverwölbung ω ist gleich der doppelten Fläche F

$$\omega = \int_{o}^{s} r_t \, ds = 2\,F \tag{3.78}$$

F ist diejenige Fläche, die von dem Fahrstrahl r vom Drehpunkt D zur Profilmittellinie auf dem Weg vom Anfangspunkt A bis zum Punkt s überstrichen wird.

Das Vorzeichen von ω richtet sich nach dem Umfahrungssinn. Bei positivem Umfahrungssinn wird die y-Achse in die z-Achse "hineingedreht".

Anmerkung:
Häufig wird die Einheitsverwölbung mit dem Buchstaben w bezeichnet /22/. Es hat sich jedoch inzwischen eingebürgert, das Koordinatensystem x,y,z und die zugehörigen Verschiebungen mit u,v,w zu bezeichnen. Deshalb wurde für die Verwölbung ω gewählt.

3.7.3.3 Verwölbung geschlossener Querschnitte

Bei der Ableitung der Verwölbung offener, dünnwandiger Querschnitte war die Schubdeformation der Profilmittellinie infolge der primären Schubspannungen Null. Dies trifft für geschlossene Querschnitte nicht mehr zu (Bredtscher Schubfluß).

Als zusätzliche Bedingungen treten also auf:

- die "Verwölbung" infolge des (konstanten) Schubflusses T ist zu berücksichtigen (ω_T),
- beim einmaligen Umfahren einer Zelle muß die Wölbordinate den Ausgangswert wieder annehmen (Kontinuitätsforderung: kein Verschiebungssprung).

Am aufgeschnittenen Querschnitt ist die Schubverformung u_i an der Stelle i infolge T = konst.

$$u_i = \int_a^i \gamma \, ds = \int_a^i \frac{\tau}{G} \, ds = \int_a^i \frac{T}{G} \frac{1}{t} \, ds = \frac{T}{G} \int_a^i \frac{ds}{t} \tag{3.79}$$

Die Verformung des offenen Querschnittes war (vgl. Gl.(3.77))

$$u = -\vartheta' \cdot \omega \qquad \text{daher} \qquad \omega_{offen} = -\frac{u}{\vartheta'}$$

Dividiert man Gl.(3.79) ebenfalls durch ϑ', so ergibt sich die Einheitsverwölbung ω_T infolge des Schubflusses T zu:

$$\omega_T = -\frac{u_i}{\vartheta'} = -\frac{T}{G \cdot \vartheta'} \int_a^i \frac{ds}{t} \tag{3.80}$$

und die Gesamtverwölbung des geschlossenen Querschnittes zu:

$$\omega_{geschl.} = \omega_{offen} + \omega_T$$

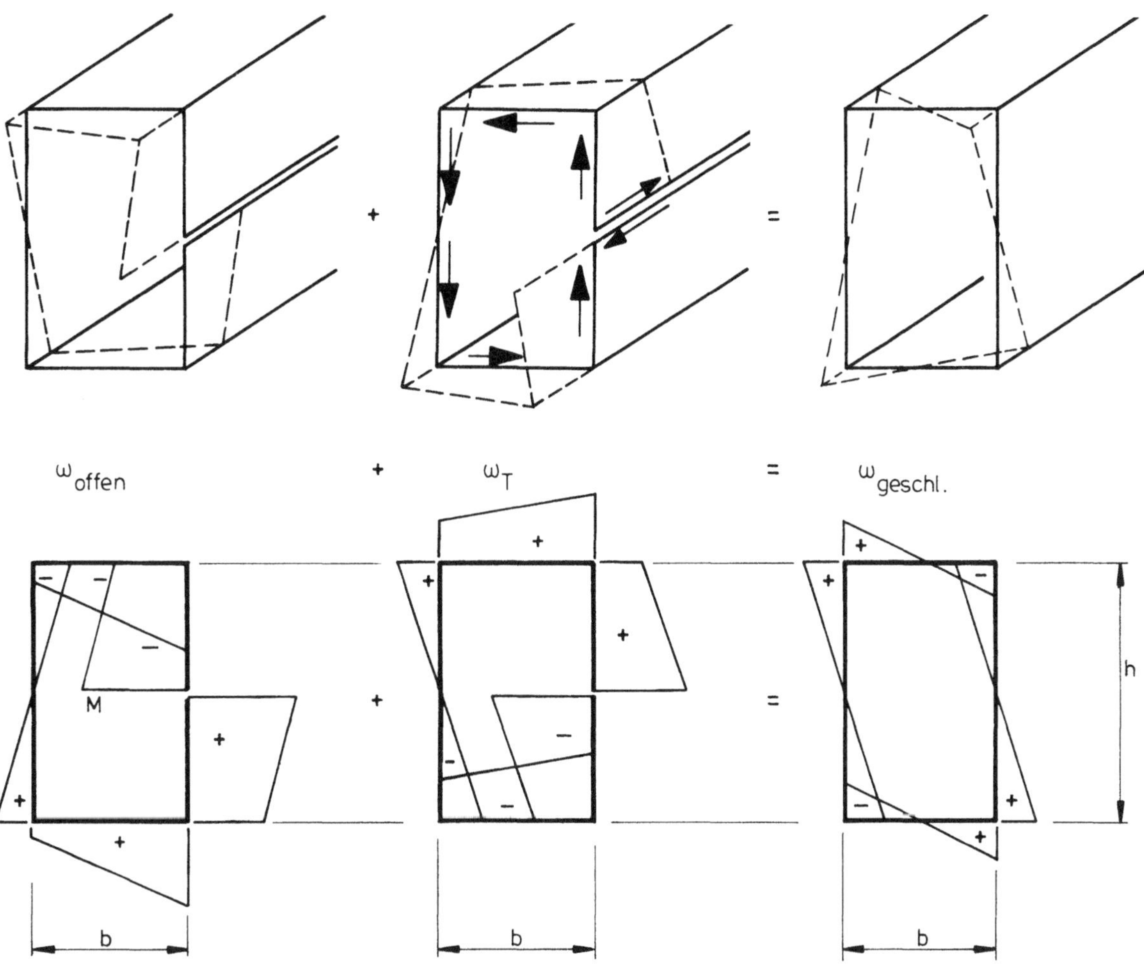

Bild 3.115 Einheitsverwölbung eines geschlossenen Querschnittes

$$\omega_{geschl.} = \int_a^i r_t \, ds - \psi \int_a^i \frac{ds}{t} \tag{3.81a}$$

mit

$$\psi = \frac{T}{G \cdot \vartheta'} \tag{3.81b}$$

Für den einzelligen Querschnitt ergibt sich aus der Kontinuitätsforderung, daß beim Umfahren der Zelle kein Verschiebungssprung auftreten darf.

$$\omega = \oint r_t \, ds - \psi \oint \frac{ds}{t} \overset{!}{=} 0$$

Mit $\oint r_t \, ds = 2\,F$ (vgl. Gl.(3.78)) folgt die Torsionsfunktion für einzellige Hohlquerschnitte

$$\psi = \frac{2F}{\oint \frac{ds}{t}} \tag{3.83}$$

Bei mehrzelligen Hohlquerschnitten lautet die Kontinuitätsbedingung analog zu Abschnitt 3.6.7 für die Zelle i:

$$- \psi_{i-1} \underbrace{\int \frac{ds}{t}}_{\substack{i-1,i \\ \text{gemeinsame} \\ \text{Teile}}} + \psi_i \underbrace{\oint \frac{ds}{t}}_{\text{Zelle } i} - \psi_{i+1} \underbrace{\int \frac{ds}{t}}_{\substack{i,i+1 \\ \text{gemeinsame} \\ \text{Teile}}} = 2\,F_i$$

Für einen Querschnitt aus n Zellen kann aus dem Gleichungssystem (mit n Zeilen und Spalten) für jede Zelle i die Torsionsfunktion ψ_i bestimmt werden.

Die endgültige Verwölbung ω wird aus der Überlagerung gewonnen:

$$\omega_{geschl.} = \omega_{offen} - \sum_{i=1}^{n} \psi_i \int_{o}^{s} \frac{ds}{t} \tag{3.84}$$

Hierbei sind in den gemeinsamen Teilen zweier benachbarter Zellen (z.B. i und i+1) die beiden Torsionsfunktionen ψ_i und ψ_{i+1} zu berücksichtigen.

Gleichung (3.84) gilt auch für gemischt – offen – geschlossene Querschnitte, wobei zu beachten ist, daß die Verwölbung ω_B am Anschlußpunkt B keinen Sprung aufweisen darf.

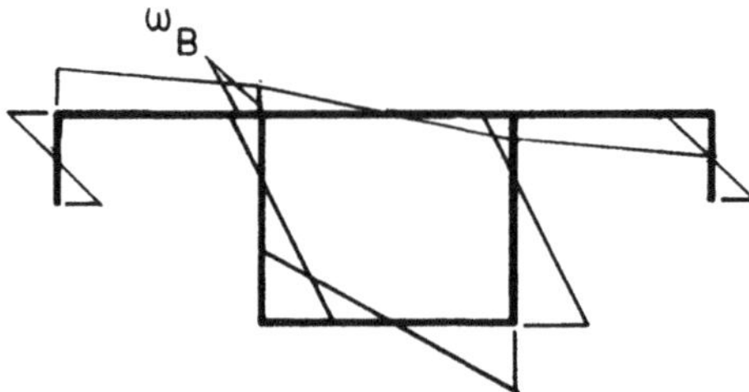

Bild 3.116 Verwölbung am Anschlußpunkt eines gemischt – offen – geschlossenen Querschnitts

3.7.4 Querschnittswerte und Normierung

3.7.4.1 Allgemeines

Zur Entkoppelung der Differentialgleichung der Wölbkrafttorsion (vgl. Abschnitt 3.7.12) ist es erforderlich, die Beanspruchung aus Biegung auf die Hauptachsen und die Beanspruchung aus Torsion auf den Schubmittelpunkt zu beziehen. Die Querschnittswerte und die Beanspruchung sind demnach auf die Hauptachsen bzw. auf den Schubmittelpunkt zu transformieren. Dies kann anschaulich aus der Definition des Schubmittelpunktes erklärt werden (s. Abschnitt 3.4.3).

Merke: Biegung (Momente, Querkräfte, Normalkräfte) auf die Hauptachsen beziehen.
Torsion und Verdrehung auf die Schubmittelpunktsachse beziehen.

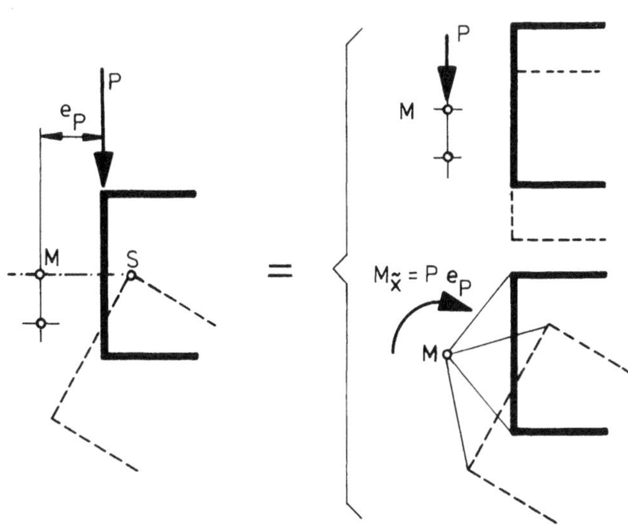

Bild 3.117 Aufteilung der Verformung in Verschiebung und Verdrehung

Daraus folgt: Die Schubmittelpunktsachse ist die natürliche Drehachse für den durch Torsion belasteten Stab.

Beweis:

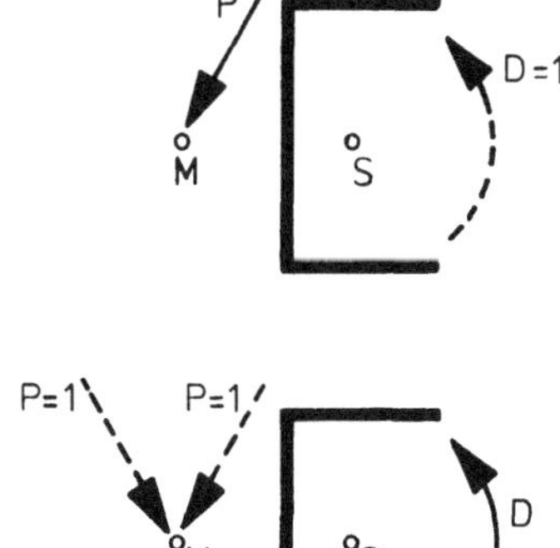

1. Aus "Lasten P, die durch M gehen, rufen keine Verdrehung hervor" folgt für Überlagerung mit Hilfszustand D = 1

   $\delta_{10} = \delta_{D,Q} = 0$

2. Bei Belastung durch D kann die Verschiebung von M durch beliebige Hilfszustände P = 1 berechnet werden zu

   $\delta_{10} = \delta_{Q,D}$

Nach Maxwell gilt

$\delta_{D,Q} = \delta_{Q,D}$ also $\delta_{Q,D} = 0$

Die Hauptachsen und der Schubmittelpunkt werden mit zwei Normierungsschritten gefunden:

	Grundsystem	nach 1. Normierung Einheitssystem	nach 2. Normierung Hauptsystem
Koordinatensystem	beliebig	Schwerpunkt	Hauptachsen
Drillachse	D, beliebig	D, beliebig	Schubmittelpunkt M
Anfangspunkt A	beliebig	normiert	normiert
Bezeichnungen	y, z, ω	$\hat{y}, \hat{z}, \hat{\omega}$	$\tilde{y}, \tilde{z}, \tilde{\omega}$

3.7.4.2 Grundsystem

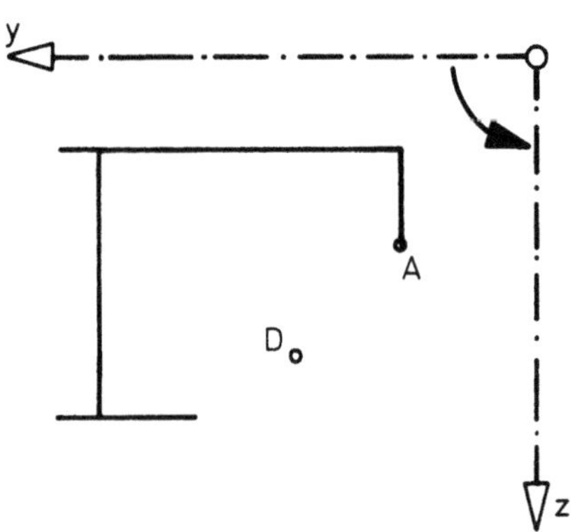

Annahmen:
Beliebiges rechtwinkliges Koordinatensystem (y, z)
beliebige Drillachse D
beliebiger Anfangspunkt A

Bild 3.118 Grundsystem

Definition der Flächenintegrale nach Bornscheuer /23/

1. Flächenintegral nullter Ordnung:

$$F = \int_F dF \quad (cm^2) \qquad \text{Querschnittsfläche}$$

2. Flächenintegrale erster Ordnung:

$$F_y = \int_F y\,dF \quad (cm^2m) \qquad \text{statisches Flächenmoment } S_z$$

$$F_z = \int_F z\,dF \quad (cm^2m) \qquad \text{statisches Flächenmoment } S_y$$

$$F_\omega = \int_F \omega\,dF \quad (cm^2m^2) \qquad \text{statisches Flächenmoment der Wölbordinate}$$

3. Flächenintegrale zweiter Ordnung:

$$F_{yz} = \int_F yz\,dF \quad (cm^2 m^2) \quad \text{Zentrifugalmoment } I_{yz}$$

$$F_{y\omega} = \int_F y\omega\,dF \quad (cm^2 m^3) \quad \text{Wölbmoment}$$

$$F_{z\omega} = \int_F z\omega\,dF \quad (cm^2 m^3) \quad \text{Wölbmoment}$$

$$F_{yy} = \int_F y^2\,dF \quad (cm^2 m^2) \quad \text{Trägheitsmoment } I_z$$

$$F_{zz} = \int_F z^2\,dF \quad (cm^2 m^2) \quad \text{Trägheitsmoment } I_y$$

$$F_{\omega\omega} = \int_F \omega^2\,dF \quad (cm^2 m^4) \quad \text{Wölbwiderstand C}$$

Wichtiger Hinweis:

Fachwerkverbände können näherungsweise als ideelle Bleche der Dicke t* nach Abschnitt 3.6.8 in die Berechnung eingeführt werden. Hierbei muß jedoch beachtet werden, daß diese "Bleche" in Wirklichkeit "Schubhäute" sind, die nur Schubspannungen, aber keine Normalspannungen aufnehmen. Sie dürfen daher nicht als "tragende Querschnittsteile" bei der Berechnung der Flächenintegrale F, F_y, F_z ... berücksichtigt werden, sondern müssen als Querschnittsteile mit dF = 0 behandelt werden!

Differentialgleichung im Grundsystem in Matrizenform

$$E \begin{bmatrix} F & F_y & F_z & F_\omega \\ F_y & F_{yy} & F_{yz} & F_{y\omega} \\ F_z & F_{zy} & F_{zz} & F_{z\omega} \\ F_\omega & F_{\omega y} & F_{\omega z} & F_{\omega\omega} \end{bmatrix} \begin{bmatrix} u^{II} \\ v^{IV} \\ w^{IV} \\ \vartheta^{IV} \end{bmatrix} = \begin{bmatrix} p_x \\ p_y \\ p_z \\ m_D + GI_D\vartheta^{II} \end{bmatrix} \qquad (3.85)$$

Hinweis:

Im Grundsystem sind die Auswirkungen von Längskraft, Biegung um beide Achsen und Torsion miteinander gekoppelt.

3.7.4.3 Einheitssystem

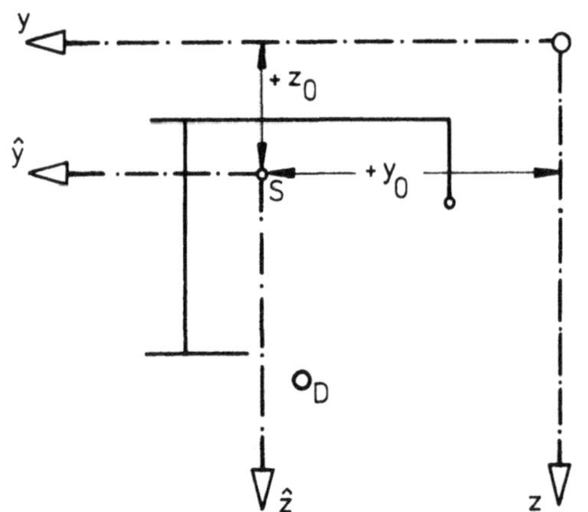

Bild 3.119 Einheitssystem

Durch die 1. Normierung wird erreicht: Parallelverschiebung der Koordinaten (y,z), so daß der Schwerpunkt S den Ursprung bildet und Verschiebung des Anfangspunktes der Integration, so daß $F_{\omega} = 0$ wird.

Forderung: Die Flächenintegrale 1. Ordnung sollen verschwinden:

$$F_{\hat{y}} = F_{\hat{z}} = F_{\hat{\omega}} = 0$$

mit

$$\hat{y} = y - y_o$$

$$\hat{z} = z - z_o$$

$$\hat{\omega} = \omega - \omega_o \qquad (3.86)$$

wird

$$\int (y - y_o)\, dF = \int (z - z_o)\, dF = \int (\omega - \omega_o)\, dF = 0$$

Daraus folgt

$$y_o = \frac{F_y}{F} \qquad z_o = \frac{F_z}{F} \qquad \omega_o = \frac{F_{\omega}}{F} \qquad (3.87)$$

y_o und z_o sind die Schwerpunktskoordinaten
ω_o ist die Wölbordinate des Anfangspunktes

Die Drillachse D verschiebt sich bei dieser Normierung nicht, sondern nur der Anfangspunkt A der Integration.
Wenn die Drillachse D und der Integrationsanfangspunkt auf der Symmetrieachse des Querschnittes liegen, gilt: $\omega_o = 0$.

Differentialgleichung im Einheitssystem in Matrizenform

$$E \begin{bmatrix} F & 0 & 0 & 0 \\ 0 & F_{\hat{y}\hat{y}} & F_{\hat{y}\hat{z}} & F_{\hat{y}\hat{\omega}} \\ 0 & F_{\hat{z}\hat{y}} & F_{\hat{z}\hat{z}} & F_{\hat{z}\hat{\omega}} \\ 0 & F_{\hat{\omega}\hat{y}} & F_{\hat{\omega}\hat{z}} & F_{\hat{\omega}\hat{\omega}} \end{bmatrix} \begin{bmatrix} u^{II} \\ \hat{v}^{IV} \\ \hat{w}^{IV} \\ \hat{\vartheta}^{IV} \end{bmatrix} = \begin{bmatrix} p_x \\ p_{\hat{y}} \\ p_{\hat{z}} \\ m_D + GI_D\hat{\vartheta}^{II} \end{bmatrix} \qquad (3.88)$$

Hinweis: Im Einheitssystem sind die Auswirkungen der Biegung um beide Achsen und die Torsion miteinander gekoppelt.

Die Flächenintegrale des Einheitssystems lassen sich aus denen des Grundsystems errechnen:

$$
\begin{aligned}
F_{\hat{y}\hat{z}} &= \int \hat{y}\hat{z}\, dF \\
&= \int (y - y_o)\,(z - z_o)\, dF \\
&= \int yz\, dF - y_o \int z\, dF - z_o \int y\, dF + y_o z_o \int dF \\
&= F_{yz} - y_o F_z - z_o F_y + y_o z_o F \\
&= F_{yz} - \frac{F_y}{F} F_z - \frac{F_z}{F} F_y + \frac{F_y}{F}\frac{F_z}{F} F
\end{aligned}
$$

$$
\begin{aligned}
F_{\hat{y}\hat{z}} &= F_{yz} - \frac{F_y F_z}{F} \qquad & F_{\hat{y}\hat{y}} &= F_{yy} - \frac{F_y^2}{F} \\
F_{\hat{y}\hat{\omega}} &= F_{y\omega} - \frac{F_y F_\omega}{F} \qquad & F_{\hat{z}\hat{z}} &= F_{zz} - \frac{F_z^2}{F} \\
F_{\hat{z}\hat{\omega}} &= F_{z\omega} - \frac{F_z F_\omega}{F} \qquad & F_{\hat{\omega}\hat{\omega}} &= F_{\omega\omega} - \frac{F_\omega^2}{F}
\end{aligned}
\qquad (3.89)
$$

3.7.4.4 Hauptsystem

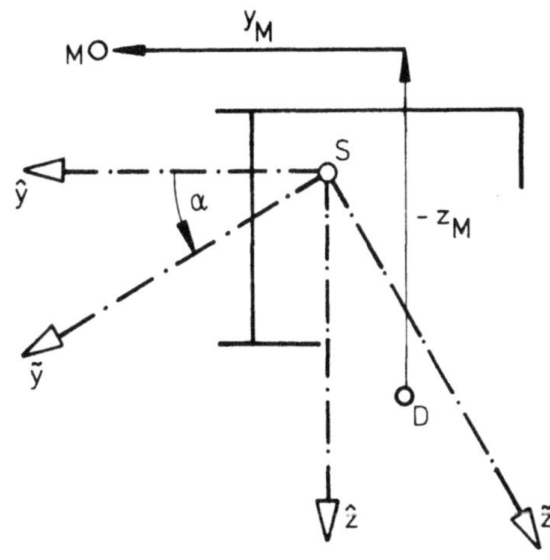

Bei der 2. Normierung werden die Koordinaten des Einheitssystems $(\hat{y},\hat{z})$ durch Drehung um den Winkel α in die Querschnittshauptachsen $(\tilde{y},\tilde{z})$ gedreht. Der Drillruhepunkt D wird in den Schubmittelpunkt M verlegt.

Bild 3.120 Hauptsystem

Es gelten folgende Transformationsgleichungen:

$$
\begin{aligned}
\tilde{y} &= \hat{y}\cos\alpha + \hat{z}\sin\alpha \\
\tilde{z} &= \hat{z}\cos\alpha - \hat{y}\sin\alpha \\
\tilde{\omega} &= \hat{\omega} + z_M \hat{y} - y_M \hat{z}
\end{aligned}
\qquad (3.90)
$$

Forderung: die gemischten Flächenintegrale 2. Ordnung sollen verschwinden:

$$F_{\tilde{y}\tilde{z}} = F_{\tilde{y}\tilde{\omega}} = F_{\tilde{z}\tilde{\omega}} \equiv 0$$

Aus $F_{\tilde{y}\tilde{z}} = 0$

folgt

$$\tan 2\alpha = \frac{2F_{\hat{y}\hat{z}}}{F_{\hat{y}\hat{y}}-F_{\hat{z}\hat{z}}} \tag{3.91}$$

und aus $F_{\tilde{y}\tilde{\omega}} = F_{\tilde{z}\tilde{\omega}} = 0$ ergibt sich

$$y_M = \frac{F_{\hat{z}\hat{\omega}}F_{\hat{y}\hat{y}}-F_{\hat{y}\hat{\omega}}F_{\hat{y}\hat{z}}}{F_{\hat{y}\hat{y}}F_{\hat{z}\hat{z}}-(F_{\hat{y}\hat{z}})^2} \qquad z_M = \frac{F_{\hat{z}\hat{\omega}}F_{\hat{y}\hat{z}}-F_{\hat{y}\hat{\omega}}F_{\hat{z}\hat{z}}}{F_{\hat{y}\hat{y}}F_{\hat{z}\hat{z}}-(F_{\hat{y}\hat{z}})^2} \tag{3.92}$$

y_M und z_M sind die Abstände des Schubmittelpunktes M von D in $\hat{y}$- und $\hat{z}$-Richtung!

Bei dieser Transformation werden die "Hauptträgheitsmomente" zum Maximum (bzw. Minimum).

$$\begin{matrix} F_{\tilde{y}\tilde{y}} \\ F_{\tilde{z}\tilde{z}} \end{matrix} = \frac{1}{2}\left[(F_{\hat{y}\hat{y}} + F_{\hat{z}\hat{z}}) \pm \sqrt{(F_{\hat{y}\hat{y}} - F_{\hat{z}\hat{z}})^2 + 4F_{\hat{y}\hat{z}}^{\,2}}\right] \tag{3.93}$$

und der Wölbwiderstand zum Minimum

$$F_{\tilde{\omega}\tilde{\omega}} = F_{\hat{\omega}\hat{\omega}} + z_M F_{\hat{y}\hat{\omega}} - y_M F_{\hat{z}\hat{\omega}} = C_M \tag{3.94}$$

Differentialgleichung im Hauptsystem (Diagonalmatrix)

$$E \begin{bmatrix} F & 0 & 0 & 0 \\ 0 & F_{\tilde{y}\tilde{y}} & 0 & 0 \\ 0 & 0 & F_{\tilde{z}\tilde{z}} & 0 \\ 0 & 0 & 0 & F_{\tilde{\omega}\tilde{\omega}} \end{bmatrix} \begin{bmatrix} u^{II} \\ \tilde{v}^{IV} \\ \tilde{w}^{IV} \\ \tilde{\vartheta}^{IV} \end{bmatrix} = \begin{bmatrix} p_x \\ p_{\tilde{y}} \\ p_{\tilde{z}} \\ m_D + GI_D\tilde{\vartheta}^{II} \end{bmatrix} \tag{3.95}$$

Hinweis: Im Hauptsystem sind Normalkraft, Biegung und Torsion entkoppelt.

3.7.5 Die Differentialgleichung

Mit den Verschiebungen u eines Querschnittspunktes (s. Gleichung 3.77)

$$u_{(x,y,z)} = -\vartheta'(x)\,\omega(y,z) \tag{3.96}$$

ergeben sich durch die Ableitung der Verschiebungen in Stablängsrichtung x die Dehnungen und damit die Wölbnormalspannungen $\sigma_{\tilde{\omega}}$ zu:

$$\sigma_{\tilde{\omega}} = \frac{\partial u}{\partial x} E = -\vartheta''(x)\,\tilde{\omega}(y,z)\,E \tag{3.97}$$

Die Gleichgewichtsbetrachtung am Element liefert die Beziehung zwischen den Wölbnormalspannungen $\sigma_{\tilde{\omega}}$ und den (sekundären) Wölbschubspannungen $\tau_{\tilde{\omega}}$.

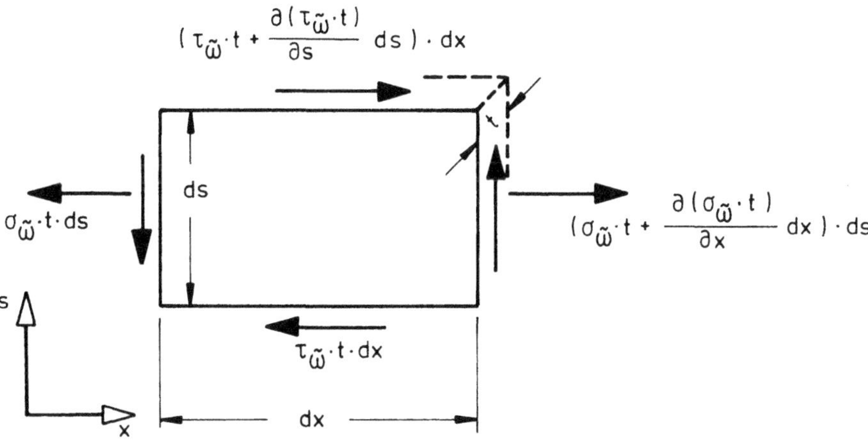

Bild 3.121 Kräfte am Flächenelement

$$\Sigma X = 0:$$

$$\frac{\partial(\tau_{\tilde\omega}\, t)}{\partial s}\, ds\, dx = -\frac{\partial(\sigma_{\tilde\omega}\, t)}{\partial x}\, dx\, ds$$

Die Integration ergibt

$$\tau_{\tilde\omega(s)}\, t = -\int\limits_{o}^{s} \frac{\partial(\sigma_{\tilde\omega}\, t)}{\partial x}\, ds$$

Mit (3.97) und t ds = dF folgt

$$\tau_{\tilde\omega(s)}\, t = -\int\limits_{o}^{s} \frac{\partial(-E\tilde\vartheta''(x)\,\tilde\omega\,(y,z)\, t)}{\partial x}\, ds$$

$$\tau_{\tilde\omega}(s)\, t = -\int\limits_{o}^{s} - E\tilde\vartheta'''\,\tilde\omega\, t\, ds$$

$$T_{\tilde\omega}(s) = \tau_{\tilde\omega}\, t = E\,\tilde\vartheta'''\; F_{\tilde\omega}(s) \quad \text{mit } F_{\tilde\omega}(s) = \int\limits_{o}^{s} \tilde\omega\, dF \qquad (3.98)$$

Bei Belastung durch reine Torsionsmomente und Drehung um die Schubmittelpunktsachse dürfen im Querschnitt aus Gleichgewichtsgründen keine resultierende Längskraft N und keine resultierenden Momente $M_{\tilde y}$, $M_{\tilde z}$ entstehen. Als einzige Resultierende aus den Wölbnormalspannungen bleibt das Wölbbimoment, das definiert wird als

$$M_{\tilde\omega} = \int\limits_{F} \sigma_{\tilde\omega}\,\tilde\omega\, dF \qquad (3.99)$$

d.h. die infolge der Verwölbung im Stabquerschnitt entstehenden Wölbnormalspannungen bilden eine "Längskraft-Gleichgewichtsgruppe", die entsprechend der Biegetheorie (z.B. $M_{\tilde y} = \int \sigma_{\tilde x}\tilde z\; dF$) zu einer neuen Schnittgröße zusammengefaßt wird.

Eine Veranschaulichung dieser Schnittgröße $M_{\tilde\omega}$ (die auch als äußere Belastung auftreten kann), zeigt Bild 3.122. Eine Erläuterung hierzu ist in Bild 3.128 gegeben.

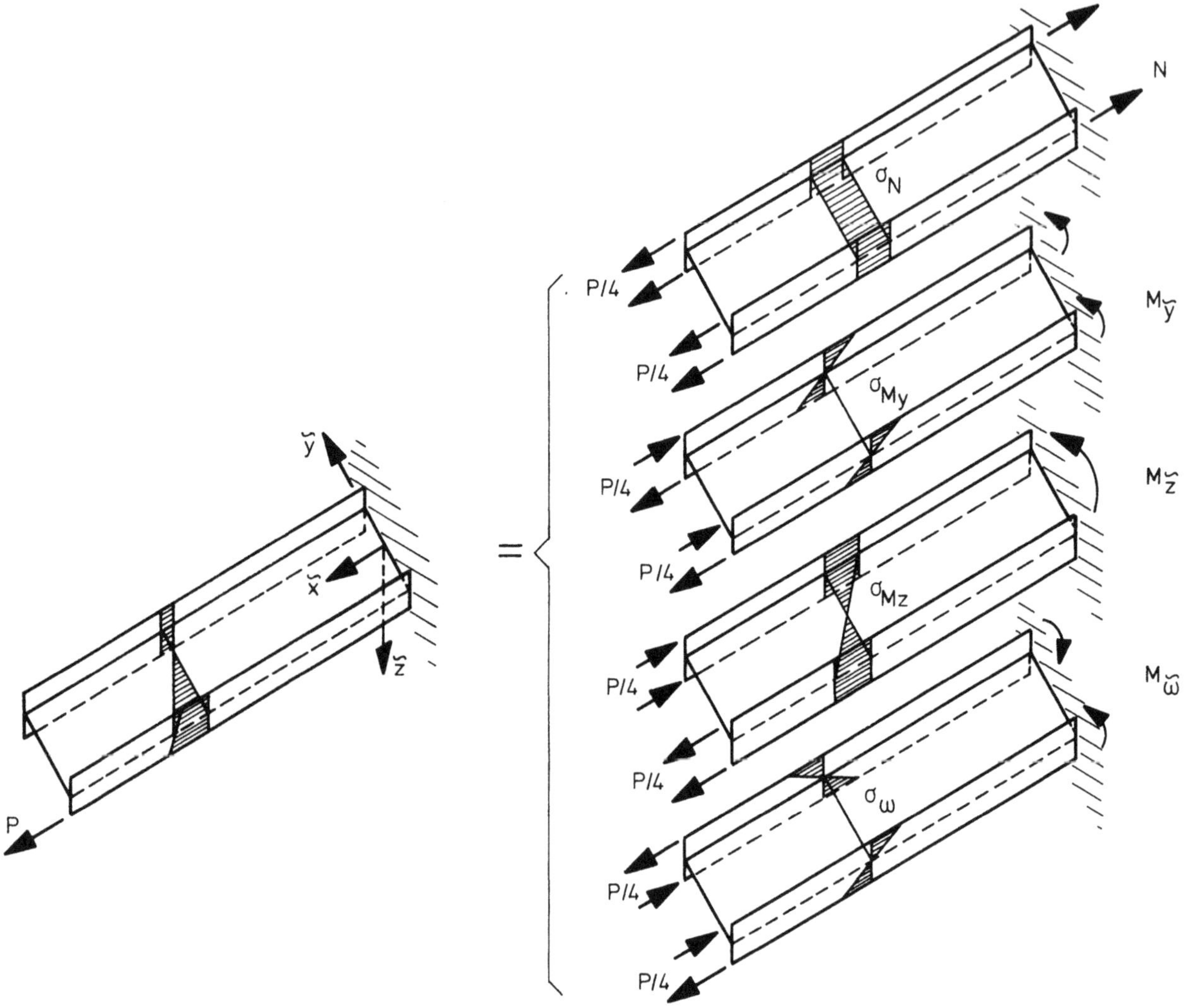

Bild 3.122 Veranschaulichung der Momente infolge einer exzentrisch angreifenden Längskraft

Der Verlauf des Wölbbimomentes in die Stablängsrichtung hängt vom "Abklingen" der Verwölbungsbehinderung ab. Analog zu den Biegemomenten, wobei $\tilde{y}_p$ und $\tilde{z}_p$ die Koordinaten des Kraftangriffspunktes P sind

$$M_{\tilde{y}} = P\,\tilde{z}_p$$
$$M_{\tilde{z}} = P\,\tilde{y}_p$$

läßt sich das durch eine exzentrisch angreifende Kraft eingeleitete äußere Bimoment angeben:

$$M_{\tilde{\omega}}^{ä} = P\,\tilde{\omega}_p$$

wobei $\tilde{\omega}_p$ die Wölbordinate des Kraftangriffspunktes ist.

Nach Einsetzen der Gl.(3.97) $\sigma_{\tilde{\omega}} = - E\tilde{\vartheta}''\tilde{\omega}$ in Gl.(3.99) folgt

$$M_{\tilde{\omega}} = - E\tilde{\vartheta}'' \int \tilde{\omega}^2 \, dF$$

$$M_{\tilde{\omega}} = - EF_{\tilde{\omega}\tilde{\omega}}\,\tilde{\vartheta}'' \qquad (3.100)$$

$F_{\tilde{\omega}\tilde{\omega}} = \int_F \tilde{\omega}^2 \, dF$ ist der Wölbwiderstand. Er wird auch mit C_M bezeichnet.

$EF_{\tilde{\omega}\tilde{\omega}}$ ist die Wölbsteifigkeit.

Man erkennt deutlich die formale Übereinstimmung mit der Biegebeanspruchung $M_y = - EF_{zz}w''$!

Die Gesamtschnittgröße $M_{\tilde{x}}$ "Torsionsmoment" zerfällt in zwei Anteile:

$M_{\tilde{x}1}$: aus St. Venantscher Torsion ($M_{\tilde{x}1} = GI_D\tilde{\vartheta}'$). Es wirken die (primären) Schubspannungen τ_p.

$M_{\tilde{x}2}$: aus der Wölbkrafttorsion. Es wirken die (sekundären) Wölbschubspannungen $\tau_{\tilde{\omega}}$.

$$M_{\tilde{x}} = M_{\tilde{x}1} + M_{\tilde{x}2} \tag{3.101}$$

Das Wölbtorsionsmoment $M_{\tilde{x}2}$ wird durch die Schubspannungen $\tau_{\tilde{\omega}}$ aufgenommen, die gleichmäßig über die Dicke t verteilt sind.

$$M_{\tilde{x}2} = \int_0^e \underbrace{\tau_{\tilde{\omega}}(s)\, t(s)}_{u}\, \underbrace{r_t}_{v'}\, ds = \int u\, v'\, ds$$

$$= u\, v - \int v\, u'\, ds$$

$$= \underbrace{\left[\tau_{\tilde{\omega}}\, t \int r_t\, ds\right]_0^e}_{=0} - \int_0^e \left(\frac{\partial(\tau_{\tilde{\omega}}\, t)}{\partial s} \underbrace{\int r_t\, ds}_{\tilde{\omega}}\right) ds$$

da $(\tau_{\tilde{\omega}}(0) = \tau_{\tilde{\omega}}(e) = 0)$

$$M_{\tilde{x}2} = - \int_0^e \frac{\partial(\tau_{\tilde{\omega}}\, t)}{\partial s}\, \tilde{\omega}\, ds$$

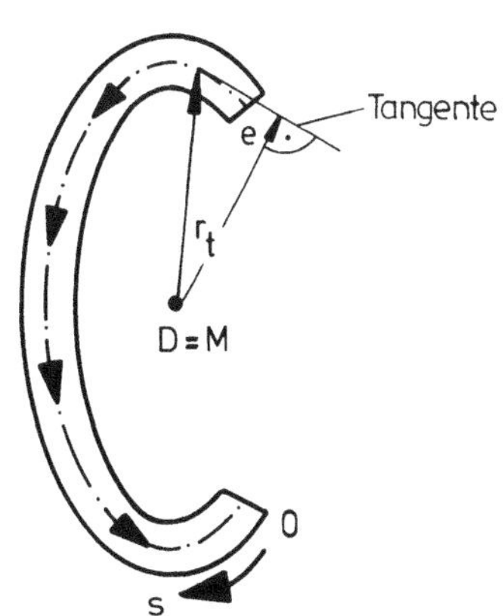

Bild 3. 123 Schubspannungen $\tau_{\tilde{\omega}}$ mit Hebelarm r_t für $M_{\tilde{x}2}$

Mit $\tau_{\tilde{\omega}}\, t = E\, \tilde{\vartheta}''' \int \tilde{\omega}\, dF$ folgt:

$$M_{\tilde{x}2} = - E\, \tilde{\vartheta}''' \int_0^e \frac{\partial(\tilde{\omega}\, t\, ds)}{\partial s}\, \tilde{\omega}\, ds$$

$$= - E\tilde{\vartheta}''' \int \tilde{\omega}\, t\, \tilde{\omega}\, ds = - E\tilde{\vartheta}''' \int_F \tilde{\omega}^2\, dF$$

Mit Gl.(3.100)

$$M_{\tilde{x}2} = - EF_{\tilde{\omega}\tilde{\omega}}\, \tilde{\vartheta}''' = M_{\tilde{\omega}}' \tag{3.102}$$

und mit Gl.(3.101)

$$M_{\tilde{x}} = GI_D\tilde{\vartheta}' - EF_{\tilde{\omega}\tilde{\omega}}\, \tilde{\vartheta}''' \tag{3.103}$$

Bei gegebener äußerer Belastung m_D ist nochmaliges Differenzieren zweckmäßig.

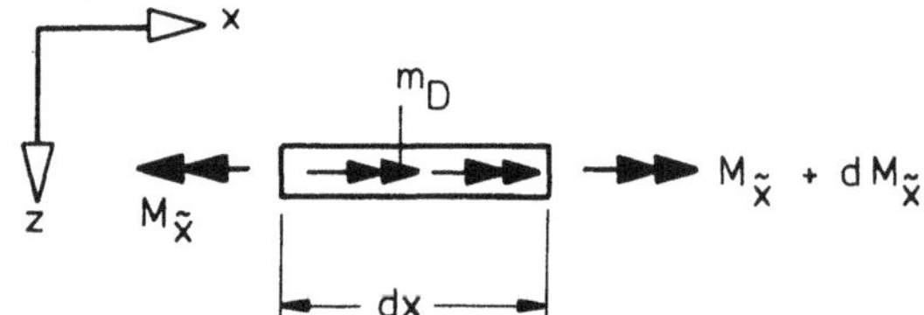

Bild 3.124 Stabelement mit Streckentorsionsmoment

Gleichgewicht:

$$m_D \, dx + d\,M_x = 0$$

$$\frac{d\,M_x}{dx} = M_x' = -\,m_D$$

Damit folgt:

$$-\,m_D = GI_D\tilde{\vartheta}'' - EF_{\tilde{\omega}\tilde{\omega}}\tilde{\vartheta}^{IV} \tag{3.104}$$

Die Differentialgleichung der Wölbkrafttorsion erhält daher folgende Form:

$$EF_{\tilde{\omega}\tilde{\omega}}\,\tilde{\vartheta}^{IV} - GI_D\tilde{\vartheta}'' = m_D \tag{3.105}$$

wobei m_D das angreifende Torsionsmoment/lfdm, bezogen auf den Schubmittelpunkt, ist.

Bisweilen wird auch folgende Form verwendet (um formal vollständige Übereinstimmung mit der "Biegung" zu erhalten):

$$EF_{\tilde{\omega}\tilde{\omega}}\,\tilde{\vartheta}^{IV} = m_{\tilde{\omega}} \qquad = \text{Wölbtorsionsmoment/lfdm} \tag{3.106}$$

Hierbei ist $m_{\tilde{\omega}} = m_D + GI_D\tilde{\vartheta}'' = -\,M_{\tilde{x}2}' = -\,M_{\tilde{\omega}}''$

Die allgemeine Lösung der Differentialgleichung (3.105) lautet:

$$\tilde{\vartheta} = \bar{A}_1 \sinh\lambda x + \bar{A}_2 \cosh\lambda x + A_3 x + A_4 - \frac{m_D}{2GI_D}x^2$$

mit $\bar{A}_i = \dfrac{A_i}{\lambda^2}$ und $\lambda^2 = \dfrac{GI_D}{EF_{\tilde{\omega}\tilde{\omega}}}$

Eine Zusammenstellung spezieller Lösungen für einige wichtige Belastungsarten für den gabelgelagerten bzw. eingespannten Einfeldträger ist in /22/ angegeben.

Die Bestimmung der Konstanten erfolgt mit den Randbedingungen:

verhinderte Verdrehung: $\tilde{\vartheta} = 0$ } Einspannstelle
verhinderte Verwölbung: $\tilde{\vartheta}' = 0$ }

unbehinderte Verwölbung: $\tilde{\vartheta}'' = 0$ (freies Ende)
($\hat{=}\ \sigma_{\tilde{\omega}} = 0$)

und entsprechenden Übergangsbedingungen $\tilde{\vartheta}_\ell = \tilde{\vartheta}_r$ und $\tilde{\vartheta}_\ell'' = \tilde{\vartheta}_r''$.

Die (etwas unanschaulichen) Lösungen der Wölbkrafttorsion können durch Analogiebetrachtungen (s. Abschnitt 3.7.7) wesentlich anschaulicher interpretiert werden. Außerdem wird die Anwendung sämtlicher baustatischer Hilfsmittel (statisch unbestimmte Rechnung, abgestufte Querschnitte, W-Gewichte usw.) und die Genauigkeitsabschätzung von Näherungsberechnungen sehr erleichtert.

3.7.6 Berechnung der Spannungen

3.7.6.1 Primäre Schubspannungen

Die Berechnung erfolgt nach Abschnitt 3.6, wobei für $M_{\tilde{x}}$ (bzw. M_D) nur der St. Venantsche Anteil $M_{\tilde{x}1}$ einzusetzen ist.

3.7.6.2 Wölbnormalspannungen

Mit Gl.(3.97) $\sigma_{\tilde{\omega}} = - E\tilde{\omega}\tilde{\vartheta}''$ und Gl.(3.100) $M_{\tilde{\omega}} = - EF_{\tilde{\omega}\tilde{\omega}}\tilde{\vartheta}''$ folgt:

$$\sigma_{\tilde{\omega}} = \frac{M_{\tilde{\omega}}}{F_{\tilde{\omega}\tilde{\omega}}}\tilde{\omega} \quad \text{in Analogie zu} \quad \sigma = \frac{M_{\tilde{y}}}{F_{\tilde{z}\tilde{z}}}\tilde{z} \qquad (3.107)$$

Diese Formel gilt für offene und geschlossene Querschnitte. Es müssen jeweils die entsprechenden Wölbordinaten eingesetzt werden.

3.7.6.3 Wölbschubspannungen

- offene Querschnitte (s. auch Abschnitt 3.4.2)
  mit Gl.(3.98) $\tau_{\tilde{\omega}}\, t = \tilde{\vartheta}'''\, EF_{\tilde{\omega}}(s)$
  und Gl.(3.102) $M'_{\tilde{\omega}} = - EF_{\tilde{\omega}\tilde{\omega}}\,\tilde{\vartheta}'''$
  folgt:

$$\tau_{\tilde{\omega}} = - \frac{M'_{\tilde{\omega}}\, F_{\tilde{\omega}}(s)}{F_{\tilde{\omega}\tilde{\omega}}\, t} \quad \text{in Analogie zu} \quad \tau = - \frac{Q_z\, F_z(s)}{F_{zz}\, t} \qquad (3.108)$$

- geschlossene Querschnitte (s. auch Abschnitt 3.4.5)
  Gleichgewicht am aufgeschnittenen Profil:

$$T = \tau_{\tilde{\omega}}\, t = T_a - \int_{s=a}^{s} \frac{\partial(\sigma_{\tilde{\omega}}\, t)}{\partial x}\, ds$$

Kontinuität:

$$\oint_s T\, \frac{ds}{t} = T_a \oint_s \frac{ds}{t} - \oint \frac{\int_s \frac{\partial(\sigma_{\tilde{\omega}}\, t)}{\partial x}\, ds}{t}\, ds \overset{!}{=} 0$$

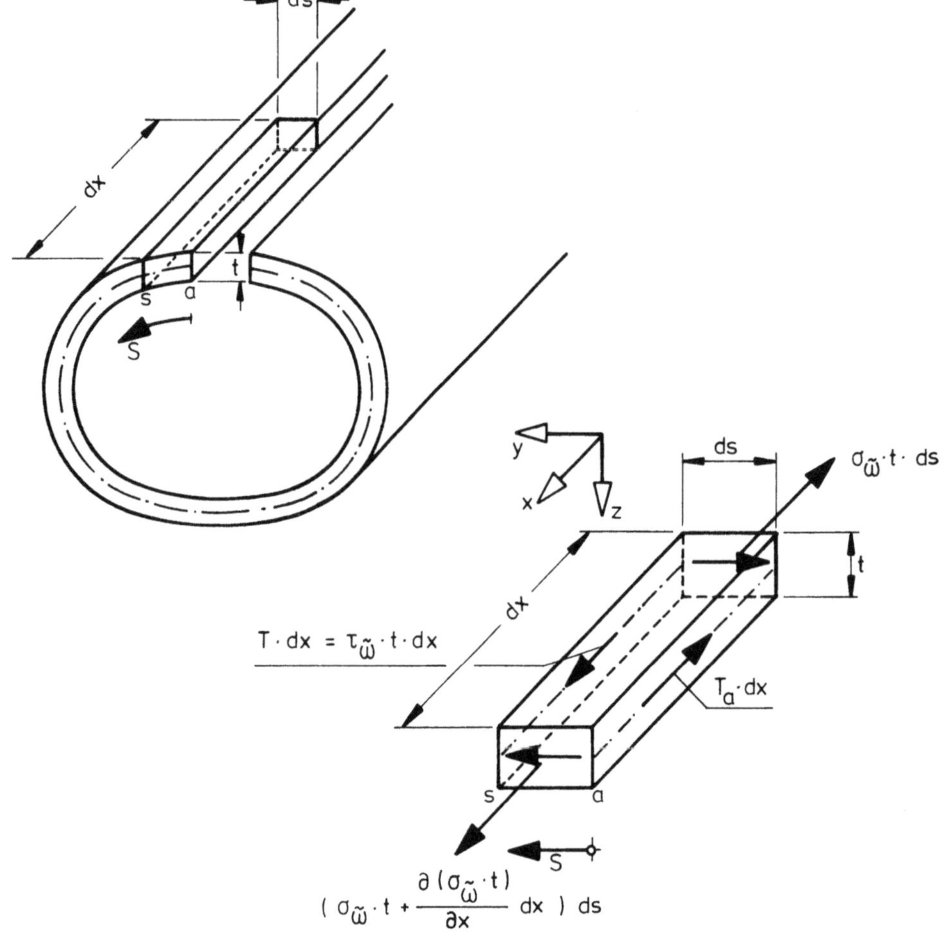

Bild 3.125 Kräfte am Flächenelement

Durch Einsetzen der Beziehungen für $\sigma_{\tilde{\omega}}$ und $M_{\tilde{\omega}}$ wird

$$T_a = + \frac{M_{\tilde{\omega}}}{F_{\tilde{\omega}\tilde{\omega}}} \frac{\oint F_{\tilde{\omega}}(s) \frac{ds}{t}}{\oint \frac{ds}{t}}$$

$$\tau_{\tilde{\omega}} = - \frac{M_{\tilde{\omega}}}{F_{\tilde{\omega}\tilde{\omega}}} \frac{1}{t} \left[F_{\tilde{\omega}}(s) - \frac{\oint F_{\tilde{\omega}}(s) \frac{ds}{t}}{\oint \frac{ds}{t}} \right] \tag{3.109}$$

Bei mehrzelligen Hohlquerschnitten werden die unbekannten Schubflüsse analog Abschnitt 3.6.7 berechnet.

3.7.7 Analogiesystem „Biegeträger mit Zugkraft“

In Abschnitt 4.2.2 ist die Differentialgleichung ($p_{\tilde{z}} = EF_{\tilde{z}\tilde{z}}\tilde{w}^{IV} - H\,\tilde{w}''$) des Biegeträgers mit Zugkraft (Theorie 2. Ordnung) angegeben. Sie entspricht der Differentialgleichung ($m_D = EF_{\tilde{\omega}\tilde{\omega}}\tilde{\vartheta}^{IV} - GI_D\tilde{\vartheta}''$) der Wölbkrafttorsion. Dadurch entsteht die Möglichkeit zu folgenden Analogiebetrachtungen:

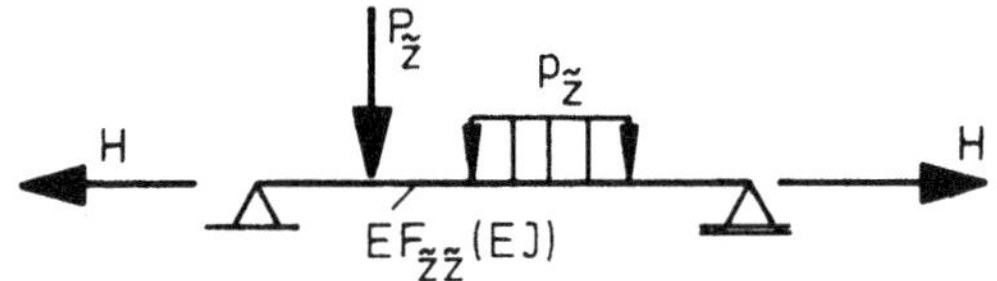

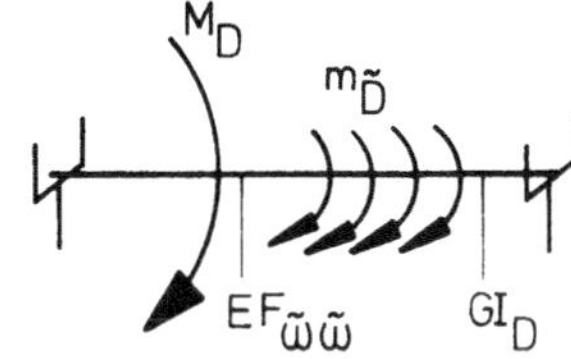

Bild 3.126 a) Biegeträger mit Zugkraft | b) Torsionsbeanspruchter Träger

Differentialgleichung

$p_{\tilde z} = EF_{\tilde z\tilde z}\,\tilde w^{IV} - H\tilde w''$ | $m_D = EF_{\tilde\omega\tilde\omega}\tilde\vartheta^{IV} - GI_D\tilde\vartheta''$

Durchbiegung: w | Drehwinkel: $\tilde\vartheta$

Horizontalkraft: H | Torsionssteifigkeit: GI_D

Biegesteifigkeit: $EF_{\tilde z\tilde z}$ | Wölbsteifigkeit: $EF_{\tilde\omega\tilde\omega}$

Belastung

Einzellast: P_z | Einzeltorsionsmoment: M_D

Streckenlast: p_z | Torsionsmoment/lfdm: m_D

Randbedingungen

festes Lager | Gabellager

$\tilde w = 0$ | $\tilde\vartheta = 0$

$\tilde w'' = 0 \; (M_{\tilde y} = 0,\ \sigma = 0)$ | $\tilde\vartheta'' = 0 \; (M_{\tilde\omega} = 0,\ \sigma_{\tilde\omega} = 0)$

eingespannt | bei behinderter Querschnittsverwölbung (eingespannt)

$\tilde w = 0$ | $\tilde\vartheta = 0$

$\tilde w' = 0$ | $\tilde\vartheta' = 0$

freies Trägerende | freies Trägerende

$\tilde w'' = 0 \; (M_{\tilde y} = 0)$ | $\tilde\vartheta'' = 0 \; (M_{\tilde\omega} = 0)$

Schnittgrößen

Biegemoment: | Wölbbimoment:

$M_{\tilde y} = \int Q_{\tilde z}\,dx = -EF_{\tilde z\tilde z}\,\tilde w''$ | $M_{\tilde\omega} = \int M_{\tilde x2}\,dx = -EF_{\tilde\omega\tilde\omega}\tilde\vartheta''$

Querkraft: | Wölbtorsionsmoment:

$Q_{\tilde z} = -EF_{\tilde z\tilde z}\,\tilde w''' = M'_{\tilde y}$ | $M_{\tilde x2} = -EF_{\tilde\omega\tilde\omega}\tilde\vartheta''' = M'_{\tilde\omega}$

Spannungen

$\sigma = \dfrac{M_{\tilde y}}{F_{\tilde z\tilde z}}\,\tilde z$ | $\sigma_{\tilde\omega} = \dfrac{M_{\tilde\omega}}{F_{\tilde\omega\tilde\omega}}\cdot\tilde\omega$

$\tau = -\dfrac{Q_{\tilde z}\,F_{\tilde z}(s)}{F_{\tilde z\tilde z}\,t}$ | $\tau_{\tilde\omega} = -\dfrac{M'_{\tilde\omega}\,F_{\tilde\omega}(s)}{F_{\tilde\omega\tilde\omega}\,t}$

Bei der Anwendung des Analogiesystems ist zu beachten, daß die Zugkraft natürlich keine Normalspannungen $\sigma = \frac{H}{F}$ hervorruft.

Daher ist folgende Modellvorstellung des Trägers zweckmäßig:

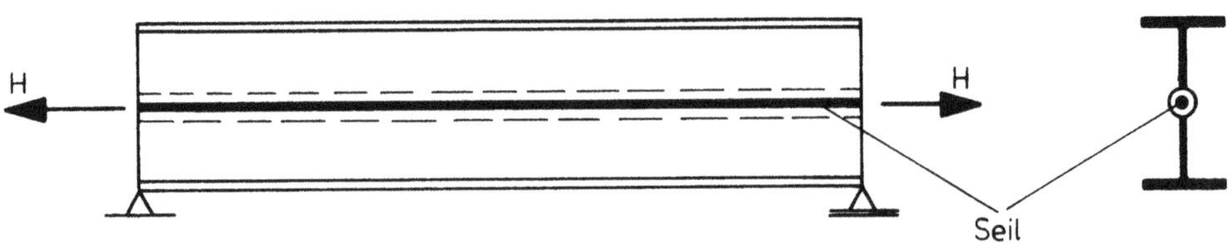

Bild 3.127 Modellvorstellung für den Träger nach Bild 3.126 a

Die Zugkraft H wird von einem Seil aufgenommen, das im Querschnitt des Biegeträgers "geführt" ist. Durch nachträgliches Anspannen des Seiles (Einfluß Theorie II. Ordnung) kann die Wirkung der Drillsteifigkeit GI_D anschaulich interpretiert werden.

Hinweis:

Die in Bild 3.122 dargestellten Zusammenhänge sind auf den ersten Blick etwas verwirrend, da eine Verdrehung entsteht, ohne daß ein äußeres Torsionsmoment angreift. Am Analogiesystem Bild 3.128 erkennt man dies besser.

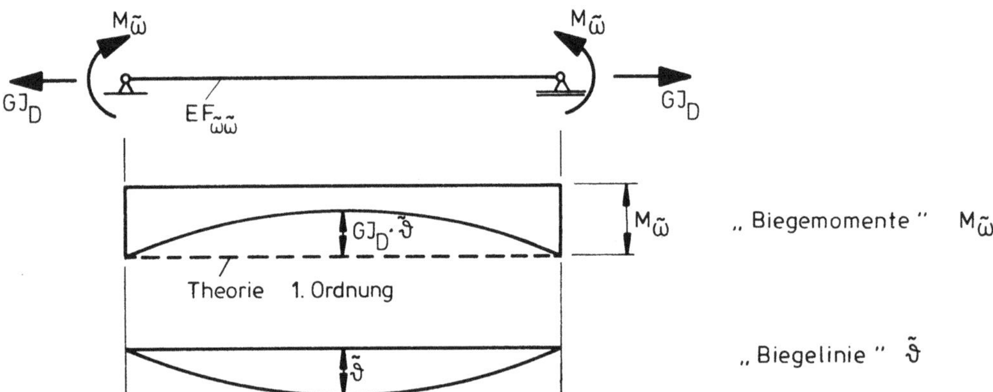

Bild 3.128 Momentenverlauf und Biegelinie eines Einfeldträgers mit Endmomenten unter Berücksichtigung von GI_D

Es greifen an den Stabenden (äußere) "Biegemomente" $M_{\tilde{\omega}}$ an, deren Verlauf durch die "Längskraft" GI_D am Hebelarm der "Durchbiegungen" $\tilde{\vartheta}$ durch die Theorie II. Ordnung beeinflußt wird.

Es ergibt sich daher folgendes Belastungsschema:

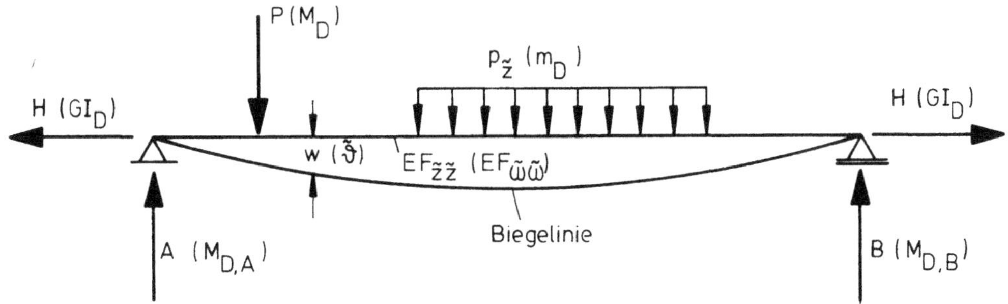

Bild 3.129 Belastungsschema für Analogie: Wölbkrafttorsion – Biegeträger mit Zugkraft

Hinweise:

Je größer GI_D (z.B. Hohlkasten), desto größer ist die "Entlastung" durch den (großen) H-Zug.

Grenzwerte:

$EF_{\tilde{\omega}\tilde{\omega}} \rightarrow 0$ wölbfreier Querschnitt entspricht "Seil" (ohne Biegesteifigkeit)

$GI_D \rightarrow 0$ entspricht "reinem Biegeträger"

Hierdurch können Näherungsberechnungen leicht auf ihre Genauigkeit kontrolliert werden (s. Abschnitt 3.7.13).

3.7.8 Zwangsdrillachse

In der Praxis tritt häufig der Fall auf, daß anschließende Bauteile (Verbände, Dachhaut usw.) eine "freie" Verformung des Stabes verhindern.

Ist die Lage des Drillruhepunktes D bekannt, so können die "elementaren" Beziehungen durch folgende einfache Überlegung unmittelbar verwendet werden:

- Die Zwangsdrillachse D liegt im Unendlichen (bzw. sehr weit außerhalb des Querschnittes):

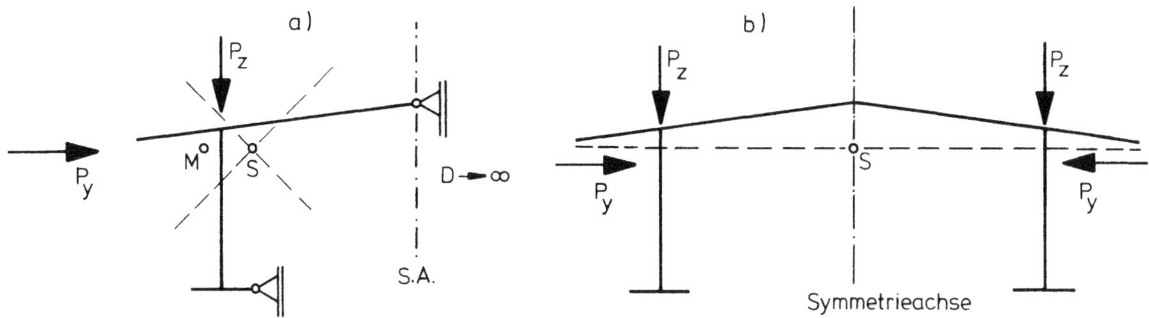

Bild 3.130 a) geführte Biegung
b) Ersatzsystem

Es entsteht geführte Biegung. Die Berechnung wird als "freie Biegung" am achsensymmetrisch ergänzten Querschnitt durchgeführt. Die Symmetrieachse zeigt in die Führungsrichtung. Die Belastung muß selbstverständlich auch symmetrisch ergänzt werden.

- Die Zwangsdrillachse D liegt im Querschnitt:

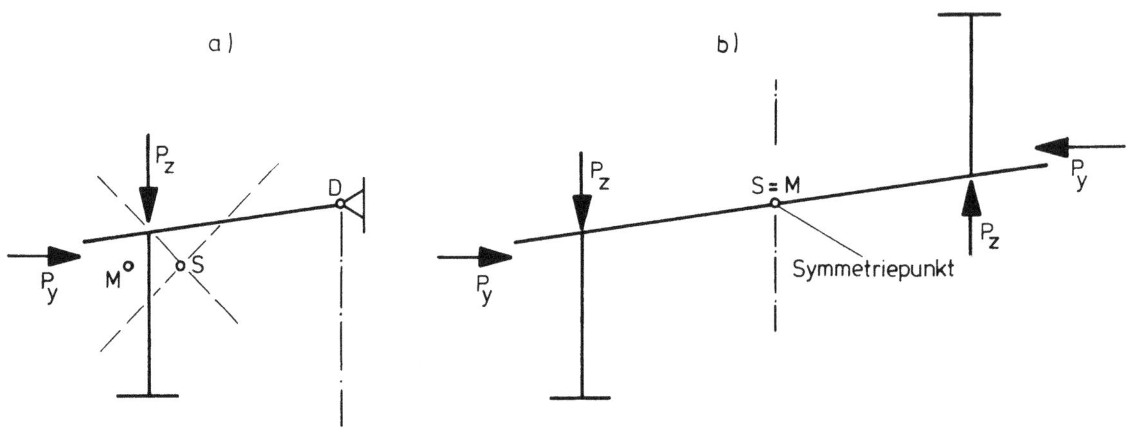

Bild 3.131 a) Zwangsdrillachse
b) Ersatzsystem

Die Berechnung wird als "freie Torsion" am punktsymmetrisch ergänzten Querschnitt durchgeführt. Der Drehpunkt D ist Symmetriepunkt, Schwerpunkt S und Schubmittelpunkt M. Die Belastung muß selbstverständlich auch punktsymmetrisch ergänzt werden.

Häufig tritt jedoch der Fall auf, daß eine Fesselebene f-f (z.B. ein Verband) vorhanden ist.

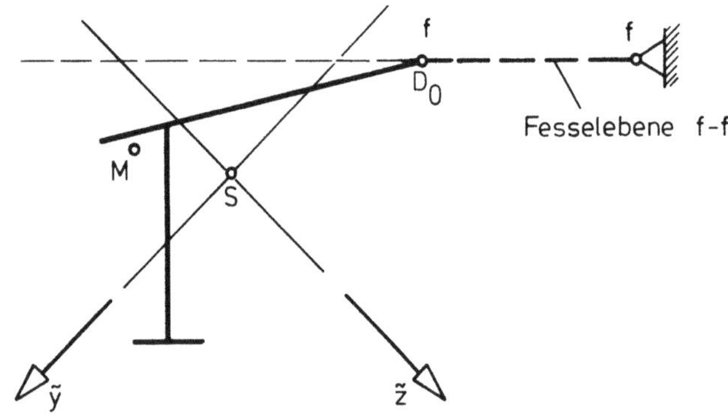

Bild 3.132 Zwangsdrillachse durch Verband

Es muß zunächst die Lage der Zwangsdrillachse D bestimmt werden, bevor die "elementaren" Beziehungen durch Ergänzung des Querschnittes verwendet werden können.

Das System der Differentialgleichungen für das Biegetorsionsproblem, bezogen auf die Hauptachsen des Querschnittes, und die in der Fesselebene liegende Anfangsdrehachse D_o, lautet:

$$EF_{\tilde{y}\tilde{y}}\,\tilde{v}^{IV} \qquad\qquad + EF_{\tilde{y}\omega}\vartheta^{IV} = p_{\tilde{y}} \tag{3.110}$$

$$EF_{\tilde{z}\tilde{z}}\,\tilde{w}^{IV} + EF_{\tilde{z}\omega}\vartheta^{IV} = p_{\tilde{z}}$$

$$EF_{\omega\tilde{y}}\,\tilde{v}^{IV} + EF_{\omega\tilde{z}}\,\tilde{w}^{IV} + EF_{\omega\omega}\vartheta^{IV} = m_D + GI_D\vartheta''$$

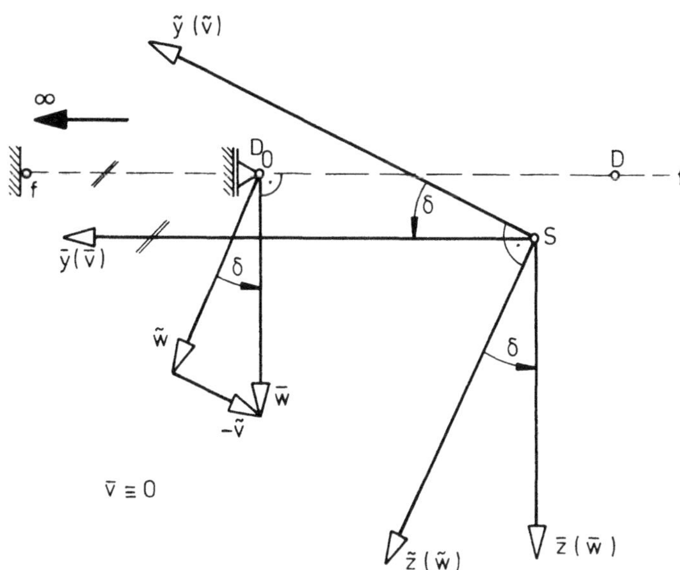

Bild 3.133 Drehung des Koordinatensystems in die Fesselebene f-f

Da die gesuchte Zwangsdrillachse D aus kinematischen Gründen in der Fesselebene f-f liegen muß, wird das um den Winkel δ gedrehte Koordinatensystem $\bar{y}, \bar{z}$ eingeführt (Bild 3.133). Bezüglich dieses Koordinatensystems ist nur die Verschiebung $\bar{w}$ möglich; d.h. $\bar{v} \equiv 0$.

Wegen der in Stablängsrichtung kontinuierlich vorhandenen Fesselebene f-f bewirkt die Komponente $p_{\bar{y}}$ der äußeren Belastung keine Verbiegung des Stabes, sondern geht als Auflagerreaktion in die Fessel. Für die Biegedeformation des Stabes entfällt deshalb die Zeile des Differentialgleichungssystems, die die Biegung um die Achse $\bar{z}$ beschreibt.

Dadurch reduziert sich das Differentialgleichungssystem Gl.(3.110) auf

$$EF_{\bar{z}\bar{z}}\,\bar{w}^{IV} + EF_{\bar{z}\bar{\omega}}\,\bar{\vartheta}^{IV} = p_{\bar{z}}$$

$$EF_{\bar{\omega}\bar{z}}\,\bar{w}^{IV} + EF_{\bar{\omega}\bar{\omega}}\,\bar{\vartheta}^{IV} = m_{\bar{D}} + GI_D\,\bar{\vartheta}'' \tag{3.111}$$

Bezieht man die Verdrehung $\bar{\vartheta}$ auf die gesuchte Zwangsdrillachse D, so ergeben sich deren Koordinaten aus der Entkopplungsbedingung $F_{\bar{z}\bar{\omega}} = 0$:

Mit den Transformationen (s. Abschnitt 3.7.4.4)

$$\bar{z} = -\tilde{y}\sin\delta + \tilde{z}\cos\delta \tag{3.112}$$

$$\bar{\omega} = \omega - \tilde{z}\,\tilde{y}_D + \tilde{y}\,\tilde{z}_D$$

gilt

$$F_{\bar{z}\bar{\omega}} = \int_F \bar{z}\bar{\omega}\,dF = 0$$

$$0 = -F_{\tilde{y}\omega}\sin\delta + F_{\tilde{z}\omega}\cos\delta - \tilde{y}_D F_{\tilde{z}\tilde{z}}\cos\delta - \tilde{z}_D F_{\tilde{y}\tilde{y}}\sin\delta \tag{3.113}$$

und mit $\tan\delta = \dfrac{\tilde{z}_D}{\tilde{y}_D}$ bestimmt man den geometrischen Ort von $D(\tilde{y}_D, \tilde{z}_D)$ zu

$$F_{\tilde z\tilde z}\,\tilde y_D^2 + F_{\tilde y\tilde y}\,\tilde z_D^2 - F_{\tilde z\omega}\,\tilde y_D + F_{\tilde y\omega}\,\tilde z_D = 0 \qquad (3.114)$$

bzw.

$$\tilde y_D = \frac{(F_{\tilde z\omega}\cos^2\delta - F_{\tilde y\omega}\sin\delta\,\cos\delta)}{F_{\tilde y\tilde y}\sin^2\delta + F_{\tilde z\tilde z}\cos^2\delta}$$

$$\tilde z_D = \frac{(F_{\tilde z\omega}\sin\delta\,\cos\delta - F_{\tilde y\omega}\sin^2\delta)}{F_{\tilde y\tilde y}\sin^2\delta + F_{\tilde z\tilde z}\cos^2\delta} \qquad (3.115)$$

Da δ bekannt ist, kann die Lage des Drillruhepunktes D bestimmt werden.

Die Entkoppelung der Gleichungen (3.110) bedeutet, daß zwei Beanspruchungen zu berücksichtigen sind:

- "geführte Biegung" um die $\bar y$-Achse (ggf. durch achsensymmetrische Ergänzung des Querschnittes zu ermitteln)
- und "freie Torsion" um den Drehpunkt D (ggf. durch punktsymmetrische Ergänzung des Querschnittes zu ermitteln).

Ein Zahlenbeispiel findet man in /24/.

3.7.9 Einfluß der sekundären Schubverformungen

Es zeigt sich, daß die Verformungen infolge sekundärer Torsionsschubspannungen $\tau_{\tilde\omega}$ bei dem "Analogiesystem" (vgl. Abschnitt 3.7.7) des Biegeträgers mit Zugkraft den Schubverformungen infolge Querkraft entsprechen. In /25/ sind die Lösungen für dieses Problem angegeben. Sie lassen sich formal auf die "normale" Differentialgleichung der Wölbkrafttorsion zurückführen, wenn anstelle von $F_{\omega\omega}$ und m_D folgende erweiterte Ausdrücke eingesetzt werden:

$$\bar F_{\tilde\omega\tilde\omega} = \frac{F_{\tilde\omega\tilde\omega}}{\varkappa} \qquad (3.116)$$

$$\bar m_D = m_D + m_D'' \frac{EF_{\tilde\omega\tilde\omega}}{GI_D}\,(1-\varkappa) \qquad (3.117)$$

mit
$$\frac{1}{\varkappa} = 1 + \frac{I_D}{F_{\tilde\omega\tilde\omega}^2} \int \left(\frac{\int F_{\tilde\omega}(s)\,\frac{ds}{t}}{\int \frac{ds}{t}} - F_{\tilde\omega}(s) \right)^2 \frac{ds}{t} \qquad (3.118)$$

Damit können auch die "normalen" Lösungen verwendet werden. Es zeigt sich, daß dieser Einfluß für Kastenträger (großes GI_D) von ausschlaggebender Bedeutung ist. Die Wölbnormalspannungen $\sigma_{\tilde\omega}$ reduzieren sich dabei insbesondere an Stellen großer "Einzellasten" (z.B. am Zwischenauflager) auf etwa die Hälfte.

Die Zusammenhänge sind am Analogiesystem "Biegeträger mit Zugkraft" (s. Abschnitt 4.2) besser zu erkennen:

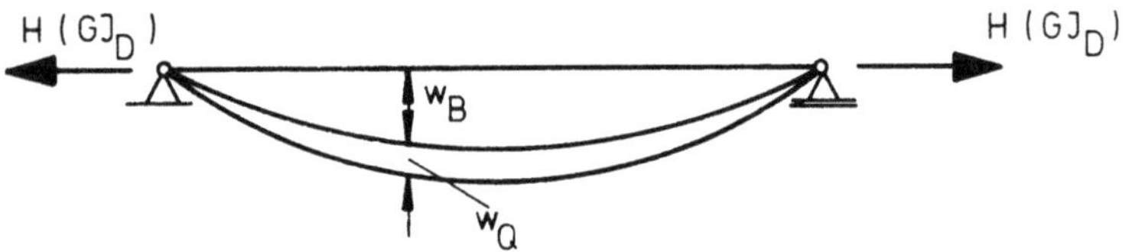

Bild 3.134 Biegeverformung w_B und Querkraftverformung w_Q

- der entlastende Einfluß einer großen H-Kraft (GI_D) macht sich auch bei geringen Durchbiegungen stark bemerkbar.

- "große H-Kraft" entspricht "großem GI_D" (Hohlkästen!)

- in diesem Fall liefern außer den Biegeverformungen W_B auch die Querkraftverformungen w_Q wesentliche Beiträge (vgl. Bild 3.134).

Hinweis:
Berücksichtigt man die (sekundären) Schubverzerrungen infolge $\tau_{\tilde{\omega}}$, so tritt eine weitere Schwierigkeit auf, die jedoch für die Praxis meist von untergeordneter Bedeutung ist:
Die Lage des Schubmittelpunktes M wird abhängig von der Belastung (und den Lagerungsbedingungen des Stabes), er ist also nicht mehr aus den Querschnittsabmessungen allein bestimmbar. Dies soll an folgendem einfachen Beispiel erläutert werden:

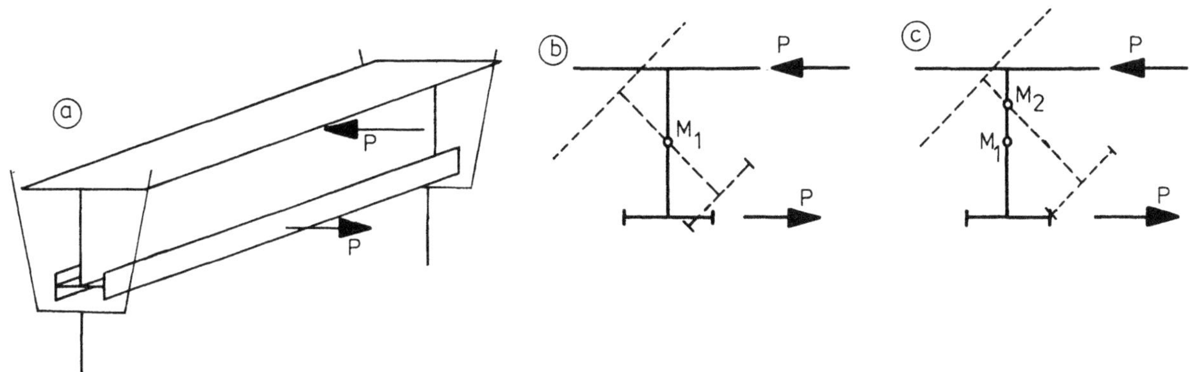

Bild 3.135 a) gabelgelagerter Stab mit gleichgroßen Eigenträgheitsmomenten der Flansche
b) Schubmittelpunkt M_1 aus Biegedeformation der Flansche
c) Schubmittelpunkt M_2 aus Querkraftverformung der Flansche

Bei Torsionsbeanspruchung ist der Schubmittelpunkt M die natürliche Drillruheachse (vgl. Abschn. 3.7.4.4). Für den in Bild 3.135 dargestellten gabelgelagerten Stab wird der Drehpunkt näherungsweise mit Hilfe der "Flanschbiegung" bestimmt. Sind die Eigenträgheitsmomente der beiden Flansche gleich groß, so liegt der Drehpunkt in der Mitte des Steges (M_1), wenn man nur die Biegedeformation der Flansche in Rechnung stellt.

Berücksichtigt man auch die (unterschiedliche) "Querkraftverformung" der Flansche, so stellt sich der Drehpunkt M_2 ein. Diese Lage des Schubmittelpunktes M_2 (bzw. das Verhältnis der Durchbiegungen infolge Biegung und Querkraft) ist jedoch - wie leicht aus Bild 3.136 zu erkennen ist - u.a. abhängig von der Anordnung der Belastung. Im Grenzfall angreifender Endmomente verschwindet die Querkraftverformung vollständig.

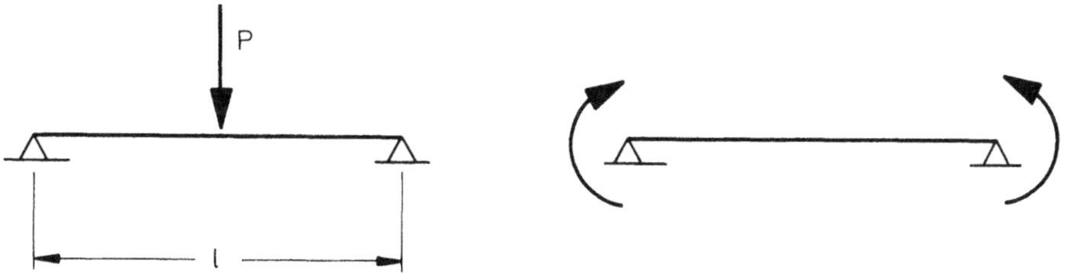

Bild 3.136 Einfluß der Belastung auf die Querkraftverformung

Ähnliche Ergebnisse erhält man aus der Änderung der Lagerungsbedingungen: Ein einseitig eingespannter Stab hat eine wesentlich größere prozentuale Durchbiegung infolge Querkraft als ein Balken auf zwei Stützen.
Diese Tatsachen führen dazu, daß die Entkoppelung der Differentialgleichungen nicht allgemeingültig ist, daß also eine Superposition der Lastfälle Biegung und Torsion nur näherungsweise möglich ist.

3.7.10 Berücksichtigung schubweicher Querschnittsteile

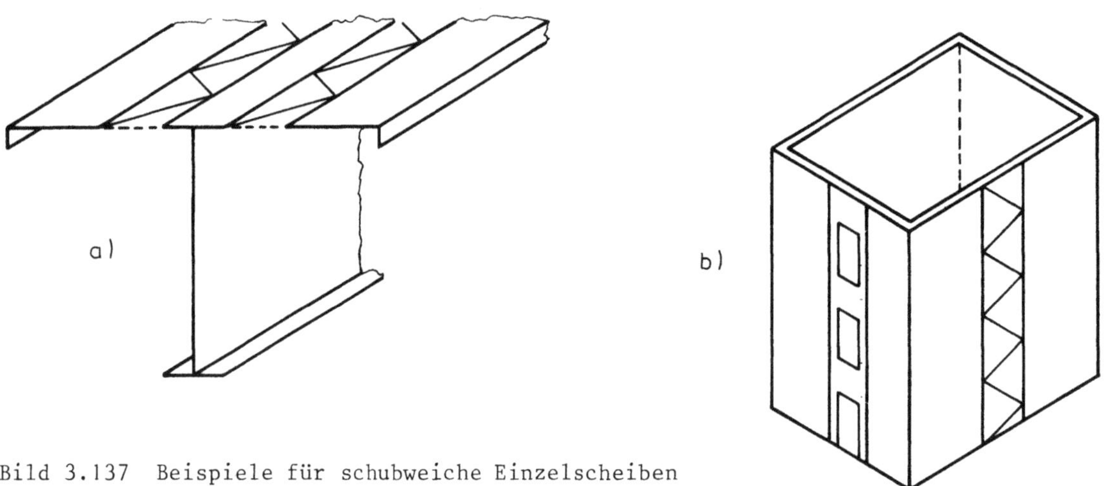

Bild 3.137 Beispiele für schubweiche Einzelscheiben
a) Elastischer Verbund, b) Hochhaus mit Fensterreihen

In /27/ wird eine Erweiterung der technischen Biegetorsionstheorie durch Einführung zusätzlicher, unabhängiger Schnittgrößen (Eigenspannungszustände) behandelt. Damit können Fugen, wie z.B. Fensterreihen in Hochhäusern, berücksichtigt werden. Die Berechnung erfolgt entweder durch Berücksichtigung diskreter Einzelteile (schubweiche Fugen) oder durch Einführung zusätzlicher Verwölbungen, die aus den Gesetzen des Kontinuums gewonnen werden.

Die sich aus dieser Rechnung ergebenden Spannungen können zur Ermittlung von "mittragenden Breiten" für Torsionsbeanspruchung (siehe auch entsprechende Überlegungen bei Biegebeanspruchung, Abschnitt 3.2.8.3) benutzt werden, siehe Bild 3.138.

Anmerkung:
Bei geschlossenen Profilen kann eine Näherungsberechnung mit "ideeller Blechdicke t* entsprechend Abschnitt 3.6.8 insbesondere bei der Randbedingung "Einspannung" zu erheblichen Ungenauigkeiten führen.

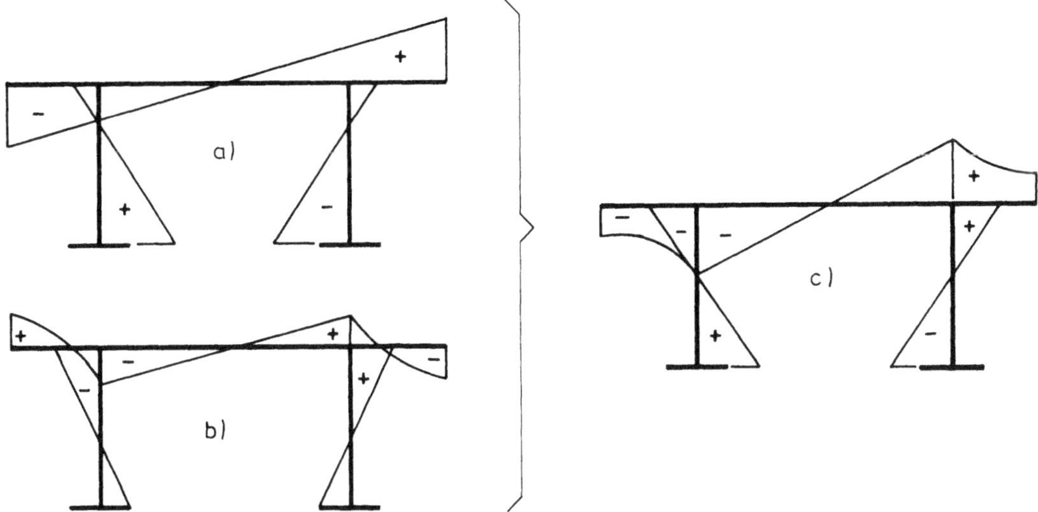

Bild 3.138 Normalspannungsverteilung

a) elementar, b) zusätzliche "Eigenspannungen", c) Gesamtspannungen

3.7.11 Einfluß der Profilverformung

Durch die Forderung, "die Querschnittsform bleibt erhalten", ist es möglich, die Verformung aller Querschnittsteile durch einen Drehwinkel ϑ zu beschreiben. Da die Forderung jedoch in der realen Konstruktion nicht immer eingehalten werden kann (Schotte oder Querverbände liegen in größeren Abständen), kann der Einfluß der (ggf. örtlichen) Profilverformung wichtig werden.

In /22/,/27/ sind ausführliche Angaben für unausgesteifte Profile gemacht. Es werden zusätzliche "Verwölbungen" der Einzelteile i des Querschnittes (d.h. Verdrehung der Querschnittsscheiben gegeneinander) eingeführt, die durch Grundverformungen (z.B. $\vartheta_i' = 1$) entstehen.

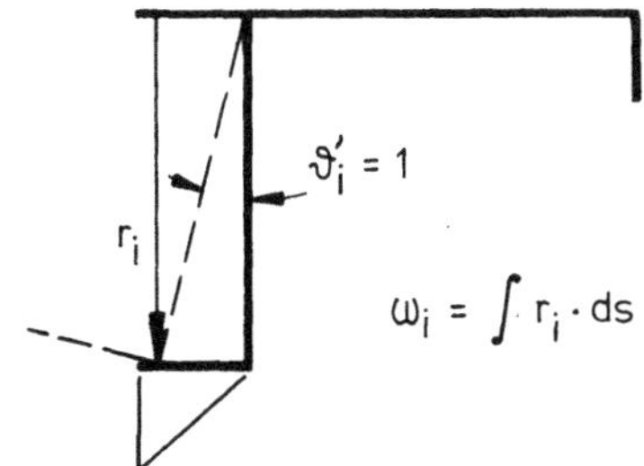

Bild 3.139 Wölbfläche infolge $\vartheta_i' = 1$

Auf die recht komplizierte Berechnung wird hier nicht näher eingegangen.

Greifen die äußeren Lasten nur an den "Knotenstellen" (den Orten der Querschotte) an, so ist im allgemeinen die Forderung nach Erhaltung der Querschnittsform erfüllt. Für "zwischen den Knotenstellen" angreifende Lasten können - analog zur örtlichen Biegebeanspruchung von Fachwerkstäben - die zusätzlichen Beanspruchungen am Durchlaufträger über starren Stützen (Knotenpunkte) berechnet werden, siehe Bild 3.140.

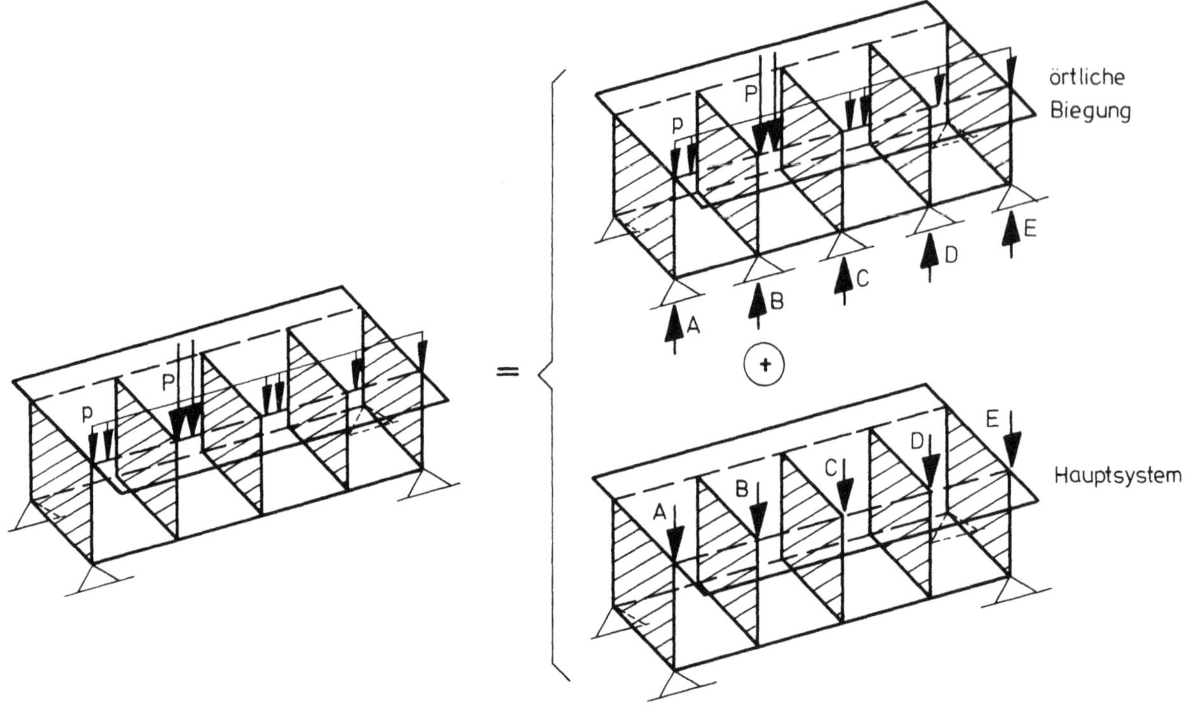

Bild 3.140 Lastangriff "zwischen den Knotenstellen"

Das "zwischengeschaltete" System der Stützkräfte A, B, C, D, E wird zweckmäßig so gewählt, daß im "örtlichen" System keine Verschiebung der Stützpunkte eintritt (Durchlaufträger).

Anmerkung: mittragende Breite für örtliche Biegung beachten!

3.7.12 Zusammenstellung der Spannungen

Die Gleichungen der Wölbkrafttorsion wurden in Abschnitt 3.7.5 in "entkoppelter" Form (Hauptsystem) angegeben. Das vollständige Differentialgleichungssystem für Doppelbiegung mit Längskraft und Torsion im Hauptsystem lautet:

$$EF\,u'' = p_{\tilde{x}}$$

$$EF_{\tilde{y}\tilde{y}}\,\tilde{v}_M^{IV} = p_{\tilde{y}}$$

$$EF_{\tilde{z}\tilde{z}}\,\tilde{w}_M^{IV} = p_{\tilde{z}}$$

$$EF_{\tilde{\omega}\tilde{\omega}}\,\tilde{\vartheta}^{IV} = m_{\tilde{\omega}} = m_D + GI_D\tilde{\vartheta}'' \qquad (3.119)$$

Da die Verschiebungen v und w auf die Schubmittelpunktsachse M bezogen sind (s. Abschnitt 3.7.4.1), ist dies durch den Index M (v_M und w_M) besonders hervorgehoben.

Das entkoppelte Differentialgleichungssystem eignet sich - vor allem durch Analogiebetrachtungen - für die Handrechnung. Nur hierfür gelten die folgenden einfachen (entkoppelten) Beziehungen für offene Querschnitte (Vorzeichen siehe Abschnitt 3.5):

$$\tilde{v}_M'' = + \frac{M_{\tilde{z}}}{EF_{\tilde{y}\tilde{y}}} \qquad \sigma = - \frac{M_{\tilde{z}}}{F_{\tilde{y}\tilde{y}}} \tilde{y} \qquad \tau = - \frac{Q_{\tilde{y}} F_{\tilde{y}}(s)}{F_{\tilde{y}\tilde{y}} t}$$

$$\tilde{w}_M'' = - \frac{M_{\tilde{y}}}{EF_{\tilde{z}\tilde{z}}} \qquad \sigma = \frac{M_{\tilde{y}}}{F_{\tilde{z}\tilde{z}}} \tilde{z} \qquad \tau = - \frac{Q_{\tilde{z}} F_{\tilde{z}}(s)}{F_{\tilde{z}\tilde{z}} t}$$

$$\tilde{\vartheta}'' = - \frac{M_{\tilde{\omega}}}{EF_{\tilde{\omega}\tilde{\omega}}} \qquad \sigma = \frac{M_{\tilde{\omega}}}{F_{\tilde{\omega}\tilde{\omega}}} \tilde{\omega} \qquad \tau = \frac{M_{\tilde{x}1}}{I_D} t - \frac{M_{\tilde{\omega}}' F_{\tilde{\omega}}(s)}{F_{\tilde{\omega}\tilde{\omega}} t} \tag{3.120}$$

$$\sigma_{(x)} = \frac{N}{F} + \frac{M_{\tilde{y}}}{F_{\tilde{z}\tilde{z}}} \tilde{z} - \frac{M_{\tilde{z}}}{F_{\tilde{y}\tilde{y}}} \tilde{y} + \frac{M_{\tilde{\omega}}}{F_{\tilde{\omega}\tilde{\omega}}} \tilde{\omega} \tag{3.121}$$

Das vollständige (nicht entkoppelte) System simultaner Differentialgleichungen tritt im Einheitssystem (vgl. Abschnitt 3.7.4.3) auf. Es ist für die Handrechnung ungeeignet, für die numerische Berechnung mit Computern kann dieses System jedoch Vorteile bieten, vor allem bei Berücksichtigung von Plastizierungszonen.

3.7.13 Näherungslösungen

3.7.13.1 Allgemeines

In vielen baupraktischen Fällen ist eine "exakte" Berechnung nicht notwendig (und zu aufwendig). Durch konsequente Anwendung des Analogiesystems "Biegeträger mit Zugkraft" können Näherungslösungen, baustatische Hilfsmittel, Ersatzsysteme und Genauigkeitskontrollen leicht und anschaulich verwendet werden. In Abschnitt 4 wird die Berechnung der Schnittgrößen dieses Systems ausführlicher behandelt.

Im Zusammenhang mit der Wölbkrafttorsion wird vor allem die in Abschnitt 4.2.4.2 angegebene Näherungslösung benutzt:

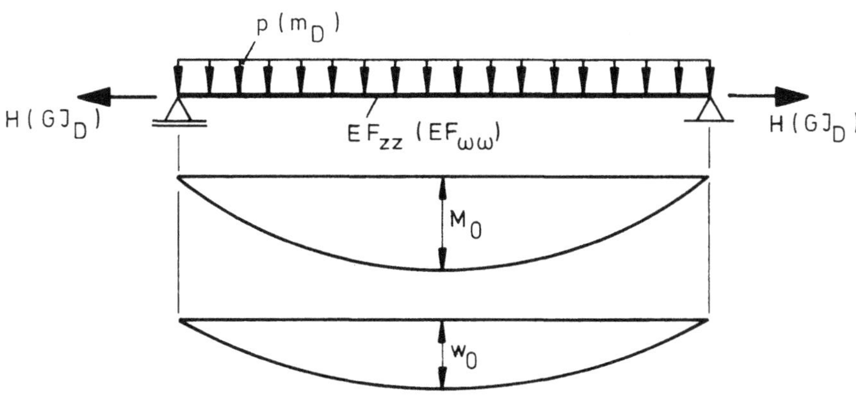

Bild 3.141 Momentenfläche und Biegelinie des Analogiesystems

M_o = Balkenmoment (Theorie I. Ordnung)

w_o = zugehörige Biegelinie (Theorie I. Ordnung)

Endgültiges Moment (Theorie II. Ordnung)

$$M = M_o \frac{1}{1+q} \quad \text{mit} \quad q = \frac{\Delta M}{M_o} = \frac{H\,w_o}{M_o}$$

Die Näherung liefert "exakte" Ergebnisse, wenn M_o und w_o affine Kurven sind. Bei diesem Verfahren können alle bekannten baustatischen Hilfsmittel angewendet werden: Arbeitssatz, W-Gewichte für abgestufte Querschnitte, Berücksichtigung der Schubdeformationen usw.

3.7.13.2 Geschlossene Querschnitte

Kennzeichen: GI_D sehr groß (s. Abschnitt 3.6.6)
$EF_{\omega\omega}$ häufig sehr klein (wölbarme Querschnitte)

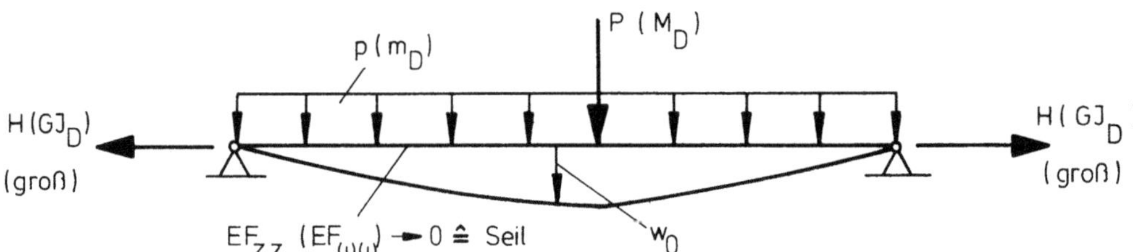

Bild 3.142 Seiltragwirkung

$$w_o = \frac{M_o}{H} \quad \text{(Seildurchhang) mit } M_o = \text{Balkenmoment}$$

Es überwiegt die Tragwirkung des "Seiles". Im Grenzfall (wölbfreier Querschnitt) tritt nur noch St. Venantsche Torsion auf (reine Seiltragwirkung).

Zur Abschätzung des Wölbbimomentes kann folgendermaßen vorgegangen werden:
Dem Biegeträger wird die gleiche Krümmung (Durchhang w des Seiles) eingeprägt und daraus das Biegemoment ($M = -EF_{zz}\,w''$) rückgerechnet. Man erkennt leicht, daß vor allem unter Einzellasten (Knick in der Seillinie) örtliche Biegespannungen entstehen, die jedoch schnell abklingen. Sie sind nicht zur Einhaltung der Gleichgewichtsbedingung erforderlich, sondern eher als Zwängungsspannungen zu betrachten.

Bei "aufgelösten Kastenwänden" (vgl. Abschnitt 3.6.8), deren t* sehr klein gegenüber den übrigen Blechdicken ist, gewinnen die Wölbspannungen größeren Einfluß (der Querschnitt ist nicht mehr "wölbarm"). Bevor jedoch eine genaue Berechnung nach Abschnitt 3.7.10 vorgenommen wird, kann die Größenordnung am "Analogiesystem Seil" untersucht werden.

3.7.13.3 Offene Querschnitte

Kennzeichen: GI_D sehr klein (bei dünnwandigen Profilen)
$EF_{\omega\omega}$ abhängig von der Querschnittsform

Der Sonderfall $EF_{\omega\omega} \rightarrow 0$ (wölbfreier Querschnitt) tritt in der Praxis fast nie auf, da diese Profile für planmäßige Torsionsbeanspruchung ungeeignet sind. Der Ingenieur wählt die Gestalt des Querschnittes vielmehr so, daß $F_{\omega\omega}$ möglichst groß wird. In diesem Fall kann meist der Einfluß des GI_D vernachlässigt werden. Im Analogiesystem bedeutet dies: der Einfluß der (kleinen) H-Kraft wird nicht berücksichtigt, es wird das Biegemoment nach Theorie I. Ordnung berechnet. Das Ergebnis liegt im allgemeinen auf der sicheren Seite.

Häufig kann auch durch geschickte Wahl eines "Ersatzsystems" (z.B. Flanschbiegung) auf die genaue Berechnung der Verwölbung verzichtet werden (s. Bild 3.143).

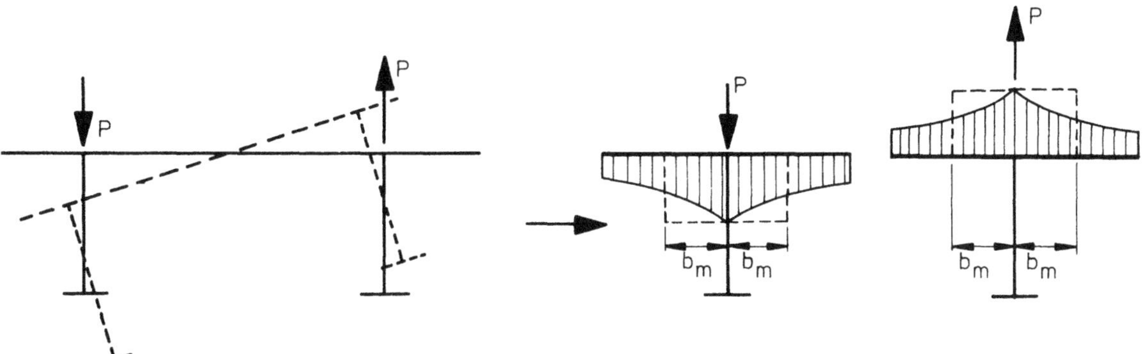

Bild 3.143 Torsionsbeanspruchter offener Querschnitt und Ersatzsystem

Hierbei wird die Wirkung der Wölbspannungen nahezu richtig erfaßt. Die (geringe) Auswirkung der St. Venantschen Torsion (GI_D) wird vernachlässigt. An dem Ersatzsystem kann durch Einführen der "mittragenden Breite" b_m (vgl. Abschnitt 3.4.5.4) der Einfluß der Schubverformungen näherungsweise berücksichtigt werden.

Bei symmetrischen mehrstegigen Brückenquerschnitten nach Bild 3.144 kann mit folgendem Ersatzsystem der Lastanteil jedes Trägers für eine außermittige Last Q ermittelt werden (Querverteilungslinie nach Engeßer):

- der Querverband wird ∞ steif angenommen (entspricht der Voraussetzung, daß die Querschnittsform erhalten bleibt),
- die Elastizität der Einzelträger i wird als Federsteifigkeit c_i aufgefaßt mit $c_i = f(EI_i) = k\ I_i$. Hierbei ist k = konstant für alle Träger gleich, da die Federkonstante als Kehrwert der Durchbiegung berechnet wird.

Für den Kraftanteil P_i des Trägers i gilt nach Bild 3.144c

$$P_i = c_i\ \bar{w}_i = c_i(\bar{w}_o + \bar{\vartheta}\ y_i) = k\ I_i(\bar{w}_o + \bar{\vartheta}\ y_i)$$

bzw. für $k\ \bar{w}_o = w_o$ und $k\ \bar{\vartheta} = \vartheta$

$$P_i = I_i(w_o + \vartheta\ y_i)$$

Aus den Gleichgewichtsbedingungen

$$\Sigma V = 0$$

$$\sum_1^n P_i = \Sigma\,(w_o + \vartheta\ y_i)\ I_i$$

$$= w_o\,\Sigma I_i + \vartheta \underbrace{\Sigma y_i\ I_i}_{=\,0} = R$$

folgt $w_o = \dfrac{R}{\Sigma I_i}$

$\Sigma M = 0$

$$\sum_1^n P_i\, y_i = \Sigma (w_o\, y_i + \vartheta\, y_i^2)\, I_i$$

$$= w_o \Sigma y_i\, I_i + \vartheta \Sigma y_i^2\, I_i = M_D \qquad (\text{mit } \Sigma y_i\, I_i = 0)$$

$$\text{folgt } \vartheta - \frac{M_D}{\Sigma y_i^2\, I_i}$$

damit wird der Lastanteil des Trägers i

$$P_i = \frac{I_i}{\Sigma I_i} R + \frac{y_i\, I_i}{\Sigma y_i^2\, I_i} M_D$$

Als Querverteilungslinie (Quereinflußlinie) erhält man für R = "1" und M_D = "1" y_k die Gleichung:

$$\eta_{ik} = \frac{I_i}{\sum_1^n I_i} + \frac{y_i\, I_i}{\sum_1^n y_i^2\, I_i}\, y_k$$

mit i = betrachteter Träger und k = Laststellung

Anmerkung: Für unsymmetrische Querschnitte muß die Torsionsbeanspruchung auf den Schubmittelpunkt bezogen werden (Drillruhepunkt). Dies führt bei dem Ersatzsystem zu der Bedingung

$$\sum_1^n c_i\, y_i = k \sum_1^n y_i\, I_i = 0$$

Die Annahme eines ∞ steifen Querverbandes führt zu Ungenauigkeiten, die um so größer werden, je mehr Einzelträger das Ersatzsystem hat. Für breite Querschnitte (mit vielen Trägern) muß daher eine Berechnung als Trägerrost (bzw. Flächentragwerk) durchgeführt werden.

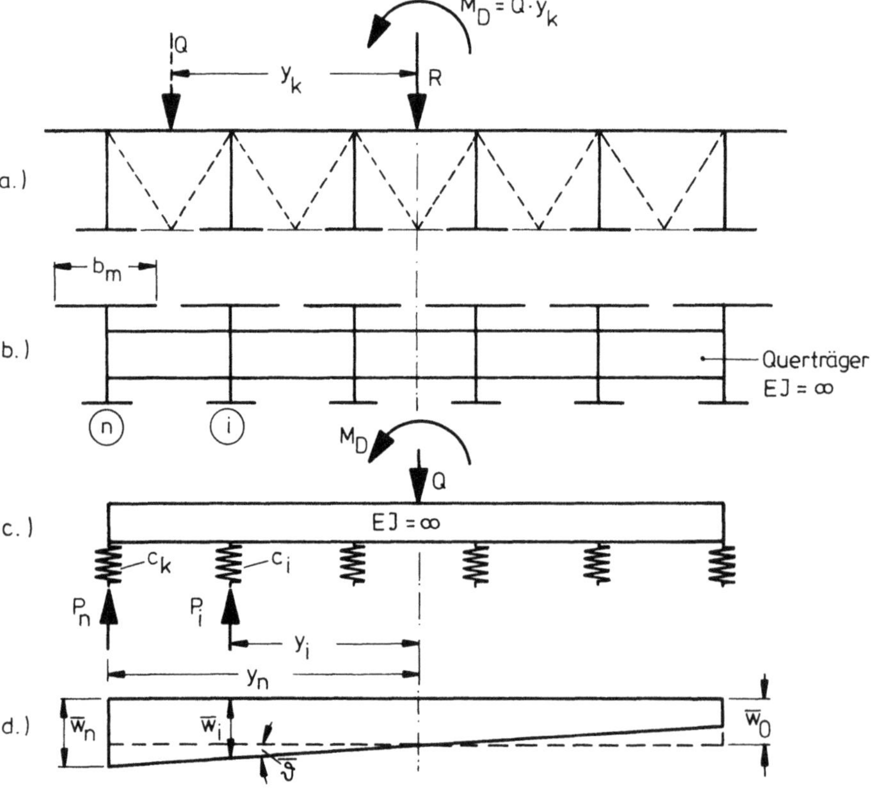

Bild 3.144 a) Offener, mehrstegiger Querschnitt, b) und c) Ersatzsystem, d) Verformung

3.7.13.4 Gemischt offene – geschlossene Querschnitte

Bei diesen Querschnitten (s. Bild 3.145 a) ist meist eine genaue Berechnung der Einflüsse erforderlich. Aber auch hier ist (mindestens zur Vorbemessung) folgende Näherungsberechnung möglich:
Man berechnet im ersten Schritt den offenen Querschnitt wie in Abschnitt 3.7.13.3. Dabei kann man die Elastizität der Querscheiben und die mittragende Breite der Gurte berücksichtigen (Trägerrost). Der symmetrische Anteil w_o wird durch die Torsionssteifigkeit GI_D nicht beeinflußt. Für den antimetrischen Anteil der Belastung (Torsionsmoment M_D) in Bild 3.145 b erhält man Schnittgrößen M_1 und Deformationen. In Feldmitte sei der Drehwinkel ϑ, der sich aus der Durchbiegung des Randträgers leicht ermitteln läßt.

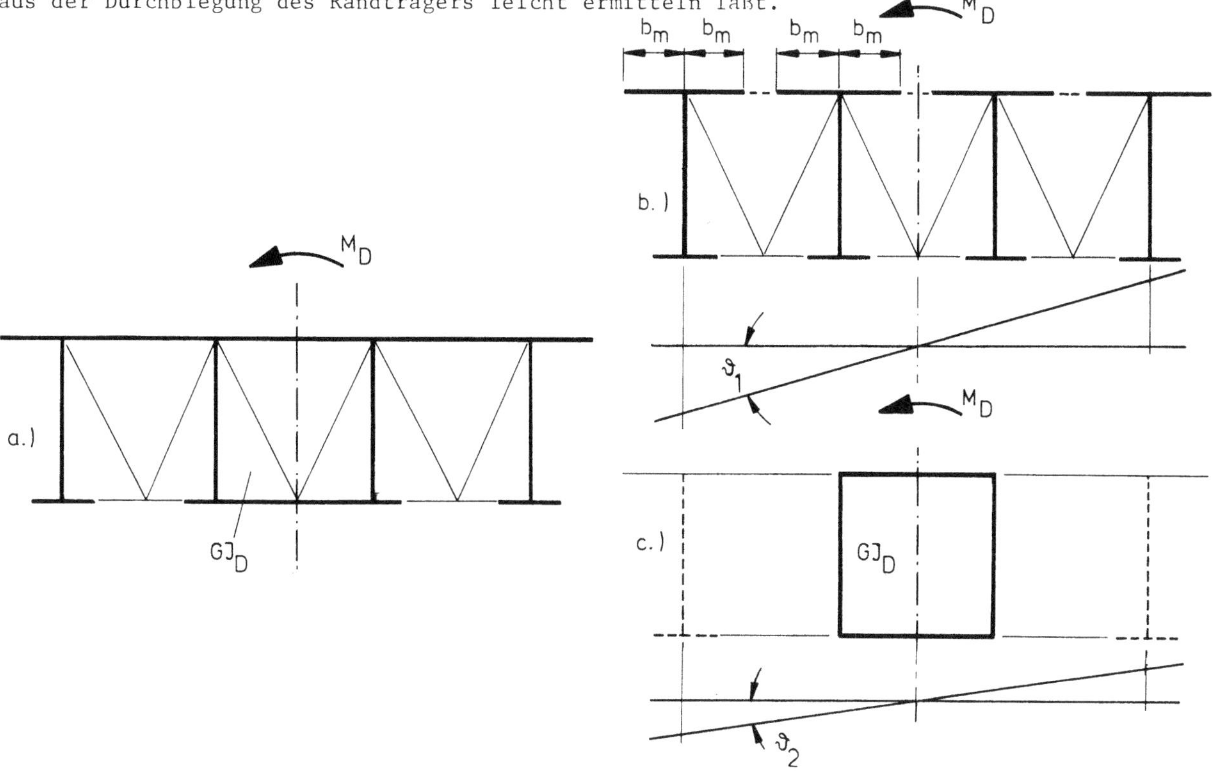

Bild 3.145 a) gemischt offen – geschlossener Querschnitt unter Torsionsbelastung
b) ϑ_1 aus Ersatzsystem des offenen Querschnittes (ohne GI_D)
c) ϑ_2 aus Berücksichtigung des Hohlkastens allein (GI_D)

Im zweiten Schritt wird nach Bild 3.145 c der Drehwinkel ϑ_2 und die Beanspruchung (Schubfluß T) für die alleinige Wirkung des Hohlkastens (GI_D) unter der Belastung M_D berechnet. Aus der Bedingung, daß sich die Beanspruchungen entsprechend den Steifigkeiten (also den Kehrwerten der Verformungen) aufteilen

$$M_{D1} = \frac{1/\vartheta_1}{1/\vartheta_1 + 1/\vartheta_2} M_D = \frac{\vartheta_2}{\vartheta_1 + \vartheta_2} M_D \tag{3.122}$$

erhält man einen Reduktionsfaktor

$$R_1 = \frac{\vartheta_2}{\vartheta_1 + \vartheta_2} \tag{3.123a}$$

mit dem alle Schnittgrößen M_1 der Trägerrostberechnung (bei Belastung mit M_D) korrigiert werden und entsprechend einen Reduktionsfaktor

$$R_2 = \frac{\vartheta_1}{\vartheta_1 + \vartheta_2} \tag{3.123b}$$

für die Beanspruchung des Hohlkastens (Schubfluß T infolge M_D).

Die Gleichung der Querverteilungslinie (Einflußlinie der Lastanteile der einzelnen Träger) wird damit:

$$\eta_{ik} = \frac{I_i}{\sum_1^n I_i} + \frac{y_i\, I_i}{\Sigma y_i^2\, I_i} \frac{\vartheta_2}{\vartheta_1 + \vartheta_2}\, y_k$$

Die Einflußlinie für die Torsionsbelastung des Hohlkastens lautet:

$$\eta_{M_D} = \frac{\vartheta_1}{\vartheta_1 + \vartheta_2}\, y_k$$

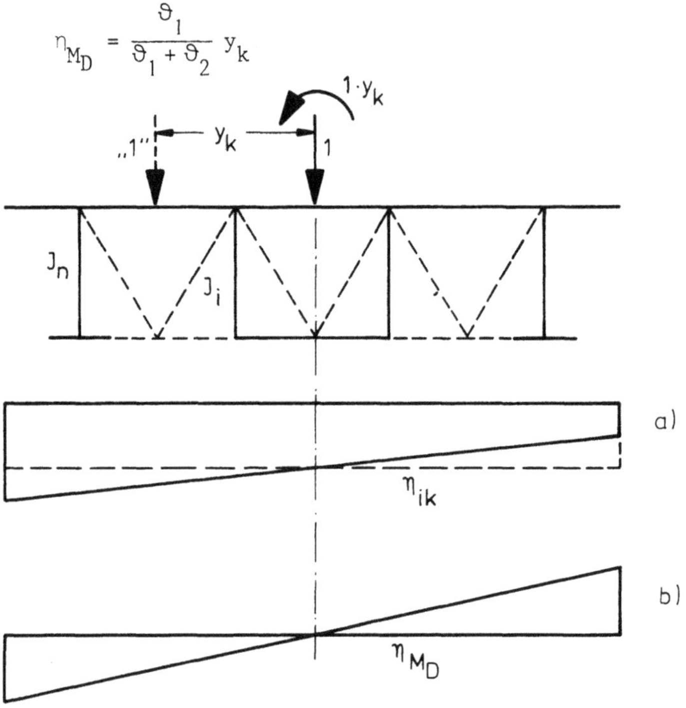

Bild 3.146 Quereinflußlinien
a) für Lastanteile der Träger
b) für Torsion des Kastens

Ähnlich kann man näherungsweise bei Querschnitten mit mehreren, getrennten Kästen vorgehen: Trennung in Wölbsteifigkeit (Trägerrost ohne Drillsteifigkeit) und konzentrierte Drillsteifigkeit ΣGI_D (Seilwirkung). Aus den Drehwinkeln der beiden Systeme können die "Reduktionsfaktoren" bestimmt werden.

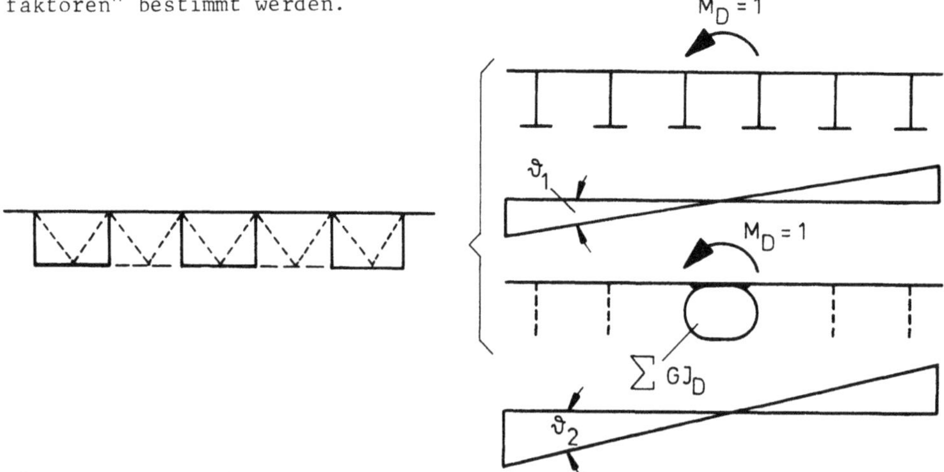

Bild 3.147 Quereinflußlinien für mehrere Kastenträger

Anmerkung: Wird der Einfluß der Querkraftverformung bei der Trägerrostwirkung berücksichtigt, so entspricht dies dem Einfluß der sekundären Schubspannungen bei der Wölbkrafttorsion entsprechend Abschnitt 3.7.9.

3.7.14 Rechenbeispiele

Einige vollständig durchgerechnete "komplizierte" Beispiele sind in /22/ angegeben. Deshalb soll hier mehr auf die in der Praxis wichtigen "einfachen" Beispiele eingegangen werden.

3.7.14.1 Verwölbung und Schubmittelpunkt eines offenen Querschnittes

Der Querschnitt eines ⊏ 140 wird durch gerade Teilflächen mit konstanter Dicke t idealisiert,

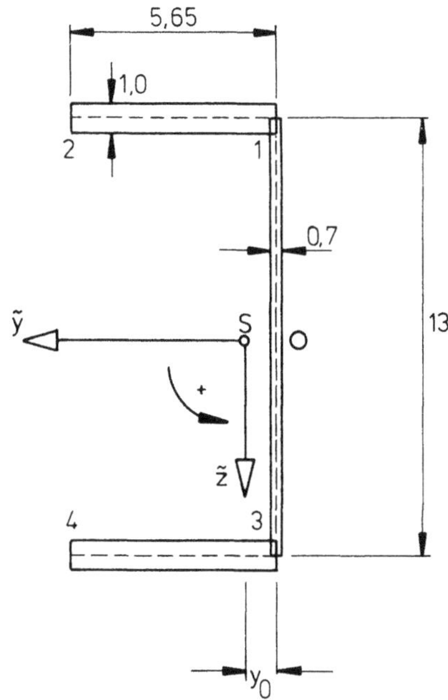

Schwerpunkt:

$$y_o = \frac{5,65 \cdot 2 \cdot 2,65\ /\ 2}{5,65 \cdot 2 + 13 \cdot 0,7} = 1,56 \text{ cm}$$

$z_o = 0$ Symmetrie!

Bild 3.148 Querschnitt und Abmessungen

Zur schnelleren Berechnung legt man Drehachse D und Anfangspunkt A in die Symmetrieachse (Einheitssystem).

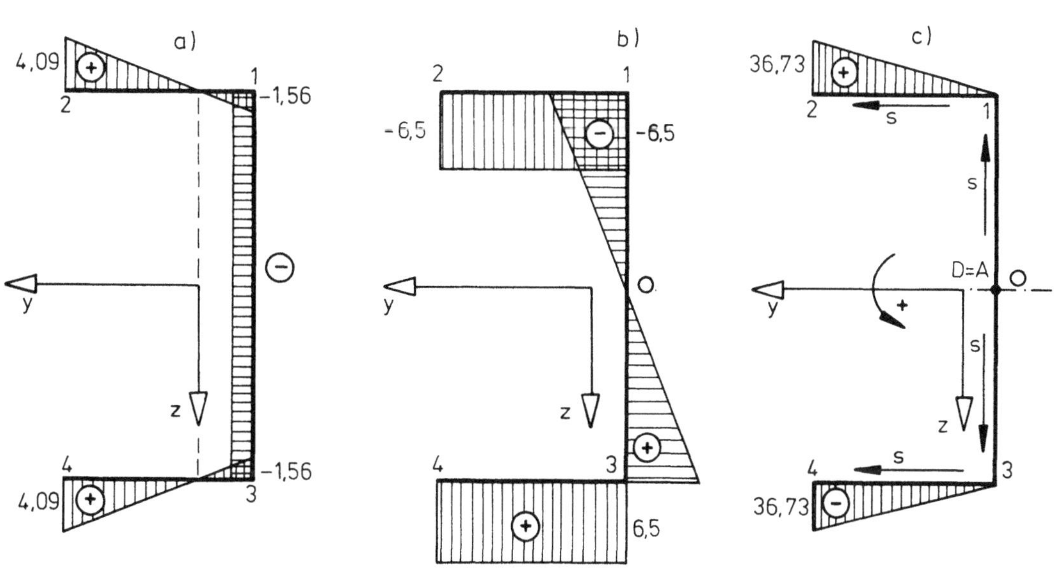

Bild 3.149 a) $\hat{y} = \tilde{y}$-Fläche (cm) b) $\hat{z} = \tilde{z}$-Fläche (cm) c) $\hat{\omega}$-Fläche (cm^2)

Querschnittswerte

Die Flächenintegrale werden durch Umwandlung in Linienintegrale und Benutzung der Überlagerungstabellen berechnet.

z.B. $$F_{\hat{y}\hat{y}} = \int_F \hat{y}^2 \, dF = \int_s \hat{y}^2 \, t \, ds$$

$$F_{\hat{y}\hat{y}} = 2 \cdot 1{,}56^2 \cdot 6{,}5 \cdot 0{,}7 + 2 \, \frac{1}{3} \, (1{,}56^2 - 1{,}56 \cdot 4{,}09 + 4{,}09^2) \, 5{,}65 \cdot 1{,}0 = 70{,}28 \text{ cm}^4$$

$$F_{\hat{z}\hat{z}} = 2 \, \frac{1}{3} \, 6{,}5^2 \cdot 6{,}5 \cdot 0{,}7 + 2 \cdot 6{,}5^2 \cdot 5{,}65 \cdot 1{,}0 = 605{,}58 \text{ cm}^4$$

$$F_{\hat{z}\hat{\omega}} = - 2 \, \frac{1}{2} \, 6{,}5 \cdot 36{,}73 \cdot 5{,}65 \cdot 1{,}0 = - 1348{,}91 \text{ cm}^5$$

Koordinaten des Schubmittelpunktes M (von D aus gezählt)

$$z_M = 0 \quad (F_{\hat{y}\hat{\omega}} = F_{\hat{y}\hat{z}} = 0)$$

$$y_M = \frac{F_{\hat{z}\hat{\omega}}}{F_{\hat{z}\hat{z}}} = - \frac{1348{,}91}{605{,}58} = - 2{,}23 \text{ cm}$$

Zum Vergleich: Ermittlung des Schubmittelpunktes nach der Methode der Querkraftschubspannung (vgl. Abschnitt 3.4.3)

$$\tau_Q = - \frac{Q_z \, F_z}{F_{zz} \, t}$$

$$T = \tau_Q \, t = - \frac{Q_z \, F_z}{F_{zz}} = \frac{Q_z}{F_{zz}} \, (-F_z)$$

mit
$$\frac{Q_z}{F_{zz}} = 1$$

folgt
$$T = - F_z = \int_s (-z \, t) \, ds$$

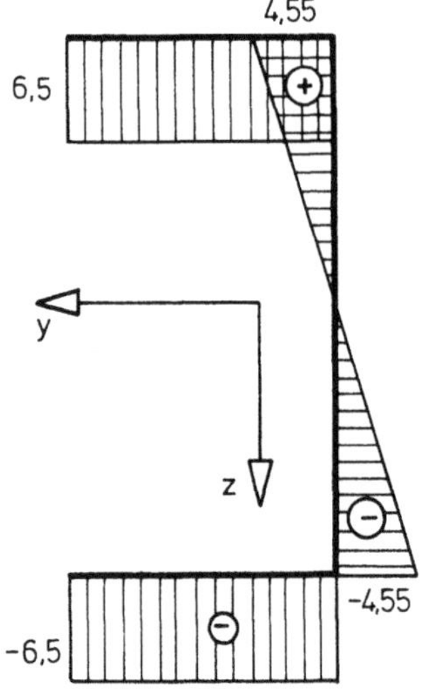

Bild 3.150 - z t Fläche

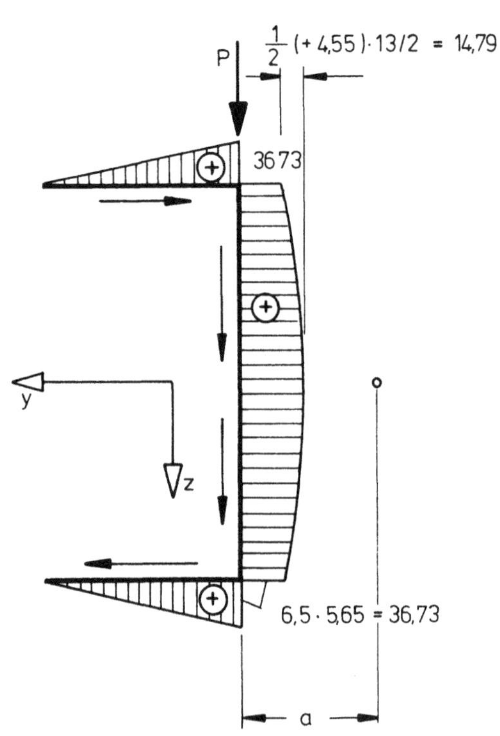

Bild 3.151 Schubfluß T

In Bild 3.151 geben die Pfeile die Integrationsrichtung an.

Die resultierende vertikale Schubkraft im Steg muß gleich der äußeren Kraft P sein.

$$V_{St} = \int_{St} \tau_Q \, dF = \int_{St} T \, ds = \frac{2}{3}\, 14{,}79 \cdot 13 + 36{,}73 \cdot 13 = 605{,}67 \text{ kN}$$

Die resultierenden horizontalen Schubkräfte in den beiden Flanschen sind:

$$H_{Fl} = \int_{Fl} \tau_Q \, dF = \int_{Fl} T \, ds = \frac{1}{2}\, 36{,}73 \cdot 5{,}65 = 103{,}76 \text{ kN}$$

Das innere Torsionsmoment ergibt sich aus

$$M_x = H_{Fl} \cdot h$$

Das Momentengleichgewicht fordert

$$P\, a = H_{Fl} \cdot h$$

$$a = \frac{H_{Fl} \cdot h}{P} = \frac{103{,}76 \cdot 13}{605{,}67} = 2{,}23 \text{ cm}$$

$$y_M = -\, a = -\, 2{,}23$$

Hauptverwölbung $\tilde{\omega}$

1. Möglichkeit: "neue" Errechnung von $\tilde{\omega}$ mit M als Drillruhepunkt und Integrationsanfangspunkt A auf der Symmetrieachse.

2. Möglichkeit: $\tilde{\omega} = \hat{\omega} + z_M\, \hat{y} - y_M\, \hat{z} = \hat{\omega} - y_M\, \tilde{z}$

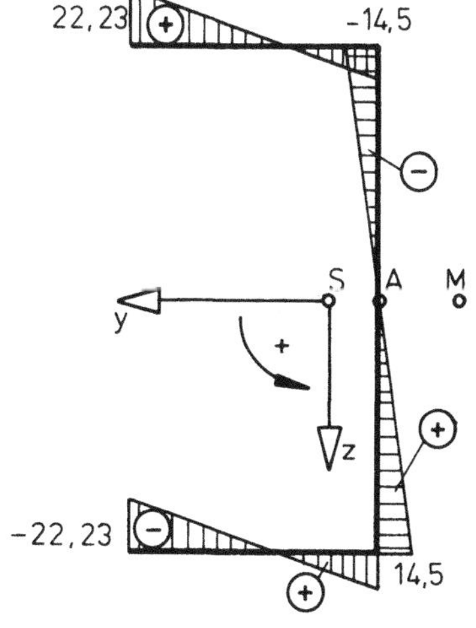

Bild 3.152 $\tilde{\omega}$-Fläche

$$F_{\tilde{\omega}\tilde{\omega}} = 2\, \frac{1}{3}\, 5{,}65 \cdot 1{,}0\, (14{,}5^2 - 14{,}5 \cdot 22{,}23 + 22{,}23^2) + 2\, \frac{1}{3}\, 6{,}5 \cdot 0{,}7 \cdot 14{,}5^2 = 2077 \text{ cm}^6$$

$$I_D = \frac{1}{3} \sum_{i=1}^{n} b_i \cdot t_i^3 = \frac{1}{3}\, (5{,}65 \cdot 1{,}0^3 + 5{,}65 \cdot 1{,}0^3 + 13 \cdot 0{,}7^3) = 5{,}25 \text{ cm}^4$$

3.7.14.2 Genauigkeitsvergleich einer Näherungsberechnung

a) Genaue Lösung (vgl. /22/).

Einfeldrige Straßenbrücke mit symmetrischem Querschnitt

System: gabelgelagerter Einfeldträger mit 70 m Spannweite

A: ohne Torsionsverband

B: mit Torsionsverband

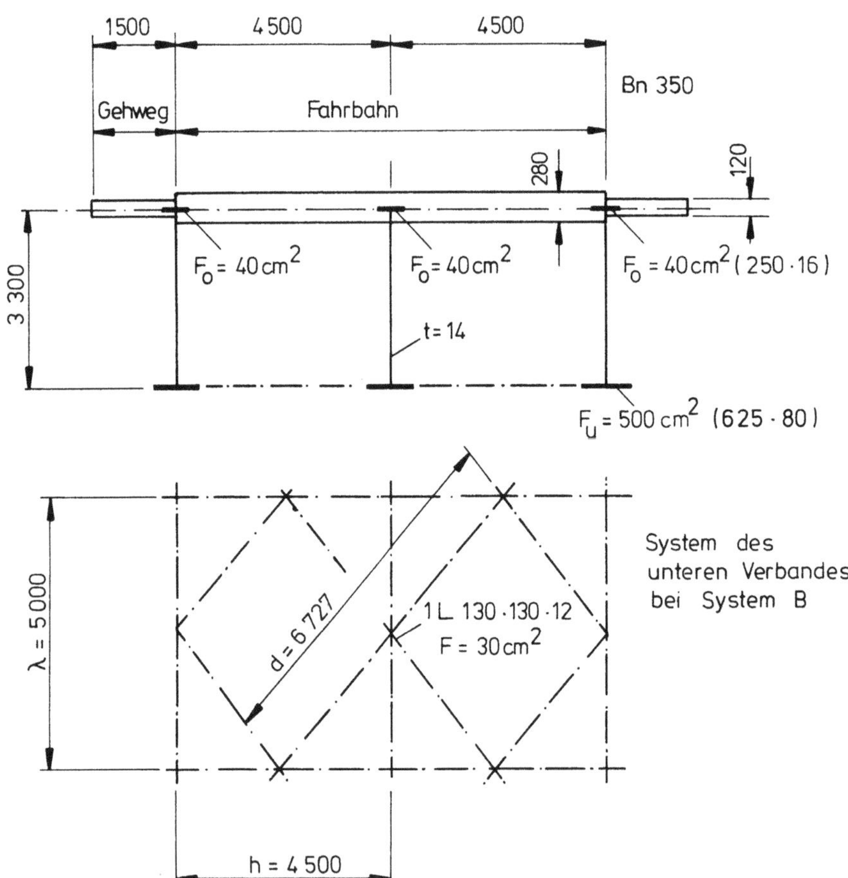

Bild 3.153 Querschnitt und Torsionsverband (System B)

Umrechnung der Betonplatte:

$$n_G = \frac{G_{st}}{G_b} = \frac{E_{st}}{2(1+\mu_{st})} \frac{2(1+\mu_b)}{E_b}$$

mit

$$E_{st} = 210000 \text{ N/mm}^2, \quad E_b = 34000 \text{ N/mm}^2, \quad \mu_{st} \approx \frac{1}{3} \text{ und } \mu_b \approx \frac{1}{6}$$

erhält man:

$$n_G = \frac{210000}{2\left(1+\frac{1}{3}\right)} \frac{2\left(1+\frac{1}{6}\right)}{34000} = 5{,}4$$

Die Berechnung der Querschnittswerte erfolgt wie in Abschnitt 3.7.14.1 und wird hier nicht durchgeführt.

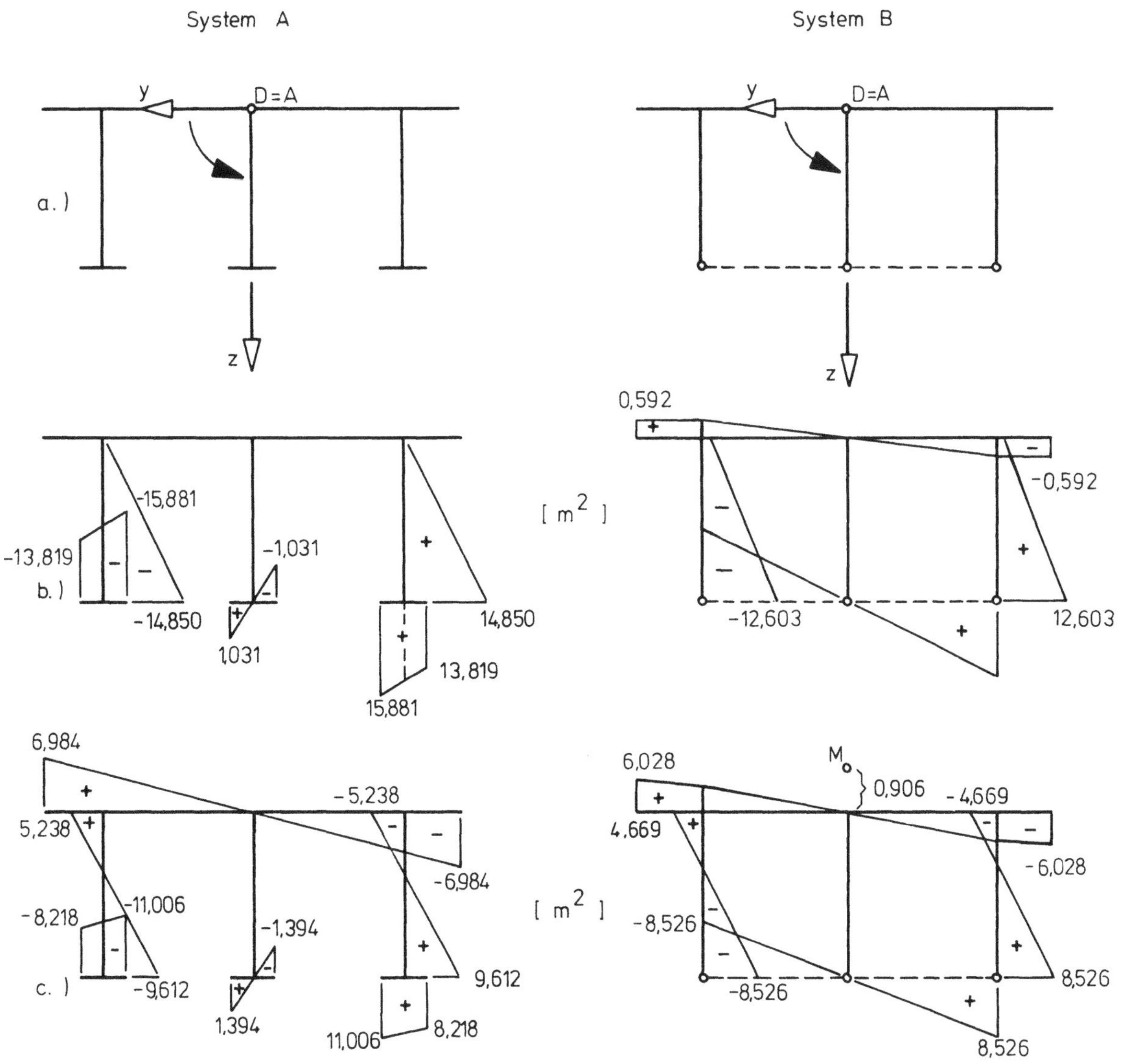

Bild 3.154 a) Querschnitt

b) Wölbordinaten ω im Grundsystem

c) Wölbordinaten $\tilde{\omega}$ im Hauptsystem

Querschnittswerte im Hauptsystem:

	System A	System B
$F_{\tilde{y}\tilde{y}}$	83962 $cm^2\,m^2$	83962 $cm^2\,m^2$
$F_{\tilde{z}\tilde{z}}$	14657 $cm^2\,m^2$	14657 $cm^2\,m^2$
$F_{\tilde{\omega}\tilde{\omega}}$	174723 $cm^2\,m^4$	137327 $cm^2\,m^4$
I_D	132 $cm^2\,m^2$	4300 $cm^2\,m^2$
ψ	0	0,00702 m^2
$\lambda = \sqrt{\frac{GI_D}{EF_{\tilde{\omega}\tilde{\omega}}}}$	0,0168 $\frac{1}{m}$	0,1084 $\frac{1}{m}$

Äußeres Torsionsmoment:

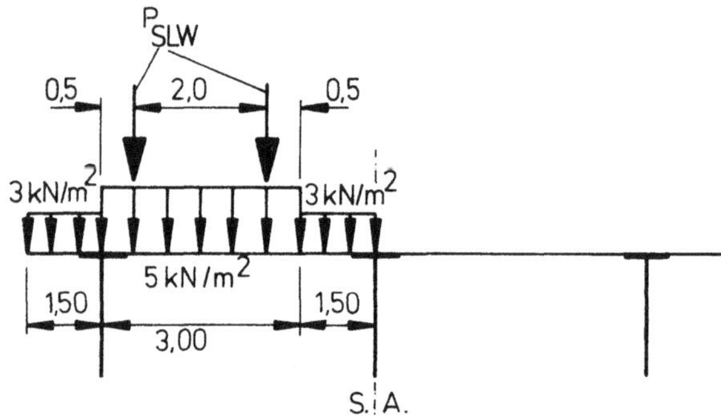

Bild 3.155 Belastung für Brückenklasse 60

$$m_D = 3{,}0 \cdot 1{,}5\,(0{,}75 + 5{,}25) + 5{,}0 \cdot 3{,}0 \cdot 3{,}0 = 27{,}0 + 45{,}0 = 72{,}0 \text{ kNm/m} \quad (7{,}2 \text{ Mpm/m})$$

$$M_D = 510 \cdot 3{,}0 = 1530{,}0 \text{ kNm} \quad (153{,}0 \text{ Mpm})$$

Wölbbimoment $M_{\tilde{\omega}}$ in Feldmitte:

$M_{\tilde{\omega}}$ wird aus der exakten Lösung der Differentialgleichung /22/ Tabelle 4.2 ermittelt.

Für gleichmäßig verteilte Last

$$M_{\tilde{\omega}} = \frac{m_D}{\lambda^2}\left(1 - \frac{\sinh\lambda x + \sinh\lambda x'}{\sinh\lambda}\right) \qquad x = x' = \frac{\ell}{2}$$

System A:

$$M_{\tilde{\omega}} = \frac{72{,}0}{0{,}0002833}\left(1 - \frac{2\sinh(0{,}0168 \cdot 35)}{\sinh(0{,}0168 \cdot 70)}\right) = 38386{,}2 \text{ kNm}^2 \quad (3838{,}6 \text{ Mpm}^2)$$

System B:

$$M_{\tilde{\omega}} = \frac{72{,}0}{0{,}01174}\left(1 - \frac{2\sinh(0{,}1084 \cdot 35)}{\sinh(0{,}1084 \cdot 70)}\right) = 5856{,}9 \text{ kNm}^2 \quad (585{,}7 \text{ Mpm}^2)$$

Für Einzeltorsionsmoment in Feldmitte:

$$M_{\tilde{\omega}} = \frac{M_D}{\lambda}\;\frac{\sinh^2(\lambda\frac{\ell}{2})}{\sinh(\lambda\ell)}$$

System A:

$$M_{\tilde{\omega}} = \frac{1530}{0{,}0168}\;\frac{\sinh^2(0{,}0168 \cdot 35)}{\sinh(0{,}0168 \cdot 70)} = 24063{,}6 \text{ kNm}^2 \quad (2406{,}4 \text{ Mpm}^2)$$

System B:

$$M_{\tilde{\omega}} = \frac{1530}{0{,}1084}\;\frac{\sinh^2(0{,}1084 \cdot 35)}{\sinh(0{,}1084 \cdot 70)} = 7050{,}1 \text{ kNm}^2 \quad (705{,}0 \text{ Mpm}^2)$$

Überlagerung:

System A: $\max M_{\tilde{\omega}} = 38386{,}2 + 24063{,}6 = 62449{,}8 \text{ kNm}^2 \quad (6245{,}0 \text{ Mpm}^2)$

System B: $\max M_{\tilde{\omega}} = 5856{,}9 + 7050{,}1 = 12907{,}0 \text{ kNm}^2 \quad (1290{,}7 \text{ Mpm}^2)$

b) Näherung

Für den Lastfall max M_ω ist das "Analogiesystem" nach Abschnitt 3.7.13.

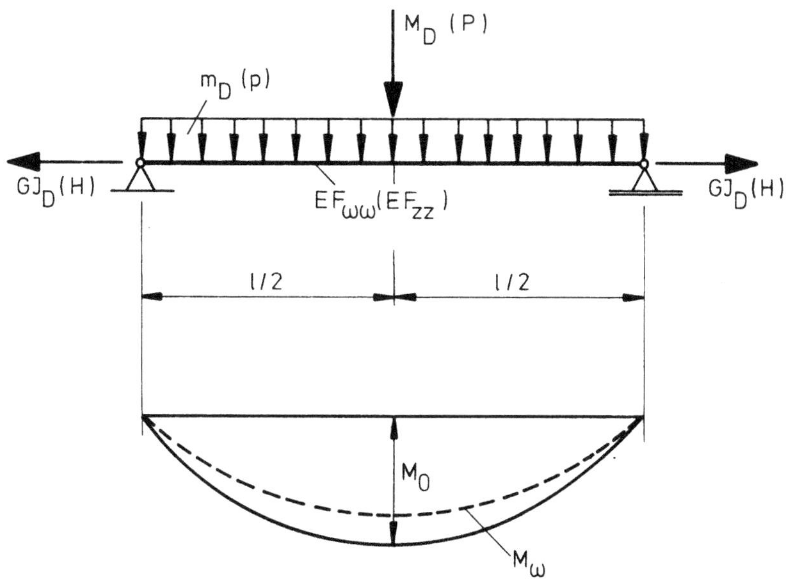

Bild 3.156 Analogiesystem

	System A (ohne Verband)	System B (mit Verband)
Querschnittsgrößen (aus dem Beispiel /22/ entnommen)	$F_{\tilde{\omega}\tilde{\omega}}$ = 174700 cm^2m^4 I_D = 132 cm^2m^2	$F_{\tilde{\omega}\tilde{\omega}}$ = 137300 cm^2m^4 I_D = 4300 cm^2m^2
"Balkenmoment" M_o $M_o = \frac{p\ell^2}{8} + \frac{P \cdot \ell}{4} = 70870$ kNm^2	M_o = 70870 kNm^2	M_o = 70870 kNm^2
"Durchbiegung" v_o (Th.I.Ordg.) entspricht Drehwinkel infolge p: $v_o = \frac{5}{384} \frac{p \cdot \ell^4}{EI}$ infolge P: $v_o = \frac{P \cdot \ell^3}{48EI}$	$v_o^p = 0{,}6135 \cdot 10^{-2}$ $v_o^P = 0{,}2980 \cdot 10^{-2}$ $v_o^{ges} = 0{,}9115 \cdot 10^{-2}$	$v_o^p = 0{,}7807 \cdot 10^{-2}$ $v_o^P = 0{,}3792 \cdot 10^{-2}$ $v_o^{ges} = 1{,}1599 \cdot 10^{-2}$
Entlastung "$H \cdot v_o$" $H \mathrel{\hat{=}} GI_D$	"$H \cdot v_o$" = $8100 \cdot 132 \cdot 0{,}9115 \cdot 10^{-2}$ = 9750 kNm^2	"$H \cdot v_o$" = $8100 \cdot 4300 \cdot 1{,}1599 \cdot 10^{-2}$ = 404000 kNm^2
Quotient $q = \frac{H \cdot v_o}{M_o}$	$q = \frac{9750}{70870} = 0{,}1376$	$q = \frac{404000}{70870} = 5{,}700$
Näherungsrechnung: $M_\omega = M_o \frac{1}{1+q}$	$M_\omega = 70870 \frac{1}{1{,}1376}$ = 62300 kNm^2	$M_\omega = 70870 \frac{1}{6{,}70}$ = =10578 kNm^2
"Genaue" Rechnung (s. /22/ ,S.129	M_ω = 62449,8 kNm^2	M_ω = 12907 kNm^2
Fehler	0,24 %	18 %

Anmerkung:
Selbst bei den ungünstigen Verhältnissen des Systems B (der Querschnitt ist bei weitem nicht "wölbarm") liefert die einfache Näherungsberechnung ein für die Praxis akzeptables Ergebnis.

3.7.15 Zusammenfassung

3.7.15.1 Allgemeines

Im allgemeinen Fall sind Biegung (Verschiebungen) und Torsion (Verdrehung) miteinander gekoppelt. Das System der simultanen Differentialgleichungen kann durch Normierungsbedingungen (Abschnitt 3.7.4) entkoppelt werden:

- Bezugssystem für Biegung und Querkraft sind der Schwerpunkt und die Hauptachsen des Querschnitts.
- Bezugssystem für Torsion ist der Schubmittelpunkt.

3.7.15.2 Lösung der Differentialgleichung

Die entkoppelte Differentialgleichung für Torsion (Abschnitt 3.7.5)

$$EF_{\omega\omega}\,\vartheta^{IV} - GI_D\vartheta^{II} = m_D$$

führt zur Analogie des "Biegeträgers mit Zugkraft" (Abschnitt 3.7.7) mit der Differentialgleichung

$$EF_{zz}\,w^{IV} - H\,w^{II} = p_z$$

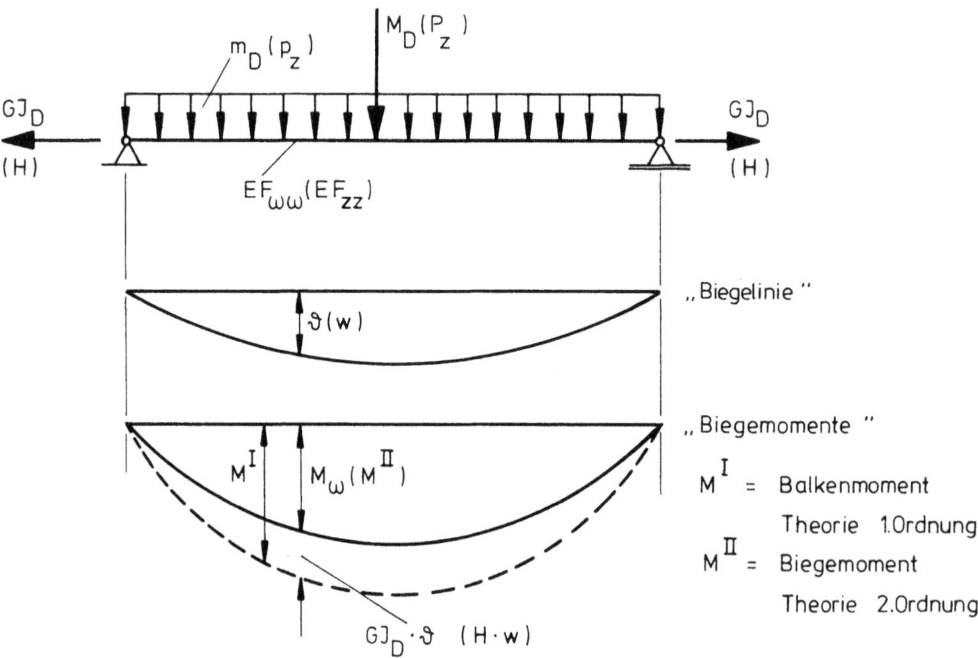

Bild 3.157 Biegelinie und Biegemomente am Analogiesystem

Es stehen zur Verfügung:

- exakte Lösungen (für konstante Querschnittsabmessungen)
- einfache Näherungslösungen (insbesondere für abgestufte Querschnitte)

3.7.15.3 Ermittlung der Schnittgrößen

Die Ermittlung der Schnittgrößen wird zweckmäßig am Analogiesystem durchgeführt, da hier eine anschauliche Überprüfung der Ergebnisse möglich ist.
Die näherungsweise Berücksichtigung der "Theorie II. Ordnung" erfolgt nach Abschnitt 4.2.4.2 (evtl. einschließlich Querkraftverformung).

$$M^{II} = M^{I} \frac{1}{1+q} \text{ mit } q = \frac{H\, w_o}{M^{I}}$$

Das Wölbbimoment M_ω entspricht dem Biegemoment Theorie II.Ordnung M^{II}. Die Aufspaltung des Torsionsmomentes M_x in die beiden Anteile M_{x1} (St. Venant) und M_{x2} (Wölbtorsionsmoment) entspricht im Analogiesystem den beiden Anteilen der Querkraft Q_1 (Wirkung der H-Kraft) und Q_2 (Querkraft im Biegeträger).

Grenzfälle:

- geschlossene Querschnitte (Seilwirkung)
  GI_D groß, $EF_{\omega\omega} \rightarrow 0$ (wölbarm)
  Das Wölbbimoment wird vernachlässigt oder aus der Verformung des Seilsystems rückgerechnet (Abschnitt 3.7.13.2).
- offene Querschnitte (Biegeträger ohne H-Kraft)
  $GI_D \rightarrow 0$, also $M \approx M^{I}$
  Der Einfluß der St. Venantschen Torsion wird vernachlässigt oder als Einfluß der "Theorie II. Ordnung" abgeschätzt (Abschnitt 3.7.13.3).
- Ersatzsystem "Flanschbiegung" (s. Abschnitt 3.7.3.1)

3.7.15.4 Ermittlung der Spannungen

Im Hauptsystem:

Wölbnormalspannungen: $\sigma_\omega = \frac{M_\omega}{F_{\omega\omega}}\,\omega$

Wölbschubspannungen:

offene Querschnitte: $\tau_\omega = -\frac{M'_\omega\, F_\omega(s)}{F_{\omega\omega}\, t}$

geschlossene Querschnitte: Zusatzforderung (s. Abschnitt 3.7.6.3)

Primäre (St. Venantsche) Schubspannungen:

offene Querschnittsteile: $\tau_p = \frac{M_{x1}}{I_D}\, t$

einzellige Hohlkästen: $\tau_p = \frac{M_{x1}}{2F_m}\,\frac{1}{t}$

mehrzellige Hohlkästen (s. Abschnitt 3.6.7)

3.7.15.5 Ermittlung der Verformungen

Der Drehwinkel ϑ wird zweckmäßig als Durchbiegung w im Analogiesystem berechnet. Hierbei können alle "baustatischen" Hilfsmittel anschaulich eingesetzt werden wie:

- Arbeitssatz (einzelne Verformungen)
- Mohrsche Analogie (Biegelinien)
- Superposition (statisch unbestimmte Systeme)
- W-Gewichte (abgestufte Querschnitte)
- Berücksichtigung der Schubverformungen (Querkraft)

3.7.15.6 Schlußbetrachtung

Berücksichtigt man alle bekannten Hilfsmittel der Baustatik, so wird mit Hilfe des Analogiesystems "Biegeträger mit Zugkraft" die Wölbkrafttorsion anschaulich und die numerische Rechnung auch bei "schwierigen" Belastungen und Systemen einfach und übersichtlich. Insbesondere sind die beiden Anteile

- Einfluß der St. Venantschen Torsion (Einfluß der H-Kraft) und
- Einfluß der Wölbspannungen (Biegeträger)

durch die Überlegungen der "Theorie II. Ordnung" leicht zu erkennen. Für die Grenzfälle "Seilwirkung" (St. Venantsche Torsion) und "reiner Biegeträger" (Vernachlässigung der entlastenden Wirkung der Theorie II. Ordnung) ergeben sich für viele Systeme der Praxis sehr einfache Näherungen durch die geschickte Wahl von "Ersatzsystemen", deren Genauigkeit leicht zu überprüfen ist.

Fazit: Die Wölbkrafttorsion "ist gar nicht so schwierig".

4. Einige Probleme der Elastizitätstheorie 2. Ordnung

4.1 Das allgemeine Biegetorsionsproblem

4.1.1 Die Differentialgleichungen

Es wird ein gerader, dünnwandiger Stab mit offenem Profil betrachtet, der sich im Gleichgewichtszustand befindet und aus dem ein Element dx in Bild 4.1 räumlich dargestellt ist.

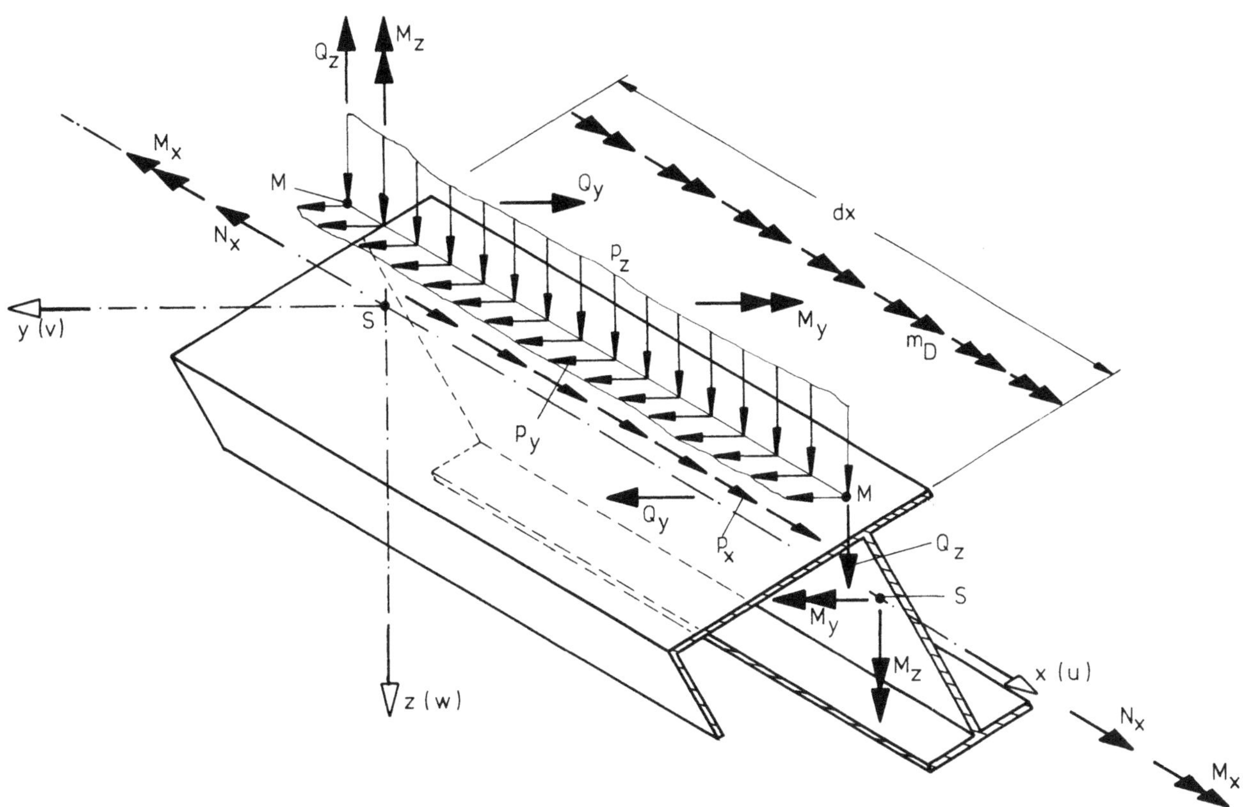

Bild 4.1 Stabelement mit Belastung und Schnittgrößen

Am Stabelement greifen an:

- äußere Streckenlasten p_x (in den Schwerpunkt S verschoben), p_y und p_z (in den Schubmittelpunkt M verschoben) sowie Momente m_y und m_z infolge p_x mal Schwerpunktsabstand.
- äußeres (resultierendes) Torsionsmoment m_D, das aus folgenden Anteilen besteht: ein äußeres Torsionsmoment (m_x) und das aus den äußeren Lasten p_y und p_z an den jeweiligen Hebelarmen zum Schubmittelpunkt M entstehende Torsionsmoment.
- (innere) Schnittgrößen N_x, Q_y und Q_z sowie M_x, M_y und M_z
  Die Schnittgrößen sind dann positiv, wenn ihr Vektor am positiven Schnittufer in die jeweilige positive Koordinatenrichtung zeigt. Das Koordinatensystem ist das Hauptsystem (s. Abschnitt 3.7.4.4).
- an den Elementgrenzen können außerdem Einzellasten P_x, P_y und P_z sowie Einzelmomente $M_x^ä$, $M_y^ä$ und $M_z^ä$ angreifen (sie sind in der Zeichnung nicht dargestellt).

Voraussetzungen:

- elastischer, isotroper, homogener Werkstoff
- "kleine" Verformungen ($\frac{1}{\rho} \approx -v''$)
- Gültigkeit der Voraussetzungen der Wölbkrafttorison (s. Abschnitt 3.7)
- örtliche Instabilität (Beulen) sei ausgeschlossen

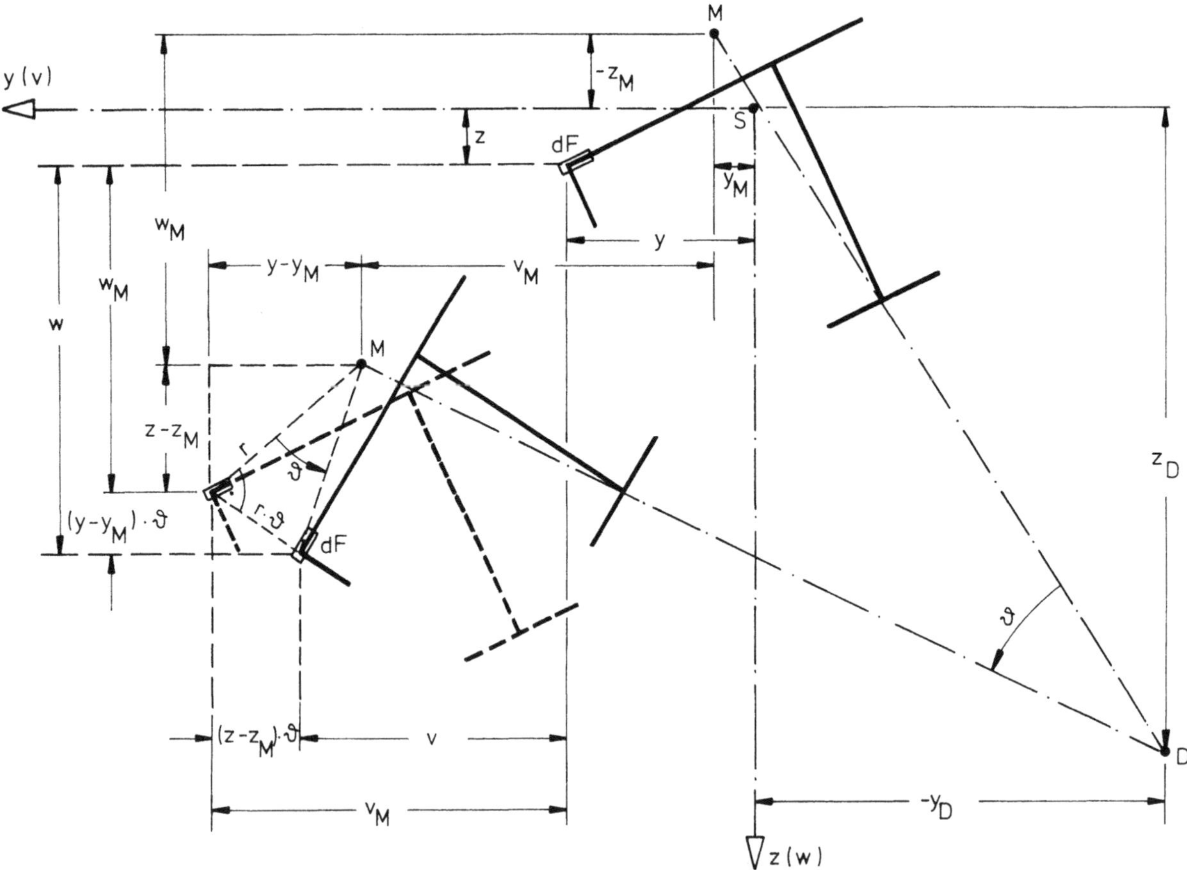

Bild 4.2 Formänderungen des Querschnittes

Formänderungsbedingung:

In Bild 4.2 (Blick auf das positive Schnittufer) ist die Formänderung des Querschnittes (Drehung ϑ um den Drillruhepunkt D) aufgespalten in die Verschiebungen v_M, w_M des Schubmittelpunktes M und eine Verdrehung ϑ um den Schubmittelpunkt. Die Bewegung v, w des Flächenelementes dF (y,z) setzt sich zusammen aus

- Verschiebung v_M, w_M des Schubmittelpunktes
- Verdrehung ϑ um den Schubmittelpunkt

$$v = v_M - (z - z_M)\vartheta \quad \text{bzw.} \quad v'' = v''_M - (z - z_M)\vartheta''$$

$$w = w_M + (y - y_M)\vartheta \quad \text{bzw.} \quad w'' = w''_M + (y - y_M)\vartheta'' \qquad (4.1)$$

In Stablängsrichtung erhält man die Verschiebung jedes Querschnittspunktes /22/.

$$u = u_M - y(v'_M + w'_M\vartheta) - z(w'_M - v'_M\vartheta) - \omega(\vartheta' + w'_M v''_M - v'_M w''_M) \qquad (4.2)$$

Gleichgewichtsbedingung und Stoffgesetz:

Bei elastischem Verhalten gelten für das Hauptsystem (Hauptachsen und Schubmittelpunkt) die Differentialgleichungen des Biegetorsionsproblems Theorie 1. Ordnung (vgl. Abschnitt 3.7.12).

$$EF_{yy}\, v_M^{IV} = \bar{p}_y$$

$$EF_{zz}\, w_M^{IV} = \bar{p}_z$$

$$EF_{\omega\omega}\, \vartheta^{IV} = GI_D\, \vartheta'' + \bar{m}_D$$

Die Stablängsrichtung (Verschiebung u_M, Belastung $\bar{p}_x$) wird hier vernachlässigt.

Bei Berücksichtigung des Einflusses der Verformungen (Theorie 2. Ordnung) treten zu den äußeren Lasten p_y, p_z und m_D noch die Summe der Abtriebskräfte (elastische Querlasten dp_y^{el}, dp_z^{el} und dm_D^{el}), die durch die Normalkräfte $\sigma \cdot dF$ und die Krümmung v" und w" in jeder Faser des Stabes hervorgerufen werden. Außerdem kommen noch "Komponentenkräfte" aus der Verdrehung (z.B. $m_D^{Komp.}$) hinzu. Die Summe aller Einwirkungen wird mit $\bar{p}_y$, $\bar{p}_z$ und $\bar{m}_D$ bezeichnet.

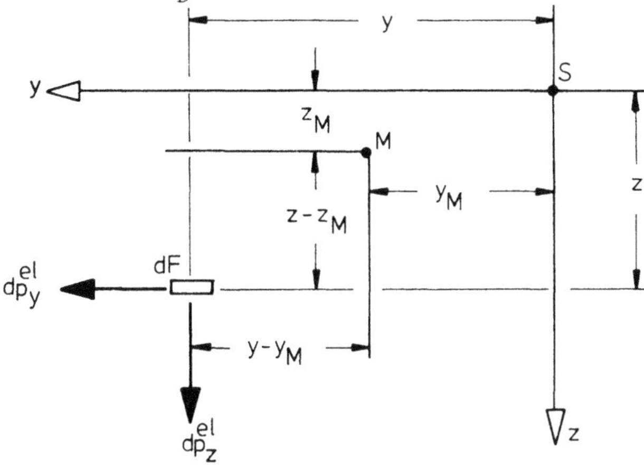

Bild 4.3 Elastische Abtriebskräfte

Für die "elastischen" Abtriebskräfte gilt nach Bild 4.3:

$$dp_y^{el} = +\, \sigma_{x(y,z)}\, dF\, v''_{(x)}$$

$$dp_z^{el} = +\, \sigma_{x(y,z)}\, dF\, w''_{(x)}$$

$$dm_D^{el} = -\, dp_y^{el}\, (z-z_M) + dp_z^{el}\, (y-y_M)$$

$$= -\, \sigma_{x(y,z)}\, dF \left[(z-z_M)\, v''_{(x)} - (y-y_M)\, w''_{(x)} \right] \qquad (4.3)$$

Hierbei ist σ_x als Zugspannung positiv.

Nach Einsetzen der Gleichungen (4.1) in (4.3) und Integration über den Querschnitt erhält man:

$$p_y^{el} = \int_F \sigma_x \left[v_M'' - (z-z_M)\vartheta'' \right] dF$$

$$p_z^{el} = \int_F \sigma_x \left[w_M'' + (y-y_M)\vartheta'' \right] dF$$

$$m_D^{el} = -\int_F \sigma_x \left[(z-z_M)v_M'' - (y-y_M)w_M'' - \left((z-z_M)^2 + (y-y_M)^2 \right)\vartheta'' \right] dF$$

Mit

$$\sigma_x = \frac{N_x}{F} + \frac{M_y}{F_{zz}} z - \frac{M_z}{F_{yy}} y + \frac{M_\omega}{F_{\omega\omega}} \cdot \omega$$

nach Abschnitt 3.7.12 erhält man (im Hauptsystem) unter Berücksichtigung von

$$F_z = 0; \quad F_y = 0; \quad F = 0; \quad F_{yz} = 0; \quad F_{y\omega} = 0; \quad F_{z\omega} = 0$$

mit den linearisierten Schnittgrößen

$$M_y = -EF_{zz}\, w_M''; \quad M_z = EF_{yy}\, v_M''; \quad M_\omega = -EF_{\omega\omega}\, \vartheta''$$

und mit den Abkürzungen

$$\begin{aligned}
r_M &= \sqrt{(y-y_M)^2 + (z-z_M)^2} \\
i_M^2 &= \frac{1}{F} \int r_M^2 \, dF = i_p^2 + y_M^2 + z_M^2 \\
r_{M_y} &= \frac{1}{F_{yy}} \int y \, r_M^2 \, dF \\
r_{M_z} &= \frac{1}{F_{zz}} \int z \, r_M^2 \, dF \\
r_{M_\omega} &= \frac{1}{F_{\omega\omega}} \int \omega \, r_M^2 \, dF
\end{aligned} \tag{4.4}$$

(i_M ist der auf den Schubmittelpunkt bezogene polare Trägheitsradius)

nach einigen Umformungen:

$$\begin{aligned}
- p_y^{el} &= -\left[N_x (v_M' + z_M \vartheta')\right]' + (M_y \vartheta)'' \\
- p_z^{el} &= -\left[N_x (w_M' - y_M \vartheta')\right]' + (M_z \vartheta)'' \\
- m_D^{el} &= -(N_x z_M v_M')' + (N_x y_M w_M')' + (M_y v_M)'' + (M_z w_M)'' \\
&\quad - \left[\vartheta' \left(N_x i_M^2 + M_y r_{M_z} - M_z r_{M_y} + M_\omega r_{M_\omega}\right)\right]'
\end{aligned} \tag{4.5}$$

Außer den "elastischen" Einflüssen aus den aufsummierten Abtriebskräften der Stabfasern kommen bei richtungstreuen Kräften p_y und p_z noch folgende Komponentenkräfte aus der Verdrehung ϑ (um den Schubmittelpunkt) nach Bild 4.4 hinzu:

$$\begin{aligned}
p_y^{Komp.} &= p_z \vartheta \\
p_z^{Komp.} &= - p_y \vartheta \\
m_D^{Komp.} &= - p_y y_P^M \vartheta - p_z z_P^M \vartheta
\end{aligned} \tag{4.6}$$

y_P^M und z_P^M sind die Abstände des Kraftangriffspunktes vom Schubmittelpunkt. Die Auswirkungen dieser "Komponentenkräfte" werden für die Biegebeanspruchung ($p_y^{Komp.}$, $p_z^{Komp.}$) im allgemeinen vernachlässigt, für die Torsionsbeanspruchung ($m_D^{Komp.}$) müssen sie berücksichtigt werden.

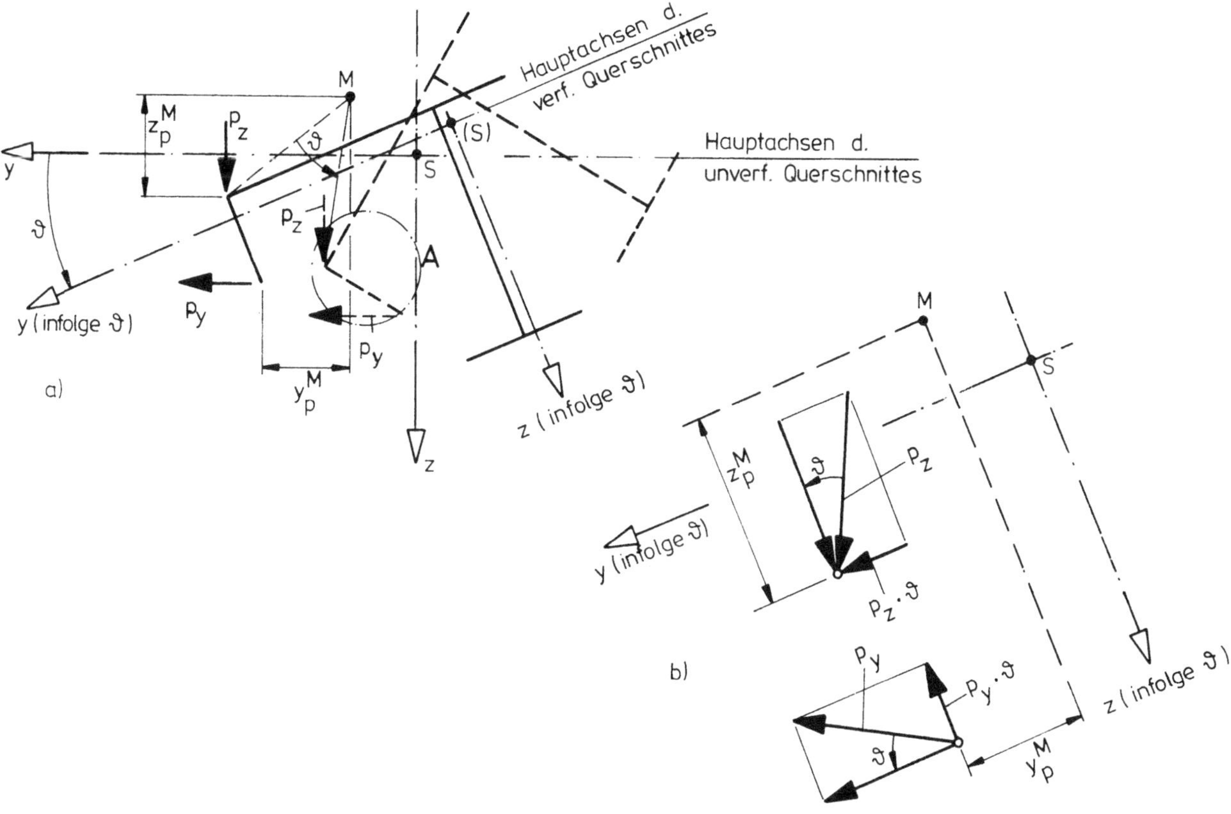

Bild 4.4 a) Richtungstreue Kräfte am verformten Querschnitt (gestrichelt dargestellt)
b) Ausschnitt A

Folgende Einflüsse, die als "Nichtberücksichtigung der Hauptkrümmung" bezeichnet werden, sind ebenfalls vernachlässigt:

- in der verformten Lage wirken die Biegemomente M_y^{II} und M_z^{II}. Für diese gilt nach Bild 4.5:

$$M_y^{II} = M_y + M_z\,\vartheta$$

$$M_z^{II} = M_z - M_y\,\vartheta \qquad (4.7)$$

Damit würde $v'' = \frac{1}{EF_{yy}}\,(M_z - M_y\,\vartheta)$

$$w'' = -\frac{1}{EF_{zz}}\,(M_y + M_z\,\vartheta) \qquad (4.8)$$

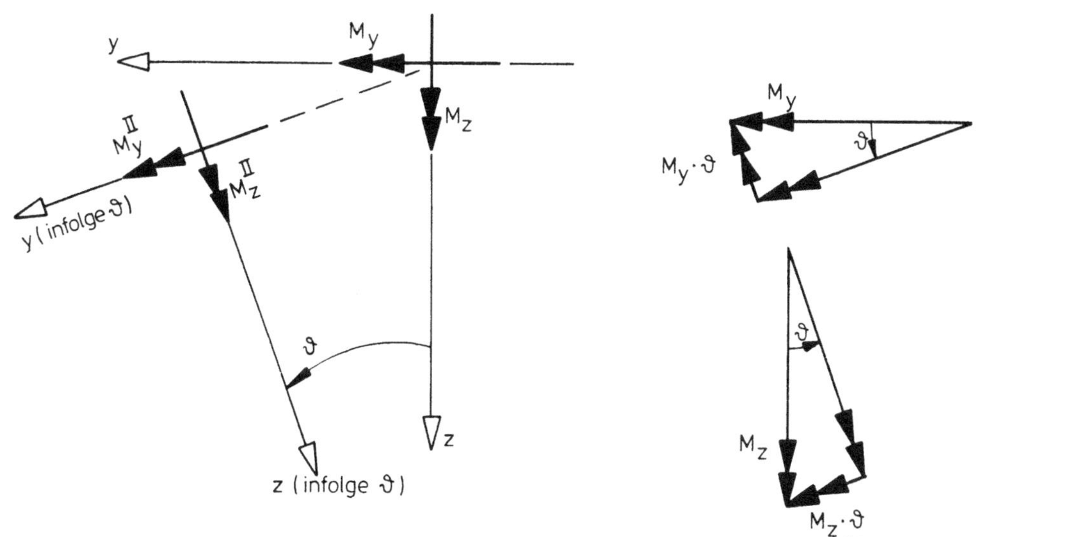

Bild 4.5 Aus der verformten Lage resultierende Biegemomente M^{II}

- durch die Umlenkung der Schnittgröße M_x (Torsionsmoment) entstehen Biegemomente nach Bild 4.6, die vernachlässigt werden.

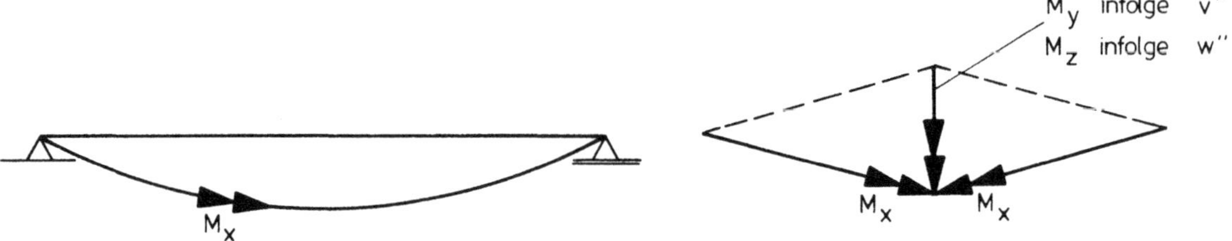

Bild 4.6 Durch Umlenkung der Torsionsmomente entstandene Biegemomente

Unter den genannten Einschränkungen (die "korrekten" Gleichungen sind in /22/ angegeben) erhält man folgendes simultanes Differentialgleichungssystem:

$$EF_{yy}\, v_M^{IV} + (M_y\, \vartheta)'' - \left[N_x\, (v_M' + z_M\, \vartheta')\right]' = p_y$$

$$EF_{zz}\, w_M^{IV} + (M_z\, \vartheta)'' - \left[N_x\, (w_M' - y_M\, \vartheta')\right]' = p_z$$

$$EF_{\omega\omega}\, \vartheta^{IV} - GI_D\, \vartheta'' - (N_x\, z_M\, v_M')' + (N_x\, y_M\, w_M')' + (M_y\, v_M)'' + (M_z\, w_M)''$$

$$- \left[\vartheta' \left(N_x\, i_M^2 + M_y\, r_{M_z} - M_z\, r_{M_y} + M_\omega\, r_{M_\omega}\right)\right]'$$

$$+ p_y\, y_p^M\, \vartheta + p_z\, z_p^M\, \vartheta = m_D \qquad (4.9)$$

N_x kann in x-Richtung veränderlich sein.

Man erkennt an den Gleichungen deutlich,

- daß die 3 Verformungskomponenten v_M, w_M und ϑ im allgemeinen miteinander gekoppelt sind, d.h. der Stab wird gebogen und gleichzeitig verdreht,
- daß nur in bestimmten Sonderfällen eine Entkoppelung eintritt,
- daß die Lösung für allgemeine Belastungsfälle sehr kompliziert ist, d.h. daß Näherungslösungen (z.B. nach der Energiemethode) angewendet werden müssen.

In Abschnitt 4.2 wird die einachsige Biegung (ohne Verdrehung), in Abschnitt 6.5 das Biegedrillknicken (mit Verdrehung) behandelt.

4.1.2 Das Potential

Eine ausführliche Herleitung findet sich in /22/. Bei Vernachlässigung der Verformungen aus Querkraft und sekundären Schubspannungen gilt nach /28/ für das innere Potential π_i:

$$\pi_i = \frac{E}{2} \int_V \varepsilon_{xx}{}^2 \, dv \text{ mit } \varepsilon_{xx} = \frac{\partial u}{\partial x} + \frac{1}{2} \left[\left(\frac{\partial u}{\partial x}\right)^2 + \left(\frac{\partial v}{\partial x}\right)^2 + \left(\frac{\partial w}{\partial x}\right)^2 \right] \tag{4.10}$$

Mit den Gleichungen (4.1) und (4.2) unter Vernachlässigung der Verschiebung u_M gilt:

$$\frac{\partial u}{\partial x} = - y \, v_M'' - y(w_M''\vartheta + w_M'\vartheta') - z \, w_M'' + z(v_M''\vartheta + v_M'\vartheta') - \omega\vartheta'' + \omega(v_M' \, w_M''' - v_M''' w_M')$$

$$\frac{\partial v}{\partial x} = v_M' - (z - z_M)\vartheta'$$

$$\frac{\partial w}{\partial x} = w_M' + (y - y_M)\vartheta' \tag{4.11}$$

Das Potential der äußeren Kräfte π_a ist gleich der negativen äußeren Arbeit (Potentialverlust), die die Belastung an den zugehörigen Verformungen leistet.

Da die Herleitung zu umfangreich ist, wird nur das Ergebnis angegeben, für das die gleichen Bezeichnungen und Einschränkungen gelten, wie für die Differentialgleichungen:

$$\begin{aligned}
\pi = \pi_i + \pi_a = \frac{1}{2} \int \Big[& EF_{yy} \, v_M''^2 + EF_{zz} \, w_M''^2 + EF_{\omega\omega} \, \vartheta''^2 + GI_D \, \vartheta'^2 \\
& + N_x \, (2 \, z_M \, v_M' \, \vartheta' - 2 \, y_M \, w_M' \, \vartheta' + v_M'^2 + w_M'^2 + i_M{}^2 \, \vartheta'^2) \\
& - M_z \left(- 2 \, w_M''\vartheta + r_{M_y} \, \vartheta'^2\right) \\
& + M_y \left(2 \, v_M''\vartheta + r_{M_z} \, \vartheta'^2\right) \\
& + M_\omega \, r_{M_\omega} \, \vartheta'^2 \Big] dx \\
- \int \Big[& p_y (v_M - z_P^M \vartheta - \frac{1}{2} \, y_P^M \, \vartheta^2) \\
& + p_z (w_M + y_P^M \vartheta - \frac{1}{2} \, z_P^M \, \vartheta^2) + m_D \, \vartheta \Big] dx \\
- \sum & \left(M_{z,r} \, v_{M,r}' - M_{y,r} \, w_{M,r}' - M_{\omega,r} \, \vartheta_r' + M_{D,r} \, \vartheta_r \right)
\end{aligned} \tag{4.12}$$

In Gleichung (4.12) wurden die an den Elementgrenzen angreifenden Einzelkräfte P_y und P_z sowie die Verschiebung u_M vernachlässigt.

In der letzten Zeile stehen die Momente und Verformungen (mit dem Index r), die an den Stabenden ($x = 0$ und $x = \ell$) wirken, so daß auch eine exzentrisch angreifende Normalkraft beschrieben werden kann.

Die Anwendung des Energieverfahrens wird in Abschnitt 6.5.9 erläutert.

4.2 Einachsige Biegung mit Normalkraft

4.2.1 Einleitung

Wie aus den Differentialgleichungen (4.9) zu ersehen ist, tritt eigentlich stets eine gekoppelte Biege-Verdreh-Deformation auf. Dies ist vor allem bei Einwirkung von Druckkräften wichtig. Zur Vereinfachung wird für den gesamten Abschnitt 4.2 der Einfluß der Verdrehung ϑ vernachlässigt, d.h. es wird vorausgesetzt, daß kein Biegedrillknicken (s. Abschnitt 6.5) auftritt.

Um die Analogie zwischen Wölbkrafttorsion und Biegeträger mit Zugkraft (vgl. Abschnitt 3.7.7) deutlicher hervorzuheben, wird im gesamten Abschnitt 4.2 die Zugkraft mit H bezeichnet. Die Druckkraft wird N genannt. In den Gleichungen dieses Abschnittes sind die Vorzeichen der Längskräfte schon eingearbeitet, die Kräfte sind daher nur noch betragsmäßig einzusetzen. N ist also als Druckkraft positiv definiert.

Die Bemessung eines Tragwerkes nach "zulässigen Spannungen" setzt voraus, daß Linearität zwischen den Lasten und den Schnittgrößen (Spannungen) besteht (Theorie 1. Ordnung). Mit anderen Worten: Die Verformungen haben auf die Schnittgrößen keinen Einfluß (Balken auf 2 Stützen mit Querlasten, Linie A in Bild 4.7).

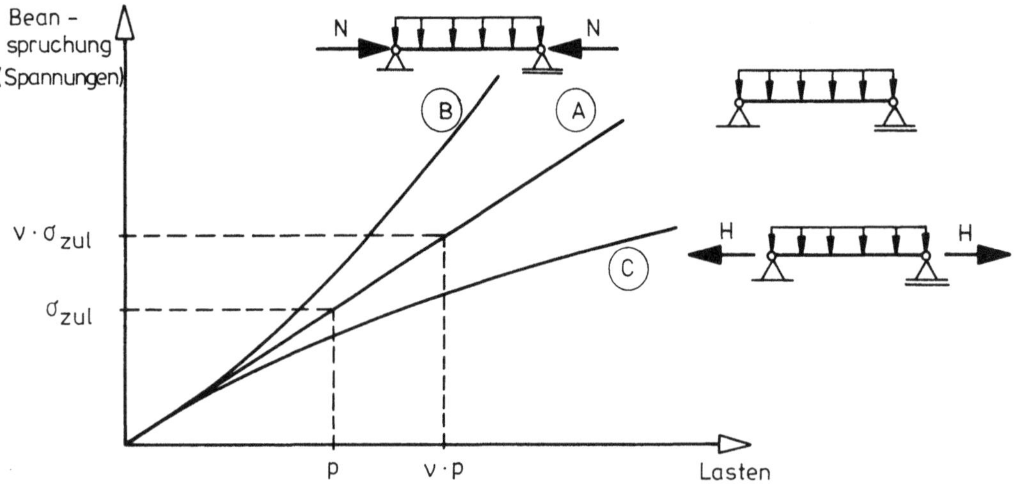

Bild 4.7 Zusammenhänge zwischen Belastung und Beanspruchung

Tritt eine Längskraft (Zugkraft H oder Druckkraft N) hinzu, so besteht trotz elastischen Verhaltens keine Linearität mehr zwischen Belastung und Beanspruchung.
Bei Druckkräften N (Linie B) tritt ein überlinearer Anstieg auf (die Druckkraft erzeugt am Hebelarm der Durchbiegungen ein belastendes Biegemoment). Daher ist die Berücksichtigung der Verformungen bei der Ermittlung der Schnittgrößen (Theorie 2. Ordnung) ein Gebot der Sicherheit. Der Nachweis der Tragsicherheit muß daher unter gesteigerten Lasten (Lastfaktoren γ_F s. Abschnitt 1) geführt werden.
Bei Zugkräften H (Linie C) tritt eine Entlastung durch die Berücksichtigung der Theorie 2. Ordnung ein (die Zugkraft bewirkt ein entlastendes Biegemoment). In diesem Fall bewirken gesteigerte Lasten nur eine geringe Steigerung der Beanspruchung, so daß die Tragsicherheit wesentlich mehr von den Faktoren γ_m der Materialeigenschaften abhängig ist.

Anmerkung:

Es darf nicht verwechselt werden:

- Einfluß der Verformungen auf das Gleichgewicht (Theorie 2. Ordnung),
- Einfluß der Verformungen auf das Kräftespiel (z.B. Zwängungen bei statisch unbestimmten Konstruktionen).

4.2.2 Die Differentialgleichungen und ihre allgemeinen Lösungen

Die exakte Ableitung der Differentialgleichungen kann in vielen Literaturstellen nachgelesen werden. Es wird deshalb hier nur eine "anschauliche" Herleitung der Zusammenhänge gegeben.

4.2.2.1 Biegeträger mit Druckkraft ohne Einfluß der Schubverformungen

In den folgenden Gleichungen ist für die Druckkraft N stets der Betrag einzusetzen, da das negative Vorzeichen für Druckkräfte schon in die Formeln eingearbeitet wurde.

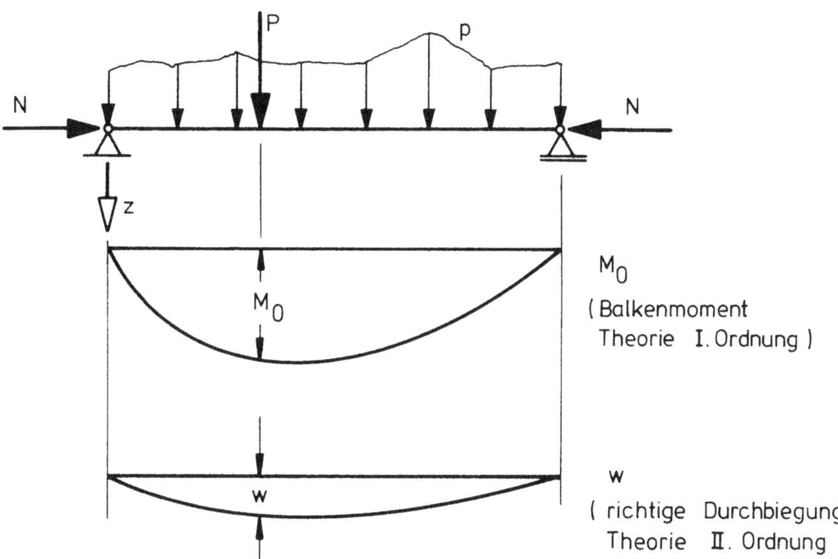

Bild 4.8 Momentenverlauf und Biegelinie

$$M = M_o + N\,w \quad \text{(Gleichgewicht)}$$

$$M = -\,EI\,w'' \quad \text{(Werkstoffgesetz)}$$

Daraus folgt:

$$w'' + \frac{N}{EI}\,w + \frac{M_o}{EI} = 0 \tag{4.13}$$

Mit $\alpha^2 = \frac{N}{EI}$ und $M_{(x)}$ = Funktion der Momentenfläche nach Theorie 1. Ordnung erhält man:

$$w'' + \alpha^2\,w + \frac{M_{(x)}}{EI} = 0 \tag{4.14}$$

Die allgemeine Lösung der Differentialgleichung (4.14) lautet:

$$w = C_1 \sin \alpha x + C_2 \cos \alpha x - \frac{1}{N}\left[M_{(x)} - \frac{1}{\alpha^2}M_{(x)}'' + \frac{1}{\alpha^4}M_{(x)}^{IV} - \frac{1}{\alpha^6}M_{(x)}^{VI} + - + \ldots\right] \tag{4.15}$$

Die Integrationskonstanten C_1 und C_2 werden mit Rand- und Übergangsbedingungen bestimmt.

4.2.2.2 Druckkraft mit Einfluß der Schubverformungen

Berücksichtigt man außer den Biegedeformationen w_M auch die Verformungen w_Q infolge Schubspannungen aus Querkraft, so gilt:

$$w_M'' = -\frac{M}{EI} \quad \text{(Biegeverformung)}$$

$$w_Q' = \frac{Q}{GF_Q} \quad \text{(Schubverformung) mit } Q = M'$$

Gesamtverformung $\qquad w'' = w_M'' + w_Q'' = -\frac{M}{EI} + \frac{M''}{GF_Q}$

Setzt man $M = M_o + N\,w$ in die Gleichung für die Gesamtverformung ein, dann erhält man mit $p_o = -M_o''$:

$$w'' + \frac{N}{EI(1-\frac{N}{GF_Q})}\,w + \frac{M_o}{EI(1-\frac{N}{GF_Q})} + \frac{p_o}{GF_Q(1-\frac{N}{GF_Q})} = 0$$

Mit der Abkürzung

$$\gamma_D = \frac{1}{1-\frac{N}{GF_Q}} \qquad (4.16)$$

$$|N| < GF_Q$$

erhält man:

$$w'' + \gamma_D\,\alpha^2\,w + \frac{\gamma_D\,M_o}{EI} + \frac{\gamma_D\,p_o}{GF_Q} = 0 \qquad (4.17)$$

Beide Differentialgleichungen (4.14) und (4.17) haben den gleichen Aufbau; es können daher auch die gleichen Lösungsansätze (siehe Abschnitt 4.2.2.1) unter Berücksichtigung von γ_D sowie der Belastungsglieder verwendet werden.

Für $|N| \rightarrow GF_Q$ erhält man $\gamma_D \rightarrow \infty$, Gleichung (4.17) ist also nicht mehr lösbar (der Biegeträger wird dann durch reines Schubknicken instabil).

Anmerkung (vgl. auch Abschnitt 4.2.4.1):

Ist keine Querlast p_o, sondern eine Vorverformung w_o vorhanden, so kann man

- entweder ein fiktives p ausrechnen, das die gleichen Deformationen des ursprünglich geraden Stabes erzeugt,
- oder man berücksichtigt als Querlasten die (nach Theorie 1. Ordnung) auftretenden Abtriebskräfte $p = -N\,w_o''$ des gekrümmten Stabes.

4.2.2.3 Biegeträger mit Zugkraft ohne Einfluß der Schubverformungen

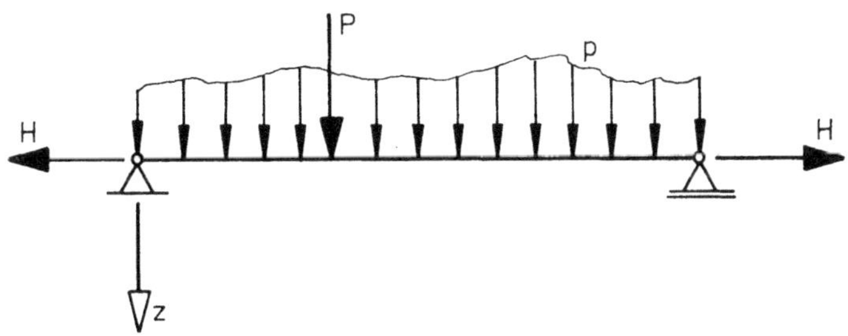

Bild 4.9 Einfeldträger mit Querkraft und Zugkraft

Analog zu Abschnitt 4.2.2.1 erhält man mit $M = M_o - H\,w$ (Gleichgewicht)
$M = -\,EI\,w''$ (Werkstoffgesetz)

die Differentialgleichung für Zugkraft:

$$w'' - \frac{H}{EI}\,w + \frac{M_o}{EI} = 0 \qquad (4.18)$$

Differenziert man noch zweimal, so erhält man mit $M_o'' = -\,p$:

$$EI\,w^{IV} - H\,w'' - p = 0 \qquad (4.19)$$

Wie in Abschnitt 3.7.7 bereits dargelegt wurde, besteht eine vollständige Analogie zwischen den Differentialgleichungen der Wölbkrafttorsion ($EF_{\omega\omega}\,\vartheta^{IV} - GI_D\,\vartheta'' = m_D$) und des Biegeträgers mit Zugkraft ($EI\,w^{IV} - H\,w'' = p$). Es können daher sämtliche Überlegungen der folgenden Abschnitte auch zur Lösung der Wölbkrafttorsion herangezogen werden.

Mit $\beta^2 = \frac{H}{EI}$ erhält man Gleichung (4.18) zu:

$$w'' - \beta^2\,w + \frac{M_{(x)}}{EI} = 0 \qquad (4.20)$$

$M_{(x)}$ ist der Funktionsverlauf der Momentenfläche nach Theorie 1. Ordnung (Belastungsglied).

Die allgemeine Lösung der Differentialgleichung (4.20) lautet:

$$w = C_1\,\sinh\beta x + C_2\,\cosh\beta x + \frac{1}{H}\left[M_{(x)} + \frac{1}{\beta^2}\,M_{(x)}'' + \frac{1}{\beta^4}\,M_{(x)}^{IV} + \frac{1}{\beta^6}\,M_{(x)}^{VI} + + \ldots\right] \qquad (4.21)$$

4.2.2.4 Zugkraft mit Einfluß der Schubverformungen

Wird der Einfluß der Schubdeformationen mit berücksichtigt, so erhält man (analog zu Abschnitt 4.2.2.2) die Differentialgleichung

$$w'' - \gamma_z\,\beta^2\,w + \frac{\gamma_z\,M_{(x)}}{EI} + \frac{\gamma_z\,p_o}{GF_Q} = 0 \qquad (4.22)$$

mit $$\gamma_z = \frac{1}{1+\frac{H}{GF_Q}} \qquad (4.23)$$

Es treten zwei Belastungsglieder auf $\left(\frac{\gamma_z\,M_{(x)}}{EI}\right)$ und $\left(\frac{\gamma_z\,p_o}{GF_Q}\right)$, die zweckmäßig getrennt berechnet und dann überlagert werden.

Die allgemeine Lösung der Differentialgleichung (4.22) ist analog Gleichung (4.21) jedoch unter Berücksichtigung von γ_z.

4.2.3 Lösungen für einige Lastfälle

4.2.3.1 Lösungen für Druckkraft und Biegung

a) Exzentrische Druckkraft

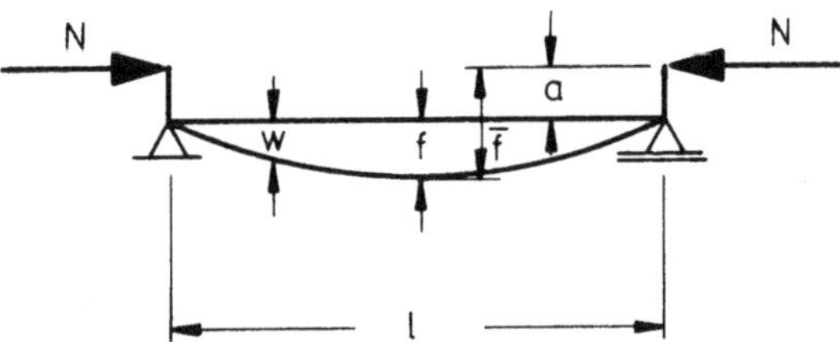

Bild 4.10 Einfeldträger mit exzentrisch angreifender Druckkraft

Mit $M_o = a\,N$ wird nach Gleichung (4.15) $w = C_1 \sin\alpha\,x + C_2 \cos\alpha\,x - a$

Randbedingungen: $w(o) = 0$ liefert $C_2 = a$

$w(\ell) = 0$ liefert $C_1 = a \tan\alpha\,\frac{\ell}{2}$

$w = a \tan\alpha\,\frac{\ell}{2} \sin\alpha\,x + a \cos\alpha\,x - a$

Momentenverlauf $M = N(a+w) = N\,a \tan\alpha\,\frac{\ell}{2} \sin\alpha x + N\,a \cos\alpha\,x$

Querkraftverlauf $Q = N\,a\,\alpha \tan\alpha\frac{\ell}{2} \cos\alpha x - N\,a\alpha \sin\alpha\,x$

Mittendurchbiegung $w(\frac{\ell}{2}) = f = a\,\frac{1 - \cos\alpha\ell/2}{\cos\alpha\ell/2}$ oder $\bar{f} = f + a = \frac{a}{\cos\alpha\ell/2}$

b) Sinusförmige Vorverformung $w_o = a \sin\frac{\pi x}{\ell}$

ohne Berücksichtigung der Schubverformungen

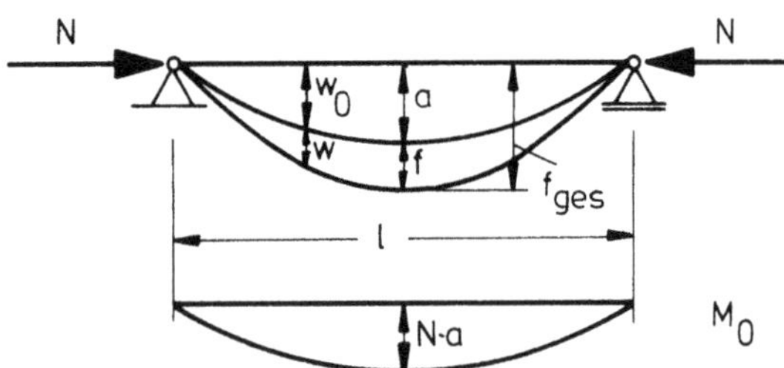

Bild 4.11 Einfeldträger mit sinusförmiger Vorverformung

$$M_o = N\,a \sin\frac{\pi x}{\ell}$$

Ansatz: $w = f \sin\frac{\pi x}{\ell}$ in Gl.(4.14) eingesetzt, liefert:

$$-\frac{\pi^2}{\ell^2} f \sin\frac{\pi x}{\ell} + \alpha^2 f \sin\frac{\pi x}{\ell} + \frac{N\,a}{EI} \sin\frac{\pi x}{\ell} = 0$$

mit $N_{ki} = \frac{EI\,\pi^2}{\ell^2}$ wird $f = \frac{N}{N_{ki} - N}\,a$

$$f_{ges} = a + f = a\left(1 + \frac{N}{N_{ki} - N}\right) = a\,\frac{N_{ki}}{N_{ki} - N} = a\,\frac{1}{1 - \frac{N}{N_{ki}}}$$

Damit erhält man:

$$M = N\,f_{ges} \sin\frac{\pi x}{\ell} = N\,a\,\frac{1}{1-\frac{N}{N_{ki}}} \sin\frac{\pi x}{\ell} \quad \text{und} \quad M_{max} = \max M_o\,\frac{1}{1-\frac{N}{N_{ki}}}$$

$$Q = N\,f_{ges}\,\frac{\pi}{\ell} \cos\frac{\pi x}{\ell} = N\,a\,\frac{\pi}{\ell}\,\frac{1}{1-\frac{N}{N_{ki}}} \cos\frac{\pi x}{\ell} \quad \text{und} \quad Q_{max} = \max Q_o\,\frac{1}{1-\frac{N}{N_{ki}}}$$

Mit Berücksichtigung der Schubverformungen

$$p_o = - N w_o'' \quad \text{(Belastungsglied)}$$

$$w_o'' = - \frac{\pi^2}{\ell^2} w_o$$

Damit wird Gleichung (4.17) zu

$$w'' + \bar{\alpha}^2 w + \left(\bar{\alpha}^2 + \frac{\gamma_D N}{GF_Q} \frac{\pi^2}{\ell^2}\right) w_o = 0$$

Mit dem Ansatz $w = f \sin \frac{\pi x}{\ell}$ gilt:

$$f\left(\bar{\alpha}^2 - \frac{\pi^2}{\ell^2}\right) + a\left(\bar{\alpha}^2 + \frac{\gamma_D N}{GF_Q} \frac{\pi^2}{\ell^2}\right) = 0$$

und nach einigen Umformungen:

$$f = \frac{N}{N_{ki} - N} a \quad \text{und} \quad f_{ges} = a + f = \frac{1}{1 - \frac{N}{N_{ki}}} a$$

$$\text{mit } N_{ki} = \frac{\pi^2 EI}{\ell^2 \left(1 + \frac{\pi^2 EI}{\ell^2 GF_Q}\right)} = \frac{P_E}{1 + \frac{P_E}{GF_Q}} \quad \text{und } P_E = \frac{EI\pi^2}{\ell^2}$$

$$M_{max} = \max M_o \frac{1}{1 - \frac{N}{N_{ki}}}$$

$$Q_{max} = \max Q_o \frac{1}{1 - \frac{N}{N_{ki}}}$$

Zur Ermittlung des Faktors $\frac{1}{1 - \frac{N}{N_{ki}}}$ siehe auch Abschnitt 4.2.4.1.

Der Einfluß der Schubverformungen ist besonders wichtig bei mehrteiligen Druckstäben (Gitter- oder Rahmenstäben, vgl. Abschnitt 7.5).

c) Druckstab mit Querlasten

Im Anhang, Tabelle A1 , sind die Lösungen für einige wichtige Belastungsfälle angegeben. Sie sind dem Entwurf der DIN 4114 (neu) entnommen.

Häufig genügt die Kenntnis der maximalen Durchbiegung (Stich f).

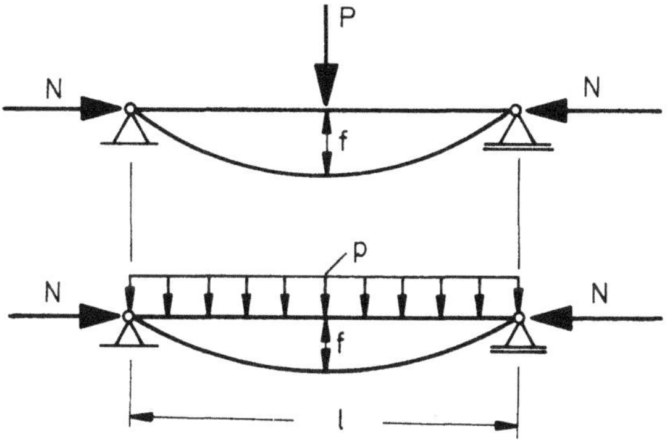

$$f = \frac{P\,\ell}{4N}\left[\frac{\tan \alpha\, \ell/2}{\alpha\, \ell/2} - 1\right]$$

$$f = \frac{p\,\ell^2}{4N}\left[\frac{1 - \cos \alpha\, \ell/2}{\frac{(\alpha \ell)^2}{4} \cos \alpha \ell/2} - \frac{1}{2}\right]$$

4.2.3.2 Lösungen für Zugkraft und Biegung

Eine Zusammenstellung der Lösungen für die wichtigsten Lastfälle ist in /22/ zu finden. Hierbei ist die Analogie zwischen Wölbkrafttorsion und Biegeträger mit Zugkraft zu beachten.

1. Einzellast

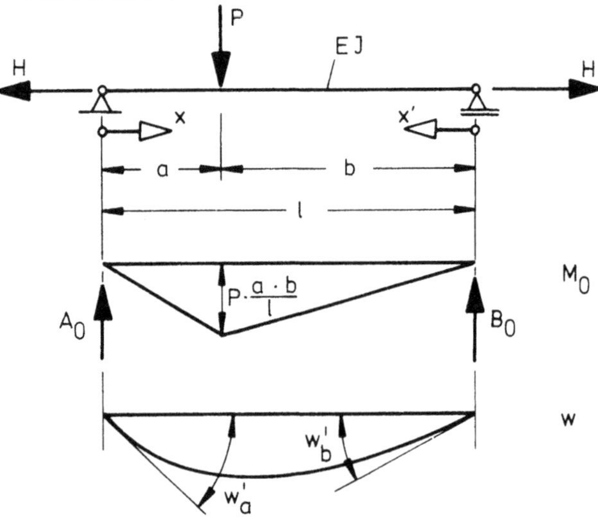

Bild 4.12 Einfeldträger mit Zugkraft und Einzellast

Bereich a: $0 < x < a$

$$M(x) = P \frac{b}{\ell} x$$

$$w_a = C_1 \sinh \beta x + C_2 \cosh \beta x + \frac{P}{H} \frac{b}{\ell} x$$

Bereich b: $0 < x' < b$

$$M(x') = P \frac{a}{\ell} x'$$

$$w_b = C_3 \sinh \beta x' + C_4 \cosh \beta x' + \frac{P}{H} \frac{a}{\ell} x'$$

Nach Bestimmung der Konstanten mit den Rand- und Übergangsbedingungen

$$w_a(o) = 0; \quad w_b(o) = 0; \quad w_a(a) = w_b(b); \quad w_a'(a) = - w_b'(b)$$

wird im Bereich a:

die Durchbiegung $w = \frac{M(x)}{H} - \frac{P}{H} \frac{\sinh \beta b}{\beta \sinh \beta \ell} \sinh \beta x$

das Biegemoment (Theorie 2. Ordnung) $M = M(x) - H w = P \frac{\sinh \beta b}{\beta \sinh \beta \ell} \sinh \beta x$

und die Querkraft $Q = P \frac{\sinh \beta b}{\sinh \beta \ell} \cosh \beta x$

im Bereich b:

$$w = \frac{M(x')}{H} - \frac{P}{H} \frac{\sinh \beta a}{\beta \sinh \beta \ell} \sinh \beta x'$$

$$M = M(x') - H w = P \frac{\sinh \beta a}{\beta \sinh \beta \ell} \sinh \beta x'$$

$$Q = P \frac{\sinh \beta a}{\sinh \beta \ell} \cosh \beta x'$$

2. Randmoment

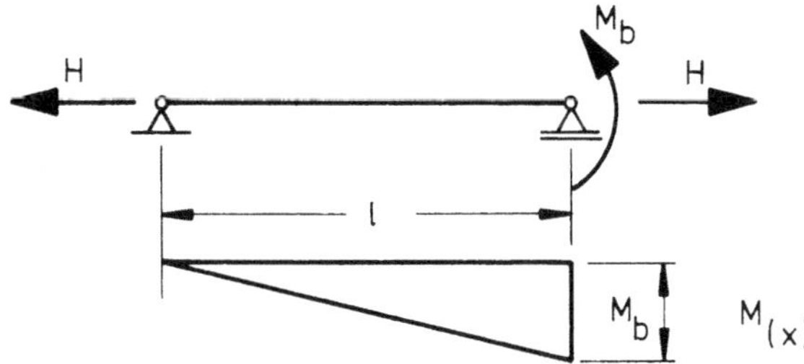

Bild 4.13 Einfeldträger mit Zugkraft und Randmoment

$$M(x) = M_b \frac{x}{\ell}$$

$$w = C_1 \sinh\beta x + C_2 \cosh\beta x + \frac{M_b}{H}\frac{x}{\ell}$$

Randbedingung:

$$w(o) = 0 \quad \text{liefert} \quad C_2 = 0$$

$$w(\ell) = 0 \quad \text{liefert} \quad C_1 = -\frac{M_b}{H \sinh\beta\ell}$$

Damit

$$w = \frac{M_b}{H}\left(\frac{x}{\ell} - \frac{\sinh\beta x}{\sinh\beta\ell}\right)$$

$$M = M_b \frac{\sinh\beta x}{\sinh\beta\ell}$$

$$Q = M_b \beta \frac{\cosh\beta x}{\sinh\beta\ell}$$

3. Sinusförmige Vorverformung $w_o = a \sin\frac{\pi x}{\ell}$

Ansatz: $w = f \sin\frac{\pi x}{\ell}$

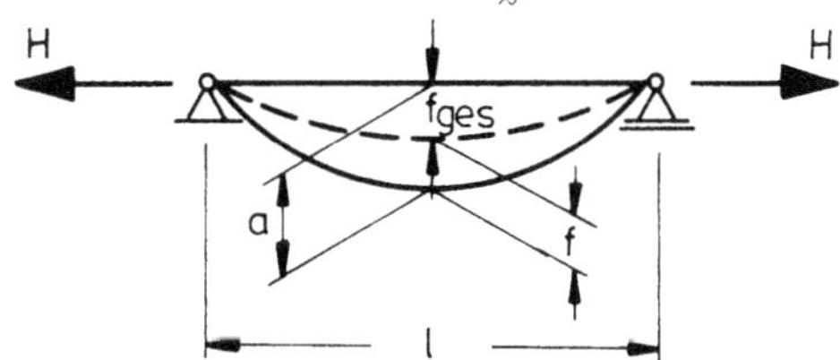

Bild 4.14 Zugstab mit sinusförmiger Vorverformung

Ansatz: $w = f \sin\frac{\pi x}{\ell}$

$$M_o = -H a \sin\frac{\pi x}{\ell}$$

in Gleichung (4.20) eingesetzt liefert:

$$-\frac{\pi^2}{\ell^2} f \sin\frac{\pi x}{\ell} - \beta^2 f \sin\frac{\pi x}{\ell} - \frac{H}{EI} a \sin\frac{\pi x}{\ell} = 0$$

$$f\left(\frac{\pi^2}{\ell^2} + \beta^2\right) = -\frac{H}{EI} a$$

$$f = -a \frac{H}{P_E + H}$$

und der Gesamtstich

$$f_{ges} = f + a = a \frac{P_E}{P_E + H}$$

Damit erhält man:

die Durchbiegung $w = f_{ges} \sin \frac{\pi x}{\ell}$

$$= a \frac{P_E}{P_E + H} \sin \frac{\pi x}{\ell}$$

den Momentenverlauf $M = - H f_{ges} \sin \frac{\pi x}{\ell}$

$$= - H a \frac{P_E}{P_E + H} \sin \frac{\pi x}{\ell}$$

und den Querkraftverlauf $Q = - H f_{ges} \frac{\pi}{\ell} \cos \frac{\pi x}{\ell}$

$$= - H a \frac{P_E}{P_E + H} \frac{\pi}{\ell} \cos \frac{\pi x}{\ell}$$

Maximale Durchbiegung (Stich f)für einige Lastfälle:

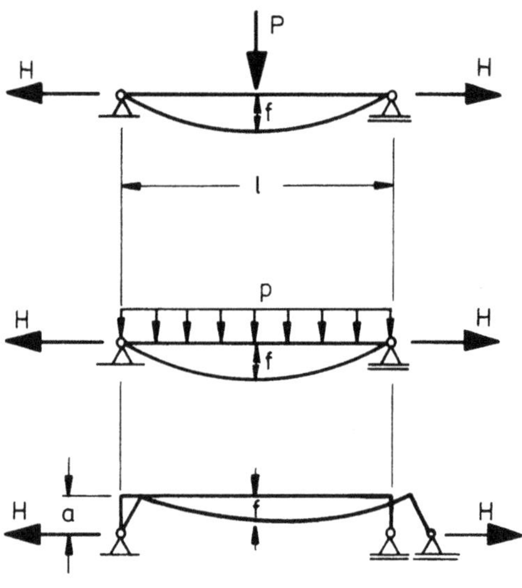

$$f = \frac{P\,\ell}{4H} \left(1 - \frac{2 \operatorname{tgh} \beta\ell/2}{\beta\ell}\right)$$

$$f = \frac{p\,\ell^2}{4H} \left(\frac{1}{2} - \frac{4\,(\cosh \beta\ell/2 - 1)}{(\beta\ell)^2 \cosh \beta\ell/2}\right)$$

$$f = a \frac{\cosh \beta\ell/2 - 1}{\cosh \beta\ell/2}$$

4.2.4 Näherungslösungen

4.2.4.1 Näherungslösungen für Druckkraft

Ein Näherungsverfahren für die Schnittgrößen und Verformungen nach Theorie 2. Ordnung, das unter gewissen Voraussetzungen exakte Ergebnisse liefert, beruht auf der Aufsummierung einer Iterationsrechnung. Es wird am Beispiel des vorverformten Druckstabes (s. Bild 4.11) erläutert.

Vorverformung $w_o = a \sin \frac{\pi x}{\ell}$

Anmerkung: Anstelle der Vorverformung w_o kann auch eine (äquivalente) Querlast p_o am geraden Stab angreifen, die die gleiche Verformung w_o erzeugt:

$$p_o = EI \frac{\pi^4}{\ell^4} a \sin \frac{\pi x}{\ell}$$

daraus folgt $M_o = EI \frac{\pi^2}{\ell^2} a \sin \frac{\pi x}{\ell}$

$$w_o = a \sin \frac{\pi x}{\ell}$$

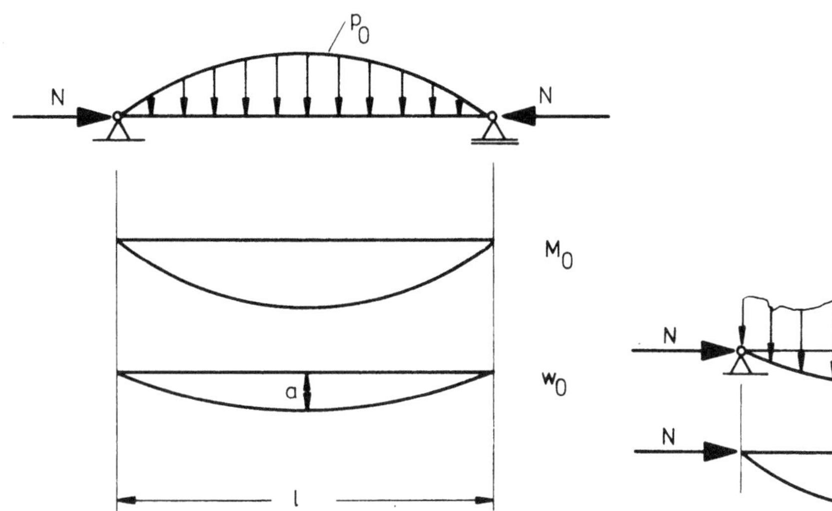

Bild 4.15 a) Querbelasteter Druckstab mit Momentenfläche und Biegelinie   b) Querbelasteter vorverformter Druckstab mit Biegelinie

Hinweis: Bei einem System mit Vorverformung und Querlasten wird zweckmäßig die Verformung infolge Querlast (Theorie 1. Ordnung) zur Vorverformung hinzuaddiert (Bild 4.15b).

Vorsicht: Die Querlast liefert (im Gegensatz zur spannungslosen Vorverformung) zusätzliche Anteile bei der Spannungsermittlung!

Die Berechnung der endgültigen Durchbiegungen w_{ges} und des Biegemomentes M_{ges} erfolgt durch Aufsummierung der einzelnen Zuwachsstufen:

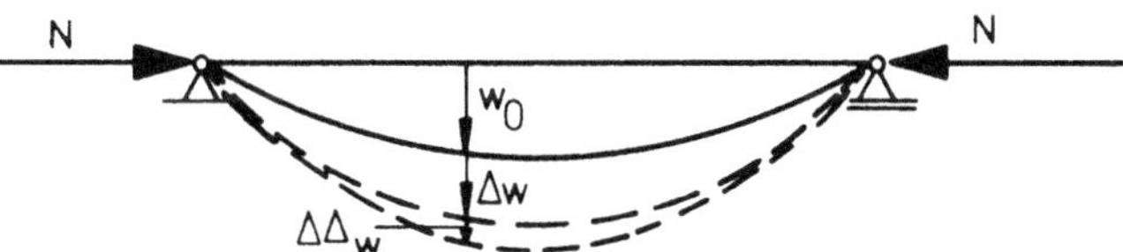

Bild 4.16 Schrittweise Ermittlung der Durchbiegung beim vorverformten Druckstab

w_o = Ausgangszustand (Theorie 1. Ordnung)

Δw = 1. Zuwachsstufe infolge $N\, w_o$

$\Delta\Delta w$ = 2. Zuwachsstufe infolge $N\, \Delta w$

$w_{ges} = w_o + \Delta w + \Delta\Delta w + \ldots$ = Gesamtdurchbiegung (Theorie 2. Ordnung)

Entsprechend wird für $M_{ges} = M_o + \Delta M + \Delta\Delta M + \ldots$ verfahren.

Anteil	Biegemoment	Durchbiegung
Ausgangszustand	$M_o = EI \frac{\pi^2}{\ell^2} a \sin \frac{\pi x}{\ell}$	$w_o = a \sin \frac{\pi x}{\ell}$
1. Zuwachsstufe	$\Delta M = N\, w_o$ $= N\, a \sin \frac{\pi x}{\ell}$	$\Delta w = -\iint \frac{N\, w_o}{EI} = \frac{N\, \ell^2}{EI\pi^2} a \sin \frac{\pi x}{\ell}$ $= \frac{\Delta M}{M_o} w_o$
2. Zuwachsstufe	$\Delta\Delta M = N\, \Delta w$ $= N \frac{\Delta M}{M_o} w_o$ $= \Delta M \frac{\Delta M}{M_o}$	$\Delta\Delta w = -\iint \frac{N\, \Delta w}{EI} = -\frac{\Delta M}{M_o} \iint \frac{N\, w_o}{EI}$ $= \frac{\Delta M}{M_o}\frac{\Delta M}{M_o} w_o = \left(\frac{\Delta M}{M_o}\right)^2 w_o$
⋮	⋮	⋮

ergibt:

$$w_{ges} = w_o + \frac{\Delta M}{M_o} w_o + \left(\frac{\Delta M}{M_o}\right)^2 w_o + \left(\frac{\Delta M}{M_o}\right)^3 w_o + \ldots = w_o(1 + q + q^2 + q^3 + \ldots)$$

$$\text{mit} \quad q = \frac{\Delta M}{M_o} = \frac{\Delta w}{w_o} = \frac{N\, a \sin \frac{\pi x}{\ell}}{EI \frac{\pi^2}{\ell^2} a \sin \frac{\pi x}{\ell}} = \frac{N}{N_{ki}}, \text{ wobei } N_{ki} = \frac{EI\, \pi^2}{\ell^2} \tag{4.24}$$

Die Summe dieser unendlichen geometrischen Reihe liefert die endgültige Verformung:

$$w_{ges} = w_o \frac{1}{1-q} \tag{4.24a}$$

$$\text{mit} \quad q = \frac{\Delta M}{M_o} = \frac{N\, w_o}{M_o} = \frac{\Delta w}{w_o} = \frac{N}{N_{ki}} \tag{4.25}$$

entsprechend wird bei Angriff einer Querlast p_o

$$M_{ges} = M_o \frac{1}{1-q} = M^{II} \tag{4.26}$$

Vergleiche auch Abschnitt 4.2.3.1, Beispiel b).

Bei diesem Näherungsverfahren für Theorie 2. Ordnung werden daher nur die Biegemomente M_o nach Theorie 1. Ordnung und eine maßgebende, zugehörige Verformung w_o benötigt. Diese Werte müssen ohnehin in der statischen Berechnung ermittelt werden (kein zusätzlicher Aufwand). Bei der Ermittlung der Verformung kann selbstverständlich der Einfluß der Schubdeformation mit berücksichtigt werden.

Anmerkung: Die Auswirkung von Vorverformungen (z.B. Imperfektionen bei Stäben und Rahmen) kann stets durch äquivalente Querlasten oder Abtriebskräfte am unverformten System berechnet werden.

Die geometrische Reihe und ihre Aufsummierung ist nur "exakt" für q = konst. Dies ist nur der Fall, wenn die Biegemomente der einzelnen Schritte "exakt" affin zueinander sind (also z.B. Sinus-Verläufe). Besteht keine Affinität, so kann durch ein Korrekturglied δ nach Tabelle 4.1 die Genauigkeit verbessert werden.

Dann gilt anstelle von (4.26)

$$M_{ges} = \frac{N_{ki}/N + \delta}{N_{ki}/N - 1} \cdot M_o$$

System	Momentenfläche M_o	δ
Einfeldträger mit Druckkraft und Endmomenten	 Rechteck	0,27
 Einfeldträger mit Druckkraft und Gleichstreckenlast	 Parabel	~0
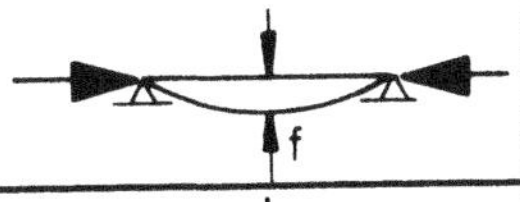 Einfeldträger mit Druckkraft und Vorkrümmung f	 Parabel	~0
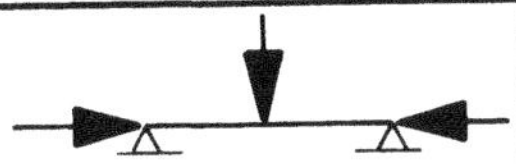 Einfeldträger mit Druckkraft und Einzellast in Feldmitte	 Dreieck	-0,19

Tabelle 4.1 Korrekturglieder δ

Wird jedoch mit $q = \frac{\Delta M}{M_o}$ oder $q = \frac{\Delta w}{w_o}$ gerechnet, so ist bei "angenäherter" Affinität keine Korrektur nötig, da die Form der M_o-Fläche bereits in ΔM berücksichtigt ist. Dies gilt in verstärktem Maß für Δw und w_o (Integrieren glättet !). Der Steigerungsfaktor $\frac{1}{1-q}$ läßt sich also am genauesten ohne die Verzweigungslast N_{ki} nur aus bekannten Größen wie Schnittgrößen und Verformungen aus Theorie 1. Ordnung bestimmen. Aus der Beziehung

$$q = \frac{\Delta M}{M_o} \sim \frac{\Delta w}{w_o} \sim \frac{N}{N_{ki}} \quad \text{folgt} \quad N_{ki} \sim N \cdot \frac{M_o}{\Delta M} \sim N \cdot \frac{w_o}{\Delta w} \tag{4.27}$$

Bei Systemen, für die keine Lösungen in der Literatur zu finden sind, bietet diese "Rückrechnung" eine wertvolle Hilfe.

Wichtiger Hinweis: Die Iteration führt nur dann zu "richtigen" Ergebnissen, wenn die Form der w_o-Fläche mit der Biegelinie des 1. Eigenwertes grundsätzlich übereinstimmt, sonst liegt ein "Spannungsproblem mit Verzweigungspunkt" vor (s. Abschn. 6.3.3) und die Iteration kann zu einem höheren Eigenwert führen. Durch die Festlegung der Imperfektionsannahmen (1. Eigenwert) wird dieser "Fehler" verhindert.

4.2.4.2 Näherungslösungen für Zugkraft

In vollständiger Analogie zu Abschnitt 4.2.4.1 kann auch für den Zugstab eine Iterationsberechnung aufsummiert werden (geometrische Reihe).

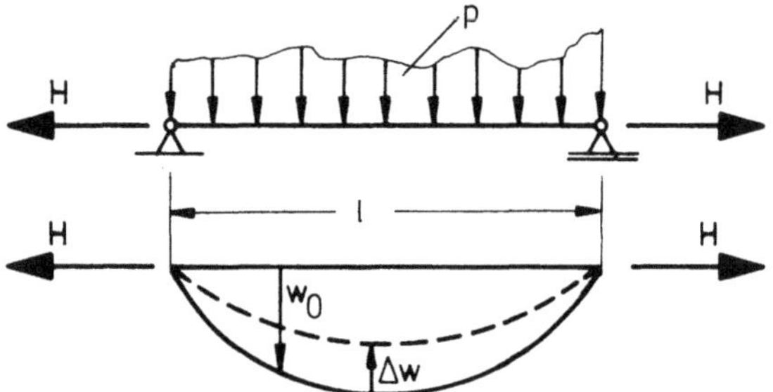

Bild 4.17 Querbelasteter Zugstab mit Biegelinie

Hierbei reduziert die erste Zuwachsstufe Δw die Ausgangsverformung w_o, die zweite Stufe ΔΔw vergrößert die Durchbiegung (da bei der ersten Stufe zuviel abgezogen wurde), die dritte Stufe wird wieder negativ usw., so daß folgende Reihe entsteht:

$$w_{ges} = w_o \, (1 - q + q^2 - q^3 + q^4 - + \ldots) \tag{4.28}$$

$$w_{ges} = w_o \frac{1}{1+q} \quad \text{mit} \quad q = \left|\frac{\Delta M}{M_o}\right| = \left|\frac{H \, w_o}{M_o}\right| \tag{4.28a}$$

$$M_{ges} = M_o \frac{1}{1+q} = M^{II} \tag{4.29}$$

Formale Erklärung: ΔM und M_o haben entgegengesetztes Vorzeichen. Also kann q mit negativem Vorzeichen in die "Druckstabformel" des Abschnittes 4.2.4.1 eingesetzt werden.

Die Näherung kann auch zweckmäßig bei abgestuften Querschnitten (EI ≠ const) und bei statisch unbestimmten Systemen verwendet werden. Auch für abschnittsweise veränderliche Normalkraft (bei Analogiesystem GI_D) ist sie anwendbar (s. Bild 4.18).

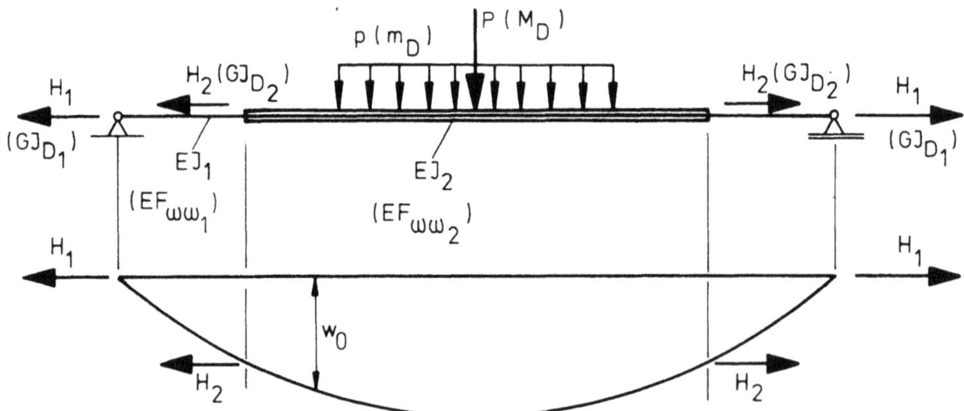

Bild 4.18 Zugstab mit abgestuftem Trägheitsmoment und veränderlicher Normalkraft

4.2.4.3 Der elastisch gebettete, vorverformte Druckstab

Aus einer beliebigen Vorverformung (Imperfektion) des Stabes ist der Anteil der ersten Eigenfunktion am wichtigsten, da die anderen Verformungsanteile wesentlich geringere "Steigerungseffekte" aufweisen. Im Grenzfall tritt sonst ein Spannungsproblem mit Verzweigungslast auf (s. Abschnitt 6.3.3).

Im Falle des elastisch gebetteten Druckstabes ist daher als geometrische Ersatzimperfektion w_o die kritische Wellenlänge $\ell_{ki} = \frac{\ell}{m}$ nach Abschnitt 6.2.7.5 mit der Maximalordinate f_o anzusetzen (s. Bild 4.19). Hierbei sind keine Federkräfte vorhanden (spannungslose Vorverformung).

$$w_o = f_o \sin \frac{m\pi x}{\ell}$$

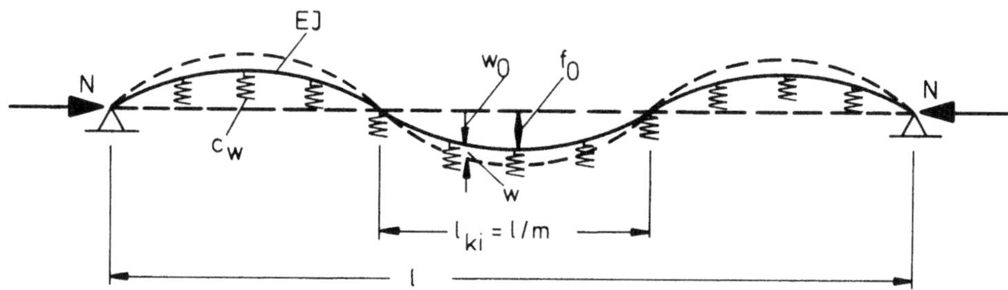

Bild 4.19 Elastisch gebetteter, vorverformter Druckstab

Damit wird die Differentialgleichung (s. auch Abschnitt 6.2.7.5)

$$EI\, w^{IV} + N(w + w_o)'' + c_w\, w = 0$$

$$EI\, w^{IV} + N\, w'' + c_w\, w = - N\, w_o''$$

mit dem Ansatz: $w = f \sin \frac{m\pi x}{\ell}$ gilt

$$EI\, f \frac{m^4\pi^4}{\ell^4} - N\, f \frac{m^2\pi^2}{\ell^2} + c_w\, f = N\, f_o \frac{m^2\pi^2}{\ell^2}$$

$$f\left(EI \frac{m^2\pi^2}{\ell^2} + c_w \frac{\ell^2}{m^2\pi^2} - N\right) = N\, f_o$$

Setzt man die Verzweigungslast des elastisch gebetteten Druckstabes nach Abschnitt 6.2.7.5 ein

$$N_{ki} = EI \frac{m^2\pi^2}{\ell^2} + c_w \frac{\ell^2}{m^2\pi^2}$$

so erhält man

$$f(N_{ki} - N) = N\, f_o$$

$$f = f_o \frac{N}{N_{ki} - N}$$

4.2.5 Beschränkte Superposition

Man erkennt an den Formeln des Abschnittes 4.2.3, daß trotz Theorie 2. Ordnung eine "beschränkte" Superposition möglich ist, wenn bei allen Lastfällen die Werte α bzw. β (und damit N bzw. H) unverändert bleiben (doppelte Querlast erzeugt doppeltes Biegemoment M und doppelte Verformung w).

Daher gilt:

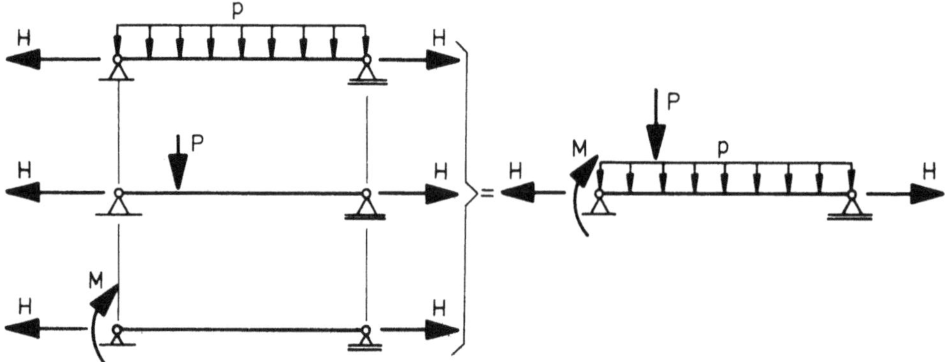

Bild 4.20 Superposition beim statisch bestimmten System

Damit ist auch folgende "beschränkte" statisch unbestimmte Berechnung möglich.

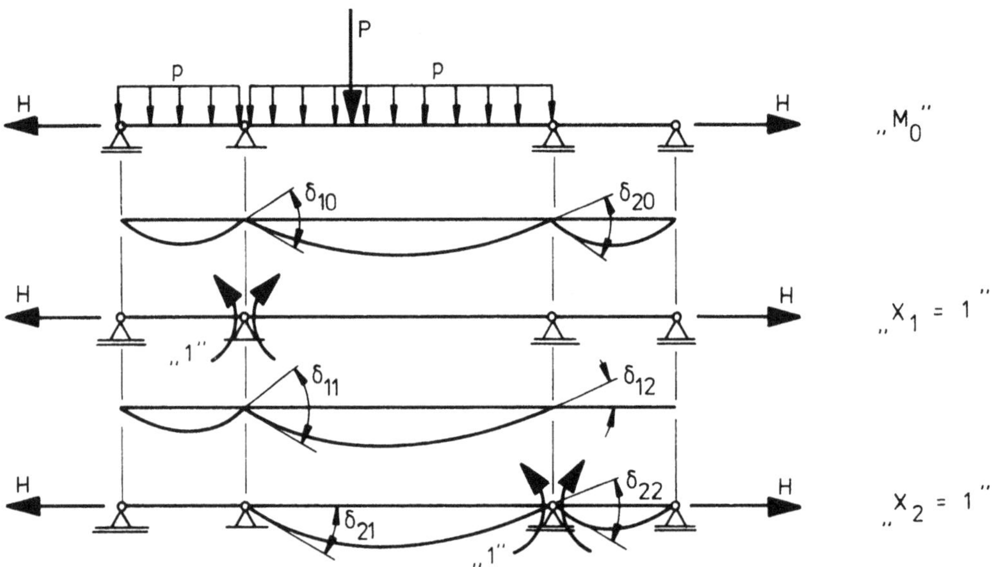

Bild 4.21 Beschränkte Superposition beim statisch unbestimmten System

Die Werte δ_{ik} (Verformungssprünge) werden jeweils unter Berücksichtigung der Zugkraft H "superpositionsfähig" berechnet, so daß für die Stützmomente gilt:

$$X_1 \, \delta_{11} + X_2 \, \delta_{12} = - \delta_{10}$$

$$X_1 \, \delta_{21} + X_2 \, \delta_{22} = - \delta_{20}$$

Ebenso können "beschränkte" Einflußlinien berechnet werden. Die gleichen Zusammenhänge gelten auch für den Biegeträger mit Druckkraft und für die Analogie der Wölbkrafttorsion.

4.2.6 Einfluß der Schubverformungen bei statisch unbestimmten Systemen mit Zugkraft

Insbesondere bei großen Zugkräften H kann die entlastende Wirkung durch die Schubverformungen beträchtlich sein. Dies trifft vor allem für das "Analogiesystem" der Wölbkrafttorsion bei Hohlquerschnitten mit großer St. Venantscher Drillsteifigkeit GI_D zu (vgl. Abschnitt 3.7.13.2).

Wie in Abschnitt 4.2.2.4 gezeigt wurde, besteht eine weitgehende Übereinstimmung zwischen den Differentialgleichungen mit oder ohne Berücksichtigung der Schubdeformationen. Es sind jedoch einige Besonderheiten zu beachten, die ausführlich in /25/ dargestellt sind:

- in Gleichung (4.22) tritt ein zusätzliches Belastungsglied $\frac{\gamma_z\, P}{GF_Q}$ auf, das am einfachsten nach Abschnitt 4.2.5 superponiert wird.
- bei statisch unbestimmten Systemen muß die Kontinuitätsbedingung unter Berücksichtigung der Schubverformung aufgestellt werden. Dies geschieht dadurch, daß nur der durch Biegung hervorgerufene Anteil der Verformung w_M (s. Abschnitt 4.2.2.2) in der Kontinuitätsbedingung berücksichtigt wird.

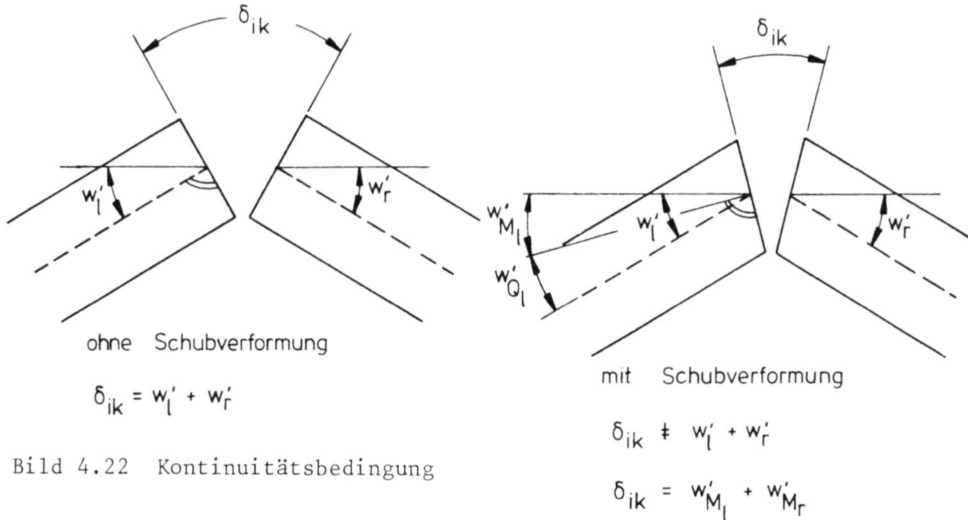

Bild 4.22 Kontinuitätsbedingung

Die endgültige Biegelinie weist daher Knicke an den Stellen auf, an denen ein Querkraftsprung auftritt (Auflager, Einzellasten).

Bild 4.23 Biegelinie des statisch unbestimmten Systems bei Berücksichtigung der Schubverformung

4.2.7 Zahlenbeispiel

Die Anwendung des Näherungsverfahrens wird an folgendem Beispiel erläutert. Es wird außerdem der Einfluß einer gelenkig angeschlossenen Pendelstütze mit hoher Normalkraft V gezeigt. Die Berechnung wird unter ν-fach gesteigerten Lasten durchgeführt (ν_{HZ} = 1,5). Zur Vereinfachung wird ohne Vorverformung gerechnet.

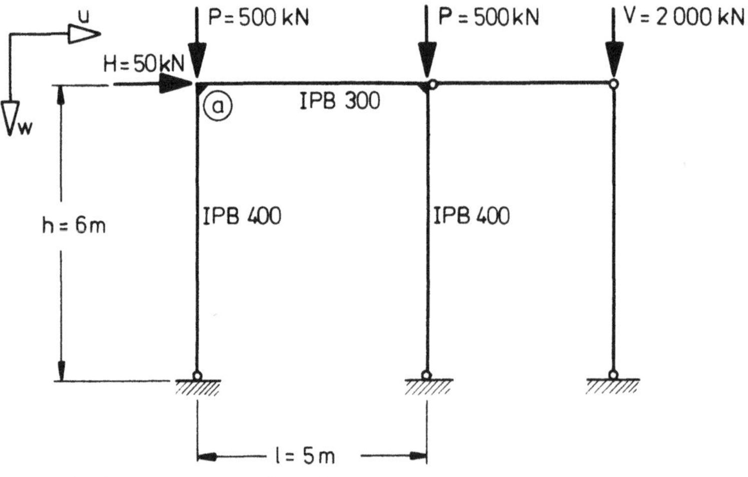

Bild 4.24 System und Belastung

Nach Theorie 1. Ordnung wird M_o und u bestimmt:

Punkt a: $M_a = \nu \frac{H}{2} h = 1{,}5 \cdot 25{,}0 \cdot 6 = 225{,}0$ kNm (22,5 Mpm)

$u = 4{,}36$ cm

Bei der ersten Zuwachsstufe entsteht aus der Normalkrafteinwirkung ein weiterdrehendes Moment $M = (2\,P + V)\,u$, dessen Auswirkung nahezu affin zu dem Moment $M_o = H\,h$ ist.

Daher: $q = \frac{\Delta M}{M_o} = \frac{\nu \cdot (2\,P + V) \cdot u}{\nu \cdot H \cdot h}$

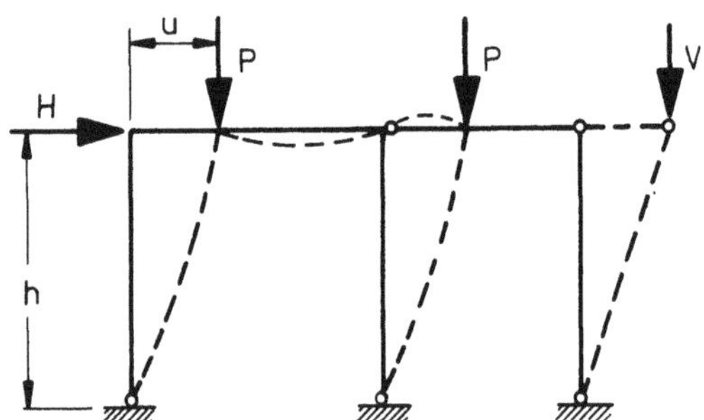

Bild 4.25 Verformtes System

1. Fall: $V = 0$ (ohne Pendelstütze)

$$q = \frac{2\,P\,u}{H\,h} = \frac{2 \cdot 500 \cdot 0{,}0436}{50 \cdot 6} = 0{,}1453$$

damit erhält man für Punkt a:

$$M_{ges} = 225\,\frac{1}{1 - 0{,}1453} = 225 \cdot 1{,}17 = 263{,}2 \text{ kNm} \quad (264{,}2 \text{ kNm})$$

$$u_{ges} = 4{,}36 \cdot 1{,}17 = 5{,}10 \text{ cm} \quad (5{,}15 \text{ cm})$$

2. Fall: $V = 2000$ kN (mit Pendelstütze)

$$q = \frac{(2 \cdot 500 + 2000) \cdot 0{,}0436}{50 \cdot 6} = 0{,}436$$

$$M_{ges} = 225\,\frac{1}{1 - 0{,}436} = 225 \cdot 1{,}77 = 398{,}9 \text{ kNm} \quad (402{,}3 \text{ kNm})$$

$$u_{ges} = 4{,}36\ 1{,}77 = 7{,}73 \text{ cm} \quad (7{,}83 \text{ cm})$$

Die exakten Ergebnisse sind in Klammern angegeben.

4.3 Reine Torsionsbelastung und zentrische Normalkraft

Für Querschnitte, deren Schubmittelpunkt M mit dem Schwerpunkt S zusammenfällt ($y_M = z_M = 0$, $i_M = i_p$) sind die Differentialgleichungen des Biegetorsionsproblems (4.9) für reine Normalkraftbelastung (d.h.: N_x = konst., $P_y = P_z = M_y = M_z = M_\omega = 0$) entkoppelt.

$$EF_{yy}\, v_M^{IV} - N_x\, v_M'' = 0$$

$$EF_{zz}\, w_M^{IV} - N_x\, w_M'' = 0$$

$$EF_{\omega\omega}\, \vartheta^{IV} - (GI_D + N_x\, i_P^2)\, \vartheta'' = m_D \qquad (4.30)$$

Man erkennt in der letzten Gleichung den Einfluß der Normalkraft auf die Drillsteifigkeit GI_D. Eine Zugkraft erhöht die Drillsteifigkeit, eine Druckkraft reduziert sie. Greift eine Zugkraft H an, so entsteht durch Einführen einer ideellen Drillsteifigkeit

$$GI_D^* = GI_D + H\, i_p^2 \qquad (4.31)$$

eine Gleichung, die wie die Differentialgleichung (3.119) nach Theorie 1. Ordnung aufgebaut ist:

$$EF_{\omega\omega}\, \vartheta^{IV} - GI_D^*\, \vartheta'' = m_D$$

Die Berechnung ist daher mit dem Analogiesystem (s. Abschnitt 3.7.7 möglich.

Bei Einwirken einer Druckkraft N erhält man die reduzierte Drillsteifigkeit

$$GI_D^{red} = GI_D - N\, i_p^2 \qquad (4.32)$$

Tritt der Fall ein, daß $|N\, i_p^2| > |GI_D|$, so wirkt im Analogiesystem eine Druckkraft GI_D^{red} und erzeugt eine Vergrößerung des Torsionseinflusses.

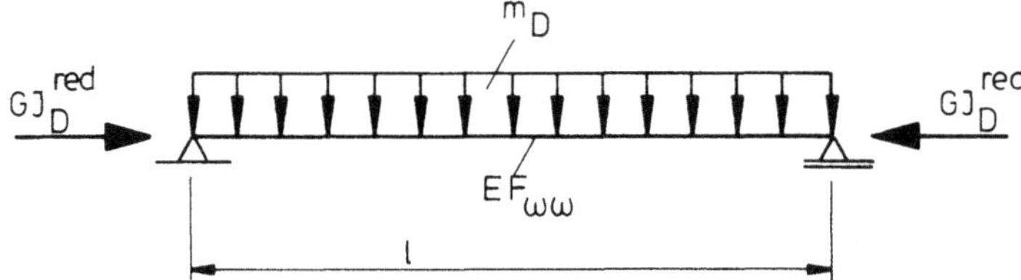

Bild 4.26 Analogiesystem (Wölbkrafttorsion) mit Druckkraft (negatives GI_D^{red})

Dies kann bei großer Normalkraft sogar zur Instabilität führen (s. Abschnitt 6.5).
Für Querschnitte, deren Schubmittelpunkt M nicht mit dem Schwerpunkt S zusammenfällt, sind die Differentialgleichungen nicht entkoppelt (s. Abschnitt 6.5.3.1). Näherungsweise kann für solche Querschnitte mit der reduzierten Drillsteifigkeit $GI_D^{red} = GI_D - N\, i_M^2$ gerechnet werden.

4.4 Seilkonstruktionen

4.4.1 Allgemeines

Die Biegesteifigkeit eines Seiles kann im allgemeinen vernachlässigt werden. Seile können daher keine Biegemomente und Querkräfte übertragen, sondern nur Normalkräfte. Querlasten können nur durch Normalkraft am Hebelarm (Verformung) aufgenommen werden.

Anwendung bei Abspannungen für Maste, Antennen oder Kamine, bei Seilbahnen, bei Hängebrücken und Schrägseilkonstruktionen oder Seilnetzkonstruktionen.

4.4.2 Drahtseilarten und Begriffe

Je nach Verwendungszweck (Tragseil, Transportseil, Förderseil usw.) wurde eine große Zahl unterschiedlicher Drahtseilarten entwickelt. Eine Übersicht (auch der Grundbegriffe) gibt DIN 6891.

Auszug aus DIN 6891 zur Erläuterung einiger Begriffe:

- Spannungsarm: Ein Drahtseil ist spannungsarm (auch drallarm genannt), wenn seine Litzen und Drähte im unbelasteten Zustand nach Entfernen der Seilabbindung an den Enden nicht oder nur so weit aus dem Seilverband treten, daß sie von Hand mühelos in ihre ursprüngliche Lage zurückgelegt werden können.
- Drehungsfrei: Ein Drahtseil ist drehungsfrei, wenn es sich unter der Einwirkung einer in Richtung der Seilachse wirkenden, ungeführten Last nicht um seine Längsachse aufdreht.
- Die Nennfestigkeit ist die der Berechnung der rechnerischen Bruchlast des Drahtseiles zugrunde gelegte Zugfestigkeit des Drahtes (Drahtfestigkeit).
- Die ermittelte Festigkeit ist die im Zugversuch festgestellte Zugfestigkeit des einzelnen Seildrahtes (in N/mm^2).
- Die rechnerische Bruchlast eines Drahtseiles ist das Produkt aus dem metallischen Drahtseilquerschnitt und der Nennfestigkeit der Seildrähte.
- Die ermittelte Bruchlast eines Drahtseiles ist die Summe aller im Zugversuch festgestellten Bruchlasten der Einzeldrähte.
- Die wirkliche Bruchlast (auch effektive Bruchlast genannt) eines Drahtseiles ist die durch Zerreißen des Seiles im ganzen Strang festgestellte Bruchlast.
- Die garantierte Bruchlast eines Seiles wird durch Abnahmeversuche am ganzen Seil nachgeprüft. Sie dient als Bemessungsgrundlage.

Für Seilkonstruktionen werden meist verwendet:

- Spiralseil (wenn im Freien eingesetzt: aus verzinkten Drähten),
- verschlossenes Seil (s. Bild 4.27), durch äußere Lagen aus Profil- und Keildrähten sowie Anstrich gegen eindringende Feuchtigkeit geschützt,
- Paralleldrahtbündel (z.B. Luftspinnverfahren bei großen Hängebrücken).

Verschlossene Seile können nur mit relativ großen Biegeradien umgelenkt werden, da sie sonst aufspringen. Spiralseile (insbes. bei geringer Schlaglänge) können schärfer gebogen werden.

4.4.3 Festigkeit und Elastizität des Seiles

Für die einzelnen Drähte werden durch Kaltziehen und Anlassen (Patentieren, s. Abschn. 2.10.6) Festigkeiten von 1400 – 1600 N/mm² erzielt. Der E-Modul des Drahtes bleibt dabei unverändert 21 000 kN/cm².

Je nach Machart des Seiles tritt ein "Verseilverlust" (Verringerung der Bruchlast) auf. Als Bemessungsgrundlage dient die garantierte Bruchlast, die durch Abnahmeversuche am ganzen Seil nachgeprüft wird.

Der Elastizitätsmodul des Seiles ist stark abhängig von der Machart. Für "verschlossene Seile": E = 12 000 – 18 000 kN/cm². In den unteren Laststufen "setzt sich" das Seilgefüge, daher niedriger E-Modul; in den höheren Laststufen (Verkehrslast) steigt der E-Modul an (E ⟶ 18 000 kN/cm²). Im Zweifelsfall sollten Angaben der Seillieferfirma eingeholt werden.

Für Paralleldrahtbündel ist E = 21 000 kN/cm², sie sind daher steifer als Drahtseile, müssen jedoch umschnürt werden und einen Korrosionsschutz erhalten.

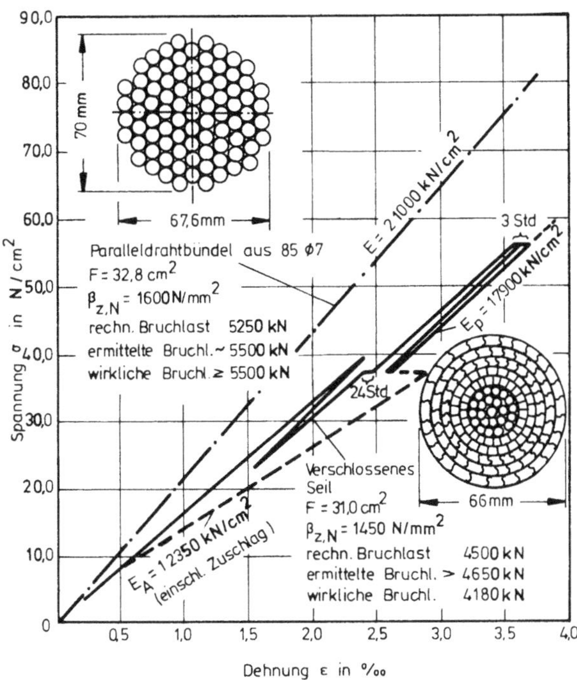

Bild 4.27 Spannungs-Dehnungsdiagramm eines verschlossenen Seiles und eines Paralleldrahtbündels

4.4.4 Die Verformungslinie (Durchhang) des Seiles

Unter gleichmäßig verteilter vertikaler Belastung (z.B. Eigengewicht des Seiles) "hängt das Seil durch". In dem Eigengewicht g_s des Seiles pro lfdm Seil kann gegebenenfalls Eisbehang (Reif) enthalten sein.

Auf die (komplizierten) Zusammenhänge der Seilbeanspruchung unter Einzellasten (z.B. Seilbahnen) wird hier nicht eingegangen.

Für ein unter dem Sehnenwinkel α geneigtes Seil gilt für gleichmäßig verteilte, vertikale Belastung (z.B. Eigengewicht):

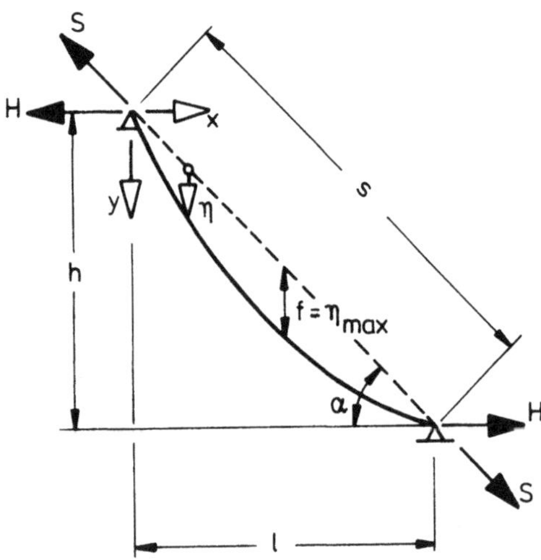

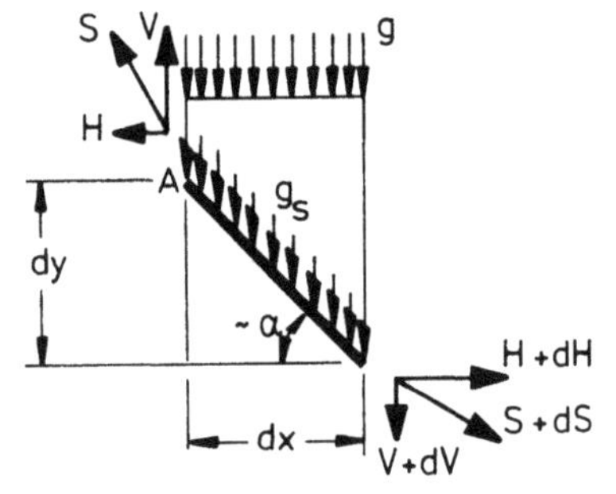

Für kleinen Seildurchhang gilt

$$\tan\alpha \approx \frac{dy}{dx}$$

Bild 4.28 Geneigtes Seil mit Belastung aus Eigengewicht

s = Sehnenlänge $\quad$ S = Sehnenkraft

ℓ = Länge der horizontalen Projektion

g_s = Gewicht pro lfdm Seil (auf die Sehne bezogen)

g = Gewicht pro lfdm Projektionslänge (horizontal)

$$g_s\, dx/\cos\alpha = g\, dx; \qquad g = \frac{g_s}{\cos\alpha} \tag{4.33}$$

Gleichgewicht am Seilelement:

$$\Sigma H: - H + H + dH = 0 \longrightarrow H = \text{konst.} \qquad (4.34)$$

$$\Sigma V: - V + V + dV + g\,dx = 0$$

$$g = -\frac{dV}{dx} = -V'$$

$$\Sigma M_A: (H + dH)\,dy - (V - dV)\,dx - g\,dx\,\frac{dx}{2} = 0$$

$$\text{mit } dH = 0, \quad \underbrace{dV\,dx \approx 0, \quad g\,dx\,dx \approx 0}_{\text{von höherer Ordnung klein}}$$

bleibt

$$H\,dy - V\,dx = 0$$

$$V = H\,y'$$

$$V' = H\,y''$$

eingesetzt

$$H\,y'' = -g \qquad (4.35)$$

oder, da $y'' = \eta''$

$$H\,\eta'' = -g$$

Für "kleinen" Durchhang (etwa $f < \frac{\ell}{20}$) kann g = konst. gesetzt werden.

Lösung der Differentialgleichung für g = konst.

$$\eta'' = -\frac{g}{H}$$

$$\eta' = -\frac{g}{H}\,x + C_1$$

$$\eta = -\frac{g}{2H}\,x^2 + C_1\,x + C_2$$

Randbedingungen:

$$\left.\begin{array}{l} x = 0 : \eta = 0 \\ x = \ell : \eta = 0 \end{array}\right\} \begin{array}{l} C_2 = 0 \\ C_1 = \frac{g}{2H}\,\ell \end{array}$$

daraus folgt:

$$\eta = \frac{g}{2H}\,x\,(\ell - x) \quad \text{(quadrat. Parabel)} \qquad (4.36)$$

max. Durchhang f für $x = \frac{\ell}{2}$:

$$f = \frac{g \cdot \ell^2}{8H} \qquad (4.37)$$

daraus folgt:

$$H = \frac{g \cdot \ell^2}{8f}$$

Durch Umformung mit $S = \frac{H}{\cos\alpha}$; $g_s = g\cos\alpha$; $s = \frac{\ell}{\cos\alpha}$

wird

$$f = \frac{g_s \cdot s^2}{8S} \quad \text{bzw.} \quad S = \frac{g_s \cdot s^2}{8f} \qquad (4.38)$$

Führt man als "Raumgewicht" des Seiles $\gamma = \frac{g_s}{F}$ und als Spannung $\sigma = \frac{S}{F}$ ein, so wird

$$f = \frac{\gamma\, s^2}{8\,\sigma} \quad \text{oder} \quad \sigma = \frac{\gamma\, s^2}{8\, f} \tag{4.39}$$

Als Raumgewicht γ kann für verschlossene Seile der Wert $\gamma = 84\ kN/m^3$ angesetzt werden. Außerdem können andere Gewichtsanteile, z.B. Eisbehang, eingerechnet werden.

Die Spannung σ ist nicht die maximale Seilspannung, sondern die Spannung in der Sehnenrichtung. Beim Tragfähigkeitsnachweis müssen die entsprechenden zusätzlichen Komponenten berücksichtigt werden.

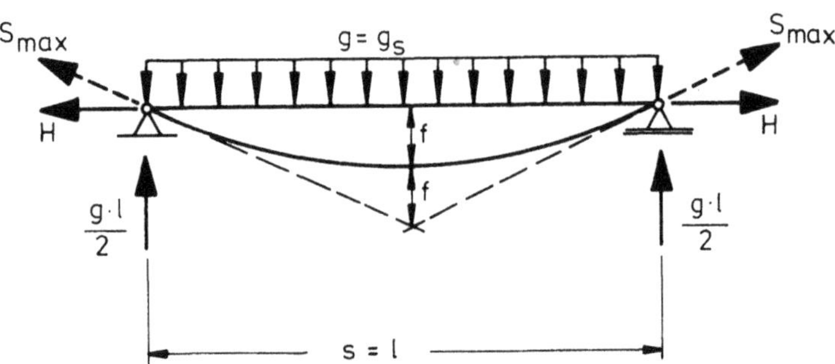

Bild 4.29 Horizontales Seil mit Querlasten

Für $\alpha = 0$ (horizontales Seil) wird die maximale Seilkraft S am Endpunkt:

$$S_{max} = \sqrt{H^2 + \left(\frac{g\,\ell}{2}\right)^2} \tag{4.40}$$

Anmerkung: Für großen Durchhang des Seiles $(f > \frac{\ell}{20})$ wird die Näherung g = konst. zu ungenau.

Dann lautet die Differentialgleichung des Seiles:

$$H\, y'' = -\, g_s \frac{ds}{dx}$$

mit $ds = \sqrt{1 + y'^2}\, dx$

$$y'' = -\frac{g_s}{H}\sqrt{1 + y'^2}$$

oder im Koordinatensystem nach Bild 4.30

$$y'' = \frac{g_s}{H}\sqrt{1 + y'^2} \tag{4.41}$$

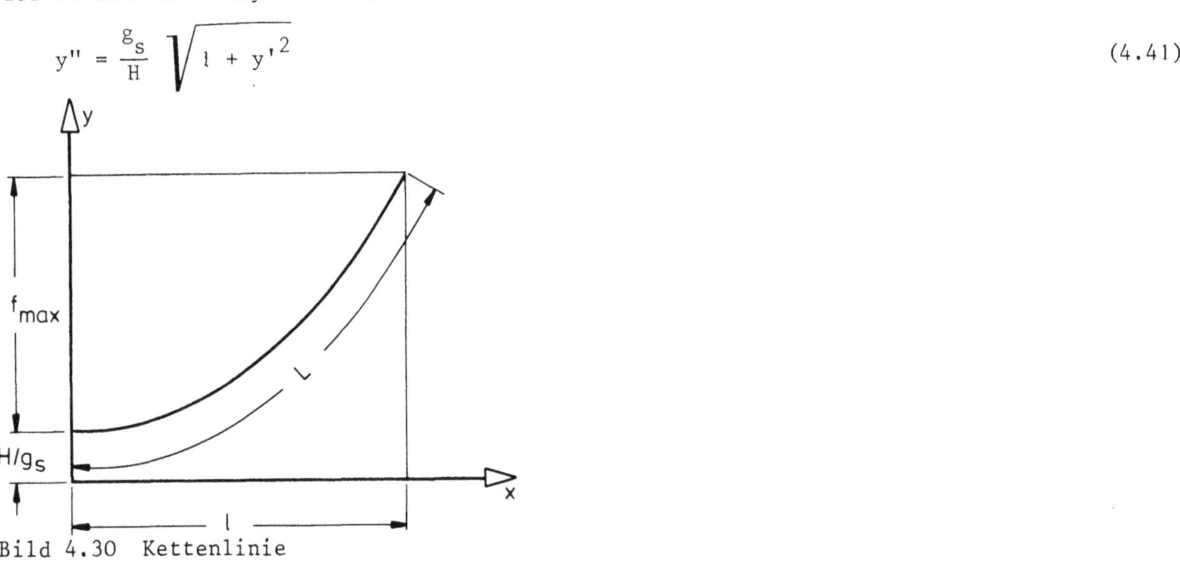

Bild 4.30 Kettenlinie

Die Lösung der Differentialgleichung liefert die Kettenlinie nach Bild 4.30.

$$y = \frac{H}{g_s} \cosh \frac{g_s}{H} x \qquad (4.41a)$$

Bogenlänge des Seiles: $L = \int ds = \frac{H}{g_s} \sinh \left(\frac{g_s}{H} \ell\right)$

Durchhang: $$f_{max} = - \frac{H}{g_s} \left[1 - \cosh \left(\frac{g_s}{H} \ell\right) \right] \qquad (4.42)$$

Anwendung: Die genaue Lösung (Kettenlinie) ist i.allg. nur bei weitgespannten Freileitungen und bei dem "Meßseil" für Hängebrücken notwendig. Ein Vergleich zwischen Parabel und Kettenlinie ist in /29/ angegeben.

4.4.5 Seil unter gleichmäßig verteilter vertikaler und horizontaler Belastung

Zusätzliche Windbelastung w kann be- oder entlastend wirken.

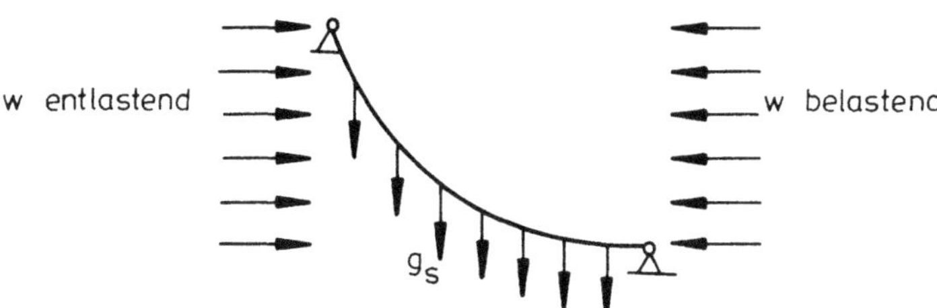

Bild 4.31 Schräges Seil mit Belastung aus Eigengewicht und Wind

Zweckmäßig wird für kleine Seildurchhänge die Belastung g_s und w zu einer Querlast q (senkrecht zur Sehnenrichtung) zusammengefaßt:

$$q = g_s \cos\alpha \, (\pm) \, w \sin\alpha$$

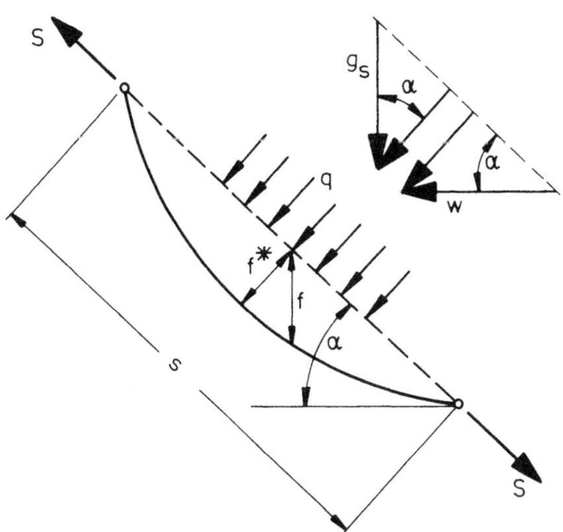

Bild 4.32 Zusammenfassung der Belastung in Querlast senkrecht zur Sehnenrichtung

Für kleine Durchhänge kann die verformte Lage des Seils senkrecht zur Sehne näherungsweise als quadratische Parabel mit dem Stich $f^* = f \cos\alpha$ angenommen werden.

$$S = \frac{q\,s^2}{8\,f^*} \quad \text{bzw.} \quad f^* = \frac{q\,s^2}{8S} \tag{4.43}$$

Diese Gleichung eignet sich am besten als "Gedächtnisstütze", da sie die (einfacheren) Beziehungen des horizontalgespannten Seiles benutzt und die Werte auf die schräge Sehnenrichtung bezieht.

4.4.6 Beanspruchung und Deformationen bei Belastungsänderung

4.4.6.1 Allgemeines

Durch die fehlende Biegesteifigkeit ist für die Tragwirkung eines Seiles sein Verformungszustand (Durchhang) von entscheidender Bedeutung (Normalkraft am Hebelarm). Hierbei entstehen stets nichtlineare Zusammenhänge (Theorie 2. Ordnung).

Seilkonstruktionen werden im allgemeinen vorgespannt, d.h. es wird ein Kraft- oder Verformungszustand eingeprägt, der als Ausgangszustand "Null" vom Ingenieur so festgelegt wird, daß Tragfähigkeit und Deformationsverhalten (einschl. Schwingungen) optimiert werden. Dies ist meist schwierig und erfordert viel Erfahrung.

4.4.6.2 Der Vorspannzustand

Eine Vorspannung der Seile kann erfolgen durch

- Gegengewichte (z.B. Kabelkran, Skilifte),
- Anspannen und Fixieren der Endpunkte (z.B. Maste, Antennen),
- Anspannen und Verankern an starken Federn (z.B. Bergbahnen).

Der Vorspannungszustand muß möglichst genau eingeleitet und kontrolliert werden. Meist wird eine Anspannvorrichtung verwendet (z.B. Gewindestangen mit Muttern, s. Bild 4.33). Bei großen Kräften sind hydraulische Pressen notwendig.

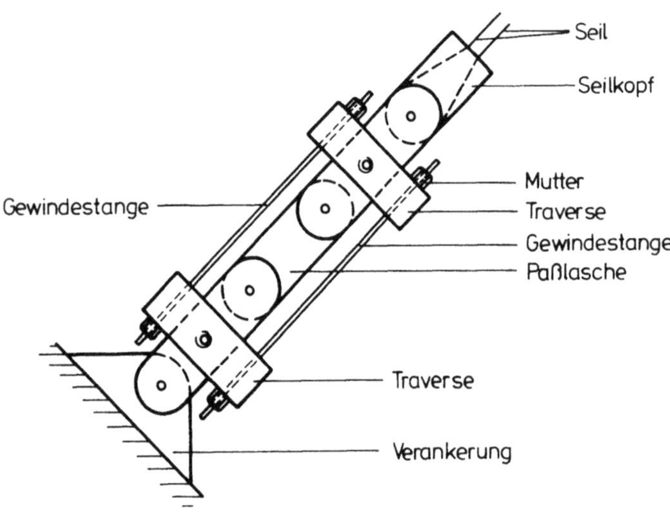

Bild 4.33 Anspannvorrichtung

Kann keine Spannvorrichtung verwendet werden (z.B. Olympiadach München), so muß durch genaues Ablängen der Seile und Einbau in feste Endpunkte (Deformationsvorgabe) der Vorspannzustand erzeugt werden. Beim Ablängen der Seile ist sehr große Präzision erforderlich.

Eine Kontrolle (Messung) der Kraft eines freihängenden Seiles ist mit folgenden Verfahren möglich:

- Messung der Kraft in der Spannvorrichtung
- Messung des Durchhanges (s. Bild 4.34)
- Schwingungsmessung

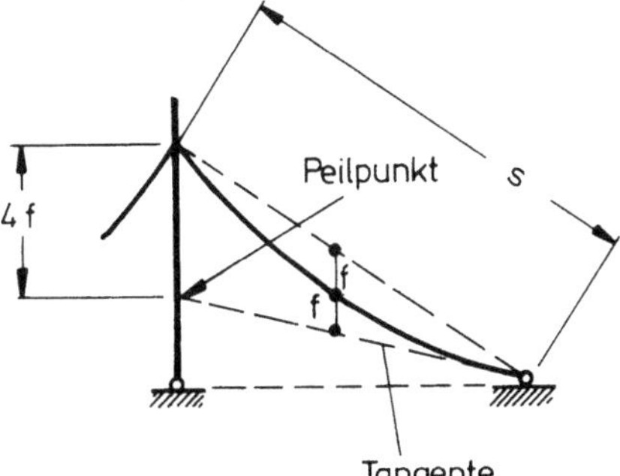

Bild 4.34 Messung des Durchhanges

Bei künstlicher Erregung werden Frequenz und Wellenlänge gemessen. Dabei ist zu beachten, daß straffe Seile in der Grundschwingung (Wellenlänge s) schwingen, schlaffe Seile in der ersten Oberschwingung (Wellenlänge $\frac{s}{2}$).

Die Eigenkreisfrequenz des schwingenden Seiles lautet:

$$\omega = \frac{k\,\pi}{s}\sqrt{\frac{S}{m}} \quad \text{mit } k = 1,\ 2,\ 3\ \ldots$$

Daraus die Frequenz $n = \frac{\omega}{2\pi} = \frac{k}{2s}\sqrt{\frac{S}{m}}$

Auflösen liefert:

$$S = \left(\frac{2\,s\,n}{k}\right)^2 m$$

mit S = Seilkraft (kN)

s = Sehnenlänge (m)

n = Frequenz, Schwingungen pro Sekunde nach künstlicher Erregung

k = Anzahl der Sinus-Halbwellen (Grundschwingung $k = 1$)

m = Massenbelegung des Seiles $\left(\frac{\text{kN sec}^2}{\text{m}^2}\right)$

4.4.6.3 Dehnstarres Seil

Denkt man sich ein horizontal gespanntes dehnstarres Seil der Länge L vollständig entlastet und auf einer horizontalen Unterlage ausgelegt, so gilt:

$$s + \Delta s = L$$

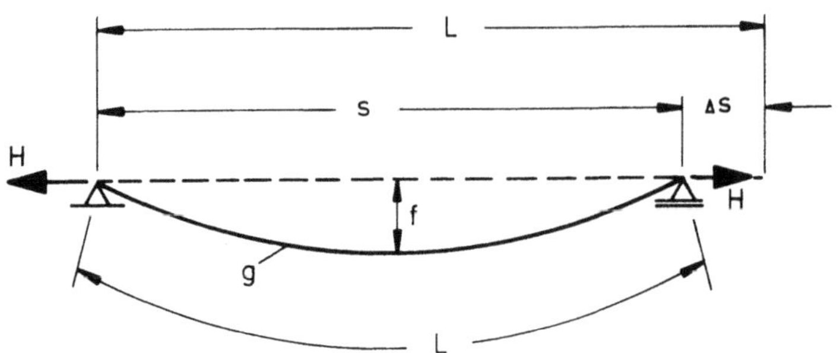

Bild 4.35 Änderung der Sehnenlänge infolge Seildurchhang

Für die Bogenlänge L des Seiles mit Durchhang f gilt:

$$L = \int_0^s ds = \int_0^s \sqrt{1 + y'^2}\, dx = \int_0^s (1 + \frac{1}{2} y'^2)\, dx = s + \frac{1}{2}\int_0^s y'^2\, dx = s + \Delta s$$

mit

$$y' = \frac{4f}{s^2}(s - 2x) \quad \text{und} \quad f = \frac{g\, s^2}{8\, H}$$

wird

$$|\Delta s| = \frac{8}{3}\frac{f^2}{s} = \frac{1}{24}\frac{g^2 s^3}{H^2}$$

Wenn man diese Beziehungen für Δs zur Berechnung der Abstandsänderung der Seilendpunkte verwenden will, muß man die übliche Vorzeichenregelung einführen: bei Verlängerung des Abstandes ist Δs positiv, bei Verkürzung ist Δs negativ. Da sich mit wachsendem f stets eine Verkürzung gegenüber der (gestrafften) Sehne einstellt, ist der Anteil Δs_f negativ:

$$\Delta s_f = -\frac{8}{3}\frac{f^2}{s} = -\frac{1}{24}\frac{g^2 s^3}{H^2} \tag{4.44}$$

Der Index f bedeutet: durch Seildurchhang f hervorgerufene Änderung der Sehnenlänge (s. Bild 4.35).

Für schrägliegende Seile gilt entsprechend Abschnitt 4.4.5

$$\Delta s_f = -\frac{8}{3}\frac{f^{*2}}{s} = -\frac{1}{24}\frac{q^2 s^3}{S^2} \quad \text{für allgemeine Belastung}$$

$$\Delta s_f = -\frac{1}{24}\frac{\gamma^2 s^3 \cos^2\alpha}{\sigma^2} \quad \text{für vertikale Belastung mit } \gamma = \frac{g_s}{F} \text{ und } \sigma = \frac{S}{F} \tag{4.45}$$

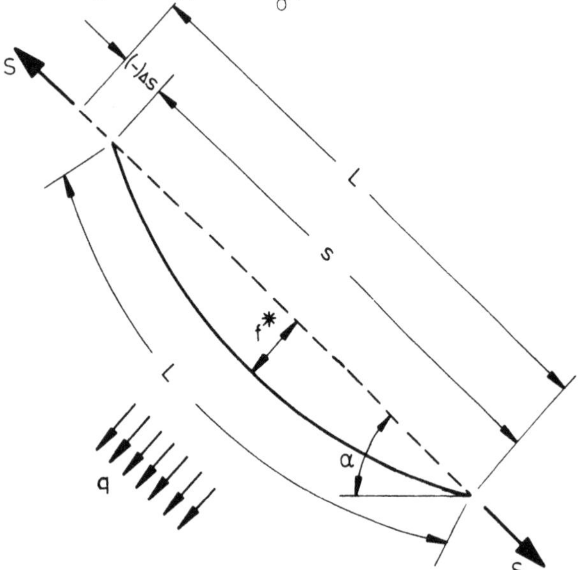

Bild 4.36 Seildurchhang f* senkrecht zur Sehnenrichtung

Gleichung (4.45) als Diagramm aufgetragen, ergibt eine Hyperbel:

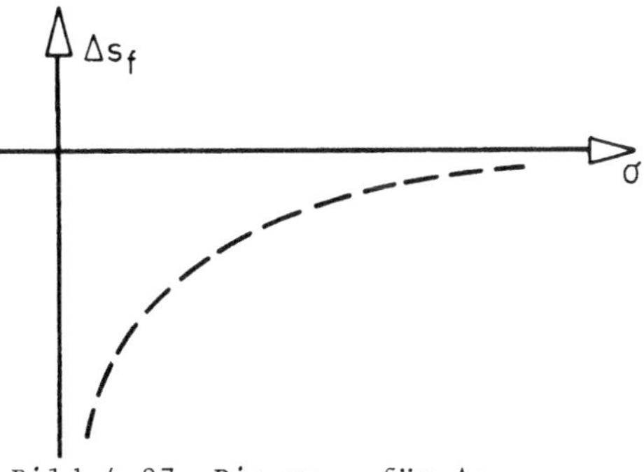

Bild 4.37 Diagramm für Δs_f

4.4.6.4 Elastische Seildehnung und Temperatureinfluß

Bei geringem Durchhang kann die elastische Längenänderung Δs_e näherungsweise aus der "Sehnenkraft" S und der Sehnenlänge s ermittelt werden mit E_s als Elastizitätsmodul des Seiles:

$$\Delta s_e = \frac{S\ s}{E_s F} = \frac{\sigma\ s}{E_s} \tag{4.46}$$

Gleichung (4.46) ist positiv, da Zugkraft eine Verlängerung bewirkt.

Im Diagramm ergibt sich eine Gerade.

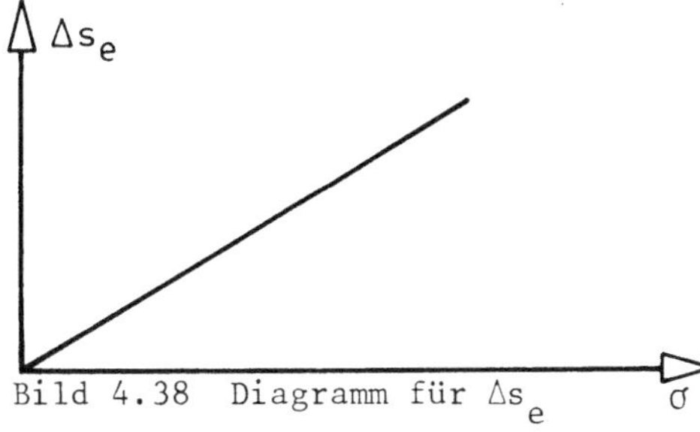

Bild 4.38 Diagramm für Δs_e

Die Längenänderung infolge Temperaturänderung gegenüber einer Aufstelltemperatur t_o ist:

$$\Delta s_t = \alpha_t (t - t_o) s \tag{4.47}$$

4.4.6.5 Deformationsänderung gegenüber einem Ausgangszustand

Für einen bestimmten Lastfall (z.B. Gebrauchslast, Eisbehang, Wind, Temperatur) ist die Änderung der Sehnenlänge gegenüber einem gegebenen Ausgangszustand "Null" (z.B. Vorspannung und Eigengewicht):

für vertikale Belastung:

$$\Delta s = \underbrace{(\Delta s_f + \Delta s_e + \Delta s_t)}_{\text{Lastfall}} - \underbrace{(\Delta s_{f_o} + \Delta s_{e_o} + \Delta s_{t_o})}_{\text{Ausgangszustand}}$$

$$\Delta s = - \frac{s^3 \cos^2\alpha}{24} \left(\left(\frac{\gamma}{\sigma}\right)^2 - \left(\frac{\gamma_o}{\sigma_o}\right)^2 \right) + \frac{s}{E_s}(\sigma - \sigma_o) + \alpha_t\ s\ (t - t_o) \tag{4.48}$$

für allgemeine Belastung

$$\Delta s = -\frac{s^3}{24}\left(\frac{g^2}{S^2} - \frac{q_o^2}{S_o^2}\right) + \frac{s}{E_s F}(S - S_o) + \alpha_t\, s\,(t - t_o) \tag{4.49}$$

Trägt man Gleichung (4.48) als Diagramm auf, so sind folgende Zusammenhänge zu erkennen:

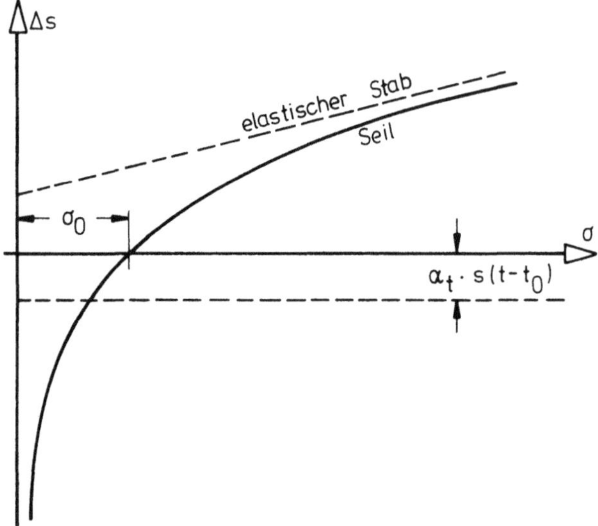

Bild 4.39 Diagramm für Δs

- Die Lage der Abszisse wird durch den (willkürlichen) Ausgangszustand "Null" festgelegt (Vorspannung σ_o).
- Eine Verlängerung der Sehne gegenüber diesem Zustand ruft einen Anstieg der Spannung hervor. Das Seil wird straff, es geht asymptotisch in einen elastischen Stab über.
- Bei einer Verkürzung der Sehne wird das Seil schlaff, der Einfluß der Durchhangänderung überwiegt, die elastischen Eigenschaften treten zurück.
- Eine Temperaturänderung bewirkt eine Verschiebung der Abszisse, es tritt ein additives Glied hinzu. Bei festen Seilendpunkten sinkt durch eine Erwärmung die Spannung ab.

4.4.6.6 Abgespannte Maste

Im folgenden soll das Zusammenwirken mehrerer Seile erläutert werden:

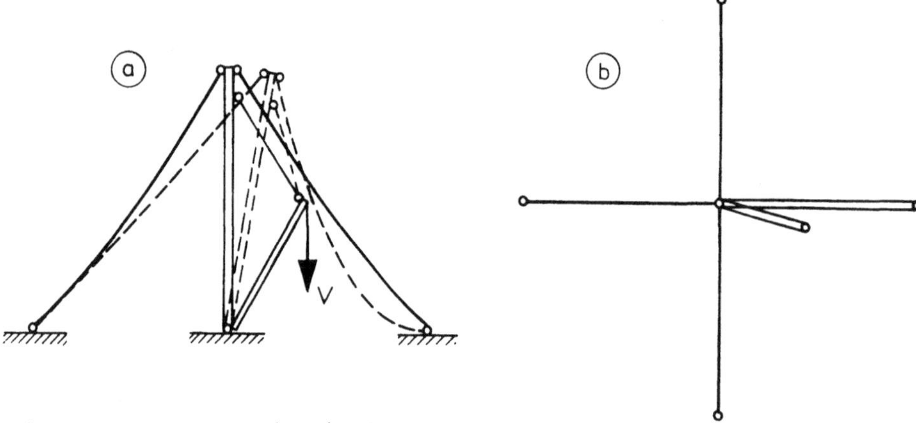

Bild 4.40 Im Grundriß vierfach abgespanntes Montagegerät
a) Ansicht, b) Draufsicht

Der gleiche Belastungszustand tritt auch bei Antennenmasten unter Windbelastung nach Bild 4.41 auf.

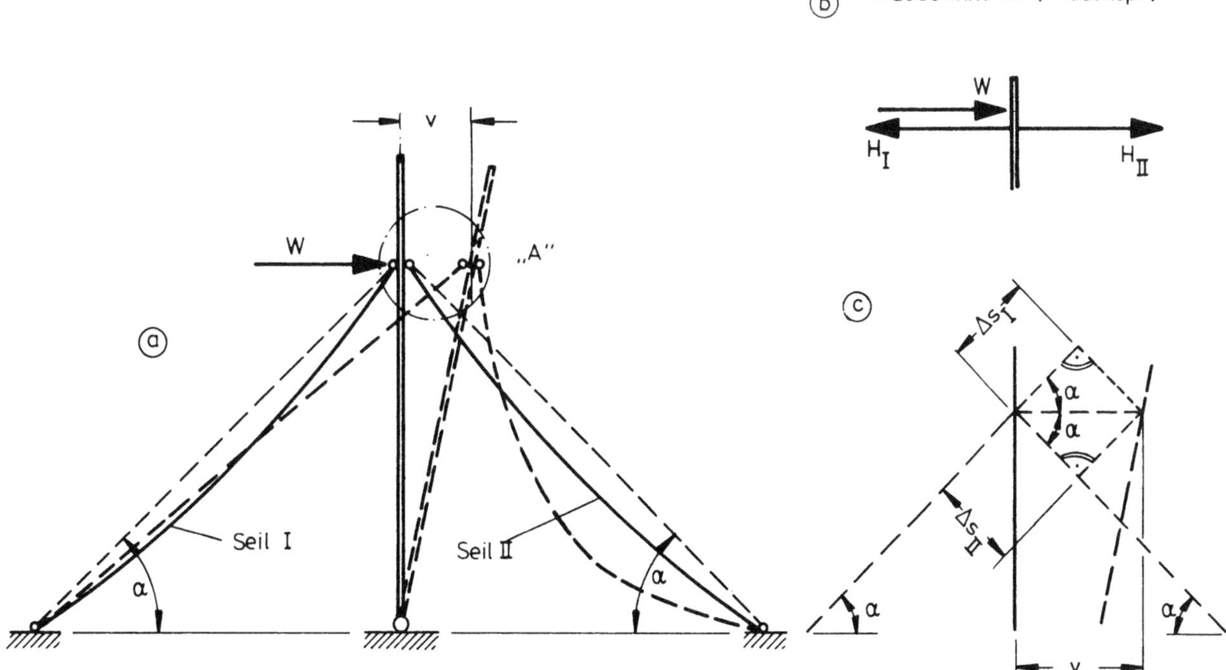

Bild 4.41 a) Antennenmast mit Windbelastung in einer Seilebene
b) Kräfte am Mastkopf
c) Verschiebungen am Mastkopf

Für beliebige Windrichtung ist der nach vier Seiten abgespannte Mast einfach statisch unbestimmt und wegen der nichtlinearen Verschiebungsgrößen recht kompliziert.

Nachfolgend wird der Sonderfall gleicher Seillängen und -neigungen mit den Lastfällen A (Windrichtung parallel zu einer Seilebene) und B (Windrichtung mittig zwischen den Seilebenen) behandelt, da hierdurch die maßgebenden Beanspruchungen - Lastfall A für die Seile und Lastfall B für den Mast - erfaßt werden. Durch die Symmetrie der Lastfälle in bezug zum System wird die Aufgabe statisch bestimmt.
Der Einfluß des Windes auf die Seile wird im folgenden vernachlässigt. Eine genaue Lösung findet man in /30/.

Lastfall A:

Der Ausgangszustand "Null" sei gegeben und wegen Symmetrie für beide Seile I und II (siehe Bild 4.41a) gleich.
"Geänderter" Zustand (infolge waagerechter Kraft W):

Seil I wird straff $\sigma_o \rightarrow \sigma_I > \sigma_o$

Seil II wird schlaff $\sigma_o \rightarrow \sigma_{II} < \sigma_o$

Gleichgewichtsforderung (s. Bild 4.41b): $W + H_{II} - H_I = 0$

Mit $H = S \cos\alpha$ und $\sigma = \frac{S}{F}$ wird die Gleichgewichtsforderung in folgende Form gebracht:

$$\sigma_I - \sigma_{II} = \frac{W}{F \cos\alpha}$$

Kontinuitätsforderung (Verschiebung am Kopf) nach Bild 4.41 c)

$$v = \frac{\Delta s_I}{\cos\alpha} = -\frac{\Delta s_{II}}{\cos\alpha} \qquad \text{folglich:} \quad \Delta s_I + \Delta s_{II} = 0$$

Trägt man entsprechend Abschnitt 4.4.6.5 die σ-Δs_I-Kurve für Seil I und (gespiegelt an der Abszisse) die negative σ-Δs_{II}-Kurve in ein gemeinsames Diagramm ein, so kann man sofort die Gleichgewichts- und Kontinuitätsforderung auswerten und erhält σ_I, σ_{II} und $v = \frac{\Delta s_I}{\cos\alpha}$

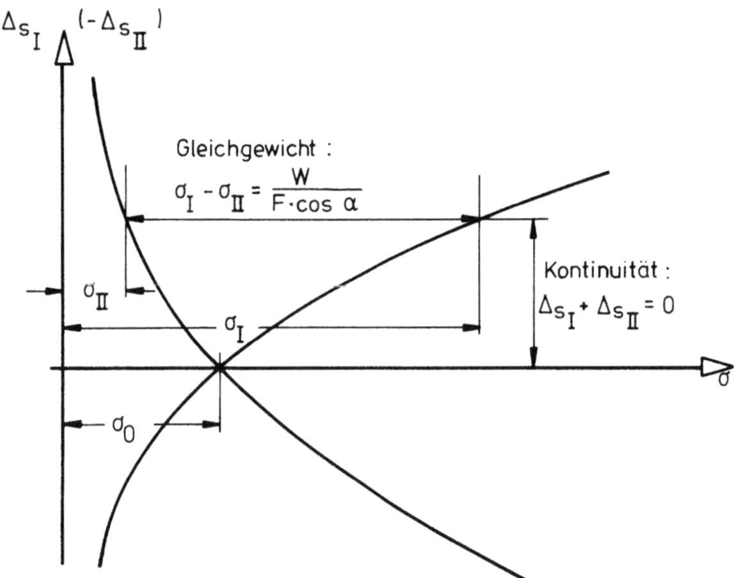

Bild 4.42 Diagramm für Δs_I und Δs_{II}

Anmerkung:
Da für abgespannte Systeme meist eine Berechnung nach Theorie 2. Ordnung erforderlich ist, empfiehlt sich die Auswertung der o.g. Beziehungen in folgendem Diagramm:

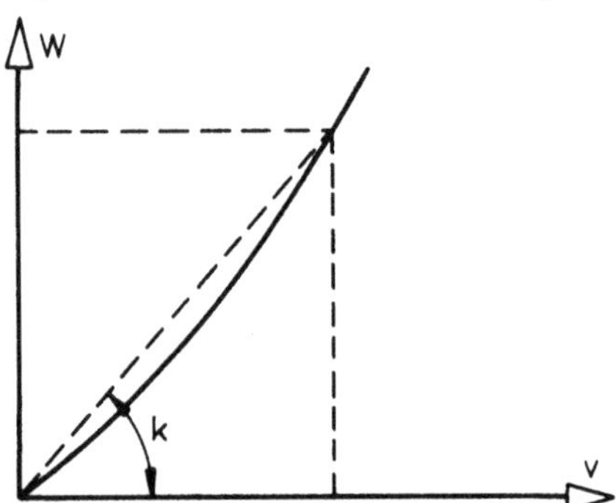

Bild 4.43 Lineares Federgesetz

Die nichtlinearen Zusammenhänge zwischen Belastung W und Verformung v können dann durch (lineare) Federgesetze ersetzt werden. Die Wegfeder $k = \frac{\text{Kraft}}{\text{Verschiebung}}$ kann für eine bestimmte Laststufe als Konstante in die Berechnung eingeführt werden (s. auch Abschnitt 4.4.6.7).

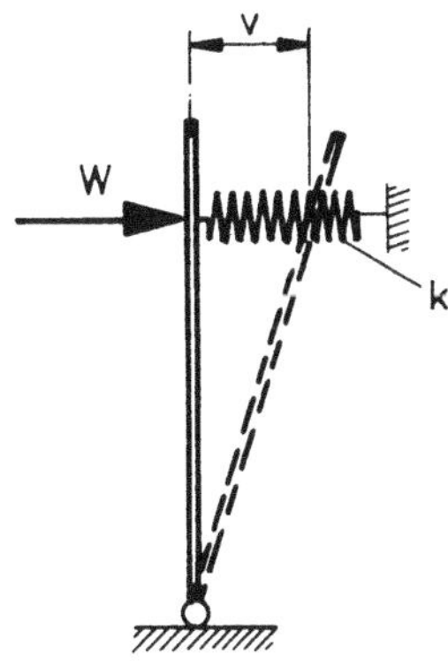

Bild 4.44 Seile durch Wegfeder k ersetzt

Lastfall B:

Der Lastfall "Wind mittig zwischen den Seilebenen" kann in einfacher Weise auf den Lastfall A zurückgeführt werden.

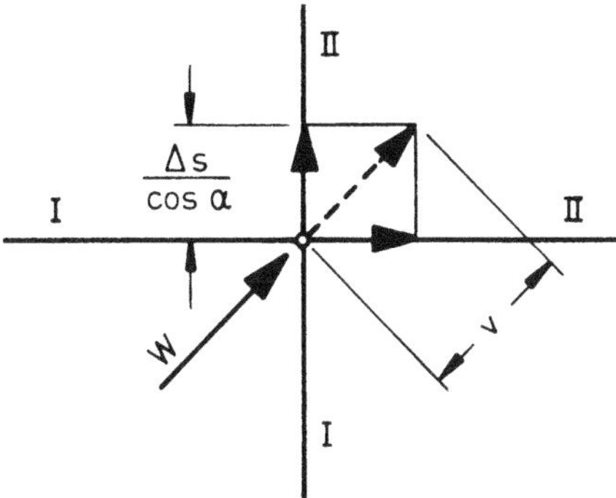

Bild 4.45 Lastfall B (Draufsicht)

Mit den Gleichungen

$$\sigma_I - \sigma_{II} = \frac{W}{\sqrt{2}\,F\,\cos\alpha} \quad \text{und} \quad v = \frac{\Delta s_I \sqrt{2}}{\cos\alpha} = -\frac{\Delta s_{II}\sqrt{2}}{\cos\alpha}$$

kann man die Gleichgewichts- und Kontinuitätsforderung im gleichen Diagramm (Bild 4.42) auswerten.

4.4.6.7 Der fiktive E-Modul eines durchhängenden Seiles bei Schrägseilbrücken

Für große Schrägseilbrücken ergeben sich Seillängen in Größenordnungen, bei denen die Steifigkeit der Seile infolge ihres Durchhanges schon empfindlich abgemindert wird. Die Berechnung des Systems wird durch Einführen einer Ersatzsteifigkeit sehr erleichtert. Dabei kann die Steifigkeit eines durchhängenden Seiles mit der (fiktiven) Dehnsteifigkeit eines geraden Ersatzstabes mit gleicher Querschnittsfläche verglichen werden. Zur Ermittlung der Ersatzsteifigkeit wird die Summe der Seillängenänderungen $\Delta s_f + \Delta s_e$ nach Gleichung (4.45) und (4.46) mit der Verlängerung des Ersatzstabes gleichgesetzt. Es muß jedoch berücksichtigt werden, daß im Seil ein Ausgangszustand σ_o infolge Brückeneigengewicht vorhanden ist.

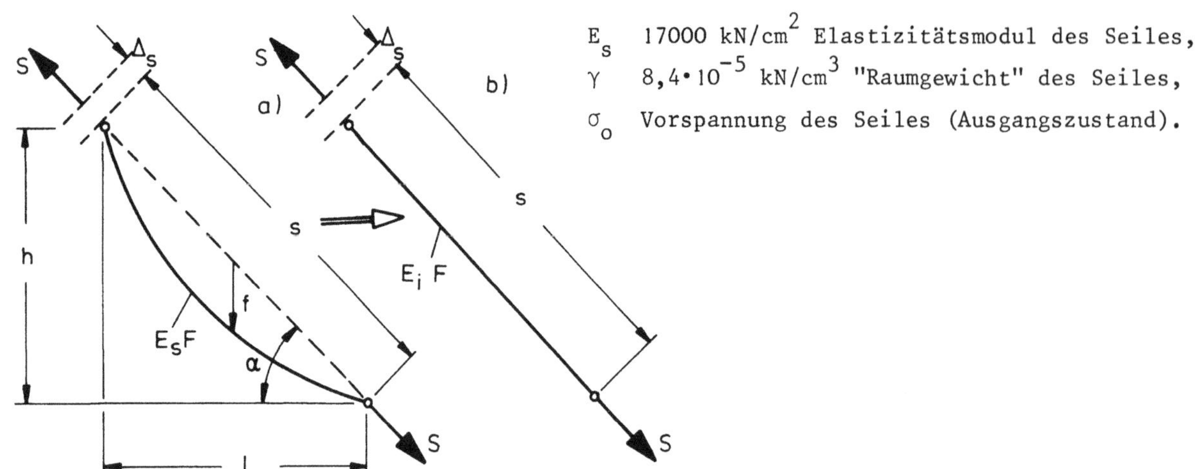

E_s 17000 kN/cm^2 Elastizitätsmodul des Seiles,
γ 8,4·10^{-5} kN/cm^3 "Raumgewicht" des Seiles,
σ_o Vorspannung des Seiles (Ausgangszustand).

Bild 4.46 Vergleich: Seil (a) - Ersatzstab (b)

Demnach muß die Änderung der Seillängung $d\Delta s$ in Abhängigkeit von der Spannungsänderung $d\sigma_o$ bestimmt werden, d.h. es muß die Ableitung gebildet werden:

$$\frac{d\Delta s}{d\sigma_o} = \frac{d}{d\sigma_o}\left(-\frac{1}{24}\,\frac{\gamma^2\,s^3\,\cos^2\alpha}{\sigma_o^{\,2}} + \frac{s}{E_s}\,\sigma_o\right) = +\frac{1}{12}\,\frac{\gamma^2\,s^3\,\cos^2\alpha}{\sigma_o^{\,3}} + \frac{s}{E_s} \tag{4.50}$$

Für den Ersatzstab erhält man analog:

$$\frac{d\Delta s}{d\sigma_o} = \frac{d}{d\sigma_o}\left(\frac{s}{E_i}\,\sigma_o\right) = \frac{s}{E_i} \tag{4.51}$$

Durch Gleichsetzen der Gleichungen (4.50) und (4.51) erhält man:

$$\frac{s}{E_i} = \frac{1}{12}\,\frac{\gamma^2\,s^3\,\cos^2\alpha}{\sigma_o^{\,3}} + \frac{s}{E_s}$$

und mit $\ell = s\cdot\cos\alpha$ den (fiktiven) Elastizitätsmodul E_i

$$E_i = \frac{E_s}{1 + \dfrac{(\gamma\cdot\ell)^2}{12\sigma_o^{\,3}}\cdot E_s} \tag{4.52}$$

Ist die Änderung der Seilspannung $d\sigma_o$ nicht mehr differentiell klein, sondern $\Delta\sigma$, so ist nach /29/ die Gleichung (4.52) wie folgt zu erweitern (s.a. Bild 4.47):

$$k = \sigma_o/(\sigma_o + \Delta\sigma)\ ;\ \sigma_m = \sigma_o + \Delta\sigma/2$$

$$E_i = \frac{E_s}{1 + \dfrac{(\gamma\ell)^2}{12\sigma_m^{\,3}}\cdot\dfrac{(1+k)^4}{16k^2}\cdot E_s} \tag{4.53}$$

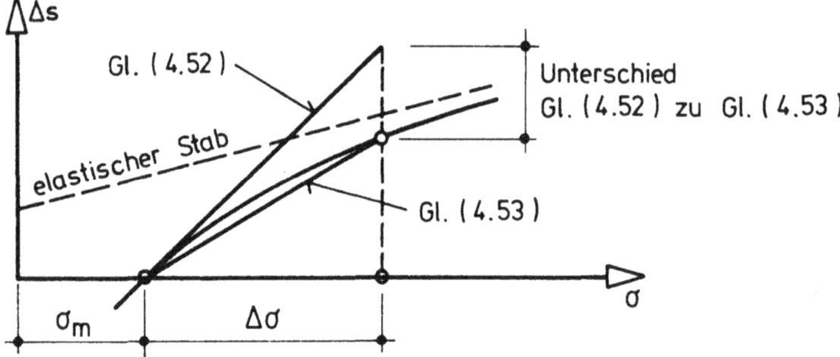

Bild 4.47 Vergleich des rechnerischen Seilverhaltens

5. Fließgelenktheorie 1. Ordnung — Das Traglastverfahren

5.1 Einleitung

Der Nachweis der ausreichenden Tragsicherheit eines Bauwerkes (sowie seiner Brauchbarkeit) wird vom Bauingenieur an einem mechanisch-mathematischen (meist stark idealisierten) Modell der Tragkonstruktion geführt. Innerhalb eines bestimmten Zeitraumes (Bezugszeitraum) soll mit hinreichendem Sicherheitsmaß kein Grenzzustand des Versagens (oder der Gebrauchsfähigkeit) erreicht werden.

Was ist jedoch "Versagen" und "Gebrauchsfähigkeit",

- wenn örtlich begrenzte Plastizierungen infolge Spannungsspitzen auftreten?
- wenn ein Teil eines Stabquerschnittes oder des Tragsystems plastiziert?

oder

- wenn die Tragkonstruktion einstürzt?
- wenn schon im normalen Gebrauchszustand so große Verformungen auftreten, daß eine funktionsgerechte Nutzung nicht gegeben ist?

Die Berechnung und Bemessung einer Stahlkonstruktion nach der "Elastizitätstheorie" läßt (rechnerisch) kein Fließen zu, es wird die "elastische Grenzlast" P_F berechnet. Aber jedermann weiß, daß im Bauwerk örtliche Plastizierungen bereits im Gebrauchszustand auftreten können (infolge Walz- und Schweißeigenspannungen, Kerbspannungen, ungleichmäßiger Verteilung von Niet- und Schraubenkräften und anderen "Nebenspannungen"). Sie alle werden - in bestimmten Grenzen - durch das plastische Verformungsvermögen des Stahles aufgefangen (Abbau von Spannungsspitzen). Warum sollte man dann nicht sofort eine Theorie anwenden, die Teilplastizierungen berücksichtigt und die "plastische Grenzlast" P_{Gr} berechnet?

Die Problematik wird an folgenden Beispielen erläutert (Bild 5.1):

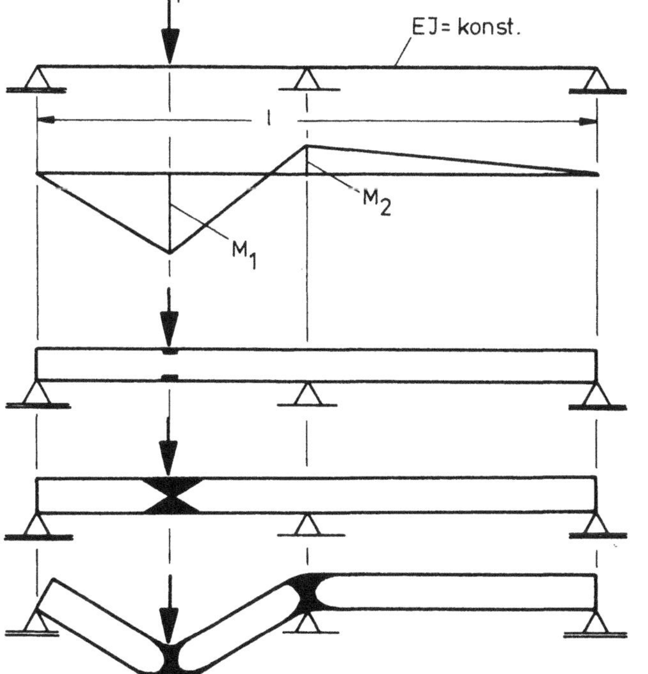

erstes Erreichen der Fließgrenze (elastische Grenzlast P_F)

erstes Erreichen der Querschnittstragfähigkeit (Bildung eines Fließgelenkes)

Ausbildung einer kinematischen Fließgelenkkette (Plastische Grenzlast P_{Gr})

Bild 5.1 Ausbildung einer Fließgelenkkette am Zweifeldträger

Das grundsätzliche Tragverhalten einer plastizierfähigen Konstruktion läßt sich rechnerisch besser an folgendem einfachen Beispiel verfolgen:

Alle Stäbe haben gleichen Querschnitt F und gleichen Werkstoff (Bild 5.2).

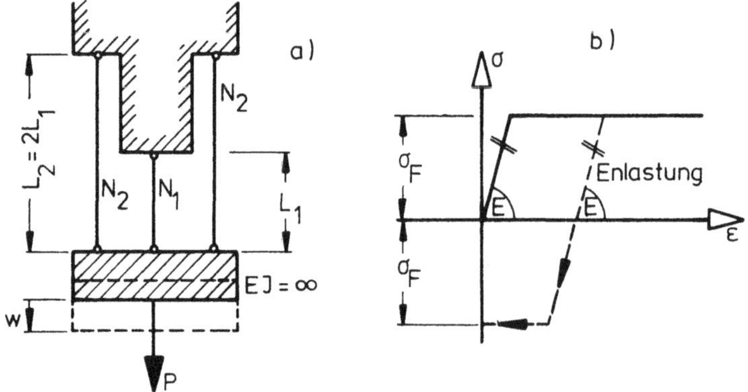

Bild 5.2 a) System
b) Materialverhalten (idealisiert)

Wenn man - was zur Ermittlung der plastischen Grenzlast nicht erforderlich ist - die einzelnen Belastungsphasen verfolgt, ergeben sich folgende Werte:

1. $P < P_F$ voll elastisch (statisch unbestimmt)

   Verträglichkeit: $w = \Delta\ell_1 = \frac{N_1\,\ell_1}{EF} \overset{!}{=} \Delta\ell_2 = \frac{N_2\,\ell_2}{EF}$

   daraus: $N_2 = 0{,}5\ N_1$

   Gleichgewicht: $P = N_1 + 2\ N_2 = 2\ N_1; \quad N_1 = 0{,}5\ P; \quad N_2 = 0{,}25\ P$

2. $P = P_F$ elastische Grenzlast mit $N_1 = N_{p\ell} = F\ \sigma_F$

   $$P_F = 2N_{p\ell}; \quad N_2 = 0{,}5\ N_{p\ell}; \quad w_F = \frac{N_{p\ell}\ \ell_1}{EF}$$

3. $P_F < P < P_{Gr}$ teilplastisches System, für Laststeigerungen ΔP wegen $N_1 = N_{p\ell} =$ konst.

   $$\Delta N_2 = 0{,}5\ \Delta P, \quad \Delta w = \frac{\Delta\ N_2\ 2\ \ell_1}{EF}$$

4. $P = P_{Gr}$ plastische Grenzlast, auch $N_2 = N_{p\ell}$:

   $$\Delta N_2 = N_{p\ell} - 0{,}5\ N_{p\ell} = 0{,}5\ N_{p\ell}, \quad \Delta P = 2\ \Delta N_2 = N_{p\ell}\ , \quad \Delta w = 0{,}5\ 2\ w_F$$

   $$P_{Gr} = P_F + \Delta P = 3\ N_{p\ell}, \quad w_{Gr} = w_F + w_F = 2\ w_F$$

5. Die plastische Grenzlast P_{Gr} findet man viel einfacher, wenn man ohne Beachtung der Verträglichkeitsbedingung das Grenzgleichgewicht im Augenblick des Entstehens der kinematischen Kette anschreibt. Das System versagt erst dann, wenn alle drei Stäbe $N_{p\ell}$ erreicht haben.

   Also $$P_{Gr} = \max N_1 + 2\ \max N_2 = 3\ N_{p\ell}$$

Die zugehörige Verformung w_{Gr} läßt sich hier ebenfalls einfach aus dem zuletzt plastizierten Stab N_2 bestimmen:

$$w_{Gr} = \frac{N_{p\ell}\ \ell_2}{EF} = 2\ w_F$$

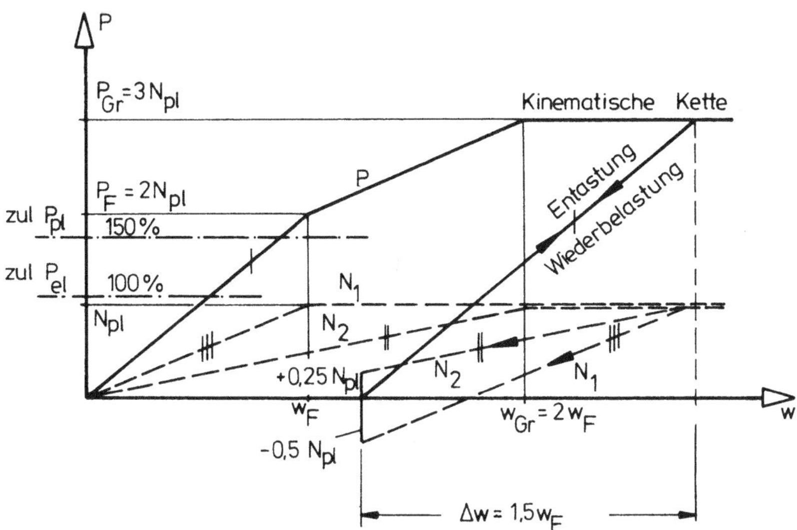

Bild 5.3 Last-Verformungs-Diagramm

Das Bild 5.3 ist charakteristisch für alle Traglastberechnungen. Mit der ersten Plastizierung bei P_F wird das System weniger steif (P - w flacher geneigt). Der Grenzfall ist erreicht, wenn sich eine kinematische Kette entwickelt. Die Stäbe N_2 beginnen zu plastizieren. Bis zum Erreichen von P_{Gr} muß der Stab N_1 eine Plastizierfähigkeit besitzen, die beim Beispiel zufällig $\varepsilon_{p\ell} = \varepsilon_F$ ist. Der Gewinn gegenüber der Elastizitätstheorie beträgt bei Ansatz gleicher Sicherheitsbeiwerte z.B. $\nu = 1{,}7$:

$$\text{zul } P_{el} = \frac{2\ N_{p\ell}}{1{,}7} = 1{,}175\ N_{p\ell} = 100\ \%; \qquad \text{zul } P_{p\ell} = \frac{3\ N_{p\ell}}{1{,}7} = 1{,}76\ N_{p\ell} = 150\ \%$$

6. Eine Entlastung nach Teil- oder Vollplastizierung erfolgt voll elastisch. Um die Zeichnung nicht zu überladen, ist in Bild 5.3 die Entlastung erst nach einer (praktisch nicht realisierbaren) Bewegung der kinematischen Kette eingetragen. Die volle Entlastung um $\Delta P = -\ 3\ N_{p\ell}$ auf P = 0 ergibt nach Bild 5.3:

$$\Delta S_1 = -\ 0{,}5\ 3\ N_{p\ell} = -\ 1{,}5\ N_{p\ell}; \qquad \Delta S_2 = -\ 0{,}25\ 3\ N_{p\ell} = -\ 0{,}75\ N_{p\ell}; \qquad \Delta w = -\ 1{,}5\ w_F$$

Es bleibt ein Eigenspannungszustand zurück (Stabilität sei ausgeschlossen);

$$S_1\ (P=0) = -\ 0{,}5\ N_{p\ell}\ \text{(Druck)}, \qquad S_2\ (P=0) = 0{,}25\ N_{p\ell}\ \text{(Zug)}$$

7. Auf eine Wiederbelastung vom Eigenspannungszustand aus reagiert das System bis P_{Gr} voll elastisch. Wäre das 3-Stäbe-System vor Ingebrauchnahme vorgespannt oder gezielt einmal bis P_{Gr} vorbelastet worden, dürfte auch nach der Elastizitätstheorie mit Einrechnung des eingeprägten Eigenspannungszustandes bis zul $P_{p\ell}$, also um 50 % mehr, belastet werden. Das plastisch vorgespannte System ist außerdem steifer, denn bei Wiederbelastung ist $w_{Gr} = 1{,}5\ w_F$.

Zusammenfassung

Das Beispiel ist charakteristisch für alle Traglastberechnungen. Die Ergebnisse gelten analog auch für Biegeträger mit Steifigkeitsminderungen durch Ausbilden plastischer Gelenke.

- Die plastische Grenzlast P_{Gr} ist erreicht, wenn w mit konstant bleibendem P unbegrenzt wächst, d.h. wenn das System in eine kinematische Kette übergeht.

- P_{Gr} folgt allein aus Gleichgewichtsbedingungen. Auch bei statisch unbestimmten Systemen brauchen keine Verträglichkeitsbedingungen beachtet zu werden (hinreichende Plastizierfähigkeit vorausgesetzt!).

- Eigenspannungszustände, aber auch Verformungsfälle wie Zwang aus Temperaturdifferenzen, Stützensenkungen, Montageverspannungen sind ohne Einfluß auf P_{Gr}. Sie werden "herausplastiziert" (hinreichende Plastizierungsfähigkeit vorausgesetzt!).

- Eine Belastung über P_F hinaus bringt nur beim ersten Mal eine Teilplastizierung. Beim statisch unbestimmten System stellt sich gerade ein solcher Eigenspannungszustand ein, daß nachfolgende Lastspiele in der gleichen Richtung und Größe voll elastisch bleiben. Bei entgegengesetzter Belastungsrichtung kann jedoch alternierendes Fließen eintreten.

- Statisch unbestimmte Systeme enthalten gegenüber statisch bestimmten Konstruktionen zusätzliche Sicherheitsreserven, wenn die bis zum Bruch (kinematische Kette) erforderlichen Teilplastizierungen sich nicht (zufällig) alle gleichzeitig einstellen.

- Die bis P_{Gr} erforderlichen plastischen Dehnungen betragen im allgemeinen nur wenige Mehrfache von ε_F. Beim Beispiel ist wegen $w_{Gr} = 2\ w_F$ für den Stab N_1:

  $\varepsilon_{p\ell} = \varepsilon_F$; bei St 37 ist $\varepsilon_F = 1{,}14\ ^o/oo$

  die Bruchdehnung (Gleichmaßdehnung) dagegen beträgt max $\varepsilon \approx 230\ ^o/oo$.

Vorteile der Berechnung nach dem Traglastverfahren

- Wirklichkeitsgetreuere Erfassung der Tragsicherheit (bei Bemessung nach zulässigen Spannungen sind die Sicherheiten vom Tragsystem abhängig).

- Wirtschaftlichere Bemessung vor allem bei nicht abgestuften Profilen in statisch unbestimmten Systemen (Abgestufte Querschnitte sind teuer!).

- Zum Teil einfachere Berechnungsverfahren (in der Regel keine "statisch unbestimmten" Berechnungen).

Grenzen für die Anwendung des Traglastverfahrens:

- bei nicht vorwiegend ruhender Beanspruchung ist die Dauerfestigkeit (unter Gebrauchslasten) zu beachten,

- unter Gebrauchslast werden evtl. die Durchbiegungen zu groß,

- es gibt "ungeeignete" Systeme (vgl. Abschnitt 5.5.2),

- hinreichende Plastizierfähigkeit wird vorausgesetzt,

- es darf keine örtliche Instabilität auftreten.

5.2 Grundlagen

5.2.1 Begriffsbestimmungen

In der deutschsprachigen Literatur wird (im Gegensatz zur englischsprachigen) der Begriff Traglast in mehrfacher Hinsicht verwendet:

- größte im Versuch getragene Last,
- größte (rechnerische) Last bei Stabilitätsproblemen (Theorie 2. Ordnung) unter Berücksichtigung von Imperfektionen und Materialplastizierung (s. Abschnitt 6.4.2.7),
- größte (rechnerische) Last für das "Fließgelenk-Modell".

Um Verwechslungen zu vermeiden, wird neuerdings die letztgenannte "Traglast" als plastische Grenzlast P_{Gr} bezeichnet, das zugehörige Berechnungsverfahren jedoch weiterhin als "Traglastverfahren". Ein besserer Ausdruck wäre eigentlich: "Verfahren der Fließgelenkketten" oder eine ähnliche Bezeichnung, aus der der Grad der Vereinfachung (Vernachlässigung der Fließbereiche) ersichtlich ist.

Traglast: (bei gegebener Lastkombination) die größte vom Tragwerk getragene Last.

Elastische Grenzlast: (bei gegebener Lastkombination) diejenige Last, unter der (rechnerisch) erstmals die Fließgrenze in einer Faser erreicht wird. Bezeichnung: P_F oder P_{el}.

Plastische Grenzlast: (bei gegebener Lastkombination) diejenige Last, unter der das Tragwerk nach Ausbildung einer hinreichenden Zahl von Fließgelenken örtlich oder als Ganzes zur kinematischen Kette wird. Im zugehörigen Gleichgewichtszustand darf an keiner Stelle die Grenztragfähigkeit der Querschnitte überschritten werden. Bezeichnung: P_{Gr}.

5.2.2 Materialgesetz

Für die Berechnung wird nicht das exakte Verformungsverhalten des Stahls (s. Abschnitt 2.7 Bild 2.22) zugrunde gelegt, sondern ein idealisiertes elastisch-plastisches Materialgesetz. Dabei wird der Verfestigungsbereich vernachlässigt (zusätzliche Reserve).

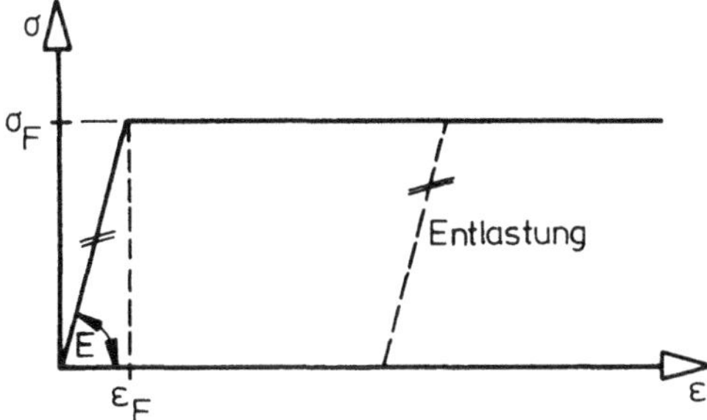

Bild 5.4 Idealisiertes elastisch-plastisches Materialverhalten

5.2.3 Das Fließgelenk-Modell

Beim Einfeldträger unter Einzellast (Bild 5.5) sind die verschiedenen Bereiche nebeneinander zu erkennen:

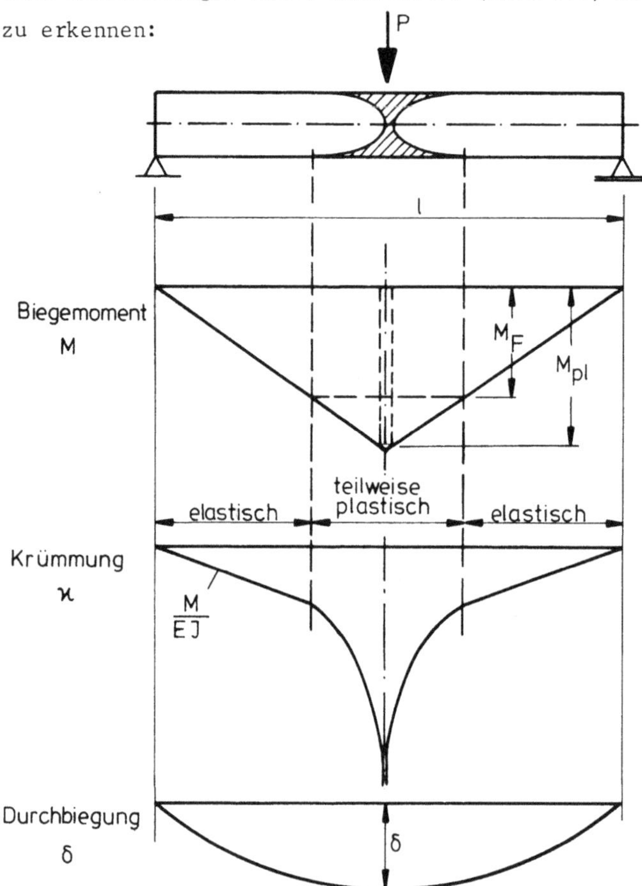

- der elastische Bereich
  $\sigma = \frac{M}{W} \leq \sigma_F$ bzw. $M < M_F$
- das Fließmoment
  $M_F = W\,\sigma_F$
- der teilplastische Bereich
  $M_F < M < M_{p\ell}$
- das vollplastische Moment
  $M_{p\ell} = W_{p\ell}\,\sigma_F = \alpha\,W\,\sigma_F$
- die plastische Grenzlast
  $\frac{P_{Gr}\cdot\ell}{4} = M_{p\ell} \longrightarrow P_{Gr} = \frac{4\,M_{p\ell}}{\ell}$

Bild 5.5 Biegemoment, Krümmung und Durchbiegung im Bereich eines Fließgelenkes

Die Zusammenhänge werden am Rechteckquerschnitt erläutert, sie gelten sinngemäß für beliebige einfachsymmetrische Querschnitte:

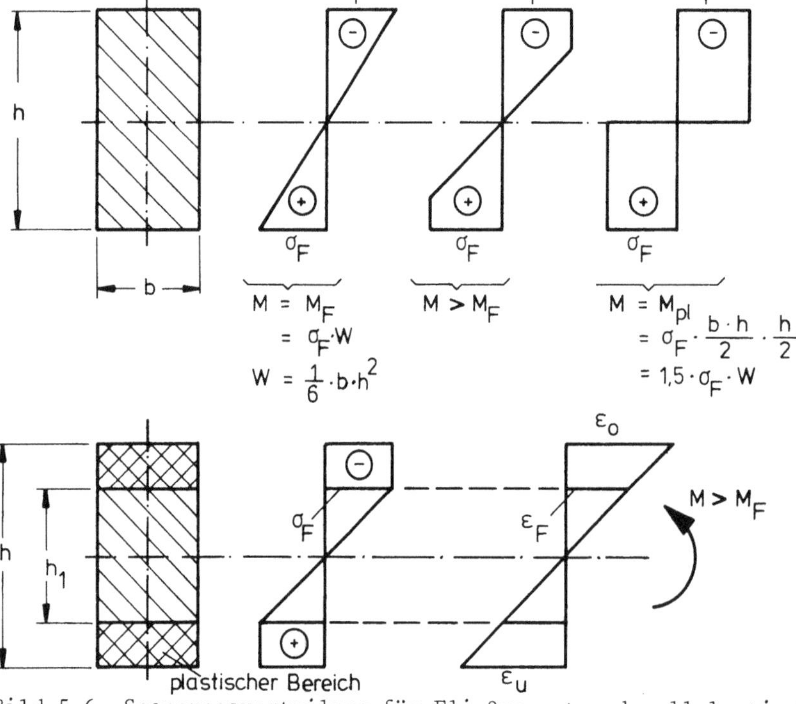

Bild 5.6 Spannungsverteilung für Fließmoment und vollplastisches Moment

M_F = Fließmoment, Beginn des Fließens am Querschnittsrand

$M_{p\ell}$ = vollplastisches Moment, Querschnitt voll durchplastiziert, Fließgelenk

ε_F = Dehnung, die zur Fließgrenze σ_F gehört (Fließdehnung)

$\varepsilon_o\ \varepsilon_u$ = maximale Randdehnung infolge M

$\kappa = 1/\rho$ = Krümmung

Momenten-Krümmungsbeziehung für $M_F < M < M_{p\ell}$

aus $M = M_{p\ell} - \frac{1}{2}\sigma_F \frac{bh_1^2}{6}$ folgt mit $h_1 = h\frac{\varepsilon_F}{\varepsilon_o}$

$$M = 1,5\ M_F - 0,5\ M_F\left(\frac{\varepsilon_F}{\varepsilon_o}\right)^2$$

$$\frac{M}{M_F} = 1,50 - 0,50\left(\frac{\varepsilon_F}{\varepsilon_o}\right)^2 \qquad (5.1)$$

Für $\frac{1}{\rho} = \frac{\varepsilon_o - \varepsilon_u}{h}$ bzw. (in diesem Fall) $\frac{1}{\rho} = \frac{\varepsilon_o}{h/2}$

wird

$$\frac{1}{\rho} = \frac{\sigma_F}{E\cdot h\sqrt{\frac{3}{4} - \frac{3M}{bh^2\cdot\sigma_F}}} \qquad (5.2)$$

Gültigkeit $M_F < M < M_{p\ell}$

Grenzwert: $\frac{1}{\rho} \to \infty$ liefert $M \to M_{p\ell} = \frac{bh^4}{4}\sigma_F = 1,5\ M_F$

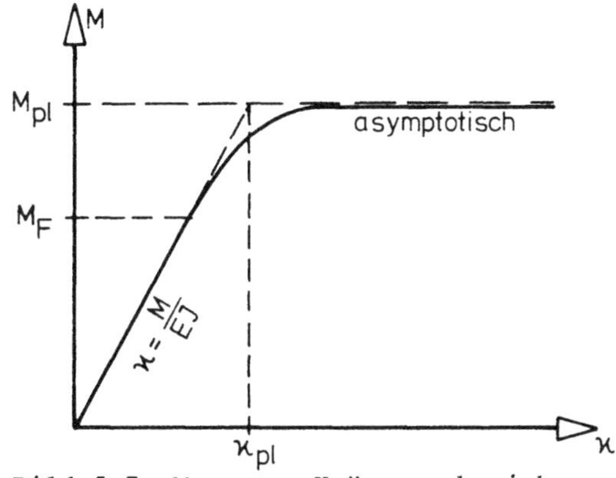

Bild 5.7 Momenten-Krümmungsbeziehung

Bei $M_{p\ell}$ tritt eine gelenkartige Wirkung auf, da die Krümmung ∞ groß wird. Vernachlässigt man den teilplastischen Bereich, so erhält man den Wert $\varkappa_{p\ell} = \frac{M_{p\ell}}{EI}$. Damit erhält man folgendes vereinfachtes "Fließgelenkmodell":

Bis zum Erreichen von $M_{p\ell}$ verhält sich der Träger vollständig elastisch. Unter der Wirkung von $M_{p\ell}$ tritt ein "Fließgelenk" auf, das örtlich konzentriert ist und mit einer "Rutschkupplung" verglichen werden kann.

Diese Modellvorstellung liefert die plastische Grenzlast, sie unterschätzt jedoch die auftretenden Verformungen, da die teilplastizierten Bereiche nicht berücksichtigt werden, der Träger also "zu steif" berechnet wird.

Als Durchbiegung unter der plastischen Grenzlast P_{Gr} erhält man (im Falle des Rechteckquerschnittes):

- für das Fließgelenkmodell $\delta^*_{p\ell} = 1{,}5\ \delta_F$
- für die genaue Rechnung einschließlich der teilplastischen Bereiche $\delta_{p\ell} = \frac{20}{9}\ \delta_F \approx 2\ \delta_F$

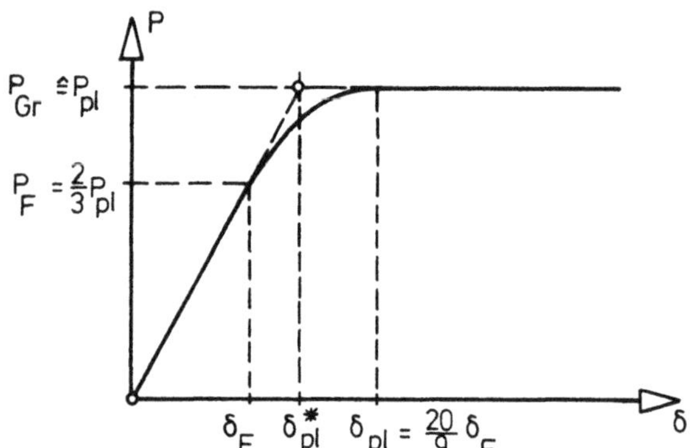

Bild 5.8 Last-Verformungsbeziehung

Wichtiger Hinweis:

Wenn die Verformungen keinen Einfluß auf die Schnittgröße haben (Theorie 1. Ordnung), liefert das Fließgelenkmodell die "richtige" Traglast. Liegt jedoch ein Problem der Theorie 2. Ordnung vor (Biegung plus Normalkraft), so stellt das Fließgelenkmodell nur eine Näherung dar. In Wirklichkeit treten jedoch größere Verformungen auf (Fließbereiche neben den Fließgelenken) und damit größere Biegemomente (s. Abschnitt 6.4.2.7).

5.3 Grenztragfähigkeit des Querschnittes

5.3.1 Allgemeines

An die Stelle des "Spannungsnachweises" bei der "elastischen Bemessung" treten bei der "plastischen Bemessung" die Nachweise der Grenztragfähigkeit des Querschnittes. Hierbei werden zunächst die elementaren Schnittgrößen des voll durchplastizierten Querschnittes $M_{p\ell}$, $N_{p\ell}$, $Q_{p\ell}$ (einzeln wirkend) betrachtet und anschließend die Wirkung von Schnittgrößen-Kombinationen untersucht. Bei gleichzeitiger Einwirkung mehrerer Schnittgrößen auf einen Querschnitt (z.B. M und Q) werden die elementaren Schnittgrößen des voll durchplastizierten Querschnittes (z.B. $M_{p\ell}$) reduziert. Diese reduzierten Schnittgrößen werden durch einen zusätzlichen Index (z.B. $M_{p\ell,Q}$) gekennzeichnet. Hierfür hat sich auch der Begriff "Interaktion" eingebürgert (z.B. M-Q-Interaktion). Die Interaktionsbeziehung gibt an, um welches Maß sich die elementaren Schnittgrößen des Querschnittes jeweils bei gleichzeitiger Wirkung einer anderen Schnittgröße vermindern.

5.3.2 Das vollplastische Moment M_{pl}

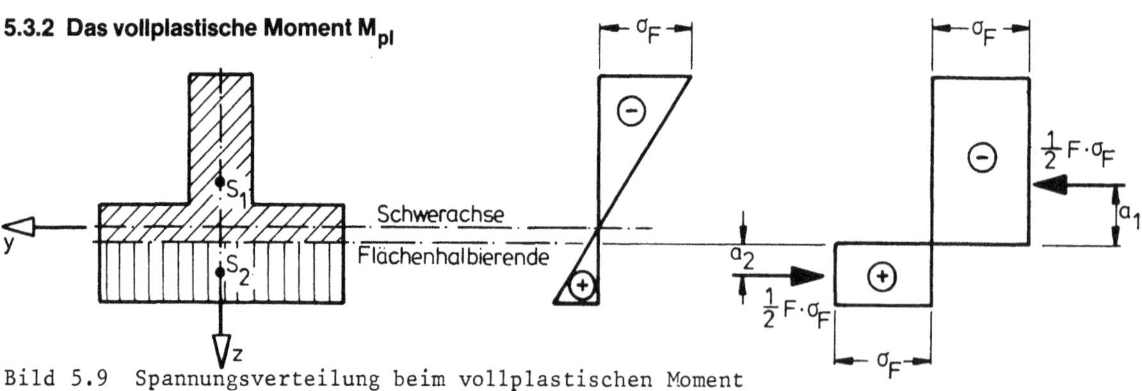

Bild 5.9 Spannungsverteilung beim vollplastischen Moment

W = elastisches Widerstandsmoment

$W_{p\ell}$ = plastisches Widerstandsmoment ($W_{p\ell} = \alpha W$)

α = Formbeiwert

Das vollplastische Moment $M_{p\ell}$ läßt sich aus der Bedingung bestimmen, daß die resultierende Längskraft Null ist. Die Null-Linie muß demnach die Querschnittsfläche halbieren.
Die Spannungsresultanten greifen im Schwerpunkt der beiden Querschnittshälften an.

$$M_{p\ell} = \frac{1}{2} F \, (a_1 + a_2) \, \sigma_F$$

Führt man (analog zu $M_F = W \cdot \sigma_F$) folgende Bezeichnung ein:

$$M_{p\ell} = W_{p\ell} \, \sigma_F \tag{5.3}$$

so folgt daraus:

$$W_{p\ell} = \frac{1}{2} F \, (a_1 + a_2)$$

Das plastische Widerstandsmoment ist die Summe der Beträge der statischen Momente der ober- und unterhalb der Flächenhalbierenden liegenden Querschnittsteile. Die statischen Momente werden auf die Flächenhalbierende bezogen, die rechtwinklig zur Momentenspur liegt.

Für einen doppeltsymmetrischen Querschnitt ist $a_1 = a_2 = a$ und $W_{p\ell} = F \cdot a$.
Das Verhältnis

$$\alpha = \frac{M_{p\ell}}{M_F} = \frac{W_{p\ell}}{W} \tag{5.4}$$

wird als Formbeiwert bezeichnet, der nur eine Funktion der Querschnittsform ist.

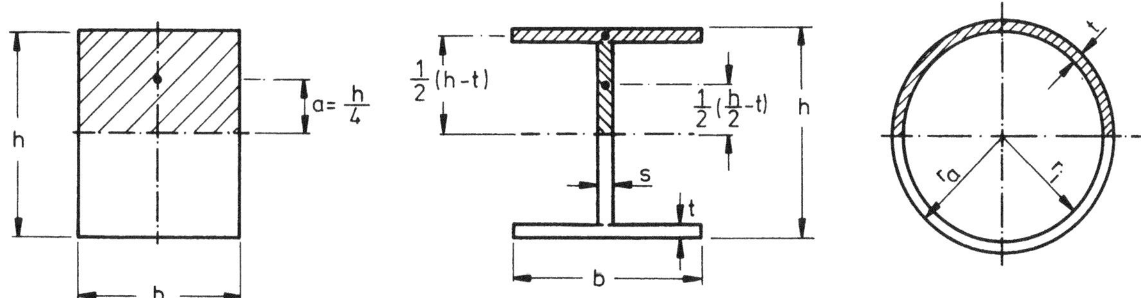

Bild 5.10 a) Rechteckquerschnitt, b) idealisierter I-Querschnitt, c) Rohrquerschnitt

Formbeiwerte α für:

a) Rechteckquerschnitte: $W = \frac{1}{6} b \, h^2$

$W_{p\ell} = b \, \frac{h}{2} \, \frac{h}{4} \, 2 = \frac{1}{4} b \, h^2$

$\alpha = 1{,}5$

b) Idealisierte I-Querschnitte: $W_{p\ell} = b \, t \, (h-t) + s \left(\frac{h}{2} - t\right)^2$

Für Walzprofile erhält man $1{,}12 < \alpha < 1{,}18 \approx 1{,}14$

Die zweckmäßigsten Stahlbauprofile haben, wie man sieht, sehr kleine Formbeiwerte α.

c) Rohrquerschnitte: $W_{p\ell} = \frac{4}{3} (r_a^3 - r_i^3)$

Vollkreisquerschnitt ($r_i = 0$): $\alpha = \frac{16}{3\pi} = 1{,}70$

dünnwandiges Rohr ($t << r_i$): $\alpha = 1{,}27$

Für andere einfachsymmetrische Querschnitte ergeben sich folgende Zusammenhänge:

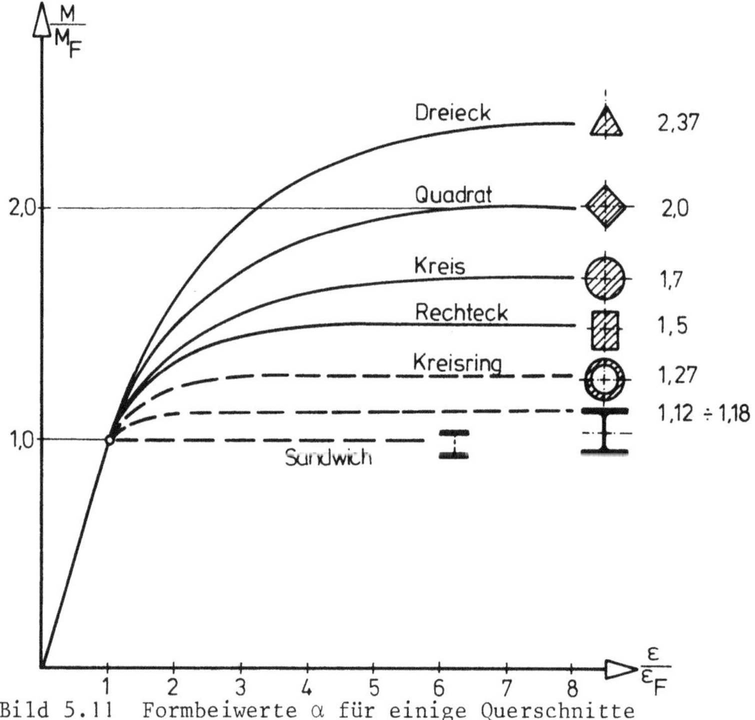

Bild 5.11 Formbeiwerte α für einige Querschnitte

Die Werte $M_{p\ell}$ für einige Walzprofile aus Baustahl St 37 sind im Anhang, Tabelle A2 angegeben.

5.3.3 Die vollplastische Normalkraft N_{pl}

Für alle Querschnitte gilt:

$$N_{p\ell} = F\,\sigma_F \tag{5.5}$$

5.3.4 Die vollplastische Querkraft Q_{pl}

Die Grenztragfähigkeit eines Querschnittes infolge Querkraftbeanspruchung ist erreicht, wenn in dem Querschnittsanteil F_Q, der "in Richtung der Querkraft" angeordnet ist, die Schubfließgrenze $\tau_F = \frac{\sigma_F}{\sqrt{3}}$ auftritt (s.a. 2.8.4), z.B.

- I-Profile (starke Achse):

$$Q_{p\ell} = F_{St} \frac{\sigma_F}{\sqrt{3}} \tag{5.6}$$

- I-Profile (schwache Achse):

$$Q_{p\ell} = 2\,F_G \frac{\sigma_F}{\sqrt{3}} \tag{5.7}$$

F_G, F_{St}, F_G

5.3.5 Zusammenstellung der Werte M_{pl}, N_{pl}, Q_{pl}

Querschnitt	$M_{p\ell}$, $N_{p\ell}$	$Q_{p\ell}$
I-Profil (b, h, s, t, F_G, F_{St}, z–z)	$M_{p\ell} = \left[F_G(h-t) + \frac{1}{4} F_{St}(h-2t)\right]\sigma_F$ bzw. $M_{p\ell} = \alpha\, W\, \sigma_F$ mit $\alpha \approx 1{,}14$ $N_{p\ell} = F\,\sigma_F$	$Q_{p\ell} = F_{St}\,\frac{\sigma_F}{\sqrt{3}}$
I-Profil (y–y, b, h, s, t, F_G, F_{St})	$M_{p\ell} = \left[\frac{1}{2} F_G\, b + \frac{1}{4} F_{St}\, s\right]\sigma_F$ $N_{p\ell} = F\,\sigma_F$	$Q_{p\ell} = 2\, F_G\,\frac{\sigma_F}{\sqrt{3}}$
Rohr ($t \ll d$)	$M_{p\ell} = d^2\, t\, \sigma_F$ $N_{p\ell} = F\,\sigma_F = \pi\, d\, t\, \sigma_F$	$Q_{p\ell} = 2\, d\, t\,\frac{\sigma_F}{\sqrt{3}}$
Kastenquerschnitt ($t \ll d$, F_G, F_{St})	$M_{p\ell} = \frac{3}{2}\, d^2\, t\, \sigma_F$ $N_{p\ell} = F\,\sigma_F = 4\, d\, t\, \sigma_F$	$Q_{p\ell} = 2\, d\, t\,\frac{\sigma_F}{\sqrt{3}}$

Tafel 5.1 Vollplastische Schnittgrößen

5.3.6 Biegung und Normalkraft; M-N-Interaktion

Durch eine Normalkraft N (Druck oder Zug) verringert sich die Größe des aufnehmbaren vollplastischen Biegemomentes $M_{p\ell}$ zur Größe $M_{p\ell,N}$.

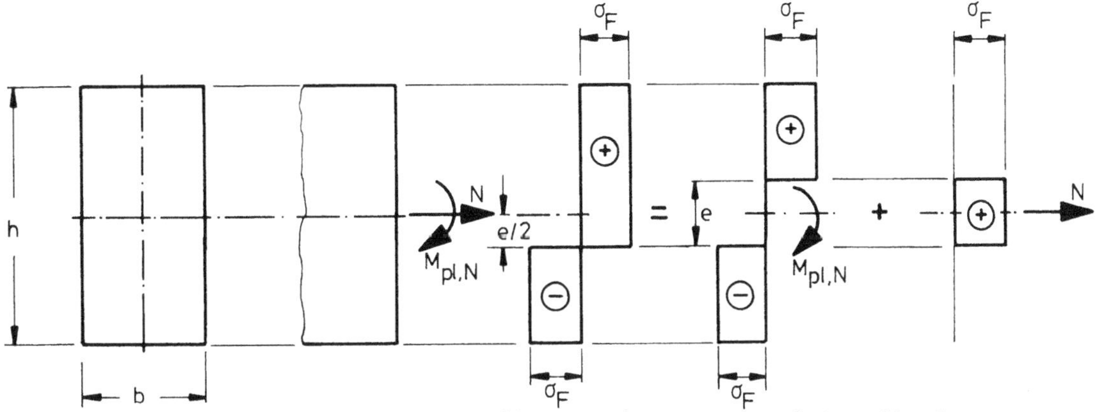

Bild 5.12 Zerlegung der Spannungsanteile aus Biegemoment und Normalkraft

Tritt zum Biegemoment z.B. eine Zugkraft hinzu, dann vergrößert sich der durch die Zugspannungen beanspruchte plastizierte Querschnittsteil, während der durch Druckspannungen plastizierte Querschnittsteil kleiner wird. Die gedankliche Zerlegung der Spannungsanteile aus Biegemoment und Normalkraft macht deutlich, daß sich das vollplastische Moment $M_{p\ell}$ um den Anteil des Querschnittsbereiches $b \cdot e$ verringert:

$$M_{p\ell,N} = M_{p\ell} - M^N = \frac{b\,h^2}{4}\,\sigma_F - \frac{b\,e^2}{4}\,\sigma_F = \frac{b\,h^2}{4}\,\sigma_F\left(1 - \frac{e^2}{h^2}\right) = M_{p\ell}\left(1 - \frac{e^2}{h^2}\right)$$

Mit $N = b \cdot e \cdot \sigma_F$ und $N_{p\ell} = F \cdot \sigma_F = b \cdot h \cdot \sigma_F$ folgt

$$\frac{N}{N_{p\ell}} = \frac{b \cdot e \cdot \sigma_F}{b \cdot h \cdot \sigma_F} = \frac{e}{h} \tag{5.8}$$

und

$$\frac{M_{p\ell,N}}{M_{p\ell}} = 1 - \left(\frac{N}{N_{p\ell}}\right)^2 \tag{5.9}$$

Für I-Querschnitte kann man die Abminderung des vollplastischen Momentes in gleicher Weise herleiten, wobei zu unterscheiden ist, ob (bei kleinen Normalkräften) die Nullinie im Steg oder (bei großen Normalkräften) im Gurt liegt.

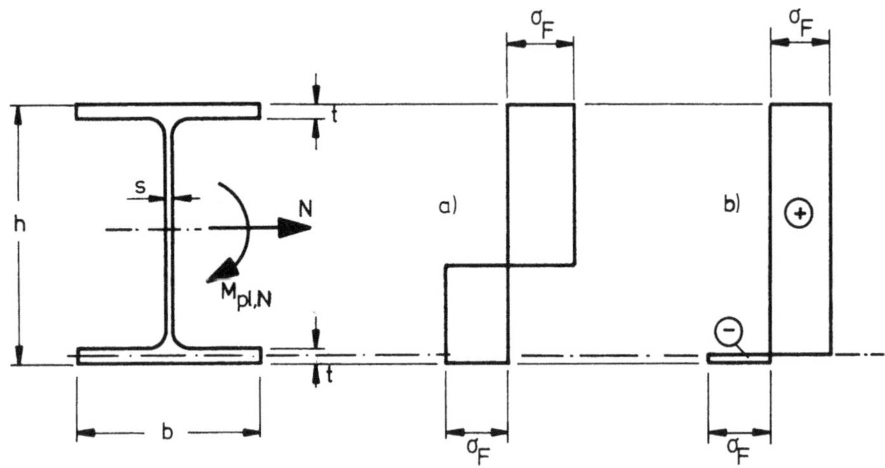

Bild 5.13 Lage der Nullinie a) im Steg b) im Gurt

$$\frac{M_{p\ell,N}}{M_{p\ell}} = 1 - \frac{\left(\frac{N}{N_{p\ell}}\right)^2}{1 - \left(\frac{F_G}{F}\right)^2 (1 - \frac{s}{b})} \quad \text{für} \quad \frac{N}{N_{p\ell}} \le \frac{F_{st}}{F} \quad \text{u.} \quad F_G = 2\ b\ t \tag{5.10}$$

$$\frac{M_{p\ell,N}}{M_{p\ell}} = 1 - \frac{\left(\frac{N}{N_{p\ell}}\right)^2 - \left(1 - \frac{s}{b}\right)\left(\frac{N}{N_{p\ell}} - \frac{F_{st}}{F}\right)^2}{1 - \left(\frac{F_G}{F}\right)^2 (1 - \frac{s}{b})} \quad \text{für} \quad \frac{N}{N_{p\ell}} \ge \frac{F_{st}}{F} \tag{5.11}$$

In Bild 5.14 sind diese Interaktionskurven für verschiedene Verhältnisse $\frac{F_{st}}{F}$ dargestellt.

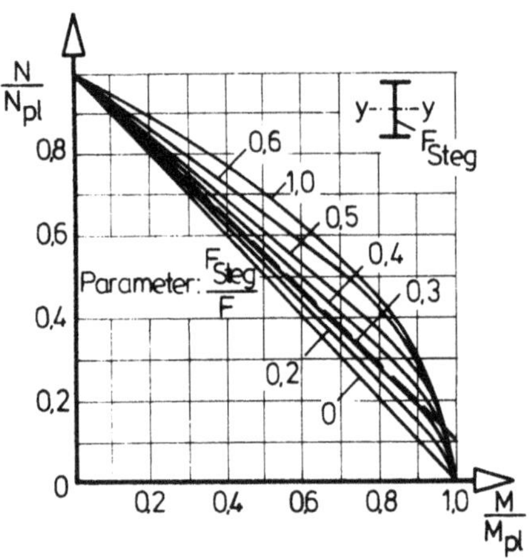

Bild 5.14 M-N-Interaktion

Für Normalprofile und Breitflanschträger (starke Achse) kann die Abminderung durch die Gleichung (5.12) angenähert werden.

$$\frac{M_{p\ell,N}}{M_{p\ell}} = 1{,}1 \left(1 - \frac{N}{N_{p\ell}}\right) \leq 1{,}0 \tag{5.12}$$

Sie ist in Bild 5.14 gestrichelt gezeichnet. Für $N < 0{,}1\ N_{p\ell}$ tritt keine Abminderung ein.

5.3.7 Biegung und Querkraft; M-Q-Interaktion

Bei dem Einfluß der Querkraft auf das vollplastische Moment führt die Berücksichtigung der Fließbedingung $\sigma^2 + 3\tau^2 = \sigma_F^2$ im schubbeanspruchten Querschnittsteil (F_Q) dazu, daß dort nur die "reduzierte Fließ-Normalspannung" $\sigma_{F,Q} = \sigma_F \sqrt{1 - \frac{3\tau^2}{\sigma_F^2}}$ aufgenommen werden kann.

$$\text{Mit} \quad \tau = \frac{Q}{F_Q} \quad \text{und} \quad Q_{p\ell} = F_Q \frac{\sigma_F}{\sqrt{3}} \tag{5.13}$$

$$\text{wird} \quad \sigma_{F,Q} = \sigma_F \sqrt{1 - \left(\frac{Q}{Q_{p\ell}}\right)^2} \tag{5.14}$$

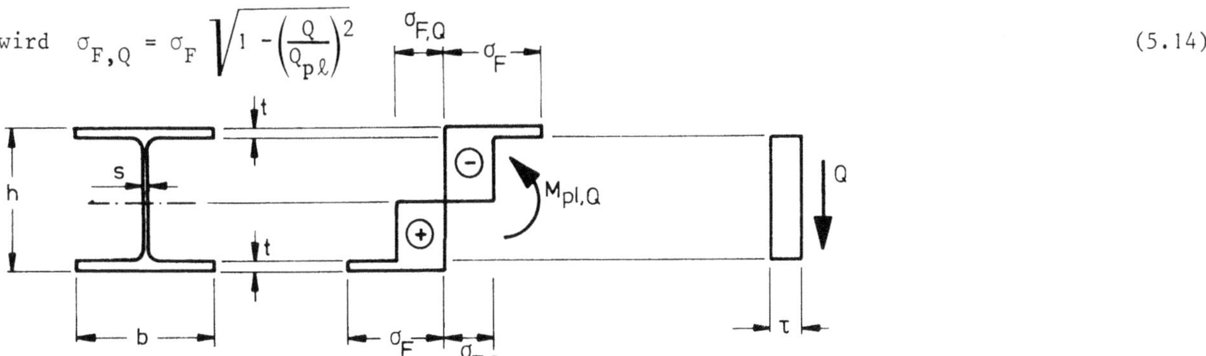

Bild 5.15 Reduzierte Fließ-Normalspannung infolge Querkraft

Für I-Profile, starke Achse, (mit $F_Q = F_{steg}$) gilt damit:

$$M_{p\ell,Q} = M_{p\ell} - M_{p\ell,Steg} \left(1 - \frac{\sigma_{F,Q}}{\sigma_F}\right)$$

$$\frac{M_{p\ell,Steg}}{M_{p\ell}} = \frac{F_{Steg} \frac{h}{4}}{F_{Gurt}\, h + F_{Steg} \frac{h}{4}} = \frac{F_{Steg}}{4\, F_{Gurt} + F_{Steg}} = \frac{F_Q}{2\, F - F_Q}$$

$$\frac{M_{p\ell,Q}}{M_{p\ell}} = 1 - \left[1 - \sqrt{1 - \left(\frac{Q}{Q_{p\ell}}\right)^2}\right] \frac{F_Q}{2\, F - F_Q} \tag{5.15}$$

Für den Rechteckquerschnitt mit $\frac{F_Q}{F} = 1$ und für den Rohrquerschnitt sowie angenähert für I-Profile, schwache Achse, gilt:

$$\frac{M_{p\ell,Q}}{M_{p\ell}} = \sqrt{1 - \left(\frac{Q}{Q_{p\ell}}\right)^2} \tag{5.16}$$

Die Ergebnisse sind in Bild 5.16 dargestellt.

Für I-Profile, starke Achse, darf nach Bild 5.17 für $Q > \frac{1}{3} Q_{p\ell}$ auch folgende Näherungsgleichung verwendet werden:

$$\frac{M_{p\ell,Q}}{M_{p\ell}} = 1{,}1 - 0{,}3 \frac{Q}{Q_{p\ell}} \leq 1{,}0 \tag{5.17}$$

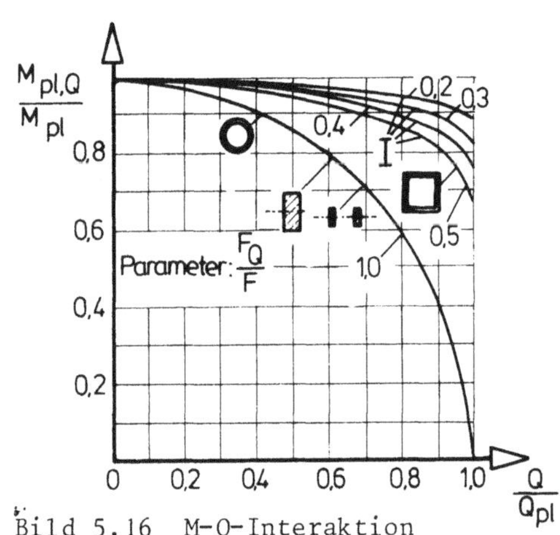

Bild 5.16 M-Q-Interaktion

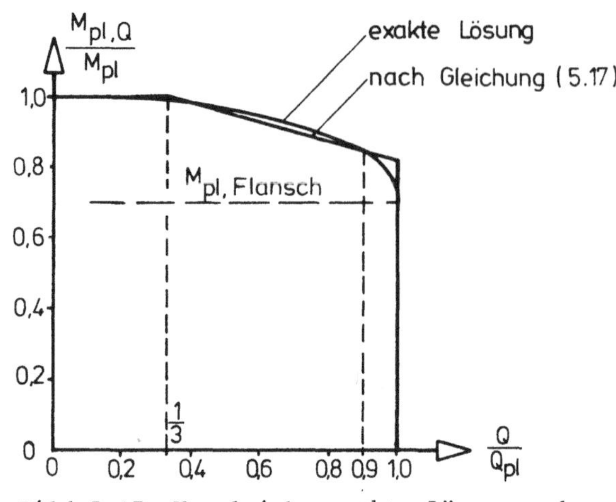

Bild 5.17 Vergleich: exakte Lösung und Gleichung (5.17)

5.3.8 Normalkraft und Querkraft; N-Q-Interaktion

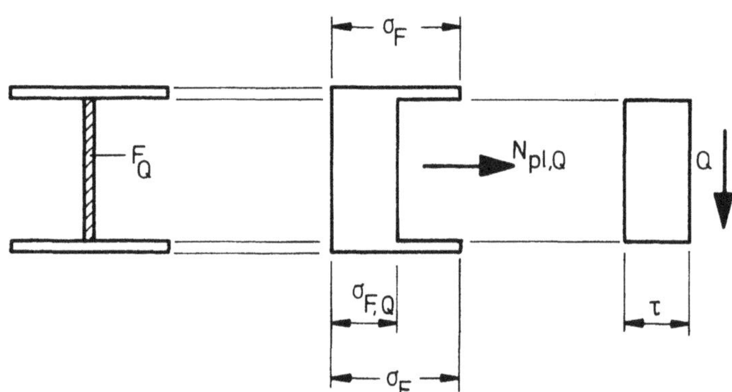

Bild 5.18 Normalkraft- und Querkraftbeanspruchung

Unter den gleichen Voraussetzungen wie in Abschnitt 5.3.7 erhält man für I-Profile, starke Achse:

$$N_{p\ell,Q} = N_{p\ell} - N_{p\ell,Steg}\left(1 - \frac{\sigma_{F,Q}}{\sigma_F}\right) \quad \text{mit} \quad \frac{N_{p\ell,Steg}}{N_{p\ell}} = \frac{F_{Steg}}{F} = \frac{F_Q}{F}$$

$$\frac{N_{p\ell,Q}}{N_{p\ell}} = 1 - \left[1 - \sqrt{1 - \left(\frac{Q}{Q_{p\ell}}\right)^2}\,\right]\frac{F_Q}{F} \tag{5.18}$$

Für den Rechteckquerschnitt mit $\frac{F_Q}{F} = 1$ sowie für den Rohrquerschnitt gilt:

$$\frac{N_{p\ell,Q}}{N_{p\ell}} = \sqrt{1 - \left(\frac{Q}{Q_{p\ell}}\right)^2} \tag{5.19}$$

Der Einfluß der Querkraft auf die vollplastische Normalkraft ist in Bild 5.19 dargestellt.

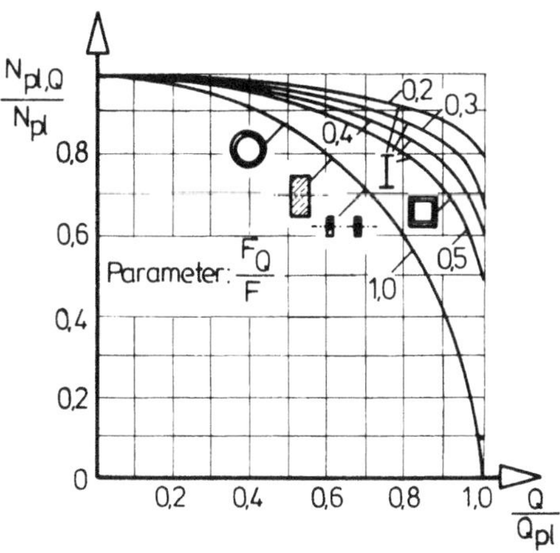

Bild 5.19 N-Q-Interaktion

5.3.9 Biegung, Normalkraft und Querkraft; M-N-Q-Interaktion

Auf der gleichen Grundlage wie Abschnitt 5.3.7 und 5.3.8 erhält man folgende Interaktionsdiagramme:

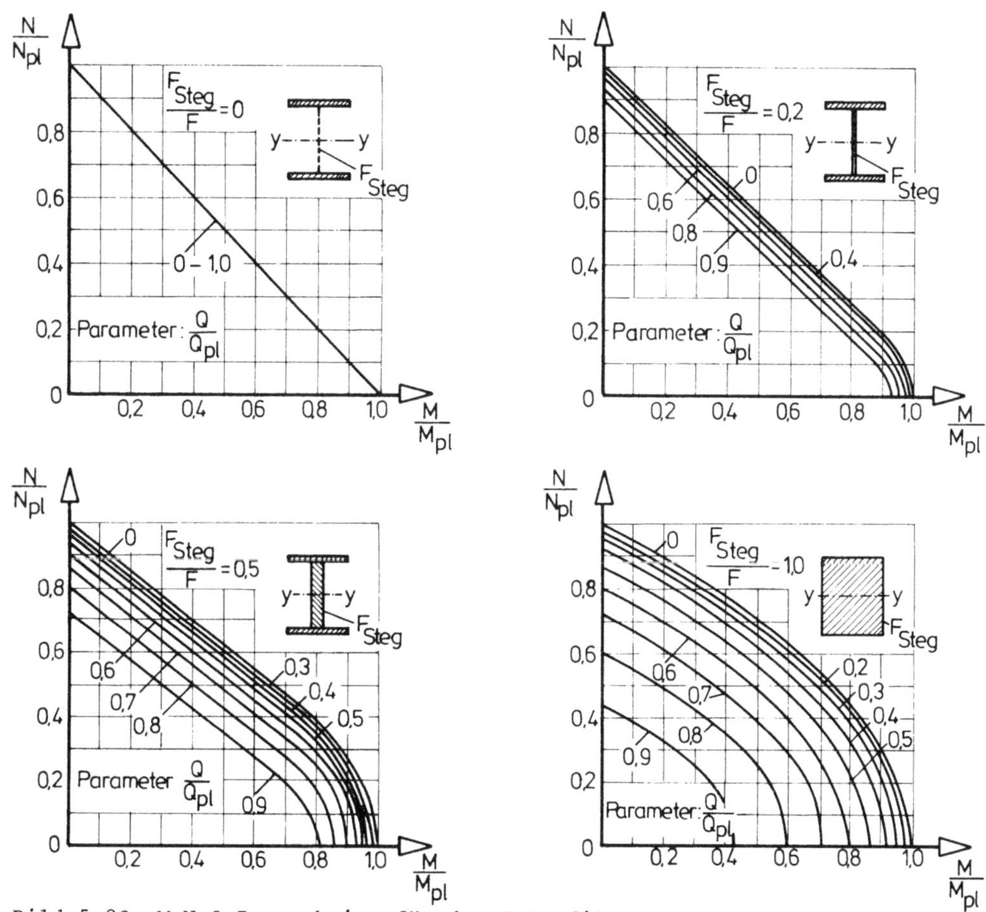

Bild 5.20 M-N-Q-Interaktion für das I-Profil

Der Einfluß der Querkraft kann mit guter Näherung auch dadurch berücksichtigt werden, daß in die M-N-Interaktionsbeziehungen des Abschnittes 5.3.6 (Bild 5.14) anstelle des vollplastischen Momentes $M_{p\ell}$ der Wert $M_{p\ell,Q}$ und anstelle von $N_{p\ell}$ der Wert $N_{p\ell,Q}$ eingesetzt wird.

Dies führt zu folgenden Näherungsformeln:

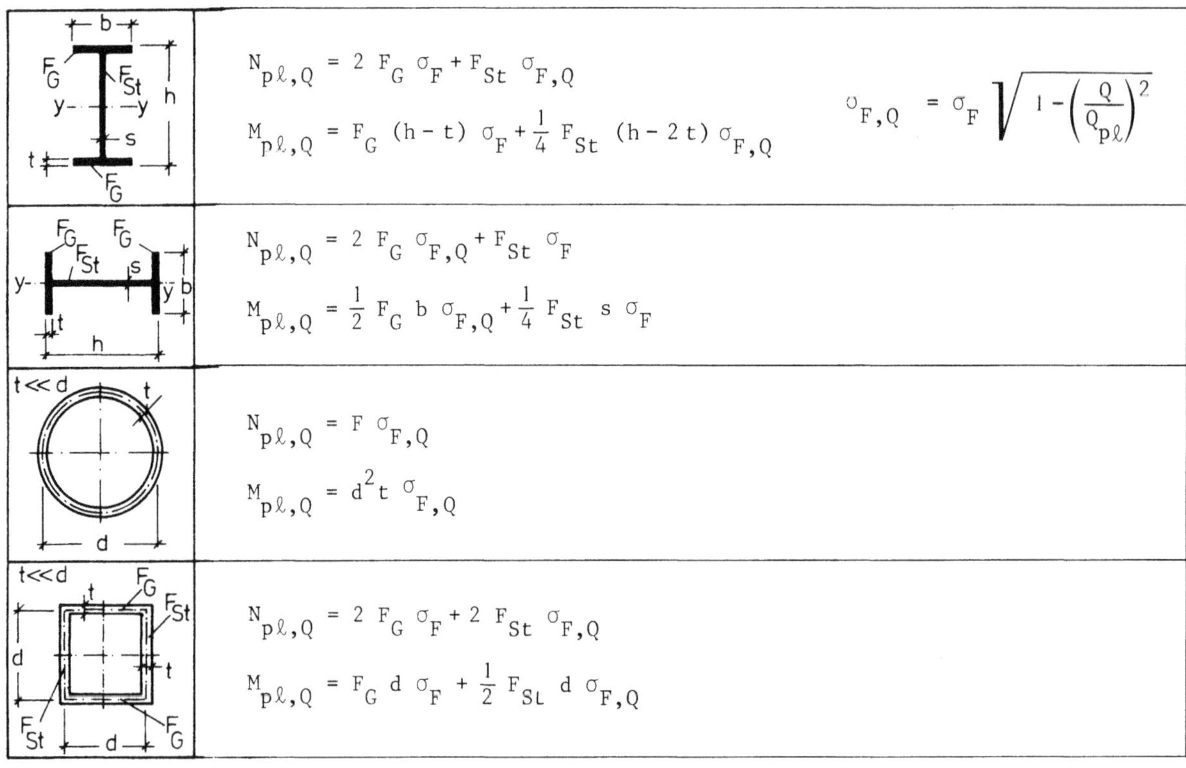

Querschnitt	Näherungsformeln
I-Profil (b, h, t, s, F_G, F_{St}, y)	$N_{p\ell,Q} = 2\,F_G\,\sigma_F + F_{St}\,\sigma_{F,Q}$ $M_{p\ell,Q} = F_G\,(h-t)\,\sigma_F + \frac{1}{4}\,F_{St}\,(h-2\,t)\,\sigma_{F,Q}$ $\sigma_{F,Q} = \sigma_F \sqrt{1-\left(\frac{Q}{Q_{p\ell}}\right)^2}$
I-Profil, schwache Achse (F_G, F_{St}, s, b, t, h, y)	$N_{p\ell,Q} = 2\,F_G\,\sigma_{F,Q} + F_{St}\,\sigma_F$ $M_{p\ell,Q} = \frac{1}{2}\,F_G\,b\,\sigma_{F,Q} + \frac{1}{4}\,F_{St}\,s\,\sigma_F$
Rohr ($t \ll d$, t, d)	$N_{p\ell,Q} = F\,\sigma_{F,Q}$ $M_{p\ell,Q} = d^2 t\,\sigma_{F,Q}$
Kastenquerschnitt ($t \ll d$, t, d, F_G, F_{St})	$N_{p\ell,Q} = 2\,F_G\,\sigma_F + 2\,F_{St}\,\sigma_{F,Q}$ $M_{p\ell,Q} = F_G\,d\,\sigma_F + \frac{1}{2}\,F_{St}\,d\,\sigma_{F,Q}$

Tafel 5.2 Näherungsformeln für die M-N-Q-Interaktion

Für I-Profile (starke Achse) kann auch die aus den Gleichungen (5.12) und (5.17) kombinierte Näherung verwendet werden:

$$\frac{M_{p\ell,N,Q}}{M_{p\ell}} = 1{,}1 - 1{,}1\,\frac{N}{N_{p\ell}} - 0{,}3\,\frac{Q}{Q_{p\ell}} \leq 1{,}0 \qquad (5.20)$$

5.3.10 Zweiachsige Biegung; M_y-M_z-Interaktion

Die Ergebnisse der Interaktion bei zweiachsiger Biegung (s. Bild 5.21) sind in Bild 5.22 grafisch dargestellt.

Für das dünnwandige Rohr gilt die Kreisgleichung, da die zweiachsige Beanspruchung stets auf den Fall der einachsigen Biegung zurückgeführt werden kann.

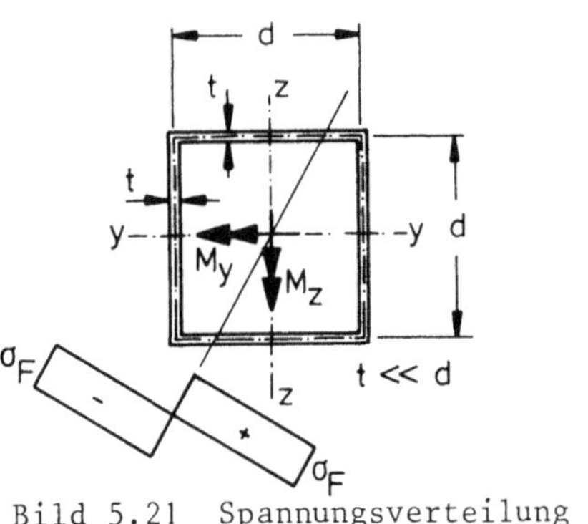

Bild 5.21 Spannungsverteilung

Bild 5.22 M_y-M_z-Interaktion

Bei I-Profilen darf das vollplastische Moment unter Berücksichtigung des Steges eingesetzt und damit die Kurve des Sandwichquerschnittes ausgewertet werden.

5.3.11 Zweiachsige Biegung und Querkraft; M_y-M_z-Q-Interaktion

Näherungsweise kann in allen Fällen wie in Abschnitt 5.3.7 der Querkrafteinfluß durch Einsetzen der reduzierten Momente $M_{p\ell,Q}$ nach Bild 5.16 und Tafel 5.2 berücksichtigt werden.

5.3.12 Zweiachsige Biegung, Normalkraft und Querkraft; M_y-M_z-N-Q-Interaktion

Sandwichquerschnitt

Bei der Herleitung der Interaktionsbeziehungen für den Sandwichquerschnitt sind zwei Belastungsfälle zu unterscheiden. In Bild 5.23a ist eine Spannungsverteilung über den Querschnitt bei überwiegender Beanspruchung M_y und N dargestellt.

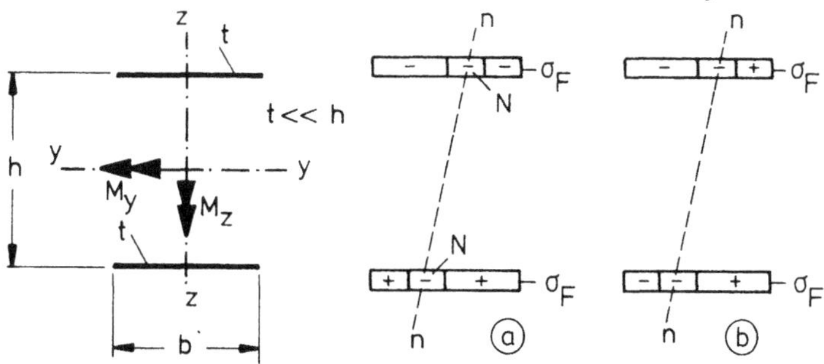

Bild 5.23 Spannungsverteilung
a) bei überwiegender Belastung M_y,N
b) bei überwiegender Beanspruchung M_z,N

Man erkennt, daß der Querschnitt bei gegebener Drucknormalkraft N durch Drehung der Achse n — n ein zusätzliches Biegemoment M_z aufnehmen kann, ohne daß das Biegemoment M_y abgemindert wird, d.h. es gilt weiterhin die Interaktionsbeziehung

$$\frac{M_y}{M_{p\ell,y}} = 1 - \frac{N}{N_{p\ell}} \qquad (5.21)$$

Die Spannungsverteilung über den Querschnitt für den Fall überwiegender Belastung M_z und N ist in Bild 5.23b angegeben, wobei die zugehörige Interaktionsbeziehung lautet:

$$\left(\frac{N}{N_{p\ell}}\right)^2 + \left(\frac{M_y}{M_{p\ell,y}}\right)^2 + \frac{M_z}{M_{p\ell,z}} = 1 \qquad (5.22)$$

Als Grenzkurve, die diese beiden Belastungsfälle trennt, erhält man

$$\frac{M_z}{M_{p\ell,z}} = 2\,\frac{N}{N_{p\ell}}\left(1 - \frac{N}{N_{p\ell}}\right) \qquad (5.23)$$

Die Auswertung der Gleichungen (5.21), (5.22) und (5.23) liefert die plastische Grenztragfähigkeit des Sandwichquerschnittes bei zweiachsiger Biegung mit Normalkraft. Sie ist in Bild 5.24 dargestellt. Weitere Interaktionskurven sind in /55/ enthalten.

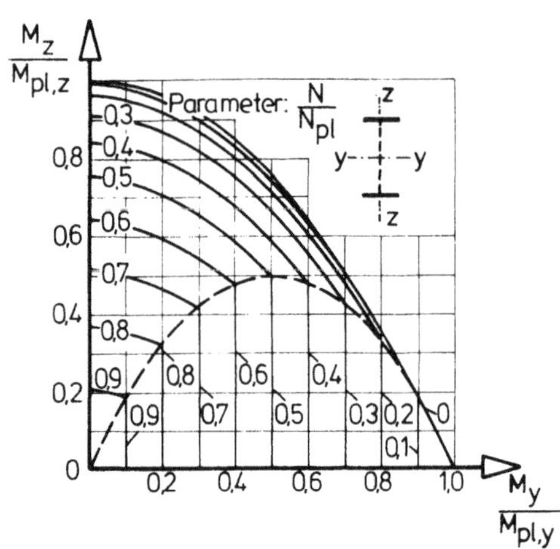

Bild 5.24 M_y-M_z-N-Interaktion des Sandwichquerschnittes

Wenn große Querkräfte Q_z auftreten, d.h. wenn der Steg zur Aufnahme von Längskräften und Biegemomenten nicht mehr herangezogen werden kann, sollte der Sandwichquerschnitt zur Berechnung der Grenztragfähigkeit von I-Profilen zugrunde gelegt werden. Dabei sind die vollplastischen Momente und die Quetschlast ohne die Mitwirkung des Steges zu berechnen. Eine vorhandene Querkraft Q_z kann ebenfalls berücksichtigt werden, wenn zusätzlich bei der Berechnung der vollplastischen Schnittgrößen die reduzierte Spannung σ_{F,Q_z} eingesetzt wird.

Bei kleinen Querkräften, d.h. unter teilweiser Mitwirkung des Steges für Biegemomente und Längskraft, dürfen die Gleichungen des Sandwichquerschnittes benutzt werden. In diesem Fall ist bei der Berechnung der vollplastischen Schnittgrößen zu beachten, daß die Streckgrenze σ_F infolge der Querkräfte Q_y und Q_z sowohl im Gurt als auch im Steg reduziert wird.

$$N_{p\ell,Q} = 2\, F_G\, \sigma_{F,Q_z} + F_{St}\, \sigma_{F,Q_y}$$

$$M_{p\ell,Q_y} = F_G\, (h-t)\, \sigma_{F,Q_z} + \frac{1}{4}\, F_{St}\, (h-2t)\, \sigma_{F,Q_y} \qquad (5.24)$$

$$M_{p\ell,Q_z} = \frac{1}{2}\, F_G\, b\, \sigma_{F,Q_z} + \frac{1}{4}\, F_{St}\, s\, \sigma_{F,Q_y}$$

$$\sigma_{F,Q_y} = \sigma_F \sqrt{1 - \left(\frac{Q_y}{Q_{p\ell,y}}\right)^2} \qquad (5.25a)$$

$$\sigma_{F,Q_z} = \sigma_F \sqrt{1 - \left(\frac{Q_z}{Q_{p\ell,z}}\right)^2} \qquad (5.25b)$$

Rohrprofile

Für die Interaktionsbeziehung M_y, M_z, N des Rundrohres gilt die Kreisgleichung (Bild 5.25a). In Bild 5.25b ist die Interaktionsbeziehung für das quadratische Hohlprofil dargestellt, die näherungsweise ermittelt wurde. Der Einfluß der Querkraft kann wiederum durch Einsetzen des reduzierten Momentes $M_{p\ell,Q}$ anstelle des vollen Wertes $M_{p\ell}$ erfaßt werden.

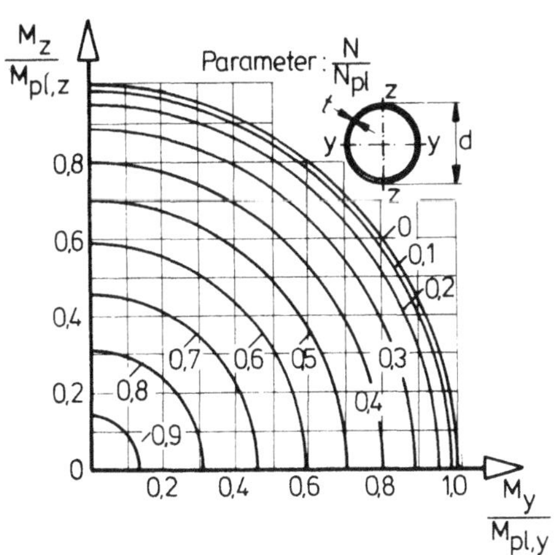

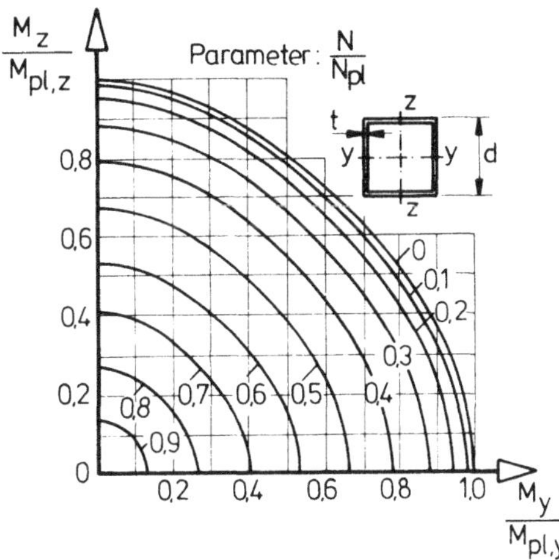

Bild 5.25 a) M_y-M_z-N-Interaktion des Rundrohres b) M_y-M_z-N-Interaktion für das quadratische Hohlprofil

5.3.13 Allgemeine Beanspruchung

In den bisherigen Abschnitten wurden die Interaktionsbeziehungen für die kombinierten Beanspruchungen jeweils als ebene Kurven angegeben. Für die Darstellung bei allgemeiner Beanspruchung ist die Interaktionsoberfläche bzw. die Schnittkurve dieser Fläche mit der Ebene N = konst. entsprechend Bild 5.26 zweckmäßig (vgl. auch Abschnitt 7.4).

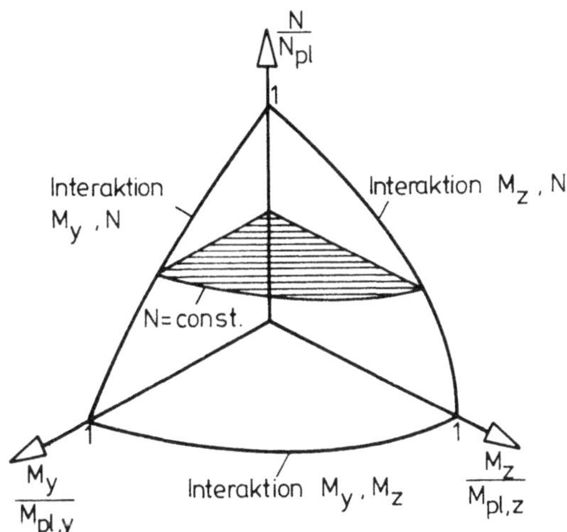

Bild 5.26 Allgemeine Beanspruchung des Querschnittes

5.4 Berechnung der plastischen Grenzlast

5.4.1 Einführung

Wie in Abschnitt 5.2.3 erläutert, stellt sich beim Einfeldträger nach Bild 5.27 eine bestimmte Durchbiegung δ bei Erreichen des vollplastischen Momentes $M_{p\ell}$ ein. Beim Fließgelenkmodell ist der gesamte Rest des Trägers elastisch geblieben, bei Berücksichtigung von Fließbereichen ist er teilplastiziert. Der Träger ist noch im Gleichgewicht, er ist jedoch zu einer kinematischen Kette geworden.

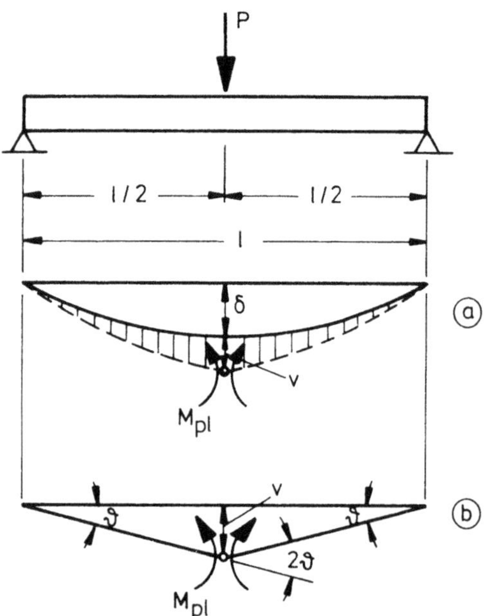

Bild 5.27 Kinematische Kette

Prägt man dieser Kette eine (mit den Randbedingungen verträgliche) Verformung v ein, so verdreht sich das Fließgelenk ohne Steigerung des Widerstandes, d.h. die Biegelinie des Restträgers ändert ihre Gestalt nicht (Bild 5.27a). Die eingeprägte Verformung kann also an dem starren Gelenksystem dargestellt werden (Bild 5.27b). Wendet man den Arbeitssatz auf dieses (starre) Gelenksystem an, so ist die äußere Arbeit

$A_a = P \cdot v = P \cdot \vartheta \frac{\ell}{2}$ und die innere Arbeit $A_i = - 2\, \vartheta\, M_{p\ell}$

Hinweis: Das negative Vorzeichen folgt aus der Verdrehung des Gelenkes gegen die Drehrichtung der Schnittgröße $M_{p\ell}$. Bei dieser Verschiebung tritt keine "elastische" innere Arbeit auf.

Die Forderung des Gleichgewichtes $A_a + A_i = 0$ liefert:

$$P\, \vartheta\, \frac{\ell}{2} = 2\, \vartheta\, M_{p\ell}$$

$$P_{Gr} = \frac{4\, M_{p\ell}}{\ell} \quad \text{bzw.} \quad M_{p\ell} = \frac{P_{Gr}\, \ell}{4}$$

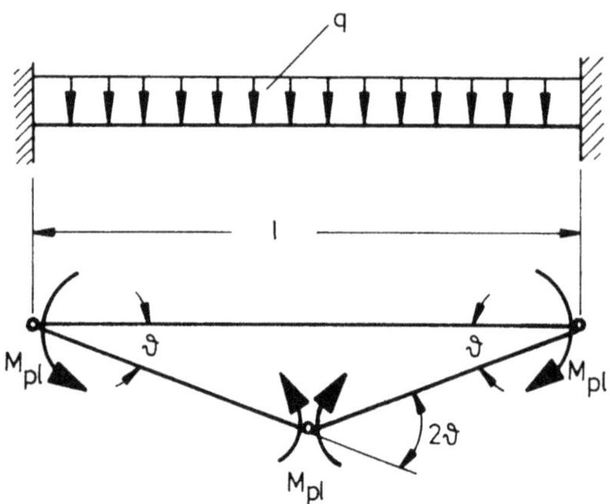

Bild 5.28 Eingespannter Einfeldträger

Beim eingespannten Einfeldträger unter Gleichstreckenlast q (er kann als Ausschnitt eines ∞ langen Durchlaufträgers angesehen werden) beträgt unter der in Bild 5.28 dargestellten kinematischen Kette die äußere Arbeit:

$$A_a = 2\,q\,\frac{\ell}{2}\,\vartheta\,\frac{\ell}{4} = q\,\vartheta\,\frac{\ell^2}{4}, \quad \text{die innere Arbeit} \quad A_i = -\,4\,\vartheta\,M_{p\ell}$$

Gleichgewicht: $q_{Gr}\,\vartheta\,\frac{\ell^2}{4} = 4\,\vartheta\,M_{p\ell}$

plastische Grenzlast: $$q_{Gr} = \frac{16\,M_{p\ell}}{\ell^2} \qquad (5.26)$$

Dieser Tatsache wurde in Deutschland bereits 1934 Rechnung getragen. Nach DIN 1050 dürfen die Innenfelder für Durchlaufträger im Hochbau nach dem Biegemoment $M = \frac{q\,\ell^2}{16}$ bemessen werden.

Hinweis: Zusätzlich ist zu prüfen, ob eine Abminderung des $M_{p\ell}$ an den Einspannstellen infolge Querkraft erforderlich ist. Dort tritt dann anstelle des vollen $M_{p\ell}$ das abgeminderte $M_{p\ell,Q}$.

Gegenüber der "elastischen" Berechnung ($M_{Stütze} = \frac{q\,\ell^2}{12}$) ist in diesem Fall eine Erhöhung der Tragfähigkeit um 33 % zu verzeichnen. Unter Gebrauchslasten tritt bei einem globalen Sicherheitsfaktor von $\nu = 1{,}7$ und bei einem Wert $\alpha = \frac{W_{p\ell}}{W} = 1{,}14$ noch kein Fließen am Rand auf:

$$q_{zul} = \frac{1}{1{,}7}\,\frac{16\,M_{p\ell}}{\ell^2} = 9{,}4\,\frac{M_{p\ell}}{\ell^2}$$

$$M_{p\ell} = 1{,}14\,M_F$$

$$M_F = \frac{q_{zul}\,\ell^2}{1{,}14\;9{,}4} = \frac{q_{zul}\,\ell^2}{10{,}7}$$

Im elastischen Zustand tritt aber nur $M_{max} = \frac{q_{zul}\,\ell^2}{12}$ an der Stütze auf.

An den gezeigten Beispielen war die Ermittlung der Fließgelenkkette (und damit der Traglast) sehr einfach. Die Hauptschwierigkeit der Traglastberechnung liegt in dem Auffinden der "maßgebenden" Bruchkette.

Hinweis: Fließgelenke können sich bilden:

- an Einspannstellen
- unter Einzellasten (und Innenauflagern)
- im Bereich von max M unter verteilten Lasten
- in oder an Rahmenknoten
- bei Querschnittsschwächungen (Änderung von $M_{p\ell}$)
- allgemein: an allen Stellen relativer Beanspruchungsmaximalstellen und relativer Widerstandsminimalstellen

Beispiel:

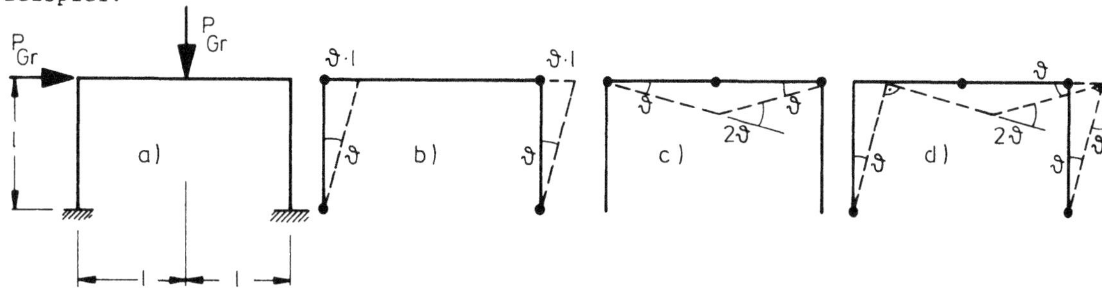

Bild 5.29 a) System, Belastung
b) Seitenverschiebungskette
c) Trägerkette
d) kombinierte kinematische Kette

Stützen und Riegel haben gleichen Querschnitt.

Seitenverschiebungskette: $P_{Gr} \cdot \vartheta \ell = 4 \vartheta M_{p\ell}$ $P_{Gr} = 4 \frac{M_{p\ell}}{\ell}$

Trägerkette: $P_{Gr} \cdot \vartheta \ell = 4 \vartheta M_{p\ell}$ $P_{Gr} = 4 \frac{M_{p\ell}}{\ell}$

kombinierte kinematische Kette: $2 P_{Gr} \cdot \vartheta \ell = 6 \vartheta M_{p\ell}$ $P_{Gr} = 3 \frac{M_{p\ell}}{\ell}$

Die plastische Grenzlast ist $P_{Gr} = 3 \frac{M_{p\ell}}{\ell}$

5.4.2 Traglastsätze

Im allgemeinen gibt es viele Biegemomentenverteilungen für ein statisch unbestimmtes Tragwerk, die die statischen Gleichgewichtsbedingungen befriedigen. Diese Verteilungen werden als statisch zulässig bezeichnet. Zusätzlich gilt die Bedingung, daß das Biegemoment an keiner Stelle des biegesteifen Tragwerkes das vollplastische Moment $M_{p\ell}$ überschreiten darf. Eine solche Biegemomentenverteilung wird als sicher bezeichnet.

Statischer Satz (untere Schranke)

Wenn für ein gegebenes Rahmentragwerk unter einer bestimmten, durch den Faktor P definierten Lastgruppe eine Biegemomentenverteilung existiert, die sowohl sicher als auch statisch zulässig ist, so ist P kleiner als oder gleich der plastischen Grenzlast P_{Gr}.

Anmerkung: Eine für die Konstruktionspraxis wichtige Erkenntnis folgt aus dem statischen Satz: Verstärkungen oder konstruktive Erhöhung des Einspanngrades an Auflagern, Stößen oder Gelenken können niemals die plastische Grenzlast verringern. (Die Elastizitätstheorie kommt zu anderen Ergebnissen!)

Wenn die tatsächliche Bruchkette bekannt ist, kann die plastische Grenzlast mit Hilfe einer Arbeitsgleichung gefunden werden. Ist sie nicht bekannt, dann kann die Arbeitsgleichung für eine beliebig gewählte Bruchkette angeschrieben werden. Man erhält dann den zugehörigen Wert von P, der stets größer ist als für die tatsächliche Bruchkette.

Kinematischer Satz (obere Schranke)

Der Wert von P, der irgendeiner kinematischen Kette eines gegebenen Rahmentragwerkes zugehört, ist größer als oder gleich der plastischen Grenzlast P_{Gr}.

Aus diesen beiden Sätzen läßt sich folgender Satz entwickeln:

Einzigkeits-Satz

Existiert für ein gegebenes Rahmentragwerk unter einer bestimmten, durch den Faktor P definierten Lastgruppe wenigstens eine sichere und statisch zulässige Biegemomentenverteilung, die zugleich an einer genügenden Anzahl von Querschnitten das vollplastische Moment erreicht, um durch Bildung von verdrehungsfähigen, plastischen Gelenken eine mindestens örtliche kinematische Kette mit einem Freiheitsgrad zu erzeugen, so ist der Wert von P gleich der kritischen Last P_{Gr} im Zustand des Versagens.

In diesem Satz sind demnach 3 Forderungen enthalten:

- Gleichgewicht (I)
- an jeder Stelle $M \leq M_{p\ell}$ (II)
- kinematische Kette (III)

Als Nebenbedingung muß stets erfüllt sein: die Verdrehung des Fließgelenkes muß gegen die Drehrichtung der Schnittgröße $M_{p\ell}$ erfolgen.

Erläuterungsbeispiel, Stiele und Riegel haben gleiche Querschnittstragfähigkeit $M_{p\ell}$.

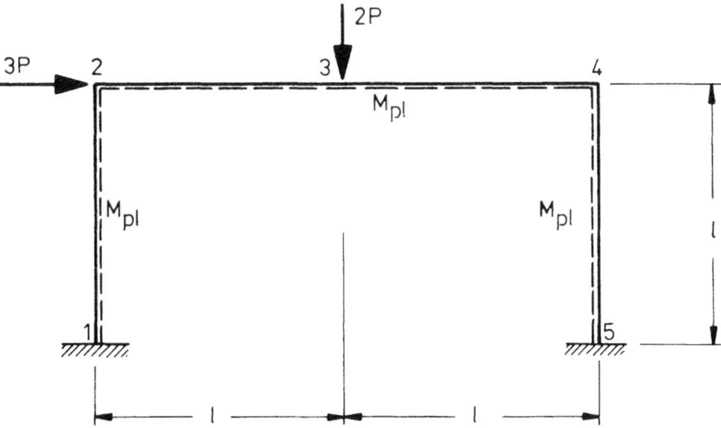

Bild 5.30 System und Belastung

Das System ist 3fach statisch unbestimmt.

Zunächst wird eine kinematische Kette - nicht notwendig die "richtige" Bruchkette - gewählt. Damit ist die 3. Bedingung erfüllt, während die 2. und 1. noch geprüft werden muß.

1. Untersuchung:

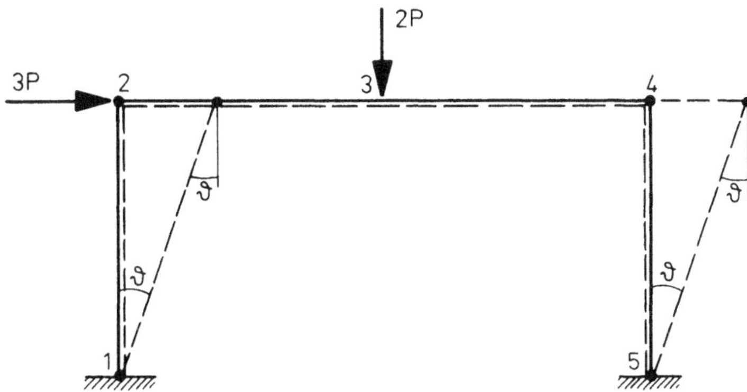

Bild 5.31 Seitenverschiebungskette

Es sind 4 Fließgelenke vorhanden.

Berechnung der plastischen Grenzlast:

$$3\,P\,\ell\,\vartheta = 4\,M_{p\ell}\,\vartheta \qquad P_{Gr} = \frac{4}{3}\,\frac{M_{p\ell}}{\ell}$$

Kontrolle des Gleichgewichtes:

Die Errechnung der Biegemomentenverteilung ist einfach, da in den Punkten 1, 2, 4 und 5 die Werte $M_{p\ell}$ vorgegeben sind. Die Vorzeichen ergeben sich aus der Richtung von ϑ (s. Nebenbedingung). Die Momentenfläche ist in Bild 5.32 dargestellt.

M_3 ergibt sich zu: $M_3 = \frac{2P\ 2\ell}{4} = P_{Gr}\ \ell = \frac{4}{3}\ M_{p\ell}$

Forderungen: (I) erfüllt, (II) nicht erfüllt, (III) erfüllt.

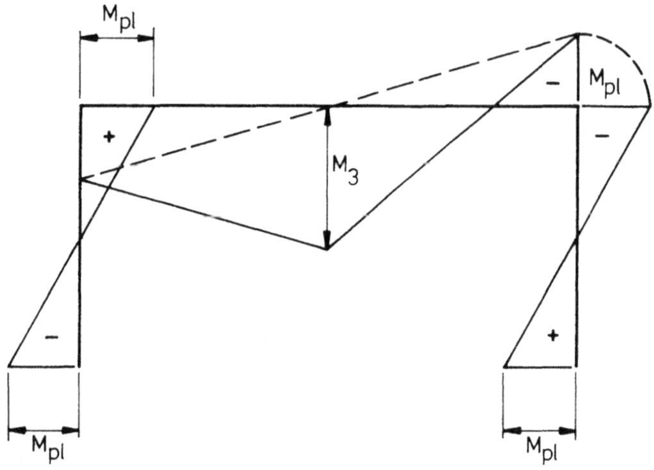

Bild 5.32 Biegemomentenverteilung

Nach dem kinematischen Satz kann daher gefolgert werden:

$$P_{Gr} < \frac{4}{3}\frac{M_{p\ell}}{\ell} \quad \text{(obere Schranke)}$$

Als untere Schranke kann nach dem statischen Satz folgende Aussage getroffen werden:
Es kann durch einen Faktor k erreicht werden, daß die statisch zulässige außerdem eine sichere Biegemomentenfläche wird (Theorie 1. Ordnung).

Gewählt: $k = \frac{3}{4}$ damit $M_3 = M_{p\ell}$ und $P_{Gr} = k\,\frac{4}{3}\frac{M_{p\ell}}{\ell} = \frac{M_{p\ell}}{\ell}$ (untere Schranke)

Da jetzt nur noch ein vollplastisches Moment (an der Stelle M_3) auftritt, liegt keine kinematische Kette vor.
(I) erfüllt, (II) erfüllt, (III) nicht erfüllt.
Als (vorläufige) Aussage für die plastische Grenzlast steht jetzt bereits fest:

$$\frac{M_{p\ell}}{\ell} < P_{Gr} < \frac{4}{3}\frac{M_{p\ell}}{\ell}$$

2. Untersuchung:

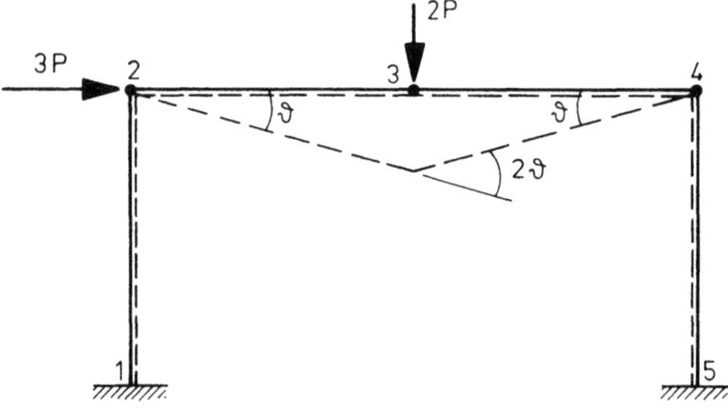

Bild 5.33 Trägerkette

Es treten 3 Fließgelenke auf (örtliche kinematische Kette).
Berechnung der plastischen Grenzlast:

$$2\,P\,\vartheta\,\ell = 4\,M_{p\ell}\,\vartheta \qquad P_{Gr} = 2\,\frac{M_{p\ell}}{\ell}$$

Dieses Ergebnis braucht eigentlich nicht weiter verfolgt zu werden, da bereits bei der Seitenverschiebungskette eine bessere Eingrenzung der Traglast erreicht wurde. Bei dieser Kette soll jedoch ein Problem erläutert werden, das häufig vorkommt: das teilweise Versagen. Die Trägerkette hat nur 3 Gelenke, das System ist 3fach statisch unbestimmt, also entsteht nach der Abzählregel ein "statisch bestimmtes" System. In Wirklichkeit entsteht jedoch eine (örtliche) kinematische Kette und ein einfach - statisch - unbestimmtes Restsystem (die beiden eingespannten Stützen). Deshalb ist auch die "Rückrechnung" der Biegemomentenverteilung nicht eindeutig durchführbar. Es ist jedoch anhand folgender Gleichgewichtsüberlegungen leicht zu erkennen, daß in den Stützen Biegemomente entstehen müssen, die größer als $M_{p\ell}$ sind:

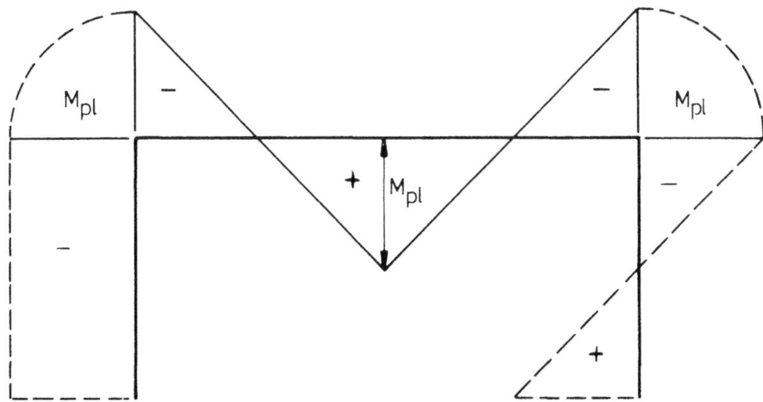

Bild 5.34 Biegemomentenverteilung

- die linke Stütze kann (ohne Überschreitung von $M_{p\ell}$) keine Horizontalkraft (Querkraft) übertragen,
- wenn die rechte Stütze die volle H-Kraft ($3\ P_{Gr} = 6\ \frac{M_{p\ell}}{\ell}$) aufnimmt, dann entsteht am Fußpunkt folgendes Biegemoment:

$$- M_{p\ell} + 6\ \frac{M_{p\ell}}{\ell}\ \ell = 5\ M_{p\ell}$$ Keine "sichere" Momentenverteilung möglich.

3. Untersuchung:

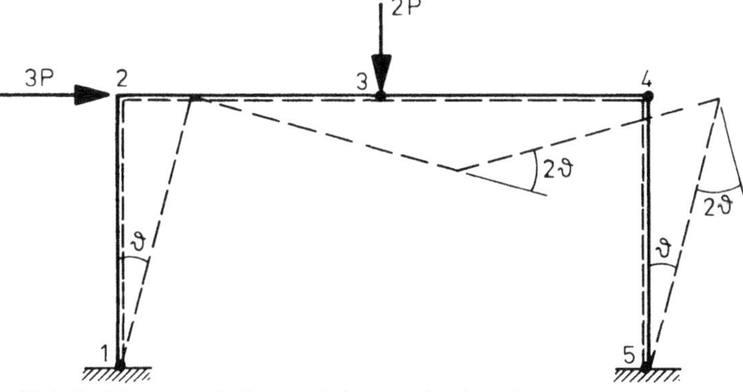

Bild 5.35 Kombinierte kinematische Kette

Es treten 4 Fließgelenke auf, damit ist die Bedingung (III) erfüllt.

Berechnung der plastischen Grenzlast:

$$3\ P\ \vartheta\ \ell + 2\ P \vartheta \ell = 6\ M_{p\ell}\ \vartheta \qquad P_{Gr} = \frac{6}{5}\ \frac{M_{p\ell}}{\ell}$$

Berechnung der Momentenfläche:

An den Stellen 1, 3, 4 und 5 sind $M_{p\ell}$ vorgegeben.

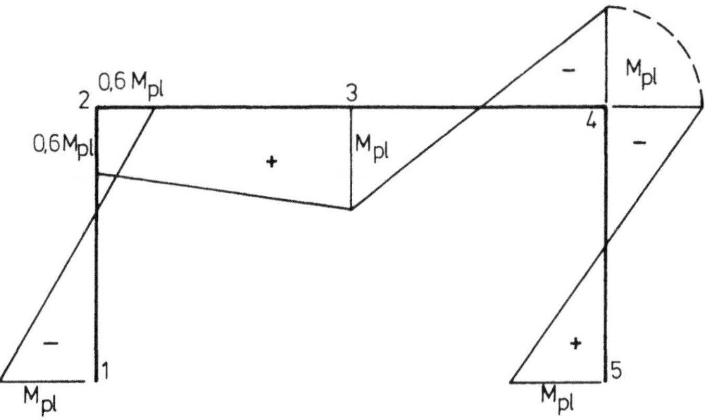

Bild 5.36 Biegemomentenverteilung

In der rechten Stütze wird folgende H-Kraft übertragen: $H_r = \frac{2\,M_{p\ell}}{\ell}$
verbleibt für die linke Stütze:

$$H_\ell = 3\,P_{Gr} - \frac{2\,M_{p\ell}}{\ell} = \left(\frac{18}{5} - 2\right)\frac{M_{p\ell}}{\ell} = \frac{8}{5}\,\frac{M_{p\ell}}{\ell}$$

daraus

$$M_2 = -\,M_{p\ell} + H_\ell\,\ell = +\,0{,}6\,M_{p\ell}$$

Also sind alle 3 Bedingungen des Einzigkeitssatzes erfüllt, daher

$$P_{Gr} = \frac{6}{5}\,\frac{M_{p\ell}}{\ell}$$

5.4.3 Das Probierverfahren

Das Probierverfahren beruht auf dem Einzigkeitssatz, d.h. es wird für eine angenommene kinematische Kette untersucht, ob eine statisch zulässige und sichere Biegemomentenverteilung existiert. Dieses Verfahren wird solange wiederholt, bis die tatsächliche kinematische Kette für das Versagen des Tragwerkes gefunden ist, oder bis man sich durch ausreichend nahe beieinander liegende obere und untere Schranken mit dem Ergebnis zufrieden gibt (vgl. Beispiel Abschnitt 5.4.2, 1. Untersuchung).

Bei gleichmäßig verteilter Belastung ist es oft umständlich, die Stelle der maximalen Beanspruchung (Fließgelenk) von vornherein exakt festzulegen.

Beispiel

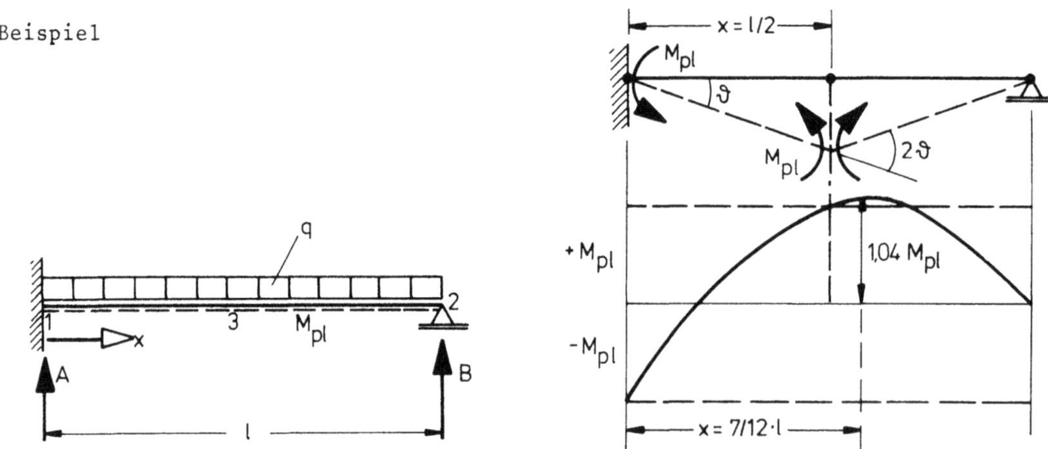

Bild 5.37 Momentenverteilung für Fließgelenk in der Mitte

Annahme (grob geschätzt):

Versagensmechanismus mit Fließgelenk in der Mitte nach Bild 5.37

$$q\,\frac{1}{4}\,\ell^2\,\vartheta = 3\,M_{p\ell}\,\vartheta \qquad \frac{q\,\ell^2}{M_{p\ell}} = 12 \qquad \text{obere Eingrenzung}$$

Die Biegemomentenverteilung für Fließgelenk in der Mitte liefert 1,04 $M_{p\ell}$, also Überschreitung um 4 %.

Nimmt man als untere Schranke den "korrigierten" Wert

$$q_{Gr} \approx \frac{1}{1{,}04}\,\frac{12\,M_{p\ell}}{\ell^2} = 11{,}54\,\frac{M_{p\ell}}{\ell^2}$$

so ist eigentlich ein weiterer Rechengang überflüssig (maximal 4 % "verschenkt"). Hätte man aus der (freihändig hingezeichneten) zu erwartenden M-Fläche die Stelle $x = \frac{7}{12}\,\ell$ als Gelenkpunkt gewählt, so ist das Ergebnis:

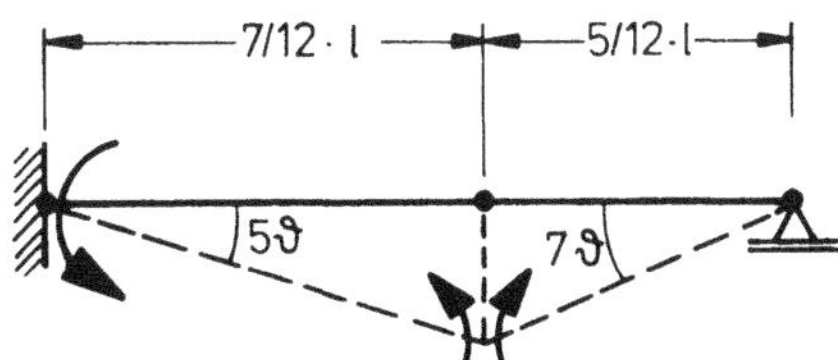

Bild 5.38 Fließgelenk an der Maximalstelle des Biegemomentes

$$A_i = -\,M_{p\ell}(5 + 5 + 7)\vartheta = -\,17\,M_{p\ell}\cdot\vartheta$$

$$A_a = \frac{1}{2}\,q\left(\frac{7}{12}\ell\right)^2 5\,\vartheta + \frac{1}{2}\,q\left(\frac{5}{12}\ell\right)^2 7\cdot\vartheta$$

$$= q\,\ell^2\,\frac{49\cdot 5 + 25\cdot 7}{2\cdot 144}\,\vartheta = \frac{35}{24}\,q\,\ell^2\cdot\vartheta$$

$$q_{Gr} = \frac{24\cdot 17}{35}\,\frac{M_{p\ell}}{\ell^2} = 11{,}657\,\frac{M_{p\ell}}{\ell^2}$$

Die zugehörige M-Fläche ergibt $M_{max} = M_{p\ell}$. (Also wurde tatsächlich bei Annahme des Fließgelenkes bei $\frac{\ell}{2}$ nur rd. 1 % "verschenkt".)

Hinweis: Bei gleichmäßig verteilten Lasten lohnt sich die genaue Bestimmung der Lage des Fließgelenkes im Feldbereich (M_{max}) nicht. Der Fehler, der durch die Anwendung des statischen Satzes gemacht wird (untere Schranke der plastischen Grenzlast) ist meist sehr klein.

5.4.4 Kombination von Elementarketten

Jede mögliche Versagenskette eines Rahmentragwerkes kann als Kombination einer bestimmten Anzahl unabhängiger kinematischer Ketten (der Elementarketten) angesehen werden. Die gesuchte Kombination ist diejenige, die zur geringsten Last gehört, also (bei gegebener Last) den größten Wert von $M_{p\ell}$ besitzt. Deshalb werden die Elementarketten mit großem $M_{p\ell}$ miteinander kombiniert, da diese möglicherweise einen noch größeren Wert für $M_{p\ell}$ liefern. Dies ist sicher der Fall, wenn die Elementarketten so kombiniert werden können, daß ein Gelenk aufgehoben wird. Der Vorteil dieses Verfahrens liegt darin, daß nicht für alle möglichen Versagensketten die Arbeitsgleichung angeschrieben werden muß.

Eine Rahmenkonstruktion mit fest vorgegebenem Belastungsbild hat a = m − n Elementarketten, wobei m die Anzahl der Querschnitte mit relativen max M oder min M ist (an denen Fließgelenke liegen können) und n der Grad der statischen Unbestimmtheit ist. Bei Querschnittsschwächungen (abgestufte Querschnitte, Löcher, evtl. Stöße) können weitere mögliche Orte für Fließgelenke hinzukommen.

Zusammenfassung:

- Ermittlung der Anzahl der zu betrachtenden, voneinander unabhängigen kinematischen Ketten (Elementarketten).
- Ermitteln des Wertes von $M_{p\ell}$, der zu diesen Ketten gehört.
- Kombinationen von Elementarketten untersuchen mit dem Ziel, den Wert von $M_{p\ell}$ zu vergrößern.
- Ermitteln der Momentenfläche für die Traglast und nachprüfen, ob das Biegemoment an keiner Stelle den Wert $M_{p\ell}$ überschreitet.

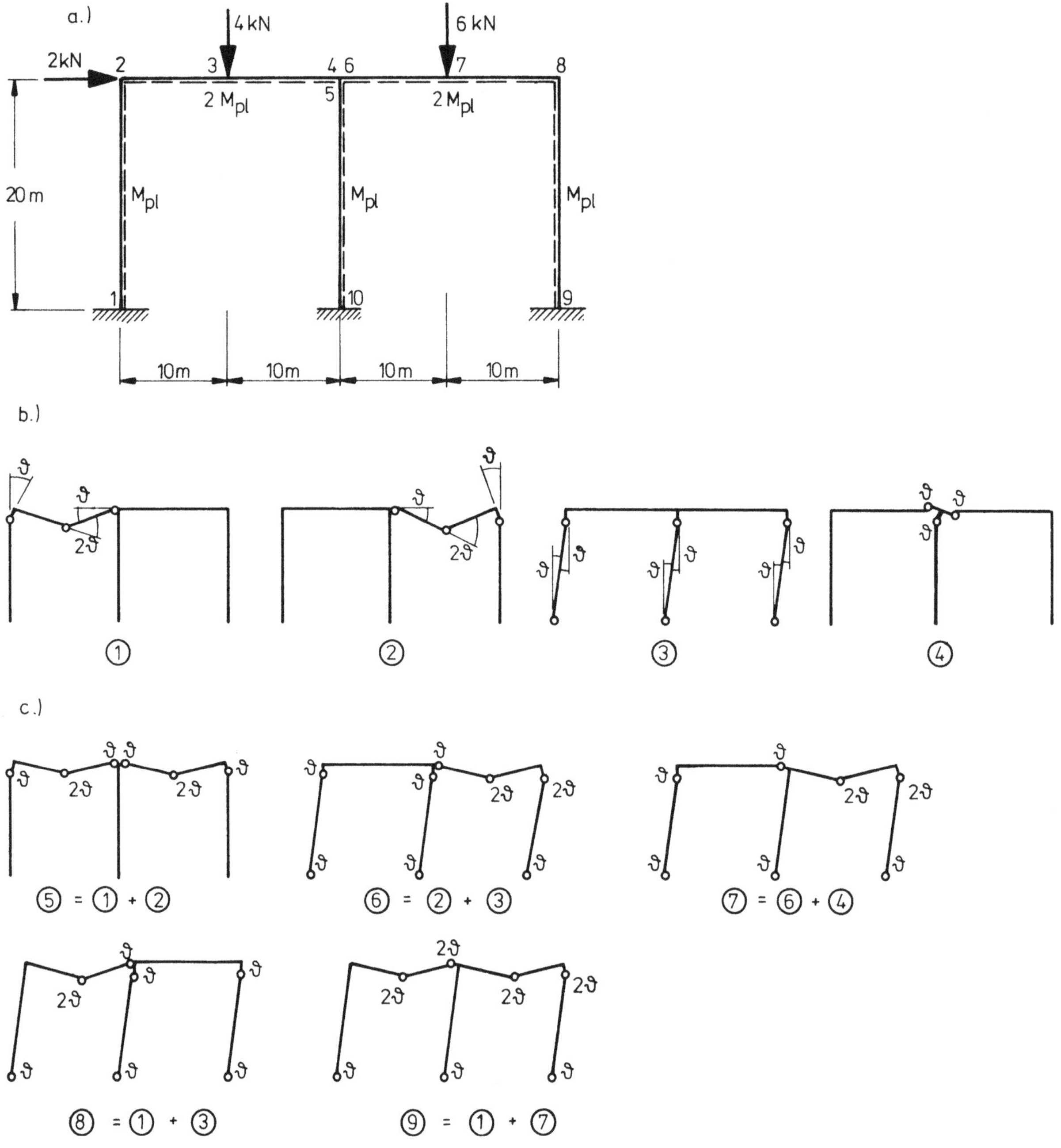

Bild 5.39 Zweifeldrahmen a) System, Belastung b) Elementarketten c) Kombinierte Ketten

Beispiel: Zweifeldrahmen nach Bild 5.39

Arbeitsgleichung der Elementarketten:

(1) $40\vartheta = 7\,M_{p\ell}\vartheta$ $M_{p\ell} = 5{,}71$ kNm

(2) $60\vartheta = 7\,M_{p\ell}\vartheta$ $M_{p\ell} = 8{,}57$ kNm

(3) $40\vartheta = 6\,M_{p\ell}\vartheta$ $M_{p\ell} = 6{,}67$ kNm

Die Elementarkette (4) ist ein Knotenmechanismus, der nur zur Kombination verwendet wird.

Kombinationsketten:

(5) = (1) + (2) (es schließt sich kein Gelenk)

$100\vartheta = 14\,M_{p\ell}\vartheta$ $M_{p\ell} = 7{,}14$ kNm

(6) = (2) + (3) (es schließt sich kein Gelenk)

$100\vartheta = 13\,M_{p\ell}\vartheta$ $M_{p\ell} = 7{,}69$ kNm

(7) = (6) + (4) Durch Verdrehen des Knotens wird die in den Fließgelenken 4, 5 und 6 absorbierte innere Arbeit von $3\,M_{p\ell}\vartheta$ auf $2\,M_{p\ell}\vartheta$ reduziert

$100\vartheta = (13 - 1)\,M_{p\ell}\vartheta$ $M_{p\ell} = 8{,}33$ kNm

(8) = (1) + (3) Aufhebung des Fließgelenkes am Punkt 2 ruft Verringerung der inneren Arbeit um $2\,M_{p\ell}\vartheta$ hervor.

$80\vartheta = (13 - 2)\,M_{p\ell}\vartheta$ $M_{p\ell} = 7{,}27$ kNm

(9) = (1) + (7) Aufhebung des Gelenkes am Punkt 2: Verringerung um $2\,M_{p\ell}\vartheta$

$140\vartheta = (19 - 2)\,M_{p\ell}\vartheta$ $M_{p\ell} = 8{,}24$ kNm

Der größte Wert für $M_{p\ell}$ aller untersuchten Ketten beträgt $M_{p\ell} = 8{,}57$ kNm für Kette (2) .

Rückrechnung der Biegemomentenverteilung:

Da teilweises Versagen vorliegt (rechte Trägerkette), wäre eine eindeutige Bestimmung nur durch eine statisch unbestimmte Rechnung zu erreichen. Es genügt jedoch der Nachweis, daß irgendeine M-Verteilung existiert, die die Gleichgewichtsbedingungen befriedigt und an keiner Stelle größer als das aufnehmbare plastische Moment ist (s. Bild 5.40):

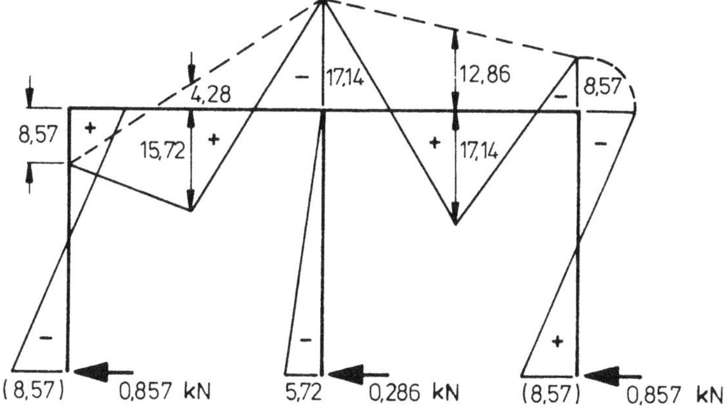

Bild 5.40 (Mögliche) sichere Biegemomentenverteilung

Gegeben sind nur $M_6 = -2\,M_{p\ell}$; $M_7 = 2\,M_{p\ell}$; $M_8 = -M_{p\ell}$

Frei gewählt: $M_4 = M_6$; $M_2 = +M_{p\ell}$; $M_9 = +M_{p\ell}$; $M_1 = -M_{p\ell}$

Hieraus ermittelt: $M_3 = \frac{4\cdot 20}{4} - \frac{17{,}14-8{,}57}{2} = 15{,}72 < 2\,M_{p\ell}$; $M_5 = 0$

In den beiden äußeren Stielen wird folgende H-Kraft aufgenommen:

$$H = \frac{2\cdot 8{,}57}{20} = 0{,}857\,\text{kN}$$

Der Rest von $2 - 2\cdot 0{,}857 = 0{,}286\,\text{kN}$ erzeugt $M_{10} = -0{,}286\cdot 20 = -5{,}72\,\text{kNm} < M_{p\ell}$

Damit ist der Nachweis einer möglichen, sicheren Biegemomentenverteilung geführt. Es muß (nach der Festlegung der Profile) noch nachgewiesen werden, daß die auftretenden Querkräfte (insbesondere an den Stellen 4 und 6) keine Abminderung des $M_{p\ell}$ erforderlich machen. Ebenso ist der Einfluß der Normalkraft (und ggf. zusätzlich der Querkraft) in den Stützen zu untersuchen.

5.4.5 Weitere Methoden zur plastischen Bemessung

Für komplizierte Systeme, insbesondere wenn Einflüsse der Theorie 2. Ordnung (z.B. Schiefstellung der Rahmenstützen) berücksichtigt werden müssen, ist eine Berechnung "von Hand" kaum noch sinnvoll. Für diese Fälle wurden (und werden ständig neue) EDV-Programme entwikkelt. Im Rahmen der Vorlesung wird hierauf nicht eingegangen /56/.

Die neuesten Entwicklungen auf diesem Gebiet gehen in die Richtung, daß mit der Bemessung gleichzeitig eine Optimierung der Konstruktion angestrebt wird.

5.5 Ermittlung der Verformungen

5.5.1 Allgemeines

Bei der Berechnung der plastischen Grenzlast wird im allgemeinen nur der Endzustand untersucht. Es wird dabei ausreichende Plastizierbarkeit an den Fließgelenkstellen vorausgesetzt (s. Abschnitt 5.1). Bei Problemen der Theorie 1. Ordnung ist die Kenntnis der Verformung im Grenzzustand der Tragfähigkeit im allgemeinen nicht erforderlich, sondern nur unter Gebrauchslasten (hierbei hat sich jedoch im allgemeinen noch kein Fließgelenk gebildet, also elastisches Verhalten). Es gibt jedoch Systeme (Theorie 1. Ordnung), deren Verformungsverhalten so ungünstig ist, daß sie als "für die vereinfachte Traglastberechnung (Fließgelenkkette) ungeeignet" bezeichnet werden müssen.

5.5.2 Ungeeignete Systeme

Bei diesen Systemen stellt sich der plastische Grenzzustand erst nach erheblichen Gelenkverdrehungen (und damit Durchbiegungen) ein, oder er kann sich überhaupt nicht ausbilden.

Ein typisches Beispiel hierfür ist der Durchlaufträger mit sehr unterschiedlichen Stablängen und Belastungen:

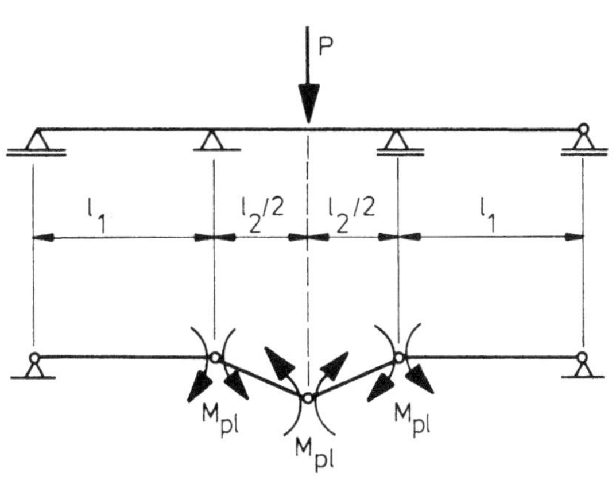

Bild 5.41 Durchlaufträger mit kinematischer Kette

EI = konst.

$M_{p\ell}$ = konst.

Die plastische Grenzlast errechnet sich zu

$$P_{Gr} = \frac{8\ M_{p\ell}}{\ell_2}$$

Sie ist unabhängig von ℓ_1. Wenn $\ell_1 \rightarrow \infty$ geht, kann jedoch kein Stützmoment entstehen, also statisch bestimmt gelagerter Einfeldträger mit

$$P_{Gr} = \frac{4\ M_{p\ell}}{\ell_2}$$

Am Rechenmodell des Einfeldträgers mit drehelastischer Einspannung (durch die unbelasteten Seitenfelder) kann dieser Zusammenhang am besten erläutert werden:

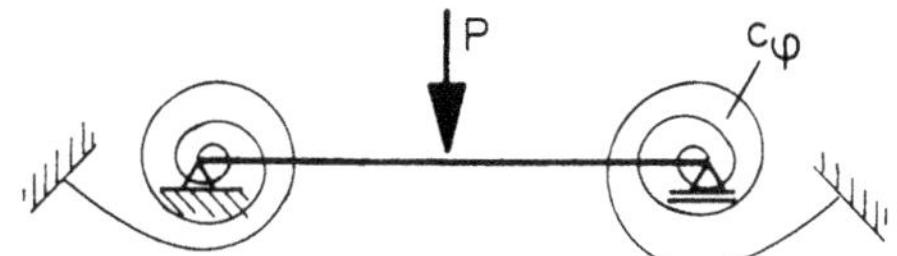

Bild 5.42 Drehelastische Einspannung

Ist die Drehfeder c_φ sehr weich, so kann der Fall eintreten, daß sie erst durch eine große Winkeldrehung soweit "aufgezogen" wird, daß das zugehörige Moment $M_{p\ell}$ wird. (Im Extremfall kann man sich vorstellen, daß die Drehfeder erst durch mehrere volle Umdrehungen soweit "aufgezogen" wird, daß $M_{p\ell}$ entsteht.)

Diese auch als "Paradoxon der Traglasttheorie" von Stüssi bezeichnete Tatsache hat lange Zeit die Weiterentwicklung und Anwendung des Traglastverfahrens in den deutschsprachigen Ländern stark behindert. Für die Praxis ist dieses Problem jedoch meist von untergeordneter Bedeutung, obwohl Durchlaufträger mit solchen stark unterschiedlichen Feldweiten häufig vorkommen (z.B. Bürogebäude).

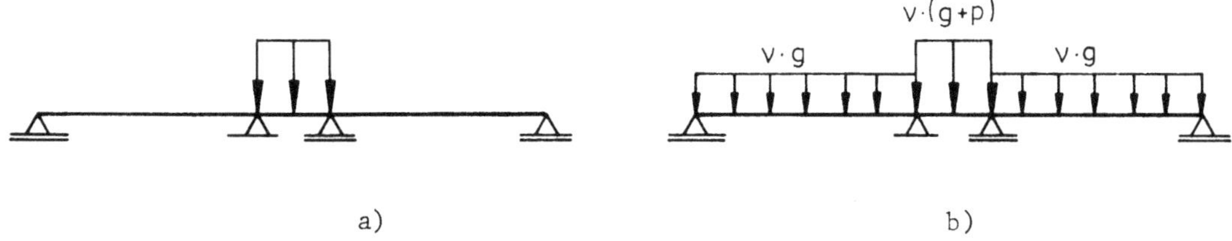

Bild 5.43 Durchlaufträger mit unterschiedlichen Stützweiten

In diesen Fällen wirkt jedoch die Belastung nicht - wie in Bild 5.43a dargestellt - nur in der kurzen Mittelöffnung, sondern allein die ständige Last in den großen Außenöffnungen (s. Bild 5.43b) ruft bereits so große Stützmomente hervor, daß der oben beschriebene Effekt nicht eintritt.

Stellt man das Tragsystem jedoch "auf den Kopf" (Bild 5.44), so kann das Problem (das ähnlich geblieben ist) durchaus in der Praxis vorkommen, wenn große Einzellasten nahe am mittleren Lager angreifen. Im Fließgelenk über der Stütze müßte sich ein sehr großer plastischer Drehwinkel ausbilden, bevor Fließgelenke unter den Einzellasten auftreten können.

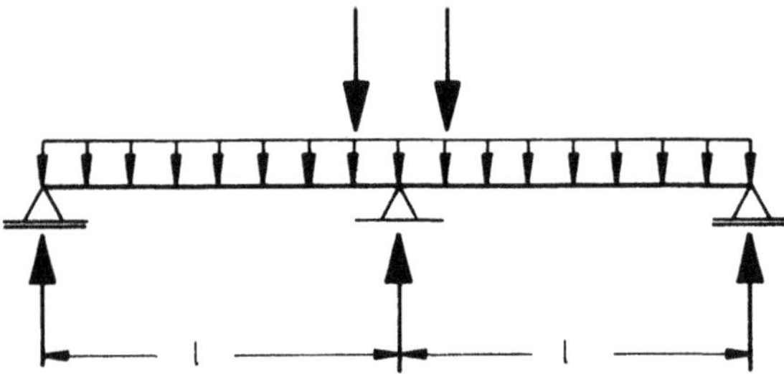

Bild 5.44 Große Einzellasten am mittleren Lager

An diesem Beispiel ist auch zu erkennen, daß durch eine Beschränkung der Durchbiegung (z.B. $\ell/50$ oder ähnliches) dieses Problem nicht gelöst wird. Es müßte vielmehr der plastische Drehwinkel über der Stütze beschränkt werden.

Um jedoch nicht für jede Traglastberechnung die (recht umständliche) Ermittlung des größten plastischen Drehwinkels zu fordern, sind keine generellen Einschränkungen in den deutschen Vorschriften (DASt-Richtlinie 008) angegeben, sondern nur der Hinweis enthalten, daß "... zusätzliche Kenntnisse ..." erforderlich sind.

Weitere Systeme, für die die Anwendung des vereinfachten Traglastverfahrens (Fließgelenkkette) ungeeignet ist, sind z.B. hohe Rahmen (Bild 5.45 a), die seitlich unverschieblich gehalten sind, sowie unterspannte Träger (Bild 5.45 b) bzw. der vorgespannte Träger ohne Verbundwirkung.

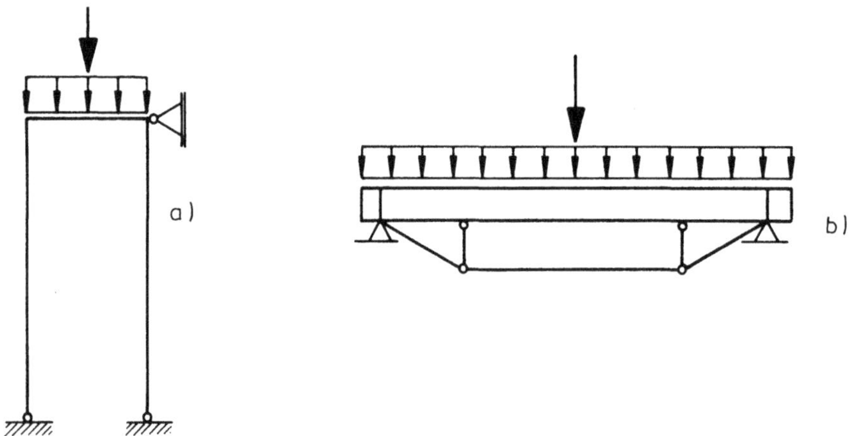

Bild 5.45 Ungeeignete Systeme

Diese Systeme werden sinnvoll nach Abschnitt 5.5.3 berechnet, da die Anwendbarkeit der Fließgelenkketten eingeschränkt ist. Schwierigkeiten treten immer an solchen Systemen auf, bei denen die Bildung eines Fließgelenkes an der maximal beanspruchten Stelle durch die Kontinuitätsbedingungen des Restsystems nicht möglich oder zumindest stark eingeschränkt ist.

5.5.3 Berechnung durch schrittweise elastische Rechnung

Bei dieser Methode wird die Belastungsgeschichte nachvollzogen. Zunächst wird das n-fach statisch unbestimmte elastische Gesamtsystem bis zum ersten Auftreten eines Fließgelenkes ($M = M_{p\ell}$) untersucht. Eine weitere Laststeigerung wird am (n-1)-fach statisch unbestimmten System durchgeführt. Die Ausbildung des nächsten Fließgelenkes reduziert das System um einen weiteren Grad der statischen Unbestimmtheit. Dies wird bis zum statisch bestimmten System durchgeführt, dessen Last soweit gesteigert wird, bis das letzte auftretende Fließgelenk die kinematische Kette einleitet /56/.

Die Berechnung kann (bei einfachen Systemen) "von Hand" durchgeführt werden, bei komplizierten Systemen (insbesondere bei Theorie 2. Ordnung) werden zweckmäßig EDV-Programme verwendet.

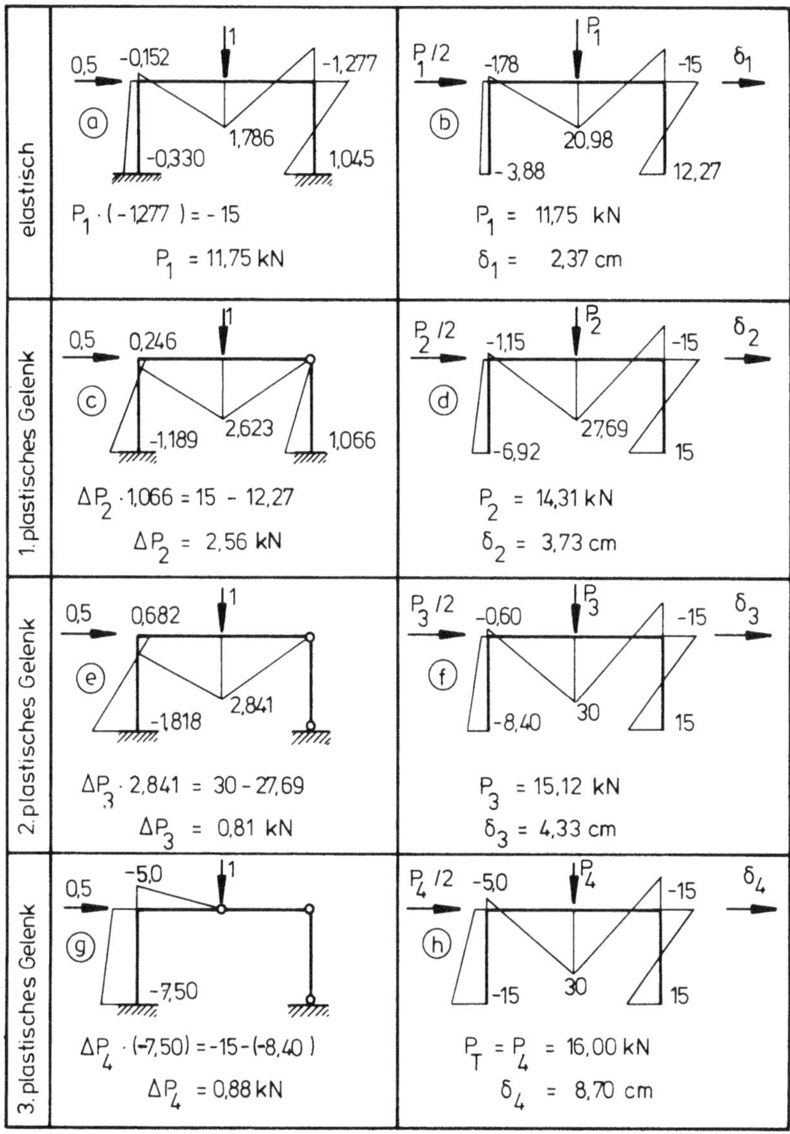

Bild 5.46 Schrittweise elastische Rechnung

Ein Beispiel (Bild 5.46) aus /32/ zeigt die Anwendung von "Einheitslastfällen" für die einzelnen Zwischensysteme.

5.5.4 Unmittelbare Berechnung der Verformung für den Grenzzustand

In /32/ wird ein Verfahren für die Handrechnung vorgestellt. Darauf soll hier jedoch nicht näher eingegangen werden, da die Berechnung mit EDV-Programmen in der Zukunft sicher zunehmend Verwendung finden wird.

5.6 Stabilitätsfragen

5.6.1 Allgemeines

Bei den Problemen, die bei der Anwendung des Traglastverfahrens mit der Stabilität zusammenhängen, muß man unterscheiden:

- es treten örtliche Stabilitätsprobleme auf (in der Nähe der Fließgelenke),
- das Gesamtsystem ist stabilitätsgefährdet (Theorie 2. Ordnung).

In diesem Abschnitt werden nur die örtlichen Probleme behandelt, die Systemstabilität wird in Abschnitt 6 behandelt.

Hinweis: In der DASt-Richtlinie 008: "Richtlinien zur Anwendung des Traglastverfahrens im Stahlbau" /58/ sind Näherungsverfahren für die Nachweise "außermittiger Druck" und "Biegedrillknicken" angegeben, die durch die Neufassung der DIN 4114 abgelöst werden. Es wird daher nicht näher auf diese Nachweise eingegangen.

5.6.2 Örtliches Ausbeulen

Die Berechnung nach dem Traglastverfahren setzt voraus, daß sich an den Fließgelenken eine plastische Verdrehung (Rotation) ausbilden kann und daß hierbei ein bestimmter Widerstand ($M_{p\ell}$) erhalten bleibt. Der Querschnitt muß daher eine bestimmte "Rotationskapazität" (Verdrehungsvermögen) besitzen. Sie wird gewährleistet durch das Einhalten bestimmter im Versuch ermittelter Mindestdicken bzw. maximaler Schlankheitsverhältnisse b/t. In Bild 5.47 sind die grundsätzlichen Zusammenhänge dargestellt.

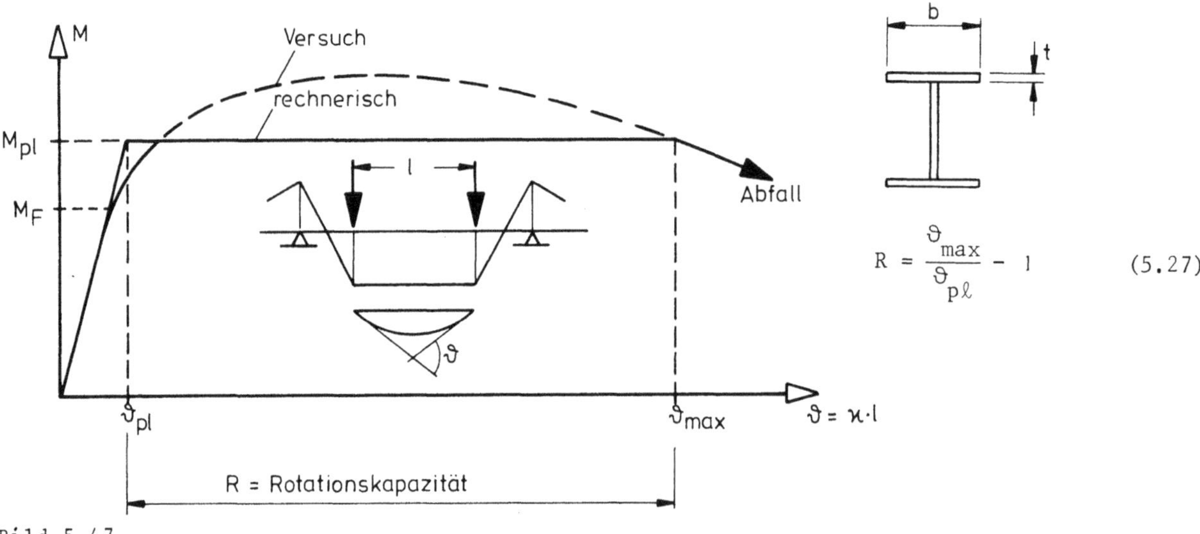

$$R = \frac{\vartheta_{max}}{\vartheta_{p\ell}} - 1 \qquad (5.27)$$

Bild 5.47

Die kritischen b/t-Verhältnisse sind abhängig vom Berechnungsverfahren. Hierbei ist zu unterscheiden:

- bis zum ersten Erreichen der Fließgrenze in der Randfaser (dies entspricht der elastischen Grenzlast M_F in Bild 5.47) darf kein örtliches Ausbeulen auftreten. Dies führt zu bestimmten Mindestdicken,
- wird die plastische Grenztragfähigkeit $M_{p\ell}$ in Rechnung gestellt, jedoch nur die Bildung des ersten Fließgelenkes berücksichtigt (dies entspricht den Werten $M_{p\ell}$ und $\vartheta_{p\ell}$ in Bild 5.47), so müssen etwas strengere Anforderungen an die Mindestdicken der Querschnittsteile gestellt werden,
- wird die plastische Grenzlast einschließlich Momentenüberlagerung berücksichtigt, so muß der Querschnitt eine größere Rotationskapazität R nach Bild 5.47 besitzen. Hierfür gelten die strengsten Anforderungen an die Querschnittsteile.

Die maximalen Werte b/t, die zu den entsprechenden Berechnungsverfahren gehören, sind in Abschn. 7.9.2 erwähnt und in DIN 18800 Teil 2 angegeben. Wird mit einer Umlagerung der Momente gerechnet (Traglastverfahren), so sind stets die strengen Anforderungen zu erfüllen, gleichgültig, ob es sich um Systeme handelt, die nach Theorie 1. Ordnung gerechnet werden dürfen oder nach Theorie 2. Ordnung untersucht werden müssen.

Querschnitte, die diese Bedingungen erfüllen, werden auch als "kompakt" (engl. compact girder) bezeichnet im Gegensatz zu "schlanken" Trägern (slender beams).

Es ist zu beachten, daß das örtliche Beulen und das seitliche Ausweichen des Druckgurtes (Biegedrillknicken des Trägers) in enger Wechselwirkung miteinander stehen. Der Abstand der seitlichen Abstützungen des Druckflansches ist bei der Versuchsauswertung daher ebenfalls von Bedeutung.

5.6.3 Seitliches Ausweichen des Druckgurtes

Im Bereich von Fließgelenken müssen die Träger (bzw. ihre Druckgurte) seitlich gehalten werden. Die freie Länge ℓ zwischen den Abstützungen ist abhängig vom Gradienten der Momentenfläche und darf die in Bild 5.48 angegebenen Werte nicht überschreiten.

Häufig sind durch bauliche Gegebenheiten drehelastische Bettungen vorhanden (Dachhaut, Pfetten usw.), die ein seitliches Ausweichen des kippgefährdeten Trägers verhindern. Dieses Problem wird in Abschnitt 6.5.5.8 behandelt.

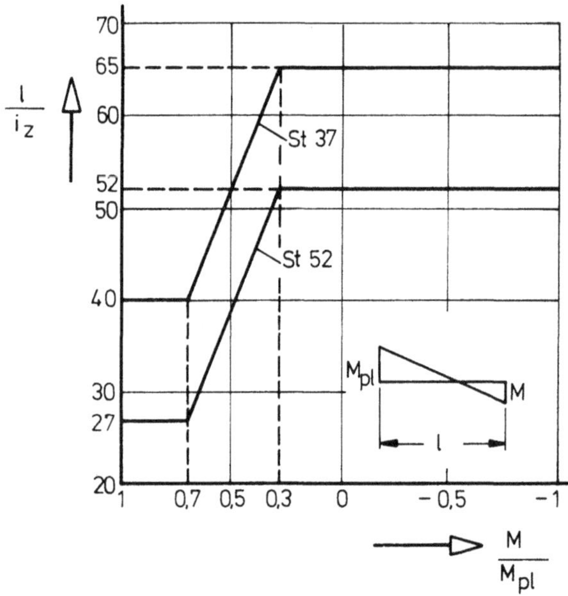

Bild 5.48 Maximalabstände ℓ für seitliche Abstützungen (i_z = Trägheitsradius des ganzen Querschnitts)

5.7 Anschlüsse, Stöße und Verbindungsmittel

Liegen Anschlüsse oder Stöße in der Nähe von Fließgelenken (Rahmenecken!), so sind sie konstruktiv so zu gestalten, daß

- das Fließgelenk neben dem Stoß im Stabquerschnitt auftritt (Rotationskapazität!),
- die vorausgesetzte Steifigkeit gewährleistet ist (z.B. GV-Verbindungen, Gleitgrenze).

Stöße, die nicht in der Nähe von Fließgelenken liegen, dürfen bei Systemen ohne Druckkräfte (Theorie 1. Ordnung) für die im Grenzlastzustand aktuellen Schnittgrößen bemessen werden, da der statische Satz (Abschnitt 5.4.2) erfüllt ist und eine während der Belastungsgeschichte evtl. auftretende höhere Beanspruchung sich lediglich als größere Deformation auswirken würde. Für Systeme mit Druckkräften (Theorie 2. Ordnung) muß, wegen des Einflusses der Deformationen auf die Schnittgrößen, die Bemessung der Stöße entweder für die vollplastischen Schnittgrößen oder für die größten während der (monotonen) Laststeigerung auftretenden Schnittgrößen (Belastungsgeschichte) vorgenommen werden. Außerdem dürfen keine Verbindungsmittel mit Schlupf (rohe Schrauben) verwendet werden.

Bei Rahmenecken ist auf die großen Schubspannungen τ zu achten, die durch die Umleitung des Eckmomentes ($M_{p\ell}$) im Stegblech (Fenster) auftreten (s. Bild 5.49).

$$\tau = \frac{P}{t \cdot h} = \frac{M_{p\ell}}{b \cdot h \cdot t} \leq \frac{\sigma_F}{\sqrt{3}} \qquad t_{erf} = \frac{M_{p\ell}\sqrt{3}}{b \cdot h \cdot \sigma_F}$$

für $t < t_{erf}$: $M_{p\ell} = M_\tau + M_{Steife}$ mit $M_\tau = \dfrac{b \cdot h \cdot t \cdot \sigma_F}{\sqrt{3}}$ folgt $M_{Steife} = M_{p\ell} - M_\tau$

und $P_{Steife} = \dfrac{M_{Steife}}{b \cdot \cos\alpha} \leq F_{Steife} \cdot \sigma_F$.

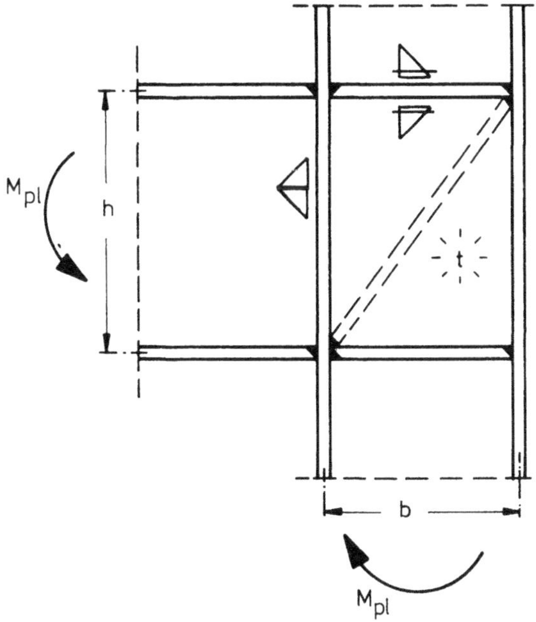

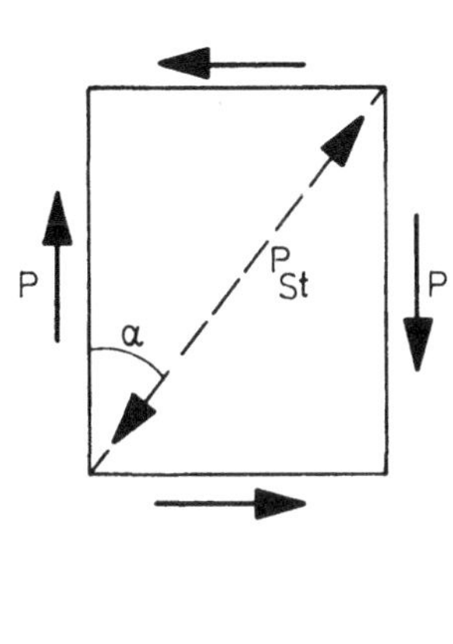

Bild 5.49 Rahmenecke

5.8 Anwendung des Traglastverfahrens

Land	1-2stöckige Gebäude	Hochhäuser
Deutschland	fast nur Gebäudeteile (Pfetten, Unterzüge)	nur Gebäudeteile (Pfetten, Unterzüge)
England	mehrere 1000 Portal-, Shed- und Satteldachrahmen	einige (jedoch mit "elastischen" Stützen)
USA, Kanada	viele neue Gebäude	einige (Büro- und Wohnhochhäuser)

Unzählige Versuche haben die Ergebnisse der Berechnung nach dem Traglastverfahren bestätigt.

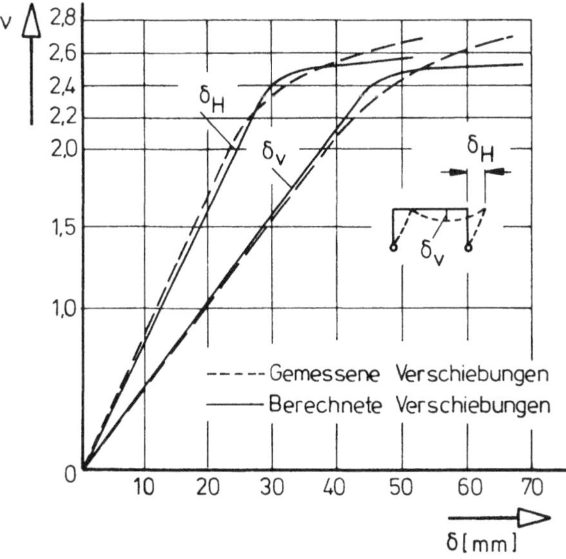

Bild 5.50 Vergleich: Ergebnisse eines Rahmenversuchs /34/ – Berechnung

5.9 Folgerungen aus den Traglastsätzen

Vergleicht man die Berechnung nach der Elastizitätstheorie mit den Grundsätzen der vereinfachten (Fließgelenk-) Plastizitätstheorie, so erkennt man folgende Unterschiede:

	Elastizitätstheorie	Plastizitätstheorie
Statik	Gleichgewicht erfüllt	Gleichgewicht erfüllt
Festigkeit	$\sigma_{max} \leq \sigma_F$ bzw. Vergleichsspannung	$\lvert M_{max} \rvert \leq M_{p\ell}$ bzw. Interaktion
Verformungsbedingung	Kontinuität (geometr. Verträglichkeit)	Fließgelenke keine Kontinuität
Grenzzustand	elastische Biegelinie	kinematische Kette (letztes Fließgelenk ohne Drehung)
Belastung	Superposition gilt	Superposition gilt nicht
Belastungsreihenfolge	ohne Bedeutung	kann Einfluß haben

Tafel 5.3 Gegenüberstellung Elastizitätstheorie – Plastizitätstheorie

Die wichtigsten Vereinfachungen des Traglastverfahrens beruhen darauf, daß keine Kontinuitätsbedingungen beachtet zu werden brauchen (Zwängungen plastizieren heraus). Dafür treten – insbesondere durch den Wegfall des Superpositionsgesetzes - folgende Schwierigkeiten auf:

- Es müssen stets die mit den Sicherheitsbeiwerten multiplizierten Lasten angesetzt werden (also zwei getrennte Rechengänge für Lastfälle H und HZ).
- Feststellen der maßgebenden Laststellung (es gelten keine Einflußlinien!).
- Einfluß der Belastungsgeschichte.

Da meist die Vollast die maßgebende Laststellung ist, hilft zur Beurteilung dieser Frage oft folgende Überlegung:

Ist es denkbar, daß durch Wegnahme eines Teiles der Last eine kinematische Kette früher ausgelöst wird als unter voller Belastung?

Hierzu ein Beispiel:

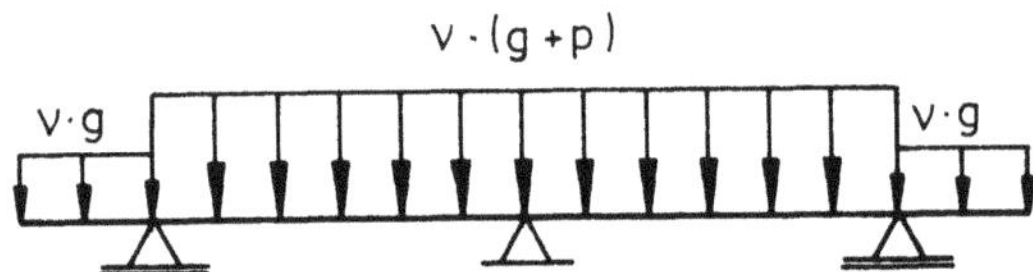

Bild 5.51 Durchlaufträger mit Kragarmen

Bei Konstruktionen mit Kragarmen dürfen diese nicht durch Verkehrslasten belastet werden, wenn die Traglast der inneren Träger berechnet wird (Entlastung durch Stützmoment).

Der Einfluß der Belastungsgeschichte kann sich durch anwachsende Verformungen bemerkbar machen (shake-down-problem). Es wird im allgemeinen vorausgesetzt, daß alle Lasten stetig (proportional) gesteigert werden.

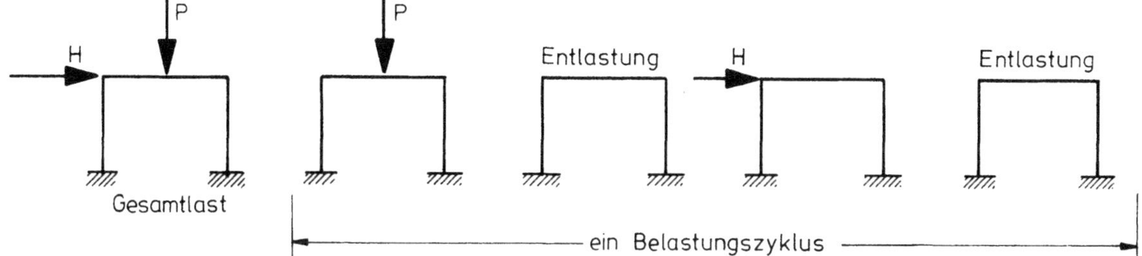

Bild 5.52 Belastungszyklus

Werden jedoch Lastzyklen (z.B. nach Bild 5.52) untersucht, so entsteht nach der ersten (elastischen) Entlastung ein Eigenspannungszustand, der nicht zur zweiten Belastung (Horizontalkraft alleine) "paßt", so daß erneut eine plastische Deformation erfolgt. Dies wiederholt sich bei jeder Be- und Entlastung, bis das System durch wachsende Verformungen zusammenbricht ohne daß die plastische Grenzlast P_{Gr} erreicht wird.

Gesucht ist also die "Einspiellast" P_s (shake-down-load), für die trotz unendlich vieler Lastzyklen die Verformungen endlich bleiben. Ein Kriterium hierfür liefert der Einspielsatz:

Läßt sich irgendein Eigenspannungszustand finden, von dem aus alle Zyklen der Last P_s voll elastisch aufgenommen werden, so spielt sich das Tragwerk auf voll elastisches Verhalten ein. Für P_s tritt kein Versagen auf.

Die Einspiellast P_s hat vorwiegend theoretischen Charakter. In der Praxis kann sie im allgemeinen unberücksichtigt bleiben, da

- Deformationen nur unter Gebrauchslasten wichtig sind,
- mit steigendem Verhältnis g/p die Einspiellast in die Traglast übergeht,
- die Wahrscheinlichkeit ausgeprägter Lastzyklen in der Praxis gering ist,
- lange vor dem Zusammenbruch das Versagen angekündigt wird und deshalb ein geringerer Sicherheitsbeiwert für P_s angesetzt werden kann, so daß zur Bemessung weiterhin die plastische Grenzlast P_{Gr} maßgebend wird.

Ein anderes Problem entsteht, wenn zahlreiche alternierende Belastungen auftreten. Hierbei handelt es sich um eine Frage der Dauer- bzw. Betriebsfestigkeit, die zusätzlich unter Gebrauchslasten nach der Elastizitätstheorie zu untersuchen ist. Für Windbelastung ist in der Regel keine solche Untersuchung erforderlich, da die Anzahl der Lastspiele und die Spannungsausschläge gering sind. Die Bemessung nach dem Traglastverfahren ist (z.Z.) nur zugelassen für "vorwiegend ruhende Lasten" (DIN 1055, Bl.3).

Bei Konstruktionen in Erdbebengebieten ist die Plastizierungsfähigkeit des Stahles von besonderer Bedeutung (Energievernichtung in Fließgelenken). Das gleiche gilt für Konstruktionen zum Auffangen von Anprall-Lasten. Hierbei können ebenfalls Ermüdungsprobleme auftreten. (low sicle fatigue).

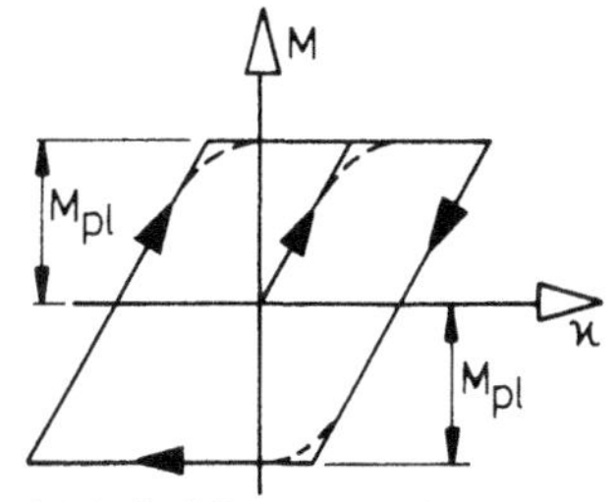

Bild 5.53 M-$\varkappa$-Diagramm

Die Schleife im M-$\varkappa$-Diagramm kann nur mit geringer Häufigkeit durchlaufen werden.

6. Stabilitätsprobleme der Stäbe

6.1 Einführung

6.1.1 Allgemeines

Unter dem Oberbegriff "Stabilität" oder "Knicken" von Stäben oder Stabwerken wird ganz allgemein das (instabile) Versagen verstanden, das unter der Wirkung von Druckkräften und/oder Querlasten und Biegemomenten mit einer Ausbiegung der Stäbe oder/und mit einer Verdrehung verbunden ist.

Man unterscheidet hierbei:

- Biegeknicken (ausschließlich Biegedeformationen)
- Biegedrillknicken (Biegung und Verdrehung)
- Drillknicken (ausschließlich Verdrehung als Sonderfall des Biegedrillknickens)

Die "exakte" Lösung dieser Probleme ist im allgemeinen nur mit Hilfe umfangreicher EDV-Programme möglich. Außerdem müssen die Ergebnisse durch Versuche bestätigt werden. Für die tägliche Bemessungspraxis müssen jedoch einfachere Berechnungsmethoden entwickelt werden, die den wahren Sachverhalt möglichst zutreffend wiedergeben.

Zu diesen Näherungsverfahren gehören:

- das Ersatzstabverfahren,
- die Elastizitätstheorie 2. Ordnung (elastische Grenzlast),
- die Fließgelenktheorie 2. Ordnung.

Zur Vereinfachung der Berechnung werden Annahmen getroffen, die mehr oder weniger von der Wirklichkeit abweichen.

Die wichtigsten sind:

Annahmen	Euler	Engeßer, Karmán, Shanley	Traglast
- Bernoulli-Hypothese - "Kleine" Verformungen	N_{ki}, σ_{ki}, ν_{ki}	N_k, σ_k, ν_k	N_{kr}, σ_{kr}, ν_{kr}
- Isotroper Werkstoff - Keine Eigenspannungen - Ideal gerade Stabachse - Ideal mittiger Kraftangriff			
- Ideal elastischer Werkstoff			

Anmerkung: Entsprechend der unterschiedlichen Wirklichkeitsnähe der Voraussetzungen ist der rechnerische Sicherheitsfaktor unterschiedlich. So ist nach DIN 4114 (alt) z.B.:

Lastfall	H	HZ
ν_{ki}	2,5	2,19
ν_{kr}	1,7	1,5

In den folgenden Abschnitten werden die Belastungen mit den Buchstaben P oder N bezeichnet:

mit P wird bezeichnet: allgemeine Belastung (z.B. bei Rahmen); Belastung des Modellkörpers.

mit N wird bezeichnet: Belastung des Ersatzstabes, wenn die äußere Last mit der Normalkraft (Schnittgröße) identisch ist.

6.1.2 Der Modellkörper

Die grundsätzlichen Zusammenhänge werden an folgendem Modellkörper erläutert:

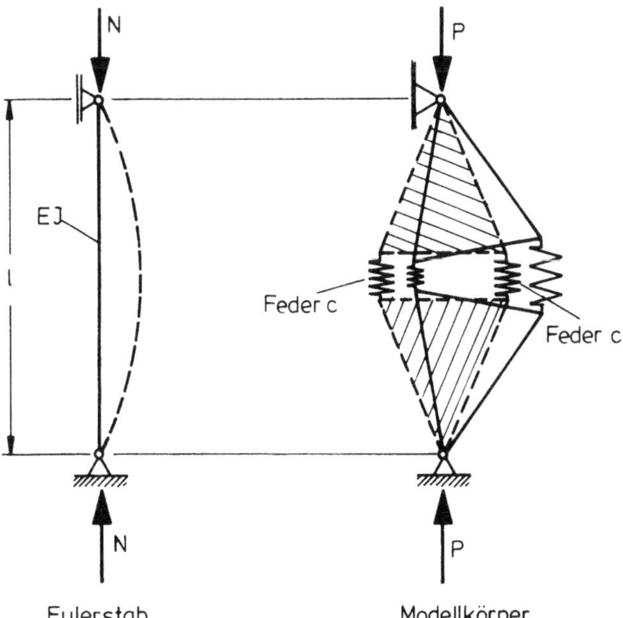

Bild 6.1 Eulerstab mit zugehörigem Modellkörper

Der Grundgedanke ist folgender: Man kann sich die Biegesteifigkeit EI eines Stabes "zusammengeschoben" und in den Federn konzentriert denken. Gibt man den Federn die Eigenschaften des Baustahles (elastisch-plastisch) und läßt exzentrischen Kraftangriff zu, so kann man alle Probleme des Biegeknickens am Modell einfach und überschaubar erläutern.

Zur Vereinfachung der Darstellung wird folgender Modellkörper benutzt, der dem Eulerfall I entspricht:

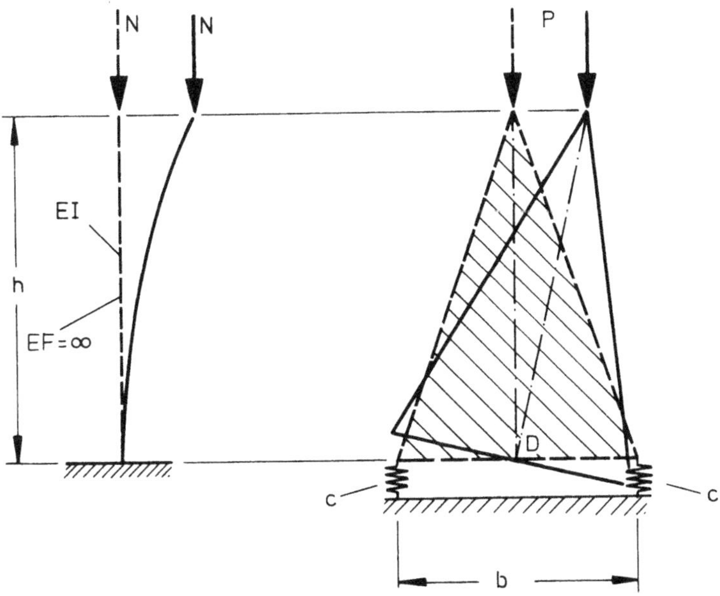

Bild 6.2 Eulerfall I mit zugehörigem Modellkörper

Anmerkung: Die Federn c am Hebelarm b sollen nur die Biegesteifigkeit EI des Stabes ersetzen, nicht jedoch die Dehnsteifigkeit EF, die unendlich groß sei.

6.2 Das Verzweigungsproblem

6.2.1 Allgemeines

Obwohl die Voraussetzungen, die zum Verzweigungsproblem führen, in keiner Weise mit der Realität der Konstruktion übereinstimmen, handelt es sich nicht um ein "akademisches" Problem. Vielmehr ist die Lösung des Verzweigungsproblems eine wertvolle Hilfe bei der Berechnung der realen Tragfähigkeit.

6.2.2 Das Ersatzstabverfahren

Wenn möglich, werden die Knickprobleme von Stabsystemen (Durchlaufträger, Rahmen usw.) auf den "Eulerstab" zurückgeführt. Dies geschieht durch die Berechnung der Knicklänge s_{ki} eines Systems in der Weise, daß dessen kritische Belastung gleichgesetzt wird mit der kritischen Belastung des "Ersatzstabes" (Eulerstab), der die Länge s_{ki} und die gleichen Querschnittsgrößen besitzt. Alle weiteren Nachweise werden dann am Ersatzstab durchgeführt. Dies gilt exakt nur bei elastischem Verhalten des Systems. Näherungsweise kann in den meisten Fällen die Knicklänge s_{ki} auch für die Bemessung von Druckstäben im plastischen Bereich verwendet werden (s. Abschnitt 7.8).

6.2.3 Voraussetzungen, Bezeichnungen und Definitionen

Der Berechnung werden die Voraussetzungen für den Eulerfall (s. Abschnitt 6.1.1) zugrunde gelegt:

- ideal gerade Stabachse
- ideal mittiger Kraftangriff
- ideal elastischer, isotroper Werkstoff (diese Voraussetzung wird in Abschnitt 6.2.12 geändert)
- Bernoulli-Hypothese (Ebenbleiben der Querschnitte)
- "kleine" Verformungen

Die unter diesen idealisierten Bedingungen berechneten Größen erhalten den Index i.

N_{ki}: ideelle kritische Last (Knicklast) eines Stabes oder Stabsystems. N_{ki} führt (bei gegebenem Lastbild) zur Gleichgewichtsverzweigung (Verzweigungslast).

$\sigma_{ki} = \frac{N_{ki}}{F}$: ideelle kritische (Knick-)Spannung. σ_{ki} ist die Normalspannung, die unter der Wirkung von N_{ki} auftritt.

s_{ki}: ideelle Knicklänge eines Stabsystems. s_{ki} ist die Länge des Ersatzstabes (gedachter Eulerstab), der bei gleichen Querschnittsgrößen die gleiche ideelle kritische Last N_{ki} aufweist.

$\beta = \frac{s_{ki}}{\ell}$: Knicklängenbeiwert. β ist das Verhältnis der ideellen Knicklänge s_{ki} zur wirklichen Stablänge ℓ.

$\lambda = \frac{s_{ki}}{i}$ Schlankheitsgrad. λ ist das Verhältnis der ideellen Knicklänge zum Trägheitsradius $i = \sqrt{\frac{I}{F}}$ des Querschnittes. Knicklänge und Hauptträgheitsmoment müssen zur gleichen Knickbiegelinie gehören: $\lambda_y = \frac{s_{kiy}}{i_y}$; $\lambda_z = \frac{s_{kiz}}{i_z}$

6.2.4 Die verschiedenen Arten des Gleichgewichtes

Zur Feststellung der Art des Gleichgewichtes muß das Verhalten eines Körpers bei der Störung der Gleichgewichtslage betrachtet werden.

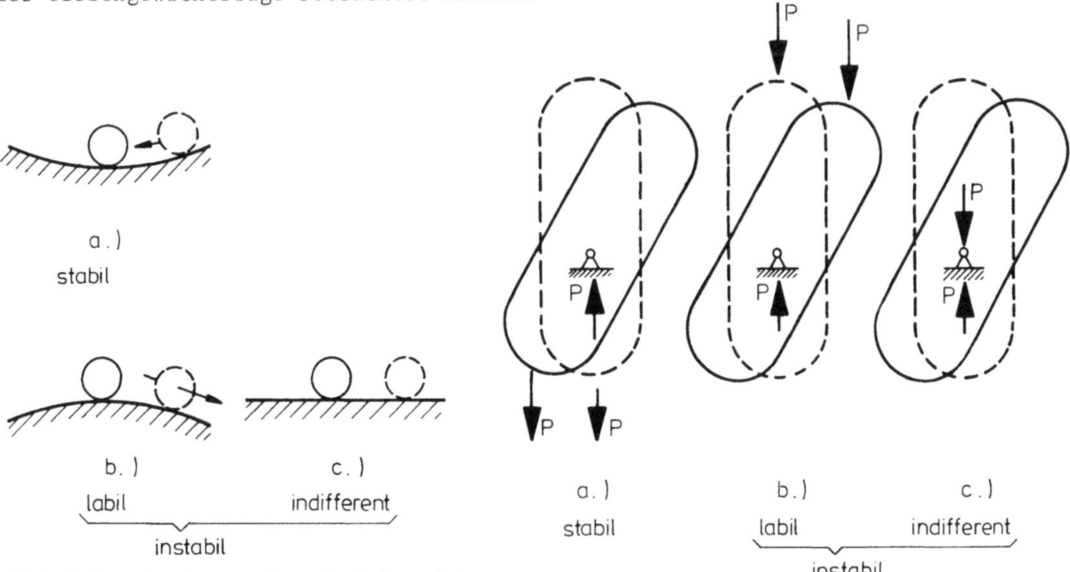

Bild 6.3 Die Arten des Gleichgewichtes

Das System

a) kehrt in seine Ursprungslage zurück: stabiles Gleichgewicht.
b) bewegt sich beschleunigt weiter: labiles Gleichgewicht.
c) bleibt in einer (dicht) benachbarten Lage liegen: indifferentes Gleichgewicht.

Der Fall c) - indifferentes Gleichgewicht - charakterisiert das Verzweigungsproblem.
Ein Verzweigungsproblem liegt vor, wenn für ein verformbares System neben der (idealisierten) Ursprungslage eine (dicht) benachbarte Gleichgewichtslage möglich ist (indifferentes Gleichgewicht).

6.2.5 Die Verzweigungslast bei richtungstreuer Belastung

Unter den in Abschnitt 6.2.3 genannten Voraussetzungen entsteht ein Verzweigungsproblem, d.h. unter der Verzweigungslast N_{ki} erfolgt ein plötzlicher Übergang vom stabilen zum instabilen Gleichgewicht. Das Gleichgewicht "verzweigt" sich. Am Modellkörper nach Bild 6.4 soll dies erläutert werden.

Bei einer Störung der Gleichgewichtslage (Drehung um den Winkel φ) entstehen in den Federn außer den symmetrischen Reaktionen P/2 antimetrische Kräfte, die sich aus Weg x Federkonstante berechnen lassen.
Sind die Gleichgewichtsbedingungen im ausgelenkten Zustand erfüllt, so bedeutet dies: es muß indifferentes Gleichgewicht vorhanden sein (vgl. Abschnitt 6.2.4).

Gleichgewichtsbedingungen:

$\Sigma V = 0$ liefert den symmetrischen Anteil der Federkräfte P/2

$\Sigma M_D = 0: P\,h\,\varphi - c\,\frac{b}{2}\,\varphi\,b = 0$ liefert die Verzweigungslast

$$P_{ki} = \frac{b^2\,c}{2h} \qquad (6.1)$$

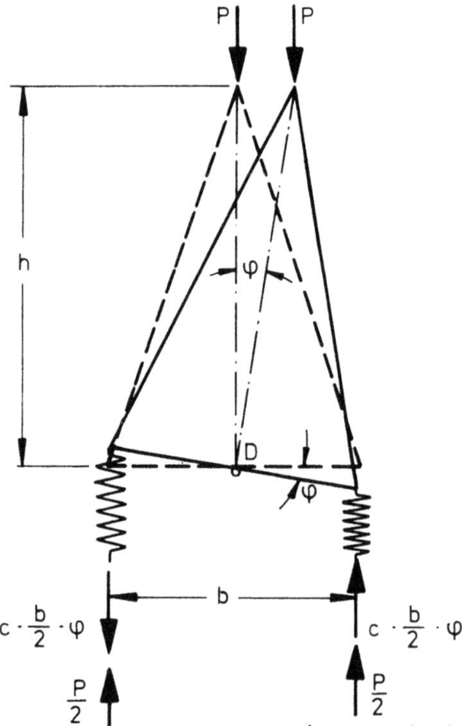

Bild 6.4 Modellkörper im ausgelenkten Zustand mit richtungstreuer Belastung

Die Darstellung im Kraft-Verformungsdiagramm (Bild 6.5) zeigt:

- das Gleichgewicht "verzweigt" sich im Punkt P_{ki}.
- die Verformung φ ist unbestimmt, solange es sich um "kleine" Verformungen handelt (horizontale Tangente im Punkt P_{ki}).
- bei Berücksichtigung "großer" Verformungen treten in der Gleichgewichtsbedingung anstelle von $h\,\varphi$ und $\frac{b}{2}\,\varphi$ trigonometrische Funktionen (z.B. $h \sin\varphi$), und es entsteht die gestrichelte Kurve.
- die (für die Anwendung ausreichende) Beschränkung auf "kleine" Deformationen hat also nur mathematische Hintergründe (Vereinfachung der Berechnung).

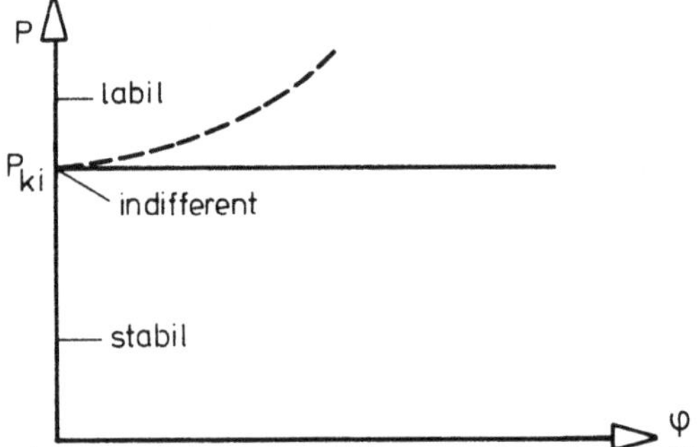

Bild 6.5 Kraft-Verformungsdiagramm für den Modellkörper

6.2.6 Der Eulerstab

Die gleiche Erscheinung der Gleichgewichtsverzweigung tritt bei einem zentrisch belasteten Druckstab auf. Auch hier muß eine Störung aufgebracht werden und in der (dicht) benachbarten, ausgelenkten Lage die Gleichgewichtsbedingung erfüllt sein, wenn indifferentes Gleichgewicht untersucht werden soll.

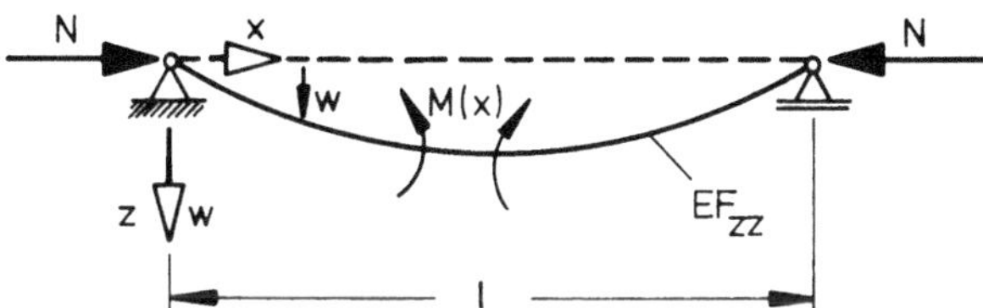

Bild 6.6 Gelenkig gelagerter Einfeldstab in ausgelenkter Lage

Biegemoment am verformten System mit eingearbeiteten Randbedingungen: $M(x) = N\,w$

Elastostatische Gleichgewichtsbedingung: $\frac{1}{\rho} \approx w'' = -\frac{M}{EI} = -\frac{N}{EI}\,w$

Abkürzung: $\alpha^2 = \frac{N}{EI}$

Differentialgleichung der Biegelinie lautet damit: $w'' + \alpha^2\,w = 0$

Die Lösung ergibt sich analog zu Abschnitt 4.2.2.1 zu: $w = C_1 \sin\alpha x + C_2 \cos\alpha x$

Randbedingungen: $w(o) = 0$ liefert $C_2 = 0$

$w(\ell) = 0$ liefert $C_1 \sin\alpha\ell = 0$ (Knickbedingung)

triviale Lösung: $C_1 = 0$

nichttriviale Lösung: $\sin\alpha\,\ell = 0$

also

$$\alpha = \frac{n\cdot\pi}{\ell}$$

$$\alpha^2 = \frac{N}{EI} = \frac{n^2\cdot\pi^2}{\ell^2} \qquad N = \frac{n^2\cdot\pi^2\;E\cdot I}{\ell^2}$$

kleinster Eigenwert für $n = 1$

$$N_{ki} = \frac{\pi^2\cdot E\cdot I}{\ell^2} \tag{6.2}$$

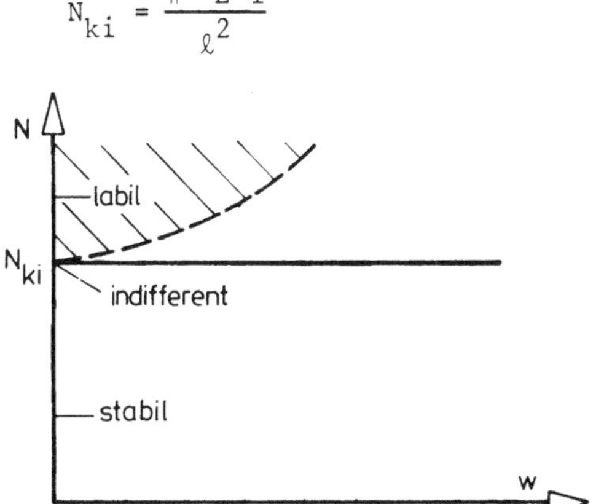

Bild 6.7 Last-Verformungsdiagramm für den Eulerstab

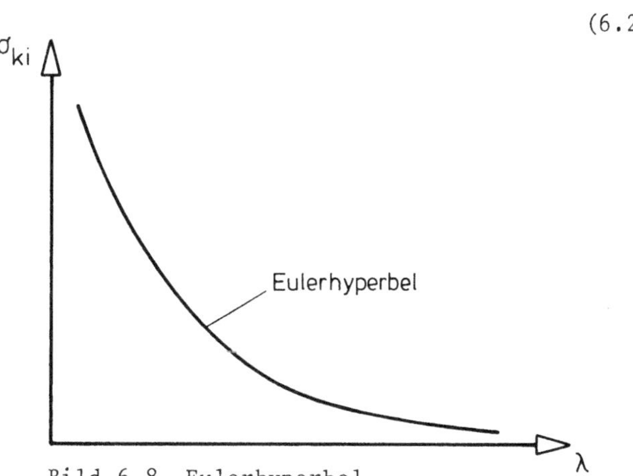

Bild 6.8 Eulerhyperbel

Die Darstellung im Last-Verformungsdiagramm zeigt:

- die Verformung w unter der Verzweigungslast N_{ki} ist unbestimmt für "kleine" Verformungen.
- bei Berücksichtigung "großer" Verformungen tritt anstelle von $\frac{1}{\rho} \approx w''$ die Gleichung $\frac{1}{\rho} = \frac{w''}{(1+w'^2)^{3/2}}$, und es entsteht die gestrichelte Kurve.
- die Beschränkung auf "kleine" Deformationen hat auf die Größe der Verzweigungslast keinen Einfluß. Sie dient nur zur mathematischen Vereinfachung.

Die ideelle Knickspannung $\sigma_{ki} = \frac{N_{ki}}{F} = \frac{\pi^2 EI}{F\ell^2}$

wird umgeformt: mit dem Trägheitsradius $i = \sqrt{\frac{I}{F}}$

und dem Schlankheitsgrad $\lambda = \frac{\ell}{i}$

erhält man

$$\sigma_{ki} = \frac{E\pi^2}{\lambda^2} \tag{6.3}$$

Die Funktion $\sigma_{ki}(\lambda)$ wird als Eulerhyperbel (Bild 6.8) bezeichnet. Sie gibt die ideelle Knickspannung des "Ersatzstabes" mit der Schlankheit λ an. Für den Werkstoff Stahl wird die Knickspannung im elastischen Bereich unabhängig von der Stahlgüte, da E für alle Stähle konstant ist.

6.2.7 Ermittlung der Knicklänge s_{ki} bei richtungstreuer Belastung

6.2.7.1 Die vier Eulerfälle

Hat der Eulerstab andere Randbedingungen, so liefert die Lösung der Differentialgleichung die vier elementaren Eulerfälle.

$\varepsilon = \alpha \cdot l$ $\alpha^2 = \frac{N_{ki}}{EJ}$	Eulerfall I 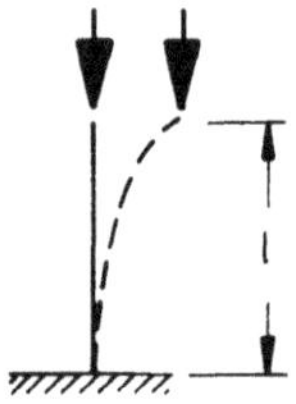 l	Eulerfall II l 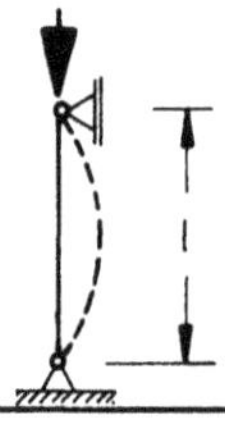	Eulerfall III s_{ki}, l 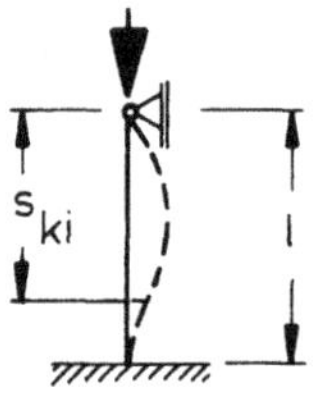	Eulerfall IV s_{ki}, l 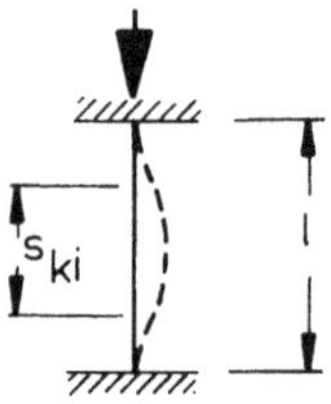
Knickbedingung und kleinster Eigenwert ε	$\cos \varepsilon = 0$ $\varepsilon = \frac{\pi}{2}$	Ersatzstab $\sin \varepsilon = 0$ $\varepsilon = \pi$	$\frac{\varepsilon}{\tan \varepsilon} = 1$ $\varepsilon = 4{,}493 = \frac{\pi}{0{,}699}$	$\cos \varepsilon = 1$ $\varepsilon = 2\pi$
Knicklänge s_{ki}	$2{,}0 \cdot l$	l	$\sim 0{,}7 \cdot l$	$0{,}5 \cdot l$

Bild 6.9 Knickbedingung und Knicklänge der Eulerfälle I — IV

Zur Bestimmung der Knicklänge s_{ki} wird die Verzweigungslast eines Stabes (oder Systems) gleichgesetzt mit der Verzweigungslast des Ersatzstabes (Eulerfall II) der Länge s_{ki}.
Z.B. lautet für den Eulerfall I die Knickbedingung $\cos \alpha\ell = 0$, kleinster Eigenwert $\alpha\ell = \frac{\pi}{2}$

mit $\alpha^2 = \frac{N}{EI}$ und $N_{ki} = \frac{1}{4}\frac{\pi^2 EI}{\ell^2} = \frac{\pi^2 EI}{s_{ki}^2}$ folgt $s_{ki} = 2\ \ell$

Allgemein gilt daher:

$$s_{ki}^2 = \frac{\pi^2 EI}{N_{ki}} \qquad s_{ki} = \pi\sqrt{\frac{EI}{N_{ki}}} \tag{6.4}$$

Setzt man in die Knickbedingung des Eulerfalles II direkt die Knicklänge ein, so gilt:

$$\alpha\, s_{ki} = \pi \qquad s_{ki} = \frac{\pi}{\alpha} = \frac{\pi}{\varepsilon_{ki}}\,\ell \tag{6.5}$$

mit der Stabkennzahl $\varepsilon_{ki} = \alpha\ell$ (vgl. Abschnitt 4.2.2.1).

Damit wird der Knicklängenbeiwert $\beta = \frac{\pi}{\varepsilon_{ki}}$.

Hinweis: Aus der Form der Knickbiegelinie kann die Knicklänge abgeschätzt werden. Bei sinusförmigem Verlauf ist sie gleich dem Abstand der Wendepunkte. Manchmal ist der Abstand der Extremalwerte (Berg – Tal) besser zu erkennen (Bild 6.10).

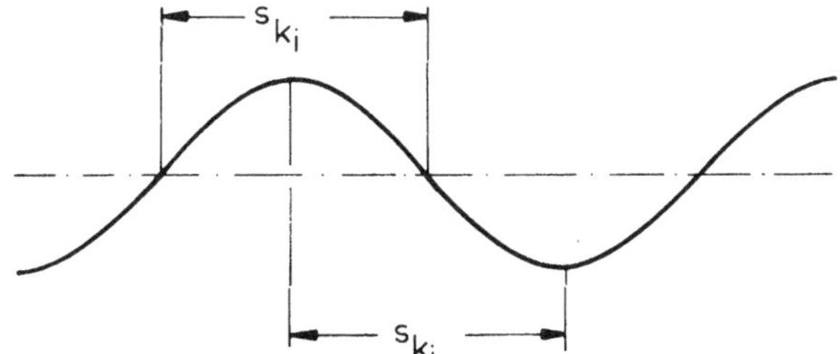

Bild 6.10 Knicklänge bei sinusförmiger Knickbiegelinie

6.2.7.2 Rahmen-Ersatzsysteme

Die Berechnung der Verzweigungslast von Rahmensystemen wird stets am "Normalkraftsystem" (s. Bild 6.14) durchgeführt und kann häufig dadurch vereinfacht werden, daß sie an einem Ersatzsystem vorgenommen wird, das die gleichen elastischen Eigenschaften besitzt. Hierbei werden Symmetrieeigenschaften ausgenutzt und angrenzende normalkraftfreie Tragwerksteile durch Federn ersetzt.

Man denkt sich die normalkraftfreien Tragwerksteile vom übrigen System gelöst und ersetzt ihre elastische Rückhaltewirkung durch Federn. Erfolgt die Trennung durch Einschalten eines Gelenkes, so ist als Zusatzfeder eine Drehfeder (c_φ) einzuführen, erfolgt sie durch Trennung einer Wegfessel, so ist eine Wegfeder (c_w) einzuführen (s. Bild 6.11 bis 6.13).

Beispiel: Eingeschossiger Rahmen

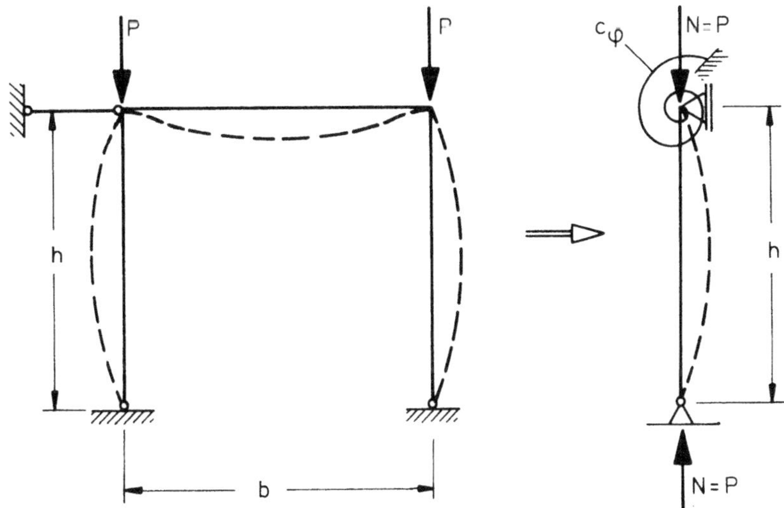

Bild 6.11 Eingeschossiger, unverschieblicher Rahmen mit Ersatzsystem

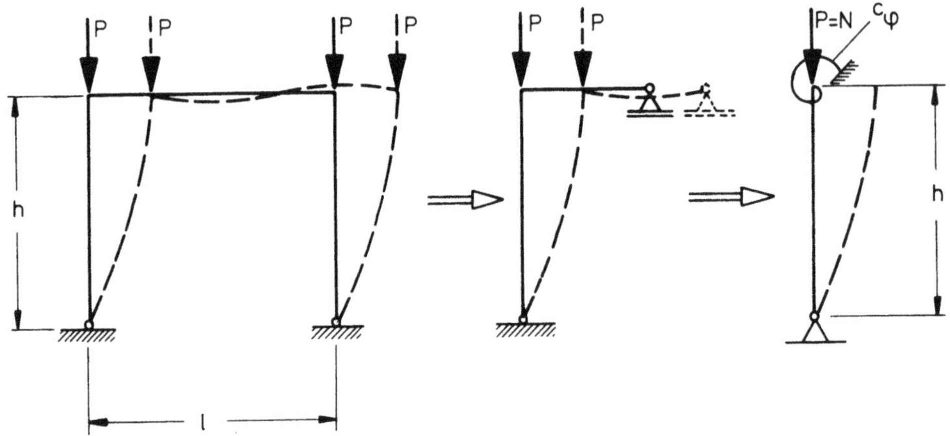

Bild 6.12 Verschieblicher Rahmen mit Ersatzsystem

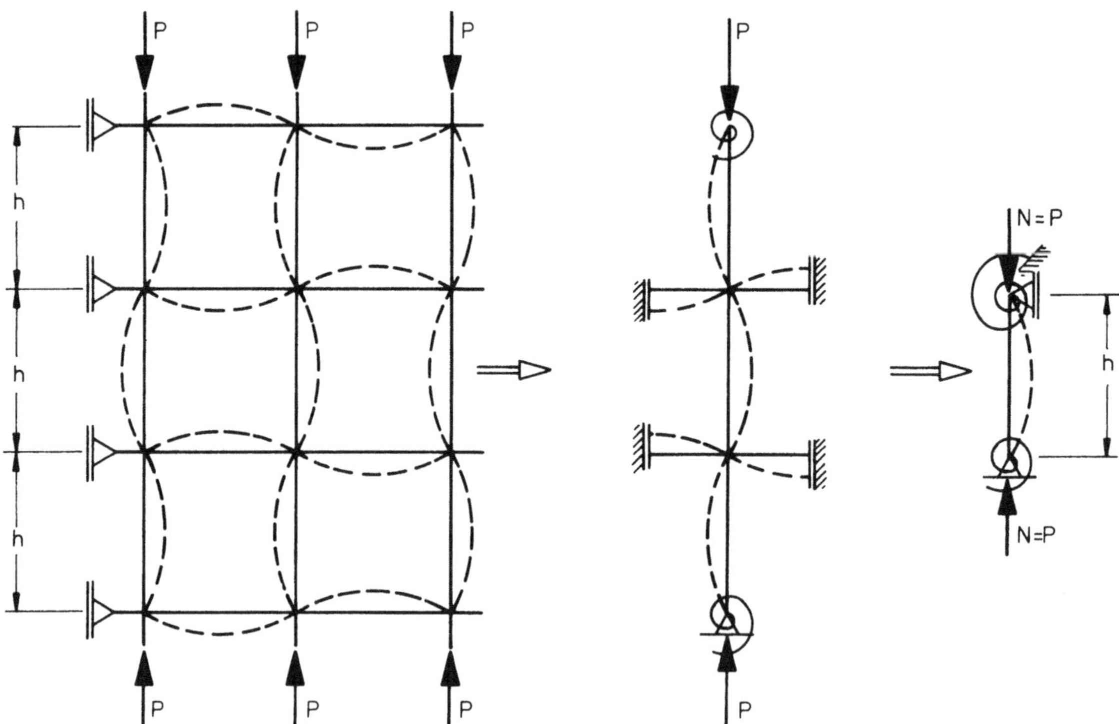

Bild 6.13 Ausschnitt aus einem unverschieblichen, mehrgeschossigen Rahmen

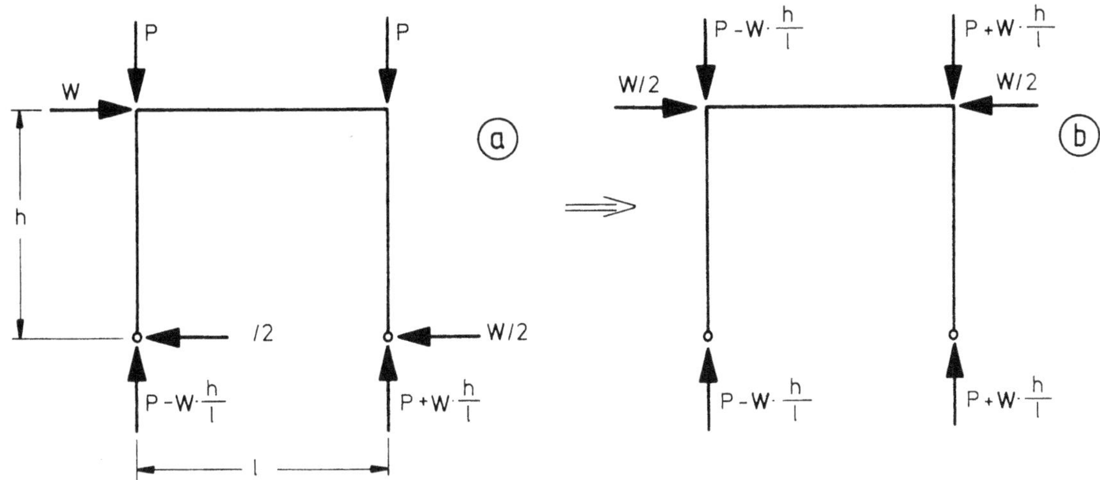

Bild 6.14 Verschieblicher Rahmen mit Horizontalkraft
a System und Belastung
b "Normalkraftsystem" zur Berechnung der Verzweigungslast.

Treten außer Normalkräften auch Biegemomente im elastischen Gesamtsystem auf (Bild 6.14a), so ist die Verzweigungslast für das "Normalkraftsystem" zu ermitteln. Hierbei werden die in den einzelnen Stäben wirkenden Normalkräfte als äußere, zentrisch angreifende Kräfte aufgebracht (Bild 6.14b).

Wichtiger Hinweis:

Bei den Ersatzsystemen wird vorausgesetzt, daß die Rahmenriegel elastisch sind. Werden die Riegel nach dem Traglastverfahren (Fließgelenktheorie) bemessen, so verlieren sie ihre aussteifende Wirkung. Bei seitlich unverschieblichen Systemen ist die Knicklänge dann die Geschoßhöhe h, bei seitlich verschieblichen Rahmen müssen im allgemeinen genauere Berechnungsverfahren angewendet werden (s. Abschnitt 6.4.4.3).

6.2.7.3 Federsteifigkeit bei Ersatzsystemen

Die Federkonstanten bei Ersatzsystemen werden zweckmäßig nach dem Arbeitssatz berechnet. Die durch die Trennung des normalkraftfreien Teilsystems vom Restsystem ausgelöste Schnittgröße läßt man mit dem Zahlenwert "1" auf das abgetrennte Teilsystem wirken und bestimmt die Verschiebung des Angriffspunktes in Richtung dieser Schnittgröße. Der Kehrwert der Verschiebungsgröße liefert die gesuchte Federsteifigkeit c_φ oder c_w. Das Teilsystem kann statisch bestimmt oder unbestimmt sein.

Beispiel zur Berechnung einer Drehfeder (vgl. Bild 6.12)

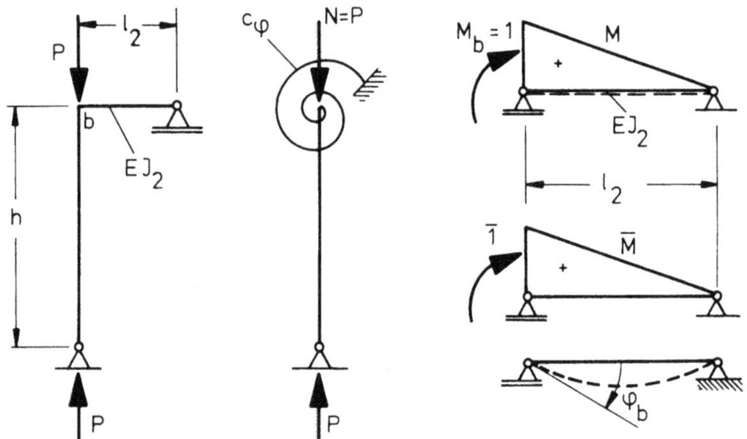

Bild 6.15 Ermittlung einer Drehfeder

Federgesetz: $M_b = c_\varphi \, \varphi_b \qquad c_\varphi = \dfrac{M_b}{\varphi_b}$ für $M_b = 1$ wird $c_\varphi = \dfrac{1}{\varphi_b}$

Arbeitssatz: $\varphi_b = \dfrac{1}{EI_2} \displaystyle\int M \bar{M} \, ds = \dfrac{\ell_2}{3\,EI_2} M_b$

Drehfeder: $$c_\varphi = \frac{3\,EI_2}{\ell_2} \qquad (6.6)$$

Beispiel zur Berechnung einer Wegfeder:

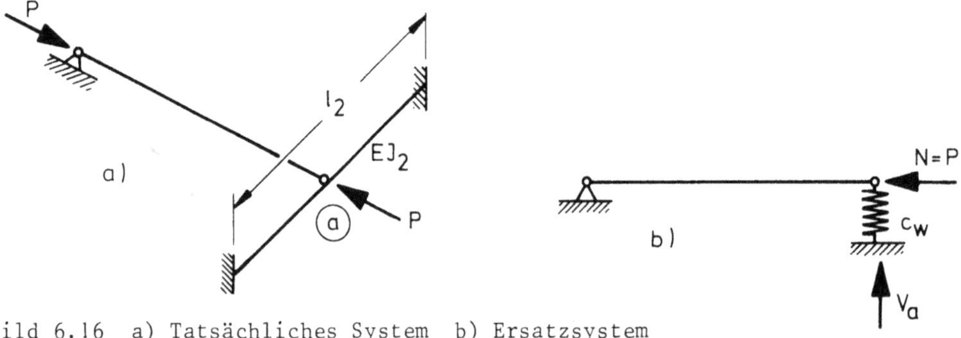

Bild 6.16 a) Tatsächliches System b) Ersatzsystem

Berechnung der Verformung w_a entweder nach Tabellen oder mit dem Arbeitssatz (Reduktionssatz)

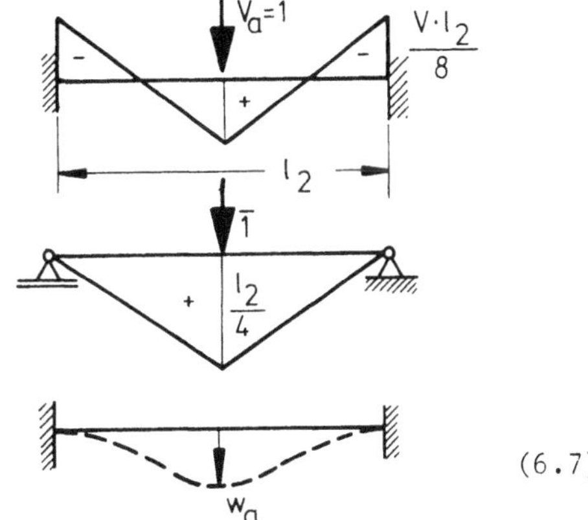

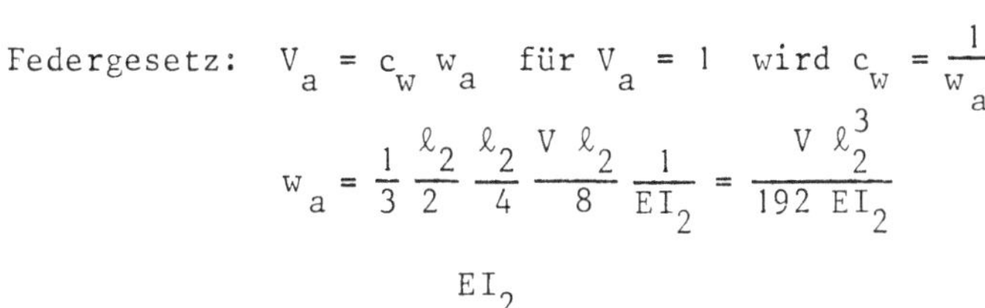

Federgesetz: $V_a = c_w\, w_a$ für $V_a = 1$ wird $c_w = \frac{1}{w_a}$

$$w_a = \frac{1}{3}\,\frac{\ell_2}{2}\,\frac{\ell_2}{4}\,\frac{V\,\ell_2}{8}\,\frac{1}{EI_2} = \frac{V\,\ell_2^3}{192\,EI_2}$$

Wegfeder: $$c_w = 192\,\frac{EI_2}{\ell_2^3} \qquad (6.7)$$

6.2.7.4 Der Druckstab mit elastischen Randlagerungen

Wie aus Abschnitt 6.2.7.2 zu ersehen ist, können viele Untersuchungen von Rahmensystemen auf den Einzelstab mit elastischen Randlagerungen zurückgeführt werden. Dieses System wird daher näher betrachtet.

An diesem Beispiel werden die einzelnen Schritte der Berechnung mit Hilfe der Differentialgleichungsmethode erläutert. Diese Methode eignet sich nur für relativ einfache Systeme ohne Querschnittsabstufungen des Druckstabes (EI = konst.), da sonst zu viele Abschnitte durch Rand- und Übergangsbedingungen miteinander verbunden werden müssen (s. auch Abschnitte 6.2.9.2 und 6.2.10).

System:

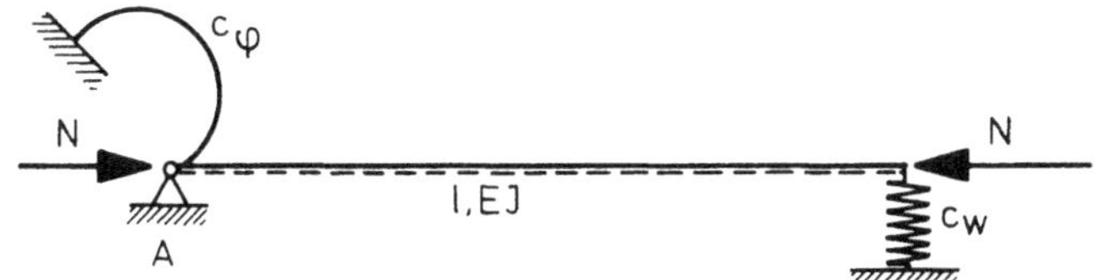

Bild 6.17 Druckstab mit elastischen Randbedingungen

1. Schritt: Das Koordinatensystem wird festgelegt. Das Tragwerk wird in seiner verformten Lage skizziert.

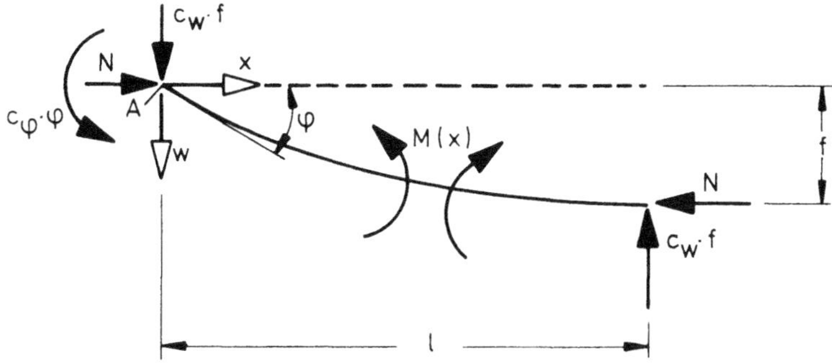

Bild 6.18 Tragwerk in verformter Lage mit Koordinatensystem

Hinweis: Die verformte Lage muß der Grundschwingung (erste Eigenschwingung) des Systems entsprechen. Es ist günstig, die Verformungsfigur so zu wählen, daß im Sinne der gewählten Koordinatensystem ein "Positivbild" entsteht, also

- die Verschiebungen w und f des biegesteifen Trägers und der Dehnfedern,
- die Verdrehungen φ der Drehfedern positiv sind.

2. Schritt: Eintragen aller äußeren Kräfte am verformten System. Hierbei können bereits "Randbedingungen" eingearbeitet werden (z.B. an der Stelle $x = \ell$ tritt kein Biegemoment auf).

Hinweis: Lager- und Federkräfte als äußere Kräfte (Reaktionen) eintragen.

3. Schritt: Aufstellen der Beziehung für die Schnittgröße "Biegemoment" am verformten System. Dies kann am linken oder am rechten Teilstück geschehen.

$$M = N\,w - c_w\,f\,x - c_\varphi\,\varphi \qquad \text{am linken Teil ermittelt}$$

$$= -N(f-w) + (\ell-x)\,c_w\,f \qquad \text{am rechten Teil ermittelt}$$

4. Schritt: Abschnittsweise Aufstellung der Differentialgleichungen $w'' = -\frac{M}{EI}$ der Knickbiegelinie für die Bereiche stetig verlaufender $\frac{M}{EI}$-Funktionen liefert:

$$w'' + \frac{N}{EI}\,w = \frac{f\,c_w}{EI}\,x + \frac{c_\varphi\,\varphi}{EI} = \frac{1}{EI}\,(f\,c_w\,x + \varphi\,c_\varphi)$$

5. Schritt: Lösen der Differentialgleichung.

Bringt man die Differentialgleichung in die Form

$$w'' + \alpha^2\,w + \frac{1}{EI}\,M(x) = 0 \qquad \text{mit } \alpha^2 = \frac{N}{EI}\,,$$

so lautet die Lösung allgemein (s. Abschnitt 4.2.2.1):

$$w = C_1\,\sin\alpha x + C_2\,\cos\alpha x - \frac{1}{N}\left[M(x) - \frac{1}{\alpha^2}\,M''(x) + \frac{1}{\alpha^4}\,M(x)^{IV} - \frac{1}{\alpha^6}\,M(x)^{VI} + - \ldots\right] \tag{6.8a}$$

Für dieses Beispiel also mit $M(x) = -(f\,c_w\,x + \varphi\,c_\varphi)$

$$w = C_1\,\sin\alpha x + C_2\,\cos\alpha x + \frac{f\,c_w}{N}\,x + \frac{\varphi\,c_\varphi}{N} \tag{6.8b}$$

Als unbekannte Konstanten treten in diesen Gleichungen auf: 2 Integrationskonstanten je Abschnitt, dazu so viele unbekannte Kräfte wie der Grad der statischen Unbestimmtheit und so viele unbekannte Verformungen wie der Freiheitsgrad des Knotengelenksystems beträgt.

6. Schritt: Einarbeiten der Rand- und Übergangsbedingungen zur Bestimmung der Unbekannten. Es stehen so viele Aussagen zur Verfügung, wie Unbekannte auftreten. Dadurch entsteht ein Gleichungssystem, das für Verzweigungsprobleme stets homogen ist. In diesem Falle stehen für die 4 Unbekannten C_1, C_2 f und φ folgende 4 Bedingungsgleichungen zur Verfügung:

$$w(o) = 0; \quad w(\ell) = f; \quad w'(o) = \varphi \quad \text{und } \Sigma M_A = 0\,, \text{ d.h. } w''(o) = -C_\varphi \cdot \varphi$$

Die Aussage $w''(\ell) = 0$ darf nicht als Randbedingung eingeführt werden, da sie bereits bei der Aufstellung des Biegemomentes im 3. Schritt eingearbeitet wurde.

Das homogene Gleichungssystem lautet:

1. $w(o) = 0: \quad C_1 \cdot 0 + C_2 \cdot 1 + f \cdot 0 + \frac{\varphi \cdot c_\varphi}{N} = 0$
2. $w(\ell) = f: \quad C_1 \cdot \sin \alpha\ell + C_2 \cdot \cos \alpha\ell + f \frac{c_w}{N} \ell + \frac{\varphi \cdot c_\varphi}{N} = f$
3. $w'(0) = \varphi: \quad C_1 \cdot \alpha - C_2 \cdot \alpha \cdot 0 + f \frac{c_w}{N} = \varphi$
4. $\Sigma M_A = 0: \quad - N \cdot f + c_w \cdot f \cdot \ell + \varphi \cdot c_\varphi = 0$

Als Matrix geschrieben erhält man die Gleichungen 1 – 4 mit den Abkürzungen

$$c^*_\varphi = \frac{c_\varphi \, \ell}{EI} \; ; \quad c^*_w = \frac{c_w \, \ell^3}{EI} \; ; \quad \varphi^* = \varphi \, \ell \; ; \quad \varepsilon = \alpha \, \ell$$

in folgender Form:

C_1	C_2	f	φ^*	=
0	1	0	$\frac{1}{\varepsilon^2} c^*_\varphi$	0
$\sin \varepsilon$	$\cos \varepsilon$	$\frac{1}{\varepsilon^2} c^*_w - 1$	$\frac{1}{\varepsilon^2} c^*_\varphi$	0
ε	0	$\frac{1}{\varepsilon^2} c^*_w$	- 1	0
0	0	$\frac{1}{\varepsilon^2} c^*_w - 1$	$\frac{1}{\varepsilon^2} c^*_\varphi$	0

7. Schritt: Auflösen des homogenen Gleichungssystems: entweder durch schrittweise Elimination oder durch Nullsetzen der Nennerdeterminante wird die Knickbedingung (Verzweigungslast) ermittelt.

In diesem Fall lautet die Knickbedingung:

$$\frac{\varepsilon}{\tan \varepsilon} = \frac{\varepsilon^2}{c^*_\varphi} + \frac{1}{1 - \frac{\varepsilon^2}{c^*_w}} \tag{6.10}$$

8. Schritt: Auflösung der Knickbedingung (meist durch Probieren oder grafisch) liefert den kleinsten Eigenwert und damit die ideale Knicklast

N_{ki} bzw. ε_{ki}

9. Schritt: Ermittlung der Knicklänge s_{ki}

aus $N_{ki} = \frac{EI \, \pi^2}{s_{ki}^2}$ folgt $s_{ki} = \pi \sqrt{\frac{EI}{N_{ki}}}$ oder $s_{ki} = \ell \frac{\pi}{\varepsilon_{ki}}$

Alle weiteren Untersuchungen (Bemessung, Nachweis der Tragsicherheit usw.) werden am "Ersatzstab" durchgeführt.

Für das behandelte Beispiel lassen sich durch Grenzbetrachtungen der Federsteifigkeiten c_φ und c_w die Knickbedingungen der folgenden Systeme aufstellen. Diese Grenzbetrachtungen sind bei vielen Stabilitätsuntersuchungen auch zur Kontrolle der aufgestellten Knickbedingung sehr zweckmäßig.

System	Grenzbetrachtung		Knickbedingung
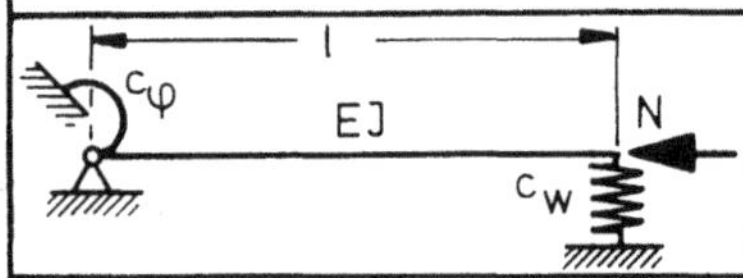 l, c_φ, EJ, N, c_w	$c_\varphi^* = \frac{c_\varphi \cdot l}{EJ}$	$c_w^* = \frac{c_w \cdot l^3}{EJ}$	$\frac{\varepsilon}{\tan \varepsilon} = \frac{\varepsilon^2}{c_\varphi^*} + \frac{1}{1 - \frac{\varepsilon^2}{c_w^*}}$
 N, c_w	$c_\varphi = \infty$	$c_w^* = \frac{c_w \cdot l^3}{EJ}$	$\frac{\varepsilon}{\tan \varepsilon} = \frac{1}{1 - \frac{\varepsilon^2}{c_w^*}}$
c_φ, N	$c_\varphi^* = \frac{c_\varphi \cdot l}{EJ}$	$c_w = \infty$	$\frac{\varepsilon}{\tan \varepsilon} = 1 + \frac{\varepsilon^2}{c_\varphi^*}$
 N, c_w	$c_\varphi = 0$	$c_w > \frac{\pi^2 EJ}{l^3}$	$\frac{\varepsilon}{\tan \varepsilon} = \infty$ Eulerfall II
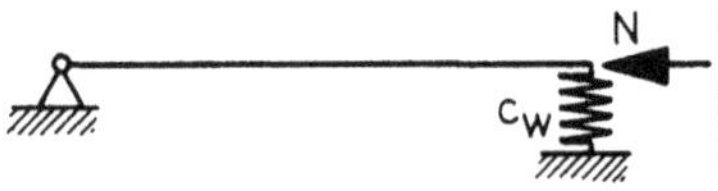 N, c_w	$c_\varphi = 0$	$c_w < \frac{\pi^2 EJ}{l^3}$	$N = c_w \cdot l$
c_φ, N	$c_\varphi^* = \frac{c_\varphi \cdot l}{EJ}$	$c_w = 0$	$\frac{\varepsilon}{\tan \varepsilon} = \frac{\varepsilon^2}{c_\varphi^*}$
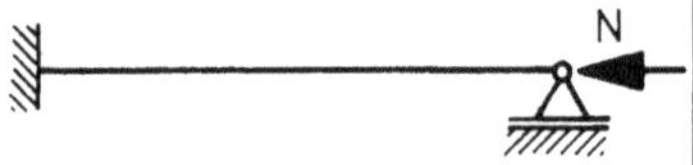 N	$c_\varphi = \infty$	$c_w = \infty$	$\frac{\varepsilon}{\tan \varepsilon} = 1$ Eulerfall III
N	$c_\varphi = \infty$	$c_w = 0$	$\frac{\varepsilon}{\tan \varepsilon} = 0$ Eulerfall I
 N	$c_\varphi = 0$	$c_w = \infty$	$\frac{\varepsilon}{\tan \varepsilon} = \infty$ Eulerfall II

Bild 6.19 a Knickbedingungen

Die Auswertung der transzendenten Knickbedingungen erfolgt am einfachsten in Diagrammen (z.B. nach /38/).

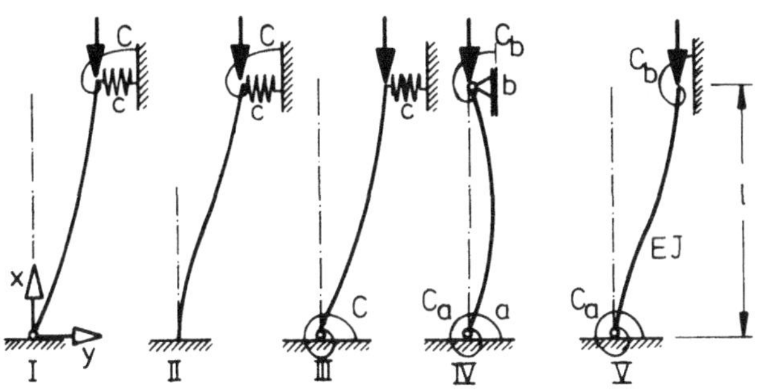

Bezeichnung: $C \mathrel{\hat{=}} c_\varphi$ (Drehfeder); $c \mathrel{\hat{=}} c_w$ (Wegfeder)

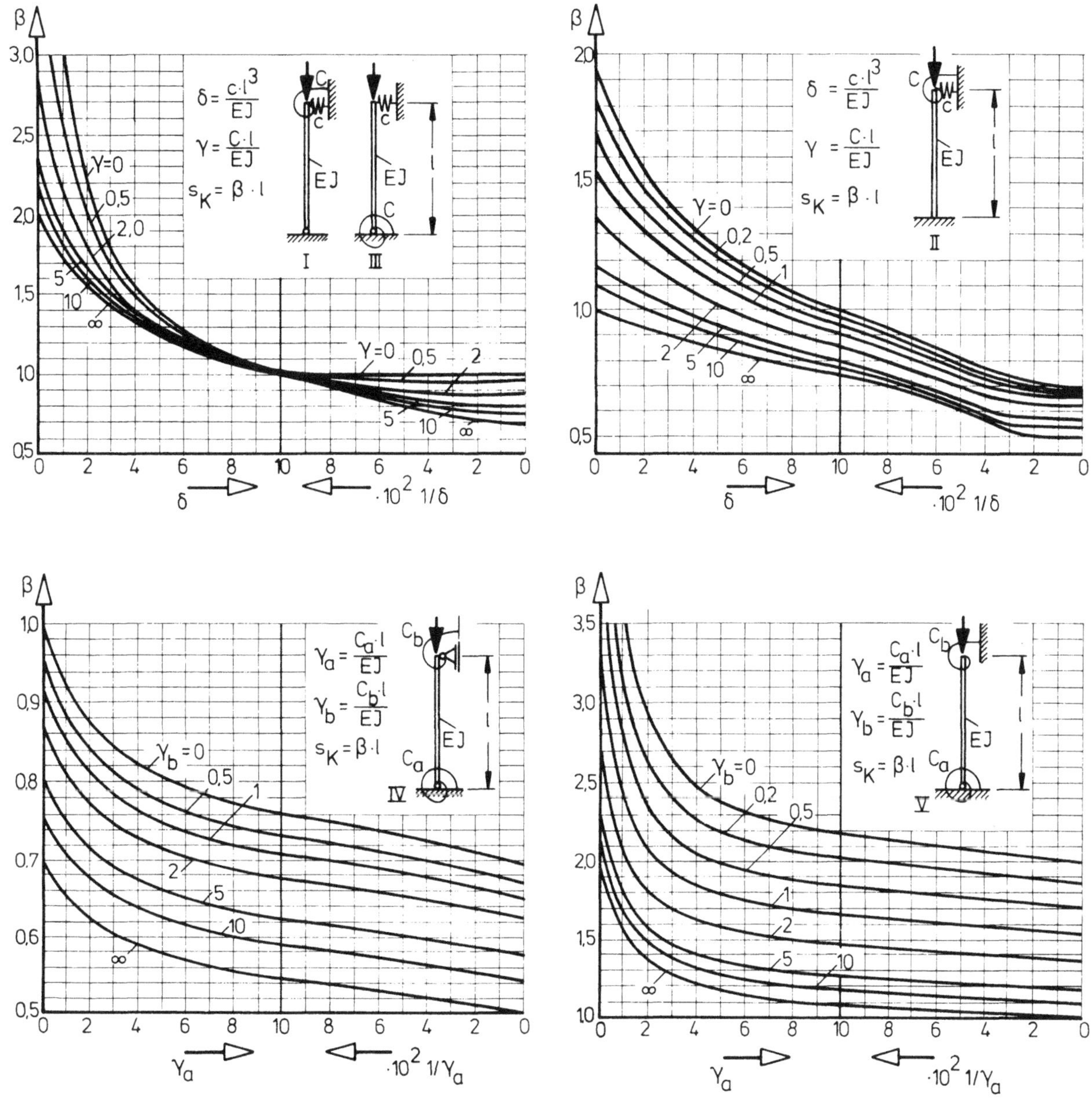

Bild 6.19 b Diagramme nach /38/

6.2.7.5 Der elastisch gebettete Druckstab

Bei der Trogbrücke fehlt der obere Windverband. Daher ist der knickgefährdete Druckgurt (Obergurt) nur elastisch durch Halbrahmen gegen seitliches Knicken gestützt.

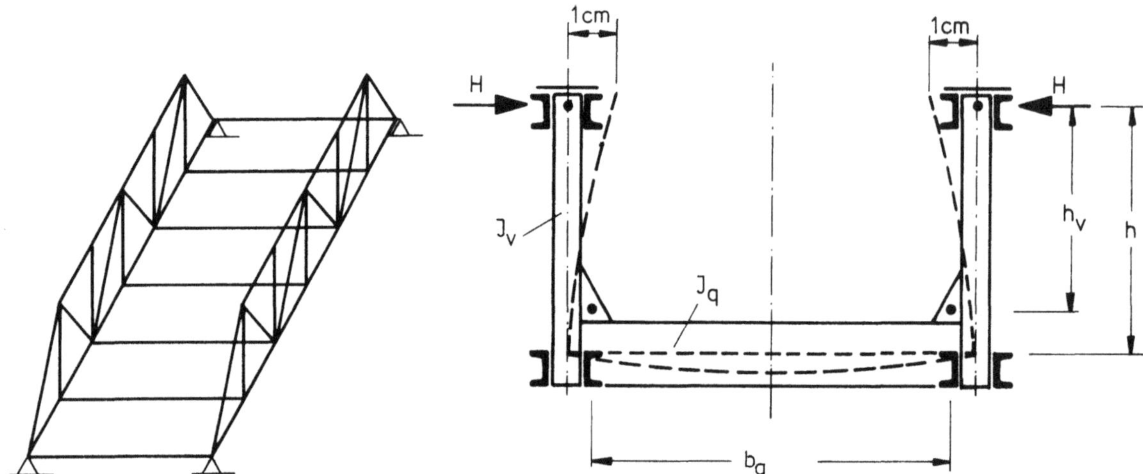

Bild 6.20 System und Querschnitt der betrachteten Trogbrücke

Die Federsteifigkeit der Halbrahmen wird folgendermaßen bestimmt:

Wird der Rahmen mit einer Kraft H (kN) belastet, welche die Verschiebung f = 1 (cm) erzeugt, dann ist diese Kraft H die Federkonstante (kN/cm) des Halbrahmens. Sie wird auch als Halbrahmenwiderstand bezeichnet.

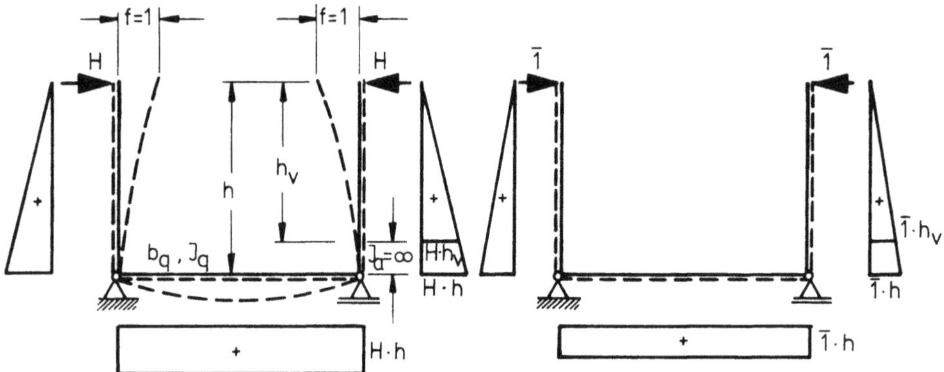

Bild 6.21 Statisches System zur Berechnung des Halbrahmenwiderstandes H

$$2\,f = 2 = \frac{H\,h\,h\,b_q}{EI_q} + 2\,\frac{1}{3}\,\frac{H\,h_v\,h_v\,h_v}{EI_v}$$

$$H = \frac{E}{\dfrac{h_v^3}{3I_v} + \dfrac{h^2\,b_q}{2I_q}} \tag{6.11}$$

Die Lösung des "Trogbrückenproblems" wurde (nach zahlreichen Einstürzen) 1888 von Engeßer gefunden.

Durch Verschmieren der einzelnen Federn H (kN/cm) erhält man die kontinuierliche elastische Bettung $c_q = \frac{H}{s}$ (kN/cm²), die Rückstellkräfte $p = - c_q w$ hervorrufen.

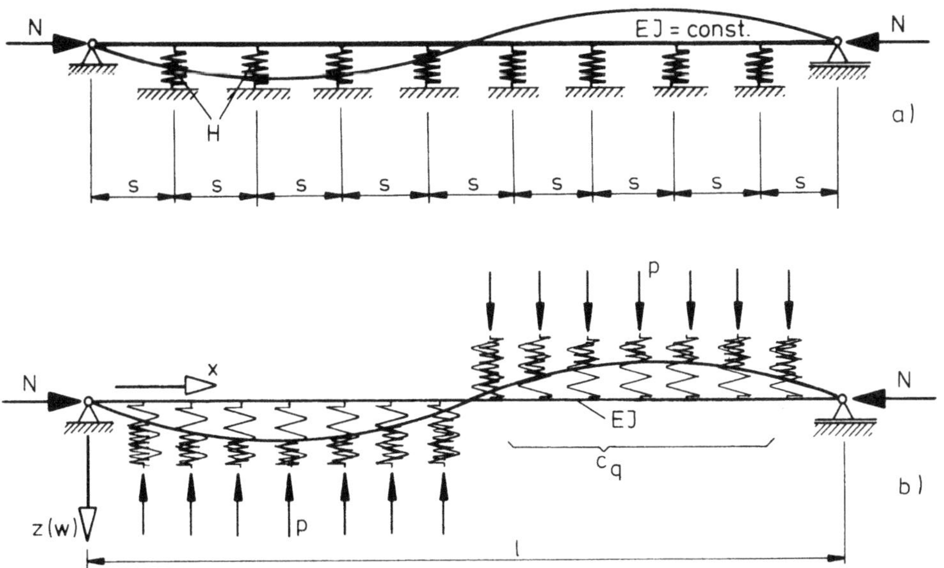

Bild 6.22 Statisches System a) einzelne Federn H b) kontinuierliche elastische Bettung

Voraussetzungen:

- Stabkraft N ist konstant
- Stabträgheitsmoment I ist konstant
- Kontinuierliche elastische Bettung c_q
- Hookesches Gesetz unbeschränkt gültig

Lösung mit Hilfe der Differentialgleichung (4.13 nach zweimaligem Differenzieren)

$$EI\, w^{IV} + N\, w'' - p = 0$$

mit $p = - c_q w$ erhält man:

$$EI\, w^{IV} + N\, w'' + c_q\, w = 0 \qquad (6.12)$$

Die Form der Knickbiegelinie (Anzahl der Wellen) ist abhängig vom Verhältnis der Biegesteifigkeit EI zur Federsteifigkeit.

- weiche Federn und steifer Stab ⟶ große Wellenlänge
- steife Federn und weicher Stab ⟶ kleine Wellenlänge

Im Lösungsansatz darf daher die Wellenlänge (Anzahl m der Wellen) noch nicht festgelegt sein.

$$w = w_o \sin \frac{m\pi x}{\ell}$$

$$w'' = - w_o \left(\frac{m\pi}{\ell}\right)^2 \sin \frac{m\pi x}{\ell}$$

$$w^{IV} = w_o \left(\frac{m\pi}{\ell}\right)^4 \sin \frac{m\pi x}{\ell}$$

eingesetzt in die Differentialgleichung ergibt

$$EI\, w_o \left(\frac{m\pi}{\ell}\right)^4 \sin \frac{m\pi x}{\ell} - N\, w_o \left(\frac{m\pi}{\ell}\right)^2 \sin \frac{m\pi x}{\ell} + c_q\, w_o \sin \frac{m\pi x}{\ell} = 0$$

$$EI \left(\frac{m\pi}{\ell}\right)^4 - N \left(\frac{m\pi}{\ell}\right)^2 + c_q = 0$$

Daraus errechnet sich die Knicklast

$$N_{ki} = \left(\frac{m\pi}{\ell}\right)^2 EI + c_q \left(\frac{\ell}{m\pi}\right)^2 \tag{6.13}$$

Auswertung qualitativ s. Bild 6.23

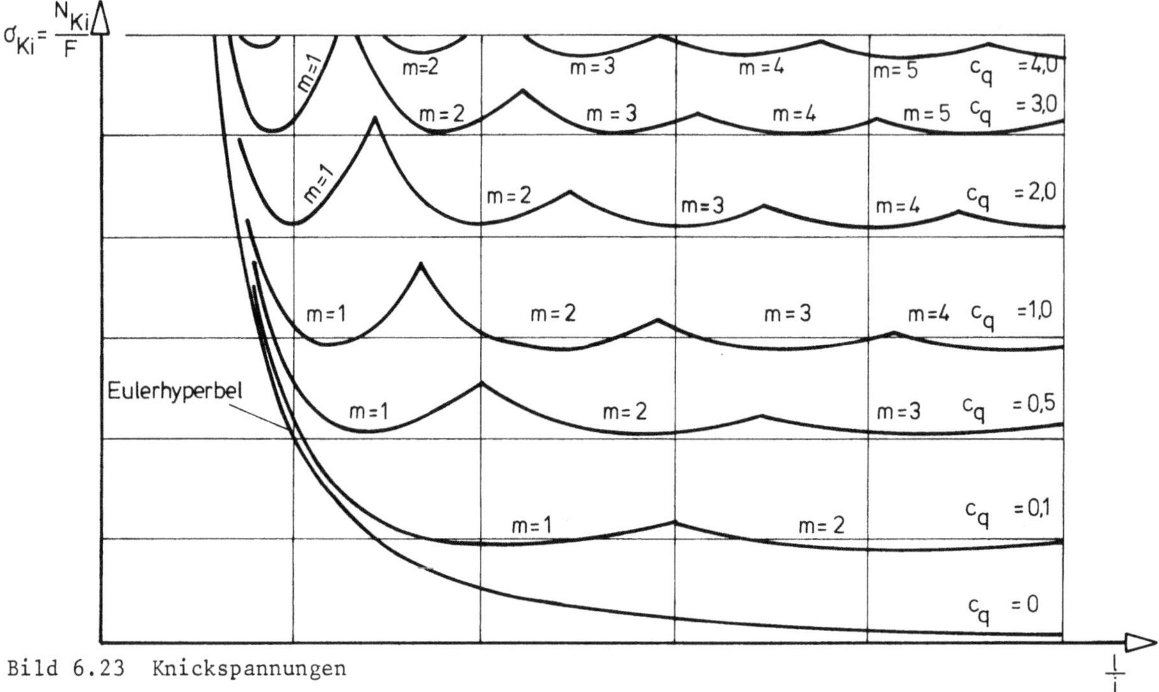

Bild 6.23 Knickspannungen

Es muß die Anzahl der Halbwellen (m) bestimmt werden, für die sich die kleinste Knicklast min N_{ki} ergibt (also differenzieren und Null setzen):

$$\frac{d\,N_{ki}}{dm} = 2\,m\,\frac{\pi^2}{\ell^2}\,EI - 2\,\frac{\ell^2}{m^3\pi^2}\,c_q = 0$$

$$m^4 = \frac{\ell^4}{\pi^4}\,\frac{c_q}{EI} \quad \text{oder} \quad m^2 = \frac{\ell^2}{\pi^2}\sqrt{\frac{c_q}{EI}} \tag{6.14}$$

damit wird:

$$\min N_{ki} = EI\sqrt{\frac{c_q}{EI}} + c_q\sqrt{\frac{EI}{c_q}}$$

$$N_{ki} = 2\sqrt{c_q\,EI} \tag{6.15}$$

Die Knicklänge wird durch Vergleich mit dem Eulerstab ermittelt:

$$N_{ki} = 2\sqrt{c_q\,EI} \stackrel{!}{=} \frac{\pi^2\,EI}{s_{ki}^2}$$

$$s_{ki}^2 = \frac{\pi^2}{2}\sqrt{\frac{EI}{c_q}}$$

Für die kritische Halbwellenlänge $s_{cr} = \frac{\ell}{m}$ gilt mit Gleichung (6.14)

$$s_{cr}^2 = \frac{\ell^2}{m^2} = \pi^2\sqrt{\frac{EI}{c_q}} \tag{6.16}$$

daraus folgt:

$$s_{ki} = \frac{s_{cr}}{\sqrt{2}} \qquad (6.17)$$

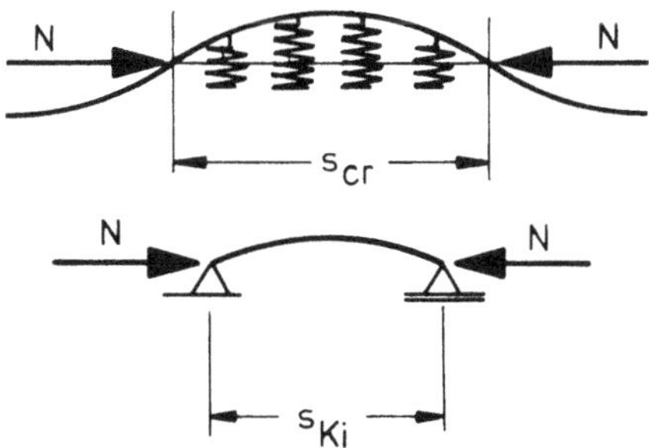

Bild 6.24 Kritische Halbwellenlänge s_{cr} und Knicklänge s_{ki}

Als Voraussetzung für die Annahme einer kontinuierlichen Bettung muß $\beta = \frac{s_{ki}}{s} \geq 1{,}2$ sein, also

$$s_{cr} \geqq \sqrt{2} \cdot 1{,}2 \cdot s \approx 1{,}7 \ s$$

Auf diesen Ergebnissen beruht die Näherungsberechnung nach DIN 4114 (alt).

6.2.7.6 Stab mit elastischen Einzelstützen

System

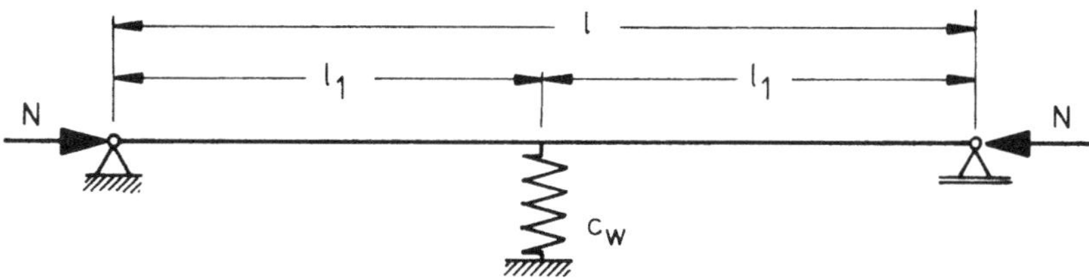

Bild 6.25 Stab mit elastischer Mittelstütze

An diesem System lassen sich verschiedene Arten von "Mindeststeifigkeiten" erläutern. Ähnliche Überlegungen gelten für andere Verzweigungsprobleme (z.B. Beulsteifen bei Platten, Drehbettung bei Kippträgern).

Zwei Versagensformen sind möglich, wenn die Feder im Knotenpunkt der zweiten Eigenfunktion liegt:

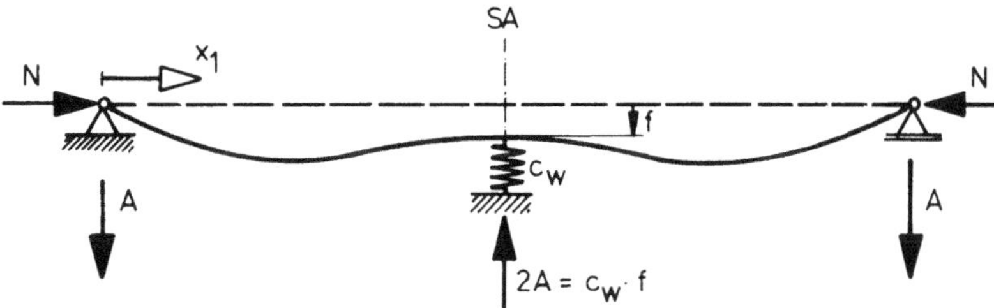

Bild 6.26 Symmetrische Knickbiegelinie

Man kann die Symmetriebedingung ausnutzen und folgendes Ersatzsystem berechnen:

Bild 6.27 Ersatzsystem bei symmetrischer Knickbiegelinie

Knickbedingung hierfür s. Abschnitt 6.2.7.4, Bild 6.19a, 2. Zeile.

$$\frac{\varepsilon_1}{\tan\varepsilon_1} = \frac{1}{1 - \frac{\varepsilon_1^2}{c_w^*}} \quad \text{mit} \quad c_w^* = \frac{1}{2}\,\frac{c_w\,\ell_1^3}{EI}$$

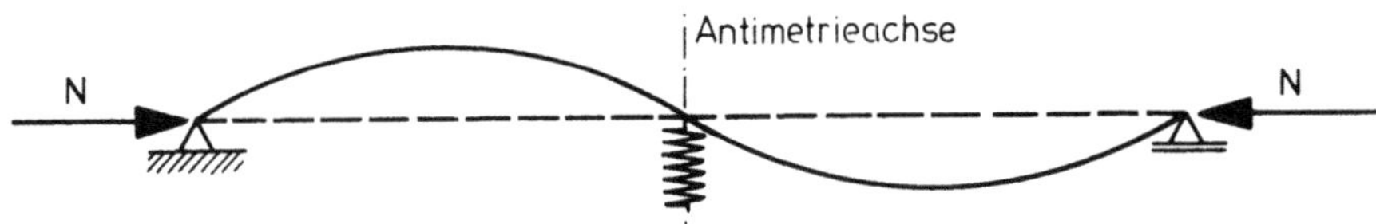

Bild 6.28 Antimetrische Knickbiegelinie

Für den antimetrischen Fall nach Bild 6.28 lautet die Knickbedingung:

$\varepsilon_1 = \pi$ (Eulerfall II)

Trägt man $\frac{N_{ki}}{EI\,\pi^2/\ell^2}$ in Abhängigkeit von c_w^* auf, so erkennt man, daß für

$\varepsilon_1 \geq \pi$ $\left(\frac{N_{ki}}{EI\,\pi^2/\ell^2} \geq 4\right)$ die symmetrische in die antimetrische Form umschlägt (s. Bild 6.29).

Hierzu gehört folgende Mindeststeifigkeit der Feder:

$\varepsilon_1 = \pi$ wird in die symmetrische Lösung eingesetzt

$$\frac{\pi}{\tan\pi} = \frac{1}{1 - \frac{\pi^2}{c_w^*}} \quad \text{liefert} \quad c^*_{w_{min}} = 9{,}87 = \pi^2$$

$$\text{bzw.} \quad c_{w_{min}} = 19{,}74\,\frac{EI}{\ell_1^3} \qquad (6.18)$$

Eine Steigerung der Federsteifigkeit über den Wert $c_{w_{min}}$ hinaus bewirkt keine Erhöhung der Verzweigungslast.

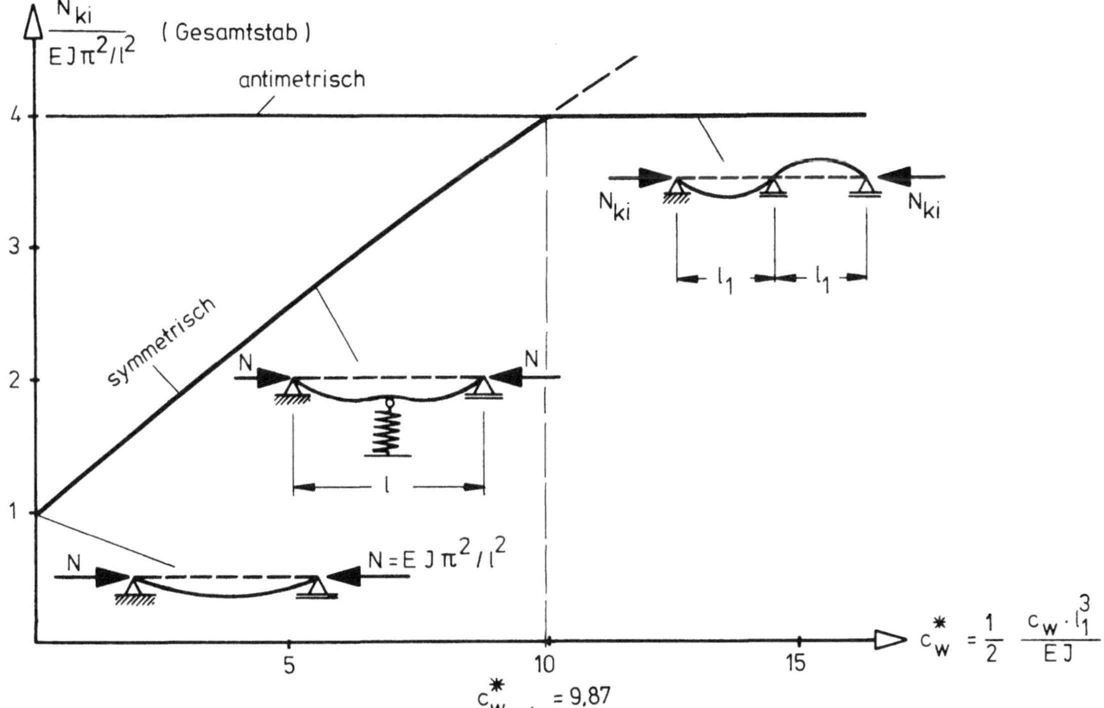

Bild 6.29 Mindeststeifigkeit der Feder

Liegt die Feder nicht im Knotenpunkt der 2. Eigenfunktion, dann bleibt sie nur im Grenzfall $c_w = \infty$ beim Knicken des Stabes unverformt.

Für die praktische Anwendung ist noch jene Federsteifigkeit interessant, bei der die Knicklast N_{ki} des versteiften Stabes gleich der Knicklast des gefährdetsten Teilfeldes (Ersatzstab mit $s_{ki} = a$) ist.

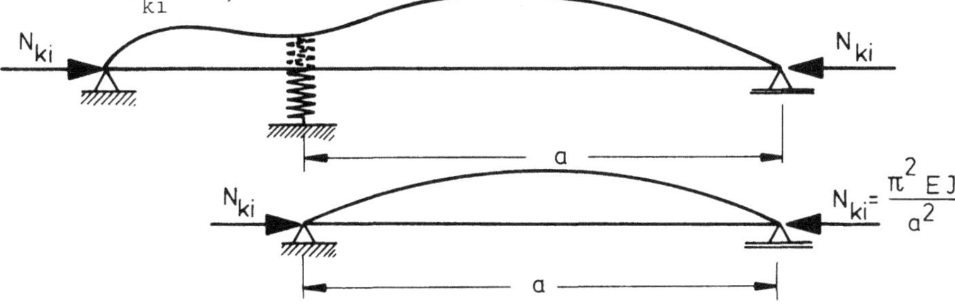

Bild 6.30 Einwellige Knickbiegelinie und Ersatzstab

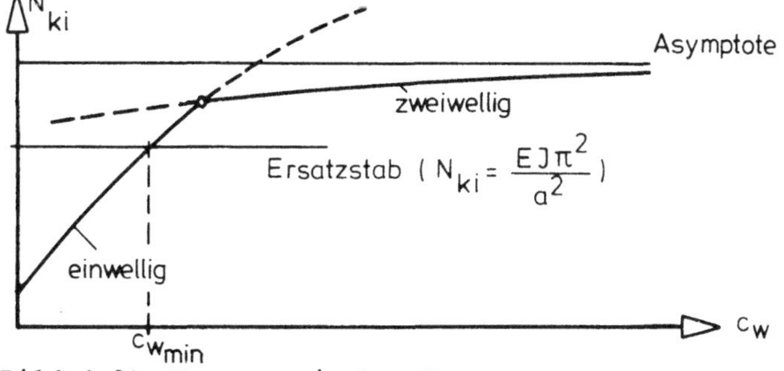

Bild 6.31 Unsymmetrisches System

Hierdurch wird folgendes erreicht:

- die Bemessung des Stabsystems wird einfach ($s_{ki} = a$)
- das Ergebnis liegt auf der sicheren Seite,
- zur Bestimmung der Mindeststeifigkeit braucht nur die einwellige Form untersucht zu werden.

6.2.8 Poltreue Belastung

6.2.8.1 Allgemeines

In der Praxis tritt poltreue Belastung recht häufig auf:

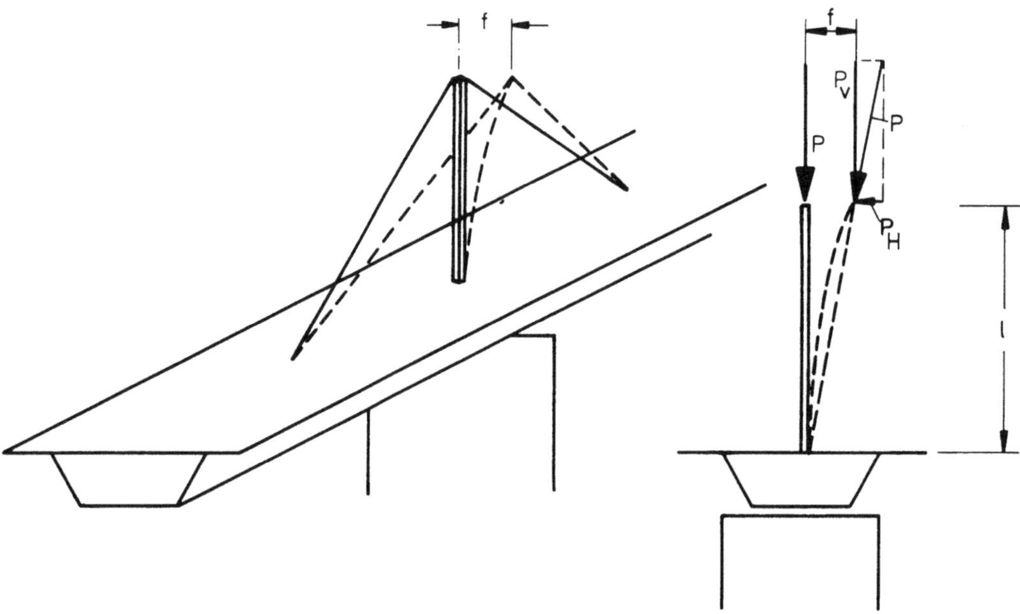

Bild 6.32 Beispiel: Pylon einer Schrägseilbrücke

Im ausgelenkten Zustand entsteht eine entlastende (rückstellende) Komponente aus den Seilkräften $P_H = - P \frac{f}{\ell}$, wenn die Fußpunkte der Seile unverschieblich sind.

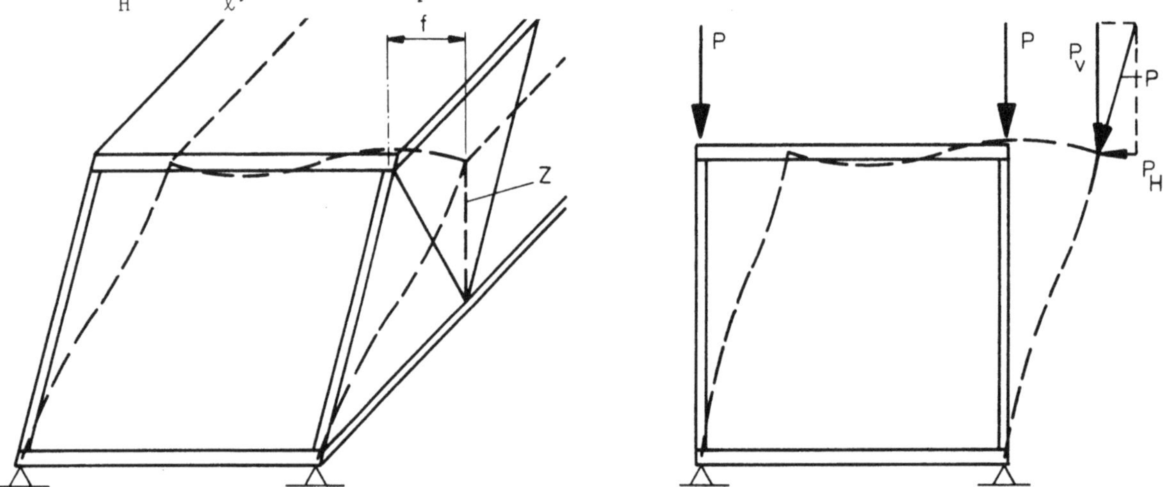

Bild 6.33 Beispiel: Portal einer Fachwerkbrücke

Im ausgelenkten Zustand erzeugt die Zugdiagonale Z eine rückstellende Komponente P_H.

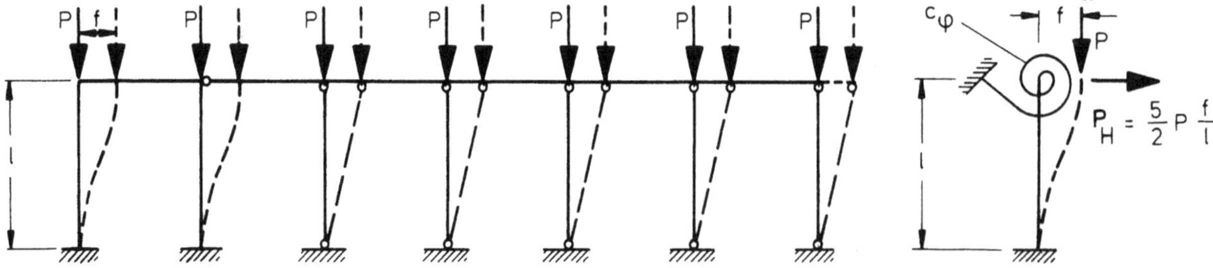

Bild 6.34 Beispiel: Rahmen mit angeschlossenen Pendelstützen

Ersatzsystem

Im ausgelenkten Zustand werden durch die Pendelstützen belastende Komponenten P_H (Abtriebskräfte) eingeleitet. Im Ersatzsystem erhält in diesem Fall jeder Rahmenstiel zusätzlich die Abtriebskräfte aus der Hälfte der Pendelstützen $P_H = \frac{5}{2} \frac{f}{\ell} P$ (vgl. Bild 6.34).

Die Wirkung dieser Abtriebskräfte kann durch folgende Lasteinleitungskonstruktion simuliert werden (s. Bild 6.35):

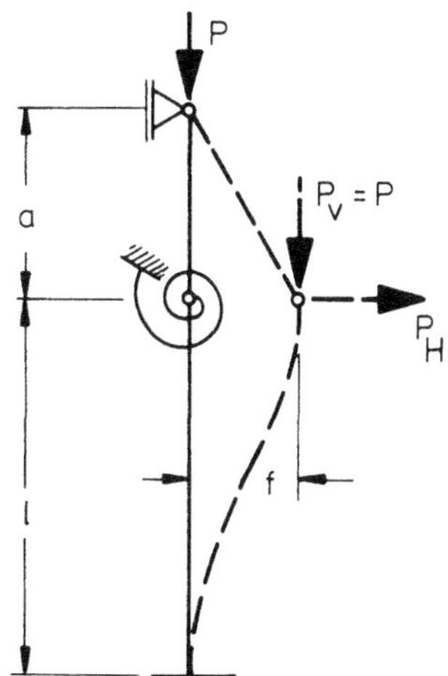

aus $P_H = \frac{5}{2} \frac{f}{\ell} P$

und $P_H = \frac{f}{a} P$

folgt für das System nach Bild 6.34

$$a = \frac{2}{5} \ell$$

Bild 6.35 Abtriebskräfte infolge Lasteinleitung

6.2.8.2 Modellkörper mit poltreuer Belastung

Es wird nur der antimetrische Anteil der Federkräfte untersucht (Störung des Gleichgewichts).

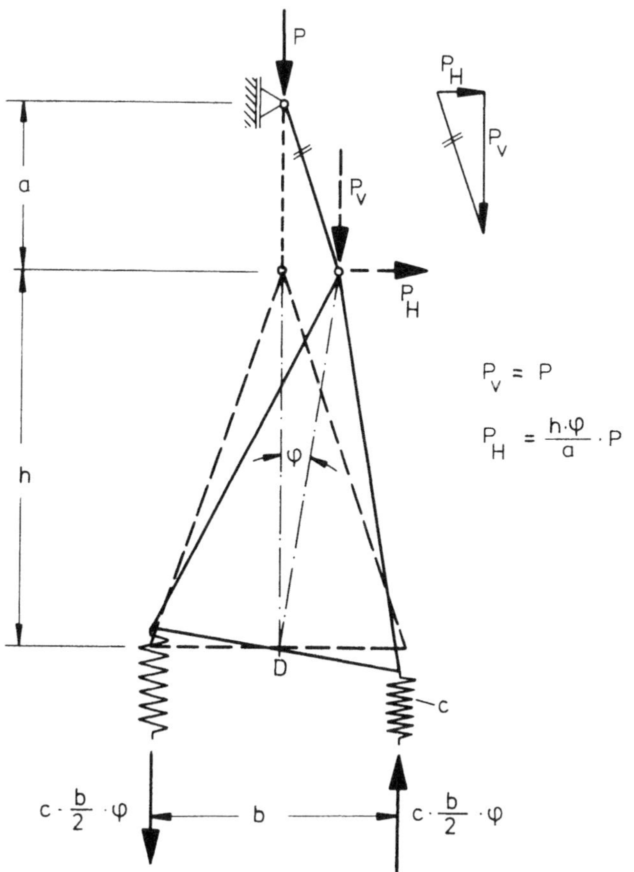

Bild 6.36 Modellkörper mit poltreuer Belastung

Gleichgewichtsbedingung

$$\Sigma M_D = 0$$

$$P_v\, h\, \varphi + P_H\, h = c\, \frac{b}{2}\, \varphi\, b$$

$$P\, h\, \varphi + P\, \frac{h}{a}\, \varphi h = c\, \frac{b}{2}\, \varphi b$$

$$P_{ki} \cdot h\, (1 + \frac{h}{a}) = \frac{b^2 \cdot c}{2}$$

$$P_{ki} = \frac{b^2 \cdot c}{2h}\, \frac{1}{1 + \frac{h}{a}} = P_{ki}^{rich}\, \frac{1}{1 + \frac{h}{a}} \tag{6.19}$$

Die Auswertung dieses Stabilitätsproblems zeigt das folgende Diagramm. Es ist gut zu erkennen, daß die poltreue Einleitung der Last einen erheblichen Einfluß auf die Verzweigungslast hat (Bild 6.37 und 6.38).

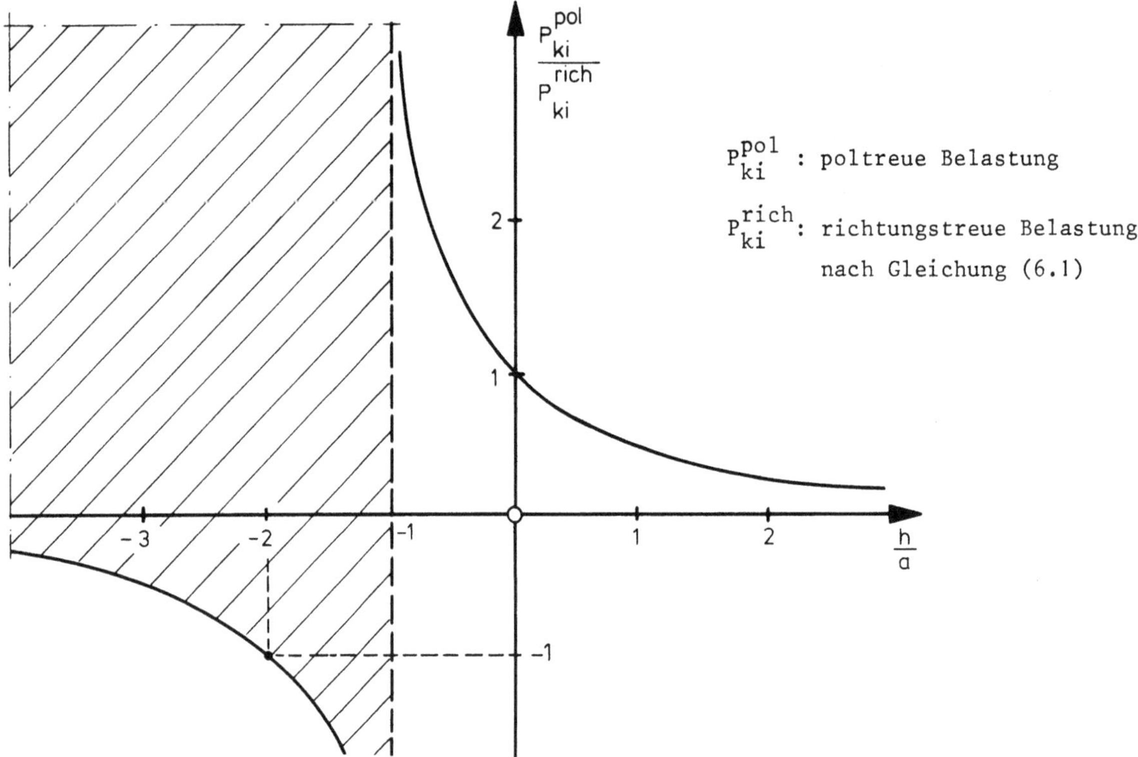

Bild 6.37 Verhältnis der poltreuen zur richtungstreuen Einzellast

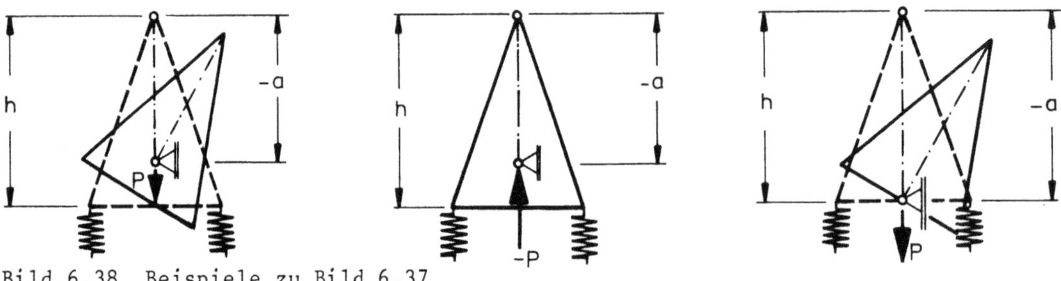

Bild 6.38 Beispiele zu Bild 6.37

Im Bereich $\frac{h}{a} < -1$ (schraffiert dargestellt) liegt für positives P kein Verzweigungsproblem vor, da die Rückstellkräfte größer sind als die Abtriebskräfte (stabiles Gleichgewicht). Für negatives P liegt dagegen ein Verzweigungsproblem vor. Für den Sonderfall a = - h geht $P_{ki} \longrightarrow \infty$, da die Abtriebskräfte genauso groß sind wie die Rückstellkräfte.

6.2.8.3 Der eingespannte Stab mit poltreuer Belastung

Die Lösung der Aufgabe wird an Hand der in Abschnitt 6.2.7.4 erläuterten Schritte durchgeführt.

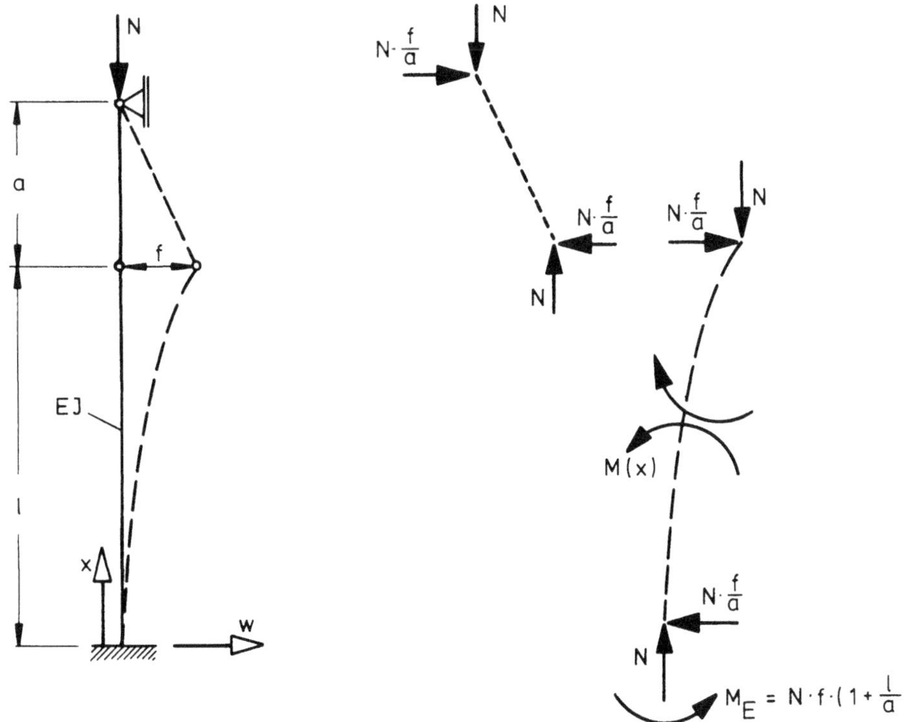

Bild 6.39 a) Verformtes System mit Koordinatensystem b) Gleichgewicht am verformten System (Auflagerreaktionen)

1. Schritt: (s. Bild 6.39 a)

2. Schritt: (s. Bild 6.39 b)

3. Schritt: Ermittlung der Biegemomente am verformten Tragwerk

$$M(x) = + N\,w + N\,\frac{f}{a}\,x - N\,f\,\left(1 + \frac{\ell}{a}\right)$$

4. Schritt: Differentialgleichung der Knickbiegelinie mit $\alpha^2 = \frac{N}{EI}$

$$w'' + \alpha^2\,w = -\,\alpha^2\,\frac{f}{a}\,x + \alpha^2\,f\,\left(1 + \frac{\ell}{a}\right)$$

5. Schritt: Lösung der Differentialgleichung

$$w = C_1\,\sin\alpha x + C_2\,\cos\alpha x - \frac{f}{a}\,x + f\,\left(1 + \frac{\ell}{a}\right)$$

6. Schritt: Randbedingungen liefern homogenes Gleichungssystem

	C_1	C_2	f
$w(o) = 0$	0	1	$1 + \frac{\ell}{a}$
$w'(o) = 0$	1	0	$-\frac{1}{a\alpha}$
$w(\ell) = f$	$\sin\alpha\ell$	$\cos\alpha\ell$	0

7. Schritt: Mit $\varepsilon = \alpha \cdot \ell$ lautet die Knickbedingung

$$\frac{\varepsilon}{\tan\varepsilon} = \frac{1}{1 + \frac{a}{\ell}} \tag{6.21}$$

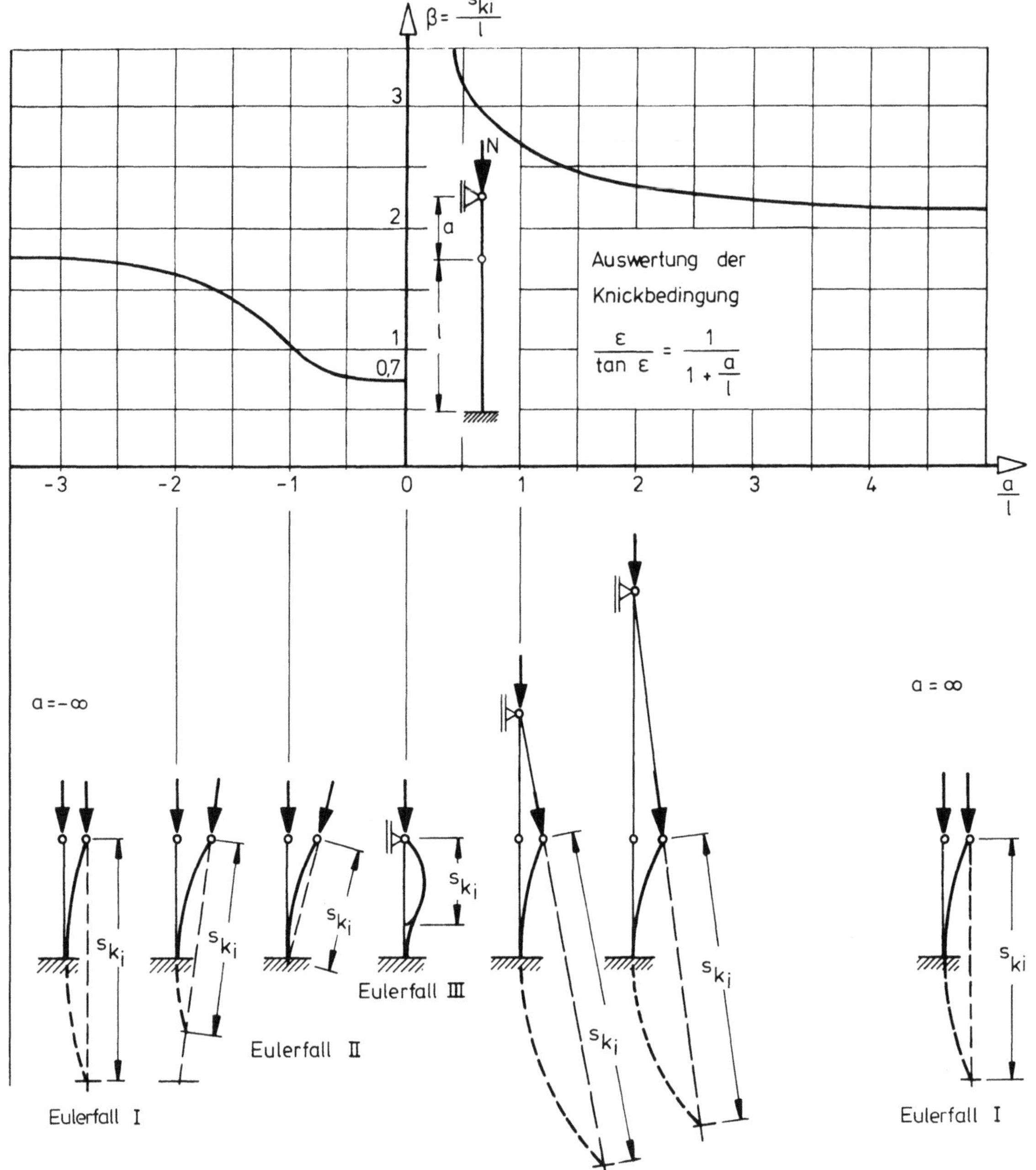

Bild 6.40 Auswertung der Knickbedingung

Erläuterungen zu Bild 6.40:

Für a = 0 greift N unmittelbar am Ende des Kragträgers an, wobei der Endpunkt seitlich unverschieblich gehalten ist. Dieser Knickfall entspricht dem Eulerfall III mit $\beta \approx 0{,}7$.

Für $a = \pm\infty$ wird N richtungstreu. Diese Grenzwerte entsprechen dem Eulerfall I.

Für $a = -\ell$ geht die Wirkungslinie von N immer durch den Fußpunkt. In diesem Fall verhält sich der Knickstab wie ein Eulerstab II (s. Beispiel "Pylon", Bild 6.32).
Der gefährlichste Fall liegt für kleine Längen a vor: $0 \leq \frac{a}{\ell} \leq 2$. Die Knicklänge s_{ki} kann die Stablänge ℓ um ein Vielfaches übertreffen, so daß die Knicklast stark abfällt (s. Beispiel "angeschlossene Pendelstützen").

6.2.9 Integralgleichungsmethode

6.2.9.1 Allgemeines

Die Differentialgleichungsmethode ist in manchen Fällen ungeeignet (zu kompliziert). Zum Beispiel gilt dies für Druckstäbe mit abgestuftem Trägheitsmoment und sprungweise veränderlicher Normalkraft. Es empfehlen sich dann Methoden, die mit Integrationsverfahren (Berechnung von Biegelinien) arbeiten.

6.2.9.2 Verfahren nach Engeßer – Vianello

Anwendung vor allem bei einfachen Randbedingungen, veränderlicher Normalkraft (kann poltreu sein) und abgestuften Trägheitsmomenten.

Grundgedanke:

- Wahrscheinliche Knickbiegelinie w_1 annehmen, die mit den Randbedingungen übereinstimmt. Ordinatenwerte zahlenmäßig festlegen.
- Belastung im ausgelenkten Zustand erzeugt Biegemomente (zahlenmäßig berechnen).

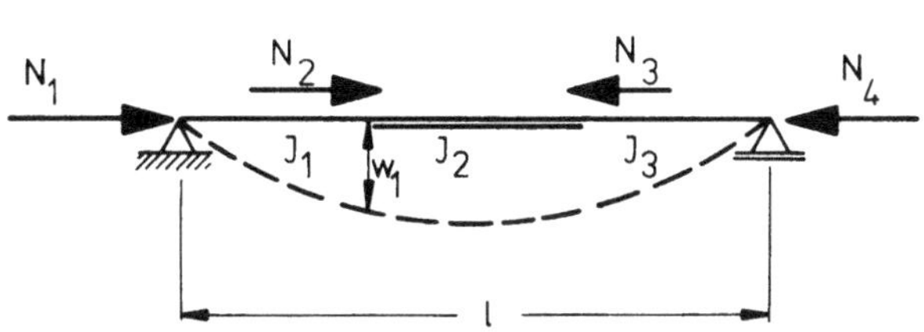

Bild 6.41 Knickstab mit abgestuftem Trägheitsmoment

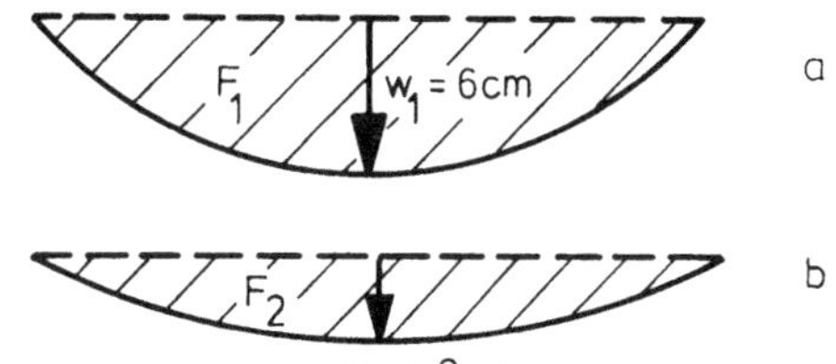

Bild 6.42 a) angenommene Biegelinie
b) ermittelte Biegelinie

- Diese Biegemomente rufen Durchbiegungen w_2 hervor (zahlenmäßig berechnen).
- Würde die errechnete Verformung w_2 vollständig mit der angenommenen Biegelinie w_1 übereinstimmen, dann wäre die untersuchte Belastung N die Verzweigungslast N_{ki}, da die ausgelenkte Lage w_1 dann im Gleichgewicht wäre. Nach der Definition in Abschnitt 6.2.4 ist die Verzweigungslast dadurch gekennzeichnet, daß eine benachbarte Gleichgewichtslage möglich ist.
- Sind die beiden Biegelinien affin, so kann aus dem Verhältnis der Ordinaten der Laststeigerungsfaktor $\nu_{ki} = \frac{w_1}{w_2}$ ermittelt werden. Würde die Rechnung mit dieser erhöhten Last wiederholt, so würde das Ergebnis $w_2 = w_1$ sein. Also gilt $N_{ki} = \nu_{ki}\, N$.
- Zeigen w_2 und w_1 unterschiedliche Verläufe (keine Affinität), so ist der Rechnungsgang mit einer anderen Annahme für w_1 solange zu wiederholen, bis Affinität eintritt.
- Zum Fehlerausgleich kann ν_{ki} als Mittelwert berechnet werden:

$$\nu_{ki} = \frac{\int w_1\, dx}{\int w_2\, dx} = \frac{F_1}{F_2} \tag{6.22}$$

- Aus der Verzweigungslast $N_{ki} = \nu_{ki}\, N$ wird die Knicklänge berechnet zu

$$s_{ki} = \pi \sqrt{\frac{EI}{N_{ki}}}$$

Hierbei sind ggf. alle Bereiche I_1, I_2, I_3 zu untersuchen (s. Abschnitt 7.8).

6.2.9.3 Das Durchbiegungsverfahren von Sattler

Das Verfahren existiert in zwei Versionen.

1. Version: Sie beruht auf dem gleichen Grundgedanken wie das Engeßer-Vianello-Verfahren. Es wird jedoch nicht zahlenmäßig eine Biegelinie festgelegt, sondern nur deren Form (als Funktion) mit f als Stich. Die Mittendurchbiegung wird mit dem Arbeitssatz berechnet. Durch Gleichsetzen der Verformung (benachbarte Gleichgewichtslage → Verzweigungslast) erhält man die Knickbedingung.

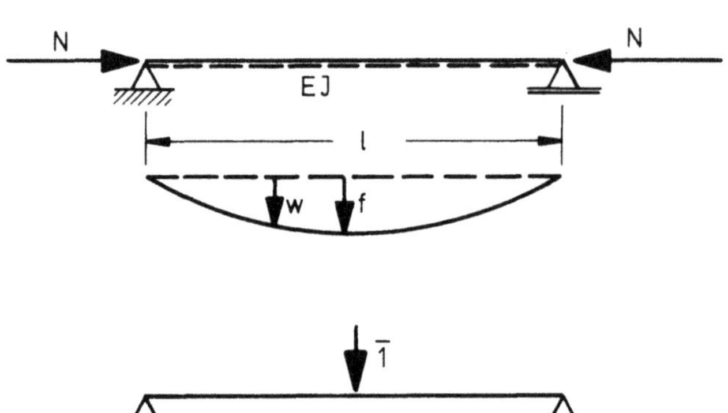

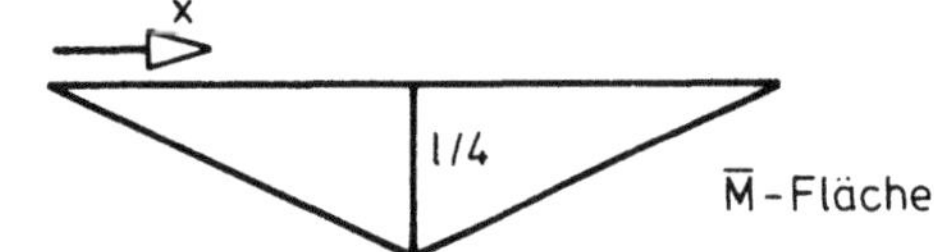

Bild 6.43 Eulerfall II mit Biegelinie

Biegelinie (Annahme): $w = f \sin \frac{\pi x}{\ell}$

Biegemoment: $M = N\,w = N\,f \sin \frac{\pi x}{\ell}$

Hilfszustand

Biegemoment: $\bar{M} = \frac{x}{2} \qquad 0 \leq x \leq \frac{\ell}{2}$

Arbeitssatz: $\bar{1}\,f = \int_0^{\ell} M\,\bar{M}\,\frac{dx}{EI} = 2\,\frac{N\,f}{EI} \int_0^{\ell/2} \frac{x}{2} \sin \frac{\pi x}{\ell}\,dx$

$$\int_0^{\ell/2} x \sin \frac{\pi x}{\ell}\,dx = \left[\frac{\ell^2 \sin \frac{\pi x}{\ell}}{\pi^2} - \frac{\ell x \cos \frac{\pi x}{\ell}}{\pi} \right]_0^{\ell/2} = \frac{\ell^2}{\pi^2}$$

$$1\,f = \frac{N\,f}{EI}\,\frac{\ell^2}{\pi^2} \quad \text{liefert} \quad N_{ki} = \frac{\pi^2\,EI}{\ell^2}$$

Bei Annahme einer parabelförmigen Biegelinie erhält man

$N_{ki} = \frac{9{,}6\,EI}{\ell^2}$ (3 % Fehler).

Diese Version ist besonders für die Fälle geeignet, in denen die Form der Biegelinie zweifelsfrei feststeht.

2. Version: Über die Form der Biegelinie braucht keine Annahme getroffen zu werden. Dadurch wird das Verfahren sehr flexibel. Die (unbekannte) Biegelinie wird in n Punkten mit den Unbekannten w_1, w_2 ... w_n bezeichnet.

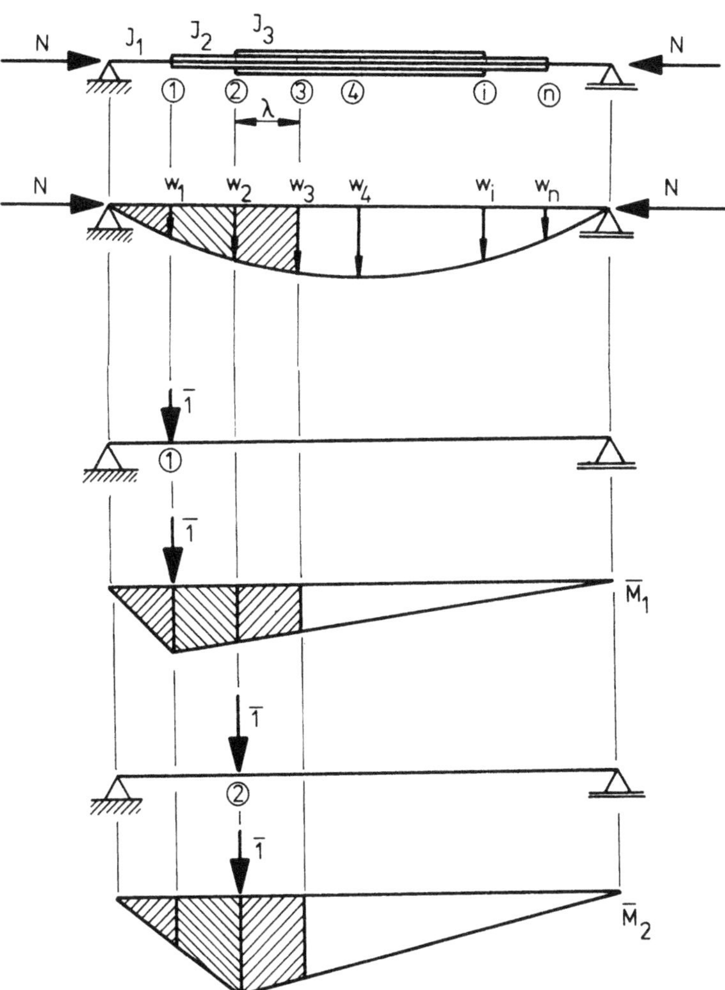

Unbekannte: $w_1\ w_2\ w_3\ \dots\ w_n$

M-Fläche = P w

Hilfszustand $\bar{1}$ in Punkt 1

Anwendung des Arbeitssatzes

$$\bar{1}\, w_1 = N \sum_n \int_0^\lambda w_i\, \bar{M}_1 \frac{dx}{EI}$$

(Trapezregel)

Hilfszustand $\bar{1}$ in Punkt 2

Arbeitssatz:

$$\bar{1}\, w_2 = N \sum_n \int_0^\lambda w_i\, \bar{M}_2 \frac{dx}{EI}$$

Bild 6.44 Verfahren bei abgestuftem Trägheitsmoment

Aus Bild 6.44 folgt:

$$w_1 = \frac{N}{EI_c} (a_{11}\, w_1 + a_{12}\, w_2 + a_{13}\, w_3 \dots + a_{1n}\, w_n)$$

$$w_2 = \frac{N}{EI_c} (a_{21}\, w_1 + a_{22}\, w_2 + a_{23}\, w_3 \dots + a_{2n}\, w_n)$$

$$w_n = \frac{N}{EI_c} (a_{n1}\, w_1 + a_{n2}\, w_2 + a_{n3}\, w_3 \dots + a_{nn}\, w_n) \tag{6.23a}$$

wobei die Glieder a_{ik} Zahlenwerte aus der Integration (Trapezregel) sind.

Es entsteht ein homogenes Gleichungssystem:

w_1	w_2	w_i	w_n	=
$a_{11} - \frac{EI_c}{N}$	a_{12}	a_{1i}	a_{1n}	0
a_{21}	$a_{22} - \frac{EI_c}{N}$	a_{2i}	a_{2n}	0
a_{i1}	a_{i2}	$a_{ii} - \frac{EI_c}{N}$	a_{in}	0
a_{n1}	a_{n2}	a_{ni}	$a_{nn} - \frac{EI_c}{N}$	0

Durch Nullsetzen der Nennerdeterminante $\Delta N = 0$ erhält man die Verzweigungslast N_{ki}.

6.2.10 Energiemethode

6.2.10.1 Allgemeines

Die Energiemethode ist die wichtigste Methode zur näherungsweisen Lösung von Stabilitäts- und Spannungsproblemen. Ihr liegt folgender Gedankengang zugrunde:

Das Gesamtpotential π eines Systems, das sich unter Einwirkung von äußeren Kräften verformt hat, ist gleich der Summe der vom System gespeicherten inneren Energie (inneres Potential π_i) plus dem äußeren Potential π_a. Das äußere Potential ist hierbei der negative Betrag der äußeren Arbeit, die die (äußeren) Kräfte an den (elastischen) Deformationen des Systems leisten (Potentialverlust bei positiver geleisteter Arbeit).

Variiert man die Verformung (z.B. $w \rightarrow w + \delta w$), so liefert die Entwicklung in eine Taylorreihe

$$\pi(w+\delta w) = \pi(w) + \frac{1}{1!}\delta\pi + \frac{1}{2!}\delta^2\pi + \ldots \tag{6.24}$$

Die erste Variation $\delta\pi = \frac{\partial\pi}{\partial w}\delta w$ liefert die Gleichgewichtsaussage für $\delta\pi = 0$

Die zweite Variation $\delta^2\pi$ liefert die Aussage über die Art des Gleichgewichtes

$$\delta^2\pi \begin{cases} > & \text{stabil} \\ = 0 & \text{indifferent} \\ < 0 & \text{labil} \end{cases}$$

Der grundsätzliche Zusammenhang läßt sich grafisch darstellen:

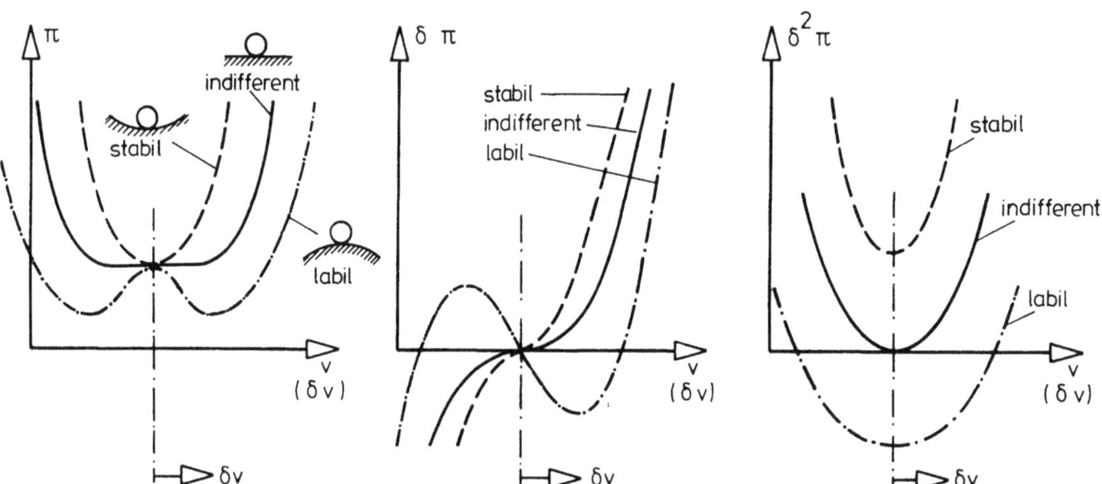

Bild 6.45 Die Arten des Gleichgewichtes

Die Variationsrechnung kann entweder zur Herleitung der Differentialgleichungen (Eulersche Differentialgleichungen) oder zu näherungsweisen numerischen Lösungen herangezogen werden.

6.2.10.2 Modellkörper

Die grundsätzlichen Zusammenhänge werden am Modellkörper erläutert. Zunächst wird das Potential bestimmt:

Die verformte Lage ① ist durch den Drehwinkel φ und die Federwege $w = \frac{b}{2}\varphi$ gekennzeichnet.

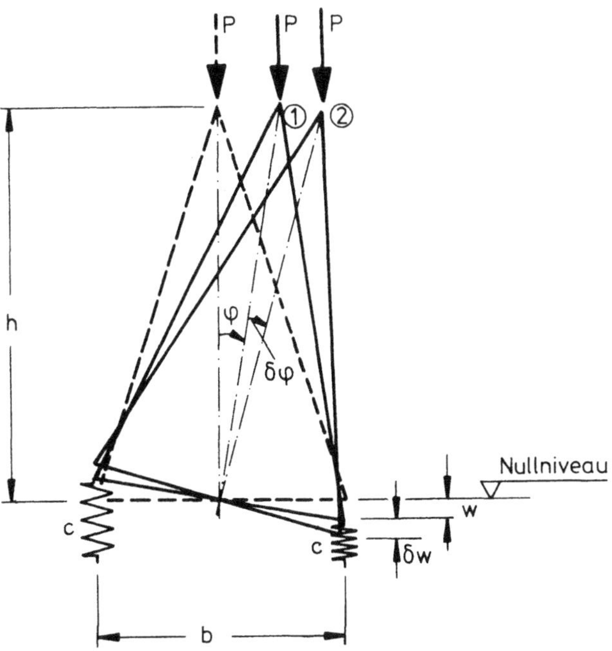

Bild 6.46 Modellkörper in verformter Lage

Das äußere Potential $\overset{①}{\pi_a}$ ist die negative äußere Arbeit, die zur Lage ① gehört:

$$\overset{①}{\pi_a} = -\frac{1}{2} \underbrace{P\,h\,\varphi}_{\text{Moment}} \; \underbrace{\varphi}_{\text{Winkel}} \tag{6.25a}$$

Die äußere Arbeit ist gleich dem Integral über "Belastung mal Verformung" (= Flächeninhalt unter der Geraden in Bild 6.47). Bei linearem Verhalten zwischen Belastung und Verformung beträgt die äußere Arbeit $\frac{1}{2}$ Kraft x Weg bzw. $\frac{1}{2}$ Moment x Winkel.

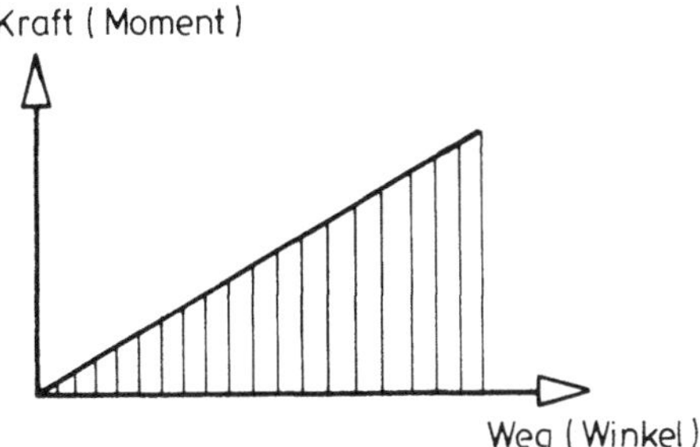

Bild 6.47 Veranschaulichung der äußeren Arbeit

Die Variation der Lage ① erfolgt durch (die Störung) $\delta\varphi$, bei der die Federwege $\delta w = \frac{b}{2}\,\delta\varphi$ auftreten. Das äußere Potential der (variierten) Lage ② ist:

$$\overset{②}{\pi}_a = -\frac{1}{2}\,\underbrace{P\,h(\varphi+\delta\varphi)}_{\text{Moment}}\,\underbrace{(\varphi+\delta\varphi)}_{\text{Winkel}} = -\frac{1}{2}\,P\,h(\varphi^2+2\varphi\delta\varphi+\delta\varphi^2) \tag{6.25b}$$

Die Änderung $\Delta\pi_a$ des äußeren Potentials beim Übergang von Lage ① in Lage ② beträgt:

$$\Delta\pi_a = \overset{②}{\pi}_a - \overset{①}{\pi}_a = -\underbrace{P\,h\varphi\delta\varphi}_{\delta\pi_a} - \underbrace{\frac{1}{2}\,P\,h\delta\varphi^2}_{\delta^2\pi_a} \tag{6.26}$$

Das innere Potential π_i für die Lage ① und ② beträgt:

$$\overset{①}{\pi}_i = \frac{1}{2}\,2\,c\,w\,w = c\,\frac{b^2}{4}\,\varphi^2 \tag{6.27a}$$

$$\overset{②}{\pi}_i = \frac{1}{2}\,2\,c(w+\delta w)(w+\delta w) = c\,\frac{b^2}{4}\,(\varphi+\delta\varphi)(\varphi+\delta\varphi)$$

$$= c\,\frac{b^2}{4}\,(\varphi^2 + 2\varphi\delta\varphi + \delta\varphi^2) \tag{6.27b}$$

Die Änderung $\Delta\pi_i$ des inneren Potentials beim Übergang von Lage ① in Lage ② beträgt:

$$\Delta\pi_i = \overset{②}{\pi}_i - \overset{①}{\pi}_i = \underbrace{c\,\frac{b^2}{2}\,\varphi\delta\varphi}_{\delta\pi_i} + \underbrace{c\,\frac{b^2}{4}\,\delta\varphi^2}_{\delta^2\pi_i} \tag{6.28}$$

Die gesamte Potentialänderung $\Delta\pi = \Delta\pi_a + \Delta\pi_i$ beträgt:

$$\Delta\pi = \underbrace{(c\,\frac{b^2}{2}\varphi - P\,h\,\varphi)\delta\varphi}_{\delta\pi} + \underbrace{(c\,\frac{b^2}{4} - \frac{1}{2}\,P\,h)\delta\varphi^2}_{\delta^2\pi} \tag{6.29}$$

Gleichgewichtsforderung $\delta\pi = 0$ liefert $P_{ki} = \frac{c\,b^2}{2\,h}$

Art des Gleichgewichtes?

$$\delta^2\pi = (c\,\frac{b^2}{4} - \frac{1}{2}\,P_{ki}\,h)\delta\varphi^2 = (\frac{c\,b^2}{4} - \frac{c\,b^2}{4})\delta\varphi^2 = 0 \tag{6.30}$$

also indifferentes Gleichgewicht.

Anmerkung: Bei Verzweigungsproblemen kann auch sofort $\delta^2\pi = 0$ gefordert werden. In diesem Fall: $\frac{c\,b^2}{4} - \frac{1}{2}\,P\,h = 0$ liefert ebenfalls $P_{ki} = \frac{c\,b^2}{2\,h}$

6.2.10.3 Potential des Knickstabes

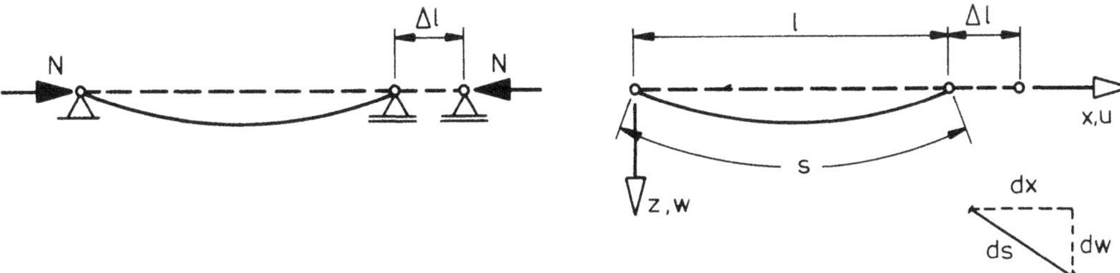

Bild 6.48 a) Druckstab im ausgelenkten Zustand
b) Koordinatensystem und Bezeichnungen
c) Stabelement

Aus der Geometrie ergibt sich für den ausgelenkten Zustand (Bild 6.48c):

$$ds^2 = dx^2 + dw^2$$

$$ds = dx \sqrt{1 + w'^2} \approx dx\left(1 + \frac{w'^2}{2}\right)$$

$$s = \int_0^\ell \left(1 + \frac{1}{2} w'^2\right) dx$$

daraus folgt

$$s - \ell = \frac{1}{2} \int_0^\ell w'^2 \, dx$$

Wie aus Bild 6.48b zu erkennen ist, ergibt sich $\Delta\ell$ aus $s - \ell$, also

$$\Delta\ell = \frac{1}{2} \int_0^\ell w'^2 \, dx \qquad (6.31)$$

$\Delta\ell = - u(x)$. Da auch N in negative x-Richtung zeigt, heben sich die negativen Vorzeichen auf. Die Kraft N leistet somit am Stab die Arbeit $N \Delta \ell$.

Das äußere Potential ist gleich der negativen äußeren Arbeit, also

$$\pi_a = - N \Delta\ell = - \frac{1}{2} N \int w'^2 \, dx$$

Das innere Potential ergibt sich zu:

$$\pi_i = - \frac{1}{2} \int_0^\ell M \, w'' \, dx$$

mit $M = - EI \, w''$

also:

$$\pi_i = \frac{1}{2} \int_0^\ell EI \, w''^2 \, dx$$

Gesamtpotential

$$\pi = \pi_a + \pi_i = \frac{1}{2} \int_0^\ell EI \, w''^2 \, dx - \frac{1}{2} N \int_0^\ell w'^2 \, dx \qquad (6.32)$$

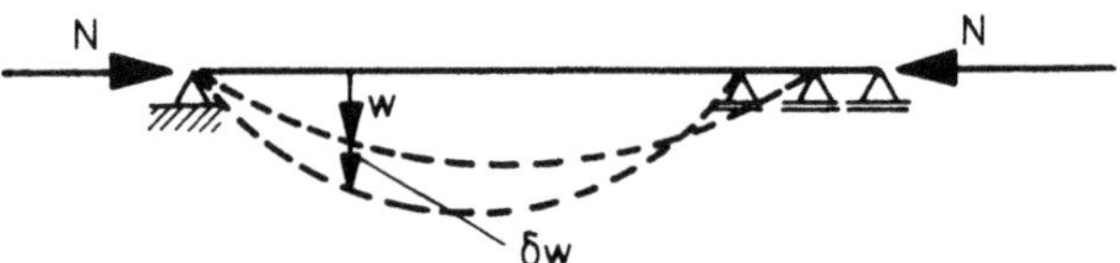

Bild 6.49 Variierte Lage w + δw

Die Änderung des Potentials beim Übergang von $w \rightarrow (w + \delta w)$ ist

$$\Delta\pi = \pi\,(w + \delta w) - \pi(w)$$

$$\Delta\pi = \frac{1}{2}\int_0^\ell EI\,(w'' + \delta w'')^2\,dx - \frac{1}{2}N\int_0^\ell (w' + \delta w')^2\,dx$$

$$- \left[\frac{1}{2}\int_0^\ell EI\,w''^2\,dx - \frac{1}{2}N\int_0^\ell w'^2\,dx\right]$$

$$= \frac{1}{2}\int_0^\ell EI\,(w''^2 + 2\,w''\,\delta w'' + \delta w''^2 - w''^2)\,dx$$

$$- \frac{1}{2}N\int_0^\ell (w'^2 + 2\,w'\,\delta w' + \delta w'^2 - w'^2)\,dx$$

$$\delta\pi = \int_0^\ell EI\,w''\,\delta w''\,dx - N\int_0^\ell w'\,\delta w'\,dx \qquad (6.33)$$

$$\delta^2\pi = \frac{1}{2}\int_0^\ell EI\,\delta w''^2\,dx - \frac{N}{2}\int_0^\ell \delta w'^2\,dx \qquad (6.34)$$

Anmerkung: Tritt eine Querbelastung p_z hinzu, so erhält das äußere Potential ein zusätzliches Glied

$$\pi_a = -\int_0^\ell p_z\;w\,dx\,.$$

6.2.10.4 Näherungslösungen des Verzweigungsproblemes (Ritzsches Verfahren)

Die (unbekannte) wirkliche Verformung wird durch (mehrparametrige) Ansatzfunktionen ersetzt. Je besser die Übereinstimmung, um so genauer ist das Ergebnis.

Wichtiger Hinweis: Das Ergebnis (die Verzweigungslast) wird stets zu groß ermittelt (unsichere Seite), da jede durch den ungenauen Ansatz erzwungene Abweichung von der tatsächlichen Verformung als zusätzlicher Zwang (Erhöhung der inneren Energie) gedeutet werden kann, der in Wirklichkeit nicht vorhanden ist.

Die Verzweigungslast N_{ki} ist durch die Forderung $\delta^2\pi = 0$ (indifferentes Gleichgewicht) gekennzeichnet. Nach dem Ritzschen Verfahren kann für jede Verformungskomponente ein Näherungsansatz für den Gesamtbereich (Stab) mit den freien Parametern a_i gemacht werden. Setzt man diesen Ansatz in die Potentialgleichung ein, so erhält man die Ersatzenergie π^*. Wegen des Näherungsansatzes gilt für indifferentes Gleichgewicht nun nicht mehr die Forderung $\delta^2\pi = 0$, sondern es gilt $\delta^2\pi^* = \text{Min.}$ (s.a. Kap. 6.5.9)

Die Parameter a_i erhält man durch die Bedingung

$$\delta(\delta^2\pi^*) = 0 \quad , \text{ d.h. } \quad \frac{\partial(\delta^2\pi^*)}{\partial a_i} = 0 \tag{6.35}$$

Beispiel: Knickstab mit veränderlicher Druckkraft

System und Belastung

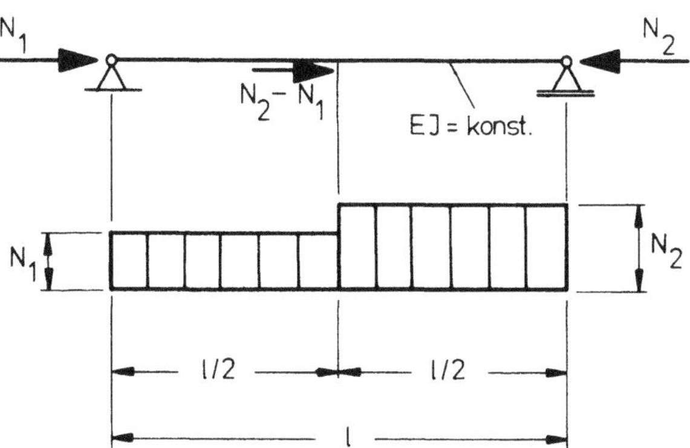

Bild 6.50 Knickstab mit veränderlicher Druckkraft

Bedingung für Verzweigungsproblem $\delta^2\pi = 0$ bzw. $\delta^2\pi^* = \text{Min.}$

Die zweite Variation des Potentials ist für den Fall richtungstreuer Kräfte:

$$\delta^2\pi = \frac{1}{2}\int_0^{\ell} EI \quad \delta w''^2 \quad dx - \frac{1}{2} N_1 \int_0^{\ell/2} \delta w'^2 \quad dx - \frac{1}{2} N_2 \int_{\ell/2}^{\ell} \delta w'^2 \quad dx$$

Ansatz:

$$\delta w = a_1 \sin\frac{\pi x}{\ell} + a_2 \sin\frac{2\pi x}{\ell} = \delta w_1 + \delta w_2 \tag{6.36}$$

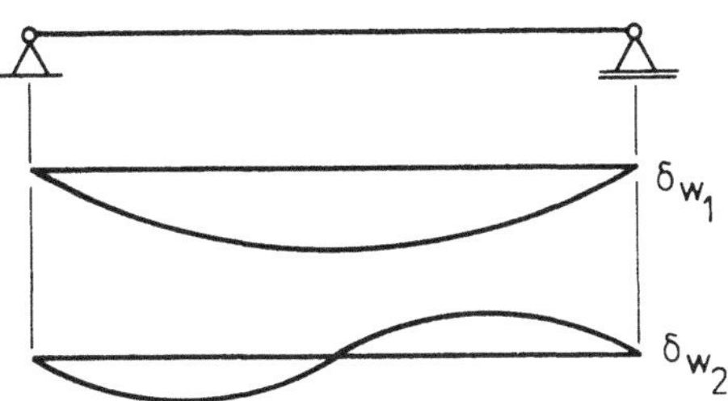

Bild 6.51 Ansätze für die Biegelinie

Ansatzfunktion δw ableiten, quadrieren und integrieren:

$$\delta w' = a_1 \frac{\pi}{\ell} \cos\frac{\pi x}{\ell} + a_2 \frac{2\pi}{\ell} \cos\frac{2\pi x}{\ell}$$

$$\begin{aligned} \delta w'^2 &= a_1^2 \frac{\pi^2}{\ell^2} \cos^2(\frac{\pi x}{\ell}) + a_1 a_2 \frac{4\pi^2}{\ell^2} \cos\frac{\pi x}{\ell} \cos\frac{2\pi x}{\ell} + a_2^2 \frac{4\pi^2}{\ell^2} \cos^2(\frac{2\pi x}{\ell}) \\ \delta w''^2 &= a_1^2 \frac{\pi^4}{\ell^4} \sin^2(\frac{\pi x}{\ell}) + a_1 a_2 \frac{8\pi^4}{\ell^4} \sin\frac{\pi x}{\ell} \sin\frac{2\pi x}{\ell} + a_2^2 \frac{16\pi^4}{\ell^4} \sin^2(\frac{2\pi x}{\ell}) \end{aligned} \tag{6.37}$$

Für die Integrale gelten folgende Lösungen:

$$\int_0^\ell \cos^2 \frac{n\pi x}{\ell}\, dx = \int_0^\ell \sin^2 \frac{n\pi x}{\ell} = \frac{\ell}{2} \qquad \text{für } n = 1, 2, 3 \ldots$$

$$\int_0^{\ell/2} \cos^2 \frac{n\pi x}{\ell}\, dx = \int_{\ell/2}^{\ell} \cos^2 \frac{n\pi x}{\ell}\, dx = \frac{\ell}{4}$$

$$\int_0^\ell \cos \frac{\pi x}{\ell} \cos \frac{2\pi x}{\ell}\, dx = \int_0^\ell \sin \frac{\pi x}{\ell} \sin \frac{2\pi x}{\ell}\, dx = 0$$

$$\int_0^{\ell/2} \cos \frac{\pi x}{\ell} \cos \frac{2\pi x}{\ell}\, dx = -\int_{\ell/2}^{\ell} \cos \frac{\pi x}{\ell} \cos \frac{2\pi x}{\ell}\, dx = \frac{\ell}{3\pi} \qquad (6.38)$$

Damit wird für die Ersatzenergie $\delta^2\pi^*$

$$\delta^2\pi^* = \frac{1}{2} EI \left(a_1^2 \frac{\pi^4}{\ell^4} \frac{\ell}{2} + 0 + a_2^2 \frac{16\pi^4}{\ell^4} \frac{\ell}{2}\right)$$
$$- \frac{1}{2} N_1 \left(a_1^2 \frac{\pi^2}{\ell^2} \frac{\ell}{4} + a_1 a_2 \frac{4\pi^2}{\ell^2} \frac{\ell}{3\pi} + a_2^2 \frac{4\pi^2}{\ell^2} \frac{\ell}{4}\right)$$
$$- \frac{1}{2} N_2 \left(a_1^2 \frac{\pi^2}{\ell^2} \frac{\ell}{4} - a_1 a_2 \frac{4\pi^2}{\ell^2} \frac{\ell}{3\pi} + a_2^2 \frac{4\pi^2}{\ell^2} \frac{\ell}{4}\right)$$

$$\delta^2\pi^* = \frac{EI}{2}\left[a_1^2 \frac{\pi^4}{2\ell^3} + a_2^2 \frac{8\pi^4}{\ell^3} - \frac{N_1 + N_2}{EI}\left(a_1^2 \frac{\pi^2}{4\ell} + a_2^2 \frac{\pi^2}{\ell}\right) - \frac{N_1 - N_2}{EI} a_1 a_2 \frac{4\pi}{3\ell}\right] \qquad (6.39)$$

Differenzieren nach den Verformungsparametern a_1 und a_2 und Nullsetzen liefert $\delta^2\pi^* = \text{Min.}$

$$\frac{\partial(\delta^2\pi^*)}{\partial a_1} = \frac{EI}{2}\left(a_1 \frac{\pi^4}{\ell^3} - a_1 \frac{N_1 + N_2}{EI} \frac{\pi^2}{2\ell} - a_2 \frac{N_1 - N_2}{EI} \frac{4\pi}{3\ell}\right) = 0$$

$$\frac{\partial(\delta^2\pi^*)}{\partial a_2} = \frac{EI}{2}\left(a_2 \frac{16\pi^4}{\ell^3} - a_2 \frac{N_1 + N_2}{EI} \frac{2\pi^2}{\ell} - a_1 \frac{N_1 - N_2}{EI} \frac{4\pi}{3\ell}\right) = 0 \qquad (6.40)$$

mit der Abkürzung $N_2 = \alpha\, N_1$ wird $\frac{N_1 + N_2}{EI} = \frac{N_1}{EI}(1+\alpha)$ und $\frac{N_1 - N_2}{EI} = \frac{N_1}{EI}(1-\alpha)$

Es entsteht folgendes homogenes Gleichungssystem:

a_1	a_2	=
$\frac{\pi^4}{\ell^3} - \frac{N_1}{EI}(1+\alpha)\frac{\pi^2}{2\ell}$	$-\frac{N_1}{EI}(1-\alpha)\frac{4\pi}{3\ell}$	0
$-\frac{N_1}{EI}(1-\alpha)\frac{4\pi}{3\ell}$	$\frac{16\pi^4}{\ell^3} - \frac{N_1}{EI}(1+\alpha)\frac{2\pi^2}{\ell}$	0

(6.41)

Die charakteristische Gleichung für N_{1ki} folgt aus der Bedingung $\Delta N = 0$:

$$16 - \frac{N_{1ki}\,\ell^2}{EI\pi^2}\, 10\,(1+\alpha) + \left[\frac{N_{1ki}\,\ell^2}{EI\,\pi^2}\right]^2 \left[(1+\alpha)^2 - \frac{16}{9\pi^2}(1-\alpha)^2\right] = 0 \qquad (6.42)$$

Die Auswertung ergibt mit $s_{ki} = \pi \sqrt{\frac{EI}{N_{ki}}}$ und $\beta = \frac{s_{ki}}{\ell}$

$\alpha = \frac{N_2}{N_1}$	$\beta = \frac{s_{ki}}{\ell}$
- 1	0,46
- 0,5	0,58
0	0,726
0,5	0,87
1,0	1,0

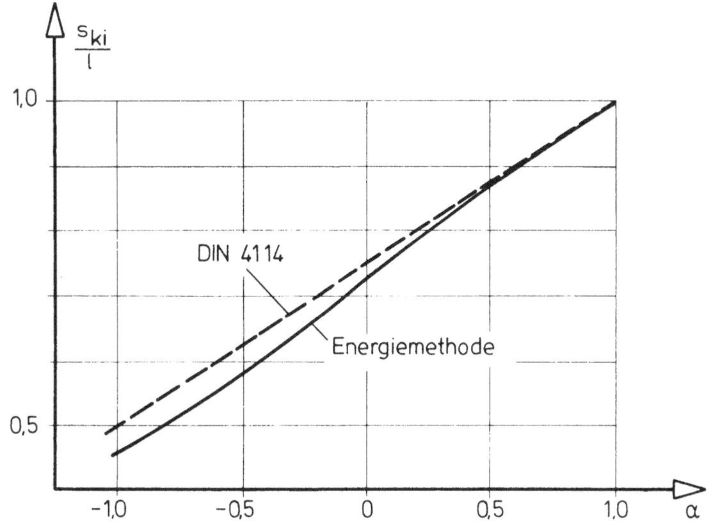

Bild 6.52 a) Auswertung der Gleichung (6.42) b) Vergleich mit DIN 4114 (alt)

Anmerkung: In DIN 4114 (alt) ist folgende Näherungsformel angegeben: $s_{ki} = \ell\left(0{,}75+0{,}25\ \frac{N_2}{N_1}\right)$. Sie ist gestrichelt in das Diagramm (Bild 6.52b) eingetragen.

6.2.11 Das Verzweigungsproblem als Grenzwert des Schwingungsproblems

6.2.11.1 Allgemeines

Bei der Berechnung von Verzweigungsproblemen mußte stets eine Störung aufgebracht werden. Dies führte zu der Definition: "Ein benachbarter Gleichgewichtszustand ist möglich."
Bei stabiler Gleichgewichtslage reagiert ein elastisches System auf eine Störung mit einer Schwingung. Das Verzweigungsproblem kann daher auch als ein Schwingungsproblem betrachtet werden, dessen Frequenz gegen Null geht (die Schwingung "bleibt stehen"). Diese Lösung stellt die allgemeinste Art des Verzweigungsproblemes dar, sie gilt auch für "nicht konservative" Probleme (d.h. wenn im mathematischen Sinne kein Potential vorhanden ist).

Nichtkonservative Probleme werden hier nicht behandelt. Sie treten auch bei den Aufgabestellungen im Bauwesen im allgemeinen nicht auf. Genauer gesagt, sie treten nur bei "falscher Schnittführung" auf. Das übergeordnete System liefert stets ein konservatives Problem.

Das Gedankenmodell der "stehenbleibenden Schwingung" ist sehr hilfreich beim Aufsuchen der "richtigen" Knickbiegelinie (der 1. Eigenfrequenz). (Vgl. auch Abschnitt 6.3.3.3)
Man "rüttelt" an dem System und findet dabei meist die richtige Form der 1. Eigenfrequenz. Im Beispiel nach Bild 6.53 ist bei gelenkigen Riegelanschlüssen und steifen Fachwerkverbänden die Knicklänge $s_{ki} = 3$ h.

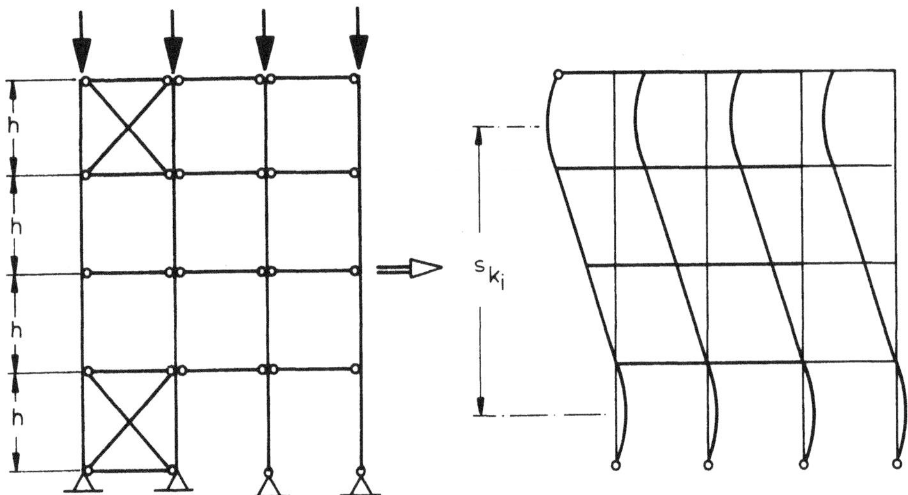

Bild 6.53 Knickbiegelinie als 1. Eigenfrequenz des Systems

6.2.11.2 Modellkörper

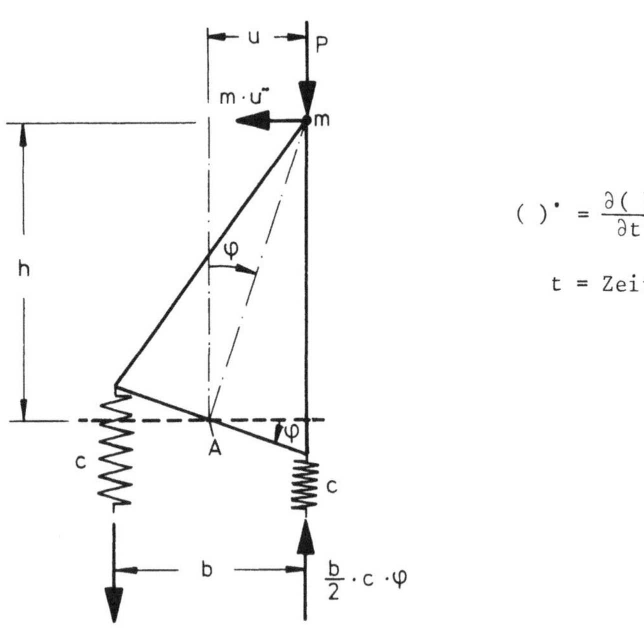

$$(\ )^{\cdot} = \frac{\partial(\ )}{\partial t}$$

t = Zeit

Bild 6.54 Modellkörper

P wird als Gewicht der Masse m aufgefaßt, alles übrige ist masselos. Gleichgewichtsuntersuchung ($\Sigma M_A = 0$) mit D'Alembertscher Scheinkraft (negative Massenbeschleunigung) am ausgelenkten System liefert mit u als horizontaler Kopfverschiebung die Schwingungsgleichung:

$$- P\, u + h\, m\, \ddot{u} + \frac{b}{2}\, c\, b\, \varphi = 0$$

mit $u = h\,\varphi$, $\ddot{u} = \frac{d^2u}{dt^2} = h\,\ddot{\varphi}$

$$\ddot{\varphi} + \frac{1}{h^2 m}\left(\frac{b^2 c}{2} - P\, h\right) \varphi = \ddot{\varphi} + \omega^2\, \varphi = 0 \qquad (6.43)$$

mit der Kreisfrequenz $\omega^2 = \frac{1}{h^2 m}\left(\frac{b^2 c}{2} - P\, h\right)$ für $\omega = 0$ (die Schwingung "bleibt stehen")

wird $P = P_{ki} = \frac{b^2 c}{2h}$ (vgl. Abschnitt 6.2.5)

6.2.11.3 Der Druckstab

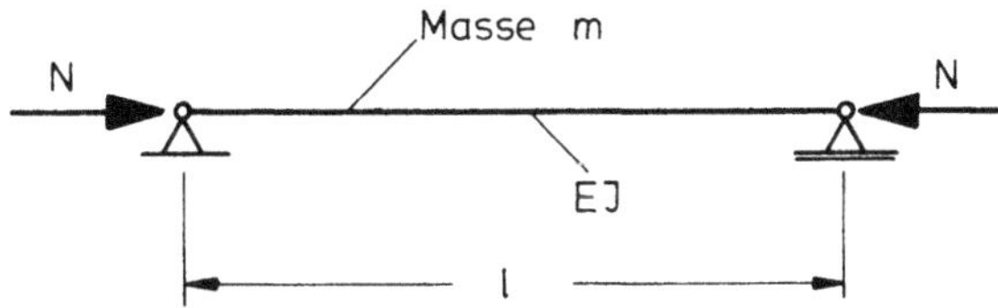

Bild 6.55 Druckstab

D'Albembertsche Scheinkraft: $-\mu \ddot{w} = p_z^{①}$; Abtriebskraft infolge P: $-N w'' = p_z^{②}$

Gleichgewichtsbedingung liefert die Schwingungsgleichung:

$$EI\, w^{IV} = p_z^{①} + p_z^{②} = -m\ddot{w} - N w'' \qquad (6.44)$$

Der Ansatz: $w = A \sin \omega t \sin \frac{\pi x}{\ell}$ liefert die Kreisfrequenz $\omega^2 = \frac{\pi^2}{m\ell^2}\left(\frac{EI\pi^2}{\ell^2} - N\right)$

für $\omega = 0$ folgt $N_{ki} = \frac{EI\pi^2}{\ell^2}$

6.2.12 Die Verzweigungslast bei unelastischem Materialverhalten

6.2.12.1 Allgemeines

Stäbe aus Baustahl verhalten sich nur bis zur Elastizitätsgrenze bzw. Proportionalitätsgrenze $\sigma_p \sim 0{,}8\ \sigma_F$ elastisch.

Liegt die Knickspannung σ_{ki} oberhalt σ_p, so ist die "Eulerhyperbel" nicht mehr gültig.

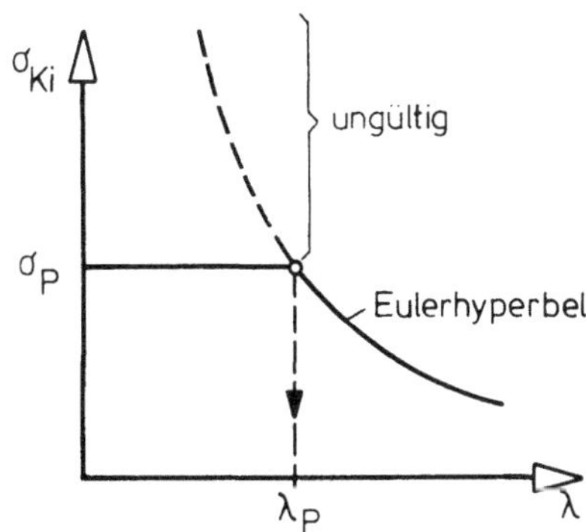

Bild 6.56 Gültigkeitsgrenze der Eulerhyperbel

Zu σ_p gehört folgende Grenzschlankheit:

$$\sigma_{ki} = \frac{N_{ki}}{F} = \frac{\pi^2 E}{\lambda^2} \quad \text{daraus folgt} \quad \lambda_p = \pi\sqrt{\frac{E}{\sigma_p}}$$

St 37: $\sigma_p = 19{,}2\ \text{kN/cm}^2$ $\lambda_p = 104$

St 52: $\sigma_p = 28{,}8\ \text{kN/cm}^2$ $\lambda_p = 85$

Die grundsätzlichen Zusammenhänge werden im folgenden sowohl am Modellkörper als auch am "Ersatzstab" erläutert. Die Ergebnisse (Verzweigungslasten) erhalten den Index k (z.B. N_k), da die idealisierte Voraussetzung elastischen Verhaltens nicht mehr getroffen wird.

6.2.12.2 Das Materialgesetz

Bei Spannungen oberhalb der Proportionalitätsgrenze σ_p sinkt der Elastizitätsmodul E ab auf den "Tangentenmodul" E_1. Überträgt man das σ-ε-Diagramm des Materials auf die Eigenschaften der Federn des Modellkörpers, so tritt anstelle der elastischen Federkonstanten c bei hohen Laststufen die "Tangentensteifigkeit c_1".

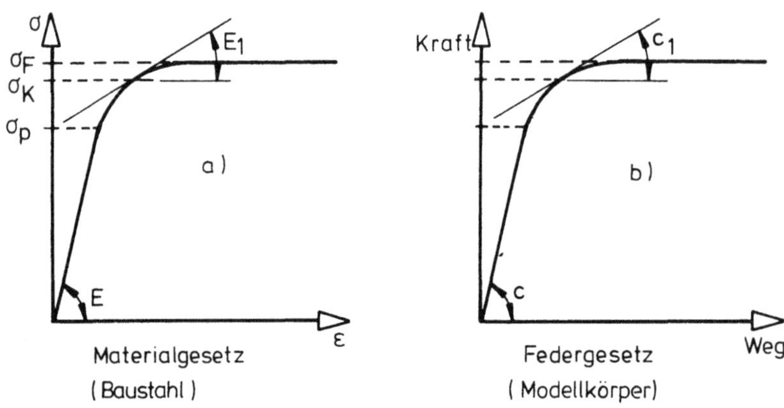

Bild 6.57 Vergleich: Materialgesetz — Federgesetz

6.2.12.3 Vernachlässigung des Entlastungsmoduls

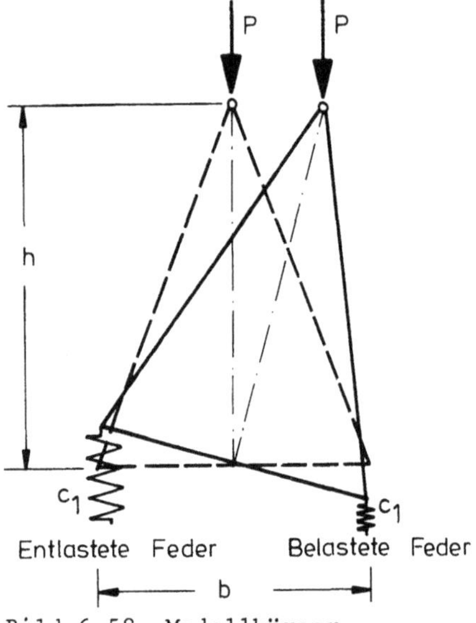

Bild 6.58 Modellkörper

Unter der Annahme, daß sowohl für die belastete Feder als auch für die entlastete Feder die gleiche Steifigkeit c_1 wirksam wird, tritt in der Lösung für P_{ki} jetzt c_1 anstelle bisher c.

$$P_k^{(1)} = \frac{b^2\, c_1}{2\, h}$$

Für "große" Deformationen (große Federwege) sinkt der Tangentenmodul c_1 ab (siehe Federgesetz).

Von Engeßer wurde 1889 folgende Lösung für den Druckstab angegeben: anstelle des E-Moduls in der "Eulerlösung" tritt der Tangentenmodul E_1

$$N_k^{(1)} = \frac{E_1 I \pi^2}{s_{ki}^2} \tag{6.45}$$

mit dem "Belastungsmodul" oder Tangentenmodul (Bild 6.57a) $E_1 = \left.\frac{d\sigma}{d\varepsilon}\right|_{\sigma_k}$

6.2.12.4 Berücksichtigung des Entlastungsmoduls

Entgegen der Annahme von Engeßer (1889), daß der Stahl immer mit dem Tangentenmodul E_1 reagiert (vgl. Gl. 6.45), verhält sich Stahl bei einer Entlastung stets elastisch mit der "ursprünglichen" Steifigkeit E. Für den Modellkörper bedeutet das: Die belastete Feder (im folgenden als schwache Feder bezeichnet) reagiert mit der Belastungssteifigkeit c_1, die entlastete Feder (im folgenden als starke Feder bezeichnet) reagiert mit der Entlastungssteifigkeit c.

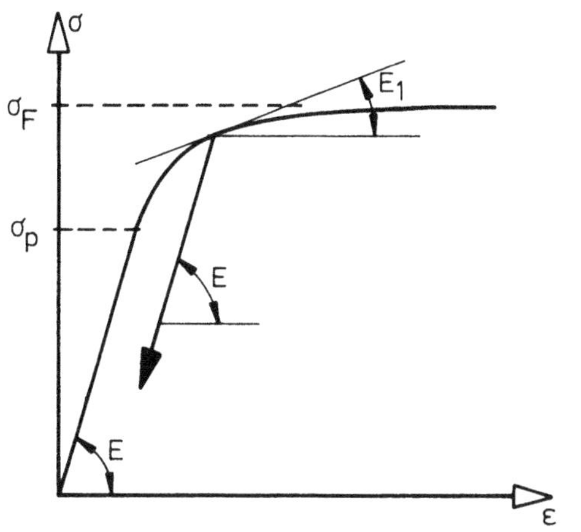

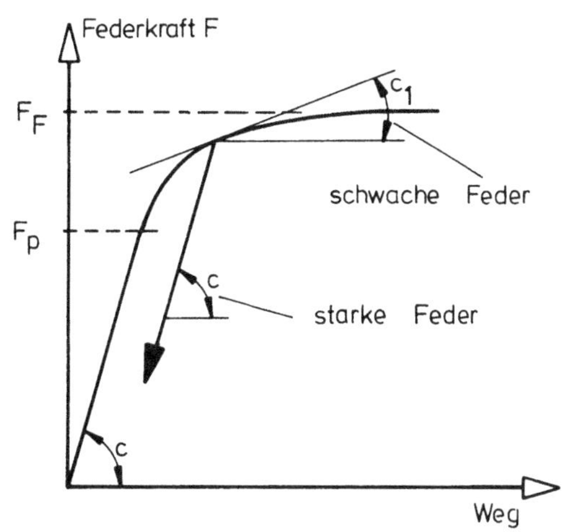

Bild 6.59 a) Materialgesetz (Baustahl) b) Federgesetz (Modellkörper)

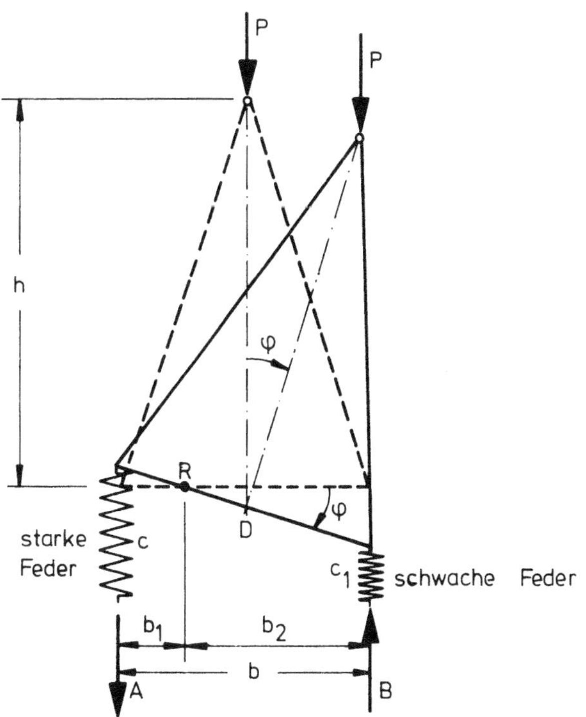

Bild 6.60 Modellkörper

Bei einer Störung φ reagieren die beiden Federn mit unterschiedlicher Steifigkeit. Aus Gleichgewichtsgründen (A = B) stellt sich ein Drehruhepunkt R ein, der exzentrisch liegt.

Wenn P während der Störung konstant bleibt, gilt:

aus $\Sigma V = 0$ folgt $|A| = |B|$

$$A = b_1 \varphi c \qquad B = b_2 \varphi c_1 \qquad \frac{b_1}{b_2} = \frac{\varphi c_1}{\varphi c}$$

mit $b_1 + b_2 = b$ $\qquad \dfrac{b - b_2}{b_2} = \dfrac{c_1}{c} \qquad \dfrac{b}{b_2} - 1 = \dfrac{c_1}{c}$

daraus folgt:

$$b_2 = \frac{b\ c}{c + c_1} \quad \text{und} \quad b_1 = \frac{b\ c_1}{c + c_1}$$

Aus der Gleichgewichtsbedingung $\Sigma M_D = 0$ folgt:

$$P\ h\ \varphi = A\frac{b}{2} + B\frac{b}{2} = b_1\ \varphi\ c\ \frac{b}{2} + b_2\ \varphi\ c_1\ \frac{b}{2}$$

$$P\ h = \frac{b^2\ c_1\ c}{2\ (c + c_1)} + \frac{b^2\ c\ c_1}{2\ (c + c_1)}$$

$$P_k^{(2)} = \frac{b^2\ c_1\ c}{h\ (c + c_1)} = \frac{b^2\ c_{fikt}}{2\ h}$$

mit

$$c_{fikt} = \frac{2\ c_1\ c}{c + c_1} \tag{6.46}$$

Die Lösung für P_{ki} mit ideal elastischem Werkstoff kann weiterhin benutzt werden, wenn die fiktive Federsteifigkeit c_{fikt} eingeführt wird (vgl. Gleichung 6.1).
Für "große" Deformationen sinkt der Tangentenmodul c_1 ab (c bleibt konstant).

Druckstab :

Engeßer revidierte 1895 sein Ergebnis (siehe Gleichung 6.45) durch folgende Überlegungen (Engeßer-Kármán-Theorie):

Im Augenblick des Ausknickens erhält der vorher durch reine Druckspannungen $\sigma_k = \frac{N}{F}$ beanspruchte Querschnitt zusätzliche Biegespannungen, die in der Biegezugzone eine Entlastung hervorrufen, die auf der Entlastungsgeraden stattfindet.
Der "Belastungsbereich" reagiert mit dem Belastungsmodul E_1 und der "Entlastungsbereich" mit dem Entlastungsmodul E.

Druckrand: $\sigma_1 = E_1\ \varepsilon_1$

Zugrand: $\sigma_2 = E\ \varepsilon_2$

Krümmungs-Dehnungsbeziehung: $\dfrac{\varepsilon_1 + \varepsilon_2}{h} = \tan d\varphi = \dfrac{1}{\rho}$

$$\frac{\varepsilon_1}{h_1} = \frac{\varepsilon_2}{h_2} \longrightarrow \varepsilon_1 = \varepsilon_2\frac{h_1}{h_2}$$

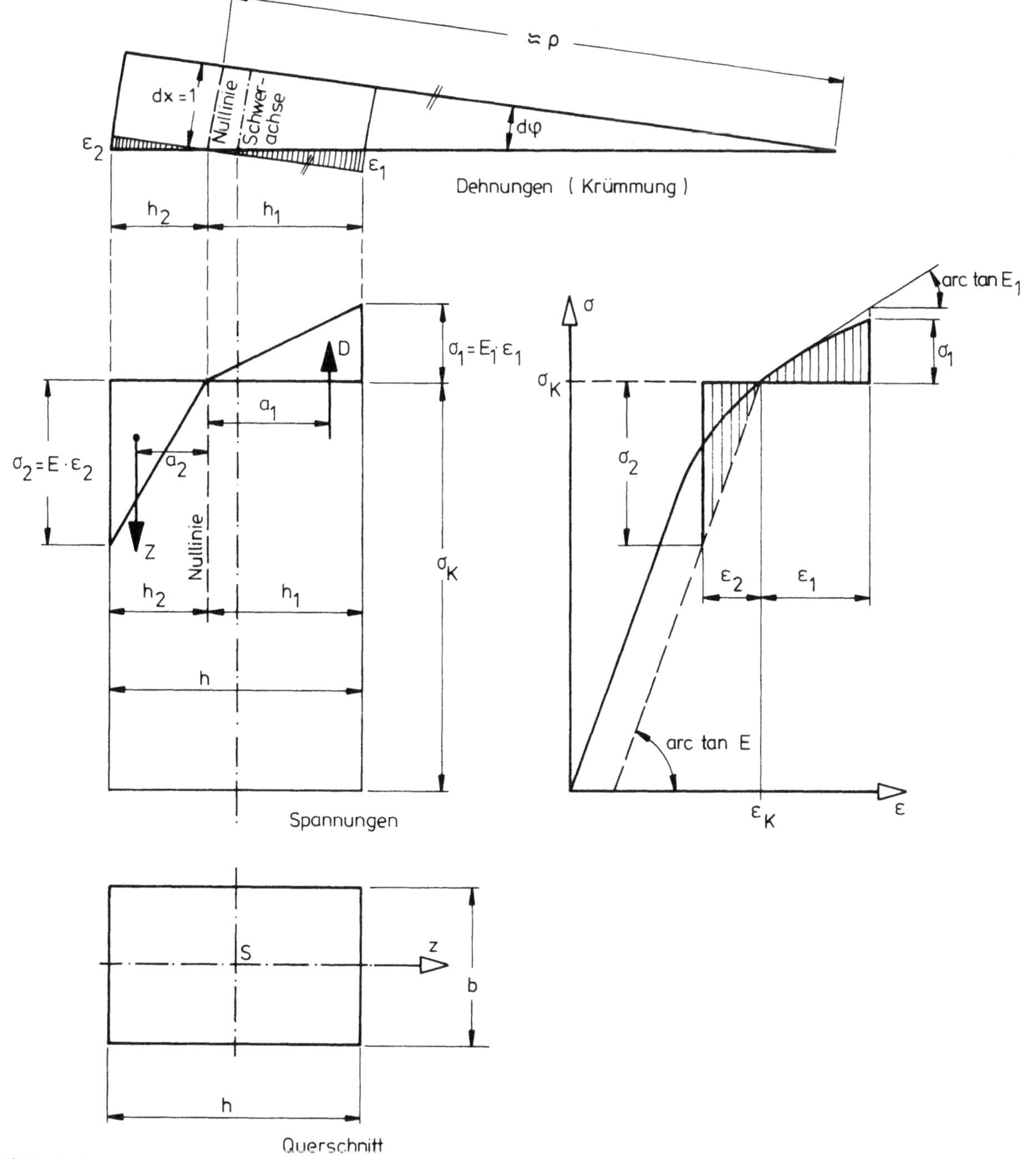

Bild 6.61 Spannungsverlauf über den Querschnitt (Druckstab)

Da die äußere Belastung nicht gesteigert wird, folgt aus Gleichgewichtsgründen für den Rechteckquerschnitt:

$$\frac{\sigma_1\, h_1\, b}{2} = \frac{\sigma_2\, h_2\, b}{2}$$

$$E_1\, \varepsilon_1\, h_1 = E\, \varepsilon_2\, h_2 \qquad \frac{E}{E_1} = \frac{\varepsilon_1\, h_1}{\varepsilon_2\, h_2} = \frac{h_1^{\,2}}{h_2^{\,2}}$$

oder $\dfrac{\sqrt{E}}{\sqrt{E_1}} = \dfrac{h_1}{h_2} = \dfrac{h - h_2}{h_2} = \dfrac{h}{h_2} - 1 \qquad \dfrac{h}{h_2} = 1 + \dfrac{\sqrt{E}}{\sqrt{E_1}} = \dfrac{\sqrt{E} + \sqrt{E_1}}{\sqrt{E_1}}$

$h_2 = h\, \dfrac{\sqrt{E_1}}{\sqrt{E} + \sqrt{E_1}}$ entsprechend $h_1 = h\, \dfrac{\sqrt{E}}{\sqrt{E} + \sqrt{E_1}}$

Das aufnehmbare innere Moment M_i ist

$$M_i = D\,a_1 + Z\,a_2 = b\left(\frac{\sigma_1\,h_1}{2}\;\frac{2}{3}\,h_1 + \frac{\sigma_2\,h_2}{2}\,\frac{2}{3}\,h_2\right)$$

$$M_i = \frac{b}{3}\,(\sigma_1\,h_1^{\,2} + \sigma_2\,h_2^{\,2})$$

$$= \frac{b}{3}\left(\sigma_1\,h^2\,\frac{E}{(\sqrt{E}+\sqrt{E_1})^2} + \sigma_2\,h^2\,\frac{E_1}{(\sqrt{E}+\sqrt{E_1})^2}\right)$$

$$= \frac{b\,h^3}{12}\;\frac{4\,E\,E_1}{(\sqrt{E}+\sqrt{E_1})^2}\;\frac{\varepsilon_1+\varepsilon_2}{h}$$

$$M_i = \frac{b\,h^3}{12}\,T\,\frac{1}{\rho} = T\,I\,\frac{1}{\rho} \qquad \frac{1}{\rho} = -\,w''$$

$$w'' = -\,\frac{M_i}{T\,I} = \quad \text{mit} \quad T = \frac{4\,E\,E_1}{(\sqrt{E}+\sqrt{E_1})^2} \quad \text{(für Rechteckquerschnitt)} \tag{6.47}$$

Aus Gleichgewicht $M_a = M_i$ mit $M_a = N\,w$

$$w'' + \frac{N}{T\,I}\,w = 0 \tag{6.48}$$

Die Lösungen aus dem elastischen Bereich bleiben bei Beachtung des T-Moduls gültig.

Daher

Engeßersche Knicklast $\quad N_k^{(2)} = \dfrac{TI\,\pi^2}{s_{ki}^{\,2}}$ (6.49a)

Engeßersche Knickspannung $\quad \sigma_k = \dfrac{\pi^2\,T}{\lambda^2}$ (6.49b)

Engeßermodul T

Der T-Modul ist abhängig von der Querschnittsform und kann allgemein berechnet werden zu:

$$T = \frac{1}{I}\left(E\int_o^{h_2} z^2\,dF + E_1\int_o^{h_1} z^2\,dF\right) \tag{6.50}$$

Für den "Zweipunktquerschnitt" (Sandwichquerschnitt) $\quad T = \dfrac{2\,E\,E_1}{E + E_1}$

(vgl. Modellkörper $c_{fikt} = \dfrac{2\,c_1\,c}{c + c_1}$)

Der Einfluß der Querschnittsform ist gering, wie das folgende Zahlenbeispiel zeigt:

Für $E_1 = 0{,}5\,E$ erhält man

Rechteck $\quad T = 0{,}685\,E$

Sandwich $\quad$ t= 0 $\quad T = 0{,}667\,E$

6.2.12.5 Der Einfluß einer Laststeigerung

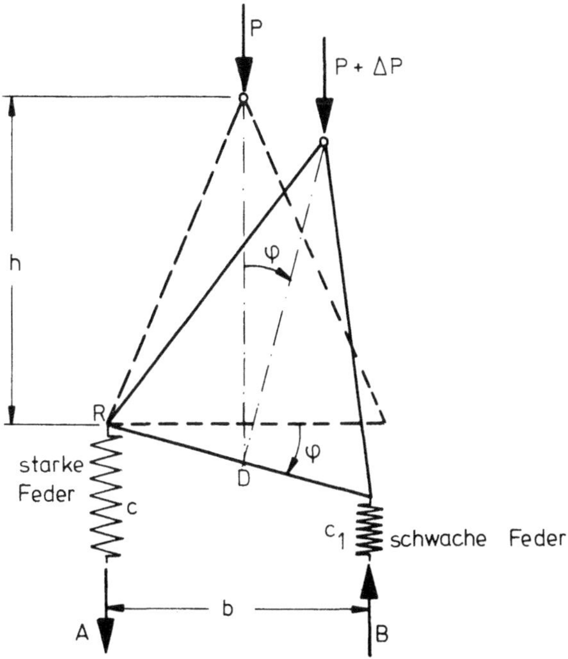

Bild 6.62 Modellkörper mit Laststeigerung

Bisher wurde vorausgesetzt, daß die Belastung P während des Störvorganges konstant bleibt. Läßt man zu, daß die Last P im ausgelenkten Zustand um ΔP wächst, so verschiebt sich der Ruhepunkt R nach links; in einem speziellen Fall genau in den Punkt A. Dies bedeutet, daß die "starke Feder" gar nicht reagieren kann, also die Steifigkeit des Systems nur durch die "schwache Feder" beeinflußt wird. Die Bedingung hierfür lautet: Die Federkraft A darf sich während des Störvorganges nicht ändern (damit kein Federweg auftritt).

Vor der Auslenkung: $A = \frac{P}{2}$

Im ausgelenkten Zustand: $(\Sigma M_B = 0)$ $A = \frac{(P + \Delta P)\,(\frac{b}{2} - h\varphi)}{b}$

Durch Gleichsetzen erhält man die Beziehung: $\frac{\Delta P}{P} = \frac{1}{\frac{b}{2h\varphi} - 1}$

Für kleine Auslenkungen ($\varphi \rightarrow \Delta\varphi \ll 1$) näherungsweise: $\frac{\Delta P}{\Delta\varphi} \approx P\,\frac{2\,h}{b} \neq 0$ (s. Bild 6.64)

Unter diesen Voraussetzungen reagiert das System nur mit der Tangentensteifigkeit c_1, die Lösung ist daher wie in Abschnitt 6.2.12.3:

$$P_k^{(3)} = P_k^{(1)} = \frac{b^2\,c_1}{2h}$$

Die Kurve hat jedoch für $\varphi \rightarrow 0$ keine horizontale Tangente (da $\frac{\Delta P}{\Delta\varphi} \neq 0$). Für "große" Deformationen treten zwei gegenläufige Tendenzen auf: ΔP steigt an, c_1 sinkt ab.

Druckstab:

Beim Druckstab treten die gleichen Erscheinungen auf. Dieser Effekt wurde von Shanley 1946 erkannt (Shanley-Effekt).

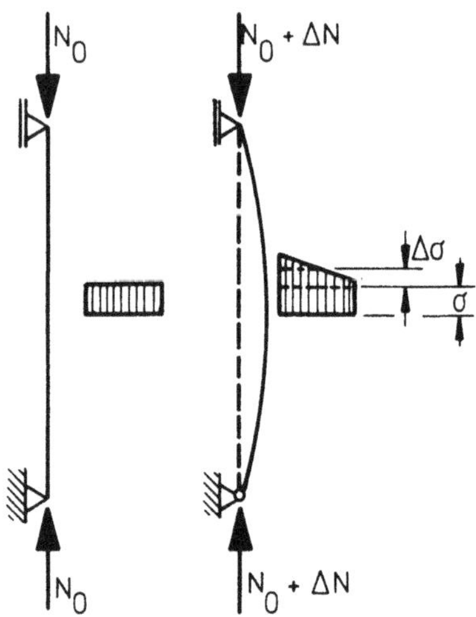

Bild 6.63 Spannungsänderung infolge Shanley-Effekt

Steigert man die Belastung während des Knickvorganges (während der Störung), so kann sich die Entlastungszone dann nicht ausbilden, wenn die Biegezugspannungen durch die Laststeigerung aufgezehrt werden. Hierdurch wirkt im gesamten Querschnitt der Belastungsmodul E_1, die Knicklast wird

$$N_k^{(3)} = \frac{\pi^2 E_1 I}{s_{ki}^2} = N_k^{(1)}$$

Die Arbeiten von Shanley sind von grundlegender theoretischer Bedeutung. Sie haben für die Praxis keine Auswirkungen, da bei der Berechnung der Tragfähigkeit die Berücksichtigung von (ungewollten) Imperfektionen die Hauptrolle spielt (vgl. Abschnitt 6.3.2.3).

6.2.12.6 Zusammenfassung

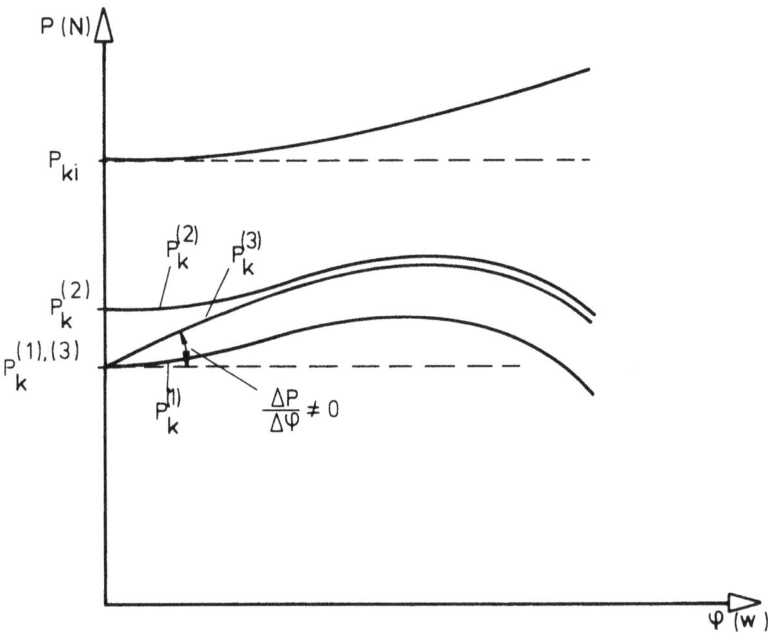

Bild 6.64 Vergleich der Knicklasten

Trägt man die Ergebnisse im Bild 6.64 auf, so erkennt man folgende Zusammenhänge (die Erläuterungen beziehen sich auf den Modellkörper, gelten sinngemäß jedoch auch für den Druckstab):

P_{ki} - horizontale Tangente für $\varphi = 0$
- für "große"φ" stetig ansteigende Tendenz (wegen $\varphi \to \sin\varphi$)

$P_k^{(1)}$ - horizontale Tangente für $\varphi = 0$
- zunächst ansteigende Tendenz (wegen $\varphi \to \sin\varphi$), später abfallende Tendenz (wegen sinkendem c_1)

$P_k^{(2)}$ - ähnlich $P_k^{(1)}$, jedoch höhere kritische Last

$P_k^{(3)}$ - keine horizontale Tangente (für $\varphi \to \Delta\varphi$ wird $\frac{\Delta P}{\Delta\varphi} \neq 0$)
- von Anfang an steigende Tendenz, jedoch nie größer als $P_k^{(2)}$, später abfallende Tendenz (wegen sinkendem c_1)

Für die Knickspannungen σ_k ergeben sich folgende Zusammenhänge:

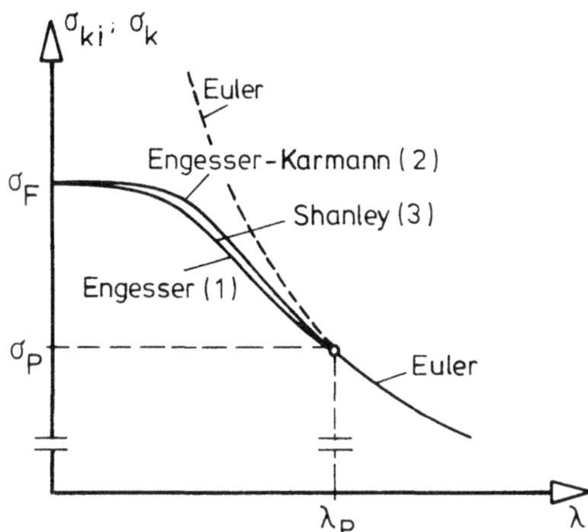

Bild 6.65 Knickspannungslinien nach Engeßer, Shanley und Engeßer-Kármán

6.3 Das Spannungsproblem Theorie 2. Ordnung

6.3.1 Einleitung

Als Spannungsproblem (im Gegensatz zum Verzweigungsproblem) bezeichnet man im allgemeinen ein Problem der Elastizitätstheorie 2. Ordnung, bei der außer der Druckkraft eine planmäßige Biegebeanspruchung (oder Torsion) "von Hause aus" vorhanden ist. Das Gleichungssystem des Verzweigungsproblems ist homogen, auf der rechten Seite des "zugehörigen" Spannungsproblems treten die Belastungsglieder auf. Der Eigenwert der Matrix ($\Delta N = 0$) ist beim Spannungsproblem und beim Verzweigungsproblem gleich. Der Wert der Zählerdeterminanten ΔZ ist beim Verzweigungsproblem (bedingt durch die homogene rechte Seite) gleich Null. Beim Spannungsproblem ist ΔZ ungleich Null (inhomogene rechte Seite durch die Belastungsglieder).

Würde man die Verformungen w_i nach der Formel $w_i = \frac{\Delta Z_i}{\Delta N}$ bestimmen, so bekäme man beim Verzweigungsproblem $\frac{\Delta Z}{\Delta N} = \frac{0}{0}$ = unbestimmte Deformationen und beim Spannungsproblem $\frac{\Delta Z}{\Delta N} = \frac{\text{Zahl}}{0} = \infty$. Wegen der Division durch Null ist die Anwendung der Formel $w_i = \frac{\Delta Z_i}{\Delta N}$ mathematisch nicht erlaubt.

Die einwirkenden Biegemomente können

- durch "planmäßige" Exzentrizitäten oder durch "planmäßig" angreifende Querlasten hervorgerufen werden oder
- durch "unplanmäßige" (ungewollte) Exzentrizitäten entstehen, die infolge von geometrischen "Imperfektionen" der Konstruktion auftreten. Die geometrischen Imperfektionen können auch Ersatzimperfektionen sein (vgl. Abschnitt 6.4.2).

6.3.2 Die elastische Grenzlast

6.3.2.1 Allgemeines

Als elastische Grenzlast wird die Laststufe bezeichnet, bei der die rechnerische Spannung (ohne Eigenspannungen) in der maximal beanspruchten Faser die Fließgrenze erreicht.

6.3.2.2 Der Modellkörper

Eine (ungewollte) Exzentrizität e kann auftreten als außermittiger Kraftangriff oder als geometrische Imperfektion des Systems.

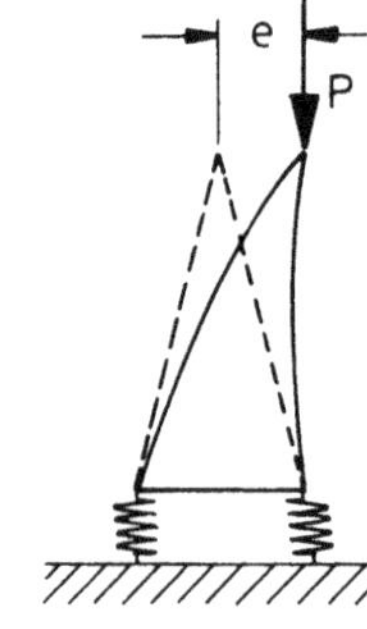

Bild 6.66 a) (ungewollter) exzentrischer Kraftangriff b) System mit geometrischen Imperfektionen

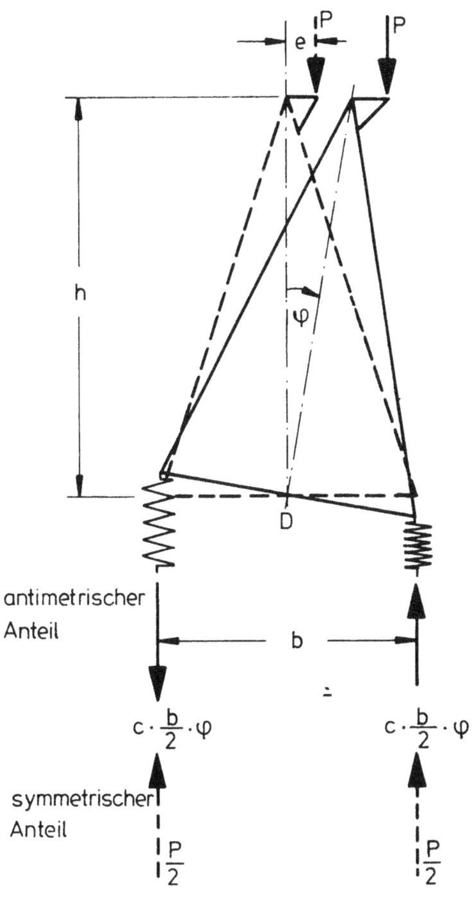

Bild 6.67 Modellkörper mit exzentrischer Kraft

Bei der folgenden Berechnung werden nur die Drehwinkel φ betrachtet, d.h. der antimetrische Anteil der Federkräfte. ΣV wird nicht verfolgt, da es den symmetrischen Anteil liefert.

$$\Sigma M_D = 0$$

$$P\ (h\varphi + e) = c\ \frac{b^2}{2}\ \varphi = 0$$ φ kürzt sich <u>nicht</u> heraus

$$P\ h\varphi + P\ e - c\ \frac{b^2}{2}\ \varphi = 0$$

$$\varphi\ (c\ \frac{b^2}{2} - P\ h) = P\ e$$

$$\varphi = \frac{P}{c\ \frac{h^2}{2} - P\ h}\ e$$ mit $P_{ki} = \frac{b^2 c}{2h}$ (s. Abschnitt 6.2.5, Gleichung 6.1)

$$\varphi = \frac{1}{\frac{P_{ki}}{P} - 1}\ \frac{e}{h} \tag{6.51}$$

für $P \rightarrow P_{ki}$ geht $\varphi \rightarrow \infty$ (Asymptote an die Verzweigungslast)

Bei allen Laststufen besteht ein eindeutiger (nichtlinearer) Zusammenhang, so daß das gesamte Last-Verformungsdiagramm gezeichnet werden kann.

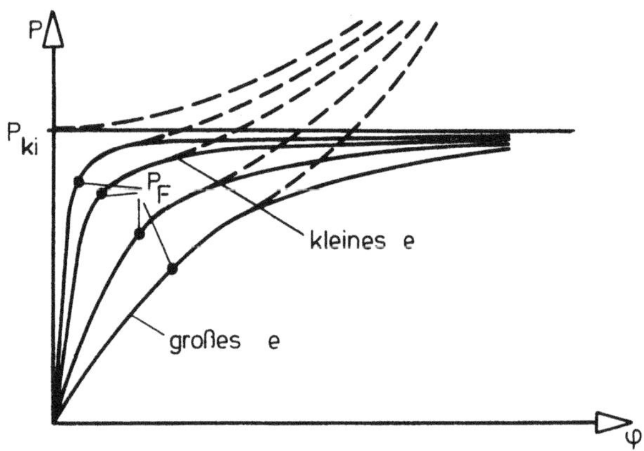

Bild 6.68 Last-Verformungsdiagramm

Bei Berücksichtigung "großer" Verformungen ($\varphi \rightarrow \sin\varphi$) gehen die Kurven asymptotisch in die entsprechende P_{ki}-Kurve über.

Die Federkräfte F können für jede Laststufe berechnet werden:

$$F = \frac{P}{2} \pm \frac{c\,b}{2}\,\frac{e}{h}\,\frac{1}{\frac{P_{ki}}{P} - 1} \tag{6.52}$$

Erreicht die maximale Federkraft die Fließgrenze σ_F, so wird die zugehörige Laststufe "elastische Grenzlast" P_F genannt. Diese Laststufe kann zur Bemessung herangezogen werden, sie ist u.a. abhängig von der Größe der Exzentrizitäten. Je größer die (planmäßigen) Exzentrizitäten sind, um so geringer ist der Einfluß zusätzlicher (ungewollter) Imperfektionen.

6.3.2.3 Stäbe

Ungewollte Exzentrizitäten sind in Bild 6.69 dargestellt.

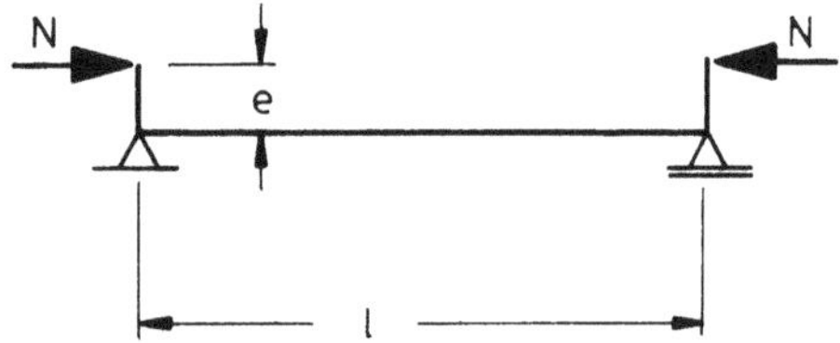

Bild 6.69 a) exzentrischer Kraftangriff b) Säbelkrümmung

Beide Beanspruchungsfälle wurden in Abschn. 4.2.3.1 behandelt. Das Last-Verformungsdiagramm zeigt den gleichen Verlauf wie Bild 6.68.

Das Kriterium für die elastische Grenzlast lautet:

$$\sigma = \frac{N}{F} + \frac{M}{W} = \sigma_F$$ wobei M nach Theorie 2. Ordnung zu bestimmen ist.

6.3.3 Das Spannungsproblem mit Verzweigungspunkt

6.3.3.1 Allgemeines

Es kann der Fall auftreten, daß die (planmäßige oder ungewollte) Biegebeanspruchung, die auf den Träger einwirkt, zu einer (zugehörigen) Verzweigungslast führt, die nicht der erste Eigenwert des Systemes ist. In den folgenden Abschnitten soll dies am Modellkörper und anhand von einigen Beispielen gezeigt werden.

6.3.3.2 Modellkörper

Hierzu muß der "vollständige" Modellkörper untersucht werden.

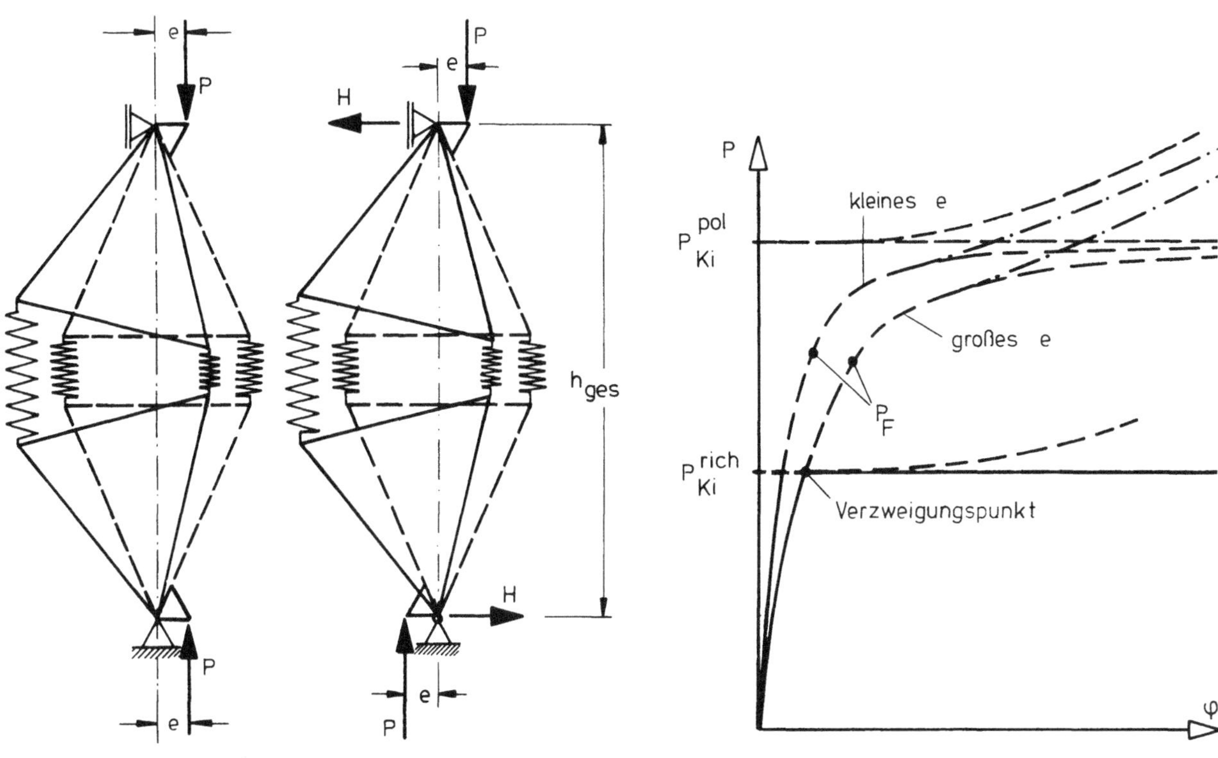

Bild 6.70 Vollständiger Modellkörper mit exzentrischem Kraftangriff
a) Fall 1 b) Fall 2

Bild 6.71 Verzweigungspunkt bei richtungstreuer Last

Im Fall 1 gelten die in Abschnitt 6.3.2.2 angegebenen Zusammenhänge (richtungstreue Belastung). Im Fall 2 treten zusätzlich horizontale Auflagerreaktionen $H = P \frac{2\,e}{h_{ges}}$ auf. Hierdurch entsteht eine poltreue Belastung (vgl. Abschnitt 6.2.8.2) und damit eine wesentlich höhere Verzweigungslast.
Unter der Verzweigungslast für richtungstreue Belastung tritt jedoch auch für Fall 2 das in Bild 6.70 dargestellte Versagen ein. Mit anderen Worten: Bei niedrigen Laststufen verformt sich das System antimetrisch unter "poltreuer Belastung", bis plötzlich unter der Last $P = P_{ki}^{rich}$ mit einer symmetrischen Vorformungsfigur ein Verzweigungsproblem auftritt. Man nennt dies: Spannungsproblem mit Verzweigungspunkt. Diese Verzweigungslast kann weit unterhalb der elastischen Grenzlast P_F liegen (s. Bild 6.71).

6.3.3.3 Stäbe und Stabsysteme

Beispiel: Der "Zimmermannsstab"

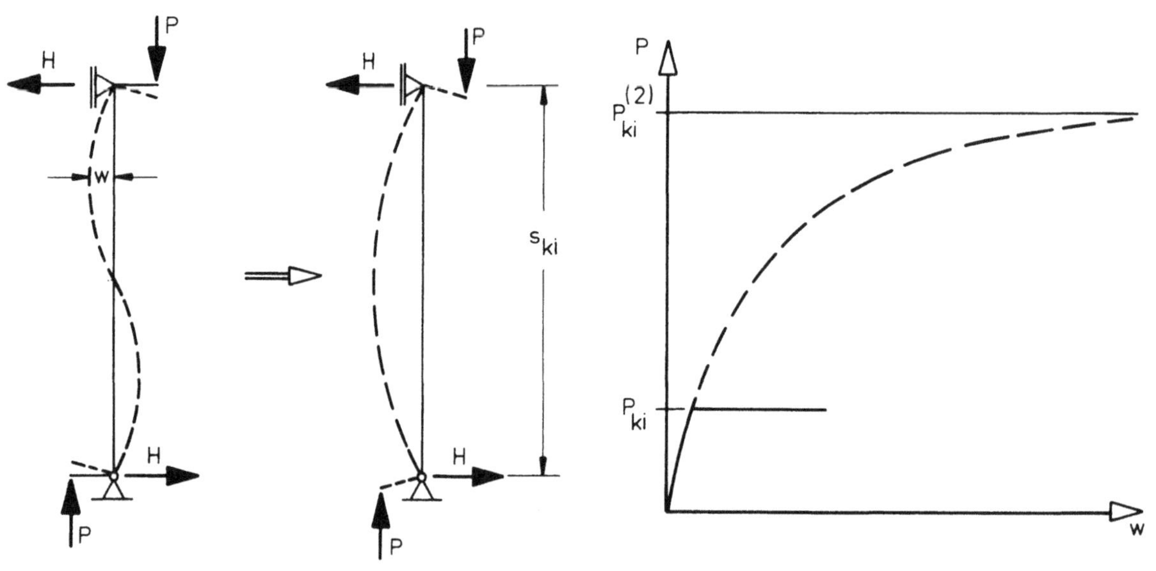

a) Biegeverformung b) Knickbiegelinie c) Knicklast

Bild 6.72 Der Zimmermannstab

Vorverformung bzw. planmäßige Biegung in der Form des zweiten Eigenwertes $\left(P_{ki}^{(2)} = \frac{4\ EI\ \pi^2}{s_{ki}^2}\right)$.
Versagen tritt unter erstem Eigenwert ein. $P_{ki} = \frac{EI\ \pi^2}{s_{ki}^2}$

Beispiel: Zweifeldträger mit Druck und Querlast

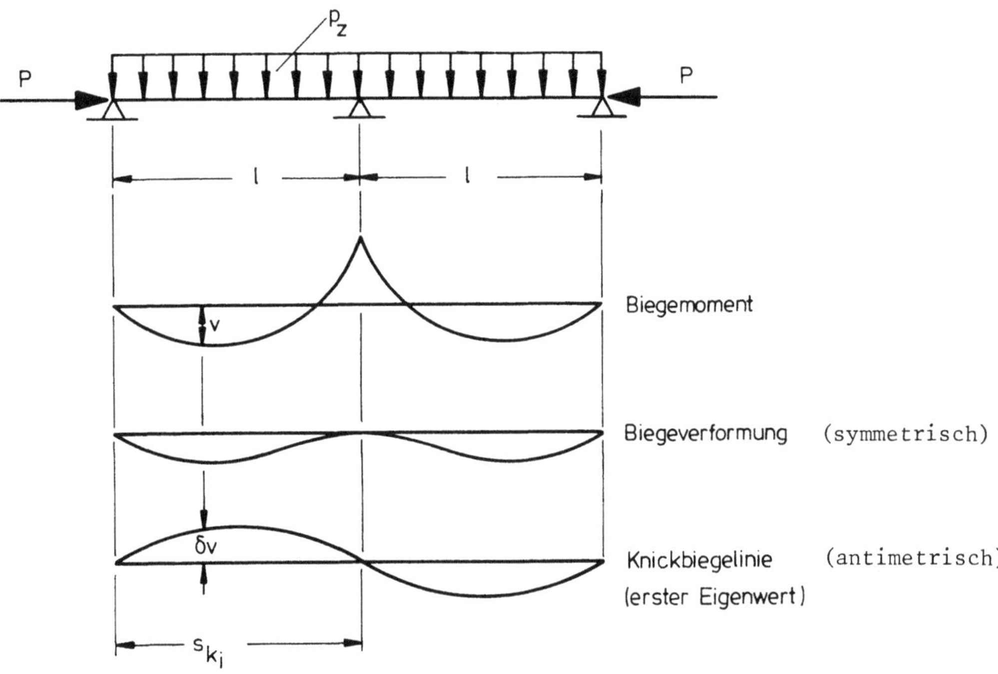

Bild 6.73 Zweifeldträger

Beispiel: Rahmen mit symmetrischer Belastung

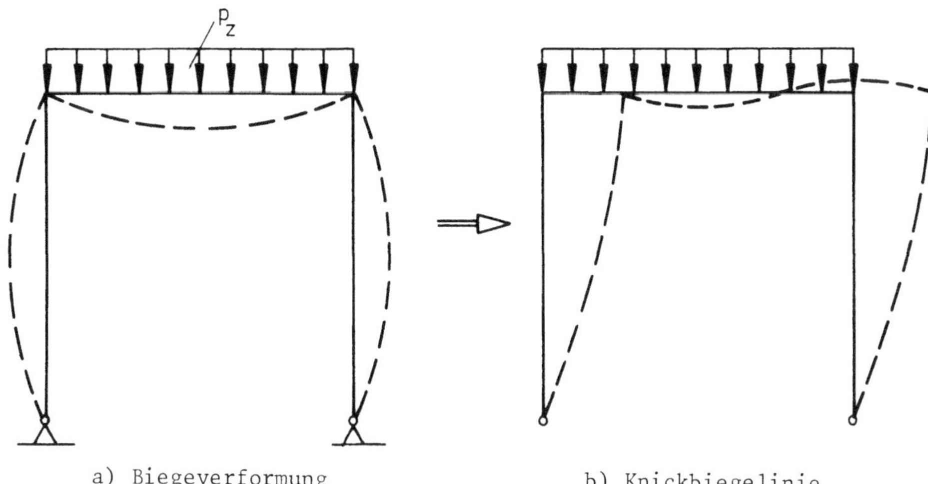

Bild 6.74 Verschieblicher Rahmen

Das Kriterium für das Auftreten eines "Spannungsproblemes mit Verzweigungspunkt" kann mit Hilfe des Potentials angegeben werden /39/.

Die allgemeine Gleichgewichtsaussage (des Spannungsproblemes): $\delta\pi = \delta\pi_a + \delta\pi_i = 0$ wird für das Auftreten eines Verzweigungspunktes:

$$\delta\pi_i = 0 \quad \text{und} \quad \delta\pi_a = 0$$

z.B. nach Bild 6.73

$$\delta\pi_i = \int_0^{2\ell} \frac{M\ \delta M}{EI}\,dx = 0\ ,$$ da M symmetrisch, δM antimetrisch ($\delta M = P\ \delta v$)

Anmerkung: Bei der Festlegung von ungewollten Exzentrizitäten (Imperfektionen) muß deren Form unbedingt mit dem ersten Eigenwert übereinstimmen,oder diesen mindestens als Komponente enthalten (sonst läuft man auf den falschen Eigenwert zu). Zum Auffinden der richtigen Form der Knickbiegelinie (erster Eigenwert) ist es zweckmäßig, sich die zugehörige Grundschwingung vorzustellen (s. Abschnitt 6.2.11).

6.4 Das Traglastproblem

6.4.1 Einleitung

Beim Traglastproblem werden berücksichtigt:

- Exzentrizitäten (planmäßige oder ungewollte Imperfektionen)
- elastisch-plastisches Materialverhalten

Da es sich um kritische Lasten unter realen Bedingungen handelt, wird die Traglast mit N_{kr} bezeichnet.

Die grundsätzlichen Zusammenhänge lassen sich am Modellkörper relativ einfach darstellen, wenn ein Mechanismus eingebaut wird, der dem Materialgesetz folgt:

- entweder Federn mit gleitfester Schraubverbindung (Bild 6.75a)
- oder die Federn stützen sich auf einen Waagebalken, der durch eine Rutschkupplung (HV-Verbindung) gegen Verdrehen gehalten ist (Bild 6.75b).

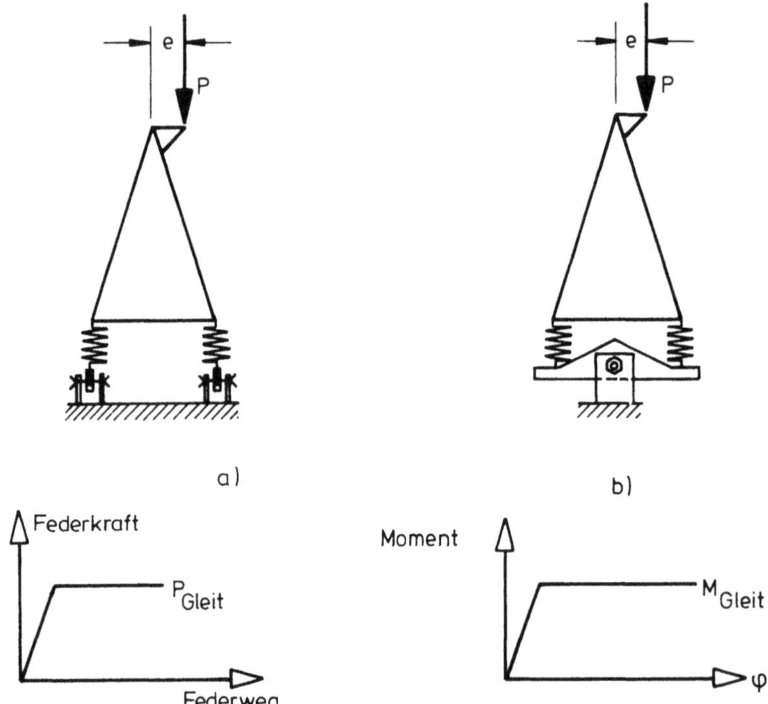

Bild 6.75 Modellkörper mit Last-Verformungsdiagramm

System und Belastung:

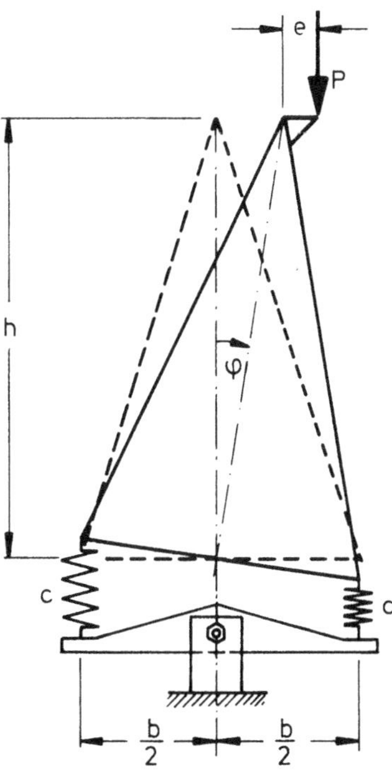

Bild 6.76 Modellkörper mit "Rutschkupplung"

Unter Berücksichtigung der Verformung φ (Theorie 2. Ordnung) gilt:

äußeres Moment: $M_a = P_2 (h\varphi + e) = P\,h\varphi + P\,e$

inneres Moment: $M_i = \frac{b^2}{2}\,c\varphi \leq M_{Gleit}$

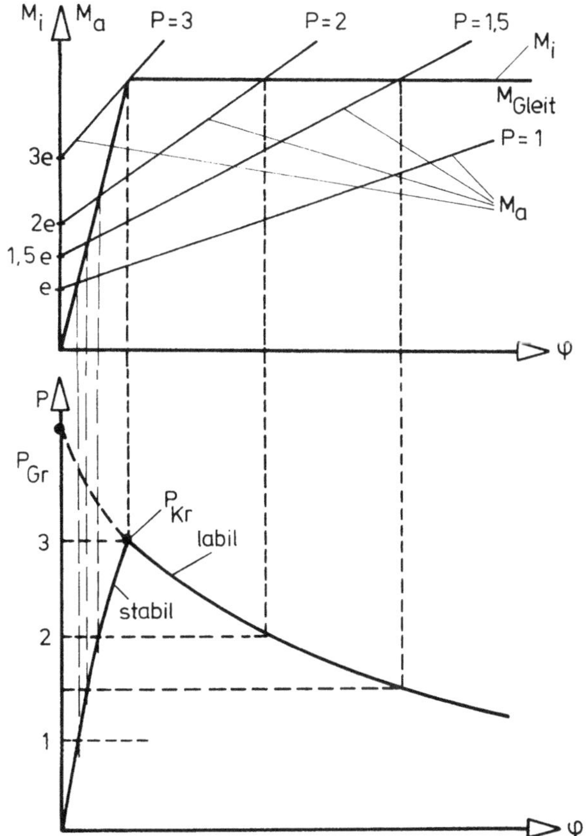

Bild 6.77 Ermittlung der Traglast P_{kr}

Trägt man das äußere Moment M_a und das innere Moment M_i in ein gemeinsames Diagramm nach Bild 6.77 ein, so herrscht jeweils an den Schnittpunkten Gleichgewicht ($M_a = M_i$). Es ergibt sich die Traglastkurve (untere Darstellung), die in diesem Falle bei P_{kr} = "3" das Maximum hat und unmittelbar vom stabilen in den labilen Ast übergeht.

Die Grenzlast P_{Gr} (für den Modellkörper) nach Theorie 1. Ordnung (ohne Berücksichtigung der elastischen Deformationen des Systems) wird aus der Gleichgewichtsbedingung $M_i = M_a$ für $\varphi = 0$ gefunden:

$$P\,e = M_{Gleit} \qquad P_{Gr} = \frac{M_{Gleit}}{e} \tag{6.53}$$

Anmerkung: Bei der Ermittlung der Traglast P_{kr} muß stets die Vorverformung (planmäßige Exzentrizität oder Imperfektion) zum ersten Eigenwert des zugehörigen Verzweigungsproblems gehören (s. auch Abschnitt 6.3.3.2).

6.4.2 Der planmäßig zentrisch gedrückte Stab mit Imperfektionen

6.4.2.1 Voraussetzungen

Zur Berechnung der Traglast N_{kr} werden folgende Voraussetzungen getroffen:
- Ebenbleiben der Querschnitte (Bernoulli-Hypothese)
- "kleine" Deformation (zur mathematischen Vereinfachung)
- unelastisches Materialverhalten (z.B. elastisch-plastisch nach Bild 6.78)
- geometrische Imperfektionen (ungewollte Exzentrizität, Querschnittsabmessungen)
- strukturelle Imperfektionen (Eigenspannungen und Streuung der Fließgrenze)

6.4.2.2 Unelastisches Materialverhalten

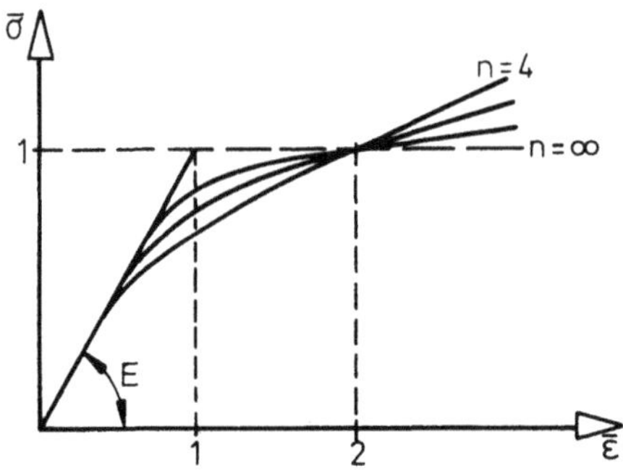

Bild 6.78 Unelastisches Materialverhalten

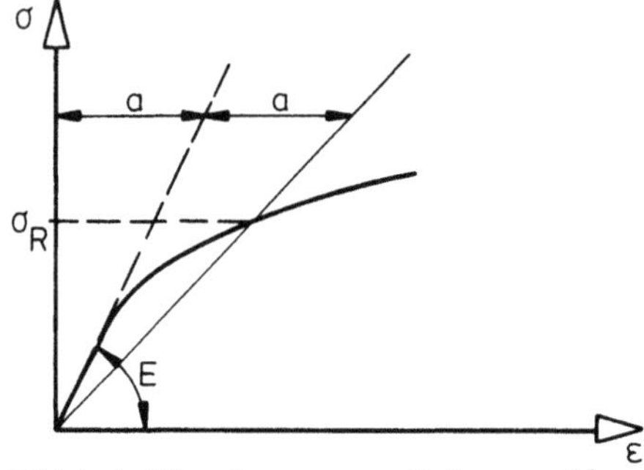

Bild 6.79 Spannungs-Dehnungsdiagramm mit σ_R

Das allgemeine σ-ε-Diagramm kann mit einem Parameter n durch folgende Gleichung ausgedrückt werden:

$$\bar{\varepsilon} = \bar{\sigma}\,(1 + \bar{\sigma}^{\,n})$$

$$\text{mit} \quad \bar{\varepsilon} = \frac{\varepsilon\, E}{\sigma_R}, \quad \text{und} \quad \bar{\sigma} = \frac{\sigma}{\sigma_R} \qquad (6.54)$$

Hierbei ist σ_R die Spannung, die in Bild 6.79 im Spannungs-Dehnungsdiagramm definiert ist. Meist wird mit elastisch-plastischem Materialverhalten (Grenzwert $n \rightarrow \infty$) gerechnet.

6.4.2.3 Geometrische Imperfektionen

Hierunter fallen:

- Abweichungen der Querschnittsabmessungen (Walztoleranzen)
- Abweichungen von der geraden Stabachse (Vorverformungen v, w, ϑ)
- Abweichungen bei der Krafteinleitung (bedingt durch konstruktive Ausbildung der Anschlüsse)

Die ungewollten Abweichungen lassen sich nur statistisch erfassen und auswerten.

6.4.2.4 Strukturelle Imperfektionen

Hierunter fallen:

- Eigenspannungen σ^E aus unterschiedlichen Abkühlungsprozessen (Walzen, Schweißen, Warmrichten usw.)
- Eigenspannungen aus plastischen Formänderungen (Kaltrichten, örtliches Fließen usw.)
- Streuung der Fließgrenze im Querschnitt (aus Herstellungsprozeß und Kaltverfestigung)

Typische Eigenspannungsverteilungen zeigt Bild 6.80.

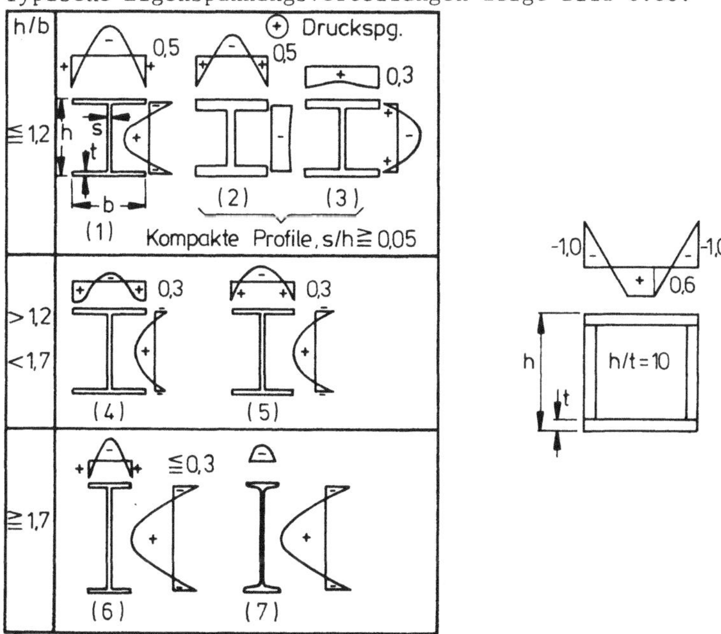

Bild 6.80 Eigenspannungsverteilungen

Strukturelle Imperfektionen bewirken, daß einzelne Querschnittsbereiche früher die Fließgrenze erreichen und bei weiterer Laststeigerung plastizieren.

6.4.2.5 Auswirkungen der strukturellen Imperfektionen

Die strukturellen Imperfektionen haben auf die Biegesteifigkeit B (im plastischen Bereich) einen entscheidenden Einfluß, da B vom Grad der Querschnittsplastizierung, von der Querschnittsform, den Werkstoffeigenschaften und den Eigenspannungen abhängt. In den Bildern 6.81 und 6.82 ist die bezogene Biegesteifigkeit $\bar{B} = \frac{B}{EI}$ in Abhängigkeit von $\bar{M} = \frac{M}{M_{p\ell}}$ und $\bar{N} = \frac{N}{N_{p\ell}}$ für das I-Profil IPBl 200 bei Biegung um die schwache Achse aufgetragen /40/.

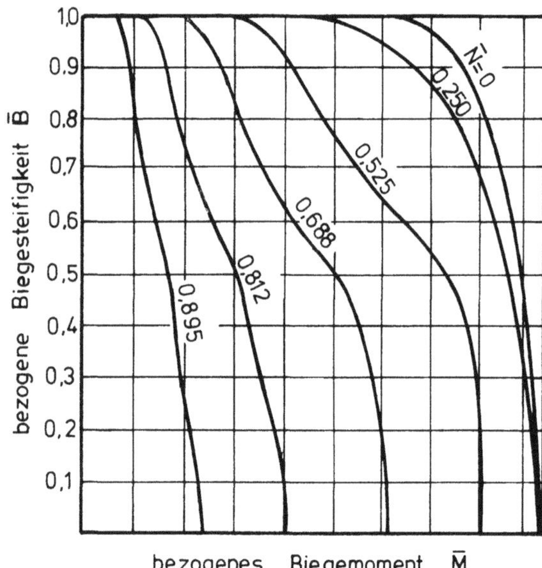

Bild 6.81 Bezogene Biegesteifigkeit $\bar{B}$ für IPBl 200 ohne Eigenspannungen

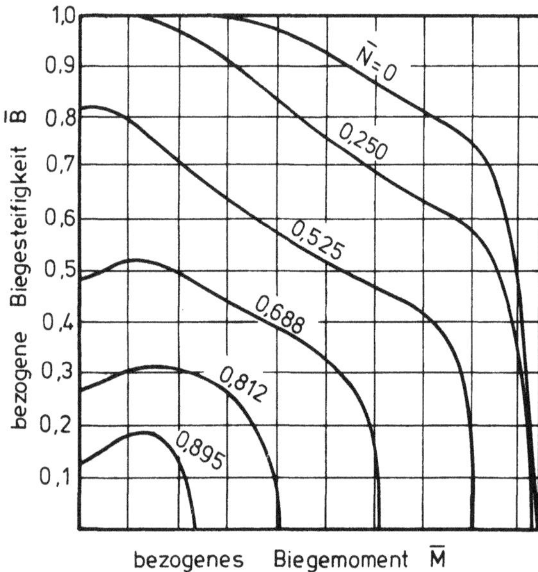

Bild 6.82 Bezogene Biegesteifigkeit $\bar{B}$ für IPBl 200 mit Eigenspannungen

Zur Vereinfachung der Berechnung wird häufig der Einfluß aller Imperfektionen zu einer geometrischen Ersatzimperfektion zusammengefaßt.

6.4.2.6 Die Traglastkurve

Es werden hier nur die grundsätzlichen Zusammenhänge erläutert. Auf die "exakte" Computerberechnung wird nicht eingegangen /41/.

System und Belastung:

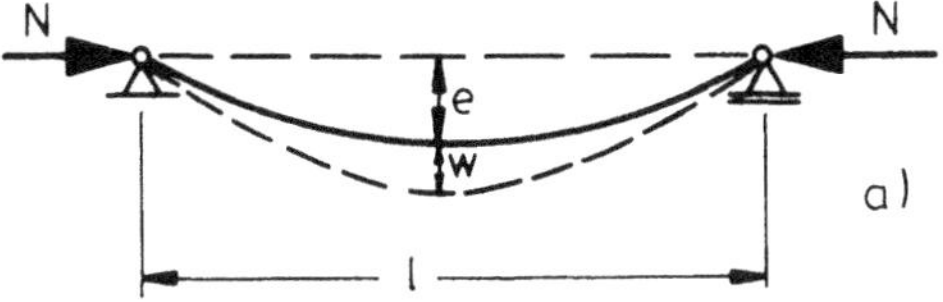

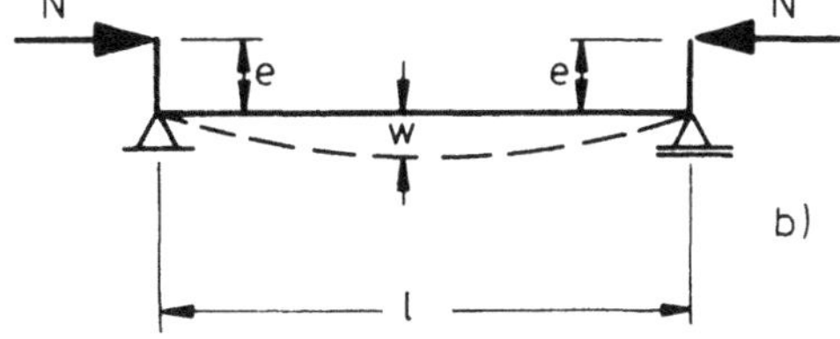

Bild 6.83 System und Belastung

Geometrische Imperfektion: Exzentrizität e als "Säbelkrümmung" des Stabes nach Bild 6.83a oder als Exzentrizität des Kraftangriffes nach Bild 6.83b.

Hinweis: Die Imperfektion muß stets die Form des ersten Eigenwertes enthalten (s. Abschnitt 6.3.3).

Die strukturellen Imperfektionen werden durch die charakteristische Momenten-Krümmungsbeziehung (z.B. 5 % Fraktile) erfaßt:

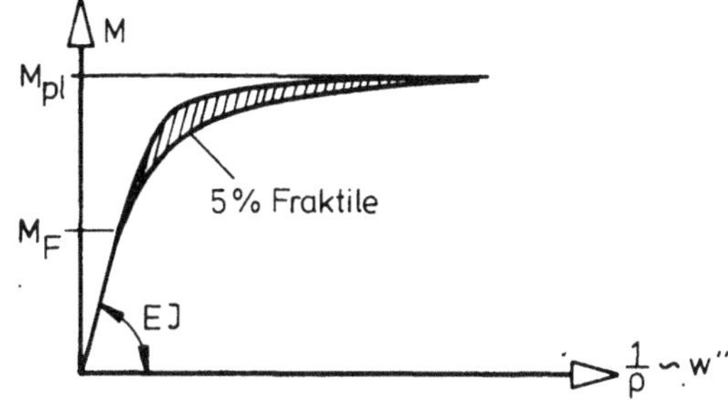

Bild 6.84 Momenten-Krümmungsbeziehung mit 5 % Fraktile

Denkt man sich die Momenten-Krümmungsbeziehung zweimal über die Stablänge integriert (dies ist in Wirklichkeit unter Berücksichtigung aller Plastizierungszonen sehr schwierig), so erhält man folgendes M-w-Diagramm für das innere (aufnehmbare) Moment M_i in Stabmitte.

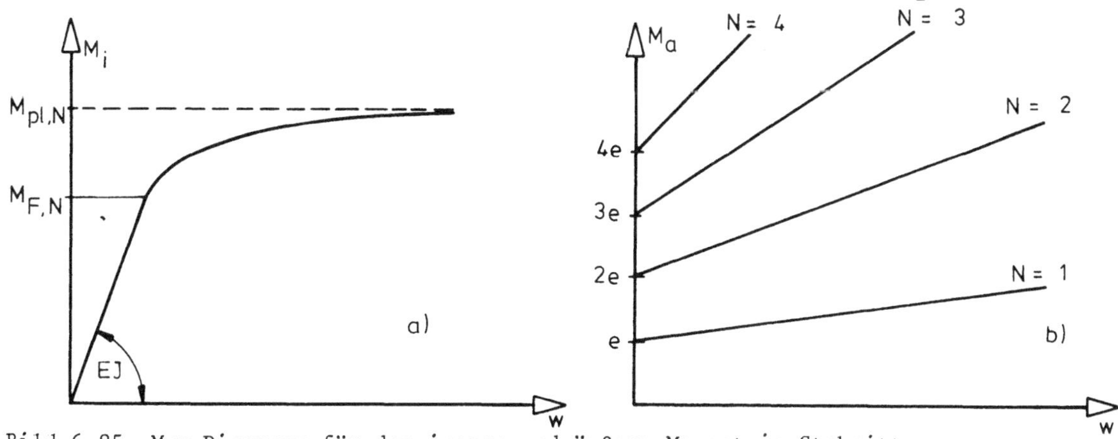

Bild 6.85 M-w-Diagramm für das innere und äußere Moment in Stabmitte

Das Diagramm (Bild 6.85a) zeigt für gleichzeitig wirkende Normalkräfte N grundsätzlich den gleichen Verlauf. Bezeichnung: $M_{F,N}$ und $M_{p\ell,N}$.

Das äußere Moment M_a in Stabmitte $M_a = N(e + w) = N\,e + N\,w$ kann ebenfalls in einem M-w-Diagramm (Bild 6.85b) dargestellt werden.

Trägt man (wie in Bild 6.77) beide Momente M_a und M_i in ein gemeinsames Diagramm nach Bild 6.86 ein, so erhält man an den Schnittpunkten die Gleichgewichtsbedingung und kann die zugehörige Traglastkurve ermitteln. Sie besteht aus dem ansteigenden stabilen Ast, einem Maximalwert (der rechnerischen Traglast N_{kr}) und einem abfallenden labilen Ast.

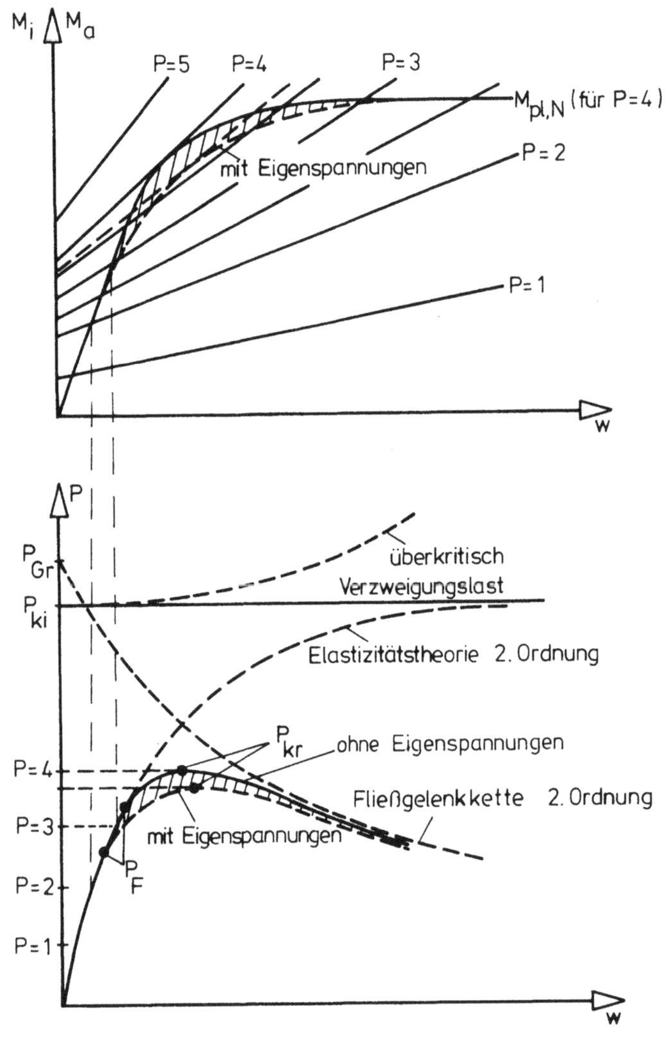

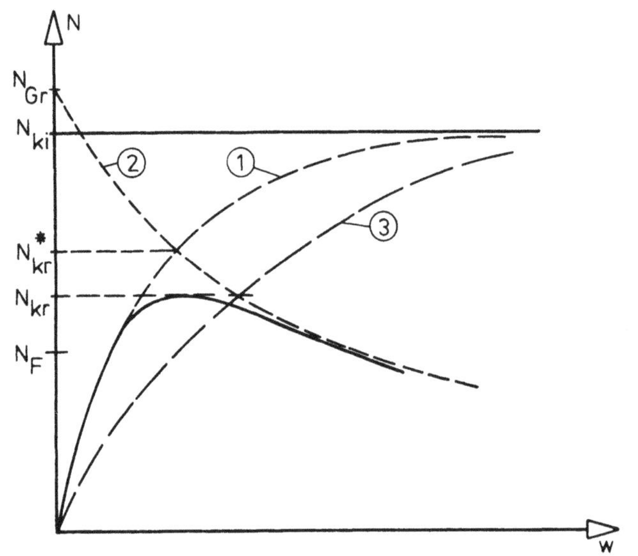

(1) Elastizitätstheorie 2. Ordnung

(2) Fließgelenkkette 2. Ordnung (Gl. 6.55)

(3) Elastizitätstheorie 2. Ordnung mit vergrößerter Exzentrizität

N_{kr} - rechnerische Traglast

N_F - elastische Grenzlast nach Spannungstheorie 2. Ordnung

N^*_{kr} - plastische Grenzlast (Fließgelenktheorie 2. Ordnung)

N_{Gr} - Fließgelenktheorie 1. Ordnung

N_{ki} - Verzweigungslast

Bild 6.86 Traglastkurve

6.4.2.7 Die Fließgelenktheorie 2. Ordnung

In die Traglastkurve (Bild 6.86) ist die Tragfähigkeit der Fließgelenkkette als Kurve (2) eingetragen. Der labile Ast der Traglastkurve nähert sich asymptotisch dieser Kurve.
Bei der Fließgelenkkette werden die teilplastizierten Bereiche vernachlässigt, die sich neben dem in Stabmitte auftretenden Fließgelenk ausbilden (vgl. Bild 6.87).

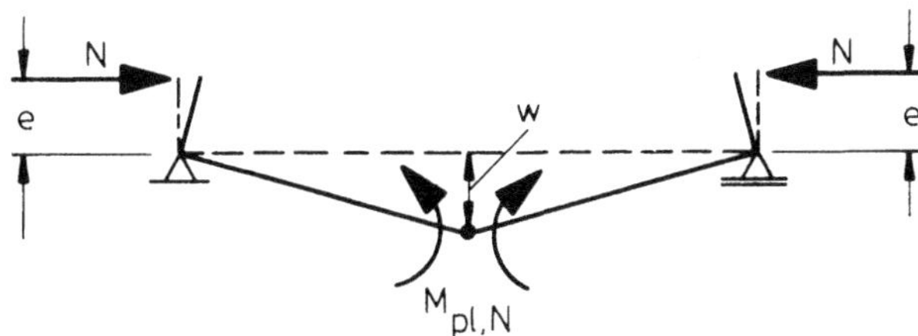

Bild 6.87 Fließgelenkkette 2. Ordnung

Aus

$$M_{p\ell,N} = N(e+w) \quad \text{folgt} \quad N = \frac{M_{p\ell,N}}{e+w} \tag{6.55}$$

An der Tragfähigkeit der Fließgelenkkette nach Gl. (6.55) kann man folgende Zusammenhänge erkennen:

- Wird der Stab bis zur Bildung der Fließgelenkkette als starr betrachtet, dann erhält man die plastische Grenzlast Theorie 1. Ordnung N_{Gr} als Schnittpunkt der Fließgelenkkurve mit der Abszisse w = 0; d.h. $N_{Gr} = \frac{M_{p\ell,N}}{e}$
- Wird der Stab bis zur Bildung der Fließgelenkkette als vollelastisch betrachtet, dann erhält man die angenäherte "Traglast N^*_{kr}" als Schnittpunkt der Kurven (1) und (2). Sie wird im folgenden als Traglast nach der Fließgelenktheorie 2. Ordnung bezeichnet.

Für I-Profile bei Beanspruchung um die starke Achse ($M_{p\ell}$ liegt nur etwa 14 % über M_F) stellt sie im allgemeinen eine brauchbare Näherung dar, für Sandwichquerschnitte (Zweipunktquerschnitte) gilt sie exakt.

Die Näherung wird schlechter, wenn
- der Querschnitt große "plastische Reserven" hat, d.h. wenn $M_{p\ell}$ wesentlich größer als M_F ist (z.B. I-Profile um die schwache Achse) und
- die Momente nahezu konstant über die Stablänge wirken ("füllige" Momentenfläche). Der Einfluß der Bereiche mit Teilplastizierung wird hierbei größer.

Aus der Traglastkurve (Bild 6.86) ist auch der folgende grundsätzliche Zusammenhang zu erkennen: Ebenso wie man die strukturellen Imperfektionen in eine Ersatzexzentrizität "umrechnen" kann, kann man auch den Einfluß der Fließbereiche durch eine (zusätzliche) Erhöhung der geometrischen Ersatzimperfektion erfassen (Kurve (3)) und dann mit der Fließgelenktheorie 2. Ordnung die wirkliche Traglast N_{kr} als Schnittpunkt der Kurven (2) und (3) berechnen. Das Problem der mehr oder weniger komplizierten Berechnung kann daher durch die Festlegung mehr oder weniger großer (ungewollter) Exzentrizitäten (oder durch eine Reduktion der Steifigkeit des Stabes) gelöst werden.
Die "elastischen" Schnittgrößen können exakt mit der Differentialgleichung nach Abschnitt 4.2.2.1 oder näherungsweise nach Abschnitt 4.2.4.1 berechnet werden.

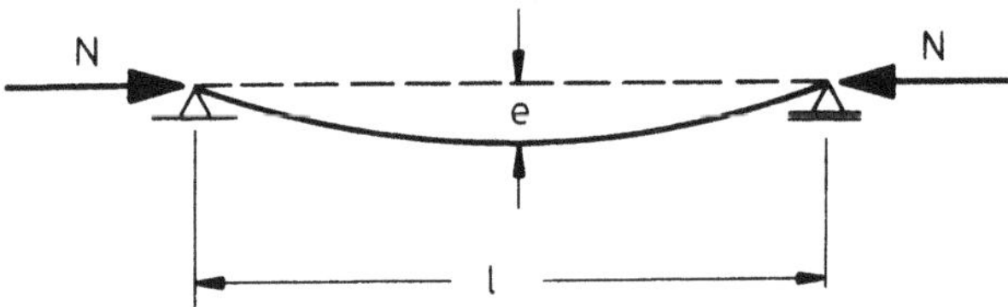

Bild 6.88 Druckstab mit Säbelkrümmung

Berechnet man das Biegemoment in Stabmitte näherungsweise nach Abschnitt 4.2.3.1

$$M = N\,e\,\frac{1}{1-\frac{N}{N_{ki}}} \tag{6.56}$$

so gilt für die elastische Grenzlast

$$\frac{N}{F} + \frac{1}{1-\frac{N}{N_{ki}}}\,\frac{N\,e}{W} = \sigma_F$$

Im englischen Sprachbereich wird dies als "Perry-Robertson-Formel" bezeichnet.

Geht man von der Elastizitätstheorie zur Fließgelenktheorie 2. Ordnung über, d.h. setzt man in Gl. (6.56) $N = N_{kr}$ und $M = M_{p\ell,N}$, so gilt

$$M_{p\ell,N} = N_{kr}\,e\,\frac{1}{1-\frac{N_{kr}}{N_{ki}}} \tag{6.57}$$

Mit der plastischen Grenzlast $N_{Gr} = \frac{M_{p\ell,N}}{e}$ nach Theorie 1. Ordnung (bzw. für starr-plastisches Materialverhalten) erhält man

$$N_{Gr} = N_{kr}\,\frac{1}{1-\frac{N_{kr}}{N_{ki}}} \tag{6.58}$$

und durch Umformen die "Merchant-Rankine-Formel"

$$\frac{1}{N_{kr}} = \frac{1}{N_{Gr}} + \frac{1}{N_{ki}} \qquad \text{bzw.} \quad N_{kr} = \frac{N_{Gr}}{1+\frac{N_{Gr}}{N_{ki}}} \tag{6.59}$$

Für die Genauigkeit dieser Formeln gelten die Angaben in Abschnitt 4.2.4.1 (Affinität der Biegelinien, Form der Momentenfläche usw.).

6.4.3 Der Druckstab mit planmäßiger Biegebeanspruchung

Unter sonst gleichen Bedingungen ändert sich die Traglastkurve in Abhängigkeit von der Größe der Exzentrizität e wie folgt (Bild 6.89):

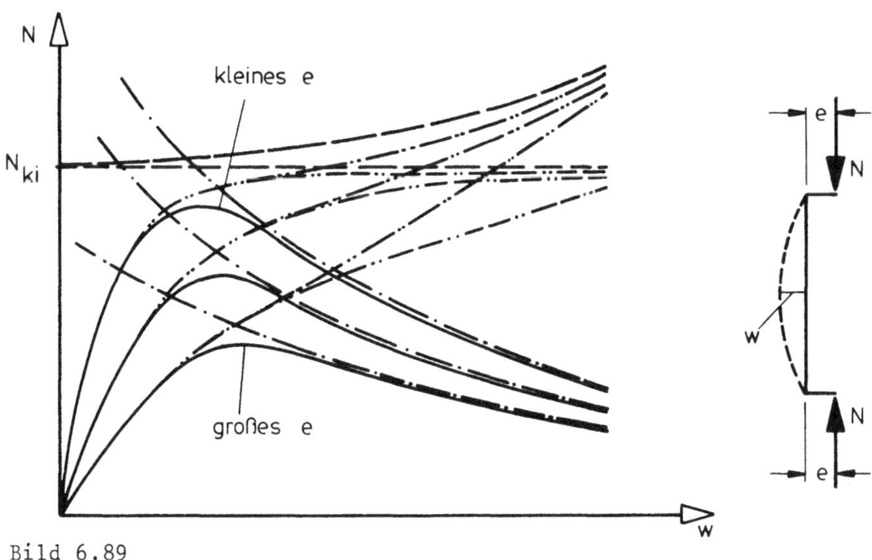

Bild 6.89

Ein "exaktes" Berechnungsverfahren für den Druckstab mit planmäßiger Biegebeanspruchung um beide Achsen einschließlich Berücksichtigung der Fließbereiche sowie des Querkrafteinflusses ist in Abschnitt 7.4.4.3 beschrieben.
Hier werden nur die grundsätzlichen Einflüsse bei Druck und einachsiger Biegung erläutert.

Benutzt man die Fließgelenktheorie 2. Ordnung, so erhält man die Traglast, indem man die Schnittgrößen nach der Elastizitätstheorie 2. Ordnung berechnet und die vollplastische Grenztragfähigkeit des Querschnittes für die entsprechende Interaktionsbedingung (zum Beispiel M-N-Q-Interaktion) nach Abschnitt 5.3.9 einsetzt.

Man kann die Schnittgrößen mit den "exakten" Lösungen der Differentialgleichung nach Abschnitt 4.2.2 oder näherungsweise nach Abschnitt 4.2.4 ermitteln. Hierauf wird näher in den Abschnitten 7.4.4.3 und 7.4.4.4 eingegangen.

Mit abnehmender Normalkraft und geringerem Schlankheitsgrad geht bei steigender Biegebeanspruchung der Einfluß der Verformung (Theorie 2. Ordnung) und damit auch der Einfluß der Imperfektionen mehr und mehr zurück. Die Traglastkurven können dann auch in folgender Form dargestellt werden:

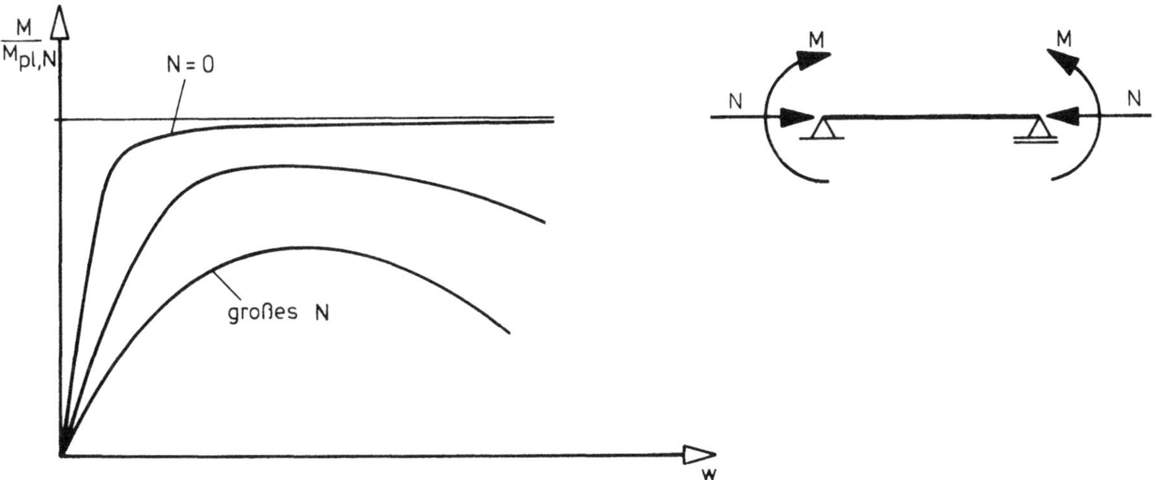

Bild 6.90 Traglastkurve bei planmäßiger Biegebeanspruchung

Die Traglast von auf Druck und Biegung beanspruchten Stützen hängt ab von

- den Materialeigenschaften σ_F
- dem Schlankheitsgrad $\lambda = \frac{\ell}{i}$
- der bezogenen Normalkraft $\bar{N} = \frac{N}{N_{p\ell}}$
- dem Verlauf der Momentenfläche

In den USA /33/ wurden hierzu intensive theoretische Forschungsarbeiten für Breitflanschprofile aus A 36 (≈ St 37) durchgeführt und deren Ergebnisse auch experimentell bestätigt. In Bild 6.91 sind einige Beispiele der so ermittelten Traglastkurven dargestellt.

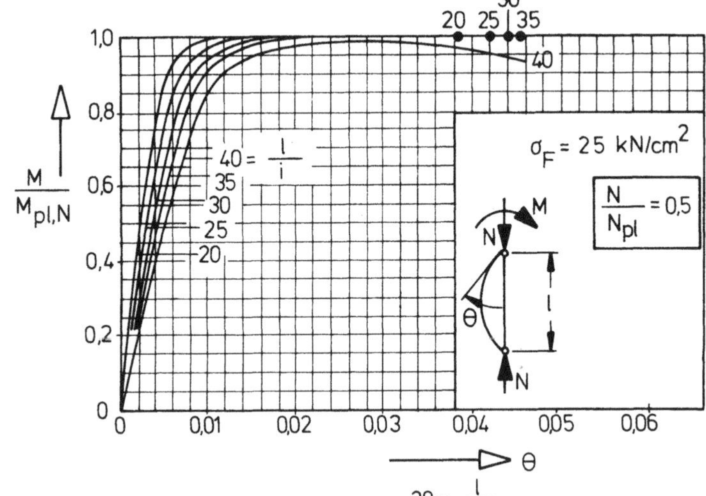

$M_{p\ell,N}$ wird erreicht für kleine $\frac{N}{N_{p\ell}}$ -Werte bei dreiecksförmiger Momentenfläche

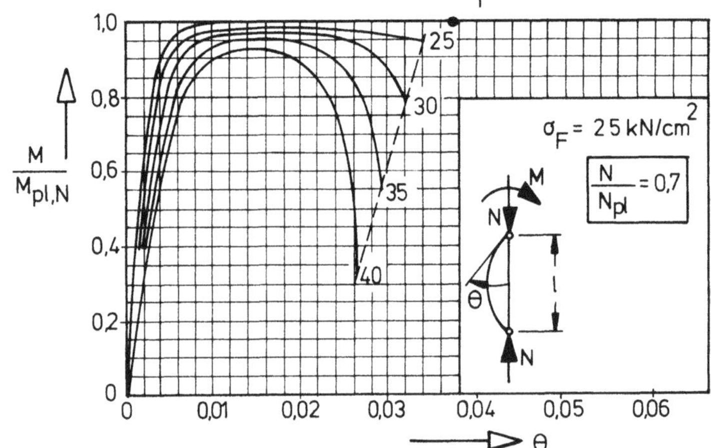

Größere Schlankheitsgrade und größere $\frac{N}{N_{p\ell}}$ -Werte bewirken Absinken unter den Wert $M_{p\ell,N}$

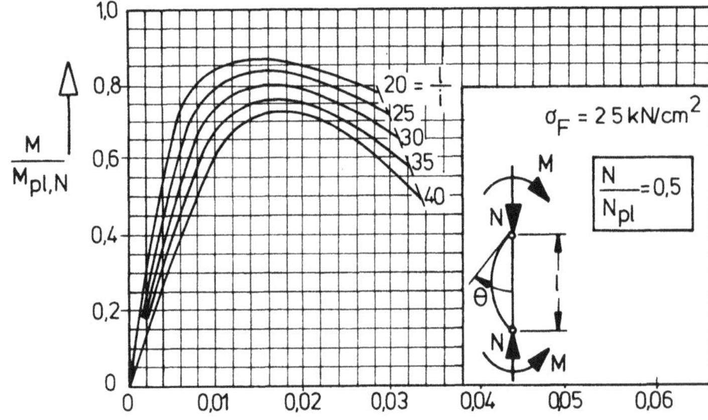

Bei fülliger Momentenfläche wird $M_{p\ell,N}$ nicht erreicht, und die Verdrehfähigkeit wird reduziert.

Bild 6.91 Traglastkurven für Stützen mit Breitflanschprofilen

6.4.4 Rahmen

6.4.4.1 Allgemeines

Die "exakte" Berechnung der Traglast räumlicher, mehrgeschossiger Rahmensysteme (Hochhäuser) ist äußerst kompliziert. Es sind eine Reihe von Näherungsmethoden entwickelt worden, auf die jedoch nicht näher eingegangen wird. Eine zusammenfassende Darstellung mit vielen Literaturhinweisen ist in / 7/ gegeben. Im folgenden werden nur ebene Rahmen betrachtet.

6.4.4.2 Unverschiebliche Rahmen

Häufig sind Rahmen durch Verbände oder Scheiben (Kernbauweise) ausgesteift. Naturgemäß sind sie dadurch nicht unverschieblich gehalten, aber so steif, daß sie als unverschieblich betrachtet werden dürfen, wenn gilt:

$$S_{Ausst} \geq 5\ S_{Ra} \tag{6.60}$$

mit S_{Ausst} : Steifigkeit der Aussteifungselemente (Verbände, Scheiben), ausgedrückt z.B. durch die horizontale Verformung unter Gebrauchslast

S_{Ra} : Steifigkeit der Konstruktion nach (gedachtem) Ausbau der Aussteifungselemente

Gl. (6.60) besagt, daß die Steifigkeit der Verbände oder Scheiben mindestens fünfmal so groß sein muß wie die Steifigkeit des Rahmens.

Hinweis:

Die aussteifenden Bauteile müssen für die angreifenden Lasten (z.B. Wind) einschließlich der Abtriebskräfte aus den Verformungen (Einfluß der Theorie 2. Ordnung) berechnet werden.

In den meisten Fällen kann nach dem "Ersatzstabverfahren" gerechnet werden. Hierbei sind folgende Überlegungen wichtig:

- die ungünstigste Momentenbeanspruchung liefert meist die Schachbrettbelastung nach Bild 6.92:

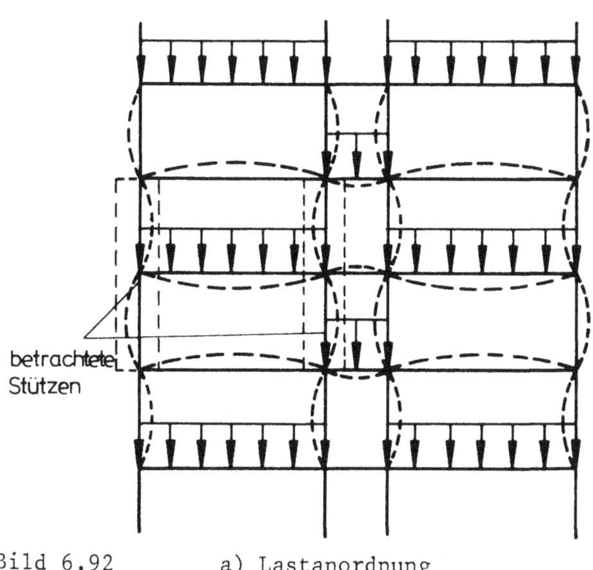

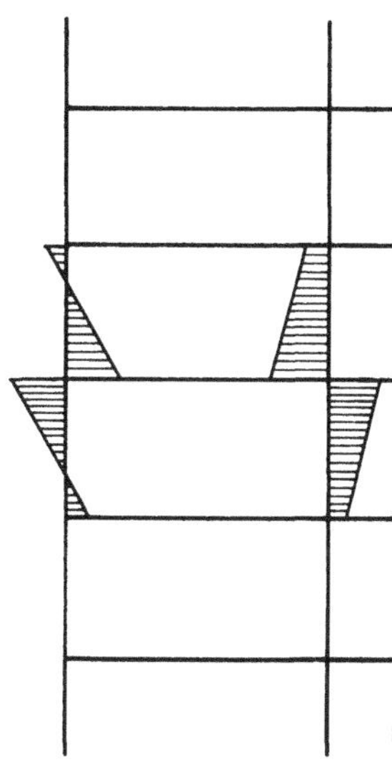

Bild 6.92 a) Lastanordnung b) Biegemomente in der äußeren und inneren Stütze

- die Berechnung der Knicklänge s_k kann an einem Gebäudeausschnitt nach Bild 6.93 a, b durchgeführt werden, wenn die Rahmenriegel "elastisch" bemessen sind.

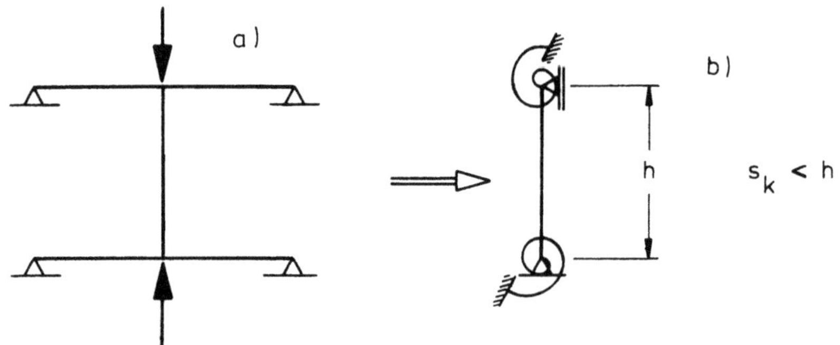

Bild 6.93 a) Gebäudeausschnitt
b) Ersatzstab

- sind die Rahmenriegel nach dem Traglastverfahren bemessen worden, können an Fließgelenkstellen keine elastischen Rückhaltekräfte (Drehfedern) wirksam werden (abhängig von der Laststellung). Wenn sich bei der Schachbrettbelastung in den belasteten Unterzügen bereits Fließgelenke bilden, so muß die Drehfeder entsprechend reduziert werden (Bild 6.93 c). Bei Vollast treten in allen Unterzügen Fließgelenke auf (Bild 6.93 d) und die Knicklänge s_k ist die Geschoßhähe h.

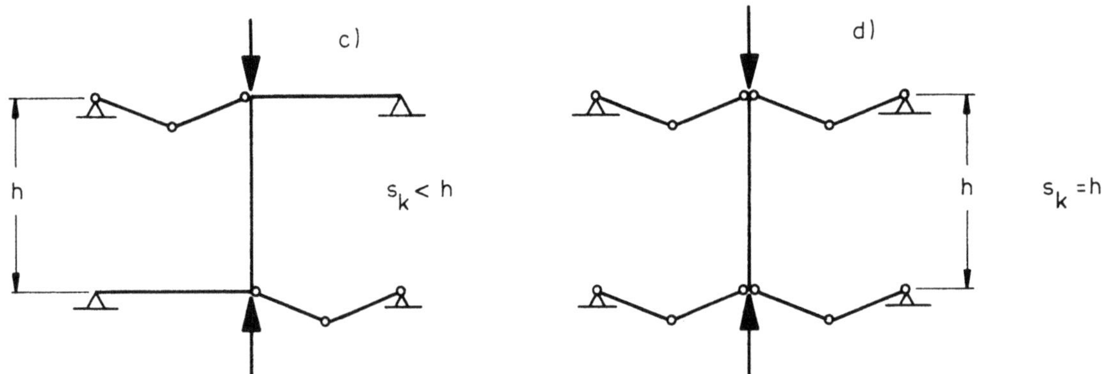

Bild 6.93 c, d Ersatzstab mit Berücksichtigung von Fließgelenken

Bei der Bemessung und Wahl der Lastfälle ist folgendes zu beachten:

- die größte Biegebeanspruchung der Stütze (mit zugehöriger elastischer Einspannung) tritt bei Schachbrettbelastung auf,

- die größte Knickgefahr der Stütze entsteht durch Wegfall der elastischen Einspannung bei Ausbildung von Fließgelenken in den Riegeln (Vollast),

- meist überwiegen bei gedrungenen Stützen (starke Achse) die Auswirkungen der Biegebeanspruchung. Die Unterzüge werden dann zweckmäßig nach dem Traglastverfahren bemessen,

- bei schlanken Stützen (schwache Achse) kann es zweckmäßig sein, die Unterzüge nicht nach dem Traglastverfahren, sondern "elastisch" zu bemessen, da der Einfluß der Knicklänge überwiegt.

6.4.4.3 Verschiebliche Rahmen

Für verschiebliche Rahmen ist fast immer die Vollast (einschließlich Wind w) maßgebend (Bild 6.94).

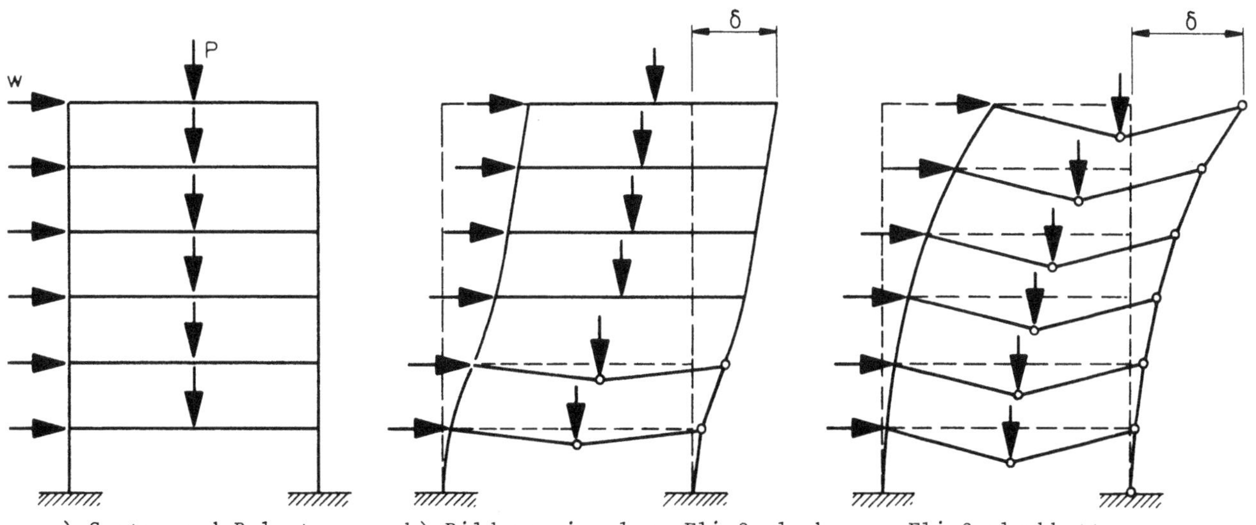

Bild 6.94 Rahmen mit fortschreitender Bildung von Fließgelenken

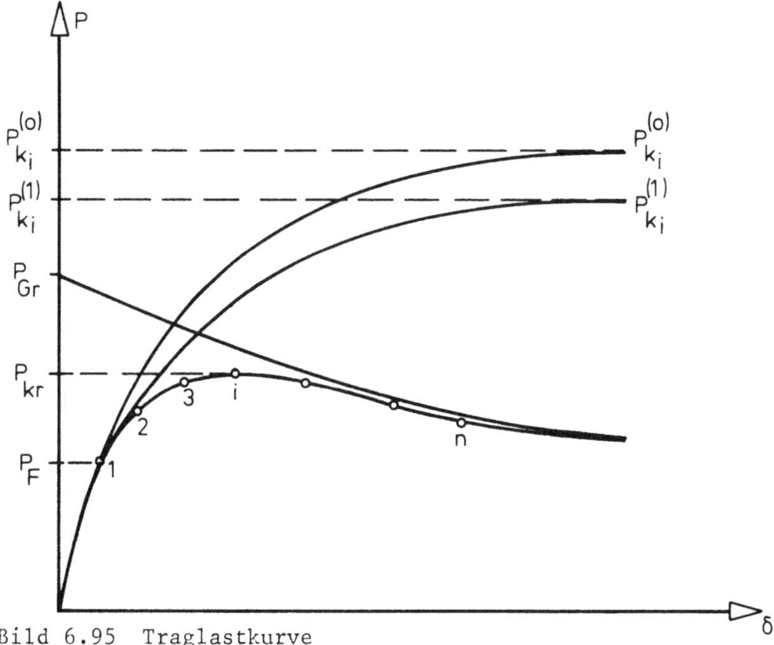

Bild 6.95 Traglastkurve

Bei monotoner Steigerung der Lastanordnung P durchläuft das System folgende Zustände, die in der Traglastkurve (Bild 6.95) dargestellt sind:

- elastisch, nichtlinear (asymptotisch auf $P^{(o)}_{ki}$ zulaufend) bis zur elastischen Grenzlast P_F, die bei Vernachlässigung der Teilplastizierungsbereiche bei Erreichen von $M_{p\ell}$ zur Bildung des ersten Fließgelenkes führt (Fließgelenktheorie 2. Ordnung).
- nach Bildung des 1. Fließgelenkes wird das System weicher, es läuft jetzt asymptotisch auf $P^{(1)}_{ki}$ zu.

- es bildet sich das zweite Fließgelenk, danach das dritte usw.

- beim i-ten Fließgelenk stellt sich unter der rechnerischen Traglast P_{kr} das Maximum der Traglastkurve ein. Bei einigen Systemen stellt sich das Maximum der Traglastkurve jedoch erst beim letzten (n-ten) Gelenk ein.

- bei Bildung weiterer Fließgelenke (i bis n) fällt die Traglastkurve ab (labiler Ast). Sie schließt asymptotisch an die Fließgelenkkette (Theorie 2. Ordnung) mit n Freiheitsgraden an.

- die zur Fließgelenkkette (Theorie 1. Ordnung) gehörende Laststufe ist die plastische Grenzlast P_{Gr}.

Je steifer der Rahmen ist, desto mehr geht der Einfluß der Verformung (Theorie 2. Ordnung) zurück. Ein Maß hierfür ist das Verhältnis der Verzweigungslast N_{ki} zur Bemessungslast N (in jedem Stockwerk).

Ist der kleinste Verhältniswert $\frac{N_{ki}}{N} > 10$, so darf nach Theorie 1. Ordnung gerechnet werden, ist er größer als 4, so darf mit dem Vergrößerungsfaktor $\frac{1}{1-\frac{N}{N_{ki}}}$ eine Näherungsberechnung nach Theorie 1. Ordnung durchgeführt werden.

Es wurde eine Reihe von Näherungsverfahren (für die Handrechnung) entwickelt / 7/. Eines davon baut auf einer (erweiterten) "Merchant-Rankine-Formel" auf (s. Abschnitt 6.4.2.8).

$$P_{kr} \approx \frac{P_{Gr}}{0,9+\frac{P_{Gr}}{P_{ki}}} \tag{6.61}$$

wobei P_{ki} die Verzweigungslast des vollelastischen Systems und P_{Gr} die plastische Grenzlast nach Theorie 1. Ordnung ist, mit der Nebenbedingung

$$0,1 < \frac{P_{Gr}}{P_{ki}} < 0,25$$

Diese Näherung liefert etwa die gleichen Zusammenhänge: bei sehr steifen Rahmen genügt die Berechnung nach Theorie 1. Ordnung, für "mittlere" Steifigkeit (bis $\frac{P_{Gr}}{P_{ki}} = 0,25$) wird durch einen Vergrößerungsfaktor der Einfluß der Elastizitätstheorie 2. Ordnung näherungsweise erfaßt.

In /42/ wird ein Verfahren zur vereinfachten Berechnung verschieblicher Rahmensysteme nach dem Traglastverfahren der Theorie 2. Ordnung beschrieben. Der Rechengang unterscheidet sich von dem nach Theorie 1. Ordnung prinzipiell nur durch das zusätzliche Auftreten der Abtriebskräfte Q_{Δ}, die genau wie die gegebenen äußeren Lasten in die Rechnung einbezogen werden.

Für vielgeschossige, seitlich verschiebliche Rahmen sollte stets eine genaue Berechnung unter Berücksichtigung der Belastungsgeschichte (schrittweiser Abbau der statisch Unbestimmten durch Bildung von Fließgelenken) nach der (elastisch-plastischen) Theorie 2. Ordnung mit EDV-Programmen durchgeführt werden.

6.5 Biegedrillknicken

6.5.1 Einleitung

Folgende Übersicht soll die Einordnung der Begriffe erleichtern:

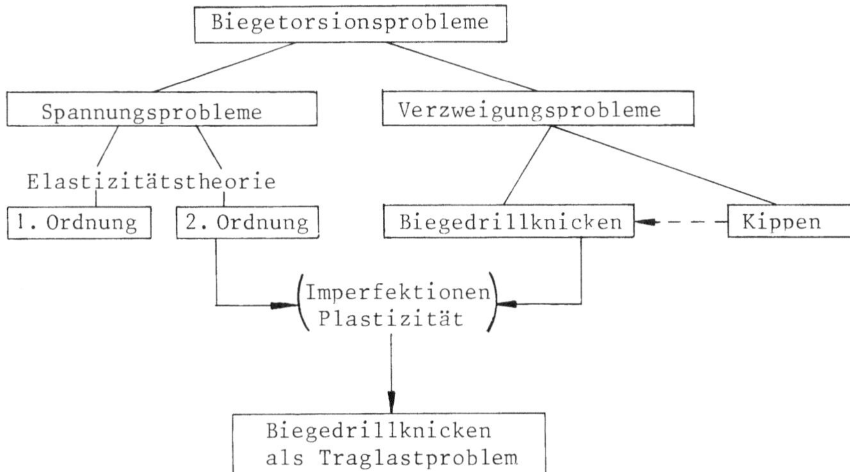

Nach neuerer Übereinkunft wird mit Biegedrillknicken der übergeordnete Begriff des Instabilwerdens unter gleichzeitiger Verbiegung und Verdrehung des Stabes bezeichnet. Dabei ist es gleichgültig, ob der Stab durch eine (evtl. exzentrische) Normalkraft (frühere Bezeichnung: Biegedrillknicken) oder nur durch Biegung (evtl. durch Querlasten erzeugt, frühere Bezeichnung: Kippen) oder allgemein (Normalkraft + Biegung + Querlasten) beansprucht wird.

Zur Erleichterung des Verständnisses wird z.T. die alte Bezeichnung "Kippen" erwähnt:

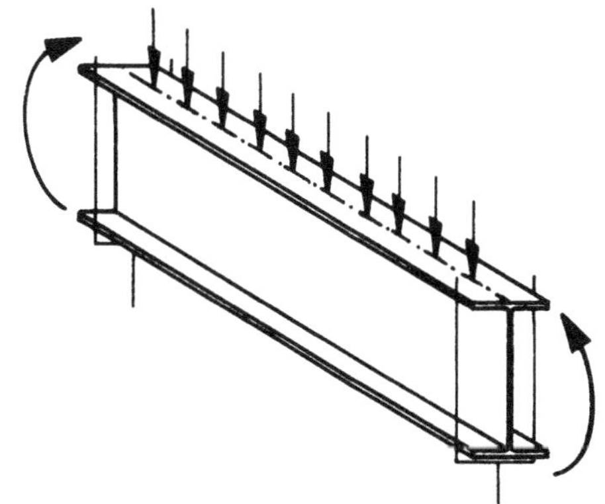

Bild 6.96 Kippen = Biegedrillknicken (ohne Normalkraft)

Vorbetrachtung:

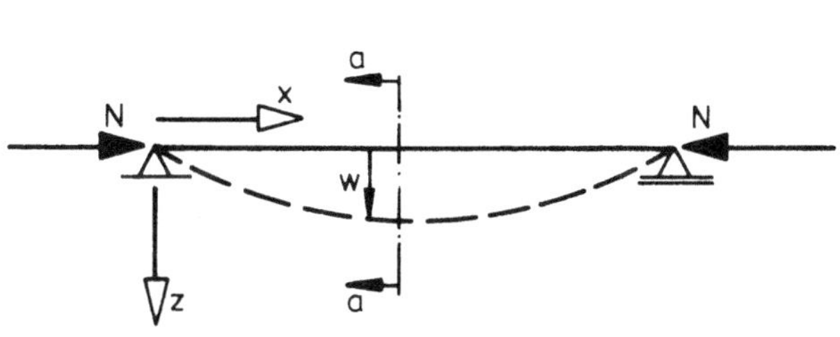

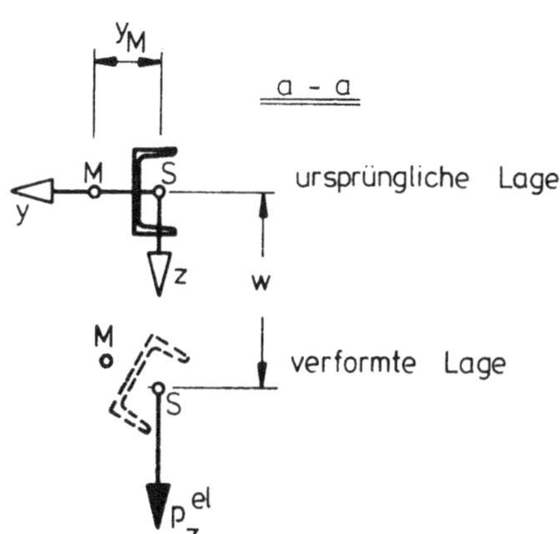

Bild 6.97 Druckstab mit zentrischer Kraft

Wirkt eine zentrische Druckkraft N gemäß Bild 6.97 auf einen Stab ein, für dessen Querschnitt der Schubmittelpunkt M nicht mit dem Schwerpunkt S zusammenfällt (z.B. [-Eisen), so entstehen beim Ausknicken durch die Krümmung der verformten Lage Abtriebskräfte $p_z^{el} = - N w''$ (elastische Querlasten), deren Resultierende bei zentrischer Druckkraft im Schwerpunkt angreift und ein Torsionsmoment $m_D^{el} = -p_z^{el} \cdot y_M$ erzeugt. Der Stab wird daher nicht nur verbogen, sondern auch verdrillt : Biegedrillknicken.

6.5.2 Die Differentialgleichungen des elastischen Biegetorsionsproblems Theorie 2. Ordnung

Die Differentialgleichungen dienen in erster Linie zum Erkennen der grundsätzlichen Zusammenhänge, sie sind jedoch nur zur Lösung einfacher Probleme geeignet. Komplizierte Probleme lassen sich mit der Energiemethode lösen. Eine ausführliche Behandlung dieser Aufgaben und zahlreiche Lösungen befinden sich in /22/. Hier werden nur die Grundgedanken und einige wichtige Zusammenhänge behandelt.

In Abschnitt 4.1.1 wurden die unter den angegebenen Näherungen gültigen Differentialgleichungen (4.9) hergeleitet.
Für die Anwendung auf Stabilitätsprobleme in den folgenden Abschnitten ist der Betrag von N einzusezten, das Vorzeichen für Druckkraft wurde bereits in die Formeln eingearbeitet.

Damit lautet das Gleichungssystem:

$$EF_{yy}\, v_M^{IV} + (M_y\, \vartheta)'' + N\,(v_M'' + z_M\, \vartheta'') = p_y$$

$$EF_{zz}\, w_M^{IV} + (M_z\, \vartheta)'' + N\,(w_M'' - y_M\, \vartheta'') = p_z$$

$$EF_{\omega\omega}\, \vartheta^{IV} - CI_D\, \vartheta'' + N\, z_M\, v_M'' - N\, y_M\, w_M'' + (M_y\, v_M)'' + (M_z\, w_M)'' +$$
$$+ \left[\vartheta'\left(N\, i_M^2 - M_y\, r_{M_z} + M_z\, r_{M_y} - M_\omega\, r_{M_\omega}\right)\right]' + p_y\, y_p^M\, \vartheta + p_z\, z_p^M\, \vartheta = m_D \qquad (6.62)$$

6.5.3 Stäbe mit unsymmetrischem, offenem Querschnitt

6.5.3.1 Außermittige Druckkraft N

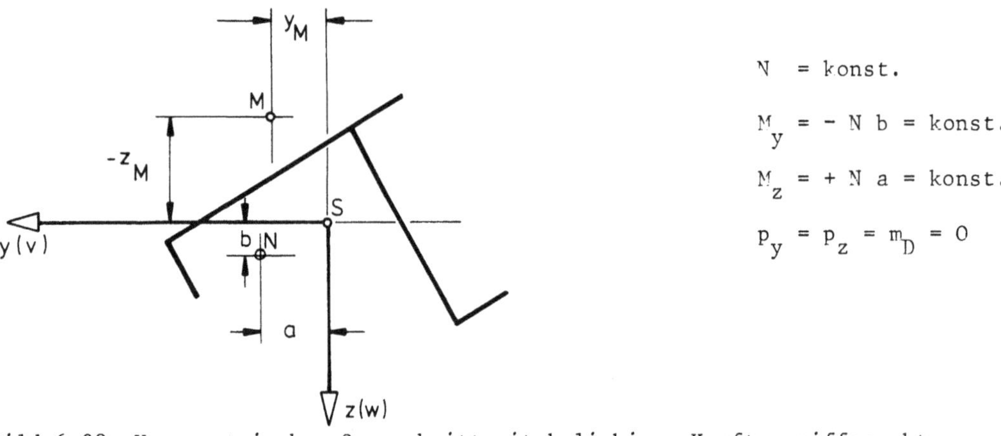

N = konst.

$M_y = - N\, b$ = konst.

$M_z = + N\, a$ = konst.

$p_y = p_z = m_D = 0$

Bild 6.98 Unsymmetrischer Querschnitt mit beliebigem Kraftangriffspunkt

Es hängt von der Lasteinleitung ab, ob ein äußeres Wölbbimoment $M_\omega = - N \omega$ auftritt oder nicht. Es wird angenommen $M_\omega = 0$.

Damit wird das Differentialgleichungssystem (Gleichungen 6.62):

$$EF_{yy} v_M^{IV} + N v_M'' - N (b - z_M) \vartheta'' = 0$$

$$EF_{zz} w_M^{IV} + N w_M'' + N (a - y_M) \vartheta'' = 0$$

$$EF_{\omega\omega} \vartheta^{IV} - \left[- N \left(i_M^2 + b \; r_{M_z} + a \; r_{M_y} \right) + GI_D \right] \vartheta''$$

$$- N (b - z_M) v_M'' + N (a - y_M) w_M'' = 0 \qquad (6.63)$$

Hinweis: Der Klammerausdruck [ ] kann als "reduzierte Drillsteifigkeit"

$$GI_D^{red} = GI_D - N r^2 \qquad \text{mit} \quad r^2 = i_M^2 + b \; r_{M_z} + a \; r_{M_y} \qquad (6.64)$$

gedeutet werden (s. Abschnitt 4.3).

Die Gleichungen sind im allgemeinen gekoppelt, das Gleichungssystem ist nicht homogen, da durch die Randbedingungen aus den Anteilen $N v_M''$ und $N w_M''$ Absolutglieder auftreten (zum Beispiel in $w_M'' = - \frac{M_y}{EF_{zz}}$ ist als Randbedingung das Absolutglied $\frac{N \, b}{EF_{zz}}$ enthalten).

Für den Fall, daß die Kraft N im Schubmittelpunkt M angreift (also $a - y_M = 0$ und $b - z_M = 0$), tritt eine Entkoppelung der Gleichungen auf. In diesem Fall tritt für die beiden Biegeachsen ein Spannungsproblem Druck + Biegung (ohne Verdrehung) auf und der Rest der Gleichung, die jetzt homogen ist, liefert die Verzweigungslast für das reine Drillknicken (nur Verdrehung).

Anmerkung: Nur wenn die Kraft im Schubmittelpunkt angreift, entsteht reines Drillknicken.

Bei Kraftangriff im Schubmittelpunkt ($a = y_M$ und $b = z_M$) erhält man für den gabelgelagerten "Eulerstab" der Länge ℓ mit dem Ansatz $\vartheta = A \sin \frac{\pi x}{\ell}$ die Verzweigungslast für reines Drillknicken

$$N_{ki} = N_E^{\vartheta} = \frac{1}{r^2} \left[EF_{\omega\omega} \frac{\pi^2}{\ell^2} + GI_D \right] \qquad (6.65)$$

wobei in Gleichung (6.64) für $a = y_M$ und $b = z_M$ zu setzen ist.

Mit der reduzierten Drillsteifigkeit GI_D^{red} kann man anhand der Analogie zwischen Wölbkrafttorsion und Biegeträger (vgl. Abschnitt 3.7.7) die Verzweigungslast auch auf folgendem Weg nach Bild 6.99 bestimmen:

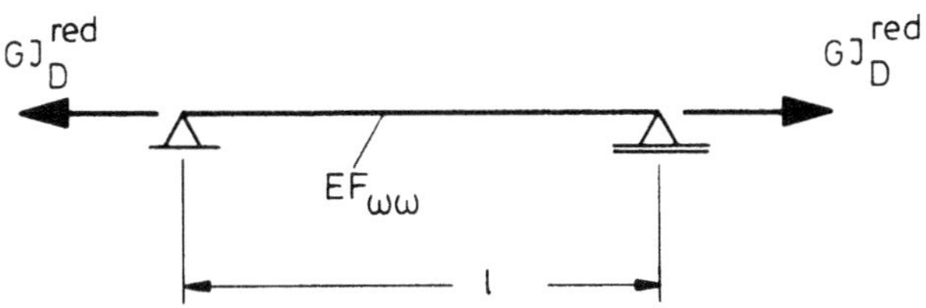

Bild 6.99 Analogie - Wölbkrafttorsion mit GI_D^{red}

Wenn GI_D^{red} eine "Druckkraft" wird (s. Abschnitt 4.3), dann gilt für den analogen "Eulerstab"

$$- GI_D^{red} = \frac{\pi^2 \; EF_{\omega\omega}}{\ell^2}$$

Dies führt zum gleichen Ergebnis für N_{ki} .

Man kann diesen Fall auch als Spannungsproblem mit Verzweigungspunkt deuten (s. Bild 6.100).

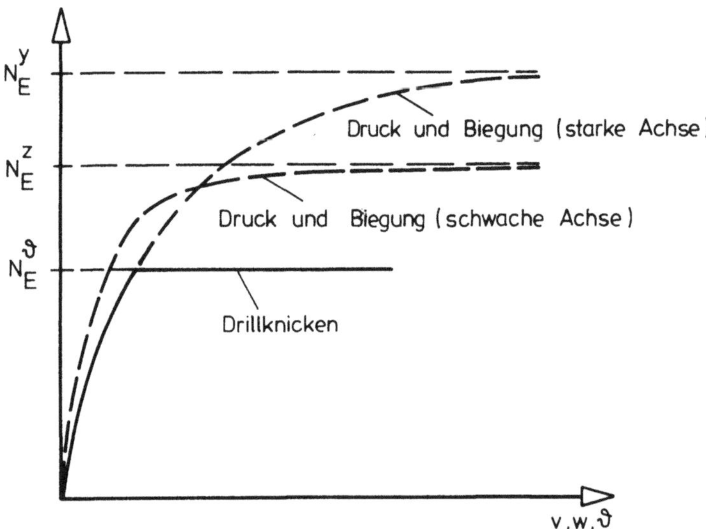

Bild 6.100 Spannungsproblem mit Verzweigungspunkt

Die beiden Spannungsprobleme (Exzentrizitäten y_M und z_M) gehen asymptotisch auf die zugehörigen Euler-Biegeknicklasten

$$N_E^y = \frac{EF_{zz}\,\pi^2}{\ell^2} \quad \text{und} \quad N_E^z = \frac{EF_{yy}\,\pi^2}{\ell^2}$$

zu. Liegt die Verzweigungslast des Drillknickens niedriger als diese Grenzwerte, so tritt eine Verzweigung des Gleichgewichtes auf (räumliches Problem).

Anmerkung: Für die "Deformationsvorgabe" (Imperfektionen) gilt das in Abschnitt 6.3.3 Gesagte sinngemäß.

6.5.3.2 Zentrische Druckkraft N

Mit a = b = 0 bleiben die Gleichungen nach wie vor gekoppelt, aber das Gleichungssystem ist jetzt homogen geworden.

$$\begin{aligned} &EF_{yy}\, v_M^{IV} + N\, v_M'' + N\, z_M\, \vartheta'' = 0 \\ &EF_{zz}\, w_M^{IV} + N\, w_M'' - N\, y_M\, \vartheta'' = 0 \\ &EF_{\omega\omega}\, \vartheta^{IV} + \left(N\, i_M^2 - GI_D\right) \vartheta'' + N\, z_M\, v_M'' - N\, y_M\, w_M'' = 0 \end{aligned} \tag{6.66}$$

Bei geeigneten Randbedingungen (Eulerstab der Länge ℓ mit Gabellagerung) kann mit dem Ansatz

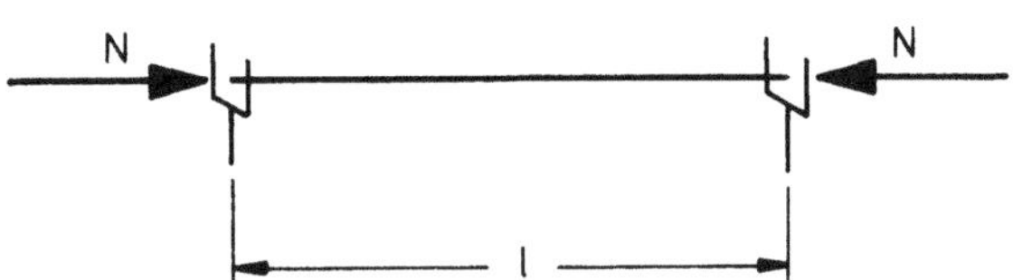

Bild 6.101 Eulerstab mit Gabellagerung

$$v_M = A \sin\frac{\pi x}{\ell} \;;\qquad w_M = B \sin\frac{\pi x}{\ell} \;;\qquad \vartheta = C \sin\frac{\pi x}{\ell} \tag{6.67}$$

die Knickdeterminante bestimmt werden:

$$A\left[EF_{yy}\left(\frac{\pi}{\ell}\right)^2 - N\right] - C\,N\,z_M = 0$$

$$B\left[EF_{zz}\left(\frac{\pi}{\ell}\right)^2 - N\right] + C\,N\,y_M = 0$$

$$C\left[EF_{\omega\omega}\left(\frac{\pi}{\ell}\right)^2 - N\,i_M^2 + GI_D\right] - A\,N\,z_M + B\,N\,y_M = 0$$

A	B	C	=
$EF_{yy}\left(\frac{\pi}{\ell}\right)^2 - N_{ki}$	0	$-N_{ki}\,z_M$	0
0	$EF_{zz}\left(\frac{\pi}{\ell}\right)^2 - N_{ki}$	$N_{ki}\,y_M$	0
$-N_{ki}\,z_M$	$N_{ki}\,y_M$	$EF_{\omega\omega}\left(\frac{\pi}{\ell}\right)^2 + GI_D - N_{ki}\,i_M^2$	0

(6.68)

Die Knickdeterminante lautet mit den drei Euler-Knicklasten:

$$N_E^z = \frac{EF_{yy}\,\pi^2}{\ell^2} \quad ; \quad N_E^y = \frac{EF_{zz}\,\pi^2}{\ell^2} \quad ; \quad N_E^{\vartheta} = \frac{EF_{\omega\omega}\frac{\pi^2}{\ell^2} + GI_D}{r^2} \qquad (6.69)$$

In diesem Fall wird $r^2 = i_M^2$, da $a = b = 0$.

$$\Delta N = \begin{vmatrix} \frac{N_E^z}{N_{ki}} - 1 & 0 & -\frac{z_M}{i_M} \\ 0 & \frac{N_E^y}{N_{ki}} - 1 & \frac{y_M}{i_M} \\ -\frac{z_M}{i_M} & \frac{y_M}{i_M} & \frac{N_E^{\vartheta}}{N_{ki}} - 1 \end{vmatrix} = 0 \qquad (6.70)$$

oder mit den entsprechenden Schlankheitsgraden

$$\lambda_z^2 = \frac{EF\,\pi^2}{N_E^z} \qquad \lambda_y^2 = \frac{EF\,\pi^2}{N_E^y} \qquad \text{Biegeschlankheit}$$

$$\lambda_{\vartheta}^2 = \frac{EF\,\pi^2}{N_E^{\vartheta}} \qquad \text{Drillschlankheit}$$

$$\lambda_{v_i}^2 = \frac{EF\,\pi^2}{N_{ki}} \qquad \text{Vergleichsschlankheit} \qquad (6.71)$$

$$\Delta N = \begin{vmatrix} \frac{\lambda_{v_i}^2}{\lambda_z^2} - 1 & 0 & -\frac{z_M}{i_M} \\ 0 & \frac{\lambda_{v_i}^2}{\lambda_y^2} - 1 & \frac{y_M}{i_M} \\ -\frac{z_M}{i_M} & \frac{y_M}{i_M} & \frac{\lambda_{v_i}^2}{\lambda_{\vartheta}^2} - 1 \end{vmatrix} = 0 \qquad (6.72)$$

Die Auflösung der Knickdeterminanten führt zu einer kubischen Gleichung für λ_{vi} (bzw. N_{ki}), deren explizite Lösung zu sehr unhandlichen Gleichungen führt. Wichtig ist jedoch, daß sich stets eine Verzweigungslast N_{ki} ergibt, die kleiner ist als jede der drei "Eulerlasten" N_E^y, N_E^z, N_E^ϑ, wie aus dem Aufbau der Knickdeterminanten leicht zu ersehen ist. Dies bedeutet, daß (zum mindesten als Verzweigungsproblem) jeder zentrisch gedrückte Stab mit offenem, unsymmetrischem Querschnitt (M $\neq$ S) auf Biegedrillknicken versagt.

6.5.4 Stäbe mit einfachsymmetrischem, offenem Querschnitt

6.5.4.1 Allgemeines

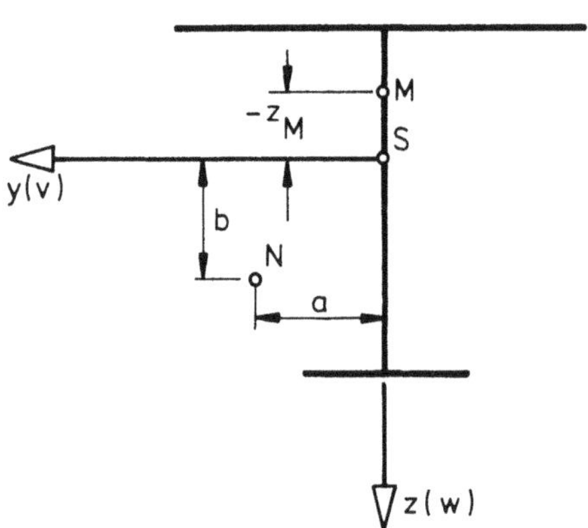

Bild 6.102 Einfachsymmetrischer Querschnitt mit beliebigem Kraftangriff

Der Schubmittelpunkt M liegt immer auf der Symmetrieachse. Für z-Achse = Symmetrieachse gilt $y_M = 0$; $r_{My} = 0$. In Sonderfällen kann auch bei einfachsymmetrischen Profilen M mit S zusammenfallen.

Bei allgemeinem Kraftangriff N (im Abstand $\pm$ a bzw. $\pm$ b vom Schwerpunkt) entsteht ein gekoppeltes (inhomogenes) Gleichungssystem, das stets zu einem allgemeinen Biegetorsionsproblem (d.h. einschließlich Verdrehung) führt.

6.5.4.2 Druckkraft N greift in der Symmetrieachse an

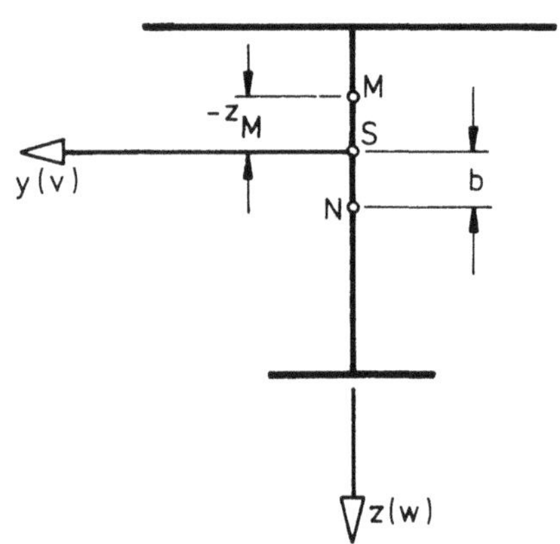

Bild 6.103 Querschnitt und Kraftangriffspunkt

Das Differentialgleichungssystem (Gleichungen 6.62) lautet:

$$EF_{yy}\, v_M^{IV} + N\, v_M'' - N\,(b - z_M)\,\vartheta'' = 0$$

$$EF_{zz}\, w_M^{IV} + N\, w_M'' = 0$$

$$ER_{\omega\omega}\,\vartheta^{IV} - \left[-N\, r^2 + GI_D\right]\vartheta'' - N\,(b - z_M)\, v_M'' = 0 \tag{6.73}$$

mit r^2 nach Gleichung (6.64) in diesem Fall: $r^2 = i_M^2 + b\, r_{M_z}$

Die zweite Gleichung ist entkoppelt, sie beschreibt das Spannungsproblem Druck + Biegung um die y-Achse (sie ist nicht homogen, s. Abschnitt 6.5.3.1). Die beiden restlichen Gleichungen sind homogen (auch in den Randbedingungen) und miteinander gekoppelt. Die Bedingung $\Delta N = 0$ liefert die Biegedrillknicklast als Verzweigungsproblem.

Mit dem Ansatz $v_M = A \sin \frac{\pi x}{\ell}$ und $\vartheta = B \sin \frac{\pi x}{\ell}$ sowie den Euler-Knicklasten N_E^z und N_E^ϑ nach Gleichungen (6.69) erhält man für den gabelgelagerten "Eulerstab" der Länge ℓ die Knickdeterminante

$$\Delta N = \left[\begin{array}{c|c} \dfrac{N_E^z}{N_{ki}} - 1 & \dfrac{b - z_M}{r} \\ \hline \dfrac{b - z_M}{r} & \dfrac{N_E^\vartheta}{N_{ki}} - 1 \end{array}\right] = 0 \tag{6.74}$$

oder mit den Schlankheitsgraden (Gl. (6.71)):

$$\Delta N = \left[\begin{array}{c|c} \dfrac{\lambda_{v_i}^2}{\lambda_z^2} - 1 & \dfrac{b - z_M}{r} \\ \hline \dfrac{b - z_M}{r} & \dfrac{\lambda_{v_i}^2}{\lambda_\vartheta^2} - 1 \end{array}\right] = 0 \tag{6.75}$$

Die Auflösung dieser Determinante liefert mit

$$c^2 = \frac{F_{\omega\omega} + \dfrac{GI_D \ell^2}{E\pi^2}}{F_{yy}} \tag{6.76}$$

und

$$\frac{1}{\lambda_\vartheta^2} = \frac{c^2}{r^2\, \lambda_z^2} \tag{6.77}$$

$$\lambda_{v_i} = \lambda_z \sqrt{\frac{r^2 + c^2}{2\, c^2}\left[1 \pm \sqrt{1 - \frac{4\, c^2 \left[r^2 - (b - z_M)^2\right]}{(r^2 + c^2)^2}}\right]} \tag{6.78}$$

Für den Sonderfall, daß die Druckkraft N im Schubmittelpunkt M angreift, wird $b = z_M$ und das Gleichungssystem (6.73) ist entkoppelt. Es treten die elementaren Eulerlasten auf (siehe Gleichung 6.69).

In Bild 6.104 ist der qualitative Einfluß der Exzentrizität des Lastangriffspunktes auf die Verzweigungslast N_{ki} eines einfachsymmetrischen Querschnittes dargestellt.

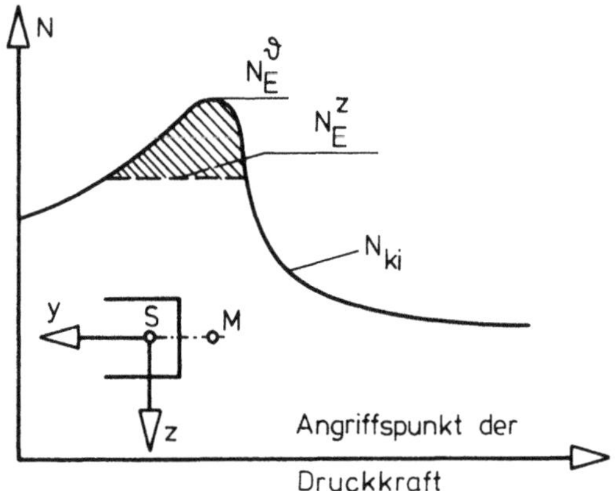

Bild 6.104 Einfluß der Exzentrizität auf die Verzweigungslast

Für den Fall, daß N_E^z kleiner als N_E^ϑ ist, wird bei Lastangriff in einem gewissen Bereich um den Schubmittelpunkt das Biegeknicken um die z-Achse maßgebend (s. schraffierter Bereich in Bild 6.104).

Für andere Randbedingungen liefern die einfachen Ansätze ($v_M = A \sin \frac{\pi x}{\ell}$ und $\vartheta = B \sin \frac{\pi x}{\ell}$) falsche Ergebnisse. Die Lösung muß dann mit mehrgliedrigen Ansätzen nach der Energiemethode ermittelt werden. In diesem Zusammenhang wird hierauf nicht eingegangen. In /22/ findet sich eine ausführliche Darstellung mit vielen weiteren Literaturangaben.

6.5.4.3 Zentrische Druckkraft N

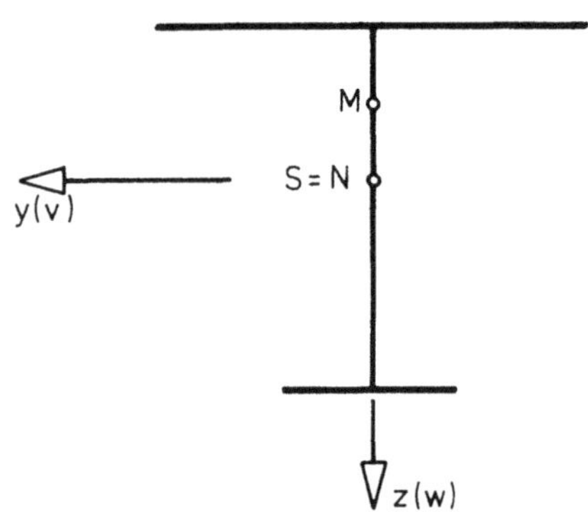

Bild 6.105 Zentrische Druckkraft

Hierfür wird a = b = 0, also auch $M_y = M_z = 0$. Die Determinante und die Gleichung für λ_{v_i} reduzieren sich entsprechend zu

$$\lambda_{v_i} = \lambda_z \sqrt{\frac{i_M^2 + c^2}{2\,c^2}\left[1 \pm \sqrt{1 - \frac{4\,c^2\,i_P^2}{(i_M^2 + c^2)^2}}\right]} \qquad (6.79)$$

mit c^2 nach Gl.(6.76).

Außerdem wird aus dem Spannungsproblem um die y-Achse ein Verzweigungsproblem (Eulerstab).

6.5.4.4 Konstantes Biegemoment M_y ohne Normalkraft (Kippen)

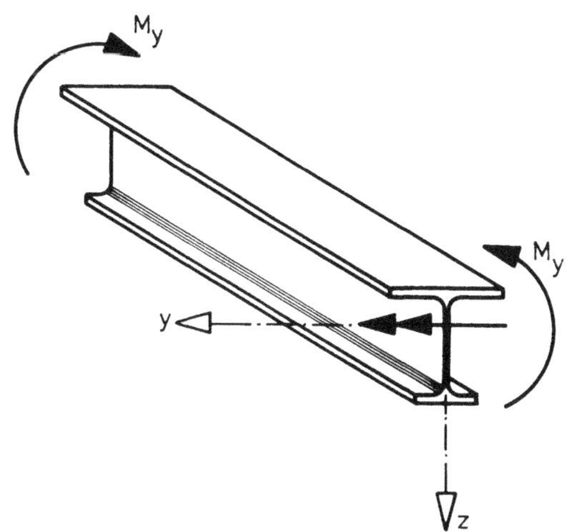

$N = 0$
M_y = konst.
$y_M = 0$

Bild 6.106 Konstantes Biegemoment

Das Differentialgleichungssystem (Gleichungen 6.62) lautet:

$$EF_{yy}\, v_M^{IV} + M_y\, \vartheta'' = 0$$

$$EF_{zz}\, w_M^{IV} = 0 \qquad \text{(entkoppelt, beschreibt die Biegung um die y-Achse)}$$

$$EF_{\omega\omega}\, \vartheta^{IV} - GI_D\, \vartheta'' + M_y\, v_M'' - M_y\, r_{M_z}\, \vartheta'' = 0 \tag{6.80}$$

Randbedingung: Gabellagerung

Ansatz: $v_M = A \sin \frac{\pi x}{\ell}$; $\vartheta = B \sin \frac{\pi x}{\ell}$

Stabilitätsbedingung:

$$\Delta N = \left[\begin{array}{c|c} EF_{yy}\dfrac{\pi^2}{\ell^2} & -M_{y_{ki}} \\ \hline -M_{y_{ki}} & EF_{\omega\omega}\dfrac{\pi^2}{\ell^2} + GI_D + M_{y_{ki}}\, r_{M_z} \end{array}\right] = 0 \tag{6.81}$$

Die Auflösung liefert das kritische Moment $M_{y_{ki}}$ (früher Kipplast genannt).

$$M_{y_{ki}} = \frac{EF_{yy}\, \pi^2}{\ell^2}\left[\frac{r_{M_z}}{2} \pm \sqrt{\left(\frac{r_{M_z}}{2}\right)^2 + c^2}\,\right] \tag{6.82}$$

mit c^2 nach Gl. (6.76).

Ausführliche Erläuterungen zur Berechnung nach DIN 4114 (alt); Ri 15.15, sind in /22/ gegeben.

6.5.5 Stäbe mit doppeltsymmetrischem, offenem Querschnitt

6.5.5.1 Allgemeines

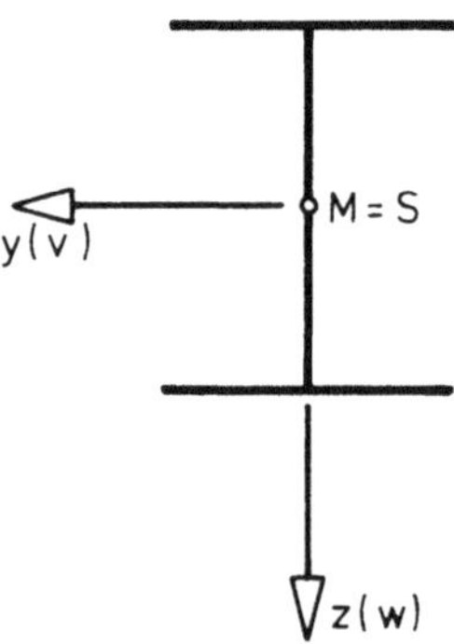

Bild 6.107 Doppeltsymmetrischer Querschnitt

Für diese Querschnitte gilt:

$$y_M = z_M = 0 \; ; \quad i_M = i_p$$

$$r_{M_z} = r_{M_y} = 0$$

Beliebiger Lastangriff führt auch hier zu einem gekoppelten inhomogenen Differentialgleichungssystem (allgemeines Biegetorsionsproblem).

6.5.5.2 Druckkraft N greift in einer Symmetrieachse an

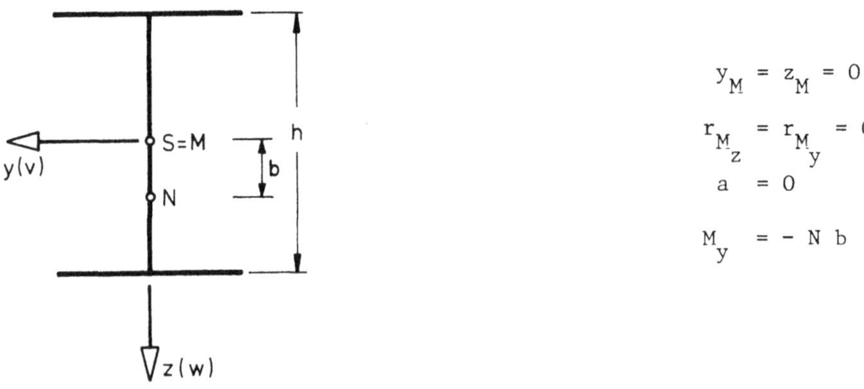

$$y_M = z_M = 0$$

$$r_{M_z} = r_{M_y} = 0$$

$$a = 0$$

$$M_y = - N b$$

Bild 6.108 Kraftangriffspunkt in der Symmetrieachse

Das Differentialgleichungssystem (Gleichungen 6.62) lautet:

$$EF_{yy} v_M^{IV} + N v_M'' - N b \vartheta'' = 0$$

$$EF_{zz} w_M^{IV} + N w_M'' = 0$$

$$EF_{\omega\omega} \vartheta^{IV} - \left(GI_D - N i_p^2\right)\vartheta'' - N b v_M'' = 0 \qquad (6.83)$$

Die zweite Gleichung ist durch die Randbedingungen inhomogen und entkoppelt (Spannungsproblem Druck + Biegung um die y-Achse). Die beiden anderen Gleichungen liefern die Biegedrillknicklast als Verzweigungsproblem.

Für den gabelgelagerten Eulerstab wird die Knickdeterminante:

$$\Delta N = \begin{vmatrix} \dfrac{N_E^z}{N_{ki}} - 1 & \dfrac{b}{i_p} \\ \dfrac{b}{i_p} & \dfrac{N_E^\vartheta}{N_{ki}} - 1 \end{vmatrix} = 0 \qquad (6.84a)$$

oder

$$\Delta N = \begin{vmatrix} \dfrac{\lambda_{vi}^2}{\lambda_z^2} - 1 & \dfrac{b}{i_p} \\ \dfrac{b}{i_p} & \dfrac{\lambda_{vi}^2}{\lambda_\vartheta^2} - 1 \end{vmatrix} = 0 \qquad (6.84b)$$

mit N_E^z, N_E^ϑ, λ_{v_i}, λ_z und λ_ϑ wie in Abschnitt 6.5.3.2.

Die Auflösung liefert für den gabelgelagerten Eulerstab der Länge ℓ (vgl. DIN 4114 (alt), Ri 10.12):

$$\lambda_{vi} = \lambda_z \sqrt{\frac{c^2 + i_p^2}{2\,c^2}\left[1 \pm \sqrt{1 - \frac{4\,c^2\,(i_p^2 - b^2)}{(c^2 + i_p^2)^2}}\right]} \qquad (6.85)$$

Mit c^2 nach Gleichungen 6.76.

Im übrigen gelten die Hinweise des Abschnittes 6.5.4.2 auch hier.

Für I-Profile ist $F_{\omega\omega} = F_{yy}\,\dfrac{h^2}{4}$. Damit wird

$$N_E^\vartheta = \frac{\left(\frac{h}{2}\right)^2}{i_p^2}\left(\frac{EF_{yy}\,\pi^2}{\ell^2} + \frac{4\,GI_D}{h^2}\right)$$

Vernachlässigt man GI_D und setzt $i_p \approx \dfrac{h}{2}$ (Sandwichquerschnitt nach Bild 6.109)

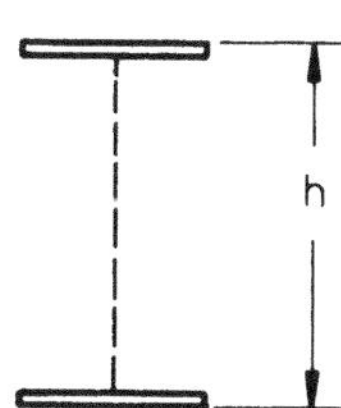

Bild 6.109 Sandwichquerschnitt

so erhält man $N_E^\vartheta = N_E^z = \dfrac{EF_{yy}\,\pi^2}{\ell^2}$

Setzt man dies in Gleichung (6.84a) ein, so erhält man

$$\frac{N_E^z}{N_{ki}} - 1 = \frac{b}{i_p} \approx \frac{2\,b}{h}$$

$$N_{ki} = \frac{N_E^z}{1 + \dfrac{2\,b}{h}}$$

Für $b = \frac{h}{2}$ (Druckkraft wirkt allein in einem Gurt)

wird

$$N_{ki} = \frac{1}{2} N_E^z = N_{ki}^{Gurt} = EF_{yy}^{Gurt} \frac{\pi^2}{\ell^2}$$

Bei zentrischer Druckkraft gilt für den Sandwichquerschnitt mit $GI_D \rightarrow 0$ und $b = 0$

$$N_{ki} = N_E^z = \frac{\pi^2}{\ell^2} EF_{yy}$$

6.5.5.3 Zentrische Druckkraft

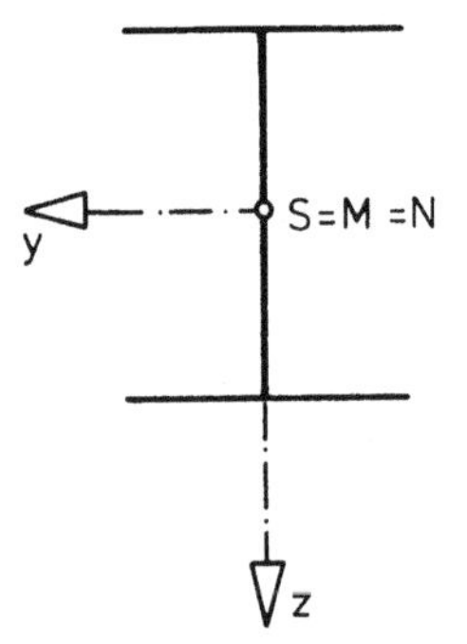

$$y_M = z_M = 0$$
$$a = b = 0$$
$$i_M = i_p = r$$

Bild 6.110 Zentrische Druckkraft

Das Differentialgleichungssystem (Gleichungen 6.62)

$$\begin{aligned} &EF_{yy}\, \vartheta_M^{IV} + N\, v_M'' = 0 \\ &EF_{zz}\, w_M^{IV} + N\, w_M'' = 0 \\ &EF_{\omega\omega}\, \vartheta^{IV} - (GI_D - N\, i_p^2)\vartheta'' = 0 \end{aligned} \qquad (6.86)$$

ist entkoppelt und liefert für den gabelgelagerten Eulerstab der Länge ℓ die beiden Biegeknicklasten N_E^z und N_E^y und die Drillknicklast N_E^{ϑ}.

Mit $\lambda_z^2 = \left(\frac{\ell}{i_z}\right)^2 = \frac{EF\, \pi^2}{N_E^z}$ und c^2 nach Gleichung (6.76) erhält man die Vergleichsschlankheit für reines Drillknicken

$$\lambda_{vi} = \lambda_z \frac{i_p}{c} \quad \text{vgl. DIN 4114 (alt) Ri 7.53.}$$

6.5.5.4 Reine Biegung ohne Normalkraft (Kippen)

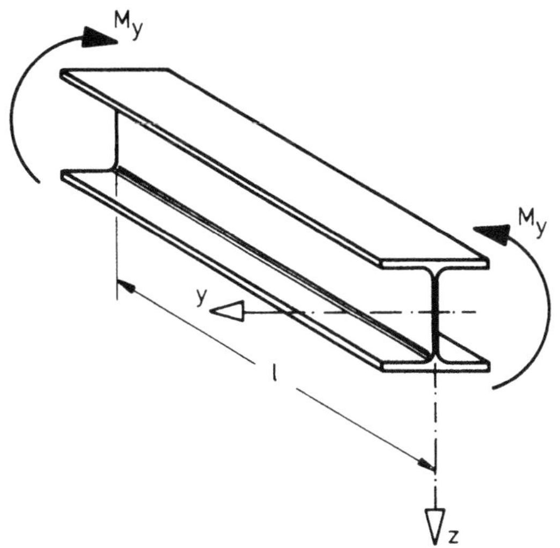

$N = 0$

$M_y = \text{konst.}$

$y_M = z_M = 0$

$r_{M_y} = r_{M_z} = 0$

Bild 6.111 Reine Biegung

Die Differentialgleichungen (6.62) lauten:

$$EF_{yy}\, v_M^{IV} + M_y\, \vartheta'' = 0$$

$$EF_{zz}\, w_M^{IV} = 0 \qquad \text{(entkoppelt)}$$

$$EF_{\omega\omega}\, \vartheta^{IV} - GI_D\, \vartheta'' + M_y\, v_M'' = 0$$

Ansatz (Gabellagerung): $v_M = A \sin \frac{\pi x}{\ell}$; $\vartheta = B \sin \frac{\pi x}{\ell}$

$$\Delta N = \left[\begin{array}{c|c} EF_{yy}\,\frac{\pi^2}{\ell^2} & -M_{y_{ki}} \\ \hline -M_{y_{ki}} & EF_{\omega\omega}\,\frac{\pi^2}{\ell^2} + GI_D \end{array}\right] = 0 \qquad (6.89)$$

Die Auflösung

$$EF_{yy}\,\frac{\pi^2}{\ell^2}\left(EF_{\omega\omega}\,\frac{\pi^2}{\ell^2} + CI_D\right) - M_{y_{ki}}^2 - 0 \qquad (6.90)$$

liefert mit Gl.(6.76) das kritische Moment (früher Kipplast genannt):

$$M_{y_{ki}} = \frac{EF_{yy}\,\pi^2}{\ell^2}\, c = N_E^z \cdot c \qquad (6.91a)$$

Dieses Ergebnis stimmt mit der in DIN 4114 (alt) angegebene Gleichung, Ri 15.15, unter Beachtung der dort angegebenen Bezeichnungsweise überein.

Aus dieser Gleichung ist deutlich der Zusammenhang zwischen dem "Kippen" und dem seitlichen Ausknicken des Druckgurtes zu erkennen.

Für I-Profile gilt $F_{\omega\omega} = F_{yy}\,\frac{h^2}{4}$

Damit wird $c^2 = \frac{1}{F_{yy}}\left(F_{yy}\,\frac{h^2}{4} + \frac{GI_D\,\ell^2}{E\,\pi^2}\right) = \frac{h^2}{4} + \frac{GI_D\,\ell^2}{EF_{yy}\,\pi^2}$

Für $GI_D \rightarrow 0$ wird $c = \frac{h}{2}$ und $M_{y_{ki}} = \frac{EF_{yy}\,\pi^2}{\ell^2}\,\frac{h}{2}$ (6.91b)

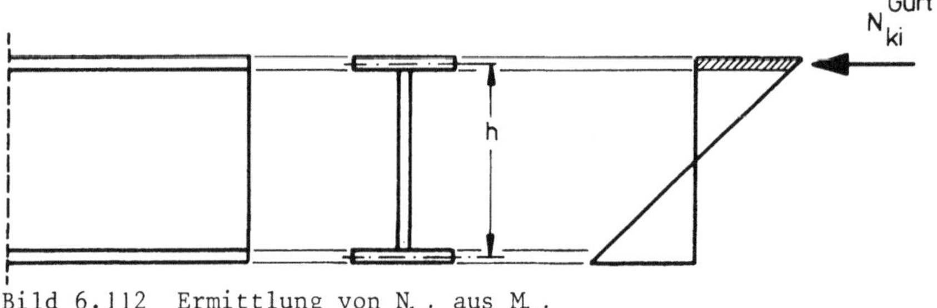

Bild 6.112 Ermittlung von N_{ki} aus M_{ki}

Vernachlässigt man das Stegblech (Sandwichquerschnitt) und die Drillsteifigkeit GI_D, so erhält man

mit $N_{ki}^{Gurt} = \frac{M_{ki}}{h}$ und $F_{yy}^{Gurt} = \frac{F_{yy}}{2}$

$$N_{ki}^{Gurt} = EF_{yy}^{Gurt}\,\frac{\pi^2}{\ell^2} \tag{6.92}$$

als kritische Euler-Druckkraft für das seitliche Ausknicken des Gurtes(s.a. Kap. 6.5.5.2).

Ein Näherungsverfahren zur Berechnung des seitlichen Ausknickens des Druckgurtes eines Biegeträgers beruht auf ähnlichen Überlegungen:

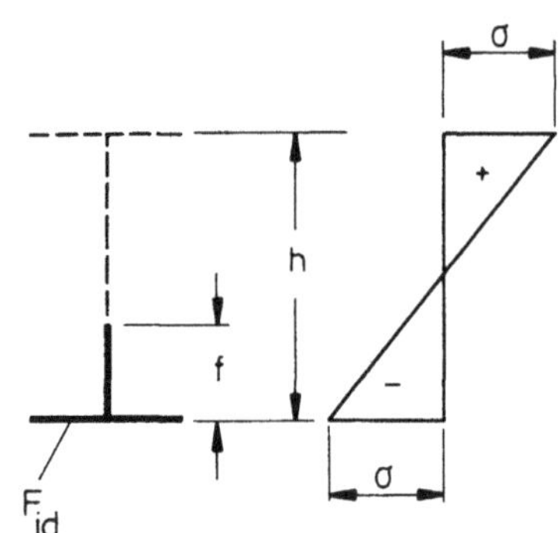

Bild 6.113 Querschnitt F_{id} des Druckgurtes

In Analogie zum Gurtstab eines Fachwerkträgers wird der Druckgurt eines Vollwandträgers als Knickstab betrachtet, dessen Querschnitt F_{id} nach Bild 6.113 aus dem Gurtprofil und einem Anteil f des Stegbleches besteht.

Dieser Anteil f kann für einige Grenzfälle aus den Abtriebskräften N v" des Steges ermittelt werden, die vom Gurt aufgenommen werden müssen (vgl. Bild 6.115).

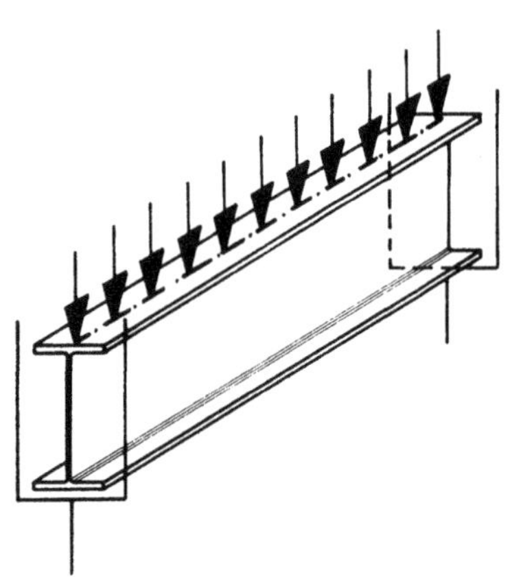

Bild 6.114 Angriff von Querlasten

Für den Fall des freien Kippens (der Obergurt ist nicht gehalten) kann bei Angriff von Querlasten nach Bild 6.114 durch Vergleich mit exakten Lösungen ein Steganteil f angegeben und damit der Druckgurt als Knickstab berechnet werden /48/. Hierbei ist $\bar{\lambda}_z = \sqrt{\frac{N_{p\ell}}{N_{ki_z}}}$ der bezogene Schlankheitsgrad für Knicken des Trägers um die schwache Achse (Hilfswert).

Die Ergebnisse sind in Bild 6.116 dargestellt.

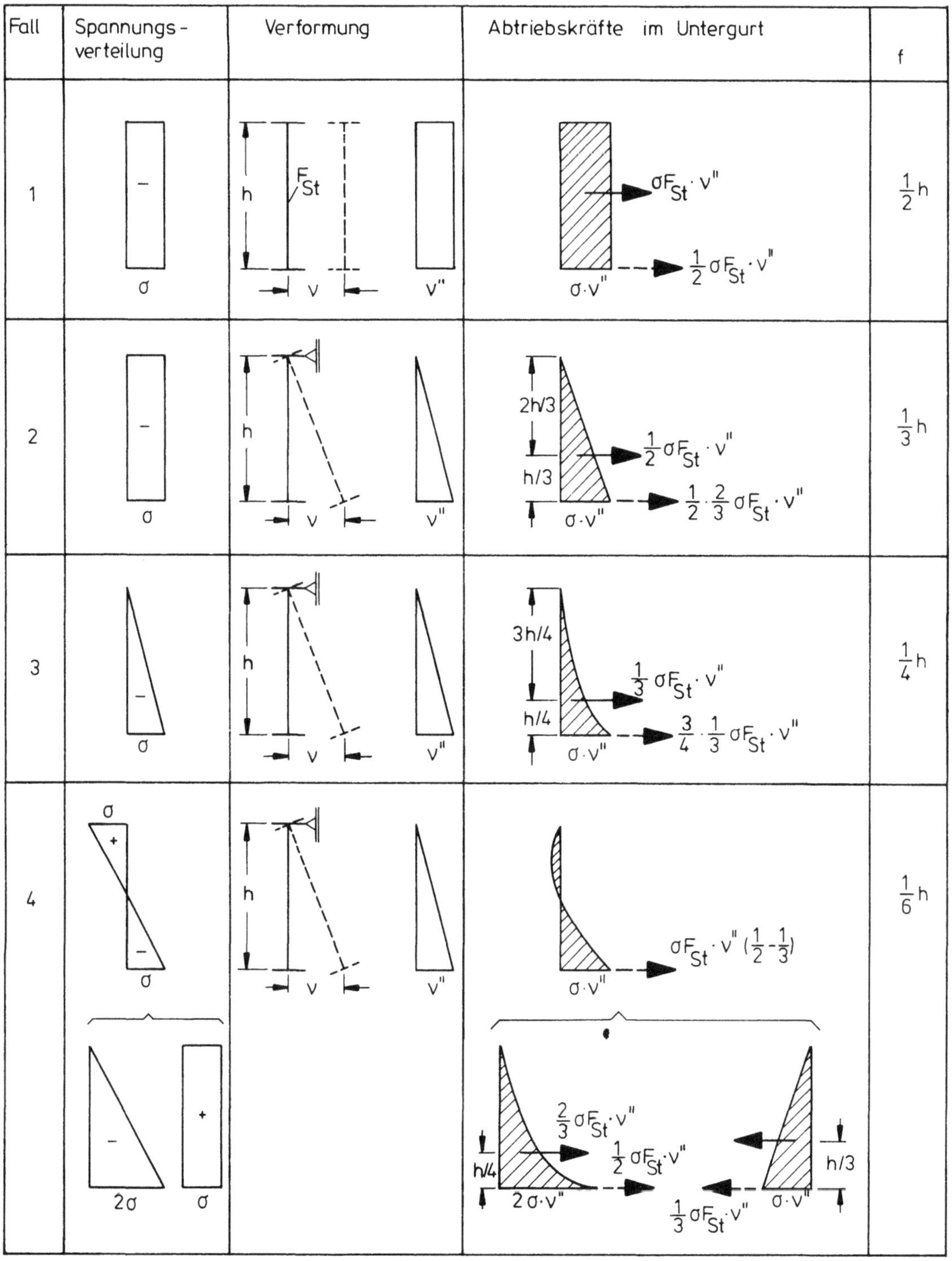

Fall	Spannungs-verteilung	Verformung	Abtriebskräfte im Untergurt	f
1	− σ	h, F_{St} v, v''	$\sigma F_{St} \cdot v''$ $\frac{1}{2}\sigma F_{St} \cdot v''$ $\sigma \cdot v''$	$\frac{1}{2}h$
2	− σ	h v, v''	$2h/3$, $h/3$ $\frac{1}{2}\sigma F_{St} \cdot v''$ $\frac{1}{2} \cdot \frac{2}{3}\sigma F_{St} \cdot v''$ $\sigma \cdot v''$	$\frac{1}{3}h$
3	− σ	h v, v''	$3h/4$, $h/4$ $\frac{1}{3}\sigma F_{St} \cdot v''$ $\frac{3}{4} \cdot \frac{1}{3}\sigma F_{St} \cdot v''$ $\sigma \cdot v''$	$\frac{1}{4}h$
4	σ, +, −, σ − 2σ ; + σ	h v, v''	$\sigma F_{St} \cdot v''\left(\frac{1}{2}-\frac{1}{3}\right)$ $\sigma \cdot v''$ $\frac{2}{3}\sigma F_{St} \cdot v''$ $\frac{1}{2}\sigma F_{St} \cdot v''$ $\frac{1}{3}\sigma F_{St} \cdot v''$ $h/4$, $2\sigma \cdot v''$ $h/3$, $\sigma \cdot v''$	$\frac{1}{6}h$

Bild 6.115 Anteil f der Steghöhe

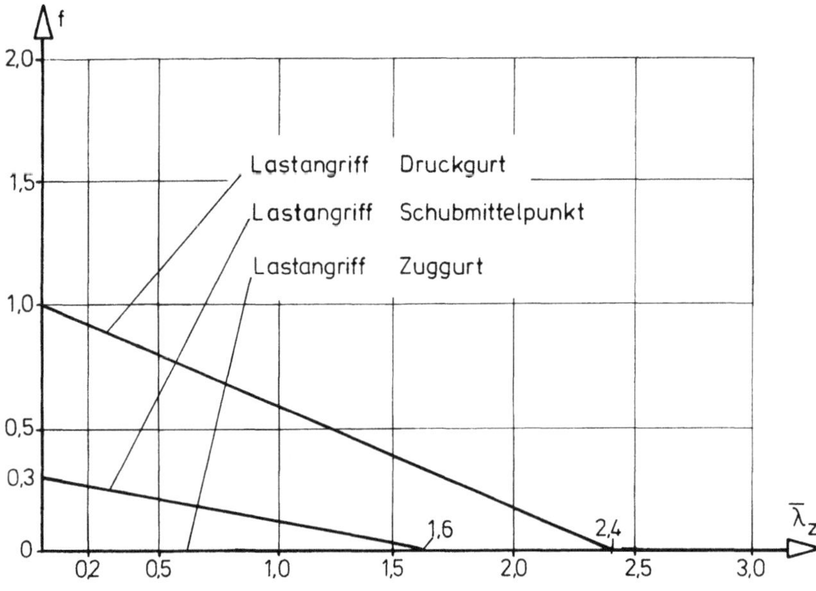

Bild 6.116 Stegflächenanteil f in Abhängigkeit von $\bar{\lambda}_z$

6.5.5.5 Gleichzeitige Wirkung von Biegung und Normalkraft

Für konstantes Biegemoment allein gilt nach Abschnitt 6.5.5.4 für den Sandwichquerschnitt mit $GI_D \rightarrow 0$

$$M_{ki} = h\, N_{ki}^{Gurt} \tag{6.93}$$

und für zentrische Druckkraft allein gilt

$$N_{ki} = 2\, N_{ki}^{Gurt} \tag{6.94}$$

Hieraus folgt

$$\frac{M_{ki}}{h} = \frac{N_{ki}}{2}$$

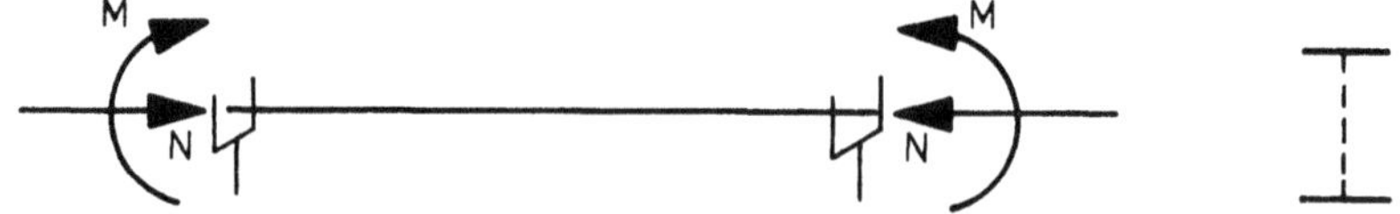

Bild 6.117 Druckstab mit konstantem Biegemoment und Sandwichquerschnitt

Bei gleichzeitiger Einwirkung einer Druckkraft N und eines konstanten Biegemomentes M nach Bild 6.117 gilt für die Stabilitätsbedingung des Druckgurtes

$$N^{Gurt} = \frac{N}{2} + \frac{M}{h} \leq N_{ki}^{Gurt}$$

Setzt man Gl.(6.93) und (6.94) ein, so erhält man

$$\frac{N}{N_{ki}} + \frac{M}{M_{ki}} \leq 1 \tag{6.95}$$

Trägt man das Ergebnis in ein Interaktionsdiagramm nach Bild 6.118 ein, so erhält man als Grenzkurve eine Dunkerleysche Gerade. Berücksichtigt man für I-Profile (z.B. für ein IPBl 320) die Drillsteifigkeit GI_D und den Einfluß des Profilsteges, so erhält man die Kurve 1 in Bild 6.118.

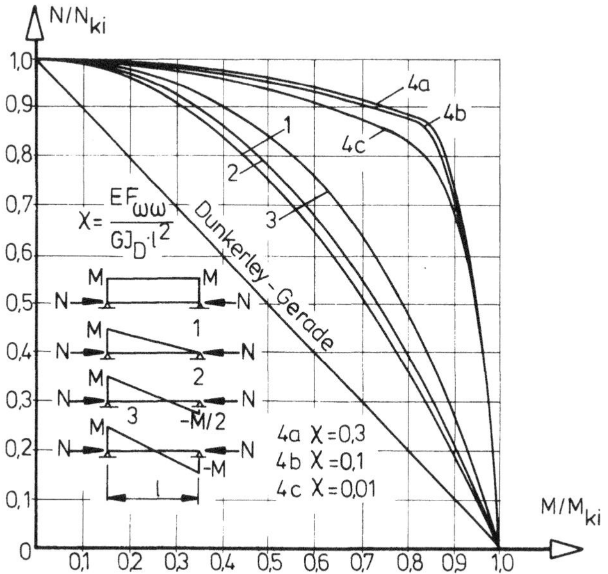

Bild 6.118 Verzweigungslast für kippgefährdete Träger (kritische Wertepaare)

Hierbei bedeuten:

N_{ki} die Verzweigungslast (Biege- oder Biegedrillknicken) bei alleiniger Wirkung von N

M_{ki} die Verzweigungslast (Kippmoment) bei alleiniger Wirkung von M

Für andere Verläufe der Biegemomentenfläche sind die entsprechenden Kurven ebenfalls eingetragen. Ihre Ermittlung ist in /22/ erläutert.

In der gleichen Weise können die Traglastkurven dargestellt werden (vgl. Abschnitt 6.5.11.4).

6.5.5.6 Darstellung der "Kippspannungen"

Für gabelgelagerte Träger gilt (für M_y = konst.) mit Gleichung (6.91a)

$$\sigma_{ki} = \frac{M_{y\,ki}}{F_{zz}} \frac{h}{2} = \frac{EF_{yy}}{\ell^2} \frac{\pi^2 h}{2\,F_{zz}} c = \frac{N_{ki}\;h}{2\;F_{zz}} c \tag{6.96a}$$

Entsprechend dem Verlauf der Momentenfläche wird ein Beiwert ζ nach Bild 6.119 eingeführt. Damit wird für doppeltsymmetrische Querschnitte (vgl. DIN 4114, Ri 15.15)

$$\sigma_{ki} = \frac{\zeta\,N_{ki}\;h}{2\,F_{zz}} c \tag{6.96b}$$

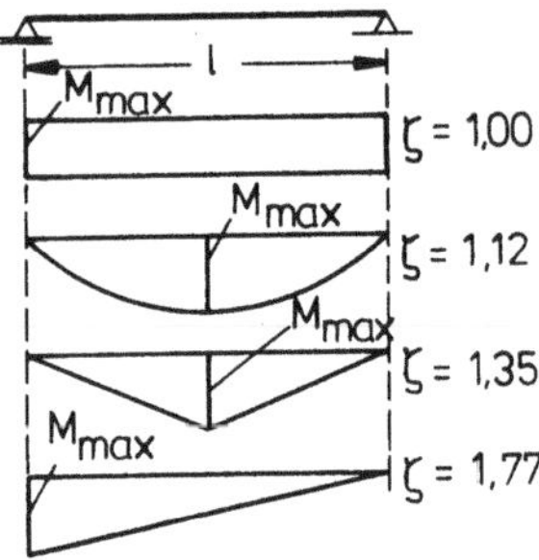

Bild 6.119 Beiwert ζ

Die Verzweigungslast nach Gl.(6.90) kann auch in folgende Form gebracht werden:

$$M_{y_{ki}}^2 = EF_{yy} \frac{\pi^2}{\ell^2} \left(EF_{\omega\omega} \frac{\pi^2}{\ell^2} + GI_D \right)$$

$$= \frac{\pi^2}{\ell^2} EF_{yy} \, GI_D \left(1 + \frac{EF_{\omega\omega} \, \pi^2}{\ell^2 \, GI_D} \right)$$

$$M_{y_{ki}} = \frac{\pi}{\ell} \sqrt{EF_{yy} \, GI_D} \sqrt{1 + \pi^2 \chi} \tag{6.97}$$

mit $$\chi = \frac{EF_{\omega\omega}}{\ell^2 \, GI_D} \tag{6.98a}$$

für I-Profile wird mit $F_{\omega\omega} = F_{yy} \frac{h^2}{4}$

$$\chi = \frac{EF_{yy}}{GI_D} \left(\frac{h}{2\ell} \right)^2 \quad \text{(vgl. DIN 4114, Ri 15.13)} \tag{6.98b}$$

Damit wird die "Kippspannung" unter Berücksichtigung des Beiwertes ζ nach Bild 6.119

$$\sigma_{ki} = \zeta \frac{M_{y_{ki}}}{F_{zz}} \frac{h}{2} = \zeta \frac{\pi \, h}{2 \, \ell \, F_{zz}} \sqrt{EF_{yy} \, GI_D} \sqrt{1 + \pi^2 \chi} \tag{6.99a}$$

Hierbei wird vorausgesetzt, daß ζ und χ unabhängig voneinander sind.

Für Kragträger wurde in DIN 4114 (alt), Ri 15.13, der gleiche Sachverhalt in anderer Darstellung angegeben.

$$\sigma_{ki} = \frac{M_{y\,ki}}{F_{zz}} \frac{h}{2} = \frac{K}{\ell F_{zz}} \frac{h}{2} \sqrt{EF_{yy} \, GI_D} \tag{6.99b}$$

Hier ist in K die gesamte "Korrektur" (also auch der Einfluß von χ) enthalten, wobei zu beachten ist, daß eine Kragarmlänge ℓ einer Stützweite von 2 ℓ beim gabelgelagerten Stab (näherungsweise) entspricht.

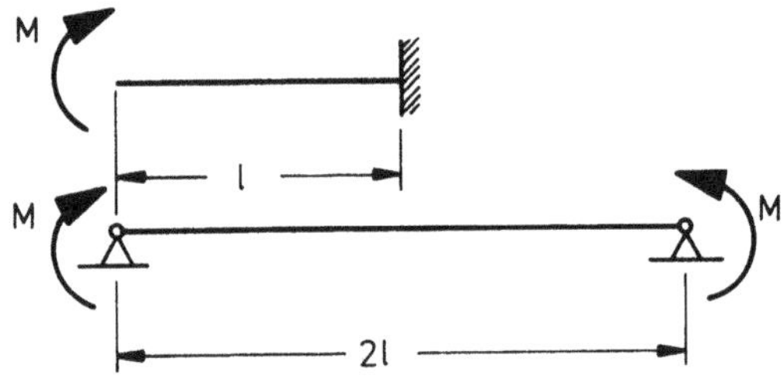

Bild 6.120 Vergleich Kragarm — gabelgelagerter Stab

6.5.5.7 Querlasten und Endmomente

Bei Querlasten ist eine "exakte" Lösung mit der Differentialgleichungsmethode im allgemeinen nicht möglich. Es müssen dann Näherungsmethoden (z.B. Energiemethode nach dem Ritzschen Verfahren) angewendet werden. Auf dieser Basis wurden in /22/ ca. 50 Diagramme berechnet, mit deren Hilfe die "Korrekturbeiwerte" ζ bzw. K ermittelt werden können.

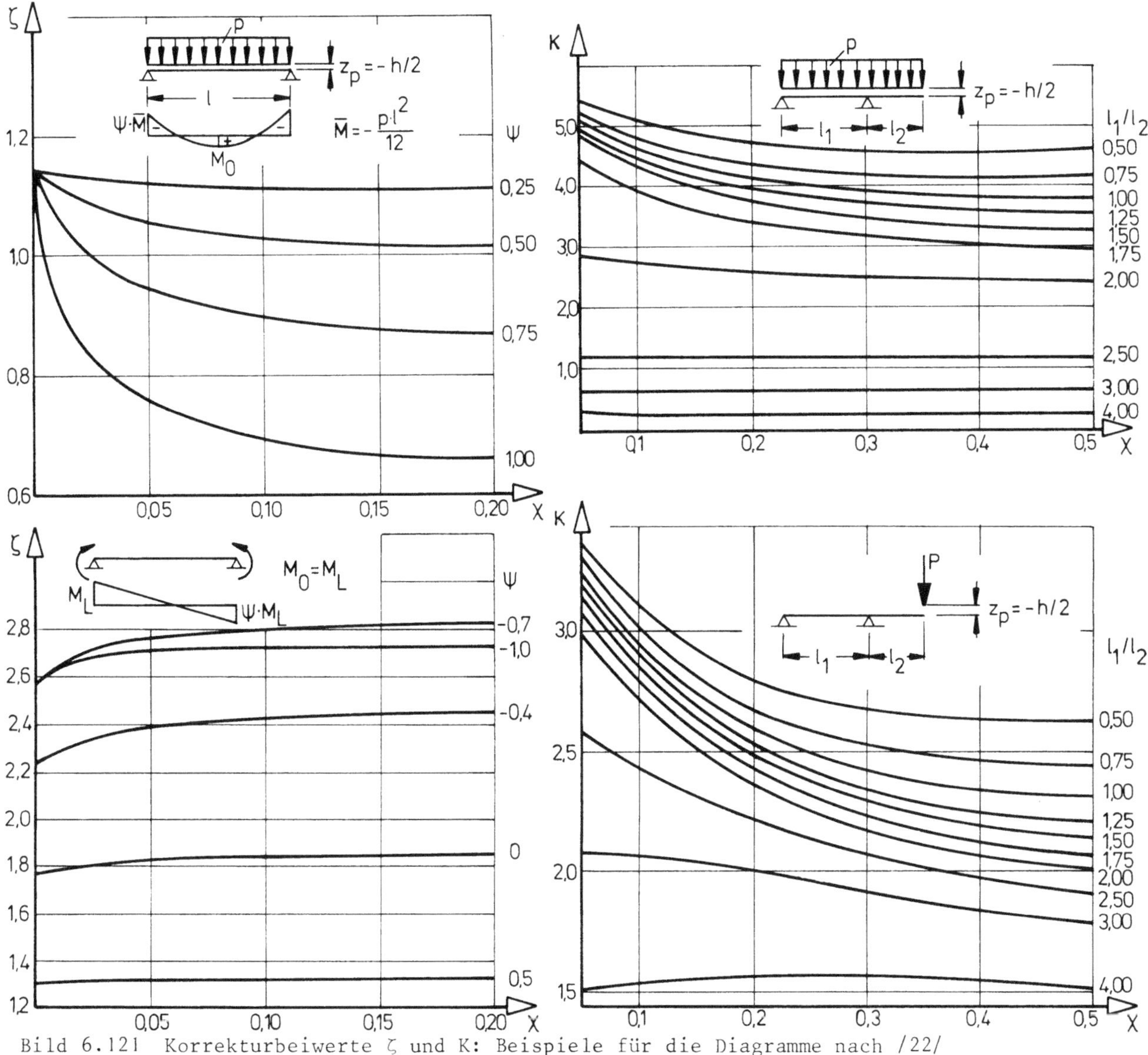

Bild 6.121 Korrekturbeiwerte ζ und K: Beispiele für die Diagramme nach /22/

6.5.5.8 Einfluß einer drehelastischen Bettung

In der Praxis sind kippgefährdete Träger häufig durch andere Konstruktionsglieder (Deckenplatten, Dachhaut, Pfetten usw.) drehelastisch gehalten (Federkonstante c_ϑ).

Für den Durchlaufträger über unendlich vielen Stützen (Bild 6.122) erhält man folgenden Zusammenhang für c_ϑ:

Die gleichmäßig verteilte Drehfederkonstante c_ϑ (kNm/m) kann berechnet werden als Moment, das den Drehwinkel $\vartheta = 1$ erzeugt. Das Trägheitsmoment der Dachhaut ist hierbei pro lfdm anzusetzen: I (m^4/m).

Mit dem Arbeitssatz erhält man

$$1\,\vartheta = \frac{1}{2}\,\frac{c_\vartheta}{2}\,\frac{a}{EI} \overset{!}{=} 1 \qquad c_\vartheta = \frac{4\,EI}{a}$$

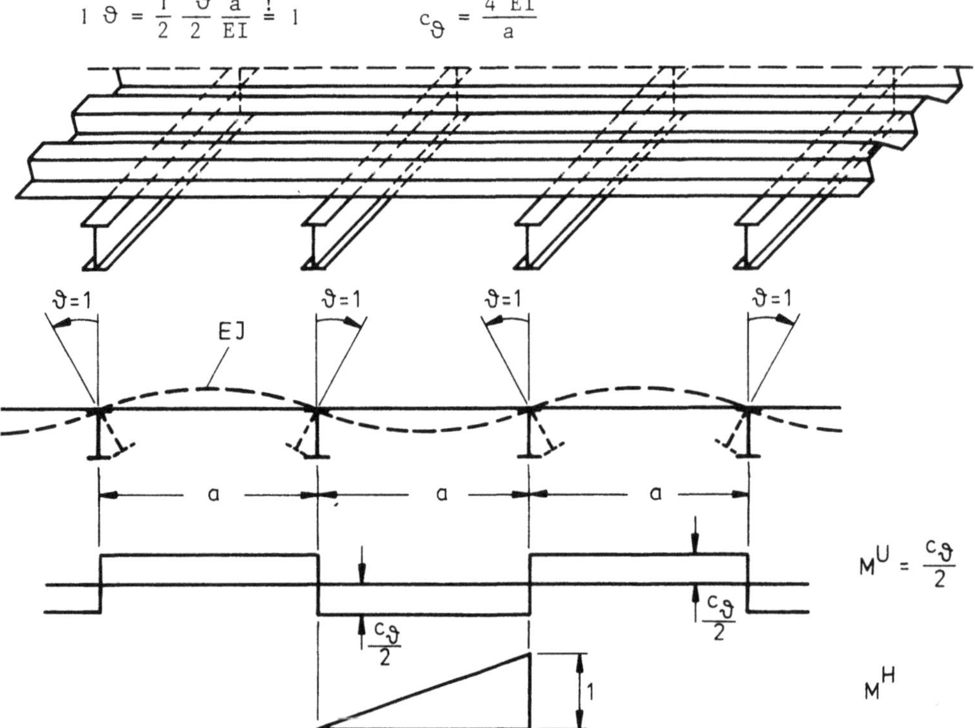

Bild 6.122 Drehelastische Bettung

Ist die stützende Konstruktion (z.B. Dachhaut) als Einfeldträger ausgebildet, so gilt:

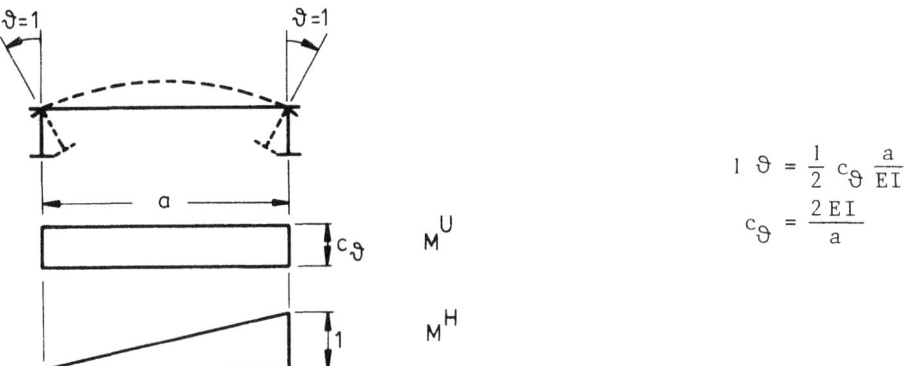

$$1\,\vartheta = \frac{1}{2}\,c_\vartheta\,\frac{a}{EI}$$

$$c_\vartheta = \frac{2\,EI}{a}$$

Bild 6.123 Drehelastische Bettung für einen Randträger

Das Ergebnis gilt näherungsweise auch für den Randträger eines Durchlaufsystems.

Zur Ermittlung der kritischen Belastung muß in der Differentialgleichung für die Verdrehung noch der Einfluß der Drehfeder berücksichtigt werden.

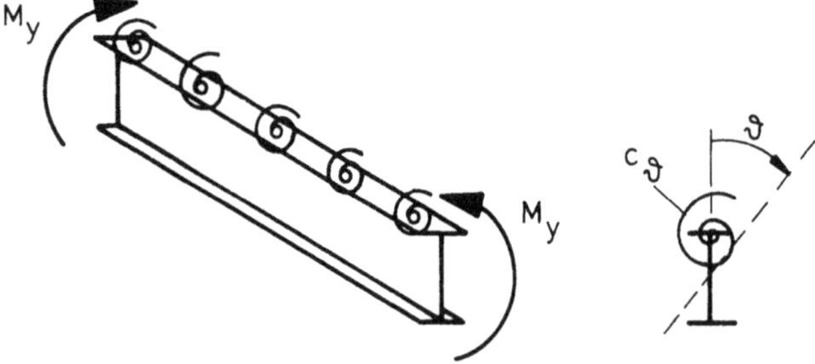

Bild 6.124 Drehelastisch gebetteter Stab

Die Verdrehung des Querschnittes um den Winkel ϑ ruft ein (rückdrehendes) äußeres Torsionsmoment $m_D = - c_\vartheta \vartheta$ hervor.

Damit lauten die Differentialgleichungen (6.62) für den doppeltsymmetrischen, offenen Querschnitt:

$$EF_{yy}\, v_M^{IV} + M_y\, \vartheta'' = 0$$

$$EF_{zz}\, w_M^{IV} = 0 \qquad \text{(entkoppelt)}$$

$$EF_{\omega\omega}\, \vartheta^{IV} - GI_D\, \vartheta'' + M_y\, v_M'' + c_\vartheta\, \vartheta = 0 \tag{6.100}$$

Für Gabellagerung wird mit dem Ansatz $v_M = A \sin \frac{\pi x}{\ell}$ und $\vartheta = B \sin \frac{\pi x}{\ell}$ die Stabilitätsbedingung:

$$\Delta N = \begin{bmatrix} EF_{yy} \frac{\pi^2}{\ell^2} & - M_y \\ - M_y & EF_{\omega\omega} \frac{\pi^2}{\ell^2} + GI_D + c_\vartheta \frac{\ell^2}{\pi^2} \end{bmatrix} = 0 \tag{6.101a}$$

Durch Einführung einer ideellen Torsionssteifigkeit

$$GI_D^{id} = GI_D + c_\vartheta \frac{\ell^2}{\pi^2} \tag{6.102}$$

läßt sich der Einfluß der Drehbettung als Vergrößerung der Torsionssteifigkeit deuten und auf den Fall des "freien" Biegedrillknickens zurückführen (Abschnitt 6.5.5.4)

$$\Delta N = \begin{bmatrix} EF_{yy} \frac{\pi^2}{\ell^2} & - M_y \\ - M_y & EF_{\omega\omega} \frac{\pi^2}{\ell^2} + GI_D^{id} \end{bmatrix} = 0 \tag{6.101b}$$

Die bekannten Lösungen können dann sinngemäß benutzt werden. Näheres siehe /22/.

Zur Vereinfachung der Berechnung genügt häufig der Nachweis einer "ausreichenden" Bettungssteifigkeit. Dies führt unter sinngemäßen Überlegungen wie in Abschnitt 6.2.7.6 zu dem Begriff der Mindeststeifigkeit der Drehbettung (siehe hierzu auch /43/).

Für die kritische Spannung gilt

$$\sigma_{ki} = \zeta \frac{EF_{yy}\, \pi^2}{\ell^2\, W_{zz}} c_{id}$$

$$\text{mit} \quad c_{id}^2 = \frac{F_{\omega\omega} + \frac{\ell^2 G}{\pi^2 E}\left(I_D + c_\vartheta \frac{\ell^2}{\pi^2 G}\right)}{F_{yy}} \tag{6.103}$$

Setzt man $F_{\omega\omega} = 0$ und $I_D = 0$, d.h. berücksichtigt man nur die stabilisierende Wirkung der Drehbettung, so erhält man folgenden einfachen, auf der sicheren Seite liegenden Ausdruck für die Mindeststeifigkeit c_ϑ^*:

$$\sigma_{ki}^2 = \zeta^2 \frac{(EF_{yy})^2 \pi^4}{\ell^4 W_{zz}^2} \quad \frac{\ell^4}{\pi^4 EF_{yy}} c_\vartheta^*$$

$$c_\vartheta^* = \frac{\text{erf } \sigma_{ki}^2 W_{zz}^2}{\zeta^2 EF_{yy}} \qquad (6.104)$$

Unter Berücksichtigung des elastisch-plastischen Materialverhaltens wird für $\sigma_F W \approx \frac{M_{p\ell}}{1{,}14}$ und $\zeta = 1$:

$$c_\vartheta^* = 0{,}8 \frac{M_{P\ell}^2}{EF_{yy}}$$

Dieser Wert stellt eine wertvolle Hilfe bei der Anwendung des Traglastverfahrens dar.

6.5.6 Lage der Drillruheachse

Wie bei allen Verzweigungsproblemen bleibt auch beim Biegedrillknicken die Größe der Verformung unbestimmbar. Es läßt sich aber das Verhältnis der Anteile v_M, w_M und ϑ zueinander bestimmen (gleichartige Verformung vorausgesetzt, z.B. Gabellagerung).

Aus der Deformationsfigur (Bild 4.2), das hier als Ausschnitt Bild 6.125 nochmals dargestellt ist, kann abgelesen werden:

$$\frac{v_M}{R\,\vartheta} = \frac{z_D - z_M}{R} \quad \text{folglich} \quad z_D = z_M + \frac{v_M}{\vartheta}$$

$$\frac{w_M}{R\,\vartheta} = \frac{y_M - y_D}{R} \quad \text{folglich} \quad y_D = y_M - \frac{w_M}{\vartheta} \qquad (6.105a)$$

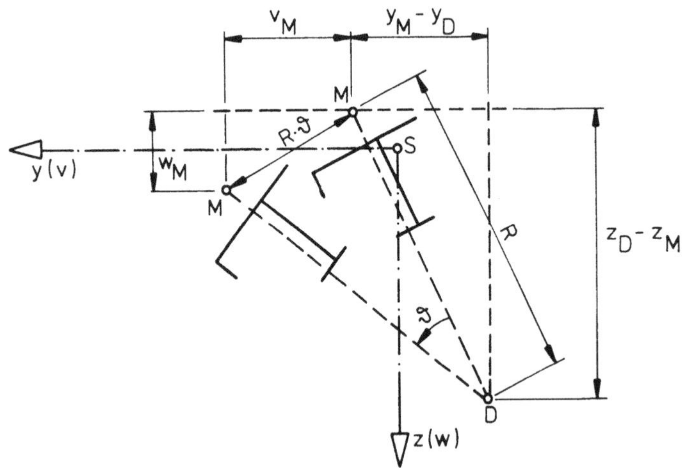

Bild 6.125 Deformationsfigur (Ausschnitt aus Bild 4.2)

Im Fall des zentrischen Biegedrillknickens gilt gemäß Ansatz in Abschnitt 6.5.3.2:

$$v_M = A \sin \frac{\pi x}{\ell} \; ; \quad w_M = B \sin \frac{\pi x}{\ell} \; ; \quad \vartheta = C \sin \frac{\pi x}{\ell}$$

$$\frac{A}{C} = \frac{v_M}{\vartheta} \text{ und } \frac{B}{C} = \frac{w_M}{\vartheta}$$

Das Verhältnis $\frac{A}{C}$ kann aus der ersten Zeile der Determinanten (6.68) bestimmt werden:

$$A\left(EF_{yy} \frac{\pi^2}{\ell^2} - N_{ki}\right) - C\, z_M\, N_{ki} = 0$$

$$\frac{A}{C} = z_M \frac{N_{ki}}{N_E^z - N_{ki}} \quad \text{mit} \quad N_E^z = \frac{EF_{yy}\,\pi^2}{\ell^2}$$

entsprechend gilt für die zweite Zeile der Determinanten

$$\frac{B}{C} = -\, y_M \frac{N_{ki}}{N_E^y - N_{ki}} \quad \text{mit} \quad N_E^y = \frac{EF_{zz}\,\pi^2}{\ell^2}$$

daraus folgt für die Koordinaten des Drillruhepunktes D:

$$y_D = y_M\left(1 + \frac{N_{ki}}{N_E^y - N_{ki}}\right) \quad \text{und} \quad z_D = z_M\left(1 + \frac{N_{ki}}{N_E^z - N_{ki}}\right) \qquad (6.105b)$$

Wird Biegeknicken um die z-Achse maßgebend ($N_{ki} \rightarrow N_E^z$), so geht $z_D \rightarrow \infty$, d.h. reine Biegeverformung ohne Verdrehung ($\vartheta \rightarrow 0$).

Im Fall des "Kippens" nach Abschnitt 6.5.5.4 (für den doppeltsymmetrischen offenen Querschnitt mit $y_M = 0$) wird $y_D = 0$ und aus der ersten Zeile der Determinante (6.89)

$$A \frac{EF_{yy}\,\pi^2}{\ell^2} - B\, M_{yki} = 0 \qquad \text{folgt} \quad \frac{A}{B} = \frac{v_M}{\vartheta} = \frac{M_{yki}}{N_E^z}$$

mit $z_M = 0$ und $M_{yki} = N_E^z\, c$ folgt $z_D = c$ (s.Gl. (6.76)).

6.5.7 Zwangsdrillachse

6.5.7.1 Allgemeines

Bisher wurde vorausgesetzt, daß sich der Stab ungehindert verformen kann. Dabei stellt sich (bei einfachen Lastfällen) eine über die Stablänge konstante Drillruheachse D von selbst ein (vgl. Abschnitt 6.5.6).

Diese Voraussetzung entfällt, wenn eine Zwangsdrillachse (z.B. durch Verbände, Scheiben oder Platten) vorhanden ist. Häufig tritt in diesem Fall noch eine drehelastische Bettung (z.B. durch die angeschlossene Platte) hinzu, deren Einfluß durch eine (ideelle) Vergrößerung der Torsionssteifigkeit GI_D^{id} gemäß Abschnitt 6.5.5.8 berücksichtigt werden kann.

6.5.7.2 Biegedrillknicken mit Zwangsdrillachse

Unter Anwendung der in Abschnitt 3.7.8 gegebenen Hinweise (Ergänzung zu einem fiktiven punktsymmetrischen Querschnitt) kann z.B. für Beulsteifen eines Bleches bei der Untersuchung gegen seitliches Ausweichen das in Bild 6.126 dargestellte Ersatzsystem benutzt werden.

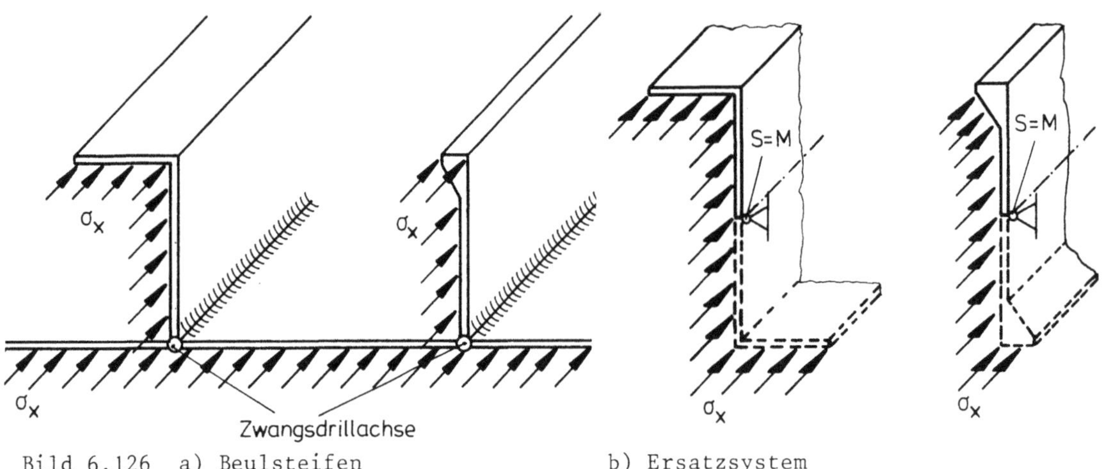

Bild 6.126 a) Beulsteifen b) Ersatzsystem

Der "Ersatzstab" kann für reines Drillknicken untersucht werden, da ein Biegeknicken ausgeschlossen ist. Entsprechend Abschnitt 6.5.5.3 ist die Vergleichsschlankheit

$$\lambda_{vi} = \lambda_z \frac{i_p}{c} \quad \text{mit} \quad c^2 = \frac{F_{\omega\omega} + \dfrac{\ell^2 \, GI_D}{E\,\pi^2}}{F_{yy}}$$

Tritt eine drehelastische Bettung hinzu, so kann dies nach Abschnitt 6.5.5.8 durch den ideellen Torsionswiderstand I_D^{id} berücksichtigt werden. Es muß jedoch sichergestellt sein, daß die Drehbettung wirksam ist, d.h. daß in dem Beispiel der Beulsteife kein örtliches Ausbeulen der Blechfelder eintritt (Wer hält sich an wem fest?).

Ähnliche Überlegungen können auch die Ermittlung der Drillknicklänge erleichtern, wenn z.B. nach Bild 6.127 aussteifende Verbände nur die Verbiegung verhindern, nicht aber die Verdrehung einer Stütze.

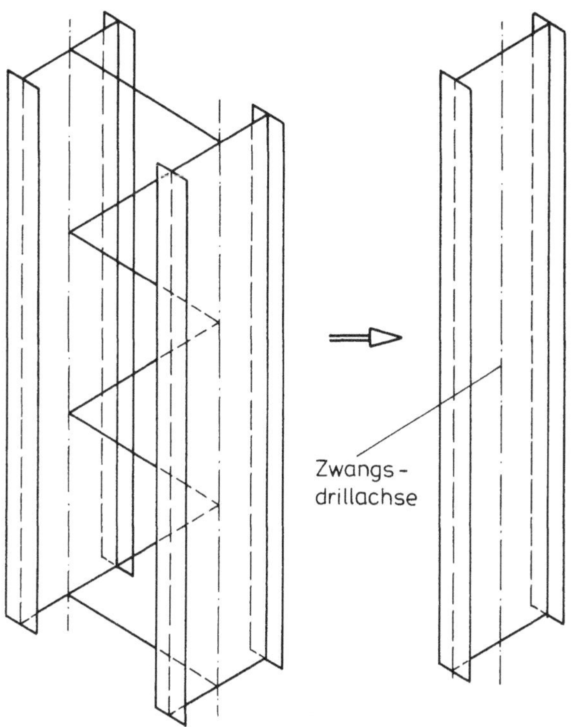

Bild 6.127 Aussteifender Verband als Zwangsdrillachse

6.5.7.3 Gebundene Kippung

Beispiel

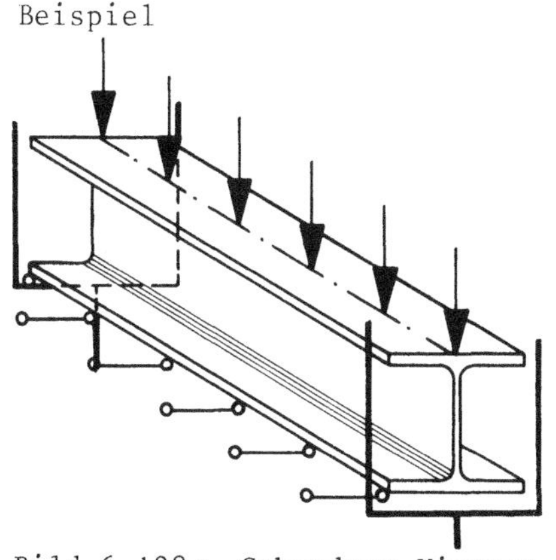

Fesselebene parallel Hauptachse y

Bild 6.128 a Gebundene Kippung (System)

An einem beliebigen Punkt eines doppeltsymmetrischen Querschnittes wird durch anschließende Konstruktionsteile ein Drillruhepunkt erzwungen. Hierfür hat sich der Ausdruck gebundene Kippung eingebürgert.

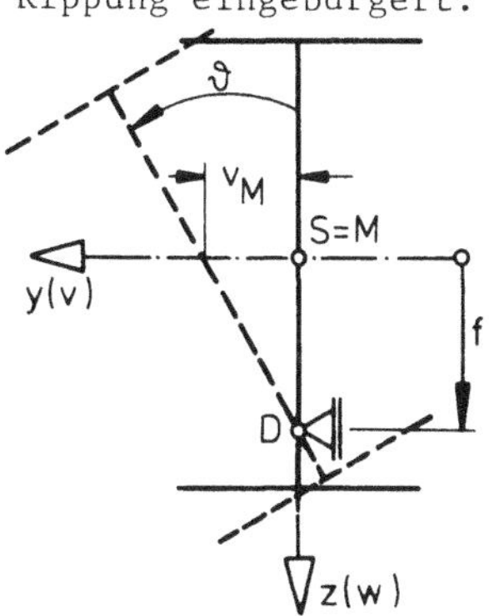

Es tritt hierbei eine feste Verknüpfung zwischen der Verschiebung v_M des Schubmittelpunktes M und der Verdrehung ϑ auf (s. Bild 6.128 b).

$$v_M = f\,\vartheta$$

Bild 6.128 b Gebundene Kippung (Querschnitt)

Die Differentialgleichungen (6.62) lauten für diesen Fall:

$$EF_{yy}\, f\, \vartheta^{IV} + M_y\, \vartheta'' = 0$$

$$EF_{zz}\, w_M^{IV} = 0 \qquad \text{(entkoppelt)}$$

$$EF_{\omega\omega}\, \vartheta^{IV} - GI_D\, \vartheta'' + M_y\, f\, \vartheta'' = 0 \tag{6.106}$$

Für Gabellagerung erhält man mit dem Ansatz $\vartheta = A \sin \frac{\pi x}{\ell}$ die beiden Gleichungen

$$A\, EF_{yy} \frac{\pi^4}{\ell^4} f \sin \frac{\pi x}{\ell} - A\, M_y \frac{\pi^2}{\ell^2} \sin \frac{\pi x}{\ell} = 0$$

$$A\, EF_{\omega\omega} \frac{\pi^4}{\ell^4} \sin \frac{\pi x}{\ell} + A\, GI_D \frac{\pi^2}{\ell^2} \sin \frac{\pi x}{\ell} - A\, M_y\, f \frac{\pi^2}{\ell^2} \sin \frac{\pi x}{\ell} = 0$$

Die Stabilitätsbedingung wird durch Addition der beiden Gleichungen gewonnen, wobei die erste vorher mit f multipliziert wird, um Dimensionsverträglichkeit zu erhalten. Nach Ausklammern von $A \frac{\pi^2}{\ell^2} \sin \frac{\pi x}{\ell}$ erhält man:

$$EF_{yy} \frac{\pi^2}{\ell^2} f^2 + EF_{\omega\omega} \frac{\pi^2}{\ell^2} + GI_D - 2\, f\, M_{y_{ki}} = 0 \tag{6.107}$$

Die Auflösung dieser Bedingung liefert mit Gl.(6.76):

$$M_{y_{ki}} = EF_{yy} \frac{\pi^2}{\ell^2} \frac{c}{2} \left(\frac{f}{c} + \frac{c}{f}\right) \tag{6.108}$$

Auswertung: Greift die Fessel (beim doppeltsymmetrischen Querschnitt) im natürlichen Drillruhepunkt nach Abschnitt 6.5.6 an, ist also f = c, so wird $M_{y_{ki}} = EF_{yy} \frac{\pi^2}{\ell^2} c$. Das Ergebnis stimmt mit der "freien" Kippung (Abschnitt 6.5.5.4) überein.

Für $f \to 0$ geht (gem. Gl.(6.108)) $M_{y_{ki}} \to \infty$, die Fessel im Schubmittelpunkt verhindert also die Kippung.

Das ist auch leicht einzusehen, da die rückstellenden Kräfte des gezogenen Gurtes die Abtriebskräfte des gedrückten Gurtes neutralisieren.

Wird f negativ (wird also der Druckbereich des Querschnittes gehalten), so wird $M_{y_{ki}}$ negativ, d.h. das kritische Moment wechselt das Vorzeichen. Tritt eine drehelastische Bettung hinzu, so kann deren Einfluß wie in Abschnitt 6.5.5.8 durch ideelle Vergrößerung der Torsionssteifigkeit erfaßt werden.

6.5.8 Zusammenstellung der Elementarfälle

Für den gabelgelagerten Druckstab treten folgende Elementarfälle auf (die Bezeichnung y: Biegeknicken bedeutet, um die y-Achse tritt Biegeknicken auf). N = Kraftangriffspunkt.

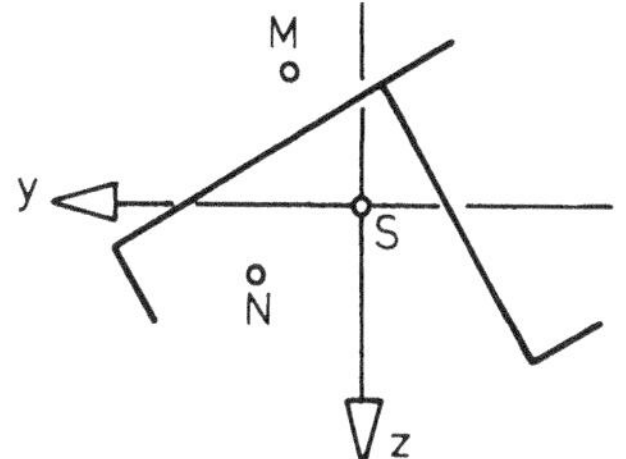

Biegetorsion

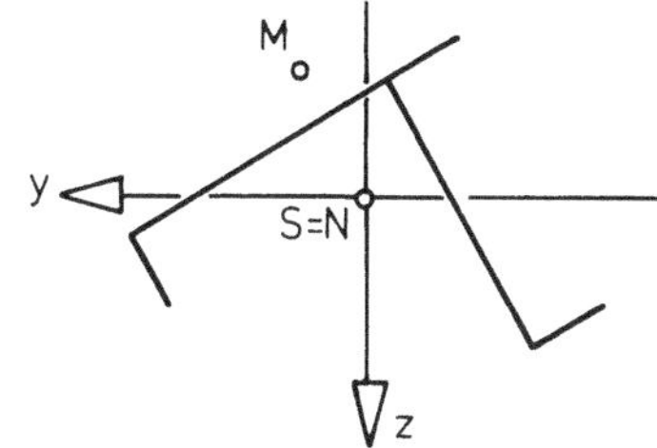

Biegedrillknicken

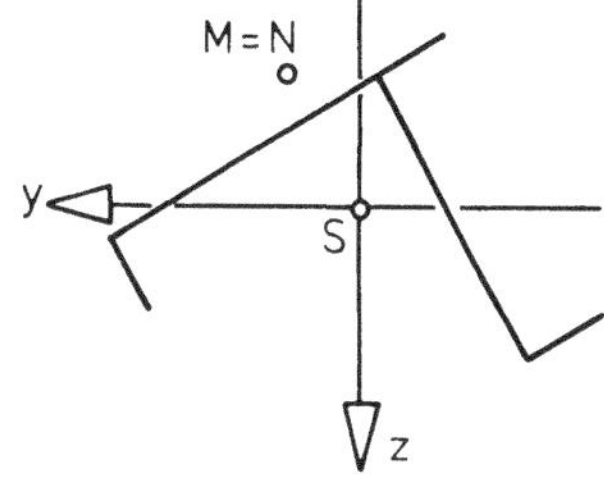

y: Druck und Biegung
z: Druck und Biegung
ϑ: Drillknicken

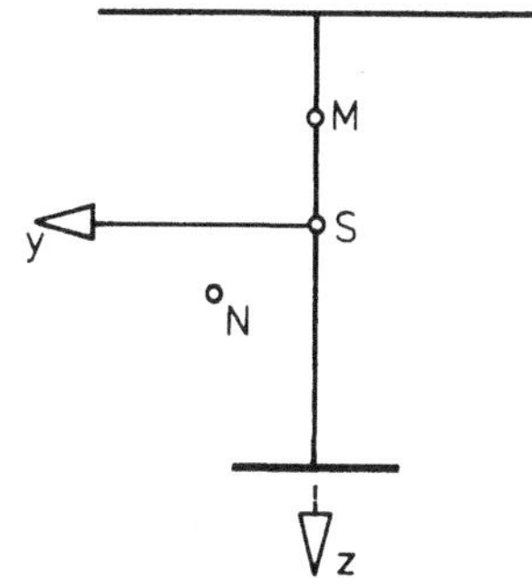

Biegetorsion

y: Druck und Biegung
z, ϑ } Biegedrillknicken

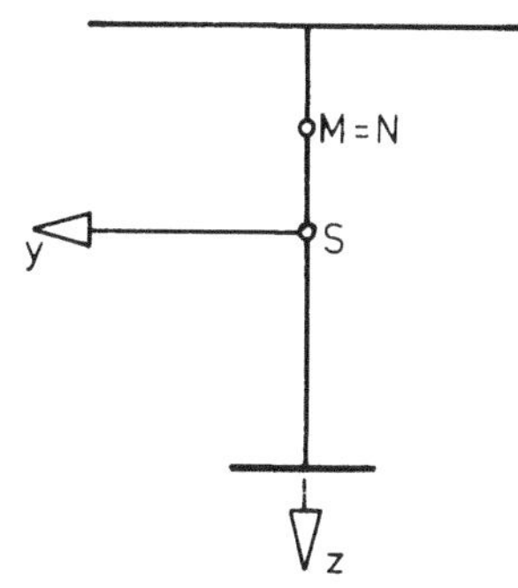

y: Druck und Biegung
z: Biegeknicken
ϑ: Drillknicken

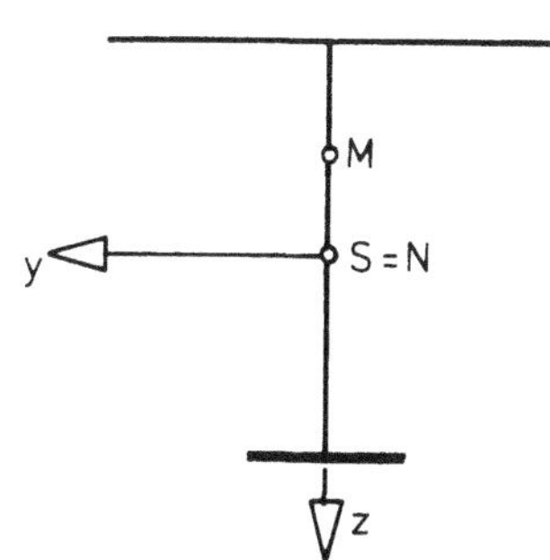

y: Biegeknicken
z, ϑ } Biegedrillknicken

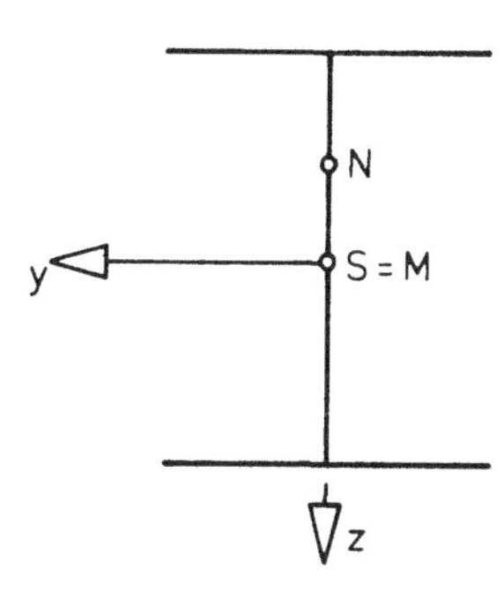

y: Druck und Biegung
z, ϑ } Biegedrillknicken

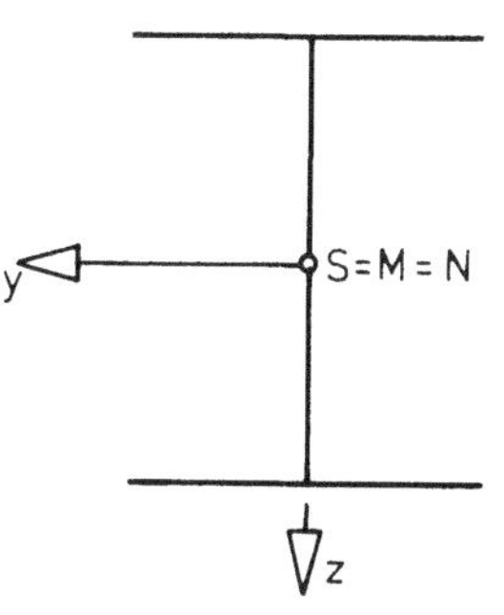

y: Biegeknicken
z: Biegeknicken
ϑ: Drillknicken

6.5.9 Die Energiemethode (Ritzsches Verfahren)

Das elastische Potential π des allgemeinen Biegetorsionsproblems ist in Abschnitt 4.1.2 angegeben. Es stellt sich in folgender Form dar:

$$\pi(v, w, \vartheta) = \int f(x, v, w, \vartheta, v', w', \vartheta', v'', w'', \vartheta'')\, dx \qquad (6.109)$$

Variiert man die Verformungen v, w, ϑ in jeweils mit den Randbedingungen verträgliche benachbarte Lagen (Aufbringen einer Störung)

$$v \rightarrow v + \delta v$$
$$w \rightarrow w + \delta w$$
$$\vartheta \rightarrow \vartheta + \delta\vartheta$$

so liefert die Entwicklung in eine Taylor-Reihe

$$\pi(v + \delta v, w + \delta w, \vartheta + \delta\vartheta) = \pi(v, w, \vartheta) + \frac{1}{1!}\delta\pi + \frac{1}{2!}\delta^2\pi + \frac{1}{3!} \dots \qquad (6.110)$$

Die erste Variation $\delta\pi$ ist hierbei

$$\delta\pi = \frac{\partial\pi}{\partial v}\cdot\delta v + \frac{\partial\pi}{\partial w}\cdot\partial w + \frac{\partial\pi}{\partial\vartheta}\cdot\delta\vartheta \qquad (6.111a)$$

Die zweite Variation

$$\delta^2\pi = \frac{\partial^2\pi}{\partial v^2}(\delta v)^2 + \frac{\partial^2\pi}{\partial w^2}(\delta w)^2 + \frac{\partial^2\pi}{\partial\vartheta^2}(\delta\vartheta)^2 + 2\frac{\partial^2\pi}{\partial v\partial w}(\delta v\,\delta w) + 2\frac{\partial^2\pi}{\partial v\partial\vartheta}(\delta v\,\delta\vartheta) + 2\frac{\partial^2\pi}{\partial w\partial\vartheta}(\delta w\,\delta\vartheta) \qquad (6.111b)$$

Die Bedingung $\delta\pi = 0$ stellt die allgemeine Forderung nach Vorhandensein des Gleichgewichtes dar.

Die Größe von $\delta^2\pi$ liefert die Aussage über die Art des Gleichgewichtes.

Die (recht komplizierten) Ausdrücke für $\delta\pi$ und $\delta^2\pi$ werden hier nicht angegeben /22/. Die wichtigste Anwendung der Energiemethode ist die näherungsweise Lösung von Problemen, für die andere Lösungsmöglichkeiten (z.B. Differentialgleichungsmethode) schlecht geeignet sind. Dabei wird die (unbekannte) wirkliche Verformung durch Ansatzfunktionen ersetzt. Man kann mit der Energiemethode sowohl Verzweigungsprobleme als auch Spannungs- und Traglastprobleme untersuchen.

- Verzweigungsprobleme (s. auch Abschnitt 6.2.10.4)
  Ritzsches Verfahren mit mehrparametrigen Ansätzen (a_i)
  Forderung: 2. Variation der Ersatzenergie $\delta^2\pi^* = \text{Min}$ führt zu Gleichungen $\frac{\partial(\delta^2\pi^*)}{\partial a_i} = 0$
  Bestimmung des Eigenwertes aus: Nennerdeterminante = Null.
  Als Ansatzfunktionen eignen sich mehrparametrige trigonometrische Funktionen oder Potenzreihen (z.B. Hermitesche Interpolationspolynome).
  Ungenauigkeiten der Ansatzfunktionen führen stets zur Überschätzung der Verzweigungslast.

- Spannungsprobleme Theorie 2. Ordnung

  Durch Annahme von Exzentrizitäten entsteht bei elastischem Verhalten stets ein Spannungsproblem, das als Grenzfall (die Verformungen werden unendlich groß) das zugehörige Verzweigungsproblem enthält.
  Da (stabiler) Gleichgewichtszustand gesucht wird, gilt π = Min, $\delta\pi = 0$ ($\delta^2\pi > 0$), d.h. beim Spannungsproblem wird das Verhalten der potentiellen Energie π bei Verformungsvariation untersucht.und nicht deren 2. Variation $\delta^2\pi$ (Störarbeit), die notwendig ist, um die Gleichgewichtslage zu verlassen. Für die mathematische Behandlung (z.B. nach dem Ritzschen Verfahren) tritt daher beim Spannungsproblem die Ersatzenergie π^* an die Stelle der 2. Variation $\delta^2\pi^*$ beim Verzweigungsproblem. Dies führt zu Gleichungen $\frac{\partial\pi^*}{\partial a_i} = 0$. Man erhält n inhomogene Gleichungen für n gewählte Ansatzfunktionen, da auf der rechten Seite lastabhängige Absolutglieder stehen. Zu jeder Laststufe gehört eine eindeutige Lösung für die Deformation (stabiler Gleichgewichtszustand). Ungenauigkeiten in der Ansatzfunktion führen zu Werten, die größer oder kleiner als die exakten Werte sein können, da die Verformungen nur im Mittel befriedigt werden.

- Traglastprobleme Theorie 2. Ordnung

  Bei Berücksichtigung der elastisch-plastischen Materialeigenschaften können auch Traglastprobleme mit der Energiemethode berechnet werden (s. Abschnitt 6.5.11).

6.5.10 Die Verzweigungslast bei unelastischem Materialverhalten

In Analogie zu den Untersuchungen des Biegeknickens (s. Abschnitt 6.2.12) wurden für das Biegedrillknicken Lösungen angegeben, auf die hier nicht näher eingegangen wird /44/. Sie sind für die Bemessung ohne Bedeutung, da - wie beim Biegeknicken - der Einfluß von Imperfektionen im unelastischen Bereich eine dominierende Rolle spielt.

6.5.11 Das Traglastproblem

6.5.11.1 Allgemeines

Es werden Imperfektionen (vgl. Abschnitt 6.4.2.3 und 6.4.2.4) und elastisch-plastisches Verhalten des Baustahles berücksichtigt. Dies führt stets zu einem "allgemeinen Biegetorsionsproblem" (Normalkraft, Biegung und Torsion), gleichgültig, ob die Biegemomente aus der Wirkung von Imperfektionen oder aus planmäßiger Belastung (z.B. Querlasten) entstehen.

6.5.11.2 Die elastische Grenzlast Theorie 2. Ordnung

Bei planmäßiger äußerer Biegebeanspruchung unter Berücksichtigung von Ersatzimperfektionen kann das erste Erreichen der Fließgrenze in der maximal beanspruchten Stabfaser als Näherungswert für die Traglast verwendet werden. Auf dieser Basis wurden mit einer Lastexzentrizität von $y_{pz} = \ell/1000$ für IPB-Profile aus St 37 und St 52 die Ergebnisse in 16 Diagrammen für die wichtigsten Belastungsfälle als Grenzlastkurven dargestellt. In Bild 6.129 sind zwei dieser Diagramme abgebildet. (s./22/)

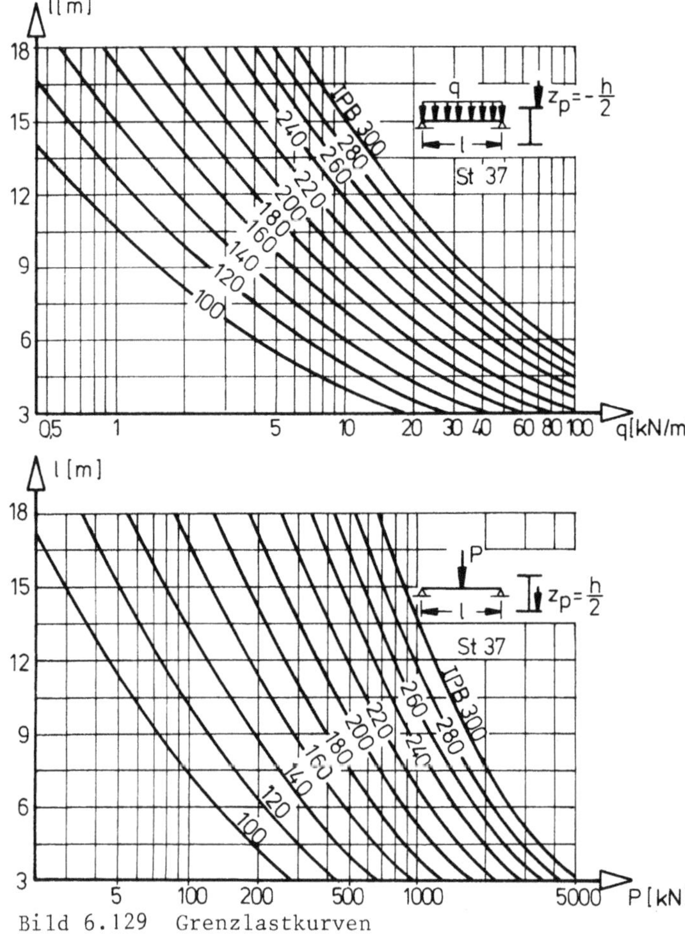

Bild 6.129 Grenzlastkurven

6.5.11.3 Die Fließgelenktheorie 2. Ordnung

Die Anwendung der Fließgelenktheorie 2. Ordnung auf allgemeine Biegetorsionsprobleme wird in /45/ und /46/ vorgeschlagen und für ein I-Profil erläutert:

- es werden die Spannungen σ und τ infolge planmäßiger Belastung und Imperfektionen nach der Elastizitätstheorie 2. Ordnung berechnet (im allgemeinen aus Normalkraft, Doppelbiegung und Wölbkrafttorsion).
- für das meistbeanspruchte Querschnittselement ΔF (beim I-Profil ist dies einer der beiden Flansche) werden daraus die resultierende (Flansch-)Normalkraft

$$\Delta N = \int_{\Delta F} (\Sigma\sigma)\,dF \tag{6.112a}$$

das resultierende (Flansch-)Biegemoment

$$\Delta M = \int_{\Delta F} (\Sigma\sigma \cdot y)\,dF \tag{6.112b}$$

und die resultierende (Flansch-)Querkraft

$$\Delta Q = \int_{\Delta F} (\Sigma\tau)\,dF \tag{6.112c}$$

berechnet.

- die rechnerische Traglast erhält man aus der Bedingung, daß für dieses Querschnittselement ΔF unter der Einwirkung von ΔN, ΔM und ΔQ die plastische Grenztragfähigkeit (M-N-Q-Interaktion) erreicht wird.

6.5.11.4 Die Traglast

Die "exakte" Berechnung einschließlich des Einflusses von Plastizierungszonen und der Verdrehung ist naturgemäß wesentlich komplizierter als bei reiner Biegung mit Normalkraft. Man geht hierbei (vereinfacht dargestellt) folgendermaßen vor /47/:

Die Lasten werden in einzelnen Laststufen aufgebracht, für die die inkrementelle Systemgleichung nach dem Weggrößenverfahren gelöst wird. Die Steifigkeitsmatrix muß mit den für jede Laststufe aktuellen Querschnittswerten berechnet werden. Mit den aus den Inkrementen aufsummierten Schnittgrößen werden die plastizierten Querschnittsteile bestimmt, wobei auch der Einfluß von Eigenspannungen berücksichtigt werden kann. Da sich die für die Steifigkeit wirksamen Querschnitte (elastischer Restquerschnitt) mit der Größe der plastizierten Bereiche ständig ändern, ist es zweckmäßig, die gesamte Berechnung auf eine feste Bezugsachse (beliebige Stabachse) zu beziehen und nicht - wie bei der Elastizitätstheorie üblich - durch Normierung eine Entkoppelung des Biegetorsionsproblems in Biegung (auf den Schwerpunkt bezogen) und Wölbkrafttorsion (auf den Schubmittelpunkt bezogen) zu erreichen.

In jeder Laststufe werden zunächst mit Hilfe der Werte aus der vorangegangenen Stufe die Krümmungen und Dehnungen berechnet. Im Querschnitt können nun die elastischen und die plastischen Teile unterschieden werden. Mit den neuen Querschnittswerten wird geprüft, ob die (aufsummierten) Schnittgrößen aufgenommen werden können. Dies wird solange wiederholt, bis der Gleichgewichtszustand erreicht ist und eine weitere Laststeigerung vorgenommen werden kann. Als Traglast gilt die Summe aller aufgenommenen Laststufen. Als letzte Laststufe wird angesehen, wenn eines der folgenden Kriterien eintritt:

- Querschnittsversagen: An einer Stelle des Systems wird die Bruchdehnung erreicht.
- Systemversagen: Durch Reduktion der Steifigkeit wird der Eigenwert des teilplastizierten Systems erreicht.
- Zu große Verformung: Die Stabverdrehung ϑ wird größer als o,2o.

Bei dem beschriebenen inkrementellen Verfahren können auch die Auswirkungen berücksichtigt werden, die durch eine Entlastung eines bereits plastizierten Querschnittsteiles hervorgerufen werden. Auf diese Entlastung reagiert der Stahl mit dem E-Modul (siehe auch Abschnitt 6.2.12.4), der elastische Restquerschnitt wird wieder größer, das System steifer und die Traglast etwas größer. Dieser Einfluß ist jedoch sehr gering, wenn ein monotones Anwachsen der Krümmungen auftritt (also z.B. beim gabelgelagerten Einfeldstab).

Für einachsige Biegung und Druckkraft werden für I-Profile die Ergebnisse (unter Berücksichtigung von Vorverformungen und Eigenspannungen) in Form von Interaktionsdiagrammen ähnlich Bild 6.118 dargestellt.

6.5.11.5 Einfluß der Querschnittsverformung

Bisher wurde stets vorausgesetzt, daß die Querschnittsform erhalten bleibt. Läßt man eine Verformung des Querschnittes nach Bild 6.130 zu, so wächst der numerische Aufwand beträchtlich.

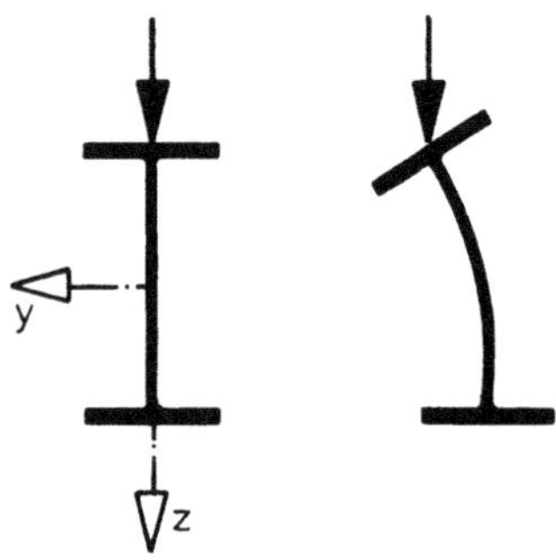

Bild 6.130 Verformtes Profil

Für die wichtigsten "Kippnachweise" der Praxis, die Bestimmung der Mindeststeifigkeiten für die Drehbettung c_ϑ kann mit einem Korrekturfaktor k_ϑ der Einfluß der Profilverformung wie folgt berücksichtigt werden:

$$c_\vartheta^v \geq k_\vartheta \, c_\vartheta$$

c_ϑ = Mindeststeifigkeit ohne Profilverformung
c_ϑ^v = Mindeststeifigkeit mit Profilverformung

In Bild 6.131 ist k_ϑ für IPE-Profile unter Gleichstreckenlasten dargestellt /48/

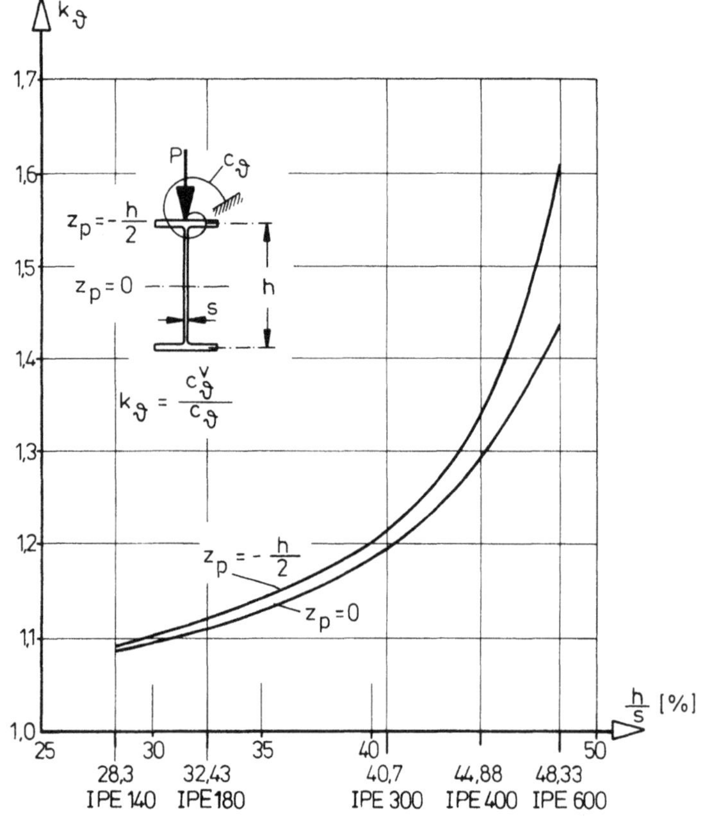

Bild 6.131 k_ϑ-Werte für Gleichstreckenlasten

7. Die Ermittlung der Tragfähigkeit stabilitätsgefährdeter gerader Stäbe und Stabwerke

7.1 Einleitung

Die Ermittlung der Tragfähigkeit einer Konstruktion bei Gefahr der Instabilität ist besonders wichtig, da

- die Konstruktionen des Stahlbaus meist stabilitätsgefährdet sind (schlank, dünnwandig),
- die überwiegende Mehrzahl der Bauunfälle durch Instabilität ausgelöst werden,
- die Folgen eines Versagens häufig katastrophal sind (unangekündigtes Versagen, Einsturz).

Aufgrund dieser Gefahrensituation sind die Berechnungsmethoden bereits frühzeitig entwickelt worden und werden laufend ergänzt und verbessert.

In Deutschland ist die Bemessung in DIN 4114 (Stabilitätsfälle) geregelt. Die z.Z. noch gültige Ausgabe ist - abgesehen von einigen Ergänzungen - rd. 25 Jahre alt. Inzwischen hat die Forschung neue Erkenntnisse gewonnen, die eine Überarbeitung der DIN 4114 notwendig machen. In den folgenden Abschnitten wird daher nur kurz auf die DIN 4114, dafür ausführlicher auf die DIN 18800/2 eingegangen. Außerdem werden einige Berechnungsverfahren erwähnt, die im Ausland verwendet werden.

7.2 Der einfeldrige, planmäßig mittig beanspruchte Druckstab

7.2.1 Allgemeines

Der einfeldrige, planmäßig gerade Stab mit einteiligem Querschnitt unter planmäßig mittiger Druckkraft bei Berücksichtigung geometrischer und struktureller Imperfektionen und des tatsächlichen Materialverhaltens bildet die Grundlage (Eckwert) für die Beurteilung des Biege- und Biegedrillknickens. Er ist der "Ersatzstab" mit der gleichen Verzweigungslast N_{ki} bzw. mit der Knicklänge $\ell = s_{ki}$.

7.2.2 Nachweis nach DIN 4114 – das ω-Verfahren

Die ω-Tafeln wurden aufgrund folgender Annahmen ermittelt:

- Berücksichtigung einer unvermeidlichen Exzentrizität $u = \frac{i}{20} + \frac{s_k}{500}$ als Ersatz für außermittigen Lastangriff, krumme Stabachse, Streuungen der Fließgrenze und Eigenspannungen

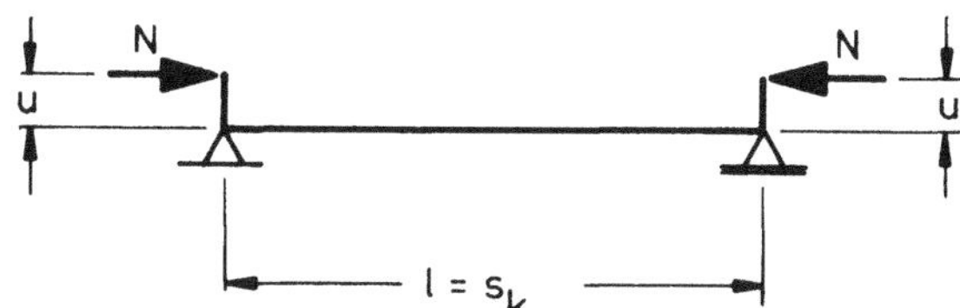

Bild 7.1 Unvermeidliche Exzentrizität

- Stellvertretend für alle Querschnitte wurde die in Bild 7.2 dargestellte Form gewählt, die bei der eingezeichneten Lage des Kraftangriffspunktes für das Tragvermögen ungünstig ist. (Ausnahme: Rohrquerschnitte, für die andere ω-Zahlen entwickelt wurden.)

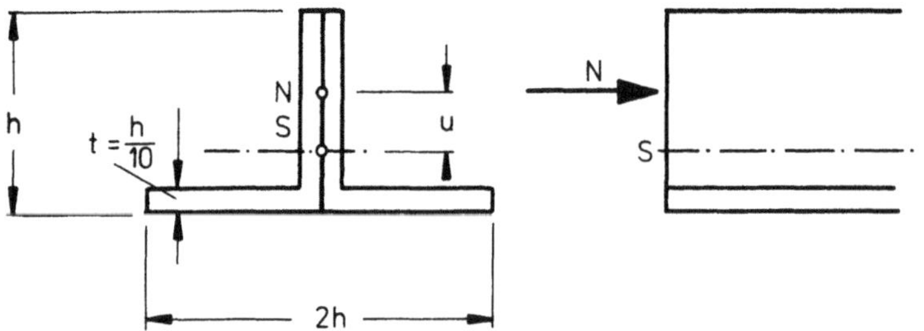

Bild 7.2 Querschnitt zur Ermittlung der ω-Zahlen

- Der Baustahl gehorcht einem idealelastisch-idealplastischen Spannungs-Dehnungsgesetz mit den Streckgrenzen

  für St 37 σ_F = 23,0 kN/cm² (2,3 Mp/cm²)

  für St 52 σ_F = 34,0 kN/cm² (3,4 Mp/cm²)

- Sicherheitsbeiwerte

  ν_{kr} = 1,5 gegen die rechnerische Traglast N_{kr}

  ν_{ki} = 2,5 gegen die ideale Knicklast N_{ki}

- Zulässige Knickspannungen aus Doppelbedingung:

$$\sigma_{dzul} = \frac{\sigma_{kr}}{\nu_{kr}} \quad \text{und} \quad \sigma_{dzul} = \frac{\sigma_{ki}}{\nu_{ki}} \qquad (7.1)$$

- Umformen des Tragsicherheitsnachweises

$$\sigma = \frac{N}{F} \leq \sigma_{dzul} = \frac{\sigma_{dzul}}{\sigma_{zul}} \sigma_{zul}$$

mit $\omega = \dfrac{\sigma_{zul}}{\sigma_{dzul}}$ und σ_{zul} = 140 N/mm² (1,4 Mp/cm²) St 37
= 210 N/mm² (2,1 Mp/cm²) St 52

$$\frac{\omega N}{F} \leq \sigma_{zul} \qquad (7.2)$$

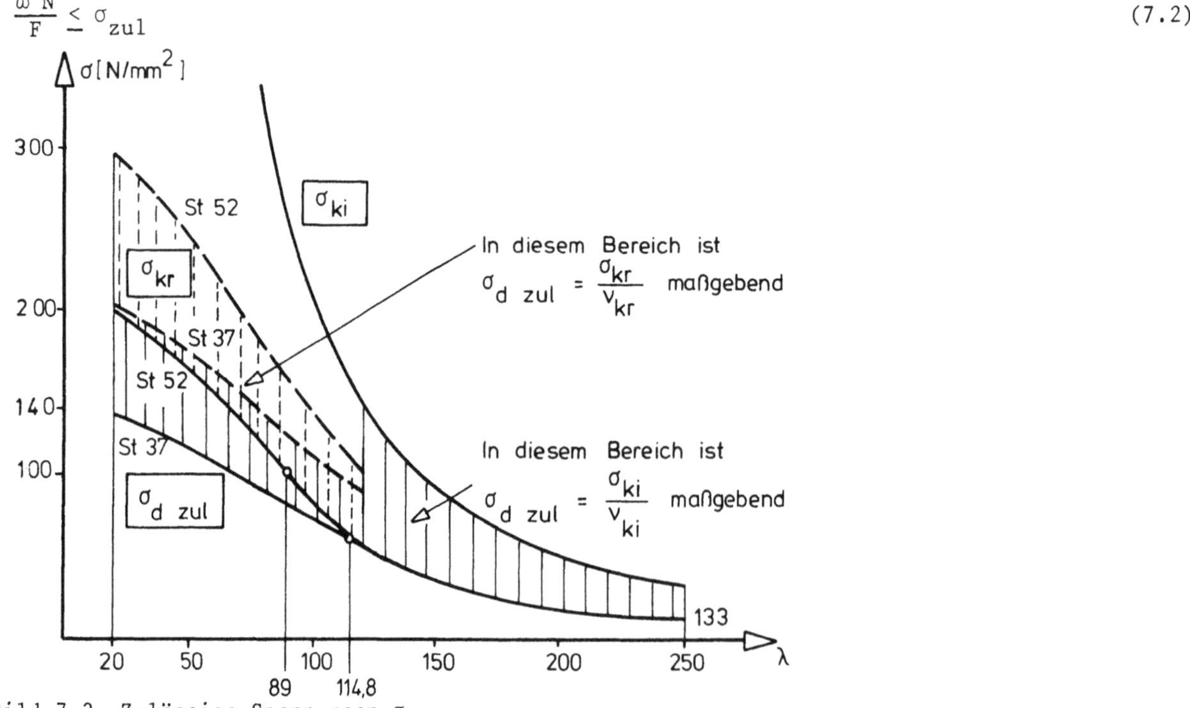

Bild 7.3 Zulässige Spannungen σ_{dzul}

Anmerkungen:

- $\frac{\omega N}{F}$ ist keine "reale" Spannung, sondern ein Rechenwert.
- Die Theorien von Engeßer (bzw. Shanley) gehen nicht in die Bemessung der Druckstäbe ein, da im gedrungenen Bereich die "Traglastbedingung" maßgebend wird.
- Die "Engeßerschen Knickspannungen σ_k" werden für andere Stabilitätsnachweise (z.B. Beulen und Kippen) benutzt. Sie werden mit dem Engeßer-Modul T (s. Abschnitt 6.2.12.4) und folgender σ-ε-Linie berechnet (s. Bild 7.4).
- Die zugehörigen "Engeßerschen Knicksicherheitszahlen ν_k" werden durch Rückrechnung gewonnen:

$$\nu_k = \frac{\sigma_k}{\sigma_{dzul}} = \frac{\omega \sigma_k}{\sigma_{zul}} \tag{7.3}$$

Daher sind sie nicht konstant, sondern von dem Schlankheitsgrad abhängig.

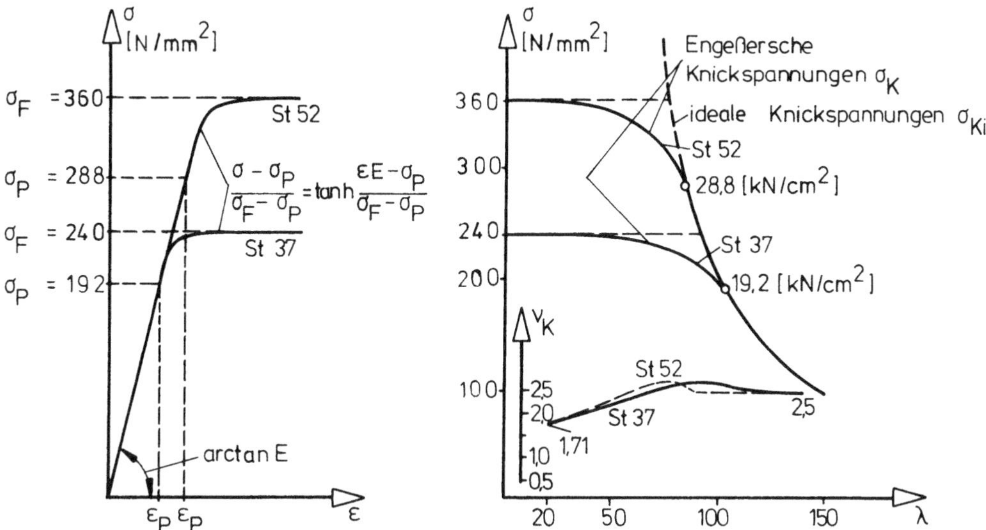

Bild 7.4 Engeßersche Knickspannungen σ_k und Knicksicherheitszahlen ν_k

7.2.3 Nachweis nach DIN 18800, Teil 2 – Die Europäischen Knickspannungskurven

7.2.3.1 Allgemeines

Ein Vergleich der zulässigen Knickspannungen σ_{dzul} (Stand 1975) verschiedener europäischer Länder zeigt Bild 7.5:

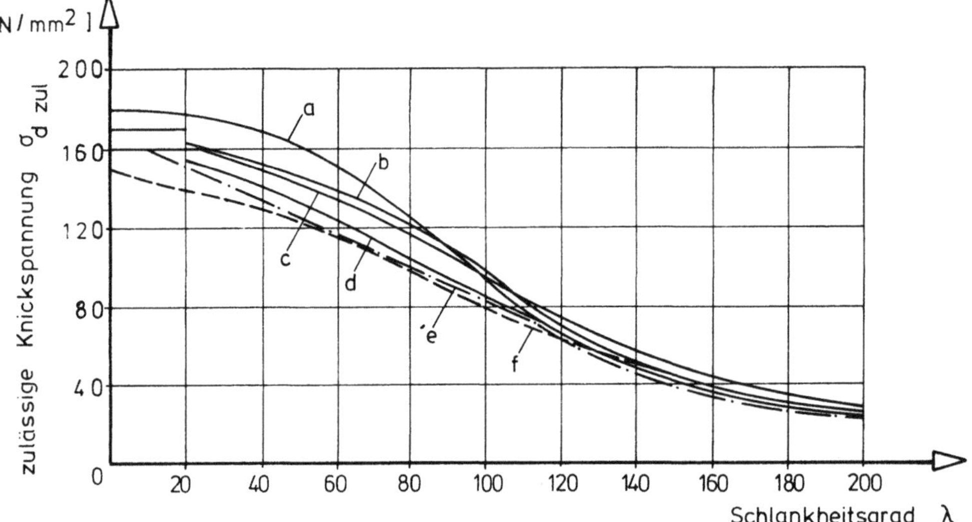

a französisches Normblatt "Régles de calcul des constructions en acier" vom Jahr 1966

b österreichisches Normblatt ÖNORM B 4600 vom Jahr 1964 (Erhöhungsfall)

c,d deutsches Normblatt DIN 4114 vom Jahr 1961 für Rohre bzw. DIN 4114 vom Jahr 1952 (Belastungsfall HZ)

e schweizerisches Normblatt SIA 161 vom Jahr 1956 (Belastungsfall Z)

f britisches Normblatt B.S. 153 vom Jahr 1950

Bild 7.5 Vergleich Europäischer Normen (Stand 1975)

Die Abweichung der Kurven ist bedingt durch unterschiedliche (mehr oder weniger gefühlsmäßige) Berücksichtigung von Imperfektionen. Um eine Harmonisierung der technischen Baubestimmungen innerhalb der Europäischen Gemeinschaft (EG) zu erreichen, wurden auf Initiative der Europäischen Konvention für Stahlbau (EKS) rechnerische Traglastermittlungen durchgeführt, die mit über 1000 Versuchsergebnissen verglichen wurden.

7.2.3.2 Die Europäischen Knickspannungskurven

Bei der rechnerischen Ermittlung der Traglasten wurde berücksichtigt:

- eine Säbelkrümmung des Stabes (sin-Linie mit Stich $\frac{\ell}{1000}$)
- der Einfluß von Eigenspannungen
- der Einfluß der Fließgrenzenstreuung

Die Knickspannungskurven (Traglastkurven) werden dimensionslos dargestellt:

- bezogener Schlankheitsgrad: $\bar{\lambda} = \frac{\lambda}{\lambda_F}$

  wobei λ_F der Schlankheitsgrad ist, dessen ideale Knickspannung σ_{ki} gleich der Fließgrenze ist.

Aus

$$\sigma_{ki} = \frac{E\,\pi^2}{\lambda^2} \quad \text{folgt} \quad \sigma_F = \frac{E\,\pi^2}{\lambda_F^2} \quad \text{bzw.} \quad \lambda_F = \pi \sqrt{\frac{E}{\sigma_F}} \tag{7.4}$$

Daraus ergibt sich

$$\frac{\lambda^2}{\lambda_F^2} = \frac{\sigma_F}{\sigma_{ki}} \quad \text{oder} \quad \bar{\lambda} = \frac{\lambda}{\lambda_F} = \sqrt{\frac{\sigma_F}{\sigma_{ki}}} = \sqrt{\frac{\sigma_F\,F}{\sigma_{ki}\,F}} = \sqrt{\frac{N_{p\ell}}{N_{ki}}} \tag{7.5}$$

- bezogene Knickspannung: $\bar{\sigma}_{kr} = \frac{\sigma_{kr}}{\sigma_F}$

Hierdurch wird erreicht, daß die Kurven für alle Materialgüten gelten. Es wurden die Ergebnisse für St 37 zugrunde gelegt. Da die Größe der Eigenspannungen nahezu unabhängig von der Materialfestigkeit ist, wird deren relativer Einfluß bei höheren Materialgüten geringer. Die Ergebnisse liegen daher auf der sicheren Seite (vgl. Abschnitt 2.6.6.4).

Die bezogene Knickspannung $\bar{\sigma}_{kr}$ kann auch als "Reduktionsfaktor der plastischen Normalkraft" aufgefaßt und mit $\varkappa$ bezeichnet werden.

Der Biegeknicknachweis kann dann in folgender Form geführt werden:

$$\sigma_{kr} = \varkappa\,\sigma_F \quad \text{oder} \quad N_{kr} = \varkappa\,N_{p\ell} \quad \text{oder} \quad \frac{N}{\varkappa \cdot N_{p\ell}} \leq 1 \tag{7.6}$$

wobei $N_{p\ell} = F\,\sigma_F$ die Quetschlast (oder plastische Normalkraft) ist, also die maximal (ohne Knickgefahr) aufnehmbare Normalkraft des Querschnittes.

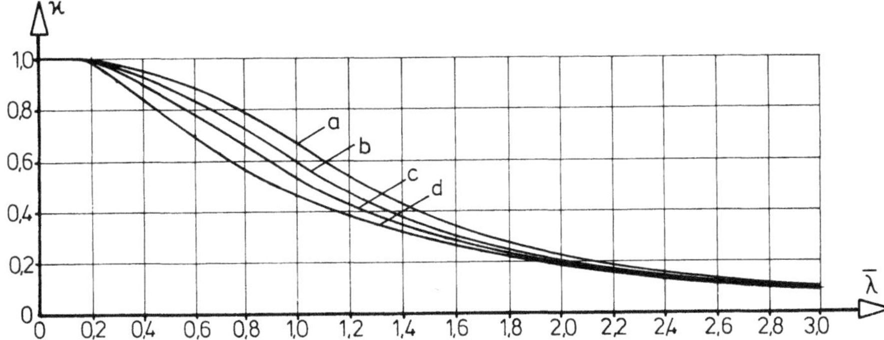

Bild 7.6 Traglastkurven a, b, c, d der Europäischen Konvention für Stahlbau für den querlastfreien, einspannungsfrei gelagerten Druckstab in dimensionsloser Darstellung

Die Darstellung der Knickspannungskurven (Kurven des Reduktionsfaktors $\varkappa$) wird durch die Einteilung der einzelnen Profiltypen in die vier Kurven a, b, c und d "vereinfacht".

Anmerkung: Es gibt noch Kurven a_o für spannungsarm geglühte Profile. Hierauf wird nicht näher eingegangen.

$\bar{\lambda} = \frac{\lambda}{\lambda_S}$	Abminderungsfaktor $\varkappa$ der Traglastkurve			
	a	b	c	d
0,2	1,000	1,000	1,000	1,000
0,4	0,953	0,925	0,900	0,841
0,6	0,885	0,838	0,783	0,699
0,8	0,797	0,727	0,654	0,572
1,0	0,675	0,599	0,537	0,468
1,2	0,540	0,481	0,438	0,386
1,4	0,427	0,383	0,357	0,319
1,6	0,341	0,308	0,293	0,265
1,8	0,277	0,250	0,241	0,222
2,0	0,228	0,207	0,202	0,188
2,2	0,191	0,175	0,172	0,160
2,4	0,162	0,148	0,147	0,138
2,6	0,138	0,128	0,127	0,120
2,8	0,120	0,112	0,111	0,105
3,0	0,105	0,0977	0,0977	0,0921

$\lambda = \frac{s_k}{i}$ $\quad$ λ_S aus Bild 7.9

s_k = Knicklänge $\quad$ Zuordnung zum Querschnittstyp

i = Trägheitsradius $\quad$ aus Bild 7.8

Bild 7.7 Abminderungsfaktoren $\varkappa$

Die formelmäßige Erfassung der Knickspannungslinien kann nach Gleichung (7.7) erfolgen:

$$\varkappa = \frac{1 + \alpha \cdot (\bar{\lambda} - 0,2) + \bar{\lambda}^2}{2 \cdot \bar{\lambda}^2} - \frac{1}{2 \cdot \bar{\lambda}^2} \sqrt{(1 + \alpha \cdot (\bar{\lambda} - 0,2) + \bar{\lambda}^2)^2 - 4 \cdot \bar{\lambda}^2} \qquad (7.7)$$

mit

Linie	a	b	c	d
α	0,21	0,34	0,49	0,76

Hinweis: Aus Gründen internationaler Vereinheitlichung wird in DIN 18800/2:

$\sigma_F = \beta_S$ Streckgrenze

$\lambda_F = \lambda_S$ Bezugsschlankheit

$F = A$ Querschnittsfläche

1		2	3
Querschnitt		Knicken rechtwinklig zur Achse	Knickspannungslinie
Hohlprofile		y - y	a
		z - z	a
geschweißte Kastenquerschnitte		y - y	b
		z - z	b
	dicke Schweißnaht und $h_y/t_y < 30$, $h_z/t_z < 30$	y - y	
		z - z	
gewalzte I-Profile	$\frac{h}{b} > 1,2$; $t \leq 40$ mm	y - y	a
		z - z	b
	$\frac{h}{b} \leq 1,2$; $t \leq 40$ mm	y - y	b (a)
		z - z	c (b)
	$t > 40$ mm	y - y	d
		z - z	d
geschweißte I-Querschnitte	$t_i \leq 40$ mm	y - y	b
		z - z	c
	$t_i > 40$ mm	y - y	c
		z - z	d
U-, L- und T-Querschnitte		y - y	
		z - z	

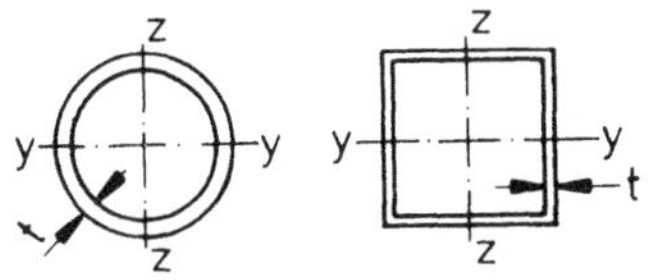

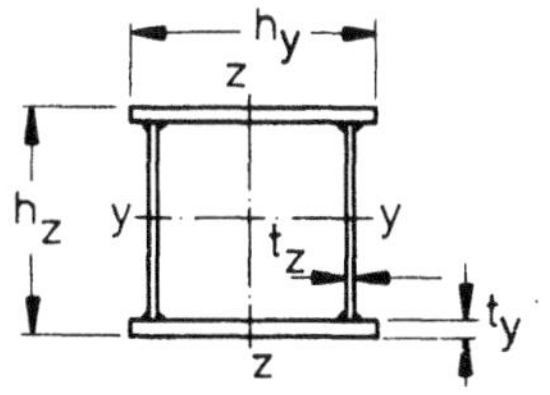

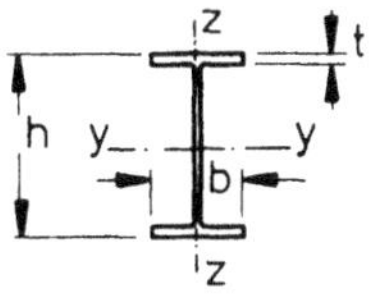

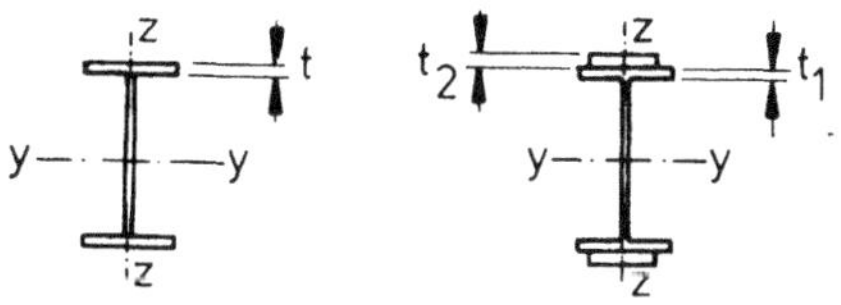

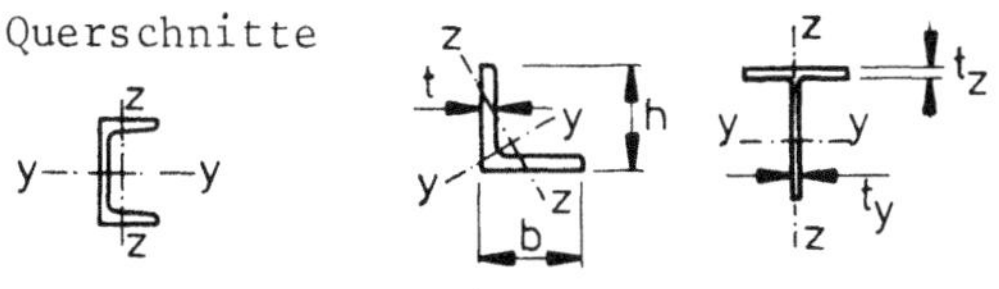

Hier nicht aufgeführte Profile sind sinngemäß einzuordnen.

Für hochfeste Stähle dürfen die in Klammern angegebenen Knickspannungslinien angenommen werden.

Bild 7.8 Zuordnung der Querschnitte zu den Knickspannungslinien

Zur Übertragung des $\varkappa$-$\bar{\lambda}$-Diagrammes in die Knickspannungslinie $\sigma_{kr} - \lambda$ muß die entsprechende Fließgrenze eingesetzt werden. Für den Benutzer liegen Tafeln mit ausgerechneten Zahlenwerten vor.

	1	2	3	4	5	6
1	Stahl	maßgebende Blechdicke t (mm)	Streckgrenze σ_F (N/mm²)	λ_S	Elastizitätsmodul E (N/mm²)	Schubmodul G (N/mm²)
2	St 37	t ≤ 4o	240	92,9	210 000	81 000
3	St 52	t ≤ 4o	360	75,9		
4	StE 460	t ≤ 4o	460	67,1		
5	StE 690	t ≤ 40	690	54,8		

$\lambda_S = \pi \sqrt{E/\sigma_F}$ "charakteristischer Schlankheitsgrad"

Bild 7.9 Werte für die Umwandlung der dimensionslosen $\varkappa$-$\bar{\lambda}$-Traglastkurven in σ_{kr}-λ-Knickspannungstafeln

7.2.3.3 Der Einfluß kleiner Querlasten

"Kleine" Querlasten können vernachlässigt werden. Der "zentrische" Knicknachweis

$$\frac{N}{\varkappa \cdot N_{p\ell}} \leq 1$$

darf für $\lambda \leq 70$ auch bei Auftreten von Querlasten geführt werden, solange

$$\frac{q}{g} \leq 1{,}5$$

ist.

q = Querlastkomponente je Stablängeneinheit rechtwinklig zur Stabachse einschließlich Eigenlastanteil

g = Eigengewicht je Stablängeneinheit

7.2.3.4 Biegedrillknicken

Unter planmäßig zentrischer Druckkraft brauchen beim gabelgelagerten Einfeldstab mit doppelt- und punktsymmetrischem Querschnitt auch bei Berücksichtigung der Imperfektionen nur die "elementaren" Versagensformen Biegeknicken und Drillknicken untersucht zu werden (vgl. Abschnitt 6.5.5.3). Für I-Profile wird im allgemeinen das Drillknicken nicht maßgebend, sondern das Biegeknicken um die schwache Achse. Nur für Querschnitte mit sehr geringem Wölbwiderstand, z.B. nach Bild 7.10 ($F_{\omega\omega} \rightarrow 0$), kann Drillknicken eintreten (vgl. auch Abschnitt 6.5.7.2).

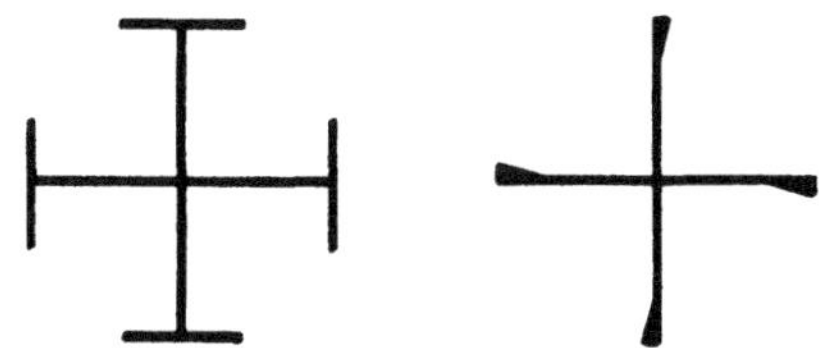

Bild 7.10 Querschnitte mit großer Biegesteifigkeit und geringer Torsionssteifigkeit

Bei einfachsymmetrischen Querschnitten, deren Schubmittelpunkt M nicht mit dem Schwerpunkt S zusammenfällt, kann die kombinierte Versagensform Biegung plus Verdrehung auftreten. Mit dem in Abschnitt 6.5.4.3 angegebenen Vergleichsschlankheitsgrad kann dieser Einfluß berücksichtigt werden.

Für unsymmetrische Querschnitte $M \neq S$ müssen Untersuchungen nach Abschnitt 6.5.3.2 durchgeführt werden.

7.3 Der einfeldrige Stab unter reiner Biegebeanspruchung — Biegedrillknicken (Kippen)

7.3.1 Allgemeines

In Analogie zum Biegeknicken unter planmäßig mittiger Druckkraft bildet der gabelgelagerte, einfeldrige Stab unter reiner Biegebeanspruchung die Grundlage (Eckwert) zur Beurteilung des Kippens. Er ist der "Ersatzstab" mit dem gleichen "idealen" Kippmoment M_{ki}.

7.3.2 Nachweis nach DIN 4114

Es wird die "ideale" Kippspannung berechnet: $\sigma_{ki} = \frac{M_{ki}}{I}\, e$; e = Abstand zur Gurtmittellinie. Ist σ_{ki} größer als die Proportionalitätsgrenze, so wird die (nach Engeßer, siehe Abschnitt 7.2.2) "abgeminderte" Kippspannung σ_k berücksichtigt. Dieser Nachweis (nach der Elastizitätstheorie $\sigma = \frac{M}{I}\, e$) ist für die Anwendung des Traglastverfahrens (vollplastisches Moment $M_{p\ell}$) schlecht geeignet.

7.3.3 Nachweis nach DIN 18800, Teil 2

Theoretische Untersuchungen unter Berücksichtigung von Imperfektionen und dem idealelastisch-idealplastischen Werkstoffverhalten und Vergleiche mit Versuchen / 7/ ermöglichten das Aufstellen einer den Europäischen Knickspannungskurven entsprechenden "Kippspannungskurve".
In Anlehnung an die Ausführungen in Abschnitt 7.2.3 wird diese Kurve in dimensionsloser Darstellung angegeben.

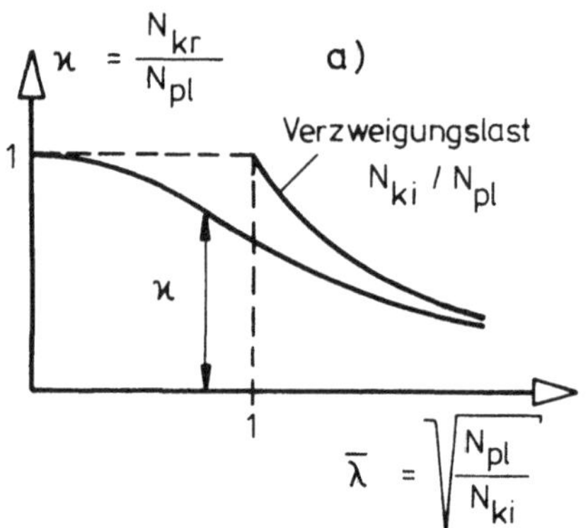

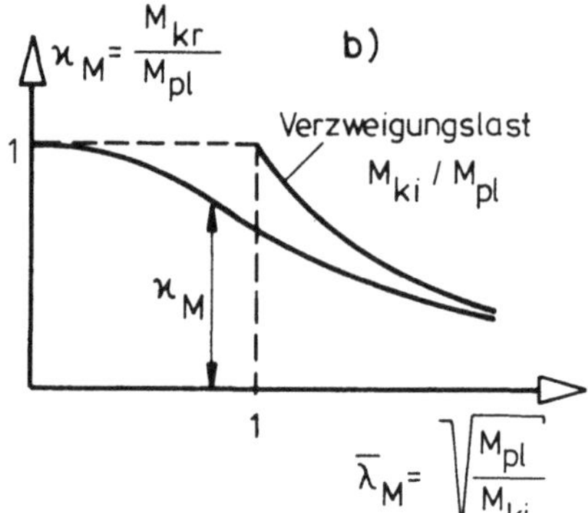

Bild 7.11 Abminderungskurven
a) Normalkraftbeanspruchung (Knickspannungskurve)
b) Momentenbeanspruchung (Kippspannungskurve)

Es wird ein "bezogener Schlankheitsgrad" $\bar{\lambda}_M = \sqrt{\frac{M_{p\ell}}{M_{ki}}}$ definiert, der sich aus der Analogie zum Knickstab ergibt. Als Bezugsmoment wurde $M_{p\ell}$ verwendet, um einen widerspruchsfreien Übergang zur Traglastbemessung von nicht kippgefährdeten Stäben zu erreichen.

Da $M_{p\ell} = \alpha\, \sigma_F\, W$ gilt $\bar{\lambda}_M = \sqrt{\frac{M_{p\ell}}{M_{ki}}} = \sqrt{\frac{\alpha\, \sigma_F}{\sigma_{ki}}}$

Der Nachweis wird nach Glchg. (7.8) geführt

$$\frac{M_y}{\varkappa_M \cdot M_{p\ell,y}} \leq 1 \qquad (7.8)$$

Anmerkung:

Die Wurzel bei $\bar{\lambda} = \sqrt{\frac{N_{p\ell}}{N_{ki}}}$ ist durch die historische Entwicklung entstanden, sie wurde deshalb auch bei $\bar{\lambda}_M$ übernommen. Selbstverständlich wäre es einfacher, in beiden Ausdrücken die Wurzel wegzulassen.

Für Momentenbeanspruchung liegen bei weitem noch nicht so viele Ergebnisse vor wie für das "Knicken". Daher wurde die "Kippspannungskurve" zunächst für alle Profile einheitlich durch folgende Funktion festgelegt:

$$\varkappa_M = \left(\frac{1}{1 + \bar{\lambda}_M^{2n}}\right)^{\frac{1}{n}} \tag{7.9}$$

Diese Funktion hat folgende Eigenschaften:

- für $\bar{\lambda}_M \rightarrow 0$ geht $\sigma_{kr} \rightarrow \sigma_F$
- für $\bar{\lambda}_M \rightarrow \infty$ geht $\sigma_{kr} \rightarrow \sigma_{ki}$
- durch den Zahlenwert n kann möglichst gute Übereinstimmung mit den vorliegenden Untersuchungen erreicht werden.

Bis zum Vorliegen differenzierterer Ergebnisse wird für alle Querschnitte der Wert n = 2,5 vorgeschlagen / 7/.

$\bar{\lambda}_M$	0,1	0,2	0,3	0,4	0,5	0,6	0,7	0,8	0,9	1,0
$\varkappa_M$	1,0	1,0	0,999	0,996	0,988	0,971	0,940	0,893	0,831	0,758
$\bar{\lambda}_M$	1,1	1,2	1,3	1,4	1,5	1,6	1,7	1,8	1,9	2,0
$\varkappa_M$	0,681	0,607	0,538	0,477	0,423	0,377	0,337	0,302	0,273	0,247

Bild 7.12 $\varkappa_M$-Werte für n = 2,5

Meist sind durch die Einleitungskonstruktion der Belastung seitliche Abstützungen oder drehfedernde Halterungen vorhanden. Im Fall einer (kontinuierlichen) Drehbettung c_ϑ kann entsprechend den Überlegungen in Abschnitt 6.5.5.8 anstelle eines Kippnachweises nach Glchg. (7.8) der Nachweis einer Mindeststeifigkeit nach Glchg. (7.10) mit k_ϑ nach Bild 7.13 treten:

$$c_\vartheta \geq \frac{M_{p\ell}^2}{EJ_z} k_\vartheta \tag{7.10}$$

Ist der Druckgurt in einzelnen Punkten gegen seitliches Ausweichen gehalten, so kann anstelle des Kippnachweises nach Glchg. (7.8) ein Biegeknicknachweis des Gurtes geführt werden. Hierbei ist 1/5 der Stegfläche als mitwirkender Anteil bei dem Druckgurt zu berücksichtigen (vergl. Bild 6.115). Da bei dieser Berechnung der Drillwiderstand vernachlässigt wird, darf als ertragbare Spannung im Schwerpunkt des Gurtes bei elastischer Berechnung (d.h. ohne Plastizieren des Querschnittes) der Wert

$$\sigma_{kr} = \frac{\varkappa \cdot \sigma_F}{0{,}844} \tag{7.11}$$

eingesetzt werden mit $\varkappa$ nach Knickspannungslinie c.

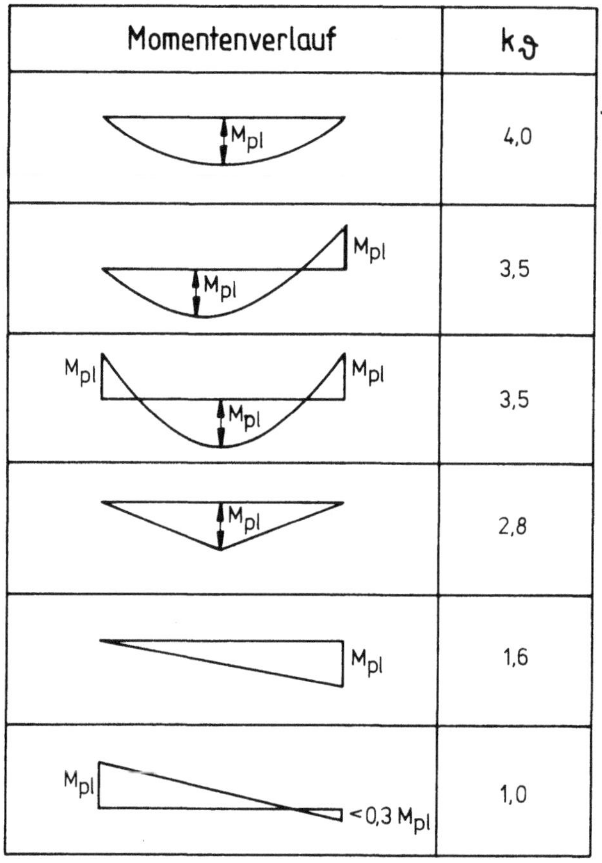

Momentenverlauf	k_ϑ
M_{pl}	4,0
M_{pl} M_{pl}	3,5
M_{pl} M_{pl} M_{pl}	3,5
M_{pl}	2,8
M_{pl}	1,6
M_{pl} $<0{,}3\, M_{pl}$	1,0

Bild 7.13 Beiwert k_ϑ für Mindestdrehbettung. Bei elastischer Bemessung ($M \leq M_F$) gilt für alle Momentenflächen $k_\vartheta = 0{,}9$.

Als Knicklänge s_k wird der Abstand der festgehaltenen Punkte eingesetzt. Der gleiche Sachverhalt kann auch folgendermaßen ausgedrückt werden: Ein Kippnachweis darf entfallen, wenn der Abstand c der seitlich gehaltenen Punkte folgende Gleichung erfüllt:

$$c \leq 0{,}5 \cdot i_{Z,G} \cdot \lambda_F \qquad (7.12)$$

mit $i_{Z,G}$ = Trägheitsradius der aus Druckgurt und 1/5 des Steges gebildeten Querschnittsfläche

Für die Knickspannungslinie c wird der Wert $\varkappa = 0{,}844$ bei dem Wert $\bar{\lambda} = 0{,}5$ erreicht. Mit $\lambda = \bar{\lambda} \cdot \lambda_F = \frac{s_k}{i}$ erhält man für $c \leq s_k$ die Bedingung der Glchg (7.12).

Wird mit Plastizieren des Querschnittes gerechnet, so sind geringere Abstände der seitlichen Abstützungen nach Bild 7.14 erforderlich.

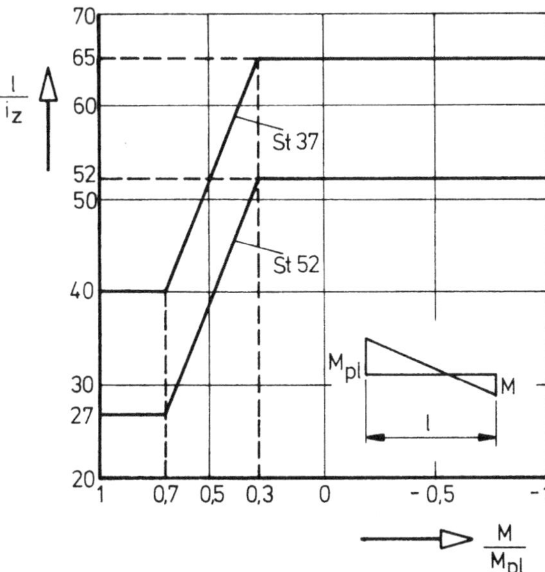

Bild 7.14 Maximalabstände ℓ für seitliche Abstützungen (i_z = Trägheitsradius des ganzen Querschnittes)

7.4 Der einfeldrige Stab unter Druckkraft und Biegung

7.4.1 Allgemeines

Der Tragsicherheitsnachweis wird in der Weise geführt, daß die unter den Bemessungslasten auftretenden Schnittgrößenkombinationen nach Theorie 2. Ordnung N, M_y, M_z unter Berücksichtigung der gleichzeitig wirkenden Querkräfte Q_y und Q_z innerhalb oder höchstens auf der Raumkurve des Interaktionsdiagrammes nach Bild 7.15 liegt. Hierbei ist neben der planmäßigen Biegebeanspruchung stets eine geeignete geometrische Ersatzimperfektion anzunehmen, deren Form der Biegelinie des niedrigsten Knickeigenwertes angepaßt sein soll, und deren Größe (z.B. Maximalordinate einer Sinushalbwelle) so zu wählen ist, daß im Grenzfall des planmäßig zentrisch gedrückten Stabes die Tragspannung mit der entsprechenden Europäischen Knickspannung möglichst gut übereinstimmt. Außerdem muß ggf. der Einfluß des Biegedrillknickens berücksichtigt werden.

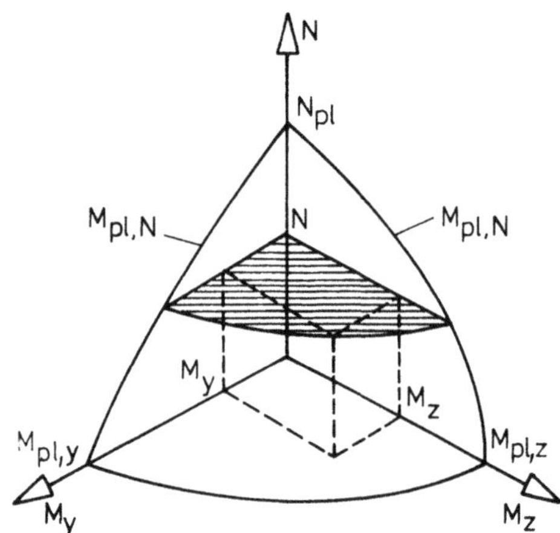

Bild 7.15 Räumliches Traglastdiagramm

Die "exakte" Lösung dieses Problems ist im allgemeinen nur mit umfangreichen EDV-Programmen möglich. Für die tägliche Bemessungspraxis wurden Näherungsverfahren entwickelt, die in den folgenden Abschnitten erläutert werden.

Im allgemeinen Fall der planmäßigen Doppelbiegung mit Druckkraft tritt "Biegetorsion" auf (s. Abschnitt 6.5.8). Auch für den Fall der planmäßig einachsigen Biegung (z.B. um die starke Achse von I-Profilen) ist es erforderlich, die Auswirkungen der Imperfektionen um die andere (schwache) Achse zu berücksichtigen, so daß in den meisten Fällen zweiachsige Biegebeanspruchung einschließlich Verdrehung vorliegt. Der Einfluß des Biegedrillknickens ist bei torsionssteifen Querschnitten vernachlässigbar gering.

In den folgenden Abschnitten wird zunächst das ebene Problem behandelt (jede Achse getrennt für sich) und anschließend das räumliche Problem.

7.4.2 Nachweis nach der Elastizitätstheorie 2. Ordnung

Die Grundlagen des Verfahrens sind in Abschnitt 4.2 erläutert. Außer den planmäßigen Biegemomenten müssen Imperfektionen berücksichtigt werden. Es wird mit einer geometrischen Ersatzimperfektion w_o gerechnet, die so bestimmt wird, daß bei planmäßig zentrischem Angriff der Druckkraft N die Europäische Knickspannung σ_{kr} erreicht wird.

$$\frac{N}{F} = \sigma_{kr}$$

Wird dies in die Näherung nach Abschnitt 4.2.4.1 eingesetzt, so gilt

$$\frac{N}{F} + \frac{1}{1 - \frac{N}{N_{ki}}} \frac{N w_o}{W} = \sigma_F = \sigma_{kr} \frac{\sigma_F}{\sigma_{kr}} = \frac{N}{F} \frac{\sigma_F}{\sigma_{kr}} \tag{7.13}$$

Löst man diese Gleichung nach w_o auf und setzt für $\frac{N}{N_{ki}} = \frac{\sigma_{kr}}{\sigma_{ki}}$, so erhält man

$$w_o = \frac{W}{F}\left(1 - \frac{\sigma_{kr}}{\sigma_{ki}}\right)\left(\frac{\sigma_F}{\sigma_{kr}} - 1\right) \tag{7.14}$$

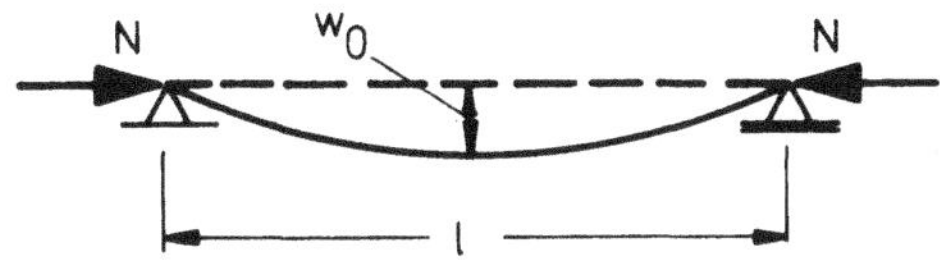

Bild 7.16 Druckstab mit geometrischer Ersatzimperfektion w_o

Die Ersatzimperfektion w_o ist abhängig vom Schlankheitsgrad, vom Querschnitt und von der Knickspannungskurve. Unter Berücksichtigung dieser Imperfektionen werden die Biegemomente nach der Elastizitätstheorie 2. Ordnung berechnet. Die plastische Reserve des Querschnittes wird bei diesem Verfahren nicht berücksichtigt.

Der Nachweis für Druck und einachsige Biegung lautet:

$$\sigma = \frac{N}{F} + \frac{M^{II}}{W} \leq \sigma_F$$

wobei M^{II} das Biegemoment einschließlich des Imperfektionsmomentes $N\, w_o$ ist, das nach der Elastizitätstheorie 2. Ordnung berechnet wird. Die Berechnung von M^{II} kann entweder mit den "exakten" Gleichungen (Abschnitt 4.2.2) oder näherungsweise (Abschnitt 4.2.4) erfolgen.

Auf weitere Einzelheiten (näherungsweise Berücksichtigung des Biegedrillknickens, zweiachsige Biegung usw.) wird hier nicht eingegangen. Es sind sinngemäß die gleichen, die im nächsten Abschnitt 7.4.3 behandelt werden.

7.4.3 Nachweis nach der Fließgelenktheorie 2. Ordnung

7.4.3.1 Allgemeines

Den Nachweis nach der Fließgelenktheorie 2. Ordnung bildet die Grundlage der meisten Bemessungskonzepte. Wie in Abschnitt 6.4.2.7 erläutert, kann die Genauigkeit dieses Verfahrens (beliebig) gesteigert werden durch eine entsprechende Festlegung der geometrischen Ersatzimperfektionen. Die Problematik (der Genauigkeit des Verfahrens) wird dadurch auf die "richtige" Festlegung der Ersatzimperfektionen verlagert.

Die Berechnung der Biegemomente erfolgt nach der Elastizitätstheorie 2. Ordnung mit den "exakten" Lösungen nach Abschnitt 4.2.2 oder den Näherungslösungen nach Abschnitt 4.2.4. Als "aufnehmbare" Schnittgröße wird die Grenztragfähigkeit des vollständig durchplastizierten Querschnittes eingesetzt (Abschnitt 5.3).

7.4.3.2 Ersatzimperfektionen

Es gelten hierfür die gleichen Überlegungen wie in Abschnitt 7.4.2. Beim Übergang von der Elastizitätstheorie zur Fließgelenktheorie 2. Ordnung ist in Gleichung (7.14) das plastische Widerstandsmoment $W_{p\ell} = \alpha\, W$ einzusetzen.

Mit $\varkappa = \dfrac{N_{kr}}{N_{p\ell}}$ und $\bar{\lambda}^2 = \dfrac{N_{p\ell}}{N_{ki}}$ gilt dann:

$$w_o = \frac{\alpha\, W}{F}\left(1 - \frac{\sigma_{kr}}{\sigma_{ki}}\right)\left(\frac{\sigma_F}{\sigma_{kr}} - 1\right) = \frac{M_{p\ell}}{N_{p\ell}}\left(1 - \frac{N_{kr}}{N_{ki}}\right)\left(\frac{N_{p\ell}}{N_{kr}} - 1\right) = \frac{M_{p\ell}}{N_{p\ell}}\;\frac{(1 - \varkappa)(1 - \varkappa\,\bar{\lambda}^2)}{\varkappa} \tag{7.15}$$

w_o ist abhängig von der Querschnittsform, dem Schlankheitsgrad und der Knickspannungskurve. Zur "exakten" Berechnung wäre ein Katalog von Ersatzimperfektionen notwendig. Aufgrund von Vergleichsrechnungen darf näherungsweise mit folgenden (gemittelten) Werten w_o gerechnet werden /63/.

Knickspannungs-kurve	w_o
a	$\frac{\ell}{500}$
b	$\frac{\ell}{250}$
c	$\frac{\ell}{200}$
d	$\frac{\ell}{140}$

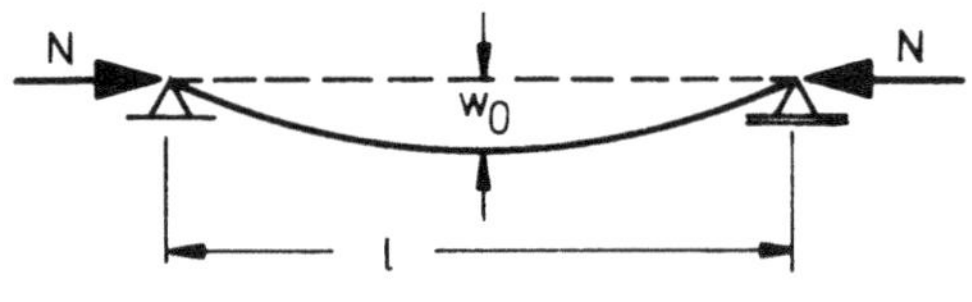

Bild 7.17 Ersatzimperfektionen für Stäbe mit unverschieblichen Knotenpunkten

Für die Zuordnung der Querschnitte zu den Knickspannungskurven gilt Bild 7.8.
Wird der Nachweis nach der Elastizitätstheorie 2. Ordnung gem. Abschnitt 7.4.2 vorgenommen, so dürfen die Grundwerte ermäßigt werden.

Wichtiger Hinweis: Es braucht stets nur eine Ersatzimperfektion (für eine Achsenrichtung) berücksichtigt zu werden, wobei diejenige mit der ungünstigeren Auswirkung maßgebend ist. Für Stäbe mit verschieblichen Knotenpunkten (Rahmen) sind Ersatzimperfektionen in Abschnitt 7.7.1 angegeben.

7.4.3.3 Verwendung der "exakten" Lösungen

Bei einachsiger Biegung werden für die Momente die Lösungen der Differentialgleichungen gemäß Abschnitt 4.2.2 eingesetzt und nachgewiesen, daß die auftretenden Schnittgrößen geringer sind als die (bei entsprechender Interaktionsbeziehung nach Abschnitt 5.3) vom Querschnitt aufnehmbaren Schnittgrößen. Die Lösungen für die wichtigsten Lastfälle sind im Anhang in Tabelle A3 zusammengestellt. Der Nachweis ist für die Handrechnung recht kompliziert und für die Vorbemessung schlecht geeignet.

Der Einfluß des Biegeknickens um die schwache Achse und - wenn erforderlich - des Biegedrillknickens ist zusätzlich zu untersuchen (vergl. Abschnitt 7.4.5).

Bei zweiachsiger Biegung und Normalkraft entsteht in der Regel ein "allgemeines Biegetorsionsproblem" (s. Abschnitt 6.5.8). Vernachlässigt man zunächst den Einfluß der Drillverformungen, so können (wenn nur das erste Fließgelenk aktiviert wird) die Schnittgrößen für beide Achsen getrennt ermittelt und der Querschnittstragfähigkeit für die entsprechende M_y-M_z-N - Interaktion gegenübergestellt werden. Zusätzlich ist der Einfluß des Biegedrillknickens nach Abschnitt 7.4.5 zu untersuchen.

7.4.3.4 Einfache Näherungsformeln für einachsige Biegung und Druckkraft

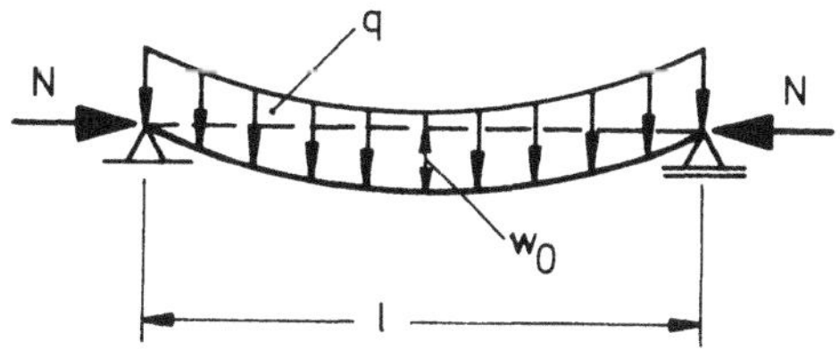

Bild 7.18 Druckstab mit Imperfektionen und Querlasten q

Verwendet man die in Abschnitt 4.2.4.1 hergeleiteten Steigerungsfaktoren, so gilt für die Randspannung des einfeldrigen Druckstabes mit einachsiger Biegebeanspruchung nach Bild 7.18:

$$\frac{N}{F} + \frac{1}{1 - \frac{N}{N_{ki}}} \frac{M + N\,w_o}{W} \leq \sigma_F$$

Der Übergang zur Fließgelenktheorie 2. Ordnung liefert für den Sandwichquerschnitt die Gleichung:

$$\frac{N}{N_{p\ell}} + \frac{1}{1 - \frac{N}{N_{ki}}} \; \frac{M + N\,w_o}{M_{p\ell}} \leq 1 \qquad (7.16)$$

Setzt man w_o nach Gl. (7.15) ein, so erhält man durch einfache algebraische Umformung folgende Formeln /59/:

$$\frac{N}{N_{p\ell}} + \frac{N\,(1-\varkappa)(1-\varkappa\bar{\lambda}^2)}{N_{p\ell}\cdot\varkappa(1 - \frac{N}{N_{p\ell}}\,\bar{\lambda}^2)} + \frac{M}{M_{p\ell}\,(1 - \frac{N}{N_{p\ell}}\,\bar{\lambda}^2)} \leq 1 \qquad (7.17a)$$

oder

$$\frac{N}{\varkappa\cdot N_{p\ell}} + \frac{M}{M_{p\ell}} \; \frac{1}{1 - \frac{N}{N_{p\ell}}\,\bar{\lambda}^2\cdot\varkappa} \leq 1 \qquad (7.17b)$$

Zur weiteren Vereinfachung wurde eine auf der sicheren Seite liegende Näherung für alle Querschnittsarten entwickelt /59/:

$$\frac{N}{\varkappa\cdot N_{p\ell}} + \frac{M}{M_{p\ell}} + \Delta n \leq 1 \qquad (7.18)$$

mit Δn nach Bild 7.19.

$\frac{N}{N_{pl}\cdot\varkappa}$	Δn
$\leq 0{,}1$ $\geq 0{,}9$	0
$> 0{,}1$ $< 0{,}9$	0,1 (vereinfacht) $0{,}25\cdot\varkappa^2\cdot\bar{\lambda}^2$ (genauer)

Bild 7.19 Zusatzanteil Δn in Gleichung (7.18).

Für doppeltsymmetrische Walzprofile lautet für Biegung um die starke Achse die Interaktionsbedingung nach Gleichung (5.12):

$$\frac{N}{N_{p\ell}} + \frac{M}{1{,}1\cdot M_{p\ell}} \leq 1 \quad \text{für} \quad \frac{N}{N_{p\ell}} > \frac{1}{11} \qquad (7.19)$$

Entsprechend gilt für diese Querschnitte anstelle Gleichung (7.18) die Gleichung (7.20):

$$\frac{N}{\varkappa\cdot N_{p\ell}} + \frac{M}{1{,}1\cdot M_{p\ell}} + \Delta n \leq 1 \qquad (7.20)$$

für $\frac{N}{\varkappa\cdot N_{p\ell}} \geq 0{,}1$

Wie aus der Herleitung zu erkennen ist, gelten Gleichung (7.18) und (7.20) nur, wenn "affines" Verhalten zwischen der eingeprägten Beanspruchung und der Auswirkung der Druckkraft vorliegt (s. Abschnitt 4.2.4). Dies gilt exakt für sinusförmigen Verlauf der Momentenfläche und angenähert für parabelförmigen oder dreiecksförmigen Verlauf. Für andere Verläufe - insbesondere für eingeprägte Stabendmomente unterschiedlicher Größe - muß eine Korrektur vorgenommen werden (s.Abschnitt 7.4.3.5).

Der Einfluß des Biegeknickens um die schwache Achse und ggfs. des Biegedrillknickens muß zusätzlich untersucht werden.

7.4.3.5 Verbesserte Näherungsformeln für einachsige Biegung und Druckkraft

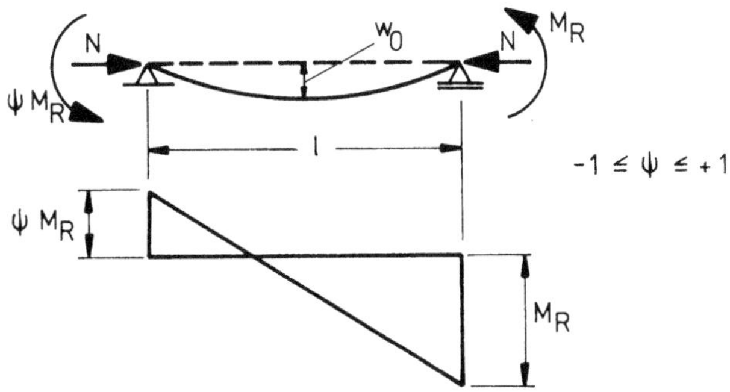

Bild 7.20 Druckstab mit ungleichen Endmomenten

Greifen Endmomente nach Bild 7.2o an, so tritt das maximale Biegemoment M_R nach Theorie 1. Ordnung stets am Stabende auf. Durch den Einfluß der Theorie 2. Ordnung und der Imperfektion w_o kann jedoch das maximale Biegemoment im Feldbereich größer werden als das Randmoment M_R.

Für elastisches Verhalten liefert die Differentialgleichungsmethode die exakte Lösung für das maximale Biegemoment max M /60/. Zur Vereinfachung wird Gleichung (7.21) verwendet:

$$\max M = \beta_M \cdot \frac{M_R}{1 - \frac{N}{N_{ki}}} \qquad (7.21)$$

Der Faktor β_M kann als Korrekturbeiwert des Maximalmomentes für "nicht-affines Verhalten" aufgefaßt werden und ist in Bild 7.21a angegeben.

Ein Vergleich der Näherung nach Gleichung (7.21) mit der genauen Lösung ist in Bild 7.21b dargestellt.

Beanspruchung	β_M
Stäbe mit Querlasten	$\beta_M = 1$
Stäbe ohne Querlasten, Beanspruchung durch Randmomente  M ... $\psi \cdot M$ $-1 \leq \psi \leq +1$	$\beta_M = 0{,}66 + 0{,}44 \cdot \psi$ $\geq 1 - N/N_{ki}$ $\geq 0{,}44$

Bild 7.21a Momentenbeiwert β_M

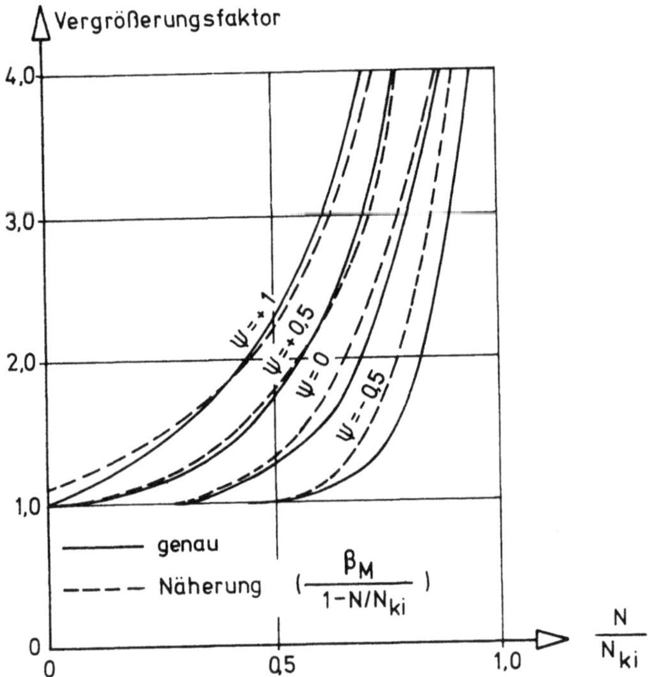

Bild 7.21b Vergleich von Gleichung (7.21) mit genauer Lösung

Damit wird die Erweiterung der Gleichungen (7.18) und (7.20) für den Stab mit Randmomenten M_R möglich:

$$\frac{N}{\varkappa \cdot N_{p\ell}} + \frac{\beta_M \cdot M_R}{(1,1) \cdot M_{p\ell}} + \Delta n \leq 1 \qquad (7.22)$$

Der Faktor 1,1 im Nenner gilt für I-förmige Querschnitte (s. Gleichung 7.20).

Hinweis: Die Begrenzung des Korrekturbeiwertes $\beta_M \geq 1 - \frac{N}{N_{ki}}$ gewährleistet, daß auch für die Schnittgrößen nach Theorie 1. Ordnung die Querschnittstragfähigkeit nicht überschritten wird, da durch diese Begrenzung das maximale Biegemoment nach Gleichung (7.21) max M nicht kleiner als das Randmoment M_R werden kann.

7.4.3.6 <u>Näherungsformeln für Druck und zweiachsige Biegung</u>

Wenn nicht zweifelsfrei feststeht, welche Achsenrichtung auf Imperfektionen ungünstiger reagiert (meist ist es die schwache Querschnittsachse), so scheint in Erweiterung der Gleichung (7.22) folgender Doppelnachweis (Gleichung 7.23) sinnvoll:

$$\frac{N}{\varkappa \cdot N_{p\ell}} + \frac{\beta_M \cdot M}{(1,1)\ M_{p\ell}} + \Delta n + \frac{\beta_M \cdot M}{(1,1)\ M_{p\ell}\ (1 - \frac{N}{N_{ki}})} \leq 1 \qquad (7.23)$$

schwache Achse (starke Achse) — starke Achse (schwache Achse)

Mit weiteren Untersuchungen zu diesem Problem wurde begonnen.

Anmerkung: Gleichung (7.23) gilt nur für Stäbe, die nicht biegedrillknickgefährdet sind (i.a. geschlossene Querschnitte).Für offene Profile ist i.a. ein Nachweis unter Berücksichtigung des Biegedrillknickens zu führen (vergl. Abschnitt 7.4.5).

7.4.4 Nachweis mit Traglastdiagrammen

7.4.4.1 Allgemeines

Für Druck und einachsige Biegung wurden "exakte" Berechnungen für I-Profile durchgeführt und die Ergebnisse in Diagrammen dargestellt /41/. Dieser Nachweis wird dadurch vereinfacht, daß nur die "planmäßigen" Biegemomente nach Theorie 1. Ordnung eingesetzt zu werden brauchen. Die Auswirkungen der Theorie 2. Ordnung und der Imperfektionen sind in den Diagrammen bereits "eingearbeitet". Die Ersatzimperfektionen wurden so bestimmt, daß sie bei zentrischer Druckkraft genau die entsprechenden Werte der Europäischen Knickspannungskurven ergeben. Das Biegedrillknicken wird nur näherungsweise erfaßt.

7.4.4.2 Nachweis bei Druck und einachsiger Biegung

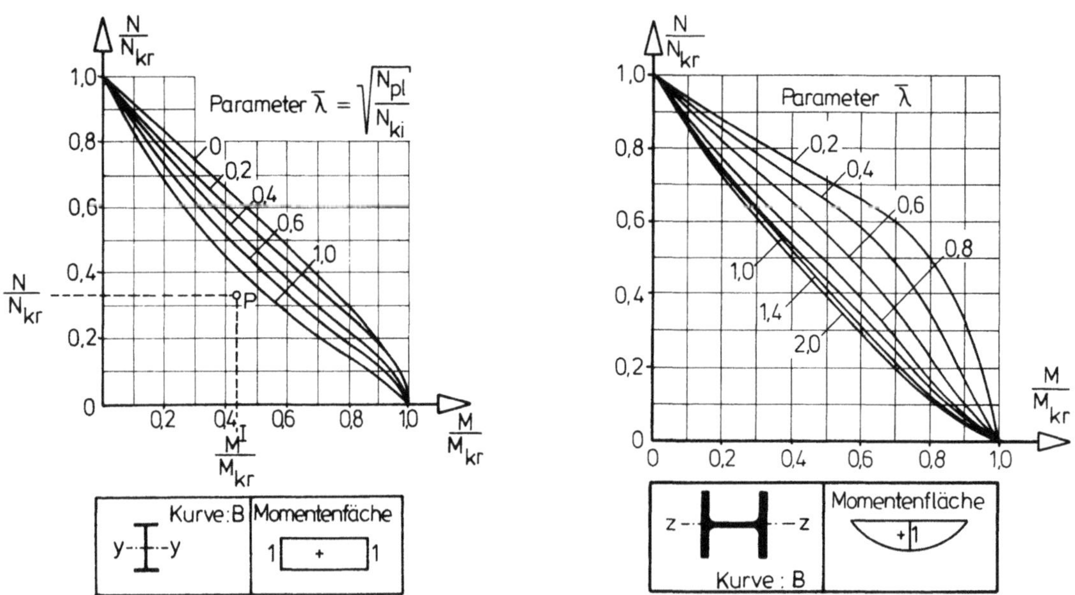

Bild 7.22 Nachweis bei Druck und einachsiger Biegung

Gemäß Bild 7.22 ist nachzuweisen, daß der Punkt, der zu N und M gehört, innerhalb des durch die Kurve begrenzten Bereiches liegt, der zu dem entsprechenden bezogenen Schlankheitsgrad $\bar{\lambda}$ gehört.

M - planmäßiges Biegemoment (Theorie 1. Ordnung) unter Bemessungslasten

N - Normalkraft unter Bemessungslasten

$M_{kr} = \varkappa_M \, M_{p\ell,Q}$ - Traglast des planmäßig mittig querbelasteten Stabes ohne Normalkraft nach Abschnitt 7.3.3

$N_{kr} = \varkappa \, N_{p\ell,Q}$ - Traglast des planmäßig mittig gedrückten Stabes nach Abschnitt 7.2.3.2

Näherungsweise kann der Einfluß der Querkraft dadurch erfaßt werden, daß bei der Ermittlung der Tragfähigkeit anstelle des Momentes $M_{p\ell}$ das reduzierte Moment $M_{p\ell,Q}$ (s. Abschnitt 5.3.7) und anstelle der vollen Quetschlast $N_{p\ell}$ die reduzierte Quetschlast $N_{p\ell,Q}$ eingesetzt wird (vgl. Abschnitt 5.3.8). Bei der Ermittlung des Schlankheitsgrades müssen dagegen stets die vollen plastischen Schnittgrößen eingesetzt werden. Zusätzlich ist stets der Nachweis für planmäßig mittigen Druck für die momentenfreie Achse zu führen.

Eine Variante dieses Nachweises benützt nur die Interaktionskurve für $\bar{\lambda} = 0$ (reine Querschnittstragfähigkeit ohne Knickgefahr). In Bild 7.23 kann man an dieser Kurve folgende Zusammenhänge erkennen:

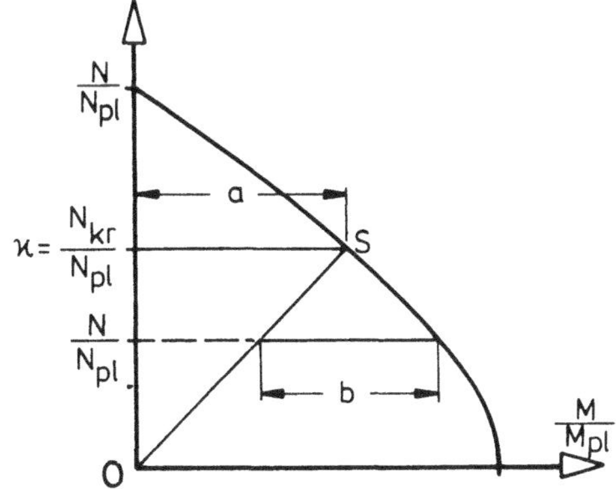

Bild 7.23 Interaktion für zusätzlich aufnehmbare Biegemomente

Liegt Knickgefahr vor, d.h. liefert die Berechnung für planmäßig zentrische Druckkraft nach Abschnitt 7.2.3.2 eine Abminderung $N_{kr} = \varkappa\ N_{p\ell}$, so kann für diese Druckkraft kein zusätzliches, planmäßiges Biegemoment aufgenommen werden, da die Imperfektionen die gesamte Biegetragfähigkeit "aufzehren" (Schnittpunkt S, Strecke a). Für eine Normalkraft $N < N_{kr}$ steht demnach zur Aufnahme planmäßiger Biegemomente nur die Strecke b zur Verfügung. Näherungsweise kann eine gradlinige Verbindung zwischen den Punkten 0 und S angenommen werden. Diese Momente müssen dann allerdings nach Theorie 2. Ordnung berechnet werden. Diese Art der Auswertung ist zweckmäßig zur Ermittlung der Traglast von Verbundstützen /57/.

7.4.4.3 Nachweis bei Druck und zweiachsiger Biegung

Treten planmäßige Biegemomente um beide Achsen auf (M_y und M_z), so stellt der Horizontalschnitt durch den "Traglastraum" in der Höhe N die Grenzkurve für die unter Bemessungslasten aufnehmbaren Biegemomente dar. Die entstehende horizontale Ebene ist in Bild 7.24 schraffiert dargestellt.

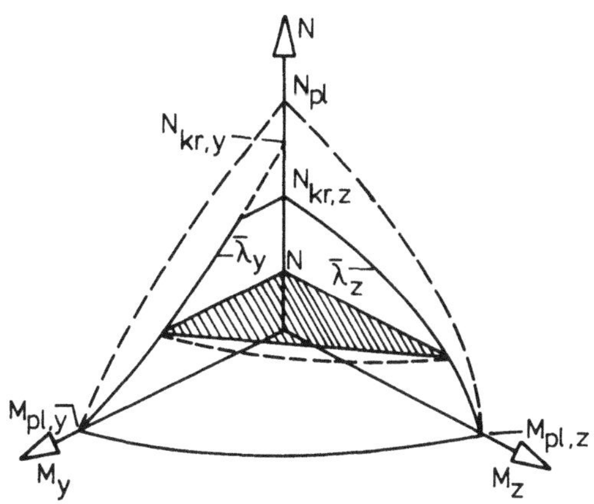

Bild 7.24 Räumliche Darstellung der Traglastkurven

Der Nachweis bei Druck und zweiachsiger Biegung baut auf dem Nachweis für einachsige Biegung auf. Zunächst werden für jede der beiden Achsenrichtungen getrennt die planmäßigen Biegemomente bestimmt, die zu der einwirkenden Normalkraft N gehören. Dies geschieht in der Weise, daß in den beiden in Bild 7.25 a und b dargestellten Traglastkurven die Strecken $\overline{AB}$ (z.B. für die starke Achse y-y) und $\overline{CD}$ (z.B. für die schwache Achse z-z) abgegriffen werden.

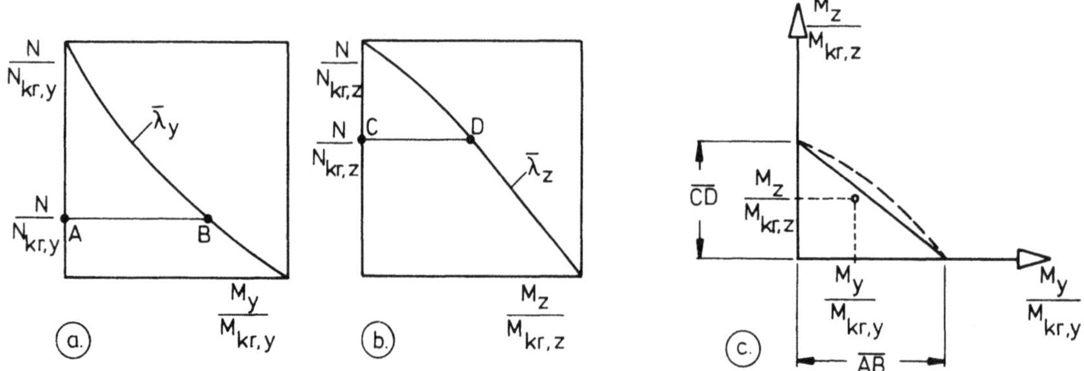

Bild 7.25 Nachweis bei Druck und zweiachsiger Biegung

Da bei dem gegenwärtigen Stand der Erkenntnisse noch keine genaueren Angaben über den Verlauf der Grenzkurven dieser Ebenen gemacht werden können, empfiehlt es sich, die auf der sicheren Seite liegende gradlinige Verbindung der Eckpunkte als angenäherte Grenzkurve zu verwenden (s. Bild 7.25 c).

In ähnlicher Weise kann bei dem Verfahren nach Bild 7.23 vorgegangen werden, wenn anstelle der Strecken $\overline{AB}$ bzw. $\overline{CD}$ die Strecke b für jede der beiden Achsen bestimmt wird und nach Bild 7.25 c die räumliche Interaktion angenähert wird.

7.4.4.4 Andere Näherungsformeln für zweiachsige Biegung

Eine andere Möglichkeit für die angenäherte Auswertung der gekrümmten Traglastfläche nach Bild 7.24 ist in Bild 7.26 dargestellt.

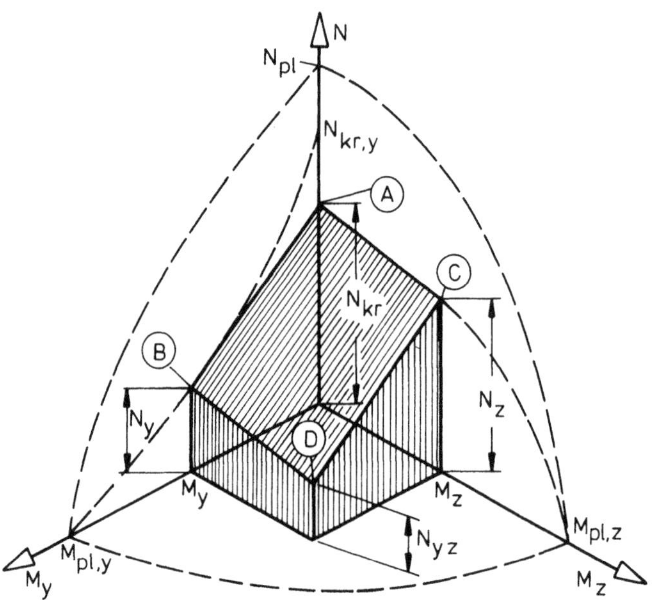

Bild 7.26 Angenäherte Auswertung der gekrümmten Traglastfläche

Legt man durch die Punkte A, B und C eine Ebene (schräg schraffiert), so wird im Punkt D der gesuchte Punkt auf der Oberfläche des "Traglastraumes" recht gut angenähert.

Die Kantenlängen des entstehenden Körpers sind:

N_{kr} die maßgebende (kleinste) Traglast bei zentrischer Druckkraft,
N_y die Normalkraft, die dem allein angreifenden planmäßigen Biegemoment M_y zugeordnet ist,
N_z die entsprechende Normalkraft bei einachsiger planmäßiger Biegebeanspruchung infolge M_z,
N_{yz} die Normalkraft, die den gemeinsam wirkenden M_y und M_z zugeordnet ist.

Aus einfachen geometrischen Zusammenhängen folgt:

$$N_{yz} = N_y + N_z - N_{kr} \qquad (7.24)$$

Ähnliche Überlegungen führten zu der in England verwendeten "Bresler-Formel"

$$\frac{1}{N_{yz}} = \frac{1}{N_y} + \frac{1}{N_z} - \frac{1}{N_{kr}} \qquad (7.25)$$

Trägt man anstelle von N den Kehrwert $\frac{1}{N}$ auf und ersetzt die räumlich gekrümmte Fläche durch eine Ebene, so erkennt man den Zusammenhang in Bild 7.27.

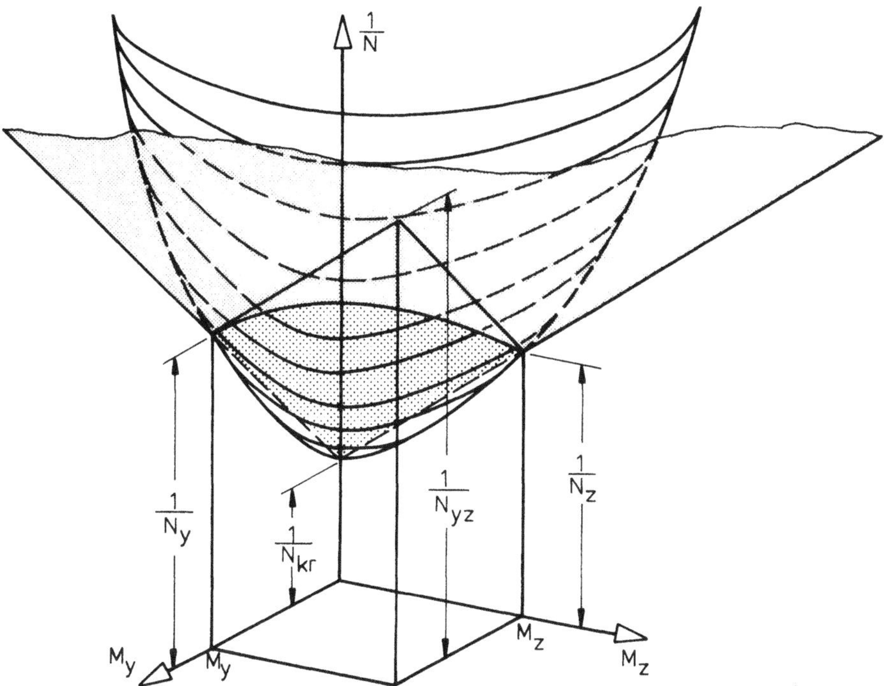

Bild 7.27 Die gekrümmte Traglastfläche mit den Kehrwerten $\frac{1}{N}$

Zur Steigerung der Genauigkeit dieser sehr einfachen Näherungsformel sind die Untersuchungen noch nicht abgeschlossen / 7/.

7.4.5 Berücksichtigung des Biegedrillknickens

7.4.5.1 Allgemeines

Hohlprofile sind aufgrund ihrer hohen Torsionssteifigkeit nicht biegedrillknickgefährdet. Ein Nachweis ist daher nur für offene, dünnwandige Querschnitte erforderlich. Für gabelgelagerte I-Profile wurden Formeln entwickelt, die in Abschnitt 7.4.5.3 angegeben sind.

Häufig wird jedoch durch seitliche Abstützungen ein Biegedrillknicken verhindert. In diesen Fällen kann der Einfluß des Biegedrillknickens durch den Nachweis gegen seitliches Ausknicken des Druckgurtes ersetzt werden.

Für reine Biegebeanspruchung (Kippen) gilt Abschnitt 7.3.3.

7.4.5.2 Nachweis nach DIN 4114

Dieser Nachweis ist durch die Ermittlung eines Vergleichsschlankheitsgrades λ_{v_i} nach Abschnitt 6.5.5.2 geregelt.

7.4.5.3 Nachweis nach DIN 18800/2

Wie in den Abschnitten 6.5.5.5 und 6.5.11.4 erläutert wurde, kann für gabelgelagerte Einfeldträger unter Druck- und einachsiger Biegebeanspruchung um die starke Achse unter Berücksichtigung der Imperfektionen um die schwache Achse der Einfluß des Biegedrillknickens für I-Profile am einfachsten in Form eines Interaktionsdiagrammes nach Bild 7.28 angegeben werden.

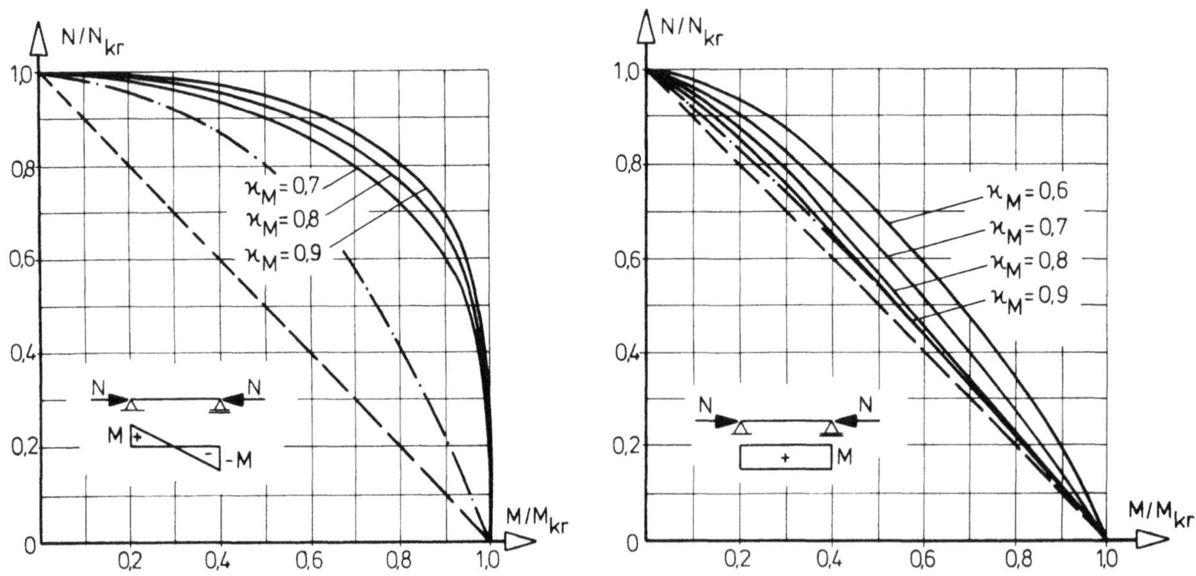

Bild 7.28 Interaktionsdiagramme für Biegedrillknicken aus /48/

Die Kurven des Diagrammes können durch folgende Gleichung angenähert werden:

$$\frac{N}{N_{kr,z}} + \left(\frac{M_y}{M_{kr,y}}\right)^{\beta_M} \leq 1 \qquad (7.26)$$

Mit $N_{kr,z} = \varkappa_z \, N_{p\ell}$ (Biegeknicklast um die schwache Achse)

$M_{kr,y} = \varkappa_M \, M_{p\ell}$ (Kippmoment für Beanspruchung um die starke Achse)

β_M nach Bild 7.29

Momentenverlauf	β_M
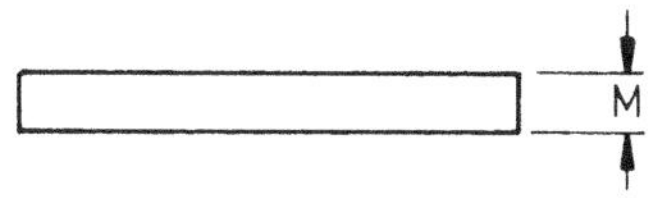 M	1,1
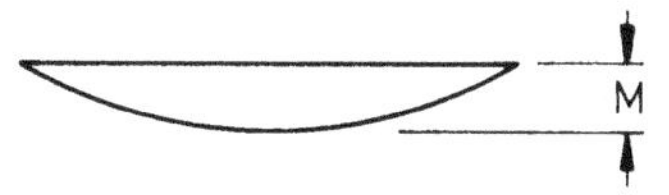 M	1,3
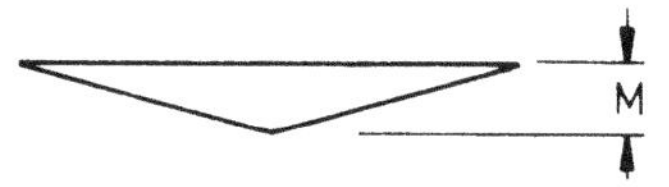 M	1,4
 M	1,8
 M M	2,5
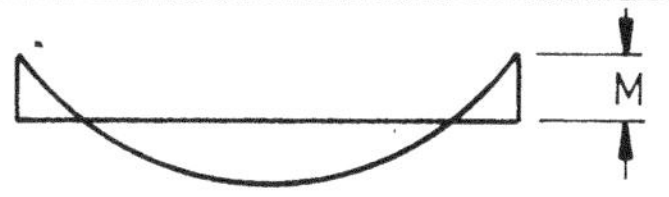 M	1,3
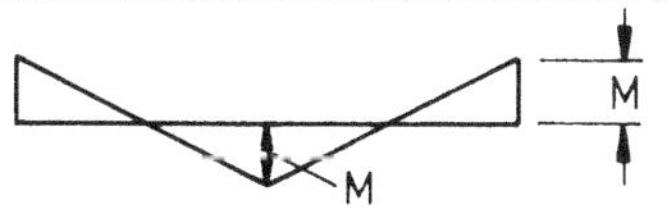 M M	1,4

Bild 7.29 β_M-Werte

Die Erweiterung der Gleichung (7.26) auf zweiachsige Biegebeanspruchung führt zu Gleichung (7.27).

$$\frac{N}{N_{kr,z}} + \left(\frac{M_y}{M_{kr,y}}\right)^{\beta_{M_y}} + \left(\frac{M_z}{M_{p\ell,z}}\right)^{\beta_{M_z}} \leq 1 \qquad (7.27)$$

mit $\beta_{M_y} = \beta_M$ (s. Bild 7.29)

$\beta_{M_z} = \beta_N \cdot \beta_M$

$\beta_N = 1{,}3 - \bar{\lambda}_z$ für $0{,}2 \leq \bar{\lambda}_z \leq 0{,}5$

$= 1{,}0 - 0{,}4\bar{\lambda}_z$ für $0{,}5 \leq \bar{\lambda}_z \leq 1{,}25$

$= 0{,}5$ für $\bar{\lambda}_z \geq 1{,}25$

Mit der ungünstigsten Kombination der β-Werte lautet die einfachste Form des Nachweises (der allerdings meist weit auf der sicheren Seite liegt) nach Glchg. (7.27):

$$\frac{N}{N_{kr,z}} + \left(\frac{M_y}{M_{kr,y}}\right)^{1,1} + \left(\frac{M_z}{M_{p\ell,z}}\right)^{0,55} \leq 1 \qquad (7.28)$$

7.5 Mehrteilige Druckstäbe

7.5.1 Allgemeines

Mehrteilige Druckstäbe können nach Bild 7.30 als Gitterstäbe (Diagonalen) oder Rahmenstäbe (Bindebleche) ausgebildet sein.

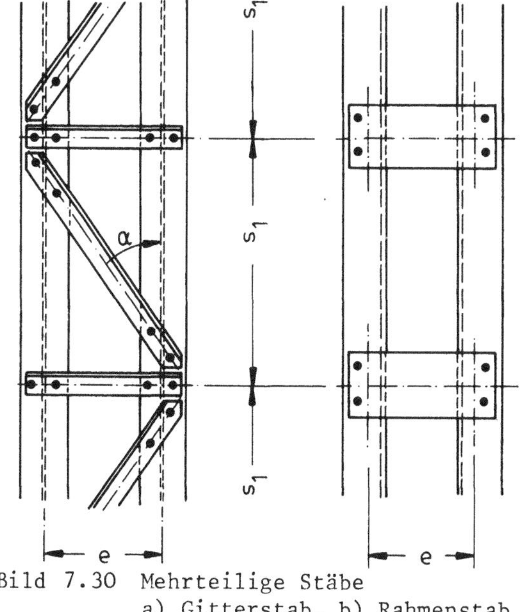

Bild 7.30 Mehrteilige Stäbe
a) Gitterstab, b) Rahmenstab

Bei diesen Stäben müssen die Verformungen infolge Schubbeanspruchung berücksichtigt werden. Die Schubsteifigkeit GF_Q kann mit Hilfe der ideellen Blechdicke t_{id} nach Abschnitt 3.6.8 ermittelt werden. Eine eventuelle Nachgiebigkeit durch exzentrische Anschlüsse und Deformationen (Schlupf) der Verbindungsmittel (z.B. Gerüstbau) ist zusätzlich zu berücksichtigen.

Anmerkung: Die "Schubhaut" (Blech der Dicke t_{id}) ist nicht Bestandteil der tragenden Querschnittsfläche, sondern dient nur zur Bestimmung von F_Q.

In Abschnitt 4.2.2 ist die Differentialgleichung (4.17) des schubweichen Stabes und deren Lösung für zentrische Druckkraft (Verzweigungslast) angegeben:

$$N_{ki} = \frac{\pi^2 EI}{\ell^2 \left(1 + \frac{\pi^2 EI}{\ell^2 GF_Q}\right)} \tag{7.29}$$

7.5.2 Bemessung nach DIN 4114

Mit Gleichung (7.29) folgt für die ideelle kritische Spannung σ_{ki}

$$\sigma_{ki} = \frac{N_{ki}}{F} = \frac{\pi^2 EI}{F\,\ell^2 + \frac{\pi^2 EIF}{GF_Q}} = \frac{\pi^2 E}{\frac{\ell^2 F}{I} + \frac{\pi^2 EF}{GF_Q}} = \frac{\pi^2 E}{\lambda^2 + \frac{\pi^2 EF}{GF_Q}} = \frac{\pi^2 E}{\lambda^2 + \lambda_1^2} = \frac{\pi^2 E}{\lambda_i^2} \qquad (7.30)$$

Die Bemessung erfolgt in Analogie zum schubsteifen Stab, wobei anstelle des Schlankheitsgrades $\lambda = \frac{s_{ki}}{i}$ der ideelle Schlankheitsgrad tritt:

$$\lambda_i = \sqrt{\lambda^2 + \lambda_1^2} \quad \text{mit} \quad \lambda_1^2 = \frac{\pi^2 EF}{GF_Q} \qquad (7.31)$$

Mit λ_i wird ω_i bestimmt und der Nachweis geführt:

$$\frac{\omega_i N}{F} \leq \sigma_{zul}$$

Da bei Verzweigungsproblemen die Größe der Deformationen (und die zugehörigen Schnittgrößen) unbestimmt sind, wird mit einer ideellen Querkraft

$$Q_i = \frac{\omega_i N}{80}$$

die Beanspruchung der Vergitterung bzw. der Bindebleche ermittelt.

7.5.3 Bemessung nach DIN 18800, Teil 2

Die Berechnung wird am vorverformten schubweichen (Voll-)Stab durchgeführt.
Vorteil:

- Man erhält eindeutige Aussagen über Verformungen, Schnittgrößen usw.
- Der Belastungsfall Druck und planmäßige ein- oder zweiachsige Biegung kann in der gleichen Weise berechnet werden.

Als geometrische Ersatzimperfektion wird eine sinusförmige Vorverformung nach Bild 7.31 angesetzt:

$$w_o = \frac{\ell}{500} \sin \frac{\pi x}{\ell}$$

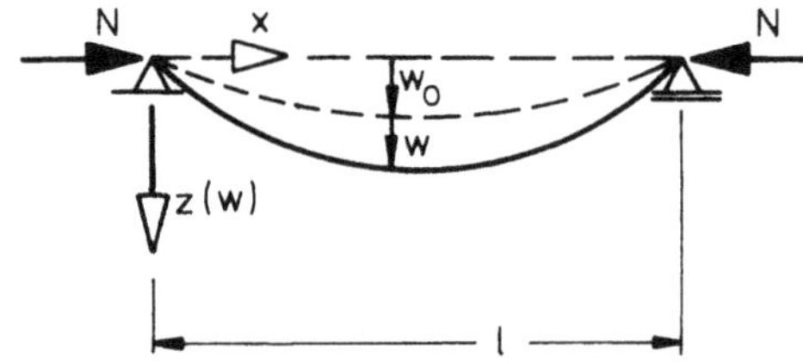

Bild 7.31 Vorverformter Druckstab

Hierin ist eine geometrische Imperfektion von $\frac{\ell}{1000}$ enthalten, die ggf. für Baukastensysteme (Paßgenauigkeit!) zu erhöhen ist, und eine strukturelle Imperfektion von $\frac{\ell}{1000}$, die die traglastmindernde Wirkung von Schweißeigenspannungen an den Knotenpunkten berücksichtigt.

Die Schnittgrößen des vorverformten schubweichen Vollstabes nach Bild 7.31 sind in Abschnitt 4.2.3.1 angegeben.

$$M = N\, w_0 \frac{1}{1 - \frac{N}{N_{ki}}} \qquad \text{mit} \quad N_{ki} = \frac{\pi^2 EI}{\ell^2 \left(1 + \frac{\pi^2 EI}{\ell^2 GF_Q}\right)}$$

Tritt eine planmäßige Biegebeanspruchung hinzu, so kann die Berechnung der Schnittgrößen am schubweichen Vollstab durchgeführt werden, wobei Abschnitt 7.4.2 sinngemäß angewendet werden kann.

Damit folgt für die Bemessung von Gitterstäben:

- Ermittlung von N, M und Q des Fachwerkstabes
- Berechnung der maximalen Gurt- und Diagonalstabkräfte
- Nachweis der Einzelstäbe nach den Europäischen Knickspannungskurven
- Nachweis der Verbindungsmittel

Für die Bemessung von Rahmenstäben gilt:

- Ermittlung der Schnittgrößen (N, M, Q) des schubweichen Vollstabes
- Berechnung der Teilschnittgrößen nach dem Traglastverfahren (z.B. für einen zweiteiligen Stab als Seitenverschiebungskette nach Bild 7.32)
- Nachweis der Gurtstäbe $M_{vorh} \le M_{p\ell,N,Q}$
- Nachweis der Bindebleche $M_{vorh} \le M_{p\ell,Q}$ (ggf. Stabilität beachten)
- Nachweis der Verbindungsmittel

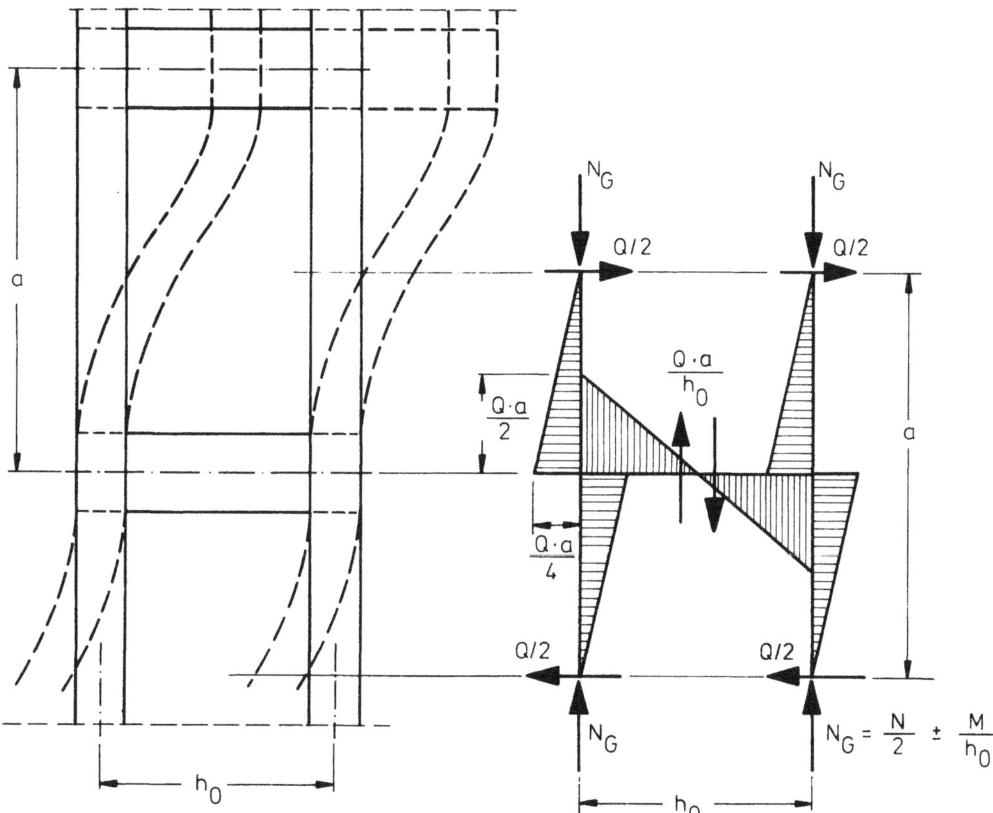

Bild 7.32 Teilschnittgrößen des zweiteiligen Rahmenstabes

Anmerkung: Zur Berechnung der Trägheitsmomente (für die stofffreie Achse) und der Schubsteifigkeiten der Stäbe sind gewisse Sonderbestimmungen zu beachten. Sie sind in DIN 18800/2 angegeben und sind notwendig, um die Rechenwerte mit den Versuchsergebnissen in Einklang zu bringen.

7.6 Durchlaufträger und unverschiebliche Rahmen

In der Regel können unverschiebliche Rahmen nach der Ersatzstabmethode berechnet werden (s. Abschnitt 6.4.4.2). Hierzu sind in Abschnitt 7.8 nähere Angaben gemacht.

In gleicher Weise können die einzelnen Felder von querbelasteten und gedrückten Durchlaufträgern mit starrer Stützung behandelt werden. Eine aussteifende Wirkung von Nachbarfeldern kann jedoch nur in Rechnung gestellt werden, wenn das Gesamtsystem "elastisch bemessen" wird. Bei Berechnung nach dem Traglastverfahren (Fließgelenke über den Stützen) tritt diese aussteifende Wirkung nicht auf (s. Bild 7.33).

Bei elastischer Stützung müssen im allgemeinen zusätzliche Untersuchungen vorgenommen werden, um sicherzustellen, daß die Kräfte in den Federn nicht zu groß werden. Hierfür sind geeignete Imperfektionen zu berücksichtigen.

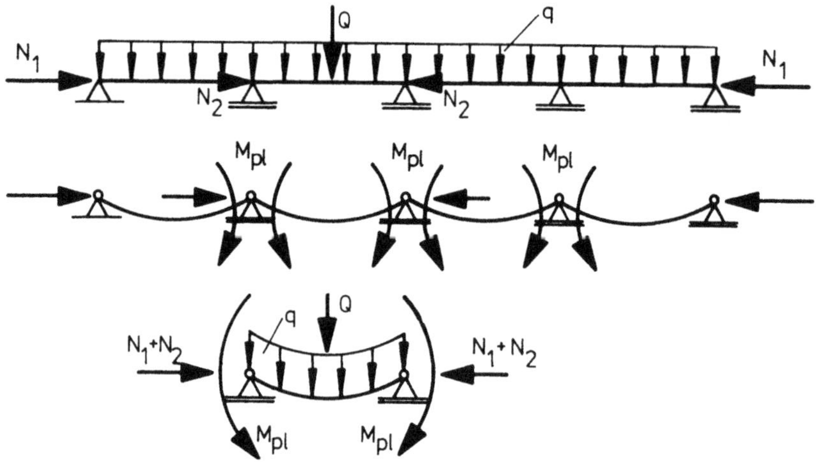

Bild 7.33 Durchlaufträger, nach dem Traglastverfahren bemessen

7.7 Verschiebliche Rahmen

7.7.1 Imperfektionen

Bei Stockwerkrahmen ist als geometrische Ersatzimperfektion mit einer Schiefstellung der Stützen (Stabdrehwinkel ψ_o) nach Bild 7.34 zu rechnen.

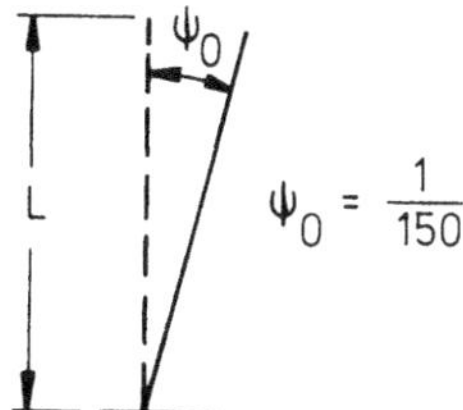

Für Höhen L größer als 10 m darf ψ_o mit einem Reduktionsfaktor $r_1 = \sqrt{\frac{10}{L}}$ multipliziert werden.

Bild 7.34 Stabdrehwinkel ψ_o

Anstelle schiefstehender Stützen kann die statische Berechnung natürlich mit lotrechten Stützen durchgeführt werden, wenn die entsprechenden Horizontalkräfte (Längskraft mal Stabdrehwinkel) als äußere Kräfte berücksichtigt werden /42/.

Stehen mehrere Stützen in einem Geschoß, so ist die Wahrscheinlichkeit gering, daß alle eine Schiefstellung in der gleichen Richtung aufweisen. Die Streuung der Imperfektionen wird durch den Reduktionsfaktor

$$r_2 = \frac{1}{2}\,(1 + \frac{1}{n})$$

berücksichtigt, wobei n die Anzahl der Stiele (mit etwa gleichgroßen Längskräften) pro Stockwerk ist.

Bei schlanken Stützen mit einer Stabkennzahl

$$\varepsilon = \ell \sqrt{\frac{N}{EJ}} > 1{,}6$$

ist zusätzlich eine Säbelkrümmung nach Bild 7.17 zu berücksichtigen. Da die (örtliche) Krümmung des Stabes im allgemeinen nur geringen Einfluß auf die Ermittlung der Schnittgrößen des Gesamtsystems hat, kann die Berechnung in zwei getrennten Schritten erfolgen:

- Gesamtsystem mit schiefstehenden (geraden) Stützen
- Einzelstab mit den Schnittgrößen des Gesamtsystems und gekrümmter Stabachse.

7.7.2 Vollständige Berechnung nach der Fließgelenktheorie 2. Ordnung

Für vielgeschossige Rahmen muß im allgemeinen eine "genaue" Berechnung unter Berücksichtigung der Imperfektionen und der Belastungsgeschichte (vgl. Abschnitt 6.4.4.3) durchgeführt werden. Hierbei ist nachzuweisen, daß sich das verformte System unter der Bemessungslast im Gleichgewicht befindet und an keiner Stelle die Bedingung $M \leq M_{p\ell}$ (ggf. unter Berücksichtigung der gleichzeitig wirkenden Normalkraft und Querkraft) verletzt wird. In diesem Zustand dürfen sich ein oder mehrere, jeweils örtlich konzentriert gedachte Fließgelenke gebildet haben (Laststufe P_K in Bild 7.35). Hierbei muß sichergestellt sein, daß die Fließgelenke die erforderliche "Rotationskapazität" besitzen (vgl. Abschnitt 7.9.2).

Bei diesem Nachweis werden die Plastizierungszonen neben den Fließgelenken vernachlässigt, die Deformationen sind tatsächlich also etwas größer. Dieser Einfluß ist meist gering.

Ausnahme: Stäbe mit nahezu konstanten Biegemomenten über die Stablänge.

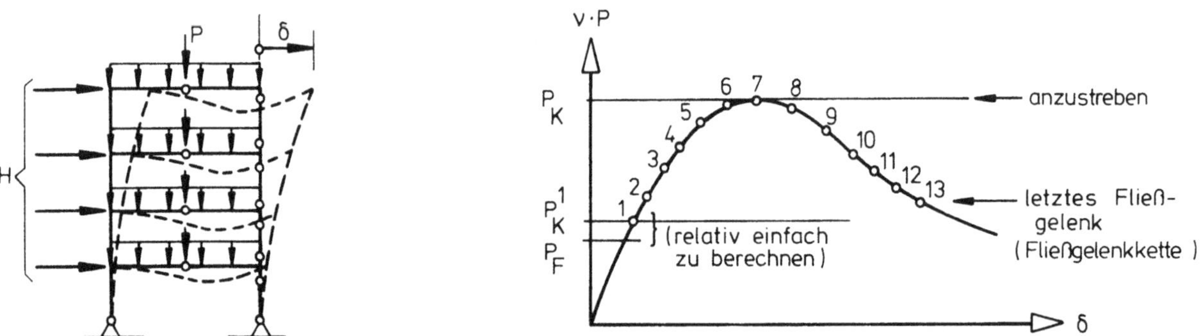

Bild 7.35 Mögliche Traglastkurve für vielgeschossige Rahmen

Zur Vereinfachung dieses Nachweises bestehen folgende Möglichkeiten:

7.7.3 Nachweis nach der Elastizitätstheorie 2. Ordnung (elastische Grenzlast)

Es wird nachgewiesen, daß unter der Bemessungslast am (elastisch) verformten System an keiner Stelle die rechnerischen Randspannungen die Fließgrenze überschreiten (Laststufe P_F in Bild 7.35).

7.7.4 Nachweis für das erste auftretende Fließgelenk

Das Ergebnis der Elastizitätstheorie 2. Ordnung (Laststufe P_F) kann dadurch verbessert werden, daß nicht die rechnerische Randspannung (erstes Erreichen der Fließgrenze), sondern das erste Erreichen des vollplastischen Momentes $M_{p\ell}$ (ggf. unter Berücksichtigung der Normalkraft und Querkraft) als Grenze der Beanspruchung zugrunde gelegt wird (Laststufe P_K^1 in Bild 7.35).

7.7.5 Nachweis für die Fließgelenkkette nach Theorie 2. Ordnung

Für manche Systeme kann die Fließgelenkkette (kinematische Kette, Endzustand des Versagens) relativ einfach ermittelt werden; ggf. mit einer Hilfsrechnung nach dem Traglastverfahren (Theorie 1. Ordnung) nach Abschnitt 5. Die Berechnung nach Theorie 2. Ordnung kann dann am letzten stabilen (dem statisch bestimmten) System durchgeführt werden. An den Fließgelenkstellen wirkt $M_{p\ell}$, das übrige System ist elastisch. Die hierfür berechnete Verformung des Systems liegt (zum Teil weit) auf der sicheren Seite, da die größere Steifigkeit der vorhergehenden statisch unbestimmten Systeme vernachlässigt wird. Der Einfluß der Theorie 2. Ordnung wird daher überschätzt.

In /56/ ist ein einfaches Verfahren zur vollständigen Berechnung der Traglastkurve angegeben.

7.8 Anmerkungen zur Ersatzstabmethode

7.8.1 Allgemeines

Die Ersatzstabmethode ist ein ingenieurmäßiges Berechnungsmodell. Mit Hilfe der Europäischen Knickspannungslinien kann der Tragsicherheitsnachweis für jeden Stab eines Stabsystems an dem jeweils zugehörigen Ersatzstab geführt werden. Dieser gelenkig gelagerte Einfeldträger (Eulerstab II) hat den gleichen Querschnitt und die gleiche Normalkraft wie sein "Originalstab". Als Länge wird allerdings die Knicklänge s_k des untersuchten Stabes eingesetzt. Hiermit soll dessen "Knickgefahr" im Stabsystem möglichst zutreffend erfaßt werden /59//61/.

Sind die Stäbe abschnittsweise durch unterschiedliche Normalkräfte beansprucht und besitzen die Abschnitte unterschiedliche Querschnittsabmessungen, so werden die einzelnen Stababschnitte jeweils durch einen entsprechenden Ersatzstab dargestellt.

Treten außer den Druckkräften noch planmäßige Biegemomente auf, so sollen diese ebenfalls am Ersatzstab berücksichtigt werden. Hierbei sind einige Gesichtspunkte zu beachten, auf die in den nächsten Abschnitten eingegangen wird.

Der Ersatzstab wird definiert für das zugehörige Verzweigungsproblem nach der Elastizitätstheorie, d.h. für ein gegebenes Lastbild P wird der erste Eigenwert (Verzweigungslast P_{ki}) des Systems ermittelt. Liegt ein inhomogenes Gleichungssystem vor, so genügt hierfür die Lösung des homogenen Problems. Mit anderen Worten: die planmäßigen Biegemomente bleiben zunächst unberücksichtigt, der Eigenwert wird am zugehörigen Normalkraftsystem bestimmt. Erst im zweiten Schritt werden die planmäßigen Biegemomente aufgebracht.

Als Länge des Ersatzstabes wird die Knicklänge s_k des untersuchten Stabes oder Stabteiles eingesetzt. Sie wird aus der Verzweigungslast dadurch errechnet, daß die zur Verzweigungslast P_{ki} an der untersuchten Stelle gehörende Normalkraft N_{ki} und die entsprechenden Querschnittswerte in die Gleichung (7.32) des Eulerstabes eingesetzt werden (siehe Beispiel Bild 7.36).

$$s_k^2 = \frac{\pi^2 \cdot E \cdot I}{N_{ki}} \tag{7.32}$$

Der bezogene Schlankheitsgrad $\bar{\lambda}$ für den untersuchten Stabteil wird nach Gleichung (7.33) berechnet.

$$\bar{\lambda} = \sqrt{\frac{N_{p\ell}}{N_{ki}}} \tag{7.33}$$

Der Nachweis kann dann nach Gleichung (7.6) in Abschnitt 7.2.3.2 geführt werden.

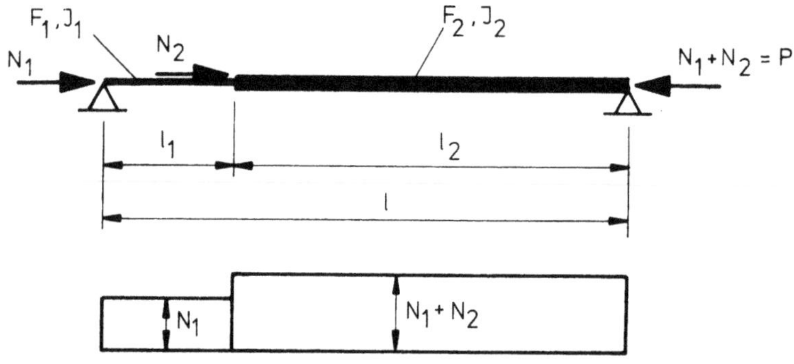

Bild 7.36 System und Belastung (Lastbild P)

Bei dem in Bild 7.36 dargestellten (abgestuften) System treten unter dem Lastbild P die angegebenen Normalkräfte N auf. Im Stabbereich 1 wirkt die Normalkraft N_1, im Bereich 2 wirkt N_1+N_2. Zu dem gegebenen Lastbild P und gegebenen Systemabmessungen ℓ_1, ℓ_2, EJ_1, EJ_2 gehört eine einzige (niedrigste) Verzweigungslast P_{ki} (erster Eigenwert).

Für den Stabbereich 1 gilt daher:

$$\frac{N_{ki_1}}{P_{ki}} = \frac{N_1}{P} \rightarrow N_{ki_1} = \frac{N_1}{N_1+N_2} \cdot P_{ki}$$

$$s_{k_1}^2 = \frac{\pi^2 \cdot E \cdot J_1}{N_{ki_1}}$$

Für den Stabbereich 2 gilt

$$N_{ki_2} = P_{ki} \rightarrow s_{k_2}^2 = \frac{\pi^2 \cdot E \cdot J_2}{N_{ki_2}}$$

Anmerkung: Für den Grenzfall $N_1 \rightarrow 0$ wird $N_{ki_1} \rightarrow 0$ und damit $s_k \rightarrow \infty$, $\varkappa \rightarrow 0$.

Der Nachweis $\frac{N}{\varkappa N_{p\ell}} \leq 1$ wird dadurch formal unbestimmt $(\frac{0}{0})$. Dieses Problem wird in Abschnitt 7.8.3.3 behandelt.

Die Ermittlung der Verzweigungslast wurde in Abschnitt 6.2 eingehend behandelt. In vielen Veröffentlichungen sind Eigenwertlösungen zu finden (z.B. /60/). Darüber hinaus wird man z.B. für Rahmen mit mehrfach abgestuften Querschnitten in der Praxis versuchen, mit einem einfachen Näherungsverfahren die Verzweigungslast abzuschätzen. Hierzu kann der Vergrößerungsfaktor für die Biegemomente nach Abschnitt 4.2.4.1

$$K = \frac{1}{1-N/N_{ki}} \cong \frac{1}{1-\Delta M/M} \cong \frac{1}{1-\Delta f/f} \qquad (7.34)$$

benutzt werden.

Hieraus folgt als Näherung für die Verzweigungslast

$$N_{ki} \cong N \cdot \frac{M}{\Delta M} \cong N \cdot \frac{f}{\Delta f} \tag{7.35}$$

Die Näherungslösung für die Verzweigungslast ist um so besser, je weitgehender die Verformungszustände des Spannungsproblems und des Verzweigungsproblems übereinstimmen, oder anders ausgedrückt: je mehr Affinität zwischen den Verläufen der Momentenflächen M und ΔM besteht. Häufig genügt natürlich auch eine auf der sicheren Seite liegende "Abschätzung" der Knicklänge.

7.8.2 Planmäßig mittige Druckkraft

7.8.2.1 Unverschiebliche Knotenpunkte

Greifen die Druckkräfte in Knotenpunkten an, die seitlich unverschieblich gehalten sind (z.B. nach Bild 7.37), so können stabilisierende, normalkraftfreie Anschlußstäbe (als Drehfedern) berücksichtigt werden, wenn sichergestellt ist, daß sie nur elastisch beansprucht werden.

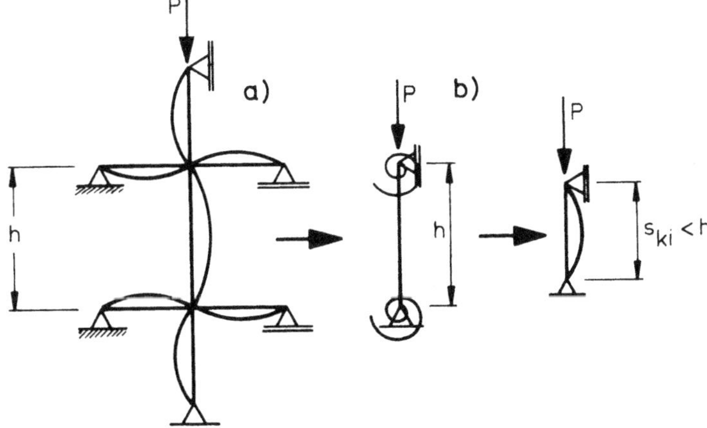

Bild 7.37 a) Rahmen mit elastisch bemessenen Riegeln
b) Ersatzsysteme

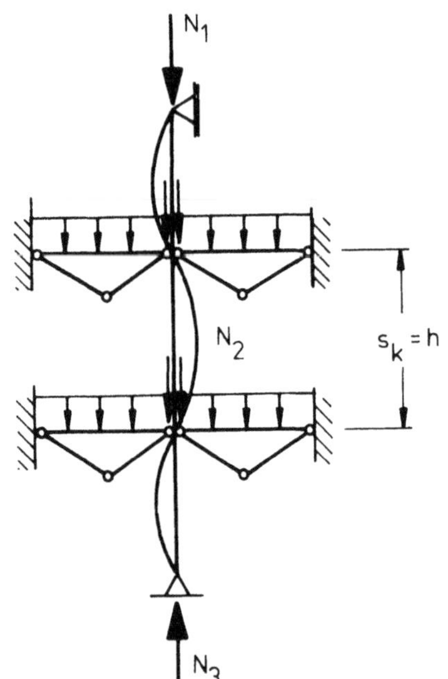

Werden die Riegel oder Unterzüge nach dem Traglastverfahren bemessen, so verlieren sie ihre stabilisierenden Eigenschaften, wenn dort Fließgelenke auftreten. Die Knicklänge der Stützen wird entsprechend größer.

Bild 7.38 Rahmen mit plastisch bemessenen Riegeln

Bei planmäßig mittig angreifenden Druckkräften wird unterstellt, daß Vorverformungen nur im Sinne von (ungewollten) Imperfektionen vorhanden sind. Treten bei solchen Systemen jedoch Verformungen auf, die nicht mehr als Imperfektionen angesehen werden können (z.B. eine Stabkrümmung infolge unterschiedlicher Temperatur ΔT nach Bild 7.39), so ist deren Auswirkung als "planmäßige" Biegung nach Abschnitt 7.8.3.1 zu berücksichtigen (z.B. $M = N \cdot w_{\Delta T}$).

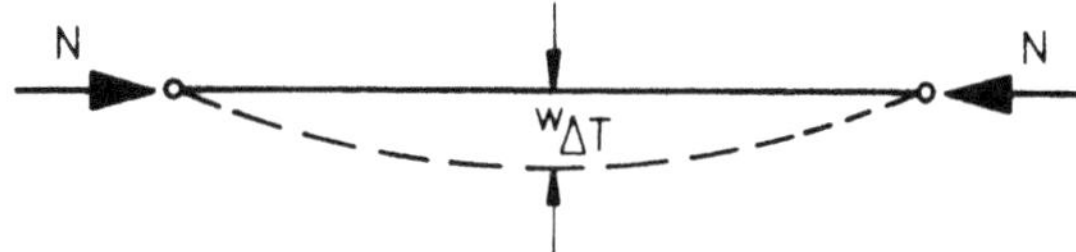

Bild 7.39 Verformung $w_{\Delta T}$ infolge unterschiedlicher Temperatureinwirkung

7.8.2.2 Verschiebliche Knotenpunkte

Als Knotenpunkte werden (wie üblich) folgende Stellen eines Stabwerkes bezeichnet:
- Lagerpunkte,
- Angriffspunkte von Einzellasten,
- Stellen, an denen sich die Richtung oder der Querschnitt eines Stabes sprunghaft ändert.

Bei diesen Systemen treten gewisse Schwierigkeiten auf, die anhand einiger Beispiele erläutert werden:

Beispiel: Der elastisch eingespannte Stab mit richtungstreuer Kraft

- Der für die Bemessung maßgebende Querschnitt liegt an der Einspannstelle und ist identisch mit der Stelle der maximalen Beanspruchung w_{max} des Einfeldträgers (s. Bild 7.40a).
- Bei elastischer Einspannung ($s_{ki} > 2$ h) stimmt die Stelle der maximalen Beanspruchung des Einfeldträgers w_{max} und der maßgebende Querschnitt (Einspannstelle) nicht überein. Der "Bemessungspunkt" liegt außerhalb des tatsächlichen Stabes. Die Tragfähigkeit des Systems wird unterschätzt, das Ergebnis liegt auf der sicheren Seite (s. Bild 7.40b).

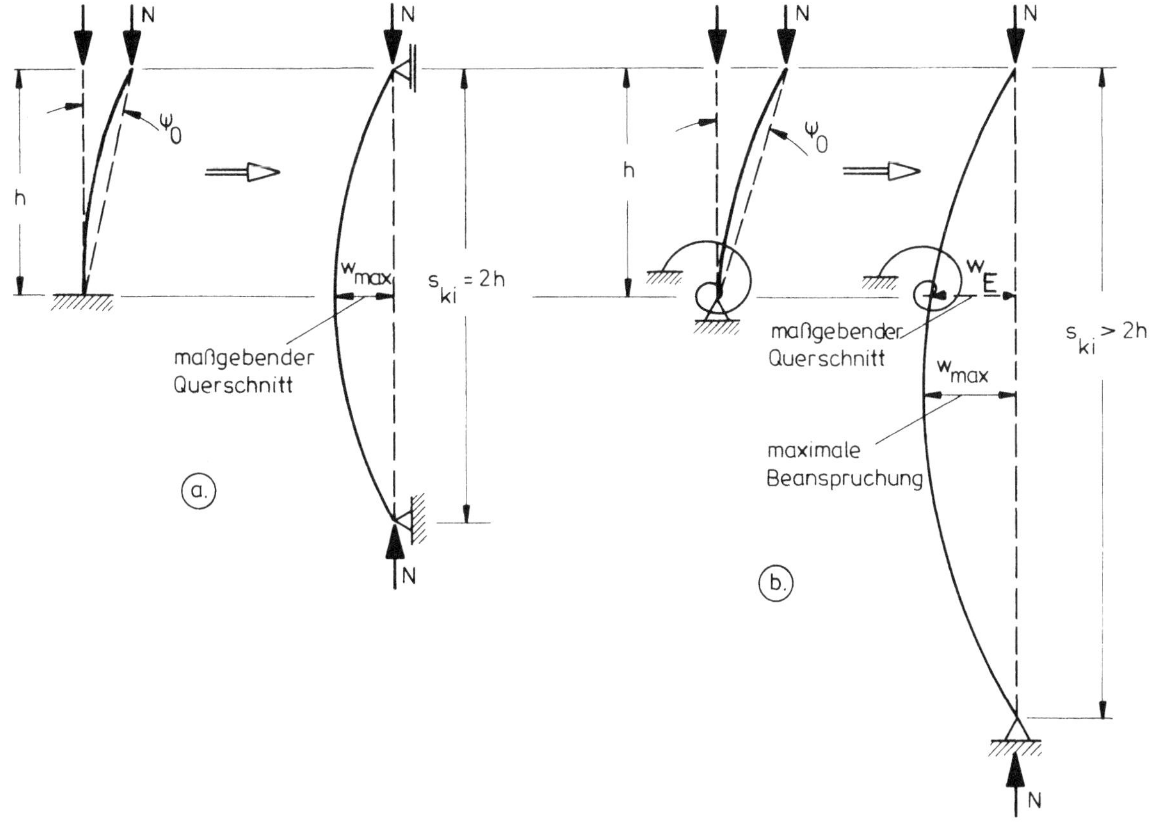

Bild 7.40 a) starre Einspannung
b) elastische Einspannung

Beispiel: Eingespannter Stab mit angeschlossenem Pendelstab

Bei der Ersatzstabmethode tritt bei dem in Bild 7.41 a dargestellten System folgendes Problem auf:

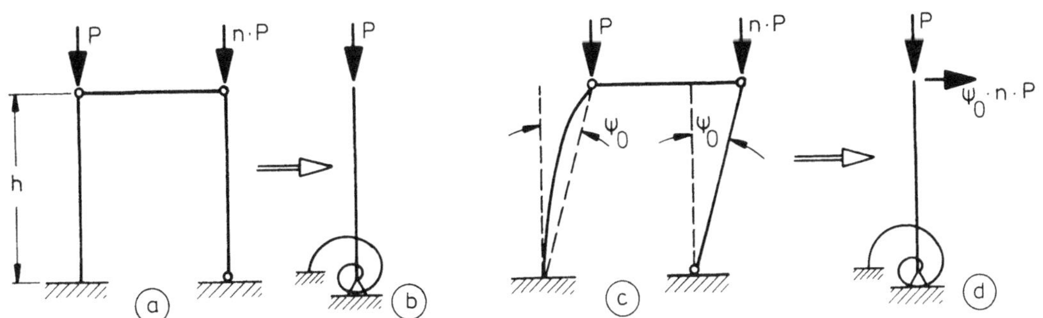

Bild 7.41 Stab mit angeschlossenem Pendelstab

Berechnet man die Verzweigungslast des Systems, so erhält man mit steigendem n große Knicklängen $s_{ki} > 2$ h (s. Abschnitt 6.2.8). Die Auswirkung der poltreuen Belastung kann durch eine äquivalente elastische Einspannung bei richtungstreuer Kraft ersetzt werden (Bild 7.41b). Bei formaler Anwendung des Nachweises mit der (zentrischen) Stabkraft P und der Knicklänge $s_{ki} > 2$ h nach den Europäischen Knickspannungslinien liegt das Ergebnis auf der unsicheren Seite. Dieser Nachweis der zentrischen Druckkraft berücksichtigt nämlich nicht die Imperfektionen des angeschlossenen Pendelstabes. Stellt man auch hierfür den Stabdrehwinkel ψ_o in Rechnung (s. Bild 7.41 c), so führt dies zu einer "planmäßigen" Biegebeanspruchung nach Bild 7.41 d (vgl. Abschnitt 7.8.3.2).

Beispiel: Stab mit abgestuftem Querschnitt und dort angreifender Normalkraft

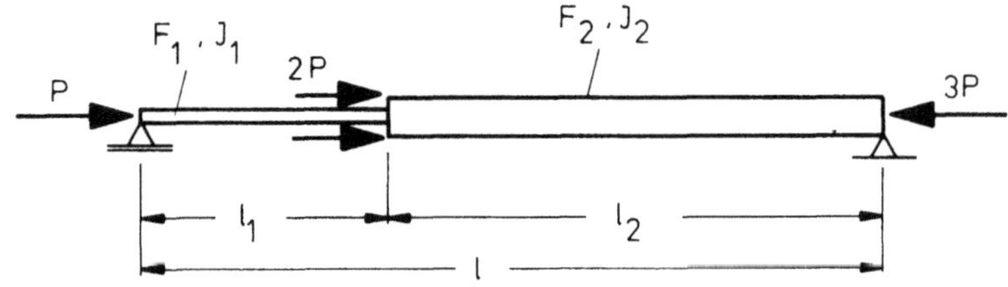

Bild 7.42 System und Bezeichnungen

Stababschnitt ① :	Stababschnitt ② :
IPB 200	IPBv 300
$\ell_1 = 4{,}0$ m	$\ell_2 = 8{,}0$ m
$F_1 = 78{,}1\ cm^2$	$F_2 = 303\ cm^2$
$I_{1stark} = 5700\ cm^4$	$I_{2stark} = 59200\ cm^4$
$I_{1schwach} = 2000\ cm^4$	$I_{2schwach} = 19400\ cm^4$
$N_{p\ell}^{①} = 1874{,}4$ kN	$N_{p\ell}^{②} = 7272$ kN

Knicken um die starke Achse:

Die Verzweigungslast ist $P_{ki} = 1454$ kN

Wenn nicht zweifelsfrei feststeht, welcher Stabteil "schwächer" ist, muß der Nachweis für beide Teile geführt werden.

Für den Stabteil ℓ_1 erhält man: $N_{ki}^{①} = 1454,4$ kN

$$\bar{\lambda} = \sqrt{\frac{N_{p\ell}}{N_{ki}}} = \sqrt{\frac{1874,4}{1454,4}} = 1,135$$

$\varkappa = 0,5174$

$N_{kr}^{①} = 969,8$ kN (1000 kN) ; $\sigma_{kr}^{①} = 12,42$ kN/cm^2 = 124,2 N/mm^2

Für den Stabteil ℓ_2 erhält man: $N_{ki}^{②} = 4363,2$ kN

$$\bar{\lambda} = \sqrt{\frac{N_{p\ell}}{N_{ki}}} = \sqrt{\frac{7272}{4363,2}} = 1,291$$

$\varkappa = 0,4332$

$N_{kr}^{②} = 3150,2$ kN (3000 kN) ; $\sigma_{kr}^{②} = 10,4$ kN/cm^2 = 104 N/mm^2

Knicken um die schwache Achse:

Die Verzweigungslast ist $P_{ki} = 504,1$ kN

Für den Stabteil ℓ_1 erhält man: $N_{ki}^{①} = 504,1$ kN

$$\bar{\lambda} = \sqrt{\frac{1874,4}{504,1}} = 1,928$$

$\varkappa = 0,215$

$N_{kr}^{①} = 403$ kN (400,4 kN) ; $\sigma_{kr}^{①} = 5,16$ kN/cm^2 = 51,6 N/mm^2

Für den Stabteil ℓ_2 erhält man: $N_{ki}^{②} = 1512,2$ kN

$$\bar{\lambda} = \sqrt{\frac{7272}{1512,2}} = 2,193$$

$\varkappa = 0,1727$

$N_{kr}^{②} = 1255,9$ kN (1201,2 kN); $\sigma_{kr}^{②} = 4,14$ kN/cm^2 = 41,4 N/mm^2

Eine "exakte" Nachrechnung (in Klammern angegeben) mit den gleichen Imperfektionen der zugehörigen Europäischen Knickspannungskurve (Säbelkrümmung von $\ell/1000$ und Schweißeigenspannungen) ergibt sehr gute Übereinstimmung der Tragfähigkeit für den maßgebenden Stababschnitt.

7.8.3 Druck und einachsige Biegung

7.8.3.1 Systeme mit unverschieblichen Knotenpunkten

Der Nachweis wird nach Abschnitt 7.4.3 Gleichung (7.18), (7.20) oder (7.22) mit den nach der Elastizitätstheorie 1. Ordnung berechneten Momenten geführt. Es wird stets das maximale Biegemoment eingesetzt, das in dem betreffenden Stababschnitt auftritt. Der Reduktionsfaktor β_M in Gl. (7.22) richtet sich nach dem Verlauf der M-Fläche. Der Knickbeiwert $\varkappa$ wird mit dem Schlankheitsgrad $\bar{\lambda}$ ermittelt, der zu der Knicklänge s_k des Stabes (oder des Stababschnittes) gehört.

Beispiel: Statisch unbestimmt gelagerte Stütze nach Bild 7.43

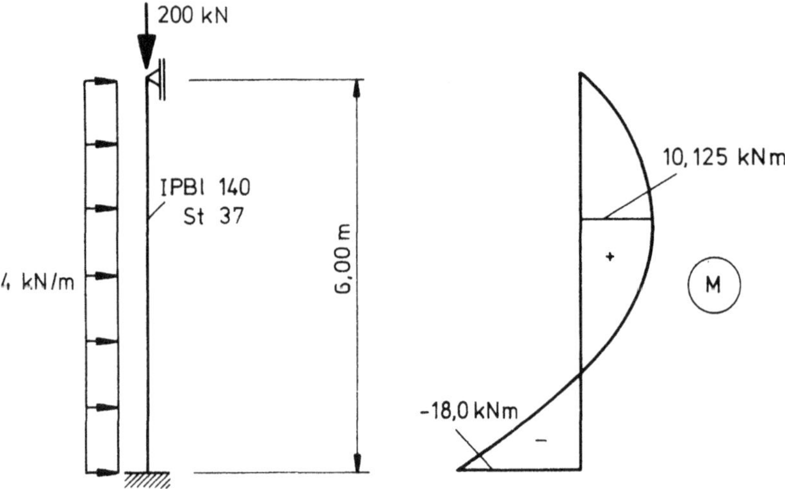

Bild 7.43 Statisch unbestimmt gelagerte Stütze

IPBℓ 140, St 37:

$$N_{p\ell} = 754 \text{ kN}, \quad M_{p\ell} = 41{,}6 \text{ kNm}, \quad EI = 2163 \text{ kNm}^2$$

Verzweigungslast:

$$N_{ki} = \frac{\pi^2 \cdot 2163}{0{,}7^2 \cdot 6^2} = 1210 \text{ kN}$$

$$\bar{\lambda} = \sqrt{754/1210} = 0{,}79 \qquad \varkappa = 0{,}733 \qquad \text{(Linie b)}$$

Nachweis mit Gleichung (7.20):

$$\frac{200}{0{,}733 \cdot 754} + \frac{18}{1{,}1 \cdot 41{,}6} + 0{,}25 \cdot 0{,}733^2 \cdot 0{,}79^2 \overset{!}{\leq} 1$$

$$\underbrace{0{,}362}_{> 0{,}1} + 0{,}393 + 0{,}084 = 0{,}839 < 1$$

Unter bestimmten Voraussetzungen kann auch mit Biegemomenten gerechnet werden, die nicht nach der Elastizitätstheorie, sondern nach der Fließgelenktheorie 1. Ordnung ermittelt werden. Die Grenzen der Anwendbarkeit dieses Verfahrens können jedoch z.Zt. noch nicht allgemeingültig angegeben werden. Die bisherigen Untersuchungen zeigen jedoch, daß für "normale" Konstruktionen dieser Nachweis brauchbare Ergebnisse liefert. Als Beispiel hierfür ist das System nach Bild 7.44 anzusehen.

Beispiel:

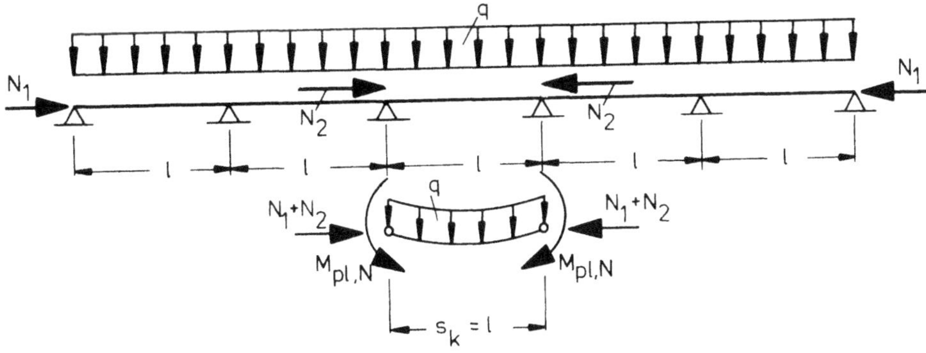

Bild 7.44 Plastisch bemessener Durchlaufträger
a) System
b) Ersatzstab

7.8.3.2 Seitlich verschiebliche Systeme

Diese Systeme zeichnen sich fast ausnahmslos durch "affines" Verhalten aus. Im Zweifelsfall kann dies sehr einfach nachgeprüft werden.

Häufig treten bei diesen Systemen in den Rahmenstielen "durchschlagende" Momentenflächen auf. Im Gegensatz zu Systemen mit unverschieblichen Knotenpunkten darf hier jedoch keine Reduktion der Randmomente mit $\beta_M < 1$ nach Gl. (7.22) vorgenommen werden. Der Grund hierfür geht eigentlich bereits aus der Tatsache hervor, daß es sich um ein "affines" System handelt. Die Zusammenhänge sollen jedoch auch anschaulich erläutert werden. Für den in Bild 7.45 a dargestellten horizontal verschieblichen Rahmen ist die Knicklänge $s_k = h$. In Bild 7.45 b ist ein Rahmenstiel allein mit seiner durchschlagenden Biegemomentenfläche dargestellt. Aus der Lage der Wendepunkte in der (symmetrisch ergänzten) Biegelinie sind die Auflager des Ersatzstabes zu erkennen. Bild 7.45 c zeigt den Ersatzstab mit seiner Belastung und der Biegemomentenfläche. Offensichtlich gibt dieser Ersatzstab die Biegewirkung des ursprünglichen Rahmensystems richtig wieder, er hat jedoch eine völlig andere Momentenfläche (dreiecksförmig) als der "Originalstab" (durchschlagend). Dies gilt in ähnlicher Weise für alle seitlich verschieblichen Systeme. Es muß daher immer der Faktor $\beta_M = 1$ angewendet werden.

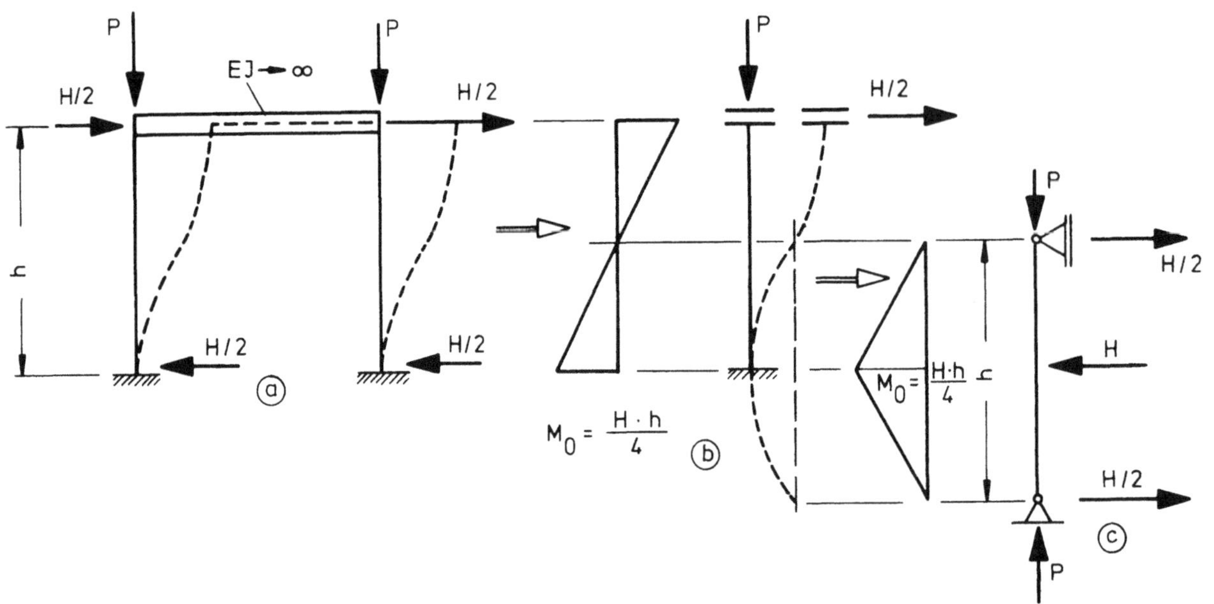

Bild 7.45 Verschieblicher Rahmen
a) System und Belastung b) Rahmenstiel c) Ersatzstab

Werden angeschlossene Pendelstäbe durch das seitlich verschiebliche System gestützt, so gelten die Überlegungen des Abschnittes 7.8.2.2: Es müssen die Imperfektionsauswirkungen der Pendelstäbe als planmäßige äußere Kräfte berücksichtigt werden. Der Nachweis wird am Beispiel nach Bild 7.46 erläutert.

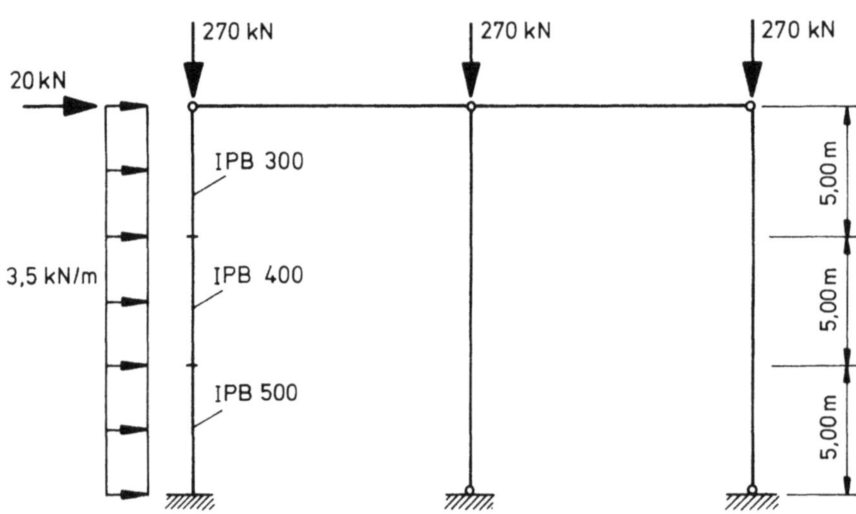

Bild 7.46 Rahmen mit mehrfach abgestufter Stütze und Pendelstützen

IPB 300, St 37:

$N_{p\ell} = 3576$ kN, $M_{p\ell} = 448$ kNm, $EI = 52857$ kNm^2

IPB 400, St 37:

$N_{p\ell} = 4752$ kN, $M_{p\ell} = 778$ kNm, $EI = 121128$ kNm^2

IPB 500, St 37:

$N_{p\ell} = 5736$ kN, $M_{p\ell} = 1157$ kNm, $EI = 225120$ kNm^2

Die Imperfektion (Stabdrehwinkel ψ_o) des Systems (insges. 3 Stützen) wird nach Abschnitt 7.7.1 berechnet.

$$\psi_o = \frac{1}{150} \cdot \sqrt{\frac{10}{15}} \cdot \frac{1}{2}\left(1 + \frac{1}{3}\right) = \frac{1}{276}$$

Zusätzliche Horizontalkraft H_o aus der Schrägstellung der Pendelstützen:

$$H_o = 2 \cdot 270/276 = 2 \text{ kN}$$

Biegemomente und Verschiebung nach Theorie 1. Ordnung infolge H = 20+2 = 22 kN und q = 3,5 kN/m:

$$M = -153{,}8; \quad -395; \quad -723{,}8 \text{ kNm}$$

(oberer Drittelspunkt; unterer Drittelspunkt; Stützenfuß)

$$f = 0{,}266 \text{ m (Rahmenecke)}$$

Für die Verzweigungslast N_{ki} stehen keine "fertigen Lösungen" zur Verfügung. Sie muß daher entweder "genauer" (Eigenwert) oder näherungsweise nach Gl. (7.35) in Abschnitt 7.8.1 ermittelt werden.

Zusätzliche Horizontalkraft und daraus folgende Verschiebung an der Ecke:

$$\Delta H = 3 \cdot 270 \cdot 0{,}266/15 = 14{,}36 \text{ kN}$$

$$\Delta f = 0{,}0967 \text{ m}$$

Verzweigungslast nach Gleichung (7.35):

$$N_{ki} = \frac{f}{\Delta f} \cdot N = \frac{0{,}266}{0{,}0967} \cdot 270 = 743 \text{ kN}$$

Nachweis mit Gleichung (7.20) am Stützenfuß:

$$\bar{\lambda} = \sqrt{5736/743} = 2{,}78 \qquad \varkappa = 0{,}121 \text{ (Linie a)}$$

$$\frac{270}{0{,}121 \cdot 5736} + \frac{723{,}8}{1{,}1 \cdot 1157} + 0{,}25 \cdot 0{,}121^2 \cdot 2{,}78^2 \overset{!}{\leqq} 1$$

$$\underbrace{0{,}389}_{>0{,}1} + 0{,}569 + 0{,}028 = 0{,}986 < 1$$

Die Nachweise im Bereich der schwächeren Querschnitte sind ebenfalls erfüllt.
Nach genauer Rechnung ergibt sich die Verzweigungslast zu N_{ki} = 667 kN und das Biegemoment nach Theorie II. Ordnung am Stützenfuß zu M^{II} = 1105 kNm.

Nachweis nach der Fließgelenktheorie II. Ordnung:

$$\frac{N}{N_{p\ell}} = \frac{270}{5736} = 0{,}047 < \frac{1}{11}$$

$$\frac{M^{II}}{M_{p\ell}} = \frac{1105}{1157} = 0{,}955 < 1$$

7.8.3.3 Stäbe mit geringen oder gar keinen Druckkräften

Wie in Abschnitt 7.8.1 erläutert wurde, wird die Verzweigungslast N_{ki} mit sehr geringer Druckkraft sehr klein. Im Grenzfall wird für $N \to 0$, $N_{ki} \to 0$, $s_k \to \infty$, $\varkappa \to 0$ der Ausdruck $\frac{N}{\varkappa N_{p\ell}}$ unbestimmt.

Ein Nachweis nach Gleichung (7.18) kann daher (formal) für solche Stäbe nicht geführt werden. Man muß sich anders helfen. Dies kann auf zwei Arten geschehen, die am Beispiel eines einhüftigen Rahmens nach Bild 7.47 erläutert werden.

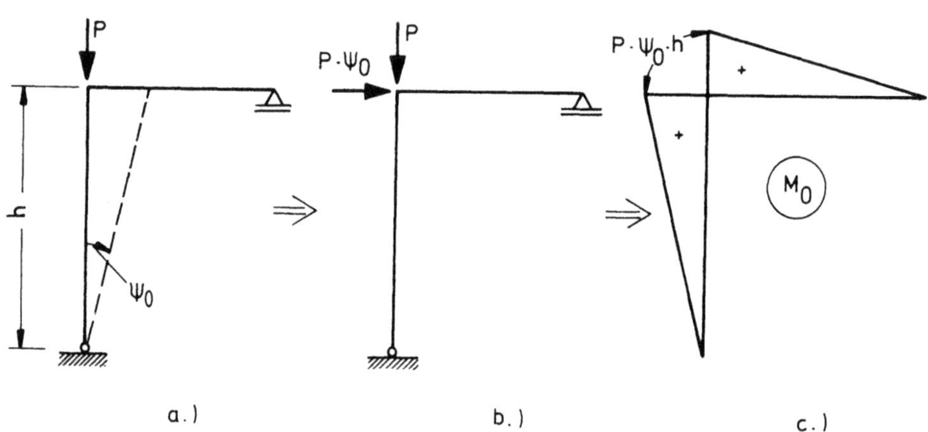

Bild 7.47 Einhüftiger Rahmen und Verlauf des Imperfektionsmomentes

Die erste Art des Nachweises baut auf der Näherungslösung nach der Fließgelenktheorie 2. Ordnung (für affine Systeme) auf

$$\frac{N}{N_{p\ell}} + \frac{M_o + M}{M_{p\ell}} \frac{1}{1 - P/P_{ki}} \leq 1 \qquad (7.36)$$

Sie empfiehlt sich stets dann, wenn das Imperfektionsmoment M_o in einfacher Weise bestimmt werden kann, was sehr häufig der Fall ist.

Für eine Schrägstellung (Imperfektion) nach Bild 7.47 a erhält man den in Bild 7.47 c dargestellten Verlauf für das Imperfektionsmoment M_o. Zusätzlich kann ein planmäßiges Biegemoment M (nach Theorie 1. Ordnung), z.B. aufgrund einer Horizontalkraft, vorhanden sein. Für den Riegel ist N = 0, es verbleibt als Nachweis der zweite Term der Gl. (7.36). Tritt kein planmäßiges Biegemoment M auf, wird der Nachweis mit M_o allein geführt.

Die zweite Art des Nachweises benutzt die Europäischen Knickspannungskurven, d.h. es baut auf dem Ersatzstabverfahren auf. Die Ausgangsbasis sind die Gleichungen (7.15) und (7.16)

$$\frac{N}{N_{p\ell}} + \frac{N \cdot w_o + M}{M_{p\ell}} \cdot \frac{1}{1 - N/N_{ki}} \leq 1$$

$$\text{mit } w_o = \frac{(1-\varkappa)(1-\varkappa\bar{\lambda}^2)}{\varkappa} \cdot \frac{M_{p\ell}}{N_{p\ell}}$$

Für den Riegel fällt der erste Term $\frac{N}{N_{p\ell}}$ wegen N = 0 fort. Im zweiten Term wird der Anteil des Imperfektionsmomentes $N \cdot w_o$ wegen $N \rightarrow 0$ und $w_o \rightarrow \infty$ unbestimmt.

Bei Systemen nach Bild 7.47 wird das Imperfektionsmoment $N \cdot w_o$ durch den Stiel (Schrägstellung) hervorgerufen und in den Riegel weitergeleitet. Dieser Sachverhalt kann durch folgende Gleichung ausgedrückt werden:

$$\frac{N \cdot w_o \big|_{Stiel} + M}{M_{p\ell\ Riegel}} \cdot \frac{1}{1 - N/N_{ki}} \leq 1 \qquad (7.37a)$$

$$\text{mit } w_{o\ Stiel} = \frac{(1-\varkappa)(1-\varkappa\bar{\lambda}^2)}{\varkappa} \cdot \frac{M_{p\ell\ Stiel}}{N_{p\ell\ Stiel}} \qquad (7.37b)$$

Dies liefert für "starke Riegel" ($M_{p\ell\ Stiel} \leq M_{p\ell\ Riegel}$) brauchbare Werte. Für "schwache Riegel" ($M_{p\ell\ Stiel} >> M_{p\ell\ Riegel}$) würde der Einfluß des Imperfektionsmomentes weit überschätzt. Dies beruht auf den in Abschn. 7.8.2.2 dargestellten Zusammenhängen: Die Knicklänge des Stieles wird sehr groß, der "Bemessungspunkt" liegt weit außerhalb des realen Stabes. Aus diesem Grund führt folgender Ansatz für das Imperfektionsmoment zu besserer Übereinstimmung mit exakten Ergebnissen:

$$N \cdot w_o = N \cdot w_o \big|_{Stiel} \cdot \frac{M_{p\ell\ Riegel}}{M_{p\ell\ Stiel}}$$

Damit ergibt sich für den Riegel durch Umformen aus den Gleichungen (7.37a) und (7.37b) folgende Bedingung:

$$\frac{N}{\varkappa N_{p\ell}} (1-\varkappa+\varkappa^2\bar{\lambda}^2) \bigg|_{Stiel} + \frac{M}{M_{p\ell}} \bigg|_{Riegel} \leq 1 \qquad (7.38)$$

Sie läßt sich noch vereinfachen zu

$$\frac{N}{N_{ki}} \underbrace{(1,4-0,1\bar{\lambda})}_{\geq 1} \bigg|_{Stiel} + \frac{M}{M_{p\ell}} \bigg|_{Riegel} \leq 1 \qquad (7.39)$$

<u>Anmerkung:</u> Man kann diesen Zusammenhang auch durch folgende Überlegung plausibel erklären (siehe auch /62/):

- im elastischen (schlanken) Bereich ist das Verhältnis

  $\frac{N}{\varkappa N_{p\ell}} = \frac{N}{N_{ki}}$ für jeden Stab gleich $\frac{P}{P_{ki}}$, d.h. ein konstanter Wert für das System

- bei planmäßig mittiger Belastung gilt für jeden Stab der Knicknachweis

  $\sigma_1 = \frac{N_1}{F_1} = \varkappa_1 \cdot \sigma_F$; $\sigma_2 = \frac{N_2}{F_2} = \varkappa_2 \cdot \sigma_F$ usw.

- daraus folgt für die Stäbe 1, 2, ...i:

  $\frac{\sigma_1}{\varkappa_1} = \frac{\sigma_2}{\varkappa_2} = \ldots \frac{\sigma_i}{\varkappa_i} = \sigma_F$ = konst, wenn alle Stäbe gleiches Material und die gleiche Sicherheit aufweisen

- wird einer dieser Ausdrücke unbestimmt (z.B. für den Riegel), so kann er vom "Nachbarstab" (z.B. dem Stiel) übernommen werden.

- man erkennt hieraus, daß es (bei gleicher Sicherheit, d.h. Ausnutzung der Stäbe) gleichgültig ist, welchen "Nachbarstab" man einsetzt.

Die Vorgehensweise wird am Beispiel nach Bild 7.48 erläutert:

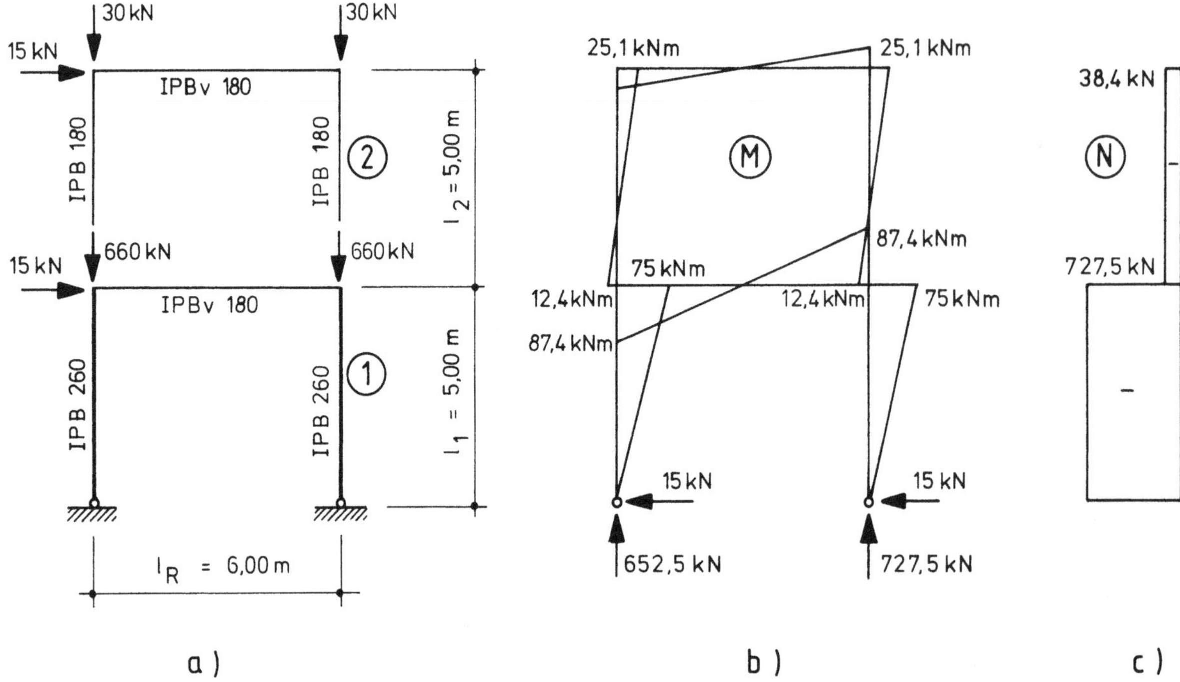

Bild 7.48 Zweistöckiger Rahmen
a) System und Belastung
b) Momente nach Theorie I. Ordnung
c) Normalkräfte im rechten Stiel

IPB 260, St 37:

$N_{p\ell} = 2832$ kN, $M_{p\ell} = 304,1$ kNm, $EJ_1 = 31332$ kNm^2

IPB 180, St 37:

$N_{p\ell} = 1567$ kN, $M_{p\ell} = 115,2$ kNm, $EJ_2 = 8043$ kNm^2

IPBv 180, St 37:

$N_{p\ell} = 2712$ kN, $M_{p\ell} = 213,6$ kNm, $EJ_R = 15708$ kNm^2

Knicklastermittlung nach /60/, dort Tafel 5.18:

$$\gamma = 6\,\frac{15708}{31332}\,\frac{5}{6} = 2,51 \rightarrow \frac{1}{\gamma} = 0,4$$

$$\chi = \frac{31332}{8043}\,\frac{5}{5} = 3,9 \sim 4$$

$$\varkappa = \frac{38,4}{727,5}\,\frac{5}{5} = 0,05$$

$$\left.\begin{array}{l} \text{für } \frac{1}{\gamma} = 0,3 \quad : \quad \beta_1 = 2,55 \\ \text{für } \frac{1}{\gamma} = 0,5 \quad : \quad \beta_1 = 2,85 \end{array}\right\} \beta_1 = 2,70 \text{ für } \frac{1}{\gamma} = 0,4$$

$$N_{ki,1} = \frac{31332 \cdot \pi^2}{(2,70 \cdot 5)^2} = 1696,8 \text{ kN}$$

$$N_{ki,2} = \frac{38,4}{727,5} \cdot 1696,8 = 89,6 \text{ kN}$$

$$N_{ki,R} = \frac{7,5}{727,5} \cdot 1696,8 = 17,5 \text{ kN}$$

Stab ① : $\bar{\lambda} = \sqrt{\frac{2832}{1696,8}} = 1,29 \quad \varkappa = 0,431$ (Linie b)

Nachweis nach dem Ersatzstabverfahren mit Gleichung (7.20):

$$\frac{727,5}{2832 \cdot 0,431} + \frac{75,0}{304,1 \cdot 1,1} + 0,25 \cdot 1,29^2 \cdot 0,431^2 \overset{!}{\leq} 1$$

$$\underbrace{0,596}_{> 0,1} + 0,224 + 0,077 = 0,897 < 1$$

Stab ② : $\bar{\lambda} = \sqrt{\frac{1567}{89,6}} = 4,18$ $\varkappa$ nicht mehr tabelliert

Nachweis nach dem Ersatzstabverfahren mit Gleichung (7.39):

$$\frac{727,5}{1696,8}(1,4-0,1 \cdot 1,29) + \frac{25,1}{115,2} \overset{!}{\leq} 1$$

$$0,545 + 0,218 = 0,763 < 1$$

Riegel: $\bar{\lambda} = \sqrt{\frac{2712}{17,5}} = 12,4$ $\varkappa$ nicht mehr tabelliert

Nachweis nach dem Ersatzstabverfahren mit Gleichung (7.39):

$$\frac{727,5}{1696,8}(1,4-0,1 \cdot 1,29) + \frac{87,4}{213,6} \overset{!}{\leq} 1$$

$$0,545 + 0,409 = 0,954 < 1$$

Nach genauer Rechnung ergibt sich unter Ansatz einer Imperfektion von $\ell/200$ je Stiel ein Riegelmoment von $M^{II} = 165,5$ kNm.

Nachweis nach der Fließgelenktheorie II. Ordnung für den maßgebenden Querschnitt:

$$\frac{N}{N_{p\ell}} \cong \frac{7,5}{2712} = 0,003 < \frac{1}{11}$$

$$\frac{M^{II}}{M_{p\ell}} = \frac{165,5}{213,6} = 0,775 < 1$$

7.8.4 Druck und zweiachsige Biegung

Bei zweiachsiger Biegung treten zusätzlich noch folgende Probleme auf:

- die Ersatzstäbe, Schlankheitsgrade und die "charakteristischen" Biegelinien sind im allgemeinen für die beiden Hauptachsenrichtungen unterschiedlich,
- die Biegemomentenverteilungen (M_o-Flächen) sind nicht affin, ihre Maximalwerte treten an verschiedenen Stellen auf,
- die Lage des "kritischen Querschnittes" (Bemessungspunkt) kann im allgemeinen nur näherungsweise oder durch Iteration gefunden werden.

An einem einfachen Beispiel soll dies erläutert werden:

Beispiel: Rahmen mit zweiachsiger Biegung

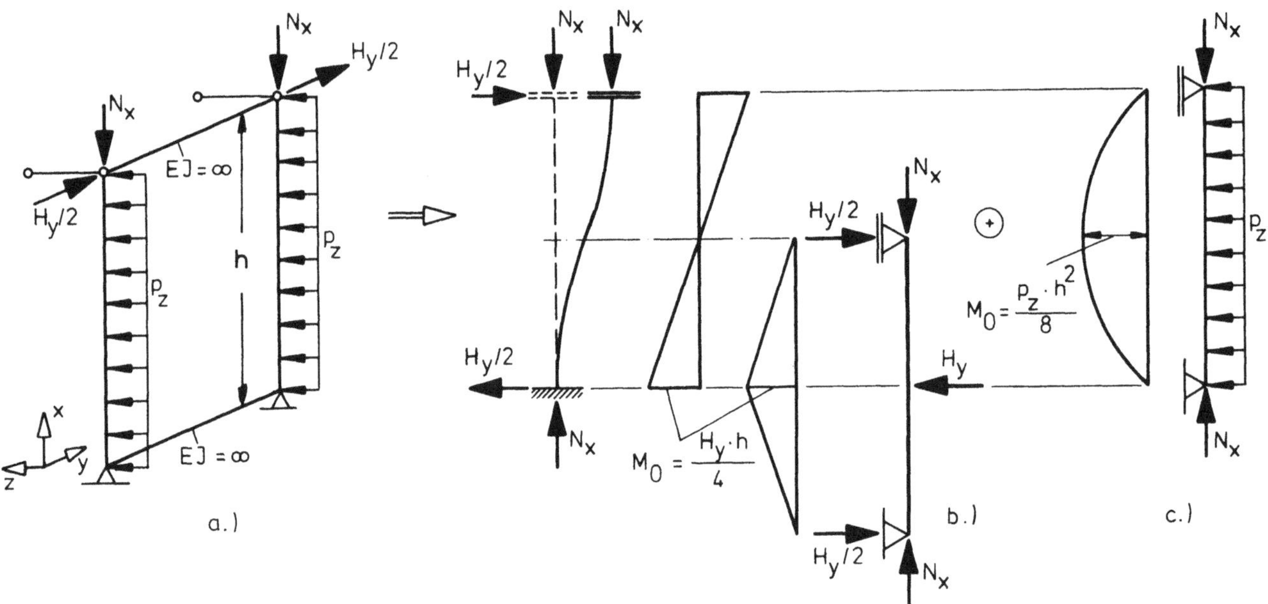

Bild 7.49 Rahmen mit zweiachsiger Biegung
a) System
b) Ersatzstab der x-y-Ebene
c) Ersatzstab der x-z-Ebene

Die Maximalwerte M_y und M_z liegen an verschiedenen Stellen. Der Bemessungspunkt (Interaktion N-M_y-M_z-Q_y-Q_z) liegt an der Stelle des Stabes mit der ungünstigsten Kombination der Schnittgrößen nach Theorie 2. Ordnung. Die Stelle des (plastischen) Versagens kann mit Hilfe der maximalen (elastischen) Randspannungen näherungsweise ermittelt werden. Auf der sicheren Seite liegend kann die Berechnung natürlich mit den beiden maximalen Biegemomenten nach Theorie 2. Ordnung nachgewiesen werden.

7.9 Örtliche Instabilität

7.9.1 Allgemeines

Die Gefahr örtlicher Instabilität kann auftreten in Form von

- Beulen dünnwandiger Blechteile,
- Biege- oder Biegedrillknicken von Aussteifungen.

Außerdem muß unterschieden werden, ob planmäßig große (örtliche) Plastizierungen auftreten (z.B. plastische Drehwinkel an Fließgelenken, Rotationskapazität!) oder ob nur "elastische" Deformationen des Systems zugelassen werden (Elastizitätstheorie 2. Ordnung bis zur Ausbildung des 1. Fließgelenkes).

Da diese Erscheinungen z.T. die Kenntnis der Berechnung des Plattenbeulens voraussetzen, werden hier nur die einfachsten Zusammenhänge (konstante Druckspannungsverteilung und unverschiebliche Randlagerung) behandelt.

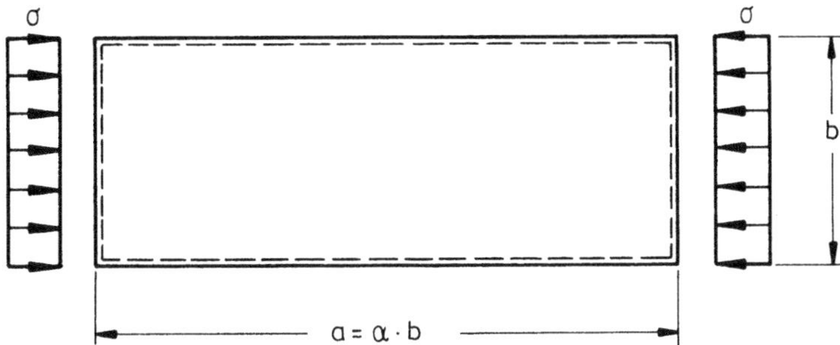

Bild 7.50 Blechtafel mit Navierscher Lagerung

Für die in Bild 7.50 dargestellte Blechtafel der Dicke t gilt bei Navierscher Lagerung (gelenkig, vertikal unverschieblich) für die kritische ideale Beulspannung σ_{vki} (Verzweigungslast):

$$\sigma_{vki} = k\,\sigma_e$$

mit

$$k \begin{cases} = 4 \text{ für } \alpha = \frac{a}{b} \geq 1 \\ = (\alpha + \frac{1}{\alpha})^2 \text{ für } \alpha = \frac{a}{b} < 1 \end{cases}$$

$$\sigma_e = \frac{\pi^2\,E\,t^2}{12\,b^2(1-\mu^2)} = 0{,}904\,E\,(\frac{t}{b})^2 \qquad (7.40)$$

Für andere Spannungsverhältnisse und Lagerungsbedingungen ergeben sich andere k-Werte.
In Analogie zur Knickspannungskurve $\bar{\sigma}_k = f(\bar{\lambda})$ nach Abschnitt 7.2.3.2 ist die "Beulspannungskurve" $\bar{\sigma}_{vk}$ in Abhängigkeit vom "Vergleichsschlankheitsgrad"

$$\bar{\lambda}_v = \sqrt{\frac{\sigma_F}{\sigma_{vki}}} \qquad (7.41)$$

nach Bild 7.51 festgelegt (Index vk bedeutet kritische "Vergleichsspannung").

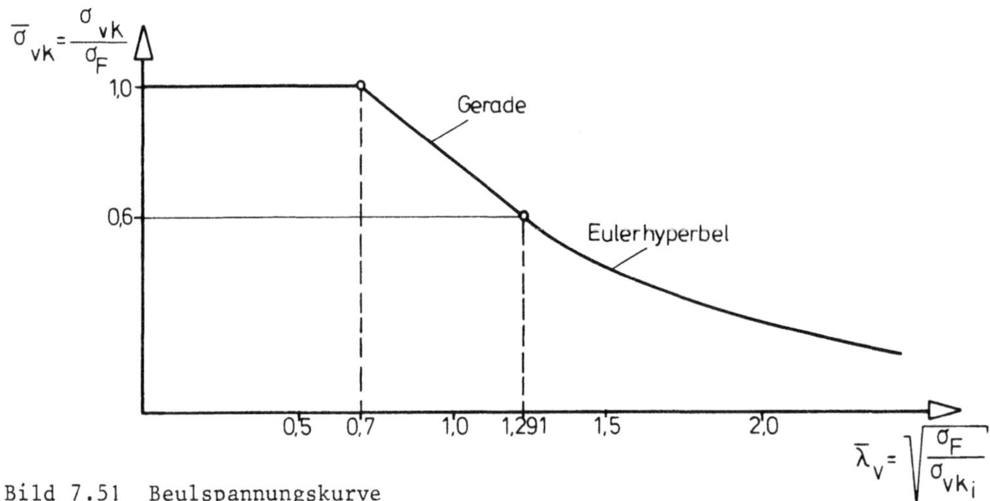

Bild 7.51 Beulspannungskurve

7.9.2 Begrenzung der Plattenschlankheit von Querschnittsteilen

7.9.2.1 Allgemeines

Querschnittsteile dürfen nur dann voll in Rechnung gestellt werden, wenn sichergestellt ist, daß sie nicht ausbeulen. Hierbei ist zu unterscheiden in

- Stabbereiche ohne Plastizierungen (elastisch)
- Stabbereiche mit Plastizierungen bei Berechnung bis zum 1. Fließgelenk
- Stabbereiche mit Plastizierungen bei Berechnung nach der Fließgelenktheorie.

7.9.2.2 Elastische Bereiche (außerhalb von Fließgelenken)

Für Bereiche, in denen keine plastischen Drehwinkel auftreten, kann die Forderung, daß bis zum Erreichen der Fließgrenze σ_F kein Beulen auftritt, ausgedrückt werden durch die Bedingung (s. Bild 7.51)

$$\bar{\lambda}_v \leq 0{,}7$$

Mit Gl. (7.41) gilt dann

$$\bar{\lambda}_v = \sqrt{\frac{\sigma_F}{\sigma_{vki}}} = \sqrt{\frac{\sigma_F}{k\ \sigma_e}} = \sqrt{\frac{\sigma_F}{k \cdot E \cdot 0{,}904}}\ \frac{b}{t} \leq 0{,}7 \qquad (7.42)$$

Daraus folgt für das maximale b/t-Verhältnis

$$\max \frac{b}{t} = 0{,}665 \sqrt{k \frac{E}{\sigma_F}} \qquad (7.43)$$

Daraus ergeben sich mit den entsprechenden k-Werten für allseitig bzw. dreiseitig gestützte Blechstreifen die in Bild 7.52 angegebenen max $\frac{b}{t}$-Werte (weitere Angaben in DIN 18800/2).

Blechstreifen	Spannungsverteilung	k	max b/t-Werte			
			St 37	St 52	St E 460	St E 690
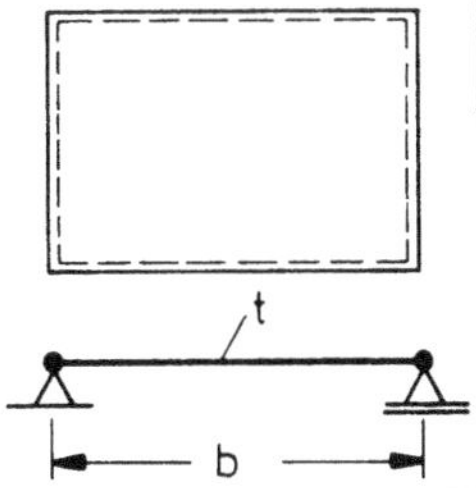	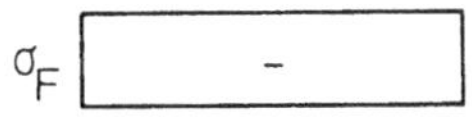	4,0	39	32	28	23
	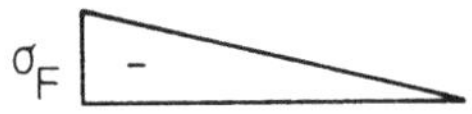	7,81	55	45	40	32
	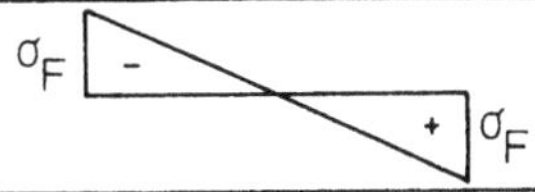	23,9	96	79	69	57
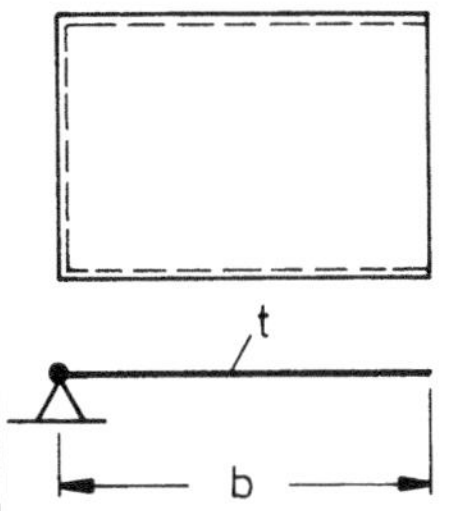		0,43	13	11	9,3	7,6
		1,70	26	21	19	15
	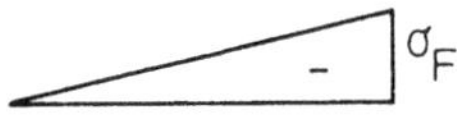	0,57	15	12	11	8,8

Bild 7.52 max b/t für Bereiche außerhalb von Fließgelenken

7.9.2.3 Bereiche mit Plastizierungen bei Berechnung bis zum 1. Fließgelenk

Wird die Plastizierfähigkeit des Querschnitts ausgenutzt, so müssen strengere Anforderungen an die Schlankheiten seiner Querschnittsteile gestellt werden. Die in Bild 7.53 angegebenen max b/t-Verhältnisse gelten für Berechnungen bis zum 1. Fließgelenk.

Querschnittsteil	Beanspruchung	max b/t	max b/t für σ_F bei Baustahl			
			St 37	St 52	StE 460 *	StE 690 *
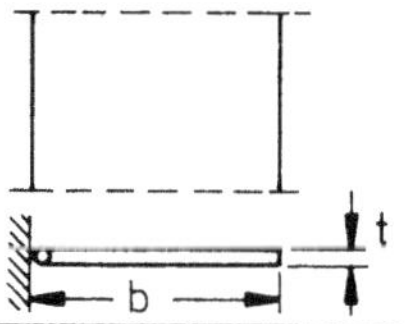	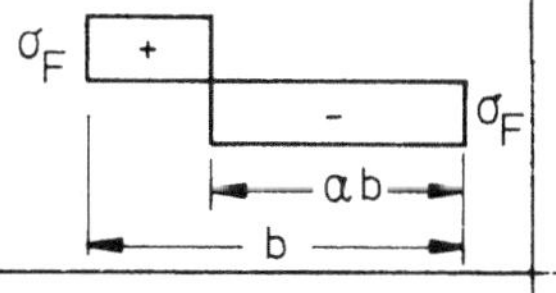	$\frac{0,35}{\alpha}\sqrt{\frac{E}{\sigma_F}}$	$\frac{10,3}{\alpha}$	$\frac{8,4}{\alpha}$	$\frac{7,4}{\alpha}$	$\frac{6,1}{\alpha}$
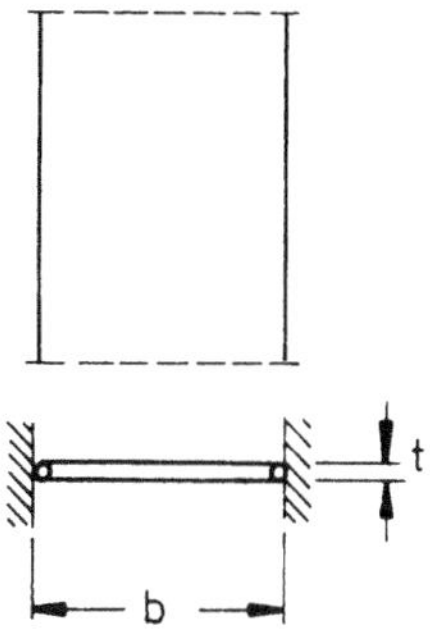	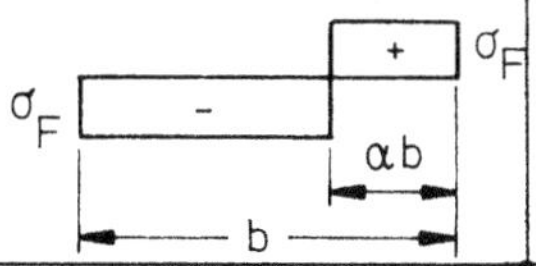	$\frac{1,2}{\alpha}\sqrt{\frac{E}{\sigma_F}}$	$\frac{35,3}{\alpha}$	$\frac{28,8}{\alpha}$	$\frac{25,5}{\alpha}$	$\frac{20,8}{\alpha}$
	$\alpha = 0$ 	$1,2\sqrt{\frac{E}{\sigma_F}}$	35,3	28,8	25,5	20,8
	$\alpha = 1/2$ 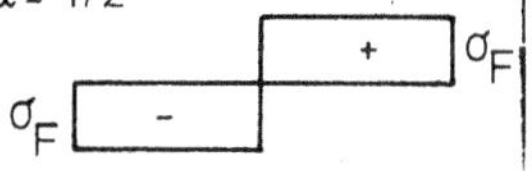	$2,4\sqrt{\frac{E}{\sigma_F}}$	70,6	57,6	51,0	41,6

Bild 7.53 max b/t-Verhältnisse für Stäbe mit Plastizierungen bei Berechnung bis zum 1. Fließgelenk

7.9.2.4 Bereiche mit Plastizierungen bei Berechnung nach der Fließgelenktheorie

Im Bereich von "aktiven" Fließgelenken treten plastische Drehwinkel auf. Der Querschnitt muß dort einschließlich seiner Einzelteile die erforderliche "Rotationskapazität" besitzen.
Bei der Anwendung der Fließgelenktheorie dürfen dort die max b/t-Verhältnisse nach Bild 7.54 nicht überschritten werden. Sie wurden aus Versuchen ermittelt.

Querschnittsteil	Beanspruchung	max b/t	max b/t für σ_F bei Baustahl			
			St 37	St 52	StE 460*	StE 690*
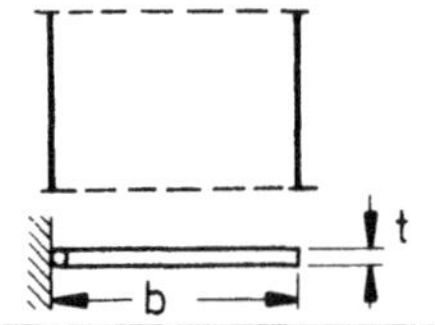 einseitig gelagert (b, t)	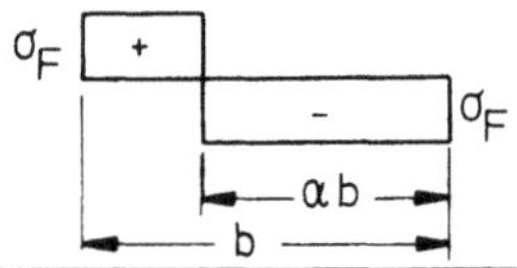 σ_F +, − σ_F; αb; b	$\frac{0{,}29}{\alpha}\sqrt{\frac{E}{\sigma_F}}$	8,6	7,0	6,2	5,1
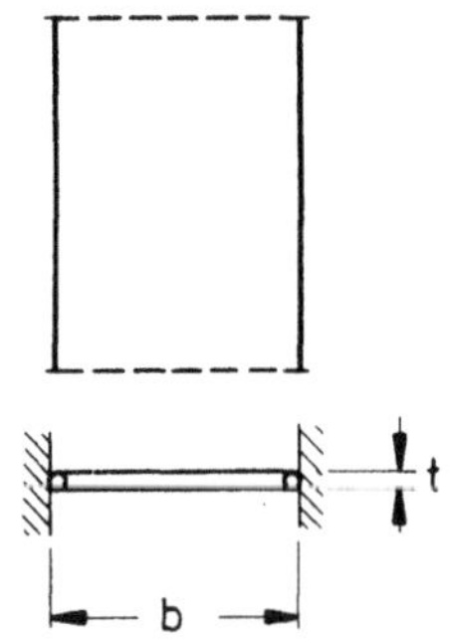 zweiseitig gelagert (b, t)	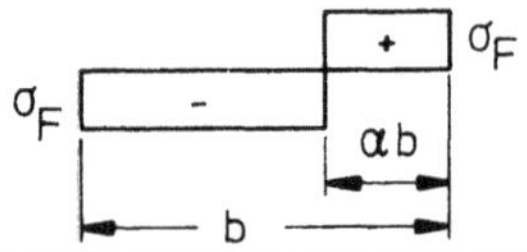 σ_F −, + σ_F; αb; b	$\frac{1}{\alpha}\sqrt{\frac{E}{\sigma_F}}$	$\frac{29{,}6}{\alpha}$	$\frac{24{,}1}{\alpha}$	$\frac{21{,}4}{\alpha}$	$\frac{17{,}5}{\alpha}$
	$\alpha=0$;  − σ_F	$\sqrt{\frac{E}{\sigma_F}}$	29,6	24,1	21,4	17,5
	$\alpha=1/2$; 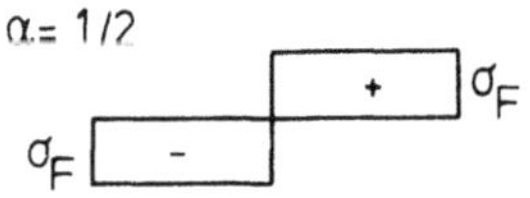 + σ_F, − σ_F	$2\sqrt{\frac{E}{\sigma_F}}$	59,2	48,2	42,8	35,0

Bild 7.54 max b/t-Verhältnisse für Stäbe mit Plastizierungen bei Berechnung nach der Fließgelenktheorie

Anmerkung: Das letzte, sich unter der Traglast bildende Fließgelenk braucht die (verschärften) Bedingungen nach Bild 7.54 nicht zu erfüllen, da kein plastischer Drehwinkel mehr ohne Einbuße der Tragfähigkeit aufgenommen werden muß. Hierfür gelten die Bedingungen nach Bild 7.53.

* Die Übertragung der Formeln für max b/t auf die hochfesten Stähle StE 460 und StE 690 muß noch durch eingehendere Untersuchungen abgesichert werden.

7.9.3 Die Berücksichtigung ausgebeulter Querschnittsteile

7.9.3.1 Allgemeines

Im Gegensatz zu stabartigem Versagen ist beim Beulverhalten von Blechtafeln, vor allem im Bereich großer Schlankheiten, ein Anstieg der Belastung nach Überschreiten der kritischen Beulspannung festzustellen (s. Bild 7.55), da sich eine Spannungsumlagerung zu den gestützten Rändern einstellt.

Diese "überkritische Tragreserve" kann durch die Festlegung einer wirksamen Plattenbreite b' berücksichtigt werden, die die Tragwirkung des ausgebeulten Blechteiles rechnerisch ersetzt (s. Bild 7.56). Dies gilt selbstverständlich nur in "elastischen" Bereichen außerhalb von Fließgelenken.

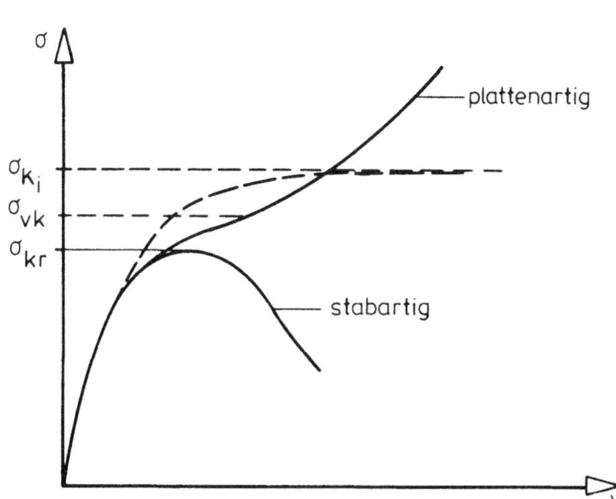

Bild 7.55 Beulverhalten

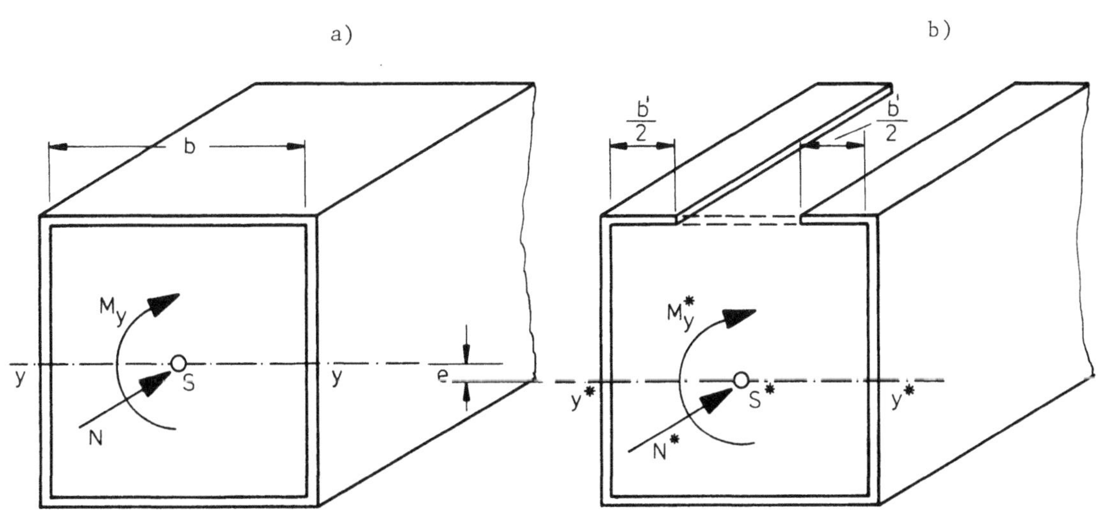

Bild 7.56 Die wirksame Breite b'
a) voller Querschnitt
b) durch Obergurtbeulen reduzierter Querschnitt

Die Berechnung des Knickstabes (oder des Stabsystems) wird mit dem reduzierten Querschnitt nach Bild 7.56 (Fläche, Schwerpunkt, Trägheitsmoment usw.) durchgeführt.

Hinweis: Die Schwerpunktsverschiebung nach Bild 7.56 ruft infolge Normalkraftwirkung eine Änderung des Biegemomentes M_y hervor: $M_y^* = M_y + N\,e$.

Außer diesem "Knicknachweis" am reduzierten Querschnitt ist nachzuweisen, daß im vollen Querschnitt die Fließgrenze nicht überschritten wird.

7.9.3.2 Die wirksame Breite b'_s

Durch Vergleich von Versuchsergebnissen mit theoretischen Untersuchungen wurden mehrere Näherungsformeln entwickelt / 7/, die sich nicht sehr voneinander unterscheiden.

In DIN 18800/2 wurde folgende Formel für die wirksame Breite b'_s aufgenommen:

$$\frac{b'_s}{b} = 1{,}22 \left[1 - \left(1 - 0{,}383 \frac{t}{b} \sqrt{k \frac{E}{\sigma_d}} \right)^2 \right] \qquad (7.44)$$

Sie gilt für $\frac{b}{t} > 0{,}665 \sqrt{k \frac{E}{\sigma_d}}$ und schließt für $\sigma_d = \sigma_F$ an die max $\frac{b}{t}$-Werte des Abschnittes 7.9.2.2 an.

σ_d ist die am reduzierten Querschnitt berechnete Druckspannung; sie kann maximal σ_F erreichen. Meist wird sie jedoch kleiner als σ_F sein, so daß eine auf der sicheren Seite liegende Abschätzung für b'_s durch Einsetzen von $\sigma_d = \sigma_F$ in Gl. (7.44) möglich ist. Damit ergeben sich die in Bild 7.57 dargestellten Werte für $\frac{b_s'}{b}$

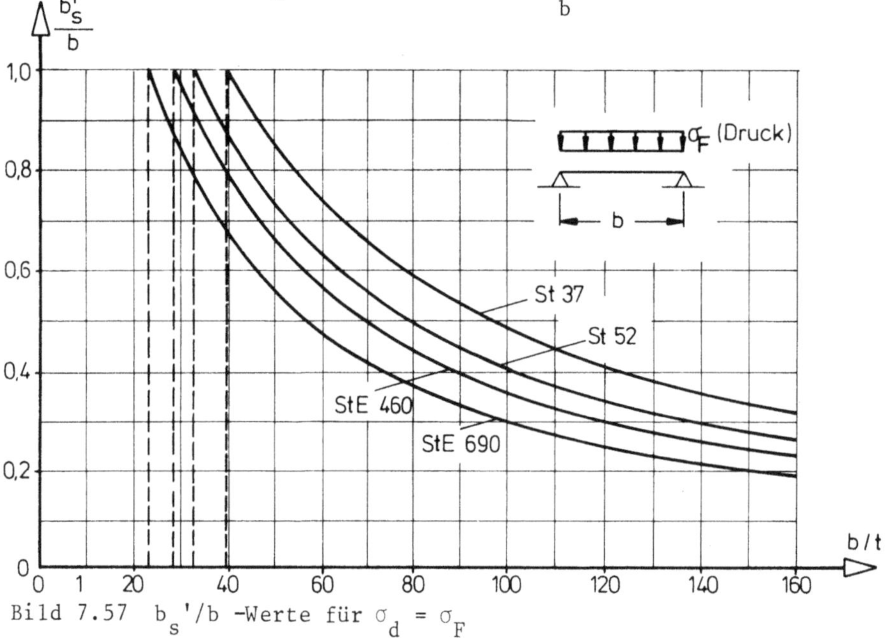

Bild 7.57 b_s'/b -Werte für $\sigma_d = \sigma_F$

Anmerkung:

In DIN 18800/2 sind in Abschnitt Plattenbeulen Festlegungen über wirksame Gurtbreiten vorgesehen, die gegenüber den in Bild 7.57 dargestellten Werten vor allem für große $\frac{b}{t}$-Verhältnisse (Bereich großer Schlankheiten) erheblich ungünstiger sind. Dies liegt daran, daß beim Plattenbeulen die überkritischen Reserven im hochschlanken Bereich nicht in Rechnung gestellt werden, sondern nur die Spannungsumlagerung nach Bild 7.58.

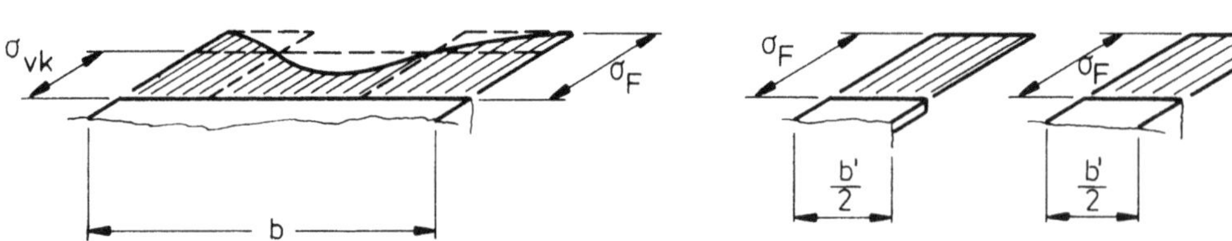

Bild 7.58 Spannungsumlagerung

Aus der Bedingung nach Bild 7.58, daß die (umgelagerte) Randspannung die Fließgrenze erreicht, wird folgende Gleichgewichtsaussage verwendet:

$$b' \, \sigma_F = b \, \sigma_{vk}$$

Daraus folgt

$$\frac{b'}{b} = \frac{\sigma_{vk}}{\sigma_F} = \overline{\sigma}_{vk} \qquad (7.45)$$

Dies besagt, daß die Beulspannungskurve $\overline{\sigma}_{vk}$ zur Bestimmung der wirksamen Breite b' herangezogen wird /55/.

7.9.3.3 Die kritische Beulknickspannung σ_{Bk}.

Die gegenseitige Beeinflussung des Stabknickens und des örtlichen Ausbeulens einzelner Blechfelder kann auch ohne das Berechnungsmodell der wirksamen Breite b' in Form eines Interaktionsdiagramms nach Bild 7.59 dargestellt werden /53/. Hierbei werden sämtliche Rechenwerte am vollen Querschnitt ermittelt(s.a. DASt-Ri. 012 /58/).

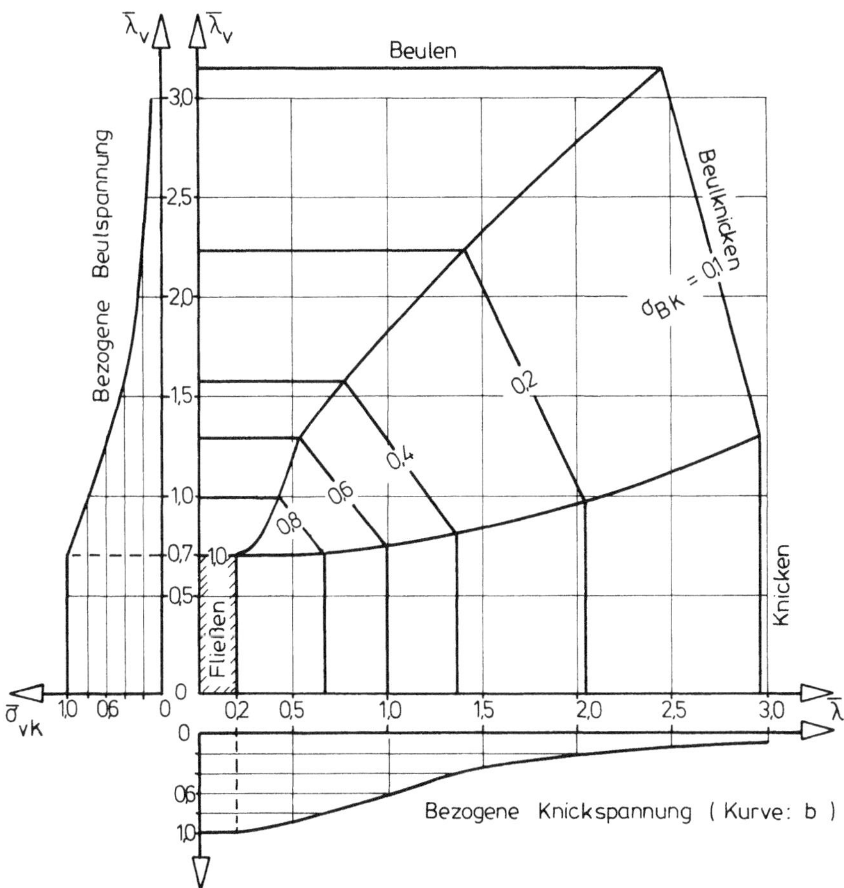

Bild 7.59 Beulknickspannungen

Anhand des Diagramms kann bei gegebenen Schlankheitsgraden $\overline{\lambda}_k$ für den Knickstab und $\overline{\lambda}_v$ für das beulgefährdete Querschnittsteil die kritische Versagensspannung σ_{Bk} (Knicken, Beulen, Beulknicken oder Fließen) ermittelt werden. Hierbei wird die überkritische Beulreserve nicht berücksichtigt, sondern die Beulspannungskurve nach Bild 7.51 wird ohne "Verbesserung" im hochschlanken Bereich verwendet.

Anhang

Belastung	Hilfswerte	Biegemoment M: $M(\xi)$	Biegemoment M, Maximalwert: Stelle ξ_M	Biegemoment M, Maximalwert: $\max M = M(\xi_M)$	Querkraft Q: $Q(\xi)$	Querkraft Q, Maximalwert: Stelle ξ_Q	Querkraft Q, Maximalwert: $\max Q = Q(\xi_Q)$
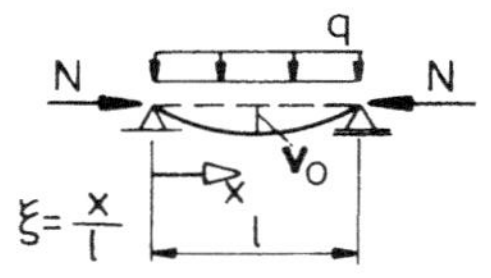 N, q, N, v_o, x, l; $\xi = \frac{x}{l}$			0,5	$\left[\frac{1}{\cos\frac{\varepsilon}{2}} - 1\right] M_o$		0 1	$\varepsilon \tan\frac{\varepsilon}{2}\,\frac{M_o}{\ell}$ $-\varepsilon \tan\frac{\varepsilon}{2}\,\frac{M_o}{\ell}$
M_i, q, M_k, N, i, k, N, v_o, x, l; $\xi = \frac{x}{l}$	$c = \frac{M_k - M_i}{\tan\frac{\varepsilon}{2}} \cdot$ $\cdot \frac{1}{(M_k + M_i + 2M_o)}$	$(\max M + M_o) \cdot$ $\cdot \cos \varepsilon(\xi_M - \xi) - M_o$	$0{,}5 + \frac{\arctan c}{\varepsilon}$ Wenn $0 \leq \xi_M \leq 1$, tritt max M auf, andernfalls ist M_i oder M_k das größte Moment	$\left[\frac{1}{2}(M_k + M_i) + M_o\right] \cdot$ $\cdot \frac{\sqrt{1 + c^2}}{\cos\frac{\varepsilon}{2}} - M_o$	$\frac{\varepsilon}{\ell}(\max M + M_o) \cdot$ $\cdot \sin \varepsilon(\xi_M - \xi)$	$\xi_M - \frac{\pi}{2\varepsilon}$ $\xi_M + \frac{\pi}{2\varepsilon}$ Wenn $0 \leq \xi_Q \leq 1$, tritt max Q auf, andernfalls ist $Q_i = Q(0)$ oder $Q_k = Q(1)$ die größte Querkraft	$\frac{\varepsilon}{\ell}(\max M + M_o)$ $-\frac{\varepsilon}{\ell}(\max M + M_o)$
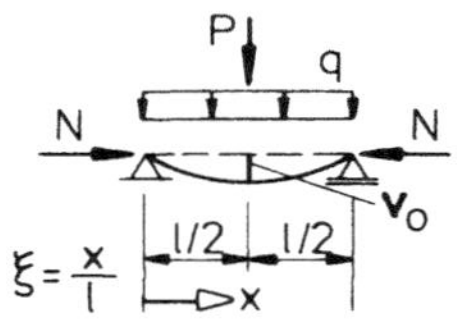 P, q, N, N, v_o, l/2, l/2, x; $\xi = \frac{x}{l}$		$\xi \leq 0{,}5$: $\left[\frac{\cos \varepsilon(0{,}5 - \xi)}{\cos \varepsilon/2} - 1\right] M_o +$ $+ \frac{\sin \varepsilon \xi}{2\varepsilon \cos \varepsilon/2} \gamma P \ell$	0,5	$\left[\frac{1}{\cos \varepsilon/2} - 1\right] M_o +$ $+ \frac{\tan \varepsilon/2}{2\varepsilon} \gamma P \ell$	$\xi \leq 0{,}5$: $\frac{\varepsilon \sin \varepsilon(0{,}5 - \xi)}{\cos \varepsilon/2} \frac{M_o}{\ell} +$ $+ \frac{\cos \varepsilon \xi}{2 \cos \varepsilon/2} \gamma P$	0 1	$\varepsilon \tan\frac{\varepsilon}{2}\,\frac{M_o}{\ell} + \frac{\gamma P}{2\cos\varepsilon/2}$ $-\varepsilon \tan\frac{\varepsilon}{2}\,\frac{M_o}{\ell} - \frac{\gamma P}{2\cos\varepsilon/2}$

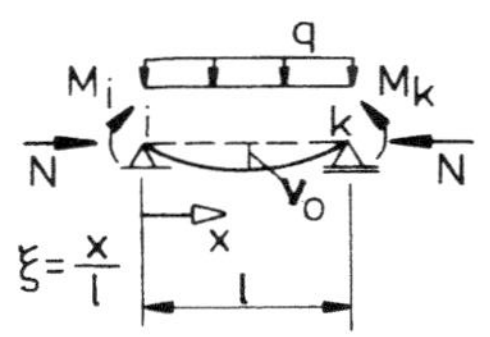

Bemerkung: Die Formeln dürfen auch bei beliebiger Lagerung der Stabenden sowie für beliebige Stababschnitte angewendet werden, wenn die Endmomente M_i, M_k bekannt sind bzw. nach Theorie 2. Ordnung berechnet werden.

$\gamma = \frac{1}{1 - \frac{N}{GF_Q}}$, $N < GF_Q$ (GF_Q Schubsteifigkeit), $\varepsilon = \ell \sqrt{\frac{\gamma N}{EI}}$, $M_o = \left[\frac{q}{N} + 8 \frac{v_o}{\ell^2}\right] EI$, Vorzeichendefinition: ↶↷ + M ↑—↓ + Q

Tabelle A1

Profil	I	IPB	IPBL	IPBv	IPE	IPEo	IPEv
80	1,17	-	-	-	1,16	-	-
100	1,16	1,16	1,14	1,24	1,15	-	-
120	1,16	1,15	[1,13]	1,22	1,15	-	-
140	1,16	1,14	[1,12]	1,20	1,14	-	-
160	1,16	1,14	(1,12)	1,19	1,14	-	-
180	1,16	1,13	(1,10)	1,18	1,14	1,15	-
200	1,17	1,13	(1,11)	1,17	1,13	1,15	-
220	1,17	1,13	(1,10)	1,16	1,13	1,14	-
240	1,16	[1,12]	(1,10)	1,18	1,13	1,14	-
260	1,16	[1,11]	(1,10)	1,17	-	-	-
270	-	-	-	-	1,13	1,13	-
280	1,17	[1,11]	(1,10)	1,16	-	-	-
300	1,17	[1,11]	(1,10)	1,17	1,13	1,13	-
320	1,17	[1,11]	(1,10)	1,17	-	-	-
330	-	-	-	-	1,13	1,13	-
340	1,17	1,11	(1,10)	1,17	-	-	-
360	1,17	1,12	(1,10)	1,16	1,13	1,13	-
380	1,18	-	-	-	-	-	-
400	1,17	1,13	[1,11]	1,16	1,13	1,14	1,14
425	1,17	-	-	-	-	-	-
450	1,18	1,12	[1,11]	1,15	1,13	1,14	1,19
475	1,18	-	-	-	-	-	-
500	1,18	1,12	1,11	1,15	1,14	1,14	1,15
550	1,17	1,13	1,11	1,15	1,14	1,14	1,16
600	1,18	1,13	1,12	1,15	1,15	1,15	1,16
650	-	1,13	1,12	1,15	-	-	-
700	-	1,13	1,13	1,15	-	-	-
800	-	1,14	1,13	1,15	-	-	-
900	-	1,15	1,14	1,15	-	-	-
1000	-	1,15	[1,15]	1,16	-	-	-

[ ] Mindestdicken für St 52 nicht eingehalten.

( ) Mindestdicken für St 37 und St 52 nicht eingehalten.

$$\alpha = \frac{W_{p\ell}}{W} = \frac{\text{"plastisches" Widerstandsmoment}}{\text{"elastisches" Widerstandsmoment}}$$

Tabelle A2: Formbeiwert α für Walzprofile

Statisches System		Bereich	Maßgebende Schnittgrößen	Reihenfolge und Stelle der Fließgelenke 1.	2.	3.
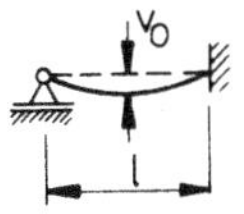 v_o, l	$\varepsilon_{ki} = 4{,}493$ 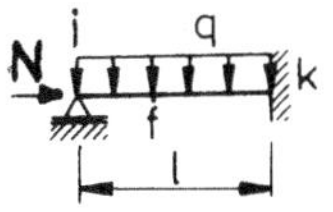 N, i, q, f, k, l	$0 < \varepsilon \leq \pi$	$M_f = -M_k = \left[\frac{\frac{\sin \varepsilon/2}{\varepsilon}}{\sqrt{0{,}5 + \cos \varepsilon/2}}\right]^2 q^* \ell^2$ 1) $Q_f = 0,\ Q_k = -\frac{\frac{\sin \varepsilon/2}{\varepsilon/2}}{\sqrt{0{,}5 + \cos \varepsilon/2}} q^* \ell$	k	f	
		$\pi < \varepsilon < \varepsilon_{ki}$	$M_k = -\frac{1}{2} \frac{\frac{\tan \varepsilon/2}{\varepsilon/2} - 1}{1 - \frac{\varepsilon}{\tan \varepsilon}} q^* \ell^2$ $Q_k = -\frac{1}{2}\left[1 + \frac{\frac{\tan \varepsilon/2}{\varepsilon/2} - 1}{1 - \frac{\varepsilon}{\tan \varepsilon}}\right] q^* \ell$	k 2)		
	$\varepsilon_{ki} = 4{,}493$ 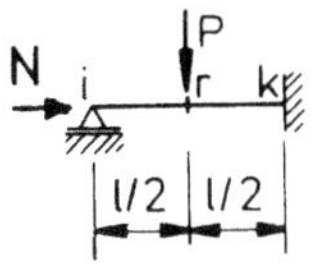 N, i, P, r, k, l/2, l/2	$0 < \varepsilon \leq \pi$	$M_f = -M_k = \frac{\frac{\sin \varepsilon/2}{\varepsilon}}{1 + 2 \cos \varepsilon/2} P^* \ell$ $Q_{fr} = Q_k = -\frac{1}{2}\left[1 + \frac{1}{1 + 2 \cos \varepsilon/2}\right] P^*$	k	f	
		$\pi < \varepsilon < \varepsilon_{ki}$	$M_k = -\frac{1}{2} \frac{\frac{1}{\cos \varepsilon/2} - 1}{1 - \frac{\varepsilon}{\tan \varepsilon}} P^* \ell$ $Q_k = -\frac{1}{2}\left[1 + \frac{\frac{1}{\cos \varepsilon/2} - 1}{1 - \frac{\varepsilon}{\tan \varepsilon}}\right] P^*$	k		
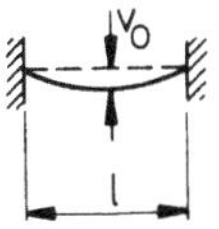 v_o, l	$\varepsilon_{ki} = 2\pi$ l, N, q, f, k, l/2, l/2 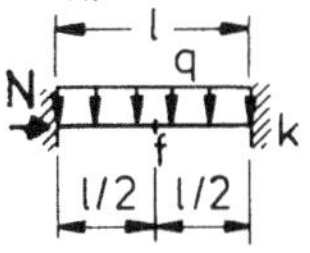	$0 < \varepsilon \leq \pi$	$M_f = -M_i = -M_k = \left[\frac{\tan \varepsilon/4}{\varepsilon}\right]^2 q^* \ell^2$ 1) $Q_f = 0,\ Q_i = -Q_k = \frac{\tan \varepsilon/4}{\varepsilon/2} q^* \ell$	i (gleichzeitig mit k)	k	f
		$\pi < \varepsilon < \varepsilon_{ki}$	$M_i = M_k = -\frac{1}{\varepsilon^2}\left[1 - \frac{\varepsilon/2}{\tan \varepsilon/2}\right] q^* \ell^2$ $Q_i = -Q_k = \frac{1}{2} q^* \ell$	i (gleichzeitig mit k)	k	
	$\varepsilon_{ki} = 2\pi$ N, i, P, f, k, l/2, l/2 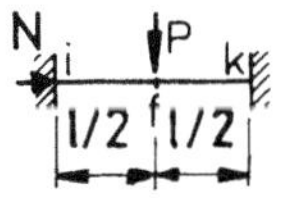	$0 < \varepsilon < \varepsilon_{ki}$	$M_f = -M_i = -M_k = \frac{\tan \varepsilon/4}{2\varepsilon} P^* \ell$ $Q_i = Q_{f\ell} = -Q_{fr} - Q_k = \frac{1}{2} P^*$	i (gleichzeitig mit f, k)	f	k

Hilfsgrößen: $\varepsilon = \ell \sqrt{\frac{N}{EI}}$; v_o = Imperfektion ; $q^* = q + 8 \frac{N v_o}{\ell^2}$ (auch für q = 0)

$P^* = P + 4N \frac{v_o}{\ell} \left(1 + \frac{1}{4} \frac{\varepsilon}{\varepsilon_{ki}}\right)$ 3) (nur für $P \neq 0$)

1) Die Annahme $M_f = -M_k$ bzw. $M_f = -M_i = -M_k$ gilt streng nur dann, wenn die Querkraft nicht in die Interaktionsbeziehung eingeht ($Q \leq Q_{p\ell}/3$). Andernfalls stellen die Formeln eine auf der sicheren Seite liegende Näherung dar, wobei jeweils der ungünstigere Querschnitt nachgewiesen werden muß. Das gleiche gilt bei nur einfachsymmetrischen Querschnitten.

2) Für $4{,}432 < \varepsilon < 4{,}493$ tritt max M nicht in k, sondern im Feld auf. Dieser Einfluß ist jedoch für die praktisch erforderliche Genauigkeit der Ergebnisse ohne Bedeutung.

3) Vereinfachend wird beim Lastfall P in Stabmitte statt des parabolischen Verlaufes für die Vorverformung ein aus zwei Geraden bestehender Linienzug angenommen. v_o wird mit dem Faktor $\left(1 + \frac{1}{4} \frac{\varepsilon}{\varepsilon_{ki}}\right)$ versehen.

Tabelle A 3

$M_{\omega 1}$, $EF_{\tilde{\omega}\tilde{\omega}}$, GJ_D, x, x', ℓ	Lastfall 1	ganzer Bereich	
+	$EF_{\tilde{\omega}\tilde{\omega}}\tilde{\vartheta} =$	$\frac{M_{\tilde{\omega}1}}{\lambda^2}\left(\frac{x'}{\ell} - \frac{\sinh\lambda x'}{\sinh\lambda\ell}\right)$	
+, −	$M_{\tilde{x}1} = \lambda^2 EF_{\tilde{\omega}\tilde{\omega}}\tilde{\vartheta}' =$	$M_{\tilde{\omega}1}\cdot\lambda\cdot\left(-\frac{1}{\lambda\ell} + \frac{\cosh\lambda x'}{\sinh\lambda\ell}\right)$	
+	$M_{\tilde{\omega}} = -EF_{\tilde{\omega}\tilde{\omega}}\tilde{\vartheta}'' =$	$M_{\tilde{\omega}1}\frac{\sinh\lambda x'}{\sinh\lambda\ell}$	
−	$M_{\tilde{x}2} = -EF_{\tilde{\omega}\tilde{\omega}}\tilde{\vartheta}''' =$	$M_{\tilde{\omega}1}\cdot\lambda\left(\frac{\cosh\lambda x'}{\sinh\lambda\ell}\right)$	
I, II, a, c, b, $EF_{\tilde{\omega}\tilde{\omega}}$, GJ_D, m_x, m, n, x, x', ℓ	Lastfall 2	Bereich I	Bereich II
+	$EF_{\tilde{\omega}\tilde{\omega}}\tilde{\vartheta} =$	$\frac{m_x}{\lambda^4}\left[\lambda^2\frac{cn}{\ell}x - \frac{ch\lambda(b+c) - ch\lambda b}{sh\lambda\ell}sh\lambda x\right]$	$\frac{m_x}{\lambda^4}\left\{\lambda^2\left[\frac{cn}{\ell}x - \frac{(x-a)^2}{2}\right] - 1 + \frac{ch\lambda a\cdot sh\lambda x' + ch\lambda b\, sh\lambda x}{sh\lambda\ell}\right\}$
+, −, $M_{\tilde{x}1}$	$M_{\tilde{x}1} = \lambda^2 EF_{\tilde{\omega}\tilde{\omega}}\tilde{\vartheta}' =$	$\frac{m_x}{\lambda}\left[\lambda\frac{cn}{\ell} - \frac{ch\lambda(b+c) - ch\lambda b}{sh\lambda\ell}ch\lambda x\right]$	$\frac{m_x}{\lambda}\left\{\lambda\left[\frac{cn}{\ell} - (x-a)\right] - \frac{ch\lambda a\cdot ch\lambda x' - ch\lambda b\cdot ch\lambda x}{sh\lambda\ell}\right\}$
+, $M_{\tilde{\omega}}$	$M_{\tilde{\omega}} = -EF_{\tilde{\omega}\tilde{\omega}}\tilde{\vartheta}'' =$	$\frac{m_x}{\lambda^2}\frac{ch\lambda(b+c) - ch\lambda b}{sh\lambda\ell}sh\lambda x$	$\frac{m_x}{\lambda^2}\left(1 - \frac{ch\lambda a\cdot sh\lambda x' + ch\lambda b\, sh\lambda x}{sh\lambda\ell}\right)$
+, −	$M_{\tilde{x}2} = -EF_{\tilde{\omega}\tilde{\omega}}\tilde{\vartheta}''' =$	$\frac{m_x}{\lambda}\frac{ch\lambda(b+c) - ch\lambda b}{sh\lambda\ell}ch\lambda x$	$\frac{m_x}{\lambda}\frac{ch\lambda a\; ch\lambda x' - ch\lambda b\; ch\lambda x}{sh\lambda\ell}$

Tabelle A 4 Lösungen Wölbkrafttorsion nach /23/

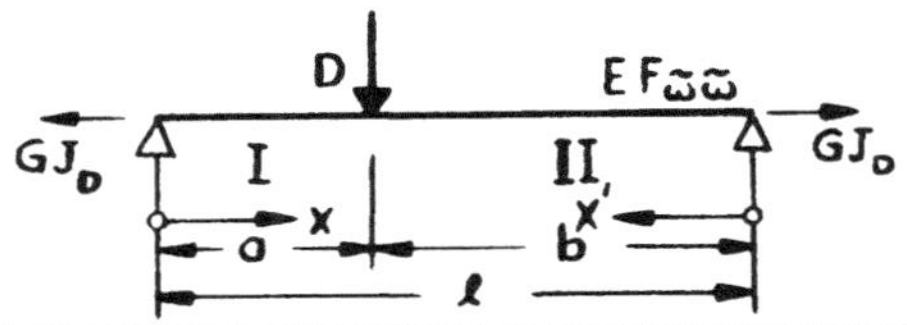 D, $EF_{\tilde{\omega}\tilde{\omega}}$, GJ_D, I, II, x, x', a, b, ℓ	Lastfall 3	Bereich I	Bereich II
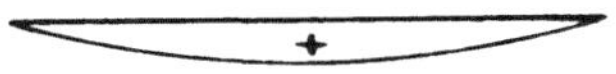 +	$EF_{\tilde{\omega}\tilde{\omega}}\tilde{\vartheta}=$	$\frac{D}{\lambda^3}(\frac{b}{\ell}\lambda x- \frac{sh\lambda b}{sh\lambda\ell}\, sh\lambda x)$	$\frac{D}{\lambda^3}(\frac{a}{\ell}\lambda x'- \frac{sh\lambda a}{sh\lambda\ell}\, sh\lambda x')$
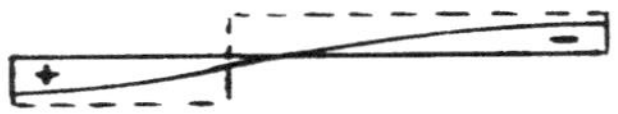 +, −	$M_{\tilde{x}1}=\lambda^2 EF_{\tilde{\omega}\tilde{\omega}}\tilde{\vartheta}'=$	$D\,(\frac{b}{\ell} - \frac{sh\lambda b}{sh\lambda\ell}\, ch\lambda x)$	$D\,(-\frac{a}{\ell} + \frac{sh\lambda a}{sh\lambda\ell}\, ch\lambda x')$
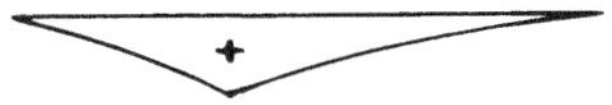 +	$M_{\tilde{\omega}}=-EF_{\tilde{\omega}\tilde{\omega}}\tilde{\vartheta}''=$	$\frac{D}{\lambda}\,\frac{sh\lambda b}{sh\lambda\ell}\, sh\lambda x$	$\frac{D}{\lambda}\,\frac{sh\lambda a}{sh\lambda\ell}\, sh\lambda x'$
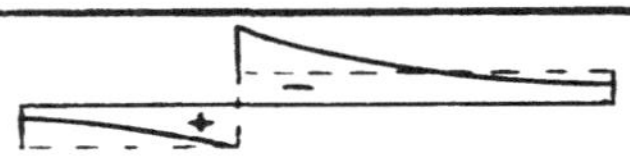 +, −	$M_{\tilde{x}2}=-EF_{\tilde{\omega}\tilde{\omega}}\tilde{\vartheta}'''=$	$D\,\frac{sh\lambda b}{sh\lambda\ell}\, ch\lambda x$	$-D\,\frac{sh\lambda a}{sh\lambda\ell}\, ch\lambda x'$
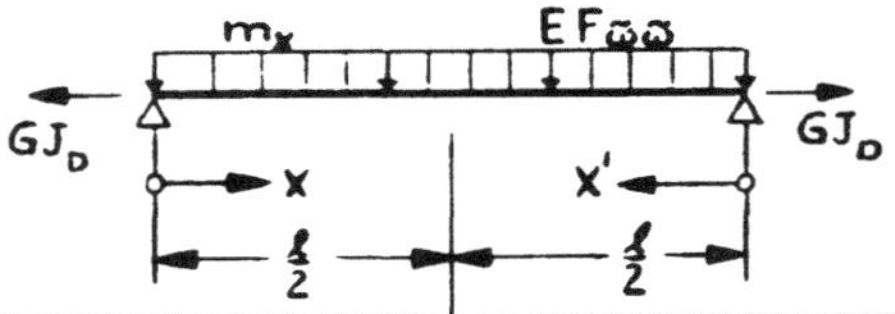 m_x, $EF_{\tilde{\omega}\tilde{\omega}}$, GJ_D, x, x', $\frac{\ell}{2}$, $\frac{\ell}{2}$	Lastfall 4	ganzer Bereich	
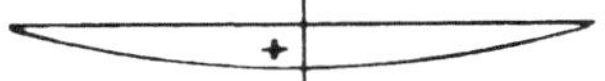 +	$EF_{\tilde{\omega}\tilde{\omega}}\tilde{\vartheta}=$	$\frac{m_x}{\lambda^4}\left[\lambda^2(\frac{\ell}{2}\cdot x- \frac{x^2}{2})-1+ \frac{sh\lambda x+sh\lambda x'}{sh\lambda\ell}\right]$	
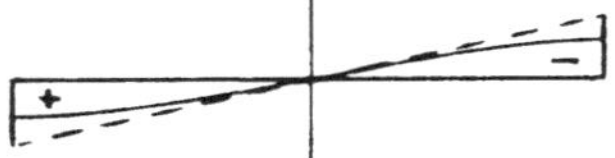 +, −	$M_{\tilde{x}1}=\lambda^2 EF_{\tilde{\omega}\tilde{\omega}}\tilde{\vartheta}'=$	$\frac{m_x}{\lambda}\left[\lambda(\frac{\ell}{2} - x)+ \frac{ch\lambda x-ch\lambda x'}{sh\lambda\ell}\right]$	
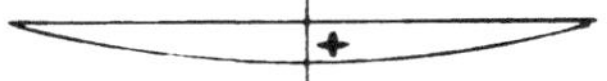 +	$M_{\tilde{\omega}}=-EF_{\tilde{\omega}\tilde{\omega}}\tilde{\vartheta}''=$	$\frac{m_x}{\lambda^2}\,(1- \frac{sh\lambda x+sh\lambda x'}{sh\lambda\ell})$	
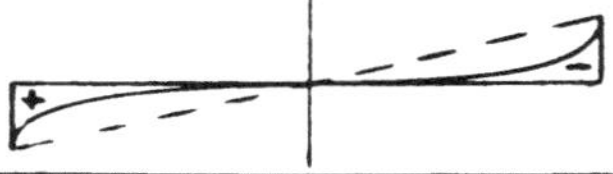 +, −	$M_{\tilde{x}2}=-EF_{\tilde{\omega}\tilde{\omega}}\tilde{\vartheta}'''=$	$\frac{m_x}{\lambda}(- \frac{ch\lambda x-ch\lambda x'}{sh\lambda\ell})$	

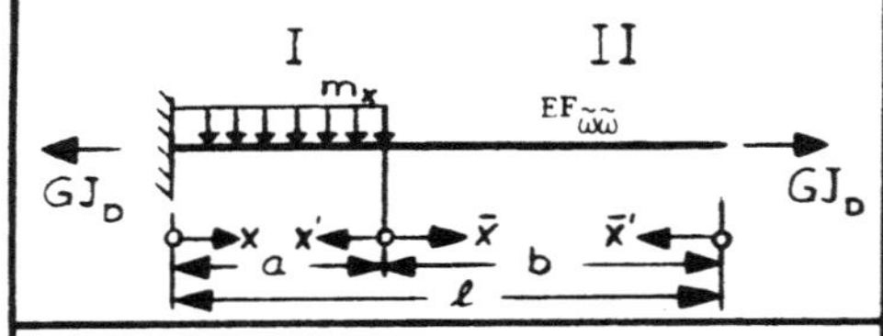	Lastfall 5	Bereich I	Bereich II
	$EF_{\tilde\omega\tilde\omega}\vartheta =$	$\frac{m_x}{\lambda^4}\left[\lambda^2(ax-\frac{x^2}{2}) - \frac{1+\lambda a\frac{sh\lambda\ell}{ch\lambda b}+K_1 sh\lambda x'-K_2 ch\lambda x'}{sh\lambda a\cdot th\lambda b+ch\lambda a}\right]$	$\frac{m_x}{\lambda^4}\left[\lambda^2\frac{a^2}{2}-K-\frac{sh\lambda a-\lambda a}{ch\lambda\ell}sh\lambda x'\right]$
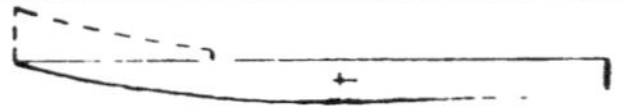	$M_{\tilde x1}=\lambda^2 EF_{\tilde\omega\tilde\omega}\vartheta' =$	$\frac{m_x}{\lambda}\left[\lambda(a-x)+\frac{K_1 ch\lambda x'-K_2 sh\lambda x'}{sh\lambda a\cdot th\lambda b+ch\lambda a}\right]$	$\frac{m_x}{\lambda}\frac{sh\lambda a-\lambda a}{ch\lambda\ell}ch\lambda x'$
	$M_{\tilde\omega}=-EF_{\tilde\omega\tilde\omega}\vartheta'' =$	$\frac{m_x}{\lambda^2}\left[1+\frac{K_1 sh\lambda x'-K_2 ch\lambda x'}{sh\lambda a\cdot th\lambda b+ch\lambda a}\right]$	$\frac{m_x}{\lambda^2}\frac{sh\lambda a-\lambda a}{ch\lambda\ell}sh\lambda x'$
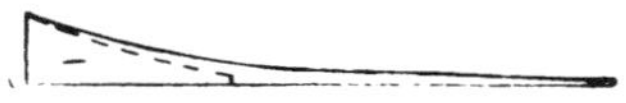	$M_{\tilde x2}=-EF_{\tilde\omega\tilde\omega}\vartheta''' =$	$\frac{m_x}{\lambda}\left[-\frac{K_1 ch\lambda x'-K_2 sh\lambda x'}{sh\lambda a\cdot th\lambda b+ch\lambda a}\right]$	$\frac{m_x}{\lambda}(-\frac{sh\lambda a-\lambda a}{ch\lambda\ell}ch\lambda x')$
		$K_1=(sh\lambda a-\lambda a)$ $K_2=(ch\lambda a-\lambda a th\lambda b)$	$K=\frac{sh\lambda a(\lambda a-th\lambda b)+\lambda a th\lambda b-(ch\lambda a-1)(1-\lambda a th\lambda b)}{sh\lambda a\cdot th\lambda b+ch\lambda a}$

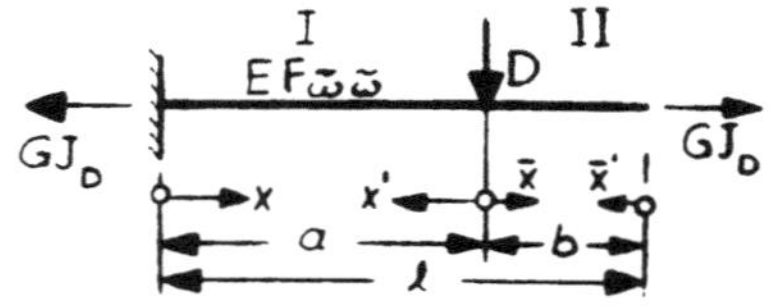	Lastfall 6	Bereich I	Bereich II
	$EF_{\tilde\omega\tilde\omega}\vartheta =$	$\frac{D}{\lambda^3}\left[\lambda x-\frac{sh\lambda\ell-sh\lambda b-ch\lambda\ell sh\lambda x'+(ch\lambda a-1)sh\lambda\bar x'}{ch\lambda\ell}\right]$	$\frac{D}{\lambda^3}\left[\lambda a-\frac{sh\lambda\ell-sh\lambda b+(ch\lambda a-1)sh\lambda\bar x'}{ch\lambda\ell}\right]$
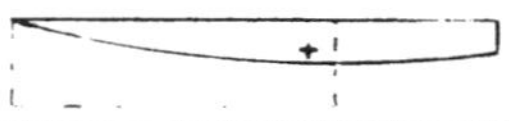	$M_{\tilde x1}=\lambda^2 EF_{\tilde\omega\tilde\omega}\vartheta' =$	$D\left[1-\frac{ch\lambda\ell ch\lambda x'-(ch\lambda a-1)ch\lambda\bar x'}{ch\lambda\ell}\right]$	$D\cdot\frac{(ch\lambda a-1)ch\lambda\bar x'}{ch\lambda\ell}$
	$M_{\tilde\omega}=-EF_{\tilde\omega\tilde\omega}\vartheta'' =$	$\frac{D}{\lambda}\cdot\frac{-ch\lambda\ell sh\lambda x'+(ch\lambda a-1)sh\lambda\bar x'}{ch\lambda\ell}$	$\frac{D}{\lambda}\cdot\frac{(ch\lambda a-1)sh\lambda\bar x'}{ch\lambda\ell}$
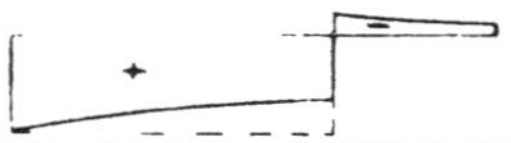	$M_{\tilde x2}=-EF_{\tilde\omega\tilde\omega}\vartheta''' =$	$D\frac{ch\lambda\ell ch\lambda x'-(ch\lambda a-1)ch\lambda\bar x'}{ch\lambda\ell}$	$D\left[-\frac{(ch\lambda a-1)ch\lambda\bar x'}{ch\lambda\ell}\right]$

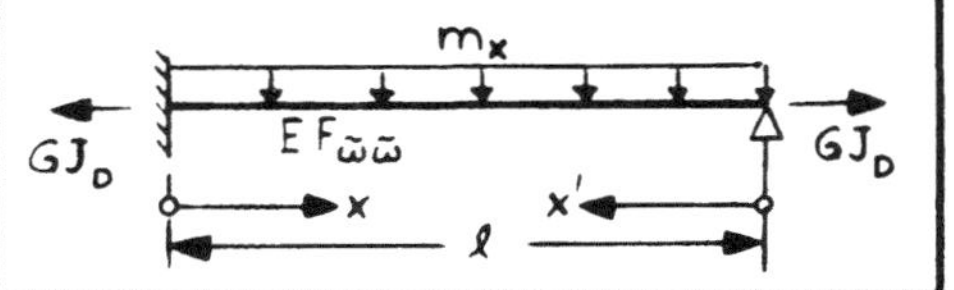	Lastfall 7	ganzer Bereich	
m_x, $EF_{\tilde{\omega}\tilde{\omega}}$, GJ_D, x, x', ℓ			
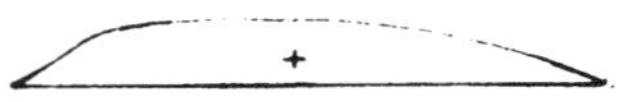 +	$EF_{\tilde{\omega}\tilde{\omega}}\vartheta =$	$\frac{m_x}{\lambda^4}\left[\lambda^2\left(\frac{\ell}{2}x-\frac{x^2}{2}\right)-\frac{Kx'}{\ell}-1+\frac{sh\lambda x+(1+K)\,sh\lambda x'}{sh\lambda\ell}\right]$	
 + −	$M_{\tilde{x}1}=\lambda^2 EF_{\tilde{\omega}\tilde{\omega}}\vartheta' =$	$\frac{m_x}{\lambda}\left[\lambda\left(\frac{\ell}{2}-x\right)+\frac{K}{\lambda\ell}+\frac{ch\lambda x-(1+K)\,ch\lambda x'}{sh\lambda\ell}\right]$	
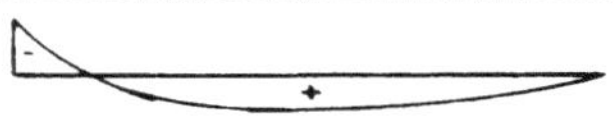 − +	$M_{\tilde{\omega}}=-EF_{\tilde{\omega}\tilde{\omega}}\vartheta'' =$	$\frac{m_x}{\lambda^2}\left[1-\frac{sh\lambda x+(1+K)\,sh\lambda x'}{sh\lambda\ell}\right]$	
+ −	$M_{\tilde{x}2}=-EF_{\tilde{\omega}\tilde{\omega}}\vartheta''' =$	$\frac{m_x}{\lambda}\left[-\frac{ch\lambda x-(1+K)\,ch\lambda x'}{sh\lambda\ell}\right]$	
		$K=\lambda\ell\,\frac{\left(\lambda\frac{\ell}{2}-th\lambda\frac{\ell}{2}\right)\cdot th\lambda\ell}{\lambda\ell-th\lambda\ell}$	
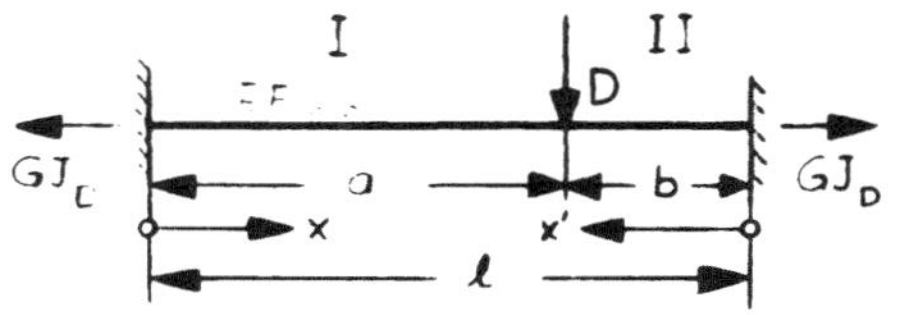 I, II, D, GJ_D, a, b, x, x', ℓ	Lastfall 8	Bereich I	Bereich II
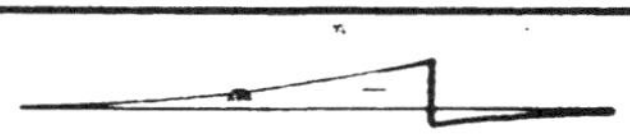 + −	$EF_{\tilde{\omega}\tilde{\omega}}\vartheta =$	$\frac{D}{\lambda^3}\left[\frac{(\lambda b+K_2)\,x+K_1x'}{\ell}-\frac{(sh\lambda b-K_2)\,sh\lambda x+K_1\,sh\lambda x'}{sh\lambda\ell}\right]$	$\frac{D}{\lambda^3}\left[\frac{K_2x+(\lambda a+K_1)\,x'}{\ell}-\frac{K_2\,sh\lambda x+(sh\lambda a+K_1)\,sh\lambda x'}{sh\lambda\ell}\right]$
 + −	$M_{\tilde{x}1}=\lambda^2 EF_{\tilde{\omega}\tilde{\omega}}\vartheta' =$	$D\left[\frac{\lambda b+K_2-K_1}{\lambda\ell}-\frac{(sh\lambda b+K_2)\,ch\lambda x-K_1\,ch\lambda x'}{sh\lambda\ell}\right]$	$D\left[\frac{K_2-\lambda a-K_1}{\lambda\ell}-\frac{K_2\,ch\lambda x-(sh\lambda a+K_1)\,ch\lambda x'}{sh\lambda\ell}\right]$
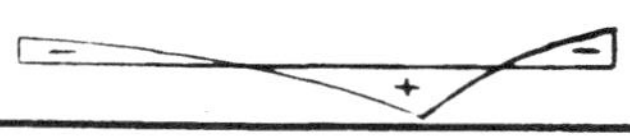 − + −	$M_{\tilde{\omega}}=-EF_{\tilde{\omega}\tilde{\omega}}\vartheta'' =$	$\frac{D}{\lambda}\cdot\frac{(sh\lambda b+K_2)\,sh\lambda x+K_1\,sh\lambda x'}{sh\lambda\ell}$	$\frac{D}{\lambda}\cdot\frac{K_2\,sh\lambda x+(sh\lambda a+K_1)\,sh\lambda x'}{sh\lambda\ell}$
+ −	$M_{\tilde{x}2}=-EF_{\tilde{\omega}\tilde{\omega}}\vartheta''' =$	$D\cdot\frac{(sh\lambda b+K_2)\,ch\lambda x-K_1\,ch\lambda x'}{sh\lambda\ell}$	$D\cdot\frac{K_2\,ch\lambda x-(sh\lambda a+K_1)\,ch\lambda x'}{sh\lambda\ell}$
		$K_{1,2}=\frac{\frac{sh\lambda a+sh\lambda b}{sh\lambda\ell}-1}{2th\lambda\frac{\ell}{2}}\pm\frac{\left(\frac{a-b}{\ell}-\frac{sh\lambda a-sh\lambda b}{sh\lambda\ell}\right)\cdot\frac{\ell}{2}\cdot th\lambda\frac{\ell}{2}}{\ell-\frac{2}{\lambda}th\lambda\frac{\ell}{2}}$	

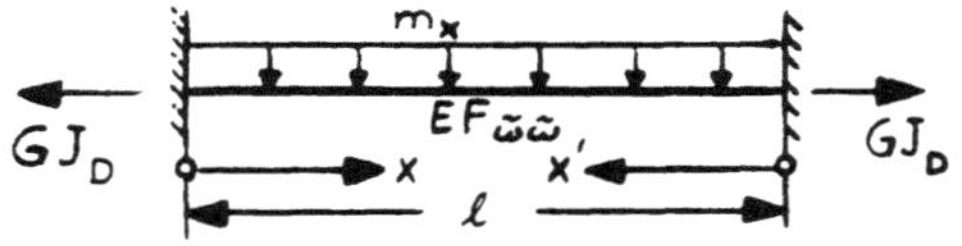	Lastfall 9	ganzer Bereich	
	$EF_{\tilde{\omega}\tilde{\omega}}\vartheta =$	$\frac{m_x}{\lambda^4}\left[\lambda^2\left(\frac{\ell}{2}x-\frac{x^2}{2}\right)+K-1+(1-K)\cdot\frac{sh\lambda x+sh\lambda x'}{sh\lambda\ell}\right]$	
	$M_{\tilde{x}1}=\lambda^2 EF_{\tilde{\omega}\tilde{\omega}}\vartheta' =$	$\frac{m_x}{\lambda^3}\left[\lambda\left(\frac{\ell}{2}-x\right)+(1-K)\cdot\frac{ch\lambda x-ch\lambda x'}{sh\lambda\ell}\right]$	
	$M_{\tilde{\omega}}=-EF_{\tilde{\omega}\tilde{\omega}}\vartheta'' =$	$\frac{m_x}{\lambda^2}\left[1-(1-K)\cdot\frac{sh\lambda x+sh\lambda x'}{sh\lambda\ell}\right]$	
	$M_{\tilde{x}2}=-EF_{\tilde{\omega}\tilde{\omega}}\vartheta''' =$	$\frac{m_x}{\lambda}\left[-(1-K)\cdot\frac{ch\lambda x-ch\lambda x'}{sh\lambda\ell}\right]$	
		$K=1-\frac{\lambda\frac{\ell}{2}}{th\lambda\frac{\ell}{2}}$	
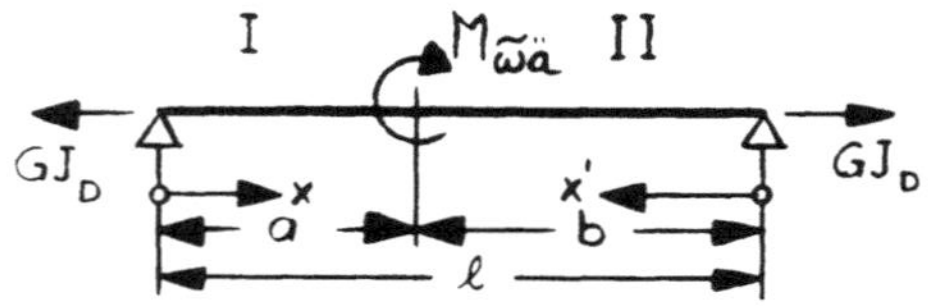	Lastfall 10	Bereich I	Bereich II
	$EF_{\tilde{\omega}\tilde{\omega}}\tilde{\vartheta} =$	$\frac{M_{\tilde{\omega}\ddot{a}}}{\lambda^2}\left[-\frac{x}{\ell}+\frac{ch\lambda b}{sh\lambda\ell}\,sh\lambda x\right]$	$\frac{M_{\tilde{\omega}\ddot{a}}}{\lambda^2}\left[\frac{x'}{\ell}-\frac{ch\lambda a}{sh\lambda\ell}\,sh\lambda x'\right]$
	$M_{\tilde{x}1}=\lambda^2 EF_{\tilde{\omega}\tilde{\omega}}\tilde{\vartheta}' =$	$M_{\tilde{\omega}\ddot{a}}\lambda\left[-\frac{1}{\lambda\ell}+\frac{ch\lambda b}{sh\lambda\ell}\,ch\lambda x\right]$	$M_{\tilde{\omega}\ddot{a}}\lambda\left[-\frac{1}{\lambda\ell}+\frac{ch\lambda a}{sh\lambda\ell}\,ch\lambda x'\right]$
	$M_{\tilde{\omega}}=-EF_{\tilde{\omega}\tilde{\omega}}\tilde{\vartheta}'' =$	$-M_{\tilde{\omega}\ddot{a}}\frac{ch\lambda b}{sh\lambda\ell}\,sh\lambda x$	$M_{\tilde{\omega}\ddot{a}}\cdot\frac{ch\lambda a}{sh\lambda\ell}\,sh\lambda x'$
	$M_{\tilde{x}2}=-EF_{\tilde{\omega}\tilde{\omega}}\tilde{\vartheta}''' =$	$-M_{\tilde{\omega}\ddot{a}}\lambda\frac{ch\lambda b}{sh\lambda\ell}\,ch\lambda x$	$-M_{\tilde{\omega}\ddot{a}}\lambda\frac{ch\lambda a}{sh\lambda\ell}\,ch\lambda x'$

Literatur

/1/ Klöppel, K.: Über zulässige Spannungen im Stahlbau. Stahlbautagung Baden-Baden 1954. Veröffentlichungen des Deutschen Stahlbau-Verbandes Heft 6, Stahlbau-Verlags-GmbH, Köln 1958

/2/ Grundlagen zur Festlegung von Sicherheitsanforderungen für bauliche Anlagen. 1. Auflage 1981 NABau. Hrsg. Deutsches Institut für Normung e.V., Beuth Verlag GmbH, Berlin, Köln

/3/ König, G., Hosser, D., Schobbe, W.: Sicherheitsanforderungen für die Bemessung von baulichen Anlagen nach den Empfehlungen des NABau - eine Erläuterung. Bauingenieur 57 (1982) S. 69-78

/4/ Joint Committee on Composite Structures, Task Group Principles, Stand Jan. 1978

/5/ Freudenthal, A. M., Schueller, G. J. u.a.: Probabilistische Methoden im konstruktiven Ingenieurbau. Konstruktiver Ingenieurbau, Berichte aus dem Institut für konstr. Ingenieurbau der Ruhr-Universität Bochum, Heft 25/26, Vulkan-Verlag, Essen *)

/6/ Hawranek, R., Petersen, Chr.: Sicherheit gedrückter Stahlstützen. Berichte zur Sicherheitstheorie der Bauwerke. LKI der Techn. Univ. München, Heft 8/1975, Werner-Verlag Düsseldorf

/7/ Second International Colloquium on Stability of Steel Structures, European Convention for Constructional Steelwork, Introductory Report, Preliminary Report and Final Report, Liége, April 1977 *)

/8/ Beer, H., Schulz, G.: The European Column Curves. IVBH Arb.-Kommission 23/1975

/9/ Gladischefski, H.: Kleine Stahlkunde für das Bauwesen. Beratungsstelle für Stahlverwendung, VDI-Verlag GmbH, Düsseldorf, 1975

/10/ Sattler, K.: Lehrbuch der Statik II/A. Springer Verlag, Berlin, Heidelberg, New York 1974

/11/ Neuber, H.: Kerbspannungslehre, 2. Auflage. Springer Verlag, Berlin 1958

/12/ Autorenkollektiv. Federführung: Günther, W.: Schwingfestigkeit. VEB Deutscher Verlag für Grundstoffindustrie, Leipzig 1973

/13/ Oxfort, J.: Zur Beurteilung der Festigkeit stählerner Kranbahnkonstruktionen gegen die häufig wiederholt auftretenden Belastungen. Der Stahlbau 7/1968

/14/ Deutsche Bundesbahn, Vorschrift für Eisenbahnbrücken und sonstige Ingenieurbauwerke (VEI), Vorausgabe (DS 804), 1.1.1979

/15/ Werkstoff-Handbuch Stahl und Eisen, 4. Auflage, Hrsg. Verein Deutscher Eisenhüttenleute. Verlag Stahleisen, Düsseldorf 1965 *)

/16/ Stahlbau, Ein Handbuch für Studium und Praxis. Hrsg. Deutscher Stahlbau-Verband Köln. Stahlbauverlags-GmbH, Köln 1969 *)

/17/ Dahl, W., Rees, H.: Die Spannungs-Dehnungs-Kurve von Stahl. Verlag Stahleisen, Düsseldorf 1976 *)

/18/ Stüssi, F.: Grundlagen des Stahlbaus, 2. Auflage. Springer Verlag Berlin, Heidelberg, New York 1971

/19/ Schmackpfeffer, H.: Ermittlung der mitwirkenden Breite unter Berücksichtigung von Längskräften, der Querträgerweichheit und in Längsrichtung veränderlicher Querschnitte. Diss. TU Berlin 1972

/20/ Schmidt, H., Peil, U.: Berechnung von Balken mit breiten Gurten - Tafeln zur Ermittlung des voll mitwirkenden Gurtquerschnittes und der Gurtspannungsverteilung. Springer Verlag Berlin, Heidelberg, New York 1976

/21/ Szabo, I.: Höhere technische Mechanik, 5. Auflage. Springer Verlag Berlin, Göttingen, Heidelberg 1972

/22/ Roik, K., Carl, J., Lindner, J.: Biegetorsionsprobleme gerader dünnwandiger Stäbe. Verlag von Wilhelm Ernst & Sohn Berlin, München, Düsseldorf 1972 *)

/23/ Bornscheuer, F. W.: Systematische Darstellung des Biege- und Verdrehvorganges unter Berücksichtigung der Wölbkrafttorsion. Der Stahlbau 21/1952

/24/ Roik, K., Albrecht, G.: Beitrag zur Biegetorsion gerader, dünnwandiger Stäbe mit Zwangsdrillachse. Bauingenieur 53/1978, H. 6, Seite 225-229

/25/ Roik, K., Sedlacek, G.: Theorie der Wölbkrafttorsion unter Berücksichtigung der sekundären Schubverformungen. Analogiebetrachtung zur Berechnung des querbelasteten Zugstabes. Der Stahlbau 2/1966, S. 43-52

/26/ Wlassow, W. S.: Dünnwandige elastische Stäbe. Verlag für Bauwesen, Berlin 1964-65

/27/ Sedlacek, G.: Systematische Darstellung des Biege- und Verdrehungsvorganges für prismatische Stäbe mit dünnwandigem Querschnitt unter Berücksichtigung der Profilverformungen. Diss. TU-Berlin 1967 / VDI-Verlag Düsseldorf 1968

/28/ Kappus, R.: Zur Elastizitätstheorie endlicher Verschiebungen. ZAMM Band 19/1939, S. 271

/29/ Ernst, H. J.: Der E-Modul von Seilen unter Berücksichtigung des Durchhanges. Der Bauingenieur 40/1965, H. 2, S. 52-55

/30/ Petersen, C.: Abgespannte Maste und Schornsteine - Statik und Dynamik. Bauingenieur-Praxis, Heft 76, Verlag Wilhelm Ernst & Sohn, 1970

/31/ Klöppel, K., Friemann, H.: Übersicht über Berechnungsverfahren für Theorie II. Ordnung. Der Bauingenieur 9/1964, S. 270-277

/32/ Duddeck, H.: Seminar Traglastverfahren. Bericht Nr. 73-6, Institut für Statik der TU Braunschweig

/33/ Plastische Bemessung ausgesteifter stählerner Stockwerkrahmen. Aus dem Amerikanischen übertragen von U. Vogel. Verlag Stahleisen mbH, Düsseldorf 1971

/34/ Roik, K., Lindner, J.: Einführung in die Berechnung nach dem Traglastverfahren. Deutscher Ausschuß für Stahlbau, Stahlbau-Verlags-GmbH, Köln 1972 *)

/35/ Vogel, U.: Über die Anwendung des Traglastverfahrens im Stahlbau. Der Stahlbau 1969, Heft 11, S. 329-338

/36/ Janss, J., Massonnet, C.: Erweiterung von Rechenverfahren, die auf der Plastizität des Stahles A 52 beruhen. Zürich IVBH, Band 27/1967, S. 15-30

/37/ Neal, B., G.: The Plastic Methods of Structural Analysis. Ins Deutsche übertragen von Jaeger, Springer-Verlag Berlin, Göttingen, 1958. Die Verfahren der plastischen Berechnung biegesteifer Stahltragwerke. *)

/38/ Petersen, C.: Knicklängen biegesteifer Stabtragwerke. Die Bautechnik 11/1971, S. 387 bis 392, 1/1972, S. 14-20

/39/ Klöppel, K., Lie, K. H.: Das hinreichende Kriterium für den Verzweigungspunkt des elastischen Gleichgewichts. Der Stahlbau 16 (1943), Heft 1, S. 17

/40/ Beer, H., Schulz, G.: Die Traglast des planmäßig mittig gedrückten Stabes mit Imperfektionen. VDI-Zeitschrift 21/1969, S. 1537-1541; 23/1969, S. 1683-1687; 24/1969, S. 1767-1772

/41/ Roik, K., Wagenknecht, G.: Traglastdiagramme zur Bemessung von Druckstäben mit doppeltsymmetrischem Querschnitt aus Baustahl. Konstr. Ingenieurbau Berichte, Heft 27, Vulkan-Verlag Dr. W. Classen Nachf. GmbH & Co. KG., Essen 1977

/42/ Rubin, H.: Das Q_Δ-Verfahren zur vereinfachten Berechnung verschieblicher Rahmensysteme nach dem Traglastverfahren der Theorie II. Ordnung. Der Bauingenieur 1973, H. 8, S. 275-285

/43/ Lindner, J.: Mindeststeifigkeiten für den Kippsicherheitsnachweis beim Traglastverfahren. Der Bauingenieur 47/1972, S. 238-240

/44/ Roik, K.: Biegedrillknicken mittig gedrückter Stäbe mit offenem Profil im unelastischen Bereich. Der Stahlbau 1956, H. 1, S. 10-17

/45/ Unger, B.: Einige Überlegungen zur Verbesserung des Kippnachweises von Durchlaufträgern im plastischen Bereich. Der Stahlbau 8/1975, S. 249-251

/46/ Unger, B.: Einige Überlegungen zur Zuschärfung der Traglastberechnung von normalkraft-, biege- und torsionsbeanspruchten Trägern mit Hilfe der Spannungstheorie II. Ordnung. Der Stahlbau 11/1975, S. 330-335; 12/1975, S. 367-373

/47/ Roik, K., Kindmann, R.: Berechnung stabilitätsgefährdeter Stabwerke mit Berücksichtigung von Entlastungsbereichen. Der Stahlbau 10/1982

/48/ Lindner, J.: Zur Bemessung biegedrillknickgefährdeter Stäbe. Festschrift "Jungbluth" der TH Darmstadt, 1978

/49/ European Recommandations für Steel Construction (ECCS-Manual). Herausgegeben von European Convention for Constructural Steelwork (Stand März 1978)

/50/ Bürgermeister, G., Steup, H., Kretschmar, H.: Stabilitätstheorie I und II. 3. neubearbeitete Auflage. Akademie-Verlag, Berlin 1966 *)

/51/ Kollbrunner, C. F., Meister, M.: Knicken, Biegedrillknicken, Kippen. 2. umgearbeitete Auflage. Springer Verlag, Berlin, Göttingen 1961

/52/ Pflüger, A.: Stabilitätsprobleme der Elastostatik, 2. Auflage. Springer Verlag, Berlin/Göttingen/Heidelberg 1964

/53/ Scheer, J., Böhm, M.: Auswertung von Traglastversuchen an gedrückten Kastenstützen mit dünnen unausgesteiften Platten aus Stahl. IABSE Periodica 2/1978, Mai 1978

/54/ Handbuch für die Berechnung kaltverformter Stahlbauteile, Band A und B. Herausgegeben von der Beratungsstelle für Stahlverwendung, Düsseldorf, Verlag Stahleisen mbH, Düsseldorf

/55/ Rubin, H.: Interaktionsbeziehungen für doppeltsymmetrische I- und Kastenquerschnitte bei zweiachsiger Biegung und Normalkraft. Der Stahlbau 5/1978, S. 145

/56/ Oxfort, J.: Anwendung des gemischten Kraft- und Weggrößenverfahrens (M-ϑ-Verfahren) der Theorie 2. Ordnung zur vollständigen Berechnung beliebiger biegesteifer Stahlstabwerke bis zur Traglast und plastischen Grenzlast. Der Stahlbau 5/1978, S. 139

/57/ Roik, K., Wagenknecht, G.: Ermittlung der Grenztragfähigkeit von einbetonierten doppeltsymmetrischen Stahlprofilstützen aus Baustahl. Bauingenieur 52/1977, H. 3, S. 89-96

/58/ Normen

DIN 1050 Stahl im Hochbau
DIN 1055 Lastannahmen für Bauten
DIN 1073 Stählerne Straßenbrücken (Berechnungsgrundlagen)
DIN 1079 Stählerne Straßenbrücken (Grundsätze für die bauliche Durchbildung)
DIN 4114 Stabilitätsfälle (Knickung, Kippung, Beulung)
DIN 4132 Kranbahnen - Stahltragwerke
DIN 6891 Drahtseile
DIN 15018 Krane
DIN 17100 Allgemeine Baustähle
EDIN 18800/2 Stabilitätsfälle (Knicken von Stäben und Stabwerken)

DASt-Richtlinien 008 Ri - zur Anwendung des Traglastverfahrens
009 Empfehlung zur Wahl der Stahlgütegruppen für geschweißte Stahlbauten
011 Hochfeste Feinkornbaustähle für den Stahlbau
012 Plattenbeulen

/59/ Roik, K., Kindmann, R.: Das Ersatzstabverfahren - Eine Nachweisform für den einfeldrigen Stab bei planmäßig einachsiger Biegung mit Druckkraft. Der Stahlbau 12/1981

/60/ Petersen, Ch.: Statik und Stabilität der Baukonstruktionen. Vieweg-Verlag, 1980

/61/ Roik, K., Kindmann, R.: Das Ersatzstabverfahren - Tragsicherheitsnachweise für Stabwerke bei einachsiger Biegung und Normalkraft. Der Stahlbau, 5/1982

/62/ Schineis, M.: Programmierbare Formeln für die Knickzahlen ω nach DIN 4114 (1952) und Ergänzungen. Bauingenieur 54/1979

/63/ Lindner, J.: Näherungen für die Europäischen Knickspannungskurven. Die Bautechnik 10/1978

---

*) mit vielen weiteren Literaturhinweisen

Stichwortverzeichnis